संस्कृत साहित्य का समग्र इतिहास

संस्कृत साहित्य का समग्र इतिहास

द्वितीय खण्ड

समृद्धिकाल

(पहली सहस्राब्दी ई०)

राधावल्लभ त्रिपाठी

न्यू भारतीय बुक कॉरपोरेशन

दिल्ली : : भारत

प्रायः अचर्चित रहे हैं। बाण, धर्मकीर्ति, योगेश्वर, केशट, मयूर आदि के मुक्तकों तथा रविगुप्त, आनंदवर्धन, लक्ष्मीधर, अभिनंद, छित्तप, शीलाभट्टारिका, विज्जिका, भट्टेंदुराज आदि के सुभाषितों और उत्पलदेव, अभिनवगुप्त आदि के स्तोत्रों के विमर्श में संस्कृतसाहित्य के प्रायः अनास्वादित मधुरस को चखने का अवसर पाठकों को यहाँ मिलेगा।

गद्यकाव्यविमर्श में दंडी की अवंतिसुंदरीकथा पर नई जानकारियों के आलोक में दशकुमारचरित के दंडीकृत होने की भ्रांति का यहाँ निराकरण किया गया है।

आशा है कि यह प्रयास संस्कृत साहित्य के सौंदर्य को परखने में साहित्य के अध्येताओं और विद्यार्थियों के लिये सहायक होगा। ।

राधावल्लभ त्रिपाठी

विषयानुक्रमणिका

अध्याय- १

महाकाव्य, शास्त्रकाव्य तथा अन्य प्रबंधकाव्य

प्रथम खंड के चौथे अध्याय में रामायण और महाभारत के पश्चात् महाकाव्य की विधा में उत्कृष्ट रचना करने वाले महाकवियों की चर्चा की गयी है, जिन्होंने ईसा पूर्व की शताब्दियों में अपने उज्ज्वल कृतित्व से महाकाव्य की विधा को प्रतिष्ठा और गौरव प्रदान किया। ईसा के पश्चात् पहली सहस्राब्दी महाकाव्य के उत्कर्ष का काल है। इसमें अलंकृत या विदग्ध महाकाव्यों की रचना प्रचुर मात्रा में हुई, दूसरी ओर शास्त्र परंपराओं की विपुलता के परिप्रेक्ष्य में शास्त्र-काव्य, द्विसंधान महाकाव्य जैसे महाकाव्य-प्रकारों की रचना भी इस काल में आरंभ हुई। राजशेखर ने वाल्मीकि और व्यास के पश्चात् अपने समय तक हुए दस सर्वश्रेष्ठ महाकवियों की गणना की है। इन दस महाकवियो में नौ (और यदि कालिदास का समय गुप्तकाल में मानें तो सभी दस) इसी सहस्राब्दी में हुए—

आदौ श्री कालिदासः स्यादश्वघोषस्ततः परम्।
भारविश्च तथा भट्टिः कुमारश्चापि पञ्चमः।।
माघरत्नाकरौ पश्चात् हरिश्चन्द्रस्तथैव च।
कविराजश्च श्रीहर्षः प्रख्याताः कवयो दश।।

अश्वघोष : सौदरनंद तथा बुद्धचरित

महाकवि अश्वघोष कुषाण राजा कनिष्क के समकालीन थे। मूलतः विदेशी होकर भी राजा कनिष्क ने बौद्धधर्म स्वीकार किया तथा इस देश की धरती में रच बस गये। यह वह समय था जब बौद्ध धर्म भारत में ही नहीं, भारत के बाहर भी प्रतिष्ठित होता जा रहा था। सिकंदर के पश्चात् यूनानी सेनानायक इवदिस के पुत्र दिमेत्र ने भारत पर आक्रमण किया। उसने उत्तरी भारत के कुछ भागों पर अधिकार कर के शाकलपुर (आधुनिक स्यालकोट) को अपनी राजधानी बनाया। दिमेत्र की मृत्यु के पश्चात् उसके दामाद मिनांडर (मिलिंद) ने शासन सँभाला। उसने बौद्ध धर्म स्वीकार कर लिया था। उसके पश्चात् शकों तथा कुषाणों के आक्रमणों से भारत में ग्रीक राज्य ध्वस्त हो गया। कुषाण सत्ता का संस्थापक कुजुल कैफिसेस था। उसने कुषाण कबीलों को संगठित कर के भारत की उत्तरी सीमा पर अपने साम्राज्य की स्थापना की।

राजा कनिष्क (७८ई० -१०२ई०) इसी का पौत्र था। उसने पाटलिपुत्र पर आक्रमण कर वहाँ के प्रसिद्ध पंडित अश्वघोष को अपनी राजसभा में बुलवा लिया - ऐसी अनुश्रुति है। अन्य विद्वानों का मत है कि कनिष्क ने चतुर्थ पंडितपरिषद् में सम्मिलित होकर बुद्ध के उपदेशों के संपादन कार्य में सहायता करने के लिये साकेत से पंडित अश्वघोष को आमंत्रित किया था और अश्वघोष इस पंडित परिषद् के सभापति थे। इस संबंध में विभिन्न प्रकार की किवदंतियाँ चीनी परंपरा में प्रचलित हैं। पर यह सत्य माना जा सकता है कि कनिष्क के संपर्क के कारण अश्वघोष साकेत छोड़कर पुरुषपुर (आधुनिक पेशावर) आये।

कनिष्क का काल निर्विवाद रूप से निश्चित नहीं है। फ्लीट, फ्रैंके, लूडर्स आदि विद्वानों के मत से कनिष्क ने ही विक्रमसंवत् का प्रवर्तन किया, जबकि भंडारकर आदि विद्वान् कनिष्क का समय तीसरी शताब्दी का पूर्वार्ध मानते हैं। बलदेव उपाध्याय मानते हैं कि कुषाणवंश शकसंवत् के साथ आरंभ हुआ। इसकी पुष्टि मथुरा के पास मिली कनिष्क की विशाल प्रस्तरप्रतिमा से होती है। इस के साथ ही कनिष्क के पूर्ववर्ती विम किद फिस नामक राजा की भी प्रस्तरप्रतिमा प्राप्त हुई है, जिसका निर्माण काल उस पर खुदे शिलालेख में पंचम वर्ष बताया है। उपाध्याय अनुमान करते है कि यह पंचम वर्ष शक संवत् का ही होना चाहिये, क्योंकि इस काल के क्षत्रपों के शिलालेखों में तिथियाँ शकसंवत् के अनुसार दी गईं हैं। विम किद फिस राजा के राज्याभिषेक के अवसर पर शक संवत् का प्रवर्तन हुआ होगा यह अनुमान किया जा सकता है। इन प्रमाणों के आधार पर उपाध्याय १२५ई० के आसपास कनिष्क के राज्यारोहण का समय कूतते हैं तथा अश्वघोष का समय पहली शताब्दी के उत्तरार्ध से दूसरी शताब्दी के पूर्वार्ध के बीच मानते हैं।

सम्राट् कनिष्क प्रतापी राजा तो था ही, वह भारतीय संस्कृति और धार्मिक वातावरण में घुलमिल भी गया था। उसके शासन काल में सांस्कृतिक समन्वय की प्रक्रिया अपने प्रकर्ष पर पहुँची। वह स्वयं बौद्ध था, पर अन्य धर्मों के प्रति उदार था। प्रख्यात दार्शनिक वसुमित्र उसकी राजसभा के सम्मानित विद्वानों में से एक था। पार्श्व और संघरक्ष उसके समय के अन्य विद्वान् थे। इसी समय बौद्ध धर्म के अंतर्गत भी महायान लोकप्रिय हो रहा था। महाकवि अश्वघोष के जीवन और कृतित्व में इन स्थितियों का प्रभाव परिलक्षित होता है।

ह्वेन सांग की सूचना के अनुसार संस्कृत में अश्वघोष का एक चरित लिखा गया था, जो अनुपलब्ध है। अश्वघोष के संभवत: इसी जीवनचरित को कुमारजीव ने ४०१-४०९ ई० के लगभग संस्कृत से चीनीभाषा में अनूदित किया।[१] वसुबंधु की जीवनी में अश्वघोष को श्रावस्ती में भाषित ग्राम का निवासी बताया गया है, जब कि एक चीनी ग्रंथ में उनको दक्षिणभारत का निवासी बताया गया है।[२]

वस्तुतः अश्वघोष का जन्म एक ब्राह्मण परिवार में साकेत (अयोध्या) में हुआ था। चीनी साहित्य तथा अनुश्रुतियों में अश्वघोष के विषय में प्राप्त विवरण भी इस मान्यता की पुष्टि करते

हैं। उन्होंने द्विजों के संस्कार पाये और वेद आदि शास्त्रों का विधिवत् अनुशीलन किया। कालांतर में पार्श्व के शिष्य पूर्णयशस् ने इन्हें बौद्ध धर्म में दीक्षित किया। अपने दोनों महाकाव्यों की पुष्पिकाओं में उन्होंने अपनी माता का नाम सुवर्णाक्षी बताया है तथा अपने को साकेत का निवासी कहा है। डॉ० बी०सी० लाहा ने अश्वघोष के विषय में प्राप्त चीनी स्रोतों का अध्ययन कर के बताया है कि वे किसी मठ में रहते थे तथा उनके प्रवचन की पद्धति इतनी प्रभावशाली थी कि लोग उसे सुनकर रोने लगते थे।

राजा कनिष्क ने सर्वास्तिवादी आचार्य पार्श्व की प्रेरणा से १००ई० के आसपास गांधार देश में बौद्ध संगीति का आयोजन किया था। इस संगीति में प्रख्यात दार्शनिक वसुमित्र ने अध्यक्षता की। लगभग पाँच सौ भिक्षुओं सहित अश्वघोष भी इस संगीति में सम्मिलित थे। काश्मीर में कात्यायनीपुत्र ने उन्हें आमंत्रित किया। काश्मीर में रहते हुए उन्होंने विभाषा ग्रंथ का प्रणयन किया। चीनी अनुश्रुतियों में उन्हें एक अत्यंत लोकप्रिय गायक के रूप में भी वर्णित किया गया है।

चीनी स्रोतों तथा कुमारजीव द्वारा अनूदित उनकी जीवनी से अश्वघोष के जीवन व कृतित्व पर पर्याप्त प्रकाश पड़ता है। तदनुसार एक बार प्रसिद्ध बौद्ध धर्मगुरु पार्श्व किसी मठ में पहुँचे। वहाँ उन्होंने देखा कि मठ के भिक्षु प्रार्थना के पहले प्रचलित पद्धति के अनुसार घंटी नहीं बजाते हैं। इसका कारण पूछने पर भिक्षुओं ने उन्हें बताया कि पास ही में कोई अभिमानी और उद्धत महापंडित रहता है, जिसने यह चेतावनी दे रखी है कि मठ में उसके अतिरिक्त अन्य कोई घंटी नहीं बजा सकता, यदि मठ में कोई घंटी बजायेगा, तो इसका अर्थ होगा मठ की ओर से उसे वाद या शास्त्रार्थ के लिये चुनौती दी जा रही है और वह शास्त्रार्थ करने आ पहुँचेगा। चूँकि मठ में ऐसा कोई भिक्षु नहीं है जो वादविवाद में उस पंडित के प्रखर तर्कों के आगे टिक सके, इसलिये वादविवाद से बचने के लिये भिक्षुओं ने प्रार्थना की घंटी बजाना बंद कर दिया है। पार्श्व ने कहा कि आज मेरे कहने से घंटी बजाई जाये। भिक्षुओं ने उनकी बात मान कर घंटी बजा दी। फिर क्या था, अभिमानी पंडित मठ में आ धमके और पूछने लगे कि किसको मेरे साथ वाद करना है? पार्श्व उनके साथ वादविवाद करने के लिये आगे आ गये पर शर्त यह थी कि वाद में जो पराजित हो जायेगा उसे विजेता का शिष्य बनना पड़ेगा। पार्श्व ने उस पंडित को परास्त करने के लिये अपनी आध्यात्मिक शक्ति का उपयोग किया। पंडित उनसे परास्त होकर उनके शिष्य बन गये। दीक्षा लेने पर उन्हें अश्वघोष यह नाम दिया गया, उनका स्वर तीव्र और गूँजने वाला था।[३] तिब्बती स्रोतों में अश्वघोष को बौद्ध धर्म में दीक्षित करने का श्रेय पार्श्व के शिष्य पूर्ण को दिया गया है।

इनके व्याख्यान इतने रोचक होते थे कि हिनहिनाते हुए घोड़े भी हिनहिनाना छोड़कर मौन होकर उनको सुनने लगते थे। इसलिये इनका नाम अश्वघोष पड़ गया। दूसरी किंवदन्ती के अनुसार कनिष्क के पाटलिपुत्र पर आक्रमण करनेपर वहाँ के शासक ने हार मानकर छह करोड़

स्वर्ण मुद्राएँ देना स्वीकार किया। तीन करोड़ के बदले में बुद्ध का भिक्षापात्र तथा शेष तीन करोड़ के बदले में अश्वघोष को दे दिया गया। कनिष्क अश्वघोष को अपनी राजधानी पेशावर ले आया और उनसे बौद्ध धर्म की दीक्षा ले ली। अश्वघोष के प्रभाव से ही कनिष्क अशोक की भाँति बौद्ध धर्म के प्रचार में जुट गया।

संस्कृत महाकवियों में अश्वघोष का व्यक्तित्व विरल व विशिष्ट है। उन्होंने भगवान् बुद्ध के संदेश को जन जन तक पहुँचाने के उद्देश्य से महाकाव्यों की रचना की। अपनी काव्यरचना का प्रयोजन बताते हुए वे कहते हैं—

इत्येषा व्युपशान्तये न रतये मोक्षार्थगर्भाकृतिः
श्रोतॄणां ग्रहणार्थमन्यमनसां काव्योंपचारात् कृता।
यन्मोक्षात् कृतमन्यदत्र हि मया तत् काव्यधर्मात् कृतं
पातुं तिक्तमिवौषधं मधुयुतं हृद्यं कथं स्यादिति।।

(मोक्ष के प्रयोजन वाली यह कृति मैंने सांसारिक विषयों में आसक्त श्रोताओं को काव्य के बहाने से शांति का संदेश देने के लिये लिखी है, रति जगाने के लिये नहीं। मोक्ष पर मैंने अन्य शास्त्र ग्रंथ लिखे है, उन्हीं में कही गई बातों को यहाँ काव्य की शैली में प्रस्तुत किया है, क्योकि कड़वी औषध में शहद मिला दिया जाये, तो वह पीने में मधुर हो जाती है।)

इस प्रकार अश्वघोष के लिये काव्य धर्मप्रचार का माध्यम है। कविता के द्वारा रससृष्टि करना उनका प्रयोजन नहीं है।

रचनाएँ- अश्वघोष के रचे दो महाकाव्य - बुद्धचरित तथा सौंदरनंद और अपूर्ण या खंडित अवस्था में दो नाटक मिलते हैं। इसके अतिरिक्त उनके अनेक शास्त्रीय ग्रंथ भी हैं। तारानाथ के द्वारा दी गई सूची के अनुसार अश्वघोष की रचनाएँ इस प्रकार है—

१. शतपञ्चशतक – स्तोत्र
२. गण्डीस्तोत्रगाथा
३. महाकालतन्त्ररुद्रकल्पमहाश्मशाननामटीका,
४. वज्रयानमूलोत्पत्तिसङ्ग्रह
५. स्थूलापत्ति
६. मणिद्वीपमहाकारुणिकपञ्चदेवस्तोत्र
७. गुरुपञ्चाशिका
८. दशकुशलकर्मपाठनिर्देश
९. शोकविनोदन
१०. अष्टक्षणकथा
११. बुद्धचरित

सुजुकी ने उनके द्वारा रचे आठ ग्रंथों का उल्लेख किया है— पञ्चशिखा, सूत्रालङ्कारशास्त्र, महायानश्रद्धोत्पादसङ्ग्रह, महायानश्रद्धोत्पादशास्त्र, महायानभूमिगुह्यवाङ्मूल, बुद्धचरित तथा दशशतकमार्गसूत्र। तारानाथ तथा सुजुकी दोनों ने अश्वघोष की कृतियों में वज्रसूची तथा सौन्दरनन्द का उल्लेख नहीं किया, जब कि म०म० हरप्रसाद शास्त्री के अनुसार ये दोनों अश्वघोष की महत्त्वपूर्ण रचनाएँ हैं। वज्रसूची अश्वघोष की कृति है या नहीं इसको लेकर विवाद है। चीनी परंपरा में वज्रसूची को धर्मकीर्तिप्रणीत माना जाता रहा है।

गण्डीस्तोत्रगाथा स्रग्धरा छंद में है। इसमें बुद्ध की स्तुति तथा मठों में बजाये जाने वाले घंटानाद का माहात्म्य गायन है। शैली तथा विषयवस्तु के विन्यास को देखते हुए इसे अश्वघोषकृत मानना उचित नहीं लगता। सूत्रालङ्कार जो कल्पनामण्डितिका या कल्पनालङ्कृतिका के नाम से भी जाना जाता है, अवदानों की अलंकृत शैली में लिखा गया जातककथाओं का संग्रह है। उक्त आधारों पर ही इसे भी अश्वघोष की रचना मानने में विप्रतिपत्ति है। अन्य परंपरा में इसे कुमारलात की कृति माना गया है। कुमारजीव ने इसका चीनी भाषा में अनुवाद किया था। यद्यपि महायानश्रद्धोत्पादसंग्रह को अश्वघोष की रचना के रूप में परंपरागत मान्यता के अनुसार स्वीकार किया जाता रहा है, पर अश्वघोष का विश्वास हीनयान (स्थविरवाद) में था, अत: इसे भी उनकी रचना स्वीकार नहीं किया जाना चाहिये।

वास्तव में तो अश्वघोष बौद्धपरंपरा में एक कवि के रूप में इतने समादृत हुए कि बाद में लिखी गईं अनेक रचनाएँ उनके नाम से प्रचारित व स्वीकृत कर ली गईं।

अश्वघोष ने एक वैदिक परिवार में जन्म लिया था, अत: वैदिक पंरपराओं का गहरा प्रभाव उनके समस्त काव्यों में दिखाई देता है। उनका वैदिक साहित्य पर गहरा अधिकार भी है। वसिष्ठ के लिये वे बुद्धचरित ९.९ में और्वशेय इस संज्ञा का प्रयोग कर के वैदिक पुराकथाओं से परिचय प्रकट करते हैं। बुद्ध का इस महाकाव्य में अराड-कलाम से संवाद महाभारत में निरूपित सांख्य के सिद्धांतों का पुनर्विन्यास है। राजा दशरथ का अनेकत्र उल्लेख करके उन्होंने रामायण से परिचय प्रकट तो किया ही है; 'वाल्मीकिरादौ च ससर्ज काव्यं जग्रन्थ यत्र च्यवनो महर्षि:' इस कथन के द्वारा रामायण की वाल्मीकि के पहले की परंपरा के विषय में उन्हें जानकारी थी – यह भी वे सूचित कर देते हैं।

कालिदास और अश्वघोष का संबंध

कालिदास और अश्वघोष के महाकाव्यों में अनेकत्र पदावली और भावों की समानता मिलती है, जिससे यह सिद्ध होता है कि दोनों में एक अवश्य ही दूसरे का ऋणी है। जो विद्वान् कालिदास को गुप्तकाल में मानते हैं, उनकी धारणा है कि कालिदास ने अश्वघोष से भावों और अभिप्रायों को लेकर उन्हें और परिष्कृत और सुंदर बना कर प्रस्तुत किया। किंतु जो विद्वान् कालिदास की स्थिति प्रथम शताब्दी ई०पू० में स्वीकार करते हैं, उनकी दृष्टि में अश्वघोष ही

कालिदास के ऋणी हैं। दोनों में भावसाम्य व पदावली तथा वाक्यरचना की समानता के अनेक उदाहरण हैं। जैसे —

दिशः प्रसेदुर्मरुतो ववुः सुखाः (रघु० ३.४)
वाता ववुः सौख्यकराः प्रसेदुः (कुमार० ११.३६)
दिशः प्रसेदुः प्रबभौ निशाकरः। (बुद्धचरित[४])

परस्परेण स्पृहणीयशोभं न चेदिदं द्वन्द्वमयोजयिष्यत्।
अस्मिन् द्वये रूपविधानयत्नः पत्युः प्रजानां विफलोऽभविष्यत्।।
(रघु० ८.१४)

तां सुन्दरीं चेन्न लभेत नन्दः.... (सौन्दरनंद)

अरिष्टशय्यां परितो विसारिणा सुजन्मनस्तस्य निजेन तेजसा
निशीथदीपा सहसा हतत्विषो बभूवुरालेख्यसमर्पिता इव।।
(रघु० ३.१२)

स हि स्वगात्रप्रभयोज्ज्वलन्त्या दीपप्रभां भास्करवन्मुमोष।।
महार्हजाम्बूनदचारुवर्णो विद्योतयामास दिशश्च सर्वाः।।
(बुद्धचरित, १.१२)

तासां मुखैरासवगन्धगर्भैर्व्याप्तान्तरा सान्द्रकुतूहलानाम्।
विलोलनेत्रभ्रमरैर्गवाक्षाः सहस्त्रपत्राभरणा इवासन्।।
(बुद्धचरित)

एकातपत्रं जगतः प्रभुत्वं नवं वयः कान्तमिदं वपुश्च।
अल्पस्य हेतोर्बहु हातुमिच्छन् विचारमूढः प्रतिभासि मे त्वम्।।
(रघु० २.४७)

आदित्यपूर्वं विपुलं कुलं ते नवं वयो दीप्तमिदं वपुश्च।
कस्मादिदं ते मतिरक्रमेण भैक्षाक एवाभिरता न राज्ये।।
(बुद्ध० १०.२३)

मार्गाचलव्यतिकराकुलितेवसिन्धुः
शैलाधिराज तनया न ययौ न तस्थौ।। (कुमारसंभव)

सोऽनिश्चयन्नापि ययौ न तस्थौ तरंस्तरङ्गेष्विव राजहंसः।
(सौंदरनंद ४.४२)

कालिदास प्रवृत्तिमूलक जीवनपद्धति को अपनाने पर बल देते हैं, अश्वघोष निवृत्ति मार्ग के पक्ष में हैं। अश्वघोष ने वैदिक संस्कृति व वैदिक जीवनदृष्टि का अपने महाकाव्यों में प्रत्याख्यान किया है, जब कि कालिदास अपने समस्त काव्यों में वैदिक जीवनमूल्यों की पुन:प्रतिष्ठा करते हैं। बुद्धचरित में सिद्धार्थ अपने महाभिनिष्क्रमण के बाद राजा बिंबिसार से मिलते हैं। बिंबिसार

सिद्धार्थ से विवाद करते हुए उन्हें समझाता है कि जीवन धर्म, अर्थ और काम तीनों के समन्वय में ही है। सिद्धार्थ उसके तर्कों से अप्रभावित रह कर अपना पक्ष रखते हैं, और वे कहते हैं कि त्रिवर्ग का समान रूप से सेवन करने पर भी अमरत्व नहीं पाया जा सकता। सौंदरनंद में संन्यासी के लिये कवि की समाशंसा है—

अस्मै नमोऽस्तु स्थिरनिश्चयाय निवृत्तकौतूहलविस्मयाय।
शान्तात्मनेऽन्तर्गतमानसाय चङ्क्रम्यमाणाय निरुत्सुकाय।। (७.२२)

बुद्धचरित

इस महाकाव्य में भगवान् बुद्ध के जन्म से लेकर निर्वाण तक उनका संपूर्ण चरित और उनके महान् संदेश का २८ सर्गों में उदात्त निरूपण किया गया है। पाँचवी शताब्दी में इस महाकाव्य के चीनी और तिब्बती भाषाओं में अनुवाद किये गये। इन भाषाओं में अनूदित रूप में यह पूरा प्राप्त होता है, पर संस्कृत में इसके २८ सर्गो में से केवल १४ सर्ग ही प्राप्त हैं, उनमें से भी पहला तथा चौदहवाँ सर्ग अपूर्ण मिलते हैं। १४वें से १७वें सर्ग तक की पूर्ति १८३०ई० में अमृतानंद नामक एक नेपाली पंडित के द्वारा की गयी।

कथावस्तु

बुद्धचरित के प्रथम सर्ग में बुद्ध का जन्म और उनके विषय में असित मुनि के द्वारा की गयी भविष्यवाणी का वर्णन है। दूसरे सर्ग में राजा शुद्धोदन के द्वारा अपने पुत्र को अंत:पुर में रमाये रखने के प्रयास का चित्रण किया गया है। तीसरे सर्ग में रोगी, वृद्ध तथा मृत व्यक्तियों को देखकर सिद्धार्थ के मन में उत्पन्न हुए संवेग का निरूपण है। चतुर्थ सर्ग में सुंदर युवतियाँ सिद्धार्थ को रिझाने और भोगों में रमाने का निष्फल प्रयास करती हैं। पाँचवे सर्ग में सिद्धार्थ के महाभिनिष्क्रमण का अत्यंत उदात्त तथा प्रभावशाली चित्रण है। उनका सारथी छंदक उनके आदेश से अवश होकर उनके साथ जाता है। छठे सर्ग में वापस लौटते हुए छंदक की व्याकुलता और व्यथा का करुण चित्रण किया गया है। सातवें सर्ग में सिद्धार्थ तपोवन में प्रवेश करते हैं। आठवें सर्ग में सिद्धार्थ के चले जाने से दु:खी अंत:पुर की स्त्रियों का कातर विलाप है। नवम में शुद्धोदन के द्वारा कुमार के अन्वेषण का प्रयास तथा दशम में उनके मगध पहुँचने का वृत्तांत है। एकादश में सिद्धार्थ के विचार विमर्श के प्रसंग में कामनिंदा, द्वादश में उनका अराड ऋषि के आश्रम में पहुँचना तथा अराड के द्वारा उनको दिये गये धर्मोपदेश का वर्णन है। सिद्धार्थ अराड के विचारों की समीक्षा करते हैं, और उनके पास से चल देते हैं। इसके पश्चात् वे तपस्या आरंभ करते हैं। तेरहवें सर्ग में मार (काम) उनकी तपस्या में विघ्न डालने के विभिन्न प्रयास करता है। वह सिद्धार्थ को बहकाना चाहता है, तथा अपनी सारी सेना के साथ उनके ऊपर टूट पड़ता है, पर अंतत: उसे परास्त होना पड़ता है। चौदहवें सर्ग में सिद्धार्थ

की बुद्धत्वप्राप्ति चित्रित है। इसके आगे के जो अंश संप्रति संस्कृत में प्राप्त नहीं हैं, उनमें बुद्ध का धर्मचक्रप्रवर्तन, विभिन्न व्यक्तियों का उनकी शिष्यता ग्रहण करना, उनकी अपने पिता से भेंट, बुद्ध के उपदेशों तथा निर्वाण प्रशंसा आदि का वर्णन है।

रस

बुद्धचरित का अंगी रस शांत है। तृतीय, चतुर्थ और पंचम सर्गों में शृंगार रस की धारा बहाने का अवसर कवि को मिला है। यह धारा निरर्गल बहती है, पर सिद्धार्थ इससे अस्पृष्ट रहते हैं। शृंगार के प्रसंगों में नायक की अलिप्तता का ऐसा चित्रण दुर्लभ है। कवि और नायक के साथ साथ पाठक भी शृंगार के इस प्रवाह को तटस्थ होकर देखने लगता है। चौथे सर्ग में कामिनियों के हाव-भाव और विभिन्न कार्यव्यापार तथा पाँचवें सर्ग में अस्तव्यस्त सोयी रमणियों के चित्र अत्यंत स्वाभाविक हैं, पर अंततः वे महाकाव्य के अंगीरस के अनुरूप लौकिक सुख की तुच्छता के अनुभव में ही पर्यवसित होते हैं। करुण रस के निरूपण में अश्वघोष को विशेष सिद्धि मिली है। सिद्धार्थ के महाभिनिष्क्रमण के पश्चात् छंदक उनके अश्व के साथ कपिलवस्तु लौटता है। अश्व को आता देखकर स्त्रियाँ समझती हैं कि कुमार लौट आये हैं, पर उसकी खाली पीठ देखकर वे रो उठती हैं। शोकातुर स्त्रियाँ अपने करकमलों से अपनी छाती उसी तरह पीटने लगतीं हैं, जैसे वायु से हिलने वाली लताएँ अपने पल्लवों से अपने को पीटती हैं—

सुवृत्तपीनाङ्गुलिभिर्निरन्तरैर्विभूषणैर्गूढसिरैर्वराङ्गनाः ।
उरांसि जघ्नुः कमलोपमैः करैः स्वपल्लवैर्वातचला लता इव।। (८।२८)

बुद्ध के अश्व कंथक में भी कवि ने मानवीय संवेदना और स्वामिभक्ति का सजीव रूप दिखा कर करुणा की तरंगिणी को अजस्र बना दिया है। कुमार फिर लौट आये हैं,- यह सोच कर खिड़कियों के सामने आ कर और फिर घोड़े की खाली पीठ देखकर खिड़कियों को बंद कर रोती पौरांगनाओं के चित्र भी कम करुण नहीं हैं, तथा सिद्धार्थ के चले जाने के बाद अंतःपुर की स्त्रियों के महा हाहाकार को कवि ने अपनी कविता में बहुत प्रभावशाली रूप में ध्वनित कराया है।

इमाश्च विक्षिप्तविटङ्कबाहवः प्रसक्तपारावतदीर्घनिःस्वनाः।
विनाकृतास्तेन सहावरोधनैः भृशं रुदन्तीव विमानपङ्क्तयः।। (८.३७)

(विटंक या कपोतपालिकारूपी भुजाएँ फैंकती हुई, कबूतरों के निरंतर कूजन के द्वारा लंबी साँसे छोड़तीं, सिद्धार्थ से वियुक्त होने के कारण दुखी ये प्रासादपंक्तियाँ जैसे अत्यधिक रुदन कर रही हैं।)

यहाँ रूपक तथा उत्प्रेक्षा दोनों अलंकारों का सांकर्य करुणरस का परिपोष करता है।

तेरहवें सर्ग में मार की सेना का वर्णन करते हुए कवि ने भयानक रस की भी सफल निष्पत्ति करायी है। मार अपनी सेना में जिन असुरों को लेकर आता है उनके वर्णन में परिकर अलंकार, ओजो गुण तथा बीभत्स का परिपाक है। उदाहरणार्थ —

आजानुसक्था घटजानवश्च दंष्ट्रायुधाश्चैव नखायुधाश्च।
करङ्कवक्त्रा बहुमूर्तयश्च भग्नार्थवक्त्राश्च महामुखाश्च।।
भस्मारुणा लोहितबिन्दुचित्राः खट्वाङ्गहस्ताः हरिधूम्रकेशाः।
लम्बस्त्रजो वारणलम्बकर्णाश्चर्माम्बराश्चैव निरम्बराश्च।।

(१३।२०.२१)

मार के सैनिक घड़े के समान घुटनों वाले हैं। उनकी डाढ़ें और नाखून ही उनके आयुध हैं। कोई भग्नमुख वाले हैं, कोई विशाल मुख वाले। कोई लाल भस्म लगाये हुए हैं, किन्हीं के देह पर खून की बूँदों के धब्बे हैं। उनके हाथ में खट्वांग है, उनके केश धुएँ के रंग के हैं, मालाएँ लंबी लंबी हैं, कान हाथी के कानों की तरह विशाल है। कुछ चमड़े के वस्त्र पहने हैं, कुछ निर्वसन हैं।

रसोद्रेक में रससांकर्य या रसमिश्रण महाकवि अश्वघोष की दुर्लभ विशेषता है। भयानकरस के उपयुक्त निरूपण में बुद्ध का शांत विग्रह निरंतर उनकी दृष्टि में है, अत: शांत का प्रवाह भयानक के साथ साथ बहता चला आता है। इसी प्रकार पाँचवें सर्ग में अंत:पुर में बेसुध सोयी स्त्रियों के चित्रण में श्रृंगार के साथ साथ बीभत्स का सन्निवेश अद्भुत प्रभाव उत्पन्न करता है और इस सांकर्य से महाकाव्य में शांतरस का परिपोष होता है। श्रृंगार के चित्रण में भोगतृष्णा की अनर्गलता दिखाते हुए महाकवि उससे निस्संग बने रहते हैं। सुंदर वस्त्रों तथा कोमल चमड़ी के आवरण में छिपी बीभत्स की वास्तविकता का बोध जिस तरह अश्वघोष कराते हैं, वह संस्कृत महाकाव्य साहित्य में दुर्लभ है।

भाषा-शैली, वर्णनकला और काव्यसौंदर्य

द्वितीय सर्ग में कुमार सिद्धार्थ के अंत:पुर विहार का वर्णन तथा चौथे सर्ग में रथयात्रा, उद्यान और रात्रि के वर्णन सुंदर हैं। तीसरे सर्ग में विहार के लिये निकले कुमार को देखने के लिये हड़बड़ा कर खिड़कियों या द्वारों की ओर दौड़ पड़ी महिलाओं की उत्सुकता का चित्रण बहुत रोचक है। यह प्रसंग कालिदास के रघुवंश और कुमारसंभव में इस प्रकार के वर्णनों की छाया प्रतीत होता है। इसमें शिष्ट हास्य भी समन्वित है। अश्वघोष के वर्णनों में उपमाएँ, उत्प्रेक्षाएँ तथा अन्य अलंकार स्वत: विनिबद्ध होते चलते हैं और सौंदर्य की वृद्धि करते हैं। उदाहरणार्थ सोती हुई रमणी का यह वर्णन—

विबभौ करलग्नवेणुरन्या स्तनविस्त्रस्तसितांशुका शयाना।
ऋजुषट्पदपङ्क्तिजुष्टपद्मा जलफेनप्रहसत्तटा नदीव।।

(हाथ में वंशी लिये हुए, जिसके वक्ष से वस्त्र सरक गया है ऐसी वह सोती हुई स्त्री उस नदी की तरह लगती थी, जिसमें खिले कमलों पर भौंरो की कतार मँडरा रही हो तथा जो जल के फेन से हँस रही हो।)

अश्वघोष की भाषा में बुद्ध के व्यक्तित्व और उनके असाधारण प्रभाव का निरूपण करते

हुए तदनुरूप गरिमा और उदात्तता का संहज संचार हो जाता है। बुद्ध के प्रति उनकी अकृत्रिम आस्था के कारण ही यह संभव हुआ है। शिशु सिद्धार्थ के वर्णन में वे एक ही पद्य में एक साथ बालरवि तथा शशांक के उपमान प्रस्तुत कर के सिद्धार्थ के व्यक्तित्व की तेजस्विता और कोमलता दोनों को व्यक्त कर देते हैं।

दीप्त्या च धैर्येण च यो रराज बालो रविर्भूमिमिवावतीर्णः।
तथातिदीप्तोऽपि निरीक्ष्यमाणो जहार चक्षूंषि यथा शशाङ्कः।।

(अपने तेज और धैर्य से वे ऐसे विराजमान हो रहे थे, जैसे बाल सूर्य धरती पर उतर आया हो। अत्यंत दीप्त होकर भी देखने पर आँखों को वैसे ही हर लेते थे, जैसे चंद्रमा।)

इसीप्रकार सिद्धार्थ के जन्म के समय सूतिकागृह के दियों का नवशिशु की तेजस्विता के आगे प्रभाहीन हो जाने का यह कथन भी उदात्त और भव्य तत्त्व की स्फूर्त अभिव्यक्ति करता है—

स हि स्वगात्रप्रभया ज्वलन्त्या दीपप्रभां भास्करवन्मुमोष।
महार्हजाम्बूनदचारुवर्णो विद्योतयामास दिशश्च सर्वाः।।

(बुद्धचरित, १।१२)

(उस शिशु ने अपने देह की चमकती आभा से सूतिकागृह में जलते दीपकों की प्रभा को ऐसे ही फीका बना दिया, जैसे सूर्य के आगे दीपक मंदप्रभ हो जाते हैं। शुद्ध स्वर्ण के समान सुंदर वर्ण वाले उसने सारी दिशाओं को प्रकाशित कर दिया।)

बुद्ध के प्रत्येक कार्यकलाप में महाकवि ने एक महापुरुष की असाधारण भव्यता और अलौकिक प्रभाव का प्रत्यक्ष सा अनुभव करा दिया है। महाभिनिष्क्रमण के समय तो सिद्धार्थ का अडिग धैर्य और अकंप्य संकल्प अश्वघोष के शब्दों में साकार हो उठते हैं। छंदक से विदा लेते समय सिद्धार्थ का यह चित्र है—

मुकुटाद् दीपकर्माणं मणिमादाय भास्वरम्।
ब्रुवन् वाक्यमिदं तस्थौ सादित्य इव मन्दरः।।

(६।१३)

(मुकुट से दिपदिपाते भास्वर मणि को निकालकर यह वचन बोलते हुए सिद्धार्थ ऐसे लग रहे थे जैसे सूर्य के साथ मंदर पर्वत हो।)

अपने मुकुट से मणि उतार कर छंदक को सौंपते सिद्धार्थ के लिये आदित्य से युक्त मंदर पर्वत की उपमा परिस्थिति और प्रसंग के सर्वथा अनुरूप है।

वर्णनों में अपने सौंदर्यबोध तथा कल्पनाशीलता का भी प्रत्यय अश्वघोष देते हैं। सिद्धार्थ जब विहार के लिये निकलते हैं, तो उन्हे देखने के लिये नगर की स्त्रियाँ किसप्रकार अपने अपने भवनों की खिड़कियों के आगे आ जुटती हैं, इस दृश्य का सुंदर वर्णन करते हुए वे कहते हैं— स्त्रियों के मुख वातायनों से झाँकते हुए एक दूसके से सटे हुए थे, इस कारण उनके कुंडल परस्पर टकरा रहे थे। ऐसा लगता था जैसे खिड़कियों में कई कमल लग गये हों—

वातायनेभ्यस्तु विनिःसृतानि परस्परायासितकुण्डलानि।
स्त्रीणां विरेजुर्मुखपङ्कजानि सक्तानि हर्म्येष्विव पङ्कजानि।।

(३।१९)

अश्वघोष की भाषा शैली वाल्मीकि और व्यास के सहज काव्यपथ पर चलती है। उनकी वाणी में संतों या ऋषियों की अभिव्यक्ति के समान सरलता और जीवन के तथ्यों को निर्विकार रूप में प्रकट करने की क्षमता है। उदाहरण के लिये—

वासवृक्षे समागम्य विगच्छन्ति यथाऽण्डजाः।
नियतं विप्रयोगान्तस्तथा भूतसमागमः।।

(६।४६)

(डेरे के पेड़ पर पक्षी आते हैं और चले जाते हैं। इसी तरह प्राणियों के मिलन का अंत यहाँ वियोग में होता है।)

सौंदरनंद

सौंदरनंद अश्वघोष का दूसरा महाकाव्य है। यह मूल में संपूर्ण प्राप्त होता है। सिद्धार्थ गौतम का भाई नंद इसका नायक तथा उसकी पत्नी सुंदरी इसकी नायिका है।

वस्तु

नंद बड़ा सुंदर था। इसकारण उसे सुंदर भी कहा जाता था। वह अंत्यंत विलासी और भोगों में आसक्त था। बुद्ध के उपदेश से वह धर्म के मार्ग पर प्रवृत्त हुआ तथा अंत में उसने निर्वाण पाया - यह कथा इस महाकाव्य में अठारह सर्गो में निबद्ध है। पहले सर्ग में कपिलवस्तु नगरी का वर्णन है। दूसरे सर्ग में कपिलवस्तु के राजा शुद्धोदन के गुणों के वर्णन के साथ सिद्धार्थ तथा नंद के जन्म का प्रसंग है। तीसरे सर्ग में सिद्धार्थ को बुद्धत्व की प्राप्ति तथा उनके उपदेशों के प्रभाव से जनता में सद्धर्म की प्रवृत्ति का निरूपण किया गया है। चौथे सर्ग में कामासक्त नंद की अपनी पत्नी सुंदरी के साथ प्रेमक्रीडाओं का चित्रण किया गया है। वे दोनों प्रेमलीला में इस तरह खोये रहते हैं कि गौतम बुद्ध उनके द्वार पर भिक्षा माँगने के लिये आते हैं और उनकी पुकार जब कोई नहीं सुनता, तो वे बिना भिक्षा पाये खाली हाथ वहाँ से चल देते हैं। थोड़ी देर बाद ही नंद और सुंदरी को इस घटना का पता लगता है। नंद पत्नी से अनुमति लेकर बुद्ध से क्षमा माँगने के लिये चल पड़ता है। सुंदरी उससे कहती है— 'मेरे पाँवो में लगा महावर गीला है, यह सूखे इसके पहले ही लौट आना।' पंचम सर्ग में नंद बुद्ध के विहार में पहुँचकर उनसे मिलता है। वे उसे धर्म के मार्ग पर प्रवृत्त होने के लिये उपदेश देते हैं। नंद अपनी प्रिया के पास लौटना चाहता है, पर बुद्ध के व्यक्तित्व और वक्तृत्व से प्रभावित होकर संघ में सम्मिलित हो जाता है तथा भिक्षु बन जाता है। छठे सर्ग में अपने प्रिय के न लौटने

की प्रतीक्षा करती सुंदरी के करुण विलाप का मार्मिक चित्रण है। इधर नंद भिक्षु भले ही बन गया हो, पर बौद्ध विहार से उसका मन उचटा उचटा रहता है। वह अपने ऐश्वर्य और वैभव के संसार में वापस जाना चाहता है। सातवें सर्ग में प्रिया के विरह में नंद के क्लेश का चित्रण किया गया है। आठवें सर्ग में नंद अपने अन्तर्द्वन्द्व और दुःख का कारण एक भिक्षु को बताता है। वह भिक्षु स्त्रियों की निंदा करता हुआ उसे संयम के मार्ग पर चलने का उपदेश देता है। दसवें सर्ग में स्वर्ग दर्शन का प्रसंग है। बुद्ध को विदित होता है कि नंद संसार में वापस लौट जाना चाहता है, तो वे उसके चित्त को प्रबोध देने के लिये स्वर्ग ले जाते हैं। मार्ग में एक कानी बँदरिया को दिखा कर वे उससे पूछते हैं— 'यह एक आँख वाली वानरी अधिक सुंदर है या तुम्हारी पत्नी?' नंद मुस्कुरा कर उत्तर देता है— 'भगवन्! कहाँ आपकी बहू और कहाँ पेड़ को कष्ट पहुँचाने वाली यह बँदरिया?' फिर बुद्ध स्वर्ग में देवांगनाओं को दिखा कर उससे पूछते हैं— 'ये स्त्रियाँ सुंदर हैं या तुम्हारी पत्नी?' नंद कह उठता है— 'हे नाथ, एक आँख वाली उस वानरी तथा आपकी बहू में जितना अंतर है, उतना ही अंतर आपकी बहू और इन अप्सराओं में है।' बुद्ध कहते हैं कि यदि तुम इन अप्सराओं को पाना चाहते हो, तो तपस्या करो। नंद तपश्चर्या आरंभ कर देता है। ग्यारहवें सर्ग में भिक्षु आनंद का नंद के साथ संवाद है। भिक्षु आनंद को पता चलता है कि कि नंद स्वर्ग की कामना तथा अप्सराओं के आकर्षण से तप कर रहा है, तो वे उसे क्षणिक स्वर्ग का मोह त्यागने का संदेश देते हैं। बारहवे सर्ग में नंद तथागत से परमपदप्राप्ति का उपाय पूछता है। तेरहवें सर्ग में शीलाचरण और संयम के महत्त्व का प्रतिपादन है। चौदहवें सर्ग में कर्तव्योपदेश, पंद्रहवें में मानसिकशुद्धि की विधि, सोलहवें में बुद्धसम्मत चार आर्यसत्यों की व्याख्या, सत्रहवें में अमृतपद की प्राप्ति तथा अठारहवें में उत्तम ज्ञान का उपदेश है।

पात्र

सौंदरनंद महाकाव्य का नायक नंद है। वह उच्चकुलोत्पन्न क्षत्रिय है। नायक के सांसारिक सुख तथा स्त्रियों के प्रति आकर्षण और प्रव्रज्या लेने पर संसार में उसके लौटने की तीव्र कामना के विरागभाव के और संघर्ष का मनोवैज्ञानिक तथा प्रभावशाली चित्रण कवि ने किया है। सौंदरनंद संस्कृत की उन विरल रचनाओं में से एक हैं, जिनमें नायक के चरित्र का रूपांतरण प्रदर्शित किया गया है। नंद आरंभ में धीरललित कोटि का नायक कहा जा सकता है, पर धर्म साधना में प्रवृत्त होकर वह धीरशांत नायक बन जाता है। बुद्ध के व्यक्तित्व की उदात्तता सारे महाकाव्य में सर्वातिशायी रूप में प्रभावी है। नायिका सुंदरी एक प्रेमाकुल स्त्री के रूप में चित्रित है। बुद्ध तथा आनंद के चरित्रों की भी कतिपय रेखाएँ इस महाकाव्य में उभरी हैं। बुद्ध के व्यक्तित्व की महनीयता का बोध कराने में कवि सफल रहा है।

रस

इस महाकाव्य में भी बुद्धचरित के समान शांत रस अंगी है। परंतु नंद के सांसारिक

आकर्षण और विकर्षण तथा सुंदरी की व्यथा के चित्रण में करुण रस का परिपाक मर्म को छू लेता है। सुंदरी और नंद के भावाकुल हृदयों के हाहाकार को कवि ने जैसे स्वयं अनुभव करते हुए लेखनी से उतारा है। नंद के अंतर्द्वंद्व का चित्रण इस महाकाव्य की असाधारण विशेषता है। नंद संसार और वैराग्य, त्याग और भोग के बीच संकल्प-विकल्पों के झूले में झूल रहा है। महाकवि अश्वघोष उसकी इस संशयग्रस्त मन:स्थिति का चित्रण करते हुए कहते हैं कि एक ओर से बुद्ध का गौरव उसे खींच रहा था, दूसरी ओर से पत्नी का प्रेम फिर फिर बरबस खींच रहा था। वह इन दोनों के बीच अनिश्चय के कारण न इधर जा पा रहा था, न उधर; वह तरंगों में तैरते राजहंस की तरह इधर इधर डोल रहा था।

तं गौरवं बुद्धगतं चकर्ष भार्यानुरागः पुनराचकर्ष।
सोऽनिश्चयान्नापि ययौ न तस्थौ तरंस्तरङ्गेष्विव राजहंसः।।

(४।४२)

यहाँ उपमा अलंकार का प्रयोग नायक के संशय और द्वैध भाव का परिपोष करता है। सुंदरी और नंद की प्रणय लीलाओं में संभोग शृंगार का तथा सुंदरी के विलाप में विप्रलंभ का उत्तम परिपाक हुआ है। बुद्ध नंद को हिमालय की वानरी को दिखा कर उसकी सुंदरता के विषय में प्रश्न करते हैं— यह प्रसंग किंचित् हास्य की छटा बिखेरता है। रौद्र, वीर, बीभत्स और भयानक रसों का इस महाकाव्य में अभाव है।

भाषा-शैली, वर्णनकला और काव्यसौंदर्य

आरंभ में राजा शुद्धोदन तथा कपिलवस्तु नगरी के वर्णन में कवि ने अपने समय के रीतिरिवाजों और परंपराओं को मूर्त किया है। सुंदरी के रूप का वर्णन भी आकर्षक है। कवि स्वाभाविक रूप की सराहना करता हुए कहता है— 'स्वेनैव रूपेण विभूषिता सा विभूषणानामपि भूषणं सा' (४।१२) अर्थात् वह अपने रूप से ही विभूषित थी, आभूषण या गहनों के लिये वह आभूषण बन गयी थी।

बुद्ध के उपदेशों को अश्वघोष अत्यंत सरल और प्रांजल भाषा में हृदयंगम बना देते हैं। अलंकार उनकी भाषा में अपने आप अवतरित होते चले जाते हैं। उदाहरण के लिये-

आकाशयोनिः पवनो यथा हि यथा शमी गर्भशयो हुताशः।
आपो यथान्तर्वसुधाशयाश्च दुःखं तथा चित्तशरीरगामि।।

(सौंदरनंद, १६।११)

(शरीर के भीतर दुःख उसी प्रकार रहता है जैसे आकाश में पवन, शमी वृक्ष के भीतर अग्नि और धरती के भीतर जल।)

भाषाशैली की दृष्टि से अश्वघोष वाल्मीकि की प्रसन्न प्रांजल रीति का अनुगमन करते हैं। वाल्मीकि की भाँति मालोपमा का वे बार बार प्रयोग करते हैं। कपिलवस्तु के वर्णन में तो अमूर्त उपमानों का प्रयोग करते हुए उन्होंने चमत्कार को पराकाष्ठा पर पहुँचाया है। उदाहरणार्थ—

सन्निधानमिवार्थानामाधानमिव सम्पदाम्।
निकेतमिव विद्यानां सङ्केतमिव सम्पदाम्।।

(कपिलवस्तु नगरी जैसे अर्थों का सन्निधान, संपदाओं का आधान, विद्याओं का निकेतन तथा संपदाओं का संकेत थी।)

यहाँ सन्निधान, आधान, निकेतन, संकेत आदि की सानुप्रासिकता के द्वारा कपिलवस्तु के वैभव की प्रतीति को समृद्ध किया गया है।

सौंदर्यचित्रण की दृष्टि से यह महाकाव्य बुद्धचरित की अपेक्षा अधिक रमणीय है। दसवें सर्ग में हिमालय की उपत्यकाओं में विचरण करती अप्सराओं का वर्णन मनोरम है। इस वर्णन में उपमानों का प्रयोग भी सटीक है—

कासाञ्चिदासां वदनानि रेजुर्वनान्तरेभ्यश्चलकुण्डलानि।
व्याविद्धपर्णेभ्य इवाकरेभ्यः पद्मानि कादम्बविघट्टितानि।।

(१०.३८)

(उन अप्सराओं के मुख पर चंचल कुंडल हिल रहे थे। हिमालय के उस वनमें वे मुख ऐसे सुशोभित हो रहे थे जैसे सघन पत्तों से घिरे सरोवर में कमल के पुष्पों को हिलाते हुए हंस विचर रहे हों।)

सौंदरनंद में भौतिक वस्तुओं की अनित्यता तथा संसार की क्षणभंगुरता के चित्र अत्यंत प्रभावशाली हैं, जिनको विविध दृष्टांतों तथा उपमाओं ने सौंदर्य से मंडित कर दिया है

आकाशयोनिः पवनो यथा हि यथा शमी गर्भशयो हुताशः।
आपो यथान्तर्वसुधाशयाश्च दुःखं तथा चित्तशरीरगामि।।

(जैसे पवन आकाश में उपजता है, जैसे शमी के पेड़ के भीतर आग रहती है, जैसे धरती के भीतर पानी रहता है, ऐसे ही दुःख चित्त और शरीर में व्याप्त होता है।)

अपां द्रवत्वं कठिनत्वमुर्व्या वायोश्चलत्वं ध्रुवमौष्ण्यरश्मेः।
यथा स्वभावो हि तथा स्वभावो दुःखं शरीरस्य च चैत्तसस्य।।

(सौन्दरनन्द, १६/११,१२)

(जैसे पानी का स्वभाव द्रवत्व है, धरती का स्वभाव कठिनता है, वायु का स्वभाव चलनशील है, सूर्य का स्वभाव उष्णता है, उसी तरह दुःख शरीर और चित्त का स्वभाव है।)

स्त्रीपरिवाद में अश्वघोष प्रखर और स्पष्टवादी हैं।

सविषा इव संश्रिता लताः परिमृष्टा इव सोरगा गुहाः।
विवृता इव चासयो धृता व्यसनान्ता हि भवन्ति योषितः।।

(सौन्दरनन्द ८/३१)

सुजना कृपणीभवन्ति यद् यदयुक्तं प्रचरन्ति साहसम्।
प्रविशन्ति च यच्चमूमुखं रभसा तत्र निमित्तमङ्गना।।

(१८/३४)

वचनेन हरन्ति वर्णना निशितेन प्रहरन्ति चेतसा।
मधु तिष्ठति वाचि योषितां हृदये हालहलं महद् विषम्।।

(१८/३५)

प्रदहन् दहनोऽपि गृह्यते विशरीरः पवनोऽपि गृह्यते।
कुपितः भुजगोऽपि गृह्यते प्रमदानां तु मनो न गृह्यते।।

(१८/३६)

(स्त्रियाँ विषयुक्त लताओं के समान, अजगरों से युक्त गुफाओं के समान, तथा नंगी तलवार के समान विपत्तिजनक हुआ करती हैं। सज्जन लोगों के निर्धन होने से, अनुचित साहस करने में, या अपने प्राणों को संकट में डाल देने में स्त्रियाँ ही कारण हुआ करती हैं। स्त्रियाँ अपने वचन आदि से मन को हर लेती हैं पर इनकी वाणी में ही मधु हुआ करता है, हृदय में तो हालाहल विष रहता है। जलती हुई आग, आँधी और कुपित सर्प इन सबसे पीछा छुड़ाया जा सकता है, पर स्त्रियों के मन को वश में नहीं किया जा सकता।)

स्त्रियों की निन्दा करने में अश्वघोष को इतनी रुचि थी कि उन्होंने इस प्रसंग में विस्तार से २४ श्लोकों में स्त्रीदोषों का पल्लवन किया है।

किसानों को हल चलाते देखकर और हल से धरती के कीटकृमियों की हिंसा होते देखकर कवि का कलेजा मुंह को आने लगता है। पर मूलतः कवि है विरागी ही। संसार में उसकी रुचि वस्तुतः है ही नहीं। यदि कहीं पर मूलतः सांसारिक भावनाएँ उसके काव्य में मार्मिक रूप में आयी भी हैं तो वे भी पाठकों को आकर्षित करने के लिये।

तभी तो वह गौतम बुद्ध की बाल्य क्रीडाओं का कहीं भी वर्णन नहीं कर सका। सौन्दर्य से भी अश्वघोष दूर-सा भागता है। दोनों ही महाकाव्यों में शायद ही कोई ऐसा स्थल हो जहाँ वह प्रकृति के नैसर्गिक सौन्दर्य पर मुग्ध होकर एक क्षण के लिये रुक गया हो और कालिदास या भवभूति की भाँति प्रकृति के नित्य नवीन लगने वाले चित्र उकेर सका हो। मानव सौन्दर्य का–विशेष रूप से तरुण रमणियों का- कवि ने अनेक बार वर्णन अवश्य किया है, पर वह पूर्वपक्ष के रूप में ही है, अश्वघोष का सौन्दर्य वर्णन बहाना मात्र है, उनका मूल उद्देश्य वही है, जो एक उपदेशक का होता है। उनका कवि-हृदय एक मखमली आवरण के समान है, उपदेशक के सूखे ढांचे पर चढ़ा दिया गया है। इसलिए उन सभी वर्णनों में जहाँ संसार का सुखदुःख चित्रित हुआ है, अश्वघोष तटस्थ और निर्लिप्त होकर अलग ही नहीं खड़े हैं, अपितु अपने मन के भीतर उसको अर्थहीन भी समझते हैं। वे यशोधरा और सुन्दरी के दुःख पर अपने अन्तस्तल से नहीं रोते, क्योंकि उनकी दृष्टि में वह दुःख केवल व्यामोह है।

इसलिये अश्वघोष की प्रकृति उनके घोर शृंगारित वर्णनों में भी अशृंगारित ही हैं। उनमें व्यंग्य और विनोद की प्रवृत्ति अवश्य थोड़ी सी मात्रा में थी इसकी एक झलक सौन्दरनन्द के उस प्रसंग में मिलती है, जब बुद्ध एक कानी बँदरिया को दिखाकर नन्द से पूछते हैं कि उसकी पत्नी अधिक सुन्दर है या वह बन्दरिया और उसके पश्चात् वे उसे स्वर्ग की अप्सराओं को दिखाकर पूछते हैं कि वे अप्सराएँ अधिक सुन्दर है या नन्द की पत्नी और तब नन्द को पहली बार अपनी पत्नी साधारण सी लगती है। पर वस्तुतः अश्वघोष का स्वभाव तो वैसा ही रहा होगा, जैसा उन्होंने बुद्ध के सम्बन्ध में वर्णन किया है—

प्रतिपूजया न जहर्ष न च शुचमवज्ञयागमत्।
निश्चितमतिरसिचन्दनयोर्न जगाम सुखदुःखयोश्च विक्रियाम्।।

(सौन्दरनन्द ३/३९)

(किसी भी तरह की पूजा से न वे हर्षित होते थे, न किसी तरह की अवज्ञा से खिन्न होते थे। उनके लिये असि और चंदन बराबर थे, सुख और दुःख में उनके भीतर विकार नहीं आता था।)

अपनी वैराग्यवृत्ति और निःसंगता के कारण अश्वघोष में किसी प्रकार की चाटुकारिता की प्रवृत्ति जन्म ले ही नहीं सकती थी। कनिष्क के राज्याश्रय में या उसके समय में रहकर भी कनिष्क के नाम तक का उल्लेख कवि ने अपने काव्यों में नहीं किया। शारिपुत्रप्रकरण के भरतवाक्य में तो कम से कम कनिष्क का उल्लेख किया ही जा सकता था, पर अश्वघोष की सधुक्कड़ी वृत्ति ने उसे भी अनावश्यक समझकर छोड़ दिया।

सूक्तियाँ

अश्वघोष के दोनों महाकाव्य सूक्तियों के भंडार है। जीवनदर्शन की सहज अभिव्यक्ति के कारण वे संस्कृत महाकाव्य साहित्य में अनुत्तम स्थान रखते हैं। उनकी सूक्तियाँ हृदय में उतरती चली जाती हैं। जैसे—

उद्यमो मित्रवन् मान्यः प्रमादं शत्रुवत् त्यजत्।
उद्यमेन परा सिद्धिः प्रमादेन क्षयो भवेत्।।

(बुद्धचरित, २६.७३)

(उद्यम को मित्र की तरह मानना चाहिये तथा प्रमाद को शत्रु मान कर त्याग देना चाहिये। उद्यम से परम सिद्धि मिलती है और प्रमाद से क्षय होता है।)

ऋतुर्व्यतीतः परिवर्तते पुनः क्षयं प्रयातः पुनरेति चन्द्रमाः।
गतं गतं नैव तु सन्निवतते जलं नदीनां च नृणां च यौवनम्।।

(सौंदरनंद, ९।२८)

(ऋतु बीत जाती है, तो फिर लौट कर आती है। चंद्रमा क्षीण होता है, तो फिर पूर्ण होकर

उदित होता है। पर दो वस्तुएँ जो गईं, तो फिर नहीं लौटतीं – नदियों का जल तथा मनुष्यों का यौवन।)

तुलना

अश्वघोष के दोनों महाकाव्य नायक-प्रधान हैं तथा नायक की आत्मसाधना पर केंद्रित हैं। दोनों के नायक धीरशांत कहे जा सकते हैं। दोनों का लक्ष्य पाठकों को धर्म के प्रति उन्मुख करना है। दोनों में प्रतिनायक के चरित्र अनुपस्थित हैं। नायिकाओं को दोनों में पृष्ठभूमि में रखा गया है, वे प्रायः विलाप करने के अतिरिक्त अन्य कोई महत्त्वपूर्ण भूमिका कथा में नहीं निभातीं। धर्मविषयक गंभीर विमर्श दोनों महाकाव्यों को संस्कृत महाकाव्य साहित्य में अलग पहचान देता है।

उपजीव्यता

महाकवि अश्वघोष की रचनाओं का गहराप्रभाव चीनी भाषा में रचे गये बौद्ध साहित्य पर पड़ा। संस्कृत के महाकवियों में बुद्धघोष ने अपने पद्यचूडामणि महाकाव्य में उनके बुद्धचरित से प्रेरणा पा कर लिखा। बुद्धचरित के संपादक जान्स्टन ने अश्वघोष का प्रभाव भास, कालिदास व बाणभट्ट पर भी बताया है, जो सत्य नहीं है। जानकीहरण के संपादक परनवितान (पर्णवितान) ने कुमारदास के एक अन्य महाकाव्य श्रीघनानंद का उल्लेख किया है, परनवितान के अनुसार यह महाकाव्य अश्वघोष के सौंदरनंद से प्रभावित था।[५] संभव है कि सौंदरनंद को सौंदरानंद समझकर आनंद दोनों काव्यों के नाम में समान उत्तरपद मान कर परनवितान ने यह धारणा बना ली हो। आधुनिक हिंदी साहित्यकारों में मोहन राकेश का नाटक 'लहरों के राजहंस' अश्वघोष के सौंदरनंद पर आधारित है।

बुद्धघोष : पद्यचूडामणि

महाकवि बुद्धघोष का समय पाँचवी - छठी शताब्दी है। ललितविस्तर तथा बुद्धचरित महाकाव्य में निरूपित भगवान् बुद्ध के जीवन का चित्रण उन्होंने बुद्धत्व की प्राप्तिपर्यंत इस महाकाव्य में किया है। कुप्पू स्वामी शास्त्री के अनुसार पद्यचूडामणिकार बुद्धघोष अट्ठकथाओं के लेखक तथा प्रख्यात दार्शनिक बुद्धघोष से भिन्न हैं, और वे भारवि, भामह तथा दंडी के पूर्व और कालिदास के पश्चात् हुए।

पद्यचूडामणि में दस सर्ग तथा ६४१ पद्य हैं। इसके नायक बुद्ध हैं, तथा नायिका के चरित्र का इसमें प्रायः अभाव है। कवि ने मार को प्रतिनायक के रूप में चित्रित किया है।

वस्तु

इस महाकाव्य के प्रथम सर्ग में बुद्ध की वंदना के पश्चात् कपिलानगरी, राजा शुद्धोदन तथा

उसकी रानी मायादेवी का वर्णन है। शुद्धोदन पुत्रप्राप्ति के लिये विभिन्न अनुष्ठान करते हैं। द्वितीय सर्ग में देवता तुषिता नगरी में जा कर तुषिताधिप की स्तुति करते हैं। तुषिता नगरी तथा तुषिताधिप का वर्णन भी कवि ने इस सर्ग में किया है। तीसरे सर्ग में मायादेवी के दोहद तथा सिद्धार्थ के जन्म का वर्णन है। चौथे सर्ग में कुमार के विवाह की चर्चा, कुमारी गोपा के सौंदर्य, वरयात्रा, वर के रूप में सिद्धार्थ की शोभा तथा कपिला नगरी की रमणियों की उन्हें देखने के लिये हड़बड़ी—आदि प्रसंग हैं। पाँचवे सर्ग में ऋतूत्सव तथा कुमार के अस्त्रकौशल के प्रदर्शन का वर्णन है। षष्ठ सर्ग में कुमार की उद्यान यात्रा तथा उनके द्वारा वृद्ध, रोगी और शव का दर्शन, सप्तम में उद्यान तथा जलक्रीडा, आठवें में सूर्यास्त, अंधकार, चंद्रोदय आदि के प्रसंग हैं। नवम सर्ग में महाभिनिष्क्रण के पश्चात् सिद्धार्थ की तपश्चर्या का चित्रण है। इसी सर्ग में उनके बिंबिसार की नगरी में गमन तथा भिक्षाटन का भी चित्रण है। इसके पश्चात् बुद्ध पुनः तपश्चर्या में लीन हो जाते हैं और बुद्धत्व प्राप्ति के पश्चात् पायसग्रहण करते हैं। दसवें सर्ग में उनके साथ युद्ध के लिये मार अवतरित होता है और युद्ध का आरंभ हो जाता है। बुद्ध के प्रति मार के वचन, मार के साथ आयी सुंदरियों की विविधक्रीडाओं के वर्णन के अनंतर मारविजय के साथ महाकाव्य समाप्त होता है।

वर्ण्यविषय

कथानक में निम्नलिखित वर्णनों को महाकवि बुद्धघोष ने इस महाकाव्य में बड़ी निपुणता से गूँथा है— नगर, शैल, चंद्र, सूर्य, ऋतु, उद्यान, जलक्रीडा, विरह, विवाह, प्रयाण तथा युद्ध। सौंदर्यबोध तथा कल्पनाओं की अभिरामता की दृष्टि से पद्यचूडामणि अश्वघोष के महाकाव्यों की अपेक्षा अधिक परिष्कृत और आकर्षक है। वर्णविच्छित्ति की रम्यता तथा किसी भी दृश्य के चित्रण में सुदर उत्प्रेक्षाएँ बुद्धघोष के कवित्व को स्पृहणीय बनाती हैं। कपिलवस्तु के प्रासादों के सौंदर्य का यह निरूपण द्रष्टव्य है—

यदिन्द्रनीलोपलकुट्टिमेषु प्रविष्टबिम्बां प्रथमेन्दुलेखाम्।
मृणालखण्डस्पृहया मरालाश्चञ्चूपुटैश्चुम्बितुमुत्सहन्ते।।

(१।१५)

(जब उन प्रासादों के इंद्रनील मणि से बने फर्श पर चंद्रमा की पहली किरण पड़ती है, तो हंस उसे कमलनाल का टुकड़ा समझकर अपनी चोंच से चूमने को उद्यत हो जाते हैं।)

विभिन्न ऋतुओं में दिशा-नायिकाओं का पद्यचूडामणिकार ने रूपक तथा अपह्नुति के द्वारा यह रमणीय चित्र प्रस्तुत किया है—

कृताभिषेकाः प्रथमं घनाम्बुभिर्धृतोत्तरीयाः शरदभ्रसञ्चयैः।
विलिप्तगात्र्यः शशिरश्मिचन्दनैर्दिशो दधुस्तारकहारयष्टिकाम्।।

(५।४७)

(पहले मेघों के जल से अभिषेक करायी गयीं, फिर शरद् के बादलों का उत्तरीय पहने हुए चंद्रमा की किरणों का चंदन लगाये हुए दिशाओं ने तारों की बनी माला पहन ली।)

बुद्ध के व्यक्तित्व की गरिमा व आभा का चित्र बुद्धघोष ने अत्यंत उज्ज्वल रूप में अंकित किया है। इसमें उदात्त अलंकार के साथ सौंदर्य बोध की अनाविलता का मणिकांचन योग हुआ है। उदाहरणार्थ—

प्रसन्नमूर्णावलयाभिरामं ज्योतिर्मयं तस्य मुखारविन्दम्।
भूयिष्ठमन्तर्गतचन्द्रलेखां बालार्कबिम्बश्रियमाततान।।

(३.६०)

(सिद्धार्थ के मुखारविंद में ललाट पर ऊर्णावलय (भौंहों के बीच वलयाकार रोमराजि) था, जिसके कारण उसका मुख बालसूर्य के भीतर चंद्रलेखा की शोभा का विस्तार कर रहा था।)

रस

महाकाव्य में शांत रस की प्रधानता है। इसके साथ संभोग श्रृंगार, अद्भुत, वीर, रौद्र तथा भयानक रसों का भी समावेश है। मारविजय को युद्ध का रूपक देकर युद्ध का वातावरण निपुणता से निर्मित किया गया है। विप्रलंभ श्रृंगार, हास्य तथा बीभत्स रसों का ग्रहण इस महाकाव्य में नहीं किया गया। वीररस के निरूपण में कवि ने ओजस्वी पदावली और गौडी रीति का भी आश्रय लेकर वैविध्य और चमत्कार ला दिया है। उदाहरणार्थ मार और बुद्ध के संग्राम का वर्णन पठनीय है—

वैतण्डमण्डलविडम्बितचण्डवायुवेगावखण्डितकुलाचलगण्डशैलम्।
संवर्तसागरसमुद्गतभङ्गतुङ्गत्वङ्गत्तुरङ्गमतरङ्गितसर्वदिक्कम्।।

(१०।५)

भाषा-शैली

बुद्धघोष पर कालिदास का गहरा प्रभाव है। उनकी शैली भी तदनुरूप समस्तगुणोपेता सरस वैदर्भी है।

छन्द

महाकवि बुद्धघोष ने इस महाकाव्य में निम्नलिखित छंदों का प्रयोग किया है— अनुष्टुप्, इंद्रवज्रा, मालिनी, वसंततिलका, वियोगिनी, उपजाति, शालिनी, मंदाक्रांता तथा शार्दूलविक्रीडित। वर्ण्यविषय के अनुरूप छंदों के प्रयोग तथा उनके द्वारा विविधता के निर्वाह में कवि सफल है।

पद्यचूडामणि महाकाव्य उपजीव्य महाकाव्यों तथा अलंकृत शैली के महाकाव्यों के बीच की एक महत्त्वपूर्ण कड़ी है।

हयग्रीववध : भर्तृमेंठ

भर्तृमेंठ संस्कृत के महाकवियों की प्रथम पंक्ति में सदैव स्मरण रहे हैं। दुर्भाग्य से इनका

लिखा हुआ महाकाव्य हयग्रीववध लुप्त हो चुका है। हयग्रीव नामक दैत्य की कथा महाभारत तथा कुछ पुराणों में आती है। उसी को आधार बना कर भर्तृमेंठ ने अपना यह महाकाव्य लिखा था। राजशेखर ने इन्हें वाल्मीकि का अवतार बताते हुए कहा है—

बभूव वाल्मीकिभवः कविः पुरा ततः प्रपेदे भुवि भर्तृमेण्ठताम्।

इनके महाकाव्य से आनंदवर्धन, क्षेमेंद्र, राजशेखर, मम्मट तथा विश्वनाथ जैसे आचार्यों ने विविध पद्य उद्धृत किये हैं। सोमेश्वर (यशस्तिलकचंपू), पद्मगुप्त परिमल, रुय्यक (व्यक्तिविवेक की टीका), शिवस्वामी, मंख तथा सोड्ढल ने एक श्रेष्ठ कवि के रूप में भर्तृमेंठ का स्मरण किया है।

कल्हण के अनुसार भर्तृमेंठ उज्जयिनी के राजा विक्रमादित्य की सभा में थे, और बाद में कश्मीर के राजा मातृगुप्त के आश्रय में रहे। इस आधार पर इनका समय चौथी शताब्दी के आसपास माना जाता है।

कल्हण ने लिखा है कि जब भर्तृमेंठ ने महाराज मातृगुप्त को हयग्रीववध महाकाव्य सुनाया, तो वे आद्यंत एकदम मौन रह कर सुनते रहे- 'आ समाप्ति ततो नापत् साधु-साध्विति वा वचः'—प्रशंसा में "साधु, साधु" (बहुत अच्छा, बहुत अच्छा)— यह भी उन्होंने नहीं कहा। जब कवि पुस्तक की प्रति उन्हें अर्पित करने लगा, तो उन्होंने सोने का थाल मँगवा कर उसके नीचे यह कह कर रखवा दिया कि इस काव्य में इतना सौंदर्य लबालब भरा है कि कहीं वह निकल कर बहने न लग जाये। उसके बाद राजा ने महाकवि को प्रचुर धन भी दिया, जो कवि के लिये पुनरुक्ति के समान था।[६]

हयग्रीववध महाकाव्य के अतिरिक्त भर्तृमेंठ ने स्फुट पद्य रचनाएँ भी की थीं- क्योंकि इनके अनेक सुभाषित प्राचीन सुभाषितसंग्रहों में उद्धृत हैं।

हयग्रीववध के निम्नलिखित अनुष्टुप् जो इसके प्रारंभिक अंश हैं, राजशेखर ने अपनी काव्यमीमांसा तथा क्षेमेंद्र ने अपने सुवृत्ततिलक में उद्धृत किये हैं —

आसीद् दैत्यो हयग्रीवः सुहृद्वेश्मसु यस्य ताः।
प्रथयन्ति बलं बाह्वोः सितच्छत्रस्मिताः स्त्रियः।।

यं प्रेक्ष्य चिररूढापि निवासप्रीतिरुज्झिता।
मदेनैरावणमुखे मानेन हृदये हरेः।।

(हयग्रीव नामक दैत्य था, जिसके मित्रों के भवनों में श्वेत छत्रों के नीचे मुस्काती लक्ष्मियाँ या संपदाएँ उसके बाहुबल का बखान करती लगती थीं। जिसे देखकर मद ने ऐरावण हाथी के मुख में और मान ने हरि के हृदय में चिरकालिक निवास के प्रेम को त्याग दिया था अर्थात् उसे देखते ही ऐरावत हाथी का मद और इंद्र का भी अपने शौर्य पर गर्व दूर हो चुका था।)

द्वितीय पद्य को मम्मट ने पर्यायोक्त अलंकार के उदाहरण में काव्यप्रकाश में भी उद्धृत

किया है। कवि कहना यह चाहता है कि हयग्रीव को सामने देख ऐरावत हाथी का मद तथा इंद्र का अभिमान उतर गया। इस व्यंग्य को ही भंग्यंतर से शब्दों में कह दिया है, अतः पर्यायोक्त अलंकार है। इसकी व्याख्या करते हुए मम्मट कहते हैं—'अत्र ऐरावणशक्रौ मदमानमुक्तौ जाताविति व्यङ्ग्यमपि शब्देनोच्यते तेन यदेवोच्यते तदेव व्यङ्ग्यम्। यथा तु व्यङ्ग्यं न तथोच्यते।'

आनंदवर्धन ने ध्वन्यालोक में हयग्रीववध का यह पद्य आक्षेपध्वनि के उदाहरण में प्रस्तुत किया है—

स वक्तुमखिलान् शक्तो हयग्रीवाश्रितान् गुणान्।
योऽम्बुकुम्भैः परिच्छेदं ज्ञातुं शक्तो महोदधेः।।

(हयग्रीव के सारे गुणों को वही बताने में समर्थ हो सकता है, जो एक एक घड़ा भर कर अलग कर के सागर का परिमाण जान सकता हो।)

यहाँ प्रतिनायक हयग्रीव के गुणों की गणना असंभव है— यह अर्थ आक्षिप्त होता है।

मम्मट ने अपने काव्यप्रकाश के पहले उल्लास में हयग्रीववध का निम्नलिखित पद्य चित्रकाव्य में अर्थचित्र के उदाहरण में प्रस्तुत किया है—

विनिर्गतं मानदमात्ममन्दिराद् भवत्युपश्रुत्य यदृच्छयापि यम्।
ससम्भ्रमेन्द्रद्रुतपातितार्गला निमीलिताक्षीव भियामरावती।।

(जिस मानद हयग्रीव के स्वेच्छा से यों ही घर से बाहर निकलने पर कहीं वह इधर न आ धमके, यह सोच कर इंद्र के द्वारा जिसकी अर्गला (फाटक की साँकल) लगवा दी गयी है, ऐसी अमरावती रूपी नायिका डर से मानो आँखें बंद कर लेती है)।

यहाँ हयग्रीव के पराक्रम तथा आतंक का निरूपण करने के लिये कवि ने उत्प्रेक्षा अलंकार का प्रयोग कर के कल्पनाशीलता और सौंदर्यबोध का परिचय दिया है।

साहित्यदर्पण में हयग्रीववध से हयग्रीव के सैनिकों के द्वारा स्वर्ग में पारिजात की मंजरियों को मसलने का यह वर्णन उद्धृत किया गया है—

स्पृष्टास्ता नन्दने शच्या केशसम्भोगलालिताः।
सावज्ञं पारिजातस्य मञ्जर्यो यस्य सैनिकैः।।

(नंदन वन की उन पारिजातमंजरियों का, जिन्हें शची अपने केशों के शृंगार के लिये लगा कर लालित करती थी, उस हयग्रीव के सैनिकों ने अवज्ञा पूर्वक स्पर्श किया।)

विश्वनाथ ने ही साहित्यदर्पण में पर्यायोक्त अलंकार के निरूपण में हयग्रीववध का यह उदाहरण दिया है—

दानवाधिपते भूयो भुजोऽयं किन्न नीयते।
सहायतां कृतान्तस्य क्षयाभिप्रायसिद्धिषु।।

(हे दानवाधिपते, आप अपनी इस भुजा का उपयोग कृतांत या यमराज के लोगों का नाश करने के कार्य में सहायता के लिये क्यों नहीं करते?)। इस के साथ ही राजशेखर ने काव्यमीमांसा में कविसमय के उदाहरण में यह पद्य भी हयग्रीववध का दिया है—

महासुरसमाजेऽस्मिन् न चैकोऽस्ति सोऽसुरः।
यस्य नाशनिष्पेषनीराजितमुरःस्थलम्।।

(इस महान् असुर समाज में एक भी असुर ऐसा नहीं है जिसका वक्षःस्थल इंद्र के वज्र के प्रहार से बने घावों से व्रणांकित न हो।)

इन के अतिरिक्त भर्तृमेंठ के नाम से कतिपय पद्य सुभाषितसंग्रहों में नीतिपरक या अन्योक्तिमूलक उद्धृत मिलते हैं। बलदेव उपाध्याय ने 'विपदि धैर्यमथाभ्युदये क्षमा' इत्यादि पद्य को इन उद्धरणों के आधार पर भर्तृमेंठकृत मान लिया है, जब कि यह पद्य भर्तृहरि के नीतिशतक में भी मिलता है।

शार्ंगधरपद्धति (३९५३) में भर्तृमेंठ का यह पद्य उद्धृत है—

मधु च विकसितोत्पलावतंसं शशिकरपल्लवितं च हर्म्यपृष्ठम्।
मदजनितविभ्रमा च कान्ता फलमिदमर्थवतां विभूतयोऽन्याः।।

(खिले नील कमल की शोभा बढ़ाने वाली मधु, चंद्रमा की चाँदनी से खिला हर्म्यपृष्ठ (छत), मदजनितविभ्रम वाली प्रिया – ये संपन्न लोगों की अलग ही विभूतियाँ हैं।)

हयग्रीववध की समीक्षा

इस महाकाव्य की आचार्यपरंपरा में यह आलोचना की जाती रही है कि इसमें नायक (विष्णु) की अपेक्षा प्रतिनायक (हयग्रीव) का चरित्र अधिक प्रधान हो गया है। आचार्य मम्मट ने रसदोष के प्रकरण में 'अङ्गस्याप्यतिविस्तृतिः' का उदाहरण इसी महाकाव्य को बताया है— अङ्गस्याप्रधानस्यातिविस्तरेण वर्णनम्। यथा हयग्रीववधे हयग्रीवस्य।

कल्पलताविवेक नामक टीका के अज्ञात लेखक ने हयग्रीववध का संदर्भ रसदोष के विवेचन में दिया है। इस महाकाव्य का एक प्रसंग इस टीकाकार ने इस प्रकार निरूपित किया है— हयग्रीव अपने पुत्र को नरकासुर की राजसभा में भेजता है, जिससे वह नरकासुर की पुत्री से प्रणय संबंध स्थापित कर सके। पर जब तक हयग्रीव का पुत्र नरकासुर के नगर में पहुँचता है, विष्णु नरकासुर का वध कर चुकते हैं। राजकुमारी संन्यासिनी होकर वन में रह रही है। पर राजकुमार संन्यासिनी के पीछे लग जाता है, तथा उससे अनुचित रूप से प्रणय निवेदन करते हुए कहता है—

नववयसि रतोत्सवक्षमायाः तव तनुगात्रि तपो हि नानुरूपम्।
वद कुसुमरजोभिरापगानां पृथुजघने यदि सेतवः क्रियन्ते।।

(हे सुंदरि, उस नवीन वयस् या नवयौवन में जब कि तुम रति का उत्सव मनाने के योग्य हो गई हो, तप तुम्हारे अनुरूप नहीं है। हे पृथुजघने, तुम्हीं बताओं भला कहीं फूलों के पराग से नदियों पर पुल बनाये जाते हैं?)

यहाँ अनुचितरूप से प्रणय का निवेदन किया गया है, अतःशृंगाररसाभास हो जाता है, फिर जिस संन्यासिनी से प्रेम का निवेदन राजकुमार कर रहा है, उसके पिता का निधन अभी अभी हुआ है, अतः पूरे प्रसंग में अनौचित्य है।

भर्तृमेण्ठ की प्रशस्ति

कई शताब्दियों तक भर्तृमेंठ एक आदर्श कवि के रूप में पढ़े और सराहे जाते रहे। दसवीं शताब्दी के नवसाहसांकचरित के प्रणेता महाकवि पद्मगुप्त ने 'तत्त्वस्पृशस्ते कवयः पुराणाः श्रीभर्तृमेण्ठप्रमुखा जयन्ति' कह कर अपने महाकाव्य के आरंभ में उनकी वंदना की है तथा उन्हें अपना आदर्श बताते हुए कहा है—

पूर्णेन्दुबिम्बादपि सुन्दराणि तेषामदूरे पुरतो यशांसि।
ये भर्तृमेण्ठादिकवीन्द्रसूक्तिव्यक्तोपदेशेन पथा प्रयान्ति।।

(भर्तृमेंठ आदि कवियों के काव्यपथ पर चलने वाले कवियों का यश पूर्णचंद्र से भी अधिक सुंदर होता है।)

राजशेखर तो भर्तृमेंठ की कविता से इतने प्रभावित थे कि उन्होंने अपने आप को वाल्मीकि और भवभूति के साथ भर्तृमेंठ का भी अवतार घोषित किया है।

बभूव वाल्मीकिभवः कविः पुरा ततः प्रपेदे भुवि भर्तृमेण्ठताम्।
स्थितः पुनर्यो भवभूतिरेखया स वर्तते सम्प्रति राजशेखरः।।

महाकवि सोड्ढल ने भर्तृमेंठ को कविता के क्षेत्र में एक ऐसा कुशल चितेरा बताया है, जिसकी कृति में रस का प्रवाह और वर्णों (अक्षरों, रंगों) की उज्ज्वलता दोनों समान रूप से मिलती हैं—

यः कश्चिदालेख्यकरः कवित्वे प्रसिद्धनामा भुवि भर्तृमेण्ठः।
रसप्लवेऽपि स्फुरति प्रकामं वर्णेषु यस्योज्ज्वलता तथैव।।

कई शताब्दियों तक हयग्रीववध कवियों, सहृदयों और आचार्यों के बीच सराहा व पढ़ा जाता रहा। इसमें कोई संदेह नहीं कि हयग्रीववध एक उत्कृष्ट महाकाव्य था।

भारवि : किरातार्जुनीय

'किरातार्जुनीयम्' महाकवि भारवि की एकमात्र उपलब्ध कृति है। यह संस्कृत महाकाव्यों की बृहत्-त्रयी में सर्वप्रथम परिगणित होता है। वस्तुतः इस महाकाव्य के साथ संस्कृत महाकाव्य की एक नयी धारा का सूत्रपात होता है। आचार्य कुंतक के शब्दों में इन महाकाव्यों को विचित्र मार्ग के महाकाव्य कहा जा सकता है।

कालनिर्णय

महाकवि भारवि ने संस्कृत महाकाव्य के क्षेत्र में अपनी एक विशिष्ट शैली और पहचान

बनायी, पर कालिदास का गहरा प्रभाव उनकी कविता पर है। दूसरी ओर माघ ने उनके किरातार्जुनीयम् का अनुकरण करते हुए महाकाव्य के क्षेत्र में उन्हे पीछे छोड़ने का प्रयास किया। इसप्रकार भारवि कालक्रम में कालिदास तथा माघ के बीच में हुए। उनके काल के संबंध में निम्नलिखित प्रमाण उल्लेखनीय हैं— (१) जयादित्य वामन ने अपने व्याकरण के सुप्रसिद्ध ग्रंथ काशिका में किरातार्जुनीयम् के एक पद्य को उद्धृत किया है। काशिका का रचनाकाल ६०० ई० के आसपास है। अत: किरातार्जुनीयम् की रचना ६००ई० के पूर्व हो चुकी थी। (२) भारवि के काल के विषय में एक महत्त्वपूर्ण प्रमाण ऐहोल का शिलालेख है। यह शिलालेख राजा पुलकेशिन् द्वितीय की प्रशस्ति में ६३४ई० में उत्कीर्ण किया गया था। इसके प्रणेता रविकीर्ति हैं। शिलालेख के अंत में अपना परिचय देते हुए उन्होंने कहा कि अपनी कविता के द्वारा उन्होंने कालिदास और भारवि के जैसी कीर्ति प्राप्त की है— 'स विजयतां रविकीर्तिः कविताश्रितकालिदासभारविकीर्तिः।' (३) दक्षिण से पृथ्वीकोंकणि नामक राजा का एक दानपत्र भी भारवि के कालनिर्णय पर कुछ प्रकाश डालता है। इस दानपत्र का समय ७७६ई० है। इसमें उल्लेख है कि राजा पृथ्वीकोंकणि के सात पीढी पहले उनके पुरखे राजा दुर्विनीत ने किरातार्जुनीयम् के पंद्रहवें सर्ग पर टीका लिखी थी। इस उल्लेख के आधार पर पं. बलदेव उपाध्याय ने राजा दुर्विनीत का समय ४८१ई० के आसपास कूता है। प्रो. कीथ के अनुसार यह समय ५५०ई० के आसपास माना जाना चाहिये। (४) दंडी द्वारा विरचित अवंतिसुंदरी नामक गद्यकथा से भी भारवि के काल और जीवन के विषय में कुछ जानकारी प्राप्त होती है। इस कथा में बताया गया है कि भारवि दंडी के प्रपितामह थे, और इनका वास्तविक नाम दामोदर था। ये चालुक्यवंश के राजा विष्णुवर्धन की सभा के रत्न थे। पर इसी कथा की अन्य पांडुलिपियों में इस अंश में पाठभेद मिलता है, जिसके अनुसार भारवि दंडी के प्रपितामह न होकर प्रपितामह दामोदर के मित्र थे, तथा विष्णुवर्धन की सभा में भारवि की ऐसी प्रतिष्ठा थी कि दामोदर ने इनके माध्यम से राजसभा में प्रवेश प्राप्त किया था।

स मेधावी कविर्विद्वान् भारविः प्रभवो गिराम्।
अनुरुध्याकरोन्मैत्रीं नरेन्द्रे विष्णुवर्धने।।

(अवन्तिसुंदरीकथासार, प्रास्ताविक श्लोक १६)

यदि दंडी के इस उल्लेख को प्रामाणिक मान लिया जाये, तो भारवि पुलकेशिन् द्वितीय (६१५ई०) के समकालीन सिद्ध होते हैं, क्योंकि विष्णुवर्धन इसी पुलकेशिन् द्वितीय का अनुज था। इसका दूसरा नाम कुब्जविष्णु भी मिलता है। विष्णुवर्धन ने अपनी वीरता से पल्लव वंश को नयी प्रतिष्ठा दिलवायी। भारवि के किरातार्जुनीयम् में शौर्य और साहस की जो प्रतिष्ठा है, कि उसकी पृष्ठभूमि में इस विष्णुवर्धन का चरित्र भी संभव है रहा हो। दंडी ने भारवि को इस प्रसंग में महाशैव कहा है। शिव के प्रति अकुंठित श्रद्धाभाव भारवि के काव्य में व्यक्त हुआ है। दंडी ने अवंतिसुंदरीकथा में एक और उल्लेख भारवि के विषय में किया है। तदनुसार

पल्लवनरेश सिंहविष्णु (५७५-६००ई०)[7] ने भी भारवि को आश्रय दिया था तथा तत्पश्चात् इन सिंहविष्णु के पुत्र मत्तविलास के प्रणेता महेंद्रविक्रम (५९०-६३०ई०) के आश्रय में भी भारवि रहे। अवंतिसुंदरी कथा के आधार पर ही उनके टीकाकार गंगवंशीय राजा दुर्विनीत से भी भारवि का संबंध बताया जाता है। भारवि का संबंध चालुक्य राजा विष्णुवर्धन, पल्लव सिंहविष्णु तथा गंगवंशीय दुर्विनीत - इन तीन राजाओं से प्रतीत होता है। उनका समय ५५०ई० से ६१५ई० के आसपास माना जा सकता है।

अवन्तिसुन्दरीकथा के अतिरिक्त एक पांडुलिपि अवन्तिसुन्दरीकथासार की भी प्राप्त हुई है, जिसे दक्षिण भारतीय ग्रंथमाला के तृतीय पुष्प में रामकृष्ण कवि के द्वारा संपादित व प्रकाशित कराया गया है। इस पुस्तक में उल्लेख है कि भारवि अचलपुर के निवासी और कौशिक गोत्रोत्पन्न नारायण स्वामी के पुत्र थे। दामोदर उनका दूसरा नाम था। वे विष्णुवर्धन की सभा में रहे। यद्यपि भारवि तथा दामोदर की अभिन्नता सन्दिग्ध है, पर उपर्युक्त उल्लेखों से इतना अवश्य प्रमाणित होता है कि भारवि का निवासस्थान दक्षिण भारत था। शारदारंजन राय ने उनके सूर्यास्त वर्णन के आधार पर उन्हें पश्चिमी समुद्र (अरब सागर) के तट के आसपास का निवासी माना है।

गुप्तकाल का अवसान और भारवि

भारविकाव्य के अनुशीलन से प्रतीत होता है कि वे गुप्तकाल के अवसान के समय अपनी रचना कर रहे हैं। द्रौपदी युधिष्ठिर से कहती है—

गुणानुरक्तामनुरक्तसाधनः कुलाभिमानी कुलजां नराधिपः।
परैस्त्वदन्यः क इवापहारयेन्मनोरमामात्मवधूमिव श्रियम्।।

(कौन अनुरक्तसाधन या अनुरागी सेना से युक्त कुलाभिमानी नराधिप ऐसा होगा जो गुणानुरक्त कुलजा और मनोरमा अपनी वधू जैसी राज्यलक्ष्मी को अपहारित हो जाने देगा?)

यहाँ स्पष्ट रूप से अपनी पत्नी ध्रुवस्वामिनी को शक राजा की माँग पर दे देने वाले कायर राजा रामगुप्त की ओर संकेत है। सातवें सर्ग में भारवि फिर कहते हैं—

श्रीमद्भिः सरथगजैः सुराङ्गनानां गुप्तानामथ सचिवैस्त्रिलोकभर्तुः।

यहाँ गुप्तानाम् इस पद में श्लेष के द्वारा कवि ने गुप्त राजाओं का भी संकेत किया है तथा गुप्तवंश के सूर्यास्त की ध्वनि है।

विषयवस्तु

किरातार्जुनीयम् में १८ सर्गों में महाभारत के वनपर्व के एक प्रसंग को महाकाव्योंचित विस्तार दिया गया है। किरातवेषधारी शिव से अर्जुन के संग्राम की घटना इसकी कथा में केंद्रीय महत्त्व रखती है, इस युद्ध के द्वारा ही नायक अर्जुन को फलप्राप्ति होती है। अतः इस महाकाव्य का किरातार्जुनीय यह नाम सार्थक है।

कथा इस प्रकार है— प्रथम सर्ग में युधिष्ठिर वनवास की अवधि में द्वैतवन में अपने भाइयों तथा द्रौपदी के साथ रह रहे हैं। उनका एक गुप्तचर आ कर उन्हे दुर्योधन का समाचार देता है। युधिष्ठिर द्रौपदी तथा भीम से मंत्रणा करते हैं। द्रौपदी उन्हें तत्काल युद्ध छेड़ देने के लिये उकसाती है। द्वितीय सर्ग में भीम भी द्रौपदी का समर्थन करते हैं। युधिष्ठिर तुरंत युद्ध में कूद पड़ने के निर्णय से सहमत नहीं हैं। द्वितीय सर्ग के अंत में महर्षि व्यास के आगमन का वर्णन है तथा तृतीय सर्ग में वे युधिष्ठिर को शत्रुओं से प्रतीकार की नीति बताते हैं। उनके निर्देश पर अर्जुन योगविद्या सीख कर तप करने के लिये एक यक्ष के साथ हिमालय की ओर चल देता है। चौथे सर्ग में हिमालययात्रा के मार्ग में शरद् ऋतु का मनोरम वर्णन है। पाँचवे सर्ग में अर्जुन की साधना बतलायी गयी है। छठे सर्ग में इंद्र के आदेश से अर्जुन की परीक्षा लेने के लिये गंधर्व तथा अप्सराएँ हिमालय पर उतरते हैं। सातवें से दसवें सर्ग तक अप्सराओं की श्रृंगारलीलाओं का चित्रण है जिनके बीच अर्जुन निर्विकार बना रहता है। ग्यारहवें सर्ग में इंद्र स्वयं एक मुनि का रूप धर कर अर्जुन की परीक्षा लेने आते हैं, और उसे अस्त्रप्राप्ति के उद्देश्य से तप करना छोड़कर मुक्ति के लिये तपस्या करने का उपदेश देते हैं। अर्जुन उनको दो टूक उत्तर देता है कि मुझे मोक्ष की कोई चाह नहीं है, मैं तो अपने स्वाभिमान की रक्षाके लिये तथा शत्रुओं से प्रतिशोध लेने के लिये यह तप करता रहा हूँ। इंद्र प्रसन्न होकर अपने वास्तविक रूप में प्रकट होकर उसे शिव की आराधना करने का परामर्श देते हैं। बारहवें सर्ग में अर्जुन की कठोर तपश्चर्या और सारे संसार पर उसके प्रभाव का अत्यंत प्रभावशाली चित्रण है। अर्जुन की घोर तपस्या से घबरा कर हिमालय के मुनि जन शिव के पास रक्षा की प्रार्थना करने पहुँचते हैं। इसी समय मूक नामक दानव अर्जुन का वध करने के लिये शूकर का वेष बना कर आता है। इधर शिव भी अर्जुन की परीक्षा लेने के लिये किरात का वेष बना कर अपनी सेना के साथ चल पड़ते हैं। तेरहवें सर्ग में अपनी ओर आक्रमण के लिये आते शूकर पर अर्जुन भी अपना बाण छोड़ता है, और किरातवेषधारी शिव भी। शिव का बाण वापस लेने के लिये आये उनके अनुचर से अर्जुन का विवाद हो जाता है। इतनी कथा तेरहवें सर्ग तक है। चौदहवे सर्ग में शिव की सेना से अर्जुन का संग्राम छिड़ जाता है। इस संग्राम का वर्णन कवि ने अठारहवें सर्ग तक किया है, जिसके अंत में शिव प्रसन्न होकर अर्जुन को पाशुपत अस्त्र की प्राप्ति का वर देते हैं।

महाकाव्य के लक्षणों की अन्विति

टीकाकार मल्लिनाथ ने किरातार्जुनीयम् में महाकाव्यत्व की प्रतिष्ठा पर प्रकाश डालते हुए कहा है—

नेता मध्यमपाण्डवो भगवतो नारायणस्यांशजः
तस्योत्कर्षकृते नु वर्ण्यचरितो दिव्यः किरातः पुनः।

शृङ्गारादिरसोऽङ्गमत्र विजयी वीरप्रधानो रसः
शैलाद्यानि च वर्णितानि बहुशो दिव्यास्त्रलाभः फलम्।।

(इस काव्य के नायक मध्यम पांडव अर्थात् अर्जुन हैं, जो भगवान् नारायण के अंश से उत्पन्न हुए हैं। नायक के उत्कर्ष के लिये दिव्य या भगवान् शंकर के अवतार के रूप में किरात के चरित्र का वर्णन हुआ है। इस काव्य में विजयदायी वीररस प्रधान है, तथा शृंगार आदि रस अंग हैं। पर्वत आदि का वर्णन हुआ है, तथा काव्य फल है अर्जुन के द्वारा दिव्यास्त्र की प्राप्ति।)

चरित्रचित्रण

भारवि ने अपने चरित्रों के औदात्त्य और गुणप्रकर्ष को विशेष रूप से प्रदर्शित किया है। युधिष्ठिर विवेक और धैर्य में अप्रतिम हैं, तो भीमसेन भी अपनी नीतिज्ञता और बल में अद्वितीय हैं। द्रौपदी के द्वारा एक आहत नारी के चोट खाये स्वाभिमान को उन्होंने अत्यंत करुण और मार्मिक अभिव्यक्ति दी है। व्यास अपनी अत्यल्प उपस्थिति में भी अपनी आर्ष वाणी के द्वारा गहरा प्रभाव छोड़ते हैं। पूरे महाकाव्य में सर्वातिशायी चरित्र निस्संदेह नायक अर्जुन का है, जो अपने संयम और धैर्य की पराकाष्ठा, तितिक्षा, अनुपम साहस और सत्त्व के द्वारा महाकाव्य-साहित्य का अनूठा चरित्र बन गया है। वह धीरोदात्त नायक है। द्रौपदी के चरित्र के द्वारा भारवि ने भारतीय नारी की मनस्विता और तेजस्विता का प्रभावशाली अंकन किया है। 'किरातार्जुनीयम्' की द्रौपदी अपने स्वयं के अपमान और पीड़ा के विषय में एक शब्द नहीं कहती, वह अपने पतियों की सम्मानरहित दुर्दशा को लेकर व्यथित है, और उन्हें अपने स्वाभिमान की रक्षा के लिये उकसाती है। किरातार्जुनीयम् के भीम महाभारत के भीम की तुलना में विचारशील, शांत किंतु परम तेजस्वी शूर के रूप में चित्रित हैं। युधिष्ठिर के चरित्र का एक ही पहलू भारवि ने उभारा है— वह उनके कुशल राजनीतिज्ञ का है। युधिष्ठिर धैर्य और नीति के प्रतिमान हैं, भीम स्वाभिमान और शौर्य के और द्रौपदी अन्याय के लड़ने के भाव की साकार मूर्ति है। इन तीनों के उत्कृष्ट गुणों का समवाय तप, संयम, तितिक्षा, साहस और शौर्य के गुणों को गूँथ कर भारवि ने अर्जुन के चरित्र में कर दिया है।

रस

किरातार्जुनीयम् का अंगीरस वीर है। शृंगार, रौद्र, भयानक तथा शांत रसों का भी इसमें समावेश अंग के रूप में हुआ है। परंतु आरंभ से लेकर अंत तक उत्साह की अजस्र धारा किरातार्जुनीयम् में तरंगित है। पहले सर्ग में द्रौपदी के कथनों में आवेग और आवेश की पराकाष्ठा है, यहाँ ग्लानि, असूया, शंका आदि संचारी भाव वीर रस का परिपोष करते चलते हैं। दूसरे सर्ग में भीमसेन के वचन भी युद्ध के लिये सन्नद्ध वीर की ओजस्वी वाणी की बानगी प्रस्तुत करते हैं। इन वचनों में गर्व संचारी भाव का उन्मेष है, तो युधिष्ठिर के उत्तर में मति, धृति, विबोध आदि संचारी भाव अंततः वीररसोचित उत्साह को ही प्रगुणित करते हैं। महामति

व्यास का अवतरण इस महाकाव्य में किंचित् शांत का संचार करता हुआ उनके उद्बोधन के द्वारा पुन: वीररस का ही वातावरण रच देता है। आठवें, नवें और दसवें सर्गों में अंग के रूप में शृंगार रस निबद्ध है, पर वह अर्जुन के संकल्प और तेजस्विता की ही संपुष्टि करता है, अत: वीर रस की धारा उसमें भी अविच्छिन्न बनी रहती है। वस्तुत: भारवि ने अप्सराओं के जिन हाव-भावों और विलासलीलाओं का चित्रण किया है, उनमें कृत्रिमता अधिक है। शिव के साथ अर्जुन का तुमुल युद्ध अत्यंत प्रभावशाली रूप में चित्रित है। इसकी परिणति है—

उन्मज्जन्मकर इवामरापगायामावेगेन प्रतिमुखमेत्य बाणनद्याः।
गाण्डीवी कनकशिलानिभं भुजाभ्यामाजघ्ने विषमलोचनस्य वक्षः।।

(किरातार्जुनीयम् १७।६३)

(अर्जुन के सारे शस्त्र चुक गये थे। उनका प्रतिद्वंद्वी किरात फिर भी अपराजित सामने था। अंत में वे बाणों की नदी के बीच ऐसे उछले जैसे गंगा की लहरों में कोई मगर उछाल भरे और त्रिलोचन शिव के सोने की चट्टान जैसे वक्ष:स्थल पर उन्होंने दोनों भुजाओं से प्रहार किया।)

प्रथम सर्ग में द्रौपदी के वचनों में करुण रस की भी अल्प निष्पत्ति हुई है, जहाँ वह वनवास के समय पांडवों की शोचनीय दशा का वर्णन करती है। तृतीय सर्ग में व्यास के कथनों और दशम सर्ग में इंद्र के प्रबोधन में शांत रस भी व्यक्त हुआ है।

वर्णन कला तथा भाषाशैली

भारवि की भाषाशैली की सबसे बड़ी विशेषता अर्थगौरव मानी जाती है। कहा गया है— 'भारवेरर्थगौरवम्।' अर्थगौरव से आशय है कम से कम शब्दों में अधिक से अधिक आशय को व्यक्त कर देना। भारवि स्वयं अर्थगौरव को मनुष्य की प्रत्येक वाचिक अभिव्यक्ति का मानदंड मानते हैं। किरातार्जुनीय में उन्होंने स्थान स्थान पर वाणी की विशेषताओं व अपेक्षित गुणों के विषय में अपना अभिमत प्रकट किया है। वनेचर की उक्ति की प्रशंसा करते हुए युधिष्ठिर कहते हैं—

स्फुटता न पदैरपाकृता न च न स्वीकृतमर्थगौरवम्।
रचितापृथगर्थता गिरां न च सामर्थ्यमपोहितं क्वचित्।।

(किरातार्जुनीयम्, २।२७)

आशय यह है कि पदों में स्फुटता या स्पष्टता निरंतर बनी रही है, अर्थगौरव तो उनमें प्रचुर है। जो कहा है उसमें हर बात अलग अलग स्पष्ट होती है। शब्द अपने अर्थ को प्रकट करने में पूरी तरह समर्थ हैं।

भारवि ने स्वयं अपने काव्य में वाणी के इस मानदंड का पालन किया है। उनके शब्द पारदर्शी बन कर अर्थ के संसार की सुस्पष्ट छवि प्रस्तुत कर देते हैं। उदाहरणार्थ उनकी यह सूक्ति देखिये—

सहसा विदधीत न क्रियामविवेकः परमापदां पदम्।
वृणते हि विमृश्यकारिणं गुणलुब्धाः स्वयमेव सम्पदः।।

(जल्दबाजी में कार्य न करे। अविवेक आपदाओं का परम पद है। सोच कर करने वाले को उसके गुण से ललचाई संपदाएँ स्वयं वरण कर के उसके पास चली आती हैं।)

भारवि एक स्वतन्त्रचेता कवि हैं और काव्य के सम्बन्ध में उन्होंने अनेक ऐसी धारणाएँ अपने महाकाव्य में प्रकट की हैं जो उनकी अपनी मेघा के मन्थन से उद्भूत हुई हैं। काव्य में वे अर्थगौरव को वरेण्यतम मानते हैं और उनकी अर्थगौरव-विषयकधारणा नितान्त मौलिक है। रस, ध्वनि आदि सम्प्रदायों के अन्तर्गत उनकी अर्थगौरव की परिकल्पना नहीं आ सकती। अर्थगौरव से भारवि का तात्पर्य काव्य की मूल्यवत्ता से है। वे सुन्दर से अधिक शिव और आस्वादन से अधिक प्रयोजन को महत्व देते हैं। श्रेय और सत्य उनके लिए साध्य हैं, सौन्दर्य उपकरण मात्र। 'स सौष्ठवौदार्यविशेषशालिनीं विनिश्चितार्थामिति वाचमाददे- कि० १/३) – सौष्ठव और औदार्य की विशेषता होनी चाहिए, पर साध्य तो विनिश्चितार्थ है। भारवि को यह साध्य सर्वाधिक इष्ट है, यदि सौष्ठव आदि गुण न भी हों तो भी अर्थगौरव से समाहित वाणी उन्हें वरेण्य है। 'हितं मनोहारि च दुर्लभं वचः' कहकर उन्होंने इस बात को स्पष्ट कर दिया है। इसी प्रकार—

विहितां प्रियया मनःप्रियामथनिश्चित्य गिरं गरीयसीम्-(२/१)
परिणाम सुखे गरीयसि व्यथकेऽस्मिन् वचसि क्षतौजसाम्।
अतिवीर्यवतीव भेषजे बहुरल्पीयसि दृश्यते गुणः।। (२/४)

आदि में मनःप्रियता से ऊपर वाणी की गुरुता और परिणाम-सुखत्व उन्हें अधिक अभीष्ट है।

'भारवि का आदर्श है कि प्रिय असत्य कभी न बोला जाय। वे तथ्य और भूतार्थ कथन पर जोर देते हैं। ऐसा नहीं है कि भारवि शब्द के सौकुमार्य, वचनभंगिमा की चारुता या काव्य के आह्लादन तत्त्व को महत्त्व नहीं देते। ये काव्य के अनिवार्य अंग हैं, जहाँ वरीयता का प्रश्न है, वहाँ शिवतत्त्व सौन्दर्यतत्त्व से अधिक मण्डित हो उठता है, इसलिए कालिदास और भारवि दोनों का महाकवि दो बिन्दुओं पर उभरता है। कालिदास का मार्ग सौन्दर्य से स्वस्ति का मार्ग है, भारवि स्वस्ति के माध्यम से सौन्दर्य पुजारी हैं।'[८]

'भारवि के पास प्रांजल काव्य का एक ही आधार हैं – अर्थ-गरिमा। उनकी सारी उक्तियाँ इस तत्त्व को ही केन्द्रित कर उपजती हैं। यह अर्थगरिमा प्रगल्भ विद्वान् का अधिकार नहीं है, अर्थद्रष्टा कवि की सृष्टि है, जो शब्दों की अन्तरात्मा का उन्मीलन करता है। शब्द का यह आत्मोन्मीलन, कवि की अर्थदृष्टि का उन्मेष ही अर्थगुरुता है। अर्थदृष्टि अर्थशिल्प की सफलता और समर्थता है।'[९]

भारवि के अनुसार अपने मनोभावों को समर्थ वाणी में पूरी तरह से अभिव्यक्ति सभ्यतम

विपश्चित् ही दे पाते हैं। किन्तु गम्भीर निगूढ़ अर्थ के प्रकाशन में तो उसमें से कोई-कोई ही समर्थ होते हैं।[१०] परन्तु भारवि दुर्बोध अर्थ को कभी प्रतिष्ठा नहीं देते। जैसे दीपक अनायास पदार्थ-जगत् को उद्भासित कर देता है, वैसे ही काव्य से अर्थ-दर्शन सुकर होना चाहिए।[११] अर्थावगम की इस आवश्यकता को प्रतिपादित करने के लिए भारवि ने काव्य की आगम और आम्नाय से तुलना की है। आगम वस्तु प्रतिपादन में निर्विकार और स्थिर रहता है, क्योंकि उसका अभिधेय प्रमाण से पुष्ट रहता है। कवि की इस असम्पृक्ति से ही अनाकुल अर्थवत्ता काव्य की काम्य सम्पत्ति बनती है।[१२] अर्थबोध की यह अनाकुल क्षमता ही कृतिकार की आत्मा को प्रतिबिम्बित कर सकती है।[१३]

इस अर्थदृष्टि की कसौटी उन्होंने स्वयं इसप्रकार बतायी है—

प्रसादरम्यौजस्वि गरीयो लाघवान्वितम्
सांकांक्षमनुपस्कारं विष्वग्गतिनिराकुलम्
न्यायनिर्णीतसारत्वान्निरपेक्षमिवागमे
अप्रकम्प्यतयाऽन्येषामाम्नायवचनोपमम्
अलंघ्यवाज्जनैरन्यैः क्षुभितोदन्वदूर्जतम्।
औदार्यादर्थसम्पत्तेः शान्तं चित्तमृषेरिव।। (११.३८-४०)

(यह वचनप्रसादगुण के कारण रमणीय भी है, और ओजस्वी भी। यह अर्थ की गुरुता से युक्त भी है और लघु (संक्षित) भी है। यह साकांक्ष (वाक्य के आकांक्षा नामक गुण से युक्त) भी है, तो अनुपस्कार (जिसमें और संशोधन न किया सके) भी है। यह विष्वग्गति (सर्वतोमुख) भी है और निराकुल भी है। न्याय के कारण इसका सार निर्णीत होने से यह आगम की अपेक्षा नहीं रखता। फिर भी अप्रकंप्य (जिसमें एक भी अक्षर इधर से उधर न किया जा सके) होने के कारण अन्य जनों के लिये आम्नाय के वचनों के समान है। अन्य जनों के द्वारा अलंघ्य या अगम्य होने से यह क्षुब्ध ऊर्जस्वी महासागर के समान है, तो औदार्य और अर्थसंपत्ति के कारण ऋषि के शांत चित्त के समान।)

यहाँ प्रत्येक पद में विरोधाभास अलंकार पिरोया हुआ है, साथ ही वाणी की उत्कृष्टता को उतनी उत्कृष्ट अभिव्यक्ति के द्वारा स्थापित किया गया है।

भारवि के अनुसार प्रसंग निबन्धन और अवसरोचित प्रयोग अर्थगरिमा की दूसरी आवश्यकता है। प्रबन्ध का तिरस्कार करने वाले वाचस्पति का भी सारा वाग्वैभव फलहीन ठूँठ जैसा लगता है।[१४] शब्द और अर्थ के सम्यक् प्रयोग से कृति सार्थवती बनती है। शब्दों के सम्यक् प्रयोग से अर्थसम्पदा प्रादुर्भूत होती है।[१५] विशेषणों की उपयुक्तता पर भी भारवि जोर देते हैं। मनः प्रियता और सारप्राणता शब्द के अनिवार्य गुण हैं।[१६] एक-एक अक्षर जिसका खिला हो, एक-एक वर्ण अलंकार की भाँति कमनीय हो, श्रुति मधुर हो, कटु आलोचक को भी जो अपने स्पर्श से प्रसन्न कर जाती हो, और जहाँ वचन सामर्थ्य और श्री से हर पद मण्डित हो, वही

उक्ति, वरेण्य है।[१७] भारवि के अनुसार सफल शब्दशिल्प उक्ति संस्कार के बिना नहीं पनपता – (वहन् द्वयीं यद्यफलेऽर्थजाते करोति संस्कारहतामिवोक्तिम् – (किरातार्जुनीय ३/४८) व्याकरण में निर्दोष व्युत्पत्ति का जो महत्त्व है वही काव्य में शब्द-संस्कार का। संस्कारवान् तथा प्रयोगशिक्षा आदि गुणों से विभूषित शब्द यथार्थ भाव को प्रकट करते हैं।[१८] शब्दप्रयोग का भारवि ने ऐसा आदर्श सामने रखा है, जिसे कोई कवि साधना करके ही पा सकता है। एक-एक पद का स्फुट विनियोग, सारवान् अर्थ की प्रतिपत्ति, एक बार निकली बात की पृथगर्थता तथा प्रत्येक पद से दूसरे का साकांक्ष सम्बन्ध यह जीवन्त काव्य का वैभव है। परिणामहित या स्वस्ति की दृष्टि से श्रुतिमाधुर्य में ढील दी जा सकती है, पर उक्ति की सार्थकता, अर्थगरिमा, पद की अल्पाक्षरता तथा ओजस्विता की अनिवार्य स्थिति के साथ कोई समझौता नहीं हो सकता।[१९]

उक्तिगत औदार्य के प्रति भारवि का दुर्निवार आग्रह है।[२०] वैदर्भी के गुणों में उदारता, प्रसाद, माधुर्य तथा ओजस्विता को उन्होंने स्थान दिया है।[२१] पर उन्हें वाणी की अर्थवत्ता, पद की सारप्राणता, वचन की सारगर्भता ही सर्वाधिक इष्ट है।[२२]

वस्तुतः अपनी अर्थदृष्टि के द्वारा भारवि शब्दों की अंतरात्मा उन्मीलित कर देते हैं। इस अर्थदृष्टि की कसौटी उन्होंने स्वयं इसप्रकार बतायी है— 'सुकृतः परिशुद्ध आगमः कुरुते दीप इवार्थदर्शनम्'— जैसे दीपक सामने रखी वस्तुओं को प्रकाशित कर देता है, उसी प्रकार विशुद्ध ज्ञान अर्थ को उद्भासित कर देता है। यदि जो बात कहनी है, उसका सुस्पष्ट बोध है, तो वाणी में कवि की मति वैसे ही संक्रांत हो जाती है, जैसे स्वच्छ दर्पण में सामने रखी वस्तु प्रतिबिंबित हो जाती है— 'विमला तव विस्तरे गिरां मतिरादर्श इवाभिलक्ष्यते।'

प्रकृतिचित्रण

किरातार्जुनीयम् के प्रकृतिचित्रों में हिमालय तथा शरद् ऋतु के वर्णन बहुत मनोहर हैं। चतुर्थ सर्ग में ही धान के खेत की रखवाली करने वाली कृषक स्त्री, चारागाह ले लौटती गायें, नदी के ऊँचे रेतीले तट पर ढूँसा मारता बैल, ग्वाले और ग्वालिनें— इनके वर्णन में ग्रामजीवन के सरस चित्र हैं। अपने समय के सामंतीय समाज के वैभव और विलास की छाया उनके गंधर्वो और अप्सराओं के विलास के वर्णन में है। अर्जुन की हिमालययात्रा का वर्णन करते हुए भारवि भारतीय ग्रामजीवन और खेत-खलिहानों पर दृष्टि डालते हैं। प्रकृति से एकाकार होकर रहने वाले ग्वालों के सहज जीवन के सुंदर व स्वाभाविक चित्र उन्होंने इस प्रसंग में अंकित किये हैं। ये ग्वाले वनों में ऐसे रहते हैं, जैसे अपने घर में रह रहे हों, पशुओं पर ऐसी प्रीति रखते हैं, जैसी अपने बंधु-बांधवों पर, तथा अपनी सिधाई में वे गायों के जैसे ही हैं—

गतान् पशूनां सहजन्मबन्धुतां गृहाश्रयं प्रेम वनेषु बिभ्रतः।
ददर्श गोपानुपधेनु पाण्डवः कृतानुकारानिव गोभिरार्जवे।।

(किरातार्जुनीयम्, ४।१३)

भारवि की शैली की एक बड़ी विशेषता पात्रोचित सटीक संवादों का संयोजन है। किरातार्जुनीय के प्रथम तीन सर्गों में द्रौपदी, भीम, युधिष्ठिर तथा व्यास के संवादों में विदग्धता, चातुर्य और बुद्धिमत्ता को व्यक्त करने वाली भाषा का अत्यंत परिमार्जित स्वरूप सामने आया है। इन संवादों के द्वारा भारवि ने परवर्ती महाकवियों के लिये संवादकला का पथप्रदर्शन किया है।

उनके अर्थगौरव की प्रशंसा करते हुए कृष्ण कवि ने कहा है—

प्रदेशवृत्त्यापि महान्तमर्थं प्रदर्शयन्ती रसमादधाना।
सा भारवेः सत्पथदीपिकेव रम्या कृतिः कैरिव नोपजीव्या।।

अलंकार तथा कल्पना

भारवि की कल्पनाशक्ति बड़ी उर्वर है। वह उनके काव्य में नये नये उपमानों का विन्यास करती है। जिससे वर्ण्यविषय अपने सारे रंगों में साकार हो जाता है। रंगों की गहरी परख भारवि को है। शरद् ऋतु में तोते अपनी चोचों में धान की पीली बालियाँ लिये हुए आकाश में उड़ रहे हैं। तोतों की चोचें प्रवाल या मूँगे की तरह लाल हैं, इनके आगे बालियों का पीला रंग है, और तोते के पंख हरे हैं। इस प्रकार तोतों की उड़ती हुई पाँत आकाश में चलता फिरता इंद्रधनुष बना रही है—

मुखरसौ विद्रुमभङ्गलोहितैः शिखाः पिशङ्गीः कलमस्य बिभ्रती।
शुकावलिर्व्यक्तशिरीषकोमला धनुःश्रियं गोत्रभिदोऽनुगच्छति।।

(किरातार्जुनीयम्, ४।१८)

मार्ग में स्थलकमलिनी के पौधे फूल रहे हैं। उनके फूलों का पराग हवा के झोंकों में उड़ रहा है। पराग के पुंज चक्रवात में उड़ते हुए छाते की तरह तने से दिखने लगते हैं। भारवि इस दृश्य के लिये कनकमय-आतपत्र (सोने के छत्र) की उपमा देते हैं—

उत्फुल्लस्थलनलिनीवनादमुष्मादुद्धूतः सरसिजसम्भवः परागः।
वात्याभिर्वियति विवर्तितः समन्तादाधत्ते कनकमयातपत्रलक्ष्मीम्।।

(५।३९)

इस उपमा के कारण पंडितसमाज में भारवि को आतपत्र-भारवि के नाम से ख्याति मिली है। हिमालय का वर्णन करते हुए भारवि ने कल्पना की ऊँची उड़ान भरी है। 'हिमालय एक ओर सूर्य की किरणों से चमक रहा था, तो उसके दूसरी ओर निशा का सघन अंधकार था। ऐसे में वह गजचर्म से आच्छादित शिव के समान लगता था, जिनकी हँसी से सामने का अँधेरा तो छिन्न भिन्न हो गया हो, पर पीछे गजचर्म के काले रंग के कारण अंधकार हो।

तपनमण्डलदीपितमेकतः सततनैशतमोवृतमन्यतः।
हसितभिन्नतमिस्रचयं पुरा शिवमिवानुगतं गजचर्मणा।। (५।२)

अत्यंत प्रयत्नसाध्य अलंकारों में भारवि ने चित्रालंकारों का प्रयोग अर्जुन और शिव के युद्ध का वर्णन करते हुए पंद्रहवे सर्ग में युद्ध की विकटता को दिखाने के लिये किया है।

छन्दोयोजना

भारवि विविध छंदों का प्रयोग करने में निपुण हैं। उन्होंने इंद्रवज्रा, उपेंद्रवज्रा, वैतालीय, द्रुतविलंबित, प्रमिताक्षरा, प्रहर्षिणी, स्वागता, उद्गता, पुष्पिताग्रा का प्रमुखता से प्रयोग किया है तथा अन्य छंदो में औपच्छंदसिक, अपरवक्त्र, जलोद्धतगति, चंद्रिका, मत्तमयूर जैसे दुर्लभ छंदों में भी समर्थ रचना की है। भारवि के वंशस्थ की रचना बड़ी प्रशस्य मानी गयी है। क्षेमेंद्र ने उनके वंशस्थ की प्रशंसा करते हुए कहा है—

वृत्तच्छत्रस्य सा कापि वंशस्थस्य विशेषता।
प्रतिभा भारवेर्येन सच्छायेनाधिकीकृता।।

किरातार्जुनीयम् के कुल १०३० पद्यों में से १५८ पद्य भारवि ने इस महाकाव्य में वंशस्थ में रचे हैं। पंचम सर्ग में हिमालय के वर्णन में द्रुतविलंबित छंद का प्रयोग करते हुए भारवि ने उसमें यमक अलंकार की लड़ियाँ भी गूँथ कर मणिकांचनयोग रच दिया है। महाकाव्य में किसी एक सर्ग में विभिन्न छंदों का प्रयोग एक साथ किया जा सकता है— आचार्यों के इस निर्देश के अनुसार इसी सर्ग में हिमालय के अपार नैसर्गिक वैभव और विविधता को बताने के लिये भारवि ने औपच्छंदसिक, क्षमा, प्रमिताक्षरा, प्रभा, रथोद्धता, जलधरमाला, प्रहर्षिणी, जलोद्धतगति, वसंततिलका, पुष्पिताग्रा, शालिनी, मालिनी आदि अनेक छंदों का प्रयोग कर के अपने छंदःशास्त्र के नैपुण्य का अच्छा परिचय दिया है। उपजाति छंद का प्रयोग १४५ बार, उपेंद्रवज्रा का प्रयोग ७५ बार, अनुष्टुप् का १२६ बार, पुष्पिताग्रा का ६८ बार तथा वसंततिलका का २७ बार प्रयोग भारवि ने किया है। उनके महाकाव्य में कुल १३ पद्य मालिनी में, ५६ पद्य ललिता छंद में, ३८ रथोद्धता में, ४८ जलधरमाला में तथा १०१ स्वागता में हैं।

भारवि का चित्रकाव्य

भारवि ने किरातार्जुनीयम् के पाँचवें तथा १५वें सर्ग में कुल २३ श्लोकों में चित्रकाव्यों के विविध बंध प्रस्तुत किये हैं। इनमें वर्णचित्र, द्विवर्णचित्र, त्रिवर्णचित्र, चतुर्वर्णचित्र, एकाक्षरबंध, स्वरचित्र आदि चमत्कारपूर्ण प्रयोग हैं। एकाक्षर श्लोक का यह उदाहरण देखिये

न ननुन्नो नुन्नोनो नाना नानानना ननु।
नुन्नोऽनुन्नो ननुन्नेनो नानेना नुन्ननुन्ननुत्।।

इस पद्य में कार्तिकेय भागती हुई अपनी सेना को उद्बोधित करते हुए कह रहे हैं – हे अनेक प्रकार के मुख वाले गणो, निकृष्ट बल वाले से जो मारा जाये, वह पुरुष नहीं होता, और जो अपने से न्यून बल वाले को मारता है, वह भी पुरुष नहीं होता। जिसके स्वामी मारे

नहीं गये, वह मारा जा कर भी मारा नहीं गया, और जो मारे हुए को मारता है वह अपराधी न हो ऐसा नहीं – अर्थात् वह घोर अपराधी है। यह मुनि (अर्जुन) मारे हुए को नहीं मार रहा है, अत: यह भी अपराधी नहीं है।

यमक और श्लेष के निबंधन में भारवि उतने ही पटु हैं। पंचम सर्ग में हिमालय के सौंदर्य को उन्होंने यमक से मंडित कर के द्विगुणित कर दिया है। माघ तथा भट्टि जैसे महाकवि इस दिशा में उन्हीं से प्रेरित होकर आगे बढ़े हैं। यमक का एक सुंदर विन्यास देखिये—

विकचवारिरुहं दधतं सरः सकलहंसगणं शुचिमानसम्।
शिवमगाम जया च कृतेर्ष्यया सकलहं सगणं शुचिमानसम्।।

(५.१३)[२३]

भारवि वस्तुओं को द्वंद्वात्मकता में प्रस्तुत करने के लिये यमक और श्लेष का प्रयोग करते हैं। यहाँ उन्होंने कलहंसों के झुंडों से भरे मानसरोवर का कलह तथा गणों से युक्त शिव से साम्मुख्य करा दिया है।

पांडित्य

किरातार्जुनीय महाकाव्य की एक विशेषता बहुमुखी पांडित्य है। भारवि विविध शास्त्रों के निष्णात पंडित थे। विशेष रूप से राजनीति या अर्थशास्त्र का उनका ज्ञान प्रामाणिक है। व्याकरण, आयुर्वेद, धनुर्वेद, नीतिशास्त्र और कामशास्त्र के भी अच्छे ज्ञान का परिचय उन्होंने दिया है। भारवि की महाकवि के रूप में दुर्लभ विशेषता यह भी है कि वे बौद्धिकता तथा गांभीर्य की प्रतिष्ठा महाकाव्य में अनन्य रूप में करते हैं और अपने चिंतन तथा जीवन मर्म को अभिव्यक्ति देते हैं।

संदेश

भारवि के महाकाव्य की रचना का मुख्य ध्येय है— देश के सोते हुए क्षत्रिय समाज को जागरित करना। भारवि जिस काल में हुए वह ऐतिहासिक तथा राजनीतिक दृष्टि से उथलपुथल का काल था। शकों और हूणों के आक्रमणों से देश के सीमांत रौंदे जा रहे थे। सामंतीय समाज विलासिता में डूबा था। भारवि के काल में ही राजा यशोवर्मा ने प्रबल पराक्रम से उत्तरी सीमांत से आक्रमण करने वाले हूण राजा मिहिरकुल को पराजित किया था। ऐसा प्रतीत होता है कि राजा यशोवर्मा के आदर्श को भारवि ने अर्जुन के अपने चरित्र के द्वारा साकार कर दिया है। महर्षि व्यास की वाणी के द्वारा कवि ने संपूर्ण समाज को ही यह संदेश दिया है—

अतः प्रकर्षाय विधिर्विधेयः प्रकर्षतन्त्रा हि रणे जयश्रीः।।

(किरातार्जुनीयम्, ३।१७)

एक तेजस्वी और सबल राष्ट्र के निर्माण के लिये भारवि ने उद्दीप्त तथा स्फूर्त वाणी में अपना संदेश दिया है।

मदसिक्तमुखैर्मृगाधिपः करिभिर्वर्तयते स्वयं हतैः।
लघयन् खलु तेजसा जगन्न महानिच्छति भूतिमन्यतः।।

(किरातार्जुनीयम्, २।१८)

(मृगराज सिंह मद से भीगे मुख वाले हाथियों को स्वयं मार कर अपना गुजारा करता है। अपने तेज से संसार को छोटा बनाता हुआ महान् व्यक्ति अन्य किसी से विभूति नहीं चाहता।)

भारवि वस्तुतः पुरुषार्थ के कवि हैं। महाकाव्य के क्षेत्र में पुरुषार्थ की काव्यमय व्याख्या करते हुए ऐहलौकिक आस्था, मनस्विता तथा शौर्य का अनूठा प्रतिमान उन्होंने उपस्थापित किया है।

सौन्दर्यदृष्टि

भारवि शिव को सर्वोपरि मानते हुए उसे सौन्दर्य से मण्डित देखना चाहते हैं और सत्य से समन्वित तो उनका शिव है ही। पौरुष के साथ रमणीयता, उत्साह के साथ विनय का संयोग भारवि ही करा सकते हैं। अर्जुन के एक साथ भीषण और रमणीय लगने वाले शरीर का सौन्दर्य भारवि की दृष्टि में देखिए—

अथाभिपश्यन्निव विद्विषः पुरः पुरौधसारोपितहेतिसंहतिः।
बभार रम्योपि वपुः स भीषणं गतः क्रियां मन्त्र इवाभिचारिकीम्।।

(किरात, ३/५६)

अर्जुन मुनि के वेष में थे, पर शत्रुओं को मानों सम्मुख देखकर उन्होंने भी शस्त्र उठा लिये थे। उसका आकार रमणीय होते हुए भी भीषण था, जैसे अभिचार की क्रिया में प्रयुक्त मंत्र। मल्लिनाथ ने अभिचार का अर्थ परहिंसा बताया है। शत्रुनाश के लिये अभिचार किया जाता है। मंत्र का प्रयोग दूसरे के या स्वयं के मंगल के लिये भी किया जा सकता है, उसी का प्रयोग जब दूसरे या शत्रु के सर्वनाश के लिये भी किया जाता है, तब वह मंत्र आभिचारिक मंत्र हो जाता है। अर्जुन को कवि ने आभिचारिक मंत्र कहा है। यह विलक्षण उपमा है। तृतीय चरण में 'बभार रम्योपि वपुः स भीषणम्' कह कर कवि ने इस उपमा को चमका दिया है। मंत्र यों तो मंगमलमय तथा रमणीय ही होता है, पर उसे अभिचार में प्रयुक्त कर दिया जाये, तो वह रम्य होकर भी भीषण हो जाता है। अर्जुन ऐसे ही रम्य हैं, पर अब शत्रुविनाश के लिये शस्त्र ले लिये हैं, अतः वे रम्य और भीषण एकसाथ हो गये हैं। अथाभिपश्यन्निव विद्विषः पुरः इस प्रथम चरण की उक्ति में भारवि ने उत्प्रेक्षा का प्रयोग बड़ी सूझबूझ से किया है, अर्जुन ने शस्त्र ऐसे धारण किये जैसे शत्रु सामने हों, तो वह उन्हें अभी तहसनहस कर डालेगा। इसे अमर्षातिशय व मन्युभाव का अव्याहतत्व व्यक्त होता है।

इसलिए भारवि के लिए परस्पर वीर और शान्त रसों की एकत्र उपस्थिति स्वाभाविक ही नहीं काम्य भी है, वे पराक्रम और शान्ति दोनों में विरोध नहीं देखते—

मनसा जपैः प्रणतिभिः प्रयतः समुपेयिवानधिपतिं स दिवः।
सहजेतरौ जयशमौ दधती विभराम्बभूव युगपन्महसी।।

(६/२२)

स्वर्ग के अधिपति इंद्र तक पहुँचने के लिये अपने मन में जप व प्रणति के द्वारा प्रयत या अहिंसादि निरत रह कर जय और शम अर्थात् वीर और शांत दोनों परस्पर विरोधी रसों से समन्वित दो तेजों को अर्जुन ने एक साथ धारण किया। (मल्लिनाथ अपनी टीका में कहते हैं - जीयते अनेन इति जयो वीररसः। ... जयशमौ वीरशान्तरसौ दधती पुष्णती महसी तेजसी युगपद् बिभराम्बभूव बभार)। मल्लिनाथ ने यहाँ अर्जुन की लोकोत्तरता को भारवि किस प्रकार प्रकट कर रहे हैं, यह बड़े सटीक रूप में समझाया है— 'अत्र युगपद्वीरशान्ताधिकरणत्वादस्य लोकाद्भुतमहिमत्वं व्यज्यते।' अर्थात् वीर और शांत दोनों का अधिकरण अर्जुन एक साथ बन गया यह कहकर कवि ने नायक की लोक में अद्भुत महिमा यहाँ व्यंजित कर दी है।

भारवि तप और साधना को ही जीवन में उच्च मूल्य मानते थे। वे व्यक्ति के जीवन को साधनामय देखना चाहते हैं। अविचलित होकर धैर्य और स्थिरता के साथ निरन्तर साधना में लगे रहना – यह भारवि के जीवन की अभीप्सा है। किसी भी प्रकार का विघ्न व्यक्ति को अवसन्न और चंचल न करे (कि. ६/१९,२८) अर्जुन की तपश्चर्या का जिस तन्मयता के साथ गरिमामय स्वरूप भारवि ने उपस्थापित किया है, वह उनकी साध्यनिष्ठता के साथ साधना के प्रति समर्पित विचारदर्शन को सामने रखता है, परन्तु भारवि की साधना और तपश्चर्या तेजस्विता और शक्ति के संचय के लिए है।

तपसा कृशं वपुरुवाह स विजितजगत्त्रयोदयम्।
त्रासजननमपि तत्त्वविदां किमिवास्ति यन्न सुकरं मनस्विभिः।।

(१२.६)

(तीनों लोकों को जीतने वाले, तपस्या से कृश और तत्त्वज्ञानियों के लिये भी त्रासकारक देह को अर्जुन ने धारण कर रखा था, मनस्वियों के लिये क्या सुकर नहीं है?

अर्जुन की काया तपस्या से अत्यंत कृश हो गई थी, फिर भी तीनों लोकों के उत्कर्ष को जीतने वाली थी और तत्त्वज्ञानियों के लिये भी त्रासकारक थी – यह कह कर कवि ने विरोधाभास अलंकार रच दिया है। अंतिम चरण में मनस्वियों के लिये क्या सुकर नहीं है— यह विशेष का सामान्य से समर्थन होने से अर्थांतरन्यास अलंकार हो जाता है, जो विरोध अलंकार को परिपुष्ट करता है।

ज्वलतोऽनलादनुनिशीथमधिकरुचिरम्भसां निधेः।
धैर्यगुणमवजयन्विजयी ददृशे समुन्नततरः शैलतः।। (१२.७)

अर्जुन आधी रात के समय जलती आग से भी अधिक दीप्यमान थे। सागर के धैर्यगुण को जीतते हुए वे पर्वत से भी अधिक ऊँचे दिख रहे थे।) मल्लिनाथ ने इस पद्य की अतिशयोक्ति पर प्रकाश डालते हुए कहा है—

'रुच्यादिभिरनलाधिक्यासम्बन्धे सम्बन्धाभिधानादतिशयोक्त्यलङ्कारः।'

जपतः सदा जपमुपांशु वदनमभितो विसारिभिः।
तस्य दशनकिरणैः शुशुभे परिवेषभीषणमिवार्कमण्डलम्।

(गूढ़ जप करते अर्जुन के मुख के चारों ओर उसके दाँतों की किरणें फैल गई थीं, जिससे वह परिवेषभीषण सूर्यमंडल की तरह लगता था।)

यहाँ मल्लिनाथ ने 'परिवेषस्तु परिधिरुपसूर्यकमण्डले' अमरकोश के इस वाक्य को उद्धृत कर के यह संकेत दे दिया है कि परिवेष शब्द सूर्य के चारों ओर बनने वाले ज्योतिर्वलय के लिये भी आता है। एक अन्य अर्थ यहाँ यह भी व्यंजित हो जाता है कि अर्जुन के मुख के चारों ओर फैलती वे किरणें सूर्य के परिवेष तक पहुँचकर उसको और भीषण बनाती हुई उसे सुशोभित कर रहीं थीं।

कवचं स विभ्रदुपवीतपदनिहितसज्यकार्मुकः।
शैलपतिरिव महेन्द्रधनुःपरिवीतभीमगहनो विदिद्युते।।

कवच पहने हुए तथा उपवीत या यज्ञोपवीत के स्थान पर डोरी चढ़ा हुआ धनुष धारण किये वह भीम गहन (भयंकर वन वाले) हिमालय के समान लगता था, जिसके ऊपर इंद्रधनुष छाया हो।

प्रविवेश गामिव कृशस्य नियमसवनाय गच्छतः।
तस्य पदविनमितो हिमवान् गुरुतां नयन्ति हि गुणाः न संहतिः।।

नियमाभिषेक के लिये जब वह निकलता, तो उसके पाँवो तले दब कर झुक गया हिमवान् मानों धरती में धँसता लगता था। गुणों से गुरुता होती है, संहति या मात्रा से नहीं।

हिमालय के लिये 'प्रविवेश गामिव' यह कहने से उत्प्रेक्षा अलंकार होता है। संहति का अर्थ संघात या मूर्ति बता कर मल्लिनाथ इस पद्य की व्याख्या में उचित ही कहते हैं - 'अन्तःसाराद्धि गौरवं भवति, न तु बाह्यस्थौल्यात्। तत्र च हेमपिण्डतूलपिण्डावेव निदर्शनमिति भावः।'

परिकीर्णमुद्यतभुजस्य भुवनविवरे दुरासदम्।
ज्योतिरुपरि शिरसो विततं जगृहे निजान्मुनिदिवौकसां पथः।।

दोनों भुजाएँ ऊपर उठाये हुए उसके मस्तक के ऊपर ऊपर फैले दुरासद ज्योति ने भवन के अंतराल में विस्तारित होकर मुनियों और देवों के निर्धारित मार्ग को छेंक लिया था।

महता मयूखनिचयेन शमितरुचि जिष्णुजन्मना।
भीतनिव नभसि वीतमले न विराजते स्म वपुरंशुमालिनः।।

जिष्णु या अर्जुन से जन्मे महान् मयूखनिचय अर्थात् रश्मिपुंज के द्वारा अंशुमाली सूर्य के बिंब की कांति को शांत कर दिया था, जिससे वह (सूर्यबिंब) निर्मल नभ में शोभित नहीं हो रहा था।

तमुदीरितारुणजटांशुमधिगुणशरासनं जनाः।
रुद्रमनुदितललाटदृशं ददृशुर्मिमन्थिषुमिवासुरीः पुरीः।।

अर्जुन के जटाभार से अरुणवर्ण की किरणें फूट रही थीं, आरोपित प्रत्यंचा वाला धनुष उसके हाथ में था। लोग उसे देखते तो उन्हें लगता कि वह बिना तृतीय नेत्र का रुद्र है, जो असुरों की नगरियों को रौंदने पर उतारू है।

इस पद्य में अलंकार का विश्लेषण करते हुए मल्लिनाथ कहते हैं कि ललाटनेत्र के बिना रुद्र हों यह तो संभव ही नहीं है, अत: अर्जुन को ललाटनेत्ररहित रुद्र के रूप में संभावित किया है, अत: उपमा नहीं उत्प्रेक्षा अलंकार यहाँ माना जाना चाहिये। उपमान से उपमेय की न्यूनता भी कवि ने यहाँ बताई है, क्योंकि रुद्र तीन नेत्र वाले हैं, अर्जुन द्विनेत्र रुद्र है। तथापि अर्जुन साक्षात् शिव के समान है— यह उपमा यह व्यंजित भी होती है अत: अलंकार से अलंकार की व्यंजना मान कर यहाँ अलंकारध्वनि भी स्वीकार की जानी चाहिये।

मरुतां पतिः स्विदहिमांशुरुत पृथुशिखः शिखी तपः।
तप्तुमसुकरमुपक्रमते न जनोऽयमित्यवयये स तापसैः।।

तापस उसे देखकर समझते कि यह मरुत्पति देवराज इंद्र है, सूर्य है या बड़ी बड़ी ज्वालाओं वाला अग्नि है जो असुकर तप करने चला है, यह जन या सामान्य मनुष्य नहीं है।

यहाँ अव उपसर्ग के साथ या धातु का कर्मणि लिट् में प्रयोग कर के कवि ने अर्जुन की प्रधानता सूचित की है, सारे तापस उसी को बार बार देख देखकर तर्कवितर्क कर रहे हैं – यह अर्थ ध्वनित होता है। सामान्य पुरुष के अर्थ में जन शब्द का प्रयोग भी पर्यायप्रयोगचातुरी का परिचायक है। माघ ने जन शब्द के प्रयोग में यह सांकेतिकता भारवि से ग्रहण की है। यह जन नहीं है— ऐसा कथन इंद्रत्वादि के धर्म का आरोप कर के अर्जुन के विषय में किया गया है, अत: मल्लिनाथ ने यहाँ अपह्नुति अलंकार माना है। पर संदेह अलंकार भी अपह्नुति के साथ माना जाना चाहिये, क्योंकि संदेह सूचक स्वित् पद का प्रयोग कवि ने किया है।

इन पद्यों में तेजस्विता से उदीप्त अर्जुन की तपश्चर्या का जीवन्त रूप उपस्थित करते हुए भारवि ने प्रशम और निवृत्ति के भाव से युक्त विरागी मुनियों की साधना से प्रवृत्तिमयी अपनी साधना को एकदम भिन्न चित्रित किया है।

नवजीवन रस्तोगी लिखते हैं - 'भारवि महाप्राण कवि हैं, आदर्श-स्फूर्त मेधा के मनस्वी स्वामी। उनके जीवन का गम्भीर संगीत काव्य के रूप में मुखरित हुआ है जिसमें तरलित है, उनका अभिजात और पुरुषार्थी पुरुष। संस्कृत काव्य में आभिजात्य दो ही कवियों की सम्पत्ति बन पाया है, बाण और भारवि। दोनों में अन्तर भी है, बाण के आभिजात्य में विलास है, जीवन की सम्पन्नता भरी अनुगूंज है, भारवि के आभिजात्य में जीवन के मूल्यों के प्रति निष्ठा भरा संकल्प है, अध्यवसाय है। स्वस्थ जीवनमूल्यों में यह अपराजेय आस्था भारवि की कविता को रंगती और ढालती है। बाण के शब्दों में रंगों का विलास है, वर्णविच्छति है। भारवि की

कविता का रंग एक है, पर वह एक रेखा है, जो अपनी स्निग्ध, सहज सिधाई से पथिक को सौन्दर्यलीन करती है, गन्तव्य तक पहुँचने के उनके विश्वास को संबल देती है। भारवि पुरुषार्थप्रधान काव्य के सृजनहार हैं, पुरुषकवि हैं, कवियों में पुरुष हैं और उनका काव्य पौरुष का काव्य है। जीवन के प्रति दृढ़ आस्था और प्रबल विश्वास उनके काव्य की संवेद्य भूमि और सृजन का प्रेरक सूत्र है।'[२४]

संक्षेप में भारवि का देश के लिये संदेश यही है कि इस देश को मात्र तपस्या की आवश्यकता नहीं, पराक्रम की भी आवश्यकता है। इसीलिये भगवान् शिव के लिये वे कहते हैं कि वे अपने भक्त अर्जुन की आराधना से उतने प्रसन्न नहीं हुए, जितने उसके पराक्रम से—

तपसा न तथा मुदमस्य ययौ भगवान् यथा विपुलसत्त्वतया।

सूक्तियाँ

भारवि की सूक्तियों में उनकी भाषाशैली और अभिव्यक्ति की उल्लेखनीय विशेषता—अर्थगौरव का प्रभविष्णु रूप में निदर्शन होता है। विचारप्रधानता तथा चिंतन की गंभीरता इन सूक्तियों को स्मरणीय बनाती है। उदाहरणार्थ—

ज्वलितं न हिरण्यरेतसं चयमास्कन्दति भस्मनां जनः।
अभिभूतिभयादसूनतः सुखमुज्झन्ति न धाम मानिनः।।

(२।२०)

(जलती आग को नहीं, बुझी राख को लोग रौंदते हैं। अतः अभिभव के भय से मानी मनुष्य प्राणों को सुख से छोड़ देता है, अपना तेज नहीं छोड़ता।)

हितं मनोहारि च दुर्लभं वचः। (१।४)

(ऐसा वचन दुर्लभ है, जो हितकार भी हो, और मनोहर भी हो।)

वरं विरोधोऽपि समं महात्मभिः। (१।८)

(नीच व्यक्ति से मित्रता के स्थान पर महापुरुष से विरोध होना भी अधिक अच्छा है।)

अमर्षशून्येन जनस्य जन्तुना न जातहार्देन न विद्विषादरः। (१।३३)

(जिसे अन्यायी पर क्रोध नहीं आता, ऐसा दब्बू व्यक्ति चाहे मित्र बन जाये चाहे शत्रु बन जाये- उसका कोई सम्मान नहीं होता।)

व्रजन्ति शत्रूनवधूय निःस्पृहाः शमेन सिद्धिं मुनयो न भूभृतः। (१।४२)

(शत्रुओं की ओर से उदासीन होकर शांति पूर्वक तप कर के मुनि लोग सिद्धि पाते हैं, राजा लोग नहीं।

निवसन्ति पराक्रमाश्रया न विषादेन समं समृद्धयः। (२।१५)

(समृद्धि पराक्रम के अधीन होकर रहती है ,विषाद के साथ नहीं।)

न रम्यमाहार्यमपेक्षते गुणम्।

जो स्वभाव से सुंदर है, उसे बाहर की सजावट की आवश्यकता नहीं।

रम्याणां विकृतिरपि श्रियं तनोति। (७.५)

रमणीय लोगों की विकृति में भी सुंदरता होती है।

सा लक्ष्मीरुपकुरुते यया परेषाम्। (७।२८)

लक्ष्मी वही है, जिससे कोई दूसरे का उपकार कर सके।

वसन्ति हि प्रेम्णि गुणा न वस्तुनि।

(गुण प्रेम में रहते हैं, वस्तु में नहीं।)

आपातरम्या विषयाः पर्यन्तपरितापिनः।

(संसार के विषय ऊपर ऊपर से ही रमणीय लगते हैं, अंत में वे दुःखदायी होते हैं।)

अविज्ञातेऽपि बन्धौ हि बलात् प्रह्लादते मनः।

(अपना कोई सगा सामने आ जाय, और उसे हम न पहचान पायें, तब भी उसके सान्निध्य से मन बरबस आह्लादित हो जाता है।)

व्रजन्ति ते मूढधियः पराभवं भवन्ति मायाविषु ये न मायिनः।

(वे मूर्ख पराजित हो जाते हैं, जो मायावी लोगों से निपटने के लिये मायावी नहीं बनते।)

किरातार्जुनीय की टीकाएँ

किरातार्जुनीय की अत्यंत प्राचीन काल में ही दुर्विनीत राजा ने टीका लिखी थी, जिसका उपर उल्लेख किया गया है। इसकी सर्वप्रसिद्ध टीका मल्लिनाथ की है जिसका नाम घंटापथ है। इसके अतिरिक्त इस महाकाव्य पर ३३ प्राचीन टीकाओं का पता चलता है। इनमें वल्लभदेव, विद्यामाधव, देवराजभट्ट, क्षितिपालमल्ल, प्रकाशवर्ष, कृष्णकवि, रविकीर्ति, चित्रभानु, एकनाथ आदि की टीकाएँ प्राचीन हैं। शब्दार्थदीपिका तथा प्रसन्नसाहित्यचंद्रिका इन दो टीकाओं का भी उल्लेख प्राप्त होता है, जिनके प्रणेताओं का नाम अज्ञात हैं। हाल ही में किरातार्जुनीयम् पर नृसिंह, प्रकाशवर्ष, जोनराज तथा अज्ञातकर्तृक प्रदीपिका टीकाएँ प्रकाश में आईं हैं।[२५]

पारंपरिक समीक्षा में भारवि

आचार्यपरंपरा ने सदैव भारवि को अर्थसिद्ध कवि के रूप में मान्यता दी है। उन्हें उद्धृत करने वाले आचार्यों में वामन सर्वप्रथम परिगणनीय हैं। उचित ही है कि वामन ने अर्थांतरन्यास अलंकार के विवेचन में भारवि का उल्लेख किया है। वे कहते हैं - 'किरातार्जुनीये किरातपुरुषोक्तिषु

वाच्यत्वेन स्वमार्गणमार्गणमात्रमेवोपक्रान्तम्। वस्तुतः पुनरर्जुनेन सह तात्पर्यार्थपर्यालोचनया विग्रहो वाक्यार्थतामुपनीतः। तथा च तत्रैवोच्यते— प्रयुज्य सामाचरितं विलोभनं भयं विभेदाय धियः प्रदर्शितम्। तथाभियुक्तं च शिलीमुखार्थिना यथेतरन्न्याय्यमिवावभासते।'

अर्थात् किरातवेषधारी शिव और अर्जुन मार्ग (बाणों) के मार्गण (खोज) करते हुए जो एक दूसरे से झड़प कर बैठते हैं, उसमें तात्पर्य का पर्यालोचन करने पर वाक्यार्थता विग्रह (युद्ध) की ही है। वामन ने अर्थान्तरन्यास के उदाहरण में भारवि के शृंगार रस का यह प्रसंग भी उद्धृत किया है—

प्रियेण संग्रथ्य विपक्षसंनिधावुपाहितां वक्षसि पीवरस्तने।
स्रजं न काचिद्विजहौ जलाविलां वसन्ति हि प्रेम्णि गुणा न वस्तुनि।।

(उसकी सौतों के सामने ही प्रिय ने फूलों की माला गूँथ कर उसके पीवर उरोजों वाले वक्ष पर डाली थी। जल में डुबकी लगाते समय भी उसे वह माला उतारी नहीं भले ही वह भीग गई हो। क्योंकि गुण प्रेम में रहते हैं,वस्तु में नहीं।)

संस्कृत काव्यशास्त्र के महान् आचार्य कुंतक ने भारवि की वाणी में सार्थकता की प्रशंसा करते हुए उन्हे अवहित या जागरूक कवि कहा है। उद्भट ने अपने काव्यालंकारसारसंग्रह में भारवि के अर्थगौरव की सराहना की है।

महान् कवि वही है जिसकी अभिव्यक्तियों को लेकर बड़े से बड़े आचार्यों को भी संदेह हो जाये कि इसमें कौन सा अंलकार है। भारवि के इस श्लोक में संदेह अलंकार है या अन्य कोई अलंकार— इस पर रुय्यक ने संदेह व्यक्त किया है।

रञ्जिता नु विविधास्तरुशैला नामितं तु गगनं स्थगितं नु।
पूरिता नु विषमेषु धरित्री संहृता नु ककुभस्तिमिरेण।।

(क्या विविध वृक्ष व पर्वत रँग दिये गये हैं, या आकाश झुक आया है या हटा दिया गया है, या धरती के गड्ढे भर दिये गये है, या फिर अँधेरे ने दिशाओं को मिला दिया है?)

भारवि ने विस्मयदशावेश को द्योतित करने के लिये चारों ही चरणों में 'नु' इस अव्यय का यहाँ सार्थक प्रयोग किया है। नु-शब्द की सम्भावनाद्योतकता स्वीकार करते हुए रुय्यक ने इस पद्य पर टिप्पणी दी है—

'अत्रारोपविषये तिमिरे रागादि तर्वादिभिन्नाश्रयत्वेनारोपितम्। केचित्त्वध्यवसायाश्रयत्वेन संदेहप्रकारमाहुः। अन्ये तु नुशब्दस्य संभावनाद्योतकत्वादुत्प्रेक्षाप्रकारमिममाचक्षते।'

टीकाकार मल्लिनाथ ने भारवि की वाणी को 'नारिकेलफलसम्मित' बताया है, जो ऊपर से तो कठोर प्रतीत होती है, पर तत्काल फूटते ही स्वादिष्ट रसगर्भित सारवान् फल देती है—

नारिकेलफलसम्मितं वचो भारवेः सपदि तद्विभज्यते।
स्वादयन्तु रसगर्भनिर्भरं सारमस्यरसिका यथेप्सितम्।।

भारवि के एक अन्य टीकाकार चित्रभानु ने अपनी शब्दार्थप्रकाशिका में भारवि की भारती को 'अन्तर्गतमनोरम गभीर तथा अद्भुत वस्तु से युक्त' बताया है। उनके अनुसार भारवि की भारती में गंभीरता तथा प्रसन्नता (प्रसादगुणयुक्त होना) पदे पदे प्रतीत होती है, और इनकी वाणी की इयत्ता को नापना सुधा के सागर को नापने के समान है—

गम्भीरता भारविभारतीषु या प्रसन्नता चानुपदं प्रतीयते।
इयत्तया तामवगन्तुमुद्यतां ध्रुवं सुधासिन्धुतलं दिदृक्षते।।

सदुक्तिकर्णामृत में उद्धृत एक पद्य में भारवि की वाणी को स्वभाव से ही मधुर कहा गया है— 'प्रकृतिमधुरा भारविगिरः।' शारदातनय के अनुसार भारवि भाव और रस का तादात्म्य स्थापित करने वाले कवि हैं— 'तादात्म्यं भावरसयोर्भारविः स्पष्टमूचिवान्।'

माघ और भारवि की तुलना प्रायः की जाती है। इस संबंध में पंडितमंडली में अनेक सूक्तियाँ प्रचलित हैं। जैसे—

कृत्स्नप्रबोधकृद् वाणी भारवेरिव भारवेः।
माघेनेव च माघेन कम्पः कस्य न जायते।।

(भारवि या सूर्य की आभा के समान भारवि की वाणी तो समग्र अर्थ का बोध करने वाली है, जब कि माघ (माघ के महीने) के समान माघ की कविता से किसे कँपकपी नहीं छूट जाती?) कवियों ने भारवि को उनकी अर्थ की स्पष्टता व प्रांजलता के लिये सराहा है और माघ को उनकी तुलना में दुरूह माना है। इस दृष्टि से तिलकमंजरी नामक कथा के प्रणेता महाकवि धनपाल भारवि को माघ के ऊपर रखते हुए कहते हैं—

माघेन विघ्नितोत्साहा नोत्सहन्ते पदे पदे।
स्मरन्ति भारवेरेव कवयः कपयो यथा।।

(माघ (माघ कवि तथा माघमास) के द्वारा विघ्नित उत्साह वाले कवि पद पद में (शब्द शब्द में, पग पग में) उत्साहित होकर आगे नहीं बढ़ पाते, तो वे कपियों के समान भारवि (कवि भारवि, सूर्य की दीप्ति) का ही स्मरण करते हैं।

काव्यशास्त्र के अन्य आचार्यों में भारवि का उल्लेख करते हुए राजशेखर ने कहा है कि भारवि उज्जयिनी में हुई काव्यकारपुरुषपरीक्षा में सफल माने गये। उन्होंने भारवि की वाणी को उल्लेखवान् पदसंदर्भ से युक्त भी बताया है। कुंतक तथा रुय्यक इन दोनों आचार्यों ने भारवि के संदेह अलंकार के प्रयोग की प्रशंसा की है।

कुमारदास : जानकीहरण

कुमारदास का उल्लेख करने वाले प्राचीन आलंकारिकों में राजशेखर (९०० ई०), भोज (१०१०-१०५५ई०) तथा हेमचन्द्र (१०८९ से ११७३ई०) उल्लेखनीय हैं। अमरकोश के

टीकाकारों में पदचंद्रिकाकार रायमुकुटमणि (१४३०ई०), टीकासर्वस्वकार सर्वानंद (११५९ई०), कामधेनुकार सुभूतिचंद्र (१०१०-१०६२ई०)—इन तीनों ने कुमारदास के जानकीहरण महाकाव्य के पद्य उद्धृत किये हैं। इनके अतिरिक्त शार्ङ्गधरपद्धति (१३६३ई०), सूक्तिमुक्तावली (१२५८ई०) तथा सदुक्तिकर्णामृत (१२०५ई०)— इन तीन प्रसिद्ध सुभाषित संग्रहों में भी कुमारदास के पद्य उद्धृत हैं। राजशेखर के द्वारा कुमारदास के विषय में रची हुई यह प्रशस्ति विद्याकर के सुभाषितरत्नकोश में उद्धृत है—

जानकीहरणं कर्तु रघुवंशे स्थिते सति।
कविः कुमारदासो वा रावणो वा यदि क्षमः।।

(रघुवंश (कालिदासकृत महाकाव्य, रघुकुल) के रहते हुए जानकीहरण (कुमारदास का महाकाव्य, सीता का हरण) या तो कवि कुमारदास कर सकते थे , या रावण कर सकता था।)

इसके पूर्व ज्ञानाश्रयी छन्दोवीचिति नामक छन्द:शास्त्र के ग्रन्थ में कुमारदास का पद्य उद्धृत किया गया है। इस छन्दोवीचिति की रचना छठी शताब्दी के उत्तरार्ध में हुई थी। अत: कुमारदास का समय पाँचवीं शताब्दी के आसपास कूता जा सकता है। इसके अतिरिक्त जानकीहरण महाकाव्य में कतिपय ऐतिहासिक उल्लेख मिलते हैं, जो उसकी कालगणना में सहायक हैं। कुमारदास ने कटाह (मलयद्वीप) पर आधिपत्य के साथ सार्थवाहों के जमघट की (१.१७-१८) चर्चा की है, १९वें सर्ग में राजा यवनेंद्र की पराजय तुरुष्क राज्य के पतन का उल्लेख किया है।

कुमारदास नाम से श्रीलंका में पाँचवी शताब्दी में एक राजा हुए। कतिपय विद्वान् इन्हीं कुमारदास को जानकीहरण महाकाव्य का कर्ता भी मानते है। सी.आर.स्वामीनाथन् ने इस मत का दृढता से खंडन किया है। वस्तुत: मोग्गलान के पुत्र कुमार धातुसेन नामक राजा सिंहल में ५१२ई० से ५२१ई० तक राज्य करते रहे। सिंहली साहित्य में इनका विवरण मिलता है, पर इनके द्वारा जानकीहरण महाकाव्य रचे जाने का कहीं उल्लेख नहीं है। श्री स्वामीनाथन् ने मद्रास से प्राप्त जानकीहरण की पांडुलिपियों में दिये गये अंतिम श्लोकों के आधार पर कुमारदास का परिचय प्रस्तुत किया है। तदनुसार कुमारदास मणिक के पुत्र थे। इनके पिता मणिक राजा कुमारमणि के सेनापति थे।[२६] मेघ और अग्रबोधि ये इनके मामा थे। इनके पिता मणिक का निधन युद्धभूमि में हुआ। तब मामाओं ने बचपन से इनको पाला। ये दोनों मामा स्वयं राजपुत्र थे, इस दृष्टि से कुमारदास राजा के नाती थे। जानकीहरण की मलाबार से प्राप्त एक अन्य पांडुलिपि के उल्लेख से भी प्रमाणित होता है कि जानकीहरण के कर्ता कवि कुमारदास का राजपरिवार से संबंध तो था, पर वे स्वयं राजा नहीं थे। संभवत: कुमार धातुसेन तथा कुमारमणि— इन दो राजाओं से नाम की समानता और लगभग इनके समकालीन होने के कारण परवर्ती अनुश्रुतियों तथा साहित्यिक उल्लेखों में कवि कुमारदास को भी राजा मान लिया गया। ए०के० वार्डर ने परमवितान के मत का हवाला दिया है, तदनुसार परमवितान ने

कुमारदास के पिता श्रीमानित को राजकुमार मान से अभिन्न माना है, जो राजा अग्रबोधि तृतीय (६३३-६४५ई०) के शासनकाल में युवराज पद पर अभिषिक्त हुए थे। इनके संबंध में इतना तो निर्विवाद है कि वे सिंहल द्वीप (श्रीलंका) में छठी शताब्दी में हुए। सिंहल के प्राचीन साहित्य में प्राप्त कथाओं में कुमारदास का संबंध कालिदास से भी स्थापित किया गया है। कहा जाता है कि कालिदास और कुमारदास मित्र थे। कुमारदास के आग्रह पर कालिदास भारत से सिंहल द्वीप गये, जहाँ एक गणिका ने राजकीय पुरस्कार के लालच में उनकी हत्या कर दी, क्योंकि जिस पद्य की पूर्ति पर पुरस्कार दिया जाना था उसका उत्तरार्ध कालिदास ने रच दिया था। सिंहली ग्रंथों में यह पद्य सिंहली भाषा में दिया गया है। कुमारदास अपनी माँ के निधन के पश्चात् अपने भाई मानवर्मा के साथ कांची आ गये थे, जहाँ मानवर्मा ने पल्लव राजा की सेना में उच्च पद पर कार्य किया। वार्डर का अनुमान है कि कांची में ही कुमारदास की भेंट आचार्य तथा महाकवि दंडी से हुई होगी जिनसे काव्यशास्त्र का अध्ययन करते हुए उन्होंने काव्यरचना की प्रेरणा भी प्राप्त की। दंडी भारवि के परवर्ती हैं – अत: यह मत ग्राह्य प्रतीत नहीं होता।

कुमारदास के संबंध में प्रसिद्धि है कि वे जन्मांध थे। राजशेखर ने काव्यमीमांसा के शिष्यप्रतिभाविषयक चतुर्थ अध्याय में लिखा है–– 'अप्रतिभस्य पदार्थसार्थः परोक्ष इव, प्रतिभावतः पुनरपश्यतोऽपि प्रत्यक्ष इव। यतो मेधाविरुद्रकुमारदासादयो जात्यन्धाः कवयः श्रूयन्ते।' अर्थात् जिसमें प्रतिभा नहीं है, उसके लिये पदार्थों का कारवाँ ओझल रहता है, प्रतिभा जिसमें है उसके सामने वस्तुएँ न हों, फिर भी वह उन्हें सामने देखता है।

विषयवस्तु

जानकीहरण महाकाव्य में बीस सर्गों में रामायण की संपूर्ण कथा प्रस्तुत की गयी है। पहले सर्ग में राजा दशरथ तथा उनकी रानियों का वर्णन है। दूसरे सर्ग में बृहस्पति रावण के विषय में बताते हैं। तीसरे सर्ग में दशरथ की जलक्रीडा तथा संध्या के समय का चित्रण है। चौथे में दशरथ के चारों पुत्रों का जन्म, पाँचवे में विश्वामित्र का राम और लक्ष्मण को अपने आश्रम ले जाना तथा राम के द्वारा सुबाहु और मारीच आदि राक्षसों के वध का वृत्तांत है। छठे में मिथिला यात्रा तथा सातवें में राम और सीता का परस्पर दर्शन और उनके विवाह का निरूपण किया गया है। आठवें और नवें सर्गों में राम और सीता के शृंगार के निरूपण के बाद अयोध्या लौटने का वृत्तांत है। नवें सर्ग में राम के वनवास से सीताहरण तक की कथा है। ग्यारहवें में बालिवध और वर्षा ऋतु का सरस वर्णन है। बारहवे में सीता के अन्वेषण की तैयारी होती है। तेरहवें में हनुमान् के द्वारा लंका का दहन, चौदहवें में सेतुबंध, पंद्रहवें में अंगद का रावण की सभा में जाना, सोलहवें में राक्षसों के विलास तथा सत्रहवें से बीसवें सर्ग तक राम-रावण का संग्राम और राम की विजय का वर्णन किया गया है।

विषय वस्तु के निरूपण में कवि कुमारदास वाल्मीकि के ऋणी हैं। रामायण का पूर्वा

संस्करण उनका स्रोत प्रतीत होता है। कथावस्तु के निरूपण तथा भाषाशैली की दृष्टि से वे निश्चित रूप से कालिदास से भी अत्यधिक प्रभावित हैं। मूल कथा में कुछ ही प्रसंगों में वाल्मीकि रामायण से अंतर है। उदाहरण के लिये कुमारदास ने मारीच की मृत्यु सुबाहु के साथ विश्वामित्र के यज्ञ की रक्षा के अवसर पर हुए युद्ध में ही दिखा दी है, और सीताहरण के पूर्व स्वर्णमृग का प्रसंग उन्होंने अपनी रचना में रखा ही नहीं है। अनेक स्थलों पर तो उन्होंने वाल्मीकि रामायण के पद्यों की ललित विन्यास के साथ छाया कर डाली है। पहले सर्ग में ही दशरथ के हाथों श्रवणकुमार के वृद्ध पिता की मृत्यु के प्रसंग में वाल्मीकि के पद्य को ही उन्होंने अनूदित किया है। उदाहरण के लिये

एकेन खलु बाणेन मर्मण्यभिहते मयि।
द्वावन्धौ निहतौ वृद्धौ माता जनयिता च मे।।

(रामायण २.६३.४०)

(मेरे मर्मस्थल पर एक बाण मारकर मुझे आपने जो मार दिया, उसी एक बाण से मेरे दोनों अंधे माता-पिता मारे गये।)

श्रवणकुमार के इस कथन को कुमारदास ने अपने महाकाव्य में इस तरह रूपांतरित कर के प्रस्तुत किया है—

एकं त्वया साधयतापि लक्ष्यं नीतं विनाशं त्रितयं निरागः।
मच्चक्षुषा कल्पितदृष्टिकृत्यौ वृद्धौ वने मे पितरावहं च।।

(जानकीहरण, १.७६)

(तुमने एक लक्ष्य साधते हुए तीन लोगों की हत्या कर दी है— मेरी आँखों से देखने वाले मेरे माता पिता और वीतराग इस वन में मैं।)

अनेक स्थानों पर कुमारदास ने वाल्मीकि से भाव व अभिप्राय ग्रहण किये हैं, पर उन्हें और अधिक रमणीय रूप देकर नवीन बना दिया है। विषयवस्तु के संयोजन में कुमारदास पर कालिदास का गहरा प्रभाव है। जानकीहरण के आठवें सर्ग में उन्होंने सीता और राम की प्रणयलीलाओं का वर्णन किया है, जिस पर कुमारसंभव के आठवें सर्ग में कालिदास द्वारा वर्णित शिव-पार्वती के शृंगार की छाया है। कुमारदास की कविचेतना पर कालिदास इतने अधिक छाये हैं कि यदि कालिदास उनके पूर्व न हुए होते, तो उनका महाकाव्य भी इस रूप में नहीं लिखा जा सकता था। दसवें सर्ग में तो वाल्मीकि के स्थान पर राम के वनवास की घटनाओं के चित्रण में वे कालिदास के रघुवंश पर अधिक अवलंबित हैं।

चरित्रचित्रण

कुमारदास ने रामायण के पात्रों को उसी रूप में प्रस्तुत किया है, जिस रूप में वे वाल्मीकि के महान् ग्रंथ में हैं। पर दशरथ के चरित्र को उन्होंने अधिक गरिमामय और शालीन रूप दे

दिया है। विश्वामित्र के द्वारा यज्ञ की रक्षा के लिये राम और लक्ष्मण को माँगने पर वाल्मीकि की रचना में दशरथ जिस तरह गिड़गिड़ाने लगते हैं, कुमारदास में वे ऐसा नहीं करते , अपितु बिना किसी हिचक के राम और लक्ष्मण को विश्वामित्र के लिये सौंप देते हैं। इसीप्रकार कैकेयी के समक्ष भी जानकीहरण के दशरथ उस प्रकार दीन हीन नहीं दिखायी देते, जिसप्रकार रामायण के दशरथ।

भाषा-शैली

कुमारदास की शैली पर कालिदास का सर्वाधिक प्रभाव है। कालिदास की सरस, प्रसादगुणसम्पन्न वैदर्भी रीति का उन्होंने प्रायः सर्वत्र अपने महाकाव्य में निर्वाह किया है, पर राम और रावण के युद्ध के वर्णन में गाढबन्ध, ओजोगुण तथा जटिल पदावली और चित्रबन्धों की भी भरमार कर डाली है। पूरे सत्रहवें सर्ग में यमक अलंकार का चमत्कार है, तो अठारहवाँ सर्ग चित्रकाव्यों से भरा हुआ है।

वर्णनकला

कुमारदास सौंदर्य के चित्रण में विशेष दक्ष हैं। प्रथम सर्ग में कौसल्या का वर्णन तथा षष्ठ सर्ग में सीता की छवि मनोहारी है। पानगोष्ठियों के चित्ताकर्षक और यथार्थ चित्र उन्होंने जानकीहरण के तीसरे, आठवें और सोलहवे सर्गों में उकेरे हैं, जिनमें मानवीय स्वभाव और मदाविष्ट दशा में मनुष्यों की विविध चेष्टाओं का वर्णन बड़ा सहज है। नगरों के वर्णन में भी कुमारदास की पैनी दृष्टि, एक एक विवरण को सँजाने की कुशलता तथा उत्प्रेक्षाओं की भव्यता प्रभावित करती है। पहले सर्ग में ११ पद्यों में अयोध्या का वर्णन तथा छठे सर्ग में मिथिला का वर्णन चमत्कारपूर्ण है। मिथिला का प्राकार (परकोटा) इतना ऊँचा है कि आकाश उसके ऊपर ढक्कन की तरह लगा हुआ प्रतीत होता है। जानकीहरण के रुचिकर वर्णनों में एक अनुपम प्रसंग सातवें सर्ग में राम और सीता के विवाहवर्णन का है, जिनमें कुमारदास ने वैवाहिक विधियों, लोकाचारों और विवाह के अवसर में व्यक्त मनःस्थिति का बहुत यथायथ तथा चित्ताकर्षक निरूपण किया है। आठवे सर्ग में संध्या तथा सूर्यास्त के चित्रण में वर्णविच्छित्ति रमणीय है। कुमारदास वर्णनों में सर्वत्र कल्पना का योग करते चलते हैं, प्रकृति को वे मानवीय रूप देते चलते हैं। संध्यावर्णन में सूर्यास्त का यह चित्र—

सन्निगृह्य करसन्ततिं क्वचित् प्रस्थितोऽपि रविरेष रागवान्।
अस्तमस्तकमधिश्रितः क्षणं पश्यतीव भुवनं समुत्सुकः।।

(अपनी करसंतति – (किरणजाल, हाथों) को समेट कर रागवान् (लालिमा वाला अनुराग से युक्त) रवि प्रस्थित हुआ, और अस्ताचल के मस्तक पर टिका कर उसने उत्सुक होकर भुवन को ताका।)

यहाँ करसंतति तथा रागवान् इन दो पदों में श्लेष तथा पश्यतीव में उत्प्रेक्षा का सन्निवेश चमत्कार उत्पन्न करता है साथ ही अस्ताचल पर टिके सूर्य का चित्र उससे एक बिंब ग्रहण कर लेता है। ग्यारहवें सर्ग में वर्षा का वर्णन भी बड़ा सरस है। उन्नीसवें सर्ग में राम की पुष्पकविमान से वापसी का निरूपण कालिदास के रघुवंश (१३वें सर्ग) के अनुकरण पर है। इसके साथ ही भारवि और माघ के महाकाव्यों के समान विविध वर्णनों के सन्निवेश से कुमारदास ने अपने महाकाव्य में शब्दचित्रों का रमणीय विन्यास भी प्रस्तुत किया है। सोलहवें सर्ग में सन्ध्या व रात्रि का वर्णन करते हुए वे राक्षसरमणियों के परस्पर परिहास, उनके श्रृंगार व अपने अपने प्रेमियों के साथ वार्तालाप का रुचिकर वर्णन करते हैं। रावण के द्वारा अपने दस मुखों तथा बीस भुजाओं से सुन्दरियों के बीच रमण का चित्रण चमत्कारपूर्ण है।

कुमारदास के सभी वर्णन भावपूर्ण हैं। वर्णनों में स्वभावोक्ति की छटा भी उन्हें और आकर्षक बना देती है। राम की बाल लीलाओं के चित्रण में यह पद्य बहुत सुंदर है—

न स राम इह क्व यात इत्युक्तो वनिताभिरग्रतः।
निजहस्तपुटावृताननो विदधेऽलीकनिलीनमर्भकः।।

(४।८)

(स्त्रियां सामने खड़े बालक राम को खोजने का नाटक करती हुईं कहतीं – राम तो यहाँ नहीं, कहाँ गये? बच्चे राम अपनी हथेलियों से मुँह ढंक कर झूठमूठ छुपे होने का नाटक करते।)

कल्पना/अलंकारविधान

कुमारदास ने पारम्परिक उपमानों को नये सन्दर्भ में प्रयुक्त कर के अन्यच्छायायोनि काव्य का उत्कृष्ट उदाहरण प्रस्तुत किया है।

पुष्पक विमान से अयोध्या लौटते हुए राम को धरती पर चलते हुए श्वेतवस्त्रधारी मनुष्य ऐसे दिखते हैं, जैसे चीटियाँ रेंग रहीं हों (२००६)। अनेक पद्यों में कुमारदास प्रकृति का बहुत प्रभावशाली रूप में मानवीकरण करते हैं। मेघ के विषय में वे कहते हैं— नदी का निर्मल जल छक कर पीने के पश्चात्, उसका उदर पानी से इतना भर गया था कि मेघ चलने फिरने में असमर्थ होकर पहाड़ की तलहटी में ही टिक कर विश्राम करने लगा।

विमलवारि निपीय नदीगतं सलिलभारनिरन्तरितोदरः।
क्लममिवाभिवहन्नतिपानजं गिरितटे निषसाद पयोधरः।

(११.५६)

(नदी के निर्मल जल को पीकर पानी के भार से फूले पेट वाला जैसे अत्यधिक पान करने से उपजी अपनी थकान मिटाने के लिये पहाड़ के किनारे पर जा बैठा।)

यहाँ उत्प्रेक्षा अलंकार का प्रयोग कल्पनाप्रवणता के साथ किया गया है।

सत्रहवें सर्ग में निरंतर यमक अलंकार की छटा रघुवंश के नवम सर्ग में कालिदास के द्वारा प्रदर्शित यमककौशल का अनुहरण है।

रस

जानकीहरण महाकाव्य में वीररस अंगी है। इसमें युद्ध के वर्णनों में वीर रस का विशेष परिपोष हुआ है। जानकीहरण के पाँचवें सर्ग में राम के सुबाहु आदि के साथ वर्णन में, नवें सर्ग में परशुराम के साथ हुए संघर्ष में, ग्यारहवें सर्ग में रावण तथा जटायु के संग्राम और उन्नीसवें सर्ग में राम-रावणयुद्ध में वीररस का ओजस्वी निरूपण कुमारदास ने किया है। वीर रस के साथ बीभत्स और भयानक रसों का भी अंग के रूप में यथोचित सन्निवेश उन्होंने किया है। पाँचवें सर्ग में विश्वामित्र के यज्ञ की रक्षा के अवसर पर सुबाहु आदि से समर का वर्णन ३५ श्लोकों में है। राम के अद्भुत पराक्रम का चित्रण कवि ने बड़ी कल्पनाशीलता तथा पर्यवेक्षण के साथ किया है। राम इतनी फुर्ती से बाण छोड़ रहे थे कि देखने वाले उनके धनुष से बाण का छूटना लक्षित ही नहीं कर पाते थे। पर जिस जिस राक्षस को उनके बाण लगते, वे धराशायी हो जाते, तो ऐसा लगता जैसे वे बिना बाण लगे ही ढेर होते जा रहे हैं—

शरासने वर्त्मनि लक्ष्यभेदने परैरुपालक्ष्यत नेषुसन्ततिः।
ऋतेऽपि हेतोरिव दीर्णवक्षसो निपेतुरस्य प्रधने सुरद्विषः।।

(जानकीहरण, ५.३०)

एक अश्वारोही योद्धा का मस्तक कृपाण से कट कर गिर पड़ता है, पर उसने घोड़े की लगाम को इतना कस कर पकड़ रखा था कि मस्तक के गिर जाने पर भी उसकी मट्ठी लगाम पर कसी रही और उसका धड़ घोड़े पर स्थिर बैठा रह गया—

कृपाणकृत्तस्य दृढोरुयन्त्रितं न पश्चिमार्धं निपपात सादिनः।
तुरङ्गवल्गादृढसक्तमुष्टिना परेण भागेन च लम्बितं पुरः।।

पराक्रम और वीरोचित चेष्टाओं का कुमारदास का निरूपण स्वाभाविक तथा प्रभावशाली है। इंद्रजित और रावण आदि के निधन के पश्चात् विलाप के प्रसंग हृदयद्रावक हैं, जिनमें करुण का उत्कृष्ट परिपाक हुआ है। श्रृंगार के दोनों पक्षों—संभोग और विप्रलंभ - के चित्रण में कुमारदास निपुण हैं। जानकीहरण के तीसरे, आठवें और सोलहवें सर्गों में श्रृंगार रस छाया हुआ है। श्रृंगार रस को वे अपनी सौंदर्य दृष्टि और कल्पनाओं की विच्छित्ति से हृदयंगम बनाते हैं।

पहले सर्ग में अपनी मृत्यु के पूर्व दशरथ के प्रति श्रवणकुमार के कथनों में करुणरस के परिपाक का मार्मिक निदर्शन कुमारदास ने प्रस्तुत किया है। श्रवणकुमार कहता है—

वनेषु वासो मृगयूथमध्ये क्रिया च वृद्धान्धजनस्य पोषः।
वृत्तिश्च वन्यं फलमेषु दोषः सम्भावितः को मयि घातहेतुः।।

(हिरणों के झुंड के बीच वन में निवास, बूढ़े माता पिता की सेवा में दिनचर्या, फल खा कर जीवन निर्वाह – इनमें आप को मुझे मारने के लिये क्या दोष दिखा?)

तरुत्वचोऽयं कठिनां वसानो वनेषु शीतोष्णनिपीतसारः।
अस्वादुवन्याशनजीर्णशक्तिः पात्रं कृपायास्तव वध्यभूतः।।

(पेड़ों की कठोर छाल पहनने वाला, वन में शीतोष्ण जल पीने वाला, स्वादरहित वन्य भोजन से चुक गई शक्ति वाला यह मैं आपकी कृपा का पात्र था, आप ने तो उल्टे मुझे मार ही डाला?)

जीर्णो जतुन्यासनिरुद्धरन्ध्रः कुम्भश्च मौञ्जी तरुवल्कलश्च।
एतेषु यन्मां विनिहत्य गम्यं तद् गृह्यतामस्तु भवान् कृतार्थः।।

(यह फूटा घड़ा है, लाख से साँध कर जिसके छिद्र को भरा गया है। यह मूँज की रस्सी है, और ये पेड़ की छाल के कपड़े हैं। मुझे मार कर इनमें से जो चाहिये हों, आप ले लीजिये और अब कृतार्थ हो जाइये।)

छन्दोविधान

कुमारदास के छन्दोविधान पर कालिदास का प्रभाव है। आठवें सर्ग में राम और सीता के शृंगार के प्रसंग में उन्होंने रथोद्धता छंद का अनुकूल प्रयोग किया है। कालिदास ने भी कुमासंभव के आठवें सर्ग में शिव और पार्वती की प्रणयकेलि के चित्रण में इसी छंद का प्रयोग किया है। चतुर्थ सर्ग में विश्वामित्र के द्वारा राम और लक्ष्मण को अपने आश्रम ले जाने के प्रसंग में कुमारदास ने वियोगिनी छंद का सरस प्रयोग किया है। ग्यारहवें और चौदहवे सर्गों में द्रुतविलंबित छंद का प्रयोग इस छंद के नाम के अनुरूप कार्य व्यापार की त्वरा का बोध कराते हुए कथा के वातावरण की सृष्टि में सहायक हुआ है। सोलहवें सर्ग में राक्षसों की अपनी प्रियाओं के साथ प्रणयलीलाओं का चित्रण तदनुकूल पुष्पिताग्रा छंद में है। वंशस्थ कुमारदास का सबसे प्रिय छंद है। तीसरे, पाँचवे, नवें, बारहवें, सत्रहवें व उन्नीसवें सर्गों में इसका प्रचुर उपयोग उन्होंने किया है। जबकि प्रथम, तृतीय और सप्तम सर्गों में उपजाति छंद प्रमुख है। कुमारदास अनुष्टुप् जैसे छोटे छंदों के साथ ही शिखरिणी, स्रग्धरा, शार्दूलविक्रीडित मंदाक्रांता जैसे बड़े छंदों का प्रयोग करने में भी निपुण हैं, और कथा के प्रवाह को बनाये रखने के लिये उन्होंने इन विविध छंदों का प्रयोग यथावसर अपने महाकाव्य में किया है।

आदर्श तथा सांस्कृतिक बोध

कुमारदास ने कालिदास की भाँति ही उच्च सांस्कृतिक मानदंडों को अपने काव्य में रूपायित किया है। सीता और राम के अनिंद्य अकलुष प्रेम का चित्रण उन्होंने वाल्मीकि और कालिदास को भावित करके किया है। सीता के विषय में वे कहते हैं—

पुष्परत्नविभवैर्यथेप्सितं सा विभूषयति राजनन्दने।
दर्पणं तु न चकांक्ष योषितां स्वामिसम्मतफलं हि मण्डनम्।।

(राम सीता को फूलों और रत्नों से अपने हाथों से शृंगार करते थे, तो सीता उसके पश्चात् दर्पण में अपने को देखने की इच्छा नहीं करती थीं, क्योकि जो प्रिय को अच्छा लगे स्त्री का वही शृंगार है।)

कुमारदास ने यहाँ कालिदास के 'प्रियेषु सौभाग्यफला हि चारुता' इस कथन को सुंदर रूप में नयी रीति से प्रस्तुत किया है। इसी प्रकार कालिदास के 'यौवने विषयैषिणाम्, वार्धक्ये मुनिवृत्तीनाम्' रघुवंशियों का आदर्श कुमारदास उन्हीं राजाओं के शब्द में प्रस्तुत करते हैं—

उभे वक्षसि वंश्यानां तिष्ठतो रक्तकर्कशे।
यौवने वनिता वल्कसन्ततिर्वार्धिके च नः।।

(हमारे वंश के लोगों के रक्तकर्कश वक्षःस्थल पर दो टिक पाती हैं— यौवन में सुंदरियाँ और वार्धक्य में वल्कल)।

जानकीहरण की पारंपरिक समीक्षा

भोज ने कृत्रिम अनुराग से अकृत्रिम अनुराग अधिक बलवान् होता है— इस सिद्धांत का सत्यापन दिखाने के लिये जानकीहरण से रावण की उक्ति अंशतः उद्धृत की है—(जाह० १०.८६)। तथा धीरोद्धत कनिष्ठ नायक के उदाहरण में संपूर्ण पद्य उद्धृत किया है—

एकस्मिन् शयने मया मयसुतामालिङ्ग्य निद्रालसा-
मुन्निद्रं दयितेन ते चरणयोः संवाहनव्यापृता।
पादाग्रेण तिलोत्तमा स्तनतटे सस्नेहमापीडिता
हर्षावेगसमर्पितानि पुलकान्यद्यापि नो मुञ्चति।।

(एक शैया पर मैंने निद्रा में अलसाई मयसुता मंदोदरी का आलिंगन कर के मेरे चरण दबाने में लगी तिलोत्तमा के स्तनों पर स्नेह पूर्वक पाँवों के अग्र भाग से दबाया, जिसके हर्ष और आवेग से उपजे पुलक से वह अभी तक मुक्त नहीं हो पाई है।)

कुमारदास के अनेक पद्य सुभाषितसंग्रहों में उद्धृत हैं। जानकीहरण ११.५५ को सूक्तिमुक्तावली में, ११.६३ को सुभाषितावलि (१७५३) में ११.६६ को सुभाषितरत्नाकर (११३७) तथा शार्ङ्गधरपद्धति (१७५७) में संकलित किया गया है।

जानकीहरण महाकाव्य श्रीलंका में बहुत लोकप्रिय रहा है। इसकी एक टीका बारहवीं शताब्दी में तैयार की गई। पालिकाव्य परंपरा पर कुमारदास का प्रचुर प्रभाव है।

राजशेखर के बालरामायण में सीता के वनगमन वर्णन[२७] में जानकीहरण की इस उक्ति की छाया देखी जा सकती है—

द्वित्राण्यथ रथाद् भूमौ पादान्याधाय निस्सहा।
येयमत्र कियद्दूरमिति पप्रच्छ मैथिली।।

(शृंप्र० भाग० २, पृ० ८८५) जानकीहरण, १०.५०)

(रथ से उतर पर भूमि पर दो तीन पग चल कर ही मैथिली पूछने लगी कि कितनी दूर और जाना है।)

कुमारदास की कविता परवर्ती काल में भी आदर के साथ पढ़ी जाती रही। हरिकवि सत्रहवीं शताब्दी में उनके तीन पद्य उद्धृत करते हैं। सौंदर्य व लालित्य के लिये कदाचित् हरि कवि ने कुमारदास की परख की है। सुभाषितहारावली में कुमारदास का यह पद्य शृंगार के प्रसंग में उन्होंने उचित ही रखा है—

नायं शशी तत्प्रतिरूपमन्यद्यस्मान्न विश्लेषयति द्वयं नौ।
इति स्म तर्कादिव पश्यतस्तौ तस्या मुखेन्दुं कुचचक्रवाकौ।।

(सुहा० १६६३)

(यह तो चंद्रमा नहीं उसकी कोई प्रतिरूप है— इस प्रकार तर्क करते हुए उसके मुखचंद्र को कुचरूपी चकवे ताक रहे हैं।)

हरिकवि के द्वारा ही उद्धृत इस पद्य में कुमारदास रत्नावलीकार हर्ष के सौंदर्यवर्णन के लिये पथप्रदर्शक प्रतीत होते हैं—

दृष्टौ हतं मन्मथबाणपातैः शक्यं विधातुं न निमील्य चक्षुः।
ऊरू विधात्रा नु कृतौ कथं तौवित्यास तस्यां सुमतेर्वितर्कः।। (१७.२१)

(देख लेते तो कामदेव के बाण से घायल होकर मर जाते, और आँखें मूँद कर तो बना सकते नहीं थे, तो इसके ऊरुयुगल को विधाता ने कैसे रचा होगा – उसे देखकर सुमति जन यह वितर्क करते थे।)

परनवितान के अनुसार कुमारदास ने श्रीघनानंद नामक एक अन्य महाकाव्य भी लिखा था, पर यह अप्रामाणिक है।[२८]

भट्टि : रावणवध

महाकवि भट्टि की एकमात्र उपलब्ध रचना रावणवध महाकाव्य है। इस महाकाव्य को कवि के नाम से भट्टिकाव्य भी कहा जाता है। भट्टिकाव्य के अंतिम पद्य के निम्नलिखित उल्लेख से कवि के विषय में स्वल्प सूचना प्राप्त होती है।

काव्यं मया निर्मितमिदं वल्लभ्यां श्रीधरसेनपालितायाम्।
कीर्तिरतो भवतान्नृपस्य तस्य प्रेमकरः क्षितिपो यतः प्रजानाम्।।

(भट्टिकाव्य २२.३५)

(यह काव्य मैंने श्रीधरसेन के द्वारा पालित वलभी नगरी में रह कर लिखा, इससे उस राजा की भी कीर्ति हो, क्योंकि वह प्रजाओं पर प्रेम रखने वाला राजा है।)

तदनुसार भट्टि ने इस काव्य की रचना वलभी नगरी में रह कर उस समय की, जब वहाँ राजा श्रीधरसेन का शासन था। वार्डर ने यहाँ श्री को सम्मानसूचक मान कर राजा का नाम धरसेन माना है। वलभी में ५००ई० से ६५०ई० के मध्य श्रीधरसेन नाम के ही चार राजाओं ने राज्य किया। ६१०ई० के यहाँ के एक शिलालेख में श्रीधरसेन द्वितीय के द्वारा भट्टि नामक विद्वान् को दान में भूमि देने का उल्लेख है। श्रीधरसेन नामक राजा के ही ६४६ तथा ६५० ई० के अन्य शिलालेखों से उसके चक्रवर्ती की उपाधिग्रहण की सूचना मिलती है। संभवतः यही धरसेन भट्टि का आश्रयदाता है। इस उल्लेख के आधार पर भट्टि का समय छठी शताब्दी का उत्तरार्ध तथा सातवीं शताब्दी का पूर्वार्ध माना जा सकता है।

टीकाकार कंदर्पचक्रवर्ती ने भर्तृ शब्द का अपभ्रंश भट्टि हो सकता है इस आधार पर भट्टि और भर्तृहरि को एक मान लिया है। नारायण विद्याविनोद तथा भरतमल्लिक – इन टीकाकारों ने भी भट्टि तथा भर्तृहरि को अभिन्न मान लिया है। नारायण विद्याविनोद ने भट्टि के पिता का नाम श्रीधरस्वामी बताया है।[२९]

भट्टिकाव्य – महाकाव्य की नवीन विधा

भट्टिकाव्य या रावणवध एक महाकाव्य है, पर महाकाव्य के अंतर्गत वह प्रचलित परंपरा से हट कर है। उसकी रचना के पीछे व्याकरण के नियमों का बोध कराने का एक विशिष्ट उद्देश्य भी है और काव्यास्वाद भी उसका एक प्रयोजन है ही। दो लक्ष्यों को दृष्टि में रख कर लिखे गये काव्यों को द्विसंधानकाव्य या संधानकाव्य कहा गया। भोज, राजशेखर तथा क्षेमेंद्र आदि आचार्यों ने काव्य की इस विधा को काव्यशास्त्र (काव्य में शास्त्र का विन्यास) कहा। इन आचार्यों ने सरस्वती के प्रसार रूप वाङ्मय के चार भेद बताये – शास्त्र, काव्य, शास्त्रकाव्य तथा काव्यशास्त्र। इनमें से चतुर्विध पुरुषार्थों का सर्वांगीण उपदेश देने वाला काव्य तो शास्त्रकाव्य है, और किसी एक शास्त्र का ज्ञान कराने की दृष्टि से लिखा गया काव्य काव्यशास्त्र है। क्षेमेंद्र ने भट्टिकाव्य तथा भौमक के काव्य को काव्यशास्त्र का उदाहरण माना है।[३०]

वर्तमान में काव्यशास्त्र शब्द साहित्यशास्त्र या अलंकारशास्त्र के अर्थ में रूढ़ हो गया है, अतः इस ग्रंथ में भट्टिकाव्य को शास्त्रकाव्य कहा गया है।

भट्टिकाव्य की रचना का मुख्य उद्देश्य व्याकरण के जटिल प्रयोगों का उन छात्रों या विद्वानों को अभ्यास कराना था, जो पहले से व्याकरण पढ़ चुके हैं। शास्त्रज्ञान कराने के लिये रचित होने से इस काव्य को शास्त्रकाव्य कहा जाता है और इसकी रचना से संस्कृतमहाकाव्यों की परंपरा में शास्त्रकाव्य की धारा का प्रवर्तन हुआ। भट्टि स्वयं कहते हैं—

दीपतुल्यः प्रबन्धोऽयं शब्दलक्षणचक्षुषाम्।
हस्तादर्श इवान्धानां भवेद् व्याकरणादृते।। (२२.२३)

(जिनके पास शब्दलक्षण या व्याकरण की आँखें हैं, उन्हें मार्ग दिखाने के लिये मेरा यह प्रबंध दीपक के समान होगा। पर व्याकरण न जानने वालों के लिये तो यह अंधे के हाथ में दिये गये दर्पण के समान होगा।)

ऐसा प्रतीत होता है कि भट्टि के द्वारा संस्कृत महाकाव्य के क्षेत्र में इस नयी विधा के आरंभ की आलोचना भी हुई। भामह ने अपने काव्यालंकार में कदाचित् भट्टि की रचना पर कटाक्ष करते हुए ही कहा है—

काव्यान्यपि यदीमानि व्याख्यागम्यानि शास्त्रवत्।
उत्सवः सुधियामेव हन्त दुर्मेधसो हताः।।

(भामह – काव्यांकार २.२०)

(यदि काव्य भी शास्त्र के समान व्याख्या के द्वारा ही समझे जायेगें, तो कविता केवल सुधीजनों का उत्सव बन कर रह जायेगी, कम बुद्धि वाले तो बेचारे मारे गये।)

शास्त्रकाव्य की भट्टि के पूर्व की परंपरा

यदि भट्टि के पहले ऐसा कोई प्रबंधकाव्य रचा गया था, जो कविता के माध्यम से शास्त्र का ज्ञान कराने का विशिष्ट उद्देश्य सामने रख कर किसी कवि ने लिखा हो, तो उसका उदाहरण हमारे सामने नहीं है। चरक आदि के आयुर्वेद के ग्रंथों या न्याय अथवा मीमांसा दर्शन के ग्रंथों में आरंभ में या बीच बीच में अत्यंत मनोहर पद्य मिलते हैं, जो अच्छे काव्य के उदाहरण भी हैं, तथा कविता में दर्शन का प्रतिपादन भी करते हैं। व्याकरण का ज्ञान कराने के लिये सुंदर पद्यों की रचना मेधावी जन भट्टि के पहले भी करते रहे होंगे – यह पतंजलि द्वारा अपने महाभाष्य में उदाहृत अनेक रोचक पद्यों से प्रमाणित होता है। उदाहरणार्थ चतुर्थी विभक्ति का प्रयोग समझाने के लिये पतंजलि ने यह पद्य उद्धृत किया है—

वाताय कपिला विद्युत् आतपायातिलोहिनी।
कृष्णा सर्वविनाशाय, दुर्भिक्षाय सिता भवेत्।।

(विद्युत् यदि कपिल वर्ण की हो, तो उससे आँधी आती है, बहुत लोहित वर्ण की हो, तो तेज धूप होती है। काली हो, तो सर्वनाश होता है, और श्वेत वर्ण की हो तो दुर्भिक्ष होता है।)

इसी प्रकार अष्टाध्यायी के सूत्र २.३.३.६ पर वार्तिक 'निमित्तात् कर्मयोगे' के अनुसार सप्तमी विभक्ति का प्रयोग स्पष्ट करने के लिये महाभाष्यकार ने यह उदाहरण दिया है—

चर्मणि द्वीपिनं हन्ति दन्तयोर्हन्ति कुञ्जरम्।
केशषु चमरीं हन्ति सीम्नि पुष्कलको हतः।।

(मनुष्य व्याघ्र को इसकी खाल के लिये मारता है, हाथी को उसके दाँतों के लिये मारता है, चमरी गाय को उसकी पूँछ के केशों के लिये मारता है तथा कस्तूरी मृग को कस्तूरी के लिये मारता है।)

पुल्लेल रामचंद्रुडु का अनुमान है कि ये दोनों पद्य स्वयं पतंजलि के द्वारा रचित हो सकते हैं।[३१] इन पद्यों में भाषा का सौष्ठव भले हो, पर कवित्व नहीं है। तथापि इनके उदाहरणों से यह तो कहा ही जा सकता है कि व्याकरण का बोध कराने के लिये पद्यरचना या काव्य निर्माण की परपरा भट्टि के पहले चली आ रही थी। भट्टि ने इस पंरपरा को अपना कर एक उत्कृष्ट महाकाव्य की रचना की – यह उनकी मेधा तथा प्रतिभा का प्रमाण है।

विषयवस्तु

रावणवध महाकाव्य में २२ सर्ग तथा कुल ३६२४ श्लोक हैं। रामायण की संपूर्ण कथा इसमें महाकवि भट्टि ने प्रस्तुत की है।

व्याकरण के विषयों के अनुसार ही कवि ने अपने महाकाव्य को निम्नलिखित चार कांडों में विभाजित किया है— प्रकीर्ण, अधिकार, सुबंत तथा तिङत। व्याकरण की कोटियों के उदाहरण प्रस्तुत करते हुए कवि ने महाकाव्यात्मक सौंदर्य और कथा प्रवाह का निर्वाह कुशलता के साथ किया है। प्रकीर्णकांड में अष्टाध्यायी को उद्धृत नहीं किया गया है। अधिकारकांड में पाणिनि के अधिकार उदाहरण के रूप में उद्धृत हैं। तेरहवें सर्ग में प्राकृत भाषा का ज्ञान कराने के लिये श्लोकों की रचना इस प्रकार की है कि प्रत्येक श्लोक संस्कृत था प्राकृत दोनों भाषाओं में समान रूप से पढ़ा जा सकता है। दसवें सर्ग में अलंकारों के क्रमशः उदाहरण प्रस्तुत करते हुए कवि ने अपने काव्य में केवल व्याकरण ही नहीं काव्यशास्त्र का ज्ञान कराने का भी उद्देश्य साधने का प्रयास किया है। बारहवें सर्ग में विभीषण के द्वारा रावण को दिये गये परामर्श में कवि ने राजनीति का अपना ज्ञान बड़ी निपुणता से प्रकट किया है।

रामायण व भट्टिकाव्य – भट्टि की उद्भावनाएँ

भट्टि ने अपनी कल्पना से रामकथा को नवीन आयाम दिये हैं। रामायण में राजा दशरथ के अनुरोध पर राजा रोमपाद ऋष्यशृंग को अयोध्या भेजते हैं, भट्टिकाव्य (१.१०) में राजा दशरथ स्वयं वेश्याओं की सहायता से उन्हें अयोध्या लाने में सफल होते हैं। पुत्रेष्टि यज्ञ में अग्नि द्वारा पायस देने और तीनों रानियों के द्वारा उसके भक्षण का प्रसंग भट्टि ने हटा दिया है, उनके काव्य में रानियाँ शेष बचे हव्य का भोग लगाती हैं। मंथरा के द्वारा कैकेयी को बरगलाने का प्रसंग भी भट्टि ने नहीं रखा है, उसके स्थान पर कुछ इधर उधर की बातें करने

वाले लोग उसे अन्यथा समझाते हैं। शूर्पणखा भट्टिकाव्य में रावण की सहोदर भगिनी न होकर खर की सहोदर बहिन है। राम शबरी से प्रश्न करते हैं कि उसका यज्ञानुष्ठान कैसा चल रहा है? इससे स्पष्ट है कि भट्टि स्त्रियों को वेदपाठ तथा यज्ञ का अनुष्ठान करने के लिये अधिकृत मानते हैं। बालि के वध के पश्चात् मुनि जन राम को उसके अकारण वध के लिये दोषी ठहराते हैं (भट्टि ६.१२४)। सीतान्वेषण के लिये लंका में घूम रहे हनुमान् जब रावण के प्रासाद में पहुँचते हैं, तो रावण को शैया पर मंदोदरी के साथ लेटा हुआ देखते हैं, सहस्रों स्त्रियों के बीच नहीं। रावण वध के पश्चात् राम स्वयं सुग्रीव व विभीषण से अयोध्या तक साथ चलने का आग्रह करते हैं (भट्टि. २२.१७) जब कि रामायण में ये दोनों राम के साथ चलने का प्रस्ताव करते हैं। भट्टि में रावण, कुंभकर्ण और विभीषण की माता का नाम वैकसी है (कैकसी नहीं) तथा यह वैकसी विभीषण को समझाती है कि वह रावण को सीता लौटाने के लिये राजी करे (भट्टि १२.१-५)।

भट्टि ने प्रसाद गुण संपन्न सरल शैली में सरस रचना करने में भी अपनी कुशलता का परिचय दिया है। द्वितीय सर्ग में वनप्रांत का वर्णन अत्यंत मनोहारी है, तथा इसमें सरल से सरल पदों का विन्यास तत्काल हृदयंगम होता चला जाता है। राम वनग्राम में गोपियों का सहज स्वाभाविक वेष देखते हैं तथा उनके नृत्य से आनंदित होते हैं—

स्त्रीभूषणं चेष्टितमप्रगल्भं चारूण्यवक्राण्यपि वीक्षितानि।
ऋजूंश्च विश्वासकृतः स्वभावान् गोपाङ्गनानां मुमुदे विलोक्य।।
विवृत्तपार्श्वं रुचिराङ्गहारं समुद्वहच्चारुनितम्बरम्यम्।
आमन्द्रमन्थध्वनिदत्ततालं गोपाङ्गनानृत्यमनन्दयत् तम्।।

(२.१५-१६)

(उन गोपिकाओं की स्त्रियों के भूषणस्वरूप प्रगल्भता से रहित (सहज, निश्छल) चेष्टाएँ, उनका रमणीय अवक्र ताकना तथा विश्वास से युक्त सीधा स्वभाव देखकर राम प्रसन्न हुए। गोपांगनाओं का ऐसा नृत्य जो पार्श्व को विवर्तित कर के रुचिर अंगहार के साथ ऊपर उठते नितंब के कारण रमणीय तथा आमंद्र ध्वनि से दिये गये ताल वाला था, उसने राम को आनंदित किया।)

अनेक स्थानों पर उनके काव्य में कल्पनाओं का मनोहर विन्यास है। अलंकारों के सुंदर उदाहरणों की भट्टिकाव्य में कमी नहीं है। शरद् वर्णन में एकावली अलंकार का यह उदाहरण उनके काव्यसौष्ठव का परिचायक है तथा बहुशः उद्धृत होता आया है—

न तज्जलं यन्न सुचारुपङ्कजं न पङ्कजं तद् यदलीनषट्पदम्।
न षट्पदोऽसौ न जुगुञ्ज यः कलं न गुञ्जितं तन्न जहार यन्मनः।।

(२।१९)

(ऐसा कोई सरोवर न था, जिसमें सुंदर कमल न खिले हों, ऐसा कोई कमल न था, जिस

पर भौंरे न मँडरा रहे हों, ऐसा कोई भौंरा न था, जो जो सुंदर गुंजन न कर रहा हो, तथा ऐसा कोई गुंजन न था, जो मन को न हर रहा हो।)

भट्टि के इस पद्य को काव्यशास्त्रियों व सुभाषितसंकलनकारों ने समानरूप से सराहा है। शार्गंधरपद्धति (३९०४) तथा वल्लभदेव की सुभाषितावलि (१८१९) में यह संकलित है।

अयोध्या के भवनों का वर्णन करते हुए भट्टि कहते हैं – उन भवनों में भीतर जड़े रत्नों की उज्ज्वल प्रभाएँ खिड़कियों से झलकतीं, तो लगता हिमालय के शिखरों से गंगा के झरने झर रहे हैं—

अन्तर्निविष्टोज्ज्वलरत्नभासो गवाक्षजालैरभिनिष्पतन्त्यः।
हिमाद्रिशृङ्गादिव भान्ति यस्यां गङ्गाम्बुपातप्रतिमा गृहेभ्यः।। (१.८)

भट्टिकाव्य में कवि का राजनीति पर अधिकार तथा प्रशासनप्रणाली का ज्ञान अनेकत्र प्रकट हुआ है। लंका की सुरक्षा प्रणाली का वर्णन करते हुए उन्होंने कहा है —

शतसाहस्रमारक्षं मध्यगं रक्षसां कपिः।
ददर्श यं कृतान्तोऽपि म्रियेतासाद्य भीषणम्।। (८.३७)

(एक लाख राक्षस आरक्षियों के बीच हनुमान् ने जिस अतिभीषण रावण को देखा, उसे देखकर मृत्यु भी मर जाये।)

यहाँ सुरक्षा के लिये लगाई गये सेना को आरक्ष कहा है।

भट्टि के अंलकार सौंदर्यबोध की बहुवर्णी छटाएँ बिखेरते लगते हैं, सीता के रूप के लिये मालोपमा का प्रयोग करते हुए वे कहते हैं –

हिरण्मयी साललतेव जङ्गमा च्युता दिवः स्थास्नुरिवाचलप्रभा।
शशांककान्तेरधिदेवताकृतिः सुता ददे तस्य सुताय मैथिली।।

यहाँ सीता को चलती फिरती साललता, आकाश से गिरी कांति, चंद्रमा की ज्योत्स्ना से निर्मित देवी की उपमाएँ दी गईं है।

भट्टि की पदावली वामन के श्लेष गुण में पदों की नृत्यत्प्रायता की झंकार प्रस्तुत करती चलती है। प्रसंगानुसार शैली व पदावली के विन्यास में परिवर्तन करने में वे दक्ष हैं। लंका में हनुमान् के द्वारा लगाई अग्नि का वर्णन चमत्कारपूर्ण है—

सरसां सरसां परिमुच्य तनुं पततां पततां ककुभो बहुशः।
सकलैः सकलैः परितः करुणैरुदितैरुदितैरिव खं निचितम्।।

यहाँ यमक की छटा भी निराली ही है। सरसां (सरस् का षष्ठी बहुवचन) सरसा (पृथ्वी). पतताम् (पतत् शत्रंत का बहुवचन) तथा पतत् –पक्षी, तथा सकलैः और रुदितैः में भी यमक है।

काव्यात्मकता तथा अनुभूतिप्रवणता के साथ प्रसंग में कल्पनाओं के रंग भट्टि भर सकते हैं, यह युद्ध के समय विभीषण के द्वारा रावण के इस कथन में देखा जा सकता है—

रामोऽपि दाराहरणेन तप्तो वयं हतैर्बन्धुभिरात्मतुल्यैः।
तप्तेन तप्तस्य यथायसो नः सन्धिः परेणास्तु विमुञ्च सीताम्।।

(१२.४०)

(राम भी अपनी पत्नी के हरण से तप्त हैं, हम मारे गये आत्मतुल्य अपने बंधुजनों के कारण तप्त हैं। जैसे तप्त लोहे से तप्त लोहा जुड़ जाता है, वैसे ही हमारी शत्रु राम से संधि हो सकती है, आप सीता को छोड़ दीजिये।) इसी के आधार पर भट्टिकाव्य को मंत्रणा का काव्य कहा जा सकता है।

यहाँ तप्त (दुःखी, तपाया हुआ) शब्द में श्लेष के साथ उपमा का प्रयोग चित्ताकर्षक है। इसी प्रसंग में रावण को ऊँचनीच समझाता हुआ विभीषण फिर कहता है—

अपक्वकुम्भाविव भङ्गभाजौ राजन्नियातां मरणं समानौ।
वीर्ये स्थितः किन्तु कृतानुरागो रामो भवांश्चोत्तमभूरि वैरी।।

(जैसे कच्चे घड़े आपस में टकरा कर एक साथ टूट जाते हैं उसी तरह समान बल वाले वैरी परस्पर संघर्ष कर के दोनों एक साथ नष्ट होते हैं। पर राम न केवल बलशाली है, उसके साथ उस पर अनुरक्त लोग हैं, इसके विपरीत आप उत्तम वैरी वाले हैं – अर्थात् इंद्र आदि बलवान् वैरी पहले से ही आप के विरुद्ध हैं।)

दण्डेन कोशेन च मन्यसे चेत् प्रकृष्टमात्मानमरेस्तथापि।
रिक्तस्य पूर्णेन वृथा विनाशः पूर्णस्य भङ्गे बहु हीयते तु।।

(१२.४३)

(यदि आप अपने आप को दंड तथा कोश इन दोनों की दृष्टि से प्रकृष्ट समझते हैं, तब भी यह बात सोचने की है कि पूर्ण के द्वारा रिक्त का विनाश किया जाये, तो उसका तो कुछ कम नहीं होता, पर पूर्ण का विनाश हो तो बहुत हानि होती है।)

वस्तुतः विभीषण का यह सारा प्रतिपादन अर्थशास्त्र के तृतीय अध्याय में (समज्यायोभ्यां सन्धीयेत) पर आधारित है। अर्थशास्त्र (१.१५) की छाया इस कथन में देखी जा सकती है—

क्रियासमारम्भगतोऽभ्युपायो नृद्रव्यसम्पत् सहदेशकालौ।
विपत्प्रतीकारयुतार्थसिद्धिर्मन्त्राङ्गमेतानि वदन्ति पञ्च।।

(१२.६२)

वस्तुतः संयत होते हुए भी विभीषण की अभिव्यक्ति कितनी शक्तिशाली तथा पैनी है यह भट्टि की भाषा से समझा जा सकता है—

स्वर्भानुर्भास्करं ग्रस्तं निष्ठीवति कृताह्निकः।
अभ्युपैति पुनर्भूतिं रामग्रस्तो न कश्चन।। (८.४)

(राहु सूर्य को ग्रस कर उगल देता है और सूर्य फिर अपना तेज पा लेता है। पर राम जिसे ग्रस लें वह फिर से अपनी खोई विभूति नहीं पा सकता।)

सूर्योदय के वर्णन में रमणीय कल्पना करते हुए भट्टि कहते हैं—

दुरुत्तरे पङ्क इवान्धकारे मग्नं जगत् सन्ततरश्मिरज्जुः।
प्रणष्टमूर्तिप्रविभागमुद्यन् प्रत्युज्जहारेव ततो विवस्वान्।।

(कीचड़ जैसे बहुत गाढ़े अँधेरे में यह संसार धँस गया था, जिसमें निकलना कठिन था और इसके सारे पदार्थ उसमें गड्डमड्ड हो गये थे। सूर्य रश्मि रूपी रज्जुओं को फैला कर उस अँधेरे से जैसे इसे बाहर निकाल रहा है)।

इस पद्य में उपमा, उत्प्रेक्षा और रूपक तीनों अलंकारों की संसृष्टि है। कीचड़ जैसा अँधेरा– यह उपमा है। रश्मि रूपी रज्जु में रूपक है, तथा रश्मिरज्जुओं से जैसे सूर्य अँधरे में डूब गये जगत् को बाहर निकाल रहा है— यह उत्प्रेक्षा है।

सुवेल पर्वत के वर्णन में भी प्रकृति के सौंदर्य का उन्होंने छंदों की लय व पदावली की चारुता के साथ साक्षात्कार कराया है।

चलकिसलयसविलासं चारुमहीरुहरेणुपिञ्जरवसुधम्।
सकुसुमकेसरबाणं लवङ्गतरुतरुणवल्लरीहासम्।।

(१३.३९०)

जलकामदन्तिसङ्कुलसहेमरसचारुधवलकन्दरदेहम्।
अङ्कुरोहसमच्छविरुरुगणसंलीढतरलहरिमणिकिरणम्।।

(पानी की कामना से हाथी झुंड के झुंड सोने की आभा में झिलमिलाती गुफाओं के आगे जुट गये हैं। रुरु मृग नीलम मणियों की किरणों को हरी घास समझकर उन को जीभ से चाट रहे हैं।)

भट्टि जब वैयाकरणिकनियमनिदर्शन के आग्रह को त्यागकर उन्मुक्त होकर काव्य रचना करते हैं, तो उनकी कविता कल्पना और सौंदर्य की रमणीय छटाएँ प्रकट करती है। उन्होंने अपने महाकाव्य में दसवें से तेरहवें तक के सर्गों को इस आग्रह से मुक्त रखा है। भट्टिकाव्य का यह खंड प्रसन्नकांड कहा जाता है।

भट्टि गौडी और वैदर्भी दोनों प्रकार की रीतियों में रचना करने में दक्ष हैं। परशुराम के रौद्र रूप को दिखाने के लिये उन्होंने विकट शब्दविन्यास का प्रयोग कर दिया है—

विशङ्कटो वक्षसि बाणपाणिः सम्पन्नतालद्वयसः पुरस्तात्।
भीष्मो धनुष्मानुपजान्वरत्निरैति स्म रामः पथि जामदग्न्यः।।

(२.५०)

भट्टि का भाषासौष्ठव

संस्कृत भाषा के वैभव का ज्ञान भट्टि काव्य पढ़ कर होता है। एक ही अनुष्टुप् में तेरह क्रियाएँ भट्टि ले आते हैं – जैसे सेतु बँध जाने के बाद वानरों की चेष्टाओं के इस वर्णन में—

भ्रेमुर्ववल्गुर्ननृतुर्जजक्षुर्जगुः समुत्पुप्लुविरे निषेदुः।
आस्फोटयाञ्चक्रुरभिप्रणेदू रेजुर्ननन्दुर्वययुः समीयुः।। (१३.२८)

इसी प्रकार युद्ध में घायल सैनिकों के वर्णन में—

तस्तनुर्जह्वलुर्मम्लुर्जग्लुर्लुलुठिरे क्षताः।
मुमुर्च्छूर्वममू रक्तं ततृषुश्चोभये भटाः।। (१४.३०)

भट्टि का छन्दोबन्ध अनुष्टुप् में विशेष प्रंशसनीय है। शूर्पणखा की रावण के प्रति उक्तियों में वे उसके स्वभाव की धूर्तता, चपलता और कर्कशता के अनुरूप पदविन्यास और उपमाओं का प्रयोग कराते हुए वे शास्त्रज्ञान व मंत्रणा की पद्धति का भी निदर्शन प्रस्तुत कर देते हैं—

लक्ष्मीः पुंयोगमाशंसुः कुलटेव कुतूहलात्।
अन्तिकेऽपि स्थिता पत्युश्छलेनान्यं निरीक्षते।।
योषिद्वृन्दारिका तस्या दयिता हंसगामिनी।
दूर्वाकाण्डमिव श्यामा न्यग्रोधपरिमण्डला।। (५.१७-१८)

यहाँ सीता के लिये दूर्वाकाण्डमिव श्यामा यह उपमा तथा वृन्दारिका और न्यग्रोधपरिमण्डला ये पद भट्टि की शास्त्रविचक्षणता के परिचायक भी हैं। न्यग्रोधपरिमण्डला स्त्री का लक्षण अग्निपुराण आदि में दिया गया है। इसी प्रकार श्यामा का लक्षण भी शास्त्रपठित है।

भाषा-शैली के चमत्कार और निखार के साथ शब्दसौष्ठव व साधु शब्दों का ज्ञान कराते हुए भट्टि की रचना बहुविध प्रयोजनों की पूर्ति करती है। खर-दूषण के संग्राम के वर्णन में प्रत्ययों का प्रयोग इसका उदाहरण है—

निराकरिष्णू वर्तिष्णू वर्धिष्णू परितो रणम्।
उत्पतिष्णू सहिष्णू च चेरतुः खरदूषणौ।। (५.१)

टीकाएँ

शास्त्रकाव्य होने के कारण भट्टिकाव्य को सुबोध बनाने तथा इसमें निहित व्याकरण का ज्ञान सुलभ करने के लिये इस पर अनेक टीकाएँ लिखी जाती रहीं। दसवीं शती से तेरहवीं

शती के बीच जयमंगल कवि की जयमंगला, पुरुषोत्तमदेव की भाषाविवृति, कुमुदानंद की सुबोधिनी, केशवशर्मा तथा अनिरुद्ध की टीकाएँ, कंदर्प चक्रवर्ती की जयंती; तथा चौदहवीं शती से अठारहवीं शती के मध्य मल्लिनाथ की सर्वपाठीना, नारायण विद्याविनोदाचार्य की भट्टिचन्द्रिका, पुंडरीकाक्ष की कलाप्रदीपिका, पेडंडभट्टकृत टीका, भरतमल्लिक की मुग्धबोधिनी, विद्यानिधि की सुपदविमर्शिनी के साथ राघव, रामचंद्र, विद्यासागर, श्रीधर, श्रीनाथ आदि के द्वारा इस पर टीकाएँ लिखीं गईं। आधुनिक काल में गोपाल शास्त्री (काव्यविमर्शिका) तथा चंद्रमौलि द्विवेदी ने इसपर टीकाएँ लिखीं हैं। अनेक टीकाएँ अज्ञातकर्तृक भी मिलती हैं।

पारंपरिक समीक्षा

भट्टि को उनके शब्दसौष्ठव तथा भाषिक परिष्कार के लिये काव्यशास्त्र के आचार्यों का आदर मिला। भोज ने शृंगारप्रकाश (खंड २) में वाक्य के प्रासंगिक नामक धर्म के निर्वाह के लिये उनका पद्य (१३.२८) उद्धृत किया है। भोज ने ही अपने काव्यविधाविमर्श में भट्टिकाव्य को शास्त्रकाव्य की श्रेणी में रखा है। भोज मंत्र (मंत्रणा) को इस महाकाव्य की एक प्रमुख वस्तु मानते हैं।

उपजीव्यता

भट्टिकाव्य वास्तव में संस्कृतसाहित्य में शास्त्रकाव्य की परंपराका प्रवर्तक है। इसी से प्रेरित होकर वैयाकरणकवियों ने कविता के माध्यम से व्याकरण के नियमों का ज्ञान कराने के लिये अनेक काव्यों की रचना की, जिनमें से कुछ का परिचय यहाँ 'शास्त्रकाव्य व संधानकाव्य' शीर्षक अध्याय के अंतर्गत दिया जा रहा है। जावा का रामायण ककविन् काव्य भट्टि काव्य से बहुत प्रभावित है।

दसवीं शताब्दी ने हलायुध ने कविरहस्य नामक काव्य की रचना की, जिसमें धातुप्रयोग की शिक्षा प्रद्रान करते हुए कवि ने राष्ट्रकूट राजा कृष्णराज का चरित निबद्ध किया है।

माघ : शिशुपालवध

परिचय

माघ का शिशुपालवध संस्कृत महाकव्यों की बृहत्त्रयी में परिगणित है। भारवि ने संस्कृत महाकाव्य के क्षेत्र में जिस विचित्र मार्ग का संधान किया, माघ ने उसको नयी ऊँचाइयाँ दीं।

शिशुपालवध के अंत में कवि माघ ने अपना संक्षिप्त वंशपरिचय दिया है। इसके अनुसार इनका जन्मस्थान भीनमाल था। वर्तमान में भीनमाल राजस्थान के सिरोही जिले में एक तहसील है। प्राचीन काल में यह अनेक विद्वानों की जन्मस्थली रहा है। ज्योतिष के प्रख्यात

आचार्य ब्रह्मगुप्त ने ६२५ई० के लगभग इसी नगर में ब्रह्मगुप्तसिद्धांत नामक अपने ग्रंथ की रचना की थी। माघ के पितामह का नाम सुप्रभदेव था। ये राजा वर्मलात या श्रीवर्मल के सर्वाधिकारी थे। माघ ने इनकी प्रशंसा करते हुए लिखा है कि वे अनासक्त चित्त वाले, विरागी स्वभाव के देवतातुल्य पुरुष थे। सुप्रभदेव के दत्तक नामक अत्यंत उदार, क्षमाशील, धर्मपरायण और मदु स्वभाव के पुत्र हुए। सबकी सहायता करने के लिये सदा तत्पर रहने के कारण इनका नाम सर्वाश्रय या सबको आश्रय देने वाला पड़ गया था। इन्हीं दत्तक के पुत्र माघ थे।

सर्वाधिकारी सुकृताधिकारः श्रीवर्मलाख्यस्य वभूव राज्ञः।
असक्तदृष्टिर्विरजाः सदैव देवोऽपरः सुप्रभदेवनामा।।

तस्याभवद् दत्तक इत्युदात्तः श्रमी मृदुर्धर्मपरस्तनूजः।
यं वीक्ष्य वायासमजातशत्रोर्वचो गुणग्राहि जनैः प्रतीये।।

सर्वेण सर्वाश्रय इत्यनिन्द्यमानन्दभाजा जनितं जनेन।
यश्च द्वितीयं स्वयमद्वितीयो मुख्यः सतां गौणमवाप नाम।।

श्रीशब्दरम्यकृतसर्गसमाप्तिलक्ष्म लक्ष्मीपतेश्चरितकीर्तनमात्रचारु।
तस्यात्मजः सुकविकीर्तिदुराशयाऽदः काव्यं व्यधत्त शिशुपालवधाभिधानम्।।

राजा वर्मलात कब और कहाँ राज्य करते थे— इस प्रश्न का आज तक प्रामाणिक उत्तर नहीं मिल सका है। शिशुपालवध की किसी पोथी में वर्मलात के स्थान पर धर्मनाभ यह पाठ भी मिलता है— जिससे यह समस्या और उलझ जाती है। राजस्थान के वसंतगढ नामक स्थान पर वर्मलात नामक राजा का एक शिलालेख मिला है। शिलालेख ६२५ई० में उत्कीर्ण किया गया। इसी राजा वर्मलात को माघ के पितामह का आश्रयदाता माना जा सकता है। तदनुसार माघ का समय ६७५ई० के आसपास मानना उचित है। इस संबंध में अन्य प्रमाण ये हैं – (१) नृपतुंग (८१४ई०) ने कन्नड भाषा में विरचित अपने अलंकारशास्त्र के ग्रंथ कविराजमार्ग में महाकवि माघ को कालिदास के समकक्ष बताया है। (२) आनंदवर्धन (८५०ई०) ने ध्यवन्यालोक में शिशुपालवध से दो श्लोक उद्धृत किये हैं।

जैन कवि चंद्रप्रभ सूरि ने १३३४ विक्रमाब्द में प्रभावकचरित की रचना की थी। उसमें उन्होंने माघ के संबंध में यह विवरण दिया है— 'गुर्जर देश के समृद्धिमान् नगर श्रीमाल के राजा वर्मलात का मंत्री सुप्रभदेव था। उसके दो पुत्र हुए— दत्त और शुभंकर। दत्त का पुत्र माघ था। बचपन से ही विद्वान् राजा भोज उसका मित्र था। माघ का चाचा शुभंकर बड़ा दानी हुआ। उसके पुत्र का नाम सिद्धनायक था। इसने बाद में जैन धर्म में दीक्षित होकर उपमितिभवप्रपंचकथा नामक ग्रंथ की रचना की।'[३२]

प्रभावकचरित में माघ के पितृव्य शुभंकर को 'श्रेष्ठी' लिखा गया है। उस समय 'श्रेष्ठी' शब्द से जैनियों और वैश्यों दोनों का बोध होता था। जैन मतावलम्बी न होने पर भी वैश्यों

के लिये श्रेष्ठी शब्द का व्यवहार किया जा सकता था। शुभंकर के पुत्र सिद्ध ने अपनी 'उपमितिभवप्रपंचकथा' में जैनेश्वर की वन्दना की है, जिससे प्रतीत होता है कि माघ के पितृव्य शुभंकर तथा उसके भाई सिद्धर्षि जैन रहें होगें, परन्तु शिशुपालवध के अध्ययन से लगता है कि माघ ब्राह्मण ही रहे होगें। शिशुपालवध में अनेक स्थानों पर माघ के ब्राह्मणत्व की झलक है।[३३] वस्तुस्थिति जो भी हो, इतना तो स्पष्ट है कि माघ उच्च कुल के थे।

माघ का जीवन सामन्तीय सम्पन्नता तथा अटूट ऐश्वर्य के बीच बीता था। प्रौढ़ावस्था में कदाचित् उनके एक कन्या हुई थी, जिसका संकेत शिशुपालवध ११/४० में अचिरजाता पुत्री के रूप में ढूँढ़ा जा सकता है। ३/३६ में उनके विवाहित होने का अनुमान भी होता है। जीवन के अन्तिम दिनों में माघ को सम्भवत: आर्थिक कठिनाइयों का सामना करना पड़ा था, जिसकी ओर शिशु० ८/३१ में संकेत है। जनश्रुतियों में प्रचलित माघ-सम्बन्धी गाथाएँ भी इसकी पुष्टि करती है।

शिशुपालवध की छठे तथा बारहवें सर्ग की स्वभावोक्तियों से स्पष्ट है कि माघ का निवास स्थान पर्वतों तथा समुद्र के पास था, जहाँ धान की खेती होती थी और नारियल तथा खेर के वृक्ष थे तथा आसपास सघन जंगल भी था। पश्चिम समुद्र का माघ ने पुन: पुन: अवलोकन किया होगा। शिशु० ३/७० की कल्पना का आधार कठियावाड़ के आसपास की कोई खाड़ी जान पड़ती है।

माघ का निवास स्थान भीनमाल अथवा श्रीमाल गुजरात की प्रथम राजधानी है। जैक्सन महोदय के 'मोनोग्राफ आन भीनमाल' के अनुसार, जो बम्बई गजेटियर पुस्तक प्रथम के परिशिष्ट के रूप में प्रकाशित हुआ है, भीनमाल उस युग में अत्यन्त ही वैभवशाली तथा समृद्ध नगर था, तथा वह चारों दिशाओं में कई मील के घेरे में फैला था। जैक्सन के अनुसार भीनमाल की जीर्णशीर्ण रूप में बिखरी ईटों से यह प्रमाणित हो जाता है कि उस स्थान पर एक विशाल विद्यालय रहा होगा। श्रीमाल पुराण के अनुसार इस नगर में १००० ब्रह्म पाठशालाएँ थी और ४०० मठ थे, जिनमें सांगोपांग विद्याएँ पढ़ाई जाती थीं। यह नगर शिक्षा, पाण्डित्य और संस्कृति का संगम-स्थल था। ब्रह्मस्फुट सिद्धान्त के रचयिता, ज्योतिषी भिन्नमालाचार्य ब्रह्मगुप्त ने अपनी पुस्तक को यहीं पर ६२८ ई० में समाप्त किया। जैन विद्या का भी यह प्रधान स्थान था। सिद्धर्षि की उपमितिभवप्रपंचकथा भीनमाल में ही ९०३ ई० में समाप्त हुई। जैन दर्शन पर अनेक प्रख्यात ग्रन्थों के रचयिता मनीषी विद्वान् हरिभद्र सूरि की साहित्यिक गतिविधियों का यही प्रमुख केन्द्र था। प्राकृत में विरचित कुवलयमालाकहा भी भीनमाल में समाप्त हुई। श्रीमाल पुराण के अनुसार जैनधर्म का यहाँ बोलबाला था, पर ब्राह्मण धर्म की भी पूछ कम नहीं थी। ब्राह्मणों का किसी समय अत्यधिक प्रभाव इस नगर में था, अत: उन्होंने स्कन्दपुराण में श्रीमालमहात्म्य को भी जोड़ दिया।[३४]

माघ के रचनाकाल के विषय में अन्य प्रमाण काव्यशास्त्र के ग्रंथों में प्राप्त उनके उद्धरण

तथा काव्यों में उनके उल्लेख हैं। वामन ने अपने काव्यालंकारसूत्र तथा आनंदवर्धन ने अपने ध्वन्यालोक में उनके महाकाव्य से कतिपय पद्य उद्धृत किये हैं। इससे यह प्रमाणित होता है कि वामन के समय अर्थात् नवम शताब्दी के प्रथम चरण तक शिशुपालवध महाकाव्य सारे देश में प्रतिष्ठित हो चुका था। राजा अमोघवर्ष (८१४ ई०)) के आश्रित कवि नृपतुंग ने अपने कन्नड़ ग्रंथ 'कविराजमार्ग' में माघ को कालिदास के समकक्ष माना है। इससे विदित होता है कि आठवीं नवीं शताब्दियों में माघ की ख्याति कश्मीर से लगा कर दक्षिण तक फैल चुकी थी।

माघ के काल निर्णय के विषय में शिशुपालवध (२।११२) में वृत्ति और काशिका का उल्लेख भी महत्त्वपूर्ण प्रमाण माना जाता है। काशिकावृत्ति का रचनाकाल ६५०ई० है। माघ इस ग्रंथ से परिचित प्रतीत होते हैं। न्यास काशिकावृत्ति पर ही लिखी गयी टीका है। जिनेंद्रबुद्धि ने काशिका पर 'विवरणपंजिका' नाम से टीका लिखी थी। यह टीका भी न्यास के नाम से जानी जाती है, पर जैसा जिनेंद्रबुद्धि स्वयं बताते हैं, उनके पहले भी काशिका पर अनेक न्यास लिखे जा चुके थे। ऐसी स्थिति में माघ का समय काशिकावृत्ति की रचना के आसपास माना जा सकता है।

माघ के अनेक पद्य सुभाषितसंग्रहों में उद्धृत हैं। क्षेमेंद्र ने अपनी औचित्यविचारचर्चा में उनके नाम से 'बुभुक्षितैर्व्याकरणं न भुज्यते' इत्यादि पद्य उद्धृत कर के इसमें अत्यधिक अनौचित्य दिखाया है, ('सर्वमेतद् दारिद्र्यदैन्यविद्रुतधैर्यकातरतया तत्त्वरहितं विपरीतमुपन्यस्तम्')।'[३५] पर इस पद्य में लोकव्यवहार या वस्तुस्थिति की सोत्रास आलोचना मानने पर अनौचित्य नहीं रह जाता। संभवत: माघ ने दरिद्रता के क्लेश का जो अनुभव किया था, उसकी इसमें छाया है। वल्लभदेव की सुभाषितावलि (३०७३) में उनके नाम से यह पद्य उद्धृत है—

शीलं शैलतटात् पतत्वभिजनः सन्दह्यतां वह्निना
मा श्रौषं जगति श्रुतस्य विफलक्लेशाय नामाऽप्यहम्।
शौर्ये वैरिणि वज्रमाशु निपतत्वर्थोऽस्तु मे सर्वदा
येनैकेन विना गुणास्तृणलवप्रायाःसमस्ता अमी।।[३६]

इसी प्रकार शार्ङ्गधरपद्धति में माघ के नाम से यह पद्य उद्धृत है—

अर्था न सन्ति न च मुञ्चति मां दुराशा त्यागान्न सङ्कुचति दुर्ललितं मनो मे।
याच्ञा च लाघवकरी स्ववधे च पापं प्राणाः स्वयं व्रजत किं प्रविलम्बितेन।।

(४०७)

विषयवस्तु

शिशुपाववध महाकाव्य में बीस सर्गों में तथा कुल १६५० श्लोकों में श्रीकृष्ण के द्वारा शिशुपाल नामक दुराचारी राजा का वध करने की कथा निरूपित है। पहले सर्ग में नारद द्वारका

में आते हैं और श्रीकृष्ण को शिशुपाल के संहार के लिये प्रेरित करते हैं। दूसरे सर्ग में श्रीकृष्ण को युधिष्ठिर के राजसूय यज्ञ का समाचार मिलता है, और वे इस विषय पर बलराम और उद्धव से परामर्श करते हैं कि पहले शिशुपाल का वध करने के लिये प्रस्थान करें या राजसूय यज्ञ में जायें। फिर वे उद्धव के इस परामर्श को मान लेते हैं कि पहले युधिष्ठिर के यज्ञ में जाना उचित होगा। तीसरे से तेरहवें सर्गों में श्रीकृष्ण का द्वारका से प्रस्थान, मार्ग में रैवतक पर्वत (जो वर्तमान में गिरनार पर्वत के नाम के जाना जाता है) पर उनकी सेना का पड़ाव, रैवतक पर विहार, षड्ऋतु आदि का वर्णन करते हुए मंथर गति से महाकवि श्रीकृष्ण की यात्रा को आगे बढ़ाते हैं और यमुना पार कर श्रीकृष्ण इंद्रप्रस्थ नगर पहुँचते हैं। तेरहवें सर्ग में पांडवों का श्रीकृष्ण से मिलन वर्णित है। चौदहवें सर्ग में श्रीकृष्ण राजसूय यज्ञ में सेवाकार्य करने का संकल्प व्यक्त करते हैं। युधिष्ठिर उन्हें अपने यज्ञ का रक्षक बना लेते हैं। पंद्रहवें सर्ग में शिशुपाल यज्ञ में श्रीकृष्ण के सम्मान को सह नहीं पाता है व राजाओं को उनका अपमान करने के लिये भड़काता है। फिर वह अपने शिविर में जा कर श्रीकृष्ण पर आक्रमण की योजना बनाने लगता है। सोलहवें सर्ग में शिशुपाल का दूत श्रीकृष्ण के पास आता है और उन्हें चुनौती देता है। श्रीकृष्ण की सेना भी युद्ध के लिये तैयार होने लगती है। अठारहवें और उन्नीसवें सर्गों में दोनों सेनाओं की विकट भिड़ंत का वर्णन है और अंत में बीसवें सर्ग में श्रीकृष्ण के द्वारा शिशुपाल के वध का वर्णन है।

टीकाकार मल्लिनाथ ने माघ के काव्य की विषयवस्तु तथा समग्र वैशिष्ट्य पर संक्षिप्त विवेचन इस प्रकार किया है—

नेताऽस्मिन् यदुनन्दनः स भगवान् वीरप्रधानो रसः
शृङ्गारादिभिरङ्गवान् विजयते पूर्णा पुनर्वर्णना।
इन्द्रप्रस्थयुगाद्युपायविषयश्चैद्यावसादः फलं
धन्यो माघकविर्वयं तु कृतिनस्तत्सूक्तिसंसेवनात्।।

स्रोत

कथा की दृष्टि से माघ के महाकाव्य का मूल स्रोत महाभारत का सभापर्व है। श्रीमद्भागवत के दशम स्कंध में भी युधिष्ठिर के यज्ञ में शिशुपाववध की कथा महाभारत के अनुसार मिलती है। कथानक में माघ ने किंचित् परिवर्तन किया है। महाभारत में राजसूय यज्ञ के अवसर पर श्रीकृष्ण को सहदेव अर्घ्य देते हैं, माघ ने श्रीकृष्ण की महिमा के अनुरूप युधिष्ठिर से यह कार्य कराया है। प्रथम दो सर्गों में नारद का द्वारका आगमन तथा श्रीकृष्ण का बलराम और उद्धव से परामर्श का वृत्तांत भी माघ की अपनी कल्पना है, जिसकी प्रेरणा निश्चय ही उन्हें भारवि के किरातार्जुनीयम् से मिली। तीसरे सर्ग से लेकर बारहवें सर्गों तक के विविध वर्णन तो माघ ने अपनी सूझबूझ से ही संयोजित किये हैं।

शिशुपालवध का उपजीव्य किरातार्जुनीयम्

शिशुपालवध की पूरी संरचना और वर्ण्यविषयों के संयोजन में भारवि के महाकाव्य का अनुवर्तन निरंतर किया गया है। माघ ने किरातार्जुनीयम् की श्रेष्ठता तथा प्रतिष्ठा से प्रभावित होकर अपनी रचना को उससे अधिक उत्कृष्ट बनाने का आयास किया है। किरातार्जुनीयम् में व्यास युधिष्ठिर को परामर्श देते हैं, तो यहाँ नारद श्रीकृष्ण को परामर्श देते हैं। भारवि के काव्य में युधिष्ठिर द्रौपदी तथा भीम से मंत्रणा करते हैं, तो यहाँ श्रीकृष्ण बलराम और उद्धव से। अंतिम सर्गों में युद्ध का वर्णन माघ ने किरातार्जुनीयम् के ही समान किया है। 'किरातार्जुनीयम्' में जिस प्रकार हिमालय पर अप्सराओं और गंधर्वों का विहार और विलास वर्णित है, उसीप्रकार शिशुपालवध में श्रीकृष्ण के दल के लोगों का। भारवि ने हिमालय के वर्णन में यमक अलंकार की छटा बिखेरी है, तो माघ ने रैवतक पहाड़ के वर्णन में। किरातार्जुनीयम् में एक ही सर्ग (पंचम) में भारवि ने सोलह अलग अलग प्रकार के छंदों का प्रयोग किया है, तो माघ ने एक ही सर्ग (चतुर्थ) में चौबीस प्रकार के विविध छंद गूँथ दिये हैं। किरात में पंद्रहवें सर्ग में चित्रकाव्य का विन्यास है, शिशुपालवध में उन्नीसवें सर्ग में। किरातार्जुनीयम् श्र्यंक महाकाव्य है, तो शिशुपालवध लक्ष्म्यंक।

महाकाव्य के लक्षणों की अन्विति

महाकाव्य के सभी लक्षण शिशुपालवध में अन्वित होते हैं। नगर, ऋतु, वनविहार, संध्या, प्रभात आदि के वर्णन इसके विस्तृत फलक पर विविध रंगों की छटाएँ बिखेरते हैं।

चरित्रचित्रण

शिशुपालवध में नायक श्रीकृष्ण विष्णु के अवतार तथा समग्र विभूतियों से युक्त हैं। पर वे आदर्श मानव के रूप में भी अपने श्रेष्ठ गुणों का प्रदर्शनकरते हैं। राजसूय यज्ञ में वे सेवक की भाँति कार्य करने को तत्पर रहते हैं। अपने फुफेरे भाई युधिष्ठिर को बड़े होने के कारण मान देते हुए वे पहले रथ से उतर कर उनका सम्मान करते हैं। शिशुपाल प्रतिनायक है, उससे उद्धत अहंकारी तथा बकबक करने वाले पात्र के रूप में चित्रित किया गया है। बलराम का चरित्र किंचित् ही इस महाकाव्य में उकेरा गया है, और अपनी सुविदित छवि के अनुरूप वे उद्धत व स्वाभिमानी स्वभाव के व्यक्ति के रूप में निरूपित हैं। उनके द्वन्द्व में उद्धव का शांत व विचारशील व्यक्तित्व है।

रस

शिशुपालवध का अंगीरस वीर है। माघ ने अपने आराध्य तथा महाकाव्य के नायक श्रीकृष्ण को शौर्य, धैर्य, गांभीर्य के प्रतिमान के रूप में प्रस्तुत किया है। जिस प्रकार भारवि ने अपने महाकाव्य में अर्जुन के चरित्र के द्वारा एक आदर्श वीर का चरित्र निरूपित किया है,

उसीप्रकार शिशुपालवध में नायक श्रीकृष्ण के चरित्र के द्वारा कवि ने वीर पुरुष की अपनी परिकल्पना को साकार किया है। महाकाव्य के अंतिम चार सर्गों में युद्ध का वर्णन जितना ओजस्वी तथा प्रवाहपूर्ण है, उतना ही चमत्कारमय भी। छठे से ग्यारहवें सर्ग तक के वर्णनों में शृंगार रस को ही मुख्यता मिली है। छठे सर्ग में माघ ने प्रकृति को प्रेम के रंग में रँग कर प्रस्तुत किया है, तो सातवें सर्ग में शृंगारित अनुभावों का ही चित्रण किया है। नवम सर्ग में तो श्रीकृष्ण की सेना के लोगों के विलास और विहार में शृंगार की अखंड धारा बहा दी है।

संस्कृत महाकवियों के बीच माघ की एक दुर्लभ विशेषता उनकी विनोदप्रियता तथा शिष्टहास्य की प्रवृत्ति है। शृंगार और वीररसों के साथ हास्य ने अंग के रूप में उनके महाकाव्य में जितनी छटाएँ बिखेरी हैं, उतनी अन्य किसी संस्कृत महाकाव्य में कदाचित् न मिलेगीं। हाथी से डर कर गधा उलार भरता है, तो उसकी पीठ पर बैठी अवरोधवधू गिर पड़ती है, उससे श्रीकृष्ण की सेना में हँसी का फव्वारा छूट पड़ता है (५।७)। गाड़ी की धुरी टूट जाने से मिट्टी के बर्तन फूट जाते हैं, और उन्हे बेचने के लिये लाया बनिया जिस तरह पछताता है, उसमें भी माघ की विनोदप्रियता झलक उठती है। धान के खेत की रखवाली करने वाली गोपियों की परेशानी का तो माघ अच्छा आनंद लेते हैं। वे जब तक एक ओर से हमला बोलते तोतों का झुंड भगाने को दौड़ती हैं, तब तक दूसरी ओर से हरिणों का यूथ खेत पर धावा बोल देता है, वे कभी इधर भागतीं हैं, कभी उधर—

स ब्रीहिणां यावदपासितुं गताः शुकान् मृगैस्तावदुपद्रुतश्रियान्।
केदारिकाणामभितः समाकुलाः सहासमालोकयति स्म गोपिकाः।।

(१२.४२)

इसी प्रकार अंग के रूप में वात्सल्य का सुमधुर परिपोष माघ ने अपनी कविता में किया है, जिसमें उनके स्नेह से छलकते मन की झलक मिलती है। युद्ध के लिये अपने परिवार से विदा लेते सैनिकों का वर्णन अत्यंत हृदयद्रावक है। करुणरस का इस रूप में परिपोष अन्य किसी महाकाव्य में न मिलेगा। इसी प्रसंग में माघ ने अपने पिता से लिपटते एक शिशु के चित्रण में तो करुण और वात्सल्य का अनूठा समागम रच दिया है—

व्रजतः क्व तात व्रजसीति परिचयगतार्थमस्फुटम्।
धैर्यमभिनदुदितं शिशुना जननीनिर्भर्त्सनविवृद्धमन्युना।।

(१५.८७)

(जाते हए पिता से अपनी अस्पष्ट तोतली वाणी में शिशु ने पूछा कि कहाँ जा रहे हो, तो उसके प्रश्न को केवल उसके माता पिता ही समझ सके, जिन्हें उसकी अटपटी वाणी समझने का अभ्यास था। उसकी माँ ने उसे डपटा, तो बच्चा बहुत रिसा उठा। बच्चे का इस तरह पूछना पिता के धैर्य को तोड़ गया।)

संस्कृत महाकवियों में माघ अकेले हैं, जिन्होंने युद्ध के लिये प्रयाण के अवसर पर सैनिकों की पत्नियों की मिश्रित भावनाओं और गहरी करुणा को वाणी दी है। रसमिश्रण और

भावशबलता की स्थितियाँ रचने में माघ अप्रतिम हैं। पंद्रहवें सर्ग में उन्होंने वीर रस के अंगित्व में शृंगार, हास्य करुण आदि रसों को गूँथ दिया है और नाना भावों की लड़ी भी रच दी है।

भाषा-शैली

विविधता की दृष्टि से माघ की भाषा और शैली अपूर्व ही कही जा सकती है। वे युद्ध और पराक्रम के वर्णन के प्रसंगों में गाढबंध और ओजस्वी काव्य का निदर्शन प्रस्तुत करते हैं, तो शृंगार और सौंदर्य के वर्णनों में उनकी कविता कोमलता और मसृणता का अप्रतिम रूप बन जाती है। उन्होंने स्वयं कहा भी है— 'नैकमोज: प्रसादो वा रसभावविद: कवे:'- रसभाव को जानने वाले कवि के लिये केवल ओजोगुण या केवल प्रसाद गुण की कविता पर्याप्त नहीं, वह दोनों प्रकार की कविता में दक्ष होता है। अपनी शैली के अनूठेपन के द्वारा माघ ने अपनी स्वयं की 'क्षणे क्षणे यन्नवतामुपैति तदेव रूपं रमणीयताया:'- इस उक्ति को भी चरितार्थ कर दिया है। संस्कृत के पंडित समाज में माघ की भाषा की अपार समृद्धि को लेकर यह उक्ति प्रसिद्ध है— 'नवसर्गगते माघे नवशब्दो न विद्यते'— अर्थात् माघ के काव्य के पहले नौ सर्गों का ही अध्ययन कर लिया जाये, तो संस्कृत भाषा में कोई भी शब्द अध्येता के लिये नया नहीं रह जाता। नये शब्दों या नये मुहावरों को रचने में माघ पटु हैं। एक समीक्षक ने उन्हें 'अलंकृत शब्दों का उद्भावक' कहा है। व्याकरण पर अपने असाधारण अधिकार के कारण जहाँ माघ बिभराम्बभूव, मध्येसमुद्रम्, पारेजलम्, वैरायते, निषेदिवान् जैसे रूपों का प्रयोग कर के अपनी शैली को निखार देते हैं, तो भाषा और पदावली की लय और नाद से विशिष्ट प्रभाव उत्पन्न करने में भी वे अपनी असाधारण निपुणता का परिचय देते हैं। जब वे भौरे के गुंजार का वर्णन करते हैं तो उनके शब्द भौरों के गुंजन का अनुनिनाद उत्पन्न कर देते हैं, जब वे वायु के बहने का वर्णन करते हैं, तो उनके शब्द उस बहाव की सरसराहट का प्रत्यय अपनी ध्वनियों के द्वारा देने लगते हैं—

विलुलितालकसंहतिरामृशन् मृगदृशां श्रमवारिललाटजम्।
तनुतरङ्गततिं सरसां दलत् कुवलयं वलयन् मरुदाववौ।।

भाषा माघ में भावों की चेरी हो गयी है। पदावली मानो कवि के संकेतों पर थिरकती और नृत्य करती हुई अगणित भंगिमाओं में उतरती चली आती है। श्रीकृष्ण की रैवतक पर्वत को देखने की उत्सुकता के वर्णन में वे कहते हैं— 'उत्कं धरं द्रष्टुमवेक्ष्य शौरिमुत्कन्धरं दारुक इत्युवाच'— (४।१८) इस में उत्कं धरं का यमक भाव के अनुरूप है और उक्ति के प्रभाव को द्विगुणित कर देता है। नृसिंह के द्वारा हिरण्यकशिपु के वक्ष:स्थल को चीरने के उल्लेख उस दृश्य की द्रुतगति और भयानकता को अपने अनुनाद में साकार कर देता है।

सटाच्छटाभिन्नघनेन बिभ्रता नृसिंह सैंहीमतनुं तनुं त्वया।
समुग्धकान्तास्तनसङ्गभङ्गुरैरुरोविदारं प्रतिचस्करे नखैः।।

(शिशुपालवध, १।४७)

यमक और अनुप्रास की लड़ियाँ अपने वर्ण्यविषय की माला में पिरोने में माघ परम निपुण

हैं। पदलालित्य और परिष्कार में उन्होंने संस्कृत कविता को शिखर पर पहुँचाया है। विषय वस्तु के अनुरूप संगीतात्मकता तथा अनुप्रास का विन्यास करने में वे दक्ष हैं। निम्नलिखित श्लोक में शृंगार रस के अनुरूप कोमलकांत पदावली का विन्यास करते हुए उन्होंने वसंत की अभिरामता तथा भ्रमरी के गुंजन की प्रतीति नादसौंदर्य के द्वारा करायी है—

मधुरया मधुबोधितमाधवीमधुसमृद्धिसमेधितमेधया।
मधुकराङ्गनया मुहुरुन्मदध्वनिभृता निभृताक्षरमुज्जगे।।

(६.२०)

(मधुकरांगना या भौंरी ने मधुपान के कारण जिसकी मेधा वसंत में खिलते पुष्पों वाली माधवी लता से मधुपान के कारण समृद्ध थी, उन्मद ध्वनि के साथ गुंजार किया।)

वसंतवर्णन में ही अधोलिखित पद्य में यमक का चमत्कारपूर्ण प्रयोग सौंदर्य तथा रस का परिपोष करने वाला बन गया है—

नवपलाशपलाशवनं पुरः स्फुटपरागपरागतपङ्कजम्।
मृदुलतान्तलतान्तमलोकयत् स सुरभिं सुरभिं सुमनोहरैः।।

(६.२)

(कृष्ण ने वसंत को देखा, जिसमें वायु पुष्पों से सुरभित थी, पलाश के वृक्षों में नये पत्ते फूट रहे थे। परागों से भरे कमल के फूल पूरी तरह खिल गये थे और मृदु लताएँ पत्ते झराती हुईं अंत कर रही थीं।)

अनेक नये शब्द माघ ने संस्कृत भाषा को दिये हैं। जैसे क्षीणकटि वाली सुंदरी के लिये शातोदरी (५।२३), सींच दिया इस भाव के लिये उक्षाम्बभूवुः (५।३२), गाय को बाँधने की रस्सी के लिये नियान (१२।४१), कंचुकी के लिये सौविदल्ल आदि।

वर्णनकला

सहजता के साथ सूक्ष्म पर्यवेक्षण तथा वस्तुजगत् का गहरा ज्ञान माघ के वर्णनों की विशेषता है। आकाश से उतरते नारद के वर्णन में वे कहते हैं—

चयस्त्विषामित्यवधारितं पुरा ततः शरीरीति विभाविताकृतिम्।
विभुर्विभक्तावयवं पुमानिति क्रमादमुं नारद इत्यबोधि सः।।

(दूर से देखने पर श्रीकृष्ण को लगा कि कोई ज्योति का पुंज आकाश से उतर रहा है। नारद कुछ और नीचे आये, तो लगा कोई शरीरधारी है। और भी नीचे आने पर पता चला कि कोई मनुष्य है, जिसके हाथ पाँव आदि अंग अलग अलग पहचाने जा सकते हैं तथा नारद जब धरती के एकदम निकट आ गये, तो श्रीकृष्णने पहचाना कि ये तो नारद हैं।)

माघ ने नगरों, पर्वत व नदियों तथा मानवचरित्रों के अनूठे वर्णनों से अपने महाकाव्य को अलंकृत किया है। वे किसी भी दृश्य का चित्र उसके सहज प्रकृत रूप में अंकित कर देने में

जितने पटु हैं, उतने ही निपुण वे वर्ण्य को अपनी कल्पनाओं से मंडित करके और भी रमणीय बनाने में हैं। उनका रैवतक पर्वत का वर्णन जितना की चमत्कारपूर्ण है, उतना ही सरस भी। इस वर्णन का निम्नलिखित पद्य पंडितसमाज में बड़ा लोकप्रिय हुआ है और इसके आधार पर माघ को घंटामाघ की उपाधि मिली—

उदयति विततोर्ध्वरश्मिरज्ज्वावहिमरुचि हिम्नधाम्नि याति चास्तम्।
वहति गिरिरयं विलम्बिघण्टाद्वयपरिवारितवारणेन्द्रलीलाम्।।

(४.२०)

(एक ओर से ऊपर फैलती किरणों वाला तथा प्रकाशमानसूर्य उदित हो रहा है, दूसरी ओर से हिमधाम चंद्रमा अस्त हो रहा है। ऐसे में रैवतक पर्वत ऐसे हाथी के समान लगता है जिसके माथे के दोनों ओर दो घंटे बँधे हुए हों।)

माघ की शब्दसाधना तथा कला की सिद्धि का यह पद्य एक उदाहरण है। विततोर्ध्वरश्मि, रश्मिरज्जु, अहिमरुचि, हिमधाम – ये सारी संज्ञाएँ समाधिगुण के उत्कृष्ट उदाहरण हैं। विततोर्ध्वरश्मि के प्रयोग से उदित होते सूर्य का प्रभविष्णु बिंब मानस में अंकित हो जाता है। अहिमरुचि यह सर्वथा नया शब्द सूर्य के लिये माघ ने उद्भावित किया है, तो चंद्रमा को हिमधाम कह कर उसके सम्मुख तुलना की दृष्टि से विन्यस्त कर दिया है। एक हिम से सर्वथा रहित कांति वाला है, तो दूसरा हिम का धाम है। सारे पद पर्यायवक्रता के उदाहरण बन गये हैं। उदित होते सूर्य की आभा और अस्त होते चंद्रमा की क्षीणता माघ ने शब्दों में उतार दी है। उत्तरार्ध में निदर्शना अलंकार भी उनकी अनोखी कल्पना का चमत्कार प्रस्तुत करता है। मम्मट ने उचित ही इस पद्य की मीमांसा करते हुए कहा है कि यह पहाड़ दोनों ओर लटकती दो घंटाओं की लीला धारण करता है— यह कहने पर एक पदार्थ दूसरे की लीला कैसे धारण करता है— यह सोच कर रसिक चमत्कार का अनुभव यहाँ करते हैं।

चौथे सर्ग में यमक, श्लेष और अनुप्रास की जो छटाएँ माघ ने बिखेरीं हैं, उनमें एक क्रम है। एक पद्य में श्लेष, उसके बाद वाले में अनुप्रास तो तदनंतर यमक – इस त्रिपुटी के क्रम का वे निर्वाह करते चलते हैं।

जनसमाज या आम लोगों की सहज स्वाभाविक चेष्टाओं का वर्णन करने में तो माघ संस्कृत महाकवियो में बेजोड़ हैं। श्रीकृष्ण की सेना में चलने वाले सिपाहियों, पहरेदारों, दास-दासियों, दूकान सजाने वाले बनियों आदि की चेष्टाओं का उन्होंने जो रोचक और यथार्थ विवरण दिया है, वह भारतीय समाज की मनोहर झाँकी प्रस्तुत कर देता है। श्रीकृष्ण की सेना के घोड़े से रौंदे जाने के पहले ही अपने बच्चे को बचाने के लिये दौड़ पड़ी माँ का यह चित्र अत्यंत मार्मिक और यथार्थ है—

अवेक्षितानायतवल्गमग्रे तुरङ्गिभिर्यत्ननिरुद्धवाहैः।
प्रक्रीडितान् रेणुभिरेत्य तूर्णं निन्युर्जनन्यः पृथुकान् पथिभ्यः।।

(वही, ३.३०)

स्वभावोक्ति अलंकार के प्रयोग में माघ अप्रतिम हैं। किसी भी दृश्य को वे उसकी सारी विशेषताओं के साथ चित्र की भाँति आँखों के सामने साकार कर देते हैं। उनकी स्वभावोक्तियों की दुर्लभ विशेषता है सूक्ष्म पर्यवेक्षण और अपने समय के समाज और देशकाल का गहरा ज्ञान। अपनी पारी के समाप्त होने पर पहरुआ दूसरे पहरुए को जगा रहा है। माघ का नींद से बेसुध पहरेदार का वर्णन प्रत्यक्षदृष्ट लगता है।

प्रहरकमपनीय स्वं निदिद्रासतोच्चैः प्रतिपदमुपहूतः केनचिज्जाग्रहीति।
मुहुरविशदवर्णां निद्रया शून्यशून्यां दददपि गिरमन्तर्बुध्यते नो मनुष्यः।।

(११।४)

शिशुपालवध के ग्यारहवें और बारहवें सर्गो में ग्रामजीवन का चित्रण बड़ा स्वाभाविक तथा सरस है। दही मथते हुए ग्वालों की या मंडली बना कर बतकाव करते और मदिरा पीते गाँव के लोगों की चेष्टाएँ (११।८ तथा १२।३८ में) माघ ने साकार कर दी हैं, जब कि प्रेम से अपने बछड़े को चाटती गाय को जो ग्वाला दुह रहा है, घुटनों के बीच बर्तन दबा कर उसके बैठने का ढंग तथा दूध की धाराओं के बर्तन में गिरने की बढती धुन—इन सबको माघ ने अपने सूक्ष्म पर्यवेक्षण से जस का जस शब्दों में उतार दिया है—

प्रीत्या नियुक्तान् लिहतीः स्तन्धयान् निगृह्य पारीमुभयेन जानुनोः।
वर्धिष्णु धाराध्वनि रोहिणीः पयश्चिरं निदध्यौ दुहतः स गोदुहः।।

(१२।४०)

पशुओं की सहज चेष्टाओं को भी इसी प्रकार माघ ने अनेकत्र अपने शब्दो में उतारा है। गाय किस प्रकार बछड़े को अपनी ओर आता देखकर अपना झुंड छोड़कर उसकी ओर दौड़ पड़ती है, ऊँट किस प्रकार अचानक बिलबिला उठता है— ये दृश्य माघ के वर्णनों में चित्त में उतरते चले जाते हैं। प्रकृति का मानवीकरण करने में भी माघ ने बहुवर्णी कल्पनाओं की छटाएँ बिखेरी हैं। रैवतक पर्वत से निकल कर समुद्र की ओर जाने वाली नदियों की तुलना वे इठलाती हुई कन्याओं से करते हैं, जो पिता रैवतक से विदा लेकर जब चल देती है, तो वह पक्षियों के कलरव के बहाने से रोता हुआ लगता है—

अपशङ्कमङ्कपरिवर्तनोचिताश्चलिताः पुरः पतिमुपैतुमात्मजाः।
अनुरोदितीव करुणेन पत्रिणां विरुतेन वत्सलतयेव निम्नगाः।।

(४।४७)

इस पद्य में उत्प्रेक्षा अलंकार का प्रयोग चमत्कारपूर्ण है। इसी प्रकार प्रभात में उगते सूर्य को माघ ऐसे शिशु के रूप में देखते हैं, जो उदयगिरि के आँगन में घुटनों के बल रेंगता रेंगता, खिलती पद्मिनी के द्वारा हँस हँस कर देखा जाता हुआ, चहचहाती चिड़ियों के द्वारा खिलाया जाता हुआ अपनी कोमल किरण रूपी बाहें फैला कर प्राची रूपी रमणी की गोद में आ गिरा है—

उदयशिखरिशृङ्गप्राङ्गणेष्वेव रिङ्गन् सकमलमुखहासं वीक्षितः पद्मिनीभिः।
विततमृदुकराग्रः शब्दयन्त्या वयोभिः परिपतति दिवोऽङ्के हेलया बालसूर्यः।।

(११।४७)

माघ के वर्णनों की विशेषता उनका समाज का गहन अनुशीलन और पर्यवेक्षण है। विभिन्न द्वीपों पर अपना सामान बेच कर नौकाओं में धन लाद लाद कर स्वदेश लौटने वाले वणिक् (३।७६), सैनिकों, राजसेवकों, दासियों व वेश्याओं की विविध चेष्टाएँ (५।१४-१८), सेना के पड़ाव तथा बाजार के दृश्य (५।२४), गाँव के लोग, खेत के मजदूर, ग्वाले और ग्वालिनें,(५.३३; ११।८, २९-५४) आदि के सरस शब्दचित्र उनके महाकाव्य के विस्तृत फलक पर सूक्ष्म व विशद रूप में अंकित हुए हैं।

वर्णनों में कल्पना और उक्तिवैचित्र्य की छटाएँ प्रकट करने में माघ ने निश्चित रूप से भारवि को पीछे छोड़ दिया है। उनकी सूझबूझ अनोखी है। उसमें अतिशयोक्ति तथा मानसिक व्यायाम की ओर झुकाव भी कालिदास और भारवि जैसे महाकवियों की तुलना में अधिक है। द्वारका के वर्णन में वे कहते हैं— 'चाँदनी में मिल कर द्वारका के महलों की सफेद कतारें विलीन हो जाती थीं, तो छत पर खड़ी स्त्रियाँ आकाश में टंगी सी लगती थीं' (३.४३)। वे प्रस्तुत और अप्रस्तुत की श्लेषमूलक उपमा या श्लेषमूलक विरोधाभास के द्वारा तुलना भी करते हैं। रंगों की छटाओं के परस्पर मिलने से बनने वाले दृश्यों की कल्पना करने में भी माघ भारवि से आगे बढ़ कर बाण से होड़ लेते लगते हैं। नारद और कृष्ण मिलतें है, तो दोनो की शरीर की आभा का सम्मिश्रण ऐसा लगता है जैसे पलाश के पत्तों में ज्योत्स्ना जा छिपी हो (१।२१)। द्वारका में घर की देहलियों में नीलम मणियाँ जड़ी हुईं हैं, उनकी आभा से घर लिपे लिपे से लगते हैं, तो बारामदे में गोबर लीपने के लिये तैयार होकर आयी गृहणियाँ अभी अभी लीप दिया है यह समझकर बिना लीपे रह जाती हैं। मोर उन घरों में छज्जों पर आ कर बैठ जाते हैं, तो उनके रंगबिरंगे पंखों में नीलम मणि और हरी घास का आभास हो ने लगता है और घर ऐसे लगते हैं जैसे उन पर अभी अभी फूस छाया गया हो (३।४७-४८)।

माघ ने संस्कृत कविता को अछूते बिंब व नवीन परिकल्पनाएँ दी हैं। रुरुदिषा या रुलाई फूटने के पहले मानिनी नायिका के मुख का सौंदर्य माघ के अतिरिक्त अन्य किसी कवि ने इस तरह नहीं दिखाया होगा—

रुरुदिषावदम्बुरुहश्रियः सुतनु सत्यमलङ्करणाय ते।
तदपि सम्प्रति सन्निहिते मधावधिगमं धिगमङ्गलमश्रुणः।।

(६.१७)

(हे सुतनु, कमल के समान श्री वाली तुम्हारे लिये रुरुदिषा तो सचमुच अलंकरण के लिये ही है। वह भी मधु या वसंत आने को है, जिसमें अश्रु का आना अमंगल होता है, उसे धिक्कार है।)

माघ का चित्रकाव्य

भारवि का अनुकरण करते हुए माघ ने चित्रकाव्य के विविध निदर्शन प्रस्तुत करने में भी कोई कसर नहीं छोड़ी है। १९वें सर्ग में युद्ध वर्णन में सर्वतोभद्र, गोमूत्रिकाबंध आदि चित्रकाव्य युद्ध की व्यूहरचना को अक्षर अक्षर में प्रतिबिंत करते लगते हैं। निम्नलिखित एकाक्षर श्लोक में तो उन्होंने अपनी भाषा की कारीगरी का चूडांत चमत्कार दिखाया है—

दाददो दुद्ददुद्दादी दादादो दूददीददोः।
दुद्दादं दददे दुद्दे ददाऽददददोऽददः।

(दादद दान देने वाले दुद्दों (दुष्टों) को संताप देने वाले, दादद (शुद्ध करने वाले) दूदों (संतप्त करने वाले दुष्टों) के नाशक बाहु वाले तथा दाताओं और अदाताओं दोनों को दान देने वाले कृष्ण ने दुद्ध (दुःखदायक शत्रु) पर दुःखदायक बाण का संधान किया।)

पांडित्य

माघ का पांडित्य सर्वंकष कहा जा सकता है। अपने युग के विद्या, ज्ञानविज्ञान और शिल्प-कला के विविध अनुशासनों में कोई भी ऐसा नहीं था जिसकी प्रामाणिक जानकारी उन्हें न हो। वेद, छहों वेदांग, पुराण-इतिहास, दर्शन, राजनीति, कर्मकांड, आयुर्वेद, धनुर्वेद, संगीत, पाककला, कामशास्त्र आदि पर उन्होंने अच्छा अधिकार अपने महाकाव्य में अनेकत्र प्रदर्शित किया है। वे इन शास्त्रों के जटिल पारिभाषिक शब्दों का यथावसर प्रयोग करते हैं। युधिष्ठिर के राजसूय यज्ञ के वर्णन में उनका कर्मकांड का ज्ञान प्रतिफलित हुआ है। इसमें ऋत्विजों के द्वारा अनुवाक्य तथा याज्या का प्रयोग, सामगान में ऊह का प्रयोग, स्वरविधि, इत्यादि का निर्देश है। सांख्य, योग, वेदांत आदि दर्शनों में माघ की असाधारण गति है। योग दर्शन के अपने अध्ययन के कारण वे रैवतक पर्वत को समाधि में स्थित रहने वाले योगी जनों की मोक्षभूमि के रूप में बड़े प्रभावशाली ढंग में चित्र करते हैं—

मैत्र्यादिचित्तपरिक्रमविदो विधाय क्लेशप्रहाणमिह लब्धसबीजयोगाः।
ख्यातिं च सत्त्वपुरुषान्यतयाधिगम्य वाञ्छन्ति तामपि समाधिभृतो निरोद्धुम्।।

(शिशुपालवध, ४.५५)

यहाँ मैत्री, क्लेशप्रहाण, सत्त्वपुरुषान्यथाख्याति जैसे योग व सांख्यदर्शन के पारिभाषिक शब्दों से ज्ञान की गरिमा काव्य में आ गई है।

वेद के तो माघ प्रकांड पंडित हैं। उनका प्रातः किये जाने वाले अग्निहोत्र का वर्णन, हवन के समय सामधेनी ऋचाओं के प्रयोग का उल्लेख (११.४१), मंत्र के उच्चारण में स्वरभेद से अर्थभेद का सोदाहरण निदर्शन व उदात्त का निघात में परिवर्तन (१४.२४, २.९५) आदि वैदिक वाङ्मय में उनके अधिकार को प्रमाणित करते हैं। शिशुपालवध के चौदहवें सर्ग में वैदिक यज्ञ के

वर्णन में उन्होंने आनुष्ठानिक प्रक्रिया के ज्ञान का भी परिचय दिया है। इसी प्रसंग में माघ ने सांख्य दर्शन को उपमान बना कर आनुष्ठानिकता की दार्शनिक व्याख्या भी कर दी है—

तस्य साङ्ख्यपुरुषेण तुल्यतां बिभ्रतः स्वयमकुर्वतः क्रियाः।
कर्तृता तदुपलम्भतोऽभवद् वृत्तिभाजि करणे यथर्त्विजि।।

(शिशु० १४.१९)

(होम आदि क्रियाएँ स्वयं न करते हुए युधिष्ठिर सांख्यदर्शन में निरूपित पुरुष के तुल्य हो गये थे, पर जैसे पुरुष को अंतःकरणों की वृत्तियों के माध्यम से कर्तृत्व की प्राप्ति होती है, उसी तरह ऋत्विजों के माध्यम से उन्हें भी कर्तृत्व की प्राप्ति हुई।)

शिशुपालवध के प्रथम दो सर्ग माघ के राजनीतिनिषयक ज्ञान के चूडांत निदर्शन हैं। बौद्धदर्शन में भी माघ का गहन अभिनिवेश था। संगीत के पारिभाषिक शब्दों के साथ वे मड्डुक तथा काहल जैसे उस काल के वाद्ययंत्रों का भी उल्लेख करते हैं। अश्वशास्त्र तथा गजशास्त्र का तो माघ ने विधिवत् परिशीलन किया था ऐसा प्रतीत होता है। हाथियों के प्रकार व स्वभाव का उनका ज्ञान विशेषज्ञ के समान है।

माघ का वैष्णव भक्ति भाव

माघ संस्कृत महाकाव्य की परंपरा के कदाचित् पहले महाकवि हैं, जो श्रीकृष्ण को विष्णु के रूप में निरूपित करते हुए वैकुण्ठ में अकुण्ठ भक्तिभाव की अभिव्यक्ति करते हैं। समग्र अवहित चेतना के साथ अपने महाकाव्य के पहले पद्य में ही वे कृष्ण को श्रियः पतिः, जगत् के शास्ता, जगन्निवास तथा हरि कहते हैं। हरि इस संज्ञा का कृष्ण के लिये प्रयोग कर के माघ ने आरंभ में ही स्पष्ट कर दिया है कि उनके महाकाव्य के नायक अवतार नहीं, साक्षात् विष्णु हैं।

छन्दोविधान

माघ ने ४१ प्रकार के छंदों का प्रयोग किया है, जबकि भारवि के द्वारा प्रयुक्त छंदों की संख्या २४ है। इसप्रकार छंदों की विविधता की दृष्टि से भी माघ भारवि से आगे जाने का प्रयास करते हैं। भावों के अनुरूप छंदों का प्रयोग माघ में सर्वत्र मिलता है। उनका प्रिय छंद अनुष्टुप् है, जिसमें वाल्मीकि और व्यास की आर्ष वाणी का प्रभाव और सरलता तथा सरसता है। अनुष्टुप् के अतिरिक्त उन्होंने उपजाति, वसंततिलका, स्वागता, रथोद्धता, प्रमिताक्षरा, औपच्छंदसिक, शालिनी, वैतालीय, पुष्पिताग्रा, वंशस्थ, मालिनी, द्रुतविलंबित आदि छंदों का बहुलता से प्रयोग किया है। भारवि ने एक सर्ग में कई प्रकार के छंदों का एक साथ प्रयोग किया है, तो माघ ने चौथे सर्ग में २२ और छठे सर्ग में ११ प्रकार के छंद एक साथ रख दिये हैं।

सूक्तियाँ

माघ की सूक्तियों में पांडित्य, विचारप्रवणता, जीवनानुभव तथा प्रेरणाप्रद संदेशों का समावेश हुआ है। पूरे महाकाव्य में उत्कृष्ट सूक्तियाँ पदे पदे गुँथी हुईं हैं। उदाहरणार्थ—

आरम्भन्तेऽल्पमेवाज्ञाः कामं व्यग्रा भवन्ति च।
महारम्भाः कृतधियस्तिष्ठन्ति च निराकुलाः।।

(अज्ञ जन थोड़े से काम में ही हाथ डालते हैं, और उसी में घबरा उठते हैं। महान् कार्य करने वाले दृढ़ निश्चयी लोग निराकुल होकर काम पूरा करते रहते हैं।)

विदुरेष्यदपायमात्मना परतः श्रद्दधतेऽथवा बुधाः।

(बुद्धिमान् व्यक्ति आने वाली विपत् को स्वयं भाँप लेता है, या दूसरों से संकेत मिलने पर समझ जाता है।)

अनुहुङ्कुरुते घनध्वनिं नहि गोमायुरुतानि केसरी।

(६।५)

(सिंह बादल की गड़गड़ाहट का अनुकरण करता है, सियारो की हुआँ हुआँ का नहीं।)

परिभवोऽरिभवो हि सुदुस्सहः।

(शत्रु से मिलने वाला अपमान असह्य होता है।)

श्रेयसि केन तृप्यते।

(मंगलमय कार्यो में किसे तृप्ति होती है?)

सदाभिमानैकधना हि मानिनः।

(मनस्वियों का एकमात्र धन उनका स्वाभिमान ही है।

महीयांसः प्रकृत्या मितभाषिणः।

(महान् लोग स्वभाव से मितभाषी होते हैं।)

सर्वः स्वार्थं समीहते।

(सब अपना स्वार्थ देखते हैं।)

समय एव करोति बलाबलम्।

(समय ही किसी को बलवान् या निर्बल बनाता है।)

क्षणे क्षणे यन्नवतामुपैति तदेव रूपं रमणीयतायाः।

(जो प्रतिक्षण नया नया होता जाता है, वही रमणीयता का सच्चा रूप है।)

महतामितरेतरोपकृतिमच्चरितम्।

(महापुरुषों का चरित दूसरों के उपकार के लिये होता है।

नैवात्मनीनमथवा क्रियते मदान्धैः।
(मद से अंधे लोग अपना हित नहीं कर सकते।)

शिशुपालवध की टीकाएँ

शिशुपालवध की पुरानी टीकाओं में मल्लिनाथकृत सर्वंकषा तथा वल्लभदेवकृत संदेहविषौषधि महत्त्वपूर्ण हैं। चौदहवीं शताब्दी में जैनाचार्य ललितकीर्तिगणि ने ललितमाघदीपिका नाम से शिशुपालवध की टीका लिखी। इनके अतिरिक्त निम्नलिखित टीकाकारों ने भी शिशुपालवध की व्याख्याएँ लिखीं—अनंतदेवयोनि, चारित्रवर्धन, कविवल्लभ चक्रवर्ती, चंद्रशेखर, दिनकर, देवराज, बृहस्पति, भगदत्त, भगीरथ, भरतसेन, महेश्वर, पंचानन, लक्ष्मीनाथ तथा श्रीरंगदेव। प्राच्यविद्या प्रतिष्ठान जोधपुर के संग्रहालय में इस महाकाव्य पर सरस्वतीतीर्थ की एक अपूर्ण प्राचीन टीका उपलब्ध है। इसी प्रकार मूलदेवी तथा विष्णुदासात्मज — इन दोनों के द्वारा विरचित एक अन्य अपूर्ण टीका भी हस्तलिखित रूप में मिलती है।

पारंपरिक समीक्षा में माघ

प्राचीन आचार्यों ने माघ की उपमा, अर्थगौरव तथा पदलालित्य — इन तीनों गुणों की प्रशंसा की है। इस संबंध में यह उक्ति प्रसिद्ध है—

उपमा कालिदासस्य भारवेरर्थगौरवम्।
दण्डिनः पदलालित्यं माघे सन्ति त्रयो गुणाः।।

काव्यशास्त्र के आचार्यों में आनंदवर्धन, महिमभट्ट, अभिनवगुप्त, नमिसाधु, मम्मट आदि आचार्यों ने माघ के काव्य को सराहना के साथ उद्धृत किया है। अभिनवगुप्त कला और सौंदर्य की अवधारणाओं को स्पष्ट करने के लिये माघ के वचनों का स्मरण करते हैं। राजशेखर ने मुक्तक और प्रबंध के अंतर को माघ के एक पद्य के द्वारा समझाया है। मम्मट ने भावध्वनि के लिये माघ का यह सुविचारित पद्य उद्धृत किया है—

हरत्यघं संप्रति हेतुरेष्यतः शुभस्य पूर्वाचरितैः कृतं शुभैः।
शरीरभाजां भवदीयदर्शनं व्यनक्ति कालत्रितयेऽपि योग्यताम्।।

भोज ने माघ को महाकाव्य के वैशिष्ट्य के संदर्भ में उद्धृत किया है। साहित्यदर्पणकार विश्वनाथ ने उनका एक पद्य (६।२०) पांचाली रीति के उदाहरण में प्रस्तुत किया है।

भारवि तथा माघ की तुलना

माघ ने भारवि के किरातार्जुनीय को अपना आदर्श मान कर काव्य रचना की। भारवि के काव्य से महाकाव्य का जो मानक रूप तथा मानदंड स्थापित हुआ, वह माघ के लिये प्रतिमान के रूप सामने था। अतः पंडितसमाज में दोनों महाकवियों की तुलना की जाती रही है, और

यह भी माना जाता रहा है कि महाकाव्य की सारी विशेषताओं में माघ ने भारवि को पीछे छोड़ दिया है।

किरातार्जुनीय तथा शिशुपालवध में निम्नलिखित बिंदु समान हैं—

(१) पौराणिक कथा - किरातार्जुनीय का उपजीव्य महाभारत है, शिशुपालवध का श्रीमद्भागवत।

(२) दोनों महाकाव्यों में अंगी रस वीर है।

(३) दोनों में वर्ण्य विषयों का विपुल संभार है, और इन वर्ण्य विषयों की रूपरेखा भी माघ ने भारवि से प्रभावित होकर बनायी है।

(४) दोनों महाकाव्यों का प्रारंभ श्रीः पद से होता है, तथा किरातार्जुनीय श्र्यंक महाकाव्य है, तो शिशुपालवध लक्ष्यम्यंक।

(५) युद्ध के वर्णनों में दोनो महाकवियों ने चित्रकाव्यों का प्रयोग किया है।

(६) अर्थांतरन्यास अलंकार के प्रयोग में दोनों कवि अत्यंत विचक्षण हैं। माघ ने शिशुपालवध में ११० बार अर्थांतरन्यास का प्रयोग किया है। दोनों कवि अपने बनाये हुए मानदंडों पर खरे उतरते हैं।

माघ का मानदंड यह है —

नालम्बते दैष्टिकतां न निषीदति पौरुषे
शब्दार्थौ सत्कविरिव विद्वान् द्वयमपेक्षते।। (२.८८)

(न तो पूरी तरह भाग्य के भरोसे रहता है, न पूरी तरह अपने पौरुष पर निर्भर रहता है। जैसे अच्छा कवि शब्द और अर्थ दोनों का बराबर ध्यान रखता है, ऐसे नीतिज्ञ व्यक्ति भाग्य और पौरुष दोनों की अपेक्षा रखता है।)

तथा –

बह्वपि स्वेच्छया कामं प्रकीर्णमभिधीयते।
अनुज्झितार्थसम्बन्धः प्रबन्धो दुरुदाहरः।। (२.७३)

(प्रकीर्ण या स्फुट मुक्तक के रूप में जो अपनी मर्जी से चाहे जितना कहा जा सकता है, पर जिसमें अर्थ का संबंध टूटा नहीं है, ऐसे प्रबंध का उदाहरण आसानी से नहीं मिलता।)

भारवि ने तो अपनी काव्य कला के अत्यंत उदात्त और गौरवशाली मानदंड स्वयं निर्धारित किये हैं, जिन पर ऊपर चर्चा की गई है।

उपर्युक्त समानताओं से यह नहीं समझा जाना चाहिये कि दोनो महाकवियों की अपनी विशिष्टताएँ नहीं हैं। वस्तुतः भारवि भारवि हैं, माघ माघ ही हैं। भारवि का अर्थगौरव और

आदर्शचेतना माघ में नहीं है, तो माघ का लालित्य, लय, गेयता, कोमल संवेदनाएँ, स्नेह और वात्सल्य तथा जनजीवन से जुड़ाव - ये भारवि में नहीं हैं। भारवि राष्ट्र के प्रति अपनी जागरूक चेतना के कारण संस्कृत महाकवियों में अप्रतिम हैं, तो माघ भारतीय जनता के प्रति अपने अकृत्रिम अनुराग में। भारवि कर्म, युयुत्सा की अभिव्यक्ति करते हैं, माघ वैष्णव भक्ति भाव की।

वरांगचरित

वरांगचरित के रचयिता जटासिंह नंदी या जटिल चालुक्य साम्राज्य के अंतर्गत कर्नाटक राज्य में रहे। काव्य की उपलब्ध प्रतियों में रचनाकार का नाम नहीं है। आ.ने. उपाध्ये ने इनका समय सातवीं शताब्दी का उत्तरार्ध मना है। उद्योतन सूरि ने कुवलयमाला (७७८ई०) में इस काव्य का उल्लेख करते हुए उसके प्रणेता का नाम जटिल बताया है। जिनसेन ने हरिवंशपुराण (७८३ई०) में इस काव्य की प्रशंसा की है। आदिपुराण (८३८ई०) के रचयिता जिनसेन ने, जो उपरिलिखित जिनसेन से भिन्न हैं, जटाचार्य कवि का उल्लेख किया है। वरांगचरित का विभाजन सर्गों में है, तथापि इसकी संरचना प्राकृत चरितकाव्यों के अधिक निकट है। स्वयं जटाकरनंदी ने अपने काव्य को परिकथा बताया है। कथा के तत्त्वों की चर्चा भी उन्होंने की है, जिनका गद्यकाव्य व कथा विषयक अध्याय में उल्लेख किया गया है।

कथावस्तु

वरांगचरित की कथा काल्पनिक है। काव्य रम्या नदी के तट पर बसे परम संपन्न उत्तमपुर के वर्णन के साथ आरंभ होता है। यहाँ भोजवंशीय धर्मसेन नामक राजा राज्य करते थे। उनके गुणवती नामक परमसुंदरी पत्नी थी। गुणवती से ही काव्यनायक वरांग का जन्म हुआ। तृतीय सर्ग से दसवें सर्ग तक बाईसवें तीर्थंकर अरिष्टनेमि के शिष्य वरदत्त का उत्तमपुर में आगमन और उनके उपदेशों का वर्णन है। ग्यारहवें सर्ग में राजा अपने पुत्र वरांग को युवराज घोषित कर देते हैं। इससे अन्य राजकुमार ईर्ष्या से भर जाते हैं। राजकुमार सुषेण की माता मृगसेना अपने पुत्र के साथ मिल कर वरांग के विनाश के लिये कूटयोजना बनाती है। बारहवें सर्ग में वरांग इस षडयंत्र में फँस कर दुष्ट अश्व का आरोहण कर लेता है और एक तृणच्छन्न कूप में जा गिरता है। अंधकूप से बाहर आ कर वह वन में भटकता रहता है और तरह तरह के संकटों का सामना करता है। सर्ग तेरह में वरांग के सिंह, मत्त गज व घड़ियाल के भिड़ंत का रोमांचक वर्णन है। जिन कीं स्तुति करने पर एक यक्षी उसे घड़ियाल की चपेट से बचाती है। यक्षी प्रेम का नाटक करके उसकी परीक्षा भी लेती है। वरांग अपनी विवाहित पत्नियों के प्रति निष्ठा प्रकट करता है। तब यक्षी कहती है कि मैं तो तुम्हारी बहन के समान हूँ, क्योंकि मैं भी वरदत्त की शिष्या हूँ। वरांग पर एक के बाद दूसरा संकट आता रहता है। जंगल में पुलिंद उसे पकड़

लेते हैं व देवी के समक्ष बलि चढ़ाने को ले जाते हैं। तभी इन में से एक को साँप डस लेता है, वरांग जिन स्तोत्र का पाठ करते हुए उसका विष उतार देता है। पुलिंदों से मुक्त होकर वरांग को एक सार्थ के लोग बंदी बना लेते हैं, पर सार्थवाह सागरवृद्धि उसकी रक्षा करता है। सार्थ पर दस्यु पुलिंदों का आक्रमण होता है और वरांग उनके साथ आक्रांताओं से युद्ध करता है। चौदहवें सर्ग में कवि ने इस युद्ध का ओजस्वी वर्णन किया है। इधर उत्तमपुर के लोग वरांग को खोजते हुए अंधकूप में मृत अश्व तथा वरांग के छूट गये आभूषण पा कर विलाप करने लगते हैं, नगर में शोक छा जाता है। पंद्रहवें सर्ग में वरांग की पत्नियों के करुण विलाप का चित्रण है। इधर वरांग ललितापुरी में पहुँच जाता है जहाँ मथुरा के राजा का आक्रमण होने पर वह ललितापुरी के राजा देवसेन की रक्षा करता है। देवसेन वास्तव में उसका पितृव्य है। वरांग शत्रु पर विजय प्राप्त करता है। देवसेन अपनी पुत्री का उससे विवाह कर के आधा राज्य उसे दे देते हैं। इधर उत्तमपुर पर बकुलराज आक्रमण करता है, और राजा धर्मसेन देवसेन से सहायता माँगते हैं। तब वरांग राजा देवसेन को अपना वास्तविक परिचय देकर अपने पिता की सहायता के लिये सेना के साथ प्रयाण की इच्छा प्रकट करता है। शत्रु बहुलराज वरांग से डर कर भाग जाता है, वरांग नगर में प्रवेश करता है, वह अपने विरुद्ध दुरभिसंधि रचने वालों को क्षमा कर देता है। यह वृत्तांत बाईसवें सर्ग तक है। आगे के सर्गों में वरांग के पुत्र सुगात्र का जन्म व वरांग के सत्कार्यों का वर्णन है। उन्तीसवें सर्ग में वरांग अपने पुत्र को राज्य सौंप कर प्रव्रज्या ले लेता है। उसकी रानियाँ भी साध्वीव्रत में दीक्षित हो जाती हैं।

शांतरस प्रदान इस काव्य में वीर, भयानक, बीभत्स आदि अन्य रसों को भी यथावसर अभिव्यक्ति मिली है। जैन धर्म के उपदेशों तथा वर्णनात्मकता के कारण कथानक अनेकत्र बाधित होता है। युद्ध की बीभत्सता का निदर्शनकराते हुए वीर, रौद्र व भयानक रसों के साथ बीभत्स रस का संप्लव उत्पन्न करना इस महाकाव्य की अपनी विशेषता है, जो इसकी अंतर्वस्तु को परिपुष्ट करती है। उदाहरणार्थ —

व्रणोत्थशोणितेनाभूत् पृथिव्यां शोणितार्णवः।
यत्रेभपादखण्डानि कच्छपोपमतां ययुः।।
मकराकारतामीयुश्छिन्नाश्च करिणां कराः।
पिशाचकाकगृध्राश्च कुक्कुराः पिशिताशिनः।
विचेरुस्तत्र सानन्दाः पललास्वादलम्पटाः।।

(७.११७-११९)

(घावों से बहते खून से धरती पर खून का सागर लहराने लगा, जिसमें हाथियों के कटे पाँवों के टुकड़े कछुवों की तरह तैर रहे थे, तो उनकी छिन्न हुई सूँडे मकर के आकार को धारण कर रही थीं। कच्चे मांस के लंपट पिशाच, कौवे, गीध तथा कुत्ते मांस खाते हुए सानंद वहाँ विचर रहे थे।)

नवीन कल्पनाओं तथा दुर्लभ उपमानों के प्रयोग से वरांगचरितकार चमत्कृत कर देते हैं। नगरी के वर्णन में नायिका का रूपक रचते हुए वे कहते हैं—

चलत्पताकोज्ज्वलकेशमाला प्राकारकाञ्चिः स्तुतितूर्यनादा।
प्रपूर्णकुम्भोरुपयोधरा सा पुराङ्गना लब्धपतिस्तुतोष।।

(९.६६)

(वह नगरीरूपी रमणी, जो हिलती पताकाओं की केशमाला से युक्त थी, प्राकार की कांची पहने थी, स्तुतियाँ जिसके तूर्यनद थे, भरे कुंभ जिसके पयोधर थे, उस पति को पा कर तुष्ट हुई।)

शिशु वरांग का वात्सल्यमय वर्णन भी भावपूर्ण है। इसमें एक हाथ से दूसरे हाथ में लिये जाते व्यजन का उपमान तो सर्वथा अछूता ही है—

निदाघमासे व्यजनं यथैव करात् करं सर्वजनस्य याति।
तथैव गच्छन् प्रियतां कुमारो वृद्धिं च बालेन्दुरिव प्रयातः।।

(२८.६)

(निदाघ या ज्येष्ठ के महीने में जैसे पंखा एक के हाथ से दूसरे के हाथ में लिया जाता रहता है, उसी प्रकार सब स्नेही जनों के हाथों में लिया जाता वह कुमार बालचंद्र की तरह बढ़ रहा था।)

पार्श्वाभ्युदय

पार्श्वाभ्युदय महाकाव्य के कर्ता जिनसेन आठवीं नवीं शताब्दी के प्रमुख धर्माचार्य तथा राष्ट्रकूट राजा अमोघवर्ष प्रथम के समकालीन थे। उन्होंने अमोघवर्ष को जैन धर्म की दीक्षा दी थी। पार्श्वाभ्युदय एक खंडकाव्य तथा समस्यापूर्ति काव्य भी है। इसमें चार सर्ग तथा ३६४ पद्य हैं। काव्यनायक कमठ को राजा नगर से निर्वासित कर देता है। कमठ के छोटे भाई मरुभूति या पार्श्वनाथ उसकी सहायता के लिये जाते हैं, पर कमठ पूर्वजन्म के वैर के कारण उल्टे उन्हीं को सताता है। अंत में कमठ का हृदय परिवर्तन होता है। मेघदूत की समस्यापूर्ति होने के कारण सारा काव्य मंदाक्रांता वृत्त में है, चतुर्थ सर्ग के अंतिम छह पद्यों में छन्दःपरिवर्तन किया गया है।

भौमक (भट्टभीम) – रावणार्जुनीय

द्विसंधान महाकाव्यों और शास्त्रकाव्यों की परम्परा में भट्टि काव्य के ही समान भौमक अथवा भट्टभीम का रावणार्जुनीयम् महाकाव्य उल्लेखनीय है। इस महाकाव्य में २७ सर्ग तथा ७२६ श्लोक हैं। पच्चीसवाँ सर्ग खंडित रूप में प्राप्त है। प्राचीन हस्तलिखित पुस्तकों में इसका अर्जुनरावणीय यह नाम भी प्रयुक्त है, पर यह काव्य रावणार्जुनीयम् के नाम से अधिक

प्रसिद्ध है।[३७] व्याकरण की दृष्टि से तथा केरल की हस्तलिखित पुस्तकों में प्रयोग को देखते हुए विजयपाल शास्त्री अर्जुनरावणीयम् यह नाम ही अधिक युक्तिसंगत मानते हैं। इसका काव्य का एक अन्य नाम घोष भी मिलता है। शरणदेव (११७२ई०) ने दुर्घटवृत्ति में तथा पुरुषोत्तमदेव (१२००ई०) ने इसके उद्धरण घोष या घोषकाव्य के नाम से दिये हैं। विजयपाल शास्त्री ने गणपति शास्त्री, युधिष्ठिर मीमांसक तथा नारायण मिश्र के इस मत का खंडन किया है कि घोष से यहाँ आशय अश्वघोष से है। जिस काव्य का घोष बार बार पारायण कर के कंठस्थ किया जाये, ऐसा काव्य घोष है।

कवि का नाम

भट्टभीम को भौमक, भूभट्ट, भूमभट्ट, भीम या भूप आदि नामों से जाना जाता है, जबकि ए०के० वार्डर केरल की पांडुलिपियों के आधार पर भोस नाम को प्रामाणिक मानते हैं।[३८] ये कश्मीर देश में उडू नामक स्थान के निवासी थे, जो आधुनिक बारामूला के समीप माना गया है।

समय

क्षेमेंद्र ने अपने सुवृत्ततिलक कवि भौमक का उल्लेख किया है। दूसरी ओर इस महाकाव्य पर काशिका (६६१ ई०) का प्रभाव परिलक्षित होता है। अत: इस महाकाव्य का रचनाकाल सातवीं शताब्दी के पश्चात् तथा ग्यारहवीं शताब्दी के पूर्व नवीं या दसवीं शताब्दी में माना जा सकता है।

रावणार्जुनीयम् का नायक में कार्तवीर्य अर्जुन है तथा इसका स्रोत वाल्मीकि रामायण (उत्तरकांड) में वर्णित कार्तवीर्य अर्जुन का प्रसंग है। विष्णुपुराण (४.११) में कार्तवीर्य अर्जुन या सहस्रार्जुन को श्रीकृष्ण का पूर्वज बताया गया है। वह एक धीरोदात्त महानायक है। नायक कार्तवीर्य अर्जुन के द्वारा रावण को पराजित कर के कारागार में डालने तथा रावण के पितामह पुलस्त्य के अनुरोध से उसे छोड़कर संधि करने की कथा को कवि ने विस्तार से यहाँ विन्यस्त किया है। कार्तवीर्य अर्जुन के असाधारण पराक्रम, प्रजापालन व गुणों का वर्णन करते हुए कवि ने रावण को प्रतिनायक के रूप में प्रस्तुत किया है। इसके साथ ही पाणिनि की अष्टाध्यायी के सूत्रपाठ क्रम से सूत्रों के उदाहरण प्रत्येक श्लोक में प्रस्तुत करते हुए वैयाकरणिक नियमों का ज्ञान भी कवि ने कराया है। इस विधा का यह सबसे प्राचीन व प्रवर्तक काव्य है। साथ ही भट्टि काव्य से इस काव्य की पद्धति में भेद है। भट्टिकाव्य में प्रकरणविशेष को ले लेकर विशिष्ट पदावली निदर्शन के रूप में प्रस्तुत की गई है, जिससे काव्यात्मकता का निर्वाह अधिक सहजता से हो सका है। रावणार्जुनीयम् के कवि ने कठिन कार्य को साधने का प्रयास किया है, उसने अष्टाध्यायी सूत्रपाठ क्रम से ही उदाहरण प्रस्तुत किये हैं। युधिष्ठिर मीमांसक ने अपने संस्कृत व्याकरणशास्त्र के इतिहास में भट्टभूम के काव्यनिर्माण कार्य को अधिक

क्लिष्ट और चमत्कारपूर्ण बताया है।

प्रथम तीन सर्गों में रावण तथा सहस्त्रार्जुन के पराक्रम तथा सैन्यप्रयाण का वर्णन है। चतुर्थ सर्ग में कार्तवीर्य अर्जुन का नर्मदा में विहार वर्णित है। पंचम में सूर्यास्त व षष्ठ में चंद्रोदय का वर्णन है। अगले सर्गों में रावण की युद्ध की तैयारी व सैन्य प्रयाण वर्णित हैं। सहस्त्रार्जुन जब नर्मदा में स्नान कर रहे हैं, उसी समय रावण ससैन्य वहाँ जा पहुँचता है, सहस्त्रार्जुन के नर्मदा की धाराओं को अपनी भुजाओं से रोक दिये जाने के कारण रावण व उसकी सेना के लिये स्नान करना असंभव हो जाता है। रावण शुक को दूत बना कर उनके पास भेजता है। चौदहवें सर्ग में सहस्त्रार्जुन रावण के आत्मसमर्पण करने या युद्ध करने के आह्वान को लेकर मंत्रियों से परामर्श करते हैं। इधर मंदोदरी रावण को युद्ध न करने के लिये समझाती है। बाईसवें सर्ग में शुक पुलस्ति ऋषि के पास जा कर रावण को बचाने के लिये गुहार करता है।

कवि की कार्तवीर्य अर्जुन के प्रति आस्था प्रेरणास्पद है। एक महाविभूति के रूप में वह अपने नायक को स्थापित करने में सफल है। उसका कथन है—

यस्याध्यगीष्टाध्ययनेन तुल्यं लोकोऽयमुच्चैश्चरितं पुनानम्।
युद्धेषु पीनायतबाहुदर्शं शत्रुव्रजस्सङ्कुटितुं प्रणष्टः।।

(१.२)

(यह संसार कार्तवीर्य अर्जुन के पावन चरित्र का स्वाध्याय के समान पाठ करता था। युद्ध में शत्रुसमूह उनके विशाल मांसल भुजयुगल को देखकर वे पीछा करते कहीं न आ पहुँचे इस डर से कुटिल मार्ग से भाग लेता था।)

यहाँ संकुटितुं प्रणष्टः यह मुहावरा भाषा की कारीगरी का अच्छा नमूना है।

शास्त्रकाव्य की कठिन चुनौती सामने रख कर काव्यरचना करते हुए भी इस काव्य में प्रसाद गुण की रक्षा संभव हो सकी यह भी अपने आप में चमत्कार ही कहा जा सकता है। उदाहरण देखें—

प्रजानुरागं कुरुतः स्म यस्य त्यागः क्षमा च क्षतकल्मषस्य।
भुजाश्च कुर्वन्ति पुरा सहस्त्रं पारे समुद्रं वसतिं रिपूणाम्।। (१.३)

(त्याग और क्षमा निष्कलुष मन वाले उस राजा का प्रजा में अनुराग बनाये रखते थे, और उसकी सहस्त्रों भुजाएँ समुद्र के पार तक शत्रुओं की बस्ती तक बस्ती बना लेती थीं।)

ग्रामजीवन की विविध छटाओं तथा लोकव्यवहार के निदर्शन ने इस काव्य को रोचक बना दिया है।

आनीयमानेऽन्तिकमेव वेगाच्छूत्कारमन्द्रध्वनिना शुकौघे।
विमुच्य शालीन् भयलोलनेत्रा स्वत्राणमूढाऽजनि शालिगोपी।।

(१.३७)

शालिगोपी या धान के खेतकी रखवाली करने वाली गोपिका के भोलेपन और किंकर्तव्यविमूढ़ता का सहजस्वभावमय वर्णन करते हुए कवि कहता है— शू-शू की ध्वनि के द्वारा पास बुलाये गये तोतों का समूह जब खेत पर टूट पड़ा, तो भय से चंचल नेत्र वाली शालिगोपी धान की फसल को छोड़कर अपने भय में जड़ होकर रह गई।

यहाँ शालिगोपी के शू-शू की ध्वनि कर के तोतों को भगाना चाहती है, तोते उससे उल्टे खिंचे चले आते हैं, और पलट कर उसी को डरा देते हैं – यह चित्रण रोचक है।

इसी प्रसंग में हंस व मयूर के वार्तालाप की कल्पना भी रोचक है—

ब्रवीम्यहं स्वागतमेहि हंस! ब्रूमो वयं त्वा कुशली मयूर!
कलारवैस्ताविति बर्हिहंसौ परस्परालापमिव व्यधत्ताम्।।

(१.३९)

(हे हंस आओ, मैं तुम्हारा स्वागत करता हूँ, हे मयूर मैं भी तुम्हारी कुशल पूछ रहा हूँ। इस प्रकार केकारव व क्रेंकाररव के द्वारा मयूर और हंस एक दूसरे से बतिया रहे थे।)।

भौमक कवि को गाँव-गिराँव के जीवन में रुचि है। ग्रामीण समाज को वे कविता में बार बार उपस्थित करते हैं। पुनः एक उदाहरण द्रष्टव्य है—

ये ते महोक्षा गुरुभारवाहा याताश्च गावो बहुदुग्धदोहाः।
कृषीवला गोष्ठमहीनिषण्णास्तास्ता समुद्दिश्य दधुर्विरोधम्।।

(१.४९)

यहाँ किसान अपने अपने बैलों की बड़ाई करते हुए परस्पर विवाद करते हैं इसके निरूपण में स्वभावोक्ति का प्रयोग सुंदर है।

परंपरित रूपक का प्रयोग द्रष्टव्य है—

नीतितन्त्रं ततः प्राप्य बुद्धिसूत्रेण वाक्पटम्
उवाय सारणस्तत्र ववौ नम्रस्तथा शुकः।।

(२. ५०)

(सारण बुद्धि के धागे से नीति के तंत्र (करघे) पर वाणी का पट बुन रहा था। शुक नम्र होकर उसको उड़ा कर फैलाने का काम कर रहा था।)

यहाँ नम्र शब्द में श्लेष है। बुनने के बाद कोई व्यक्ति कपड़े को नीचे झुक कर निकाल कर फैलाता है, अतः कपड़ा बुनने के पक्ष में नम्र का एक अर्थ झुका हुआ - यह है, दूसरा अर्थ विनम्र है। इसी प्रकार अनुप्रास का प्रयोग भी भट्टभूम ने सर्वत्र साधा है। एक उदाहरण देखें—

अतनिष्ट मदस्रावं गजता यत्र तामिव।
नातिमात्रं तनिष्ठास्त्वं भृङ्गालीति रुतैर्जगौ।।

विजयपाल शास्त्री ने यहाँ अन्वय 'गजता मदस्रावं अतनिष्ट, तां भृङ्गाली अतिमात्रं मा तनिष्ठाः इति इव जगौ' इस प्रकार करते हुए अनुवाद में 'मदस्राव अतिमात्र मत करो यह कहा' यह अनुवाद किया है। पर 'भृंगाली मानो यह कह रही है कि अत्यधिक मत तनो' यह अनुवाद भी संभाव्य है।

छंदों की विविधता की दृष्टि से रावणार्जुनीयम् उल्लेखनीय है। उपेंद्रवज्रा, इंद्रवज्रा, स्वागता, औपच्छंदसिक, रथोद्धता, मालभारिणी, प्रहर्षिणी, मंजुभाषिणी, शालिनी, वसंततिलका, अनुष्टुप् आदि लौकिक छंदों के साथ त्रिष्टुप्, पंक्ति, जगती आदि वैदिक छंदों का भी प्रयोग कवि ने यहाँ किया है।

इस काव्य पर शिवदेशिकशिष्य की टीका प्राप्त होती है। टीकाकार ने इस काव्य की प्रशंसा में कहा है—

रसा भावा अलङ्कारा मुखसन्ध्यादिपञ्चकम्।
नायिकानायकभिदा प्रतिनायकवर्णनम्
काव्यलक्षणमन्यच्च सर्वं नाटकलक्षणम्।
मात्रावर्णादिभेदेन वृत्तं प्रायोऽत्र दर्शितम्।।

उद्भटकृत कुमारसंभव

कवि तथा आचार्य उद्भट अथवा भट्टोद्भट कश्मीर के राजा जयापीड (७७९-८१३ ई०) की राजसभा के सम्मानित पंडित थे। जिन राजाओं के महनीय अवदान से सारस्वत साधना, कला और संस्कृतियों ने अगम्य शिखरों का स्पर्श किया, उनमें राजा जयापीड सदैव स्मरणीय हैं।[३९] ये अपनी विद्वत्ता, व्याकरण के असाधारण पांडित्य तथा कवियों व पंडितों के आश्रयदातृत्व के लिये भी जाने जाते हैं। इतिहासकार कल्हण ने राजतरङ्गिणी (४।४९७) में कहा है कि जयापीड की राजसभा में मनोरथ, शंखदत्त, चटक और सन्धिमत्- ये कवि थे तथा वामन जैसे अलंकारशास्त्र के आचार्य जयापीड के मन्त्री थे। कल्हण ने ही उद्भट को भी जयापीड की राजसभा में सभापति बताया है। उद्भट के विषय में उन्होंने यह लिखा है कि जयापीड से हर रोज उन्हें एक लाख दीनार का वेतन मिलता था—

विद्वान् दीनारलक्षेण प्रत्यहं कृतवेतनः।
भट्टोभूदुद्भटस्तस्य भूमिभर्तुः सभापतिः।।

(राज० ४.४९५)

उद्भट ने काव्यालंकारसारसंग्रह, कुमारसंभवमहाकाव्य, भामहविरचित काव्यालंकार पर विवरणटीका आदि ग्रंथों की रचना की। इनका भामहविवरण प्राप्त नहीं है। प्रतिहारेंदुराज अथवा इंदुराज ने इनके काव्यालंकारसारसंग्रह पर स्वोपज्ञ वृत्ति में इसका अनेकत्र उल्लेख किया है।

उद्भट का कुमारसंभव भी संप्रति अनुपलब्ध है। इसके ९५ पद्य उदाहरणस्वरूप उद्भट ने

अपने काव्यालंकारसारसंग्रह में उद्धृत कर दिये हैं, जो संभवत: काव्य के एक ही सर्ग से हैं। ऐसा प्रतीत होता है कि उद्भट का यह काव्य भट्टि के रावणवध के समान एक शास्त्रकाव्य था, जिसमें व्याकरण तथा अलंकारशास्त्र की कोटियों या विधानों का बोध काव्य के माध्यम से कराया गया था। इस काव्य के जिस सर्ग से उद्भट ने अपने ग्रंथ में उदाहरण दिये हैं, वह अलंकारों के बोध की दृष्टि से रचा गया था, ऐसा अनुमान होता है। उद्धृत सभी ९५ पद्यों में वक्त्र छंद का प्रयोग हुआ है।

नंचोड नामक तेलुगु महाकावि ने कुमारसंभव नाम से ही अपना महाकाव्य उद्भट के महाकाव्य के आधार पर लिखा।

उद्भट के अनेक मुक्तक सुभाषितरत्नाकर (४५५), शार्ंगधर पद्धति (३२६९), सुभाषितावलि (१४६३)आदि सुभाषितसंग्रहों में उद्धृत हैं। शार्ंगधरपद्धति में उद्धृत एक पद्य (२८७) कृष्णचरित से संबंधित है, अत: वह उद्भट के अन्य किसी काव्य से हो सकता है। इनके कुमारसंभव से रुय्यक ने अपने अलंकारसर्वस्व में भी निम्नलिखित पद्य उद्धृत किया है।

योगपट्टो जटाजालं तारवी त्वङ्मृगाजिनम्।
उचितानि तवाङ्गेषु यद्यमूनि तदुच्यताम्।।

(योगपट्टिका, जटाजाल, तरु की छाल और मृगाजिन – यदि ये तुम्हारे अंगों के लिये उचित हों, तो बताओ।)

उद्भट का महाकाव्य कालिदास के कुमारसंभव पर आधारित है। कालिदास के महाकाव्य के समान ही सतीदाह के पश्चात् नि:संग रहने वाले शिव का यहाँ वर्णन है—

तदाप्रभृति निःसङ्गी नागकुञ्जरकृत्तिभृत्।
शितिकण्ठः कालगलत्सतीशोकानलव्यथः
स देवो दिवसान्निन्ये तस्मिञ्शैलेन्द्रकन्दरे।
गरिष्ठगोष्ठीप्रथमैः प्रमथैः पर्युपासितः।।

(उसके बाद से ही शितिकंठ शिव निसंग होकर हाथी की खाल पहन कर रहने लगे। समय के साथ सती के शोकानल की व्यथा गलने लगी। वे देव इस शैल की कंदरा में गरिष्ठ गोष्ठियों में प्रथम रहने वाले प्रमथ आदि गणों के साथ दिन बिता रहे थे।)

उद्भट ने अपने काव्य में वसंत के अतिरिक्त शरद् ऋतु का भी वर्णन किया था। शरद् के वर्णन का यह पद्य है—

तत्र तोयाशयाशेषव्याकोशितकुशेशया।
चकाशे शालिकिंशारुकपिशाशामुखा शरत्।।

(सरोवरों में पूरे के पूरे कमल जिसमें खिल रहे थे, शालि (चावल) और किंशारुक के द्वारा दिशाओं को कपिश बनाने वाली शरद् फिर चमक उठी।)

इस पद्य में अनुप्रास की छटा देखते ही बनती है। 'तोयाशयाशेषव्याकोशितकुशेशया

चकाशे शालिकिंशारुकपिशाशामुखा शरत्' में सारा अनुप्रासविधान शारदीया शोभा के अनुरूप है। आगे के पद्यों में अनुप्रास के साथ अन्य अलंकारों का सांकर्य और भी मनोहारी है—

सान्द्रारविन्दवृन्दोत्थमकरन्दाम्बुबिन्दुभिः।
स्यन्दिभिः सुन्दरस्पन्दं नन्दितेन्दिन्दिरा क्वचित्।।

केलिलोलालिमालानां कलैः कोलाहलैः क्वचित्।
कुर्वती काननारूढश्रीनूपुररवभ्रमम्।।

काशाः काशा इवोद्भान्ति सरांसीव सरांसि च।
चेतांस्याचिक्षिपुर्यूनां निम्नगा इव निम्नगाः।।

(वह स्थली कहीं पर खूब खिले कमलों के गुच्छों से उठते पराग से झरती बूँदों के सुंदर स्पंद पर आनंदित भ्रमरों से भरी हुई थी। कहीं पर क्रीडा करने में चंचल सुंदर कोलाहल करते अलियों की पाँतों से कानन में चलती लक्ष्मी के नूपुरों की झंकार का भ्रम उत्पन्न कर रही थी। काश के फूल आकाश की तरह चमक रहे थे, सरोवर सरस् की तरह। निम्नगाएँ या नदियाँ निम्नगाओं (अधः पतित स्त्रियों) की तरह चित्त आक्षिप्त कर रहीं थीं।)

शरद् वर्णन में ही उद्भट ने यमक अलंकार का सन्निवेश किया है—

स्त्रियो महति भर्तृभ्य आगस्यपि न चुक्रुधुः।
भर्तारोऽपि सति स्त्रीभ्य आगस्यपि न चुक्रुधुः।।

(स्त्रियाँ अपने पतियों पर भारी अपराध करनेपर भी क्रोध नहीं कर रहीं थीं। पति भी स्त्रियों पर अपराध करने पर क्रोध नहीं कर रहे थे।)

उद्भट अपनी मौलिक उद्भावनाओं, विलक्षण सौंदर्यदृष्टि तथा नवीन बिंबविधान के द्वारा चमत्कृत कर देते हैं। शरद् वर्णन में रूपक का यह प्रयोग अनोखा ही है—

ज्योत्स्नाम्बुनेन्दुकुम्भेन ताराकुसुमशारितम्।
क्रमशो रात्रिकन्याभिर्व्योमोद्यानमसिच्यत।।

(चंद्रमा के घड़े में चाँदनी का जल भर कर ताराओं के फूल बिखेरती हुई रात्रिरूपी कन्याओं ने धीरे धीरे व्योमरूपी उद्यान को सींच दिया।)

रूपकों की लड़ी पिरोने में उद्भट की प्रतिभा ने अपने ही मानदंड रचे हैं। वर्षावर्णन में भौरों की पंक्ति का वर्णन करते हुए वे कहते हैं—

वनान्तदेवतावेण्यः पान्थस्त्रीकालशृङ्खलाः।
मारप्रवीरासिलता भृङ्गमालाश्चकासिरे।।

(वनदेवियों की वेणियाँ, विरहिणियों के लिये काल की जंजीरें, वीरशिरोमणि कामदेव की तलवारें वे भोंरों की कतारें चमक रहीं थीं।)

कालिदास की रचना से पर्याप्त भिन्नता उद्भट के वस्तुनिरूपण में है। कालिदास ने शिव

को साधारण मनुष्य की तरह विरहव्याकुल चित्रित नहीं किया। उद्भट उन्हें पार्वती के विरह में संतप्त चित्रित करते हैं —

अपि सा सुमुखी तिष्ठेद् दृष्टेः पथि कथञ्चन।
अप्रार्थितोपसंपन्ना पतितानभ्रवृष्टिवत्।।

किं स्युरुत्कलिका मद्वत्तस्या अपि निरर्गलाः।
अकाण्डोड्डामरानङ्गहतकेन समर्थिताः।।

इति काले कलोल्लापिकादम्बकुलसङ्कुले।
त्रिदशाधीशशार्दूलः पश्चात्तापेन धूर्जटिः।
तां शशिच्छायवदनां नीलोत्पलदलेक्षणाम्।
सरोजकर्णिकागौरीं गौरीं प्रति मनो दधौ।।

(क्या बिना याचना के होने वाली अनभ्रवृष्टि की तरह वह सुमुखी मेरे दृष्टिपथ में कभी आयेगी? क्या उसकी भी उत्कंठा अनवसर में उद्दाम हो चले दुष्ट कामदेव से बढ़ाई जाती मेरी उत्कंठा की तरह निरर्गल होगी—कलकल कूजन करते हंसों से संकुल समय में त्रिदशाधीशशार्दूल (देवों के अधिपति) शंकर पश्चात्ताप के साथ यह सोच रहे थे। वे चंद्रमा की कांति जैसे वर्ण वाली, नीलकमल की तरह नयन वाली सरोजकर्णिका के समान गौरी गौरी के प्रति उनका मन लगा हुआ था।)

उद्भट यहाँ तक कह देते हैं कि शिव के लिये संसार आग की लपट बन गया था, और तत्त्वज्ञान का महोत्सव उसमें पतिंगे की तरह जलने वाला था —

कृशानुवज्जगत् तस्य पश्यतस्तां प्रियां विना।
खद्योतायितुमारब्धं तत्त्वज्ञानमहामहः।।

तस्येतरमनोदाहमदहत्प्रज्ज्वलन्मनः।
उमां प्रति तपःशक्त्याकृष्टबुद्धेः स्मरानलः।।

(प्रिया के बिना संसार उनके लिये आग जैसा बन गया था, उसमें तत्त्वज्ञान का महोत्सव पतिंगा बनने लगा था। उमा के तप की शक्ति से आकृष्ट उनके मन को जलती हुई कामाग्नि सामान्य व्यक्ति की तरह जला रही थी।)

वे यह भी कहते है कि शिव सामान्य प्राणियों की तरह सोचने लगे कि कहीं उमा ने मेरे विरह में प्राण तो नहीं त्याग दिये —

स दग्धविग्रहेणापि वीर्यमात्रस्थितात्मना।
स्पृष्टः कामेन सामान्यप्राणिचिन्तमचिन्तयत्।।

विरलास्तादृशो लोके शीलसौन्दर्यसंपदः।
चण्डालकल्पे कन्दर्पप्लुष्टा मयि तिरोहिते।
सञ्जातातुलनैराश्या किं सा शोकान्मृता भवेत्।।

(जिसका विग्रह जल गया है, जो अपनी शक्तिमात्र से स्थित है, ऐसे काम देव से छुए गये वे शिव सामान्य प्राणियों की तरह चिंता करते हुए सोच रहे थे – इस संसार में ऐसी शील और सौंदर्य की संपदा दुर्लभ है। मुझ चांडालकल्प के अंतर्धान हो जाने पर असीम निराशा से भरी कामदेव से जलाई जाती वह पार्वती कहीं शोक से मर तो नहीं गई होगी?)

पार्वती के रूप का वर्णन असाधारण भाषा में कवि ने किया है। मम्मट ने भी श्लेष के विचार में उद्भट के कुमारसंभव के ये पद्य उददृत कये हैं -

स्वयं च पल्लवाताम्रभास्वत्करविराजिनी।
प्रभातसन्ध्येवास्वापफललुब्धेहितप्रदा।।

इन्दुकान्तमुखी स्निग्धमहानीलशिरोरुहा।
मुक्ताश्रीस्त्रीजगद्रत्नं पद्मरागाङ्घ्रिपल्लवा।।

अपारिजातवार्तापि नन्दनश्रीर्भुवि स्थिता।
अबिन्दुसुन्दरी नित्यं गलल्लावण्यबिन्दुका।।

यहाँ प्रभातसंध्या की उपमा के अंग के रूप में भास्वत्कर (चमकते हाथ, चमकीली रश्मियों) के द्वारा कवि ने श्लेष का आधान किया है। 'अस्वापफललुब्धेहितप्रदा' में सभंग श्लेष है, 'अस्वाप-फल-लुब्धे हितप्रदा' ऐसा बिना संधिविग्रह के पाठ लेने पर अस्वाप या शयन न करने से मिलने वाले फल के विषय में हितप्रदा यह अर्थ हो जाता है। पार्वती के पक्ष में असु-आप ऐसा संधिविग्रह करने पर प्राणों से बढ़ कर फल यह अर्थ हो जाता है। 'अपारिजातवार्तापि नन्दनश्री:' में विरोधाभास अलंकार है। इसीप्रकार अबिंदुसंदरी – इस पद में बिंदुरहित सुंदरी ऐसा अर्थ करने गलल्लावण्यबिंदुका से विरोध होता है, अप्-इंदु या पानी में प्रतिबिंबित चंद्र के समान सुंदरी ऐसा अर्थ लेने पर विरोध का परिहार होता है। सौंदर्यबोध की अभिव्यक्ति अलंकारों की छटा के साथ करने में उद्भट निश्चय ही अप्रतिम हैं।

रत्नाकर : हरविजय

परिचय

हरविजय महाकाव्य के प्रणेता रत्नाकर कश्मीर के राजा चिप्पट जयापीड (७७९-८१३ई०) के आश्रय में रहे। चिप्पट जयापीड की एक उपाधि बालबृहस्पति थी, जिसका उल्लेख हरविजय महाकाव्य के प्रत्येक सर्ग के अंत में रत्नाकर ने किया है।

कल्हण ने राजतरंगिणी में बताया है कि कश्मीर के राजा अवंतिवर्मा के शासनकाल में मुक्ताकण, शिवस्वामी, आनंदवर्धन तथा रत्नाकर इन महाकवियों को विशेष ख्याति मिली-

मुक्ताकणः शिवस्वामी कविरानन्दवर्धनः।
प्रथां रत्नाकरश्चागात् साम्राज्येऽवन्तिवर्मणः।।

(राजतरंगिणी, ५।३४)

अवंतिवर्मा का शासनकाल ८००ई० से ८५०ई० के बीच है। अतः यह माना जा सकता है कि रत्नाकर को अपनी वृद्धावस्था में अवंतिवर्मा के शासनकाल में और भी प्रतिष्ठा प्राप्त हुई थी। रत्नाकर के द्वारा नाटककार मुरारि के उल्लेख तथा क्षेमेंद्र और राजशेखर के द्वारा रत्नाकर के उल्लेखों से भी उनके काल के उपर्युक्त निर्णय की पुष्टि होती है। रत्नाकर के पिता का नाम अमृतभानु था तथा पितामह का नाम दुर्गदत्त। वे कश्मीर में गंगाह्रद के निवासी थे। हरविजय महाकाव्य के अतिरिक्त रत्नाकर ने वक्रोक्तिपंचाशिका नामक खंडकाव्य तथा आनंदवर्धन के ध्वन्यालोक में उद्धृत प्राकृत-गाथाओं के विवेचन में ध्वनिगाथापंचिका नामक टीकाग्रंथ की भी रचना की थी। पर उनकी अक्षय कीर्ति का स्तंभ हरविजय महाकाव्य ही है। हरविजय महाकाव्य में प्रत्येक सर्ग के अंत में दी गयी पुष्पिकाओं से विदित होता है कि रत्नाकर को वागीश्वर तथा विद्याधिपति की उपाधियों से सम्मानित किया गया था।

हरविजय अलंकृत शैली के महाकाव्य में आकार में सबसे विशाल है। इसमें ५० सर्ग तथा ४३२१पद्य हैं। हरविजय महाकाव्य की विषयवस्तु का स्रोत शिवपुराण अथवा मत्स्यपुराण के १७९वें अध्याय में वर्णित अंधकासुर का वृत्तांत प्रतीत होता है। जिसप्रकार माघ ने भारवि का अनुकरण करते हुए भी उनसे आगे बढ़ने के लिये अपना महाकाव्य लिखा, उसी प्रकार रत्नाकर ने माघ का अनुकरण करते हुए उनसे आगे बढ़ने के लिये इस महाकाव्य की रचना की।

विषयवस्तु

हरविजय का अर्थ है शिव की विजय। नाम के अनुरूप इस महाकाव्य में अंधकासुर की उत्पत्ति, उसका देवताओं को त्रस्त करना तथा अंततः शिव के साथ युद्ध में उसके विनाश की कथा वर्णनों के विपुल संभार के साथ विन्यस्त है। प्रथम ग्यारह सर्गों में अंधकासुर के विनाश के लिये शिव का अपने मंत्रियों से परामर्श का ही प्रसंग पूरा हो पाता है। तृतीय सर्ग में छहों ऋतुओं का वर्णन है। बारहवें से २४वें सर्ग तक शिवगणों का विहार वर्णित है, जिसमें कवि को जलक्रीडा, चंद्रोदय, शृंगार, विरह, पानगोष्ठी आदि के निरूपण में अपना कवित्वकौशल दिखाने का अवसर मिल गया है। शिव के दूत कालमुसल का अंधकासुर के साथ संवाद भी कई सर्गों में चलता है। ३९वें सर्ग से ४९सर्ग तक के ग्यारह सर्गों में युद्ध का वर्णन है। पचासवें सर्ग में जा कर युद्ध अपनी परिणति पर है, ब्रह्मा, विष्णु, इंद्र आदि देवताओं को अंधक ध्वस्त कर चुका है। तब शिव उसका सामना करते हैं।

माघ के ही समान रत्नाकर सकलशास्त्रविशारद हैं। शिव के अंधक के साथ युद्ध करने से

पूर्व अपने गणों से मंत्रणा, कालमुसल और अंधक तथा उसके सहयोगियों बीच झड़प के प्रसंगों में उनका अर्थशास्त्र व नीति का ज्ञान विशद रूप में व्यक्त हुआ है। माघ अपने महाकाव्य को 'लक्ष्मीपतेश्चरितकीर्तनमात्रचारु' कहते हैं, तो हरविजय 'चन्द्रार्धचूडचरिताश्रयचारु' है। जिसप्रकार भारवि और माघ के महाकाव्यों में श्री: तथा लक्ष्मी शब्दों का सर्गांत में सर्वत्र प्रयोग है, उसी प्रकार हरविजय में रत्न शब्द का। काश्मीर में उस समय शैव तथा शाक्त दर्शनों की प्रतिष्ठा थी। रत्नाकर ने अपने महाकाव्य के षष्ठ सर्ग में २०० पद्यों में शिव की स्तुति निबद्ध की है, जिसमें प्रत्यभिज्ञा दर्शन (शैव दर्शन की एक शाखा) का निचोड़ भी प्रस्तुत कर दिया है। इसी प्रकार तथा ४७वें सर्ग में चंडिका की स्तुति में शाक्त दर्शन के सिद्धांतों का उन्होंने सूक्ष्मता से विवेचन कर दिया है।

काव्यकला

अलंकारों की छटा, पदलालित्य व चित्रकाव्य के चमत्कार तथा पांडित्य प्रदर्शन इन सभी दृष्टियों से रत्नाकर ने माघ से आगे जाने का प्रयास किया है। वक्रोक्ति, वैदग्ध्य और विच्छित्ति को उन्होंने कविता में पराकाष्ठा पर पहुँचा दिया है। उनकी उत्प्रेक्षाओं में मौलिकता है। उदाहरण के लिये प्रथम श्लोक द्रष्टव्य है—

कण्ठश्रियं कुवलयस्तवकाभिरामदामानुकारि विततच्छविकालकूटम्।
बिभ्रत् सुखानि दिशतादुपहारपीतधूपोत्थधूममलिनामिव धूर्जटिर्वः।।

कवि शिव के नीलकंठ का वर्णन करता हुआ कहता है कि उनके गले में दिखता गरल नीलकमल के गुच्छों से निर्मित माला का अनुकरण कर रहा है, साथ ही उससे तेज की किरणें भी फूट रही हैं। ऐसा लगता है कि भक्तों ने आहुतियों के द्वारा जो धूप अर्पित की, उसके धूम का पान कर लेने से भगवान् के गले में धूमरेखा की मलिनता आ गयी है।

कल्पना की उड़ान तथा उपमानों की प्रत्यग्रता के कारण रत्नाकर की कविता की अपनी पहचान है। उन्नीसवें सर्ग में सायंकाल का उनका यह वर्णन विराट् की अनुभूति कराने वाला है—

अस्ताचलावलम्बिरविबिम्बतयोदयाद्रि चूडोन्मिषत्सकलचन्द्रमया च सायम्।
सन्ध्याप्रनृत्तहरहस्तगृहीतकांस्यतालद्वयेन समलक्ष्यत नाकलक्ष्मीः।।

(१९.५)

(साँझ होने पर सूर्य का बिंब अस्ताचल पर जा लटका था, उदयाचल पर चंद्रमा का ऊपर का हिस्सा निकलता दिख रहा था। तब स्वर्ग की शोभा ऐसी लगने लगी, जैसे संध्या के समय शिव दोनों हाथों में काँसे के ताल लेकर नृत्त कर रहे हों।)

इस श्लोक में कल्पना के चमत्कार के आधार पर पंडितपरंपरा में कवि को तालरत्नाकर की उपाधि भी दी गई।

विदग्धता और वक्रोक्ति तथा कल्पना की विच्छित्ति प्रकट करने में रत्नाकर की कविता बेजोड़ है। कमलिनी सूर्य की प्रखर किरणों में तो विकसित रहती है और चंद्रमा की किरण के छूने पर मुरझाने लगती है— इस पर उनका कहना है—

स्पृष्टा न या दिनकरांशुभिरह्नि वह्नि गर्भैरपि क्वचन मम्लुरम्बुजिन्यः।
मम्लुस्तरां शशिकरैरपि ताः सुधार्द्रैरक्षुण्णवामचरिता बत पद्मनेत्राः।।

(२०।७०)

(सूर्य की आग बरसाती किरणों के छूने से भी जो कमलिनियाँ दिन में नहीं मुरझाईं, वे रात में चंद्रमा की अमृत से भीगी किरणों के छू जाने से ही मलिन हो गईं। कमलनयनों वाली– (कमलिनियाँ और सुंदर स्त्रियाँ) सदैव वाम या उल्टे चरित वाली ही होती हैं।)

यहाँ असंगति अलंकार की मार्मिकता को पद्मनेत्राः शब्द के श्लेष ने द्विगुणित कर दिया है।

वर्णों का विन्यास और अर्थ की छटा दोनों की वक्र भंगिमा रत्नाकर की कविता में अनूठी ही है। वर्ण्यविषय में अपने रंगों के विवेक के द्वारा वे नये रंग भर देते हैं। संध्या के वर्णन में उन्होंने कहा है—

सन्ध्याप्रवृत्तिरुधिरारुणसान्द्रधातुधूलिच्छटाकपिशिताम्बरदिग्विभागाः।
अध्यम्बुराशि गिरिपङ्क्तिरवन्यतप्तदध्यापतत् कुलिशताकुलिता दिनश्रीः।।

रत्नाकर प्रसादगुणसंपन्न सरस वैदर्भी रीति का जितनी सहजता से प्रयोग करते हैं, उतना ही ओजोगुण गाढबंध से समन्वित गौडी रीति का भी। शृंगार तथा वीर रसों की अभिव्यक्ति में उनकी कविताधारा समान रूप से प्रवाहित है। भक्ति की तरंगिणी भी इसमें त्रिवेणी रचती है। सैंतालीसवें सर्ग में चंडिका की स्तुति अत्यंत भावपूर्ण है। दो उदाहरण द्रष्टव्य हैं –

इति तव गुणवादतः किलास्माज्जननि यदर्जितं पुण्यजातम्।
प्रतिसमयमियं त्वदङ्घ्रिपूजानिरतफला त्वयि तेन नोऽस्तु भक्तिः।।

प्रशमय महामोहातङ्कं विधत्स्व सुनिर्मलां
दृशमनुदिनं कूटीभूतं तिरस्कुरु किल्बिषम्।
विघटय दृढान् पाशग्रन्थीन् भवव्यतिषङ्गिनो
न तव विफला पादाम्भोजस्मृतिः प्रणतात्मनाम्।।

(४७.१६७-६८)

कवि रत्नाकर ने अनेक ऐसे शब्दों का प्रयोग किया है, जो उस समय कश्मीरी भाषा में प्रचलित रहे होंगें, जैसे — वासतेयी (रात्रि) , कासर (महिष) , कुलि (चिड़िया), निशांत (घर), रसायु (मृग), एकपिंगल (कुबेर), तालूर (जलावर्त), झरक (तृणमय पुरुष), आकरवी (कलिका) आदि। इनके प्रयोग से हरविजय में दुरूहता प्रतीत होती है। झाङ्कार, टाङ्कार आदि अनुरणनपरक शब्दों के प्रयोग में कवि की रुचि है।

रत्नाकर को अपनी काव्यगत उपलब्धियों पर गर्व है। गर्वोक्ति को भी वे एक अलंकार बना कर प्रस्तुत कर के पंडितराज जगन्नाथ की गर्वोक्तियों का पूर्वरूप प्रस्तुत कर देते हैं—

ललितमधुराः सालङ्काराः प्रसादमनोरमा
विकटयमकश्लेषोद्गारप्रबन्धनिरर्गलाः।
असदृशगताश्चित्रे मार्गे ममोद्गिरतो गिरो
न खलु नृपतेश्चेतो वाचस्पतेरपि शङ्कते।।

(ललित और मधुर, अलंकार से युक्त, प्रसाद गुण के कारण मनोरम, विकट यमक और श्लेष के विन्यास वाले प्रबंधों में निरर्गल, अप्रतिम गति वाली वाणी को चित्र मार्ग में मेरे द्वारा व्यक्त करते होने पर कहीं नृपति वाचस्पति या बृहस्पति का चित्त भी तो शंकित नहीं हो जाता?)

वे यह भी कहते है कि उनकी रचना के पाठ से शिशु भी कवि बन सकता है और कवि महाकवि। हरविजय के प्रशस्तिपद्यों में उन्होंने स्वयं को षड्भाषानिपुण बताते हुए अपनी तुलना बाणभट्ट से की है।

छंदोयोजना

रत्नाकर ने हरविजय में विविध छंदों का प्रयोग किया है, पर हरविजय से एक पद्य (१.२) उद्धृत करते हुए क्षेमेंद्र ने उनकी वसंततिलका की सराहना की है।

रत्नाकर पर माघ का प्रभाव

तृतीय सर्ग में ऋतुवर्णन में माघ के ही समान यमक के प्रयोग में कवि ने प्रवीणता का प्रदर्शन किया है। जर्मन विद्वान् जाकोबी ने १८९० में प्रकाशित अपने लेख में विस्तृत अध्ययन के द्वारा प्रदर्शित किया है कि रत्नाकर ने किस प्रकार माघ से स्पर्धा करते हुए यमक के प्रयोग में उनका अनुकरण किया है। कतिपय उदाहरण प्रस्तुत हैं—

अथ समन्थगिरौ सकर्तुभिर्निजनिजप्रसवोज्ज्वलया श्रिया।
सममसेवि कदाचिदुपाश्रितो गिरिजयारिजयानघदोर्द्रुमः।।

(हरविजय, ३.१)

(गिरिजा शिव के वृक्षसदृश शत्रुजय करने वाली भुजाओं का सहारा लिये हुए थीं, तब मंथ पर्वत पर सभी ऋतुएँ अपने अपने उज्ज्वल पुष्पों की शोभा के साथ उनकी सेवा में उपस्थित हो गईं।)

रत्नाकर ने यहाँ शिशुपाववध के इस पद्य से प्रभाव ग्रहण किया है—

अथ रिरंसुमिमं युगपद् गिरौ कृतयथास्वतरुप्रसवश्रिया।
ऋतुगणेन निषेवितुमादधे भुवि पदं विपदन्तकरं सताम्।।

(६.१)

वसंतवर्णन में रत्नाकर कहते हैं—

मधुपराजिपराजितमानिनीजनमनःसुमनःसुरभिश्रियम्।
अभृतवारितवारिजविप्लवं स्फुटितताम्रतताम्रवणं जगत्।।

(३.२)

(वसंत में यह संसार ऐसा हो गया कि मानिनी जनों के मन सुमनों से पराजित किये जा रहे थे, जहाँ आम के वृक्षों पर मंजरियाँ फूटती हुई ताम्र आभा प्रकट कर रही थीं, वसंत का आविर्भाव हुआ जिसने वारिजविप्लव (कमल के फूलों पर तुषार के होने वाले उत्पात) को निवारित कर दिया।)

यह पद्य माघ से सुप्रसिद्ध वसंत वर्णन पर आधारित है—

नवपलाशपलाशवनं पुरः स्फुटपरागपरागतपङ्कजम्।
मृदुलतान्तलतान्तमलोकयत् स सुरभिं सुरभिं सुमनोहरैः।।

(६।२)

कश्मीर के आचार्यों ने कदाचित् रत्नाकर को माघजयी मान लिया था, इसीलिये मम्मट ने काव्यप्रकाश में यमक के उदाहरण में माघ (६.२) के स्थान पर रत्नाकर (३.२) को ही उद्धृत किया है। इसमें कोई संदेह नहीं कि रत्नाकर ने माघ का अनुकरण कर के यमक काव्य को सहज साध्य बना कर अपना लिया है। एक अन्य उदाहरण से यमक के प्रति उनका अभिनिवेश और भी स्पष्ट किया जा सकता है।

मधुरजृम्भणविभ्रममाधवीमधुरसारसमपानमदोत्कटाः।
मधुलिहो व्यथयन्तु मलीमसाः स्मरसहारसहासवतीः स्त्रियः।।

(३.१०)

(ये मलीमस या मलिन मति वाले माधवीलता के खिले पुष्पों के मधुरसासव के पान से मदमत्त हुए भौंरे स्मर या काम के रस से भरी प्रमदाओं को व्यथित करते रहें।)

यह पद्य रत्नाकर ने माघ के इस पद्य से प्रेरित होकर रचा है—

मधुरया मधुबोधितमाधवीमधुसमृद्धिसमेधितमेधया।
मधुकराङ्गनया मुहुरुन्मदध्वनिभृता निभृताक्षरमुज्जगे।।

(६।२०)

रत्नाकर की शैवभक्ति तथा शैवदर्शनानुयायिता

रत्नाकर ने अपने महाकाव्य में भक्तिप्रवण होकर शिव की स्तुति की है, उसमें दर्शन, भक्ति और संवेदना की अटूट धारा प्रवहमाण है। उदाहरणार्थ -

अवितर्कमस्थिरविचारगोचरं सुखवेदनोज्झितमनस्वितान्वयम्।
अभिगम्य शङ्कर समाधिमिच्छया तव जातु नैव भजते भ्रमं पुमान्।।

(६।२७)

(हे शंकर, जो वितर्क से परे है, अस्थिर विचार का विषय नहीं बन सकती, सुख की वेदना से रहित है, मनस्विता से अन्वित है, आपके साथ ऐसी समाधि या सायुज्य को स्वेच्छा से प्राप्त कर के मनुष्य फिर भ्रम में नहीं पड़ता।)

सूक्तियाँ

हरविजय में जीवनमर्म का उद्घाटन करने वाली बहुसंख्य सरस सूक्तियों का समावेश है। उदाहरणार्थ—

भावानुरक्तहृदयः कुरुते न किं वा? (४।३)

(भाव से अनुरक्त हृदय वाला क्या नहीं कर सकता?)

प्रेक्षावतां जगति तत्र यदस्त्यसाध्यम्। (९।७५)

(समझदार लोगों के लिये संसार में कुछ भी असाध्य नहीं है।)

सर्वोऽनुभावगरिमा स मुखानिलस्य शब्दायते श्रुतिसुखं यदतीव वेणुः।

(१०।१२)

यह तो मुँह से दी गयी फूँक की महिमा है कि बाँस की बाँसुरी कानों को मीठा लगने वाला शब्द करने लगती है।

उत्पद्यते जगति कोऽपि स एक एव
यस्योक्तिषु स्फुरति सर्वमनोरमोऽर्थः।।

(११।१०)

ऐसा कोई विरला ही संसार में जन्म लेता है, जिसकी हर बात में सबको रमाने वाला अर्थ समाया रहे।

न रत्नदीपस्य शिखा सकज्जला। (१२।९३)

रत्न के दिये की लौ से काजल नहीं झरता।

अतोऽत्र युक्तो नय एव सङ्कटे जलप्लवे सेतुरिवोत्तितीर्षताम्।

(१२।५४)

(संकट के समय पार जाना चाहने वालों के लिये नीति ही जल के पूर में सेतु के समान काम आती है।)

सङ्कटेष्वधिकमेव धीमतां विस्फुरन्ति ननु मन्त्रशक्तयः।।

(१४।२८)

(जितना बड़ा संकट हो, बुद्धिमान् व्यक्तियों की मंत्रणाशक्ति उतनी की प्रभावपूर्ण बन कर सामने आती है।)

प्रेमाहो क्वचिदपि नेक्षते व्यपायम्। (१७।१२) प्रेम संकट की परवाह नहीं करता।

नैवार्या लघुनि पदे भवन्ति धीराः। (१७।५०) श्रेष्ठ व्यक्ति नीच कार्य नहीं करते।

भग्नानां पुनरुक्त एव भङ्गः। (१७।५२)- टूटे हुए को तोड़ना पुनरुक्ति मात्र है।

नो कार्ये क्वचन भवन्ति दीर्घसूत्राः। (१७।५९) निठल्ले लोग किसी काम में सफल नहीं हो पाते।

नौत्सुक्यं व्रजति हि रम्यदर्शनात् कः? (१७।८५) सुंदर वस्तु या व्यक्ति को देखकर कौन उत्सुक नहीं हो जाता?

आरूढो विनिपततीति नात्र चित्रम्। (जो चढ़ा है, वह गिरेगा ही - इसमें कोई आश्चर्य नहीं।)

सन्तः परार्थघटने नहि विघ्ननिघ्नाः। (२०।४२) (सज्जन लोग दूसरे का काम साधने में विघ्नों से अटकते नहीं हैं।)

अत्यन्तवक्रहृदयात् बत कस्य शान्तिः? (२९।५७) अत्यंत कुटिल हृदयवाले से भला किसे शांति मिलेगी?

पारंपरिक समीक्षा तथा टीकाएँ

क्षेमेंद्र ने अपने सुवृत्ततिलक में कवि रत्नाकर की वसंततिलका की प्रशंसा की है। क्षेमेद्र कहते हैं —

वसन्ततिलका रूढा वाग्वल्ली गाढसङ्गिनी।
रत्नाकरस्योत्कलिका चकास्त्याननकानने।।

परंपरा में रत्नाकर को माघ के प्रतिस्पर्धी तथा माघविजयी के रूप में भी देखा जाता रहा है। इस संदर्भ में अलंकारविमर्श में रत्नाकर की प्रशंसा करते हुए कहा गया है–

माघः शिशुपालवधं विदधत् कविमदवधं विदधे।
रत्नाकरः स्वविजयं हरविजयं वर्णयन् व्यवृणोत्।।

सूक्ति संग्रहों में हरविजय के अनेक पद्य उद्धृत मिलते हैं, जिससे यह सिद्ध है कि प्राचीन

काल में इस महाकाव्य को बड़ी प्रतिष्ठा मिली थी। काव्यशास्त्र के आचार्यों में मम्मट ने रत्नाकर के कई पद्य उद्धृत किये हैं। राजशेखर ने रत्नाकर की काव्यकला की सराहना करते हुए कहा है—

मा स्म सन्तु हि चत्वारः प्रायो रत्नाकरा इमे।
इतीव सत्कृतो धात्रा कवी रत्नाकरोऽपरः।।

(संसार में चार ही रत्नाकर या समुद्र क्यों हों, यह सोच कर विधाता ने यह एक और (पाँचवाँ) कवि रत्नाकर उत्पन्न कर दिया) राजशेखर का आशय यह है कि रत्नाकर का काव्य रत्नाकर या सागर के समान ही गंभीर है।

रत्नाकर के हरविजय पर १०००ई० के आसपास कश्मीर के विद्वान् राजानक अलक ने विषमपदोद्योतिनी नाम से टीका लिखी थी। कृष्णामाचारी ने अपने इतिहास में हरविजय पर वल्लभदेव के द्वारा लिखित टीका का भी उल्लेख किया है, पर यह टीका मिलती नहीं है। प्रो० स्टाइन ने हरविजय पर एक अन्य टीका लघुपंजिका का उल्लेख किया है। लघुपंजिका के प्रणेता कश्मीर के निवासी शंकरकंठ के पुत्र रत्नकंठ हैं तथा रचनाकाल १६८१ई० है।

आधुनिक विद्वानों में डेविड स्मिथ का हरविजय पर कार्य उल्लेखनीय है।[४०]

शिवस्वामी : कप्फिणाभ्युदय

परिचय

शिवस्वामी कश्मीर के निवासी थे। इनका उल्लेख ऊपर रत्नाकर के संदर्भ में किया गया है। इनका समय भी ८००ई० से ८५०ई० के आसपास माना जा सकता है। वे राजा अवंतिवर्मा के शासनकाल में आनंदवर्धन आदि के समकालीन थे। इस विषय में राजतरंगिणी में कल्हण की उक्ति रत्नाकर के संदर्भ में ऊपर उद्धृत की गई है।

शिवस्वामी के पिता का नाम अर्कस्वामी था। ये शैव थे, पर चंद्रमित्र नामक बौद्ध आचार्य की प्रेरणा से इन्होंने अवदानशतक में वर्णित राजा कप्फिण के बौद्ध धर्म में दीक्षित होने की कथा को लेकर महाकाव्य लिखा। शिवस्वामी ने सात महाकाव्यों, अनेक नाटकों तथा स्तोत्रों की रचना की थी, जिनमें से केवल कप्फिणाभ्युदय ही प्राप्त होता है। सुभाषितसंग्रहकारों में जल्हण तथा वल्लभदेव को निश्चय ही उनकी अन्य रचनाएँ उपलब्ध रही होंगी, क्योंकि इन्होंने अपने संकलनों में शिवस्वामी के नाम से ऐसे कई पद्य उद्धृत किये हैं, जो कप्फिणाभ्युदय में नहीं मिलते।

काव्य की पुष्पिका में शिवस्वामी ने सूचित किया है कि उन्होंने अनेक कथाओं का अध्ययन किया था। उन्होंने अपने आप को चित्रकाव्य में निपुण भी बताया है, तथा सूचित किया है कि यमककवि के रूप में उनकी प्रशंसा की जाती रही है। दूसरी ओर वे स्वयं को

कालिदास, भर्तृमेंठ तथा दंडी के पथ का अनुयायी भी कहते हैं।

विदितबहुकथार्थश्चित्रकाव्योपदेष्टा यमककविरगम्यश्चारुसन्दानभाणी।
अनुकृतरघुकारोभ्यस्तमेण्ठप्रचारो जयति कविरुदारो दण्डिदण्डः शिवाङ्कः।।

विषयवस्तु

कप्फिणाभ्युदय महाकाव्य में २० सर्ग हैं। कथावस्तु की तथा वर्ण्यविषयों की योजना में शिवस्वामी ने भारवि तथा माघ के महाकाव्यों का अनुकरण किया है। दक्षिण के राजा कप्फिण का श्रावस्ती के राजा प्रसेनजित् से विरोध है। अंत में राजा कप्फिण को बुद्ध की धर्मशक्ति के सामने झुकना पड़ता है, और वह युद्ध बंद कर के उनसे दीक्षा ग्रहण करता है। भारवि के किरातार्जुनीय में एक गुप्तचर युधिष्ठिर को दुर्योधन के समाचार देता है उसी प्रकार यहाँ एक गुप्तचर प्रसेनजित् के लोकप्रिय शासन का वृत्तांत राजा कप्फिण को सुनाता है। तीसरे सर्ग में राजा कप्फिण प्रसेनजित् से लोहा लेने के लिये युद्धपरिषद् आमंत्रित करता है। चौथे सर्ग में वह प्रसेनजित के पास अपना दूत भेजता है। षष्ठ सर्ग से षोडश सर्ग तक मलयपर्वत यात्रा, सैन्यनिवेश, षड्ऋतुवर्णन, पुष्पावचय, जलक्रीडा, सूर्यास्त, चंद्रोदय, पानगोष्ठी, अभिसार व मिलन, प्रात:काल तथा सैन्यप्रयाण - ये विषय विस्तार से अलंकृत शैली में निरूपित हैं। सत्रहवें सर्ग से उन्नीसवें सर्ग तक कप्फिण और प्रसेनजित् के संग्राम का वर्णन है और अंत में बीसवें सर्ग में कप्फिण के बौद्ध धर्म में दीक्षा लेने के वृत्तांत के साथ महाकाव्य समाप्त होता है।

काव्यकला

कप्फिणाभ्युदय महाकाव्य का अंगी रस शांत है। वर्णन कला में शिवस्वामी माघ और रत्नाकर से होड़ लेते हैं। आरंभ में विंध्य के अंचल में लीलावती नगरी तथा उसके शासक राजा कप्फिण का वर्णन भव्य तथा उदात्त अलंकार से समन्वित है। कप्फिण और प्रसेनजित् के बीच हुए युद्ध के वर्णन में वीर रस को अभिव्यक्ति मिली है। शिवस्वामी की शैली प्रसाद गुण से संपन्न वैदर्भी रीति का उत्कृष्ट उदाहरण प्रस्तुत करती है। सुंदर सूक्तियों तथा प्रेरणाप्रद वचनों का उसें मणिकांचन योग हुआ है। उदाहरणार्थ—

भवन्ति ते भाजनमर्थसम्पदां, विदन्ति ये भृत्यजनानुरञ्जनम्।

(१६।२०)

(जो अपने भृत्यों का मन रखना जानते हैं, वे अर्थसंपदा के पात्र बनते हैं।)

विपत्तयो ह्युत्तरपण्डितं नरं त्यजन्ति सिंहं हरिणाङ्गना इव।

(२।३४)

(प्रत्युत्पन्न बुद्धि वाले मनुष्य को विपत्तियाँ उसी प्रकार छोड़कर चली जाती हैं, जैसे हरिणियाँ सिंह को।)

तत् सौन्दर्यं यत् साधुगुणाविष्टमदीनं तृप्यन्त्युच्चैर्येन चक्षूंषि जनानाम्।।

(७।३७)

(सौंदर्य वही है, जो श्रेष्ठ गुणों से युक्त और दीनता से रहित हो, और जिससे लोगों की पूरी तरह आँखें तृप्त हो जायें।)

भाषाशैली की दृष्टि से कप्फिणाभ्युदय महाकाव्य की एक स्पृहणीय विशेषता बौद्ध धर्म से संबद्ध पदावली का सहज ग्रहण है। विशेष रूप से बीसवें सर्ग में अवदानशतक से शब्दावली का कवि ने प्रचुर मात्रा में ग्रहण किया है। हेतुमाला, छिन्नप्लोतिक, नडागार, शास्तुः शासने, पारिपूरिः, षाडायतन्यम्, पौनर्भविष्यति आदि शब्द अवदानशतक की पारिभाषिक पदावली से ग्रहण किये गये हैं।

संदेश

शिवस्वामी स्वयं शैव थे, पर उन्होंने बौद्ध धर्म और बुद्ध के संदेश में इस महाकाव्य के द्वारा अपनी आस्था व्यक्त की है। इस प्रकार यह महाकाव्य धार्मिक और सांस्कृतिक समन्वय के भाव का उत्तम उदाहरण है तथा धार्मिक वैमनस्य और हिंसा को दूर करने के लिये प्रेरित करता है। बौद्ध धर्म के संदेश को कवि ने अपनी परंपरा में अन्वित कर के प्रेरणाप्रद तथा सारग्राही रूप में व्यक्त किया है। एक श्लोक में ही उसके इस अभिनिवेश की झलक पायी जा सकती है—

धर्मे श्रद्धा सम्मतिः सत्यसारे दाने दार्ढ्यं सम्प्रदानं दयायाम्।
क्षान्तौ क्षोदः प्रेम पुण्ये दमे दृग् येषां मुक्तास्ते गृहस्थाश्रमेऽपि।।

(२०।३८)

(जिनकी धर्म में श्रद्धा है, सत्य के सार में सन्मति है, दान में दृढ़ता है, दया करने में संप्रदान है, सहनशीलता में मन लगा है, पुण्य में प्रीति है, दम में दृष्टि है वे गृहस्थाश्रम में रह कर भी मुक्त हैं।)

सुशीकुमार डे शिवस्वामी की कविता की कृत्रिमता के लिये कटु आलोचना की है, तथा इस दृष्टि से उन्हें भट्टि, माघ और रत्नाकर से तुलनीय माना है।[४१]

शिवस्वामी का महाकाव्य इन सब महाकाव्यों से इस अर्थ में भिन्न व विलक्षण है कि उसमें नायक की विजय युद्ध के द्वारा नहीं, अपितु धर्म के द्वारा निरूपित है। शिवस्वामी ने महाकाव्य का नया प्रतिमान निर्मित करते हुए उसमें युद्धवीररस की अंगी (प्रधान) के रूप में स्थिति को धर्मवीररस के अंगीभाव में परिणत कर दिया है।

काव्य में उन्नीसवें और बींसवें सर्गों में प्राकृत भाषा में बुद्ध की स्तुति तथा संस्कृत में बुद्ध के उपदेश के द्वारा शिवस्वामी ने महाकाव्य के संदेश को स्पष्ट कर दिया है।

शिवस्वामी ने उत्प्रेक्षाएँ वाल्मीकि, कालिदास जैसे प्राचीन महाकवियों से लेकर उनमें अपनी कल्पना की तूलिका से नये रंग भर दिये हैं। प्रथम सर्ग में ही कप्फिण की राजधानी के वर्णन में वे कहते हैं—

उत्सङ्गिनीभिरवतंसपताकिकाभिर्बन्धं व्यधादिव दिवि व्रणपट्टिकाभिः।

(१.३)

(वह नगरी आकाश को छूती अपनी पताकाओं के द्वारा मानों स्वर्ग में घावों पर पट्टियाँ बाँध रही थीं)

यहाँ वाल्मीकि के श्लोक **सन्ध्यारागोत्थितैस्ताम्रैः...बद्धव्रणमिवाम्बरम्।।**

में कवि ने अम्बर के स्थान पर दिवि शब्द लाकर कल्पना का चमत्कार उत्पन्न कर दिया है। इसी प्रकार वाल्मीकि ने 'गगनं गगनाकारं सागरः सागरोपमः' इस अनन्वय अलंकार का सुंदर प्रयोग किया है। शिवस्वामी ने भी अपने नगरवर्णन में आकाश व सागर दोनों का साम्मुख्य करा दिया है—

यत्रान्वकारि चलचीनजवैजयन्ती विन्यासशारिशिखरैर्भृशमिन्द्रनीलैः
ओकोभिराकुलमरुद्दलितद्युसिन्धु विक्षिप्तवीचिवलयस्य विहायसः श्रीः।।

(जिस नगरी में फहराते हुए चीनांशुकों की वैजयंतियों के विन्यास से युक्त शिखरों वाले इंद्रनीलमणि से जड़े भवनों ने आकाश की उस लक्ष्मी का बहुत अनुवर्तन किया जिसकी द्युसिंधु या आकाशगंगा में आँधी से लहरें ऊपर उठ रहीं हों।)

कालिदास ने कैलासपर्वत के लिये कहा है— राशीभूतः प्रतिदिनमिव त्र्यम्बकस्याट्टहासः। शिवस्वामी ने इस बिंब को भी कालिदास से लेकर उसे और चटकीला बनाते हुए कहा है—

स्फारस्फुटस्फटिककूटकुटीर्निविष्टनीलाश्मनिर्मितगवाक्षमरीचिमिश्राः।
या कालकण्ठरुचिशङ्करशङ्कराट्टहासच्छटाच्छपटलप्रतिमा बभार।।

(१.११)

(उस लीलावती नगरी में स्फटिक से विनिर्मित भवनों की कतारें, जिनमें नीलम से बने गवाक्षों से आती किरणें गिरतीं, तो उनसे वह नगरी काले कंठ की कांति वाले शिवंकर शंकर के अट्टहास की छटाओं के पटलों को जैसे धारण करती लगती।)

पंद्रहवें सर्ग में शिवस्वामी ने प्रातःकाल के वर्णन में दिन को ऐसा रजक (रंगरेज) बना दिया है, जो अंबर (आकाश,वस्त्र) को ज्योत्स्ना के जल से धोता है, फिर काष्ठाओं के काष्ठ जला कर उनकी आग पर उसे उबालते हुए संध्या के रंगों में रंगता है—

आनीतस्यावतमसमलैर्मांसलैर्विप्रलम्भं
ज्योत्स्नाजाले जल इव शुचिन्यादितो मज्जयित्वा।

काष्ठासङ्गज्वलनत इव क्वाथ्यमानं कषायं
सन्ध्यारागं दिवसरजकः कल्पयत्यम्बरस्य।।

(१५.२३)

बाण, माघ और रत्नाकर के काव्य के समान कप्फिणाभ्युदय में रंगों की सतरंगी आभाएँ कई प्रसंगों में बिखरती और निखरती हैं। कप्फिण के शत्रुओं के भवन उनके ऊपर उड़ने वाले कबूतरों के कारण त्रिपुंडधारी साधु बन जाते हैं—

अग्राहि नीव्रजविजर्जरकक्षकूटजूटैर्घटाघटितकाककुलाक्षमालैः।
दीक्षेव विक्षतविटङ्ककुटीकपोतभस्मत्रिपुण्डकधरैर्यदरातिसौधैः।।

(१.३०)

इस पद्य में भवनों की जर्जर छतों को साधुओं के जटाजूट बना दिया गया है, उनमें घुसे हुए काकुल या कौवों के झुंड उनकी रुद्राक्ष मालाएँ हो जाते हैं, इस तरह वे भवन संन्यास में दीक्षित साधुओं जैसे दिखते हैं। अन्यत्र कवि ने इन भवनों के निवासी शत्रुओं को ग्रीष्मावसान के दिन बना दिया है, जो सिकुड़ रहे हैं—

तेजस्वितविरहिणो लघिमानमेत्य जाड्यं श्रिताः प्रशमितायतयोधिदोषाः।
ग्रीष्मावसानदिवसा इव यस्य लोके सङ्कोचमीयुररयः परिहीयमानाः।।

(१.४०)

यहाँ तेजस्विताविरहिणः, लघिमानमेत्य (छोटे होकर), परिहायमाणाः (सिकुड़ते हुए) जाड्यं श्रिताः (जड़ बनते जा रहे, शीतल होते जा रहे), प्रशमितायतयोधिदोषाः (वर्षा में होने वाले रोगों से रहित, युद्ध के दोषों से रहित) – इन पदों में अर्थश्लेष सहज ही सध गया है।

दूसरी ओर शिवस्वामी अकृत्रिम ग्रामजीवन के सहज स्वरूप को स्वभावोक्तियों के द्वारा उन्मीलित करने में भी दक्ष हैं।

गोपीहस्तैः स्तनमुखरसश्लेषितच्यावितास्या-
तर्षात् क्षीरस्रुतितितिमथोत्कर्णमाकर्णयन्तः।
गोभिर्लीढाजठरककुदाः सम्प्रतीक्षन्त एते
घोणास्वादोल्लसितरसनास्तर्णका दोहनिष्ठाम्।।

(१५.२६)

इस पद्य में ग्वालिनें किस तरह गायों के थनों में मुँह मारते बछड़ों को उनसे छुड़ाती हैं, दुहे जाते समय दूध के बर्तन में गिरने की ध्वनि को ये बछड़े किस तरह तृषा के साथ कान उठा कर सुनते हैं, गायें किस तरह उन्हें चाट रही हैं, उनकी थूथन की छुअन से किस तरह उनकी जिह्वाएँ उल्लसित होती हैं – यह मनोहारी दृश्य चित्र की तरह शब्दों से कवि ने अंकित कर दिया है।

इसी तरह गोपियों के द्वारा दधि मथने का यह दृश्य है—

नेत्राकृष्टिव्यतिकरचलद्दण्डदष्टाङ्गुलीनां
चक्राच्छोटोच्छलितकलशीशीकरार्द्राम्बराणाम्।
भुग्नाभुग्नभ्रमिभुजलताभङ्गिभिन्नस्तनीनां
मन्थे कुन्थद्दधनि हरते वेल्लितं वल्लवीनाम्।।

(१५. २७)

(मथने की रस्सी को खींचने से चलती मथनी के डंडे में जकड़ी अंगुलियों वाली, मथानी के चक्र के घुमाव से कलशी के बाहर उछलती बूँदों से आर्द्र वस्त्रों वाली, झुक झुक जाती तेजी से घूमती भुज लताओं की भंगिमा से झलक उठे उरोजों वाली गोपियों के खलबलाते दही को मथने की यह हलचल मन को हरने वाली है।)

इसी प्रकार मंदुरा के अश्व (७.२९), गर्व से मूँछ मरोड़ते क्षत्रिय (५.९,१०) इन सब के चित्र कप्फिणाभ्युदय में चित्ताकर्षक हैं। प्रसेनजित की कोसल नगरी शतक्रतुपरीत है, अप्सरोमती है, तो वह भूदर्पण में अमरावती का प्रतिबिंब लगती है।

भाषा पर अपने असाधारण अधिकार के साथ शिवस्वामी नये मुहावरे गढ़ने तथा प्रौढ़ उक्तियों की माला पिरोने में भी दक्ष हैं। अर्थान्तरन्यास व निदर्शना के विनिवेश से वे अपनी उक्ति को प्रभविष्णु बनाते हैं। उदाहरणार्थ—

कोऽलं व्योमाङ्गुलैर्मातुं मल्लः को मितयेऽम्बुधेः।
अतिप्रमाश्चमूस्तस्य कोऽवधारयितुं क्षमः।।

(१६.७६)

(आकाश को भला कौन अंगुलि से माप सकता है, सागर की थाह लेने में कौन मल्ल है। इसी प्रकार उस राजा की असीम सेना को कौन जान सकता है?)

प्रतीपमाप प्रणिधिः प्रजापतिम्।। (२.१)

(प्रणिधि या गुप्तचर प्रजापति के प्रति पहुँचा।)

करपट्टचपेटपिट्टनैर्भवनस्तम्भवपूंषि पिंषति।। (५.८)

(वह करपट्ट (हथेली) के तमाचे की चपेट से भवन के खंभों को पीस देता था।)

जैसे अनुप्रासिक पदावली तो कहीं 'भृङ्गौघः पुर इव स्फुरन्नलस्य'(३.२६) - जैसी अभिव्यक्तियों में दुर्लभ शब्दावली शिवस्वामी के काव्य को अनोखी संपन्नता प्रदान करती है। पलिक्नी (७.१८), वैवधिक, वीवध (७.२०), मणन्ती (१०.९), महेलाः (१०.११), रथकड्या (१७.१२), तिल्लित, तरग (१७.३४) आदि अप्रचलित शब्दों के प्रयोग के कारण उनका काव्य भाषाशास्त्रीय दृष्टि से अध्ययन की दुर्लभ सामग्री सँजोये हुए है। परिवार शब्द का उन्होंने म्यान के अर्थ में प्रयोग किया है (१६.६९)।

सूक्तियाँ

शिवस्वामी दर्शन व चिंतन के प्रति अपने रुझान के कारण जीवन के मर्म को उघाड़ने वाली सूक्तियों को अपने काव्य में बीच बीच में गूँथते है। कतिपय उदाहरण प्रस्तुत हैं—

स्थाप्यमानोऽपि पथ्यार्थेऽनार्यः कालुष्यमश्नुते।
परिवारे चिरन्यस्तः स्पृशति श्यामिकामसिः।। (१६.६९)

(पथ्य अर्थ अर्थात् हितकर काम में लगाया जाने पर भी अनार्य या नीच व्यक्ति अपनी कलुषता को नहीं छोड़ता। जैसे बहुत समय तक म्यान में रखी तलवार जंग खा जाती है।)

प्रीतेः फलं खलु परस्परगेहगोष्ठ्यः।। (५.५०)

घर में होने वाली परस्पर गोष्ठियाँ प्रेम का फल होती हैं।

गिरः सुहृत्सौख्यफलानि वाग्मिनाम्।। (६.११)

(वाग्मियों की वाणी मित्रों के सुख का फल होती है।)

पांडित्य

शिवस्वामी का विविध शास्त्रों का ज्ञान माघ के समान है। नाट्यशास्त्र व संगीत की पदावली से उनका कितना अच्छा परिचय है, यह इन पद्यों में देखा जा सकता है—

अभङ्गुरग्रामममपाश्रितश्रुति स्वरेषु सम्मूर्च्छितमूर्च्छनोच्छ्रिति।
कलाप्रवीणैरुपवीणयद्भिरित्युपास्यमानं कुशलैः कुशीलवैः।। (२.१६)

यहाँ ग्राम, श्रुति, कुशीलवों से सम्मूर्च्छित मूर्च्छना, कला आदि संगीतशास्त्र के पारिभाषिक शब्दों का प्रयोग है।

प्रस्तुते प्रसृतरौद्ररसार्द्रे क्षत्रसंहरणनाटकनाट्ये।
पूर्वमन्तकनटो रणरङ्गे बाणकुन्तकुसुमाञ्जलिरास्थात्।। (१७.२६)

जिस प्रकार नाटक के पहले पूर्वरंग किया जाता है, उसी तरह रौद्र रस के भरे हुए क्षत्रियों से संहार रूपी नाट्य के पहले मृत्यु ने बाणों और भावों से कुसुमांजलि अर्पित की – यह कहते हुए कवि ने यहाँ पूर्वरंग में की जाने वाली कुसुमांजलि को उपमान बना दिया है।

प्रसेनजित् की ओर से युद्ध करने वाले वीर कंदु के कराल क्रोध का चित्रण चित्त में ओजस्विता का संचार करने वाला है —

कन्दोरमन्दं पस्पन्दे काये कालक्रुधा भुजः।
कलयन् कालियस्याभां कालिन्दीह्रदसादिनः।। (१६.९३)

यहाँ कालिंदी या यमुना के भीतर रहने वाले कालिय को कन्दु नामक राजा के लिये उपमान बनाकर ककार के अनुप्रास का चमत्कारपूर्ण प्रयोग किया गया है।

संरम्भभ्रुकुटिचलभ्रु बभ्रुभासां क्रोधेन प्रसभमम्भि भूपतीनाम्।।

(३.१)

लोकानां तदिह झषध्वजं दिधक्षोः त्रैयक्षे वपुषि लुलोकिषां लुलाव।।

(३.१३)

लुलोकिषां लुलाव की सानुप्रासिक पदावली के साथ यहाँ झषध्वज या कामदेव को जलाने को तत्पर त्रिनयन शंकर का बिंब युद्ध की भयावहता का बोध कराता है।

भारवि का प्रभाव

शिवस्वामी के काव्य का विरल पक्ष यह भी है कि रत्नाकर जहाँ माघ से बहुत प्रभावित लगते हैं, शिवस्वामी ने भारवि जैसे मनस्वी व अर्थगरिमा के कवि से साक्षात् प्रभाव ग्रहण किया। उनके काव्य का द्वितीय सर्ग विमर्श व मंत्रणा का निदर्शन हैं, जहाँ भारवि शिवस्वामी के मानस में विराजमान लगते हैं। कतिपय उदाहरणों से स्पष्ट होगा कि किस तरह किरातार्जुनीय की गंभीर अर्थगौरवमयी वाणी कप्फिणाभ्युदय की काव्याभ्युदयसाधिका बनी है

भवन्ति ते भाजनमर्थसम्पदां विदन्ति ये भृत्यजनानुरञ्जनम्।।

(२.२०)

धियैव निर्णीतनिगूढकर्मणां भवादृशां पार्थिववेद्यमस्ति किम्।
असौ ममापत्रपता ततोऽपि यन् नयामि वाचः पुनरुक्तवाच्यताम्।।

(२.२३)

चौथे और पाँचवे सर्ग में सुबाहु और भीष्मक के बीच के वार्तालाप में भी किरातार्जुनीय के द्रौपदी और भीष्म के संवादों के प्रतिबिंब झलकते हैं। उदाहरणार्थ किरातार्जुनीयम् में द्रौपदी कहती है—

तथापि वक्तुं व्यवसाययन्ति मां निरस्तनारीसमया दुराधयः।

तो इसकी अनुगूँज में अपना स्वर भरते गुए भीष्मक का कथन है—

मुखरीकुरुते बलेन मां नृपतिप्रेमणि सम्मता मतिः।।

(५.१८)

वस्तुतः भारवि को मानस में रख कर अनेक सुंदर सूक्तियाँ शिवस्वामी ने अपने काव्य में गूँथीं हैं, जिसमें दो महाकवियों का काव्यसंवाद देखा जा सकता है। उदाहरणार्थ—

स सखा सुखदुःखयोः समो विजयी शौर्यभुजः प्रजाभुजः।
अहितान् विनिहन्ति यन्मतैर्युधि शस्त्रैरिव शास्त्रसंस्कृतैः।।

(५.२१)

यहाँ भारवि के 'स किं सखा साधु न शास्ति योऽधिपम्' इस पद्य की छाया है।

घटिताङ्गमुपायकीलिता गुणसोपानपरम्परोन्नता।
गुरुराज्यपदाधिरोहणे नयनिःश्रेणिमुपैति हेतुताम्।।

(५.२३)

इस पद्य में भी किरातार्जुनीयम् में युधिष्ठिर व व्यास के कथनों की अनुगूँज है।

गुणचक्रविचारचारिणी चरचर्याचरितादिचिच्युषी
वितता च मतिर्महीभुजा विजिता चार्णवमेखला क्षितिः।।

(५.२६)

नयानुगा धीरधियोऽथ धूर्धरा विचारिणश्चारचरिष्णुचक्षुषः।
अयं किमल्पोऽपचयो भवद्विधा विदन्ति नोत्तानमवद्यमद्य यत्।।

(२.२८)

दोनों ही पद्यों में किरातार्जुनीय के प्रथमसर्ग में चर की उक्तियाँ भीतर पैठी हुई हैं।

गुणायतैरायतिवेदिभिः समं समैरमात्यैरमवमत्य दुर्मतिः।
नयत्यसौ मण्डलचिन्तया दिनं प्रवृत्तषाड्गुण्यकथोऽकथङ्कथः।।

(२.३७)

इस पद्य में भी किरातकाव्य में चर की दुर्योधनविषयक उक्ति का प्रभाव देखा जा सकता है।

वस्तुतः शिवस्वामी ने भारवि के काव्यमार्ग की साधना करते हुए अर्थगौरव की सिद्धि पाई है। अर्थगौरव की दृष्टि से उनके कतिपय पद्य देखें—

विमर्शसिद्धाञ्जनरञ्जनोज्ज्वलं विवेश्य मार्गेषु विचारलोचनम्।
पदे पदे कण्टकसङ्कुलाभुवो निर्माष्ट्यसौ नीतिमयेन हेतिना।।

(२.३८)

(विमर्श के सिद्धांजन के रंजन से उज्ज्वल बन चुके विचार के लोचन को विमर्शनीय मार्गों पर लगा कर पद पद में कंटक से संकुल भूमियों को वह नीति के हेति (शस्त्र) से बुहार देता था।)

असहनसहवृद्धा साहसैकान्तकान्ता व्रजति नहि नृपश्रीर्दीर्घतां दीर्घसूत्रे।

(४.२३)

(असहिष्णुता को झेलते हुए बढ़ती गई, पूरी तरह साहस की कामना करने वाली राज्यश्री दीर्घसूत्री के लिये दीर्घ बन कर उसे प्राप्त नहीं होती।)

गुरुतरगिरिमन्थक्षोभिताक्षोभ्यसिन्धुव्यतिकररसयोग्या वासनावासितेव।
समभिमतविमर्दा रौद्रकर्मप्रियेषु प्रसरति रममाणा तादृशेष्वेव लक्ष्मीः।।

(४.३२)

(गुरुतर गिरि मंदर के द्वारा मथन से अक्षोभ्य सिंधु को भी क्षोभित कर के मिलन का रस देने वाली वासना से वासित, विमर्द को पसंद करने वाली लक्ष्मी रौद्रकर्म में प्रीति रखने वाले शूरों में ही रम कर प्रसार लेती है।)

यहाँ श्लेष से संभोगपरक अर्थ भी विदग्धकवि ने सूचित कर दिया है, जिससे शृंगार रस वीर का अंग बन कर यहाँ समा गया है।

इसी प्रकार शिवस्वामी का चंद्रोदय का वर्णन दुर्लभ कल्पना, सुकुमारता, शृंगार की रसमयता व प्रकृतिनटी की अनोखी लीला का सुंदर उदाहरण है —

केलिक्रियाशक्रकराग्रकृष्टशचीकचस्रस्तवतंसशोभैः।
इन्दोरमन्दैः खचिता मयूखैः पौरन्दरी सुन्दरतां दधे दिक्।।

(१२.६)

भारवि की भाँति शिवस्वामी एक अवहित कवि हैं। वे अपने समय की सामाजिक स्थितियों का संकेत देते हैं, तथा शिव के द्वारा अंधक के संहार का सारा कथानक कश्मीर की उस समय की राजनीति के तमस् के निर्वाणार्थ एक आह्वान भी है। कप्फिणाभ्युदय महाकाव्य में उस समय के समाज, संस्कृति, रीतिरिवाजों व प्रथाओं की दुर्लभ छवियाँ हैं। कप्फिण की राजसभा में यवनराज की उपस्थिति बहुत सांकेतिक है।

कुट्टनीमत

कुट्टनीमत काव्य के प्रणेता महाकवि दामोदर कल्हण के अनुसार कश्मीर के राजा जयापीड (७७९-८१३ई०) के समकालीन थे। कुट्टनीमत काव्य के अतिरिक्त इनकी अन्य कोई रचना प्राप्त नहीं होती। कुट्टनीमत काव्य १०५८ आर्या छंदों में निबद्ध है। यह संस्कृत साहित्य में अपने ढंग का निराला काव्य है। कवि ने इसकी रचना भोले भाले लोगों को वेश्याओं की कुटिलताओं से बचाने के लिये की है। अंतिम आर्या में काव्यरचना का उद्देश्य बताते हुए कवि कहता है—

काव्यमिदं यः शृणुते सम्यक् काव्यार्थपालनेनासौ।
नो वञ्च्यते कदाचित् विटवैश्याधूर्तकुट्टनीभिरिति।।

(१०५८)

जो इस काव्य को अच्छी तरह सुन (और समझ) लेता है वह काव्य के अर्थ का पालन करने से विट, वैश्या, धूर्तों और कुट्टनियों से कभी ठगा नहीं जाता।)

वेश्याओं और कुट्टनियों के चरित्र का यथार्थ चित्रण सरस कथा के द्वारा इस काव्य में इस तरह प्रस्तुत किया गया है कि आज के यथार्थवादी साहित्य के मानदंडों पर भी यह एक उत्कृष्ट रचना कही जा सकती है। इसमें वाराणसी की मालती नाम की एक नई वेश्या अपने

व्यवसाय में दक्षता अर्जित करने के लिये विकराला नाम की वृद्ध वेश्या से शिक्षा ग्रहण करती है। इस काव्य में श्रीहर्ष की रत्नावली नाटिका के अभिनय का विवरण दिया गया है। गणिका मंजरी ने राजकुमार समरभट के लिये वाराणसी के विश्वनाथ मंदिर में रत्नावली का अभिनय प्रस्तुत किया।

दामोदर ने महाकाव्यों की प्रचलित पद्धति का त्यागकर के एक अछूते विषय पर लेखनी चला कर साहस और चुनौती का वरण किया है। चतुर्भाणी की भाँति यह काव्य वेशवाट और गली मुहल्लों के सामान्य लोगों को भी उपस्थित करता है।

कुट्टनीमत का कथासार इसप्रकार है— वाराणसी तीनों लोकों में न्यारी नगरी है। इसके ठाठ-बाठ, आन-बान और संपदा का का क्या कहना? यहाँ के पुरवासी विजया की मस्ती में डूबे रहते हैं, फिर भी शिव से सायुज्य पा जाते हैं। यहाँ की वारवनिताओं की बात कुछ अलग ही है। वे भगवान् पशुपति की काया की बराबरी करती हैं - पशुपति शंकर के माथे पर चन्द्र, तो उनके माथे पर भी चंद्र (मस्तक का आभूषण); शिव विभूति (भस्म) में रमे हुए हैं, तो ये गणिकाएँ भी विभूति (वैभव) में रमी हुई हैं। शिव का परिवार भुजंगों (साँपों) का, तो इनका परिवार भी भुजंगों (लंपटों) का। इस नगर में सर्वत्र धर्म की ध्वजाएँ फहराती हुई दिखती हैं।

इसी वाराणसी नगरी में मालती नामकी परम सुंदरी वेश्या रहती थी। कामदेव ने अपनी सारी शक्ति जैसे उसमें समो दी थी। वाराणसी में सात भूमिकाओं (मंजिलों) वाला उसका सौध (पक्का मकान) था। एक दिन मालती अपने सौध की छत पर टहल रही थी, नीचे वीथी में कोई गा रहा था। गा क्या रहा था कि कानों में रस घोल रहा था। गाथा के बोल थे—

यौवनमदसौन्दर्यं दूरेणापास्य वारवनिताभिः।
यत्नेन वेदितव्याः कामुकहृदयार्जनोपायाः।।

(वेश्याओं को चाहिये कि अपने यौवन और सौन्दर्य के मद को छोड़ें, और कामियों के हृदयों को खरीदने के उपाय जानने का यत्न करें।)

यह सुनकर मालती का जी अकुला उठा। उसे लगा कि - अरे, वेशवाट (वेश्याओं के मुहल्ले) में ऐसी गाथा जो भी गा रहा है, लगता है यह तो मुझे ही सुना रहा है। मैंने इतने वर्ष अपने रूप और यौवन के मद में इतराते हुए ही गँवा दिये, पाया क्या?

विकराला वाराणसी की सारी गणिकाओं, वेश्याओं और रूपाजीवाओं के लिये शरणदात्री और अभयदात्री ही नहीं, उनकी भाग्यविधात्री थी। कामी जन, मनचले रईस और लुच्चे लफंगे लोग वेश्याओं को सताते या उनका शोषण करते तो वह विकराल रूप धारण कर लेती थी। उसे विकराला यह नाम इन्हीं उच्छृंखल लोगों ने दे दिया था। मालती से उसके शुभचिंतकों - विटों (वेश्याओं के दलालों), पीठमर्दकों (रईस लोगों के संगियों) आदि ने कई बार कहा कि मालती, तू अपने काम-धंधे के प्रति उदासीन होती जा रही है, न जाने किस गुनतारे में रहती है, वेश्यावृत्ति के प्रति प्रमाद करने लगी है, कलासाधना में रमने लगी है, तुझे सुधारने का

उपाय अब आवश्यक हो गया है। तो तू विकराला के पास जा, उससे परामर्श कर। नहीं तो किसी दिन कोई वंचक पुरुष तुझे पूरी तरह लूट लेगा, और तू कहीं की न रहेगी।

उस दिन मालती ने यह गाथा सुनी, तो उसके जी में खलबली मच गई, और उसने निश्चय कर लिया कि विकराला के पास परामर्श लेने जाना ही है।

मालती विकराला के पास पहुँची। विकराला का तो जैसा नाम वैसा रूप। आड़े तिरछे उसके दाँत थे, ठुड्डी के नीचे मांस ऐसा झूल रहा था कि गले में मालाएँ लटकी लगतीं। नासिका मोटी थी और आँखों के बीच चपटी। बोलती तो नसें धौंकनी की तरह फूलतीं। केश श्वेत हो रहे थे। उसके गले में पता नहीं कितने ताबीज लटक रहे थे।

मालती ने विकराला को प्रणाम किया, तो विकराला ने अपने कठोर कर्कश स्वर में चीखते हुए कहा - अरी मालती, तू तो कभी दिखती ही नहीं, आज कैसे इधर भूल पड़ी?

मालती ने कहा - 'माता, आपसे परामर्श करने आई थी कि वेश्या को कामी जनों के साथ किस तरह व्यवहार करना चाहिये। मेरी तो इन दुष्ट पुरुषों के कारण धन संपदा क्षीण होती जा रही है, तो मैं क्या करूँ बताइये। आपका बुद्धि वैभव तो सारी वेश्याएँ जानती हैं, आप चाहें तो भगवान् विष्णु को भी कौस्तुभ रहित कर दें, स्वर्ग को विभूतिहीन कर दें, कुबेर को निर्धन बना दें। कितनी ही वेश्याओं का जीवन आपने बचा लिया और बना दिया। यह आपका ही बुद्धिवैभव है कि वाराणसी के संपन्न कामी जन कंगाल होकर भीख माँगते फिर रहे हैं या सत्रागारों में हाथ फैला कर रूखा सूखा कुछ खा कर पेट भरते हैं।'

सुनकर विकराला ठठा कर हँस पड़ी। उसकी हँसी ऐसी कि उसका सप्तभूमि सौध (सात मंजिल का पक्का मकान) काँप उठा, जैसे भूचाल आया हो। फिर विकराला बोली - 'अरी , तुझे मेरे परामर्श की आवश्यकता ही क्या? ऐसा तेरा रूप है तो कामी जन तो तुझ पर ऐसे मँडराते ही रहते हैं, जैसे कमल के फूल पर भौंरे। जलते हुए कामदेव के शरीर से निकली धूमलेखा के आकार वाला यह तुम्हारा केशभार कामी जनों को अपना किंकर बना लेता है। पर तू ने अपने इस अद्वितीय कमनीय रूप को हथियार बनाना तो सीखा ही नहीं। तो चल आज मैं तुझे कुछ गुर बताऊँगीं। सबसे पहले तो किसी संपन्न पर बुद्धि में कच्चे युवक को पकड़ ले। भट्टसूनु ऐसा ही युवक है। मैं उससे तुझे मिलवा दूँगी, फिर उसे अटकाये रखना तेरा काम है। गणिका को संन्यासी की तरह होना पड़ता है— सब में सम दृष्टि रखे। बूढ़ा हो या युवा, नीच कुल का हो या उच्च कुल का, रोगी हो या स्वस्थ, प्रेमी के पास वित्त होना चाहिये - गणिका के लिये तो सब समान हैं। तो इस भट्टसूनु को फाँसने के लिये क्या करना है— सुन। स्वयं उसके पास जाना उचित नहीं। पहले दूती भेजना होगा। दूती परम चतुर और प्रगल्भ होनी चाहिये - अवसर देखकर बात छेड़े, बातों के ऐसे लच्छे बुने कि भट्टसूनु जाल में फँसी चिड़िया की तरह फिर न निकल पाये। दूती भट्टसूनु के विरह में तुझे इस तरह व्याकुल बतायेगी कि वह तेरे प्रति कौतुक में भर उठेगा। सोचेगा कि यह कौन रमणी है, जो बिना

परिचय के उसके विरह में तड़प रही है। वह पूछेगा कि कौन है यह मालती, कैसी है? तब फिर तेरी दूती उसके आगे तेरे रूप का बखान करे। कहे कि हमारी स्वामिनी मालती जैसी रूपवती तो तीन लोकों में भी नहीं है। विष्णु उसे एक बार तक लें, तो लक्ष्मी की ओर आँख उठा कर न देखें कभी, शिव उसे निरख लें, तो देवी पार्वती को अपने अर्धांग से निकाल बाहर करें और अपना अर्धनारीश्वर रूप उसीसे सँवारें। ऐसा अनिंद्य रूप हमारी स्वामिनी मालती का है, फिर गुणों का तो कहना ही क्या - नृत्त, गायन, वादन और चौसठ कलाओं में निपुण।

विकराला ने दूती को और क्या क्या कहना है तथा जब भट्टसूनु उसकी बातों के जाल में फँस कर मालती के पास चला आये, तो मालती को क्या क्या करना है यह भी विस्तार से समझाया। फिर कहा - 'धीरे धीरे भट्टसुनु के प्रेम की पींगें बढेगीं। रति के पश्चात् उससे कहना - धन्य है तुम्हारी भार्या! पौरुष का ऐसा सुख वह पा रही है। कितना तुम्हारा प्रेम है उसके ऊपर! मुझ पर तो प्रेम की इस धारा के दो चार छींटे भी पड़ जाएं, बस मैं उसी में तर जाऊँगी, ज्योत्स्ना बन कर तुम्हारे मन में उतर जाऊँगीं... सारा जीवन तुम्हारा नाम ले लेकर काटती रह जाऊँगीं। यह न समझना कि मैं गणिका हूँ... मैं तो बस केवल तुम्हारी ही हूँ, नहीं तो कितने प्रेमी भौंरों की तरह मँडरा रहे हैं, पर यह पुष्प बस तुम्हारे लिये ...तुम पर प्रेम न होता, तो उन सब को धता बता कर तुम्हें स्वयं यहाँ बुलाती?' इत्यादि।

फिर विकराला ने मालती को सावधान करते हुए कहा — इस सारे प्रेम का बस अभिनय करना है। मन से तो निर्लिप्त ही रहना है। अभिनय वास्तविकता न बने। मन में थोड़ा भी राग जागा कि काम तमाम। कुछ गणिकाएँ बड़ी मूर्ख होती हैं। प्रेमी के लिये सचमुच में प्राण निछावर कर डालती हैं।

इतना कह कर विकराला ने सुंदरसेन और हारलता की मार्मिक कथा विस्तार से सुनाई, जिसमें हारलता नामक वेश्या सचमुच सुंदर सेन के प्रेम में अपने प्राण गँवा देती है। इस कथा में गुणपालित व सुंदरसेन की मित्रता, इनके वार्तालाप, उनके द्वारा आबू पर्वत पर पहुँचना तथा आबू पर्वत का अत्यंत चित्ताकर्षक वर्णन है। दोनों मित्र आबू पर्वत के विषय में गाई गई यह गाथा यहाँ एक पथिक के मुख से सुनते हैं—

अतिशयितनाकपृष्ठं पृष्ठं ये नार्बुदस्य पश्यन्ति।
बहुविषयपरिभ्रमणं मन्ये क्लेशाय केवलं तेषाम्।।

(स्वर्ग के शिखर से भी बढ़े चढ़े अर्बुद पर्वत के शिखर को जो नहीं देखते, उनका अनेक देशों में भ्रमण बस क्लेश उठाने के बराबर ही है।)

हारलता के प्रेम में सुंदरसेन की मनोदशा के झलक देने वाली यह गाथा में कथा के मध्य में एक पथिक के द्वारा गाई जाती है—

तरुणीं रमणीयाकृतिमपनीतं स्मरभुवा वशीकृत्य।
परिहरति यो जडात्मा प्रथमोऽसौ नालिको विना भ्रान्तिम्।।

(कामदेव वश में कर के जिस के आगे स्वयं कोई सुंदर तरुणी रमणी प्रस्तुत कर दे, उसे भी छोड़कर वह यदि चल दे, तो उससे बढ़ कर अनाड़ी कौन होगा?)।

सुंदरसेन और हारलता के प्रेम तथा विरह का वर्णन भी भावविभोर करने वाला है। एक दिन वह हारलता के साथ बैठा रस की बातें कर रहा था कि पिता का दूत आ गया। सुंदरसेन ने पहचाना और कहा अरे यह तो हमारा हनुमान् आ गया। इस सेवक को हनुमान् नाम इसी लिये दिया गया था कि राम के कार्य से हनुमान् ने जिस तरह सागर लाँघ कर सीता को खोज लिया, उसी तरह वह स्वामी के कार्य से देश-देशांतर चला जाता था। हनुमान् ने प्रणाम किया और पिता का पत्र सुदंरसेन के हाथ पर रख दिया। पत्र में पिता की ओर से तीखी फटकार थी तथा वेश्याओं और कुट्टिनियों की निंदा, सद्गृहिणी की प्रशंसा और कुलाचार का विस्तार से वर्णन था। कुल की मर्यादा का विचार कर के तुरत घर लौट आने का निर्देश था। हारलता पत्र सुनते सुनते फफक फफक कर रोने लगी। इसी समय राजमार्ग पर जाते किसी पथिक ने यह आर्या पढी—

विषयतिमिरावृताक्ष्णामवटे पतताम‌दृष्टमार्गाणाम्।
पुंसां गुरुजनवचनद्रव्यशलाकाञ्जनं शरणम्।।

(संसार के विषयों के अँधियारे से जिनकी आँखें मुँद गईं हैं, जो खाई में गिरने गिरने को हैं और मार्ग पहचान नहीं रहे हैं, उन पुरुषों के लिये गुरुजन का वचन - जैसे औषध से बनी दिव्यशलाका का अंजन है।)

गुणपालित ने सुंदरसेन को समझाने में कोई कसर न छोड़ी। हार कर सुंदरसेन ने प्रिया हारलता से कहा - पिता का निदेश तो अलङ्घ्य है। जाना ही होगा। हारलता रोने लगी। पर यह नहीं कहा कि रुक जाओ।

कहानी के अंत में हारलता के प्राणपखेरू उड़ जाते हैं। सुंदरसेन भी बीच मार्ग से ही प्रिया की स्मृति के कारण लौट कर आता है और उसे मृत देखकर स्वयं भी प्राण दे देना चाहता है। पर एक पथिक की आर्या सुनकर वह संन्यासी बन जाता है।

इतनी कथा सुना कर विकराला ने कहा - मालती, देखा पुरुष के प्रेम और स्त्री के प्रेम का अंतर? यह संसार जिसमें हम रह रहे हैं पुरुषों ने अपने लिये गढ़ा है, इसमें स्त्री का धर्म तो पुरुष के लिये मर मिटना है, पुरुष अधिक से अधिक क्या करेगा - दंड हाथ में लेकर संन्यासी हो जाएगा। हम वेश्याओं को तो छलछद्म के लिये बहुत लांछित किया जाता है, पर लांछित करने वाले यह नहीं देखते कि उन्होंने ही छल छद्म से भरा यह जगत् हमें दिया है। इसलिये यह बात गाँठ बाँध लो कि यदि किसी पुरुष में मन लगा लिया तो हारलता की तरह गति होगी। इसलिये कभी किसी से मन न लगाना।

इसके बाद विकराला कामियों से किस तरह व्यवहार करना चाहिये, किस तरह बातचीत करना चाहिये यह सब मालती को समझाती रही। ये सारे उपदेश कामशास्त्र के महान् आचार्यों

- दत्तक और वात्स्यायन आदि के द्वारा गणिकाओं के लिये दिये गये उपदेशों के अनुरूप थे। किस तरह अभिसारिका का वेश बनाना चाहिये, किस तरह अभिसारिका बन कर कामी के पास गणिका को जाना चाहिये यह सब उसने समझाया। जब कामी गणिका के जाल में फँस जाँए, तो वह उससे धन निकलवाने के लिये तरह तरह के उपाय करे। इस प्रकार विकराला ने मालती को सारा गणिकावृत्त समझाया, और द्रष्टांत स्वरूप समरभट और मंजरी की कथा सुनाई। इस कथा में सिंहभट का पुत्र समरभट काशी विश्वनाथ के दर्शन के निमित्त से काशी जाता है, मंजरी नामक गणिका वहाँ आ पहुँचती है। वह काशी की सबसे सुंदर वारांगना है। मंजरी को देखकर समरभट मुग्ध हो जाता है। आपस में परिचय होता है। मंजरी के साथ उसका नृत्याचार्य आया हुआ है। वह गणिकाओं को नृत्य नाटक सिखाने की कठिनाइयों का बखान करने लगता है। समरभट के नर्मसचिव (विदूषक) के आग्रह पर वह अपनी शिष्या मंजरी के द्वारा रत्नावली नाटिका का प्रदर्शन वहीं कराने पर तैयार हो जाता है।[४२]

समरभट नाटिका देखकर अत्यन्त प्रसन्न होता है, व मंजरी के अभिनय की जी खोल कर प्रशंसा करता है। तभी कोई यह आर्या पढ़ता है—

सङ्ग्रामादनपसृतिः प्रेक्षाभिज्ञा सुभाषिताभिरतिः।
आच्छोदनाभियोगः कुलविद्या राजपुत्राणाम्।।

(युद्ध से मुँह न मोड़ना, नाटक की कला की जानकारी, सुभाषितों का आनंद लेना, तथा मृगया में प्रवृत्ति - यह राजकुमारों की कुलविद्या ही है।)

समरभट मंजरी पर अपनी संपदा लुटा देता है। गणिका मंजरी उसे इस तरह चूसती है कि शरीर से अस्थिशेष और धनसंपदा में सर्वथा कंगाल कर के ही छोड़ती है।

इतनी कथा सुनाकर विकराला ने कहा - मैंने दोनों तरह की गणिकाओं के दृष्टांत तुझे दिये, एक तो वह थी जो कामी से मन ही लगा बैठी और प्राणों से हाथ धो बैठी, एक वह थी जिसने कामी को ही नहीं जग को जीत लिया।

मालती ने विकराला के वचनों को गुना और उनके अनुसार आदर्श गणिका का आचरण निभाने का निश्चय कर के उसके भवन से रवाना हुई।

दामोदर का भाषा पर असाधारण अधिकार है, तथा श्लेष और यमक अलंकारों के प्रयोग में वे दक्ष हैं। आरंभ में वाराणसी नगरी के वर्णन में उन्होंने अपनी कविप्रतिभा और वर्णन कला की विलक्षणता का अच्छा परिचय दिया है। श्लेष का प्रयोग भी असाधारण पटुता के साथ उन्होंने इस प्रसंग में निम्नलिखित पद्य में किया है—

यतिगणगुणसमुपेता या नित्यं छन्दसामिव प्रचितिः।
वनपङ्क्तिरिव सशाला तुरुष्कसेनेव बहुलगन्धर्वा।। (१०)

जो नगरी छंदों के समुदाय के समान यतिगणगुण से युक्त है, वनपंक्ति के समान सशाला

है, तथा तुर्कों की सेना के समान बहुलगंधर्वा (बहुत गायकों वाली, बहुत घोड़ों वाली) है।

यतिगणगुणसमुपेता में यति छन्द:शास्त्र के संदर्भ में विराम तथा नगरी के संदर्भ में संन्यासी के अर्थ में है। इसी प्रकार सशाला शब्द वनपंक्ति के संदर्भ में वृक्षों से युक्त तथा नगरी के संदर्भ में शालाओं से युक्त का अर्थ देता है।

शब्दों पर असाधारण अधिकार के साथ दामोदर ने इस प्रकार के वर्णनों में श्लेष सहज रूप से गूँथ दिया है।

अनेक स्थानों पर मनोहर अलंकारों का प्रयोग कवि ने किया है। कुट्टनियों के बोलचाल की भाषा का अध्ययन और उनकी विदग्धता का अच्छा परिचय यह काव्य देता है। कुट्टनी विकराला गणिका मालती से कहती है—

अयमेव दह्यमानस्मरनिर्गतधूमवर्तिकाकार:।
चिकुरभरस्तव सुन्दरि कामिजनं किङ्करीकुरुते।। (४४)

(सुंदरि, जलते हुए कामदेव के शरीर से निकली धूमलेखा के आकार वाला यह तुम्हारा केशभार कामी जनों को अपना किंकर बना लेता है।)

चतुर्भाणी की भाँति यह काव्य वेशवाट और गली मुहल्लों के सामान्य लोगों को भी उपस्थित करता है।

शैली की दृष्टि से दामोदर की कविता का लालित्य तथा भाषा की लचक निराली ही है। आर्या छंद में पूरा प्रबंध लिख कर उन्होंने एक अलग मानदंड स्थापित किया है। बीच बीच कोमल मृदुल भावों या जीवन के मर्म को उद्घाटित करने वाली गीतियाँ कथा में प्रबंधवक्रता ला देती हैं।

परवशमशनं, वसुधा शयनीयं, सुरनिकेतनं सद्म।
पथिकस्य विधि: कृतवानुपधानमिष्टकाखण्डम्।।

(दूसरे के आसरे भोजन, खाली धरती पर सोना, मंदिर में डेरा और ईंट के टुकड़े का तकिया - विधाता ने पथिकों के लिये बस इतना ही विधान किया है।)

निजवरभवनं सुरगृहमुर्वीतलमतिमनोहरं शयनम्।
कदशनममृतमभीप्सितकार्यैकनिविष्टचेतसां पुंसाम्।।

(अभीप्सित कार्य में जिनका मन लग गया, उनके लिये देवालय ही अपना सुंदर भवन हो जाता है, धरती ही मनोहर शयन बन जाती है और कदशन (खराब भोजन) ही अमृत हो जाता है।)

पारंपरिक समीक्षा में कुटट्नीमत

पौर्वापर्यविपर्यायात्मक अतिशयोक्ति के उदाहरण में मम्मट ने कुट्टनीमत का यह पद्य उद्धृत किया है।

हृदयमधिष्ठितमादौ मालत्याः कुसुमचापबाणेन।
चरमं रमणीवल्लभ लोचनविषयं त्वया भजता।।

(हे रमणियों को प्रिय लगने वाले, मालती के हृदय में कामदेव ने पहले ही घर बना लिया, बाद में तुम उसके आँखों के सामने आये।)

रुय्यक ने अलंकारसर्वस्व में भी इस पद्य को पौर्वापर्यविध्वंसात्मक अतिशयोक्ति के उदाहरण में दिया है।

अलंकारों से व्यंग्यार्थ का सौंदर्य किस प्रकार चमक उठता है यह बताने के लिये मम्मट ने दामोदर की काव्यकला को उदाहरणीय माना है। उनके द्वारा उदाहृत इस पद्य में कवि दामोदर ने अनुप्रास की जैसी झड़ी लगाई है, वह विरह की व्यथा को पैना बना देती है।

अपसारय घनसारं कुरु हारं दूर एव किं कमलैः।
अलमलमालि मृणालैरिति वदति दिवानिशं बाला।।

(हे स्वामी, इस बाला (छोकरी) का ताप आपके विरह में ऐसा बढ़ गया है कि सखियाँ शीत के लिये सामग्री लिये खड़ी रहतीं हैं, और वह है कि - ले जाओ, ले जाओ यह कपूर, हटा लो फूलों के हार, कमल को भी दूर फेंक दो। सखि! मृणाल भी रहने दो - यह सब वह रात दिन बड़बड़ाती रहती है।)

अभिनंद : रामचरित

संस्कृत साहित्य में अभिनंद नाम से तीन कवि उल्लिखित हैं – एक योगवासिष्ठसंक्षेप के प्रणेता तथा बहुसंख्य लोकजीवनविषयक मुक्तककाव्यों के अनुपम सर्जक अभिनंद, दूसरे कादंबरीकथासार महाकाव्य के प्रणेता अभिनंद तथा तीसरे रामचरितकार अभिनंद। इनमें से कादंबरीकथासार महाकाव्य के प्रणेता अभिनंद तथा रामचरितकार अभिनंद सर्वथा अलग अलग व्यक्ति हैं। कादंबरीकथासार महाकाव्य के प्रणेता अभिनंद नैयायिक जयंतभट्ट के पुत्र थे। योगवासिष्ठसंक्षेप तथा मुक्तककवि अभिनंद को गौड अभिनंद भी कहा गया है। इनके नाम से बहुसंख्य मुक्तक सुभाषितसंग्रहों में उद्धृत हैं। रामचरितकार अभिनंद के अभिनंदन, गौडाभिनंदन तथा आर्याविलास – ये नाम भी मिलते हैं। अभिनंद ने स्वयं रामचरित में अपने को आर्याविलास बताया है। अपने महाकाव्य के ३६वें सर्ग के उपसंहार श्लोकों में उन्होंने कहा है—

जयति जगन्ति भ्रमन्ती कीर्त्या सह हारवर्षनृपशशिनः।
शिरसि कृता कृतविद्यैः कृतिरियमार्याविलासस्य।।

ए०के० वार्डर का अनुमान है कि शतानंद नाम के कवि के द्वारा विरचित अनुपलब्ध नाटक भीमपराक्रम के प्रणेता भी अभिनंद ही हैं।[४३]

अभिनंद बंगाल के राजा देवपाल या हारवर्ष के सभाकवि थे। सोड्ढल ने जिन अभिनंद का अपनी उदयसुंदरीकथा में वागीश्वर कह कर अत्यंत आदरभाव से उल्लेख किया है, वे रामचरितकार अभिनंद ही हैं।[४४] अपने समय के कवियों से अभिनंद का स्नेह संबंध रहा। अभिनंद काव्य के रसिक पारखी और सहृदय व्यक्ति थे। लोकजीवन की कविता के प्रवर्तक कवि योगेश्वर के लिये इनकी उत्कृष्ट प्रशस्ति तथा महाकवि राजशेखर से अपनी भेंट का इनके द्वारा नीचे दिये पद्य में जैसा मर्मस्पर्शी वर्णन किया गया है, वह इनकी सहृदयता का परिचायक है—

सौजन्याङ्कुरकन्द सुन्दरकथासर्वस्व सीमन्तिनी-
चित्ताकर्षणमन्त्र मन्मथसुहृत्कल्लोल वाग्वल्लभ।
सौभाग्यैकनिवेश पेशलगिरामाधार धैर्याम्बुधे
धर्माद्रिद्रुम राजशेखरकवे दृष्टोऽसि यामो वयम्।।

(सुरको० १४२२)

(हे सौजन्य रूपी अंकुर के कंद, सुन्दर कथाओं के सर्वस्व, हे सुंदरियों के चित्त को खींचने वाले मंत्र! हे मन्मथ या कामदेव के मित्र कोकिल की कल्लोल! वाग्वल्लभ! हे सौभाग्य की एकमात्र निवेश बनने वाली वाणी के आधार, है धैर्य के सागर, धर्म के आदिद्रुम राजशेखर कवि, तुम्हें देख लिया। अब हम चले।)

इनके पूर्वजों में शक्तिस्वामी चौथे पूर्वज थे, जिन्हे कश्मीर के मुक्तापीड (७२६ई०) ने सम्मानित किया था। इनके महाकाव्य में दिये गये परिचय से विदित होता है कि ये शतानंद के पुत्र थे तथा पाल-वंशोद्भव महाराज विक्रमशील के पुत्र हारवर्ष युवराज इनके आश्रयदाता थे। सोड्ढल ने अभिनंद की प्रशस्ति के क्रम में यह भी कहा है कि युवराज ने कवींद्र अभिनंद को इतना सम्मान दिया था कि एक आसन पर बिठाते थे।

सृष्टं तदत्र युवराजनरेश्वरेण यद् दुष्करं किमपि येन गिरः श्रियश्च।
प्रत्यायनं स्फुटमकारि निजे कवीन्द्रमेकासने समुपवेशयताऽभिनन्दम्।।

(उदयसुंदरीकथा, प्रास्ताविक पद्य -१३)

सोड्ढल ने अभिनंद पर प्रशस्ति पहले रखी है, राजशेखर पर उसके बाद में। इससे लगता है कि उनकी दृष्टि में अभिनंद राजशेखर से वरिष्ठ थे। अभिनंद ने राजशेखर पर जो भावपूर्ण उद्गार पद्य लिखा है, उससे भी लगता है कि वे अपनी वृद्धावस्था में एक युवा कवि को स्नेह से देख रहे हैं।

अभिनंद ने रामचरित में हारवर्ष नृपति की प्रशस्ति में अपने महाकाव्य के प्रत्येक सर्ग के अंतिम पद्यों में इस प्रकार के विशेषणों का प्रयोग किया है— 'विक्रमशील-नन्दन', 'पालकुलप्रदीप', 'पालतिलक', 'श्रीधर्मपाल-कुल-कैरव-काननेन्दु', 'पालान्वयाम्बुज-वनैक-विरोचन', 'युवराज-

नरेश्वर', 'पृथ्वीपाल', 'श्रीहारवर्ष-नृप-चन्द्रमा', 'शत्रुकीटान्तकारी', 'भीमपराक्रम', परचक्र-भीम', 'निकाम-दान-रभस-प्रोल्लासी', 'अभिनन्दवत्सल', 'कविप्रिय' तथा 'काव्य-कला-कुतूहली'। पालवंशी राजाओं का बौद्ध धर्म के प्रति झुकाव था, पर अभिनन्द जैसे ब्राह्मणमतानुयायी कवि को आश्रय प्रदान कर के उन्होंने अपनी उदारता का परिचय दिया। हारवर्ष युवराज के पूर्वज धर्मपाल ने ८२५ई० तक शासन किया। इनके अनंतर देवपाल राजा हुए जिनका शासनकाल नवीं शताब्दी का मध्यभाग है। इतिहासकारों ने देवपाल तथा हारवर्ष युवराज को अभिन्न माना है। तदनुसार अभिनंद का समय नवी शताब्दी के लगभग माना जा सकता है।

'व्यक्तिविवेक', उज्जवल-दत्त कृत 'उणादिसूत्र-वृत्ति' तथा सर्वानन्द (१२ वीं शताब्दी) एवं राय मुकुट (१४वीं शताब्दी के आसपास) द्वारा रचित अमरकोश की टीकाओं में अभिनंद के रामचरितमहाकाव्य से उद्धरण प्राप्त होते हैं। क्षेमेंद्र तथा भोज जैसे महनीय आचार्यों ने अभिनंद के रामचरित से बहुसंख्य पद्य उद्धृत किये हैं। भोज ने तो अपने शृंगारप्रकाश तथा सरस्वतीकंठाभरण में पचास पद्य विभिन्न काव्यशास्त्रीय अवधारणाओं के सत्यापन के लिये रामचरित से उद्धृत किये हैं। इससे स्पष्ट है कि अभिनंद के रामचरित को अखिल भारतीय ख्याति व सम्मान मिला था।

विषयवस्तु

रामचरित महाकाव्य में ३६ सर्ग हैं, और मूलतः यह अपूर्ण है। भीम नामक कवि ने तथा अभिनंद नाम के ही एक अन्य कवि ने भी चार सर्गों के दो परिशिष्ट जोड़ कर इसकी अलग अलग पूर्ति की है। इसमें रामायण के किष्किंधाकांड से युद्धकांड तक की कथा का सरस काव्यात्मक निरूपण है। इस कथा में कवि ने अनेक नये वृत्तांत जोड़े हैं। वाल्मीकि की कथा में राम और सुग्रीव का मिलन हनुमान् के माध्यम से होता है, रामचरित में सुग्रीव स्वयं राम के पास आते हैं, और अपने आप को राम का सेवक घोषित करते हैं। सीतान्वेषण के समय द्रुपद तथा अंगद का युद्ध, हनुमान् का एक स्त्रीकपि के द्वारा पकड़ लिया जाना- ये वृत्तांत भी नवीन तथा कौतुकवर्धक हैं। रामायण में हनुमान् सुरसा से मिलते हैं, इस महाकाव्य में सुरसा के स्थान पर उनकी मुठभेड़ सरमा से होती है। हिमालय से लायी गयी औषधियों का विस्तृत वर्णन रामचरित की अन्य दुर्लभ विशेषता है। सीतान्वेषण के लिये गये वानरों की एक गुफा में वारविलासिनी से भेंट, उसकी हनूमान् को रिझाने के लिये की गईं चेष्टाएँ तथा स्वयंप्रभा नामक तपस्विनी का उनकी सहायता करना – यह सारा प्रसंग भी अभिनंद में अनोखा ही है।

प्रथम सर्ग में वर्षा के बीतने पर शरद् के आगमन, राम की विरह वेदना तथा लक्ष्मण के प्रति उनके कथन जिस प्रकार प्रस्तुत किये गये हैं, उनसे लगता है कि अभिनंद के रामचरित का यह प्रसंग रामचरितमानसकार तुलसी के देखने में आया होगा। अभिनंद ने इस प्रसंग का उद्‌घात करते हुए कहा है—

शशाम वृष्टिर्मेघानामुत्सङ्गे तस्य भूभृतः।
विरराम न रामस्य धारासन्ततिरश्रुणः।।
इतस्ततः परिणतिं भेजे बर्हिणकूजितम्।
हा प्रिये राजपुत्रीति न रामपरिदेवितम्।

(रामचरित १.२,३)

(उस पहाड़ के अंक में घिरे मेघों की वृष्टि समाप्त हो गई, पर राम की आँखों से बरसने वाली आँसुओं की धाराएँ न रुकीं। इधर उधर कूजते मयूरों की केकाएं चुप हो गईं, पर राम का 'हा प्रिये हा राजकुमारी' इस प्रकार का विलाप शांत न हुआ।)

राम के विरहवर्णन के प्रसंग में अभिनंद कहते हैं—

पश्यन्त्या इव कष्टां तामवस्थां मैथिलीपतेः।
शुष्कपङ्कचयव्याजाद् विदद्रे हृदयं भुवः।।

(रामचरित, १.१४)

शान्तनिर्झरझात्कारधाराः शिखरिणो बभुः।
रामस्य विशदालापशुश्रूषा निरता इव।।

(वही, १.१७)

(मैथिलीपति राम की उस कष्टदायक अवस्था को देखती हुई धरती का हृदय सूखे कीचड़ के बहाने मानों फट गया था। पर्वतों के निर्झरों की धाराएँ शांत हो गईं थीं, मानों वे राम के विशद विलाप को सुनने लग गये हों।)

राम की ऐसी विरहविह्वल स्थिति देखकर लक्ष्मण जिस ओजस्विता व धैर्य के साथ उन्हें समझाते हैं, उसमें भाषा की स्फीति देखते ही बनती है—

मुहूर्तं क्रियतामार्य कपोलविरही करः।
व्युषितो वल्कलग्रन्थिरंसादुन्मोच्यतामयम्।। (१.३४)

(आर्य, थोड़ी देर के लिये अपने कपोल के नीचे से अपनी हथेली हटा दीजिये। कंधे पर बहुत समय से उलझी वल्कल की गाँठ खोल दीजिये।)

इतो वितत्य दीयन्तामिषवः क्लिन्नयन्त्रणाः।
निर्मुक्तार्द्रजरच्चैलमादत्तामायतं धनुः।। (१.३५)

(अपने बाणों को निकाल कर फैलाइये जो तरकश में बँधे होने से यंत्रणा पा रहे हैं। अपने विशाल धनुष को पुराने वस्त्र के बंधन से निकाल कर मुक्त कीजिये।)

ऋजुरादीयतां पन्थाः कार्यकन्था गरीसी।
उत्सार्यतामिदं दूरं तमः किङ्कार्यतामयम्।। (१.३७)

(सीधा पथ अपना लीजिये, कार्य कीं कथरी भारी है। इस किंकार्यतामय या अनिश्चय से भरे अँधेरे को परे हटा दीजिये)

इसी प्रकार इस महाकाव्य में अट्ठाईसवें सर्ग में अंगदरावण का संवाद भी ऐसा ही प्रसंग है, जिसमें रामचरितमानस की प्रेरणाभूमि हो सकती है।

वर्णनों में लंकानगरी, समुद्र, मृगेंद्रपर्वत, सूर्योदय, चंद्रोदय, शरद् ऋतु, मधुपान, मंत्रणा, दूत, प्रयाण, युद्ध आदि के वर्णन महाकाव्योंचित गौरव का आधान करते हैं। वीररस की इस महाकाव्य में प्रमुखता है। रामके विरह वर्णन में विप्रलंभ शृंगार तथा लक्ष्मण के नागपाश से बँध जाने पर सुग्रीव आदि के विलाप व कुंभकर्ण के निधन पर रावण के शोक में करुण रस का भी उद्रेक हुआ है। रसोद्रेक की दृष्टि से इस महाकाव्य की अन्य विशेषता रौद्र तथा बीभत्स रसों का भी प्रचुर परिपाक है, जो युद्ध वर्णनों में निष्पन्न हुआ है। स्त्रीकपि की हनुमान् को लेकर प्रदर्शित चेष्टाओं में हास्य रस की निराली छटा है।

इस महाकाव्य में प्रकरण वक्रता का निर्वाह करते हुए कवि ने रामकथा में अनेक नवीन उद्भावनाएँ की हैं। सीता के अन्वेषण में हुए विलम्ब से लज्जित होकर ससैन्य सुग्रीव स्वयं राम के समक्ष उपस्थित होते हैं। वाल्मीकि की रामायण में सीता के अन्वेषण के लिये राम पूरी तरह सुग्रीव पर अवलंबित हैं। रामचरित के राम सुग्रीव के लिये बालिवध करने को लेकर अनुताप करते हैं, सुग्रीव पर वे पूरी तरह निर्भर नहीं रहना चाहते। सुग्रीव को वे मित्र नहीं अनुचर के रूप में देखते हैं। पर सीतान्वेषण के कार्य में राम अपनी ओर से सुग्रीव को प्रेरित भी नहीं करते। राम हनुमान् के अभिज्ञान के हेतु अपनी मुद्रिका के साथ ही सीता के नूपुर भी भेजते हैं। हनुमान् राम का परब्रह्म के रूप में वर्णन करते हैं। मय द्वारा निर्मित गुफा-भवन में पिपासा शांत करने के लिये कपि-सेना का प्रवेश, वहाँ एक मायाविनी की पहले तो वानरी वारांगना के रूप में और फिर मानवी वारांगना के रूप में विविध हाव-भावों के प्रदर्शन से हनुमान् को रिझाने की चेष्टा तथा हनुमान् द्वारा उसके प्रत्याख्यान की कल्पना सर्वथा नवीन वृत्तांत है। मयदानव, हेमा तथा स्वयंप्रभा के अनेक प्रसंग मनोरम कल्पनाओं के साथ अभिनंद ने यहाँ जोड़े हैं। स्वयंप्रभा तपस्विनी क्यों हो गई – यह उनकी कल्पना करुणा का संचार करती है। यह एक औपन्यासिक वृत्तांत है, जो अभिनंद अनेक कौतुकमय प्रसगों से संवलित कर के महाकाव्य में प्रकरीवृत्त के रूप में सन्निष्ट किया है। जिस गुफा में स्वयंप्रभा रहती है, वह पूर्व में मय दानव का निवास था। मय दानव की पत्नी हेमा एक बार स्वर्ग गई, तो इंद्र के चंगुल में फँस गई, फिर लौट कर न आ सकी। उसने स्वयंप्रभा को अपने पति के पास अपनी विवशता की कहानी बताने के लिये भेजा। पर स्वयंप्रभा जब उस गुफा में पहुँची तो उसने देखा कि मय तो अपनी प्रिया के वियोग में प्राण त्याग चुका है। अब स्वयंप्रभा अपनी सखी हेमा को उसके पति के दारुण निधन का वृत्तांत बताने का साहस भी न जुटा सकी और बाध्य होकर इसी गुफा में रह गई। अपने पितामह तार के द्वारा बाली एवं सुग्रीव के बद्धमूल और वैर-भाव का स्मरण दिलाए जाने पर भी राजकुमार अंगद के मन में पितृव्य सुग्रीव के प्रति दुर्भावना

का न आना इस काव्य में उनकी चारित्रिक दृढ़ता का परिचायक है। इस प्रकार मूल कथा में किए गए उपर्युक्त परिवर्तनों एवं काल्पनिक प्रसंगों की योजना से अभिनंद ने कथा को और हृदयावर्जक बना दिया है।

रामचरित के अंगद हनुमान् की तरह सागर लाँघ कर लंका जाने में समर्थ हैं, जांबवान् उन्हें रोकते हैं और हनुमान् को जाने के लिये प्रेरित करते हैं। रामायण में अंगद सागर पार करने में असमर्थ होने के कारण जाने के लिये तैयार नहीं हैं। इसी प्रकार रामचरित में विभीषण राम की शरण में जाने के पहले अपने भाई कुबेर से परामर्श करता है, और कुबेर की प्रेरणा से राम के पास जाता है। रामायण में राम की शरण में जाने का निर्णय विभीषण का अपना है। इसी प्रकार नवम सर्ग में वानरों का स्वैरालाप, ग्यारहवें में दुर्दम और अंगद का युद्ध, इक्कीसवें में रावण की सभा का वर्णन, पैंतीसवें सर्ग में इंद्रजित् के द्वारा राम की सारी सेना को समाप्त कर देने पर हनुमान् का विभीषण, सुषेण, जांबवान् के उपदेश से चार रंगों वाली बूटी लेकर आना – ये वृत्तांत भी अभिनंद के महाकाव्य में विशिष्ट हैं।

सीता का एक तेजस्विनी नारी के रूप में बड़ा प्रभावशाली चित्रण अभिनंद ने किया है। विशेष रूप से रावण को जिस तरह ओजस्वी वाणी में सीता फटकारती हैं, उसमें अभिनंद ने अपने समय की किसी अभिमानिनी क्षत्रियाणी की वाणी का ओज समेट लिया है। यह पूरा प्रसंग ही बड़ा हृद्य निरवद्य है, इसके कुछ उदाहरणों से यह जाना जा सकता है—

जागर्षि जानकि विषीदसि किं विशेषादद्यापि ताम्यसि न तद्विजहासि वाम्यम्।
धिग्दैवमेवमपि नाम वंशवदस्य विश्वप्रभोर्मम पुरः परिशोषमेषि।।

(१९.६७)

अशोक-पादप के नीचे बैठी हुई सीता से राक्षस-राज रावण कह रहा है कि हे जानकि! तुम जगी हुई तो हो? तुम इतना विषाद क्यों कर रही हो? मैं देखता हूँ कि तुम अभी भी चिन्ता से निरन्तर मुरझाई जा रही हो फिर भी अपनी स्वाभाविक वक्रता का परित्याग नहीं करती। दैव को अपने वशंवद सेवक के रूप में पाकर भी तुम दिनानुदिन शुष्क-प्राय होती जा रही हो।

अद्यापि चिन्तयसि किं तमभव्यमेव निर्मन्दिरः स गिरिकन्दरकाननेषु।
दीर्घं विचित्य भवतीमनवेक्षमाणो दिग्धस्तिरोहित इवास्तमितस्तपस्वी।।

(१९.७२)

(तुम आज भी उस अभव्य तापस राम के ध्यान में क्यों खोई हुई हो? उसका स्वयं रहने का कोई ठिकाना नही है। दुर्गम पर्वत-कन्दराओं तथा नीरन्ध्र कान्तार-श्रेणियों में सुदीर्घकाल तक ढूँढ़ते रहने पर भी तुम्हें न पाकर विष में लिपटे बडिश (मछली फँसाने के काँटे) से विद्ध होने के कारण पीड़ा से व्याकुल रोहित मत्स्य के जैसा अब तक वह बिचारा पता नहीं कहाँ बिला गया होगा।)

रावण की वचनभंगी विदग्धता और बुद्धिमत्ता से परिपूर्ण है। किसी भी स्त्री के दो दुर्बल स्थान होते हैं पति की चिंता और पिता की चिंता। जब रावण देखता है कि सीता राम की निंदा करने पर तो उल्टे और चिढ़ रही है, तो वह उसके पिता जनक के प्रति अपनी श्रद्धा प्रकट करता हुआ उन्हें सारा भारतवर्ष जीत कर दे डालने की बात कहने लगता है—

किं तेन मैथिलि करिष्यसि तापसेन मामेकवीरमरविन्दमुखि श्रयेथाः।
दास्यामि वर्षमवजित्य नृपानशेषान् पूज्याय भारतमहं जनकेश्वराय।।

(हे मैथिलि, तुम उस तापस का क्या करोगी? हे अरविंदमुखि, मेरे जैसा कोई वीर नहीं है, मेरा आश्रय ले लो। मैं भारतवर्ष के सारे राजाओं को जीत कर तुम्हारे पिता पूज्य जनक को भारतदेश दे दूँगा।)

इस प्रकार रावण सीता को समझाने, रिझाने और मनाने के लिये कहासुनी करता है। सीता उसे फटकारती हैं—

आः पाप! निस्त्रप! निशाचर! गच्छ दूरं वीरोऽसि चेत् किमकृथाः परदारचौर्यम्।
तत्स्मर्यतां कृपणमुक्तमभूत् त्वया यत् सम्पातिपुत्रमुखगोचरतां गतेन।।

(१९.९०)

(अरे पापी! निर्लज्ज राक्षस! मेरी आँखों से दूर हो जा। यदि तुझे वीरता का दर्प है तो बता कि तूने चोर की तरह परस्त्री का अपहरण क्योंकिया? अपने उन वचनों को जरा याद तो कर जो तूने सम्पाति के पुत्र के समक्ष दीनता के साथ कहे थे।)

दग्धव्यमेतदचिरान्नगरं त्वदीयं त्वं च ध्रुवं निधनमेष्यसि सानुबन्धः।
सीतेति मूढमनसा भवताऽऽत्मनैव कृष्टाऽस्मि राक्षसकुलक्षयकालरात्रिः।।

(१९.९१)

(यह तेरी स्वर्णमयी लंका कुछ ही दिनों में निश्चय ही जल कर राख हो जाने वाली है। और तू भी अपने बन्धु-बान्धवों के साथ काल के गाल में समा जाएगा। मेरे इस कथन को अटल सत्य जान। मूढ़ मन वाला तू स्वयं ही राक्षस-कुल के विनाश के हेतु साक्षात् कालरात्रि मुझ सीता को यहाँ खींचकर ले आया है।)

कारौकसि त्वमुषितश्चिरमेष यस्य निर्वापितो युधि स येन सहस्त्रबाहुः।
तस्यापि रे पुरभिदाऽखिलमस्त्रवेदमध्यापितस्य विजयी मम जीवनाथः।।

(१९.९२)

(हे नीच! तुझे मेरे प्राणनाथ के पराक्रम का परिचय अभी तक नहीं हुआ है। तू सहस्त्रार्जुन को तो अवश्य ही जानता होगा जिसके कारागार में चिरकाल तक बन्दी के रूप में तू पड़ा रहा था। ऐसे वीर सहस्त्रार्जुन को भी साक्षात् भगवान् शंकर से धनुर्वेद का ज्ञान प्राप्त करने वाले जिस परशुराम ने युद्ध में पराजित कर दिया, उस परशुराम का भी विजेता होने का गौरव मेरे प्राणनाथ को प्राप्त हो चुका है।)

हनूमान् जब इसी सीता को अशोकवाटिका में देखते हैं, तो सीता के पावन सौंदर्य का अनुभव भी उतना ही उदात्त है। अशोकवाटिका स्थित सीता के हनुमान् के द्वारा दर्शन में वाल्मीकि के वर्णन की छाया है, पर अलंकृतकविता सौंदर्यातिशय भी है।

अद्भिः सुधां व्यवहितामिव लावणीभिः मृद्भिश्श्रितामिव विदूरशिलाशलाकाम्।
पुण्याग्निदीधितिमिव स्थगितां समिद्भिरिन्दोः कलामुपहितामिव कालिकाभिः।।

(१९.४१)

(लवण में सनी सागर की जलराशि के भीतर अटकी सुधा सरीखी, धूल से ढकी वैदूर्यमणि की शलाका जैसी, समिधाओं से आच्छन्न होमाग्नि की दीप्ति की भाँति तथा वर्षा-कालीन मेघमाला से तिरोहित चन्द्रकला की भाँति राक्षसियों से घिरी हुई विषाद-मलिन सीता जी को हनुमान् ने अशोक-वाटिका में देखा।)

इस श्लोक में राक्षसियों के लिए सागर की लवणाक्त जलराशि पांसुपटल, समिधाएँ एवं वर्षा-काल की काली घटाएँ तथा सीता जी के लिए सुधा, वैदूर्य-शलाका, होमानल की दीप्ति एवं चन्द्रकला-जैसे उपमान प्रयुक्त हुए हैं।

निर्भर्त्सनाभिरिव सत्कृतिमात्तकेशी मैत्रीमिवाधिगतसन्धिमपक्रियाभिः।
ग्रस्तां कथामिव कुपण्डितचोदनाभिः संभूय रुग्भिवरुद्धरुजं चिकित्साम्।।

(१९.४४)

(लताड़ के द्वारा केशों में पकड़ ली गई सत्कृति जैसी, अपकारों के द्वारा खण्डित मैत्री के जैसी, प्रज्ञा-प्रकर्ष के अभिमान से फूली फूली कुतर्क-मुखर पण्डितम्मन्यों की शंकाओं से ग्रस्त सत्कथा जैसी, तथा एक साथ ही नाना प्रकार के रोगों के प्रकट हो जाने से प्रभावहीन चिकित्सा जैसी क्रूर राक्षसियों से घिरी उस विधुर-हृदया सीता को हनुमान् ने देखा।)

इस श्लोक में निर्भत्सना, अपक्रिया, कुपण्डितों की प्रेरणा तथा रोग-जैसे उपमान राक्षसियों के लिए तथा सत्कृति, मैत्री, कथा एवं चिकित्सा-जैसे उपमान सीता जी के लिए प्रयुक्त हुए हैं। मूर्त एवं अमूर्त उपमानों के गुम्फन से मालोपमा की शृंखला कवि ने गूँथी है।

अभिनंद के रामचरित की महनीयता उसके नारीपात्रों के कारण ही है। सीता की तरह ही तपस्विनी स्वयंप्रभा का भी ऐसा ही ऊर्जस्वी तथा महिमामय चित्र रामचरित में उन्होंने अंकित किया है। स्वयंप्रभा का प्रभा से उद्दीप्त छवि के चित्रण में उतने ही दीप्तिमय शब्दों का प्रयोग है। उदाहरणार्थ—

स्फटिकाश्मगृहादनन्तरं निरमात् कान्तकृशा तपस्विनी।
कुकुभः प्रभयानुलिम्पती शशिलेखेव शरत्पयोधरात्।।

(१२.८५)

(इसके अनन्तर दिङ्मण्डल को अपनी शारीरिक प्रभा से विच्छुरित करती हुई कमनीय

एवं क्षीणकाय स्वयम्प्रभा मयदानव-निर्मित स्फटिकमय शिलासौध में ऐसे प्रकट हुई जिस प्रकार रुचिर एवं कृशकाय चन्द्रकला शरद्-ऋतु के धवल-मेघ-पटल से प्रकट होती है।) यहाँ उपमेय तपस्विनी स्वयम्प्रभा है, जिसे शशिलेखा से उपमित किया गया है। 'स्फटिकाश्मगृह' तथा 'शरत्पयोधर' जैसे दो परस्पर विभिन्न पदार्थों में शुभ्रत्व एवं उच्छ्रायत्व जैसे गुणों के साम्य के सद्भाव से बिम्ब-प्रतिबिम्ब-भाव के रूप में सादृश्य की प्रतीति कवि ने कराई है।

तपनांशुरुचस्तपस्विनी वदनस्योपरि चन्द्रचारुणः।
दधती दृढबन्धिनीर्जटाः, शमनुन्ना इव रागवासनाः।।

(१२.८८)

(उस तपस्विनी स्वयम्प्रभा का चन्द्रमा के समान मनोहर मुखमण्डल तपःप्रभा के सूर्य-जैसा तेजस्वी दीख पड़ता था। उसने अपने मस्तक पर केशपाश को जटाओं के रूप में दृढ़ता से बाँध रखा था। उसकी वे बँधी हुई जटाएँ शम के द्वारा संयमित राग-वासनाओं की भाँति दीख पड़ती थीं।) इस श्लोक में कवि ने दृढ़ भाव से बँधी हुई जटाओं की उपमा शम के द्वारा निरुद्ध राग-वासनाओं से दी है जिसमें मूर्त उपमेय के लिए अमूर्त उपमान का प्रयोग किया गया है। जन्म-जन्मान्तर की अविच्छिन्न परम्परा से आत्मा में निरूढ़ राग-वासनाओं का निरोध शम से ही सम्भाव्य है— योग-दर्शन के इस सिद्धान्त का भी ज्ञान अभिनंद ने यहाँ व्यक्त किया है।

रामकथा को अभिनंद ने ऐसे अनेक नारीपात्रों की उपस्थिति से चित्ताकर्षक बना दिया है, जो सामान्यतया अज्ञात हैं। हनूमान् को रिझाने का प्रयास करती वारांगना का पूरा प्रसंग बड़ा लोमहर्षक है। सीतान्वेषण के उद्देश्य से वानर-यूथों के साथ परिभ्रमण करते हुए हनुमान् जब मय-दानव की लोकोत्तर समृद्धि से समुज्ज्वल गुफा में प्रवेश करते हैं, तब उनके प्रलोभन के लिए एक मायाविनी वारांगना उपस्थित होकर अपने हाव-भावों के प्रदर्शन से उन्हें जिस प्रकार संयम से विचलित करने का प्रयत्न करती है, उसके वर्णन से सम्बद्ध कतिपय उदाहरण द्रष्टव्य हैं—

घनविभ्रम-भङ्गमालिनी मदपूरप्लुत-शीतसैकता।
नगतुङ्गमनङ्गवाहिनी तमियाय स्खलितोत्सुकेव सा।।

(१२.५५)

यह अनुपम सुन्दरी वारांगना अपनी उच्छल कामभावना को मोहक अंग-भंगिमाओं के द्वारा अभिव्यक्त करती हुई पर्वत के समान उत्तुंग हनुमान के पास आ पहुँची। मदविह्वल होने के कारण वह अपने पैरों का सन्तुलन ठीक नहीं रख पा रही थी। उसके प्रत्येक पदक्षेप से उत्सुकता का आवेग स्पष्ट हो रहा था। परन्तु इतने पर भी हनुमान् का अविचल धैर्य चलायमान नहीं हो पाया। कवि ने इस भाव को रूपक-अलंकार की भंगिमा से यहाँ प्रकट

किया है। वह वार-वधू काम की वेगवती धारा थी, विभ्रम ही उसकी तरंग-परम्परा थी तथा मदिरा का आवेश ही उसका सैकत-तट प्रदेश था।

शैली तथा काव्यसौंदर्य

अभिनंद की रचनाशैली पर कालिदास का गहरा प्रभाव है। वैदर्भी रीति में माधुर्य और प्रसाद गुणों के आधान में कवि सर्वथा सफल है। संगीतात्मकता तथा कल्पनाप्रवणता का अभिनंद की रचना में उत्तम संयोग हुआ है। अप्रचलित तथा देशज शब्दों के प्रयोग में अभिनंद ने दुर्लभ कौशल प्रकट किया है। उनकी भाषा बोलचाल की भाषा के निकट भी आ गयी है। 'दुनोति जल्पन् मुखरः शिरांसि' (मुँहफट व्यक्ति की बकबक से माथा दुखने लगता है) तथा 'पक्वः स्वयं पतति' (पका फल अपने आप गिर पड़ता है)- जैसे वाक्य उनकी कविता में जन सामान्य की बोली की छटा ला देते हैं।

राम के विरह वर्णन में विप्रलंभ की व्यंजनाएँ विविध अलंकारों के विन्यास के साथ कवि ने कराई हैं। राम कहते हैं –

धनुर्धनुर्व्योम्नि कथं न किञ्चन व्यलीकमेवाद्य मयेदमीक्षितम्।
हतोऽस्मि हा वत्स दवीयसी पुनः कृता हि मोहापगमेन मैथिली।।

(४.४८)

(हे लक्ष्मण! देखो तो, यह नीच रावण सीता को मुझसे छीनकर आकाशमार्ग से भागा जा रहा है। सीता के विलोल आभूषण के झंकार आकाश में सुनाई दे रहे हैं। कहाँ है मेरा धनुष? जरा इसे इधर देना तो। ओह! मैंने जो यह सारा दृश्य देखा, वह तो एक भ्रम था। आकाश में तो कहीं कुछ भी नहीं दिखाई दे रहा है। यह तो एकदम सूना है। मोहजनित आवेश के भग्न हो जाने से मेरी प्रिया पुनः मुझसे दूर हो गयी।)

सूक्तियाँ

अभिनन्द ने प्रस्तुत काव्य के विविध प्रसंगों में अर्थान्तरन्यास के माध्यम से अपने जीवन के अनुभवों एवं आदर्शों को अतीव प्रभावोत्पादक रूप से उपस्थापित किया है। इनके अर्थान्तरन्यास से निर्मित सूक्तियों के कतिपय उदाहरण द्रष्टव्य हैं।

प्रवेशयन्ति सुहृदं न धीराः स्वार्थसंकटे।

धीर पुरुष स्वार्थ-साधन के संकट में अपने मित्रों को नहीं डालते हैं।

स्वकार्यदोलासु जनोऽल्पभाग्यः प्राङ्निश्चिनोति व्यतिरेकमेव।

अल्प-भाग्य मनुष्य स्वकीय कार्यसिद्धि की संशयापन्न स्थिति में प्रारम्भ में ही अपनी असफलता का निश्चय कर लेता है।

समागमे धामविशेषशालिनां न साध्वसं रोद्धुमलं महानपि।

तेजस्वी पुरुषों की उपस्थिति में महान व्यक्ति का भी मन भय से कम्पित हो उठता है।

विकत्थनं वितथमशोभनं विदुः।

अपने मुँह से अपनी मिथ्या आत्मप्रशंसा अशोभन मानी गई है।

अपरोऽस्त्यभीष्टयशसां महौजसां न महोत्सवः प्रतिसमाह्वादृते।

यश के एकान्त अभिलाषी महापराक्रमी वीरों के लिए युद्ध से बढ़कर कोई दूसरा महोत्सव नहीं होता है।

प्रस्तुत महाकाव्य के वर्णन-शिल्प के निदर्शन के रूप में राम की विरहाकुल दशा का चित्रण जितना ही मार्मिक है, लक्ष्मण के उनको समझाने के प्रयास भी उतने ही कारुणिक हैं। रावण द्वारा अपहृत सीता को लेकर राम के मन में तरह तरह की आशंकाओं कुशंकाओं के मेघ मँडराते हैं। अंततः लक्ष्मण उनकी ऐसी दशा देखकर स्वयं भी विलाप करने लगते हैं। सौंदर्य के कौतुकपूर्ण वर्णनों में अभिनंद सिद्धहस्त हैं। वे मय-दानव द्वारा निर्मित गुफा-भवन के भीतर फैले समृद्धि के संभार का चित्ताकर्षक वर्णन करते हैं। मायाविनी वारांगना के मोहक हाव-भाव का वर्णन जितना प्रभावशाली है, उतना ही उसके आगे हनुमान् का अवचिल धैर्य आश्वस्तिदायक है। इसी प्रकार तपस्विनी स्वयंप्रभा का शान्त-स्निग्ध रूप, हनुमान् का समुद्र-लंघन, लंका-नगरी का वैभव और नगरनिवेश, राक्षस-राज रावण का पानकेलिप्रसंग, विरहिणी सीता की विषाद-मग्न छवि, हनुमान् के द्वारा लंकादाह, सागर पर सेतु का निर्माण, सैन्य अभियान, रावण की सभा का विक्षोभ तथा महासंग्राम के ओजस्वी वर्णनों ने इस महाकाव्य के विस्तीर्ण फलक में बहुवर्णी विच्छित्तियाँ दी हैं। उदात्त का आद्यंत निर्वाह समग्र महाकाव्य की उपलब्धि है। इन वर्णनों में प्रसंगानुरूप भाषा के प्रयोग ने इस काव्य को प्रभावोत्कर्ष दिया है। नैसर्गिक सौन्दर्य के चित्रण में कवि का सूक्ष्म पर्यवेक्षण सराहनीय है। प्रकृति को चेतन व अचेतन दोनों रूपों में महाकाव्य के फलक पर अभिनंद ने उकेरा है। द्वितीय सर्ग में निबद्ध सायंकाल, अन्धकार एवं चन्द्रोदय के मनोरम चित्रण तथा चतुर्थ सर्ग में शारदीय सुषमा से अनुरंजित वनस्थलों में आविर्भूत प्रातःकाल के प्रशान्त मनोहर दृश्यों के वर्णन उल्लेखनीय है। इसके अतिरिक्त सीता जी के अन्वेषण-हेतु विभिन्न दिशाओं में परिभ्रमण कर चुकने के बाद लौटकर आए हुए निराश वानर-यूथपों के द्वारा प्रस्तुत भारत के विविध भूभागों की विशेषताओं के संक्षिप्त वर्णन भी प्रसादपूर्ण एवं स्वाभाविक बन पड़े हैं। इसी प्रकार लंका में सायंकाल, प्रदोष एवं चन्द्रोदय के मनोहर दृश्यों के वर्णन प्रस्तुत महाकाव्य के अठारहवें सर्ग में निबद्ध किए गये हैं, जो अत्यन्त सरस एवं हृदयावर्जक हैं। प्रकृति-वर्णन के ये सन्दर्भ नैसर्गिक सौन्दर्य के प्रति कवि की असाधारण संवेदनशीलता का परिचय उपस्थित करते हैं। अभिनंद के ये वर्णन कथाप्रसंग के सहज अंग बन कर आते हैं, कहीं थोपे हुए नहीं लगते। कालिदास, भारवि और माघ की कल्पना के रंग एक साथ इन वर्णनों में उतर आये हैं। जैसे—

एष पश्य पतितो नभस्तलादस्तशैलगहनेषु नश्यति।
सन्ध्यया चरमदिक्प्रगल्भया भग्नसान्द्रकरपञ्जरः खगः।।

(२.९६)

सन्ध्याकाल में अस्त-प्राय सूर्य-बिम्ब के सौन्दर्य का वर्णन रामचन्द्र से करते हुए लक्ष्मण कहते हैं कि देखो तो! आकाश से गिरे हुए इस खग (सूर्य एवं पक्षी) के करपंजर (किरणरूपी पिंजड़े) को प्रगल्भ या ढीठ संध्या नायिका ने पश्चिम दिशा पर पहुँचकर तोड़ डाला है जिससे यह कर-पंजर से मुक्त होकर अस्ताचल के सघन वनों में विलीन होता जा रहा है। यहाँ कर व खग में श्लेष है। सूरज की पक्षी के रूप में छवि तथा प्रगल्भा संध्यावधू का उसके पिंजरे को खोल कर उसे आजाद करने की परिकल्पना मनोहारी है।

शक्यमर्चितुमनुच्चपाणिभिः पाशपाणिनगरीनिवासिभिः।
लम्भितेव लहरीपरम्परामुल्ललास शशिकान्तिवाहिनी।।

(२.१००)

(पाशपाणि या वरुण की नगरी के निवासियों को बिना हाथ ऊपर उठाये लहरियों के कतारों के द्वारा चंद्रमा की कांति की रेखाएँ सुलभ हो जाती थीं।)

अभिनंद खिले केतकी-कुसुमों, पत्रावली से परिस्फीत कदली-वनों, शुभ्र सैकत-पुलिनों तथा विकसित कुमुद-श्रेणी से सुशोभित सरोवरों में प्रतिफलित चन्द्र-किरणों के चित्ताकर्षक चित्र खींचते हैं। चाँदनी को वे बहती नदी के रूप में अंकित करते हैं।

अयं विभातश्लथबन्धनच्युतश्चकास्ति पिण्डीतगरोत्करः पुरः।
रविप्रभाप्रेरणया गतो महीं विमानमार्गादिव तारकागणः।।

(४.११)

प्रातःकाल में स्वभावतः शिथिल वृन्तों से धरती पर सामने से गिरे हुए ये तगर के फूल ऐसे दीख पड़ते हैं मानो सूर्य की किरणों के वेग से प्रेरित होकर तारागण आकाश से धरती पर आ गिरे हो। इस श्लोक में तगर के फूलों की तारागण के रूप में सम्भावना की गयी है। तारागण-जैसे उपमानों के प्रयोग के द्वारा वृन्तच्युत तगर-पुष्पों का वनभूमि में प्राचुर्य भी संसूचित होता है।

पारंपरिक समीक्षा

भोज, कुंतक और क्षेमेंद्र जैसे मूर्धन्य काव्यशास्त्रियों ने अभिनंद के कवित्व की सराहना की है। भोज ने अपने सरस्वतीकंठाभरण तथा शृंगारप्रकाश - इन दोनों ग्रंथों में अभिनंद के रामचरित से अनेक पद्य उद्धृत किये हैं। सोड्ढल ने अपनी कृति 'उदयसुंदरीकथा' में अभिनंद की प्रशंसा करते हुए कहा है—

वागीश्वरं हन्त भजेऽभिनन्दमर्थेश्वरं वाक्पतिराजमीडे।
रसेश्वरं नौमि च कालिदासं बाणं तु सर्वेश्वरमानतोऽस्मि।।

क्षेमेंद्र ने अपने सुवृत्ततिलक में अभिनंद के अनुष्टुप् की सराहना की है। शार्ंगधरपद्धति के एक पद्य (१७६) में अभिनंद को अमर, अचल और कालिदास के समान कहा गया है। कुंतक के अनुसार प्रबंधों के नामकरण दो प्रकार से हो सकते हैं एक तो निरुपमोल्लेख विलक्षणवक्रतासारसाक्षर, दूसरे सरलस्वरूप। कुंतक ने अभिनंद के रामचरित के नामकरण को सरलस्वरूप कहा है।[४५]

अभिनंद संस्कृत के महाकवियों की पहली पंक्ति में अग्रगण्य हैं। ऐसे महनीय कवि को पं० बलदेव उपाध्याय ने अपकर्षकाल का कवि कहा है,[४६] जो उचित नहीं है।

कादंबरीकथासार

इस महाकाव्य के प्रणेता भी अभिनंद हैं, पर ये रामचरितकार अभिनंद से भिन्न हैं। कादंबरीकथासार के कर्ता अभिनंद प्रख्यात नैयायिक जयंतभट्ट के पुत्र थे, तथा कश्मीर में रहे। इनका समय ९००ई० के आसपास है। इसके अतिरिक्त सुभाषितकार अभिनंद की चर्चा भी सुभाषितों के कवि शीर्षक अध्याय में यहाँ की गयी है। कादंबरीकथासार में बाणभट्ट की कादंबरी का सरस पद्यमय रूपांतर है। भोज ने शृंगारप्रकाश में शांता उपनायिका के उदाहरण में इस महाकाव्य से महाश्वेताविषयक यह पद्य उद्धृत किया है—

नवे वयसि प्राप्तवैराग्याभ्यासवासना।
व्यलोकि कन्यका येन धृतपाशुपतव्रता।।

संपूर्ण कादंबरी का सार प्रस्तुत करने की दृष्टि अभिनंद ने इस काव्य में अनुष्टुप् छंद का ही प्रयोग किया है। भोज ने नायिका की सखी के उदाहरण में भी इस काव्य से अनेक पद्य उद्धृत किये हैं। यथा—

अथ बिभ्रज्जटास्तन्वी स्रुताम्बुकणदन्तुराः।
स्नानार्द्रवल्कलस्ताभिरदृश्यत कपिञ्जलः।।

स्वयमेवोपसृत्यैष महाश्वेतामभाषत।
राजपुत्र्यपि नामायं प्रत्यभिज्ञायते जनः।।

अहं कपिञ्जलस्तस्य वयस्यो दयितस्य ते।
चिरागमनदौरात्म्यादुपालभ्योऽस्मि न त्वया।।

...

कपिञ्जलकथातप्तं वैशम्पायनविग्रहम्।
पुण्डरीकमभिज्ञाय महाश्वेतान्वतप्यत।

द्वितीयेऽप्यहमेवास्य जाता जन्मनि मृत्यवे।
शप्तो ममानुरक्तोऽसौ मयेति विललाप सा।।

(कादकसा० ७.५३-५५, ७७-७)

भोज ने पत्रहारिणी दूती का उदाहरण कांकसा. (४.६८) का पद्य दिया है। अभिनंद ने कादंबरी मूल से ही संदेश का पद्य उद्धृत कर दिया है उसका भी भोज पुनः अनुवचन करते हैं—

ततस्तरलिका मह्यमर्पयामास पट्टिकाम्।
तस्यां तु लिखितामार्यामिमामहमवाचयम्।।

दूरं मुक्तालतया बिससितया विप्रलोभ्यमानो मे।
हंस इव दर्शिताशः मानसजन्मा त्वया नीतः।।

(शृप्र भाग २ पृ० १२४७)

इसीप्रकार सुहृत्सम्मन्त्रण, अवस्थानुभव, सहायोत्साहन तथा प्रियदूतागमन आदि के प्रसंगों के उदाहरण भी भोज ने कादंबरीकथासार से दिये हैं।

चंद्रप्रभचरित

इस महाकाव्य के प्रणेता आचार्य वीरनंदि हैं। वीरनंदी के गुरु आचार्य अभयनंदी थे।

ग्यारहवीं शताब्दी के महाकवि वादिराज सूरि[४७] ने पार्श्वनाथचरित में इस महाकाव्य की प्रशंसा करते हुए कहा है—

चन्द्रप्रभाभिसम्बद्धा रसपुष्टा मनःप्रियम्।
कुमुद्वतीव नो धत्ते भारती वीरनन्दिनः।।

(चंद्रप्रभा से संबद्ध (श्लेष से अन्य अर्थ चंद्रमा की प्रभा से संबद्ध) रस से पुष्ट, वीरनंदी की वाणी कुमुद्वती के समान मन को प्रिय लगती है।)

नेमिचंद्र शास्त्री के अनुसार वीरनंदी का काल ९७०-७५ के आसपास है।

आठवें तीर्थंकर चंद्रप्रभ इस काव्य के नायक हैं। उनके सात भवों (जन्मों) का वर्णन कवि ने इसमें किया है। असुरों द्वारा काव्य नायक का अपहरण, तपश्चर्या, वनों में भ्रमण, युद्ध, सैन्यनिवेश आदि के रोचक वृत्तांत हैं। वसंत उपवनविहार, जलक्रीडा आदि के वर्णनों में शृंगार रस का भी परिपोष कवि ने किया है। भाषा शैली पर कालिदास की वैदर्भी रीति की छाया है। निसर्ग वर्णनों में कहीं कहीं अछूते अप्रस्तुतविधान तथा नवीन बिंबों के द्वारा कल्पना का चमत्कार कवि ने प्रकट किया है। वनप्रांत के सौंदर्य में बीभत्स की छायाएं दिखाता हुआ वह कहता है—

अतिरौद्रकिरातभल्लभिन्नप्रियकास्रारुणिता ददाति भूमिः।
रुचिरत्वमरण्यदेवतानां चरणालक्तकचर्चितेव यस्याम्।।

(६.७)

(अत्यंत भीषण किरातों के भालों से विदीर्ण प्रियकों के रक्त से रँगी भूमि ऐसी लगती थी, जैसे वनदेवियों के चलने से उस पर महावर लगी हो।)

इस महाकाव्य में शांतरस की प्रधानता है। शृंगार के साथ वीर, बीभत्स व भयानक रसों का भी समुचित परिपोष हुआ है।

लक्ष्मीधर : चक्रपाणिविजय

चक्रपाणिविजय महाकाव्य के प्रणेता लक्ष्मीधर भोज के समकालीन थे। अपने महाकाव्य के आरंभ में इन्होंने अपना परिचय दिया है, जिसके अनुसार इनके पूर्वज गौड़ देश के कौशल नामक गाँव के निवासी थे। इनके पूर्वजों में एक परमविद्वान् नरवाहन भट्ट थे। लक्ष्मीधर इनके प्रपौत्र, अजित के पौत्र तथा वैकुंठ के पुत्र थे। लक्ष्मीधर भोज की सभा में गये थे, पर वहाँ वे अपने कवित्व की उपेक्षा से खिन्न होकर राजसभा को छोड़कर चले आये थे- - ऐसा संकेत उन्होंने महाकाव्य में अपने परिचय में दिया है। लक्ष्मीधर बताते हैं कि भोजराज की सभा में 'दुर्जन और तस्कर लोग इतने ज्यादा मौजूद थे कि मुझे घुसने नहीं दिया गया इसलिए मैं वहाँ से आ गया।'

श्रीभोजदेवेन्दुविराजितायां तस्यां सभापञ्चदशीनिशायाम्।
बिनाऽपि मुद्रामतिवाह्यमेव (-मतिवाह्य चाहं) दूरीकृतं (तो) दुर्जनतस्करेण।।

(चक्रपाणिविजयमहाकाव्य, १.९)

चक्रपाणिविजय महाकाव्य के अतिरिक्त इन्होंने ग्रामजीवन तथा दरिद्रजनता से संबद्ध अनेक मार्मिक सुभाषितों की रचना भी की थी, जिनका विवरण इस पुस्तक में अन्यत्र दिया गया है।[४८]

चक्रपाणिविजय महाकाव्य उषा और अनिरुद्ध की प्रणय कथा तथा बाणासुर के साथ श्रीकृष्ण के संग्राम के पौराणिक आख्यान पर आधारित है।

कथावस्तु

दानवों के वंश में राजा बलि प्रथम प्रतापी सम्राट् हुए। वे अत्यंत यशस्वी और प्रजावत्सल थे, यज्ञ और पुण्य कार्यों के संपादन से उन्होंने देवताओं को प्रसन्न किया था। उनके राज्य में सब निर्भय रहते थे, किसी को शस्त्र उठाने की आवश्यकता नहीं थी। उनकी दानवीरता का यह हाल था कि राज्य में कोई याचक नहीं बचा था, तो वे यह सोच कर चिंतित रहते थे कि किसे दान देकर संतुष्ट करूँ। यदि कभी भूले भटके कोई अर्थी आ पहुँचता तो राजा बलि हर्ष से रोमांचित होते और उसके आगे राशि राशि स्वर्ण प्रस्तुत कर देते। राजा बलि के मुख से याचकों को दान देने के लिये देहि - देहि - (दे दिया जाए) यह शब्द इतनी बार निकलते थे कि कभी वे अपने लिये कोई वस्तु (मुझे अमुक वस्तु दे दो) इस अर्थ में देहि शब्द का

उच्चारण करते तो उनके सेवक भौंचक्के होकर ताकते रह जाते कि याचक तो कोई है ही नहीं तो राजा किसे वह वस्तु देने को कह रहे हैं। उसके साथ ही राजा बलि की दयालुता का तो कहना ही क्या? जिन शत्रुओं को उन्होंने जीत लिया था, वे वन में बेहाल भटक रहे थे। उनकी दशा का वर्णन सुनकर राजा अपने ही सेवकों को प्रच्छन्न विद्याधरों के वेश में भेज कर उन्हें धनसम्पदा दिलवा देते। कामधेनु और कल्पवृक्ष राजा बलि के सामने निरर्थक हो गये।

बलि की अतिशय दानशीलता की कीर्ति के कारण विष्णु को लगा कि राजा बलि को अहंकार हो गया है, तो उन्होंने उनके अहंकार के दमन के लिये पहले वामन और फिर विराट् रूप धारण कर अपना चरण उठा कर राजा के मस्तक पर रखा। पर विष्णु का यह उठा हुआ चरण राजा बलि की कीर्ति के फहराते दुपट्टे के ऊपर तना हुआ छत्र ही साबित हुआ। कुल मिला कर सारे ब्रह्मांड के महासागर में राजा बलि की कीर्ति का जल ही इस तरह उछाल भर रहा था कि उसके आगे आकाश गंगा तो मामूली झाग के बराबर लगती थी। जब वह समरभूमि में उतरता, तो आकाश में उड़ते गरुड उसके वज्र के समान विस्फूर्जित देखने के लिये ठहर जाते, सूर्य देवता अपना रथ रुकवा लेते। युद्ध में पकड़े गये शत्रुपक्ष के बन्दियों को न केवल वह आदर सत्कार के साथ रखता उनके मनोरंजन के लिये तरह तरह की गोष्ठियों का भी आयोजन करता। इस प्रकार प्रथम सर्ग में दैत्यराज बलि के पराक्रम और चरित का प्रभावशाली वर्णन है।

राजा बलि के समस्त संस्कार धर्मशास्त्रोक्त विधि से संपन्न हुए थे। उसका विवाह भी यथोचित रीति से हुआ। विवाह के पश्चात् उसके बाण नाम का पुत्र उत्पन्न हुआ। दूसरे सर्ग में बाणासुर का जन्म तथा तप कर उसका भगवान् शिव को प्रसन्न करने का वृत्तांत है।

बाण अपने पिता के समान ही प्रतापी था, वह बड़ा हुआ, तो उसे पता चला कि किस प्रकार विष्णु ने छल से उसके पितासे सारा राज्य लेकर उन्हें पाताल का सम्राट् बना दिया था। वह प्रतिशोध की भावना से शिव की आराधन करने लगा।

बाण ने राजप्रासाद छोड़ दिया, हिमालय की एक गुफा में निवास करने लगा। शरीर के सारे वस्त्राभूषण उतार कर भस्म लपेट लिया, केवल स्फटिक के कुंडल कानों में रह गये। इन कुंडलों को पहने हुए वह शरीर पर भस्म लगा लेता तो चंद्रमा के समान लगता था, जिसके दोनों ओर बृहस्पति और शुक्र चमक रहे हों। तपस्या के समय जब वह लंबी साँस भीतर खींचता तो हिमालय के भूभाग में लगे पेड़ों की शाखाएँ उसकी ओर खिंचने लगतीं, मानों पेड़ हाथ नीचे ले जा कर उसे प्रणाम कर रहे हों। जब वह श्वास भीतर रोक कर समाधिस्थ हो जाता, सारे हिमालय के परिसर में हवा थम जाती और सारे पेड़ भी जैसे समाधिस्थ हो जाते। इस तरह तप करते करते वह जितेंद्रिय हो गया, उसके नेत्रों से अपूर्व ज्योति फूटने लगी। अपने उन्हीं नेत्रों से उसने देखा कि ईश्वर सामने खड़े हैं। उसने संभल कर शिव की स्तुति करना आरंभ किया। उसकी चमत्कारपूर्ण स्तुति से शंकर और भी प्रसन्न हो उठे। उन्होंने कहा- बाण। मैं तुम पर प्रसन्न हूँ, जो वर माँगना चाहो माँगो।

बाण ने कहा - भगवन्, जिसने आपकी भक्ति का रस पा लिया उसे और क्या चाहिये? जिसे अमृत मिल गया, वह पानी के लिये क्यों लालच करेगा?

बाण के ऐसा कहने पर शंकर और भी प्रसन्न हो गये। बार बार आग्रह करने पर भी बाण ने उनकी कृपा के अतर्कित कोई वर माँगना न चाहा, तो शिव बोले - फिर यह हो कि हम दोनों एक दूसरे के मित्र हुए।

इस प्रस्ताव पर बाण लज्जित हो गया, पर शिव उस पर अनुग्रह की वर्षा करते हुए पार्वती को लेकर उसके साथ शोणितपुर (बाण की राजधानी) तक आये। वहाँ उन्होंने बलिनंदन बाण का राज्याभिषेक स्वयं किया।

शंकर से सख्य क्या मिला कि बाण का सारे संसार पर एकच्छत्र राज्य हो गया। फिर तो वह देवताओं के मन में बाण की तरह चुभने लगा। उसके यश का चँदोवा दिग्दिगंत तक इस तरह छा गया कि दसों दिग्गज उसे संभालने के लिये मानों डंडे बन कर खड़े रह गये थे।

फिर बाण के घर में उषा नामक कन्या ने जन्म लिया, जो त्रिभुवनसुंदरी थी। एक बार शिवालय में शिव के दर्शन के लिये गई। जब वह शिव को प्रणाम करने लगी, तो उन्होंने उससे कहा - बेटी, पहले समस्त स्त्रीजनों में श्रेष्ठ पार्वती देवी को प्रणाम करो। शिवपार्वती की युगलजोड़ी के दर्शनकरते हुए उषा की दृष्टि रूप के महासागर में गोते लगाती रह गई। पार्वती ने उषा को उसी तरह वात्सल्य से निहारा, जैसे अपनी बेटी को निहार रहीं हों। फिर उन्होंने उषा को अमृतमय वचंनों से आशीर्वाद दिया। उन्होंने कहा - बेटी, तुम्हारा पति तुम्हारी बाल्यावस्था में ही निश्चित किया जा चुका है। पर वह तुम्हारे लिये काम्य नहीं हुआ। वह काम्य बनेगा, जब तुम चैत्रमास की द्वादशी तिथि पर जब विशाखा नक्षत्र होगा, चाँदनी रात होगी, और निद्राभिभूत होकर तुम कंदर्प (कामदेव) के समान उसे सपने में निरखोगी।

पार्वती के वचन सुनकर उषा चकित रह गई।

चैत का महीना आया। उषा के मन में पहली बार मन को मथने वाले मन्मथ (कामदेव) ने हलचल मचाई। फिर द्वादशी तिथि आ गई। थोड़ी नींद लगते ही उषा ने स्वप्न में अनिरुद्ध को देखा। तब से वह खिन्न रहने लगी। सखियाँ निहोरा कर कर के उससे उसके खेद का कारण पूछतीं, पर जैसे बंद सीप से मोती की आब बाहर नहीं आती, ऐसे ही उसके मुँह अपने दुख का कारण बताने के लिये वचन नहीं निकलता। पर सखियाँ समझ गईं कि उषा को किसी का प्रेम है, जो उषा को सता रहा है। वे उसका शीतोपचार करने लगीं।

उषा की सबसे मुँहलगी सखी थी - चित्रलेखा। वह उषा के मन के भीतर की बात वह निकालना जानती थी। उसके बार बार पूछने पर उषा की लाज का आवरण टूटा, उसका मुख से सरस्वती का प्रवाह फूट पड़ा। उसने स्वप्न में देखे सुंदर युवक की बात चित्रलेखा को बताई। पर वह उस युवक का नाम-पता तो कुछ बता नहीं सकती थी। चित्रलेखा तो चित्रलेखा ही थी,

उसने कहा - सखि, चिंता की बात नहीं, मैं तुम्हारे सामने सारे संसार का चित्र बना कर प्रस्तुत कर देती हूँ। मेरी कूची थोड़ा सा भी संकेत मिल जाये, तो सारे नगर, भवन और विद्याधर, सिद्ध, किन्नर सब के चित्र बना सकती है। चित्रलेखा की बातों से उषा के मन से निराशा का अँधेरा छँट गया। फिर क्या था? चित्रलेखा ने खेल खेल में सारे विश्व का चित्र बना डाला। इस उसने चित्र के भीतर सुंदर से सुंदर गंधर्व बनाये। इनके चित्र बना कर वह उनके नाम और वंशपरंपरा के विषय में बताने लगी। चित्रांगद, नवकूबर, वरुण, अश्विनीकुमार, ऋतुराज वसंत - इन सबके चित्र बना कर चित्रलेखा ने उषा को इनका परिचय दिया। उषा ने निराशा के गहरे गर्त में गिरती हुई सी बोली - सखि अब रहने दो, जिस अपरिचित को स्वप्न में देख लिया, उस से सचमुच में क्या भेंट हुई है?

पर चित्रलेखा हार मानने वाली थी भला? उससे उषा को विस्मय से स्तब्ध कर देने वाले अपने कलाकौशल से एक क्षण में श्रीकृष्ण का चित्र बना डाला। अनुपम सौंदर्य. कंठ में कास्तुभ माण और लक्ष्मी आलिंगित दह। उषा मान गई कि अर यह तो जिसे मैंने स्वप्न में देखा है, उसका कोई पुरखा हो सकता है। तब चित्रलेखा ने पहले भी अधिक असाधारण चित्रकर्मनिपुणता दिखाते हुए श्रीकृष्ण के पुत्र प्रद्युम्न का चित्र बना डाला। उषा के मुख पर उस चित्र को देखकर गुलाल की तरह लाज की लाल आभा बिछ गई, वह आशा में उमगती हुई भी लाज के कारण सिमटी हुई सिर झुका कर बोली - बस एक बार और प्रयास करो सखि, जिसे मैंने देखा यह उससे कितना मिलता है। फिर चित्रलेखा ने प्रद्युम्न के पुत्र अनिरुद्ध का चित्र बनाया। उस चित्र को देखकर उषा के मन से सारा विषाद हिरन हो गया, मुख से तो नहीं, पर आँखों में उमगते प्रेम के साथ चित्र को निहारते हुए उसने जता दिया कि यही है वह!

चित्रलेखा ने कहा - सखि, तुम्हारी दृष्टि बड़ी पारखी है, जो तुम्हारे योग्य था, उस पर ही जा टिकी। अब इस युवक का परिचय सुनो। हर्ष से गद्गद होते हुए उसने श्रीकृष्ण के चरित का वर्णन कर के कहा - सखि, तुम तो ऐसे अनादि गुरु भगवान् की कुलवधू बनने जा रही हो कि सारे मुनिजन तुम्हें नमन करेगें।

जब उषा को पता चला कि उसका प्रिय ऐसे अगम्य स्थान में रहता है, जहाँ मनोरथ से भी नहीं पहुँचा जा सकता, सामान्य रथ की तो बात ही क्या? तो वह फिर खिन्न होने लगी। चित्रलेखा ने उसे समझाते हुए कहा कि तुम्हारे प्रिय को खेल खेल में यहाँ ले आऊँगीं।

फिर क्या था? चित्रलेखा ने अपने साथ कुछ औषधियाँ रखीं, इनमें एक औषधि थी जिससे वह सूक्ष्म से सूक्ष्म रूप धर सकती थी, एक थी, जिससे वह परम विशाल रूप धर सकती थी, एक अन्य औषधि लोगों को अंधा बना देने वाली थी, तो दूसरी ऐसी जिसे अंधा भी देखने लगे। इन जड़ी बूटियों को लेकर चित्रलेखा अपने मायारथ पर सवार हो गई। इसका

रथ हवा में तिरने लगा। रथ पर बैठी वह भारत देश के एक एक गाँव, एक एक नगर को निहारती चली जा रही थी। उसने पाटलिपुत्र, कांची, कुशस्थली, कुरुक्षेत्र आदि नगर छान डाले, अनिरुद्ध उनमें कहीं न था। फिर वह अवंति देश में उज्जयिनी में आ गई। यहाँ सांदीपनि ऋषि के आश्रम में उसने बलराम और श्रीकृष्ण के विग्रह का दर्शन किया। इन विग्रहों के दर्शन से उसे अनिरुद्ध को पाने की आशा बँधी। फिर वह सरस्वती नदी के किनारे चली आई। सरस्वती का पानी जैसे धाड़ मारते सागर की लहरें। पर वहाँ भी कहीं ठौर ठिकाना उषा के प्रिय का न मिला।

फिर वह पश्चिम सागर के तट पर पहुँची। चित्रलेखा ने निराशा के कारण समुद्र में अपने को गिरा दिया, तब उसने पाताल से भी अधिक विशाल रमणीय नगरी समुद्र के भीतर देखी। नगरी के बाहर उद्यान था। उसने अपना रथ उद्यान के बाहर लगा दिया और सामान्य वेष बना कर उद्यानपालिकाओं के पास पहुँची। उनसे बोली - हे सखियों, मेरी नाव सागर में भटक गई, और मैं इस नगरी में आ पहुँची। यह कौन सी नगरी है?' उद्यानपालिकाओं से जैसे ही विदित हुआ कि यह तो देवाधिदेव हरि की निवासस्थली द्वारिकापुरी है, चित्रलेखा की बाँछे खिल गईं। फिर वह अनिरुद्ध की खोज में चल पड़ी। राजप्रासाद में प्रवेश करना असंभव था, पर चित्रलेखा तो अपनी माया से भीतर जा घुसी, प्रस्वापिनी विद्या का प्रयोग किया और उषा के मन के तस्कर (चोर) को तस्करकर्म के द्वारा उठा लाई।

आधी रात थी। अनिरुद्ध को बाण के अंत:पुर की सुंदरियाँ चामर झल रहीं थीं। चामर झलने में उनके कंकण खन खन करते। उनकी खनक से अचानक अनिरुद्ध की नींद टूटी। इसने देखा कि वह अपरिचित स्थान में है। वह सोचने लगा कि यह स्वप्न भी नहीं है, इंद्रजाल भी नहीं है, सब कुछ वास्तविक है, और उतना ही परम रमणीय भी लग रहा है। कोई मुझे छल से नींद में बेसुध कर के कठपुतली की तरह उठा कर यहाँ ले आया है। यह सोच कर अनिरुद्ध आवेश में भरकर जो भी शत्रु छल से मेरा अपहरण कर मुझे यहाँ ले आया है, मैं उसे समूल नष्ट किये देता हूँ- यह सोच कर अपनी तलवार उठा कर शयनकक्ष के बाहर आया, तो उसने उषा और चित्रलेखा की बातचीत सुनी। चित्रलेखा ने झट से अंजलि बाँध कर अनिरुद्ध से उषा के मन की सारी बात बता डाली। उषा को देख देखकर और चित्रलेखा के चित्रविचित्र बतरस में पग कर अनिरुद्ध तो पूरी तरह उषा के प्रेमपाश में बँध गया। फिर क्या था - इंद्रनीलमणि से मंगल वेदी बनाई गई, उस पर स्फटिक का बना आसन लगाया गया, जिस पर वधू के वेष में उषा जब बैठी, तो अनिरुद्ध को लगा कि श्वेतकमल पर साक्षात् लक्ष्मी बैठी हैं। अनिरुद्ध के कंधों पर श्वेत दुकूल डाला गया था, दुकूल ऐसा जैसे हंस के पंखों से बना हो। वह उषा को एकटक निरखता रह गया, तो लगा जैसे हंसों की पाँत से भरे तट वाला सागर पूरे चंद्रमा को निरख कर उमग रहा है। चित्रलेखा ही इस विवाह में कन्यादान करने वाली

पुरखिन भी बनी, वही दोनों के बीच परिहास, संवाद का सेतु भी। दोनों ने सखियों के हास परिहास के बीच वह मधुयामिनी सानंद बिताई, पर भोर होते होते अंत:पुर के रक्षकों को खबर लग गई कि कोई बाहरी व्यक्ति वहाँ घुस आया है। अनिरुद्ध के शयनागार को विशालकाय राक्षसों ने ऐसे घेर लिया जैसे उखाड़ कर फेंक देगें। - वे चिल्ला रहे थे - अरे जायेगा कहाँ? शयनागार तो भीतर से बंद था, और वर वधू रात भर की गई रतिक्रीडा के आनंद और रोमांच से सागर में डूब उतरा कर थक कर चूर हुए बेसुध सोये हुए थे। द्वार न खुले, न भीतर से कोई उत्तर दे, तो दैत्य मूसल के प्रहार कर कर के कपाट तोड़ने लगे। कपाट टूटते ही दैत्य चिल्लाते हुए अनिरुद्ध पर टूट पड़े। अनिरुद्ध को तत्क्षण अस्त्र न दिखा, तो उसने टूटे द्वार की सोने की अर्गला (साँकल) उठा कर अपने ऊपर प्रहार करने को उद्यत दैत्य पर दे मारी। दैत्य के मुख से रक्त की धार बह निकली। फिर तो जो सामने आता, अनिरुद्ध की अर्गला के प्रहार से वहीं ढेर हो जाता। अर्गला उसके हाथ में चक्र की तरह घूम रही थी, इससे वह चक्रपाणि प्रतीत हो रहा था। पर अनिरुद्ध के मन में करुणा भी उतनी ही थी, जितना शौर्य का तेज। उसने प्रहार करते समय भी ध्यान रखा कि दैत्यों में से किसी का वध न होने पाये।

एक एक कर दैत्य वीर अनिरुद्ध के आगे ढेर हो गये, सारे राजकुल में यह बात फैल गई। फिर तो राजा बाण ही मंत्री कूष्मांड को सारथि बना कर अनिरुद्ध से भिड़ंत के लिये निकल पड़े। दोनों में घोर संग्राम छिड़ गया। भय से काँपती उषा अपने शयन कक्ष के गवाक्ष से यह सब दृश्य देखती रह गई। अनिरुद्ध ने अपनी तलवार से बाण की सेना के हाथियों के मस्तक काट डाले। हाथियों में भगदड़ मच गई, बाण की सेना में खलबली मच गई और दैत्य सैनिक भाग निकले। अनिरुद्ध बाण की सेना का यह हालत देखकर हँसने लगा और बाण को चुनौती देने लगा। कूष्मांड अपने राजा को समझाने लगा कि यह तो कोई अलौकिक दिव्य पुरुष है, इससे लड़ाई मत कीजिये। बाण उसकी बातों से और चिढ़ गया। बाण के सहस्त्रों बाणों की परवाह न करके अनिरुद्ध दौड़ कर उछला और उसके रथ पर जा चढ़ा।

शिव के वरदान से बाण के सहस्त्रों हाथ थे। उसने अपने सारे हाथों में गदाएँ उठा लीं, पर अनिरुद्ध ने अपनी अमोघ तलवार से उसकी गदाएँ भी छिन्न भिन्न कर दीं। तब तो बाण ने अपनी एक हजार भुजाओं के बंधन में उसे बाँध लिया। अनिरुद्ध उसके भुजपाश को न तोड़ सका, तो उसने अपने हाथों से बाण का गला पकड़ लिया, बाण की भुजाओं के बंधन शिथिल हो गये, अनिरुद्ध ने जान बूझ कर दैत्यराज के कंठ पर अपनी हथेलियाँ इतनी नहीं कसीं कि उसके प्राण ही निकल जायें, पर बाण ने उसके इस उपकार का विचार न कर के माया का आश्रय लिया। अनिरुद्ध नागों के पाश में निरुद्ध हो गया।

अनिरुद्ध कारागार में डाल दिया गया, कूष्मांड अपने राजा को समझाता रह गया कि इस वीर को तस्कर रूपी अवस्कर (कचरा) मत समझिये। इसके बहाने भगवान् कृष्ण से संधि कर

डालिये। पर बाणासुर तो भगवान् शंकर के सख्य के भरोसे गर्व में भरा हुआ था, उसने कहा कि मैं तो श्रीकृष्ण का समूल नाश ही कर डालूँगा।

कूष्मांड सोच रहा था कि जिस प्रकार जलाशय में प्रतिबिंबित सूर्य भी जलाशय को सुखाता है, उसीप्रकार राजा बाण मेरे हृदय में बसे हुए हैं, और वे मुझे संताप भी दे रहे हैं, नीति की बात वे सुन नहीं रहे हैं। जिस तरह अस्तोन्मुख सूर्य कमल को अनदेखा करता है, उसी तरह बाण ने भी अपने विश्वस्त मंत्री की सलाह को ठुकरा दिया।

अब कृष्ण और बाणासुर का महासंग्राम देखने का आनंद मिलेगा - यह सोच कर नारद मुनि की बाँछे खिल गईं थीं। सो वे कृष्णपक्ष को युद्ध के लिये उकसाने का संकल्प कर के द्वारकापुरी चल पड़े। श्रीकृष्ण ने उनका यथोचित रीति से अर्घ्य देकर सत्कार किया। नारद ने कृष्ण को समझाते हुए कहा - अनिरुद्ध को बलि के बंधन से मुक्त करने के लिये युद्धहेतु तैयार हो जाइये। बाणासुर भी आपसे भिड़ने के लिये तैयार है। अनिरुद्ध बाणासुर के बंधन में है, यह जान कर कृष्ण आपे से बाहर हो गये। यादव सेना के वीर भी क्रोध में दाँत पीसते हुए युद्ध के लिये कमर कसने लगे। कोई अपना भाला सँभाल रहा था, कोई धनुष। श्रीकृष्ण सोच रहे थे कि अनिरुद्ध तो मेरे पुत्र का पुत्र है, पर शिव तो मेरे परम मित्र हैं, उनसे वैर लेना ऐसा है जैसे अपने ही एक हाथ से दूसरे हाथ को चीरना। फिर भी यदि वे मेरे प्रति वैरी का आचरण करते हैं, तो उनसे भी युद्ध करना ही होगा।

शिव ने दूत बन कर आये गरुड के मुख से श्रीकृष्ण का संदेश सुनकर कहा कि यदि बाणासुर ने कुछ अनुचित किया है, तो उसका आश्रयदाता होने के कारण दोष मेरा भी है।

गरुड ने कहा - अनीति राजा को ऐसे ही गिरा देती है जैसे पेड़ में शाखाओं पर बहुत अधिक एकत्र हुई लाख पेड़ को ही नष्ट कर देती है।

गरुड के ऐसे वचनों से शिव भी बाणासुर के प्रति स्नेह के कारण चिढ गये, उनके संकेत पर नंदी ने गरुड को फटकार लगा दी। शंकर जी ने अंत में हँसते हुए कहा कि ठीक है शार्ङ्ग और पिनाक का सार देख लिया जाये।

फिर तो गरुड तत्काल द्वारका पहुँचे, श्रीकृष्ण, बलराम और प्रद्युम्न को अपनी पीठ पर बिठाया और बाणासुर की नगरी शोणित पुर की ओर उड़ चले। श्रीकृष्ण बलराम और प्रद्युम्न को सारी पृथ्वी के विविध स्थान दिखाते जा रहे थे। शोणितपुर माया से लगाई आग से घिरा हुआ था, कृष्ण ने कहा कि उस अग्नि को हम स्वर्गंगा के जल से बुझा देंगें।

आकाशगंगा के जल से शोणितपुर के चारों और लगी धधकती अग्नि जैसे ही बुझी, अधजले पदार्थों के बीच वह नगर श्मशान से घिरा दिखने लगा। इसके बाद तो बाण श्रीकृष्ण से भिड़ंत के लिये बाहर निकल आया। अग्निदेव साक्षात् प्रकट होकर शिव के पक्ष से युद्ध करने के लिये कृष्ण को चुनौती देने लगे। पर भगवान् कृष्ण के बाणों से घबरा कर उन्होंने भाग

कर वैतरणी नदी में कूदकर जान बचाई। युद्धभूमि में श्रीकृष्ण आठ भुजाओं और सहस्रों मस्तकों के साथ सुशोभित हुए। उन्होंने अपने दाहिने हाथों में कौमोदकी गदा, बाण, सुदर्शन चक्र और तलवार धारण की, तो बायें हाथों में शार्ङ्ग धनुष, तरकश, कवच तथा पांचजन्य शंख। श्रीकृष्ण ने पांचजन्य का नाद किया, तो उधर भगवान् शिव ने भी रणदुंदुभि बजवा दी। देवी चंडिका शत्रुपक्ष पर अस्थियों की बौछार कर कर के डमरू बजाने लगीं। शिव के गण माल्यवान् और पुष्पदन्त उनके आगे आगे भागते हुए चल रहे थे। विश्वविजयी कार्तिकेय कृष्ण को जीतने की इच्छा से आगे बढ़े, तो उनकी बायीं आँख फड़क उठी, जैसे कटाक्ष के बहाने उन्हें चेतावनी दे रही हो। महाशार्दूल पर आरूढ़ कात्यायनी आ पहुँची। शिव के गणों, पिशाचों, यक्षों व राक्षसों से भर गई धरती पर तिल भर भी जगह न बची। तलवारें ऐसे चमक रहीं थीं जैसे आकाश की हजारों जिह्वायें शत्रुओं को निगलने के लिये लपलपा रहीं हो। युद्ध भूमि में उड़ती धूल शिवगणों की जटाओं से उड़ती भस्म में मिल कर अँधेरा सा कर रही थी। इधर प्रद्युम्न ने आगे बढ़ कर शत्रुवाहिनी के प्रवाह को छेंक दिया था। प्रद्युम्न और बलराम के बीच केशव समरभूमि में और भी उग्र दिखाई दे रहे थे। भीषण युद्ध के तुमुल क्षणों में कृष्ण ने सुदर्शनचक्र को आदेश दिया कि बाण का मस्तक काट दो। तब शंकर कृष्ण के सम्मुख प्रकट हुए और बोले- कृष्ण! तुम आदिदेव हो, तुम ही पुरुषोत्तम हो, तुम्हें जीतने वाला न कोई हुआ है, न होगा। इस को मत मारो, मैंने इसे मृत्युभय से मुक्त रहने का वर दिया है। श्रीकृष्ण ने भी उसी तरह कोमल स्वर में कहा - हे विश्वेश्वर, आपकी कृपा जब इस पर है, तो यह कैसे मर सकता है, अब इसे लेकर मेरे और आपके बीच में कोई झगड़ा नहीं है। लीजिये मैं अपना चक्र लौटा रहा हूँ। फिर तो कृष्ण और शिव एक दूसरे को स्नेह से उमगकर गले लगाने लगे, उन्हें देखकर उपस्थित लोगों को लगा जैसे वे संसार के मनुष्यों की तरह हैं - प्रेम और भावों से भरे हुए।

उसके बाद कृष्ण उषा के साथ अनिरुद्ध को लेकर द्वारका आ गये।

शैली

लक्ष्मीधर वैदर्भी रीति के सरस कवि हैं। उनकी भाषा अत्यंत प्रांजल और वर्ण्य को मूर्त करने में सफल है। वक्रोक्ति का परिष्कार प्रकट करने में लक्ष्मीधर सिद्धहस्त हैं। वस्तुतः चक्रपाणिविजय महाकाव्य के द्वारा उन्होंने अपने युग में काव्य का नवीन प्रतिमान भी निर्मित किया है। बाणासुर के मुख से शिव की स्तुति कराते हुए लक्ष्मीधर कहते हैं—

उपमा यत्र नास्त्येव यत्र जातिर्न विद्यते।
निर्गुणो निरलङ्कारस्त्वमिव त्वयि मे स्तवः।।

(हे भगवन्, मेरे द्वारा की जा रही आपकी स्तुति में न उपमा है, न जाति अंलकार। यह आपकी ही तरह निर्गुण और निरलंकार है।) यहाँ मेरी वाणी में उपमा नहीं है (अथवा मेरी वाणी

की कोई उपमा नहीं है) यह कहते हुए भी कवि ने मेरी स्तुति आप ईश्वर के जैसी ही है यह कह कर अनन्वय अलंकार के द्वारा अपनी कविता की विशेषता भी प्रकट कर दी है।

यदि कालिदास भगवती पार्वती के लिये 'सञ्चारिणी पल्लविनी लता' की उपमा देते हैं, तो महाकवि लक्ष्मीधर की नायिका मकरध्वज की सञ्चारिणी चापयष्टि के समान है—

अभ्यासजाताङ्गुलिराजिरम्यं वलित्रयं मध्यगतं वहन्ती।
अदृश्यतासौ मकरध्वजस्य सञ्चारिणी चापलतेव भूमौ।।

(३।२८)

यहाँ उपमा कालिदासानुप्राणित होकर भी लक्ष्मीधर के प्रातिभोन्मेष की परिचायक है। उपमानभूत मकरध्वज की चापलता न केवल 'सञ्चारिणी' है, अपितु 'अभ्यासजाताङ्गुलिराजि' के स्पर्श से मध्य भाग में रम्य वलित्रय वाली भी है। कामदेव के धनुष के इतनी अभिनव सूझबूझ के साथ उपमा देकर कवि के चमत्कार उत्पन्न कर दिया है।

वर्णनकला

लक्ष्मीधर प्रकृति के कुशल चितेरे हैं। अंधकार का वर्णन करते हुए वे कहते हैं - अँधेरे के पेड़ से फूटता अंकुर ऐसा लगा जैसे पूर्व दिशा ने अपने प्रिय सूरज के चले जाने से विरहिणी का व्रत धर कर एक वेणी गूँथी हो। जिस तरह ब्रह्मा जी के कमंडलु से गंगा की पतली धार पहले पहल फूटी थी, उसी तरह उगते चंद्रमा की एक किरण फूटी। आसमान नदी बन गया, चंद्रमा की कला छोटे छोटे घड़े हो गईं, अपनी किरणों की अरियों से इन इन कलाघटियों को खींचता हुआ चंद्रमा तो जैसे अरघट्ट (रेवड़) बन गया। चंद्रमा की किरणें राजमहल के गवाक्ष से भीतर आ कर उषा के शयनागार में बिछल गईं।

लक्ष्मीधर का वसंत, सूर्यास्त तथा अंधकार का वर्णन भारवि और माघ के वर्णनों को भी पीछे छोड़ देता है। सर्वथा अछूते उपमानों या बिंबों की सृष्टि करने में वे अद्भुत कल्पनाशक्ति का परिचय देते हैं। पूर्व के पर्वत से अंधकार रूपी वृक्ष अंकुराता लगता है। कवि को यह भी लगता है जैसे प्रिय सूर्य के चले जाने पर पूर्व दिशा उसके वियोग में खिन्न होकर एक वेणी गूँथने लग गयी हो (५।३३)। अन्यत्र सूर्यास्तवर्णन में कवि लिखता है—

सन्ततज्वलितपावकोपमे निर्वृते किरणचक्रवालिनि।
वीक्षितं गगनकर्परोदरे रूक्षकज्ज्लमलीमसं तमः।।

(५।३५)

यहाँ किरणचक्रवाल वाले सूर्य के ऊपर गगन की कर्पर (खप्पर) के समान स्थिति कल्पना की लोकव्यवहारसिद्धि को प्रकट करती है। संसार में दीपक पर कर्पर रख कर काजल बनाने की क्रिया प्रचलित है। सूर्य को दीपकतुल्य कह कर कवि ने गगन को कर्परतुल्य बताते हुए

अंधकार की रूक्षकज्ज्लमलीमसता का विशद चित्र अंकित कर दिया है। समुद्र के लिये 'लिहन्निव व्योम पिबन्निवाशा: खादन्निव क्ष्मातलमुत्थितो य:' (८।२५) कह कर अपूर्व चित्र उन्होंने अंकित किया है। द्वारका के बाजार की गलियों को रघुवंश, शिशुपालवध, बाण के गद्य और महाभारत से उपमित लक्ष्मीधर ही कर सकते थे—

रसैः स्फुटैरर्थसमैर्वचोभिरर्थैरपूर्वैः सदलङ्क्रियाभिः।
ददर्श तस्यां रघुमाघबाणव्यासायमाना व्यवहारवीथीः।।

(८.६०)

अनुप्रास, यमक और श्लेष का परिष्कार और निखार प्रकट करने में लक्ष्मीधर अपने समय के अन्य संस्कृत कवियों से पीछे नहीं है। कालिदास के यमकविन्यास की भाँति उनके यमकों के वितान और प्रतान भी कहीं पर आयासजन्य तथा अस्वाभाविक नहीं लगते। 'जातास्मि नि:स्पन्दमना दरेण विजृम्भते दैवमनादरेण' (८।८) इसप्रकार के चमत्कारमय यमकविन्यास से पूरा आठवाँ सर्ग पटा हुआ है।

रस

शृंगार तथा वीर रस की अजस्रधारा इस महाकाव्य में प्रवाहित है। इसके साथ ही श्रीकृष्ण तथा शिव दोनों के प्रति समान रूप से भक्तिभाव की अभिव्यक्ति करते हुए कवि लक्ष्मीधर ने इसमें वैष्णव और शैव संप्रदाय के बीच सामंजस्य भी स्थापित किया है। चरित्रचित्रण की दृष्टि से अनिरुद्ध अपने पराक्रम और साहस, उषा अपने सौंदर्य और अनिरुद्ध के लिये प्रेम, बाणासुर अपनी मनस्विता और शिव के प्रति भक्ति के द्वारा प्रभावित करते हैं।

सौंदर्यबोध

चक्रपाणिविजय महाकाव्य को कवि ने उत्तम रम्य वर्णनों से सजाया है, जिनमें सौंदर्य का समवाय निखर उठा है। उषा के वर्णन में कहा है— उसकी हथेली के ऊपर बाहुलता ऐसी लगती थी जैसे रक्त कमल के फूल को उलटा कर के रख दिया गया हो और उसके ऊपर चंद्रमा की किरणें बिछल रही हों। भोर होने पर उसे कुंकुम का उबटन लगाया जाता, तो वह ऐसी लगती जैसे कमलों की शैया पर सोई देवी लक्ष्मी पराग के कीच में सनी हुई उठ कर चली आई हों।

इसके साथ ही अनेक भास्वर सूक्तिमुक्ताएँ लक्ष्मीधर के महाकाव्य की मणिमाला में गुंफित हैं। उदाहरण के लिये—

तुला तुलयति स्वर्णं न तु स्वर्णधराधरम्। (२।२८)

तराजू सोने को तोल सकती है, सोने के पहाड़ को नहीं।

शुष्केन साक्षादपि चन्दनेन वह्निर्ज्वलत्येव न शान्तिमेति।

(११।५७)

सूखी लकड़ी चाहे चंदन की ही क्यो न हों, उसे आग शांत नहीं होती, भड़कती ही है।

एकोऽपि कृत्स्नं ग्रसते कृतान्तः सारं हि शक्नोति नृणां न संख्या। (११.५०)

एक अकेलाकाल सबको निगल लेता है। सार में सामर्थ्य है, संख्या में नहीं।

इस प्रकार यह सभी दृष्टियों से एक उत्कृष्ट महाकाव्य है।

लोलिंबराज : हरिविलास

हरिविलास महाकाव्य[४९] के प्रणेता लोलिंबराज भी राजा भोज के समय में हुए। ये दक्षिण के राजा हरिहर की राजसभा में रहे। इनका जन्म ब्राह्मण परिवार में हुआ। इनके पिता का नाम दिवाकर था। अपनी भाभी के कटुवचनों से आहत होकर इन्होंने अपना घर छोड़ दिया, और सप्तशृंगी पर्वत पर दुर्गा की आराधना की। देवी ने इन्हें घटिकाशतक होने का वर दिया। एक अनुश्रुत पद्य में राजा भोज से इनकी भेंट और वार्तालाप भी वर्णित है। हरिविलास महाकाव्य की रचना इन्होंने १०५०ई० के आसपास की।

लोलिंबराज आयुर्वेद के भी अच्छे ज्ञाता थे। वैद्यजीवन तथा वैद्यावतंस- ये दो इनके इस विषय पर ग्रंथ प्रसिद्ध हैं।

कथावस्तु

हरविलास महाकाव्य में पाँच सर्ग हैं। इस प्रकार यह महाकाव्य के लिये निर्धारित सर्गसंख्याविषयक मानदंड (अष्टाधिका दशपराः सर्गाः) पर खरा नहीं उतरता। तथापि महाकाव्योचित काव्यसौष्ठव और गौरव की इसमें कमी नहीं है।

हरविलास में श्रीकृष्ण की लीलाओं का सरस वर्णन है, जो श्रीमद्भागवत के दशम स्कंध के अनुसार है। प्रथम सर्ग में कृष्ण के बाल रूप की मनोहर झाँकी है। वृंदावन के सारे परिवेश को कवि ने भक्तिभाव में निमज्जित करते हुए साकार कर दिया है। दूसरे सर्ग में कृष्ण व बलराम का गोचारण वर्णित है। कृष्ण के वंशीरव की माधुरी में डूब कर सारी प्रकृति तन्मय हो जाती है, भौंरे फूलों का मधु पीना बंद कर देते हैं, पशु घास खाना छोड़ देते हैं, तथा हंस और कोकिल आदि कूजन से विरत हो जाते हैं—

अपि प्रचुरलालसा मधु मधुव्रता नापिबन्
मुखात् तमपि नूतनं तृणचरास्तृणं नापिबन्।
मुरारिमुरलीस्वरामृतरसैकबद्धादरा
न हंसपिककेकिनः किमपि कूजितं चक्रिरे।। (२।८)

इसी सर्ग में गोपियों का अभिसार, कृष्ण का अंतर्धान होना, गोपियों का पागल बन कर

उन्हे खोजना तथा उनकी विरह व्यथा का मार्मिक चित्रण किया गया है। इसके पश्चात् महारास का वर्णन अत्यंत चमत्कारपूर्ण है। श्रीराग का गायन करती हुई राधा की छवि का अवलोकन कवि ने भावविभोर होकर किया है—

रदच्छदस्फूर्जदलक्तरागा कस्तूरिकापङ्ककृताङ्गरागा।
राधा तदालोकनसानुरागा श्रीरागरागालपनं चकार।।

(२।२७)

तीसरे सर्ग में गोवर्धन पूजा तथा वृंदावन के नैसर्गिक सौंदर्य का चित्रण है। चतुर्थ सर्ग में अक्रूर कंस का निमंत्रण लेकर आते हैं और कृष्ण वृंदावन से प्रस्थान करते हैं। कृष्ण के जाने पर गोपियों की विरहव्यथा का पुनः कारुणिक चित्रण कवि ने किया है। अंत में पाँचवें सर्ग में कंसवध का वर्णन कर के उद्धवसंदेश, सुदामाप्रसंग तथा कृष्ण के द्वारका गमन का संक्षेप में निरूपण कर के लोलिंबराज ने अपना महाकाव्य समाप्त किया है।

समीक्षा

वैष्णव भाव की सरस अभिव्यक्ति, भाषा पर असाधारण अधिकार तथा सौकुमार्य और माधुर्य की सघन अनुभूति के कारण आकार में लघु होने पर भी लोलिंबराज का महाकाव्य महत्त्वपूर्ण है। उनके काव्य में संगीत की मधुर झंकार सर्वत्र अनुगुंजित है, तथा उसकी लय में अनुप्रास, यमक आदि शब्दालंकार तथा अर्थालंकार भी सहज रूप में गुँथते चले गये हैं। लालित्य और सौकुमार्य ही नहीं, आभिजात्य और औदात्त्य की अभिव्यक्ति में भी लोलिंबराज सफल है। उदाहरण के लिये कृष्ण की अद्भुत लीलाओं के वर्णन में तदनुरूप ओजस्वी पदावली का प्रयोग करते हुए वे कहते हैं—

धरस्य धरणात् करे वनहुताशनप्राशनादरिष्टबकधेनुकप्रभृतिदानवध्वंसनात्।
इहाद्भुतमनुक्षणं शिशुरसौ सरोजेक्षणः क्षणक्षणविलक्षणो विचक्षणो व्यातनोत्।।

(१।१९)

(गोवर्धन को धारण कर, वन के हुताशन (अग्नि) का प्राशन कर, अरिष्ट, बक, धेनुक आदि दानवों का ध्वंस कर क्षण क्षण में विलक्षण वह सरोजेक्षण (कमलनयन) शिशु अनुक्षण अद्भुत या विस्मयजनक कार्यों का विस्तार कर रहा था।)

वर्षावर्णन में अनुप्रास की छटा के साथ मालादीपक के प्रकाश से लोलिंबराज ने इस पद्य को आलोकित कर दिया है—

महीमण्डलीमण्डपीभूतपाथोधरावर्षहर्षासु वर्षासु सद्यः।
कदम्बे प्रसूनं प्रसूने मरन्दो मरन्दे मिलिन्दो मिलिन्दे मदोऽभूत्।।

कृष्णलीला की माधुरी का सरस अनुभव और भागवत महाचेतना की अभिव्यक्ति लोलिंबराज के इस काव्य की दुर्लभ विशेषता है।

कीचकवधम्

नवम-दशम शताब्दी में कीचकवधम्[५०] नामक खंडकाव्य की रचना हुई। कीचकवधम् पाँच सर्गों का काव्य है, जिसका प्रत्येक पद्य यमक अलंकार की मुक्तामाला में गुँथा हुआ है। यमक के साथ श्लेष की छटा दिखाने में भी कवि ने अपनी काव्यकुशलता का पूरा उपयोग किया है। सरस्वतीकण्ठाभरण तथा शृङ्गारप्रकाश में इसके पद्य उद्धृत हैं, तथा नमिसाधु ने इसे उद्धृत किया है। अमरकोश की रायमुकुटकृत टीका तथा सिद्धांतकौमुदी पर तत्त्वबोधिनी टीका में इस काव्य से उद्धरण प्राप्त होते हैं। प्रथम पद्य में शिव का स्तवन तथा आशीर्नमस्क्रियात्मक मंगल रचता हुआ कवि कहता है—

जितः सुचरितोच्छेदी स्मरोऽयं दुस्सहो मया।
इतीव देहमकरोदभिन्नं यः सहोमया।। (१.१)
यस्याहुरतिगम्भीरजलदप्रतिमं गलम्।
स वः करोतु निःशङ्कमुदयं प्रति मङ्गलम्।। (१.३)

(सुचरित का उच्छेद करने वाले दुस्सह इस स्मर या कामदेव को मैंने जीत लिया – यह सोचते हुए जिन्होंने उमा के साथ अपने देह से अभिन्न बना लिया, जिनके गल (कंठ) को अतिगंभीर जलद बादल के समान (काले रंग का) कहा जाता है, वे शंकर आपके निःशंक उदय को लेकर मंगल करें।)

भोज ने द्विसंधान के उदाहरण में कीचकवध का उल्लेख करते हुए कहा है कि कवि द्विसंधान वाक्य, प्रकरण, प्रबंध इन तीनों स्तरों पर एक साथ दो अर्थों के अनुसंधान के द्वारा रचता है। कीचकवध प्रबंधात्मक द्विसंधान का उदाहरण है। (शृप्र० एकादशप्र० भाग १, पृ० ६८७ रेप्रद्वि०)

वर्धमानचरित

वर्धमानचरित की रचना असग कवि ने ९८८ई० में की। असग का दूसरा काव्य शांतिनाथचरित है। वर्धमानचरित में अठारह सर्गों में महावीर स्वामी का वर्तमानभव व पूर्वभव सहित समग्र जीवन चरित वर्णित है। पूर्वभवों से संबंधित विविध कथाओं के कारण महाकाव्य में कथाचक्र की गति दिगंतरव्यापिनी हो गई है। जीवनदृष्टि तथा मनुष्य जीवन की आकांक्षाओं व अभीप्साओं के चित्रण की दृष्टि से इस महाकाव्य में नवसंधान है। वर्णनों में भी तदनुरूप विविधता तथा विविध दृश्यांकनों का समाहार है। अन्यच्छायासौंदर्य का आधान करते हुए पूर्व कवियों का अनुहरण भी असग में बहुत किया है। कहीं कहीं जानबूझ कर शृंगार के सौंदर्य को तोड़ कर असग उसमें बीभत्स का समावेश करते हैं। वसंत में पलाश के फूलों का वर्णन करते हुए वे कामदेव को विरही जनों का मांस खाने वाला भयानक राक्षस बता देते हैं, जो मांस टुकड़े सुखा सुखा कर पलाश के फूलों के रूप में पेड़ों पर लटका रहा है। विद्वानों ने इस तरह की अटपटी कल्पनाओं के लिये उनकी

आलोचना की है, जब कि बीभत्स का विनियोग यहाँ शांत रस के परिपोष के लिये हो सकता है। अहिंसा व करुणा के मूल्यों का स्थापना तथा धर्म के संदेश की दृष्टि से यह महाकाव्य अनुत्तम है। युद्ध में परस्पर लड़ते प्रतिपक्षियों में युद्धोन्माद के स्थान पर करुणा का संचार दिखाना इस महाकाव्य में दृष्टिभेद को सूचित करता है—

निरीक्ष्य शूरं व्रणविह्वलाङ्गं तेजस्विनं हन्तुमपीह मानम्।
जघान कश्चित्कृपया न साधुर्न दुःखितं हन्ति महानुभावः।।

(९.३२)

(किसी शूर को रण में व्रण से विह्वल अंगों वाला देखकर उस तेजस्वी को मार डालने का मन होते हुए भी उस साधु शूर ने दया के कारण उसे नहीं मारा। महानुभाव व्यक्ति दुःखी को नहीं मारता।)

यह महाकाव्य धर्म की सर्वोपरि प्रतिष्ठा करता है। असग के शब्दों में उनके काव्य का सार यह है—

जन्मव्याधिजरावियोगमरणव्यावृत्तिदुःखोदधा-
वामज्जन्नहमेक एव नितरां सीदामि मे नापरे।
विद्यन्ते सुहृदो न चापि रिपवो न ज्ञातयः केवलं
धर्मो बन्धुरिहापरत्र च परामित्येकतां चिन्तयेत्।।

(१५.९५)

(जन्म, व्याधि, जरा, वियोग और मरण की आवाजाही वाले दुःख के सागर में डूबता हुआ मैं अत्यधिक विकल हो रहा हूँ, मेरे और कोई मित्र नहीं है, रिश्तेदार केवल शत्रु हैं – यह समझकर धर्म ही इस संसार में तथा परलोक में अपना बंधु है— इसी एक बात का ध्यान रखे।)

प्रद्युम्नचरित[५१]

इस महाकाव्य के प्रणेता महासेन सूरि हैं। ये परमार राजा मुंज के द्वारा सम्मानित थे तथा मुंज का अनुज (९५५-९८) सिंधुराज (भोज का पिता) उनका अनुयायी था। इन्होंने प्रद्युम्नचरित की रचना ९९०ई० के आसपास की। इस महाकाव्य में चौदह सर्ग हैं। कथानक श्रीमद्भागवत तथा विष्णुपुराण पर आधारित है तथा जैन परंपरानुसार जिनसेनकृत हरिवंशपुराण व गुणभद्रकृत महापुराण में प्रोक्त प्रद्युम्नचरित भी इस में प्रतिफलित है। काव्य का नायक श्रीकृष्ण व रुक्मिणी का पुत्र प्रद्युम्न है। आरंभ के सर्गों में श्रीकृष्ण व रुक्मिणी में पूर्वराग, तदनंतर कृष्ण का रुक्मिणीहरण तथा रुक्मिणी से प्रद्युम्न की उत्पत्ति का वर्णन है। इसी प्रकार सत्यभामापरिणयप्रसंग भी सरसरूप में महासेन सूरि ने निरूपित किया है। धूमकेतु नामक दैत्य

प्रद्युम्न का अपहरण कर लेता है। प्रद्युम्न के पूर्वजन्म की कथाएँ भी यहाँ सम्मिलित कर ली गईं हैं, जिनके अनुसार मधु, कैटभ आदि असुरों का प्रद्युम्न आदि के रूप में अवतरण होता है। कालसंवर नामक असुर प्रद्युम्न को युवराज बना देता है, उसकी रानी कांचनमाला प्रद्युम्न पर अनुरक्त हो जाती है। दुर्योधन की पुत्री उदधि अपहृत कर के रुक्मिणी के प्रासाद में लाई जाती है— ये घटनाएँ जैनपरंपरासम्मत हैं। एक दूसरे को न पहचानने के कारण कृष्ण और प्रद्युम्न में युद्ध होता है, तदनंतर उदधि के साथ प्रद्युम्न का विवाह हो जाता है। जांबवती के पुत्र जांब का चरित्र भी यहाँ वर्णित है। अंत में रुक्मिणी व सत्यभामा का जैन धर्म में दीक्षा लेना तथा प्रद्युम्न के द्वारा भी अपने अरिष्टनेमि से दीक्षा लेना और मुनिव्रत ग्रहण कर के तपश्चरण व निर्वाण प्राप्ति के साथ महाकाव्य समाप्त होता है। कालिदास माघ आदि कवियों से कल्पनाएँ व उपमान लेकर भी कवि ने यहाँ समानांतर पृथक् दृष्टि भेद उपन्यस्त किया है। वसंत के वर्णन में क्षत में क्षारसेवन की बात वह ले आता है—

सर्वतो मुकुलयन् सहकारान् पुष्पयन्ननु वनं वनराजीम्।
अन्तरेऽत्र समावाप वसन्तः क्षारसेवनमिव क्षतमध्ये।।

(सब ओर से सहकारों या आम के वृक्षों को मुकुलित करता हुआ, वन और वनराजी को फूलों से भरता हुआ इस बीच वसंत आ पहँचा जैसे घाव के बीच नमक डाल दिया गया हो।)

माघ के समान ही ग्राम जीवन व खेतखेलिहानों में महाकाव्यकार ने विचरण किया है। वर्षा ऋतु में धारासार वृष्टि से आतंकित किसान किस प्रकार खेत छोड़कर भागते हैं इसका वर्णन करते हुए उसने कहा है—

सीत्कारवायुपरिकम्पितविश्वलोके वेगाद् विमुञ्चति जलं नववारिवाहे।
सर्वं हलोपकरणं च विहाय तस्मिन् कृच्छ्राज्जगाम भवनं प्रतिवेपिताङ्गैः।।

(५.१०४)

जिनदत्तचरित

इस काव्य के रचयिता जैन मुनि गुणभद्र हैं, जो नवीं-दसवीं शताब्दी के आसपास हुए। ये महापुराण के प्रणेता जिनसेन के शिष्य थे, तथा जिनसेन के निधन (८४५ई०) के अनंतर इन्होंने अपने गुरु की अपूर्ण कृति को पूरा भी किया था।

इस महाकाव्य का नायक जीवदत्त वैश्य तथा जीवंजसा का पुत्र जिनदत्त है। जिनदत्त के जन्म, यौवन, विवाह का वर्णन करने के अनंतर कवि ने उनकी यात्राओं का वर्णन करते हुए अनके चमत्कारपूर्ण घटनाएँ निरूपित की हैं, जैसे नायक को अदृश्य कर देने वाली औषध का मिलना, उसका अनेक सुंदरियों से समागम, नायक का विद्याधर लोक में गमन तथा विद्याधरकन्या से विवाह आदि। नायक जिनदत्त का चरित समस्त महाकाव्य साहित्य में अनोखा ही है, वे तीन विवाह करते हैं और तीनों पत्नियों से अलग होकर भटकते रहते हैं, जब कि

उनकी पत्नियाँ एक दूसरे से मिल जाती हैं और पति की प्रतीक्षा करती हुई तपस्विनियों का जीवन बिताती हैं। गायक बने हुए जिनदत्त एक बार उन्हें उन्हीं की जीवनगाथा गा गा कर सुनाते हैं। फिर उनका चौथा विवाह चंपा की राजकुमारी से होता है, अंत में चारों पत्नियों से वे फिर से मिल जाते हैं और सुखपूर्वक गृहस्थजीवन व्यतीत करते हैं। समय आने पर अपरिग्रह अपना कर मुक्ति प्राप्त करते हैं।

आख्यान की परंपरा को भव्य रूप इस महाकाव्य में प्राप्त होता है। इसे चमत्कारपूर्ण घटनाओं की विस्मयावहता ने निरंतर रोचक बनाये रखा है। कथाप्रवाह को बनाये रखने के लिये कवि ने अनुष्टुप् छंद का प्रयोग अधिक किया है। कथा की गत्यात्मकता के साथ काव्यसौंदर्य व कल्पना का निखार एक साथ बनाये रखना इस महाकाव्य की उपलब्धि है। इसके लिये कवि ने अपनी एक शैली विकसित की है, जिसमें वर्णन कथा की क्षिप्रता को संपुष्ट करते चलते हैं। अभिसारिकाओं के वर्णन में कथा की गति व अभिसारिकाओं का गति के साथ उनके सौंदर्य का चित्र आगे बढ़ जाता है—

यान्तीनां तत्र सङ्केतनिकेतं निशि योषिताम्।
निजाभरणसम्भारप्रसरो विघ्नकारकः।।

यहाँ 'सङ्केतनिकेतं निशि' में छेकानुप्रास की छटा है।

विवाहवर्णन, प्रकृतिवर्णन, नगरों की नयनाभिराम छवियाँ – इन सब को गुणभद्र ने महाकाव्य के कथाचक्र में समेटा है। विवाह के प्रसंग में रात हो जाने पर वे कहते हैं—

कौतुकादिव तं द्रष्टुं वधूवरयुगं तथा।
निशानारी समायाता तारामौक्तिकभूषणा।। (२.११३)

(वधू और वर के उस जोड़े को देखने के लिये कौतुक के कारण निशा रूपी नारी तारे रूपी मौक्तिकों के आभरण धारण कर के जैसे चली आई।)

सूर्योदय के वर्णन में रूपक में संदेह की छाया है—

प्राचीकुङ्कुममण्डनं किमथवा रात्र्यङ्गनाविस्मृतं
रक्ताम्भोजमथो मनोजनृपते रक्तातपत्रं किमु।
चक्रं ध्वान्तविभेदकं द्युवनितामाङ्गल्यकुम्भः किमु
चेत्थं शङ्कितमम्बरे स्फुटमभूद् भानोस्तदा मण्डलम्।।

(यह प्राची या पूर्वदिशा की कुंकुम की सजावट है, अथवा रात्रिरूपी रमणी के द्वारा भूल कर छोड़ दिया गया रक्त कमल है, या कामदेव रूपी राजा का लाल रंग का छत्र है, या क्या द्युलोक की सुंदरी का अंधकार के चक्र को भेदने वाला मंगलघट है— इस तरह से जिसे लेकर शंका की जा रही है, ऐसा भानु का मंडल तब उदित हुआ।)

इस महाकाव्य में शृंगार के साथ उदात्त भावबोध और घटनाओं की विविधता के साथ मूलकथा की अन्विति बनी है। यह सूक्ति द्रष्टव्य है—

प्राणनाशेऽपि कर्तव्यं परेभ्यः सुधिया हितम्।
आशाः सुगन्धयत्येव दह्यमानोऽपि चन्दनः।।

(४.२१)

(प्राणों का नाश होने पर भी सुधी व्यक्ति को परहित करना चाहिये। चंदन जलाया जाता हुआ भी दिशाओं को सुगंधित बनाता है।)

अनुपलब्ध महाकाव्य

संस्कृत साहित्य के अनेक दुर्लभ रत्न काल के गर्त में समा गये। विशेष रूप से ऐसे अनेक महाकाव्य, जो ईसा की पहली सहस्राब्दी में रचे गये थे, अब अप्राप्त हैं। अन्य ग्रंथों में इनके जो उल्लेख मिलते हैं, उनसे इनकी कुछ जानकारी मिलती है। इनके महत्त्व का अनुमान उससे अवश्य होता है। ऐसे महाकाव्यों में भर्तृमेण्ठ के हयग्रीववध की चर्चा इस अध्याय में पूर्व में की गई है, जिसके बहुसंख्य उद्धरण काव्यशास्त्र के ग्रंथों में प्राप्त होते हैं। इसी प्रकार उद्भट का कुमारसंभव महाकाव्य यों तो लुप्त हो चुका है, पर उसके अनेक पद्य स्वयं उद्भट ने ही अपने काव्यालंकारसारसंग्रह में उद्धृत कर दिये गहैं, जिससे उसका अंशतः पुनरुद्धार हो जाता है। किंतु अन्य अनेक महाकाव्य जो काल के गर्त में विलुप्त हो गये, अब नामशेष हैं। संस्कृत के आचार्यों ने अवश्य उनकी स्मृति को सँजो कर रखा है, तथा उनके विषय में यत्किंचित् जो भी जानकारी प्राप्त होती है, वह संस्कृतसाहित्य के इतिहास के अनेक विस्मृत अध्याय उन्मीलित करती है।

मधुमथन विजय

इस महाकाव्य का उल्लेख आनंदवर्धन ने ध्वन्यालोक में किया है। यह कृष्ण के जीवन चरित पर आधारित महाकाव्य रहा होगा। अविवक्षितवाच्य ध्वनि की अभिव्यक्ति की दृष्टि से आनंदवर्धन ने इस काव्य में पांचजन्य की उक्तियों को सराहनीय माना है।

सर्वसेन कृत हरिविजय

इस अप्राप्त महाकाव्य का उल्लेख भी आनंदवर्धन ने ध्वन्यालोक में किया है। इसमें श्रीकृष्ण द्वारा पारिजातवृक्ष को स्वर्ग से धरती पर लाने का वृत्तांत था — ऐसा अनुमान होता है। आनंदवर्धन ने इस काव्य में रस के निर्वाह की प्रशंसा की है।[५२]

अर्जुनचरित

यह महाकाव्य प्रख्यात आचार्य आनंदवर्धन की रचना थी। इसमें अर्जुन के पातालगमन का वृत्तांत रहा होगा – ऐसा उन्हीं के उल्लेख से अनुमान होता है। हरविजय के साथ ही उन्होंने रसप्रवणता के उदाहरण के लिये इस काव्य का उल्लेख किया है।

उपसंहार

इसप्रकार संस्कृत महाकाव्य का उदय रामायण और महाभारत इन दो आर्ष काव्यों की परंपरा में हुआ और कालिदास जैसे महाकवियों की श्रेष्ठ रचनाओं में उसका स्वरूप और भी परिष्कृत रूप में प्रकट हुआ। ईसा की पहली शताब्दी से आरंभ कर के ग्यारहवीं शती तक के इस काल को हम इस दृष्टि से संस्कृत महाकाव्य का उत्कर्षकाल कह सकते हैं। इस काल में महाकाव्य की भावी समृद्धि की दिशाएँ उन्मीलित हुईं। इसमें अलंकृत या विदग्ध महाकाव्यों को विशेष प्रतिष्ठा मिली। ये महाकाव्य कथा को अनेक अंतर्ध्वनियों, विचारप्रवाहों, कल्पनाओं तथा अपने युग के समस्त ज्ञान और चिंतन के समावेश के साथ प्रस्तुत करते हैं। आर्ष महाकाव्यों की सहज प्रसाद रमणीय परंपरा का सातत्य भी बना रहा। ऐतिहासिक, पौराणिक, शास्त्रकाव्य, द्विसंधान काव्य आदि विविध दिशाएँ भी महाकाव्य की परंपरा में इस काल में उभरीं, इनमें से कुछ का परिचय अगले अध्यायों में दिया जायेगा। जैन कवियों ने तीर्थंकरों व शलाकापुरुषों के जीवन को लेकर महाकाव्य या प्रबंधकाव्य लिखे। इनमें शांतरस की प्रधानता है। यही स्थिति अश्वघोष और बुद्धघोष जैसे बौद्ध महाकवियों के द्वारा विरचित महाकाव्यों में भी है। भाषा और अभिव्यक्ति की चारुता के नये आयाम एक सहस्र वर्षों के अंतराल में विरचित इन महाकाव्यों में खुले। भौमक (भट्टभीम) के रावणार्जुनीय काव्य से द्विसंधान (दो कथाओं को एक साथ निरूपित करने वाले) महाकाव्यों और शास्त्रकाव्यों की परम्परा का सूत्रपात हुआ, जिसका विस्तार अगली सहस्राब्दी में अनेक महाकाव्यों की रचना में देखा जा सकता है। भारवि की कविता से एक सचेत और मनस्वी कवि की जो स्फूर्त छवि बनी वह भी शिवस्वामी जैसे कवियों की रचना में जागरित है।

सन्दर्भ

१. Aśvaghoṣa and His Times, Sarla Khosla, पृ० १
२. वही, पृ० ३
३. Li Rong XI, Taisho XI, Vol 50, no. 2046; Vajrasūcī of Aśvaghaṣa and the Concept of Varṇa-Jāti Through the Ages by Ramesh Bharadwaj, २००७. पृ० १४८-१५३ में उद्धृत
४. दोनों कवि रामायण के निम्नलिखित पद्य से भी प्रभावित हो सकते हैं
ततो वायु: सुखस्पर्शो नीरजस्को ववौ तदा।
विश्वामित्रगतं रामं दृष्ट्वा राजीवलोचनम्।। रामायण बालकांड २२.४
५. इंडियन काव्य लिट्रेचर,खंड २, पृ० १८०
६. हयग्रीववधं मेण्ठस्तदग्रे दर्शयन् नवम्।
आसमाप्ति ततो नापत् साध्वसाध्विति वा वच:।।
अथ ग्रन्थयितुं तस्मिन् पुस्तके प्रस्तुते न्यधात्।
लावण्यनिर्याणभिया राजाऽध: स्वर्णभाजनम्।।
अन्तरज्ञतया तस्य तादृश्या कृतसत्कृति:।
भर्तृमेण्ठ: कविर्मेने पुनरुक्तं श्रियोऽर्पणम्।। राजतरंगिणी, ३.२६४-६६

७. इतिहासकार जान की (John Keay) ने सिंहविष्णु का समय ५५५-५९०ई० बताया है। John Keay, p.175; India A History from the Earliest Civilizations to the Boom of the Twentieth Century, Harper Press, London, २०१०
८. किरातार्जुनीय, पृ० ११२
९. अर्थशिल्प और भारवि- भारती १९६४-६५ के अंक में प्रकाशित नवजीवन रस्तोगी का लेख।
१०. भवन्ति ते सभ्यतमा विपश्चितां मनोगतं वाचि निवेशयन्ति ये।
नयन्ति तेष्वभ्युपपन्ननैपुणा गभीरमर्थं कतिचित् प्रकाश्यताम्।। कि० १४/४
११. सुकृतः परिशुद्ध आगमः कुरुते दीप इवार्थदर्शनम्। - कि० २/३३
१२. न्यायनिर्णीतसारत्वान्निरपेक्षमिवागमे।
अप्रकल्प्यतयान्येषामाम्नायवचनोपमम्।। - कि० ११/३९
१३. विमला तव विस्तरे गिरां मतिरादर्श इवाभिदृश्यते। - कि० २/३३
१४. अविज्ञातप्रबन्धस्य वचो वाचस्पतेरपि।
व्रजत्यफलतामेव नयद्रुह इवेहितम्।। कि० ११/४३
१५. किरात० १/५
१६. किरात० २/१
१७. किरात० २/२७
१८. वही, १७/६
१९. *अर्थशिल्प और भारवि* – नवजीवन रस्तोगी।
२०. किरात० ३/१०,१/३,११/४०
२१. किरात० ११/३८
२३. किरात० २/१,४,२७,३/१०,११/३८,१४/२,३-५
२४. भट्टि का हनूमान् के लंकादाह के वर्णन में निम्नलिखित यमकप्रयोग इस पद्य से तुलनीय है— रणपण्डितोऽग्र्यविबुधारिपुरे, कलहं स राममहितः कृतवान्। ज्वलदग्निरावणगृहं च बलात्, कलहंसराममहितः कृतवान्।। (भट्टिकाव्य १०.२)।
भारवि का व्यक्तित्व – अनछुए कुछ प्रेरक पहलू।
२५. (१) किरातार्जुनीयम् त्रैसर्गिकम्, नृसिंह-प्रकाशवर्ष-जोनराजकृताभिः टीकाभिः सहितम्,सं, विरूपाक्षजड्डिपाल, अमरग्रन्थप्र. दिल्ली,२००८, (२) किरातार्जुनीयम् – प्रदीपिकाटीकायुतम्, सं० अम्बालालप्रजापति, वीरशासनम्, वि०सं०२०६६
२६. ए०के० वार्डर ने कुमारदास के पिता का नाम मद्रास पांडुलिपि के ही आधार पर श्रीमानित बताया है। इंडियन काव्य लिट्रेटर, खंड ४, पृ० २५२
२७. सद्यः पुरीपरिसरेऽपि शिरीषमृद्वी सीता जवात् त्रिचतुराणि पदानि गत्वा। गन्तव्यमस्ति कियदित्यसकृद् ब्रुवाणा रामाश्रुणः कृतवती प्रथमावतारम्।। विवरणार्थ इस खंड में नाटकविषयक अध्याय के अंतर्गत राजशेखर शीर्षक द्र०
२८. इंडिन काव्य लिट्रेटर, खंड ४, पृ० २६९
२९. हिस्ट्री आफ क्लासिकल संस्कृत लिटरेचर, पृ० १४०
३०. शास्त्रं काव्यं शास्त्रकाव्यं काव्यशास्त्रं च भेदतः।
चतुष्प्रकारः प्रसरः सतां सारस्वतो मतः।।
शास्त्रकाव्यं चतुर्वर्गप्रायं सर्वोपदेशकृत्।
भट्टिभोमककाव्यादि काव्यशास्त्रं प्रचक्षते।। (सुवृत्ततिलक, ३.२,४)

३१. Bhaṭṭi – P. Ramachandrudu, Makers of Indian Literature Series, Sahitya Akademi, 2007, p. 3

३२. ओझानिबन्धसंग्रह, पृ० २३६

३३. द्रष्टव्य, शिशु० ४/३७, ११/४१, १३/३८, १४/२२, २३, ३६, ३८

३४. *महाकवि माघ* – जगन्नाथ शर्मा, पृ० ५८-६४

३५. काव्यमाला गुच्छक-१, पृ० १५०

३६. विद्याकर के सुभाषितरत्नाकर (१४६५) में यही पद्य निम्नलिखितपाठभेद के साथ संकलित है— 'जातिर्यातु रसातलं गुणगणस्तत्राऽप्यधो गच्छतु, शीलं शैलतटात् पतत्वभिजन: सन्दह्यतां वह्निना। शौर्ये वैरिणि वज्रमाशु निपतत्वर्थोऽस्तु न: केवलं, येनैकेन विना गुणास्तृणलवप्राया: समस्ता इमे॥'

३७. पं० बलदेव उपाध्याय *संस्कृतसुकविसमीक्षा* में भट्ट भौम कवि के महाकाव्य का नाम राघवार्जुनीय लिख दिया है, जो भ्रमवश हो सकता है।

३८. इंडियन काव्य लिट्रेचर, खंड ४, पृ० १२८

३९. क्षीरस्वामी तथा कुट्टनीमत महाकाव्य के संदर्भ में भी इस ग्रंथ में जयापीड के अवदान की चर्चा की गई है।

४०. SMITH, David — *Ratnākara's Haravijaya: An Introduction to the Sanskrit Court Epic* (Oxford University South Asian Studies Series). Delhi: Oxford University Press, 1985

४१. *History of Classical Sanskrit Literature,* SK De. P. 322

४२. संस्कृत नाटक व रंगमंच के इतिहास की दृष्टि से कुट्टनीमत में विस्तार से वर्णित यह प्रस्तुति बहुत महत्त्वपूर्ण है। इस दृष्टि से इसका विवेचन इस ग्रंथ के पहले खंड में नाटक के उद्भवविषयक अध्याय में किया गया है।

४३. Indian Kāvya Literature, vol. V, p. 127

४४. वागीश्वरं हन्त भजेऽभिनन्दमर्थेश्वरं वाक्पतिराजमीडे।
रसेश्वरं नौमि च कालिदासं बाणं तु सर्वेश्वरमानतोऽस्मि॥ (सोड्ढल – उदयसुंदरीकथा – प्रास्ताविक पद्य)

४५. वक्रोक्तिजीवित ४.२४ पर वृत्ति, धारवाड, १९७७, पृ० २८१

४६. संस्कृत साहित्य का इतिहास (२००१), पृ० २०८

४७. वादिराज सूरि के परिचय के लिये इस ग्रंथ के तीसरे खंड में महाकाव्यविषयक अध्याय द्र०

४८. द्रष्टव्य – अगले अध्याय में 'सुभाषितसंग्रह तथा सुभाषितों के कवि' शीर्षक।

४९. काव्यमाला गुच्छक – ११ (१९३३) में प्र०

५०. जनार्दन सेन की टीका के साथ एस०के० दे द्वारा संपादित

५१. माणिकचंद्र ग्रंथमाला बंबई, वि०सं० १९७३

५२. कविना काव्यमुपनिबन्धता सर्वात्मना रसपरतन्त्रेण भवितव्यम्। तत्रेतिवृते यदि रसाननुगुणां स्थितिं पश्येत्तदेमां भङ्क्त्वापि स्वतन्त्रतया रसानुगुणं कथान्तरमुत्पादयेत्। न हि कवेरितिवृत्तमात्रनिर्वहणेन किञ्चित्प्रयोजनम्, इतिहासादेव तत्सिद्धे:। हरिविजये कान्तानुनयनाङ्गत्वेन पारिजातहरणादिनिरूपितमितिहासेष्वदृष्टमपि। (ध्वन्यालोक)

अध्याय - २

नाट्यसाहित्य

ईसा की प्रारंभिक शताब्दियों में भारत ने कला और शिल्प के क्षेत्र में विशिष्ट उपलब्धियाँ अधिगत की थीं। इसके साथ ही सौंदर्यशास्त्र और नाट्यकला के विषय में भी नये आयाम सामने आ रहे थे। भरतमुनि के नाट्यशास्त्रीय चिंतन की परंपरा इन शताब्दियों में निरंतर विकसित होती रही। इन स्थितियों का सुपरिणाम रंगमंच और नाटक के सहकार और विकासयात्रा में प्रतिफलित हुआ। भास और कालिदास जैसे नाटककार ईसा के पूर्व की शताब्दियों में अपने कृतित्व से संस्कृत नाटक को उत्कृष्टता के जिन शिखरों पर ले जा चुके थे, उनके अनुगामी नाटककारों ने ईसा के पश्चात् की शताब्दियों में नाटक को विस्तार और प्रकर्ष दिया। इस अध्याय में लगभग प्रथम शताब्दी ई० से लगाकर लगभग १०००ई० तक की अवधि में हुए नाटककारों के कृतित्व की चर्चा की जायेगी।

अश्वघोष के नाटक

अश्वघोष के परिचय के साथ उनके महाकाव्यों व अन्य ग्रंथों की चर्चा महाकाव्यविषयक अध्याय में की जा चुकी है। अश्वघोष ने प्रकरण कोटि के दो रूपक रचे थे, पर उनके खंडित अंश मात्र प्राप्त होते हैं। धर्मकीर्ति (छठी शताब्दी) ने अपने वादन्याय नामक ग्रंथ में अश्वघोषप्रणीत राष्ट्रपालनामक नाटक का उल्लेख किया है। उन्होंने इस नाटक का यह आरंभिक वाक्य उद्धृत किया है—

'प्रसङ्गं कृत्वा नान्द्यन्ते ततः प्रविशति सूत्रधारः।'

'नान्द्यन्ते ततः प्रविशति सूत्रधारः' - यह वाक्य संस्कृत नाटकों में प्रायः सूत्रधार के प्रवेश के पूर्व निर्देश के रूप में मिलता है। धर्मकीर्ति के उद्धरण में 'प्रसङ्गं कृत्वा' – ये दो पद नवीन हैं, जिससे अश्वघोष के नाटकों की प्रस्तुति के पहले नटों के द्वारा किये जाने वाले पूर्वरंग[१] से मिलते जुलते प्रसंग के अनुष्ठान का संकेत मिलता है।

राष्ट्रपाल की कथा पालि त्रिपिटकों में वर्णित है। अश्वघोष का राष्ट्रपाल नाटक उसी पर आधारित प्रतीत होता है। मज्झिमनिकाय द्वितीय खंड के अनुसार राष्ट्रपाल कुरुदेशवासी एक संपन्न परिवार में इकलौती संतान था। एक बार भगवान् बुद्ध का कुरुदेश में आगमन हुआ।

राष्ट्रपाल बुद्ध के उपदेश सुनकर बहुत प्रभावित हुआ और उनके पास जाकर उसने उनसे संघ में प्रवेश देने व प्रव्रज्या प्रदान करने की प्रार्थना की। बुद्ध ने उससे कहा कि अपने माता पिता की आज्ञा लेकर आओ। राष्ट्रपाल के परिवारजनों ने उससे बहुत अनुरोध किया कि वह प्रव्रज्या का विचार त्याग दे, और कई तरह से उसे समझाया भी। पर राष्ट्रपाल अपने निश्चय पर अडिग रहा, और उसने अपने परिवार के लोगों की अनुमति प्राप्त करने के लिये भोजन त्याग दिया। तब उसके मित्रों ने उसके पिता को समझाया कि भोजन छोड़ देने से तो राष्ट्रपाल की मृत्यु हो सकती है, वे उसे प्रव्रज्या की अनुमति दे दें, प्रव्रजित होने पर हो सकता है वह बाद में परिवार के पास लौट आये। राष्ट्रपाल ने प्रव्रज्या ले ली व भगवान् बुद्ध के अनुसार जीवनयापन कर निर्वाण का अनुभव किया। वह नगर में भिक्षा के लिये जाता था, एक बार वह अपने स्वयं के पूर्वाश्रम के घर के सामने भिक्षा माँगने के लिये रुका। उसके परिवार वालों ने उसे नहीं पहचाना। इन भिक्षुओं के कारण ही हम लोगों को हमारे बेटे से बिछुड़ना पड़ा इस विचार से वे बुद्ध, उनके संघ व भिक्षुओं से चिढ़ते थे। उन्होंने उसे गालियाँ देकर और झिड़ककर घर के द्वार से लौटा दिया। राष्ट्रपाल भूखा ही वहाँ से चलने को था, तभी एक दासी ने जौ की बासी रोटियाँ फेंकने के लिये दरवाजे से निकली। राष्ट्रपाल ने उससे कहा कि यदि वह इस अन्न को फेंकना चाह रही है, तो उसी को दे दे। दासी जब राष्ट्रपाल को रोटी दे रही थी, तो उसने उसके हाथों, पाँवों व स्वर से उसे पहचान लिया। वह भागकर घर वालों को यह बात बताने के लिये पहुँची। यह जानकर कि वह उन्हीं का बेटा था, जिसे उन्होंने अन्य भिक्षु समझकर झिड़क कर भगा दिया, राष्ट्रपाल के पिता उससे घर आने के लिये अनुरोध करने के लिये दौड़ पड़े। उन्होंने देखा कि उनका बेटा एक दीवार से पीठ टिकाये बासी रोटी खा रहा है। पिता के बार बार मनाने पर राष्ट्रपाल ने कहा कि वह अगले दिन उनके घर भिक्षा ग्रहण करने आयेगा। अगले दिन पिता ने राष्ट्रपाल को प्रव्रज्या छोड़कर संसार में वापसी के प्रलोभन के लिये सारी तैयारी की। अत्यंत स्वादिष्ट भोजन उसे परोसा गया, तथा उसकी दो युवा पत्नियाँ सज धज कर उसकी सेवा में उपस्थित हुईं। पर राष्ट्रपाल सांसारिक प्रपंचों को त्याग चुका था,वह अपने मार्ग से विचलित नहीं हुआ।

अश्वघोष स्वयं भी एक ब्राह्मण परिवार में जन्म लेकर बौद्ध हुए थे, इसलिये राष्ट्रपाल की कथा उन्हें अपनी प्रकृति व स्वयं की जीवनधारा के अनुरूप लगी और इसे नाट्यरूप देने के लिये उन्होंने इसे चुना। अश्वघोष के सौंदरनंद महाकाव्य का कथानक भी इसी प्रकार का है।

अश्वघोष के इस नाटक से धर्मकीर्ति और अकलंक जैसे दार्शनिक अच्छी तरह परिचित थे। धर्मकीर्ति ने अपने वादन्याय में निग्रहस्थानों के विवेचन में अश्वघोष के इस नाटक का बड़ा ही रोचक संदर्भ दिया है। अकलंक ने अपने न्यायविनिश्चय में धर्मकीर्ति के इस नाटक को लेकर लिखा गया विशद विवेचन उद्धृत किया है। वादिराज सूरि ने इस ग्रंथ की टीका न्यायविनिश्चयविवरण में इसे पूरा का पूरा वादन्याय से उद्धृत भी कर दिया है।

धर्मकीर्ति ने निग्रहस्थान के दो ही भेद माने हैं – असाधनांगवचन और अदोषोद्भावन। असाधनांगवचन के पाँचवे भेद के निरूपण में धर्मकीर्ति ने जो राष्ट्रपालनाटक का संदर्भ दिया है, उसमें बताया गया है कि इसके आरंभ में प्रस्तावना है, प्रस्तावना में नान्दी का गीत है।[२]

अश्वघोष का दूसरा नाटक शारिपुत्रप्रकरण था। यह नाटक भी इसी प्रकार की कथा पर आधारित है।

रत्नश्रीज्ञान ने अश्वघोष के नाम से एक पद्य उद्धृत किया है, जो उनकी प्राप्त रचनाओं में नहीं मिलता। संभवत: यह पद्य अश्वघोष के इन नाटकों में से किसी का है। इसी प्रकार विद्याकर ने सुभाषितरत्नाकर में भी अश्वघोष के नाम से ऐसा ही एक पद्य उद्धृत किया है, जो वामन ने कवि के नामोल्लेख के बिना उद्धृत किया है।[३]

चंद्रक

चंद्रक संस्कृत नाट्य साहित्य के एक विस्मृत किंतु महान् नाट्यकार हैं। इनकी कोई नाट्यकृति इस समय उपलब्ध नहीं है। कल्हण ने इन्हें राजा तुंजीन प्रथम का समकालीन बताया है। तुंजीन का समय कुछ विद्वानों के मत से शालिवाहन शक संवत् २५ है तो अन्य के मत से शालिवाहन शक संवत् २४० है, जबकि मल्लाडि सूर्यनारायण शास्त्री ने तुंजीन प्रथम का काल शकपूर्व १८२ माना है। कुछ विद्वान् चंद्रक का समय चौथी शताब्दी के आसपास मानते हैं। कल्हण ने चंद्रक के नाटकों की लोकप्रियता की चर्चा करते हुए बताया है कि उस महाकवि के नाटक सब लोग देखते थे। क्षेमेंद्र ने औचित्यविचारचर्चा में चंद्रक के पद्य उद्धृत किये हैं। धनिक ने दशरूपकावलोक में अनेक स्थायी भावों के बीच एक की प्रधानता दिखाने के लिये इनका एक अत्यंत मार्मिक पद्य उद्धृत किया है। इससे यह विदित होता है कि ईसा पूर्व की शताब्दियों से लेकर दसवीं शताब्दी तक महाकवि चंद्रक की नाट्यकृतियों का देश में प्रचार था। भास के नाटकों की भाँति वे कालांतर में लुप्त हो गयीं।

आचार्य अभिनवगुप्त ने नाशा० २१.१३१ पर अभिभा० में विभिन्न नाटकों में प्रयुक्त भाषाओं का विमर्श करते हुए चंद्रक के नाटकों के विषय में कहा है— 'चन्द्रकेण स्वानि रूपकाणि वीररौद्राधिकोपयोगीनि संस्कृतभाषयैव।' इससे स्पष्ट है कि चंद्रक ने अनेक नाट्यकृतियों का प्रणयन किया था, तथा इनके नाटकों में वीर और रौद्र रस की प्रधानता तथा संस्कृतसंवादों की बहुलता थी।

आनंदवर्धन के ध्वन्यालोक में उद्धृत यह पद्य चंद्रककृत बताया गया है—

येन ध्वस्तमनोभवेन बलिजित्काय: पुरास्त्रीकृतो
यश्चोद्वृत्तभुजङ्गहारवलयो गङ्गां च योऽधारयत्।
यस्याहु: शशिमच्छिरो हर इति स्तुत्यं च नामामरा:
पायात्स स्वयमन्धकक्षयकरस्त्वां सर्वदोमाधव:।।

(विष्णु के पक्ष में अर्थ है— जिन्होंने अन: या शकट का नाश किया, अपने बलिजित् या बलि को जीतने वाले काय को स्त्री का रूप दे दिया, जिन्होंने उद्वृत्त या फण उठाये हुए भुजंग (कालिय नाग) को मारा, जिन में रव या शब्द का लय होता है, जिन्होंने अग (पर्वत) तथा गा या पृथिवी को स्थिर किया, शशि या चंद्रमा को मथने वाले अर्थात् राहु को मस्तक को काटने वाला यह स्तुत्य नाम जिनका देवता बताते हैं, अंधकवंश के लोगों के लिये क्षय या घर प्रदान करने वाले सब कुछ देने वाले, वे माधव आपकी रक्षा करें। शिव के पक्ष में अर्थ है— मनोभव या कामदेव को ध्वस्त करने वाले, जिन्होंने बलिजित् या विष्णु के काय को अपना अस्त्र बनाया, उद्वृत्त भुजंगों के हार और वलय धारण करने वाले, जिन्होंने गंगा को धारण किया, देवता जिनके मस्तक को चंद्रमा से युक्त बताते हैं, जिनका हर यह स्तुत्य नाम है, अंधकासुर का संहार करने वाले वे उमा के धव (पति) शिव आपकी रक्षा करें।

यह चंद्रक के किसी रूपक का नांदीपद्य हो सकता है।

शूद्रककृत मृच्छकटिक

परिचय

संस्कृत साहित्य में भास की भाँति शूद्रक भी एक पहेली हैं। शूद्रक एक राजा थे, पर वे कब और कहाँ राज्य करते रहे इसका निर्णय करना कठिन है। वे विक्रमादित्य की तरह प्राचीन काल में एक किंवदंती बन गये थे और उन पर संस्कृत तथा प्राकृत भाषाओं में साहित्य भी लिखा जाता रहा। इसके अतिरिक्त उनका उल्लेख अनेक प्राचीन रचनाकारों ने किया है। राजशेखर के अनुसार रामिल और सौमिल नामक कवियों ने 'शूद्रककथा' नाम से राजा शूद्रक का जीवनचरित लिखा था, जो अब नहीं मिलता। इस विषय में राजशेखर का यह पद्य जल्हण ने सूक्तिमुक्तावली में उद्धृत किया है—

तौ शूद्रककथाकारौ रम्यौ रामिलसौमिलौ।
काव्यं ययोर्द्वयोरासीदर्धनारीश्वरोपमम्।।

पंचशिख ने प्राकृत में 'शूद्रककथा' नाम से काव्य लिखा था। भोज ने शृंगारप्रकाश में मंगलांकित प्रबंध के उदाहरण में उनका नामोल्लेख किया है (शृंप्र० एकादशप्र० पृ० ६८०)। शृंगारप्रकाश के २८वें प्रकाश में दूत के प्रकारों के निरूपण में भोज ने शूद्रककथा से जरत्कीर (बूढ़े तोते) का यह उदाहरण दिया है—

जवंद णरवइ विणउ पआसइ तांवहि कीरु निरारुअ भासइ।
हारि सक्खजणजुत्तओ दिज्जइ संखअत्तवणिउत्तहो।।

(शृंगारप्रकाश, सं० रेवा प्रसाद द्विवेदी, भाग- २ पृ० १२३७)

(यावन्नरपतिर्विनयं प्रकाशयति तावत् कीरो निश्चितं भाषते।
हारो लक्षजनयुक्ताय दीयतां शङ्खदत्तवणिक्पुत्राय।।)

विक्रांतशूद्रक नामक अनुपलब्ध नाटक में शूद्रक को नायक के रूप में चित्रित किया गया था। भोज ने इस नाटक के अत्यंत मार्मिक प्रसंग का उद्धृत करते हुए लिखा है—

''नीचाक्षः स्वामिकार्यं साधयामीति प्रभुभक्त्या निरपराधामपि प्रेयसीं हित्वा स्वामिकार्यापेक्षया अहमेतावन्ति दिनानि जीवितः, अद्य तु कृतस्वामिकार्य-स्तामेवानुगच्छामीति शिवगणः शूद्रकविनिर्मितां मायामयीं चितां प्रियासमक्षं प्रविवेश, साऽपि तत्प्रेमापदानदर्शनापह्नुतप्रियव्यलीका तद्वियोगकातरा तत्रात्मानं प्रचिक्षेपेति विक्रान्तशूद्रके।''

(शृप्र० एकादशप्र० भाग १ पृ० ६५८)

अर्थात् इस नाटक में नीचाक्ष नामक पात्र स्वामी का कार्य पूरा करना है यह सोच कर अपनी निरपराध प्रेयसी को त्याग देता है। बाद में यह विचार कर के कि स्वामी का कार्य साधने के लिये मैं इतने दिन जीवित रहा, अब स्वामी नहीं हैं, तो मैं कार्य पूरा कर के अब चिताधिरोहण कर के उनका ही अनुगमन करता हूँ – वह प्रिया के देखते देखते मायामयी चिता में प्रवेश कर जाता है। उसकी प्रेयसी भी उसके प्रेम के कारण उसके अपराध को गोपन रख कर उसके वियोग से कातर होकर चिता में अपने आप को पटक देती है।

बाण ने अपने हर्षचरित में शूद्रक के विषय में कहा है—

'उत्सारकरुचिं च रहसि ससचिवमेव दूरीचकार चकोरनाथं शूद्रकदूतश्चन्द्रकेतुं जीवितात्।'

तदनुसार शूद्रक के दूत ने चंद्रकेतु चकोरनाथ का वध कर दिया था। बृहत्कथामञ्जरी और सोमदेव के कथासरित्सागर में भी शूद्रक का उल्लेख है। दण्डी की अवंतिसुंदरीकथा में शूद्रक को मृच्छकटिक का आर्यक बता दिया गया है और मृच्छकटिक का नायक चारुदत्त शूद्रक का सहायक बंधुदत्त कहा गया है। स्कंदपुराण में शूद्रक को 'आंध्रभृत्य'कहा है। इन सब उल्लेखों तथा वासिष्ठीपुत्र पुलुमावि नाम के राजा के एक शिलालेख के आधार पर श्री चंद्रबली पांडेय का निष्कर्ष है कि वासिष्ठीपुत्र पुलुमावि ही राजा शूद्रक तथा मृच्छकटिक का प्रणेता था। श्री पांडेय का यह भी मत है कि नाटककार भास तथा कामसूत्रकार वात्स्यायन भी इसी पुलुमावि राजा के समय में हुए। पद्मप्राभृतक भाण का प्रणेता भी वे इसी को मानते हैं। दूसरी ओर स्टेन कोनो आभीर वंशीय राजा शिवदत्त (२४८ई० लगभग) को ही मृच्छकटिककार शूद्रक मानते हैं। पिशेल ने 'त्रयो दण्डिप्रबन्धाश्च त्रिषु लोकेषु विश्रुताः' इस पारंपरिक उक्ति का आधार लेकर दंडी को ही मृच्छकटिककार मान लिया है। सिल्वॉं लेव्ही तथा अन्य कुछ विद्वानों का मत है कि किसी अज्ञात कवि ने अपना नाम छिपाते हुए प्रख्यात राजा शूद्रक के नाम से यह नाटक रचा। कीथ ने तो शूद्रक को एक काल्पनिक व्यक्ति ही कह दिया है। कांतानाथ शास्त्री तैलंग का भी मत है कि शूद्रक मृच्छकटिक के कर्ता नहीं हैं।

उक्त विवेचन से इतना निष्कर्ष तो निकाला ही जा सकता है कि राजा शूद्रक एक ऐतिहासिक व्यक्ति हैं, तथा वे ईसा के पहले हो चुके थे। मृच्छकटिक के निम्नलिखित संदर्भो से भी शूद्रक के कालविषयक इस निष्कर्ष की पुष्टि होती है—

(१) बौद्ध भिक्षुओं का उल्लेख इस रूपक में सम्मान की भावना के साथ किया गया है और बौद्ध विहार को इसकी घटनाओं का एक केंद्र भी बनाया गया है।

(२) नवम अंक में अधिकरणिक के संवाद 'अङ्गारकविरुद्धस्य ज्योतिःप्रक्षीणस्य बृहस्पतेः...' में मंगल को बृहस्पति का शत्रु बताया है। ज्योतिष में यह सिद्धांत वराहमिहिर के पहले का है।

(३) इस रूपक में वैशिक का उल्लेख भी कामसूत्रकार वात्स्यायन से इसकी निकटता को इंगित करता है।

(४) मृच्छकटिक में व्याकरण के विरुद्ध अनेक प्रयोग है, जिनसे उसकी प्राचीनता सिद्ध होती है।

डॉ० चंद्रबली पांडेय भी शूद्रक को विक्रमादित्य से कुछ पहले का मानते हैं। यदि स्कंदपुराण के उल्लेख को प्रामाणिक मान कर आंध्रभृत्य राजा शिवदत्त या शिमुक को शूद्रक माना जाय, तो भी शूद्रक का समय ईसा के पूर्व सिद्ध होता है। स्कंदपुराण में लिखा है कि आंध्रभृत्य विक्रमादित्य के २७ वर्ष पहले हुआ था।

काव्यशास्त्र के आचार्यों में शूद्रक का सर्वप्रथम उल्लेख करने वाले आचार्य हैं वामन, जिनका समय आठवीं शताब्दी है। इन्होंने शूद्रक के मृच्छकटिक से दो श्लोक अपनी काव्यालंकारसूत्रवृत्ति में उद्धृत किये हैं, जिनमें से एक भास के नाम से प्रसिद्ध दरिद्रचारुदत्तम् में भी मिलता है।[४]

मृच्छकटिक में शूद्रक का परिचय

मृच्छकटिक की प्रस्तावना में शूद्रक को इस रूपक का प्रणेता तो बताया है, पर उनका वर्णन एक प्राचीन यशस्वी राजा के रूप में किया गया है। ऐसा लगता है कि यह प्रस्तावना रूपक का अभिनय करने वाले सूत्रधार आदि ने अपने प्रयोग के लिये लिख कर मृच्छकटिक में जोड़ी होगी। प्रस्तावना में सूत्रधार कहता है— महाराज शूद्रक जाति से द्विज, संग्रामप्रेमी और परमवीर थे। वे देखने में बड़े सुंदर थे, तथा सुकवि होने के साथ साथ ही महान् पंडित भी थे। वे ऋग्वेद, सामवेद, गणित, वैशिक, अग्निवेशकृत चौंसठ कलाओं, नाट्यकला और हस्तिविद्या में भी पारंगत थे। शंकर की उन पर कृपा थी। वे इतने बलशाली थे कि हाथियों से द्वंद्वयुद्ध करते थे। चरित्र में परम सात्त्विक थे। उन्होंने अश्वमेध यज्ञ किया था और वृद्धावस्था में राजपाट पुत्र को देकर पूरे एक सौ वर्ष और दस दिन की आयु पूरी कर अग्नि में प्रवेश कर अपने प्राणों का विसर्जन किया था।

दरिद्रचारुदत्त और मृच्छकटिक

गणपति शास्त्री द्वारा प्रकाशित भासनाटकचक्र में दरिद्रचारुदत्त नाम का प्रकरण है।[५] इसमें कुल चार ही अंक हैं। ये उपलब्ध चार अंक मृच्छकटिक के प्रथम चार अंकों से साम्य रखते हैं। प्रस्तावना से लगाकर चौथे अंक तक सारे पात्र वे ही हैं, कुछ अंशों को छोड़कर कथा भी वही है और किंचित् परिवर्तन के साथ अधिकांश संवाद वे ही हैं। इन दोनों रूपकों के इस साम्य के कारण भास और शूद्रक की समस्या और जटिल हो गयी है। इस संबंध में निम्नलिखित मत प्रचलित हैं—

(१) भास और शूद्रक एक ही व्यक्ति हैं।

(२) भास और शूद्रक अलग अलग व्यक्ति हैं। दरिद्रचारुदत्त मूल रूपक है, मृच्छकटिक उसका विकास है। मूल रूपक की प्रेमकथा में राजनीतिक घटनाचक्र बाद में जोड़ दिया गया है।

(३) मृच्छकटिक मूल रूपक है, दरिद्रचारुदत्त उसका संक्षिप्त और सरलीकृत रूप है। चाक्यारों (केरल के अभिनेताओं) ने उसका राजनीतिक कथा वाला अंश निकाल कर प्रयोग के लिये केवल प्रेमकथा वाला अंश लेकर चार अंकों का यह आलेख मृच्छकटिक के आधार पर तैयार किया।

यह कहना सही नहीं है कि दरिद्रचारुदत्त कुल चार ही अंकों का रूपक था। भोज ने सरस्वतीकंठाभरण में दरिद्रचारुदत्त का जो पद्य उद्धृत किया है, वह इस प्रकरण में आठवें अंक में रहा होगा — यह अनुमान किया जा सकता है। इसी प्रकार सानं० ने नालरको० में क्षोभजनक अनिमित्त दर्शन की व्याख्या में चारुदत्त का यह संवाद उद्धृत किया है—

शुष्कद्रुमगतो रौति आदित्याभिमुखसंस्थितः।
कथयत्यनिमित्तं मे वायसो ज्ञानपण्डितः।।

यह प्रसंग मृच्छकटिक में नवें अंक में मिलता है, जहाँ नायक चारुदत्त अधिकरण मंडप में प्रवेश करते समय अपशकुन देखता है। पर यह पद्य यथावत् मृच्छकटिक में नहीं मिलता। वास्तव में यह पद्य मृच्छकटिक में चारुदत्त के निम्नलिखित कथनों का सरलीकृत रूप है—

रूक्षस्वरं वाशति वायसोऽयममात्यभृत्या मुहुराह्वयन्ति।
सव्यं च नेत्रं स्फुरति प्रसह्य ममानिमित्तानि हि खेदयन्ति।।
शुष्कवृक्षस्थितो ध्वाङ्क्ष आदित्याभिमुखस्तथा।
मयि चोदयते वामं चक्षुर्घोरमसंशयम्।।

(मृच्छकटिक, ९.१०,११)

अतः दरिद्रचारुदत्त की जो पांडुलिपि टी० गणपति शास्त्री ने प्रकाशित की है, वह अपूर्ण तथा संक्षिप्त है। यह पूरा रूपक मृच्छकटिक की भाँति दस अंकों का रहा होगा। उपलब्ध

दरिद्रचारुदत्त में दूसरे अंक से द्यूतकर, माथुर और दर्दुरक का सारा प्रसंग निकाल दिया गया है। इस प्रसंग की परिणति दर्दुरक के द्वारा आर्यक के साथ क्रांति में सम्मिलित होने में होती है। यह मान्यता भी उचित प्रतीत नहीं होती कि मृच्छकटिक में दुराचारी राजा पालक का प्रसंग या उसे मारकर गोपाल दारक का राजा बनना और इस क्रांति में दर्दुरक तथा शर्विलक के उसके सहयोगी होना – ये सारे वृत्तांत बाद में जोड़े गये हैं। वास्तव में चारुदत्त और वसंतसेना की प्रेमकथा इन वृत्तांतों के बिना अधूरी है। अत: मृच्छकटिक का सारा राजनीतिककथा- वृत्त मूल रूप में ही उसके संविधान का अनिवार्य अंग रहा है।

हमारी मान्यता यह है कि न तो मृच्छकटिक मूल रूपक है, न दरिद्रचारुदत्त ही। इन दोनों का ही कोई मूल रूपक था, जिसे आधार बनाकर दो अलग अलग परंपराओं में यह प्रकरण विकसित हुआ। मृच्छकटिक की प्रस्तावना में राजा शूद्रक का बहुत पहले कभी हो चुके एक स्मरणीय आदरणीय व्यक्ति के रूप में वर्णन है तथा इस रूपक का मूल प्रणेता भी उन्हीं को कहा गया है। अत: यह हो सकता है कि प्रथम शती ई०पू० के लगभग कालिदास के कुछ पहले शूद्रक नाम के किसी राजा ने अपने जीवनकाल की घटनाओं को लेकर उनमें ब्राह्मण चारुदत्त और गणिका वसंतसेना की प्रेमकथा का समावेश कर के एक रूपक लिखा था, उसको अभिनेताओं की एक परंपरा ने मृच्छकटिक के रूप में विकसित किया और दूसरी परंपरा ने दरिद्रचारुदत्त के रूप में। संस्कृत नाट्य साहित्य में हनुमन्नाटक भी एक और इसी तरह का रूपक है, जिसकी दो सर्वथा अलग अलग पाठ परंपराएँ हैं।

निष्कर्षत: कहा जा सकता है कि –

(१) शूद्रक विक्रमादित्य (५७ई०पू०) से कुछ पहले हुए। इन्होंने मृच्छकटिक के मूल रूप का प्रणयन किया।

(२) शूद्रक के रूपक की लोकप्रियता के कारण उसकी रंगमंचीय प्रस्तुतियों की परंपरा चल पड़ी। नाटक खेलने वाली मंडलियों ने उसमें परिवर्धन या संशोधन करके दो अलग अलग रूपक बना लिये। इनमें से एक (दरिद्रचारुदत्त) में सरलीकरण तथा संक्षेपीकरण पर आग्रह था, दूसरे में विस्तार और पल्लवन पर। दरिद्रचारुदत्त के चार अंकों में कुल ५५ पद्य हैं, जबकि मृच्छकटिक के पहले चार अंकों की पद्यसंख्या १२९ है।

शूद्रक की अन्य रचनाएँ

शूद्रक ने मृच्छकटिक के अतिरिक्त अन्य काव्य या रुपकों की भी रचना की थी यह संभव है। भोज ने शृंगारप्रकाश के २८वें प्रकाश में दूत के प्रकारों का विवेचन करते हुए शूद्रककृत विनयवत्युपशमन नामक प्रकरण का उल्लेख किया है (शप्र० भाग २ रेप्रद्वि० पृ० १२३८)। पर यह उल्लेख संदिग्ध है तथा इस स्थल पर शृप्र० का पाठ भी स्पष्ट प्रतीत होता है। संभवत: शूद्रककथा में शूद्रक का विनयवती के साथ विवाह का प्रसंग रहा हो उससे आशय

हो सकता है। चतुर्भाणी के चार भाणों में एक के प्रणेता शूद्रक कहे गये हैं, पर ये मृच्छकटिककार शूद्रक नहीं हो सकते, क्योंकि चतुर्भाणी के भाण गुप्तकाल के आसपास की रचनाएँ हैं।[६]

कथावस्तु

नाट्यशास्त्र की दृष्टि से मृच्छकटिक एक संकीर्ण कोटि का प्रकरण है।[७] ब्राह्मण चारुदत्त इसका नायक है और गणिका वसंतसेना नायिका। इनकी प्रेमकथा इसका आधिकारिक (मुख्य) वृत्त है तथा उज्जयिनी के राजा पालक को गोपालदारक आर्यक के द्वारा पदच्युत कर के राजा बनने की घटना भी पताका के रूप में इस प्रेम कहानी के साथ साथ चलती है।

पहले अंक में संध्या के समय चारुदत्त विदूषक मैत्रेय को चौराहे पर पूजा के फूल चढ़ाने के लिये भेजना चाहता है। विदूषक आनाकानी करता है, क्योंकि नगर (उज्जयिनी) में संध्या के बाद घर से बाहर निकलना सुरक्षित नहीं है। चारुदत्त दासी रदनिका को उसके साथ भेजता है। इसी समय रास्ते पर शकार (खलनायक) वसंतसेना का पीछा करता हुआ निकलता है। विट (दलाल) के कथन से वसंतसेना को पता चल जाता है कि पास में ही चारुदत्त का घर है। वह शकार से बचने के लिये चारुदत्त के घर में घुस जाती है। अँधेरा होने के कारण कोई उसे देख नहीं पाता। इसी द्वार से अभी अभी बाहर निकली रदनिका को शकार वसंतसेना समझकर पकड़ लेता है। मैत्रेय शकार को डपटता हुआ उस पर झपटता है। शकार धमकी देकर चला जाता है। इस घटना से, वसंतसेना और चारुदत्त, जो एक दूसरे से पहले से परिचित हैं, पहली बार एक दूसरे के निकट और सम्मुख होते हैं। वसंतसेना अपने सारे गहने उतारकर धरोहर के रूप में उन्हें चारुदत्त के पास छोड़ देती है। चारुदत्त उसे घर पहुँचवाने की व्यवस्था करता है।

दूसरे अंक में वसंतसेना की अपनी दासी के साथ ठिठोली चल रही है, तभी सड़क पर जुआरियों की लड़ाई का दृश्य खुल जाता है। द्यूतकर और माथुर पाटलिपुत्र से आये संवाहक का पीछा कर रहे हैं, जो उनसे जुए में दस स्वर्णमुद्राएँ हार गया है। संवाहक वसंतसेना के घर पहुँचकर उसकी शरण लेता है। वसंतसेना यह जान कर पुलकित हो जाती है कि वह चारुदत्त के घर सेवक रहा है। वह जुआरियों को अपने गहने देकर उसे बचा लेती है। संवाहक पश्चात्ताप और ग्लानि से भर कर बौद्ध भिक्षु बनने के लिये चल पड़ता है। इसी समय वसंतसेना के महल से एक हाथी छूटकर भाग निकलता है। हाथी संवाहक को कुचलने ही वाला है कि वसंतसेना का एक सेवक कर्णपूर उसे बचा लेता है। मार्ग से निकलता हुआ चारुदत्त अपना प्रावारक इसे पुरस्कार में दे देता है।

तीसरे अंक में वसंतसेना की दासी मदनिका को दासत्व से मुक्त कराने के लिये उसका प्रेमी शर्विलक चोरी के प्रयोजन से चारुदत्त के घर सेंध लगाकर घुसता है। चारुदत्त और मैत्रेय दोनों गहरी नींद में हैं। मैत्रेय के पास वसंतसेना के गहनों की पेटी है, जो चारुदत्त ने उसे सौंप रखी है। चारुदत्त तो अपनी सारी संपत्ति दान में दे देकर कंगाल हो चुका है। शर्विलक उसके

घर की स्थिति देखकर वापस लौटने को होता है, तभी सपने में बड़बड़ाता हुआ मैत्रेय गहनों की पेटी चारुदत्त को सौंपता हुआ नींद में गहने उठाकर उसे (शर्विलक को) दे देता है।

शर्विलक गहने लेकर अपनी प्रेमिका मदनिका के पास पहुँचता है। मदनिका अपनी स्वामिनी के गहने पहचान लेती है और शर्विलक को डपटती हुई गहने चारुदत्त को लौटा देने की सलाह देती है। फिर उसके कहने पर शर्विलक अपने आप को चारुदत्त का दूत बताकर गहने वसंतसेना को लौटाने लगता है। वसंतसेना इन दोनों की बातचीत छिपकर सुन चुकी है। वह मदनिका और शर्विलक दोनों से हँसी करती हुई मदनिका को बिना शुल्क के दासता से मुक्त कर के शर्विलक के साथ भेज देती है। इधर चारुदत्त देखता है कि उसके घर में सेंध लगायी गयी है, और वसंतसेना की धरोहर चोरी हो गयी है, तो वह अपनी दरिद्रता को लेकर दुखी होने लगता है। इसी समय उसकी साध्वी पत्नी धूता उसे इस स्थिति से उबारने के लिये अपनी बहुमूल्य रत्नावली गहनों के बदले में वसंतसेना को देने के लिये उतारकर मैत्रेय को सौंप देती है।

वसंतसेना अपने प्रिय से मिलने के लिये निकलती है। सड़क पर खड़ी शकार की गाड़ी को अपने लिये चारुदत्त के द्वारा भेजी गाड़ी समझकर वह उसमें बैठ जाती है, जबकि उसे लाने के लिये चारुदत्त ने जो गाड़ी भेजी है, उसमें राजा के कारागार से भागा हुआ गोपालदारक आर्यक बैठ जाता है। भागे हुए बंदी को पकड़ने के लिये राजसेवक रास्ते से जाती गाड़ियों की जाँच कर रहे हैं। चंदन नाम का राजसेवक आर्यक को पहचान लेता है, पर राजभक्ति का विचार छोड़कर विद्रोही का साथ देता है, जिससे उसका अन्य राजसेवकों से युद्ध होने लगता है। आर्यक चारुदत्त की गाड़ी में बैठकर उस उद्यान में पहुँच जाता है, जहाँ चारुदत्त वसंतसेना की प्रतीक्षा कर रहा है। चारुदत्त उसे अभय देता है। इधर भूल से शकार की गाड़ी में बैठ गयी वसंतसेना भी उसी उद्यान में पहुँचकर एक बार फिर शकार के चंगुल में फंस जाती है। शकार उसका गला घोंट देता है और उसे मरी हुई जान कर सूखे पत्तों से ढक कर चला जाता है। इसी समय बौद्ध भिक्षु संवाहक वहाँ आता है और वसंतसेना को बौद्धविहार ले जाता है। शकार अधिकरणिक (न्यायाधीश) के पास पहुँचकर चारुदत्त को वसंतसेना की हत्या के झूठे आरोप में फँसाने के लिये व्यवहार (मुकदमा) दाखिल कर देता है। चारुदत्त को न्यायालय बुलाया जाता है। वह वसंतसेना से अपने संबंधों की बात स्वीकार करता है, इसी समय विदूषक वसंतसेना के गहनों की पेटी लेकर वहाँ आता है। उसके पास गहनों की पेटी देखकर यह मान लिया जाता है कि चारुदत्त ने इन्हीं गहनों के कारण वसंतसेना की हत्या की है। चारुदत्त को फाँसी होती है, चांडाल उसे सूली पर चढ़ाने के लिए ले जा रहे हैं, तभी संवाहक वसंतसेना को लेकर वहाँ पहुँच जाता है। इस बीच राज्य में क्रांति हो जाती है। दुराचारी राजा पालक को हटाकर आर्यक सिंहासन पर बैठ जाता है। वसंतसेना और चारुदत्त के मिलन के साथ प्रकरण समाप्त हो जाता है।

नाट्यकला कथानक के विन्यास की दृष्टि से मृच्छकटिक अनुपम ही है। इसका कथावस्तुविन्यास जितना ही गत्यात्मक है उतना ही सुसंबद्ध व अन्वित भी। नाट्यविडंबना का मार्मिक प्रयोग आद्यंत मृच्छकटिक में किया गया है। पूरे नाटक में आद्यंत घटनाओं की एकान्विति,

आकस्मिकता और रोचकता का कुशल निर्वाह है। पहले अंक में ही शकार और विट वसंतसेना का पीछा कर रहे हैं, और शकार ही अनजाने उसे चारुदत्त के घर का संकेत दे देता है। यह संकेत वसंतसेना के लिये उस सारे भय और आतंक के बीच प्रिय से मिलन का अवसर बन जाता है, आने वाली घटनाओं की कड़ियाँ यहाँ गुँथ जाती हैं। वसंतसेना लूटपाट का भय बताकर अपने सारे गहने उतारकर चारुदत्त को धरोहर के रूप में सौंपती है, तो उसके मन में यह बात भी है कि इन गहनों के बहाने से वह चारुदत्त से फिर से मिल सकेगी। पर ये ही गहने शर्विलक के द्वारा चुरा लिये जाते हैं, और चारुदत्त के लिये दारुण व्यथा का कारण बन जाते हैं। वसंतसेना फिर इन्हीं गहनों को लेकर चारुदत्त के घर में आ जाती है, और सोने की गाड़ी के खिलौने की जिद करते चारुदत्त के नन्हें बालक की मिट्टी की गाड़ी को इन्हीं गहनों से भर देती है। इन्हीं गहनों को लेकर दुर्योग से मैत्रेय अधिकरण में पहुँच जाता है, और ये गहने चारुदत्त के लिये प्राणदंड का कारण बन जाते हैं। जिस संवाहक की वसंतसेना ने जुआरियों से रक्षा की थी, वह बौद्ध भिक्षु के रूप में मूर्च्छित और अर्धमृत वसंतसेना के प्राण बचाता है। भास के प्रतिज्ञायौगंधरायण को छोड़कर अन्य कोई ऐसा रूपक नहीं मिलता जिसमें प्रणयकथा के साथ साथ नगर में चल रही गतिविधियों और राजा का तख्ता पलटने के लिये बनाई जा रही योजनाओं को इस तरह मूलकथा के साथ जोड़ दिया गया हो।

वास्तव में चारुदत्त और वसंतसेना के सुकुमार रागात्मक संबंधों की कहानी की कल्पना ही दर्दुरक, आर्यक और शर्विलक आदि के द्वारा की जाने वाली क्रांति के बिना नहीं की जा सकती। दर्दुरक संवाहक को जुआरियों से बचाने के लिये उनसे झगड़ पड़ता है और फिर सोचता है कि प्रधान सभिक से झगड़ा मोल लेना अच्छा नहीं हुआ, अच्छा हो कि अब मैं अपने मित्र शर्विलक के कहने के अनुसार राजा पालक को राजगद्दी से हटाकर आर्यक को राजा बनाने में सहायता करूँ। शर्विलक इस क्रांतियज्ञ का पुरोधा है, पर उसकी भी प्रेमकथा है। यह भी बड़ी विडंबना है कि मदनिका को दासत्व से मुक्ति दिलाने के लिये वह चारुदत्त के घर चोरी करता है, अंत में मदनिका मुक्त हो भी जाती है, पर इसी समय आर्यक के कारागार से भाग निकलने की सूचना आती है, और मदनिका को शर्विलक अपने मित्र रेभिल के घर छोड़कर वह अत्याचारी राजा के विरुद्ध समर में कूद पड़ने के लिये चल देता है। यह रेभिल एक कलाकार है, गायक है, पर वह भी इस क्रांति में सम्मिलित है। चारुदत्त रेभिल से अच्छी तरह परिचित है, वह उसके घर होने वाले संगीत के अनुष्ठान में सम्मिलित होता है। वास्तव में तो चारुदत्त भी स्वयं नगर के न्यायप्रेमी नागरिकों के साथ राजा पालक के विरुद्ध होने वाले संग्राम की योजना में कहीं न कहीं सम्मिलित है ही। तभी तो अधिकरण दृश्य में वह निर्भीक होकर कहता है— 'नाहमपरीक्षितकारी दुराचारः पालक इव चाण्डालः।' (मैं दुराचारी पालक की तरह बिना विचार किये काम करने वाला चांडाल नहीं हूँ।)

मृच्छकटिक के संविधान में द्वंद्वात्मकता तथा तनाव निरंतर गुँथे हुए चलते हैं। एक ओर शकार का वसंतसेना और चारुदत्त के साथ द्वंद्व है, तो दूसरी ओर पालक और शकार ने जो

अंधेर मचा रखा है, उससे जूझते लोगों का सत्ता से द्वंद्व। दो अलग अलग दिशाओं में बहती हुई भी ये द्वंद्व धाराएँ मृच्छकटिक में गंगा यमुना का संगम बन जाती हैं और इनमें ही शर्विलक और रदनिका के प्रेम की धारा भी आ मिलती है। राजा के विरुद्ध विद्रोह में राजसेवकों से लगाकर चारुदत्त को फाँसी के लिये ले जाने वाले चांडाल तक सम्मिलित हो गये हैं। जनसामान्य के संघर्ष का ऐसा सजीव चित्रण अन्य किसी प्राचीन संस्कृत नाटक में नहीं मिलता।

इसके साथ ही एक गणिका के चरित्र का ऐसा उदात्त महिमामय रूप भी संस्कृत के अन्य किसी नाटक में नहीं मिलता।

चरित्रसृष्टि

मृच्छकटिक में पात्रों की जितनी विविधता है, उतनी अन्य किसी संस्कृत नाटक में नहीं है। प्रत्येक पात्र की चरित्ररेखाएँ एकदम स्पष्ट ही हैं, और उनमें से प्रत्येक के चरित्रचित्र में अलग अलग रंग नाटककार ने भरे हैं। मध्यवर्ग और निम्नवर्ग के बहुसंख्य पात्र इस नाटक में हैं। इनमें प्रत्येक पात्र का अपना निराला व्यक्तित्व है। इसके साथ ही चरित्र चित्रण में नाटककार का मनुष्य के प्रति आस्था और अनुराग का भाव प्रकट हुआ है। अपनी उदारता, महानुभावता, दानशीलता, साधुप्रकृति और गुणग्राहिता के द्वारा नायक चारुदत्त दर्शकों का ही नहीं, नाटक की संरचना के भीतर भी विभिन्न कथा संविधानों में नाटक के अधिकांश पात्रों का मन जीत लेता है। अपना सर्वस्व देकर दरिद्र बन चुके इस निरीह ब्राह्मण को शूद्रक ने अद्भुत गरिमामय रूप दिया है। वसंतसेना का चरित्र सारे संस्कृत साहित्य में अनुपम है। वह पूरे नाटक में अपने साहस, निर्भीकता, प्रेम व रमण की कामना में अनन्य है। मृच्छकटिक के अंतिम अंक का एक दृश्य है। फाँसी पर चढ़ाये जाते चारुदत्त को वसंतसेना ने ऐन वक्त पर पहुँचकर बचा लिया है। उसकी फाँसी का तमाशा देखने के लिये वहाँ आ पहुँचा शकार पाँसा पलटता देखकर अंत में चारुदत्त के आगे गिड़गिड़ा रहा है। नया राजा आर्यक चारुदत्त को अधिकार देता है कि वह शकार के लिये जो दण्ड निर्दिष्ट करेगा वह अपराधी को दिया जाएगा। चारुदत्त अपने चरित्र की गरिमा और महत्ता के अनुरूप शकार को क्षमाकर देने का प्रस्ताव करता है। यह प्रस्ताव अंततः स्वीकारा भी जाता है। ठीक इसी समय वसंतसेना उसके गले से वध्यमाला उतार कर शकार के ऊपर फेंकती है। यह एक अद्भुत दृश्य है। वसंतसेना अपने साथ बलात्कार और हत्या का प्रयास करने वाले निकृष्ट शकार को क्षमा नहीं करती। वह वध्यमाला उस पर फेंक कर अपना निर्णय देती है— बिना एक शब्द कहे। चारुदत्त की सारी महत्ता शब्दों तक सीमित है। पूरे नाटक में वह अपनी गरीबी का दुखड़ा रोता है या अपने गहने, कपड़े उतारकर दान करता जाता है। साहस और कर्म का वरण वसंतसेना करती है। अपनी सारी उदात्तता के बावजूद चारुदत्त मध्यवर्गीय भद्रलोक का प्राणी है। उसकी निष्क्रिय उदात्तता अधिक वरेण्य है या वसंतसेना का साहस के साथ चुनौती को स्वीकार करके गणिका से कुलवधू तक पहुँचने के लिये किया गया संघर्ष?

वसंतसेना नाम से गणिका, पर आचरण और हृदय की निश्छलता में कुलवधू है। उचित ही नाटककार ने उसे प्रकरण के अंत में राजाज्ञा से कुलवधू के पद पर प्रतिष्ठित कराया है। वसंतसेना के साम्मुख्य में सचमुच की कुलवधू धूता का चरित्र है। वह चारुदत्त के घर के भीतर के प्रकोष्ठों में रहती है, पर अपनी सहनशीलता, समर्पण और त्याग के द्वारा दर्शकों को मन:प्रकोष्ठों में घर कर लेती है। पति को अपमान से उबारने के लिये, वह अपनी बहुमूल्य रत्नमाला तत्काल उतार कर बेहिचक विदूषक को सौंप देती है।

मृच्छकटिक में संवाहक, दर्दुरक, द्यूतकर, माथुर, शर्विलक, विट, स्थावरक, चांडालद्वय, चंदनक, वीरक आदि कई पात्र हैं जो मनुष्य के चरित्र के नाना रूप हमारे आगे प्रस्तुत करते हैं। इसके साथ ही इन मध्य या निम्न वर्ग के चरित्रों को प्रस्तुत करने में भी नाटककार ने मानवीय गरिमा का बोध कराया है। स्थावरक चेट अपने निकृष्ट स्वामी शकार को वसंतसेना की हत्या करने से रोकता है, और कड़े शब्दों में उसकी भत्स्र्ना करता है तथा शकार के द्वारा बंदी बना लिये जाने पर भवन के ऊपर कक्ष में बंद रहने पर भी चारुदत्त को फाँसी से बचाने के लिये अपने प्राण दाँव पर लगाकर चांडालों के आगे कूद पड़ता है।

मृच्छकटिक का विदूषक मैत्रेय भी अपने भोलेपन, साधु स्वभाव और फक्कड़पन के कारण स्मरणीय हो गया है। दर्दुरक के रूप में शूद्रक ने ऐसे कंगाल व्यक्ति को उपस्थित कराया है, जो अपनी शूरता, प्रत्युत्पन्नमति तथा अन्याय के विरोध और साहस में बेजोड़ है। कहाँ तो वह माथुर से छिपने के लिये अपना उत्तरीय ओढ़ कर अपने आप ढकना चाहता है, तो पाता है कि—

अयं पटः सूत्रदरिद्रतां गतो ह्ययं पटश्छिद्रशतैरलङ्कृतः।
अयं पटः प्रावरितुं न शक्यते ह्ययं पटः संवृत एव शोभते।।

(२।१०)

(यह कपड़ा एकदम झिलगा हो गया है, और यह कपड़ा तो छेदों से सजा हुआ है। यह कपड़ा लपेटा जाने के योग्य नहीं रहा, और यह कपड़ा ढका हुआ ही अच्छा लगता है।)

जुआरी संवाहक के पास जुए में हारे रुपये चुकाने के लिये धन नहीं है। माथुर उसके पीछे लगा हुआ है। माथुर जब उसे पकड़ लेता है, और दर्दुरक वहाँ आ पहुँचता है। संवाहक को माथुर से बचाने के लिये दर्दुरक के मुख से नाटककार ने कितनी बड़ी बात कहलवाई है—

दुर्वर्णोऽसि विनष्टोऽसि दशस्वर्णस्य कारणात्।
पञ्चेन्द्रियसमायुक्तो नरो व्यापाद्यते त्वया।।

(मृच्छकटिक २.३)

(तू कैसा नीच और पतित है कि सोने की मात्र दस मोहरों के लिये पाँच इंद्रियों वाले एक मनुष्य को मारे डाल रहा है।)

यह मनुष्य की गरिमा का उद्‌घोष है, मनुष्यत्व की अवमानना करने वाली मदावलिप्त शक्तियों का प्रत्याख्यान भी है। शूद्रक की चरित्रदृष्टि मनुष्य को अत्यंत गिरी हुई स्थिति में भी गरिमारहित नहीं देखना चाहती। शर्विलक ब्राह्मण है, उसे अपने चतुर्वेदी और प्रतिष्ठित कुल का होने पर गर्व है। यही शर्विलक मदनिका के प्रेम में पड़कर उसे दासत्व से मुक्ति दिलाने के लिये चोरी करने का दुस्साहस करता है। वह चारुदत्त के घर को किसी संपन्न व्यक्ति का भवन समझकर उसमें घुस आता है। पर जैसे ही उसे पता चलता है कि यह तो किसी 'तुल्यावस्थ कुलपुत्र' का घर है, वह लौट पड़ता है। स्वप्नाविष्ट विदूषक के द्वारा गो ब्राह्मण की शपथ दिलाने पर ही वह उसके हाथ से गहनों की पिटारी लेने को तैयार होता है।

राजनीतिक वात्याचक्र के बीच मनुष्य के हृदय की कोमलता तथा पावनता को बनाये रखने पर शूद्रक ने अपनी चरित्रसृष्टि में बल दिया है। पेट पालने के लिये गणिका की दलाली करने वाले विट तक को उन्होंने अद्भुत गरिमा और गंभीरता से मंडित किया है। साथ ही शूद्रक मनुष्य को एक अपार संभावना के रूप में भी देखते हैं। मनुष्य कब क्या कर बैठेगा – कहा नहीं जा सकता। इसीलिये शूद्रक छोटे से छोटे पात्रों के चरित्र में असाधारण गुणों का उन्मेष दिखाते हैं। इसके साथ ही उनके पात्र संकट के क्षणों में अप्रत्याशित प्रतिक्रिया भी व्यक्त करते हैं। चारुदत्त के घर सेंध लगी है। सेंध या शर्विलक के द्वारा चोरी करने के लिये दीवार में बनाये गये छिद्र को देखकर चारुदत्त उसकी बनावट का सफाई और कलात्मकता की प्रशंसा करने लगता है। जब ध्यान आता है कि यह सेंध तो उसके घर में चोरी करने के लिये लगायी गयी है, तो वह इस बात से दुखी हो जाता है कि चोर उसके घर से निराश होकर गया होगा, क्योंकि उसके घर में है ही क्या? जब पता चलता है कि गहनों की पिटारी चोरी हुई है, तो वह प्रसन्न हो जाता है, और जब विदूषक स्मरण दिलाता है कि वह पिटारी तो धरोहर थी, तब चारुदत्त आकस्मिक आघात से मूर्च्छित हो जाता है। आधी रात को चारुदत्त रेभिल के घर संगीत की सभा से लौट रहा है। संगीत की सुरलहरी अभी तक उसके कानों में बज रही है। वह यह भूल जाता है कि नगर में रात को निकलना असुरक्षित है। जिस रेभिल के घर से वह आ रहा है, वह राजा के विरुद्ध क्रांति के कार्य से जुड़े योद्धाओं का मित्र है। यहाँ चारुदत्त का कलाप्रेम ही नहीं, फक्कड़पन और मनमौजी स्वभाव भी सामने आता है।

पूरे प्रकरण में शकार का चरित्र ऐसा है, जो आदि से अंत तक कहीं भी हमारे मन में सहानुभूति जागृत नहीं करता। पर शकार अत्यंत क्रूर, धूर्त और मूर्ख होते हुए भी हमारी दुनिया का ही एक मनुष्य है, उसके जैसे व्यक्ति समाज में सदैव रहे हैं। वास्तव में तो मृच्छकटिक के सारे पात्र ही हमारे आसपास की जगत् के हैं।

रस

मृच्छकटिक के रसबोध का वैशिष्ट्य है उसमें भावों की विविधता का अटूट क्रम, जिसे

भवभूति ने मिश्रीकृतक्रम' कहा है। शृंगार रस यहाँ अंगी या प्रधान है, उसके साथ हास्य निरंतर चित्र विचित्र छटा बिखेरता हुआ चलता है। इन दोनों रसों के साथ विभिन्न व्यभिचारी भावों का सम्मर्द तथा वीर, भयानक, रौद्र, करुण और अद्भुत रसों का लगातार संभेद नाटककार ने रचा है। पहले ही अंक में चारुदत्त का अपनी दरिद्रता को लेकर विषाद मन को छू लेता है। इसके साथ ही राजमार्ग पर शकार का उपद्रव सामने आता है, जिसमें शकार की अटपटी उक्तियों का हास्य भी है, और वसंतसेना का भय, आतंक और ग्लानि भी है। इसी के साथ साथ हभ विट के परिष्कृत सौंदर्यबोध और चारुदत्त के लिये वसंतसेना के मन में पलते प्रेम का भी अनुभव यहाँ करते हैं। दूसरे अंक में संवाहक का भय भयानक रस की सृष्टि करता है, द्यूतकर और माथुर का क्रोध रौद्र रस का अवतरण कराता है, तो दर्दुरक का साहस और औदात्त्य वीररस का उत्कृष्ट परिपोष करता है। इन सारे प्रसंग में एक बार फिर वसंतसेना का चारुदत्त के लिये परिपक्व होता प्रेम और एकनिष्ठ समर्पण सामने आ जाता है, जब वह केवल यह जानकर कि संवाहक चारुदत्त का सेवक रह चुका है, उसे बचाने के लिये अपने आभूषण दे देती है। शर्विलक के द्वारा चारुदत्त के घर सेंध लगाने का दृश्य अद्भुत रस का उद्रेक भी करता है, साँप के काटने और दरवाजे की चरमराहट रोकने के लिये किये गये शर्विलक के उपचार कौतुक जगाते हैं, और अपनी परिणति पर पहुँचकर यह दृश्य शर्विलक के भीतर छिपे महामानव को सामने लाकर हमारे भीतर करुणा भी जगाता है। व्यंग्य या उत्त्रास और विडंबनाओं के पैनेपन से मृच्छकटिक का रसपरिपाक समृद्ध बना है। विडंबना के बोध के साथ जुआरियों का दृश्य उस समय के यथार्थ को साकार कर देता है, तो अधिकरणिक या न्यायालय के दृश्य में न्यायव्यवस्था की अक्षमता का बोध गहरी टीस देता है। वस्तुत: मृच्छकटिक का रसविधान जिस देश काल का यह नाटक निरूपण करता है, उसके यथार्थ प्रस्तुति के कारण अत्यंत प्रभावशाली बन गया है।

रंगमंच

अभिनय तथा मंचन के विधान की दृष्टि से मृच्छकटिक नाट्यपरंपरा के एक महत्त्वपूर्ण पड़ाव को द्योतित करता है। सभी अंकों में एक विस्तीर्ण अभिनय क्षेत्र की अपेक्षा है। रत्नावली नाटिका की भाँति यह राजप्रासाद के किसी कक्ष में सीमित स्थल पर अभिनीत नहीं हो सकता। प्राय: सभी अंकों में कई स्थलों पर अलग अलग अभिनय चलता है। कहीं कहीं दो दो या तीन तीन दृश्य एक साथ चलते हैं। इसके साथ ही आंगिक और वाचिक अभिनयों का व्यापक स्तर पर सघन प्रयोग भी इस नाटक के प्रयोग में अपेक्षित है। पात्र अपने अपने संवादों की व्याख्या आंगिक अभिनय के द्वारा दर्शकों के आगे करते हुए लगते हैं। प्रकरण की संरचना के अनुरूप लोकनाट्य की शैलियाँ भी नाटककार ने यथावसर समाहित कर लीं हैं। अभिनय की दृष्टि से मृच्छकटिक की सबसे बड़ी विशेषता है कि इसमें कैशिकी और आरभटी दोनो वृत्तियाँ निरंतर साथ साथ चलती हैं। सुकुमारता, लालित्य और राग के साथ पौरुष और पराक्रम का भाव का निर्वाह निरंतर इसके अभिनय में अपेक्षित है।

मृच्छकटिक का हर एक अंक अँधेरे और उजाले में चलता है। हर अँक में कभी अँधेरा उजाले को लपेटता है, कभी उजाला अँधेरे को। तीसरा अंक आधी रात के समय आरंभ होता है। चारुदत्त और मैत्रेय रेभिल का गायन सुनकर लौट रहे हैं। पहले अंक के अंत में चन्द्रमा उगता है, इस अंक के आरंभ में चंद्रोदय हो रहा है। कुछ देर बाद ही इस अंक में फिर अँधेरा फैलता है। चंद्रमा अस्त हो चला है। शर्विलक कहता है

घनपटलतमोनिरुद्धतारा रजनिरियं जननीव समावृणोति।

(३.१०)

(घनपटल या मेघों के पर्दों से ढ़की यह रजनी जननी की तरह मुझे ढ़क रही है।)

चोर को अँधेरे से भरी रात माँ की तरह आश्वस्तिकर लगती है। फिर शर्विलक चारुदत्त के घर में सेध मारता है। सेंध से दिये का हल्का प्रकाश आ रहा है। दिये की लौ का सुनहरा पीलापन अँधेरे की परतों में लिपटा हुआ झलक रहा है, जैसे कसौटी के काले पत्थर पर सोने की रेखा हो (३।१७)। जलता दीपक बुझा कर शर्विलक चोरी करता है। इस घोर अँधियारे के बाद इसी अंक में भोर तो होती है, पर अँधेरे में लिपटी हुई ही। धरोहर के गहनों की चोरी की बात से चारुदत्त मूर्च्छित हो जाता है। घर के किन्हीं अँधेरे कोनों में रहने वाली उसकी पत्नी धूता पहली बार इसी अंक में प्रवेश करती है, वह भी पति की लाज बचाने के लिये अपनी बहुमूल्य रत्नमाला लेकर।

चौथा अंक वसंतसेना के घर में उजाले में हो रहा है। पर इस अंक के समाप्त होते होते चेटी का संवाद है— आर्ये, पश्य पश्य , उन्नमत्यकालदुर्दिनम्! – आर्ये देखिये तो! असमय में काली घटाएँ घुमड़ पड़ी हैं। पाँचवें एंक के आरंभ में चारुदत्त इसी वाक्य को दोहराता हुआ प्रवेश करता है। सारा का सारा अंक काली घटाओं के अँधेरे और बीच में बिजली की कौंध का उजाला दिखाते हुए चलता है। बिजली कहीं ऐरावत की देह पर झूलती सोने की डोर बन जाती है, कहीं इंद्र के घर की दीपिका। फिर वह कीचड़ में लिपटे वसंतसेना के पाँव अपने उजाले से धो रही होती है (५।३५)। मैत्रेय को वसंतसेना के सेवक कुंभीलक का आना ऐसा लगता है, जैसे दुर्दिन में अंधकार का आना। अभिसार करती वसंतसेना को रात रास्ता रोकने वाली सौत मालूम पड़ती है (५।१५)। छठे अंक में वसंतसेना रात जल्दी बीत जाने पर कहती है— कथं रात्रिरेव प्रभातं संवृत्तम्! अरे रात ही भोर बन गई! वसंतसेना का यह कथन भवभूति के उत्तररामचरित में राम के इस वाक्य का स्मरण कराता है— रात्रिरेव व्यरंसीत्! राम और सीता प्रेम की अनन्यता के साथ एक दूसरे से सटे बैठे रहते हैं, उनकी रात के पहर एक एक कर कैसे खिसक जाते हैं, उन्हे पता ही नहीं चलता। पर शूद्रक की नायिका के लिये तो रात ही भोर है। चेटी इसका उत्तर भी अच्छा देती है— मालकिन, हमारे लिये तो यह भोर ही है, आप के लिये तो यह भी रात ही है।

ध्वनि और वक्रोक्ति

मृच्छकटिक अँधेरे और उजाले का एक खेल है। हम इसके मुख्य पात्रों को अँधेरे के बीच रोशनी तलाशते हुए देखते हैं। नांदी पद्य में शून्य में खोये शिव का वर्णन है।

पर्यङ्कग्रन्थिबन्धद्विगुणितभुजगाश्लेषसंवीतजानो-
रन्तःप्राणावरोधव्युपरतसकलज्ञानरुद्धेन्द्रियस्य।
आत्मन्यात्मानमेव व्यपगतकरणं पश्यतस्तत्त्वदृष्ट्या
शम्भोर्वः पातु शून्येक्षणघटितलयब्रह्मलग्नः समाधिः।।

पर्यंकग्रन्थि के बंध (योग तथा ध्यान के समय की विशेष मुद्रा) के कारण दो गुने भुजगों के आश्लेष से जिनके घुटने कस कर बँध गये हैं, प्राणों के निरोध के कारण बाह्य इंद्रियों की सारी क्रियाएँ निरुद्ध हो गईं हैं, करणों से ऊपर उठकर तत्त्वदृष्टि द्वारा अपने को अपने से ही देखते हुए शून्य में देखते शंभु की वह समाधि आपकी रक्षा करे।)

प्रस्तावना में ही बताया गया है कि यह ऋग्वेद, सामवेद, गणित आदि में पारंगत मनीषी नाटककार की रचना है। शंकर की समाधिदशा का चित्रण करते हुए मृच्छकटिक की गहनभावभूमि का भी संकेत कवि ने यहाँ कर दिया है।

इसके आगे एक नांदीपद्य और है—

पातु वो नीलकण्ठस्य कण्ठः श्यामाम्बुदोपमः।
गौरी भुजलता यत्र विद्युल्लेखेव राजते।।

नीलकंठ के काले बादल जैसे गले में बिजली की तरह गौरी की भुजलता लिपटी हुई है। यदि इस पद्य के अभिनय में अँधेरे के साथ उजाला लिपटा हुआ दिखाना होगा। एक अर्थ में नाटक में नायक चारुदत्त ही यह शिव है। शिव की तरह वह भी तो नागों से घिरा हुआ है, दारिद्र्य ने उसके भी सारे करण व्यापारों को अवरुद्ध कर दिया है। नाटक में वह अक्सर अपने भीतर अपने आप को ही खोजता लगता है। यदि ध्वनिवाद की दृष्टि से मीमांसा करें, तो मृच्छकटिक का यह नांदी पद्य नायकवृत्त को व्यंजित करता है— यह कहा जा सकता है। पर कुंतक के वक्रोक्तिवाद की दृष्टि से विचार करें, तो यहाँ विचित्र अभिधा में एक साथ शिव और चारुदत्त दोनों वर्णित हैं – यह कह सकते हैं।

चारुदत्त अपनी दरिद्रता को अँधेरा मानता है और घनांधकार में दीपदर्शन की कामना करता है। पहले अंक का अंतिम दृश्य है। चारुदत्त चाहता है कि विदूषक वसंतसेना को उसके घर तक छोड़कर आये। विदूषक के आनाकानी करने पर वह स्वयं वसंतसेना के साथ जाने को तैयार होता है।

बाहर रात का अँधेरा है। नगर अँधेरे में डूबा हुआ है। चारुदत्त के घर में अँधेरा है, क्योंकि दिये जलाने के लिये तैल तक चुक गया है। विदूषक भी चारुदत्त को जनांतिक में बताता है

कि यह हमारी प्रदीपिका ऐसी निःस्नेह (बिना तैल की) हो गई है जैसे कोई गणिका निर्धन प्रेमी को अपमानित करते समय निःस्नेह हो जाती है। चारुदत्त कहता है— मैत्रेय, प्रदीपिका की आवश्यकता ही कहाँ है? यह चंद्रमा उग तो आया।

वसंतसेना का चरित्र क्रिया में और चारुदत्त का अक्रिया में है। चारुदत्त निःस्पृह और निर्धन है, वसंतसेना ऐश्वर्यमयी है। चारुदत्त की भाषा में वह प्रकाशनारी (३।७) है। प्रकाशनारी शब्द अपने आप में कितने अँधेरे से घिरा हुआ है? चारुदत्त वसंतसेना का इतना आदर करता है, वह उसे प्रणाम करता है, उस पर अनुरक्त है। वह स्पष्ट घोषित करता है— 'देवतोपस्थानयोग्या युवतिरियम्' – यह तो देवता की पूजा के योग्य युवती है। फिर भी प्रकाशनारी या बाजार की एक स्त्री के आभूषण वह घर के अंदर के कमरे में भेजने से स्पष्ट मना कर देता है। पाँचवे अंक में रात के अँधेरे में अभिसारिका वसंतसेना जब चारुदत्त से मिलने आती है, तो वह उससे यही कहता है— मेरे लिये तो जागते हुए ही हर साँझ बीतती है और हर रात लंबी साँसें छोड़ते हुए बीतती है। पर तुम्हारे आने से इस साँझ के दुःखों का अंत हो गया।

अँधेरे में उजाले के प्रत्यवभास से शूद्रक विडंबनाओं और विरोधाभासों के बीच आशा की किरणें झलकाते हैं। विपर्यास का बोध मृच्छकटिक में वाक्यवक्रता तथा प्रकरणवक्रता दोनों के द्वारा तीखा बनाया गया है। मैत्रेय कहता है— मुझ ब्राह्मण के लिये सब कुछ विपरीत हो रहा है, जैसे दर्पण में अपनी ही छाया उल्टी हो जाती है। चारुदत्त नैष्ठिक ब्राह्मण है, पर पेशे से वह सार्थवाह है। सार्थवाह या व्यापारी होते हुए भी वह दरिद्र है। फाँसी पर लटकाये जाने के लिये जब उसे ले जाया जा रहा है, तो वह अपना यज्ञोपवीत अपने बेटे को पहनाते हुए कहता है— यह ब्राह्मणों के लिये बिना मोती और बिना सोने का अमूल्य गहना है— 'अमौक्तिकमसौवर्णं ब्राह्मणानां विभूषणम्।' इस अमूल्य आभरण को उतार कर वह लाल चंदन की छापों से अलंकृत होता है जिनके द्वारा वह पुरुष होकर भी पशु बन जाता है—

सर्वगात्रेषु विन्यस्तैः रक्तचन्दनहस्तकैः।
पिष्टचूर्णावकीर्णैश्च पुरुषोऽहं पशूकृतः।

(१०।५)

(पुरुष होकर भी मैं सारे अंगों लगी हुई लाल चंदन की छाप तथा बिखेरी गई गुलाल से पशु बन गया हूँ।)

पालक एक दुराचारी शासक है। पर यह भी विडंबना है कि वह मारा उस समय जाता है, जब वह यज्ञशाला में यज्ञ करा रहा होता है। मृच्छकटिक में क्रांति होती है। राजा का वध किया जाता है, और निम्नवर्ग का आर्यक राजा बनता है। चारुदत्त को उसकी वसंतसेना प्राप्त होती है। फिर शेष क्या रहता है? कदाचित् बुद्ध की करुणा, जिसके कारण भिक्षु संवाहक वसंतसेना को पुष्पकरंडक उद्यान से बचा कर ले जाता है, और चारुदत्त के प्राण भी वह बचा लेता है। इसी करुणा के कारण चारुदत्त शकार को क्षमा कर देता है।

भाषाशैली

मृच्छकटिक की संवादयोजना में नाट्यभाषा की गहरी पकड़ मिलती है। ऐसे कई जटिल तनावपूर्ण स्थल इसमें हैं, जहाँ नाटककार ने नपे-तुले छोटे छोटे वाक्यों में विराट् अनुभवों को पुंजीभूत कर दिया है। यह रंगमंच का जाग्रत और भास्वर रूप है। जब चारुदत्त को बताया जाता है कि उसके घर में सेंध लगी है, तो वह कहता है— अलं परिहासेन - मजाक मत करो! अर्थात् मुझ दरिद्र के घर में चोरी करने के लिये सेंध लगाने कौन आयेगा? तब विदूषक कहता है— ठीक है मैं मूर्ख ही सही, पर क्या मैं परिहास का देशकाल भी नहीं जानता? चारुदत्त और विदूषक के ये संक्षिप्त कथन इस प्रसंग में विडंबना और करुणा का मार्मिक बोध जगाते हैं। आगे चलकर चारुदत्त का चोर के लिये यह कहना कि चलो, खाली हाथ तो नहीं गया – असौ कृतार्थो गतः, फिर यह बताये जाने पर कि चोर जो वस्तु चुरा कर ले गया है, वह तो धरोहर थी – तब कथं न्यासः? – यह कह कर चारुदत्त की मूर्च्छित होना नाट्यभाषा के सधे प्रयोग के साथ अभिनय की अपार संभावनाएँ खोलता है।

इसी करुणा के कारण चारुदत्त शकार को क्षमा कर देता है। पर वसंतसेना तो शकार को क्षमा नहीं करती। जब सब ओर से शकार को मार डालने के लिये कोलाहल उठ रहा है, और शकार चारुदत्त से प्राणों की भीख माँग रहा है, उस समय रंग संकेत है—

वसन्तसेना वध्यमालां चारुदत्तस्य कण्ठादपनीय शकारस्योपरि क्षिपति।

नाटक के अंत में अपने ऊपर बलात्कार और हत्या का प्रयास करने वाले आततायी के लिये एक तेजस्विनी नारी का यह निर्णय है। वह अपने प्रिय चारुदत्त के कंठ से वध्यमाला उतार कर शकार के ऊपर फेंक देती है।

प्रकरणवक्रता और प्रबंधवक्रता के अछूते आयाम मृच्छकटिक में खुलते हैं। उसके साथ ही यह प्रकरण वक्रोक्ति के प्रस्थान को विस्तार भी देता है, कुंतक के सिद्धांत की नयी कोटियाँ और नयी संभावनाएँ यहाँ उभरती लगती हैं। मृच्छकटिक मानवस्वभाव और मनुष्य के चरित्र की वक्रता के ऐसे नमूने प्रस्तुत करता है, जो अन्यत्र कहीं न मिलेगें। न तो ऐसी नायिका अन्य किसी संस्कृत रूपक में फिर अवतरित हुई, न ऐसा नायक।

मृच्छकटिक की भाषा की एक और विशेषता है— बोलचाल की शैली और मुहावरों का सटीक प्रयोग।। चोरी करके आये शर्विलक से मदनिका कहती है— शर्विलक, स्त्रीकल्यवर्तस्य कारणेनोभयमपि संशये विनिक्षिप्तम् – तुमने स्त्रीरूपी कलेवे के लिये अपने शरीर और चरित्र दोनों को संकट में डाल दिया। यहाँ 'स्त्रीकल्यवर्त' यह मुहावरा पुरुषप्रधान निम्नवर्गीय समाज की बोली से उठाया हुआ लगता है। इसी का प्रयोग शूद्रक ने मदनिका के मुख से करा कर उसके प्रेम की अभिव्यक्ति की है।

पात्रानुसार भाषा के बदलते हुए रंग मृच्छकटिक में छटा बिखेरते हैं। चारुदत्त की भाषा आद्यंत परिष्कृत और प्रौढ है। विदूषक के मुख से नाटककार ने कई स्थानों पर आम लोगों की

भाषा और शैली का प्रयोग कराया है। पाँचवे अंक में वसंतसेना को अलंकारभांड के बदले बहुमूल्य रत्नावली देकर लौटा विदूषक खीझ कर चारुदत्त को गणिका संसर्ग से रोकता हुआ जो सलाह देता है, उसमें लोकजीवन का रसगंध समाया हुआ है। वह कहता है— भो वयस्य, गणिका नाम पादुकान्तरप्रविष्टा रेणुका दुःखेन निराक्रियते –मित्र, गणिका से चप्पल और पाँव के बीच फँसी रेत की तरह पीछा छुड़ाना कठिन है।

प्राकृत भाषाओं के प्रयोग की दृष्टि से मृच्छकटिक संस्कृत साहित्य की एक अनूठी कृति है। नाट्यशास्त्र में अलग-अलग पात्रों के लिये अलग-अलग प्राकृत के प्रयोग के जो निर्देश दिये गये हैं, उनका पालन इसमें किया गया है। मृच्छकटिक के टीकाकार पृथ्वीधर ने इसमें शौरसेनी, अवंतिका, प्राच्या, मागधी, शकारी, चांडाली तथा ढक्की इन प्राकृतों का प्रयोग निरूपित किया है। इनमें शौरसेनी, मागधी, प्राच्या तथा आंवतिका तो भाषाएँ हैं, और शकारी, चांडाली तथा ढक्की विभाषाएँ। पात्रानुसार प्राकृतों का प्रयोग पृथ्वीधर के अनुसार इसप्रकार हुआ है—

वसंतसेना, मदनिका, धूता, कर्णपूरक आदि – शौरसेनी

संवाहक, स्थावरक तथा अन्य चेट – मागधी

विदूषक – प्राच्या

चंदनक तथा वीरक – आवंती या आवंतिका

शकार – शकारी

चांडाल, द्यूतकार व माथुर – ढक्की

इनमें से ढक्की का निर्देश भरत के नाट्यशास्त्र में नहीं है। इसी प्रकार शकारी, जो मागधी की विभाषा या उपबोली मानी गयी है, मृच्छकटिककार के द्वारा उद्भावित प्रतीत होती है। जिस प्रकार के बेढब, दुष्ट, धूर्त और मूर्ख पात्र शूद्रक ने गढा है, वैसी ही भाषा भी उन्होंने उसके लिये गढी है। शकार के संवादों में भाषा का एक निराला ही रूप उन्होंने रच दिया है, जो शकार के व्यक्तित्व के अनुरूप अपने अटपनेपन और अलबेली शैली के कारण अप्रतिम ही है। शकार के संवादों के कुछ उदाहरण द्रष्टव्य हैं—

एशा णाणकमूशिकामकशिका मच्छाशिका लाशिका
णिण्णाशा कुलणाशिका अवशिका कामश्श मंजूशिका।
एशा वेशबहू शुवेशणिलआ वेरांगना वेशिआ
एशे शे दशणामके मयि कले अज्जावि मं णेच्छदि।।

तथा-

यदिच्छसे लंबदशाविशालं पावालअं शुत्तदशेहि युत्तम्।
मशं च कादं तह तुट्ठि कादुं चुहू चुहू चुक्कु चूहू चुहुत्ति।।

शकार के सारे कथनों में पांडित्य और मूर्खता का; अधिकार और विनय का; दर्प और दैन्य का विचित्र मिश्रण है।

लोकजीवन के अनुभवों तथा उनकी जानकारी की दृष्टि से मृच्छकटिककार सानी नहीं रखते। प्रसंगानुसार विभिन्न विषयों, शास्त्रों व लोकव्यवहार का गहरा और सूक्ष्म अध्ययन उनके नाटक में प्रतिफलित हुआ है। भाव रेभिल के घर से रात्रि में संगीत सुनकर लौटते हुए चारुदत्त की गायन के विषय में सम्मति न केवल संगीतशास्त्र के ज्ञान की दृष्टि से प्रभावशाली है, चारुदत्त की रसिकता और नाटककार की सहृदयता की भी वह परिचायक है। कामसूत्र का तो सांगोपांग परिशीलन नाटककार ने अपनी रचना में आद्यंत अनुस्यूत कर ही दिया है। चतुर्थ अंक में वसंतसेना के भवन के वर्णन में कामसूत्र में प्रोक्त नागरकवृत्त समाया हुआ है। तृतीय अंक में शर्विलक के संवादों में चौर्यशास्त्र की सूक्ष्म तकनीकों का ज्ञान अभिव्यक्त है। चोरों की शब्दावली और चेष्टाओं का जैसा विशद निरूपण यहाँ है, उससे लगने लगता है जैसे नाटककार ने उसका प्रत्यक्ष अनुभव किया हो।

काव्यसौंदर्य

शूद्रक विलक्षण कल्पना के धनी और अभिव्यक्ति की दुर्लभ क्षमता से संपन्न कवि हैं। अपने बिंबविधान की प्रत्यग्रता (ताज़गी) और उत्प्रेक्षाओं की उर्वरता में वे बेजोड़ हैं। उत्प्रेक्षा के उदाहरण में उनका यह पद्य मम्मट आदि आचार्यों के द्वारा उद्धृत किया जाता रहा है—

लिम्पतीव तमोऽङ्गानि वर्षतीवाञ्जनं नभः।
असत्पुरुषसेवेव दृष्टिर्विफलतां गता।

(१।३४)

अँधेरे में वसंतसेना का पीछा करता हुआ विट कह रहा है— अँधेरा देह को लीप सा रहा है आकाश जैसे काजल बरसा रहा है। नीच व्यक्ति की सेवा की तरह दृष्टि विफल हो गयी है। यहाँ प्रथम पंक्ति में उत्प्रेक्षा का चमत्कार है, तो उत्तरार्ध में उपमा की नवीनता आकर्षक है।

किसी दृश्य, क्रिया या अनुभव को बड़े सहज रूप में सूक्ष्मता के साथ साकार करने की क्षमता भी शूद्रक की अनोखी है। अँधेरे के ही वर्णन में विट कहता है—

आलोकविशाला मे सहसा तिमिरप्रवेशविच्छिन्ना।
उन्मीलितापि दृष्टिर्निमीलितेवान्धकारेण।।

(१.३३)

(प्रकाश में विस्तारित पर इस अँधेरे में अचानक काट दी गयी मेरी दृष्टि खुली होकर भी अँधेरे के द्वारा मूँद सी दी गयी है।)

इसी प्रकार आधीरात के समय निद्रालु चारुदत्त की उक्ति (३.८) में ललाट से रेंगकर नयनों तक आती निद्रा के लिये अदृश्य रूप चपला जरा की उपमा जितनी ही मौलिक है,

प्रस्तुत दृश्य के वातावरण में वह उतनी ही सटीक भी है। पाँचवे अंक में वर्षा वर्णन में ५२ पद्य हैं। प्रकृति चित्रण के ये उत्कृष्ट उदाहरण हैं। इनका अप्रस्तुतविधान नाटक के वातावरण के अनुरूप है। चारुदत्त वसंतसेना के द्वारा धरोहर के रूप में दिया गया अलंकारभांड चोरी हो जाने से खिन्न है। ऐसे में उसे वर्षा धाराएँ सुहाती नहीं हैं, और वह कहता है—

अमूर्हि भित्वा जलदान्तरेण पङ्कान्तराणीव मृणालसूच्यः।
पतन्ति चन्द्रव्यसनाद् विमुक्ता दिवोऽश्रुधारा इव वारिधाराः।।

(५।४४)

(कीचड़ को छेद कर निकली मृणाल की नोकों सी ये जल की धाराएँ बादलों के उदर चीर कर बाहर आ रही हैं, लगता है चंद्रमा को विपत् में पड़ा देखकर आकाश आँसू बहा रहा है।)

शूद्रक की काव्यकल्पना में मौलिकता और सूझबूझ ने चार चाँद लगा दिये हैं। अस्त होता हुआ चंद्रमा उन्हें ऐसा लगता है जैसे पानी में डुबकी लगाते हाथी के दाँत की एक कोर ऊपर रह गयी हो (३।६)। मृच्छटिक का काव्य शब्द, स्पर्श, रूप, रस और गंध का विराट् समृद्ध जगत् हमारे सामने खोलता है। इंद्रधनुष के वर्णन में आकाश की जमुहाई का बिंब (५।५१) ऐसा विलक्षण प्रतिभा वाला कवि ही उकेर सकता है। वर्षा की धाराओं के अलग अलग स्थलों पर गिरने की अलग अलग ध्वनियाँ उनके इस पद्य में सुनायी पड़ती है—

तालीषु तारं विटपेषु मन्द्रं शिलासु रुक्षं सलिलेषु चण्डम्।
सङ्गीतवीणा इव ताड्यमानास्तालानुकारेण पतन्ति धाराः।।

(५।५२)।

निम्नवर्ग और मध्यवर्ग के पात्रों को इस तरह मानवीय गरिमा और आभा में अन्य किसी संस्कृत नाटक में प्रस्तुत नहीं किया गया, जिस तरह मृच्छकटिक में। दर्दुरक, शर्विलक, संवाहक इन सबके चरित्रों की अनूठी छाटाएँ यहाँ मनुष्य के तेज का महापुंज रचती हैं। दश स्वर्णमुद्राओं को अपनी निर्धनता की स्थिति में भी कल्यवर्त (कलेवा) कह सकने का साहस रखने वाला दर्दुरक यहाँ है। संवाहन या मालिश को कला की तरह सीखने वाला और उसी के जीविका बन जाने पर खेद प्रकट करने वाला संवाहक यहाँ है।

इस तरह शूद्रक की रचना से पात्रवक्रता या चरित्रचित्रणवक्रता की एक नयी अवधारणा खड़ी होती है।

लोकोक्तियों और लोकभाषा के शब्दों की अनूठी छटा के साथ वक्रोक्ति का यह आयाम मृच्छकटिक में नयी संभावनाएँ उजागर करता है। कत्ता (कौड़ियों की खनखनागहट), कल्यवर्त (तुच्छ वस्तु) पाठ (दाव) गंड (भुगतान की प्रतिश्रुति) श्वेतकाकीय (स्याह-सफेद), आदि मुहावरे उस समय की बोलियों से नाटककार ने उठाये हैं। मृच्छकटिक की भाषा संस्कृत काव्य के वातायन में ताजी हवा का झोंका है। कुंतक के शब्दों में शूद्रक वाच्यवाचक के सौभाग्य और

लावण्य का पोषण करने वाला ऐसा वाक्यविन्यास रचते हैं, जिसके पद परस्परस्पर्धाधिरोह के साथ महावाक्य रचते हैं।

पारंपरिक समीक्षा में मृच्छकटिक

काव्यशास्त्र के आचार्यों की परंपरा में मृच्छकटिक पर पर्याप्त विचार हुआ है। आचार्य धनिक ने इसे संकीर्ण प्रकरण का उदाहरण बताया है। भोज ने अपने श्रृंगारप्रकाश में भेद नामक उपाय के उदाहरण में मृच्छकटिक का एक पद्य (८.५३) उद्धृत किया है। इसी प्रकार नालिका के उदाहरण में भी भोज ने मृच्छकटिक का पहले अंक का वह मार्मिक तथा रोचक प्रसंग उद्धृत किया है जिसमें अँधेरे में चारुदत्त वसंतसेना को दासी रदनिका समझ लेता है। सागरनंदी ने अपने नाटकलक्षणरत्नकोश में शिल्पकांगों के अनेक उदाहरण मृच्छकटिक से दिये हैं। सन्ध्यङ्गों के तो अनेक उदाहरण आचार्य मृच्छकटिक से ही देते आये हैं। नाट्यदर्पण के रचयिता रामचंद्र गुणचंद्र ने इस रूपक में पताका के संयोजन तथा वृत्तियों के निर्वाह में संतुलन की सराहना की है। इसके साथ ही वे मृच्छकटिक को सामाजिकों की बुद्धि में सत्संस्कार जागरित करने वाली कृति मानते हैं। साहित्यदर्पण के प्रणेता आचार्य विश्वनाथ ने प्रकरण नायक की दृष्टि से प्रकरण के तीन प्रकार माने हैं, जिनमें विप्र, अमात्य और वणिक् नायक होते हैं। उन्होंने मृच्छकटिक को प्रथम कोटि में परिगणित किया है। इसी प्रकार नायिका की दृष्टि से भी विश्वनाथ के अनुसार प्रकरण तीन प्रकार का है, जिनमें मृच्छकटिक दो नायिकाओं से युक्त तीसरे प्रकार का प्रकरण है।

चतुर्भाणी

भाण दशरूपकों के अंतर्गत एक अनोखी विधा है। प्रहसन की भाँति यह एक लोकप्रिय नाट्य रहा है। इसका स्वरूप व प्रस्तुति की पद्धति पर चर्चा पूर्व में की जा चुकी है।[८] संस्कृत का भाण साहित्य अत्यंत समृद्ध है। के०वी० रामकृष्णमाचार्य ने भाण पर अपने अनुसंधान के क्रम में संस्कृत के लगभग दो सौ भाणों का विवरण एकत्र किया था।[९] भाण के लेखन व प्रदर्शन की परंपरा भी अत्यंत प्रचीन रही है, यद्यपि चतुर्भाणी के चार भाणों के पहले जो भाण लिखे गये थे, वे प्राप्त नहीं होते। इनमें पत्रलेखा, शृङ्गारमंजरी और वीणावती – इन तीन भाणों का उल्लेख सागरनंदी ने नाटकलक्षणरत्नकोश में किया है। शारदातनय ने अपने भावप्रकाश में नंदिमती, शृंगारमंजरी और वीणावती – इन तीन भाणों का उल्लेख किया है।

भाण के रंगमंच का सारा आकर्षण उसके एक ही पात्र विट की प्रत्युत्पन्नमति, वाकोवाक्यनैपुण्य और चारित्रिक विशेषताओं के कारण होता है, तथा अपनी बातचीत में वेशवाट या वेश्याओं के मुहल्ले के सारे वातावरण को वह जिस प्रकार सजीव कर देता है वह दर्शकों को आद्यंत बाँधे रखता है। विट के चरित्र की सामान्य विशेषताओं की चर्चा दशरूपकविमर्श के अंतर्गत पूर्व में की गई है।

चतुर्भाणी में चार भाण हैं – शूद्रक का पद्मप्राभृतक, ईश्वर का धूर्तविटसंवाद, वररुचि की उभयाभिसारिका तथा श्यामिलक का पादताडितक। इन चारो भाणों का समय गुप्तकाल माना गया है।

चारो भाणों की न केवल हस्तलिखित प्रतियाँ एक साथ मिली हैं, इनमें कथानक या विषयवरतु के निर्वाह की दृष्टि से भी अनेक तत्त्व समान हैं। चतुर्भाणी के संपादकों में रामकृष्ण कवि तथा रामनाथ शास्त्री ने इन चार भाणों को एक साथ मिला कर चतुर्भाणी नाम दिया जाना एक भावुकतापूर्ण संयोग मानते हुए चारों भाणों का समय अलग अलग माना, जब कि मोतीचंद्र तथा वासुदेवशरण अग्रवाल आदि के अनुसार इन चारों भाणों के प्रणेता लगभग समकालीन हैं। डॉ० टामस ने भी चतुर्भाणी के चारों भाणों का समय गुप्तकाल का उत्तरार्ध माना है। रामकृष्ण कवि के अनुसार उभयाभिसारिका के लेखक वररुचि पाणिनि के समकालीन थे। पद्मप्राभृत के कर्ता शूद्रक तथा मृच्छकटिक के कर्ता शूद्रक को वे एक ही व्यक्ति मानते हैं।

टी० बरो ने अनेक प्रमाण देते हुए पादताडितक का रचनाकाल ४१० से ४१५ई० के बीच माना है, तथा इसके लेखक को चंद्रगुप्त द्वितीय का समकालीन माना है। उनके अनुसार इस भाण में उल्लिखित सार्वभौमनगर का नरेश चंद्रगुप्त द्वितीय (विक्रमादित्य) ही है। इसी भाण में महाप्रतीहार भद्रायुध का उल्लेख है, जो कारूद और मलद वाह्लीकों का स्वामी कहा गया है। डॉ० मोतीचंद्र ने भी चतुर्भाणी के चारों भाणों का रचनाकाल चौथी शताब्दी का उत्तरार्ध तथा पाँचवी शताब्दी का आरंभ माना है।

यह मानना उचित नहीं है कि केवल संयोगवश इन चारों भाणों के नाम साथ साथ लिये जाते रहे। परंपरा में इन चारों भाणों का संबंध माना गया है। एक प्रचलित श्लोक में चतुर्भाणी की श्रेष्ठता इस प्रकार बतायी गयी है—

अथ वररुचिरीश्वरदत्तः श्यामिलकः शूद्रकश्च चत्वारः।
एते भाणान् बभणुः का शक्तिः कालिदासस्य।।

पद्मप्राभतक

इस भाण की मूलकथा मूलदेव और देवसेना का प्रेम है। मूलदेव चोरों का सिरमौर है। देवसेना की रुग्णता का समाचार जान कर वह अपने सहायक विट को उसके स्वास्थ्य का हाल जानने के लिये वेटवाश (वेश्याओं के मुहल्ले) में भेजता है। विट अपने निवास से निकल कर उज्जयिनी की गलियों में घूमता हुआ देवसेना के घर तक पहुँचता है। सारा भाण विट के उज्जयिनी की गलियों में आते जाते लोगों से संवादों के द्वारा आगे बढ़ता है। वह उज्जयिनी की शोभा का वर्णन करता है, तभी उसकी भेंट सारस्वत भद्र नामक कवि से हो जाती है। विट उससे हँसी करता हुआ उसको काव्य रूपी जूते गाँठने वाला मोची कहता है। फिर विट को पीठमर्द दर्दुरक मिल जाता है। वैयाकरण दंदशूक के पुत्र दत्तकलशि से विट को पता चलता

है कि वह (दत्तकलशि) रशनावर्तिका का प्रेम में पड़ा हुआ है। गीले कपड़े लेकर लोगों की छूत से बचता पवित्रक, वेश्याओं के द्वारा जरद्गव या बूढा बैल कहा जाने वाला मृदंग वासुलक, वेश्या के घर से निकलता हुआ संघिलक नामक बौद्ध भिक्षु, अपने प्रेमी के पास जाती हुई वनराजिका, राग रंग में मगन तांबूलसेना गणिका, प्रेमी की स्मृति में डूबी कुमुद्वती, कंदुकक्रीडा करती प्रियंगुयष्टिका आदि से मिलता हुआ उन पर फब्तियाँ करता हुआ और उनके हाल चाल लेता हुआ विट शश अंत में देवदत्ता के घर पहुँचता है। पर देवदत्ता तो स्वयं मूलदेव से मिलने जा चुकी है। विट की भेंट दूसरी गणिका से हो जाती है, जिससे मूलदेव के लिये भेंट लेकर वापस चल पड़ता है।

शिष्ट हास्य की भाषा के चुलबुलेपन तथा वैयाकरणिक साधुता इन सब की दृष्टि से पद्मप्राभृतक बड़ी मँजी हुई रचना है। विट का एक एक वाक्य गुदगुदाने वाला है। वह अपने मित्र दत्तकलशि से पूछता है कि उसकी अपनी संगिनी के साथ क्या खटपट हो गई? दत्तकलशि के शब्द जो वह मंच पर आकाशभाषित में दोहराता है, वे ये हैं— 'सा खलु पुंश्चली पूर्वेद्युः पर्वकाले वेशकोष्ठकमुपेत्य रिरंसया मां हविर्जुहूषन्तं जिघृक्षतीवोपासीदत्। ततोऽहमेनामवोचम् – वृषलि, मा हविर्जुहूषन्तं मा मा स्प्राक्षीः।' इस पर विट उसे समझाता है— हन्त, इदं तद् दुष्टगान्धर्वं नाम। सुकुमारः किल कामिनीपरिग्रहः। स्त्रीजनोऽपि त्वया कष्टशब्दनिष्ठुराभिः व्याकरणविस्फुलिङ्गाभिः वाग्भिः उत्त्रासयितव्यो भवति। इदमपि न त्वया श्रुतपूर्वम्—

रत्यर्थिनी रहसि यः सुकुमारचित्तां कान्तां स्वभावमधुराक्षरलालनीयाम्।
वागर्चिषा स्पृशति कर्णविरेचनेन रक्तां स वादयति वल्लकिमुल्मुकेन।।

इस भाण को हेमचंद्र ने काव्यानुशासन में तथा नीलकंठ ने काव्योंल्लास में उद्धृत किया है। सुभाषितरत्नावली में भी यह उद्धृत है।

धूर्तविटसंवाद

इस भाण का प्रारंभ वर्षा ऋतु के वर्णन से होता है। अन्य भाणों की तुलना में यह इस अर्थ में कुछ लीक से हट कर है कि विट देविलक को न किसी की समस्या सुलझाना है, न किसी को परामर्शविशेष देना है। वह निरुद्देश्य पाटलिपुत्र की गलियों में घूम रहा है। उसकी भेंट पिता से छिप कर वेशवाट जाते कृष्णिलक से हो जाती है। फिर वह वेशवाट पहुँचता है। वेशवाट के दृश्य का बड़ा सजीव वर्णन कवि ईश्वर ने यहाँ विट के मुख से करवाया है। विट यहाँ रामदासी और रतिसेना से मिलता है, प्रद्युम्नसेना से ठिठोली करता है, इनसे मिल कर उनसे सुखदुख की बात करता हुआ सुनंदा और विश्वलक के घर में प्रविष्ट हो जाता है। पाटलिपुत्र की आज से डेढ़हजार वर्ष पूर्व की एक साँझ ईश्वरदत्त ने इस भाण में सजीव कर दी है। विट देविलक स्वयं भी अपने नगर पर मुग्ध है। पाटलिपुत्र का गुणगान करता हुआ वह कहता है—

दातारः सुलभाः कलाः बहुमताः दाक्षिण्यभोग्याः श्रियः

नोन्मत्ता धनिनो न मत्सरयुता विद्याविनीता नराः।
सर्वः शिष्टकथः परस्परगुणग्राही कृतज्ञो जनः
शक्यं भो नगरे सुरैरपि दिवं सन्त्यज्य लब्धुं सुखम्।।

(यहाँ दाता लोग सुलभ हैं। बहुमान्य कलाएँ यहाँ फलफूल रही हैं। उदारता के साथ भोगी जाने वाली लक्ष्मी यहाँ हैं। धनी लोग मतवाले नहीं है, न ही वे मत्सर से युक्त हैं। यहाँ के लोग विद्या के कारण विनीत हैं। सभी लोक शिष्टता से बात करने वाले हैं, एक दूसरे के गुणों को ग्रहण करने वाले तथा कृतज्ञ हैं। अरे यह नगर तो ऐसा है कि देवता भी स्वर्ग छोड़कर यहाँ आ कर रहें, तो सुख पायें।)

उदात्त अलंकार का यह सुंदर उदाहरण है।

उभयाभिसारिका

इस भाण में श्रेष्ठी सागरदत्त का पुत्र कुबेरदत्त रूठी हुई प्रिया नाराणदत्ता मनाने के लिये विट को भेजता है। विट पाटलिपुत्र के राजमार्ग और गलियों में होता हुआ नारायणदत्ता के घर पहुँचता है। उसकी भेंट मार्ग में विलासकौंडनी, अनंगदत्ता, रामसेना आदि से होती है। कुबेरदत्त और नारायणदत्ता का मनमुटाव दूर होने के प्रसंग के साथ भाण समाप्त होता है।

पादताडितकम्

इस भाण के प्रणेता श्यामिलक का कुछ परिचय मिलता है। प्रस्तावना में कह गया है— कवेरुदीच्यस्य विश्वेश्वरपुत्रस्य श्यामिलकस्य कृतिः।' तदनुसार श्यामिलक उदीच्य देश के निवासी थे, और उनके पिता का नाम विश्वेश्वरदत्त था। रामकृष्ण कवि ने इनका समय ८००-९००ई० के आसपास माना है। टी० बरो आदि उन्हें गुप्त काल में स्थापित करते हैं।

इस भाण का कार्यस्थल सार्वभौमनगर है। सार्वभौम – यह नाम चंद्रगुप्त द्वितीय के लिये प्रचलित रहा है। सार्वभौमनगर पश्चिम भारत में है। इसके विषय में श्यामिलक कहते हैं—

शकयवनतुषारपारशीकैः मगधकिरातकलिङ्गवङ्गकाशैः।
नगरमतिमुदा युतं समन्तान्महिषकचोलकपाण्ड्यकेरलैश्च।।

सार्वभौम नगर अपने नाम के अनुरूप सार्वभौम या कास्मोपालिटन सिटी ही है।

अनेक ऐतिहासिक तथ्यों का संकेत भी श्यामिलक अपनी इस कृति में करते हैं। इनमें एक उल्लेख महाप्रतीहार भद्रायुध का है, जो कारूषमलद और वाह्लीक देशों का अधिपति है। इसने शकों, मालवों तथा अपरांत देशीय लोगों पर विजय प्राप्त कर मगध साम्राज्य की अभिवृद्धि की- ऐसा वर्णन भाणकार ने किया है। इसी प्रकार अनंदपुर के भट्टि मगवर्मा का वर्णन भाणकार ने किया है। सुवर्ण, माषक, माषकर्ष और काकिणी ये मुद्राओं या सिक्कों के प्रकार यहाँ उल्लिखित हैं। अवन्ति, मालव, अपरांत तथा सौराष्ट्र देशों का उल्लेख उन्होंने किया है। हूणों व शकों के संकेत भी वे करते हैं।

सुराष्ट्र की मुख्य वेश्या मदनसेना ने ब्राह्मण विष्णुशर्मा के माथे पर पैर रख दिया है, जिससे कुपित होकर ब्राह्मण विष्णु शर्मा विटसभा में शिकायत करने पहुँचता है। विटसभा में खलबली मची हुई है। सार्वभौम नगर के पानागार और आपण (बाजार) का रोचक वर्णन भाणकार ने विट के मुख से कराया है।

साहित्यशास्त्र के आचार्यों व रसिकों के बीच इस भाण की प्रतिष्ठा थी – यह इस तथ्य से प्रमाणित होता है कि इस भाण के वाक्य या पद्यों को अभिनवभारती, औचित्यविचारचर्चा तथा काव्योंल्लास आदि ग्रंथों में उद्धृत किया गया है।

चारों भाणों में पाटलिपुत्र तथा उज्जयिनी इन दो नगरों के गलियों चौराहों और घर-परिवारों में होने वाली गतिविधियों और वहाँ के जीवन का जीता जागता चित्रण है। भारतीय समाज और जीवन के ऐसे यथार्थ चित्र अन्यत्र दुर्लभ हैं। ऐहलौकिकता या फक्कड़पन तथा मस्ती का ऐसा रूप भी संस्कृतसाहित्य में अन्यत्र कम ही मिलता है। व्यंग्य, विडंबन और उत्त्रास की शैली का रूप भी यहाँ अपूर्व ही है।

लोकोक्तियों के तो चारों भाण खजाने ही हैं। बोलचाल की चुटीली संस्कृत जो गुप्तकाल में गली मुहल्लों में सुनायी देती थी, उनकी बानगी हम इन में पाते हैं। यह चटपटी तथा चुभती हुई भाषा है। पर यह भाषा एक क्षेत्र विशेष में प्रचलित भाषा है, अत: शब्दों के यहाँ ऐसे ऐसे अद्भुत अर्थ व्यंजित होते हैं, जो केवल विटों की आपसी बाचचीत में ही प्रचलन में रहे होंगें। सहज परिहास तथा ठेठ भारतीय ढंग से छेड़छाड़ और ठिठौली के आकर्षक नमूने ये चारों भाण प्रस्तुत करते हैं।

लोकानंद नाटक

लोकानंद नाटक के प्रणेता चंद्रगोमिन् प्रसिद्ध बौद्ध आचार्य हैं। उनका समय पाँचवीं शताब्दी के आसपास है। तिब्बत के इतिहासकार तारानाथ ने उनके जीवनचरित में लिखा है कि चंद्रगोमिन् ने सात वर्ष की आयु में ही एक प्रकांड पंडित के रूप में प्रतिष्ठा पा ली थी, जब उन्होंने एक प्रख्यात दार्शनिक को वाद में पराजित कर दिया। चंद्रगोमी का चांद्रव्याकरण प्रसिद्ध है। चंद्रगोमिन् ने तारा तथा अवलोकितेश्वर की आराधना में जीवन अर्पित कर दिया था और महायान का अध्यापन करते रहे, तथापि वे संघ में दीक्षित नहीं हुए। चीनी यात्री इत्सिंग ने चंद्रगोमी की नाट्यरचना की प्रशंसा की है। लोकानंद नाटक की प्रस्तावना में उन्होंने अपने को तारा का भक्त बताया है। प्रस्तावना में चंद्रगोमी के व्याकरणपर साधारण अधिकार की भी चर्चा की गई है।

चंद्रगोमी ने लोकानंद नाटक की रचना कर संस्कृत नाटक में एक नवीन पदक्षेप किया था। दुर्भाग्यसे यह नाटक मूल रूप में सर्वथा लुप्त है, इसके तिब्बती तथा चीनी भाषाओं में अंशत: अनुवाद मिलते हैं। मिखाएल हान ने तिब्बती अनुवाद से जर्मन तथा अंग्रेजी में समग्र नाटक

का रूपांतर कर के प्रकाशित किया है। लोकानंद नाटक के अतिरिक्त शिष्यलेख नामक काव्य की भी रचना चंद्रगोमी ने की थी ऐसा माना जाता है।

लोकानंद नाटक का नायक बोधिसत्त्व मणिचूड है। मानव मन की कोमलता,त्याग व परदु:खकातरता का चित्रण चंद्रगोमी ने गहरी संवेदनप्रवण दृष्टि के साथ किया है। मणिचूड ने साकेत के राजा ब्रह्मदत्त और रानी कांतिमती के पुत्र के रूप में अपनी चूडा में एक दिव्य मणि के साथ जन्म लिया। ब्रह्मदत्त के द्वारा राज्याभिषेक किये जाने पर वे धर्म में अविचल आस्था के साथ प्रजापालन करते रहे। हिमालय के निवासी भवभूति नामक मुनि ने अपनी पालिता पुत्री पद्मावती का विवाह उनके साथ करने का प्रस्ताव किया।

नाटक के प्रारंभ में तीन नांदी पद्य हैं, जिनमें बुद्ध के प्रति भक्तिभाव, करुणा तथा शांतरस की उत्तम अभिव्यक्ति हुई है। प्रस्तावना में सूत्रधार बोधिसत्त्व के असाधारण गुणों की चर्चा करता है, फिर वह नटी को वसंत ऋतु से संबंधित गीत गाने का निर्देश देता है। पहले अंक में नायिका पद्मावती का अपनी सखियों माधवी तथा रत्नावली के साथ लंबा वार्तालाप है। रत्नावली पहेलियाँ बुझाते हुए बोधिसत्त्व मणिचूड की चर्चा छेड़ती है, और उनके लोकातिशायी व असामान्य सौंदर्य का वर्णन करती है। फिर वह दोनों को मणिचूड का चित्र दिखाती है। दोनों सखियाँ चित्र को देखकर मुग्ध हो जाती हैं। रत्नावली उन्हें बताती है कि उसने मणिचूड की माता महारानी कांतिमती को भी पद्मावती का चित्र बना कर दे दिया है, और वे (कांतिमती) पद्मावती को अपनी पुत्रवधू बनाने के लिये तैयार हैं। पद्मावती के मन में यह सब सुनते हुए मणिचूड के लिय प्रेम अंकुरित और पल्लवित होता चला जाता है। पद्मावती के धर्मपिता ऋषि भवभूति ध्यान से अपनी पुत्री के मन के भीतर का हाल जान जाते हैं। इस अंक के अंत में यज्ञानुष्ठान तथा आश्रम के शब्दचित्र प्रभावशाली रूप में अंकित किये गये गये हैं। आश्रम में वृक्षों के आलवाल में भरे जल, आसपास बैठे वन्य पशु, हवन का ऊपर उठता धूम – ये सब वर्णन भास के स्वप्नवासदत्तम् के प्रथमांक में आश्रम के वर्णन का स्मरण कराने वाले हैं।

द्वितीयांक के प्रवेशक में कुंतलिका तथा पर्णिका नामक दो चेटियों की बातचीत है, जिससे पता चलता है कि रानी कांतिमती चाहतीं हैं कि मणिचूड के मन में पद्मावती के लिये अनुराग जागे। मणिचूड तो संसार से नि:स्पृह और विरक्त हैं। विदूषक गौतम को इस कार्य के लिये नियोजित किया जाता है कि वह मणिचूड के मन में पद्मावती के प्रति अनुराग जगाये। विदूषक प्रवेश करता है। यद्यपि विदूषक नायक मणिचूड के विवाह तथा सासंरिक जीवन व समृद्धि को लेकर चिंतित है, पर नाटककार ने उसके संवादों में भी बौद्ध दर्शन के सिद्धांतों को अभिव्यक्ति दी है। विदूषक गौतम नायक का मन संसार की ओर मोड़ना चाहता है, मणिचूड विषयोपभोगों की व्यर्थता पर विमर्श में निमग्न है। कमलपुष्पों को देखकर वह कहता है—

कमल के पुष्प खिलते हैं, पराग से परिपूर्ण हो जाते हैं
फिर पराग झरता है, ये कमलपुष्प केवल यही बताते हैं

कि संसार में प्रत्येक वस्तु परिवर्तनशील व क्षणभंगुर है।

विदूषक नायक का ध्यान प्रकृति के रमणीय पदार्थों की ओर खींचता है, नायक को झर झर बहता झरना भी क्षणभंगुरता का प्रतीक दिखाई देता है। तभी एक चेटी रानी कांतिमती के द्वारा भेजा गया कंकणसूत्र लेकर आती है। रत्नावली शातुंतल की सानुमती अप्सरा के समान अदृश्य रह कर यह सारा दृश्य देखती है और चिंतित हो जाती है कि क्या मणिचूड का विवाह अन्य किसी कन्या के साथ किया जा रहा है? विदूषक गौतम विवाह के प्रसंग पर प्रसन्नता व्यक्त करता है, नायक खिन्न होकर कहता है कि विवाह तो एक अचिकित्स्य व्याधि है, यह मोह का घर बनता है तथा मन के भटकाव का कारण बनता है। विवाह सारे दु:खों का मूल है। तभी विद्याधरी रत्नावली नायक के समक्ष प्रकट होकर अपनी सखी पद्मावती के विरह का वर्णन कर के नायक से उसके दु:ख मिटाने के लिये अनुरोध करती है। उसकी प्रार्थना पर नायक हिमालय की ओर चल देता है। विद्याधरी के साथ आकाशमार्ग से हिमालयगमन करते हुए नायक के मुख से पृथ्वी का मनोहारी वर्णन नाटककार ने कराया है।

सूर्य का गोला आकाश से धरती पर टपकता हुआ
जैसे हमारे मस्तक के ऊपर से फेंका गया नीचे जा गिरा है,
पहाड़ों के साथ धरती गह्वर में धसकती सी दिखती है,
नीचे तमाल के श्याम वनों को
घेर कर मेघ उनके भीतर
तितर बितर होते लगते हैं।

विदूषक आश्चर्य प्रकट करता है कि आकाश में विचरण करते हुए वे नीचे गिर क्यों नहीं रहे? आकाश से ब्रह्मांड का विहंगम दृश्य नाटककार ने यहाँ कल्पना से चित्रविचित्र दृश्यावली में निरूपित कर दिया है, जिस में शेष नाग व दिग्गज दृष्टि गोचर होते हैं, सप्तर्षि आर्षवचन उच्चरित करते हैं।

तीसके अंक में पद्मावती की सखी माधवी उसकी विरहावस्था का वर्णन करती हुई उसे लेकर अपनी चिंता प्रकट करती है। पद्मावती को बिंदुमती तथा माधवी दोनों समझाती हैं, जो विरह में बावली हो गई है। वह मणिचूड का चित्र देखकर जी बहलाना चाहती है। तभी रत्नावली विदूषक व मणिचूड को लेकर आकाश मार्ग से उसके सम्मुख उपस्थित कर देती है। इस अंक में नायक और नायिका का मिलन होता है। पद्मावती लज्जा से अपने में सिमटी सिमटी रहती है। नायक के द्वारा उसके अनुभावों का वर्णन (३.९) श्रीहर्ष की रत्नावली में उदयन के द्वारा किये गये रत्नावली के वर्णन से बहुत साम्य रखता है। पद्मावती के धर्मपिता भवभूति ऋषि उसका हाथ नायक के हाथ में दे देते हैं।

अब इंद्र ने मणिचूड की पुन: परीक्षा लेने के लिये एक व्याध का वेष बनाया और उनकी

पत्नी पद्मावती का अपहरण कर लिया। मणिचूड ने उसे छुड़ा कर फिर से मरीचि ऋषि को ही दे दिया।

चतुर्थ अंक के प्रवेशक में माधवी तथा ब्राह्मण मौंज की बातचीत से मणिचूड और पद्मावती के पुत्र पद्मोत्तर के जन्म की सूचना मिलती है। मौंज यह भी बताता है कि राजा ब्रह्मदत्त ने पौत्र का मुख देखने के पश्चात् मणिचूड का राज्याभिषेक कर कर संन्यास ले लिया है। इस अंक में मणिचूड के सर्वस्वदान से खिन्न चेट का लंबा स्वगत कथन है, जिसमें ब्राह्मणों की लालची वृत्ति पर व्यंग्य किया गया है। दान की महिमा का भी वर्णन नाटककार ने यहाँ संवादों में विस्तार से कराया है। मणिचूड के संवाद नागानंद में जीमूतवाहन के संवादों से साम्य रखते हैं। इसी अंक में भूकंप का वर्णन अद्भुत व भयानक रसों की सृष्टि करने वाला है। मणिचूड अपना सर्वस्व दान करने के संकल्प के साथ यज्ञानुष्ठान आरंभ करते हैं। यज्ञ की वेदी से एक राक्षस प्रकट होता है। राक्षस के द्वारा मणिचूड के देह की अभ्यर्थना करना व मणिचूड के आत्मोत्सर्ग का वर्णन करुणरस से परिपूर्ण है। इस प्रसंग के अंत में पृथिवी देवी प्रकट होती है। मूर्च्छित मणिचूड पुनर्जीवित हो जाता है।

इंद्र उसकी परीक्षा लेने के लिये राक्षस का वेष बना कर उससे मांस की याचना करता है, मणिचूड ने अपने को ही प्रस्तुत कर देता है। वाहीक ऋषि की याचना पर वह पत्नी पद्मावती तथा पुत्र का भी दान कर देता है। राजा दुष्प्रसादन उससे भद्रगिरि हाथी माँगता है, पर मणिचूड इस हाथी को पुरोहित ब्रह्मरथ को दान कर चुके हैं। दुष्प्रसादन असंतुष्ट होकर साकेत पर आक्रमण कर देता है। मणिचूड हिमालय की ओर प्रस्थान करता है।

पाँचवें अंक में मणिचूड विदूषक के साथ ध्यान के विषय में चर्चा करता है। ध्यान की चार अवस्थाओं का निरूपण यहाँ किया गया है। प्रथमावस्था में विविध अवधारणाएँ तथा विचार बने रहते हैं, द्वितीय में आनंद व सुखानुभव क प्राधान्य रहता है पर विचारप्रवाह भी बना रहता है। तीसरी अवस्था में तृष्णा का अंत हो जाता है और चतुर्थ में परम शांति का अनुभव होता है।

लोकानंद नाटक में बौद्धकाव्यपरंपरा के सौंदर्यशास्त्र का उन्मीलन किया गया है। मणिचूड का असाधारण सौंदर्य उनके लोकोपकारक व्यक्तित्व तथा करुणार्द्र हृदय के कारण है। नागानंद नाटक में जीमूतवाहन के अनेक संवाद इस नाटक में मणिचूड के संवादों से प्रभावित प्रतीत होते हैं। पर नागानंद की अपेक्षा लोकानंद नाटक में नायक के संवाद सीधे बौद्धदर्शन के क्षणभंगवाद की मार्मिक काव्यात्मक अभिव्यक्ति करते हैं।

जल्हण की सूक्तिमुक्तावली में चन्द्रगोमी के ये पद्य उद्धृत हैं –

भित्वाऽपि भूमिमधिरोहति रत्नराशिराकाशतोऽपि नमदम्बुधराः स्रवन्ति।
वाञ्छाफलं फलति वाञ्छितकाल एव कालप्रधानगुणरत्नधनस्य दाता।।

(सूमु० ११६.१)

आयाति फुल्लकुसुमः कुसुमागमोऽयमेषा शशाङ्कतिलका शरदागतेति।
बाढ़ं प्रहृष्यति जनो न पुनर्ममैतदायुः प्रहीणमिति याति मनो विषादम्।।
(सुमु० १३१. ५२)

ये पद्य चंद्रगोमी के मूल नाटक से उद्धृत प्रतीत होते हैं।

विशाखदत्त – मुद्राराक्षस

परिचय

संस्कृत साहित्य में विशाखदत्त की ख्याति मुद्राराक्षस नाटक के कारण है। मुद्राराक्षस की प्रस्तावना में इसके नाटककार का नाम विशाखदत्त मिलता है। किसी किसी पांडुलिपि में विशाखदेव पाठ मिलता है। इसी प्रस्तावना में बताया गया है कि विशाखदत्त सामंत वटेश्वरदत्त के पौत्र और महाराज भास्करदत्त के पुत्र थे। कुछ पांडुलिपियों में भास्करदत्त के स्थान पर पृथु पाठ भी मिलता है। संभव है महाराज पृथु का उपनाम भास्करदत्त रहा हो। पर सामंत वटेश्वरदत्त और महाराज पृथु या भास्करदत्त कब कहाँ हुए यह सुनिश्चित नहीं किया जा सका है। राजपरिवार से संबंध तथा राजनीति से प्रत्यक्ष परिचय विशाखदत्त की नाट्यकृतियों में झलकता है। राजसेवा की विडंबना का वर्णन करते हुए उन्होंने मुद्राराक्षस के एक पात्र के मुख से कहलवाया है—

भेतव्यं नृपतेस्ततः सचिवतो राज्ञस्ततो वल्लभा-
दन्येभ्यश्च भवन्ति ये च भुवने लब्धप्रतिष्ठाः विटाः।
दैन्यादुन्मुखदर्शनापलपनैः पिण्डार्थमायास्यतः
सेवां लाघवकारिणीं धृतधियः स्थाने श्ववृत्तिं विदुः।।

(राजा से डरना होता है, फिर मन्त्री से डरना होता है, फिर राजा के प्रेमपात्र से डरना होता है, और अन्य सभी प्रतिष्ठित दलालों से डरना पड़ता है। दीनता के साथ ऊँचा मुँह कर के बात करना पड़ती है। रोटी के टुकड़े के लिये क्या क्या नहीं करना पड़ता? सेवा मनुष्य को छोटा बना देती है। ठीक ही कहते है लोग कि सेवक होना कुत्ते का जीवन जीना है।)

विशाखदत्त के देशकाल के निर्धारण में निम्नलिखित तथ्य विचारणीय हैं—

(१) विशाखदत्त द्वारा विरचित अनुपलब्ध प्रकरण 'देवीचंद्रगुप्त' की कथा में गुप्त राजा रामगुप्त और उसके छोटे भाई चंद्रगुप्त विक्रमादित्य ये ऐतिहासिक पात्र हैं। चंद्रगुप्त अपने बड़े भाई के बाद राजा बना और उसने विक्रमादित्य की पदवी धारण की। उसका समय ३७५ से ४१३ई० है। अत: विशाखदत्त के लिये चौथी शताब्दी का उत्तरार्ध पूर्वसीमा माना जाना चाहिये।

(२) मुद्राराक्षस के भरत वाक्य में धरती को म्लेच्छों से सतायी जाती हुई बताया गया

है। यह स्थिति गुप्त काल में शक राजा के द्वारा उत्तरी सीमांत से भारत पर आक्रमण का संकेत करती है। भरतवाव्य की ही अंतिम पंक्ति में कहा गया है— 'राजा चंद्रगुप्त पृथ्वी की चिर काल तक रक्षा करते रहें।' यह उस समय की स्थिति लगती है, जब चंद्रगुप्त शक राजा को परास्त करके सिंहासनाधिरूढ हो चुका है। इस पंक्ति के आधार पर अनेक विद्वान् विशाखदत्त को चंद्रगुप्त विक्रमादित्य का समकालीन मानने के पक्ष में हैं।

(३) विशाखदत्त का अनुपलब्ध प्रकरण देवीचन्द्रगुप्त चंद्रगुप्त के द्वारा शक राजा को परास्त कर अपनी भाभी ध्रुवस्वामिनी से विवाह करने की घटना पर आधारित था। इस घटना को आधार बना कर कोई तभी नाटक लिख सकता है, जब वह इस की निकट से जानकारी रखता है और उससे जुड़े लोगों से प्रत्यक्ष या परोक्ष रूप से परिचित हो।

(४) उपर्युक्त मत का समर्थन करते हुए विंटरनित्स ने कहा है कि विशाखदत्त नाटक की संरचना और शैली की दृष्टि से भास के चारुदत्त तथा प्रतिज्ञायौगंधरायण और शूद्रक के मृच्छकटिक तथा तंत्राख्यायिका (जो बाद में पंचतंत्र के नाम से अधिक जानी गई) के अधिक निकट है।

(५) डॉ० रामजी उपाध्याय के मत के अनुसार विशाखदत्त ने ऐतिहासिक पात्रों के अतिरिक्त जिन काल्पनिक पात्रों को अपनी ओर से नाम दिये हैं, उनकी नामकरण पद्धति चौथी शताब्दी के आसपास प्रचलित नामकरण पद्धति के अनुरूप है। उदाहरण के लिये ब्राह्मणों के नामों के आगे शर्मा, क्षत्रियों के नामों में सेन और वैश्यों तथा शूद्रों के नामों में दास जोड़ा जाना।

(६) विशाखदत्त के मानस में समग्र भारत राष्ट्र की जो छवि है, वह गुप्तकाल या उसके आसपास रचे जा रहे पुराणों में वर्णित भूगोल से मेल खाती है। यह छवि हिमालय से लेकर दक्षिणसागर तक फैले महादेश के रूप में है। भरत वाक्य में जिस राजा के लिये शुभ कामना है, वह इस सारे देश का शासक है।

यद्यपि भरतवाक्य में पार्थिवो रन्तिवर्मा के स्थान पर पार्थिवश्चन्द्रगुप्तः, 'पार्थिवो दन्तिवर्मा तथा— पार्थिवोऽवन्तिवर्मा – ये तीन पाठ अलग अलग पांडुलिपियों में मिलते हैं। पर इनमें से रन्तिवर्मा नाम के किसी राजा का इतिहास में पता नहीं चलता , इसलिये पहला पाठ अग्राह्य है। पल्लव राजा दन्तिवर्मा (७२०ई०) पर आसेतु हिमाचल राज्य करने की बात लागू नहीं होती। कुछ विद्वान् तीसरे पाठ के आधार पर विशाखदत्त को मौखरिनरेश अवन्तिवर्मा (८५५-६३ई०) का समकालीन मानने के पक्ष में हैं। अवन्तिवर्मा ने हूणों को परास्त किया था, अतः भरतवाक्य में वर्णित म्लेच्छों से सतायी धरती को त्राण देने वाला राजा वही है— यह इन विद्वानों का का मत है।

(७) मुद्राराक्षस की प्रस्तावना में सूत्रधार और नटी के संवाद में एक चंद्रग्रहण का उल्लेख है। याकोबी ने इस चंद्रग्रहण का काल नवम शताब्दी परिगणित किया है। परंतु विशाखदत्त यहाँ किसी वास्तविक चंद्रग्रहण की ओर संकेत न कर के श्लेष से चंद्रगुप्त के ग्रहण या पकड़े जाने की ओर संकेत कर रहे हैं। अत: याकोबी के कथन प्रामाणिक नहीं है। साथ ही, यदि खगोलीय दृष्टि से यहाँ चंद्रग्रहण का संकेत माना भी जाये, तो विशाखदत्त ने उसके साथ ही बुध के योग से चंद्र की रक्षा की बात भी कही है। वराहमिहिर (४९०ई० के लगभग) बुधयोग से चंद्रग्रहण के निवारण का विरोध करते हैं। ऐसी स्थिति में तो विशाखदत्त का समय वराहमिहिर के पहले माना जाना चाहिये।

इन सब प्रमाणों के आधार पर विशाखदत्त का समय चौथी शताब्दी का उत्तरार्ध और पाँचवीं शताब्दी के पूर्वार्ध माना जा सकता है।

निवासस्थान

विशाखदत्त के दो नाटकों का केंद्र पाटलिपुत्र है। उन्होंने उपमा के माध्यम से धान के खेतों में पौधों के गुच्छों के बढ़ने का उल्लेख किया है। अत: अनुमान होता है कि वे ऐसे किसी प्रदेश से संबद्ध थे, जहाँ धान की खेती बहुतायत से होती थी। यह प्रदेश मगध हो सकता है। मुद्राराक्षस में एक स्थान पर (५।२३) उन्होंने गौड देश की स्त्रियों के वेश का आँखों देखा सा वर्णन किया है, उससे भी उनका मगध और गौडदेश से संबंध प्रमाणित होता है।

अत: उपर्युक्त साक्ष्यों के आधार पर अनुमान होता है कि विशाखदत्त चंद्रगुप्त विक्रमादित्य के आश्रित सामंत थे और उनका निवास स्थान पाटलिपुत्र (वर्तमन पटना) के आसपास रहा होगा।

रचनाएँ

विशाखदत्त ने चार रूपकों की रचना की थी – राघवानंद नाटक, अभिसारिकावंचितकम्, देवीचंद्रगुप्तम् तथा मुद्राराक्षस।

राघवानंद

यह नाटक रामकथा पर आधारित था। अब यह उपलब्ध नहीं है। दशरूपक की टीका में बहुरूपमिश्र ने एक तथा भोज ने दो पद्य इससे उद्धृत किये हैं। इनके साथ रचना का नाम (राघवानंद) तो दिया है, पर प्रणेता का नाम नहीं दिया। पर इनमें से भोज के द्वारा उद्धृत पद्यों में से एक को श्रीधर ने सदुक्तिकर्णामृत में विशाखदत्त प्रणीत बताया है, जिससे यह अनुमान होता है कि राघवानंद नाटक विशाखदत्त ने ही लिखा था। श्री वार्डर इस मत का समर्थन करते हैं। भोज द्वारा उद्धृत पद्यों को कृति और कृतिकार का नामोल्लेख किये बिना अभिनवगुप्त तथा

अन्य अनेक आचार्यों ने उद्धृत किया है। भाषाशैली की दृष्टि से ये पद्य मुद्राराक्षसकार विशाखदत्त के द्वारा प्रणीत प्रतीत होते हैं।

मम्मट ने पदप्रकाश्यध्वनि के उदाहरण में राघवानंद से यह पद्य उद्धृत किया है—

रामोऽसौ भुवनेषु विक्रमगुणैः प्राप्तः प्रसिद्धिं परा-
मस्मद्भाग्यविपर्ययाद्यदि परं देवो न जानाति तम्।
बन्दीवैष यशांसि गायति मरुद् यस्यैकबाणाहति-
श्रेणीभूतविशालतालविवरोद्गीर्णैः स्वरैः सप्तभिः।।

(वे राम सारे भुवनों में अपने गुणों से परम प्रसिद्धि को प्राप्त हैं। यह हमारे भाग्य का विपर्यय है, जिसके कारण देव (रावण) आप उन्हें नहीं जान रहे हैं। उनके एक बाण के प्रहार से भिदे पंक्ति में खड़े विशाल ताल के वृक्षों में बन गये विवरों से निकलने वाला पवन बंदी की भाँति उन राम के यश का गान करता रहता है।)

यह रावण के प्रति उसके किसी मंत्री का संवाद हो सकता है। यहाँ राम के एक ही बाण से छिद्रित ताल के सात वृक्षों से हवा के बहने से सात स्वरों का फूटना और उनसे बंदी की भाँति राम के यश का गान किया जाना – यह बड़ी चमत्कारपूर्ण कल्पना विशाखदत्त ने की है। साथ ही यहाँ प्रत्येक शब्द राम के प्रताप का व्यंजक भी है। इस पद्य में सर्वनामों तथा संज्ञाओं व वचन की व्यंजकता पर विचार करते हुए मम्मट कहते हैं - अत्रासाविति भुवनेष्विति गुणैरिति सर्वनामप्रातिपदिकवचनानां न त्वदिति न मदिति, अपि, अस्मदित्यस्य सर्वाक्षेपिणः, भाग्यविपर्ययादित्यन्यथासंपत्तिमुखेन न त्वभावमुखेनाभिधानस्य।

शृंगारप्रकाश में भोज ने तथा वक्रोक्तिजीवित में कुंतक ने इस पद्य को उद्धृत किया है।

भाषा की चारुता, अभिव्यक्ति की परिपक्वता को देखते हुए यह एक उत्कृष्ट नाटक कहा जा सकता है।

अभिसारिकावंचितकम्

विशाददत्तप्रणीत यह रूपक भी उपलब्ध नहीं होता। यह नाटक उदयन और वासवदत्ता की कथा को लेकर लिखा गया था। इसमें अभिसारिका पद्मावती है, और स्वप्नवासवदत्तम् जहाँ समाप्त होता है, उसके आगे की घटना इसमें चित्रित है। विशाखदत्त ने कदाचित् वासवदत्ता और पद्मावती इन दोनों सपत्नियों के बीच ईर्ष्या का चित्रण इस रचना में किया था। उदयन का मन भी पद्मावती की ओर से फिर गया था। इस बीच वासवदत्ता के पुत्र की हत्या की खबर उड़ती है और हत्या का अभियोग पद्मावती पर लगता है। पद्मावती विंध्य के वन में एक शबरी के रूप में रहने लगती है और वहाँ उदयन उसे शबरी समझकर उससे प्रेम करने लगता है। अंत में पद्मावती के प्रति उसका संदेह दूर हो जाता है। अभिसारिकावंचितक प्रेम और

राजनीतिक कुचक्र के ताने बाने में गुँथी रोमांचक घटनाओं से भरा एक उत्कृष्ट नाटक था यह अनुमान किया जा सकता है।

इस नाटक में पद्मावती के शबरी का वेष धारण करने के प्रसंग का उल्लेख अभिनवगुप्त ने नाट्यशास्त्र में कामोपचारनिरूपण के प्रसंग में अपनी टीका में किया है तथा इसे विशाखदत्तप्रणीत बताया है। अभिनवगुप्त के अनुसार इस नाटक में पद्मावती शबरी का वेष धारण कर के वत्सराज उदयन से मिलती है, उससे नष्टरागप्रत्यायन (खोये हुए प्रेम की वापसी) हो जाता है।[१०] भोज ने भी विशाखदेव के अभिसारिकावञ्चितक का उल्लेख करते हुए अपने सरस्वतीकंठाभरण में इसका एक पद्य उद्धृत किया है। शृंगारप्रकाश में क्रोध नामक संध्यंतर के विवेचन में भोज कहते हैं – क्रोधो यथा श्रीविशाखदेवकृते अभिसारिकावञ्चितके वत्सराजः सम्भावितपुत्रवधायै पद्मावत्यै क्रुद्धः तथा चाभ्यधात्—

प्रदुष्टोग्रग्राहां सरितमवगाढः क्रमवशा-
दुपालीनः शाखां फलकुसुमलोभाद् विषतरोः।
फलालीढेनार्थी च्युतपरिचयां क्रौर्यनिरतां
विषज्वालागर्भां चिरमुरगकन्यामनुसृतः।।

(शृप्र० प्रथम भाग, द्वादशप्र, पृ० ७२२)

(क्रोध का उदाहरण इस प्रकार है— श्रीविशाखदेव द्वारा विरचित अभिसारिकावंचितक नाटक में वत्सराज पद्मावती पर संदेह करते हैं कि उसने उनके पुत्र का वध करा दिया है, और क्रुद्ध होकर वे पद्मावती से कहते हैं –

मैं दुष्ट घड़ियालों से भरी नदी में धँस गया,
फल और फूल के लोभ से विषैले पेड़ की शाखा में जा कर लीन हो गया,
फल की कामना से याचक बन कर मैं
क्रूरता के भरे कार्यों में निरत ऐसी नागिन का मैं अनुसरण करता रहा,
जो विष की लपटें छिपाये हुए थी।)

देवीचंद्रगुप्तम्

देवीचंद्रगुप्तम् भी अनुपलब्ध है। इस रचना के विशाखदत्त द्वारा प्रणीत होने के विषय में कोई संदेह नहीं है, तथा इसके इतने अधिक उद्धरण प्राचीन नाट्यशास्त्रीय और काव्यशास्त्रीय ग्रंथो में उपलब्ध होते हैं कि इसकी हर अंक की कथावस्तु विदित हो जाती है। अभिनवगुप्त, भोज, रामचन्द्र-गुणचंद्र, सागरनंदी, राजशेखर आदि आचार्यों ने इस नाटक से पद्य उद्धृत करते हुए इसके विविध प्रसंगों का विवेचन और विश्लेषण किया है। राजा रामगुप्त की पत्नी ध्रुवदेवी इस नाटक की नायिका है, तथा नायक चंद्रगुप्त है। गणिका माधवसेना बाह्या नायिका

है। शकराज ने रामगुप्त पर आक्रमण कर दिया है और वह संधि के बदले में उसकी रानी ध्रुवदेवी को सौंप देने की माँग रखता है। कायर रामगुप्त उसकी माँग स्वीकार कर लेता है। चंद्रगुप्त अपनी भाभी की लाज बचाने के लिये स्त्री के वेष में उसके स्थान पर पालकी में बैठ कर चला जाता है, और शकराज की हत्या कर देता है। शकराज के शिविर से वह बच कर निकल भी आता है। पर रामगुप्त अपने छोटे भाई पर संदेह करने लगता है। अपने विरुद्ध चल रहे षडयंत्र को भाँप कर चंद्रगुप्त पागल होने का नाटक करता है। अंत में रामगुप्त के वध और चंद्रगुप्त के राज्याभिषेक तथा ध्रुवदेवी से उसके परिणय के साथ नाटक समाप्त होता है।

देवीचंद्रगुप्त प्रकरण कोटि का रूपक था। इसमें कम से कम छह अंक रहे होगें, यद्यपि विविधग्रंथों में इसके जो उद्धरण मिलते हैं, वे एक से पाँचवे अंक तक के ही हैं। राजनीतिक षडयंत्र, यथार्थचित्रण, घटनाओं की कुशल अन्विति, संवादों की प्रभावशालिता और नाटकीय वस्तुविन्यास की अपूर्वता के कारण यह अत्यंत उत्कृष्ट नाट्यकृति थी – इसमें कोई संदेह नहीं। बिखरते पारिवारिक जीवन, दांपत्य संबंधों में पुरुष की कायरता के कारण आयी कटुता, दो भाइयों के परस्पर अनुराग तथा राजनीतिक वात्यचक्र के कारण उनके बीच उपजे मनोमालिन्य का ऐसा चित्रण संस्कृत की अन्य किसी रचना में नहीं मिलता।

१९२३ई० में सिल्वाँ लेह्वी ने देवीचन्द्रगुप्त के शृङ्गारप्रकाश और नाट्यदर्पण इन दो ग्रंथों में प्राप्त उद्धरणों को इकट्ठा कर के इस नाटक के बारे में चर्चा उठाई। भारत में राखालदास बनर्जी और रामकृष्ण भंडारकर ने इतिहास की दृष्टि से देवीचंद्रगुप्त नाटक की विषयवस्तु पर विचार किया। राखालदास बनर्जी ने १९२४ में संजन ताम्रपत्र में आये रामगुप्त के उल्लेख की चर्चा उठाई, जिसमें चंद्रगुप्त के द्वारा अपने भाई की हत्या कर के देवी (अपनी भाभी) से विवाह का उल्लेख है।

रामगुप्त के बारे में कुछ और भी पुरातात्त्विक साक्ष्य सामने आये हैं। विदिशा में रामगुप्त का ३७५ ई० में लिखवाया हुआ शिलालेख मिला जिसमें रामगुप्त को महाराजाधिराज कहा गया है। रामगुप्त के कुछ सिक्के भी प्राप्त हुए हैं, जिनका हवाला रोमिला थापर ने दिया है।

बाण और राजशेखर इन दो प्रख्यात रचनाकारों को रामगुप्त की ऐतिहासिकता का बोध था। अपने हर्षचरित के छठे उच्छ्‌वास में बाण रामगुप्त के प्रसंग का एक प्रसिद्ध ऐतिहासिक घटना के रूप में उल्लेख करते हुए कहते हैं—

'अरिपुरे च परकलत्रकामुकं कामिनीवेषगुप्तश्चन्द्रगुप्तः शकपतिमघातयत्।'

(स्त्री के वेष में छिपे चंद्रगुप्त ने शत्रु के नगर में घुस कर शकपति को मार डाला।)

इस पर टीका करते हुए बाण के एक टीकाकार शंकर ने इसका खुलासा करते हुए लिखा है—

'शकानाम् आचार्यः शकपतिः चन्द्रगुप्तभ्रातृजायां ध्रुवदेवीं प्रार्थयमानः चन्द्रगुप्तेन ध्रुवदेवीवेषधारिणा स्त्रीवेषजनपरिवृतेन रहसि व्यापादितः।'

भोज ने अपने शृङ्गारप्रकाश में इस नाटक से चार उद्धरण दिये हैं। पहला उद्धरण साहस नामक सन्ध्यन्तर का है। भोज कहते हैं— देवीचन्द्रगुप्त नामक नाटक में कुमार चन्द्रगुप्त ने स्त्री वेष में ध्रुवदेवी बन कर राजा को मार डाला – यह वृत्तांत सूचित किया गया है। माया नामक सन्ध्यन्तर को भी भोज ने देवीचन्द्रगुप्त के हवाले से स्पष्ट किया है। भोज के उल्लेख से स्पष्ट होता है कि विशाखदत्त के नाटक में चंद्रगुप्त पागल होने का स्वांग रचता है। यह स्वांग शक राजा को मार कर आने के बाद चंद्रगुप्त को करना पड़ा।

रामचंद्र-गुणचंद्र ने अपने नाट्यदर्पण में देवीचंद्रगुप्तम् को प्रकरण कहा है।

नाट्यशास्त्र के अठारहवें अध्याय पर अभिनवगुप्त की टीका अभिनवभारती में तथा रामचन्द्रगुणचन्द्र के नाट्यदर्पण में चन्द्रगुप्त का माधवसेना के लिये इस नाटक में कहा गया नर्मवचन (मजाक में कहा गया वाक्य) उद्धृत किया गया है, जो इस प्रकार है—

आनन्दाश्रुसितेतरोत्पलरुचोराबध्नता नेत्रयोः
प्रत्यङ्गेषु वरानने पुलकिषु स्वेदं समातन्वता।
कुर्वाणेन नितम्बयोरुपचयं सम्पूर्णयोरप्यसौ
केनाप्यस्पृशताऽप्यधोनिवसनग्रन्थिस्तवोच्छ्वासितः।।

(नीलकमल की आभा वाली इन आँखों में कोई आनंद का जल भर गया है, पुलक पुलक उठते अंग अंग में कोई पसीने की बूँदे छितरा गया है, भरे पूरे इन नितंबों का कोई विस्तार कर गया है, किसी ने बिना छुए ही तुम्हारे अधोवसन की ग्रंथियाँ उच्छ्वसित कर दी हैं।)

रामचंद्र ने यह बताने के लिये यह उद्धरण दिया है कि प्रकरण में गणिका या वेश्या के नायिका होने की स्थिति में नायक उसके साथ मन्दचेष्टित करता हुआ संवाद करता है।

यह संवाद नाटक के किस अंक में है— यह पता नहीं चल पाता – संभवतः यह आरंभ के किसी अंक – पहले या दूसरे में रहा होगा। देवीचंद्रगुप्त की कथावस्तु इस प्रकार के उद्धरणों से इस प्रकार जानी जा सकती है—

पहले अंक में शकराज ने रामगुप्त पर आक्रमण कर दिया है। रामगुप्त शकराज से युद्ध करने के स्थान पर संधि का प्रस्ताव करता है, और शकराज संधि की शर्त के तौर पर उसकी रानी ध्रुवदेवी को भेजने की माँग करता है।

चंद्रगुप्त इस प्रस्ताव पर क्रुद्ध होकर शकराज से युद्ध का संकल्प करता है। रामगुप्त अपने भाई को युद्ध से रोकता है, चंद्रगुप्त अपने भाई के पहरे से बाहर निकलने और शकराज को मारने का उपाय सोच रहा है। इसके लिये वह रामगुप्त के स्कंधावार या शिविर तक पहुँचना चाहता है (रामगुप्तस्कन्धावारमनुजिघृक्षुः – शृंगारप्रकाश १२.१४६ पर वृत्ति)। विदूषक आत्रेय उसके साथ है। चंद्रगुप्त कहता है कि रात को यहाँ से किसी तरह बाहर निकल कर श्मशान में वैताल साधना करूँगा (वही)।

संभवतः इस प्रसंग में विदूषक आत्रेय के साथ चंद्रगुप्त की बहस होती है। उसमें चंद्रगुप्त के द्वारा छद्मवेष में शकराजा के स्कंधावार में पहुँचने के पहले का प्रसंग है। इस प्रसंग के अंतर्गत विदूषक और चन्द्रगुप्त के बीच हुए कुछ संवाद भोज ने उद्धृत किये हैं। उन्होंने विदूषक आत्रेय के इस संवाद को ओजस् नामक संध्यंतर के रूप में उद्धृत किया है— भोः कथमिदानीं त्वं बहूनाम् अमात्यानां मध्ये एकाकी सञ्चरिष्यसि? (अनेक अमात्यों के बीच अकेले आप उस स्कंधावार में कैसे प्रवेश कर लेगें? — शृप्र० द्वादश प्र० प्रथम भाग, पृ० ७२२)

इसके उत्तर में चंद्रगुप्त कहता है—

अलं मूर्ख, सत्त्वमुत्सृज्य संख्यायां बहुमानो भवतः। पश्य –

सद्वंशान् पृथुवर्ष्मविक्रमबलान् दृष्ट्वाद्भुतान् दन्तिनो
हासस्मेरगुहामुखादभिमुखं निष्क्रामतः पर्वतान्।
एकस्यापि विधूतकेसरसटाभारस्य भीता मृगा
गन्धादेव हरेर्द्रवन्ति बहवो वीरस्य किं सङ्ख्यया।।

(शृप्र० द्वादश प्र० प्रथम भाग पृ० ७२३)

(चंद्रगुप्त - चुप कर मूर्ख! तू सत्त्व को भुला कर संख्या को बड़ा मान दे रहा है!

अद्भुत बलविक्रम वाले, विशाल डील डोल वाले, अच्छे कुल के ऊँचे पूरे हाथियों को देखकर गर्जन करता सिंह गुफा से जब बाहर आता है, उस समय उसकी ग्रीवा के केश फहराते हैं। तब जंगल के भयभीत सभी प्राणी उसकी गंध से ही भाग निकलते हैं। वीर के आगे संख्या क्या?)

इसके आगे चंद्रगुप्त तथा आत्रेय के संवाद इस प्रकार हैं—

आत्रेय – इस समय तो आप इस भांडागार में एक पग भी भीतर नहीं रख सकते।

चंद्रगुप्त - (मन में) – इसी का उपाय सोचना है।

(हाथ में पेटी लिये एक चेटी का प्रवेश)

चेटी – कुमार की जय हो!

चंद्रगुप्त – अज्जुका कहाँ हैं?

(अज्जुका से आशय गणिका माधवसेना से है।)

चेटी – अज्जुका तो आज पता नहीं किस कारण से उदास थीं, तो कुमार से मिलने जा रही हूँ यह कह कर राजकुल से निकल गईं – और यह देवी ने अपने शरीर से उतारे वस्त्र उनके लिये दिये हैं। वे यहाँ मिलेंगी यह सोच कर मैं ये उन को देने के लिये यहाँ ले आई।

(संभवतः चंद्रगुप्त गुप्त रूप से वेष बदलने के लिये कपड़ों की तलाश में भांडागार में गया हुआ है, भांडागार बंद होने से वह भीतर जाना संभव नहीं है। उसकी प्रिया माधवसेना राजकुल में है, और वह उससे मिलने के लिये राजकुल से तो चल पडी है। देवी से आशय

ध्रुवदेवी से है, जो माधवसेना पर स्नेह रखती है। माधवसेना चंद्रगुप्त की बेरुखी से दुखी है, यह पता चलने पर वे उसके लिये अपने वस्त्र और आभूषण भेजती हैं।)—

चंद्रगुप्त – (मन में) अरे! उपाय मिल गया! (चेटी से) – ये वस्त्र मुझे दे दे!

(विदूषक चेटी के हाथ से कपड़े ले लेता है, चंद्रगुप्त वहीं पर स्त्री का वेष धारण कर लेता है।)

भोज ने यहाँ जो अंश उद्धृत किया है, उसमें पाठ अस्पष्ट है, विदूषक चेटी के हाथ से कपड़े ले लेता है और विदूषक ही जवनिका (पर्दे) के पीछे जा कर स्त्री का वेष धारण करता है— यह रंगनिर्देश है। संभवतः चंद्रगुप्त के साथ विदूषक भी स्त्री के वेष में शत्रु के शिविर में जा रहा है।)

नाटक के दूसरे अंक में चंद्रगुप्त स्त्री का वेष बना कर बाहर निकल आया है, पर जैसे ही वह प्रस्थान कर रहा होता है, रामगुप्त को यह बात पता चल जाती है, और वह चंद्रगुप्त को पहचान कर उसे बाहर निकलने से रोकता है। ध्रुवदेवी को पता चलता है कि राज़ा किसी स्त्री से बात कर रहे हैं, तो वह रुष्ट होकर वहाँ आती है, और इन दोनों की बात पीछे से सुनती है। नाट्यदर्पण में त्रिगत (तीन लोगों की बातचीत) का बहुत मनोरंजक उद्धरण देवीचंद्रगुप्त के दूसरे अंक से दिया गया है। रामचंद्र-गुणचंद्र इस प्रसंग को मूल नाटक या प्रकरण से उद्धृत कर जिस प्रकार इसकी व्याख्या करते हैं, उससे स्पष्ट है कि रामगुप्त स्त्रीवेषधारी चंद्रगुप्त को पहचान रहा है और उसे दुस्साहस करने से रोक रहा है, पर वहीं ओट में खड़ी ध्रुवस्वामिनी चंद्रगुप्त को कोई स्त्री और राजा रामगुप्त की अज्ञात प्रेमिका समझ लेती है। ध्रुव देवी के जो संवाद यहाँ हैं, वे या तो अपने पास खड़ी सखी सूत्रधारी को सुनाते हुए कहे गये हैं या अपने आप से कहे गये हैं))

रामगुप्त नहीं चाहता कि ध्रुवदेवी और राज्य के सम्मान की रक्षा के लिये चंद्रगुप्त जोखिम ले। रामगुप्त और चंद्रगुप्त के बीच जो संवाद नाट्यदर्पण में मूल नाटक से उद्धृत हैं, उनमें स्त्रीवेषधारी चंद्रगुप्त मौन है। संवाद प्रकार हैं —

रामगुप्तः – प्रतिष्ठोक्तिषु न खल्वहं त्वां परित्यक्तुमुत्सहे।

प्रत्यग्रयौवनविभूषितमङ्गमेतद् रूपश्रियं च तव यौवनयोग्यरूपाम्।
सक्तिं च मय्यनुपमामनुरुद्यमानः देवीं त्यजामि लवांस्त्वयि मेऽनुरागः।।

(रामगुप्त – केवल प्रतिष्ठा की बातों में आ कर मैं तुम्हें छोड़ना नहीं चाहता।

नूतन यौवन से विभूषित तुम्हारा शरीर है,
तुम्हारी कांति और रूप भी यौवन के अनुसार है,
शक्ति भी अप्रतिहत और अनुपम है।
मैं देवी को भले त्याग दूँगा
पर तुम्हारे ऊपर मेरा दृढ अनुराग है।)

ध्रुवदेवी – यदि भक्तिमपेक्षसे ततो मां मन्दभागिनीं परित्यजसि। (अन्य स्त्री की शंका से) –तुम अलग होना चाहते हो, तभी तो मुझ अभागिनी को छोड रहे हो।

रामगुप्तः – अपि च त्यजामि देवीं तृणवत् त्वदन्तरे। – (और भी, तुम्हारे कारण तो मैं देवी को तिनका मान कर त्याग दूँगा।)

ध्रुवदेवी – अहमपि जीवितं परित्यजन्ती आर्यपुत्रं प्रथमतरमेव त्यक्ष्यामि। (मैं भी अपने प्राणों का परित्यागकरती हुई आर्यपुत्र का पहले ही परित्यागकर दूँगीं।)

रामगुप्तः - त्वया विना राज्यमिदं निष्फलम्। (तुम्हारे बिना यह राज्य निष्फल ही है।)

ध्रुवदेवी – ममापि साम्प्रतं निष्फलो जीवलोकः सुखपरित्यजनीयो भविष्यति। (मेरे लिये भी यह सारा संसार निष्फल है, अतः इसे सुखपूर्वक छोड़ सकूँगीं।)

रामगुप्त – ऊढ़ेति देवीं प्रति में दयालुता। (देवी के प्रति भी मेरे मन में दया है, आखिर मैंने उनसे विवाह किया है।)

ध्रुवदेवी – इयमार्यपुत्र? ईदृशी दयालुता यदनपराद्धो जनोऽनुगत एवं परित्यज्यते। (यह दयालुता है आर्यपुत्र आपकी कि निरपराध और अनुगत व्यक्ति को यों छोड़ रहे हैं?)।

रामगुप्त – त्वयि स्थितं स्नेहनिबन्धनं मनः। (तुम्हारे ऊपर मेरा मन स्नेह से बँधा है।)

ध्रुवदेवी – अत एव मन्दभागा परित्यज्ये। (इसीलिये मुझ अभागिनी को छोड़ रहे हैं।)

रामगुप्त – त्वय्युपारोपितप्रेम्णा त्वदर्थे यशसा सह।
परित्यक्ता मया देवी जनोऽयं जन एव मे।।

(तुम्हारे ऊपर प्रेम होने के कारण और तुम्हारे लिये मैंने अपना यश छोड़ा और देवी को भी छोड़ा। वह मेरे लिये एक बस मामूली स्त्री ही है।)

ध्रुवदेवी – हंजे, इयं सा आर्यपुत्रस्य करुणता। (सखि, आर्यपुत्र की कितनी बडी ़करुणा है।)

सूत्रधारी – पतन्ति चन्द्रमण्डलादप्यलकाः। किमत्र क्रियते?। (देवि, चंद्रमंडल से भी यदि आग का गोला गिरे तो क्या किया जाये?)

रामगुप्त – देवीवियोगदुःखार्तास्त्वमस्मान् रमयिषयसि। (देवी के वियोग से दुःखित मुझे तुम से सुख मिलेगा।)

ध्रुवदेवी – वियोगदुःखमपि ते निष्करुणस्यास्ति एव। (तुम जैसे निष्करुण को भला वियोग का दुःख होगा?)

रामगुप्त – त्वद्दुःखस्यापनेतुं सा शतांशेनापि न क्षमा। (पर तुम्हारे वियोग का तो सौवाँ हिस्सा भी वह दूर न कर सकेगी।)

नाट्यदर्पणकार रामचन्द्र-गुणचंद्र इस प्रसंग की व्याख्या में स्पष्ट बताते हैं कि रामगुप्त स्त्रीवेषधारी चंद्रगुप्त को समझा रहा है, ध्रुवदेवी इसके संवादों का अन्य अर्थ लेती है इसलिये यह प्रसंग ध्रुवदेवी के लिये अनिष्ट की प्राप्ति और विपत्ति के अवतरण का उदाहरण है।

तीसरे अंक में स्त्रीवेषधारी चंद्रगुप्त संभवतः रामगुप्त को समझा बुझा कर उससे विदा लेता है। इस अंक में चंद्रगुप्त के शकराज के शिविर में प्रवेश और शकराज को मारने का वृत्तांत रहा होगा, पर इस अंक से कोई उद्धरण प्राप्त नहीं है, अतः अनुमान भर किया जा सकता है।

चौथे अंक में चंद्रगुप्त शकराज को मार कर वापस लौट आया है। रामगुप्त संभवतः अपने भाई पर संदेह कर के उसे कारागार में डालने या मरवाने का प्रयास करता है। इसी अंक में माधवसेना गणिका चंद्रगुप्त से मिलती है। उसके प्रति कहा गया यह संवाद नाट्यदर्पण में गर्भ सन्धि के प्रार्थना नामक सन्ध्यंग के उदाहरण में है

चन्द्रगुप्तः – प्रिये माधवसेने, त्वमिदानीं में बन्धमाज्ञापय?

कण्ठे किन्नरकण्ठि बाहुलतिकापाशः समासज्यतां
हारस्ते स्तनबान्धवो मम बलाद् बध्नातु पाणिद्वयम्।
पादौ त्वज्जघनस्थलीप्रणयिनी सन्दानयेन्मेखला
पूर्वं त्वद्गुणबद्धमेव हृदयं बन्धं पुनर्नार्हति।।

(चंद्रगुप्त – हे प्रिये! मेरे लिये तो बंधन की आज्ञा तुम ही दो।
हे किन्नरकंठि, अपनी बाहु लता का पाश
बाँध दो मेरे कंठ में
वक्ष पर झूलते इस हार से
बाँध दो बलपूर्वक मेरे दोनों हाथ
मेरे दोनों पाँव जकड़ ले
तुम्हारे जघन की प्रणयिनी यह मेखला
और हृदय —
वह तो पहले ही तुम्हारे गुणों से बँधा है,
उसे दुबारा बाँधने की आवश्यकता क्या?)

(गुणचंद्र बताते हैं कि यह संवाद देवीचंद्रगुप्त के चतुर्थ अंक में है। चंद्रगुप्त इसमें बार बार बंधन की चर्चा करता है, संभवतः माधवसेना भी जानती है कि चंद्रगुप्त को बंदी बनाया जा रहा है, चंद्रगुप्त राजा की ओर से करवाये जाने वाले अपने बंधन का उपहास सा करता हुआ उसे बहलाना चाह रहा है। इसी प्रसंग में ध्रुवस्वामिनी अवतरित होती है। गर्भसंधि के क्रम नामक अंग के उदाहरण में रामचंद्र ने इस अंक से निम्नलिखित संवाद उद्धृत किया है। यह नाटक का मध्यबिन्दु है, जिसमें अन्तर्द्वन्द्व अपनी पराकाष्ठा पर है। ध्रुवस्वामिनी को सामने देखकर चंद्रगुप्त अपने आप से कहता है) —

रम्यां चारतिकारिणीं च करुणां शोकेन नीता दशां
तत्कालोपगतेन राहुशिरसा गुप्तेव चान्द्री कला।
पत्युः क्लीबजनोचितेन चरितेनानेन पुंसः सतः
लज्जाकोपविषादभीतितततिभिः क्षेत्रीकृता ताम्यति।।

(ये देवी यहाँ हैं। शोक के कारण उचटा उचटा उनका मन है। करुण दशा है उनकी! राहु के मुख से ग्रस ली गई चंद्रकला सी पति के क्लीबजनोचित इस चरित्र से (इस) पुरुष के रहते लज्जा, क्रोध, विषाद भय और अरति का विषय बनीं वे कलप रही हैं।)

पाँचवे अंक में (संभवत: अपनी हत्या या कारागार में डाले जाने से बचने के लिये) चंद्रगुप्त पागल होने का नाट्य करता है। भोज (शृंगारप्रकाश १२.५०.४.११) ने इसे संध्यंतर के अंतर्गत मानुषी माया का उदाहरण बताते हुए कहा है कि देवीचंद्रगुप्त में चंद्रगुप्त कृतक उन्माद (बनावटी पागलपन) का स्वाँग करता है। नाट्यदर्पण के उल्लेख से यह बात भी सामने आती है कि चंद्रगुप्त पागल होने का स्वाँग दो कारणों से धरता है— एक तो किसी शत्रु के किंचित् या थोड़े से भय से और दूसरे अपने मदनविकार के कारण। चंद्रगुप्त शकराज के शिविर में प्रवेश करते समय जिस शौर्य और आत्मविश्वास का प्रदर्शनकरता है उससे यह स्पष्ट है कि विशाखदत्त उसे किसी बाहरी शत्रु से किंचित् भी डरा हुआ चित्रित नहीं करेगें, फिर यह शत्रु भीतरी या अपने ही राजकुल का हो सकता है। माधवसेना गणिका के प्रति चंद्रगुप्त जिस प्रकार का व्यवहार और उससे संवाद करता है उसके आधार पर कहा जा सकता है कि माधवसेना को उसने बहुत गंभीरता से नहीं लिया, उसे मनोविनोद का साधन अधिक माना। तब यह मदनविकार माधवसेना के लिये तो हो ही नहीं सकता – यह अपनी भाभी ध्रुवस्वामिनी के लिये हो सकता है। भीतरी शत्रु – संभवत: रामगुप्त और फिर ध्रुवदेवी के लिये मन में अंकुरित प्रेम इन दोनों के कारण होने वाले द्वन्द्व में फँसा चंद्रगुप्त उससे उबरने के लिये और इस भीतरी शत्रु को धोखे में रखने के लिये पागल होने का नाटक करने लगता है।

विशाखदत्त ने अपने नाटक के आलेख में इस अंक में चंद्रगुप्त के पात्र के द्वारा कृतक उन्माद के अभिनय के लिये काफी अवकाश रखा होगा — यह अनुमान किया जा सकता है। उनके पहले भास भी अपने प्रतिज्ञायौगंधरायण के एक अंक का काफी बड़ा हिस्सा में कृत्रिम उन्माद के अभिनय के लिये देते हैं।

देवीचंद्रगुप्तम् के पाँचवें अंक की दो ध्रुवाएँ (पीछे से गाये जाने वाले गीत) नाट्यदर्पण में उद्धृत हैं। ये दोनों ध्रुवाएँ प्राकृत भाषा में हैं। पहली प्रावेशिकी या प्रवेश के समय गाई जाने वाली ध्रुवा है, दूसरी नैष्क्रामिकी या अंक के अंत में पात्र के रंगमंच से प्रस्थान के समय गाई जाने वाली।

प्रावेशिकी ध्रुवा का इस प्रकार है—

एसो सियकरवित्थरपणासिय सेसवेरितिमिरोहो।
नियविदिवसेन चंदो गयणंगणं लंघिडं विसइ।।

(अपनी स्वच्छ किरणों के विस्तार से, वैरी तिमिर के पुंज का नाश कर, अपनी नियति के कारण चंद्रमा किसी ग्रह को लाँघने के लिये गगन तल पर प्रवेश कर रहा है।)

इस ध्रुवा को उद्धृत कर के नाट्यदर्पण (४.२०५) में कहा गया है— यह अपने लिये अपाय (खतरे) की शंका करने वाले (और इसलिये) कृतक उन्माद या झूठा पागलपन दिखा रहे कुमार चंद्रगुप्त की चंद्रोदयवर्णन के माध्यम से प्रवेश की सूचना देने वाली ध्रुवा है।

भोज ने साहस नामक संध्यंतर के उदाहरण में देवीचंद्रगुप्त का विशिष्ट प्रसंग उदाहृत किया है—

साहसं यथा देवचन्द्रगुप्ते स्त्रीवेषनिह्नुतश्चन्द्रगुप्तः शत्रोः स्कन्धावारम् अलिपुरं गतवति शकपतिवधायागमत् इति प्रयोगे दर्शितम्, शकपतिमघातयद् इति वृत्तं सूचितम्। (शृंप्र०, द्वादशप्रकाश० रेप्रद्वि० पृ० ७२१) इसी प्रकार माया नामक संध्यंतर के अंतर्गत मानुषी माया के उदाहण में भोज ने कहा है— चन्द्रगुप्तस्य कृतकोन्माद इति मानुषीमाया। वही० पृ० ७२२

ग्यारहवीं शताब्दी के उत्तरार्ध या बारहवी शताब्दी में विरचित सागरनंदी के नाटकलक्षणरत्नकोश में देवीचंद्रगुप्त के पाँचवें अंक के दो वाक्य उद्धृत हैं। ये वाक्य अंक के अंतिम संवाद प्रतीत होते हैं। उल्लेख नामक नाट्यालङ्कार की चर्चा में सागरनंदी कहते हैं कि कर्तव्य का दर्शन होना उल्लेख है, जैसे (देवीचंद्रगुप्त के) उन्मत्तचंद्रगुप्त नामक (पाँचवें) अंक में यह कथन –

लोको लोचननन्दनस्य रतये चन्द्रोदये सोत्सुकः

(लोक या प्रजाजन आँखों को आनंद देने वाले आप के सुख के प्रयोजन से चंद्रोदय (चंद्रमा के उदय, चंद्रगुप्त के उदय) के लिये उत्सुक हैं।)

यह संभवतः नेपथ्य से वैतालिक के द्वारा कहा जानेवाला संध्यासूचक संवाद है। पागल होने का नाटक कर रहे और अंततः करना क्या चाहिये यह तय न कर पा रहे चंद्रगुप्त के लिये यह उक्ति एक दिशानिर्देश बन जाती है, और सागरनंदी के अनुसार इसे सुनते ही वह अपने बनावटी पागलपन का नाटक छोड़कर कर्तव्य का निश्चय करके कहता है—

भवत्वनेन जयशब्देन राजकुलगमनं साधयामि।

(ठीक है, इस जयजयकार के शब्द से अब यही तय रहा कि मैं राजकुल चल पड़ूँ।)

जैसे ही निश्चय कर के चंद्रगुप्त चलने को होता है, नेपथ्य से नैष्क्रामिकी ध्रुवा (निष्क्रमण गीत) गाई जाती है। नाट्यदर्पण में उद्धृत इस नैष्क्रामिकी ध्रुवा इसप्रकार है—

बहु कज्जविसेसं अइ गूढं णिण्हवेइ मयणादो।
निक्खलइ खुद्धचित्तउ रत्ताहुत्तं मणो रिउणो।।

(बहुत सारे गूढ़ अभिप्राय मदन के कारण अपने भीतर छिपाये, क्षुब्धचित्त के साथ वह निकल पड़ा है जब कि अनुराग से आक्षिप्त है शत्रु का मन।)

(अन्तिम पंक्ति में मूल प्राकृत या उसकी संस्कृत छाया रक्ताक्षिप्तं मनो रिपोः का आशय अस्पष्ट है।)

इस नैष्क्रामिकी ध्रुवा के उद्धरण के आगे नाट्यदर्पणकार कहते हैं – यह अपने मदनविकार को छिपाने वाले उन्मत्त तथा कुछ कुछ शत्रु से भयभीत चंद्रगुप्त के राजकुल में जाने के लिये निष्क्रमणसूचक ध्रुवा है।

चंद्रगुप्त का मदनविकार संभवतः ध्रुवदेवी के लिये है। चूँकि शकराज को चंद्रगुप्त मार चुका है अतः जिससे कुछ कुछ भय भी है— ऐसा उसका शत्रु रामगुप्त ही हो सकता है।

पाँचवे अंक के इस उद्धरण से यह भी स्पष्ट है कि देवीचंद्रगुप्त में कम से कम छह अंक रहे होंगें, क्योंकि पाँचवें अंक की इस नैष्क्रामिकी ध्रुवा में नाटक के आगे की कथा का संकेत है। पर देवीचंद्रगुप्त के छठे अंक का कोई अंश उपलब्ध न होने से नाटक की परिणति किस तरह हुई यह जाना नहीं जा सकता। राजशेखर ने इस अंतिम अंक से ही संभवतः यह पद्य उद्धृत किया है—

दत्त्वा रुद्धगतिः खसाधिपतये देवीं ध्रुवस्वामिनीं
यस्मात्खण्डितसाहसो निववृते श्रीरामगुप्तो[११] नृपः।
तस्मिन्नेव हिमालये गुरुगुहाकोणक्वणत्किन्नरे
गीयन्ते तव कार्त्तिकेयनगरस्त्रीणां गणैः कीर्त्तयः।।

(खसाधिपति या शकाधिपति को देवी ध्रुवस्वामिनी को प्रदान कर के खंडित साहस वाला रामगुप्त जहाँ से लौट आया। उसी हिमालय में कार्तिकेय के नगर की स्त्रियों के द्वारा विशाल गुफाओं में वादन करते किन्नरों के साथ तुम्हारी कीर्ति गाई जा रही है।)

राजशेखर ने यह पद्य कथोत्थ मुक्तक के उदाहरण में प्रस्तुत किया है। यह देवीचंद्रगुप्त के अंत में किसी पात्र के द्वारा चंद्रगुप्त के प्रति कथन प्रतीत होता है।

भोज अपने शृंगारप्रकाश (१२.६१.५.१) में बताते हैं कि शकराज की ओर से आने वाले संकट के दौरान रामगुप्त अपने स्कंधावार में है। आधुनिक इतिहासकारों का भी यह अनुमान है कि रामगुप्त ने राज्याभिषेक होते ही दिग्विजय के लिये प्रयाण किया और शकराज को चुनौती दी जिसमें उसे मुँह की खानी पडी। नाट्यदर्पण के उल्लेख के अनुसार उसने अपनी प्रजा के आश्वासन के लिये पत्नी ध्रुवदेवी को शकराज को सौंपने का निर्णय ले लिया।

मुद्राराक्षस

मुद्राराक्षस विशाखदत्त का एकमात्र ऐसा नाटक है, जो पूरा मिलता है। संस्कृत साहित्य में यह उनकी कीर्ति का अक्षय स्तंभ भी है।

कथावस्तु

मुद्राराक्षस की कथावस्तु ऐतिहासिक है। इसका संबंध मौर्यकाल से है। चाणक्य नौ नंदों का नाश कर चुका है। नंदवंश का अंतिम राजा चाणक्य की कूटनीति के कारण तपोवन जा चुका है और पाटलिपुत्र पर चंद्रगुप्त का शासन है। पर नंद राजा का स्वामीभक्त अमात्य राक्षस अभी भी नंदवंश के विनाश का बदला लेने के लिये चाणक्य और चंद्रगुप्त से संघर्ष कर रहा है। चाणक्य उसकी एक एक योजना को ध्वस्त करता जाता है। वह राक्षस का हृदयपरिवर्तन कर के उसे चंद्रगुप्त का अमात्य बनाना चाहता है। राक्षस चंद्रगुप्त की हत्या के लिये जिस विषकन्या को भेजता है, उससे वह म्लेच्छ राजा पर्वतक का वध करा देता है, पर नगर में यह सूचना फैला दी जाती है कि राक्षस ने पर्वतक को विषकन्या के द्वारा मरवा दिया है। फिर पर्वतक के पुत्र मलयकेतु के साथ चाणक्य अपने गुप्तचर भागुरायण को लगा देता है। भागुरायण मलयकेतु को समझाता है कि पाटलिपुत्र में रहना उसके लिये खतरे से खाली नहीं है। चंद्रगुप्त पर गिराने के लिये राक्षस का सहयोगी सूत्रधार दारुवर्मा एक कच्चा तोरण बनवाता है, पर चाणक्य की सजगता से वह तोरण पर्वतक के छोटे भाई वैरोचक पर गिरता है और चंद्रगुप्त बच जाता है। राक्षस अपने दूसरे सहयोगी वैद्य अभयदत्त से चंद्रगुप्त को विष से मिली औषधि दिलवाता है। जिस पात्र में औषधि रखी है चाणक्य उसका रंग बदलता देखकर इस षडयंत्र को भाँप जाता है, और वैद्य को ही वह औषधि पिलवा देता है। इस तरह एक एक कर पाटलिपुत्र में राक्षस के सहयोगी और गुप्तचर विफल होकर मारे जाते हैं। चाणक्य को अपने गुप्तचर निपुणक से सूचना मिलती है कि क्षपणक जीवसिद्धि, राक्षस का मित्र शकटदास और सेठ चंदनदास – ये तीन लोग पाटलिपुत्र में उसके शत्रु हैं। निपुणक राक्षस की मुद्रावाली एक अँगूठी भी चाणक्य को सौंपता है, जो उसे सेठ चंदनदास के घर के बाहर पड़ी मिली थी क्योंकि चंदनदास के घर ही राक्षस की पत्नी और बच्चा छिप कर रह रहे थे। अँगूठी पाकर चाणक्य कहता है— अब तो राक्षस मेरी मुट्ठी में आ ही गया! इसी अँगूठी का जो उपयोग राक्षस को पकड़ने के लिये चाणक्य करता है, उसके आधार पर नाटक का नाम मुद्राराक्षस रखा गया है।

निपुणक ने शकटदास से मित्रता कर ली है। चाणक्य निपुणक से शकटदास के हाथ से एक पत्र लिखवा लेता है, क्षपणक जीवसिद्धि को नगर से निकलवाने की घोषणा करा देता है (यद्यपि क्षपणक जीवसिद्धि वास्तव में उसका मित्र विष्णु शर्मा है।) वह शकटदास को सूली पर चढ़ाने का आदेश देता है। इसी समय मलयकेतु पर्वतक का श्राद्ध करता है। चाणक्य अपने गुप्तचरों को ब्राह्मणों के वेष में भेजता है, जो श्राद्ध के समय पर्वतक के आभूषण उससे दान में प्राप्त कर लेते हैं। ये आभूषण राक्षस को बेच दिये जाते हैं। चाणक्य का गुप्तचर सिद्धार्थक सूली पर चढ़ाये जाते शकटदास को बचा कर ले भागता है और राक्षस के पास पहुँच जाता है। राक्षस सिद्धार्थक पर ऐसा प्रसन्न होता है कि वह मलयकेतु के द्वारा उपहार में दिये गये अपने पिता पर्वतक के गहने उतार कर सिद्धार्थक को दे देता है। सिद्धार्थक भी राक्षस की उसी

अँगूठी की मुहर लगवा कर, जो चंदनदास के घर से मिली थी, उन गहनों को राक्षस के पास ही धरोहर के रूप में रख देता है।

अब राक्षस चाणक्य और चंद्रगुप्त में फूट डालने का प्रयास करता है। चाणक्य उसकी इस योजना को पहले से ही भाँप चुका है। वह चंद्रगुप्त को संकेत कर के उससे स्वयं ही बनावटी झगड़ा कर बैठता है। चंद्रगुप्त चाणक्य को अमात्य पद से मुक्त कर देने की घोषणा करा देता है।

इधर चाणक्य का गुप्तचर भागुरायण राक्षस के विरुद्ध मलयकेतु के कान भरता रहता है। वह मलयकेतु को विश्वास दिला देता है कि राक्षस की रुचि मलयकेतु को राजा बनाने में नहीं, चाणक्य को हटा कर स्वयं चंद्रगुप्त का मंत्री बनने में है। मलयकेतु के मन में संदेह घर कर लेता है। राक्षस जब प्रसन्न होकर उसको चाणक्य और चंद्रगुप्त में फूट पड़ जाने की बात बताता है, तो मलयकेतु का संदेह पक्का होने लगता है। इसके बाद सिद्धार्थक राक्षस के पास के उसी की अँगूठी की मुहर से बंद गहनों की पेटी तथा शकटदास के हाथ से छल से लिखवाया पत्र साथ में लेकर जानबूझ कर मलयकेतु के शिविर से गुजरता है और जानबूझ कर पकड़ा जाता है। मार खाकर वह नाटक करता हुआ बताता है कि गहनों की पेटी राक्षस ने चाणक्य के लिये भेजी है। शकटदास के हाथ से लिखे पत्र को मलयकेतु राक्षस के द्वारा चंद्रगुप्त के नाम लिखवाया गया पत्र समझ लेता है। वह राक्षस से झगड़ पड़ता है और इस पत्र को सच्चा मान कर अपने सच्चे सहयोगी पाँच राजाओं को भी विश्वासघाती समझकर मरवा डालता है। चाणक्य की कूटनीति और दूरदर्शिता के आगे सर्वथा परास्त राक्षस सब ओर से निराश होकर अपने मित्र चंदनदास को फाँसी से बचाने के लिये पाटलिपुत्र आता है और चाणक्य के बिछाये जाल में ऐसा फँसता है कि आत्मसमर्पण के अतिरिक्त और कोई उपाय उसके पास नहीं रह जाता।

कथावस्तु की संरचना की दृष्टि से मुद्राराक्षस संस्कृत नाट्य साहित्य में बेजोड़ रचना है। घटनाओं की परस्पर अन्विति, क्रम और उनकी तार्किक परिणतियों का पूरा ध्यान यहाँ रखा गया है। नाट्यशास्त्र के आचार्यों के द्वारा निर्दिष्ट कथावस्तुविन्यास की पद्धति के अनुसार विशाखदत्त ने मुद्राराक्षस के फलक पर घटनाओं का विस्तीर्ण जाल फैला कर अंत में उसका एक भी तार उलझाये बिना कुशलता से उसे समेट लिया है।

आचार्य धनिक ने मुद्राराक्षस की कथावस्तु को प्रख्यात कोटि की बताकर बृहत्कथा को इसका मूल स्रोत बताया गया है। कथावस्तु के विकास में विशाखदत्त ने पंचसंधि, पंचावस्था और अर्थप्रकृतियों के विन्यास का पूरा ध्यान रखा है। चाणक्य राक्षस के आत्मसमर्पण के लिये बहुत सोच समझकर योजना बनाता है, जिसमें आरंभ, यत्न, प्राप्त्याशा, नियताप्ति तथा फलागम ये पाँचों अवस्थाएँ स्वतः चरितार्थ हो गयीं हैं। उसके वस्तुविधान पर कौटिल्य के

अर्थशास्त्र का विशेष प्रभाव है। ऐसा प्रतीत होता है कि राजवंश से संबद्ध होने के कारण विशाखदत्त ने अर्थशास्त्र का गहरा अध्ययन किया था और राजनीति का प्रत्यक्ष और व्यावहारिक ज्ञान तो उनको था ही। शत्रु पक्ष में फूट डालना, षाड्गुण्य, विषप्रयोग तथा शत्रुनाश के अन्य विविध उपाय, चरव्यवस्था, कूटलेख आदि की परिकल्पनाएँ अर्थशास्त्र तथा व्यावहारिक राजनीति के परिचय के कारण विशाखदत्त अपने नाटक में प्रस्तुत कर सके हैं।

चरित्रचित्रण

मुद्राराक्षस में चरित्रचित्रणकला का वैशिष्ट्य पात्रों का द्वंद्वात्मक रूप में प्रस्तुतीकरण है। जिस प्रकार कथानक में यहाँ दो पक्षों के बीच का संघर्ष निरंतर कौतूहल जगाये रहता है, उसी प्रकार चरित्रचित्रण में विशाखदत्त बड़ी बारीकी से दोनों पक्षों के विभिन्न पात्रों को इस तरह उपस्थापित करते हैं कि दर्शक सहज ही उन पात्रों को एक दूसरे के आमने सामने रख कर उनमें अंतर समझने लगते हैं। चाणक्य जैसा बुद्धि और राजनीतिक चातुर्य का मूर्तिमान् रूप अन्य किसी नाटक में हमें देखने को नहीं मिलता। वह साहस, विवेक और दृढता में अप्रतिम है। नाटक में उसे अनेकत्र संभ्रम, आवेग और आवेश की स्थितियों में दिखाया गया है, पर उसका आवेश बनावटी ही अधिक लगता है, अपने भीतर वह फौलाद की तरह अटल है। इस दृष्टि से चाणक्य पूरे नाटक का सूत्रधार बन जाता है। वही सारे घटनाचक्र का नियंता है। उसके अनेक आत्मालाप या कोपाटोपसमन्वित कथन नाटक के अंत पर पहुँचकर अभिनय लगने लगते हैं। चाणक्य का पात्र नाटक के भीतर अपना नाटक रचता है। साथ ही चाणक्य के अभेद्य दुर्ग जैसे सुदृढ़ व्यक्तित्व में भीतर ही भीतर करुणा और स्नेह का प्रच्छन्न पर अजस्र स्रोत है यह भी हम अनुभव करते हैं। चाणक्य के चरित्रचित्रण में नाटककार की यह सबसे बड़ी सफलता कही जा सकती है। एक कूटनीतिज्ञ के रूप में वह अत्यंत जागरूक, चतुर तथा धूर्त है, पर मनुष्य के रूप में परम कारुणिक और महान् है। वह संतों और ऋषियों की परंपरा को साकार करता है। राक्षस चाणक्य का प्रतिद्वंद्वी है। चाणक्य की कूटनीतिक सफलता के सामने ही नहीं, उसकी चारित्रिक ऊँचाइयों के आगे भी राक्षस को समर्पण करना पड़ता है। विशाखदत्त ने दोनों प्रतिद्वंद्वियों को परस्पर विपरीत ध्रुवों पर रखकर प्रस्तुत किया है, और साथ ही दोनों में समानता की रेखाएँ भी उकेरी हैं। चाणक्य जितना ही निष्ठुर लगता है, राक्षस उतना ही कोमल और भावुक है। चाणक्य प्रतिक्षण सजग रहता है, राक्षस चूक करता चला जाता है। चाणक्य की स्मृति जाग्रत है, राक्षस विस्मरणशील है। राक्षस अतीत में जीता है, चाणक्य के आगे वर्तमान और भविष्य है। राक्षस के सामने चाणक्य चट्टान की तरह खड़ा है। पर इस चट्टान के भीतर अजस्र करुणा की अपार धार भी है। दूसरी ओर राक्षस कारुण्य की प्रतिमूर्ति लगता है, पर मन से निश्छल निर्मल नहीं है।

चरित्र चित्रण की द्वंद्वात्मक पद्धति इसी प्रकार चंद्रगुप्त और मलयकेतु के प्रस्तुतीकरण में

भी है। दोनों अपने अमात्यों के अधीन हैं। इस दृष्टि से दोनों को अर्थशास्त्र की परिभाषा में 'सचिवायत्तसिद्धि' कहा जा सकता है। पर चंद्रगुप्त आचार्य चाणक्य को सच्चे मन से अपना गुरु मानता है, और उनके प्रति एकनिष्ठ भाव से समर्पित भी है। चाणक्य का आदेश उसके लिये पत्थर की लकीर है। चाणक्य के आदेश से वह अपने गुरु से बनावटी झगड़ा तक करने को तैयार हो जाता है और इस कृत ककलह में भी गुरु के लिये कहे गये कठोर शब्दों पर पछताता है। इसके विपरीत मलयकेतु राक्षस पर संदेह करता है। चाणक्य और चंद्रगुप्त के बीच जितनी गहरी अंतरंग समझ है, राक्षस और मलयकेतु के बीच उतनी ही गहरी खाई है। मलयकेतु अविवेकी और जल्दबाज है, चंद्रगुप्त विवेकशील और सोचसमझकर काम करने वाला।

चाणक्य और राक्षस के गुप्तचरों के बीच भी विशाखदत्त ने इसी प्रकार तारतमिक अंतर प्रस्तुत किया है। राक्षस के गुप्तचर अपने स्वामी की दयनीय दशा पर खिन्न होते हैं, चाणक्य के गुप्तचर अपने स्वामी की दुराधर्ष प्रज्ञा के सामने भयाक्रांत और पूर्णतः समर्पित हैं। मृच्छकटिककार की भाँति विशाखदत्त ने भी अपने छोटे छोटे पात्रों तक को व्यक्तित्व दिया है और उनकी विशेषताओं को उजागर किया है। उनके अप्रधान पात्रों में भी अनेक ऐसे हैं, जो अपने दुर्लभ चारित्रिक गुणों से मन जीत लेते हैं। गुरु के प्रति एकनिष्ठ श्रद्धाभाव वाला शिष्य शार्ङ्गरव, राक्षस के लिये सहर्ष फाँसी पर चढने को तैयार उसका मित्र चंदनदास, तीक्ष्णबुद्धि भागुरायण, चंचल पर विचक्षण निपुणक और कार्यकुशल सिद्धार्थक और वाक्पटु विराधगुप्त ये सारे चरित्र हमारे मन पर गहरी छाप छोड़ते हैं।

रस

मुद्राराक्षस का अंगीरस वीर है। पर यह वीररस रणभूमि से नहीं चाणक्य की अप्रतिम प्रज्ञाभूमि से उपजा है। चाणक्य की चातुरी इसे परिपुष्ट करती चलती है। राक्षस इसमें विभाव है, चाणक्य इसका आश्रय। वीर रस वस्तुतः अनोखा ही है, क्योकि इसमें भौतिक स्तर पर होने वाला युद्ध नहीं, मानसिक संघर्ष की प्रमुखता है। दो अत्यंत चतुर मंत्रियों के बीच बुद्धि के स्तर पर लगातार चलती लड़ाई की उत्तेजना और उत्साह नाटक में बने रहते हैं। चाणक्य का अदम्य आत्मविश्वास और कूटनीतिक चालों की अकाट्यता इस नाटक में एक भिन्न प्रकार के रसास्वाद को उत्पन्न करती है, जिसे हम बुद्धिरस या नीति रस भी कह सकते हैं। चाणक्य कहता है कि मारे जाने वालों की सूची में मैं पाँच राजाओं के नाम लिख रहा हूँ, चित्रगुप्त (यमराज के सहयोगी) की भी शक्ति हो तो मिटा दें –

नामान्येषां लिखामि ध्रुवमहमधुना चित्रगुप्तः प्रमार्ष्टु। (१।२०)

वह अपनी बुद्धि को सैंकड़ों सेनाओं से बढ़ कर मानता है, भले ही सब छोड़कर चले जाये, केवल उसकी बुद्धि उसके पास रहे, तो वह सब कुछ करने में समर्थ है—

एका केवलमर्थसाधनविधौ सेनाशतेभ्योऽधिका
नन्दोन्मूलनदृष्टवीर्यमहिमा बुद्धिस्तु मा गान्मम।।

(१।२५)

वीररस का ऐसा नाटक, जिसका नायक कभी समरभूमि में न उतरे, एक छप्परवाली कुटिया में बैठ कर पूरी लड़ाई का नियंता बना रहे – विशाखदत्त ही रच सकते थे। अधिकारः फलस्वाम्यमधिकारी च तत्प्रभुः – दशरूपककार की नाटक के अधिकारी के विषय में की गई इस उक्ति के अनुसार नाटक का फलस्वाम्य चाणक्य को ही प्राप्त होता है, नंदकुल का कालभुजग बन चुकने के पश्चात् राक्षस को वशवर्ती बनाने की प्रतिज्ञा भी करता है और प्रतिज्ञा पूरी कर के चंद्रगुप्त का अखंड साम्राज्य स्थापित कर के स्वयं निवृत्ति का फल पाता है।

चाणक्य की कोपाटोप समन्वित भयावह मुद्रा इस नाटक में बार बार हम देखते हैं, जिसके कारण रौद्र रस का प्रबल प्रवाह वीररस की धारा में संगमित होता जाता है। चाणक्य की कभी शांत होती और फिर दहकती क्रोध की ज्वाला इसमें रौद्र रस को दीप्त करती है। पर चाणक्य का क्रोध सकारात्मक है, कर्मठता और राष्ट्रनिर्माण के लिये है। इसलिये सतत जागरूक विवेक से युक्त उत्साह की प्रवहमाण धारा से नाटक में वीररस का पोष होता है।

रौद्र के साथ भयानक और करुण रसों का अंग के रूप में इस नाटक में अच्छा परिपाक हुआ है। साँतवे अंक में चंदनदास, उसकी पत्नी और बेटे के बीच अत्यंत कारुणिक संवाद करुणरस का उद्रेक करता है। शिष्ट हास्य की गहरी पकड़ विशाखदत्त को है। पहले अंक में निपुणक के साथ शार्ङ्गरव के संवादों में और दूसरे अंक में जीर्णविष के रूप में विराधगुप्त के एकालाप में वे दर्शकों को गुदगुदाते हैं, और मीठी चुटकियों से नाटक में व्याप्त तनाव को हल्का कर देते हैं।

व्यभिचारी भावों का सम्मर्द और भावशबलता की स्थितियाँ भी नाटक में स्थान स्थान पर बनती हैं। राक्षस की उक्तियों में शोक, निर्वेद, ग्लानि, असूया, श्रम, शङ्का, धृति आदि भावों का समागम हुआ है, तथा चाणक्य की उक्तियों में उत्साह, धृति, मति, स्मृति, हर्ष, आवेग, गर्व, प्रबोध, अमर्ष को समर्थ अभिव्यक्ति मिली है।

भाषा-शैली तथा संवादयोजना

मुद्राराक्षस की भाषा में नाटकीय स्थितियों के निर्माण की क्षमता और पैनापन है। काव्यात्मकता के अतिरेक से वे बचते हैं। संवादों में उक्ति-प्रत्युक्ति और प्रत्युत्पन्नमतित्व की अभिव्यक्ति प्रभावशाली है। वे अपने संवादों में थोड़े से शब्दों या लघु वाक्यों से बहुत कुछ कह देते हैं। वे लाक्षणिक संवादों के विलक्षण शिल्पी हैं। चाणक्य और राक्षस के कहे हुए कई वाक्य मुद्राराक्षस की कथायात्रा में लौट लौट कर हमारी स्मृति में आते हैं। जैसे चाणक्य का राक्षस की अँगूठी मिल जाने पर यह कथन — 'ननु वक्तव्यं राक्षस एवास्मदङ्गुलिप्रणयीसंवृत्तः'- (कहना चाहिये कि राक्षस ही अब मेरी मुट्ठी में आ गया!) - नाटक में लगातार चरितार्थ होता

चलता है। पात्र की प्रकृति के अनुरूप विशाखदत्त उसके लिये भाषा और मुहावरों का का सधा हुआ प्रयोग करते हैं। चाणक्य के ही ये संवाद उदाहरणीय है—

तन्मयाप्यस्मिन् वस्तुनि शयानेन न स्थीयते।

(तो मैं भी इस मामले सो नहीं रहा हूँ।)

कायस्थ इति लघ्वी मात्रा। तथापि न शक्यं प्राकृतमपि रिपुमुपेक्षितुम्। (बिचारे मुंशी की क्या बिसात? फिर भी मामूली से भी शत्रु की उपेक्षा करना ठीक नहीं।)

पताकास्थानकों की सटीक योजना ने मुद्राराक्षस के संवादों में चमत्कार ला दिया है। ये पताकास्थानक नाट्यविडंबना, भावी घटनाओं के आभास और दर्शकों के कौतूहल के निर्वाह के लिये बड़े उपयुक्त हैं। उदाहरण के लिये—

चाणक्यः (आत्मगतम्) - अपि नाम दुरात्मा राक्षसो गृह्येत?

सिद्धार्थकः – आर्य? गृहीतः।

चाणक्यः (सहर्षमात्मगतम्) हन्त, गृहीतो राक्षसः। (प्रकाशम्) भद्र, कोऽयं गृहीतः?

सिद्धा० - गृहीतः आर्यसन्देशः।

चाणक्य (मन में) क्या वह दुष्ट राक्षस पकड़ में आ सकेगा?

सिद्धार्थक – आर्य, पकड़ में आ गया!

चाणक्य (सहर्ष, मन में) अरे पकड़ में आ गया राक्षस?)

विशाखदत्त अत्यंत सरल और चूर्णपद (छोटे छोटे शब्दों वाली) भाषा का भी साभिप्राय प्रयोग करते हैं, और दीर्घसमासों वाली गौडी रीति का भी। अलंकार उनकी भाषा में अनायास आ उतरते हैं। पात्रों के सघन भावावेग की अभिव्यक्ति हो या सुकुमार कल्पनाओं की - , सर्वत्र भावानुरूप भाषा का प्रयोग वे करते हैं। चाणक्य की यह उक्ति उदाहरणीय है—

नन्दकुलकालभुजगीं कोपानलबहललोलधूमलताम्।
अद्यापि वध्यमानां वध्यः को नेच्छति शिखां मे?

(नंदकुल की कालभुजगी, क्रोधाग्नि की सघन धूमरेखा मेरी जाती शिखा को किसकी मृत्यु आयी है जो अभी भी बाँधी जाती देखना नहीं चाहता?)

यहाँ सांग रूपक का निर्वाह चाणक्य के दुराधर्ष व्यक्तित्व के सर्वथा अनुरूप है। इसी प्रकार छठे अंक में श्मशान के वर्णन में उन्होंने मालोपमा, अमूर्त उपमान तथा उत्प्रेक्षा की मनोहर लड़ी गूँथ दी है। श्मशान का सारा वर्णन राक्षस की विषादग्रस्त मनोदशा की प्रतिच्छवि प्रस्तुत करता है।

विशाखदत्त गौडी, वैदर्भी तथा पांचाली – तीनों रीतियों का समान दक्षता से प्रयोग करते हैं। नाट्यवृत्तियों की दृष्टि से उनके नाटक में भारती वृत्ति की प्रधानता है, और सात्त्वती तथा आरभटी का उसके साथ निरंतर निर्वाह है।

पांडित्य

विशाखदत्त ने राजनीतिक असमंजस को व्यक्त करने के लिये न्यायदर्शन में प्रतिपादित अनुमानप्रमाण व हेत्वाभास की प्रक्रिया में प्रयुक्त शब्दावली का अच्छा उपयोग किया है।[१२] अर्थशास्त्र का पांडित्य तो उनकी कृति में सर्वत्र है। नाट्यशास्त्र का भी उन्होंने गहरा अध्ययन किया था, यह ४।३ में भरतमुनि के द्वारा प्रतिपादित इतिवृत्तसंरचना की उनके द्वारा राजनीतिक कर्म से की गयी तुलना से स्पष्ट है। वास्तुशास्त्र की तकनीक से वे परिचित प्रतीत होते हैं। तोरण किस प्रकार बनाया जाये कि उसे सूत्रधार यथेच्छ किसी के ऊपर गिरा सके इसका संकेत उन्होंने दारुवर्मा के द्वारा निर्मित तोरण के वर्णन में दिया है।

रंगमंच

प्रयोग की दृष्टि से मुद्राराक्षस में कैशिकी वृत्ति का अभाव है। यह ओजस्वी नाटक है। आरभटी वृत्ति का संयोग भारती वृत्ति के साथ रहने से आवेग, ऊर्जा और घनीभूत सक्रियता के साथ मुद्राराक्षस की नाट्यसंरचना परिकल्पित की गयी है। मुद्राराक्षस का रंगमंच पर प्रयोग दर्शकों को निरंतर बाँधे रखता है।

आधुनिक रंगमंच पर मुद्राराक्षस

राजनीतिक यथार्थ की गहरी पकड़ तथा नाटककार की दृष्टिसम्पन्नता के कारण यह एक ऐसी रचना बन पड़ी है, जिसकी प्रासंगिकता कभी खतम नहीं हो सकती, पर साथ ही अपनी अत्यन्त जटिल बुनावट और मंच पर स्थूल कार्य-व्यापार के अभाव के कारण इसका प्रस्तुतीकरण एक चुनौती भी है। यह संस्कृत नाटक को रूमानी धरातल से अलग कर उसे सर्वथा दूसरी भावभूमि पर ले जाकर खड़ा करता है, उसे ठोस निर्मम यथार्थ का आधार देता है। मंचन की अपनी चुनौतियों और अपनी विशिष्ट रंगशैली के कारण यह शाकुन्तल, रत्नावली आदि की भाँति परम्परागत शास्त्रीय रंगमंच पर लोकप्रिय हो सका। मुद्राराक्षस को मराठी में विजया मेहता द्वारा निर्देशित मुम्बई मराठी संघ की नाट्य शाखा द्वारा मराठी में प्रस्तुत किया गया, धीरेन्द्रकुमार ने भारतीय लोककला अकादमी उज्जैन द्वारा हिन्दी में प्रस्तुत किया। डा० कमलेशदत्त त्रिपाठी के निर्देशन में अभिनय भारती की ओर से नागरी नाटक मण्डली, वाराणसी में संस्कृत में इसकी प्रस्तुति हुई। हबीब तनवीर ने इसे नाचा शैली में प्रयोग करते हुए छत्तीसगढ़ी में खेला। इन प्रस्तुतियों में से पहली तथा तीसरी नाट्यशास्त्र का अनुशीलन कर उसी के अनुसार रंगमंच का पुनर्निर्माण करके की गयी थीं, जबकि धीरेन्द्रकुमार की प्रस्तुति में पारसी और विदेशी रंगमंच का असर स्पष्ट था। शूद्रक की कृति के ही समान इसमें दो या दो से अधिक दृश्य दूर-दूर स्थानों पर समानान्तर चलते हैं। संस्कृत नाटकों में एक ही स्थान पर अलग-अलग समूहों में बटे पात्र एक दूसरे से स्वतन्त्र रहकर अभिनय करते

रहें-ऐसी स्थितियाँ तो बहुत आती हैं, पर दूरस्थ स्थानों पर दो या अधिक दृश्य एक साथ चलें-ऐसी स्थितियाँ विरल ही हैं। साथ ही यह भरत मुनि के निर्देश का उल्लंघन भी है। भरत ने स्पष्ट कहा है कि जब कोई पात्र एक स्थान से दूसरे स्थान पर जाए, तो वहाँ अंक का विच्छेद कर देना चाहिए। इस निर्देश का बड़ी सफाई से पालन कालिदास ने मालविकामित्र में किया है, जहाँ प्रसंग और घटनाएँ वही की वही रहने पर भी पहला अंक समाप्त कर दूसरा इसलिए प्रारम्भ कर दिया जाता है कि राजा मालविका का नाट्य देखने के लिए नाट्यशाला में जाता है। पर विशाखदत्त ने अपने नाटक की विषयवस्तु की माँग को देखते हुए इस रूढ़ि को तोड़ दिया है। तृतीय अंक में कंचुकी चन्द्रगुप्त की आज्ञा से राजदरबार से निकलकर नगर के बाहर स्थित चाणक्य की झोपड़ी तक जाता है। मंच पर दो दृश्य एक साथ चलते हैं—एक ओर चन्द्रगुप्त की राजसभा का, तो दूसरी ओर चाणक्य के आश्रम का। इन दोनों समानान्तर चलने वाले दृश्यों में चन्द्रगुप्त और चाणक्य अपनी-अपनी जगह आसीन रहते हैं। विजया मेहता ने इस संविधान को बहुत कल्पनाशीलता के साथ मत्तवारणी का उपयोग करके दिखाया। उन्होंने चन्द्रगुप्त के दरबार का दृश्य रंगशीर्ष पर, तथा चाणक्य वाला दृश्य बायीं ओर की मत्तवारणी में रखा। रंगशीर्ष के कुछ ऊँचे होने के कारण दरबार के दृश्य और उसकी दूरी का बोध होता था तथा मत्तवारणी के चतुःस्तम्भयुक्त होने से झोपड़ी का। यह खूबी अन्य दो प्रस्तुतियों में नहीं थी। कमलेशदत्त जी की प्रस्तुति में मत्तवारणी के स्थान पर मात्र उसका प्रतीक रखा गया था तथा चाणक्य का प्रवेश दाक्षिणात्य मंच की (कूडियाट्टम् आदि में काम आने वाली) पटी के द्वारा दिखाया गया था। नाटक के अन्तिम दृश्य में महान् नाटककार विशाखदत्त ने एक अद्भुत स्थिति निर्मित की है। राजनीतिक दाँव-पेंच के खेल में पूरी तरह परास्त, फिर भी मनुष्य की सम्पूर्ण गरिमा के साथ राक्षस चाणक्य के आगे समर्पण के लिए प्रस्तुत है। नाटक के विकास का यह चरम क्षण है।-जिसके प्रस्तुतीकरण के लिए भी विशाखदत्त ने उतना ही कौशल दिखाया है। चाणक्य का प्रवेश दिखाने के लिए उन्होंने रंगसंकेत दिया है—

'ततः प्रविशति यवनिकावृतशरीरो मुखमात्रदृश्यश्चाणक्यः।'

यवनिका से सम्पूर्ण शरीर आवृत हो, तथा केवल मुख ही दिखाई पड़ता हो, ऐसी स्थिति में चाणक्य दिखाई पड़ता है। चाणक्य और राक्षस को इतने गहन द्वन्द्व के बाद, जिसमें कहीं पर दोनों का साक्षात्कार नहीं होता, पहली बार आमने-सामने करने के लिए यह बड़ी ही सूझबूझ से भरी रंगकल्पना है।

भट्टनारायण – वेणीसंहार

परिचय

वेणीसंहार नाटक भट्टनारायण की एकमात्र उपलब्ध कृति है। जनश्रुति है कि वेणीसंहार नाटक के रचयिता भट्टनारायण सेनवंश के प्रवर्तक बंगाल के राजा आदिशूर के समकालीन थे

और वे इस राजा के द्वारा कन्नौज से अपनी राजधानी में अकाल के दुष्प्रभावों की शांति हेतु यज्ञ करने के लिये आमंत्रित पाँच ब्राह्मणों में से एक थे। स्टीन कॉनो के अनुसार आदिशूर तथा आदित्यसेन एक ही राजा के नाम हैं और यह राजा ६७१ ई० में जीवित था। श्री ग्रिल तथा मैक्समूलर भट्टनारायण का समय सातवीं शताब्दी के आसपास मानते हैं। मैक्समूलर ने बाणभट्ट के द्वारा अपने हर्षचरित में उल्लिखित भद्रनारायण और भट्टनारायण को एक ही व्यक्ति माना है। अबुलफ़ज़ल द्वारा दी गयी बंगाल के राजाओं की सूची के अनुसार आदिशूर बल्लालसेन (१३वीं शताब्दी) के पूर्वजों में २२वाँ था। इस सूची के आधार पर कुछ विद्वानों ने २२ पूर्वजों के लिये अनुमानत: ३०० वर्षो का समय देकर आदिशूर को आठवीं-नवीं शताब्दी में माना है। भट्टनारायण के विषय में एक अनुश्रुति यह भी है कि वे टैगोर (ठाकुर) वंश के आदिपुरुष थे। संस्कृत के महाकाव्य क्षितीशवंशावलीचरित के अनुसार बंगाल के राजा आदिशूर ने भट्टनारायण के पूर्वजों को पाँच गाँव दान में दिये थे, जिनकी संख्या आगे बढ़ती गई और भट्टनारायण एक राजवंश के संस्थापक बने। वेणीसंहार की प्रस्तावना में इन्होंने अपने आप को मृगराजलक्ष्मा (सिंह की उपाधि वाली) कहा है। भट्टनारायण को उद्धृत करने वाले प्रथम आचार्य वामन हैं, जिनका समय आठवीं शताब्दी के आसपास है। अत: भट्टनारायण आठवीं शताब्दी के पहले हो चुके थे – यह निश्चित है।

वेणीसंहार के अनुशीलन से प्रमाणित होता है कि भट्टनारायण एक नैष्ठिक तथा विविध शास्त्रों में निष्णात ब्राह्मण थे। नांदी पद्यों में कृष्ण और राधा की भावपूर्ण स्तुति से उनकी वैष्णवी आस्था प्रकट होती है। दर्शन, योग, धर्मशास्त्र, काव्यशास्त्र तथा नाट्यशास्त्र का प्रामाणिक ज्ञान भी उनकी रचना में सुंदर रूप में प्रतिफलित हुआ है।

कथावस्तु

वेणीसंहार में छह अंक हैं। यह महाभारत पर आधारित है। नाटक का बीज है भीम के द्वारा दु:शासन के रक्त से सने हाथों से द्रौपदी के केश सँवारने की प्रतिज्ञा। इस प्रतिज्ञा की पूर्ति के साथ नाटक समाप्त होता है। पहले अंक से अंतिम अंक तक प्रत्येक अंक में युद्ध से जुड़े अलग अलग प्रसंग हैं, जो परस्पर विच्छिन्न प्रतीत होते हैं। पर उनमें अंतर्निहित एकसूत्रता है, जिसमें हम भीमसेन को अपनी प्रतिज्ञा पूरी करने की दिशा में अग्रसर देखते हैं।

पांडवों के वनवास की अवधि समाप्त हो गयी है। वे दुर्योधन से अपना आधा राज्य वापस माँगते हैं। पहला अंक यहां से आरंभ होता है। भीमसेन सहदेव के मुख से यह समाचार सुनकर भड़क उठता है कि युधिष्ठिर ने पाँच गाँव के बदले में संधि की चर्चा के लिये श्रीकृष्ण को दूत बना कर भेजा है। द्रौपदी अपने अपमान की चर्चा करके उनके क्रोध की आग को हवा देती है। तभी समाचार मिलता है कि श्रीकृष्ण दुर्योधन के पास से संधिवार्ता में विफल होकर लौट आये हैं। युद्ध की घोषणा कर दी जाती है। यहीं पहला अंक समाप्त होता है। दूसरा अंक अभिमन्यु वध की घटना के पश्चात् आरंभ होता है। इसमें भोर के समय दुर्योधन अपनी प्रिया

भानुमती को खोजता हुआ उद्यान में आता है, जहाँ वह अपनी सखी और चेटी को पिछली रात में देखे अशुभ स्वप्न का वृत्तांत बता रही है। दुर्योधन इन की बातचीत को छिप कर सुनता है। भानुमती बता रही है कि उसके सपने में नकुल (नेवला) आया और उसके वस्त्र खींचने लगा। दुर्योधन समझता है कि उसकी पत्नी नकुल (चतुर्थ पांडव) पर अनुरक्त है और वह ईर्ष्या की आग में जलने लगता है। तभी भानुमती नींद खुल जाने की बात कहती है, जिससे दुर्योधन को लगता है कि वह सपने का हाल बता रही है। इस अंक में भीषण आँधी से दुर्योधन के रथ की पताका टूट जाने की प्रतीकात्मक घटना नेपथ्य में होती है। इसके पश्चात् जयद्रथ की पत्नी तथा दुर्योधन की बहन दु:शला और जयद्रथ की माता दुर्योधन से मिलने आती हैं। दोनों रोते रोते उसे बताती हैं कि अभिमन्यु के छल से किये वध से उत्तेजित होकर अर्जुन ने कल जयद्रथ का वध करने की प्रतिज्ञा की है। दुर्योधन उन्हें ढाँढस बँधाता है और युद्ध के लिये प्रस्थान करता है। तीसरे अंक में जयद्रथ, भगदत्त आदि अनेक महारथियों के साथ द्रोण के वध की सूचना प्रवेशक से मिलती है। इसके पश्चात् अश्वत्थामा का द्रोण की मृत्यु पर विलाप, पिता के वध के प्रतिशोध की प्रतिज्ञा तथा कर्ण के साथ उसके कलह का रोचक चित्रण है। चतुर्थ अंक में घायल और मूर्च्छित दुर्योधन को उसका सारथि एक वटवृक्ष की छाया में लेकर आता है। चेतना लौटने पर दुर्योधन भीम के द्वारा दु:शासन के वध का समाचार सुनता है। यहाँ दुर्योधन का करुण विलाप निरूपित है। युद्ध के समाचार लाने वाला सुंदरक कर्ण और उसके पुत्र वृषसेन के भीम, अर्जुन आदि के साथ हुए युद्ध का लंबा विवरण देकर अंत में कर्णपुत्र के मारे जाने का वृत्तांत बताता है। पंचम अंक इसी के सातत्य में आरंभ होता है। दुर्योधन कर्ण की सहायता के लिये युद्धभूमि में प्रस्थान करने ही वाला है कि धृतराष्ट्र और गांधारी उससे मिलने आ जाते हैं। वे उसे युद्ध से विरत होने का अनुरोध करते हैं। दुर्योधन अपने निश्चय पर अटल है। इसी समय भीम और अर्जुन उसे खोजते हुए वहाँ आते हैं। धृतराष्ट्र और दुर्योधन के साथ इन दोनों की झड़प होती है। षष्ठ अंक में पहली बार युधिष्ठिर प्रवेश करते हैं। प्रथम अंक के पश्चात् द्रौपदी भी फिर इसी अंक में आती है। ये दोनों दुर्योधन के छिप जाने के कारण चिंतित हैं, क्योंकि भीम ने प्रतिज्ञा कर ली है कि आज वह दुर्योधन को न मार पाया तो प्राण त्याग देगा। बहुत खोज के पश्चात् सरोवर में छिपा दुर्योधन मिल गया – यह समाचार मिलता है। भीम दुर्योधन से युद्ध कर रहे हैं, इसी समय चार्वाक नामक राक्षस मुनि के वेश में प्रवेश कर भीम के मारे जाने का मिथ्या समाचार देता है। वह बताता है कि अर्जुन दुर्योधन के साथ गदायुद्ध कर रहे हैं। युधिष्ठिर की प्रतिज्ञा है कि युद्ध में एक भी भाई मारा गया, तो वे स्वयं जीवित नहीं रहेंगे। अत: वे द्रौपदी के साथ चिता में जलकर प्राण देने के लिये तैयार हो जाते हैं। इसी समय भीम दुर्योधन को मार कर वहाँ आते हैं। कंचुकी तथा अन्य सेवक उन्हे भूल से भीम और अर्जुन को मारकर आया दुर्योधन समझ लेते हैं। युधिष्ठिर भी उन्हें दुर्योधन समझकर उनसे द्वंद्व युद्ध के लिये सन्नद्ध हो उठते हैं। अंत में भीम को पहचान कर सभी हर्षित

होते हैं। इसी समय अर्जुन और श्रीकृष्ण भी वहाँ आ जाते हैं, और युधिष्ठिर के द्वारा श्रीकृष्ण की स्तुति के साथ नाटक समाप्त हो जाता है।

कथावस्तु की विशेषताएँ

नाट्यशास्त्रीय दृष्टि से वेणीसंहार की कथावस्तु प्रख्यात कोटि की है। पर नाटककार ने इसमें कतिपय नयी कल्पनाओं का समावेश करके इसे अधिक आकर्षक और नाटकीय बना दिया है। भीम के द्वारा दुर्योधन के रक्त से द्रौपदी के केशों को सँवारने की प्रतिज्ञा, जिसकी नींव पर इस सारे नाटक का प्रासाद खड़ा हुआ है, महाभारत की मूल कथा में नहीं है, वहाँ भीम दुर्योधन के ऊरुभंग की ही प्रतिज्ञा करता है।

नाटक का बीज है भीम के द्वारा दुर्योधन की जंघाएँ तोड़ कर उसके रक्त से द्रौपदी के केश सँवारने की प्रतिज्ञा। इस प्रतिज्ञा की पूर्ति के साथ नाटक समाप्त होता है। पहले अंक से अंतिम अंक तक प्रत्येक अंक में युद्ध से जुड़े अलग अलग प्रसंग हैं, जो परस्पर विच्छिन्न प्रतीत होते हैं। पर उनमें अंतर्निहित एकसूत्रता है जिसमें हम भीमसेन को अपनी प्रतिज्ञा पूरी करने की दिशा में अग्रसर देखते हैं।

रौद्र और वीर रस में सराबोर होकर भी वेणीसंहार वस्तुतः युद्ध के विरुद्ध एक नाटक है। यह महायुद्ध की विभीषिका का दारुण चित्र प्रस्तुत करता है। मनुष्य की मूल प्रवृत्तियों के रूप में प्रतिशोध और हिंसा के भावों की तीव्रता का ऐसा चित्रण अन्य किसी संस्कृत नाटक में नहीं मिलता। नाटक के अंत में दुर्योधन के खून से नहाया हुआ भीमसेन जब द्रौपदी के सामने आता है, तो द्रौपदी उसे दुर्योधन समझकर आतंकित हो जाती है। नाटककार यह दिखाना चाहता है कि क्रूरता, वैर और अमर्ष में दुर्योधन और भीम एक समान हैं। नाट्यशास्त्र के विधिविधानों का पालनकर के नाटककार ने एक स्तर पर उनसे छूट ली है, क्योकि इस नाटक में पहले पाँच अंकों में वीररस के स्थान पर रौद्र रस ही प्रधान हो गया है, और षष्ठ अंक में करुण प्रधान है। अंत में श्रीकृष्ण के अवतरण के साथ नाटक का पर्यवसान शांत रस में होता है। पाँचवें अंक तक पूरे नाटक में भीमसेन का व्यक्तित्व सर्वातिशायी रूप से छाया हुआ लगता है। युधिष्ठिर केवल अंतिम अंक में ही अवतरित होते हैं, वहाँ भी वे निष्क्रिय और प्रभावरहित प्रतीत होते हैं। तथापि परंपरागत दृष्टि से युधिष्ठिर ही इस नाटक के नायक कहे गये हैं। युधिष्ठिर युद्ध में स्थिर न होकर करुणा और युद्ध के अवसान के प्रतीक बन कर आते हैं।

चरित्रचित्रण

नाटक में सर्वत्र भीम का सर्वातिशायी प्रभाव दृष्टिगोचर होता है। नाटक का आरंभ ही भीम के प्रवेश के साथ होता है। पहले व दूसरे अंकों में वह छाया हुआ है। तीसरे और चौथे अंकों में वह सामने नहीं है, फिर भी उसकी उपस्थिति का बोध निरंतर बना रहता है। भीमसेन के

प्रचंड औद्धत्य, शौर्य, साहस और अन्याय के प्रतीकार की उत्कट अभिलाषा का चित्रण सजीव है। दुर्योधन नाटक का प्रतिनायक है। वह अपनी कामुकता और विलासिता तथा राज्यलिप्सा और पांडवों के प्रति विद्वेष के होते हुए भी भ्रातृवत्सलता, मित्रस्नेह, शूरता और आत्मविश्वास आदि गुणों के द्वारा दर्शकों की संवेदना और सहानुभूति अर्जित कर लेता है। पाश्चात्त्य त्रासद रूपकों के नायक की भाँति वह अपनी पराजय तथा मृत्यु में गरिमामंडित प्रतीत होता है। अश्वत्थामा के चरित्र को भट्टनारायण ने महाभारत के अश्वत्थामा की अपेक्षा अधिक गौरवास्पद बना कर प्रस्तुत किया है। वेणीसंहार का अश्वत्थामा एक विशाल हृदय, दूसरों पर जल्दी विश्वास करने वाले तथा और तुरत रोषाविष्ट या प्रसन्न हो जाने वाले महान् पराक्रमी महापुरुष के रूप में सामने आता है। कर्ण भी अंत तक मनस्विता के साथ युद्धरत रहने वाले एक महावीर के रूप में प्रभावित करता है। अश्वत्थामा के द्वारा बार बार सूत कह कर अपमानित किये जाने पर उसका यह सटीक उत्तर स्मरणीय है—

सूतो वा सूतपुत्रो वा यो वा को वा भवाम्यहम्।
दैवायत्तं कुले जन्म मदायत्तं तु पौरुषम्।

(३.३७)

मैं सूत होऊँ या सूतपुत्र, जो कोई भी मैं होऊँ। उच्चकुल में जन्म भाग्य के अधीन है, मेरा पौरुष मेरे अधीन है।

स्त्री पात्रों की चारित्रिक रेखाओं को पूरी तरह उकेरने का पुरुषप्रधान इस नाटक में नाट्यकार को अधिक अवसर नहीं मिला है। फिर भी द्रौपदी अपने स्वाभिमान और वेदना तथा भानुमती अपनी पतिपरायणता तथा सरलता के कारण स्मरणीय नारी चरित्र हैं। द्वंद्वात्मकता भट्टनारायण की चरित्रचित्रण कला की एक विशेषता है। पूरे नाटक में कौरव और पांडव इन दो पक्षों का द्वंद्व होने के कारण उन्होंने दोनों पक्षों के पात्रों को भी एक दूसरे की प्रतिस्पर्धा और तुलनात्मक परिप्रेक्ष्य में चित्रित किया है। भीम और दुर्योधन, द्रौपदी और भानुमती, कर्ण और अर्जुन अथवा कर्ण और अश्वत्थामा - इसी प्रकार के द्वंद्वात्मक युगल हैं।

रस

वेणीसंहार में वीर और रौद्र रसों की प्रचुरता है। दूसरे अंक में शृंगार रस का वितान नाटककार ने रचा है। भीम, अश्वत्थामा, कर्ण आदि पात्रों के संवादों में गौडी रीति, गाढ बंध तथा ओजोगुण के प्रयोग के द्वारा वीर व रौद्र रसों का प्रवाह अक्षुण्ण रखा गया है। पहले अंक में भीम की प्रतिज्ञा नाटक का बीज उपन्यस्त करती है—

चञ्चद्भुजभ्रमितचण्डगदाभिघातसञ्चूर्णितोरुयुगलस्य सुयोधनस्य।
स्त्यानावनद्धघनशोणितशोणपाणिरुत्तंसयिष्यति कचांस्तव देवि भीमः।।

(हे देवि द्रौपदि! अपने चंचल भुजदंडों से घुमाये हुई गदा के भीषण प्रहार से दुर्योधन की

जंघाओं को चूर चूर कर के उसके गाढ़े रक्त से सने हाथों से यह भीमसेन तुम्हारे केशो को सँवारेगा।)

रौद्र रस की उत्कट अभिव्यक्ति की दृष्टि से निम्नलिखित श्लोक की प्रांजल अभिव्यक्ति को आनंदवर्धन आदि काव्यशास्त्रियों ने भी सराहा है—

यो यः शस्त्रं बिभर्ति स्वभुजगुरुमदः पाण्डवीनां चमूनां
यो यः पाञ्चालगोत्रे शिशुरधिकवया गर्भशय्यां गतो वा।
यो यस्तत्कर्मसाक्षी चरति मयि रणे यश्च यश्च प्रतीपः
क्रोधान्धस्तस्य तस्य स्वयमपि जगतामन्तकस्यान्तकोऽहम्।।

(पांडवों की सेना में जिस जिस को अपनी भुजाओं का गर्व है, जिस जिस ने शस्त्र उठा रखा है, जो कोई भी उस सेना में बच्चा या बड़ा या गर्भ में भी है, जिस किसी ने इस घृणित कार्य का अपने नेत्रों से देखा है, और जो कोई युद्ध में मेरे सामने आ कर टकरायेगा, क्रोध से अंधा मैं उसका और संसार का अंत करने वाले का भी काल हूँ।)

उपरि लिखित दोनों पद्यों पर आनंदवर्धन व अभिनवगुप्त जैसे मूर्धन्य काव्यशास्त्रियों ने विचार किया है। वेणीसंहार में रौद्रादिरस किस प्रकार परम दीप्ति व उज्ज्वलता को व्यक्त करते हैं इसके उदाहरण में आनन्दवर्धन ने वेणीसंहार से ऊपर उद्धृत पद्य – चञ्चद्भुजभ्रमित.. उद्धृत किया है। इन दोनों पद्यों की व्यंजनाएँ स्पष्ट करते हुए अभिनवगुप्त कहते हैं - स्त्यान शब्द से सूचित होता है कि रुधिर कालांतर में शुष्क नहीं है, तत्काल दुर्योधन का वध कर के उसके ताजा रक्त से सने हाथों से वेणी के केश उत्तंसित करने का वचन भीम देते हैं। स्त्यान शब्द के प्रयोग से त्वरा भी ध्वनित होती है। रुधिर से केशों को उत्तंसित करने के कथन से उनको मानों लोहित पुष्प सजा दूँगा यह भाव ध्वनित होता है जिससे उत्प्रेक्षा अलंकार व्यंजित होता है। देवी शब्द का प्रयोग यहाँ क्रोध का उद्दीपक ही है, शृंगार का द्योतक नहीं। इसी प्रकार द्वितीय पद्य में भी माधुर्य कम और ओजोगुण ही अधिक है।[१३]

नाटक के अंत में करुण रस का प्रभावी उद्रेक हुआ है। आद्यंत युद्ध और संघर्ष के प्रसंगों से भरपूर इस नाटक में शांत रस के लिये तो अवकाश कम ही था, पर भट्टनारायण ने श्रीकृष्ण का परमतत्त्व के रूप में निर्वचन करते हुए एक पद्य में इस रस को भी हृदयंगम करा दिया है। यह भी उल्लेखनीय है कि यह पद्य सदैव क्रोध का घटाटोप प्रकट करते रहने वाले दुराधर्ष भीम के मुख से कहलाया गया है—

आत्मारामा विहतरतयो निर्विकल्पे समाधौ
ज्ञानोत्सेकाद्विघटिततमोग्रन्थयः सत्त्वनिष्ठाः
यं वीक्षन्ते कमपि तमसां ज्योतिषां वा परस्तात्
तं मोहान्धः कथमयममुं वेत्तु देवं पुराणम्।।

(१।२३)

(अपने आत्मा में विश्रांत, आसक्ति को नष्ट कर चुके, ज्ञान के उद्रेक से जिनके भीतर की तमोग्रंथियाँ नष्ट हो गईं हैं, ऐसे योगी जन निर्विकल्प समाधि में तमस् (अंधकार) तथा ज्योति के भी परे जिन परमतत्त्व रूप भगवान् को देखते हैं, उन पुराण देवता को मोह में अंधा वह कैसे पहचानेगा?)

शैली

भट्टनारायण मूलतः गौड़ी रीति के कवि हैं। पर प्रसाद गुण से संपन्न वैदर्भी रीति में भी वे सर्वथा सिद्धहस्त हैं। श्लेष, यमक , उपमा, उत्प्रेक्षा, रूपक तथा अर्थांतरन्यास आदि अलंकारों के विन्यास में उन्होंने काव्यकौशल का प्रचुर परिचय दिया है। प्रथम अंक में सहदेव कहते हैं कि जो ज्योति क्रुद्ध आर्य भीम के भीतर विद्युत् की भाँति भरी हुई है, उसको वर्षा के समान यह द्रौपदी बढ़ा देगी—

यद्वैद्युतमिव ज्योतिरार्ये क्रुद्धेऽत्र सम्भृतम्।
तत्प्रावृडिव कृष्णेयं नूनं संवर्धयिष्यति।।

(१।१४)

यहाँ भीम में ज्योति के आपूरित होने का अर्थ बताने के लिये 'सम्भृतम्' पद का प्रयोग बड़ा सटीक है। भीम की तेजस्विता को वैद्युतज्योति तथा कृष्णा को प्रावृट् (वर्षा) से उपमा देकर भीम के क्रोध व द्रौपदी की उसमें उत्प्रेरकता को कवि ने सुंदर रूप में व्यक्त किया है। श्लेषानुप्राणित उपमा के विन्यास में भी भट्टनारायण दक्ष हैं। इसी प्रसंग में भीमसेन द्रौपदी के अपमान की बात सुनकर पूछते हैं—

कौरव्यवंशदावेऽस्मिन् क एष शलभायते।
मुक्तवेणीं स्पृशन्नेनां कृष्णां धूमशिखामिव।।

(१।१९)

(कौन है जो धूमशिखा के समान मुक्त वेणी वाली इस द्रौपदी को स्पर्श करके कौरव वंश (कुल, बाँस) के दावानल में पतिंगा बन कर जल जाना चाहता है?)

पारंपरिक समीक्षा

नाट्यशास्त्र के आचार्यों ने संधि, संध्यंग, अवस्था आदि कोटियों के उदाहरण बताने के लिये वेणीसंहार के विभिन्न पद्य या संवाद उद्धृत किये हैं। इस प्रकार परंपरा में यह नाटक नाट्यशास्त्रीय दृष्टि से आदर्श माना जाता रहा है। भट्टनारायण की गौड़ी रीति तथा वीररस के निरूपण को भी सराहनीय माना गया है। किसी सहृदय ने कहा है—

ओजःसंसूचकैः शब्दैः युद्धोत्साहप्रकाशकैः।
वेण्यामुज्जृम्भयन् गौडीं भट्टनारायणो बभौ।।

दूसरी ओर वेणीसंहार के दूसरे अंक को अकांडप्रथन दोष से ग्रसित भी माना जाता है। आनंदवर्धन इसे रस के अननुरूप बताते हैं—

"यत्सन्धीनां मुखप्रतिमुखगर्भावमर्शनिर्वहणाख्यानां तदङ्गानां चोपक्षेपादीनां घटनं रसाभिव्यक्त्यपेक्षया, यथा रत्नावल्याम्; न तु केवलं शास्त्रस्थितिसम्पादनेच्छया। यथा वेणीसंहारे विलासाख्यस्य प्रतिमुखसन्ध्यङ्गस्य प्रकृतरसनिबन्धाननुगुणमपि द्वितीयेऽङ्के भरतमतानुसरणमात्रेच्छया घटनम्।"

मम्मट ने भी इस बात को लेकर वेणीसंहार की आलोचना की है कि युद्ध की कथा के बीच में वीररस के नाटक में दुर्योधन तथा भानुमती के प्रेमप्रसंग पर पूरे एक अंक रख दिया है।

आचार्य अभिनवगुप्त वेणीसंहार में वीर, रौद्र और करुणरसों के उतार चढ़ाव से प्रभावित लगते हैं। नाट्यशास्त्र (३२.३१३) की टीका में ध्रुवागान पर विचार करते हुए वे वेणीसंहार में युद्धवीर के प्रसंग में करुणरस के अवतरण का प्रसंग वेणीसंहार से उद्धृत करते हैं - 'रसस्य मासृण्ये स्थितेति विलम्बिता। यथाऽश्वत्थाम्नो युद्धवीरे क्रमोलङ्घनेन कुतोऽद्यापि ते तातः - इति नेपथ्यश्रवणादि तस्य करुणरसस्य।

आचार्य मम्मट का सिद्धांत है कि वक्ता, वाच्य या प्रबंध के औचित्य के अनुसार रसानुरूप संघटना अन्यथा की जा सकती है। इसके उदाहरण उन्होंने वक्ता के औचित्य के अनुसार संघटना का अन्यथाकरण बताने के लिये वेणीसंहार का उदाहरण दिया है।

क्वचिद्वाच्यप्रबन्धानपेक्षया वक्त्रौचित्यादेव रचनादयः। यथा –

मन्थायस्तार्णवाम्भःप्लुतकुहरचलन्मन्दरध्वानधीरः
कोणाघातेषु गर्जत्प्रलयघनघटान्योन्यसंघट्टचण्डः।
कृष्णाक्रोधाग्रदूतः कुरुकुलनिधनोत्पातनिर्घातवातः
केनास्मत्सिंहनादप्रतिरसितसखो दुन्दुभिस्ताडितोऽसौ।।

इस पद्य में केवल यह प्रश्न किया गया है कि यह दुंदुभि किसने बजाई? पर वक्ता भीमसेन हैं, जो सदैव रोषाविष्ट रहते हैं। उनकी प्रकृति के अनुकूल गौड़ी रीति और गाढ़ ओजस्वी बंध यहाँ कवि ने रचा है।

आधुनिक रंगमंच पर वेणीसंहार

आधुनिक रंगमंच पर वेणीसंहार का प्रयोग मूल संस्कृत में प्रख्यात रंगनिर्देशक बंसी कौल के निर्देशन में कालिदास अकादेमी, उज्जैन की ओर से प्रस्तुत किया गया, जो बहुत सफल रहा। इसका राधावल्लभ त्रिपाठी के द्वारा किया गया हिंदी अनुवाद भी रंगमंच पर लोकप्रिय हुआ है। प्रख्यात रंगनिर्देशक हबीब तनवीर ने वेणीसंहार के छत्तीसगढ़ी रूपांतर की प्रस्तुति के लिये इसका उपोग किया है। वेणीसंहार का अश्वत्थामा और कर्ण के संवाद वाला तृतीयांक भी रंगमंच पर अनेक बार खेला गया है।

हर्षवर्धन के रूपक

संस्कृत साहित्य में हर्ष या श्रीहर्ष नाम से तीन साहित्यकार प्रसिद्ध हैं। एक भरतमुनि के नाट्यशास्त्र पर वार्तिक का प्रणयन करने वाले हर्ष हैं, दूसरे कान्यकुब्ज के सम्राट् रूपककार हर्ष तथा तीसरे नैषधीयचरित महाकाव्य के रचयिता हर्ष। ये तीनों भिन्न भिन्न व्यक्ति हैं तथा इनका समय भी अलग अलग है। सम्राट् हर्ष का राजा के रूप में नाम हर्षवर्धन था, पर साहित्य के क्षेत्र में ये श्रीहर्ष के नाम से ही जाने जाते हैं।

हर्षवर्धन भारतीय इतिहास में एक सम्राट् के रूप में सुप्रसिद्ध हैं। इनके पिता का नाम प्रभाकरवर्धन तथा माता का नाम यशोदेवी था। प्रभाकरवर्धन ने गुप्त साम्राज्य के पतन के एक शताब्दी पश्चात् हूणों और गुर्जरों को पराजित करके उत्तर भारत में एक शक्तिशाली साम्राज्य की नींव डाली। महाकवि बाण ने उन्हें हूणहरिणकेसरी कहा है। ये स्थाण्वीश्वर (वर्तमान थानेसर), कुरुक्षेत्र पर राज्य करते थे। इन्होंने ५८२ई० में हूणों को परास्त करने में कश्मीरनरेश अवंतिवर्मा की सहायता की थी। प्रभाकरवर्धन की तीन संतानों में दो पुत्र राज्यवर्धन तथा हर्षवर्धन और पुत्री राज्यश्री थी। हर्ष का जन्म ज्येष्ठ कृष्ण द्वादशी सन् ५९५ई० में हुआ। इनका राज्यकाल ६०६ई० से ६४८ई० है। बाण ने अपने हर्षचरित तथा चीनी यात्री हुएनसांग ने अपने यात्राविवरणों में हर्ष के विषय में पर्याप्त जानकारी दी है। गौडदेश पर विजय के पश्चात् गौडनरेश ने हर्ष के बड़े भाई राज्यवर्धन को छल से मार दिया। इनकी छोटी बहिन राज्यश्री असमय में विधवा हो जाने पर विंध्य के वन में आत्महत्या करने जा रही थी, हर्ष ने ठीक समय पर पहुँचकर उसे चिता पर चढ़ने से रोका।

जीवन

बाणभट्ट के द्वरा प्रदत्त विवरण के अनुसार चिंतामणि विनायक वैद्य हर्ष का जन्म ५१२ ई० शकसंवत् या ५९०ई० मानते हैं। बाण के अनुसार हर्ष का जन्म ज्येष्ठ मास के कृत्तिका नक्षत्र में कृष्ण पक्ष की द्वादशी के दिन सन्ध्या के उपरान्त रात्रि के समय हुआ था।[१४] उनकी शिक्षा-दीक्षा अपने अग्रज राज्यवर्धन के साथ हुई। साहित्य और कलाओं के साथ सैन्यसंचालन और धनुर्वेद में भी वे प्रशिक्षित किये गये। हूणों ने ६०५ ई० में पश्चिम सीमांत पर हमला किया। सम्राट् प्रभाकरवर्धन ने राज्यवर्धन को हूणों के दमन के लिये भेजा। तब हर्षवर्धन भी अपने भाई के साथ सीमांत पहुँचे। पिता की अस्वस्थ्यता का समाचार पाकर उन्हें स्थाण्वीश्वर लौटना पड़ा। पिता की मत्यु हो गई और हर्ष के लिये परिस्थितियाँ जटिल से जटिलतर होती गईं। बहन राज्यश्री के पति गृहवर्मा को मालवा नरेश ने मार डाला और राज्यश्री को बंदी बना लिया। राज्यवर्धन ने कान्यकुब्ज पर आक्रमण करके अपने बहनोई के शत्रुओं को परास्त किया पर उनकी गौड़नरेश शशांक (?) द्वारा हत्या कर दी गयी। राज्यवर्धन की मृत्यु के पश्चात् ६०६ई० में हर्ष का राज्याभिषेक कर दिया गया। हर्ष इस समय मात्र सोलह वर्ष के थे। गौड

नरेश को उनकी अधीनता माननी पड़ी।[१५] इसके पश्चात् उन्होंने ६ वर्ष कर युद्धरत रहकर उत्तरभारत पर दिग्विजय किया, तथा ६१२ई० में महाराजाधिराज की पदवी धारण की।

अपने जीवन के अवशिष्ट ३५ वर्ष हर्ष ने कला, विद्या तथा साहित्य की सेवा में लगाये। ६४३ई० में उन्हें दक्षिण के सम्राट् पुलकेशी द्वितीय से करारी हार का सामना करना पड़ा। उनके जीवन का अंतिम युद्ध बंगाल की खाड़ी के पास गंजाम में था, जिसमें उन्हें सफलता मिली।[१६] अनवरत शारीरिक व मानसिक श्रम के कारण वे अधिक न जी सके। सन् ६४७ई० में उनकी मृत्यु हुई।[१७]

जीवन के अन्तिम दिनों में हर्ष ने बौद्ध धर्म स्वीकार कर लिया था और युद्ध आदि से विरक्त होकर अहिंसा और अपरिग्रह के आदर्श को चरितार्थ करते हुए आत्मत्याग के मार्ग के पथिक बन गये थे। नागानंद में उनका यह आदर्श प्रस्फुटित हुआ है। प्रियदर्शिका तथा रत्नावली दोनों ही सम्भवत: पुलकेशी से सन्धि होने के बाद की रचनाएँ हैं। क्योंकि इनके युद्ध वर्णनों में पुलकेशी के साथ युद्ध की छाया प्रतीत होती है। इसके पूर्व हर्षवर्धन के जीवन का घटनाचक्र इतना व्यस्त और उलझा हुआ था कि साहित्यसर्जना के लिए अवकाश निकालना उनके लिए सम्भव नहीं रहा होगा। ह्वेनसांग से हर्ष का संपर्क ६४३ई० में हुआ। उसके पश्चात् या तो उन्होंने बौद्ध धर्म स्वीकार कर लिया या बौद्ध धर्म में उनका अभिनिवेश बढ़ता गया। इस दृष्टि से नागानंद नाटक का रचनाकाल ६४३ई० के बाद माना जा सकता है।[१८]

राज्यारोहण के समय हर्ष की आयु मात्र सोलह वर्ष की थी और राज्य पर संकट के बादल छाये हुए थे। पर उन्होंने अपनी कूटनीतिक क्षमता का परिचय देते हुए शीघ्र ही अपने छोटे से राज्य का लगभग पूरे उत्तरी भारत में विस्तार कर लिया। बौद्ध धर्म से भी प्रभावित होकर शीलादित्य – यह उपनाम उन्होंने ग्रहण किया।

एक पराक्रमी और योग्य शासक होने के साथ हर्षवर्धन साहित्यप्रेमी विद्वानों तथा कवियों के आश्रयदाता और स्वयं कवि थे। इनकी सभा में उस समय कें श्रेष्ठ कवि बाण, मयूर और मातंग दिवाकर रहे। धावक नाम के कवि ने इनसे प्रचुर धन राशि प्राप्त की – यह किंवदन्ती संस्कृतसाहित्य की परंपरा में प्रसिद्ध है। मम्मट ने काव्यप्रकाश में काव्यं यशसेऽर्थकृते – की व्याख्या में कहा है— 'श्रीहर्षादेर्धावकादीनामिव धनम्।' कतिपय विदेशी विद्वानों ने इस किंवदंती के आधार पर यह धारणा भी प्रकट की है कि हर्ष ने धावक जैसे कवियों को धन देकर अपने नाम से रूपक लिखवा लिये। पर यह धारणा निस्सार है। हर्षचरित के रचयिता बाण ने हर्ष को काव्यचर्चा में निपीत अमृत को व्यक्त करने वाला, मुख में साक्षात् सरस्वती को धारण करनेवाला तथा शास्त्र और काव्य दोनों में निपुण बताया है। कल्हण ने अपनी राजतरंगिणी में हर्ष के विषय में लिखा है—

सोऽशेषदेशभाषाज्ञः सर्वभाषासु सत्कविः।
कृत्स्नविद्यानिधिः प्राप ख्यातिं देशान्तरेष्वपि।।

(राज० ७.६११)

इससे सिद्ध होता है कि हर्ष की बहुभाषाविद्, अनेक भाषाओं के रचनाकार तथा विद्वान् के रूप में प्राचीन काल में दूर दूर तक ख्याति थी। कवियों के आश्रयदाता के रूप में तो हर्ष का नाम सदैव बड़े आदर से लिया जाता रहा है। उदयसुंदरीकथा के प्रणेता सोड्ढल ने श्रीहर्ष की गुणग्राहिता की सराहना करते हुए कहा है कि वे वास्तव वाणी के हर्ष थे, जिन्होंने अपनी सभा में सौ करोड़ स्वर्णमुद्राएं देकर बाण का सम्मान किया था।

श्रीहर्ष इत्यवनिवर्तिषु पार्थिवेषु नाम्नैव केवलमजायत वस्तस्तु।
गीर्हर्ष एव निजसंसदि तेन राज्ञा सम्पूजितः कनककोटिशतेन बाणः।।

(उदयसुंदरीकथा, प्रास्ताविक पद्य, १२)

श्रीहर्ष ने तीन रूपकों की रचना की – प्रियदर्शिका, रत्नावली तथा नागानंद। इनमें पहली दो कृतियाँ नाटिकाएँ हैं और नागानंद नाटक। इन रूपकों का अभिनय हर्षवर्धन की राजसभा में किया गया था – यह इनकी प्रस्तावनाओं में ही सूचित किया गया है। चीनी यात्री इत्सिंग (६७१ई०) ने भी लिखा है कि राजा शीलादित्य (हर्ष) ने बोधिसत्त्व जीमूतवाहन की कथा को नाट्यरूप देकर उसका अभिनय करवाया था। इन तीन रूपकों के अतिरिक्त श्रीहर्ष के द्वारा सुप्रभातस्तोत्र तथा अष्टमहाचैत्यस्तोत्र भी लिखे जाने का उल्लेख मिलता है।

प्रियदर्शिका

प्रियदर्शिका नाटिका के चार अंकों में वत्सनरेश उदयन की आरण्यका के साथ प्रेम की कथा है। आरण्यका का वास्तविक नाम नाम प्रियदर्शिका है, राजा उदयन के सेनापति विजयसेन को अरण्य से मिली होने से नाटिका के आरंभ में उसका नाम आरण्यका रख दिया जाता है। वास्तव में वह अंगदेश के राजा दृढवर्मा की कन्या है। आरण्यका महारानी वासवदत्ता की सेवा में नियुक्त कर दी जाती है। दूसरे अंक में वह महारानी की पूजा के लिये फूल तोड़ रही है, उसी समय कुछ भौंरे उस पर मँडराने लगते हैं। आरण्यका अपना मुख उत्तरीय से ढक कर अपनी रक्षा के लिये अपनी सखी इंदीवरिका को पुकारती है। इंदीवरिका तो उसकी पुकार नहीं सुन पाती, पर राजा उदयन, जो विदूषक के साथ छिप कर यह दृश्य देख रहा है, वहाँ पहुँच जाता है। राजा आरण्यका को देखकर उसके प्रेमपाश में निबद्ध हो जाता है। तीसरे अंक में रानी वासवदत्ता की सखी सांकृत्यायनी अंतःपुर में राजा के जीवन से संबंधित रूपक का प्रयोग करवाती है। इस प्रयोग में वासवदत्ता का अभिनय आरण्यका को करना है, तथा नायक उदयन का अभिनय अंतःपुर की एक अन्य दासी को। नायक बनने वाली अभिनेत्री के स्थान पर उदयन स्वयं अपने स्वयं के अभिनय में उदयन बनकर मंच पर उपस्थित हो जाते हैं। इस बात से रानी वासवदत्ता कुपित हो जाती है। वह आरण्यका को कारागार में डाल देती है। आरण्यका दुःखी होकर विषपान कर लेती है। चौथे अंक में उसे उपचार के लिये उदयन के सामने लाया जाता है, तभी भेद खुलता है कि आरण्यका वास्तव में राजकुमारी है। वासवदत्ता पश्चात्ताप करती हुई आरण्यका और उदयन के विवाह पर सहमत हो जाती है।

रत्नावली

रत्नावली में राजा उदयन के सिंहल देश की राजकुमारी रत्नावली से प्रेम और विवाह की कथा है। सागर से मिली होने के कारण रत्नावली का नाम सागरिका रख दिया जाता है। रानी वासवदत्ता उसे राजा की दृष्टि से सदैव दूर रखने का प्रयास करती है। एक दिन वसंतोत्सव में कामपूजा के समय सागरिका छिप कर राजा को देखती है, और उन पर मुग्ध हो जाती है। दूसरे अंक में वह अपना जी बहलाने के लिये राजा का चित्र बनाती है। इसी समय उसकी अंतरंग सखी सुसंगता वहाँ आ जाती है, और उसका बनाया हुआ चित्र देख लेती है। सागरिका अपने मन की बात छिपाते हुए कहती है कि उसने कामदेव की पूजा के प्रसंग में कामदेव का चित्र बनाया है। सुसंगता उसके मन की बात ताड़ जाती है और हँसी हँसी में राजा के चित्र के पार्श्व में उसका (सागरिका का) चित्र बना देती है। अब तो सागरिका को अपना भेद उसे बताना पड़ता है। दोनों सखियों की बातचीत वह मैना सुनकर रट लेती है, जिसे सँभालने का दायित्व रानी वासवदत्ता ने सागरिका को सौंप रखा है। इसी समय मंदुरा से छूट कर भागा एक दुष्ट वानर वहाँ आ धमकता है। वानर के आतंक के कारण सुसंगता और सागरिका वहाँ से भागती हैं। पिंजरा जिसमें सारिका है, वहीं छूट जाता है। दुष्ट वानर पिंजरे का द्वार खोल कर धमाचौकड़ी मचाता हुआ निकल जाता है।

पिंजरे से छूटी सारिका एक पेड़ पर बैठी सागरिका और सुसंगता की बातचीत दोहराती है, जिसे उद्यान में घूमते हुए राजा और विदूषक सुन लेते हैं। फिर दोनों को वह चित्रफलक भी मिल जाता है, जिस पर सागरिका ने राजा का और सुसंगता ने सागरिका का चित्र बना रखा है। थोड़ी देर बाद ही सुसंगता चित्रफलक लेने आती है, और राजा को चित्रफलक देखता हुआ पाकर सागरिका के विषय में बता भी देती है और सागरिका से निकट के लताकुंज में मिलवाने ले जाती है। इसी समय रानी वासवदत्ता वहाँ आकर चित्रफलक को तथा उदयन और सागरिका के मिलन को देख लेती है। वासवदत्ता का क्रोध इस बात से भड़क उठता है और वह राजा के अनुनय विनय की उपेक्षा करके वहाँ से चल देती है। तीसरे अंक में सुसंगता रानी वासवदत्ता के द्वारा पुरस्कार में दिये गये उसके वस्त्रों से सागरिका को वासवदत्ता के वेष में सजा देती है, और स्वयं वासवदत्ता की विशेष दासी कांचनमाला का वेष बना लेती है तथा सागरिका को राजा के मिलवाने ले जाती है। इस वेष परिवर्तन से बड़ी दिग्भ्रम की स्थिति उत्पन्न होती है। वासवदत्ता को सुसंगता के षड्यंत्र की भनक लग जाती है, और वह स्वयं भी कांचनमाला को साथ लेकर इनके मिलन स्थल पर पहुँच जाती है। राजा वास्तविक वासवदत्ता को सागरिका समझकर उसके आगे प्रणयनिवेदन करने लगते हैं। सागरिका ग्लानि और हताशा में फाँसी लगा कर मरने का प्रयास करती है, उसी समय राजा वहाँ पहुँचकर बचा लेते हैं। पर वासवदत्ता फिर वहाँ पहुँच जाती है और सागरिका को पकड़ कर कारागार में बंद करा देती है। चौथे अंक में एक ऐंद्रजालिक (जादूगर) राजा के सामने अपना खेल दिखाता है। इसी समय राजप्रासाद

में आग लग जाती है। वासवदत्ता घबरा कर राजा को बताती है कि सागरिका तो वहीं बंद है, जहाँ आग लगी हुई है। राजा प्रासाद में घुस कर सागरिका को बाहर निकाल लाते हैं। इसी समय सिंहल देश में मंत्री वसुभूति तथा कंचुकी बाभ्रव्य वहाँ पहुँचते हैं, और अपनी राजकुमारी को पहचान लेते हैं। ऐंद्रजालिक जो वास्तव में उदयन का मंत्री यौगंधरायण है, अपने वास्तविक रूप में सामने आ जाता है। इस प्रकार उदयन और रत्नावली के विवाह के साथ नाटिका का सुखद अंत होता है।

हर्ष की नाटिकाओं के स्रोत तथा उनकी अभिनव परिकल्पनाएँ

रत्नावली तथा प्रियदर्शिका दोनों में नायक उदयन और रानी वासवदत्ता के चरित्र भास के स्वप्नवासवदत्तम् से लिये गये प्रतीत होते हैं, जबकि इन दोनों नाटिकाओं की कथा का मूल स्रोत गुणाढ्य की बृहत्कथा में प्राप्त होता है।

किंतु कथानक के निर्वाह व नाट्यसंविधान की पूरी परिकल्पना में हर्ष कालिदास के मालविकाग्निमित्रम् से अत्यधिक प्रभावित हैं। प्रियदर्शिका में गर्भांक की परिकल्पना श्रीहर्ष की मौलिक सूझबूझ की परिचायक है। आगे चल कर भवभूति और राजशेखर आदि नाटककारों ने इसी से प्रेरित होकर गर्भांक का अपने रूपकों में प्रयोग किया। हर्ष का यह प्रयोग भी कालिदास के मालविकाग्निमित्र में ही मालविका के छलित नाट्य के प्रसंग से प्रेरित प्रतीत होता है। रत्नावली में कथानक में निम्नलिखित प्रसंग हर्ष की सूझबूझ और मौलिकता के परिचायक हैं— (१) वसंतोत्सव में नायिका के द्वारा छिप कर नायक का प्रथम दर्शन, तथा नायक के प्रति आकृष्ट होना। वासवदत्ता अपने पति उदयन को सामने बिठा कर उसकी पूजा कर रही है और नायिका रत्नावली अपने भोलेपन में पहले तो यही समझती है कि रानी साक्षात् कामदेव की पूजा कर रही है। (२) सागरिका का अपनी सखी के समक्ष अपने मन की बात कहना, (३) मैना द्वारा इस बातचीत को सुनना, (४) मैना के पिंजरे को एक उत्पाती वानर द्वारा खोल दिये जाने से मैना का उड़ जाना और उसके माध्यम से राजा को सागरिका के प्रेम का ज्ञान होना। (५) नायिका के द्वारा नायक का चित्र बनाया जाना, और इस चित्र के माध्यम से रानी वासवदत्ता के समक्ष दोनों के प्रेम का भंडाफोड़। (६) नायिका का रानी के वेष में और उसकी सखी का रानी की चेटी के वेष में राजा के पास अभिसरण और इससे उत्पन्न भ्रम की स्थिति, जो शेक्सपीयर के नाटक 'ए कॉमेडी ऑफ सरर्स' का के समान मनोरंजक है, नाटिका में हास्य, वेदना, रोष और अमर्ष की भाव शबलता का हृद्य निर्माण करती है। (७) नायिका का फाँसी लगाकर आत्महत्या का प्रयास व ठीक समय पर राजा का पहुँचना, (८) यौगंधरायण के द्वारा ऐंद्रजालिक बन कर आना और अपना जादू दिखाना , जिसके द्वारा सागरिका से राजा का पुनः समागम।

दोनों नाटिकाओं में राजा के प्रेम में रानी वासवदत्ता के द्वारा बाधा उत्पन्न करने से बड़े

रोचक द्वंद्व की स्थिति निर्मित होती है। रत्नावली में नायिका सागरिका की सहायता उसकी सखी सुसंगता करती है और वासवदत्ता की सहायता कांचनमाला। रत्नावली में पताकास्थानकों का प्रयोग भी बड़ा प्रशंसनीय माना गया है। इसमें अन्योक्ति या अप्रस्तुतप्रशंसा पर आधारित पताकास्थानक के साथ समासोक्ति या तुल्यविशेषण पर आधारित पताकास्थानक का भी प्रयोग निपुणता के साथ किया गया है।

हर्ष की नाटिकाओं में रसविधान – हर्ष की दोनों नाटिकाओं में शृंगाररस प्रधान है। प्रियदर्शिका में वीर रस का भी स्वल्प पोष हुआ है। राजा होने के कारण हर्ष ने युद्ध का वर्णन बहुत यथार्थ शैली में तथा ओजस्वी रूप में किया है। यथा—

पादातं पत्तिरेव प्रथमतरमुरःपेषमात्रेण पिष्ट्वा
दूरान्नीत्वा शरौघैर्हरिणकुलमिव त्रस्तमश्वीयमाशाः।
सर्वत्रोत्सृष्टसर्वप्रहरणनिवहस्तूर्णमुत्खाय खड्गं
पश्चात् कर्तुं प्रवृत्तः करिकरकदलीकाननच्छेदलीलाम्।।

(प्रियदर्शिका १.९)

(वह पैदल ही पैदल सैनिकों को पहले छाती में कसकर ही पीस डालता, फिर त्रस्त घुड़सवारों को हरिणों के झुंड की तरह दूर भगा कर, सारे शस्त्रों को छोड़कर केवल तलवार उठाकर इस तरह काट रहा था जैसे केले के वन का उच्छेद कर रहा हो।)

संभवत: हर्ष ने जब अपनी इस पहली नाट्यकृति का प्रणयन किया, उसके कुछ समय पूर्व ही उन्होंने गौडनरेश जैसे शत्रुओं को परास्त किया होगा। इन युद्धों व सघर्षों की स्मृतियाँ भी उनके मानस में इन नाटिकाओं की रचना के समय ताजा है— ऐसा लगता है।

नागानंद

नागानंद पाँच अंकों का नाटक है। विद्याधर राजकुमार जीमूतवाहन इसका नायक है। वह अपनी बलि देकर गरुड से शंखचूड नामक नाग को बचाता है। यह कथा मूलत: बौद्ध धर्म की परंपरा से ली गयी है, पर नाटककार ने इसमें बौद्ध और पौराणिक धर्मों का सुंदर समन्वय करके इसे नाटकीय रूप दिया है। नाटककार ने वैदिक देवों के प्रति भी श्रद्धा प्रकट की है तथा बुद्ध के प्रति भी। धार्मिक सहिष्णुता तथा समन्वय की भावना और आत्मोत्सर्ग के आदर्श की उत्तम अभिव्यक्ति के कारण यह नाटक संस्कृत नाट्यसाहित्य में विशिष्ट स्थान रखता है। चंद्रगोमी के लोकानंद नाटक का गहरा प्रभाव इस नाटक पर है।

कथावस्तु

नागानंद के प्रथम तीन अंकों में नायक जीमूतवाहन के द्वारा नायिका मलयवती का दर्शन और उससे प्रेम चित्रित है। मलयवती के भाई मित्रावसु की स्वीकृति से दोनों का विवाह हो जाता है। चतुर्थ अंक में जीमूतवाहन सागर के तट पर मलयपर्वत की शोभा निहार रहा है। वह

गरुड के द्वारा खाये गये नागों की अस्थियों का ढेर देखकर करुणा से द्रवित हो जाता है। मित्रावसु उसे बताता है कि गरुड के द्वारा नागों के अंधाधुंध विनाश को रोकने के लिये उनके साथ इस अनुबंध पर संधि की गयी है कि प्रतिदिन बारी बारी से एक नाग उनके आहार के लिये यहाँ भेजा जायेगा। इसके लिये इस स्थान पर यह वध्यशिला है, यहाँ वध्य नाग लाल वस्त्र पहन कर निर्धारित समय पर बैठा होता है और यहाँ से गरुड उसे अपने आहार उठाकर ले जाते हैं। इस समय मित्रावसु को उसके पिता कुछ आवश्यक कार्य के लिये बुला लेते हैं, और वह जीमूतवाहन को अकेला छोड़कर चल देता है। तभी शंखचूड की माता का विलाप सुनायी देता है! गरुड के आहार के लिये उस दिन शंखचूड नाग की बारी है। जीमूतवाहन शंखचूड के स्थान पर अपने आपको गरुड का आहार बनाने का प्रस्ताव रखता है और शंखचूड से उसके लाल वस्त्र माँगता है। शंखचूड इसके लिये तैयार नहीं होता। शंखचूड रोती हुई माता से विदा लेकर पास में स्थित गोकर्ण तीर्थ की प्रदक्षिणा के लिये जाता है और इसी समय कंचुकी आ कर जीमूतवाहन को अन्य अवसर के लिये धारण करने हेतु एक लाल वस्त्र का जोड़ा देकर जाता है। जीमूतवाहन उसके स्थान पर वध्य नाग के लिये निर्धारित वेश – लाल रंग के वस्त्र – पहन कर वध्यशिला पर जा बैठता है और गरुड उसे वध्य नाग समझकर आहार के लिये मलयपर्वत की सबसे ऊँची चोटी पर उठा ले जाते हैं। इसी बीच शंखचूड आ कर देखता है कि गरुड उसके स्थान पर जीमूतवाहन को उठा ले गये हैं, तो वह दुखी होकर जीमूतवाहन की रक्तधारा का अनुसरण करता हुआ गरुड को उनकी भूल से अवगत कराने के लिये चल पड़ता है। जीमूतवाहन के मस्तक से उछल कर चूडामणि तपोवन में उसके पिता के चरणों पर गिरती है। तब उसके पिता, मलयवती और मित्रावसु आदि सब जीमूतवाहन को खोजने निकल पड़ते हैं। गरुड अधखाये जीमूतवाहन का धैर्य देखकर विस्मित हैं, उसी समय शंखचूड आ कर उन्हें बताता है कि वे उसके स्थान पर जीमूतवाहन को उठा लाये हैं। गरुड का हृदय परिवर्तन हो जाता है। वे प्रायश्चित्त के लिये अग्नि में प्रवेश करने को तत्पर हो जाते हैं। तभी जीमूतवाहन के माता पिता वहाँ आ पहुँचते हैं। जीमूतवाहन अपने अधखाये शरीर को वस्त्र से ढक लेता है, जिससे माता-पिता दुखी न हों। मलयवती अपनी आराद्या गौरी से अपने सौभाग्य की भीख माँगती है। इसी समय गरुड भी स्वर्ग से अमृत लेकर आ जाते हैं और नागों की अस्थियों के ढेर पर अमृत की वर्षा कर के उन सब मृत नागों को पुनर्जीवित कर देते हैं। गौरी देवी प्रकट होकर गरुड के द्वारा अधखाये जीमूतवाहन को अक्षत और जीवित कर देती है।

कथावस्तु की विशेषताएँ

नागानंद की कथा विद्याधर जातक पर आधारित है— यह प्रस्तावना में नाटककार ने स्वयं बतलाया है। यह कथा बोधिसत्त्व के आदर्श का नाट्यरूप में प्रभावशाली उपस्थापन है। यह

हिंसा और युद्धोन्माद के विरुद्ध शांति का संदेश देनेवाली रचना है। जीमूतवाहन राज्यलिप्सा के कारण होने वाले युद्धों से दूर रहना चाहता है। वह राज्य छोड़कर आश्रम में रहने आ जाता है। उसका बहनोई मित्रावसु उसे सूचित करता है कि उसके राज्य पर शत्रु ने अधिकार कर लिया है, तथा वह शत्रु को कुचल देने का प्रस्ताव भी करता है, पर जीमूतवाहन इसके उत्तर में कहता है—

स्वशरीरमपि परार्थे यः खलु दद्यादयाचितः कृपया।
राज्यस्य कृते स कथं प्राणिवधक्रौर्यमनुमन्येत।।

(३।१७)

(जो दूसरों के हित के लिये बिना माँगे दया के कारण अपना शरीर देने को तत्पर रहता है, वह जीमूतवाहन भला राज्य के लिये प्राणियों के वध की क्रूरता के लिये अनुमति कैसे दे दे?)

नागानंद का नाटकीय संविधान रत्नावली की भाँति कसा हुआ और सुसंबद्ध नहीं है। इसके प्रथम तीन अंकों में चित्रित प्रेम और विवाह की कथा बाद के दो अंकों में निरूपित जीमूतवाहन के बलिदान की कथा से अन्वित नहीं है।

संभव है कि यह नाटक हर्ष ने पुलकेशिन् के हाथों मिली पराजय के पश्चात् लिखा है। इसकी रचना के पूर्व में चीनी यात्री ह्वेन सांग से मिल चुके थे। बौद्धधर्म के अहिंसा और अपरिग्रह के सिद्धांतों का गहरा प्रभाव उनके मानसपर पड़ा था। उसकी झलक भी इस नाटक में मिलती है।

चरित्रवैशिष्ट्य

जीमूतवाहन का संस्कृत नाट्यसाहित्य में एक दुर्लभ और विशिष्ट चरित्र है। वह अपने शौर्य, धैर्य, साहस, माता और पिता के प्रति भक्ति और सेवा भावना तथा परदुःखकारतरता के साथ त्याग और समर्पण की पराकाष्ठा का जीता जागता उदाहरण प्रस्तुत करता है। माता पिता की सेवा के लिये वह राज्य तथा ऐश्वर्य छोड़कर तपोवन में रहने लगता है। शंखचूड की रक्षा के लिये वध्यशिला पर बैठ कर वह कहता है— मलयचंदन के रस से लिप्त मलयवती भी इतना सुख न देती, जितनी यह वध्यशिला दे रही है। वह वध्यशिला को वह अपनी माता के अंक के समान सुखद बताता है। नायिका मलयवती अपनी सुकुमारता, संगीतनिपुणता तथा जीमूतवाहन के प्रति अनन्यनिष्ठा के द्वारा नायिका के रूप में प्रभावित करती है।

जीमूतवाहन धीरोदात्त नायक है, उसके चरित्र के आधार पर धनिक ने धनंजय के दशरूपक पर अपने अवलोक में वीररस की यह अवधारणा प्रस्तुत की है कि वीर रस विजीगीषा या विजय की इच्छा होने पर होता है। यह विजिगीषा केवल युद्ध में हो यह आवश्यकता नहीं, किसी का अपने त्याग व बलिदान से हृदय जीत लेने की कामना भी

विजिगीषा है। नागानंद में वीररस का यही रूप प्रतिफलित हुआ है।

रस तथा भाव

नागानंद के प्रथम तीन अंकों में रस-भावाभिव्यक्ति की दृष्टि से शृंगार रस की प्रधानता है और अवशिष्ट दो अंकों में दानवीर, दयावीर और धर्मवीर के साथ करुण तथा अंत में शांत की। परिणति की दृष्टि से इसमें शांत रस को ही अंगी कहा जाना चाहिये। प्रथम तीन अंकों में विशेष रूप से जीमूतवाहन और मलयवती के विवाह के पश्चात् विद्याधरों के द्वारा किये जाने वाले आमोदप्रमोद के चित्रण में हास्य रस का अंग के रूप में अच्छा परिपाक हुआ है। चौथे और पाँचवें अंकों में नाटककार ने अंगरस के रूप में करुण रस की भी अजस्र धारा बहायी है। इसके साथ ही कवि ने मलय पर्वत के आसपास के नैसर्गिक परिवेश को दानवीर और धर्मवीर के उद्दीपन विभाव के रूप में असाधारण कौशल के साथ चित्रित किया है। बलि के लिये जाते अपने इकलौते बेटे के लिये शंखचूड की माता का कारुण्य और विलाप मर्म को छूने वाले हैं। इसी प्रकार शंखचूड के स्थान पर जब जीमूतवाहन बलि चढ़ जाता है, तो मलयवती और मित्रावसु की करुणा भी नाटक में शोक का श्लोकों में समीरण करती है। अपने बेटे के निधन की आकस्मिक व अप्रत्याशित घोर विपत्ति से उद्विग्न जीमूतवाहन के पिता का यह करुणामय उद्गार प्रभावशाली है—

निराधारं धैर्यं कमिव शरणं यातु विनयः
क्षमः क्षान्तिं वोढुं क इह विरता दानपरता।
हतं सत्यं सत्यं व्रजतु च कृपा क्वाद्य कृपणा
जगज्जातं शून्यं त्वयि तनय लोकान्तरगते।।

(हे पुत्र, तुम परलोक क्या गये कि धैर्य निराधार हो गया, विनय किसकी शरण में जायेगी, क्षमा को धारण करने में अब और कौन समर्थ होगा, अब तो दानशीलता भी समाप्त हो गयी। सत्य मारा गया, कृपण कृपा अब कहाँ जाये? अब तो सारा संसार ही शून्य हो गया।)

इस पद्य में 'निराधारं धैर्यम्' 'क्षमः क्षान्तिम्' तथा 'त्वयि तनय लोकान्तर...' इत्यादि पदों के द्वारा अनुप्रास का सौंदर्य निर्मित किया गया है, तथा 'हतं सत्यं सत्यम्' में यमक की चारुता है।

नागानंद का संदेश

नागानंद नाटक संस्कृत नाट्य साहित्य में अभूतपूर्व स्थान रखता है, क्योंकि यह बुद्ध के जीवन दर्शन को बोधिसत्त्व के त्याग और बलिदान की कथा के माध्यम से निरूपित करते हुए अहिंसा और करुणा के आदर्श को स्थापित करता है। श्रीहर्ष ने एक शासक के रूप में भी

बौद्ध और वैदिक दोनो धर्मों को प्रश्रय दिया। उसी प्रकार इस नाटक में उन्होंने धार्मिक और सांप्रदायिक समन्वय की सुंदर पीठिका निर्मित की है। शंखचूड की रक्षा के लिये अपने प्राण देते समय वध्यशिला पर बैठा जीमूतवाहन यही कामना करता है—

भवे भवे तेन ममैवमेवं भूयात् परार्थः खलु देहलाभः।

(४।२६)

(प्रत्येक जन्म में मुझे इसी तरह दूसरों के उपकार के लिये देह मिलता रहे।)

जीमूतवाहन के चरित्र के द्वारा नाटककार ने सहिष्णुता की पराकाष्ठा का निदर्शन किया है। गरुड उसके शरीर को खा रहे हैं। वे यह देखकर चकित हो जाते हैं कि जिसे वे नाग समझकर खा रहे हैं, वह किसी तरह की पीड़ा प्रकट ही नहीं कर रहा है। वे खाते खाते रुक जाते हैं, तो जीमूतवाहन पूछता है—

शिरामुखैः स्यन्दत एव रक्तमद्यापि देहे मम मांसमस्ति।
तृप्तिं न पश्यामि तवापि तावत् किं भक्षणात् त्वं विरतो गरुत्मन्।।

(अभी भी मेरी शिराओं से रक्त बह रहा है, अभी भी मेरे देह में मांस है। और मैं नहीं समझता कि तुम्हारी भूख मिट गयी है। फिर भी हे गरुड, तुम खाते खाते रुक क्यों गये?)

गरुड इसके उत्तर में कहते हैं—

आवर्जितं मया चञ्च्वा हृदयात् तव शोणितम्।
अनेनैव धैर्येण पुनस्त्वया हृदयमेव नः।

(५।१७)

(हमने अपनी चोंच से तुम्हारे हृदय का खून खींचा, और तुमने अपने इसी धैर्य से हमारा हृदय खींच लिया है।)

अंत में पश्चात्ताप करते गरुड को जीमूतवाहन जो संदेश देता है, वह सारी मानव जाति को हर्ष का संदेश है—

नित्यं प्राणाभिघाताद् प्रति विरम कुरु प्राक्कृते चानुतापं
यत्नात् पुण्यप्रवाहं समुपचिनु दिशन् सर्वसत्त्वेष्वभीतिम्।

(५।२५)

(दूसरो के प्राणों पर आघात करने से विरत रहो, पहले जो हिंसा की है उस पर पश्चात्ताप करो। यत्नपूर्वक पुण्य के प्रवाह को एकत्र करो। सारे प्राणियों में अभय का संचार करो।)

श्रीहर्ष ने जीमूतवाहन के चरित्र के द्वारा अपनी कल्पना के आदर्श नायक को प्रस्तुत किया है तथा एक सीमा तक अपने नायक के चरित्र में उन्होंने अपने स्वयं के व्यक्तित्व का प्रक्षेपण भी किया है। श्रीहर्ष अपने माता पिता की सेवा न कर सके, इसकी ग्लानि को उन्होंने अपने नायक को वन में रह कर राजपाट त्यागकर पिता की सेवा में निरत दिखाकर प्रक्षालित कर

लिया है। जीमूतवाहन की राजपाट और ऐश्वर्य के प्रति अरुचि है। यह भी दिन रात राजपद के चाकचाक्य से वितृष्ण बने कविमन की अभिव्यक्ति ही है।

सूक्तियाँ

नागानंद जीवनदर्शनपरक रचना है। इसलिये उसमें तदनुरूप गंभीरचिंतन को व्यक्त करने वाली सूक्तियाँ मिलती हैं। उदाहरणार्थ –

रत्नाकराद् ऋते कुतश्चन्द्रलेखायाः प्रसूतिः।

(रत्नाकर सागर के अतिरिक्त चंद्रलेखा का जन्म और किससे हो सकता है?)

एकः श्लाघ्यो विवस्वान् परहितकरणायैव यस्य प्रयासः। (३.१८)

(एक विवस्वान् या सूर्य ही प्रशंसनीय हैं, जिनका प्रयास सदैव दूसरों के हित के लिये होता है।)

शरीरनाम्नि का शोभा सदा बीभत्सदर्शने। (५.२३)

(सदा बीभत्स दिखाई देने वाले शरीर में शोभा कहाँ?)

भूयात् परोपकाराय शरीरलाभः। (४.२६)

(शरीर का लाभ परोपकार के लिये हो।)

शरीरकस्यापि कृते मूढाः पापानि कुर्वते।। (४.७)

(शरीर के लिये भी मूढ़ लोग पाप करते हैं।)

श्रीहर्ष का कवित्व

रत्नावली में प्रथम अंक में वसंतोत्सव का वर्णन अत्यंत चित्ताकर्षक है। राजा होने के कारण हर्ष ने अंतःपुर में चेटियों के परस्पर हास परिहास, वसंतोत्सव के समय विभिन्न प्रकार के नृत्य और गीतों का गायन तथा जो आचार प्रत्यक्ष देखे थे, उन्होंने उनका रत्नावली के प्रथम अंक में अत्यंत चित्ताकर्षक तथा यथार्थ चित्रण किया है। वर्णन कला की दृष्टि से हर्ष की विशेषता यह है कि वे वर्ण्य के एक एक पहलू को हमारे समक्ष मूर्त कर देते हैं। वसंतोत्सव में नगर में उल्लास और रंग खेलने के मनोमोहक दृश्य को राजा अपने मित्र विदूषक के साथ प्रासाद से देखते हुए इस प्रकार निरूपित करता है—

कीर्णैः पिष्टातकोघैः कृतदिवसमुखैः कुङ्कुमक्षोदगौरै-
र्हेमालङ्कारभाभिर्भरनमितशिखैः शेखरैः कैङ्किरातैः।
एषा वेषाभिलक्ष्यस्वविभवविजिताशेषवित्तेशकोशा
कौशाम्बी शातकुम्भद्रवखचितजनेवैकपीता विभाति।। (१।१०)

(कुंकुम की बुकनी से लाल गुलाल उड़ रहा है, जिससे भोर की उजास फैल गयी है। अशोक के पेड़ फूलों के गुच्छों से झुके होने से स्वर्णाभूषणों से विभूषित से दिखते हैं, उनसे कौशांबी नगरी अलंकृत हो गयी है। अपने वेष से कुबेर के सारे कोश को जीत लेने वाली यह नगरी ऐसी लग रही है, जैसे यहाँ के निवासियों के देह पर सोने का पानी चढा दिया गया हो।)

वर्णनकला की दृष्टि से शब्दचित्रों के अंकन में तथा वातावरण को साकार करने में हर्ष दक्ष हैं। उनका क्षेत्र सीमित है, पर उसमें उनका पर्यवेक्षण बहुत सूक्ष्म है। अंत:पुर के भीतर आचार विचार व्यवहार और उत्सवों का बड़ा सरस चित्रण उन्होंने किया है। हजारीप्रसाद द्विवेदी जी ने अपने बाणभट्ट की आत्मकथा में उनकी रत्नावली से कतिपय भावचित्र ग्रहण किये हैं। रत्नावली में एक दुष्ट वानर से अश्वशाला से छूटकर भागने के कारण जो भगदड़ मचती है, उसके चित्रण में हर्ष ने अपनी सूक्ष्म पर्यवेक्षण शक्ति का परिचय दिया है। साथ ही अंत:पुर के जीवन, आचार व रहन-सहन से भी उनका प्रत्यक्षपरिचय यहाँ झलकता है।

नष्टं वर्षवरैर्मनुष्यगणनाभावादपास्य त्रपा-
मन्तः कञ्चुकिकञ्चुकस्य विशति त्रासादयं वामनः।
पर्यन्ताश्रयिभिर्निजस्य सदृशं नाम्नः किरातैः कृतं
कुब्जा नीचतयैव यान्ति शनकैरात्मेक्षणाशङ्किनः।।

(वर्षवर या नपुंसक तो मनुष्यों में ही नहीं गिने जाते, तो वे लज्जा छोड़कर एकदम गायब हो गये। इधर यह बौना त्रास के कारण कंचुकी के कंचुक (कुर्ते) के भीतर छिपा जा रहा है। किरातों ने आसपास के स्थानों पर छिपकर अपना किरात नाम सार्थक कर दिया। कुबड़े कहीं हमें वह वानर देख न ले – यह सोच सोच कर दुबक कर चल रहे हैं।)

इस पूरे प्रसंग के द्वारा अंत:पुर में एक वानर की भागदौड़ से फैले भय और आतंक का चित्रण भी हर्ष ने रत्नावली के द्वितीय अंक में विशद तथा चित्रोपम रूप में किया है।

साहित्यदर्पणकार विश्वनाथ ने भी 'शण्ढवामनकिरातकुब्जादयो यथा रत्नावल्याम्' इस कथन के साथ रत्नावली का यह पद्य उद्धृत किया है।

वास्तव में श्रीहर्ष अपने तीनों ही रूपकों में अपने स्वयं के व्यक्तित्व तथा अपने समय के समाज को सूक्ष्म अभिव्यक्ति देते हैं। नागानंद में उन्होंने मदिरा के मद में धुत्त विट के चेटी व विदूषक से संवादो में रनिवास का सारा वातावरण साकार कर दिया है।

दोनो नाटिकाओं में परिष्कृत सौंदर्यदृष्टि और कलात्मक दृष्टि का भी हर्ष ने परिचय दिया है। सागरिका के द्वारा बनाये गये नायक के चित्र तथा उसकी सखी सुसंगता के द्वारा बनाये गये सागरिका के चित्र के वर्णन हो, या रत्नावली के प्रथम अंक में चर्चरीगायन तथा उस पर नर्तकी के द्वारा नृत्य का वर्णन हो, हर्ष की रंगों की पहचान, ताल, लय और संगीत की सूक्ष्मताओं का ज्ञान तथा सुरुचि देखते ही बनती है।

उदयन रानी वासवदत्ता से कहते हैं—

प्रत्यग्रमज्जनविशेषविविक्तकान्तिः कौसुम्भरागरुचिरस्फुरदंशुकान्ता।
विभ्राजसे मकरकेतनमर्चयन्ती बालप्रवालविटपिप्रभवा लतेव।।

(१।२०)

(हे प्रिये, अभी अभी स्नान करने के कारण तुम्हारी उजली कांति फूट पड़ी है, कुसुंभी रंग से रँगी साड़ी का आँचल चमक रहा है। कामदेव की पूजा करती हुई तुम ऐसी लग रही हो जैसे नयी कोंपलों से सजी डालों वाली वृक्ष से फूटी कोई लता हो।)

अपने प्रकृतिवर्णनों में हर्ष नैसर्गिक दृश्य को पात्र के मनोभावों से रंग कर प्रस्तुत करते हैं। प्रियदर्शिका में विरही राजा संध्या का वर्णन करते हुए कहता है—

हृत्वा पद्मवनद्युतिं प्रियतमेवेयं दिनश्रीर्गता
रागोऽस्मिन् मम चेतसीव सवितुर्बिम्बेऽधिकं लक्ष्यते।
चक्राह्वोऽहमिव स्थितः सहचरीं ध्यायन् नलिन्यास्तटे
सञ्जाता सहसा ममेव भुवनस्याप्यन्धकारा दिशः।।

(३।१०)

(कमलवन की कांति को चुराकर दिन की लक्ष्मी प्रियतमा की तरह चली गयी। मेरे चित्त की तरह सूर्य के बिंब पर अब और अधिक राग दिखायी पड़ रहा है। नलिनी के तट पर चकवे की तरह मैं प्रिया का ध्यान करते हुए स्थित हूँ। सहसा सारे जगत् की दिशाएँ वैसे ही अँधियारे से भर गयी हैं जैसे संसार की दिशाएँ।)

इसी प्रकार रत्नावली में अँधेरे का यह वर्णन कवि के सूक्ष्म निरीक्षण और सघन बिंबों को रचने की कुशलता का उत्कृष्ट उदाहरण है—

पुरः पूर्वामेव स्थगयति ततोऽन्यामपि दिशं
क्रमात् क्रामन्नद्रिद्रुमपुरविभागांस्तिरयति।
उपेतः पीनत्वं तदनु भुवनस्येक्षणफलं
तमः सङ्घातोऽयं हरति हरकण्ठद्युतिहरः।।

(अँधेरा पहले पूर्व दिशा को ढक रहा है, फिर एक एक करके अन्य दिशाओं को। क्रमशः वह फैलता हुआ पहाड़ों, पेड़ों, नगरों के विभाजन को ओझल कर रहा है। धीरे धीरे वह मोटा होता जा रहा है, और फिर संसार की दृष्टि के फल को समाप्त कर रहा है। यह अँधेरा शिव के कंठ की कांति को चुराने वाला है।)

श्रीहर्ष नगर, नागर सभ्यता व अंतःपुर के जीवन का चित्रण जितनी विदग्धता के साथ करते हैं, उतनी गहरी सांस्कृतिक दृष्टि के साथ वे तपोवनों के आध्यात्मिक वैभव तथा नैसर्गिक सौंदर्य का चित्रण भी करते हैं। नागानंद में मलयगिरि तथा तपोवनों के चित्र बहुत विशद हैं। वनस्पतियों को आध्यात्मिक गौरव से मंडित करते हुए कवि कहता है—

मधुरमिव वदन्तः स्वागतं भृङ्गशब्दैर्नतिमिव फलनम्रैःकुर्वतेऽमी शिरोभिः।
मम ददत इवार्घ्यं पुष्पवृष्टिं किरन्तः कथमतिथिसपर्यां शिक्षिताः शाखिनोऽपि।।

(१।११)

(यहां के पेड़ों को भी अतिथि सत्कार की शिक्षा दी गयी है। वे भौंरों के गुंजन के द्वारा स्वागत का मधुर वचन कह रहे हैं, फलों से झुके अपने शिखरों से वे माथा नवा कर प्रणाम करते लग रहे हैं, फूलों की वर्षा करके वे मुझे अर्घ्य सा समर्पित कर रहे हैं।)

श्रीहर्ष की भाषा प्रसादगुणसंपन्न है। उन्होंने अनेक सुंदर उक्तियों, मुहावरों व सुभाषितों का अपने संवादों में समावेश किया है। उक्तिप्रत्यक्तियों का चुटीलापन उनके रूपको में मन को बाँध लेता है। प्रियदर्शिका के निम्नलिखित संवादों में मुहावरेदार शैली तथा कहावतों का विन्यास बड़ा रोचक है—

त्वमेव पुत्तलिकां भङ्क्त्वेदानीं रोदिषि?

(स्वयं ही अपनी गुड़िया को तोड़कर स्वयं रो रहे हो?)

सर्वस्य वल्लभो जामाता भवति।

(अपना जमाई सबको प्यारा होता है)

रत्नाकरादृते कुतश्चन्द्रलेखाया प्रसूतिः?

(सागर के अतिरिक्त चंद्रकिरण और कहाँ से जन्म लेगी?)

शरीरकस्यापि कृते मूढाः पापानि कुर्वते।

(शरीर के लिये भी मूर्ख पाप करते हैं।)

श्रीहर्ष के तीनों रूपकों में संवादों में वक्रोक्तियाँ और भाषा की वेधकता मनोहारी है। रत्नावली में वासवदत्ता के ताने तीर की तरह मार करते हैं, कांचनमाला की फब्तियाँ गुदगुदाती हैं, और विदूषण की नर्मोक्तियाँ हास्य की छटा बिखेरती चलती हैं। तीसरे अंक में राजा अचानक सागरिका को सामने पाकर कहते हैं – 'सखे, इयमनभ्रा वृष्टिः'— मित्र, यह तो बिना बादल के वर्षा हो गयी—इस पर विदूषक तत्काल उत्तर जड़ देता है— **यद्यकालवातावली भूत्वा नायाति देवी** – यदि असमय में आँधी बनकर देवी वासवदत्ता न आ जायें!

पारंपरिक समीक्षा में श्रीहर्ष

प्रियदर्शिका तथा रत्नावली दोनों की कथानक योजना नाट्यशास्त्र के सिद्धांतों पर खरी उतरती है। विशेष रूप से रत्नावली को अवस्था, अर्थप्रकृति तथा संधि-संध्यंगों जैसी नाट्यशास्त्रीय तत्त्वों का उदाहरण देने के लिये आचार्य उद्धृत करते रहे हैं। रत्नावली की प्रशंसा आनंदवर्धन ने भी की है—

यत्सन्धीनां मुखप्रतिमुखगर्भावमर्शनिर्वहणाख्यानां तदङ्गानां चोपक्षेपादीनां घटनं रसाभिव्यक्त्यपेक्षया, यथा रत्नावल्याम्।

तथा -

'इदं चापरं प्रबन्धस्य रसव्यञ्जकत्वे निमित्तं यदुद्दीपनप्रशमने यथावसरमन्तरा रसस्य, यथा रत्नावल्यामेव।'।

आचार्य कुंतक ने श्रीहर्ष के भाषासौष्ठव तथा व्यंग्यप्रवणता की प्रशंसा की है। उन्होंने रत्नावली के निम्निलिखित श्लोक—

देवि त्वन्मुखपङ्कजेन शशिनः शोभातिरस्कारिणा
पश्याब्जानि विनिर्जितानि सहसा गच्छन्ति विच्छायताम्।

(चंद्रमा की शोभा का तिरस्कार करने वाले तुम्हारे मुखपंकज से जीत लिये गये कमल मुरछा रहे हैं।) में उत्प्रेक्षा की चारुता प्रतिपादित करते हुए कहा है— **'अत्र स्वरससम्प्रवृत्तसायंसमयसमुचिता सरोरुहाणां विच्छायताप्रतिपत्तिर्नायकेन नागरकतया वल्लभोपलालनाप्रवृत्तेन तन्निदर्शनोपक्रमरमणीयत्वमुखेन निर्जितानीवेति प्रतीयमानोत्प्रेक्षालंकारकारित्वेन प्रतिपाद्यते। एतदेव च युक्तियुक्तम्। यस्मात्सर्वस्य कस्यचित्पङ्कजस्य शशाङ्कशोभातिरस्कारकारिता प्रतिपद्यते। त्वन्मुखपङ्कजेन पुनः शशिनः शोभातिरस्कारिणा न्यायतो निर्जितानि सन्ति विच्छायतां गच्छन्तीवेति प्रतीयमानस्योत्प्रेक्षालक्षणस्यालंकारस्य शोभातिशयः समुल्लास्यते।'** मुखपंकज चंद्रमा की शोभा का तिरस्कार करे यह वक्रोक्ति की अनूठी भंगिमा है क्योंकि चंद्रोदय पर ही तो पंकज मुरझा जाते हैं, फिर यह मुखपंकज शेष सारे पंकजों को विच्छाय भी बना देता है।

बाण ने अपने हर्षचरित में काव्यनायक हर्ष की विदग्धता की सराहना करते हुए कहा है— **काव्यकथास्वपीतमप्यममृतमुद्वहन्तम्** – अर्थात् वे अमृत पिये बिना भी काव्यचर्चा में हर्ष अमृत को उँड़ेलते रहते थे। बाण ने हर्ष के शास्त्रज्ञान तथा कवित्व दोनों को वर्णनातीत रूप से प्रशंस्य बताया है— **प्रज्ञायाः शास्त्राणि कवित्वस्य वाचो न पर्यायतो विषयः।**

नवीं शताब्दी के महाकवि दामोदरगुप्त ने अपने कुट्टनीमत महाकाव्य में रत्नावली के अभिनय का वर्णन किया है, जो मंजरी नामक गणिका के द्वारा काशी के विश्वनाथ मंदिर में प्रस्तुत हुआ। इसी प्रसंग में उन्होंने रत्नावली की प्रशंसा में कहा है—

आश्लिष्टसन्धिबन्धं सत्पात्रसुवर्णयोजितं सुतराम्।
निपुणपरीक्षकदृष्टं राजति रत्नावलीरत्नम्।

(रत्नावली रूपी रत्न निपुण परीक्षक (नाटिका के पक्ष में विद्वज्जन तथा रत्न के पक्ष में जौहरी) के द्वारा देखा गया है, जिसमें संधिबंध (नाटिका के पक्ष में संधियाँ व संध्यंग, रत्न के पक्ष में जोड़) अच्छी तरह लगे हैं, जो अच्छे पात्र (नाटिका के चरित्र, बर्तन) में योजित सुवर्ण (उत्तम अक्षर, उत्तम रंग या सोना) वाला है।

इसी प्रकार आचार्य राजशेखर ने भी रत्नावली नाटिका की भूरि भूरि प्रशंसा करते हुए कहा है कि रत्नावली दशरूपकरूपी कामिनी के वक्ष पर झूलती रत्नमाला के समान है—

तस्य रत्नावली नूनं रत्नमालेव राजते।
दशरूपककामिन्याः वक्षस्यत्यन्तशोभना।।

प्रसन्नराघव नाटक के कर्ता जयदेव ने हर्ष को कविताकामिनी का हर्ष कहा है। महाकवि सोड्ढल ने उन्हें 'गीर्हर्ष' अर्थात् सरस्वती को हर्ष देने वाला बताया है।

आचार्य अभिनवगुप्त ने ध्वन्यालोकलोचन में श्रीहर्ष की रत्नावली में राजा के द्वारा चित्रदर्शन के प्रसंग को रसध्वनि का उत्कृष्ट उदाहरण माना है।[१९] आनंदवर्धन, अभिनवगुप्त तथा मम्मट इन तीनों आचार्यों ने रत्नावली में अंगी रस के आद्यंत निर्वाह तथा उसके विच्छिन्न होने पर यथावसर पुनः अनुसंधान के लिये श्रीहर्ष की काव्यकला की प्रशंसा की है। अभिनवगुप्त कहते हैं – **रत्नावल्यां..... धीरललितस्य नायकस्य श्लाघ्यत्वात् पृथ्वीराज्यमहाफलान्तरानुबन्धिकन्यालाभफलोद्देशेन प्रस्तावनोपक्रमे पञ्चापि सन्धयोऽवस्थापञ्चकसहिताः समुचितसन्ध्यङ्गपरिपूर्णा अर्थप्रकृति-युक्ता दर्शिता एव।'**

नागानंद बौद्ध धर्म से प्रभावित कथा के कारण बौद्ध समाज में तो लोकप्रिय रहा ही है, अपने विशिष्ट कथानक और चरित्रनिरूपण के कारण अलंकारशास्त्र व नाट्यशास्त्र के आचार्यों के द्वारा भी इसकी सराहना की जाती रही है। आचार्यों ने रसविरोध के परिहार के उदाहरण के लिये नागानंद से मलयवतीदर्शन का उदाहरण दिया है। प्रारंभ में जीमूतवाहन के कथनों में निर्वेद, त्याग और संसार की व्यर्थता का भाव प्रकट हो चुका है, जिस से शांत रस परिपुष्ट हुआ है। इसी समय जीमूतवाहन उस मंदिर की ओर बढता है, जिसमें मलयवती देवी की आराधना कर रही है। यहाँ से नायक का नायिका के साथ प्रणय प्रसंग प्रारंभ होता है। तत्काल प्रणयप्रसंग दिखाने से शांत और शृंगार ये दो परस्पर विरोधी रस एक साथ आ जाते। रसविरोध के परिहास के लिये नाटककार ने मलयवती के द्वारा देवी की आराधना में गाये जाने वाले गीत को अंतराल में प्रस्तुत कर देता है। नायक इस गीत को दूर से सुनकर उसकी स्वरमाधुरी से चकित हो जाता है और मुग्ध होकर गीत की सराहना करता है। इस तरह शांत और शृंगार रसों के बीच में यहाँ अद्भुत रस का समावेश हो जाता है, जो दोनो रसों का अविरोधी है, और रसविरोध की संभावना निरस्त हो जाती है।

इसी तरह दशरूपकावलोक के कर्ता धनिक ने न केवल संधियों, संध्यंगों, अवस्थाओं और अर्थप्रकृतियों आदि के उदाहरण रत्नावली से दिये हैं, अपने नायक विचार में उन्होंने नागानंद के नायक को लेकर यह प्रश्न उठाया है कि उसे धीरोदात्त कहा जाये या धीरशांत? नागानंद का नायक जीमूतवाहन विजिगीषा (विजय की इच्छा) ही प्रकट नहीं करता और उदात्त होने के लिये विजिगीषा आवश्यक है। जिसमें विजिगीषा न हो, उसका उत्कर्ष नहीं हो सकता। तब जीमूतवाहन धीरोदात्त नायक नहीं रह जायेगा। इसके उत्तर में धनिक कहते हैं कि केवल युद्ध तथा दूसरों को पराजित करने की इच्छा के द्वारा ही सर्वोत्कृष्टता संभव हो ऐसी बात नहीं है। जीमूतवाहन

अपने जीवन को दूसरों के कल्याण के लिये अर्पित करके अपने सात्त्विक गुणों से उत्कृष्ट हो जाता है, इस दृष्टि से धनिक ने उसे विश्व का उदात्ततम नायक तक कह दिया है। किसी भी नाटककार के चरित्रचित्रण पर इतनी सुंदर टिप्पणी हर्ष की आचार्यों के बीच प्रसिद्धि और सम्मान की परिचायक है। यहाँ तक कि धनिक ने जीमूतवाहन को धीरोदात्त नायकों में अन्यतम सिद्ध करने के लिये जिगीषा (विजय की इच्छा) की परिभाषा ही परिवर्तित कर दी है।

नागानंद (१.१३) में मलयवती के द्वारा गौरी की स्तुतिविषयक पद्य को शारदातनय तथा भोज ने गेयपद नामक लास्यांग का उदाहरण माना है, जबकि अभिनवगुप्त स्तुतिपरक होने के कारण इसके लास्यांगत्व का खंडन करते हैं। भोज ने शृंगारप्रकाश के २६वें अध्याय में रागभेदों के विवेचन में जीमूतवाहन के प्रेम को हरिद्राराग (जो सरलता से धुल जाये) का उदाहरण माना है, क्योंकि अन्य महत्तर उद्देश्य सामने आने पर अपने सुख की तृष्णा को छोड़कर निरभिलाष होना जिगीषा है। जीमूतवाहन इस प्रेम को भूल जाता है। अभिनवगुप्त ने नागानंद में शांतरस की अभिव्यक्ति का विशद विवेचन किया है तथा इस संदर्भ में इसे एक पद्य (४.२) की भी व्याख्या की है।

आचार्यों ने शांत रस और शृंगार के एक साथ निबंधन से होने वाले रसविरोध का जिस तरह नाटककार ने नागानंद में परिहार किया है, उसकी भी प्रशंसा की है। दो विरोधी रसों के बीच में अविरोधी रस के विनिवेश से रसविरोध का परिहार हो जाता है। श्रीहर्ष ने शांत और शृंगार के बीच अद्भुत रस का प्रसंग जोड़ दिया है। जीमूतवाहन अपने वैराग्य के भाव को अभिव्यक्ति दे रहा है, तभी उसे मलयवती का गानसुनाई देता है। गान के माधुर्य से वह विस्मय चकित हो जाता है। इसके बाद मलयवती के साथ उसके प्रणय का प्रसंग है। इसी तरह नाटककार ने शेखरक नामक एक पात्र का हास्यप्रसंग भी रसविरोध को मिटाने के लिये संयोजित किया है। आचार्य अभिनवगुप्त ने अभिनवभारती में श्रीहर्ष की इन दोनों प्रसंगयोजनाओं की प्रशंसा की है। मम्मट ने भी नागानंद में शृंगार और शांत रस में संभावित रसविरोध के परिहार के लिये श्रीहर्ष का उदाहरण अनुकरणीय माना है। वे कहते हैं— **'शान्तशृङ्गारयोस्तु नैरन्तर्येण विरोध इति रसान्तरमन्तरे कार्यम् यथा नागानन्दे शान्तस्य जीमूतवाहनस्य 'अहो गीतमहो वादित्रमित्यद्भुतमन्तर्निवेश्य मलयवतीं प्रति शृङ्गारो निबद्धः।'**

चमत्कारचंद्रिका के प्रणेता विश्वेश्वर ने श्रीहर्ष को कलिदास के ही समान मृदुपाक का कवि कहा है।

रत्नावली का अभिनय

दामोदर भट्ट के कुट्टनीमत (८वीं शती) में रत्नावली के एक अभिनय का विस्तृत विवरण दिया है जो इस नाटिका की प्रस्तुति को यथार्थतः देखकर लिखा गया है। 'कुट्टनीमत' का नायक

समरभट वाराणसी के विश्वनाथ मन्दिर में जाता है, जहाँ मंजरी नामक वेश्या अपने दलबल के साथ आयी हुई है। इस दल में एक नाट्याचार्य भी है। समरभट के वैतालिक का इस नाट्याचार्य से विवाद छिड़ जाता है। नाट्याचार्य बताता है कि उसके दल में प्राय: ऐसी ही वेश्याएँ हैं जो नाट्याभिनय के लिए समय नहीं दे पातीं। वेश्याओं के दल में अभिनय कराने की झंझटों का लम्बा ब्यौरा भी नाट्याचार्य देता है। वह यह भी बताता है कि वह पहले महाराज अनंगहर्ष के आश्रय में रह चुका है, और उनके दिवंगत हो जाने पर जीविका चलाने के लिए अब वेश्याओं का यह नाट्य दल चलाता है (कु०म० ७९१)[२०] राजपुत्र समरभट के आगे नाटिका में विभिन्न पात्रों का अभिनय करने वाली वेश्याओं का परिचय देकर नाट्याचार्य बताता है कि इनमें से मंजरी नायिका रत्नावली के अभिनय में बहुत दक्ष है। अंगों के संचालन में लालित्य, स्वर के उतार-चढ़ाव की स्पष्ट प्रतीति, रसपुष्टि, भाव की स्थिरता तथा अनुकार्य (मूल पात्र) से तादात्म्य - ये मंजरी के अभिनय के विशेष गुण थे। नायक को छिपकर देखते समय नायिका रत्नावली के मन में प्रेम का अंकुर किस प्रकार प्रस्फुटित होता है, इसको मूल पात्र के साथ तादात्म्य अनुभव कराकर वह इतनी कुशलता से अभिनीत करती थी कि नाटक के प्रेक्षक वाह-वाह कर उठते थे (८८८)। वियोगावस्था में नायक का चित्र बनाती नायिका के अभिनय में हाथ की कँपकँपी, पुलक और पसीने को भी वह दिखा सकती थी। मंजरी के अभिनय की सबसे बड़ी खूबी यह थी कि वह अनुभावों-शारीरिक चेष्टा आदि- के दोनों में समान होने पर भी विप्रलम्भ शृंगार के अभिनय को करुण रस के अभिनय से भिन्न दिखा सकती थी (८०८)

वैतालिक की चुनौती पाकर नाट्याचार्य नमूने के तौर पर रत्नावली के पहले अंक का ही तत्काल प्रदर्शन देख लेने की प्रार्थना करता है और समरभट की स्वीकृति पाते ही वाराणसी के विश्वनाथ मंदिर में ही नाटिका का प्रदर्शन प्रारम्भ हो जाता है। यद्यपि यह नाटक एक सार्वजनिक स्थान पर बिना किसी पूर्व तैयारी के सहसा प्रारम्भ कर दिया गया है, पर यह ध्यातव्य है कि मंदिर के द्वार पर समरभट के सैनिकों ने आम जनता के लिए भीतर आने से रोक लगा रखी है (७५५) अत: नाटक उस समय मंदिर में उपस्थित गिने चुने लोगों के समक्ष ही अभिनीत किया जा रहा है।

रत्नावली के प्रथमांक के इस अभिनय का, प्रत्येक पात्र के संवाद और कार्यकलाप बताते हुए विस्तार से दामोदर ने विवरण दिया है। इस प्रदर्शन के सभी संवाद नाटक की मूल प्रति से मिलते जुलते हैं। संभवत: दर्शकों की रुचि देखकर कहीं कुछ परिवर्तन किया गया है। विशेष रूप से नायक के मुख से वसंतोत्सव के वर्णन को अधिक विस्तृत और एक सीमा तक अश्लील भी बना दिया गया है (८८७-९४)।

प्रावेशिकी, ध्रुवा आदि संगीत प्रकारों का, जो पात्र के मंच पर प्रवेश करते समय नेपथ्य से गाये-बजाये जाते थे, नाटक की मूल प्रति में कोई उल्लेख नहीं है, इस प्रदर्शन में स्थान

स्थान पर प्रयोग किया गया है। पात्र के मंच से प्रस्थान के समय नेपथ्य से निस्सरण गीत गाया गया, जिसका भी उल्लेख मूल नाटिका में नहीं मिलता। वैसे भी संस्कृत नाटकों के आलेखों में मंचन के समय नेपथ्य से होने वाले गायन वादन आदि का प्रायः उल्लेख नहीं किया जाता, नाट्याचार्य अपनी समझ के अनुसार संगीत आदि का संयोजन मंचन के समय कराता होगा। मूल नाटिका में वैतालिक राजा उदयन की प्रशस्ति में नेपथ्य से दो श्लोकों का पाठ करता है। इस प्रदर्शन में नाट्याचार्य स्वयं उन श्लोकों को गाता है (९१८)।

नाटक की मूल पुस्तक से तुलना करने पर इस प्रदर्शन में जो विशेष महत्त्वपूर्ण परिवर्तन दिखाई पड़ता है वह यह है कि मूल नाटिका में जहाँ जहाँ पात्रों के एक स्थान से दूसरे स्थान पर जाने का प्रसंग है, उसे हटा दिया गया है। नाटिका की प्रस्तुति सीमित स्थान पर होने के कारण सम्भवतः ऐसा किया गया होगा। नाटिका की प्रस्तावना में सूत्रधार नटी को बुलाने उसके घर जाता है, प्रदर्शन में उसका उल्लेख नहीं है। आगे चलकर नायक उदयन अपने महल से उतर कर उद्यान में आते हैं— यह भी प्रदर्शन में नहीं दिखाया गया। उसी उद्यान में दूसरी ओर से रानी वासवदत्ता प्रवेश करती है। वासवदत्ता के प्रवेश के लिए इस प्रदर्शन में तिरस्करिणी का प्रयोग किया गया है। मूल प्रति में तिरस्करिणी के प्रयोग का कोई संकेत नहीं है। दामोदर ने जिस प्रकार यह ब्यौरा दिया है, उससे प्रतीत होता है कि वासवदत्ता अपने परिवार के साथ पहले से ही तिरस्करिणी के पीछे आकर खड़ी हो जाती है और उद्यान का दृश्य आते ही तिरस्करिणी हटा दी जाती है। मूल नाटिका में राजा उदयन और विदूषक उद्यान में वसंत की शोभा देखते हुए एक ओर से आते हैं, दूसरी ओर से रानी अपनी दासियों के साथ आ रही है। राजा और रानी दोनों कुछ समय तक एक दूसरे को नहीं देखते। इस योजना में दो खण्डों में विभक्त विशाल रंगमंच अपेक्षित है। रत्नावली के प्रदर्शन में छोटे मंच के अनुरूप इस प्रसंग को ढाल लिया गया है। तिरस्करिणी हटाते ही राजा और रानी एक दूसरे के समक्ष हो जाते हैं। हर प्रदर्शन में प्रयुक्त तिरस्करिणी जवनिका से भिन्न प्रतीत होती है, क्योंकि जवनिका का प्रयोग भी इस प्रदर्शन में अलग से किया गया है।

उद्यान वाले दृश्य में, सम्भवतः नाट्याचार्य ने अपनी सूझबूझ से, कुछ परिवर्तन कराया है। नायिका रत्नावली, जिसे परिस्थितिवश, रानी वासवदत्ता के पास अज्ञात रूप से परिचारिका के वेश में रहना पड़ रहा है, उद्यान दृश्य में रानी के ही साथ चली आयी है, जहाँ रानी के मदनोत्सव के अवसर पर अपने पति राजा उदयन की पूजा करती है। रानी वासवदत्ता रत्नावली को राजा उदयन की दृष्टि से बचाना चाहती है। अतः वह सारिका को सँभालने के बहाने उसे वहाँ से टाल देती है। इस प्रदर्शन में रानी रत्नावली को सीधे यह आदेश न देकर, अपने विश्वस्त परिचारिका कांचनमाला से कहती है— इस लड़की को यहाँ से किसी तरह टालो, कहीं यह राजा के दृष्टि पथ में ना आ जाए। तब कांचनमाला रत्नावली के पास जाकर वही बहाना बनाकर उसे उद्यान से भेज देती है। नाटक के मूल पाठ में यह महत्वपूर्ण संशोधन है।

इससे नाटकीय अन्विति और कार्य व्यापार का प्रभाव निश्चय ही बढ़ जाता है, क्योंकि आगे चलकर भी रानी वासवदत्ता अपनी नितान्त गोपनीय योजनाओं में कांचनमाला को ही विश्वास में लेती है। कांचनमाला चतुर और प्रत्युत्पन्नमति भी है, अत: रत्नावली को वहाँ से टालने का काम रानी स्वयं न करके उससे कराये यह रानी की अपनी गरिमा तथा कांचनमाला के चरित्र, दोनों के अनुरूप है। मूल रूपक में वासवदत्ता और रत्नावली- इन दो पक्षों में आपसी टकराव उभरता है। सुसंगता रत्नावली की विश्वासपात्र सहायिका है, तो कांचनमाला वासवदत्ता की। इस टकराव की पृष्ठभूमि अपने संशोधन द्वारा इस प्रदर्शन में नाट्याचार्य ने यहीं से स्पष्ट कर दी है।

बाणकृत मुकुटताडितक तथा अन्य नाटक

हर्ष के समकालीन बाणभट्ट ने दो गद्यकाव्यों तथा चंडीशतक स्तोत्र के अतिरिक्त अनेक सुभाषितों की रचना की थी, जिनका विवरण अन्यत्र दिया गया है। बाण के ही द्वारा प्रणीत मुकुटताडितक नाटक नामक का उल्लेख मिलता है, जो दुर्भाग्य से अनुपलब्ध है। चंडपाल ने त्रिविक्रमभट्ट के नलचंपू की अपनी टीका में मुकुटताडितक का उल्लेख करते हुए इसे बाणकृत बताया है तथा इससे एक पद्य भी उद्धृत किया है। यह नाटक महाभारत की कथा पर आधारित रहा होगा। भीम दुर्योधन के वध के पश्चात् उसके मुकुट को रौंदते हैं इस प्रसंग के आधार पर कदाचित् बाण ने इसका नाम मुकुटताडितकम् रखा। भीम की प्रतिज्ञा इस नाटक का उपक्षेप या बिंदु कहा जा सकता है। भोज ने अपने शृंगारप्रकाश खंड दो में इस नाटक से भीमप्रतिज्ञाविषयक दो पद्य दो दो बार उद्धृत किये हैं। पहले पद्य को भोज ने बिंदु के सातत्य के उत्कृष्ट निदर्शन के लिये पुन: उद्धृत किया है तथा दूसरे को अर्थशृंगार के निदर्शन के रूप में उदाहृत किया है।

गोपालनारायण बहुरा द्वारा अपने चंडीशतक के संस्करण की भूमिका में नलचंपू की टीकाओं में उद्धृत मुकुटताडितक का यह पद्य उल्लिखित है—

आशाः प्रोषितदिग्गजा इव गुहाः प्रध्वस्तसिंहा इव
द्रोण्यः कृत्तमहाद्रुमा इव भुवः प्रोत्खातशैला इव।
बिभ्राणाः क्षयकालरिक्त सकलत्रैलोक्यदृष्टां दशां
जाताः क्षीणमहारथाः कुरुपतेर्दैवस्य शून्यास्सभाः।।

(जैसे दिग्गजों के चले जाने से दिशाएँ, जैसे सिंहों के समाप्त हो जाने से गुफाएँ, जैसे विशाल वृक्षों के काट दिये जाने से वनभूमियाँ, जैसे पर्वतों के उखड़ जाने से खाली खाली धरती, प्रलय काल की रिक्तता जैसे त्रिलोकी में देखी जा रही हों – इस तरह महाराज कुरुपति दुर्योधन का सारी सभाएँ महारथियों से क्षय से सूनी सूनी हैं।)

भोज के शृंगारप्रकाश में भी इस नाटक से भीमसेन के संवाद के ये पद्य उद्धृत किये गये

हैं, जिनसे लगता है कि भट्ट नारायण इस नाटक से प्रभावित हुए होंगें। भीम के संवादों में ओजस्विता तथा दुर्योधन के ऊरुभंग के प्रसंग की दारुणता अनुभवगम्य होती है। उदाहरणार्थ—

ऊरू निपीड्य गदया यदि नास्य तस्य पादेन रत्नमुकुटं शकलीकरोमि।
देहं निपीतनिजधूमविजृम्भमाणज्वालाजटालवपुषि ज्वलने जुहोमि।।

(शृंप्र०, १९.७५, भाग-२, पृ० १०३२)

(यदि गदा से दोनों जंघाएँ चूर चूर कर के अपने पैरों से उसके रत्नमुकुट के टुकड़े चुकड़े न कर डालूँ, तो चिता के धुएं से निगले जाते अपने इस देह की ज्वालाओं के घिरे अग्निपुंज में आहुति दे दूँगा।)

शारदातनय ने बाण के एक अन्य नाटक का उल्लेख किया है, जिसका नाम संभवत: शारदचन्द्रिका रहा होगा। यह नाटक कादंबरी की कथा पर ही आधारित था। संभव है कि बाण के पुत्र पुलिंदभट्ट ने कादंबरी के अपूर्ण भाग की पूर्ति के लिये अपने पिता के इस नाटक का उपयोग किया हो। कृष्णमाचारी ने अपने संस्कृतसाहित्य के इतिहास (पृ० ४५२) में क्षेमेंद्र के द्वारा बाण के नाम से औचित्यविचारचर्चा (१५) में उद्धृत एक पद्य के इस नाटक से होने की संभावना प्रकट की है। क्षेमेंद्र ने इस पद्य को बाण की रचना के रूप में उद्धृत किया है—

हारो जलार्द्रवसनं नलिनीदलानि प्रालेयशीकरमुचस्तुहिनांशुभासः।
यस्येन्धनानि सरसानि च चन्दनानि निर्वाणमेष्यति कथं स मनोभवाग्निः।। [२१]

नलचंपू के टीकाकार चंडपाल तथा गुणविजयगणि ने भी बाण के मुकुटताडितक का उल्लेख किया है।

बाण ने शारदचंद्रिका नाम से नाटक लिखा था यह सत्य है। धनंजय ने दशरूपक में चंद्रापीड के मरण का निरूपण होने से इसे उत्सृष्टिकांक कहा है

चन्द्रापीडस्य मरणं यत्रप्रत्युज्जीवनान्तिकम्।
कल्पं भट्टबाणेन यथा शारदचन्द्रिका।।

श्रीहर्ष का संस्कृतसाहित्य पर प्रभाव – नाटिकाओं की परंपरा

हर्ष की रत्नावली संस्कृतनाट्यसाहित्य में इतनी लोकप्रिय हुई कि उसे आधार बनाकर अनेक परवर्ती रूपककारों ने नाटिकाएँ लिखीं। राजशेखर की कर्पूरमंजरी तथा विद्धशालभंजिका, बिल्हण की कर्णसुंदरी, सिंहभूपाल की कुवलयावली, विश्वनाथ कविराज (पंद्रहवीं शताब्दी) की चंद्रकला तथा प्रभावतीपरिणय, मथुरानाथ (पंद्रहवीं शताब्दी) की वृषभानुजा, विश्वनाथ की मृगांकलेखा, वीरराघवकृत मलयजाकल्याणम्, विश्वेश्वर पांडेय (१८वीं शताब्दी) की नवमालिका, अनादिमिश्र की मणिमाला आदि नाटिकाएँ रत्नावली से प्रेरित कही जा सकती हैं। सुप्रसिद्ध कवि और आचार्य क्षेमेंद्र की ललितरत्नमाला, नाट्यदर्पणकार रामचंद्र की वनमाला, धारानरेश

अर्जुनवर्मा के गुरु मदनपाल सरस्वती की पारिजातमंजरी, विश्वनाथ भट्ट की श्रृंगारवाटिका, रामचंद्र की वासंतिका आदि नाटिकाएँ अप्राप्य हैं। मदनमहोत्सव या वसंतवर्णन, नायक का ज्येष्ठा नायिका के होते हुए कनिष्ठा नायिका पर अनुरक्त होना और अंत में दोनों का विवाह - यह कथा प्राय: इन सभी नाटिकाओं में समान है। सभी में श्रृंगाररस और कैशिकी वृत्ति की प्रधानता है।

कालिदास के मालविग्निमित्र से प्रभावित होकर भी हर्ष ने दो नाटिकाओं की रचना करते हुए नाटिकाओं की परंपरा का सूत्रपात किया।

कौमुदीमहोत्सव

कौमुदीमहोत्सव नाटक कवि विज्जिका का रचा हुआ कहा गया है। स्त्रीकवियों में विज्जिका का नाम आदर के साथ लिया जाता रहा है। इनके द्वारा विरचित मुक्तकों पर विचार इस पुस्तक में अन्य अध्याय में किया जा रहा है।

भरतमुनि नाटकलक्षण में कहते हैं कि नाटक समृद्धि से युक्त होता है। इस कथन की व्याख्या करते हुए आचार्य अभिनवगुप्त ने समृद्धि का उदाहरण कौमुदीमहोत्सव नाटक को माना है।

इस नाटक की केरल से प्राप्त पांडुलिपि की प्रस्तावना में त्रुटित पाठ में '...कया' इस पद के आधार यह नाटक विज्जका या विज्जिका ने लिखा था ऐसा अनुमान पर किया जाता रहा है। इस नाटक का नायक मगध देश का राजा कल्याण वर्मा है। लिच्छवियों के साथ षड्यंत्र में सम्मिलित होकर कल्याणवर्मा को उसी का पालित पुत्र मार डालता है। इस नाटक की शैली भास तथा चतुर्भाणी के भाणों के निकट है, तथा कथावस्तु दंडी की अवंतिसुंदरीकथा और दशकुमारचरित से साम्य रखती है। संभवत: इसकी रचना छठी से आठवीं शताब्दी के मध्य हुई होगी।

रामजी उपाध्याय की मानना है कि नवम शताब्दी ई० में शीलांक ने अपना विवुधानंद नामक उत्सृष्टिकांक रूपक कौमुदीमहोत्सव को आधार बना कर लिखा, अत: इस रूपक का रचनाकाल नवम शती के पहले माना जाना चाहिये।[२२]

नाटक की संक्षिप्त कथा इस प्रकार है— मगध के राजा सुंदरसेन ने चंडसेन को गोद में लिया था। चंडसेन युवा हुआ तो उसने अपने ही पिता की हत्या कर के राज्य हथिया लिया। इस कांड में सुदंरसेन के अनेक विश्वासपात्र मंत्री मारे गये तथा उसकी रानी ने चिता में जलकर प्राण दे दिये। चंडसेन ने राज्य के वास्तविक उत्तराधिकारी सुंदरसेन के पुत्र राजकुमार कल्याणवर्मा को निर्वासित कर दिया।

पहले अंक में कल्याणवर्मा का प्रवेश होता है। वह विंध्य के वन में चंडी मंदिर के निकट

जाबालि के आश्रम में निर्वासित जीवन व्यतीत कर रहा है। उसका मंत्री मंत्रगुप्त छद्म वेष में पाटलिपुत्र में रह रहा है। कल्याणवर्मा मंत्रगुप्त की ओर से संदेश की तथा विदूषक वैखानस के आने की प्रतीक्षा में है। इसी समय राजकुमारी कीर्तिमती यहाँ आती है। वह शूरसेन देश के राजा कीर्तिसेन की पुत्री है। राजकुमार कल्याणवर्मा को बताया जाता है कि राजकुमारी आज आश्रम में ही निवास करेगी। भास के स्वप्नवासवदत्तम् के समान इस समय योगसिद्धि नामक तापसी का यहाँ प्रवेश होता है। जाते जाते कीर्तिमती कटाक्षपात के द्वारा कल्याणवर्मा के प्रति प्रणय निवेदन करती है। कल्याणवर्मा अपने प्रणय को लेकर अपना मनोगत विदूषक वैखानस को बताता है, वैखानस खिन्न होकर मन में सोचता है राज्य से निर्वासन के पश्चात् यह एक और विपत्ति आ पड़ी। दूसरे अंक में कीर्तमती कल्याणवर्मा का चित्र बनाती है। यह चित्र योगसिद्धि देख लेती है। योगसिद्धि वास्तव में कल्याणवर्मा की धात्री रह चुकी है। वह इस चित्र के नीचे एक पद्य लिख देती है। तभी वैखानस वहाँ आ जाता है। योगसिद्धि चित्र उसे दे देती है। तीसरे अंक में चित्र को पाकर कल्याणवर्मा उसके पार्श्व में केतुमती का चित्र बना देता है। चौथे अंक में सूचना मिलती है कि मंत्रगुप्त की कूटयोजना फलीभूत होने को है। अन्याय से कल्याणवर्मा को निर्वासित करने वाले चंडसेन की सेना में फूट पड़ गई है। इस अंक में मंत्रगुप्त का प्रवेश होता है। मुद्राराक्षस के राक्षस की बाँति वह पाटलिपुत्र नगर के दुर्भाग्य पर विषाद व्यक्त करता है। इस अंक में मथुरा से आये जुआरी व विट के संवादों का रोचक दृश्य है, जिससे सूचना मिलती है कि मंत्रगुप्त ने शूरसेन देश के राजा के पास अपनी पुत्री का कल्याणवर्मा से विवाह करने के लिये संदेश भेजा है। तभी मंत्रगुप्त के द्वारा भेजे गये संदेश के अनुसार कल्याणवर्मा नगर में प्रवेश करता है, नगर में विद्रोह प्रारंभ हो जाता है। इधर शूरसेन के राजा कीर्तिषेण प्रतीहारी के साथ अपनी पुत्री को पाटलिपुत्र भेज देते हैं, योगसिद्धि उसे सुगांगप्रासाद में छिपा कर रखती है। कल्याणवर्मा जो वहीं रह रहा है, कीर्तिमती के वियोग से खिन्न है। उसे विदित नहीं है कि उसकी प्रिया कीर्तिमती पास में ही है। तभी निपुणिका कीर्तिमती को उसके पास लेकर आयी है। नाटक अपूर्ण है और यहीं तक प्राप्त होता है।

भीमदेव (भीमट) के नाटक

भीमदेव या भीमट कालंजर के राजा थे। इन्होंने पाँच नाटकों का प्रणयन किया था। इनमें से तीन का उल्लेख मिलता है—स्वप्नदशानन, प्रतिज्ञाचाणक्य तथा मनोरमावत्सराज। इनके सभी नाटक लुप्त हो गये। इनके स्वप्नदशानन नाटक की प्रशंसा करते हुए राजशेखर ने लिखा है—

कालञ्जरपतिश्चक्रे भीमटः पञ्चनाटकीम्।
प्राप प्रबन्धराजत्वं तेषु स्वप्नदशाननम्।।

रामचंद्र-गुणचंद्र ने अपने नाट्यदर्पण में मनोरमावत्सराज नाटक की प्रशंसा करते हुए असत्प्रलाप के उदाहरण में इस नाटक से एक विस्तृत प्रसंग व उद्धरण प्रस्तुत किया है।

जिससे इस नाटक में भीमट ने कथानक में अनेक नयी परिकल्पनाएँ की थीं – यह अनुमान होता है। इस नाटक में रुमण्वान् छल से लावाणक में आग लगाता है ताकि वह पांचालराज का विश्वासपात्र बन सके। फिर वह कूट भाषा में यौगंधरायण को संकेत देता हुआ कहता है—

कौशाम्बी मम हस्त एव परया शक्त्या मया स्वीकृतः
पञ्चालाधिपतिः प्रभुः स भवता न ज्ञायते क्वाधुना।
नन्वादीपित एव मोहितपरानीकेन लावाणको
देवी सम्प्रति रक्ष्यतामयमहं प्राप्तो रुमण्वान् स्वयम्।।

रुमण्वान् के संवाद का मर्म यौगंधरायण समझ जाते हैं और वे वासवदत्ता को लेकर भाग निकलने की योजना बना लेते हैं।

अभिनवगुप्त ने भीमट के प्रतिज्ञाचाणक्य में राजा विंध्यकेतु को शकार के रूप में प्रस्तुत करने को युक्तियुक्त ठहराया है। इन प्राचीन आचार्यों के उल्लेखों से जाना जा सकता है कि भीमट या भीम की नाट्यजगत् में बड़ी प्रतिष्ठा थी।

भगवदज्जुकम् तथा मत्तविलासम्

ये दोनों प्रहसन कोटि के रूपक हैं। संस्कृत रूपकों की परंपरा में प्रहसन दो प्रकार के मिलते हैं— एक तो वे जिनमें कल्पनाप्रवण नाट्यकार कथानक के अंतर्गत परिस्थितियों की ऐसी रचना करता है कि हास्य की अनिर्बाध सृष्टि स्वयं होती जाती है। दूसरी कोटि के प्रहसन वे हैं जिनमें अधम कोटि के पात्र संवादों की असभ्यता, अश्लीलता या फूहड़पन के द्वारा हास्य उत्पन्न करते हैं। नाट्यशास्त्र में पहली कोटि के प्रहसन को शुद्ध तथा दूसरी कोटि के प्रहसन को संकीर्ण कहा गया है। भगवदज्जुकम् तथा मत्तविलासम् पहली कोटि के प्रहसन हैं। इन दोनों में हास्य की सृष्टि कथा संविधान की आकस्मिकता के कारण होती है। इन दोनों प्रहसनों की दार्शनिक और प्रतीकात्मक व्याख्याएँ भी की जाती रही हैं।

भगवदज्जुकम्

संस्कृत प्रहसनों में भगवदज्जुकम् अद्वितीय है। इसके रचयिता का नाम तथा रचनाकाल अनिर्णीत हैं। ६१० ई० के मानमंडूर शिलालेख में इस प्रहसन का नाम आया है, अतः इसकी रचना ६१० ई० के पूर्व हो चुकी थी- थी – यह कहा जा सकता है। इस शिलालेख में मत्तविलास तथा भगवदज्जुकम् इन दोनों प्रहसनों के साथ नाट्यकार के रूप में पल्लव राजा महेन्द्रविक्रम का उल्लेख है। दूसरी ओर भगवदज्जुकम् की एकमात्र उपलब्ध प्राचीन टीका 'दिङ्मात्रदर्शिनी' तथा इस प्रहसन की पांडुलिपियों में इसका कर्ता बोधायन को बताया गया है। श्री वार्डर का मत है कि भगवदज्जुकम् के प्रणेता बोधायनधर्मसूत्र के लेखक बोधायन ही हैं, जिनका समय तीसरी शताब्दी ई० है। प्रो० एस०के० डे० तथा प्रो० रामजी उपाध्याय

भगवदज्जुकम् का रचनाकाल बाद में — १२वीं शताब्दी के लगभग मानने के पक्ष में हैं। पर यह मत समीचीन प्रतीत नहीं होता। इस संबंध में निम्नलिखित प्रमाण विचारणीय हैं—

(१) भगवदज्जुकम् की रचना नाट्यशास्त्र की प्रसिद्धि के कुछ पूर्व हो चुकी थी, क्योंकि नाट्यशास्त्र में दिये गये प्रहसन के लक्षण इस पर पूरी तरह सत्यापित नहीं होते। नाट्यशास्त्र के अनुसार प्रहसन में भगवान् (संन्यासी), तापस या विप्र आदि के द्वारा हास्य का प्रवर्तन किया जाता है। भगवदज्जुकम् में संन्यासी पात्र तो है, पर उसका स्वयं का चरित्र अत्यंत उदात्त है। नाटक के शेष पात्र अवश्य उसके चरित्र के आगे हास्यास्पद बन जाते हैं। इस प्रहसन के अतिरिक्त जितने प्रहसन संस्कृत में मिलते हैं, उनमें कोई पात्र ऐसा नहीं, जो हास्यास्पद न बनता हो। अत: भगवदज्जुकम् प्रहसन के लक्षणों के रूढ होने के पहले लिखा जा चुका था।

(२) भगवदज्जुकम् की प्रस्तावना में रूपक प्रकारों के नाम दिये गये हैं, जिनमें संल्लाप तथा वार ये दो रूपक भी परिगणित हैं। नाट्यशास्त्र में परिगणित दशरूपकों में संलाप और वार कहीं उल्लिखित नहीं हैं। अत: नाट्यशास्त्र के दशरूपकविधान की प्रसिद्धि होने के पहले भगवदज्जुकम् लिखा जा चुका था—यह सिद्ध होता है।

नाट्यशास्त्र के लक्षणों तथा सिद्धांतों की प्रसिद्धि चौथी शताब्दी के आसपास हुई। अत: भगवदज्जुकम् इसके पहले लिखा जा चुका था।

(३) भगवदज्जुकम् में अनेक दार्शनिक मतों का गंभीर विवेचन है। इसके अंतर्गत प्रहसन के नायक भगवान् या संन्यासी सांख्यमत के विवेचन में आचार्य वार्षगण्य का नामोल्लेख तो करते हैं, पर सांख्यकारिका के प्रणेता आचार्य ईश्वरकृष्ण का नहीं। वार्षगण्य का समय दूसरी शताब्दी ई०पू. है। ईश्वरकृष्ण उनके बाद के है। अत: भगवदज्जुकम् का रचनाकाल ईश्वरकृष्ण के सांख्यसिद्धांत की प्रसिद्धि के पहले का है।

कथावस्तु

प्रहसन के प्रारंभ में भगवान् परिव्राजक अपने शिष्य शांडिल्य को खोजते हुए प्रवेश करते हैं। शांडिल्य एक पेटू बटु हैं, जो दरिद्र ब्राह्मणकुल में उत्पन्न होकर उदरपोषण के लिये पहले बौद्ध भिक्षु हुआ, फिर इन संन्यासी के पास चला आया। शांडिल्य इन संन्यासी से भी दुखी है, क्योंकि वे उससे भोजन पानी की तो कोई बात ही नहीं करते, ज्ञानचर्चा करते रहते हैं।

शांडिल्य के भिक्षाटन को चलने के अनुरोध को टाल कर संन्यासी उसे लेकर नगर के अशोक उद्यान में पहुँचते हैं। दोनो में योग पर चर्चा होती है, जिसे शांडिल्य भोगचर्चा की ओर

मोड़ना चाहता है। इसी समय उस उद्यान में वसंतसेना नामकी गणिका अपनी चेटी या दासी के साथ विहार के लिये आती है। उसका प्रेमी रामिल भी उससे मिलने के लिये वहाँ आने वाला है। समय बिताने के लिये वह उद्यान में फूल चुनने लगती है। शांडिल्य उसे अतृप्तलालसा से छिप कर निहारता है। संन्यासी उसकी चंचलता पर उसे फटकार लगाते हैं। तभी यमदूत वहाँ प्रवेश करता है। यमराज ने उसे वसंतसेना नाम की गणिका के प्राण लेने के लिये इस नगर में भेजा है। वह सर्प बन कर फूल चुनती वसंतसेना को काट लेता है। वसंतसेना चेटी को अपनी माता तथा प्रेमी के लिये अपना अंतिम संदेश बताते बताते प्राण त्याग देती है। शांडिल्य यह दृश्य देखकर बिलखने लगता है। संन्यासी उसे गणिका का मोह त्यागकर अध्ययन में मन लगाने का उपदेश देते हैं, तो वह उनसे ही उलझ पड़ता है। चेटी गणिका के शव को शांडिल्य के भरोसे छोड़कर उसकी माता को बुलाने के लिये चली जाती है। शांडिल्य गणिका के शव को छूकर विलाप करने लगता है। तब संन्यासी उसका मोह तोड़ने के लिये अपनी योगशक्ति का चमत्कार दिखाने का निर्णय लेते हैं। वे अपना जीव मृत गणिका के शव में प्रविष्ट करा देते हैं। गणिका जी उठती है और संन्यासी का शरीर निष्प्राण हो जाता है। शांडिल्य प्रसन्नता से उछल पड़ता है, और गणिका को छूने के लिये आगे बढता है, तो गणिका के शरीर में विराजे उसके गुरुदेव उसे डपटते हैं – अपवित्र हाथों से मत छू! शांडिल्य घबरा कर फिर गुरुदेव के पास जाता है, और उनका शरीर निष्प्राण देखकर रोने लगता है। गणिका के देह में विराजे उसके गुरु उसे अध्ययन करने के लिये पुकारते हैं। तभी चेटी गणिका की माता को लेकर आ जाती है। गणिका की माता रोती हुई अपनी बेटी के शरीर से लिपटने को होती है कि संन्यासी उसके शरीर के भीतर से उसे कड़े स्वर में स्पर्श करने से रोकते हैं। माता और चेटी समझती हैं कि विष के प्रभाव से वसंतसेना ऊटपटाँग बातें कर रही है। वे उसके इलाज के लिये दो वैद्य बुलाये जाते हैं। पर गणिका के भीतर स्थित संन्यासी उन वैद्यों से वैद्यक और सर्पविद्या पर प्रश्न और शास्त्रार्थ कर के उन्हें इस तरह हैरान कर देते हैं कि वे भाग खड़े होते हैं। इस बीच वसंतसेना का प्रेमी रामिलक उससे मिलने के लिये आ पहुँचा है। वह अपनी प्रेमिका को प्रेताविष्ट समझकर घबरा जाता है। यह सारा घटनासंविधान और भी रोचक मोड़ ले लेता है, जब वसंतसेना का जीव लेकर गया हुआ यमदूत लौट आता है। यमराज ने उसे लताड़ कर कहा कि जिस वसंतसेना का जीव तुम ले आये हो, उसकी तो आयु पूरी नहीं हुई थी, उसी नगर में एक अन्य वसंतसेना नामकी गणिका है, उसका जीव लाना था। यमदूत उद्यान में वसंतसेना का जीव उसके शरीर में वापस स्थापित करने के लिये पहुँचता है तो क्या देखता है कि वसंतसेना तो जीवित है और प्रवचन दिये जा रही है। वह वस्तुस्थिति समझ जाता है और संन्यासी के खेल को आगे बढ़ाने के लिये गणिका का जीव उनके मृत देह में डाल देता है। अब संन्यासी स्त्रियों जैसे सुकुमार स्वर में रामिलक और गणिका की माता को पुकार रहे हैं और उधर गणिका संन्यासी के स्वर में लोगों को डपट रही है। अंत में यमदूत अपनी भूल सुधारने के लिये वहाँ आता है और गणिका के शरीर में स्थित संन्यासी से प्रार्थना

करता है कि वे उस शरीर को त्याग दें। इसके पश्चात् संन्यासी का जीव फिर से उन्हीं के देह में आ जाता है और गणिका का जीव भी उसके नारी शरीर में लौट आता है, जिससे ये दोनों पहले की तरह स्वाभाविक आचरण करने लगते हैं।

वस्तुयोजना की विशेषताएँ

भगवदज्जुकम् में दार्शनिक, सामाजिक और मनोवैज्ञानिक रहस्यों के उन्मीलन के लिये परकाय प्रवेश के अभिप्राय का अत्यंत मौलिक और कल्पनापूर्ण प्रयोग किया गया है। यमदूत की तनिक सी भूल के कारण विचित्र और उलझन भरी स्थितियों की शृंखला बन जाती है, जिसमें दर्शक तो कौतुक से भरकर आनंदित होते रहते हैं, और संन्यासी को छोड़कर सारे पात्र किंकर्तव्यविमूढ हो जाते हैं। घटनाव्यापार के आकस्मिक विपरिवर्तन के द्वारा इस प्रहसन में हास्य की अपूर्व सृष्टि की गयी है। एक असंभव प्रतीत होने वाली घटना को मंच पर चरितार्थ करके नाट्यकार मनुष्य के अस्तित्व और व्यक्तित्व की पहचान के संबंध में गंभीर प्रश्न उठाते हैं। क्या देह से मनुष्य के व्यक्तित्व की पहचान होती है? शांडिल्य संन्यासी के देह से चिढ़ता है, और गणिका के रूप पर आसक्त होता है। संन्यासी का व्यक्तित्व गणिका में और गणिका का जीव संन्यासी में आ जाने से उसकी संन्यासी के लिये चिढ़ और गणिका के लिये आसक्ति दोनों समाप्त हो जाती हैं। गीताकार की भाँति भगवदज्जुकम् के प्रणेता यहाँ यह संदेश भी देना चाहते हैं कि 'स्वे स्वे कर्मण्यभिरतः संसिद्धिं लभते नरः' – यदि संन्यासी गणिका की भाँति और गणिका संन्यासी की भाँति आचरण करने लगे, तो बड़ी विसंगति होगी।

मृच्छकटिक की भाँति भगवदज्जुकम् में पात्रों के व्यक्तित्व और वैशिष्ट्य के अनुसार भाषाशैली की विविधता है। संन्यासी के संवादों में एक एक शब्द गरिमा और गंभीरता से ओतप्रोत है, शांडिल्य के हर वाक्य से उसकी मूर्खता और फूहड़पन टपकता है। गणिका के बोलने का ढंग और उनकी अपनी भाषा की बानगी भी नाट्यकार ने अच्छी प्रस्तुत की है।

भगवदज्जुकम् की अभूतपूर्व विशेषता उसके रचनाकार की गंभीर ऋषिदृष्टि है। इस प्रहसन की दिङ्मात्रदर्शिनी नाम से एक प्राचीन टीका मिलती है। टीकाकार नारायण (अपने समाननामा) नारायणीयम् के प्रणेता नारायण के शिष्य थे। उन्होंने इस टीका में भगवदज्जुकम् को अतिगंभीर कृति कहा है, और आद्यंत इसमें अर्थ के दो स्तर उद्घाटित किये हैं। एक लौकिक या बाह्य स्तर है, दूसरा आध्यात्मिक और प्रतीकात्मक। पहले स्तर पर तो हास्य की निराली छटा प्रहसन में निरंतर बनी रहती है, पर सूक्ष्मतर स्तर पर हम यह भी अनुभव करते हैं कि विपर्यास का जो रंगमंच यहाँ उपस्थित किया गया है, उसमें नाट्यकार निस्संग और निष्काम है। श्रीमद्भगवद्गीता के निष्काम कर्म या अनासक्ति योग से नाट्यकार प्रभावित लगता है। संन्यासी के संवादों में असंगता की व्याख्या भी उसी प्रकार उसने टकरायी है। शांडिल्य बद्ध जीव का प्रतीक है, जिसे गुरु मुक्ति का मार्ग दिखाते हैं।

मत्तविलासप्रहसन

मत्तविलास प्रहसन के प्रणेता पल्लव राजा महेंद्र विक्रम हैं। राजा सिंहविष्णु के पुत्र महेंद्रविक्रम ने कांची में सातवीं शताब्दी के पूर्वार्ध में राज्य किया – यह अनेक शिलालेखों तथा ऐतिहासिक साक्ष्यों से प्रमाणित है। दक्षिण के मानमंडूर शिलालेख में इस प्रहसन का उल्लेख है, जिससे यह प्रमाणित होता है कि इसकी रचना ६१०ई० के पहले हो चुकी थी। महेंद्रविक्रम एक प्रतापी सम्राट् होने का साथ साथ सुकवि तथा कवियों का आश्रयदाता और कलाप्रेमी था। उसके शिलालेखों में उसके काव्य व कलाओं के प्रति अनुराग की बड़ी प्रशस्ति की गई है।

कथावस्तु

सत्यसोम एक कापालिक था। वह कांची नगरी में रहता था। कपाल या खप्पर के सिवाय उसके पास कुछ नहीं था। फिर भी देवसोमा उस पर रीझकर उसकी संगिनी हो गई थी। दोनों खप्पर में जो भिक्षा आ जाती, उसे खाते, गोशृंग (गाय के सींग से बना बोतल जैसा पात्र) में भर कर छककर मदिरा पीते और मदमत्त होकर पड़े रहते। पंच मकार का सेवन तो कापालिक का व्रत था, इसी को वह अपना तप कहता था।

प्रहसन के प्रारंभ ये दोनों मदिरा के मद में धुत्त प्रवेश करते हैं। सत्यसोम तो जिह्वा बोलते बोलते पलटने लगती है, देवसोमा उसके मदिर वार्तालाप में रस ले रही थी, पर वह देवसोमा को सोमदेवा कहने लगता है, तो देवसोमा ने उसे झिड़क देती है। सत्यसोम उससे क्षमा माँगते हुए मदिरा का त्यागकरने का प्रण करने को उद्यत हो जाता है।

देवसोमा कहती है— भगवन्, मेरे कारण व्रत तोड़कर तपस्या खंडित मत कीजिये। इस पर सत्यसोम गद्गद होकर भगवान् शिव की स्तुति करने लगता है और कपाली शिव को ही दीर्घायु होने का आशीर्वाद दे डालता है—

पेया सुरा प्रियतमामुखमीक्षणीयं ग्राह्यः स्वभावललितो विकृतश्च वेषः।
येनेदमीदृशमदृश्यत मोक्षवर्त्म दीर्घायुरस्तु भगवान् स पिनाकपाणिः।।

(सुरा पीनी चाहिये, प्रियतमा का मुख देखा जाना चाहिये, स्वभाव से ललित और विकृत वेष धारण करना चाहिये — इसप्रकार का मोक्षमार्ग जिन्होंने दिखा दिया, वे भगवान् पिनाकपाणि शिव दीर्घायु हों।)

देवसोमा ने कहती है— अर्हत् धर्म को मानने वाले साधु तो संयम और शरीर को कष्ट देने से मोक्ष मानते हैं।

सत्यसोम कहता है— पाप शांत हो पाप शांत हो। तुम ने भी किन लोगों की बात छेड़ दी।

वह जी भर कर अहर्त् धर्म के अनुयायियों को कोसता है , और फिर कहता है— इन लोगों की चर्चा से मेरी तो जिह्वा ही अपवित्र हो गई, इसे मदिरा से ही धोना पड़ेगा।

फिर क्या था, दोनों सुरापण (शराबखाने) की ओर चल पड़े। सुरापण के द्वार पर पहुँचकर सत्यसोम ने प्रसन्न होकर मद से लड़खड़ाते स्वर में कहा - अहा क्या निराला रूप है सुरापण का, यह तो यज्ञवाट (यज्ञशाला) ही है।

सुरापण में पियक्कड़ मतवाले होकर नाच रहे थे। ये दोनों भी नाचने लगे।

देवसोमा कहती है— मदिरा तो पियेगें, कुछ साथ में चिखौना भी मिल जाए, तो क्या ही आनंद रहे।

वह देवसोमा के साथ सुरापण से बाहर आया और पुकारने लगा - भवति भिक्षां देहि।

मार्ग में जाती किसी श्रद्धालु रमणी ने खाद्य पदार्थ उसकी ओर बढ़ाते हुए कहा - भगवन्, यह लीजिये भिक्षा!

सत्यसोम - भिक्षा ले लूँ। प्रिये, मेरा कपाल कहाँ है।

देवसोमा - आपका कपाल यहाँ नहीं है।

सत्यसोम ने चिंतित होकर कहा - अरे मेरा कपाल कहाँ गया? लगता है सुरापण में ही भूल आये।

देवसोमा ने कहा - भक्तिन भिक्षा लिये खड़ी है। भिक्षा नहीं लेगें, तो अधर्म होगा। अभी तो इस गोशृंग में भिक्षा ले लीजिये। फिर कपाल को भी खोजते हैं।

भिक्षा लेकर दोनों कपाल खोजने लगे। सुरापण में कपाल कहीं नहीं दिखा। कापालिक सत्यसोम विलाप करता हुआ कहने लगा - अरे अरे, जब कपाल ही नहीं है, तो मैं कापालिक कैसे हो सकता हूँ? मेरा तो सारा तप ही डूब गया!

दोनों इस विकट समस्या पर विचार भी कर रहे थे कि कपाल के न होने पर सत्यसोम कापालिक कहा जायेगा या नहीं, और कपाल खोजते हुए वे कांची के मार्गों और गलियों में आवाजाही कर रहे थे कि वहाँ से एक बौद्ध भिक्षु नागसेन निकला। वह उपासक धनदास श्रेष्ठी के घर से अपने भिक्षापात्र में भरपूर भिक्षा लेकर आ रहा था, और मन ही मन सोच रहा था कि भगवन् तथागत तो परम करुणिक थे, उन्होंने भिक्षुओं से सुखमय जीवन के लिये मध्याह्न में भरपेट मत्स्य मांस से युक्त भिक्षा और अपराहण में सरस पान का विधान बनाया है, सुगंध और उत्तम परिधान की भी व्यवस्था दी है। इसके साथ वे स्त्री से रमण और सुरापान का भी विधान कर देते तो कितना अच्छा रहता। लगता है भगवान् ने तो विधान किया ही होगा, इन दुष्ट स्थविरों (बूढे भिक्षुओं) ने पिटकपुस्तकों से बुद्ध के वचन निकाल दिये हैं, जिनमें ऐसे विधान हैं।

नागसेन मूल त्रिपिटक पुस्तकें कैसे मिलेगी इस समस्या पर चिंतन कर रहा था, तभी

अपना कपाल खोजते हुए सत्यसोम और देवसोमा उधर से निकले। दोनों की दृष्टि बौद्धभिक्षु पर गई। वह शंकित होकर अगल-बगल में ताकता हुआ अपने चीवर में कुछ छिपाये हुए तेजी से जा रहा था। देवसोमा ने कहा -'भगवन्, हमारा कपाल अवश्य ही इस बौद्ध भिक्षु ने चुराया है। देखिये वह उसे छिपाकर ले जा रहा है!'

फिर तो कापालिक सत्यसोम भिक्षु नागसेन से भिड़ गया। दोनों में विवाद होने लगा। भिक्षु नागसेन अपना भिक्षा पात्र दिखाना नहीं चाहता था, उसे भय था कि उसमें रखे मत्स्य और मांस के व्यंजन ये लोग झपटकर खा जायेगें। वह कहता जा रहा था कि हम लोग भिक्षा में क्या मिला है— यह किसी को नहीं दिखाते...

कापालिक ने कहा - यह संवृत सत्य है। अब मुझे परमार्थ सत्य का दर्शनकराना होगा।

दोनों में विवाद बढ़ रहा था। देवसोमा अपने संगी सत्यसोम को गोशृंग में भरी मदिरा पिला पिलाकर बौद्ध भिक्षु की जम कर पिटाई करने के लिये उकसा रही थी। नशे में लड़खड़ाते हुए कापालिक ने कहा- देवसोमा! इस भिक्खु को भी मदिरा पिला दे, क्योंकि द्वंद्व तो समान बल वालों में होना चाहिये, मैं मदिरा पीकर बलशाली हो चुका। यह भी पिये और फिर मुझ से युद्ध करे।

भिक्षु नागसेन की दृष्टि देवसोमा के यौवन से उफनाती काया में अटकी थी। उसके मन में लालच जागा कि कम से कम इस रमणी के हाथ से मिली मदिरा चख कर देख ही ले, पर किसी तरह अपने को उसने रोका।

कापालिक और भिक्षु नागसेन में छीनाझपटी होने लगी। भिक्षु की लात खाकर कापालिक धरती पर गिर पड़ा। मदिरा से मतवाली देवसोमा भिक्षु के केश पकड़कर घसीटने का प्रयास कर ही रही थी, पर भिक्षु तो मुंडित था, इसलिये उसके हाथ भिक्षु के मस्तक से फिसले और वह भी गिर पड़ी। भिक्षु हँसता हुआ उसे उठाने लगा। कापालिक चीखने लगा - देखये देखिये आप लोग यह दुष्ट भिक्षु मेरी प्रिया का पाणिग्रहण कर रहा है!

भिक्षु ने कहा - मैं तो अपने धर्म का पालन कर रहा हूँ। पतित का उद्धार करना हमारा धर्म है।

कापालिक ने कहा - तो फिर मैं पहले से गिरा हुआ था, मुझे क्यों नहीं उठाया?

यह सब कोलाहल सुनकर पाशुपत बभ्रुकल्प वहाँ आ पहुँचा। वह देवसोमा का पूर्व प्रेमी था। अभी भी उसकी दृष्टि देवसोमा पर थी।

इन लोगों के कहने पर भिक्षु को अपना भिक्षापात्र बताना पड़ा। सत्यसोम ने कहा - देखो देखो इस भिक्षु ने मेरा कपाल चुराया ही नहीं, उसका रंग और आकार भी बदल दिया है। पाशुपत बभ्रुकल्प के सुझाव पर वे न्याय के लिये अधिकरण (न्यायालय) की ओर चल पड़े।

तभी उन्मत्तक (पागल) वहाँ से निकला। उसके पास कुत्ते के मुँह से छीना हुआ कपाल था।

वह कपाल बभ्रुकल्प को देने लगा। बभ्रुकल्प उसे कपाल कापालिक को लौटाने के लिये कहा। बड़ी कठिनाई से ये सब मिलकर उन्मत्तक से कापालिक का कपाल वापस प्राप्त करने में सफल हो पाये।

वैशिष्ट्य

मत्तविलास प्रहसन में तत्कालीन धार्मिक स्थिति का विडंबनापूर्ण चित्रण है। कापालिक, पाशुपत तथा बौद्ध भिक्षुओं के जीवन का कच्चा चिट्ठा प्रहसनकार ने खोलकर रख दिया है। कापालिक के लिये कापालिक धर्म का अर्थ यही रह गया है कि भरपूर मदिरा पियो और स्त्रियों का साहचर्य प्राप्त करो। पाशुपत की भी यही स्थिति है। भिक्षु नागसेन इस बात को लेकर दुखी है कि बौद्ध धर्म में रहने पर उसे शेष सारे सुख तो सुलभ हैं, केवल सुरा और सुंदरी का सुख सुलभ नहीं है। वह चाहता है कि भगवान् बुद्ध के वचनों की ऐसी व्याख्या की जाये कि ये सुख भी बौद्ध धर्म में रहकर उसे प्राप्त होते रहें। इस प्रकार धार्मिक अध:पतन पर तीखा व्यंग्य करते हुए प्रहसनकार ने पूरे प्रहसन में हास्यास्पद स्थितियों की अत्यंत रोचक शृंखला गूँथी है। भिक्षु नागसेन से भिड़ने के लिये देवसोमा उसे केश पकड़कर घसीटना चाहती है, पर भिक्षु तो मुंडित मस्तक वाला है, उसे नशे में धुत्त देवसोमा उसके केश न पाकर स्वयं नीचे गिर पड़ती है। कुत्तों के द्वारा जूठे किये गये कपाल का एक पागल के पास से प्राप्त होना पूरे प्रहसन में व्याप्त उत्त्रास के भाव को पराकाष्ठा पर पहुँचाता है। कपाली, पाशुपत और भिक्षु तीनों में शास्त्रज्ञान में कमी नहीं है— यह उनके संवादों से स्पष्ट है। धर्मधुरंधर कथित ज्ञानी लोगों ने किस प्रकार धर्म को विकृतकर के पाखंड बना दिया है इसका यथार्थ चित्रण इस प्रहसन में प्रस्तुत है। इसके सारे के सारे पात्र समाज से बाहर रहने वाले पात्र हैं। मर्यादाओं और वर्जनाओं को तोड़ने में वे प्रवीण हैं। विडंबन की शैली का अत्यंत प्रभालशाली रूप इस कृति में निखरा है।

दूसरी ओर कपाल के गुम हो जाने की घटना को केंद्र में बनाकर यह प्रहसन जिस तरह से आगे बढ़ता है, उसके द्वारा इसमें सांकेतिक गूढ़ दार्शनिक अभिप्राय भी जुड़ गये हैं। मनुष्य की पहचान क्या है— कापालिक के संवाद से यह प्रश्न उठता है। जिसने कपाल धारण नहीं कर रखा है, उसे कापालिक कहा जायेगा या नहीं – यह वह पूछता है। इस तरह कपाल एक प्रतीक बन जाता है। कापालिक तथा उसकी संगिनी दोनों अपनी पहचान खोजते हुए लगते हैं।

भगवदज्जुकम् तथा मत्तविलासम् ये दोनों ही प्रहसन केरल के मंदिरो में चाक्यारों (पारंपरिक अभिनेताओं) के द्वारा खेले जातें रहे हैं, तथा दोनो की ही दार्शनिक या प्रतीकात्मक व्याख्या की जाती रही है। चाक्यार कपाली को ही भगवान् शिव का रूप मानकर पूरे प्रहसन को शिवलीला के रूप में दिखाते हैं।

आधुनिक रंगमंच पर ये दोनों प्रहसन सर्वाधिक खेले जाने वाले संस्कृत रूपक हैं।

मत्तविलास प्रहसन का हिंदी अनुवाद प्रख्यात नाट्यनिर्देशक कावालम् नारायण पणिक्कर के निर्देशन में राष्ट्रीय नाट्यविद्यालय के नाट्यदल की ओर से खेला गया। इसमें उत्तरा बावकर के द्वारा देवसोमा की भूमिका मनोहारी रही। भगवदज्जुकम् की उल्लेखनीय प्रस्तुतियों में सूर्यमोहन कुलश्रेष्ठ के द्वारा इसका हिंदी अनुवाद देश तथा विदेश में प्रस्तुत हुआ तथा बहुत सराहा गया। मूल संस्कृत में यह प्रहसन नाट्य परिषद्, सागर विश्वविद्यालय की ओर राधावल्लभ त्रिपाठी के निर्देशन में अनेक बार खेला गया, तथा दर्शनवृंद के द्वारा पसंद किया गया।

कुंदमाला

भास के रूपकों की की भाँति दिङ्नाग (?) द्वारा विरचित कुंदमाला नाटक भी कई शताब्दियों तक विलुप्त रहा है। आचार्य परंपरा में इस नाटक का उल्लेख अनेकत्र हुआ है। एच्.एच्.विल्सन तथा कीथ जैसे विद्वानों ने संस्कृतसाहित्य विषयक अपने ग्रंथों में इस नाटक का उल्लेख एक अप्राप्त कृति के रूप में किया है। इसकी हस्तलिखित प्रति प्राप्त होने पर १९२३ ई० में रामकृष्ण कवि के द्वारा इसका संपादन व प्रकाशन किया गया।

भास की ही भाँति कुंदमाला के प्रणेता भी संस्कृत साहित्य की एक समस्या ही हैं। उनका वास्तविक नाम क्या था — दिङ्नाग, वीरनाग, नागय्य, धीरनाग या रविनाग? वे भवभूति से पहले हुए या बाद में? - इन प्रश्नों का अभी तक समाधान नहीं हो सका है। मैसूर की एक हस्तलिखित प्रति में नाटककार का नाम दिङ्नाग दिया हुआ है। वासुदेव विष्णु मिराशी इसका इस नाटक के रचयिता का नाम धीरनाग मानते हैं। यदि इसका रचयिता दिङ्नाग माना जाये, तो यह प्रश्न आता है कि ये दिङ्नाग सुप्रसिद्ध बौद्ध दार्शनिक दिङ्नाग ही हैं या कोई और? इस संबंध में विद्वानों में मतमतांतर इस प्रकार हैं – (१) कुंदमाला के प्रणेता सुप्रसिद्ध बौद्ध दार्शनिक दिङ्नाग हैं, (२) कुंदमाला के प्रणेता दिङ्नाग हैं, पर वे बौद्ध होते हुए भी दार्शनिक दिङ्नाग से भिन्न हैं। (३) कुंदमाला के प्रणेता दिङ्नाग हैं, पर वे वैदिक मतावलंबी हैं। (४) कुंदमाला के प्रणेता का नाम दिङ्नाग नहीं है।

कुंदमाला का प्रथम उल्लेख आचार्य अभिनवगुप्त ने अभिनवभारती में किया है। तत्पश्चात् भोज ने शृंगारप्रकाश में भी इसका उल्लेख किया है। इससे यह तो निश्चित ही है कि इस नाटक की रचना दसवीं शताब्दी के पहले हो चुकी थी। एक महान् नाट्य रचना के रूप में यह कृति परंपरा में समादृत भी रही। बहुरूपमिश्र ने दशरूपक की अपनी टीका में, शारदातनय ने भावप्रकाशन में , सागरनंदी ने नाटकलक्षणरत्नकोश में और रामचंद्र- गुणचंद्र ने नाट्यदर्पण में इसका उल्लेख किया है। वुल्नर, सुशीलकुमार डे, गौरीनाथ शास्त्री आदि विद्वान् इसे भवभूति से प्रभावित और भवभूति के बाद लिखा हुआ मानते हैं। कृष्णमाचार्य, वरदाचार्य और रामनाथ शास्त्री आदि का मत है कि कुंदमाला का रचयिता भवभूति के पहले हो चुका था और

भवभूति उत्तररामचरित की रचना में कुंदमाला से प्रभावित हुए। भवभूति दिङ्नाग के परवर्ती हैं और वे दिङ्नाग से प्रभावित हैं – इस मत की पुष्टि में ये प्रमाण दिये जाते हैं – (१) भवभूति ने दिङ्नाग के कुशल नाटकीय संविधान को काव्यात्मक परिष्कार दिया, (२) भवभूति ने उत्तररामचरित के तीसरे अंक का नाम छायांक रखा है, जबकि उसमें सीता की छाया का कहीं उल्लेख या चित्रण नहीं है। अदृश्य सीता की पानी में पड़ती छाया का प्रसंग कुंदमाला में है। भवभूति ने इसी से प्रभावित होकर अपने नाटक में छायांक की परिकल्पना की। डॉ०रामजी उपाध्याय तो दिङ्नाग को कालिदास के भी पहले तथा भास के निकट मानने के पक्ष में हैं।

कथानक

पहले अंक में लक्ष्मण राम के आदेश से सीता को वन में छोड़ने के लिये ले जा रहे हैं। वे अप्रत्याशित रूप से सीता को राम का संदेश बताते हैं। सीता सुनकर हतप्रभ रह जाती हैं, और विलाप करती हुई राम को अपना संदेश देती हैं। रोते हुए लक्ष्मण उन्हें छोड़कर चले जाते हैं। सीता प्राण त्याग देना चाहती है, फिर होने वाली संतान का ध्यान रखकर जीवन धारण करने का निश्चय करती हैं। इसी समय वाल्मीकि को उनके शिष्य बताते हैं कि गंगातट पर कोई स्त्री बिलख बिलख कर रो रही है। वे आ कर सीता को अपने आश्रम में ले आते हैं। वाल्मीकि के साथ जाती हुई सीता गंगा को प्रणाम करते हुए कहती हैं कि यदि उन्हे निरापद रूप से संतान प्राप्त हुई तो, वे प्रतिदिन एक कुंदमाला गूँथकर गंगा देवी को अर्पित करेगीं। पहला अंक यहीं पर समाप्त होता है। दूसरे अंक में सूचना मिलती है कि गोतमी नदी के तट पर नैमिषारण्य में राम ने यज्ञ आरंभ कर दिया है, जिसमें पत्नी के स्थान पर सीता की स्वर्णमयी प्रतिमा स्थापित की है। इस बीच सीता को युगलपुत्र हो चुके हैं, और वे वाल्मीकि से विद्यारंभ भी कर चुके हैं। सीता राम के द्वारा निमंत्रित वाल्मीकि आदि मुनियों के साथ नैमिषारण्य में आ जाती हैं। लव कुश को विदित नहीं है कि उनकी माता वास्तव में सीता ही हैं, क्योंकि वाल्मीकि के तपोवन में सीता को कोई उसके वास्तविक नाम से नहीं बुलाता। तीसरे अंक में राम वन में लक्ष्मण के साथ विचरण करते हुए सीता की स्मृतियों से आकुल हो जाते हैं, इसी समय उन्हे गोमती नदी में एक कुंदमाला तिरती दिखायी देती है। राम कहते हैं कि माला गूँथने का यह कौशल सीता का ही हो सकता है। फिर वे उस माला को लिये हुए वाल्मीकि के तपोवन की ओर बढते हैं, तो रेतीली भूमि पर सीता के चरण चिह्न देखकर फिर ऊहापोह करने लगते हैं। इसी समय ऋषि के वरदान से पुरुषों के लिये अदृश्य बनी सीता फूल चुनती हुई वहाँ आती हैं। वे राम और लक्ष्मण की बातचीत सुनती हैं, और राम की दशा देखकर व्याकुल हो जाती हैं। चौथे अंक में सीता की सखियों वेदवती तथा यज्ञवती की बातचीत से यह पता चलता है कि तिलोत्तमा नामक अप्सरा राम की परीक्षा लेने के लिये सीता का रूप धरकर उनके सामने आने का विचार कर रही है। पर तिलोत्तमा जब यह बात वेदवती को बता रही थी, तो विदूषक

कौशिक ने छिपकर दोनो की बातचीत सुन ली। तिलोत्तमा को यह पता चलता है, तो वह धोखा देकर राम की परीक्षा लेने का विचार छोड़ देती है। इसी समय पहले के वनवास के दिनो में मायावती नाम की एक वनदेवी के द्वारा दिया गया रेशमी दुकूल ओढ़े सीता वहाँ आती हैं। सीता को बहुत व्यथित देखकर यज्ञवती उन्हें सलाह देती है कि वे दीर्घिका के तटपर रहकर हंसों के विहार करते जोड़ों को देखें, यहाँ बैठी हुई उन्हे कोई पुरुष नहीं देख सकेगें। सीता अकेली रह जाती हैं, तभी राम वहाँ आते हैं। यज्ञाहुति का धुआँ आँखो में भर जाने के कारण वे मुँह धोने के लिये दीर्घिका पर झुकते हैं, तभी दीर्घिका के जल में उन्हे सीता की परछाईं दिखती है। राम चकित होकर सीता को खोजते हैं, सीता किनारे से दूर हट जाती हैं और उनकी परछाईं दिखना बंद हो जाती है। राम परछाईं को चलती हुई और दूर हटती हुई देखते हैं। परछाईं दिखना बंद हो जाती है और सीता कहीं नहीं दिखती तो राम मूर्छित हो जाते हैं। सीता राम के पास जाकर उनका आलिंगन करती है। राम अर्धमूर्च्छित दशा में उनसे बातचीत करतें हैं। सीता अधूरे टूटते हुए वाक्यों में डरती हुई उन्हें उत्तर देती हैं। राम उनके उत्तर सुनते हुए फिर मूर्च्छित हो जाते हैं और संज्ञा पाकर उनका वह आँचल पकड़ लेते हैं, जिससे सीता उन्हे हवा कर रही थीं। सीता अपना उत्तरीय छोड़ देती हैं। उत्तरीय हाथ में आने पर राम पहचान लेते हैं कि यह सीता का ही उत्तरीय है। वे उसे ओढ लेते हैं। फिर वे अपना स्वयं का उत्तरीय उतारकर छोड़ते हैं, सीता उसे उठा लेती है और चली जाती हैं। तभी विदूषक राम को जाकर बता देता है कि तिलोत्तमा सीता का रूप धरकर आपको छल रही है। राम को लगने लगता है कि उत्तरीय का मिलना और पानी में सीता की परछाईं तिलोत्तमा का छल होगा। पाँचवे अंक में राम कुश और लव से मिलते हैं और राम के पूछने पर वे दोनों बतातें हैं कि उनके पिता का नाम 'निष्ठुर' है और माता का नाम 'देवी'। छठे अंक में लव और कुश के मुख से राम के सम्मुख वाल्मीकि की रचना प्रस्तुत करायी जाती है। अंत में कुश, लव और राम एक दूसरे को पहचान लेते हैं। फिर सीता वहाँ लायी जाती हैं और वाल्मीकि उन्हें त्यागने के लिये राम को दोषी बताकर राम को बहुत खरीखोटी सुनाते हैं तथा सीता और कुश लव को साथ लेकर चल देते हैं। राम गिड़गिड़ाते तथा क्षमा याचना करते हैं। अंत में वाल्मीकि के कहने से सीता अपनी पवित्रता के सत्यापन के लिये अपनी माँ धरती को पुकारती हैं, सीता की पुकार पर धरती माता प्रकट होती हैं, और उनके साक्ष्यपर राम सीता को पुन: स्वीकार करते हैं।

कुंदमाला में रामकथा के अवसादमय उत्तरार्ध की नाटकीय संभावनाओं को एक समर्थ नाटककार की प्रतिभा ने साकार किया है। नाटकीय संवादरचना तथा नाट्यशिल्प पर अपनी अचूक पकड़ में दिङ्नाग भवभूति से अधिक सफल हैं। इस दृष्टि से वे भास के जैसे इने गिने नाटककारों के समकक्ष हैं। संपूर्ण नाटक में सभी छहों अंकों का दृश्यविधान तपोवन कें परिसर में केंद्रित है। वस्तुविन्यास की कसावट कहीं भी शिथिल नहीं हुई है। पहले अंक में सीता को राम का संदेश बताकर वन में त्यागकर जाते हुए लक्ष्मण का अपनी भाभी के साथ संवाद हो, या

पाँचवे अंक में राम की कुशलव से बातचीत या अंतिम अंक के संवाद – कुंदमालाकार सर्वत्र बहुत छोटे छोटे वाक्यों में अपने पात्रों का हृदय खोलकर रख देते हैं। तीसरे अंक में राम के आकुल कथनों का उनके लिये अदृश्य रहकर सीता उत्तर देती हैं। भास के स्वप्नवासवदत्त के सुप्रसिद्ध स्वप्नदृश्य को छोड़कर आधे आधे वाक्यों में दोनों पात्रों की व्यथा का अपार सागर समेटने वाले संवादों की ऐसी कुशल योजना संस्कृत नाट्य साहित्य में कदाचित् ही अन्यत्र मिले। रंगमंच की दृष्टि से कुंदमाला एक प्राणवान् रचना है। नाटककार ने अभिनेयता का सर्वत्र ध्यान रखा है, और हर पात्र की चेष्टाओं का बोध उसके संवादों में हम लगातार करते चलते हैं। पहले अंक में घने वन में सीता और लक्ष्मण को हम बहुत सँभल सँभल कर झाड़ियों और काँटों से अपने आप को बचाते हुए चलता देखते हैं। वहाँ इस प्रकार के संवाद सारे वातावरण तथा उसके बीच चलते पात्रों की एक एक चेष्टा को साकार करते देते हैं—

वामेन वानीरलतां करेण जानुं समालम्ब्य च दक्षिणेन।
पदे पदे मे पदमाददाना शनैः शनैरेतु मुहूर्तमार्या।।

(१।६)

(बायें हाथ से इस वानीरलता का और दाहिने हाथ से घुटने का सहारा लेकर मेरे एक एक पग के पीछे पग रखती हुई आर्या मुहुर्त भर धीरे-धीरे चलें।)

इसी प्रकार वाल्मीकि सीता को वन से अपने आश्रम की ओर ले जाते हुए उससे कहते हैं—

एतस्मिन् कुशकण्टके लघुतरं पादौ निधत्स्वाग्रतः
शाखेयं विनता नमस्व शनकैर्गर्तो महान् वामतः।
हस्तेनामृश तेन दक्षिणगतं स्थाणुं समं साम्प्रतं
पुण्येऽस्मिन् कमलाकरे चरणयोर्निर्वर्त्यतां क्षालनम्।।

(१।३०)

(यह कुश और काँटों से भरी धरती है, इस पर हल्के से चरण रख कर तेजी से बढ़ना, इधर यह शाखा झुकी हुई है तुम भी नीचे झुको, इधर बायीं और बहुत बड़ा गड्ढ़ा है, दाहिनी ओर यह पत्थर की चट्टान है इसका भी सहारा लो, इधर यह पवित्र सरोवर है, इसमें पाँव धो लो।)

इस प्रकार के संवाद वही नाटककार रच सकता है, जिसकी दृष्टि में रंगमंच का सारा विधान व पात्रों की एक एक गति तथा चेष्टा प्रत्यक्ष मूर्त हो।

भाषा शैली की दृष्टि से कुंदमालाकार भासा के सर्वाधिक निकट हैं। भास का प्रभाव भी उनपर परिलक्षित होता है। उदाहरण के लिये जिसप्रकार स्वप्नवासवदत्तम् के पहले अंक में कंचुकी तपोवन के निवासियों के लिये 'तीर्थोदकानि समिधः कुसुमनि दर्भान्—' इत्यादि घोषणा करता है, उसी प्रकार राम के तपोवन में आने पर ऋषि के मुख से कुंदमाला में घोषणा करायी गयी है—

तीर्थोदकानि समिधः परिपूर्णरूपान् दर्भाङ्कुरानविहतान् परिगृह्य सद्यः।
अग्रे भवन्तु मुनयो मुनिकन्यकाश्च कुर्वन्तु मङ्गलवलीनुटजाङ्गनेषु।।

(तीर्थ का जल, समिधाएँ, परिपूर्ण रूप वाले समूचे दर्भांकुर लेकर तत्काल मुनिजन आगे चलें, और मुनिकन्याएँ कुटियों के आँगन में मंगलवली (राँगोली) बना दें।)

तीसरे अंक में कुंदमाला को देखकर राम की चेष्टाएँ, सीता का उत्तरीय उनके हाथ में आ जाना और धरती पर गिरा दिये गये उस उत्तरीय को उठाकर उनके द्वारा ओढ़ लेना – इन सब में आंगिक, वाचिक, सात्त्विक अभिनयों का अनुपम संयोग हुआ है। राम का गोमती नदी में तिरती कुंदमाला को उठाकर पहचानना, अदृश्य सीता का उत्तरीय पकड़ लेना और सीता के द्वारा उस उत्तरीय को गिरा देने पर उसे ओढ़ना, फिर अपना उत्तरीय गिरा देना और सीता का उनके उत्तरीय को ओढ़ना – ये प्रसंग अभिनेयता की दृष्टि से बहुत संभावनापूर्ण और मार्मिक हैं। संवादयोजना ऐसे दृश्यों के अनुरूप सर्वथा समीचीन है। सीता के द्वारा छोड़ दिये गये उत्तरीय को उठाकर उसे पहचानते हुए राम का यह कथन—

द्यूते पणः प्रणयकेलिषु कण्ठपाशः क्रीडापरिश्रमहरं व्यजनं रतान्ते।
शय्या निशीथकलहे हरिणेक्षणायाः प्राप्तं मया विधिवशादिदमुत्तरीयम्।।

(४।२०)

(द्यूत में दाव पर लगाया जानेवाला प्रणयकेलि में कंठ का पाश, सुरत के अंत में क्रीड़ा के परिश्रम को हरने वाला व्यजन, अर्धरात्रि के समय कलह होने पर शैया बनने वाला उस हरिणाक्षी का यह उत्तरीय भाग्य से मैंने पा लिया।)

भावशबलता की स्थिति निर्मित करता है।

करुण रस की अमंद धारा इस नाटक में आद्यंत प्रवाहित हुई है, पर भवभूति के नाटक की भाँति यह प्रवाह लंबे संवादों और विलापों के द्वारा नहीं, नाटकीय प्रसंगों के कल्पनाशील विन्यास के द्वारा रचा गया है। कवि ने पात्रों की भावनाओं को प्रकट करते हुए सहजता सर्वत्र बनाये रखी है। सीता को वन में एकाकिनी छोड़कर जाते लक्ष्मण कहते हैं—

एते रुदन्ति हरिणा हरितं विमुच्य हंसाश्च शोकविधुराः करुणं रुदन्ति।
नृत्तं त्यजन्ति शिखिनोऽपि विलोक्य देवीं तिर्यग्गता वरममी न पुनर्मनुष्याः।।

(१।१८)

(घास खाना छोड़कर ये हरिण रो रहे हैं। शोक में व्याकुल होकर हंस भी करुण रुदन कर रहे हैं। मयूर देवी को देखकर नृत्य करना छोड़ रहे हैं, तिर्यग्योनि में पड़े ये अच्छे हैं, हम मनुष्य नहीं।)

भवभूति की भाँति वर्णनों या भावविवृतियों के सुदीर्घ प्रतान कुंदमालाकार ने नहीं रचे हैं। पर स्थिति, प्रसंग या मनोदशा को स्पष्ट करने के लिये अत्यंत नवीन व सटीक अप्रस्तुतविधानों, बिंबों और उपमानों की सृष्टि करने में वे सफल हैं। राम-सीता के वियोग में अपने मन की स्थिति को विदूषक के सम्मुख इस प्रकार व्यक्त करते हैं—

अन्तरिता अनुरागा भावाश्च मम कर्कशेन बाह्येन।
तन्तव इव सुकुमारा प्रच्छन्नाः पद्मनालस्य।।

(५.६)

(ऊपर से कर्कश दिखने वाले मेरे आवरण के भीतर अनुराग और भाव उसी प्रकार छिप गये हैं, जिस प्रकार कमलनाल के सुकुमार तंतु उसके छिलके के भीतर छिपे रहते हैं।)

भास की भाँति एक एक दो दो शब्दों के संवादों में भावनाओं का अपूर्व संसार कुंदमालाकार उन्मीलित कर देते हैं। राम के साथ कुश और लव के संवाद इस दृष्टि से हास्य और करुणा; ग्लानि और विडंबना; मुग्धता और सौकुमार्य; अनुताप और क्लेश की भावशबलता का गहन अनुभव देते हैं। राम का कुश और लव से संवाद हमारे मन को झकझोर देता है। यथा—

रामः — अहमत्रभवतोः शरीरस्य धातारं पितरं नामतो वेदितुमिच्छामि। (मां आप लोगों को जन्म देनेवाले पिता का नाम जानना चाहता हूँ।)

लवः — न कश्चिदस्मिन् तपोवने तस्य नाम व्यवहरति। (इस तपोवन में उनका नाम कोई नहीं लेता।)

रामः — अहो माहात्म्यम् (कितनी महिमा है उनकी?)

कुशः — जानाम्यस्य नामधेयम्। (मैं जानता हूँ उनका नाम।)

रामः — कथ्यताम्। (कहो)

कुशः — निरनुक्रोशो नाम। (उनका नाम है निष्ठुर।)

रामः (विदूषकमवलोक्य) वयस्य अपूर्वं खलु नामधेयम्। (विदूषकं को देखकर) मित्र बड़ा अपूर्व नाम है।

विदूषकः — एवं तावत् पृच्छामि। निरनुक्रोश इति क एवं भणति। (मैं एक बात पूछता हूँ। निष्ठुर यह नाम कौन लेता है?)

कुशः — अम्बा। (माँ।)

विदूषकः — किं कुपिता एवं भणति उत प्रकृतिस्था? (क्रुद्ध होती हैं, तब लेती हैं, या प्रकृतिस्थ होने पर?)

कुशः— यद्यावयोर्बालभावजनितं कञ्चिदविनयं पश्यति तदा एवम् अधिक्षिपति – निरनुक्रोशस्य पुत्रौ मा चापलम् इति। (जब हम दोनों में से कोई बचपने के कारण कोई ढिठाई करता है, तो वे इस तरह लताड़ती हैं – अरे निष्ठुर के पुत्रो, चंचलता मत करो।)

पारंपरिक समीक्षा

शारदातनय ने भावप्रकाश में कुंदमाला को सुश्लिष्टसंधिबंधों वाले रूपक का उत्कृष्ट

उदाहरण माना है। रामचंद्र-गुणचंद्र ने अपने नाट्यदर्पण में कुंदमाला में प्रकरी के प्रयोग की सराहना की है। भोज ने अपने शृंगारप्रकाश में वाक्यधर्मों के उदाहरण में एक पद्य (द्यूते पण: प्रणयकेलिषु..) कुंदमाला से उद्धृत किया है। विद्याकर ने सुभाषितरत्नकोष (५५) में कुंदमाला की नांदी को संकलित किया है। साहित्यदर्पण में कुंदमाला के अनेक संवाद उदाहृत हैं। विश्वनाथ ने प्रयोगतिशय के उदाहरण में इस नाटक की प्रस्तावना का निदर्शन दिया है। भोज ने शृंगारप्रकाश के २८वें प्रकाश में दूत के प्रकारों का विवेचन करते हुए कुंदमाला से मयूरक नामक मालाकार का उदाहरण दिया है।

आधुनिक रंगमंच पर कुंदमाला

कुंदमाला का मूल संस्कृत में बड़ा अभिराम प्रयोग कमल वासिष्ठ के निर्देशन में भारत भवन भोपाल में राष्ट्रिय संस्कृत संस्थान के द्वारा आयोजित संस्कृत नाट्यमहोत्सव में किया गया। हिंदी में इसके राधावल्लभ त्रिपाठी के द्वारा किये गये अनुवाद की अनेक प्रस्तुतियाँ सूर्यमोहन कुलश्रेष्ठ के निर्देशन में उज्जैन तथा लखनऊ में दी गईं। इस प्रस्तुति में रंगसज्जा तथा अभिनय की कुशलता से कुंदमाला का भावसंसार मार्मिक रूप में व्यक्त हुआ।

अनंगहर्ष मायुराज

परिचय

अनंगहर्ष मायुराज कलचुरि नरेश नरेन्द्रवर्धन के पुत्र थे। कलचुरि राजा चेदि देश में नर्मदा के तट पर राज्य करते थे। चिरकाल से चेदि देश कला, संस्कृति और साहित्य की साधना का महत् केंद्र रही है। सोड्ढल ने विशाखदत्त तथा मायुराज दोनों को सामंत कहा है।

आनंदवर्धन (नवीं शताब्दी), अभिनवगुप्त (दसवीं शताब्दी), भोज (ग्यारहवीं शताब्दी) आदि आचार्यों ने इनके तापसवत्सराज नाटक को उद्धृत किया है। कुट्टनीमतकार दामोदर ने भी उनका उल्लेख किया है। मायुराज भवभूति से प्रभावित प्रतीत होते हैं। अत: उनका समय ८०० ई० के आसपास माना जा सकता है। ए०के० वार्डर ने यह संभावना प्रकट की है कि यशोवर्मन् ने अपना रामकथाविषयक नाटक मायुराज के रामनाटक की प्रतिक्रिया में लिखा था। यदि इसे सत्य माना जाये, तो मायुराज भवभूति के भी कुछ पहले हुए यह कहा जा सकता है।

मायुराज वास्तव में मातृराज का प्राकृत रूप है। कविसमाज तथा जनसमाज में स्नेह के कारण मातृराज को मायुराज के नाम से संबोधित या स्मृत किया जाता रहा है, और साहित्य में इनका यही नाम चल पड़ा। उन्होंने अपने नाटकों में अपने लिये अनंगहर्ष नाम का उपयोग किया है।

मायुराज अनंगहर्ष ने दो नाटकों का प्रणयन किया- तापसवत्सराज तथा उदात्तराघव। एक

नाटककार के रूप में अनंगहर्ष ने शीघ्र ही इतनी प्रतिष्ठा अर्जितकर ली थी कि उनके कुछ समय पश्चात् हुए आचार्य राजशेखर ने उनकी प्रशंसा में कहा—

मायुराजसमो जज्ञे नान्यः कलचुरिः कविः।
उदन्वतः समुत्तथुः कति वा तुहिनांशवः।।

(कलचुरि वंश में मायुराज के जैसा अन्य कोई कवि नहीं हुआ। सागर के भला कितने चंद्रमा उत्पन्न हो सकते हैं?)

कुंतक मायुराज को संस्कृतसाहित्य के इने-गिने श्रेष्ठ कवियों में स्थापित करते हुए उनकी रचना में सौकुमार्य तथा वैचित्र्य दोनों गुणों की व्याप्ति के लिये प्रशंसा करते हैं— 'मातृगुप्तमायुराजमञ्जीरप्रभृतीनां सौकुमार्यवैचित्र्यसंवलितपरिस्पन्दस्यन्दीनि काव्यानि संभवन्ति।'

तापसवत्सराज नाटक की प्रस्तावना में मायुराज के आदर्श व्यक्तित्व का परिचय देते हुए कहा गया है—

सद्वृत्तानुगतो गतो गुणवतामाराधनेऽनुक्षणं
कर्तुं वाञ्छति सर्वदा प्रणयिनां प्राणैरपि प्रीणनम्।
मात्सर्येण विना कृतः परकृती शृण्वन् वहत्युच्चकै-
रानन्दाश्रुजलप्लवाप्लुतमुखो रोमाञ्चपीनां तनुम्।।

(१.२)

(मायुराज अनंगहर्ष उत्तम आचरण का अनुगमन करनेवाले, गुणीजनों का आराधन करने वाले, प्रणयी लोगों को प्राणों के द्वारा भी प्रसन्न करने वाले, मात्सर्य से रहित,अन्य लोगों की कृतियों को सुनकर आनंद के अश्रुओं से आप्लुत मुख और रोमांचित देह को धारण करने वाले व्यक्ति हैं।)

मायुराज पंडितों तथा कवियों के आश्रयदाता थे, तथा इनके साथ चर्चाओं में रस लेते रहते थे। उन्होंने अपने आपको 'स्वगोष्ठीभावितात्मा' कहा है। अपनी गोष्ठी की पंडितमंडली की प्रशंसा करते हुए वे कहते हैं—

पदवाक्यप्रमाणेषु सर्वभाषाविनिश्चये।
अङ्गविद्यासु सर्वासु परं प्रावीण्यमागता।।

(वह गोष्ठी पद या व्याकरण, वाक्य या मीमांसा, प्रमाण या न्यायशास्त्र में तथा सभी भाषाओं को लेकर निश्चय करने में तथा समस्त अंगविद्याओं परम प्रवीणता को प्राप्त थी।)

उदात्तराघव

यह नाटक रामायण की कथा पर आधारित है। इसके दशरूपक तथा नाट्यदर्पण आदि ग्रंथों में अनेक उद्धरण मिलते हैं, जिससे इसकी श्रेष्ठता व विशेषता का परिचय मिलता है।

दशरूपक में दिये गये उद्धरण के अनुसार इस नाटक की प्रस्तावना में सम्पूर्ण नाटक का सार इस प्रकार बताया गया है—

रामो मूर्ध्नि निधाय काननमगान्मालामिवाज्ञां गुरो-
स्तद्भक्त्या भरतेन राज्यमखिलं मात्रा सहैवोज्झितम्।
तौ सुग्रीवविभीषणावनुगतौ नीतौ परां सम्पदं
प्रोद्वृत्ता दशकन्धरप्रभृतयो ध्वस्ताः समस्ताः द्विषः।।

(राम गुरु (पिता) की आज्ञा को माला की तरह मस्तक पर धारकर वन चले गये, उनकी भक्ति के कारण भरत ने पिता के साथ राज्य भी छोड़ दिया, राम ने अपने अनुगत सुग्रीव और विभीषण को परम सम्पदा प्रदान की, रावण आदि को उखाड़ फेंका और समस्त शत्रुओं को ध्वस्त कर दिया।) यह पद्य साहित्यदर्पण में भी प्रख्यात इतिवृत्त के उदाहरण में उद्धृत है।

राम के वनवास का समाचार सुनने पर लक्ष्मण की व्यथा और वितृष्णा का चित्रण करते हुए कहा गया है—

किं लोभेन विलङ्घितः स भरतो येनैतदेवं कृतं,
भ्रात्रा, स्त्रीलघुतां गता किमथवा मातैव मे मध्यमा?।
मिथ्यैतन्मम चिन्तितं द्वितयमप्यार्यानुजोऽसौ गुरुः
माता तातकलत्रमित्यनुचितं मन्ये विधात्रा कृतम्।।

(क्या भाई भरत लोभ के वश में हो गये, जो उन्होंने ऐसा कुछ कर डाला? या मेरी मँझली माँ ही स्त्री के ओछेपन को प्राप्त हो गयी? अथवा मेरा ऐसा सोचना व्यर्थ है, राम के अनुज मेरे बड़े भाई हैं। मुझे तो लगता है कि माता, पिता और पत्नी को दोष देना अनुचित है, यह सब विधाता ने किया है।)

इस नाटक में रामरावणयुद्ध के अद्भुत तथा माया और छल परिपूर्ण प्रसंगों का हृदयग्राही वर्णन किया गया है। विश्वनाथ ने वस्तूत्थापन के उदाहरण में उदात्तराघव का यह पद्य दिया है—

जीयन्ते जयिनोऽपि सान्द्रतिमिरव्रातैर्वियद्व्यापिभिः
भास्वन्तः सकलाः रवेरपि कराः कस्मादकस्मादमी।।

एते चोग्रकबन्धकण्ठरुधिरैराध्मायमानोदरा
मुञ्चन्त्याननकन्दरानलमुचस्तीव्रान् रवान् फेरवाः।।

(अकस्मात् कैसे सूर्य की समस्त चमकीली किरणें भी आकाश में फैलते घने अँधेरे के कारण फीकी पड़ गई? और इधर उग्र कबन्धों के कंठों का रुधिर पी पी कर फूलते पेट वाले अपने मुख की कंदराओं से अग्नि छोड़ते ये सियार बहुत तीव्र स्वर में चीख रहे हैं।)

यहाँ सियारों के मुख से अग्नि की लपटें निकलती हैं – इस कविसमय का प्रयोग किया गया है। मुञ्चन्ति तथा आननकन्दरानलमुचः – इन दो पदों में एक ही धातु (मुच्) का प्रयोग होने से पुनरावृत्ति का दोष है।

भोज ने उन्नीसवें प्रकाश में समागमोपाय के विवेचन में रूपांतरापत्ति को एक उपाय बताते हुए उदात्तराघव इसका यह उदाहरण उद्धत किया है —

दोर्दण्डाः क्व धृताङ्गदाः क्व च सिरानद्धौ भुजौ द्वाविमौ
वक्त्राणि क्व नु कान्तिमन्ति बलिमत् क्वेदं ममेदं मुखम्।
वाचस्ताः क्व जितार्णवध्वनिघनाः क्वेदं वचस्संयतं
हेलाकम्पितभूधरः क्व चरणन्यासः क्व मन्दा गतिः।।

(शृंप्र० भाग २ पृ० १३९२)

(कहाँ तो अंगद या बाजूबंद से विभूषित दोर्दंड (भुजाएँ) और कहाँ नाडियों में उलझे ये दोनों हाथ, कहाँ चमकते हुए वे मुख और कहाँ झुर्रियों से भरा मेरा यह मुख, कहाँ सागर के गर्जन को जीतने वाली वह सघन वाणी और कहाँ ये संयत वचन, कहाँ खेल-खेल में पर्वतों को कँपाने वाले वे चरणन्यास (कदम) और कहाँ यह मंद गति?)

मायुराज कल्पनाशीलता तथा भाषाशैली पर असाधारण अधिकार के द्वारा प्रभावित करते हैं। संवादों की नाटकीयता अत्यंत प्रभावशाली है। खरदूषण वध के पश्चात् निम्नलिखित संवाद उदाहरणीय हैं—

राक्षसः- तावन्तस्ते महात्मानो निहताः केन राक्षसाः?
येषां नायकतां यातास्त्रिशिरःखरदूषणाः।।
द्वितीयः – गृहीतधनुषा रामहतकेन।
प्रथमः – किमेकाकिनैव।
द्वितीयः – अदृष्ट्वा कः प्रत्येति? पश्य तावतोऽस्मद्बलस्य –
सद्यश्छिन्नशिरःश्वभ्रमज्जत्कङ्ककुलाकुलाः।
कबन्धाः केवलं जातास्तालोत्ताला रणाङ्गणे।।
प्रथमः – सखे, यद्येवं तदहमेवंविधः किं करवाणि?

नाट्यदर्पण में इस नाटक से आक्षेपिकी ध्रुवा का यह उदाहरण नाटक में ओजस्वी वातावरण निर्मित करने की दृष्टि से सफल रचना है—

स्वसुर्मम पराभवप्रसव एकदत्तव्यथः
खरप्रभृतिबान्धवोद्दलनवातसन्धुक्षितः।
तवेह विदलीभवत्तनुसमुच्छलच्छोणित-
च्छटाच्छुरितवक्षसः प्रशममेतु कोपानलः।।

इस पद्य में राक्षसराज रावण राम को चुनौती देते हुए कहता है— मेरी बहन शूर्पणखा को दिये गये पराभव से जन्मा, अत्यधिक व्यथादायी, खर आदि बांधवों के विदलन की आँधी से भड़का हुआ, तुम्हारे रौंदे जाते देह से फूटते शोणित की छटा से छुरित वक्षःस्थल वाले मुझ रावण का कोपानल आज शांत हो जाय।

इस श्लोक में राम को चुनौती देते रावण के वचनों में ओजस्विता तथा गौड़ी रीति का विन्यास प्रभावशाली है।

अनेक आचार्यों ने इस नाटक में मायुराज की नवीन उद्भावनाओं की प्रशंसा की है। राम के द्वारा छल से बालि को मारने के प्रसंग को मायुराज ने नाटक में रखा ही नहीं है, और राम को इसके अपयश से बचा लिया है—इसके लिए कुंतक तथा धनिक ने उनकी सराहना की है। अभिनवगुप्त, भोज, हेमचंद्र आदि अन्य सुविख्यात आचार्यों के द्वारा इस नाटक का उल्लेख किया गया है या इससे उद्धरण दिये गये हैं। अभिनवगुप्त ने ध्रुवागायन के संदर्भ में नाट्यशास्त्र के बत्तीसवें अध्याय की टीका में उदात्तराघव में रावण के ओजस्वीसंवाद के समय आक्षेपिकी ध्रुवा किस प्रकार गाई जायेगी यह विस्तार करते हुए रावण का यही संवाद उद्धृत किया है तथा उसके पहले का वाक्य – अये तापस स्थिरीभव! क्वेदानीं गम्यते (अरे तपस्वी ठहरा रह। जा कहाँ रहा है?) भी उद्धृत किया है।

तापसवत्सराज

इस नाटक का कथानक उदयन कथा पर आधारित भास के सुप्रसिद्ध नाटक स्वप्नवासवदत्तम् से बहुत साम्य रखता है। परन्तु अनंगहर्ष ने काव्यात्मकता और भावों की गहनता और काव्यसौंदर्य के द्वारा अपनी रचना को हृदयग्राही बनाया है। कथावस्तु में भी नई परिकल्पनाएँ और उद्भावनाएँ इन्होंने की हैं।

तापसवत्सराज का कथासार इस प्रकार है— वासवदत्ता अन्तःपुर में कौमुदी महोत्सव की तैयारियाँ करवा रही थी, जिसमें गीत- संगीत के आयोजन के साथ एक नाटिका भी प्रस्तुत का जानी थी। राजा उदयन की इच्छा थी कि वे दिन में कौमुदी (शरत्पूर्णिमा की चाँदनी) का दृश्य निहारें। तो चम्पा, मालती, नवज्योत्स्ना मधुकामिनी के फूल सारे कुट्टिम (फर्श) पर सज गये थे। लगता था तारों से खचित आकाश नीचे आ उतरा है। वासवदत्ता का सारा दिन इसी चिंता में बीता, प्रिय आयें और देखें कि उसने उनके लिये क्या क्या सजा सँवार रखा है। राजा उदयन के जीवन में दो व्यसन थे- एक मृगया, दूसरा संगीत। इधर रुमण्वान् और यौगंधरायण को राज्य की चिंता थी। ये दोनों सोचते कि राजा को किस तरह समझाएँ। महासेन - उज्जयिनी के प्रतापी राजा, तो वासवदत्ता के साथ उदयन के विवाह के पश्चात् अनुकूल हो गये थे, पर पांचाल के राजा ने राज्य का एक हिस्सा दबा लिया था।

पांचालराज से निपटने के लिये एक ही उपाय था - मगध की सहायता। इसके लिये उपाय यही था कि मगधराज की बहिन पद्मावती का विवाह महाराज उदयन से हो जाता। यौगंधरायण ने आर्या सांकृत्यायनी को राजा उदयन का बहुत सुंदर चित्र हाथ में देकर मगध भेज दिया था। सांकृत्यायनी विधवा थी, बात बनाने में परम निपुण। उसके पति को पांचालराज ने निर्वासित कर दिया था, दोनों ने वत्स देश में उदयन के यहाँ शरण ली। राजा उदयन ने ही दोनों की रक्षा की थी।

यौगंधरायण के परामर्श से महाराज महासेन भी इस बात तक के लिये तैयार हो गये थे कि बेटी वासवदत्ता को कुछ समय के लिये उदयन से दूर कर दिया जाए। पर यौगंधरायण जानते थे कि उदयन को अपनी प्राणप्रिया से दूर रहने को तैयार नहीं होगें, न सहज में वासवदत्ता के गले यह बात उतरेगी।

सांकृत्यायनी मगध पहुँची, उसने राजा दर्शक की बहिन राजकमारी पद्मावती का मन जीत लिया, पद्मावती उसे हर समय अपने साथ रखती। वह पद्मावती को चित्र दिखा कर उदयन के गुणों पर रिझाने का प्रयास कर रही थी। पद्मावती भी उदयन की प्रशंसा सुन सुनकर उन पर मुग्ध हो चली थी।

यौगंधरायण महारानी वासवदत्ता को समझा रहे थे - आपको तो विदित ही है कि महाराज राजनीति के प्रपंच से उदासीन हैं, पर शत्रु ने हमारे राज्य के एक भाग पर अधिकार कर लिया है, और सेना लेकर कौशांबी पर आक्रमण करने की तैयारी भी कर रहा है। प्रबल शत्रु है। अपने बूते पर तो हम उसे नहीं हरा सकते। अब यही उपाय है कि आप महाराज से कुछ समय के लिये अलग हो जाएँ।

तभी उज्जयिनी से महाराज प्रद्योत का संदेश लेकर त्वरितक आ गया। यौगंधरायण ने मन में सोचा - महाराज महासेन से जो मंत्रणा की थी, वह फलीभूत हो रही है।

वासवदत्ता ने कहा - अरे त्वरितक आया है। उसे तो पिता जी तभी भेजते हैं, जब कोई बहुत आवश्यक संदेश तत्काल देना हो।

यौगंधरायण ने उठते हुए कहा - महाप्रतापी महाराज महासेन ने अपने पुत्री के लिये कुछ संदेश भेजा होगा। सुन लें देवि! मैं चलता हूँ।

वासवदत्ता ने कहा - 'बैठिये आर्य! पिता का ऐसा कोई संदेश नहीं, जो मैं आपसे छिपाऊँ।'

त्वरितक पत्र लेकर आया था। वासवदत्ता ने मुँहलगी चेटी कांचनमाला से कहा - 'पढ़ कर सुना।'

कांचनमाला ने पत्र पढ़ा, जो इस प्रकार था - उज्जयिनी के राजा महासेन चंडप्रद्योत अपनी पुत्री वासवदत्ता को आशीर्वाद देकर इस प्रकार प्रबोधित करना चाहते हैं - बेटी, तुम अपने पति की चंचलता के कारण बड़ों के मार्गदर्शन से वंचित हो गईं। हम तो स्वयं तुम्हारा और उदयन का विवाह करने ही वाले थे— जामाता विषयों में आसक्त हैं। राजा के लिये तो इंद्रिय निग्रह परम अनिवार्य है। तो तुम्हें हमने जो शिक्षा दी है, वह किसलिये है? तुम ही अपने भर्ता को कुपथ पर जाने से नहीं रोकोगी, तो और कौन रोकेगा? तुम हम लोगों के लिये मन में यदि कोई क्रोध है, तो उसे छोड़ दो और अपने राज का हित स्वयं सोचो, तुम वत्स देश की महारानी हो, उदयन की चहेती नहीं। चाहे प्राण संकट में पड़ जाएँ, पतिव्रताओं का उदाहरण तुम्हें सामने रखना है।'

इस पत्र का प्रभाव था और यौगंधरायण के समझाने बुझाने का भी कि वासवदत्ता पति से अलग होकर अज्ञातवास में जाने के लिये तैयार हो गई।

मृगयाविहार से लौटकर महाराज उदयन कौमुदीमहोत्सव का आनंद ले रहे थे, तभी मृगयावन से शबर आ पहुँचे। वे खबर लाये थे कि कल से जिस महावराह का पीछा महाराज करते रहे, और जो झाड़ियों में कहीं बिला गया था, उसका पता चल गया है। उस स्थान को घेर लिया गया है। महाराज उसका आखेट करने के लिये चलें। उदयन फिर मृगया के लिये चल दिये। यौगंधरायण को जैसे ही इस बात का पता चला उसने अंत:पुर खाली करवा लिया - महारानी का जी सुस्थ नहीं हैं, कौमुदी महोत्सव नहीं होगा। वासवदत्ता को लेकर यौगंधरायण कब कैसे और कहाँ के लिये निकल गये - अन्त:पुर में कांचनमाला को छोड़कर किसी को रहस्य का पता न लग सका। इसके बाद अंत:पुर का प्रासाद धू धू कर के जल उठा।

हरकारे महाराज को समाचार देने के लिये दौड़ पड़े। उदयन भी अन्त:पुर में आग लगी है यह सुनकर मृगया छोड़कर कौशांबी लौटे। देखा सब खाक हो रहा है। मंत्री रुमण्वान् ने उन्हें बताया कि महारानी वासवदत्ता और यौगंधरायण दोनों अग्निकांड में जल गये हैं। उदयन बार बार उसी अग्नि में कूद पड़ने के लिये छटपटाने लगे, मन्त्रियों की सन्नद्ध व्यूहरचना के कारण उनकी न चलती।

रुमण्वान् ने कहा - महाराज, पास ही में प्रयाग है, वहाँ आश्रमों में ज्ञानी जन रहते हैं, आइये वहाँ चलें। यहाँ जो निर्दय अग्नि महारानी और आपके प्रिय मंत्री यौगंधरायण को निगल गई, उसके आगे खड़े रहने से क्या?

उदयन वासवदत्ता और यौगंधरायण के इस तरह निधन की बात से शोकविह्वल ही नहीं, बावले हो गये थे। तभी वासवदत्ता का पालित हरिण का छोना वहाँ आ गया। उसे देखकर उदयन रोने लगे।

वे सोच रहे थे कि यहाँ तो मंत्री और सेवकों कारण एकांत ही संभव नहीं, प्राण त्यागने का कोई यत्न भी नहीं किया जा सकता, प्रयाग में तो ये लोग मुझे भला चंगा समझकर छोड़कर चल देगें, तो मैं गंगा और यमुना के संगम में कूदकर प्राण दे दूँगा, अब तक स्त्रियाँ ही अपने पतियों का अनुगमन करती आईं हैं, मैं प्रिया के विरह में प्राण त्यागकर अलग ही उदाहरण प्रस्तुत करूँगा।

उन्होंने रुमण्वान् से कहा - हाँ, सत्य कहते हो, इस कृतघ्न अग्नि के दर्शनकर के क्या होगा, जिसने देवी को ही जला डाला। यह धुएँ के कारण स्वयं अंधा था, क्या देखता? तो चलो प्रयागराज ही चलें।

संन्यासी के वेष में यौगंधरायण और रुमण्वान् के द्वारा भेजे गये दो लोग प्रयागराज में पहले से ही थे - लामकायन और माणवक। प्रयागराज पहुँचकर उदयन को लगा कि आत्महत्या करना तो भीरुता होगी, संन्यासी की तरह रहेगें, और प्रिया वासवदत्ता की स्मृति

की अलख जगायेगें। उन्होंने मुनियों की तरह वल्कल वस्त्र पहन लिये, जटाएँ बढ़ा लीं, धरती पर सोते, फल मूल खाकर रहने लगे।

उधर मगध में सांकृत्यायनी ने पद्मावती को बताया कि वासवदत्ता के विरह में बावले होकर उदयन संन्यासी बन कर प्रयागराज में भटक रहे हैं। तो पद्मावती ने भी प्रयागराज पहुँचने का निश्चयकर लिया। प्रयाग पहुँचकर उदयन का चित्र उसने एक लताकुंज में स्थापित कर दिया। अब तो यही कुंज उसका मंदिर बन गया। वह उदयन के चित्र के सामने बैठी प्रिय से बातें करती। दिन रात उन्हीं के ध्यान में रमी रहती।

इसी समय एक ब्राह्मण के वेश में यौगंधरायण और ब्राह्मणी के वेश में वासवदत्ता भी प्रयाग के आश्रम में पहुँचे, यौगंधरायण ने वासवदत्ता को अपनी बहिन बता कर पद्मावती के पास यह कहकर छोड़ दिया कि कुछ समय के लिये राजकुमारी जी मेरी बहन को अपने पास रख लें, मैं इसे फिर आकर ले जाऊँगा। एक दिन ब्राह्मणी बनी हुई वासवदत्ता पद्मावती के आग्रह पर उस लताकुंज में गई, जहाँ सांकृत्यानी थी, और उदयन का चित्र रखा हुआ था। विदूषक के साथ संन्यासी के वेष में भटकते राजा भी तभी वहीं से निकले। दोपहर में विश्राम करने के लिये वे उसी कुंज में घुसने को हुए जहाँ उन्हीं का चित्र स्थापित कर के पद्मावती उनकी पूजा कर रही थी। चेटी के कहने पर उसने राजा उदयन को अर्ध्य दिया। नित्य जिनकी पूजा करती थे, वे सामने थे, पर पद्मावती उनसे कुछ कह न सकी। राजा उदयन तो जैसे विराग की मूर्ति थे। वे भी बिना कुछ कहे चल दिये। विदूषक उन्हें उकसाता रहा कि ये मगध की राजकुमारी हैं, कुछ बात कीजिये। चेटी पद्मावती को संकेत पर संकेत करती रही। पर न पद्मावती कुछ कह पाई, न उदयन उससे कुछ पूछ सके। उदयन को पद्मावती भली लगी, भोली बालिका थी। वे समझ गये थे कि अमात्य लोग क्या खेल खेल रहे हैं। उन्होंने विदूषक के हाथों संदेश भेजा - आप सुंदर हैं, नवयुवती हैं, मेरे लिये आग्रह छोड़ दीजिये, मगध लौट जाइये। सुख से रहिये। प्रिय का संदेश सुनकर पद्मावती सन्न रह गई। उदयन का संदेश ब्राह्मणीवेषधारिणी वासवदत्ता ने भी सुना और सांकृत्यायनी ने भी। वासवदत्ता को लगा - इस तरह वन में अज्ञात सामान्य स्त्री के वेष रहने के कारण जो कष्ट वह झेल रही है, उस सबका पुरस्कार मिल गया। विदूषक ने आकर जो पद्मावती की स्थिति बताई उससे उदयन और चिंतित हो गये। विदूषक ने कहा कि आपका संदेश सुनकर दोनों हथेलियों से मुँह ढंक कर राजकुमारी निःशब्द रोती रह गईं। कोई प्रतिसंदेश नहीं दिया।

पद्मावती सांकृत्यायनी और वासवदत्ता के साथ एक लताकुंज में बैठी थीं। सांकृत्यायनी और वासवदत्ता परिहास कर रहीं थीं। पद्मावती का मन परिहास में नहीं था। वह सोचने लगी कि संन्यासिनी होकर भी क्या मिला? इससे तो अच्छा है इस जीवन का अंत ही कर डाले।

सांकृत्यायनी और वासवदत्ता दोनों समझ रही थीं कि पद्मावती अनमनी है। वे उसे समझाने लगीं। पद्मावती ने सांकृत्यायनी से कहा - भगवती, आप सत्य कहती हैं, मेरा मन अब ऐसा

उनकी ओर नहीं खिंच रहा है। आप भी मैंने वृक्षों के जो थाले अभी अभी सजाये हैं, मेरी इस सखी को दिखा दीजिये।

दोनों आश्रम के अहाते में पद्मावती के रोपे पौधे देखने को चली गईं, तो पद्मावती ने विलाप किया, फिर गले में फंदा डाल कर अपने माता पिता और भाई महाराज दर्शक का स्मरण कर फाँसी पर झूलने को हुई।

संयोग की बात थी कि आज विदूषक संन्यासी बने अपने राजा को इस रास्ते से ले आया था। उदयन को तो आभास न था कि इस ओर पदमावती का आश्रम होगा। वे अपनी धुन में चलते जा रहे थे।

तभी विदूषक ने उनसे कहा - किसी स्त्री के विलाप का स्वर है। चलकर देखना चाहिये।

वासवदत्ता ने कहा - भगवति, देखिये तो आर्यपुत्र तो इसी ओर आ रहे हैं, वे उस लताकुंज की ओर जा रहे हैं, जिधर पद्मावती है —

उदयन ने लताकुंज के भीतर झाँककर देखा कि कोई कन्या है, जो लता वलय का लाश बनाकर पेड़ से उसे बाँध कर फाँसी लगाने की तैयारकर रही है

उन्होंने चिल्लाकर कहा - मित्र अरे देखो तो यह कौन है! उदयन पास पहुँचे। उन्होंने खिन्न होकर कहा - यह आप क्या करने जा रही हैं - कंठ से इस पाश को निकाल दीजिये! तभी कंचुकी वहाँ आ गया। उसने कहा- अरे कितनी सुंदर जोड़ी है, इस प्रयागराज में गंगा और यमुना का संगम होता है, यहाँ हमारी राजकुमारी जी का संगम महाराज उदयन के साथ हो गया - बस महाराज मगधराज ने तो आदेश दे दिया है कि मेरी बहिन की इच्छा पूरी की जाए यदि वत्सराज प्रयाग में हैं, तो उनसे वहीं उसका विवाहकर दिया जाए। -

विवाह के पश्चात् उदयन मगध आ गये। छद्मवेष में वासवदत्ता भी पद्मावती के साथ आई।

एक ओर कौशांबी की सेना, दूसरी ओर चंडप्रद्योत महाराज महासेन की प्रचंड महासेना। इनमें मणिकांचनयोग हो गया महाराज दर्शक की सेना का। उज्जयिनी, मगध और वत्स एक हुए। सारे देश को एक सूत्र में लाने की यौगंधरायण की योजना का एक चरण पूरा हुआ।

वासवदत्ता को लगा कि प्रेम नहीं, प्रिय नहीं, तो जीवन का लाभ क्या? इससे तो अच्छा है जीवन का अंत ही हो जाए।

उदयन का तो मन मगध में लगता ही नहीं था। राजगृह के राजप्रासाद से एक दिन वे सबसे छिप कर वेष बदल कर बाहर निकल आये और राजगृह के श्मशान में पहुँच गये। उदयन के मन में एक उत्कट इच्छा जागी - आत्मविसर्जन की। पहले भी तो एक बार यह संकल्प लिया था, जिस अग्नि में वासवदत्ता ने जलकर जीवनलीला समाप्त कर दी, उसी में अपने प्राणदहन का, पर उस समय वह पूरा न हो सका।

साँझ के झुटपुटे में उदयन ने लकड़ियाँ इकट्ठीकर के अपनी चिता स्वयं रची। उसे अग्नि

देने के लिये पास जलती एक चिता से जलती लकड़ी उठा रहे थे, तभी देखा कि एक कोई और है, जो उस चिता से जलती लकड़ी उठा रहा है।

चिता की अग्नि के मद्धिम आलोक में उदयन ने देखा तो स्तब्ध रह गये। उस आकृति को प्रेत समझकर वे भयभीत नहीं हुए। न उनके मन में शंका ही जागी कि यह वासवदत्ता कैसे हो सकती है। प्रिया वासवदत्ता ही है— अविश्वास कैसे कर सकते थे वे और पहचानने में भूल भी कैसे कर सकते थे? पर यहाँ श्मशान में इस तरह वासवदत्ता मिल जायेगी - यह तो सोचा न था। अपने हाथ में ली हुई लकड़ी वापस चिता पर रख दी और वासवदत्ता के हाथ की लकड़ी भी चिता पर रख कर उसका हाथ उन्होंने अपने हाथ में ले लिया। इस तरह श्मशान में दोनों का पुनः पाणिग्रहण हुआ।

ठीक इसी समय पद्मावती, यौगंधरायण और मगध के राजकुल के लोग वहाँ आ गये।

अनंगहर्ष मायुराज ने अपने नाटक का समापन इस श्मशान में कराया है, कदाचित् इसलिये कि उदयन और वासवदत्ता दोनों के लिये उनका प्रेम ही उनका जीवन और मरण था। महान् राजनीतिज्ञ यौगंधरायण के जतन से दोनों फिर से मिलते, तो यह उनके प्रेम का महा उत्सव न हो पाता, यह तो यौगंधरायण के विजय अभियान का एक और पड़ाव बन जाता। सदा सजग परम चतुर और अपने स्वामी का सदैव ध्यान रखने वाले यौगंधरायण यहाँ भी ध्यान तो रखते हैं, और समय पर श्मशान में पहुँच ही जाते हैं।

तापसवत्सराज में नवीन उद्भावनाएँ

उदयन कथा पर आधारित इस नाटक की संरचना स्वप्नवासवदत्तम् से प्रेरित कही जा सकती है। नाटक के प्रारंभ में ही उदयन का कौमुदीमहोत्सव में विलास तथा मृगयाविहार – ये दो प्रसंग नये हैं, जिनसे उदयन के व्यक्तित्व व चरित्र को नाटककार भिन्न कोण से चित्रित कर सका है। पद्मावती के चरित्र के तो मायुराज ने अछूते आम उजागर कर दिये हैं। श्मशान का दृश्य भी मायुराज की अपनी योजना है, जिससे नाटक का अपना भावजगत् निर्मित हुआ है। इसके अतिरिक्त इस नाटक में पांचालराज आरुणि के द्वारा अपहृत राज्य को वापस प्राप्त करने के लिए यौगंधरायण का महासेन और वासवदत्ता को विश्वास में लेकर योजना बनाना, राजा उदयन के मृगया पर जाने के पश्चात् अंत:पुर में आग लगाया जाना, वासवदत्ता के जल कर मर जाने का मिथ्या वृत्तांत सुनकर उदयन का दारुण शोक, रुमण्वान् के समझाने पर उदयन का प्रयाग जाना और वहाँ संन्यासी होकर रहना, सांकृत्यायनी का उदयन का चित्र लेकर मगध जाना और राजकुमारी पद्मावती द्वारा उस चित्र की पूजा व उदयन को वर के रूप में पाने के लिए स्वयं तपस्विनी बन जाना, संन्यासी-वेष में राजा उदयन की पद्मावती से भेंट, और अंत में वासवदत्ता, पद्मावती और उदयन सबका मिलन- इत्यादि प्रसंगों के द्वारा मायुराज ने अपनी कल्पना की उर्वरता से सम्पूर्ण कथा को नया विन्यास दे दिया है। जोड़े गये प्रसंगों में करुणा का विशेष उद्रेक हुआ है अभिनवगुप्त आदि आचार्यों ने इस नाटक में करुणरस की

प्रधानता मानते हुए मायुराज के करुणरस के निरूपण की विशेष प्रशंसा की है। भास के स्वप्नवासवदत्तम् में कतिपय अनुपत्तियाँ रह गईं हैं, उन्हें मायुराज ने दूर कर दिया है। वासवदत्ता अपने ही अंत:पुर में लगी आग से जलकर दिवंगत हो गई है— यह मिथ्या वार्ता यौगंधरायण फैलाते हैं और इसके लिये वासवदत्ता का भवन खाली करवाना कर उसमें आग लगवा देते हैं। इससे वासवदत्ता मृगयाविहारी उदयन के साथ मृगया के समय गाँव में जाये – यह अनुपपत्ति दूर हो जाती है। पद्मावती उदयन को क्यों चाहती है— यह भी विश्वसनीय रूप से भास की रचना में प्रत्यायित नहीं हो पाता। मायुराज ने यौगंधरायण की योजना के अनुसार सांकृत्यायनी जैसे पात्र की कल्पना कर के उसे पद्मावती के मन में उदयन के प्रति अनुराग जगाने के काम में नियोजित कर दिया है। उदयन के चरित्र को मायुराज ने नये आयाम दिये हैं, वासवदत्ता के निधन के समाचार से भावावेग में उनका संन्यासी होकर रहना, पद्मावती को अपने प्रति प्रेम से निवारित करना – ये प्रसंग उनके चरित्र को अधिक मानवीय गरिमा देते हैं।

अनंगहर्ष की शैली

ध्वनि या व्यंजनावृत्ति तथा अलंकारों के सटीक प्रयोग में मायुराज विशेष दक्ष हैं। दूसरे अंक में वासवदत्ता की मृत्यु पर विलाप करते हुए उदयन का यह कथन भावाभिव्यंजक भाषा के प्रयोग में उनकी असाधारण निपुणता का उदाहरण है—

उत्कम्पिनी भयपरिस्खलितांशुकान्ता ते लोचने प्रतिदिशं विधुरे क्षिपन्ती
क्रूरेण दारुणतया सहसैव दग्धा धूमान्धितेन दहनेन न वीक्षितासि।।

(२/१६)

(काँपती हुई तथा भय के कारण खिसक गये वस्त्रांचल वाली अपने व्याकुल उन नयनों को सहायता की खोज में चारों ओर दौड़ाती हुई तुम्हें धुँए से अंधे उस अग्नि ने देखा नहीं, बस उस क्रूर से दारुणता के साथ अचानक जला डाला।)

यहाँ लोचने (दोनों नयन) के लिए 'ते' सर्वनाम विशेषण के रूप में आया है। मम्मट आदि आचार्यों ने सर्वनाम की व्यंजकता के उदाहरण में इस पद्य को प्रस्तुत करते हुए कवि की व्यंजनाप्रवणता की प्रशंसा की है। 'ते लोचने '(वे आँखे) कहने से राजा के द्वारा वासवदत्ता के साथ बिताये हुए दिनों की स्मृतियाँ, इन दोनों के बीच प्रेम की व्यंजना होती है। कवि यह भी व्यंजना कर रहा है कि अग्नि धुएँ से अंधा था, अंत: वह देख न सका कि किसे जला रहा है, देख सकता तो वासवदत्ता जैसी श्रेष्ठ रमणी को इस तरह न जला डालता।

वस्तुत: मायुराज कोमल भावनाओं, रमणीय कल्पनाओं और सरस भाषा-शैली के समर्थ कवि हैं। तीसरे अंक में छाया के वर्णन में उन्होंने तरुच्छाया और प्रिया के बीच मधुर साम्य दिखाते हुए उपमा, रूपक और उत्प्रेक्षा की निराली छटा प्रकट की है—

आदौ मानपरिग्रहेण गुरुणा दूरं समारोपिता
पश्चात्तापभरेण तानवकृता नीता परं लाघवम्।
उत्सङ्गान्तरवर्तिनीमनुगमात् सम्पिण्डिताङ्गीमिमा-
सर्वाङ्गप्रणयां प्रियामिव तरुश्छायां समालम्बते।।

(३/१७)

(छाया पहले तो रूठकर बहुत दूर चली गयी। फिर पछतावे के ताप से दुबला गयी, और अंक में आ जाने से सिकुड़कर बहुत छोटी-सी दिखने लगी, इसी प्रकार अपनी सर्वांगप्रणयिनी छाया को प्रेमी पेड़ आश्रय दे रहा है।)

मायुराज का यह पद्य राजशेखर की इस उक्ति को चरितार्थ करता है कि मायुराज जैसा कवि कलचुरियों में और कोई नहीं हुआ। इस पद्य को अनेकत्र कवित्व के प्रकर्ष के निदर्शन के रूप में उद्धृत किया गया है। नाट्यदर्पण तथा जल्हण की सूक्तिमुक्तावली में इस पद्य को उद्धृत किया गया है। विद्याकर ने सुरको. में इसे उद्धृत किया है, पर संभवत: भ्रांति से मायुराज के स्थान पर इसके कवि का नाम मलयराज लिख दिया है।

अभिनवगुप्त ने इस श्लोक को यह बताने के लिये उद्धृत किया है कि अंकविच्छेद होने पर नाटक में कथानक की एकताननता या अन्वय का निर्वाह कैसे किया जा सकता है। तृतीय अंक के अंत में अया हुआ यह वर्णन चतुर्थ अंक से सीधे संबंधित होने के कारण नाटक के घटना प्रवाह में दर्शकों की सातत्यबुद्धि बनाये रखता है।

अनेक लोकोक्तियों का उदाहरण भी मायुराज ने इस नाटक में प्रस्तुत किये हैं, जैसे- कथमयं क्षते क्षारावसेक: (यह कटे पर नमक क्यों छिड़क रहे हो?), अग्निं परित: पलालभारं परिनिक्षपसि (आग के पास पुआल का ढेर रख रहे हो), असूत्र: पट: क्रियते (बिना सूत के कपड़ा बुना जा रहा है।)

मायुराज की कविता देश के प्रति अनुराग की अभिव्यक्ति है, वह गंगा और यमुना के धाराओं में अवगाहन करती है। शृंगार और विरह के प्रसंगो में भी धरती की पावनता की स्मृति वह कराती चलती है। संन्यास लेकर जीवन का ही अंत करने की इच्छा से नायक उदयन तीर्थराज प्रयाग जाने की कामना प्रकट करते हैं –

सख्यं गता यमुनया सह यत्र गङ्गा यत्राप्लुवन्ति मुनयः स्वसमीहितानि।
पापीयसां भवति यत्र परा विशुद्धिस्तं मामितो नयतमिष्टफलं प्रयागम्।।

(२.१२)

(जहाँ यमुना के साथ गंगा सखी बन गई है. जहाँ मुनिजन अपना इच्छित पा जाते हैं, पापियों की जहाँ परम विशुद्धि होती है, उस इष्टतम प्रयाग में मुझे ले चलिये।)

पारंपरिक समीक्षा में मायुराज

ध्वन्यालोक, अभिनवभारती, वक्रोक्तिजीवित, शृंगारप्रकाश, सरस्वतीकंठाभरण, काव्यप्रकाश आदि काव्यशास्त्र के ग्रंथों में इस नाटक से लगभग ३५ पद्य उद्धृत किये गये हैं, जिससे प्राचीनकाल में इसकी लोकप्रियता का पता चलता है। सभी आचार्यों ने मायुराज के कवित्वगुण की सराहना की है। आनंदवर्धन, अभिनवगुप्त, कुंतक, भोज,, धनिक, रामचंद्र-गुणचंद्र, मम्मट, सोड्ढल आदि काव्यशास्त्रियों व कवियों ने मायुराज का आदर व सराहना के साथ स्मरण करते हुए उनके नाटकों को उद्धृत किया है। फिर भी संस्कृत साहित्य के वर्तमान अध्ययनक्रमों में मायुराज की उपेक्षा होती रही है। कुंतक ने रामायण की कथा में साहसिक परिवर्तन के लिये मायुराज के उदात्तराघव नाटक की भूरि भूरि प्रशंसा की है। उदात्तराघव में कवि ने स्वर्णमृग के प्रसंग में सीता के द्वारा लक्ष्मण को धिक्कारने के सारे प्रसंग को बदल दिया है, वहाँ राम के स्थान पर लक्ष्मण मायामृग को पकड़ कर लाने के लिये जाते हैं और मायामृग के वेष में मारीच मरने के पहले लक्ष्मण के स्वर में राम के लिये पुकार लगाता है।तब सीता के कहने से राम लक्ष्मण को खोजने चल देते हैं। धनिक ने उदात्तराघव के अन्य प्रसंग का विश्लेषण करते हुए मायुराज की कल्पनाशीलता को इसलिये प्रशस्त माना है कि उन्होंने राम के द्वारा छल से बालिवध के प्रसंग को पूरा नकार दिया है।

आनंदवर्धन ने 'उत्कम्पिनी भयपरिस्खलितांशुकान्ता' इत्यादि ऊपर उद्धृत श्लोक की व्यंजनाओं पर विस्तार से विचार किया है। उन्होंने 'ते लोचने' से होने वाली व्यंजनाओं पर प्रकाश डालते हुए इस पद्य में यत्-तदोर्नित्यसम्बन्धः इति नियम की अनन्विति को भी समुचित सिद्ध किया है उत्कम्पिनी, भयपरिस्खलितांशुकान्ता, प्रतिदिशम्, विधुरे लोचने, क्रूरेण, दारुणतया इन सभी पदों में गहरी व्यंजनाएँ तथा स्थिति के विपर्यास व विडंबना का तीखा बोध है। अंत में 'धूमान्धितेन दहनेन न वीक्षितासि' इस कथन को तो आनंदवर्धन ने अभिव्यक्ति की पराकाष्ठा माना है। अग्नि जो अपने स्वयं के धुएँ से अंधा है,वह वासवदत्ता को कैसे देख सकता था?

इसके साथ ही आनंदवर्धन तापसवत्सराज में अंगीरस के यथावसर पुनरनुसंधान में नाटककार की निपुणता पर अपना मंतव्य देते हुए कहते हैं - 'पुनरारब्धविश्रान्ते रसस्याङ्गिनोऽनुसन्धिश्च। यथा तापसवत्सराजे।'

आचार्य अभिनवगुप्त ने तापसवत्सराज नाटक में कथा के रसोचित निर्वाह पर विस्तार से विचार किया है व प्रत्येक अंक में नायक के संवाद हों या घटना प्रसंगों का निरूपण नाटक के केंद्रीय भाव का किस प्रकार परिपोष करते हैं – इसका विश्लेषण उन्होंने किया है। अभिनव के अनुसार इस नाटक में उदयन और वासवदत्ता के बीच प्रेम का भाव ही 'जीवितसर्वस्वाभिमानात्मा' है। वह करुण और विप्रलंभ रसों के परिपोष के साथ विविध भूमिकाओं में समस्त इतिवृत्त में

अव्याहत रूप में परिव्याप्त है। सचिवों की नीतिमहिमा से राज्य का मिलता और उसके भी अंग के रूप में पद्मावती की प्राप्ति तो अनुषंग हैं, वास्तविक फल वासवदत्ता की पुनः प्राप्ति ही है। नाटक के निर्वहण में उदयन के कथन 'प्राप्ता देवी भूतधात्री च भूयः सम्बन्धोऽभूद्दर्शकेन' इस कथन में प्रधानफल व आनुषंगिक फल के तारतम्य को नाटककार ने स्पष्ट कर दिया है। पहले अंक में यौगंधरायण व वासवदत्ता की परस्पर मंत्रणा के दृश्य से लगाकर पद्मावती से विवाह तथा उसके पश्चात् होने वाले समस्त घटनाचक्र में भित्तिस्थानीय तो वासवदत्ता के प्रति प्रेमबंध ही बना रहा है। अपने इस मंतव्य की पुष्टि में अभिनवगुप्त ने तापसवत्सराज के प्रत्येक अंक से नायक उदयन की उक्तियाँ उद्धत की हैं, जिनसे स्पष्ट है कि उसके मानसजगत् में वासवदत्ता के अतिरिक्त अन्य किसी के लिये स्थान नहीं है। ये संवाद हैं –

तद्वक्त्रेन्दुविलोकननेन दिवसो नीतः प्रदोषस्तथा,
तद्गोष्ठ्यैव निशापि मन्मथकृतोत्साहैस्तदङ्गार्पणैः
तां संप्रत्यपि मार्गदत्तनयनां द्रष्टुं प्रवृत्तस्य मे
बद्धोत्कण्ठमिदं मनः किमथवा प्रेमासमाप्तोत्सवम्।।

(१.१४)

(उसके मुखचंद्र को देखते देखते सारा दिन बिता दिया, उसके साथ बतियाते हुए ही साँझ बीती, उसके साथ ठिठोली करते करते प्रेम के उत्साह और उसके द्वारा अंग समर्पित करने में रात निकल गई, इतना सब हुआ, फिर भी मेरा यह मन मेरी राह ताकती उसे तकने को आतुर है। अथवा प्रेम का उत्सव कभी चुकता नहीं है।)

वस्तुतः यह पद्य मायुराज भावसांद्र मनोदशा के अनुभव की समाधि से उपजा है। कवि की प्रेम की समझ को भी वह व्यक्त करता है। अभिनवगुप्त ने ही नहीं, कुंतक जैसे काव्य के पारखी ने भी उचित ही इसे उत्कृष्ट काव्य के निदर्शन के रूप में प्रस्तुत किया है। इसी प्रकार का एक और पद्य है—

सर्वत्र ज्वलितेषु वेश्मसु भयादालीजने विद्रुते
श्वासोत्कम्पविहस्तया प्रतिपदं देव्या पतन्त्या तथा।
हा नाथेति मुहुः प्रलापपरया दग्धं वराक्या तया
शान्तेनापि वयं तु तेन दहनेनाद्यापि दह्यामहे।।

(३.१०)

सारे घरों में आग लग गई थी, सखियाँ भाग चुकी थीं, साँस फूल जाने से काँपती असहाय पग-पग में गिरती पड़ती 'हा नाथ?' ऐसा बार-बार विलाप करती वह जल गई, और हम अभी तक भी शांत हो चुकी उस आग से जलाये जा रहे हैं।)

कुंतक के द्वितीयांक में उदयन के विलाप के प्रसंग की विह्वल मनोदशा को करुणरस की दृष्टि से विस्तार से मीमांसा करते हुए अनेक पद्य इस अंक से उद्धृत किये हैं। स्मृति संचारी

भाव का कवि ने यहाँ मर्मवेधी प्रयोग किया है। वासवदत्ता की कथित मृत्यु के पूर्व की चेष्टाओं की कल्पित स्मृति अग्नि से बचने के लिये उसकी चेष्टाओं का करुण भयावह चित्र अंकित करती है।

देवी स्वीकृतमानसस्य नियतं स्वप्नायमानस्य मे
तद्गोत्रग्रहणादियं सुवदना यायात्कथं न व्यथाम्।
इत्थं यन्त्रणया कथंकथमपि क्षीणा निशा जाग्रते।
दाक्षिण्योपहतेन सा प्रियतमा स्वप्नेऽपि नासादिता।।

(५.४)

(मेरे मन में तो देवी वासवदत्ता थी, सपने में उसका नाम निकल गया, तो उससे यह सुवदना व्यथित क्यों न होगी? यह सोच सोच कर रात जाग जाग कर बिता देता हूँ, मैं इस उदारता में मारा गया – प्रियतमा को स्वप्न में भी नहीं पा सकता।)

उदयन के हृदय की कोमलता तथा संवेनशीलता का कितना करुण चित्र है! यदि सोऊँगा, तो सपने में वासवदत्ता को ही तो देखूँगा, और फिर नींद में वासवदत्ता का नाम अवश्य मुँह से निकल जायेगा, इससे पद्मावती को पीड़ा होगी यह सोचकर प्रेम का मारा सोने का भी प्रयास नहीं करता।

तथाभूते तस्मिन्मुनिवचसि जातागसि मयि
प्रयत्नान्तर्गूढां रुषमुपगता मे प्रियतमा।
प्रसीदेति प्रोक्ता न खलु कुपितेत्युक्तिमधुरं
समुद्भिन्नापीतैर्नयनसलिलैः स्थास्यति पुनः।। (५.२)

यह सब हो गया, मैंने तो मुनि के वचनों को मानकर कि दूसरा विवाह कर लेने से तुम्हें वासवदत्ता मिल जायेगी – यह द्वितीय विवाह का अपराध कर दिया। 'अब मान भी जाओ' यों कहने पर 'नहीं मैं कुपित कहाँ हूँ', यह भी न कह पाती बहते आँसू पीती हुई कब वह मेरे सामने आयेगी।

त्वत्सम्प्राप्तिविलोभितेन सचिवैः प्राणाः मया धारिताः। (६.३)

(सचिवों तुम मिल जाओगी – ऐसा प्रलोभन दिया था इसलिये मैं प्राण धारण किये रहा।)

इन सब उद्धरणों की मीमांसा करते हुए अभिनवगुप्त ने स्थापना दी है कि इस नाटक में विप्रलंभ शृंगार तथा करुणरस इसके प्राणतत्त्व को इन उक्तियों तथा उनसे जुड़े प्रसंगों के माध्यम से मायुराज एक गहन जीवनानुभव के रूप में प्रस्तुत करते हैं।

उदात्तराघव नाटक पर अत्यंत सहृदयतापूर्ण विचार आचार्य कुंतक ने किया है, उन्होंने न केवल बालिवध आदि प्रसंगों में राम के चरित्र की गरिमा को बनाये रखने के लिये नाटककार ने मूलकथा को जिस प्रकार परिवर्तित किया है उसकी तो बड़ी प्रशंसा की ही है, इस नाटक

के भावलोक को उन्होंने अपने वक्रोक्तिसिद्धांत के आलोक में पुनरुद्घाटित किया है। तापसवत्सराज पर तो कुतंक ने वक्रोक्ति की दृष्टि से सहृदयतापूर्ण विशद विमर्श करते हुए एक विस्तृत निबंध ही अपने वक्रोक्तिजीवित में लिख दिया है। ऊपर उद्धृत पद्य 'तद्वक्त्रेन्दुविलोकनेन' – पर वे कहते हैं - 'किमिति बद्धोत्कण्ठमिति परिसमाप्तेऽपि तथाविधो वस्तुविन्यासो विहितः येन पूर्वेषां जीवितमिवार्पितम्।'[२३] इसी प्रकार कुंतक तापसवत्सराज में संवृतिवक्रता की दृष्टि उदयन के निम्नलिखित कथन की मार्मिकता पर प्रकाश डालते हैं—

चक्षुर्यस्य तवाननादपगतं नाभूत् क्वचिन्निर्वृतं
येनैषा सततं त्वदेकशयनं वक्षःस्थली कल्पिता।
येनोक्तासि विना त्वया बत जगच्छून्यं क्षणाज्जायते
सोऽयं दम्भधृतव्रतः प्रियतमे कर्तुं किमप्युद्यतः।।

(४.१३)

(जिसकी आँखें तुम्हारे मुख से कभी हटतीं न थीं, जिसने अपने वक्षःस्थल को सदैव तुम्हारे लिये एक शैया बना कर रखा, जो यह कहता रहा कि तुम्हारे बिना एक क्षण में यह जगत् सूना हो जाता है, वही यह दंभ या पाखंड के साथ व्रत धारण कर के कुछ तो भी करने जा रहा है।) यहाँ अपने लिये उत्तम पुरुष का प्रयोग न करके अन्यपुरुष (सोऽयम्) का प्रयोग तथा पद्मावती से विवाह करने जा रहा हूँ यह न कहकर 'कर्तुं किमप्युद्यतः' यह कहना वत्सराज की मन की कचोट और यंत्रणा को गहरी अभिव्यक्ति प्रदान करता है।

पूरे तापसवत्सराज नाटक पर कुंतक ने विहंगम दृष्टि डालते हुए कहा है— **'तापसवत्सराजे कुसुमसुकुमारचेतसः सरसविनोदैकरसिकस्य नायकस्य चरितवर्णनमुपक्रान्तम्। वस्तुतस्तु व्यसनार्णवे निमज्जन् राजा तथाविधनयव्यवहारनिपुणैरमात्यैस्तैस्तैरुपायैरुत्तारणीय इत्युपदिष्टम्।'**

कुंतक इस नाटक को करुणरस की एक सार्थक कृति भी मानते हैं। करुण रस के अनेक श्लोक उन्होंने इस नाटक से उद्धृत किये हैं। विशेषरूप वासवदत्ता की स्मृति में उदयन के विलाप

कर्णान्तस्थितपद्मरागकलिकां भूयः समाकर्षता
चञ्च्वा दाडिमबीजमित्यभिहता पादेन गण्डस्थली।
येनासौ तव तस्य नर्मसुहृदः खेदान्मुहुः क्रन्दतो
निःशङ्कं न शुकस्य किं प्रतिवचो देवि त्वया दीयते।।

(२.१३)

इस पद्य पर टिप्पणी करते हुए कुंतक कहते हैं - **'अत्र शुकस्यैवंविधदुर्ललितयुक्तत्वं वाल्लभ्यप्रतिपादनपरत्वेनोपात्तम्'**

इसी प्रकार —

धारावेश्म विलोक्य दीनवदनो भ्रान्त्वा च लीलागृहात्
निःश्वस्यायतमाशु केसरलतावीथीषु कृत्वा दृशः।।
किं मे पार्श्वमुपैषि पुत्रक कृतैः किं चाटुभिः क्रूरया
मात्रा त्वं परिवर्जितः सह मया यान्त्यातिदीर्घां भुवम्।।

इस पर कुंतक का कथन है— **'अत्र रसपरिपोषनिबन्धन- विभावादिसंपत्समुदयः कविना सुतरां समुज्जृम्भितः।'**

उदयन के कथनों की करुणधारा को और तीव्र बनाने वाले अन्य पात्रों के संवादों पर भी कुंतक ने विचार किया है। त्रासोत्कम्पविहस्त—इत्यादि पद्य पर कुंतक ने कहा है— **'अत्र शान्तेनापि निर्वाणेनापि तेनाम्लानमालतीमुकुलकोमलदेहविदाहानुमीयमाननैर्घृण्येन दहनेनाप्येकव्यापारकरणा वयमद्यापि दह्यामहे इति नूतनोल्लेखविरोधालङ्कारेण करुणा पूर्वं निविष्टाऽपि वक्रतां नीयते।'**

मूर्धन्य आलंकारिकों के द्वारा तापसवत्सराज और उदात्तराघव इन दो नाटकों को वही दर्जा दिया गया है, जो शाकुंतल और उत्तरामचरितम् जैसे नाटकों को।

वीणावासवदत्तम्

वीणावासवदत्तम् संस्कृत साहित्य की एक और दुर्लभ, उपेक्षित और महत्त्वपूर्ण नाट्यकृति है। उदयनकथा पर आधारित यह नाटक अपूर्ण प्राप्त होता है। इसके आठ अंक प्राप्त हुए हैं। संभवतः दो अंक इसमें और रहे होंगें। कुछ हस्तलिखित प्रतियों में इसका नाम वत्सराजचरितम् भी मिलता है। इसके प्रणेता का नाम पता नहीं चलता। इसका रचनाकाल निर्धारित करना भी कठिन है। इतना निश्चित है कि यह आठवीं शताब्दी के पश्चात् तथा पंद्रहवीं शताब्दी के पहले रचा गया, क्योकि पंद्रहवीं शताब्दी में वल्लभदेव ने अपनी सुभाषितावली में इसका नांदीपद्य उद्धृत किया है, और भामह ने अपने काव्यालंकार में भास के प्रतिज्ञायौगंधरायण की कथा योजना की आलोचना करते हुए जो जो आपत्तियाँ उठायीं थीं, उनका निराकरण करते हुए इस नाटक के रचयिता ने नवीन रूप में उदयन कथा का इसमें विन्यास किया है, अतः वह भामह के प्रतिपादन से परिचित प्रतीत होता है।

कथा संयोजन की दृष्टि से वीणावासवदत्तम् अत्यंत ही रोचक है। घटनाओं का गुँथाव नाटककार ने बड़ी निपुणता से किया है। राजा उदयन के पक्ष के अनेक गुप्तचर तथा उनकी गतिबिधियाँ निरंतर नाटक में चलती रहती हैं, यौगंधरायण को उनके माध्यम से नाटककार ने महासेन को षडयंत्र से पहले से ही अवगत करा दिया है। भामह की समीक्षा के अनुसार उदयन का कृत्रिम हाथी के माध्यम से अधिग्रहण प्रतिज्ञायौगंधरायण में एक अस्वाभाविक घटना है। नाटककार ने इस नाटक में कृत्रिम हाथी के स्थान पर एक वास्तविक हाथी के माध्यम से ही उदयन का ग्रहण दिखाया है। तृतीय अंक के प्रवेशक तथा चतुर्थ और षष्ठ अंकों

में उदयन के मंत्रियों की सजगता और उनकी गतिविधियों का भी उसने अच्छा चित्रण किया है। गजशास्त्र में प्रवीण होने पर भी उदयन एक हाथी के माध्यम से बंदी बना लिये गये – इस प्रसंग को स्वाभाविक बनाने के लिये नाटककार ने कल्पना की है कि उदयन को बाल्यावस्था में अंगारक नामक ऋषि के द्वारा शाप मिला था कि वे हाथी के माध्यम से बंदी बना लिये जायेगें। राजा महासेन के साथ भरत और सालंकायन नामक दो मंत्री उदयन के निग्रहण की योजना बनाते हैं। मृच्छकटिक की भाँति इस नाटक में भी दो परस्पर गुँथी हुई कथा धाराएँ एक साथ प्रवाहित हैं, एक ओर वासवदत्ता और उदयन के अनुराग की कथा है, तो दूसरी ओर महासेन और यौगंधरायण के पक्षों की चालें और गुप्तचरों की रहस्यमय गतिविधियों का कथानक है। गुप्तचरों की गतिविधियाँ मुद्राराक्षस नाटक के कथानक के जटिल जाल के अनुरूप हैं। पात्रों की संख्या की दृष्टि से यह नाटक मृच्छकटिक और मुद्राराक्षस की भाँति ही बहुसंख्य तथा नानाप्रवृत्तिसंकुल पात्रों को प्रस्तुत करता है। चोर, अश्वबंधक, औपगायक, पाशिकाध्यक्ष आदि विशिष्ट कोटि के पात्रों के साथ दोनों पक्षों के अलग-अलग प्रकृतियों के कई मंत्री व अनेक स्त्री पात्र इस नाटक में हैं।

इस नाटक की भाषाशैली भास के नाटकों के अत्यंत निकट है। नाटकीय भाषा की ऐसी सूक्ष्म पकड़ और संवादों की सटीकता तथा सारप्राणता इने गिने नाटकों में ही मिलती है। पात्रानुरूप तथा प्रसंगानुरूप भाषा और शैली को ढालने में नाटककार दक्ष है। छोटे छोटे वाक्य नाटकीयता व सांकेतिक अभिप्रायों से संपृक्त हैं। उदाहरणार्थ ये संवाद –

यौगन्धरायण: – नाहं तेषां भृत्य:।

ब्राह्मण: – भो: दु:खं खलु चिताप्रवेश:।

यौग० – तस्मादपि दु:खतरं स्वामिनो वियोग:।

ब्रा० – रक्षितव्या: खलु प्राणा:।

यौग० – ततोऽपि प्रतिज्ञा।

ब्रा० – वन्ध्यो ननु निष्कारणजीवितत्याग:।

यौग० – भर्तृदर्शनहेतुत्वादवन्ध्य:।

ब्रा० – अनियतं हि तत्।

यौग०– अनिश्चितानामेतत्।

ब्रा० – सन्दिग्धा ननु परलोका:।

यौग०– निस्सन्दिग्धा मम।

ब्रा०– न शक्ष्याम्यत: परं वक्तुम्।

यहाँ दोनों पात्रों के अत्यंत संक्षिप्त पर सारगर्भित वाक्य उनकी चिंताधारा व व्यक्तित्व के परिचायक तो हैं हीं, नाटक के संदेह, आशंका, वितर्क के वातावरण की अनुभूति को भी वे

सांद्र बनाते हैं। अंत में यौगंधरायण के अकंप्य निश्चय के आगे झुककर ब्राह्मण जिस तरह कहता है कि इसके आगे मैं और कुछ नहीं कह सकता वह सारी स्थिति के व भविष्य को उद्घाटित कर देता है।

शृंगार और सुकोमल भावों के प्रसंगों में भाषा में लालित्य और मसृणता है, तो युद्ध, छल, निग्रह आदि के प्रसंगो में तदनुरूप वेगवती और ऊर्जस्वी भाषा है। मृगया के प्रसंग में उदयन के संवादों की स्फूर्ति और ओजस्विता प्रभावशाली है। लकुटस्थानीयस्त्वं तस्य संवृत्तः – (तुम उनके लिये लाठी या सहारा बन गये, पृ० ३०), दिवैव चन्द्र उदितः (दिन में चंद्रमा उग आया – पृ० ७५), विगतोत्सव इवैष प्रदेशः संवृत्तः (यह स्थान ऐसा हो गया जैसे यहाँ सारा उत्सव समाप्त हो गया हो- पृ० ७७) इस प्रकार के मुहावरेदार प्रयोग वीणावासवदत्ता की भाषा को नयी चमक से निखार देते हैं। कुछ अन्य वाक्य जिनमें लाक्षणिक प्रयोगों व आभाणकों के द्वारा सौंदर्य लाया गया है उदाहरणीय हैं – निश्छिद्रं हि सर्वं कृतम्, इदं तत् पटान्तेनाग्निग्रहणं नाम, चक्षुर्नामान्यत् पश्यति, आत्मानं न पश्यति, निर्मक्षिकेदानीं मधुपिण्डिका संवृत्ता - आदि।

नलागिरि हाथी के वर्णन में महासेन के मुख से कहलवाया गया है—

मन्दं मन्दं दृश्यते वारणेन्द्रो नीहाराढ्यः शब्दवाहीव शैलः।।

यहाँ हाथी के लिये तुषार से घिरे शब्द करते पर्वत की उपमा नाटककार की सूझबूझ का प्रमाण है।

आठवे अंक में वासवदत्ता उदयन के द्वारा पत्र में लिखे पद्यों को षड्ज और ऋषभ स्वरों का संयोजन करके वीणा बजाते हुए गाती है।

भवभूति

परिचय

भवभूति संस्कृत के सर्वोच्च महाकवियों में गिने जाते हैं। इन्होंने तीन नाट्यकृतियाँ लिखीं- महावीरचरितम् नाटक, मालतीमाधवम् प्रकरण तथा उत्तररामचरितम् नाटक। इन तीनों नाट्यकृतियों की प्रस्तावनाओं में भवभूति ने सूत्रधार के मुख से अपना परिचय दिलवाया है। उसके अनुसार- उनके पूर्वज विदर्भ के पद्मपुर[२४] नगर में रहते थे। वे कश्यपगोत्र की तैत्तिरीय शाखा के पंक्तिपावन[२५] ब्राह्मण थे, तथा सोमपीथी व उदुंबर कुल के चरणगुरु कहे जाते थे। ब्रह्मज्ञान के कारण भी उनकी ख्याति थी। भवभूति ने अपने पूर्वजों की तपस्विता, यज्ञपरायणता और पावन जीवन की बहुत प्रशंसा की है। ऐसे कुल में भट्ट गोपाल के पौत्र और नीलकंठ के पुत्र भवभूति हुए। इनकी माता का नाम जतुकर्णी था। श्रीकंठ इनकी उपाधि थी। जगद्धर आदि कुछ टीकाकारों की मान्यता है कि श्रीकंठ इनका वास्तविक नाम था। इन्होंने गिरिजा या पार्वती के विषय में निम्नलिखित श्लोक की रचना की—

तपस्वी कां गतोऽवस्थामित्येव स्मेरतां गतौ।
गिरिजायाः स्तनौ वन्दे भवभूतिसिताननौ।।

इस श्लोक में भवभूति शब्द का चमत्कारपूर्ण प्रयोग है। भवभूति का सामान्य अर्थ शिव की भूति या उनके शरीर पर लगी राख है। पर भव का एक अर्थ संसार भी है और भूति का अर्थ विभूति या संपदा भी है। अतः श्लेष से भवभूति का अन्य अर्थ संसार की संपदा हो जाता है। इस श्लोक में भवभूति शब्द के ऐसे विलक्षण प्रयोग के कारण कवि श्रीकंठ को भवभूति की उपाधि मिली। पर यह अनुश्रुति या किवदंती मात्र ही है। भवभूति के स्वयं के कथनों से यह मान्यता प्रमाणित नहीं होती।

भवभूति ने प्रख्यात पंडितों और श्रोत्रियों के उच्च कुल में जन्म लेकर सभी शास्त्रों का विधिवत् अध्ययन किया होगा यह उनकी रचनाओं से स्पष्ट है। उन्होंने अपने तीनों नाटकों की प्रस्तावना में स्वयं को पदवाक्यप्रमाणज्ञ, व्याकरण, मीमांसा तथा न्यायदर्शन का ज्ञाता कहा है। यह अनुमान किया जा सकता है कि ऐसे महिमामय श्रोत्रियों के पावनकुल में भवभूति की नाटक रचने व अभिनय कराने की प्रवृत्ति को बहुत सराहना के भाव से नहीं देखा गया होगा। संभवतः इस कारण से भवभूति युवावस्था में विदर्भ से चलकर पद्मावती आये जहाँ कालप्रियनाथ की यात्रा के महोत्सवों में उनके तीनों रूपकों का अभिनय हुआ। बाणभट्ट की भाँति भवभूति ने नटमंडली से अच्छे संबंध बनाये। उनके तीनों नाटकों में सूत्रधार भवभूति को अपना मित्र बताता है।

पद्मावती नगरी तथा कालप्रियनाथ के भूगोलिक प्रत्यभिज्ञान के विषय में तीन मत हैं। पहला मत उज्जयिनी के महाकाल मंदिर को ही कालप्रियनाथ मानता है। यह मत उचित प्रतीत नहीं होता , क्योंकि भवभूति के तीनों नाटकों में जिस देवता की यात्रा में उनके नाटक खेले गये उसका नाम कालप्रियनाथ या महाकाल नहीं, बल्कि कालप्रियनाथ या सूर्य दिया गया है। मालतीमाधव में उन्होंने सूर्य की वंदना भी नांदी पद्य में की है। दूसरा मत कानपुर और झाँसी के बीच कालपी के पास कालप्रियनाथ का अस्तित्व मानता है। यहाँ पहले विशाल सूर्यमंदिर था – ऐसा मिराशी जी का मत है। तीसरे मत के अनुसार ग्वालियर के निकट पवाया ग्राम ही प्राचीन पद्मावती है। इस ग्राम के पास प्राचीन सूर्यमंदिर तथा रंगमंच के अवशेष भी मिले हैं।

भवभूति कान्यकुब्ज के राजा यशोवर्मा के समकालीन थे। ग्यारहवीं शताब्दी के प्रख्यात इतिहासकार महाकवि कल्हण ने कहा है कि वाक्पति तथा भवभूति आदि कवियों से सेवित यशोवर्मा को कश्मीर के राजा ललितादित्य ने हराया। तथापि भवभूति यशोवर्मा के आश्रय में रहे हों, ऐसा नहीं लगता। प्राकृत महाकाव्य गौडवहो के रचयिता वाक्पतिराज अवश्य यशोवर्मा के आश्रित कवि थे। उन्होंने भवभूति का अपने वरिष्ठ समकालीन के रूप में बड़े आदर के साथ उल्लेख किया है, पर यशोवर्मा की प्रशस्ति में काव्य रचते हुए भी ऐसा कोई संकेत नहीं दिया है कि भवभूति राजा यशोवर्मा के आश्रित थे। वाक्पतिराज ने गौडवहो महाकाव्य की रचना

७३३ई० से ७५३ई० के बीच की थी यह निर्विवाद रूप से प्रमाणित है इस प्रकार भवभूति का समय सातवीं शताब्दी के पूर्वार्ध से आठवीं शताब्दी के पूर्वार्ध के बीच माना जा सकता है। यह अनुमान इस तथ्य से भी पुष्ट होता है कि आचार्य वामन (समय ८००ई० के आसपास) ने अपनी काव्यालंकारसूत्रवृत्ति में भवभूति के पद्यों को उद्धृत किया है।

सांस्कृतिक दृष्टि से भवभूति का काल भारतीय इतिहास का अभूतपूर्व काल कहा जा सकता है। कला और साहित्य के क्षेत्र में इस समय नये नये प्रयोग हो रहे थे, प्राकृत और अपभ्रंश के काव्य का संस्कृत रचनाओं से जीवंत अंत:संवाद भारतीय साहित्य को संपन्न बना रहा था। दर्शन के क्षेत्र में बौद्ध और जैन दार्शनिकों का वैदिक परंपरा के नैयायिकों से शास्त्रार्थ तर्क के क्षेत्र में नये आयाम खोल रहा था। नागार्जुन, धर्मकीर्ति, जयंत भट्ट, अकलंक, वसुबंधु आदि महान् दार्शनिक भवभूति के कुछ पहले हो चुके थे और कुमारिल भट्ट, मंडन मिश्र, शंकराचार्य जैसे दिग्गज विचारक भी उन्हीं के आसपास हुए। भवभूति के कृतित्व में अपने समय की वैचारिक हलचल और शास्त्रपरंपरा का गहरा संस्कार है। भवभूति को अपने घर में अपने पिता या पितामह से अध्ययन का अवसर तो मिला ही होगा, अपने समय के अन्य श्रेष्ठ आचार्यों से भी उन्होंने अध्ययन किया। इन्होंने गुरु का नाम ज्ञाननिधि बताया है और अपने गुरु को 'यथार्थनामा' कहा है— अर्थात् ज्ञाननिधि सचमुच ज्ञाननिधि ही थे।

ऐसा प्रतीत होता हे कि भवभूति युवावस्था में विदर्भ में अपना गाँव और घर छोड़कर निकल पड़े। वे मध्यदेश में पद्मावती में आये, जहाँ कालप्रियनाथ का प्रसिद्ध मंदिर था। मंदिर के यात्रा महोत्सवों में नाटकों के प्रदर्शन होते थे। भवभूति के तीनों नाटक यहीं खेले गये। नाटक करने वाली मंडली के कलाकारों से उनकी अच्छी मित्रता थी। उनके मालतीमाधव की प्रस्तावना में सूत्रधार कहता है कि भवभूति हमारे अच्छे मित्र हैं, इसलिये उन्होंने कृपा करके अपना नाटक खेलने के लिये हमें दिया है। मालतीमाधव की प्रस्तावना से ही यह भी विदित होता है कि भवभूति अपने प्रति की गयी अवज्ञा या उपेक्षा को लेकर खिन्न थे। उनकी अवज्ञा करने वाले कौन लोग थे – यह पता नहीं चलता। जी. के. भाट का अनुमान है कि उनके घर-परिवार के लोगों ने ही उनका अनादर या अवज्ञा की होगी, क्योंकि वे पंक्तिपावन श्रोत्रियों के इतने उच्च कुल में जन्म लेकर भी नाटकों की रचना और उनके प्रदर्शन में रुचि लेते रहे। भवभूति ने लीक से हट कर नाट्यकृतियों में बहुत कुछ नया कर दिखाया। संभवत: उनके कृतित्व से उस समय का पंडित समाज प्रसन्न नहीं हुआ। अपनी उपेक्षा से खिन्न होकर भवभूति ने मालतीमाधव की प्रस्तावना में कहा है— 'जो हमारी उपेक्षा कर रहे हैं, वे कुछ भी समझते रहें, उनके लिये मेरा यह प्रयत्न नहीं है। मेरा समानधर्मा भी कोई उत्पन्न होगा, क्योकि काल निरवधि है और धरती बहुत बड़ी है।'

ये नाम केचिदिह नः प्रथयन्त्यवज्ञां जानन्तु ते किमपि तान् प्रति नैष यत्नः।
उत्पत्स्यतेऽस्ति मम कोऽपि समानधर्मा कालो ह्ययं निरवधिर्विपुला च पृथ्वी।।

भवभूति, सुरेश्वर, उंबेक, मंडन मिश्र तथा विश्वरूप की अभिन्नता

भवभूति के संबंध में एक मान्यता यह भी है कि प्रख्यात दार्शनिक और मीमांसा दर्शन के महान् आचार्य कुमारिल भट्ट के शिष्य उंबेकाचार्य और भवभूति एक ही व्यक्ति हैं। शंकर पांडुरंग पंडित ने प्राकृत महाकाव्य गौडवहो के संस्करण की अपनी भूमिका में बताया है कि मालतीमाधव की पुरानी हस्तलिखित पोथियों में इस नाटक को कुमारिलभट्ट के शिष्य उंबेकाचार्य के द्वारा विरचित कहा गया है। कुमारिल का समय ५९० से ६५०ई० के बीच है।

चित्सुखाचार्य की तत्त्वप्रदीपिका पर नयनप्रसादिनी नामक टीका में अनेक स्थलों पर भवभूति का उल्लेख है। इस टीका में उंबेकाचार्य और भवभूति को एक ही व्यक्ति कहा गया है। इस टीका से यह भी ज्ञात होता है कि भवभूति ने ही आचार्य उंबेक के नाम से कुमारिल के श्लोकवार्तिक पर टीका लिखी थी। उंबेक की श्लोकवार्तिकटीका का संदर्भ आनंदपूर्ण ने खंडनखंडखाद्य की विद्यासागरी टीका में भी दिया है। इसी प्रकार बोधघनाचार्य ने अपने तत्त्वशुद्धि नामक ग्रंथ में मीमांसक उंबेक के मत का प्रबल निराकरण किया है, तथा हरिभद्र सूरि के षट्दर्शनसमुच्चय पर गुणरत्न की टीका में उंबेक को कारिका का ज्ञाता बताया है. कारिका से आशय कुमारिल के श्लोकवार्तिक से संभव है। श्लोकवार्तिक पर उंबेक की टीका अंशतः प्राप्त है।[२६] मंडनमिश्र के भावनाविवेक पर उनकी टीका भी प्रकाशित है।[२७] आचार्य उंबेक को दर्शन के क्षेत्र में अनेक टीकाकारों व आचार्यों ने उद्धृत किया है।

माधवाचार्य के शंकरविजय तथा विवरणप्रमेयसंग्रह में बताया गया है कि मंडन मिश्र संन्यास ग्रहण करने पर सुरेश्वराचार्य के नाम से प्रसिद्ध हुए। शंकरदिग्विजय महाकाव्य के सातवें सर्ग में दिये गये मंडनमिश्रवृत्तांत में मंडनमिश्र तथा विश्वरूप को भी अभिन्न कहा गया है। यदि इसे भी स्वीकार कर लिया जाये, तो भवभूति, सुरेश्वर, उंबेक तथा मंडन मिश्र तथा विश्वरूप – ये पाँचों एक ही व्यक्ति के नाम हैं – ऐसा मानना होगा। विश्वरूपाचार्य ने याज्ञवल्क्यस्मृति पर बालक्रीडा नामक टीका लिखी थी, जिस पर यतीश्वर वेदात्मन् ने विभावना नाम से उपटीका रची। विभावना में यतीश्वर कहते हैं –

यत्प्रसादादयं लोको धर्ममार्गस्थितः सुखी।
भवभूतिसुरेशाख्यं विश्वरूपं प्रणम्य तम्।।

क्या यतीश्वर यहाँ यह संकेत दे रहे हैं कि भवभूति, सुरेश्वर तथा विश्वरूप ये एक ही व्यक्ति के नाम हैं? विवरणप्रमेयसंग्रह में माधव ने इस श्लोक को उद्धृत किया है। किसी विद्वान् ने बालक्रीडा तथा उत्तररामचरित में पारस्परिक समानता भी प्रदर्शित की है।[२८] इन उल्लेखों के आधार पर श्रीकृष्णमाचारी ने भवभूति, उंबेक, मंडनमिश्र, सुरेश्वर और विश्वरूप की अभिन्नता मानी है।

भवभूति, सुरेश्वर, उंबेक तथा मंडन मिश्र तथा विश्वरूप के अभिन्न होने की संभावना का

पूरी तरह निषेध नहीं किया जा सकता, यद्यपि इस पर कुछ विद्वानों ने प्रश्न चिह्न लगाया है।

यदि भवभूति, सुरेश्वर, उंबेक तथा मंडन मिश्र तथा विश्वरूप -- ये सब अलग अलग व्यक्ति हों, तब भी इसमें कोई संदेह नहीं कि भवभूति एक महान् कवि के साथ तत्त्वदर्शी विचारक तथा श्रेष्ठ पंडित भी थे। ज्ञान की जो विरासत उन्होंने अपनी वंश परंपरा से पायी थी, उसका उनको गर्व भी था। उन्होंने अपने तीनों नाटकों की प्रस्तावना में अपने को पदवाक्यप्रमाणज्ञ (व्याकरण, मीमांसा तथा न्याय दर्शन) का ज्ञाता कहा है।

कृतित्व

भवभूति की तीन नाट्यकृतियों में से महावीरचरितम् में राम के विवाह से लगा कर रावणवध और उनके राज्याभिषेक तक की कथा को नाटक के रूप में प्रस्तुत किया गया है। रामकथा का उत्तर भाग उत्तररामचरितम् में निरूपित है। इसमें सीता के निर्वासन और राम तथा सीता के पुनर्मिलन की कथा निरूपित है। मालतीमाधव प्रकरण कोटि का रूपक है। इसमें किशोरावस्था के प्रेम और नायिका के अपने घर से भागकर मंदिर में नायक माधव के साथ विवाह करने का रोचक वृत्तांत है।

उक्त तीन रूपकों के अतिरिक्त भवभूति ने कुछ अन्य रचनाएँ भी लिखी थीं, पर वे मिलती नहीं हैं। प्राचीन सुभाषितसंग्रहों में भवभूति के अनेक पद्य उद्धृत हैं। इनमें से अधिकांश पद्य तो उनकी तीन नाट्य कृतियों से ही लिये गये हैं, पर कतिपय पद्य ऐसे भी हैं, जो उनकी नाट्यरचनाओं से नहीं हैं। इससे अनुमान किया जा सकता है कि भवभूति ने कुछ और पद्यात्मक रचनाएँ की थीं। शार्ङ्गधरपद्धति में भवभूति के नाम से यह श्लोक उद्धृत है—

निरवद्यानि पद्यानि यदि नाट्यस्य का क्षतिः।
भिक्षुकन्थाविनिक्षिप्तः किमिक्षुर्नीरसो भवेत्।।

(यदि पद्य निर्दोष हैं, तो नाट्यरचना की क्या क्षति हो सकती है, (चाहे उसे कोई भी पढ़े या मंच पर खेले), भिक्षुक की कथरी में रख दिया जाने से गन्ना फीका नहीं हो जाता।)

महावीरचरित

रामकथा पर आधारित नाटकों की परंपरा में भवभूति का महावीरचरित एक पथप्रदर्शक और उपजीव्य नाटक है। पूरी कथा को भवभूति ने सर्वथा अछूती परिकल्पना के द्वारा नवीन स्वरूप प्रदान कर दिया है, जिसके कारण इस कथा में माल्यवान् तथा राम के पक्ष के बीच द्वंद्व का आद्यंत निर्वाह किया गया है। सात अंकों के इस नाटक में विश्वामित्र की यज्ञरक्षा से लेकर रावणवध के पश्चात् राम का अयोध्या प्रत्यावर्तन और राज्याभिषेक तक की रामायण कथा निरूपित है। प्रथम अंक में मारीच, सुबाहु और ताटका से राम व लक्ष्मण का युद्ध और विश्वामित्र के आश्रम में शिवधनुष का प्राकट्य तथा राम के द्वारा शिवधनुष का भंग चित्रित है।

सीता और ऊर्मिला को भी कवि ने जनक के साथ इसी अंक में अवतरित करा दिया है। रावण की ओर से सीता का हाथ माँगने के लिये उसका दूत विश्वामित्र के आश्रम में ही आ पहुँचता है। दूसरे अंक में रावण के मंत्री माल्यवान् का शूर्पणखा से संवाद है, जिसमें वह अपनी कूटनीति और गुप्तयोजनाएँ शूर्पणखा को बताता है। तदनुसार परशुराम को राम से युद्ध के लिये भड़काया जाता है तथा शूर्पणखा मंथरा का वेष धरकर राम के वनवास का षडयंत्र रचती है। तीसरे और चौथे अंकों में परशुराम का जनक, शतानंद, दशरथ और विश्वामित्र से लंबा वाक्कलह है जिसकी परिणति राम और परशुराम के युद्ध में होती है। परशुराम तो पराजित होते हैं, पर इसी समय मंथरावेषधारिणी शूर्पणखा कैकेयी का पत्र दशरथ को सौंप देती है, जिसके अनुसार राम को चौदह वर्ष का वनवास तथा भरत को राज्य देने का वर माँगा गया है। पाँचवें अंक में रावण के द्वारा सीता का हरण, जटायु और रावण का युद्ध, विभीषण की राम से भेंट, सुग्रीव और राम की मैत्री तथा बालि का वध चित्रित है।

छठे अंक में राम और रावण के संग्राम के अनंतर रावण का वध वर्णित है। सातवें अंक में सीता की अग्निपरीक्षा के पश्चात् राम अयोध्या आते हैं। विमान में बैठे राम के मुख से कवि ने लंका से अयोध्या तक की यात्रा में नीचे धरती पर दिखायी देने वाले दृश्यों का मनोहारी वर्णन कराया है। अंत में राम के राज्याभिषेक के साथ नाटक समाप्त होता है।

समीक्षा

महावीरचरित रामकथाश्रित नाटकों में एक प्रवर्तक कृति है। अपने से पहले के अनेक नामकथाविषयक नाटकों की इतिवृत्तयोजना से एकदम हटकर भवभूति ने इस नाटक में पूरी रामकथा को नये परिप्रेक्ष्य में प्रस्तुत किया है, व पहले के नाटकों में आये प्रसंगों की कहीं भी पुनरावृत्ति नहीं की है। मुरारि, राजशेखर, जयदेव, शक्तिभद्र आदि अनेक नाटककारों ने इससे प्रेरणा और प्रभाव ग्रहण किया है। रामकथा की विविध घटनाओं को कवि ने अपनी सूझबूझ व नाटकीय समझ से एक सूत्र में गूँथ दिया है। राम का चरित्र एक परम तेजस्वी वीर के रूप में प्रस्तुत किया गया है, जो नाटक के महावीरचरित नाम को सार्थक करता है। पहले अंक में ही विश्वामित्र की यज्ञरक्षा और राक्षसों के संहार के अनंतर शिवधनुष के भंग का वृत्तांत समाविष्ट कर के भवभूति ने न केवल घटनाचक्र को क्षिप्रता प्रदान की है, वीर रस के प्रवाह में अद्भुत रस को भी तरंगित कर दिया है। परशुराम के उद्धत और क्रोधी चरित्र की जो प्रस्तुति भवभूति ने की है, उसका अनुकरण अनेक परवर्ती नाटककारों ने किया है। परशुराम का जनक आदि के साथ विवाद आगे चलकर लक्ष्मणपरशुराम संवाद के रूप में विकसित हुआ और लीलानाटकों से लगाकर तुलसीदास के रामचरितमानस तक इसका रोचक विन्यास किया जाता रहा। भाषा पर असाधारण अधिकार व शब्दावली की नृत्यत्प्रायता, गाढ़बंध, गौड़ी रीति का विन्यास तथा ओजस्विता सर्वत्र महावीरचरित में प्रभावशाली रूप में प्रकट हुई है।

काव्यशास्त्र के आचार्यों ने इसके अनेक पद्य सराहना करते गुए उद्धृत किये हैं। ताटका के इस वर्णन में दीर्घसमासों की रचना तथा विकटाक्षरबंध दर्शनीय है—

आन्त्रप्रोतबृहत्कपालनलकक्रूरक्वणत्कङ्कणप्रायप्रेङ्खितभूरिभूषणरवैराघोषयन्त्यम्बरम्।
पातोच्छर्दितरक्तकर्दमघनप्राग्भारघोरोल्लसद्व्यालोलस्तनभारभैरववपुर्दर्पोद्धतं धावति।।

(१।३५)

(आंतों में पिरोये बड़े-बड़े कपाल के टुकड़ों के साथ कंकण की क्रूर खनखन करती, हिलते बहुत से आभूषणों के रवों से आकाश को गुँजाती, पीकर उगले रक्त के कीचड़ में लिथड़ी, घोर उल्लासवाली, हिलते स्तनों के भार के साथ भैरव काया वाली यह शूर्पणखा उद्धत रूप में दौड़कर आ रही है।)

आचार्य वामन (समय ८००ई० के आसपास) ने अपनी काव्यालंकारसूत्रवृत्ति में महावीरचरित (१.५४) का यह पद्य गौड़ीरीति का उत्तम उदाहरण बताते हुए उद्धृत किया है —

दोर्दण्डाञ्चितचन्द्रशेखरधनुर्दण्डावभङ्गोद्यत-
ष्टङ्कारध्वनिरार्यबालचरितप्रस्तावनाडिण्डिमः।
द्राक्पर्यस्तकपालसम्पुटमितब्रह्माण्डभाण्डोदर-
भ्राम्यत्पिण्डितचण्डिमा कथमहो नाऽद्यापि विश्राम्यति।।

हाथ में लिये गये शिव के धनुष के टूटने के होनेवाली यह टंकार की ध्वनि आर्य राम के बालचरित की प्रस्तावना का नगाड़े के साथ उद्घोष है, जो बिखरे कपालों के संपुट जैसे ब्रह्मांड रूपी भांड के भीतर घूमता हुआ ऐसे प्रचंड रूप से फैला है कि अभी तक शांत नहीं हो रहा।)

आवश्कतानुसार दो या तीन शब्दों के छोटे से संवाद में बहुत सारी बातें कह देने की कला भवभूति में प्रकर्ष पर है। ताटका उद्धत रूप में भागती हुई सामने से आ रही है। विश्वामित्र राम की ठुड्डी छूकर कहते हैं— वत्स, हन्यतामयिम्। (बेटा, इसे मार डालो)। राम कहते हैं - 'भगवन्, स्त्री खल्वियम्।' (भगवन्, यह तो स्त्री है!) ऊर्मिला और सीता इस घटना को देख रही हैं। ऊर्मिला सीता से कहती हैं – श्रुतम् आर्यया? (आर्ये, आपने सुना?) परशुराम राम को सामने देखकर कहते हैं – रमणीयः क्षत्रियकुमार आसीत् – (क्षत्रिय का लड़का बड़ा सुंदर था)। यहाँ अस्ति (है) के स्थान पर आसीत् (था) इस भूतकाल की क्रिया का प्रयोग बड़ा चमत्कारकारक है। मम्मट ने अपने काव्यप्रकाश में इस वाक्य को लकार की व्यंजकता के उदाहरण के लिये उद्धृत किया है। एक पद्य को कई टुकड़ों में अनेक पात्रों के मुख से कहलाकर नाटकीयता का निर्वाह भवभूति करते हैं। अथवा एक ही पद्य को वे तोड़-तोड़ कर एक पात्र के मुख से कहलाते हैं। शिवधनुष के प्राकट्य, राम का उसे पकड़ना, उठाकर खींचना और खींचने पर धनुष का टूटना – ये क्रियाएँ नेपथ्य में हो रही हैं। भवभूति ने जनक के मुख से इस पूरे प्रसंग का वर्णन एक पद्य में कराया है, पर यह वर्णन सीता और ऊर्मिला

के संवादों के अंतराल में होता है, जिससे प्रेक्षकों को राम के द्वारा शिवधनुष के भंग की एक एक क्रिया का आभास हो जाता है—

स्फूर्जद्वज्रासहस्त्रनिर्जितमिव प्रादुर्भवत्यग्रतो रामस्य त्रिपुरान्तकृद्दिविषदां तेजोभिरिद्धं धनुः।
शुण्डारः कलभेन यद्वदचले वत्सेन दोर्दण्डकस्तस्मिन्नाहित एव गर्जितगुणं कृष्टं च भग्नं च तत्।।
(२।२२)

(चमकते सहस्त्रों वज्रों को जीते हुए सा, देवों के तेज से समिद्ध यह त्रिपुरांतक का धनुष राम के सामने प्रकट हो रहा है। हाथी का बच्चा जैसे अपनी सूँड से कुछ उठाये इस तरह वत्स राम ने अपना भुजदंड उस पर रखा, गरजती हुई डोरी वाले उसको खींचा और उसे तोड़ दिया।)

भावशबलता तथा भावसंधि का स्थितियों के चित्रण में भवभूति विशेष रूप में मर्मावगाहन करते हैं। राम के द्वारा शिव धनुष के भंग के पश्चात् जनक हर्ष से बावले से होकर कहते हैं – मैं तुम्हारा माथा चूमता हुआ चिरकाल तक तुम्हें आलिंगन में बाँधे रहूँ या तुम्हारे चरणकमल छू लूँ? परशुराम राम को देखकर स्नेह से भी भर उठते हैं, और क्रोध से भी फड़क उठते हैं। परशुराम से युद्ध के लिये तत्पर राम को सीता रोकने के लिये बरबस हाथ पकड़कर खींच लेती हैं। राम कहते हैं—

उत्सिक्तस्य तपःपराक्रमनिधेरभ्यागमादेकतः
सत्सङ्गप्रियता च वीररभसोत्फालश्च मां कर्षतः।
वैदेही परिरम्भ एष च मुहुश्चैतन्यमामीलय-
न्नानन्दी हरिचन्दनेन्दुशिशिरः स्निग्धो रुणद्ध्यन्यतः।।

(गर्वीले तथा तप और पराक्रम के निधान परशुराम के आगमन से एक ओर से सत्संग का प्रेम और वीररस का उत्फाल मुझे खींच रहे हैं, दूसरी ओर वैदेही का आनंद से भरा, चंदन की तरह शीतल स्नेहमय परिरंभ है, जो खींच रहा है।)

महवीरचरित – पाठ की समस्या

महावीरचरित की दक्षिण में प्राप्त पोथियों में उल्लेख मिलता है कि राजशेखर नामक राजा ने इसकी पोथियों में आग लगवा दी थी। भोज तथा शारदातनय आदि कतिपय आचार्यों को इस नाटक का संपूर्ण पाठ प्राप्त था, और वे इसके बाद के अंकों से भी उद्धरण देते हैं। ऐसा लगता है कि महावीचरित नाटक की जितनी पोथियाँ जहाँ तहाँ होगीं, सब एकत्र कर के उन्हें एक सुनियोजित योजना के तहत आग के हवाले किया गया। संभवतः इस अग्निकांड में पाँच अंक तक की कोई पोथी बच गई। बाद में भवभूति के प्रति आस्थाशील कवियों, साहित्यानुरागियों ने उस नाटक के पुनरुद्धार के प्रयास किये। इन प्रयासों का एक परिणाम पाँचवें अंक के पश्चात् के इसके अंश का अन्य के द्वारा लिखा जाना है।

प्रस्तुत लेखक का अनुमान है कि मालतीमाधव के जलाये जाने का कारण भवभूति के द्वारा इसमें साहस के साथ की गई परशुराम के चरित्र की प्रस्तुति है। परशुराम विष्णु के अवतार हैं। हिंसा और क्रूरता का जो रूप उनमें है, वह संसार में कदाचित् और कहीं नहीं मिलेगा। इक्कीस बार सारी धरती से क्षत्रिय जाति का नामोनिशान मिटाकर भी संतोष नहीं होता, वे क्षत्रियों के रक्त से कुंड भर-भर कर उससे अपने पूर्वजों का तर्पण करते हैं। वैर की यह कैसी पराकाष्ठा है? परशुराम की अमानवीय क्रूरता व उनके द्वारा गर्भवती स्त्रियों के पेट तक चीर कर भ्रूणहत्या कर देने की नृशंसता पर प्रश्नचिह्न लगाने का साहस अन्य कोई नहीं कर सका। भवभूति ने महावीरचरित के दूसरे और तीसरे अंक में दशरथ, शतानंद, जनक, वसिष्ठ और विश्वामित्र इन पाँच पात्रों के संवादों में परशुराम के चरित्र की कड़ी समीक्षा ही नहीं की, इनके द्वारा उन्हें फटकार लगवाई है।

महावीरचरित में परशुराम अपनी क्रूरता का वर्णन स्वयं करते हुए कहते हैं— 'रोष में भरकर जिसने गर्भ चीर चीर कर टुकड़े टुकड़े कर डाले थे क्षत्रिय संतानों के/इक्कीस बार सब ओर से राजवंशों का सर्वनाश किया था जिसने/उनके रक्त से भरे सरोवर में सवनकर के, महा आनंद से मंद हुई क्रोध की जिसकी ज्वालाएँ! उस उद्दाम परशुराम का स्वभाव जानते हीं हैं अच्छी तरह समस्त जगत् के प्राणी। (मच० २.४८)

परशुराम के इस चरित्र के प्रत्याख्यान के लिये भवभूति ने राम के मुख से कहलवाया है— 'नृशंसता पुरुष का दोष है। उसे लेकर डींग क्या हाँकना?'

भवभूति वसिष्ठ के मुँह से परशुराम के लिये कहलवाते हैं – भले ही वह गुणों में महान् है, पर स्वभाव से तो पर स्वभाव से तो असुर है। (मच० ३.१२)

शतानंद के साथ परशुराम का विवाद भवभूति की ही परिकल्पना है। शतानंद के मुख से भवभूति परशुराम के द्वारा माता के ही मस्तक का छेदन, भ्रूणों का कर्तन और यज्ञ करते राजाओं का ब्रह्महत्या के समान वध करने के औचित्य पर प्रश्न खड़ा कराते हैं (मच. ३.१९)

भवभूति पहले नाटककार हैं, जिन्होंने परशुराम प्रसंग को रामलीला नाट्य में इस तरह जोड़ा कि उससे एक परंपरा चल पड़ी। भवभूति की अपनी एक दृष्टि थी। दूसरे और तीसरे अंकों में यह प्रसंग बहुत लंबा खिंचता है। उससे अकांडप्रथन दोष भी एक तरह से नाटक में आ जाता है। भवभूति को रंगमंच और नाट्यशास्त्र की गहरी समझ है, फिर भी वे यह प्रसंग बहुत लंबा होने देते हैं, क्योंकि इसके द्वारा भवभूति पूरी परंपरा पर सवाल खड़े करना चाहते हैं।

परशुराम के चरित्र को लेकर सीता सवाल उठाती हैं, उसका समाधान भी राम के मुख से कहलवाया है। महान् व्यक्ति में भी दोष होते हैं।

कदाचित् भवभूति को जो आक्षेप और अनादर झेलना पड़ा, उसका एक कारण यह परशुराम प्रसंग भी रहा होगा।

मालतीमाधव

यह दस अंकों का प्रकरण है। शूद्रक के मृच्छकटिक के पश्चात् भवभूति ने प्रकरण की विधा में लेखनी चला कर एक साहसिक रचनाकार के रूप में अपना परिचय दिया। इस प्रकरण में विदर्भ के अमात्य देवरात का पुत्र माधव नायक है और पद्मावती के अमात्य भूरिवसु की कन्या मालती नायिका है। माधव न्यायशास्त्र के अध्ययन के लिये विदर्भ से पद्मावती में बौद्ध भिक्षुणी कामंदकी के पास रह रहा है। वास्तव में कामंदकी, भूरिवसु और देवरात ये तीनों सहाध्यायी रहे हैं और भूरिवसु तथा देवरात ने छात्रकाल में ही प्रतिज्ञा की थी कि वे अपनी संतानों का परस्पर विवाह करेंगें। कामंदकी के पास माधव को भेजा जाना इसी प्रतिज्ञा की पूर्ति हेतु एक योजना है। कामंदकी मालती और माधव के बीच प्रेम हो सके, इसके लिये विभिन्न उपाय भी करती है। मालती और माधव एक दूसरे को देखते हैं, और चाहने लगते हैं। राजा का नर्मसचिव नंदन उनके प्रेम में बाधक है, वह राजा के माध्यम से अमात्य भूरिवसु पर दबाव डलवा रहा है कि वे मालती का विवाह उससे कर दें। दूसरी ओर नंदन की बहन मदयंतिका माधव के मित्र मकरंद को चाहती है। मकरंद एक बार सिंह के द्वारा आक्रमण होने पर अपने प्राण संकट में डाल कर उसे बचाता है। माधव मालती को पाने के लिये श्मशान साधना करने श्मशान में जाता है। वहाँ करालायतन या काली के मंदिर से मालती की चीख सुनकर तलवार खींचकर भीतर पहुँचता है।

एक कापालिक अघोरघंट ने अपनी सहायिका कपालकुंडला के द्वारा मालती का अपहरण कर लिया है और वह उसकी बलि देने ही वाला है। माधव कापालिक को ललकारता है और उसे मार डालता है। इसके पश्चात् कामंदकी की सहायता से मालती तथा माधव एक मंदिर में गुपचुप विवाह कर लेते हैं। इस पर राजा के सैनिकों से माधव और मकरंद का युद्ध होता है। दोनों बड़ी वीरता से संग्राम करते हैं। इसी बीच कपालकुंडला फिर से मालती का अपहरण कर लेती है। माधव व्याकुल होकर मालती को ढूँढता फिरता है। कामंदकी की शिष्या सौदामनी, जो स्वयं तांत्रिक है अपनी तंत्रविद्या से मालती की रक्षा करती है और आत्महत्या करने को तत्पर माधव को भी ऐन वक्त पर पहुँचकर बचाती है। अंत में मालती के माता-पिता और राजा भी मालती और माधव तथा मकरंद और मदयंतिका के विवाह को स्वीकार करते हैं।

मालतीमाधव संस्कृत साहित्य के उन इने गिने नाटकों में है, जिनमें पात्रों के चरित्र का विकास भी निरूपित है। मालती एक किशोरी है। माधव से प्रणय में वह क्रमश: प्रेमिका और परिणीता के रूप में विकसित होती हुई दिखायी देती है। वह अपने प्रेम के लिये माता पिता और परिवार को छोड़कर आ जाती है, और मंदिर में माधव से विवाह भी कर लेती है। पर विवाह के पश्चात् माता पिता और घर परिवार की स्मृतियाँ उसके चित्त को मथती रहती हैं। वास्तव में मालती के माध्यम से भवभूति ने भारतीय नारी की व्यथा को मार्मिक अभिव्यक्ति दी है। इस नाटक में भवभूति ने मानवचित्त और अंतर्मन की परतें जिस तरह उघाड़ी हैं, वह

संस्कृत नाट्य साहित्य की दुर्लभ उपलब्धि है। प्रेम के स्वरूप व दांपत्य को लेकर भवभूति की दृष्टि भी यहाँ प्रतिफलित है। कामंदकी का मालती और माधव को उनके विवाह के पश्चात् संदेश है—

प्रेयो मित्रं बन्धुता वा समग्रा सर्वे कामाः शेवधिर्जीवितं वा।
स्त्रीणां भर्ता धर्मदाराश्च पुंसामित्यन्योन्यं वत्सयोर्ज्ञातमस्तु।।

(हे बच्चो, तुम लोग यह जान लो कि स्त्रियों के लिये उनका भर्ता या पति तथा पुरुषों के लिये उनकी धर्मपत्नियाँ परस्पर प्रेमी, मित्र, समग्र बंधुत्वभाव, सारी कामनाएँ, अमूल्य निधि तथा जीवन या प्राण होते हैं।)

भावनाओं के घात प्रत्याघात, मनोवेदना, अंतर्द्वंद्व तथा तनावों के व्यक्त करने में भवभूति की सूक्ष्म भावप्रवण दृष्टि ने मार्मिक प्रसंगों का उन्मीलन किया है। भावावेग व अश्रुगद्गद होकर कह गये संवादों से यह नाटक भरा पड़ा है। माधव कहता है

मनोरागस्तीव्रं विषमिव विसर्पत्यविरतं
प्रमाथी निर्धूमं ज्वलति विधुतः पावक इव।
हिनस्ति प्रत्यङ्गं ज्वर इव गरीयानित इतो
न मां त्रातुं तातः प्रभवति न चाम्बा न भवती।।

(मनोराग तीखे विष की तरह अविरत फैल रहा है, मन को मथता वह हवा दी गई निर्धूम अग्नि की तरह जल रहा है, ज्वर की तरह अंग अंग को वह मार रहा है, न मुझे तात बचा सकते हैं, न माँ, न आप।)

मम्मट ने इस पद्य की अलंकारों के द्वारा रसपरिपोष की दृष्टि से सराहना की है। (इत्यादौ वाच्यमुखेनालंकारौ रसमुपकुरुतः – काव्यप्रकाश)।

माधव न्यायदर्शन का अध्ययन करने के लिये आया था। अपनी मनोभावनाओं का भी वह नैयायिक की तरह विश्लेषण करके स्मृति के दार्शनिक स्वरूप को बारीकी से उघाड़ कर इस नाटक में सामने रख देता है।

मालतीमाधव की प्रतीकात्मक व्याख्या

टीकाकार पूर्णसरस्वती तो मालतीमाधव की एक गहरी दार्शनिक कृति के रूप में भी मीमांसा करते हैं। उनके अनुसार यहाँ माधव साक्षात् लक्ष्मीपति विष्णु का प्रतीक है, उसका सहचर मकरंद परमेश्वर या शिव का, कामंदकी कामित अर्थ को प्रदान करने वाली भक्ति है। बुद्धरक्षिता बुद्धिमानों के द्वारा परिपालित सरस्वती है। अवलोकिता नीति है, लवंगिका कीर्ति, कलहंस परमात्मा की भक्ति का मंत्र है। इसी प्रकार अघोरघंट अधर्म का प्रतीक है, कपालकुंडला हिंसा है और सौदामनी प्रकाशात्मिका विद्या है।

उत्तररामचरित

सात अंकों के इस नाटक में राम के राज्याभिषेक के पश्चात् लोकापवाद के कारण सीता का परित्याग और अंत में सीता से पुनर्मिलन का वृत्तांत निबद्ध है। उत्तररामचरित संस्कृत या भारतीय साहित्य में ही नहीं, विश्व साहित्य की इनी गिनी सर्वोत्कृष्ट कृतियों में परिगणनीय है। व्यक्ति और समाज के द्वंद्व, मानवीय करुणा और रागात्मकता, प्रेम की अनन्यता और सर्वव्यापिता, विडंबना, भावों के घात-प्रत्याघात और वेदना, जीवन दृष्टि की मौलिकता का ऐसा श्रेष्ठ और सर्वांगीण रूप अन्यत्र दुर्लभ ही है।

नाटक का प्रारंभ इस सूचना के साथ होता है कि ऋष्यशृंग ने बारह वर्ष का यज्ञ आरंभ करा दिया है, जिसमें उपस्थित होने के लिये वसिष्ठ, अरुंधती तथा राम की माताएँ अयोध्या से जा चुकी हैं। अष्टावक्र उनका संदेश लेकर आते हैं। राम ने गर्भवती सीता का मन बहलाने के लिये एक चित्रवीथी बनवाई है, जिसमें उनके बाल्यकाल से लगाकर रावणवध करके अयोध्या लौटने तक के चित्रों की शृंखला है। पहले अंक में इस चित्रवीथी में अपने पात्रों को रमाते हुए कवि ने पूरी रामकथा का विहंगावलोकन करा दिया है। अग्निशुद्धि के प्रसंग पर राम की टिप्पणी मन को कचोट को प्रकट करती है, तो कैकेयी के वरदान माँगने के प्रसंग को उनका छोड़कर आगे बढ़ जाना सीता की प्रशंसा का कारण बनता है। सीताहरण के पश्चात् राम की विरहव्यथा का चित्रण और राम का उन दिनों की स्मृति में डूब जाना आसन्न विरह को भी ध्वनित करता है। सीता थककर राम की भुजा का सहारा लेकर सो जाती हैं। इसी समय गुप्तचर दुर्मुख आकर प्रजाओं में सीता के परगृहवासदूषण की चर्चा की बात बताता है। राम रोते कलपते हुए सीता के परित्याग का निर्णय लेते हैं और सीता को रथ में बिठाकर वन में छोड़ आने का आदेश दे देते हैं।

दूसरा अंक इस घटना के बारह वर्ष बाद जनस्थान के अंतर्गत पंचवटी में आरंभ होता है। वनदेवी वासंती और एक तापसी आत्रेयी के संवादों के द्वारा सूचना मिलती है कि राम ने अश्वमेध यज्ञ आरंभ कर दिया है। यज्ञ में सीता के स्थान पर उन्होंने उसकी प्रतिमा रखवायी है। शूद्र तपस्वी शंबूक का वध करने के लिये वे पंचवटी में आ रहे हैं। इसके बाद राम का प्रवेश होता है। तीसरे अंक में तमसा और मुरला ये दो नदियाँ पात्रों के रूप में आती हैं। उनकी बातचीत से सूचना मिलती है कि राम के द्वारा निर्वासित सीता गंगा में कूद पड़ी थी, पर गंगा ने उसे बचा लिया और उसने वहीं दो पुत्रों को जन्म दिया। सीता गंगा के आदेश से अपने इन दोनों पुत्रों - कुश और लव की बारहवीं जन्ममंगलग्रंथि पर देवपूजन के लिये भूलोक में आयीं हैं और गंगा ने तमसा को उनके साथ रहने का आदेश दिया है। इस तरह राम और सीता अनेक वर्षों के बाद पंचवटी के वन में एक साथ होते हैं, जहाँ पहले कभी वनवास के दिन उन्होंने बिताये थे। गंगा के वर से सीता राम के लिये अदृश्य रहती हैं। राम पहले के दिनों का स्मरण करके व्यथित होते हैं और सीता की स्मृति में मूर्च्छित हो जाते हैं। सीता उन्हें स्पर्श

करती हैं। स्पर्श से राम की संज्ञा लौट आती है, वे सीता के स्पर्श का अनुभव करते हैं, पर सीता को देख वहीं पाते। भावसंकुलता और व्यथा की गहराई के चित्रण की दृष्टि से उत्तररामचरित का छायांक नामक यह तीसरा अंक समग्र संस्कृत साहित्य में निर्विवाद रूप में अप्रतिम माना जाता है। चौथे अंक में सीतारहित अयोध्या में जाने की अनिच्छा प्रकट करते हुए कौसल्या आदि राम माताएँ वाल्मीकि के आश्रम में आ जाती हैं। वहाँ वे लव को देखती हैं, पर पहचानती नहीं हैं। इसी अंक में राम के अश्वमेध यज्ञ के अश्व के साथ लक्ष्मण के पुत्र राजकुमार चंद्रकेतु के आने की सूचना मिलती है। लव अश्वमेध के घोड़े को पकड़ लेता है और राम की सेना के साथ उसका युद्ध छिड़ जाता है। पाँचवे अंक में लव और चंद्रकेतु की झड़प और युद्ध के लिये अवतरण का चित्रण है। छठे अंक में विद्याधर और विद्याधरी के संवादों में युद्ध का वर्णन है। राम की लव और कुश से भेंट का सरस और मार्मिक चित्रण कवि ने यहाँ किया है। सातवें अंक में वाल्मीकि के द्वारा रची गयी रामायण का नाटक के रूप में भरत मुनि के द्वारा प्रस्तुतीकरण होता है। यह गर्भ नाटक अंत में वास्तविकता में परिणत होने लगता है और सचमुच की सीता वहाँ आकर वाल्मीकि के कहने पर अपने निर्दोष होने का साक्ष्य देती हैं, गंगा और धरती उनकी पवित्रता का ख्यापन करती हैं। इसके साथ लव-कुश, राम और सीता के पुनर्मिलन के साथ नाटक समाप्त हो जाता है।

भाषा अभिव्यक्ति और शब्दसाधना

भवभूति एक ऐसे परिवार में हुए जहाँ संस्कृत भाषा दैनिन्दिन व्यवहार में प्रचलित थी। उनके नाटकों में बोलचाल की संस्कृत का बड़ा रोचक स्वरूप सामने आता है। यह संस्कृत कहीं कहीं पंडिताऊ भी हो गयी है। दैनिक व्यवहार की भाषा की वाक्य रचना, पदावली और मुहावरे भवभूति में जितने मिलते हैं, उतने भास जैसे एक दो नाटककारों को छोड़कर अन्य संस्कृत रचनाकारों में नहीं मिलेगें। दूसरी ओर ठेठ देशज शब्दों के ठाठ से भरपूर प्राकृत भाषा का भी आस्वाद भवभूति की रचना से मिलता है। भवभूति की भाषा अपने इन दोनों ही रूपों में भारोपीय भाषा के मध्यकाल में बदलते उस स्वरूप की झलक देती है, जिसके द्वारा आधुनिक भारतीय भाषाओं का जन्म हुआ। भवभूति के संवादों के अनेक वाक्य अपनी बनावट में आधुनिक भारतीय भाषाओं के निकट हैं। मालतीमाधव के पाँचवे अंक में श्मशान के दृश्य में सहसा माधव को अपने सामने पाकर मालती उससे पूछती है—तुम्हे उण कहिं? (यूयं पुनः क्व – आप यहाँ कैसे?) इसी रूपक में छठे अंक में लवंगिका कामंदकी से पूछती है— अथ भवदी उण कहिं? (आप कहाँ चलीं?) इसके आगे मदयंतिका का यह प्रश्न तो बोलचाल के आधुनिक लहजे के एकदम निकट है— कथय कथं नु ते कालो गच्छतीति। बताओ तुम्हारा समय कैसे गुजर रहा है? गद्यात्मक संवादों में ही नहीं, काव्यात्मक पद्यों तक में भवभूति अनेकत्र भाषा के इस विश्लेषणात्मक रूप का प्रयोग करते हैं। साथ ही प्राचीन ग्रंथों, पुरखों की उक्तियों और अपने समय में प्रचलित बोलियों – इन सब के ज्ञान से अपनी एक अलग

भाषा भी रचते हैं। उदाहरण के लिये उत्तररामचरित के एक पद्य (१।१९) में अत्यंत सहज सरल वाक्य के भीतर विवाह के लिये 'दारसंग्रह' शब्द का प्रयोग किया गया है। भवभूति ने वाल्मीकि की 'आत्मा हि दारा: सर्वेषां दारसङ्ग्रहवर्तिनाम्' इस तरह की सूक्तियों से जो उनके समय में बोलचाल में प्रचलित रही होगीं, इस तरह के अनेक शब्दों को पकड़ा होगा, जो आज हमें अप्रचलित या दुर्लभ लग सकते हैं।

भवभूति अभिधा के कवि कहे गये हैं। वे दृश्य या वर्ण्य को उसकी समग्रता में साकार कर देते हैं। उत्तररामचरित के दूसरे और तीसरे अंकों में दंडकारण्य के विकट विस्तार, अनगढ़ सौंदर्य और भयावहता के चित्र संस्कृत साहित्य में बेजोड़ हैं। बीहड़ जंगल को मनुष्य की संवेदनाओं का इस तरह अंग संस्कृत की अन्य किसी रचना में कदाचित् नहीं बनाया गया।

अलंकार तथा बिंबविधान

भवभूति ने अनेक अछूते बिंबों और कल्पनाओं से अपने काव्यसंसार को समृद्ध बनाया है। अनुभव की विशिष्टता तथा प्रेम की अनन्यता को व्यक्त करने के लिये भवभूति नयी उपमाएँ खोज कर लाते हैं। नायिका के द्वारा देखे जाने पर प्रेमी को दूध की धारा में नहाने जैसा अनुभव होना (मालतीमाधव, ३.१६), सीता की दृष्टि के लिये दूध की नहर की उपमा (उत्तररामचरित, ३.२३) वेदना की अभिव्यक्ति के लिये अग्निबाण के हृदय में तिरछा खुभने की उपमा (वही, ३.२५) या शोक का शंकु बनकर मन में गड़ने का बिंब (वही), राम के द्वारा सीता को आँखों में अमृत की बनी आँजनी समझा जाना आदि बहुविध नई कल्पनाओं में भवभूति अनुभूति की सघनता और प्रत्यग्रता का परिचय देते हैं। काव्यशास्त्र के क्षेत्र में वामन आदि आचार्यों ने इस तरह की अभिव्यक्तियों में समाधि गुण माना है। सीता के विषय में लोकप्रवाद की चर्चा पर राम का कथन है 'वैदेही के परगृह में निवास के जिस दूषण को अद्भुत उपायों से शांत करा दिया था, दुर्भाग्य के दुष्परिणाम से वह पागल कुत्ते के विष की भाँति फिर से सब ओर फैल गया है' (उराच. १.४०)। इस तरह की उपमाएँ संस्कृत कविता या भारतीय साहित्य में ही पहली बार आयीं हैं। पागल कुत्ते का जहर उसके काटते ही तुरंत प्रभाव नहीं दिखाता, वर्षो बाद भी वह अचानक प्रभाव प्रकट करता है। सीता के लोकापवाद को पागल कुत्ते का विष बताना लोकापवाद के प्रति राम की गहरी अनास्था व वितृष्णा को भी व्यंजित करता है। इस प्रकार यह उपमा सारी वस्तुस्थिति और तज्जन्य विडंबना का तीखा बोध कराती है। बाणभट्ट की तरह रंगों की गहरी परख और वस्तु जगत् का सूक्ष्म पर्यवेक्षण भवभूति में है। पंपा सरोवर के किनारे सीता के विरह में अपने रोने की बात का स्मरण करके राम कहते हैं–

एतस्मिन् मदकलमल्लिकाक्षपक्षव्याधूतस्फुरदुरुदण्डपुण्डरीकाः।
वाष्पाम्भःपरिपतनोद्गमनान्तराले दृष्टाः कुवलयिनो मया विभागाः।।

(यही वह सरोवर है जिसमें मदभरा मधुर कूजन करते हंस विहरते रहते थे। उनके पंखों

के झोंकों में श्वेतकमलों के नाल हिल हिल उठते थे। अश्रुधार और गिरने भरने के अंतराल में इस सरोवर के स्थल मैंने नील कमल से भरे हुए देखे थे।)

आँखों पर आँसू के पानी का परदा होने से सफेद वस्तु नीली दिखती है— इस वैज्ञानिक तथ्य का अत्यंत मार्मिक उपयोग भवभूति ने यहाँ किया है।

भवभूति की उपमाएँ अपनी नवीनता के कारण आकर्षित करती हैं। राम के करुण रस के लिये पुटपाक की उपमा सर्वथा अछूता उपमान प्रस्तुत करती है, तो वाल्मीकि के पश्चात् सीता के लिये अमूर्त उपमानों का हृदयावगाही प्रयोग भवभूति ने किया है।

पांडित्य तथा पर्यवेक्षण और लोकदृष्टि

भवभूति ने वेदों, ब्राह्मणग्रंथों, उपनिषदों तथा दर्शनशास्त्र के ग्रंथों के साथ कामसूत्र, नाट्यशास्त्र आदि विविध शास्त्रों का गहरा अध्ययन किया था, जो उनकी तीनों नाट्यकृतियों में प्रतिफलित हुआ है। उत्तररामचरित के चतुर्थ अंक में 'समांसो मधुपर्कः' इति उक्ति की पुष्टि में वे स्मृतियों के वाक्य कहलवा देते हैं। महावीरचरित में रघुवंश के कुलपुरोहित के रूप में वसिष्ठ के वर्णन में उन्होंने ऐतरेय ब्राह्मण के कई पद्य यथावत् उद्धृत कर दिये हैं। इसी प्रकार उत्तररामचरित में राजा जनक के एकालाप में ईशावास्योपनिषद् के असुर्या नाम ते लोकाः इस मंत्र को वे उद्धृत करा देते हैं। उत्तररामचरित ६.६ में उपमा के माध्यम से उन्होंने उपनिषद् के अद्वैततत्त्व की मनोहारी काव्यात्मक व्याख्या कर दी है। मालतीमाधवके पाँचवें अंक में 'समधिकदशनाडीचक्रमध्यस्थितात्मा' इत्यादि पद्य में योग व तंत्र का सूक्ष्म ज्ञान उन्होंने प्रकट किया है। दर्शनशास्त्र के असंख्य पारिभाषिक शब्दों का भवभूति प्रयोग करते ही हैं। वाल्मीकिरामायण संभवतः उन्हें कंठस्थ रही हो, क्योंकि उत्तररामचरित के षष्ठ अंक में कुश और लव की राम के साथ भेंट में वे दोनों कुमारों के मुख से वाल्मीकि रामायण के पद्यों का गान कराते हैं जिनमें लव के द्वारा गाया गया पद्य वाल्मीकि रामायण के उत्तरभारतीय पाठ में मिलता है, जिसे वडोदरा से प्रकाशित रामयण के समीक्षितसंस्करण में स्थान नहीं दिया गया। भवभूति ने उत्तर भारतीय पाठ का उपयोग किया होगा।

भवभूति ने उत्तररामचरित के प्रारंभ में वाक् का स्मरण किया है। फिर वाणी को आत्मा की अमृत कला कहा है। वे प्रकांड वैदिक ब्राह्मणों के परिवार में हुए थे। वाक् के विषय में वैदिक ऋषियों के मंतव्यों से वे परिचित थे। इसी परंपरा में पतंजलि से लगाकर भर्तृहरि तक शब्दतत्त्व को लेकर किये गये चिंतन से भी उनका निश्चय ही परिचय था और उन्होंने शब्द की सत्ता के प्रति यहाँ जो निष्ठा और आस्था व्यक्त की है , वह भी तदनुरूप ही है। वाक्तत्त्व का प्रतिपादन उन्होंने यहाँ वाक्यपदीयकार भर्तृहरि के अनुसार किया है। भर्तृहरि ने विश्व को शब्दतत्त्व या वाक् का विवर्त कहा है। वे इस शब्दतत्त्व को ब्रह्मरूप भी कहते हैं। तो इधर भवभूति अपने उत्तररामचरितम् में वाल्मीकि की रचना रामायण नामक इतिहास को आत्रेयी के एक संवाद में शब्दब्रह्म का पहला विवर्त कहते हैं।[२९]

वे तमसा और वासंती के मुख से एक ही करुण रस के भिन्नभिन्न विवर्तों का आश्रय लेने की बात कहते हैं। विवर्तवाद भवभूति के मानस में गहरे संस्कार के रूप में पैठा हुआ है। लव और चंद्रकेतु के युद्ध के वर्णन में विद्याधर के मुख से वे ब्रह्म और विवर्त की उपमा दिलवाते हैं (उराच. ६.६)।

उत्तरामचरित के अंत में कवि ने कामना की है कि शब्दब्रह्मवित् कवि की वाणी को बुधजन परिभावित करते रहें। मालतीमाधव में कामंदकी मालती और माधव को समझाती हुई कहती है—

तद् वत्स, वाक्प्रतिष्ठानि देहिनां व्यापारतन्त्राणि। वाचि पुण्यापुण्याहेतवो व्यवस्थाः सर्वथा जनानामायतन्ते।'

यह अकारण नहीं कि भवभूति अपनी रचनाओं में बार-बार वाक् के श्रुतिसम्मत तथा पतंजलि, भर्तृहरि आदि के द्वारा प्रतिपादित स्वरूप और सर्वव्यापित्व का प्रतिपादन करते हैं। वाक्-तत्त्व की यह अवधारणा भवभूति के जीवनदर्शन तथा सारस्वतसाधना के अनुरूप है। वाक् या वाणी की कामधेनु रूप की परिकल्पना भी उन्होंने इसी परंपरा के अनुसार अनूदित की है— (वही, ५।३०)

भवभूति ने अपनी प्रातिभा दृष्टि तथा शब्दसाधना से संस्कृतकाव्य में नई पदावलियों का आधानकर उसे समृद्धतर बनाया है। उनके लिये वाङ्मय वचोवितान नहीं, शब्दब्रह्म की साधना है। यह साधना आनंत्य की ओर अभिमुख है। उनके शब्दों से अर्थ का जो वातायन खुलता है, वह हमें अनंत के आकाश की झलक दिखाता है। भवभूति की शब्धसाधना के तीन आयाम हैं – (१) शास्त्रज्ञान और नवशास्त्ररचनाकी क्षमता, (२) लोकव्यवहार या लोकभाषाओं का अभ्यास। (३) सहजबोध या स्वानुभूति।

भवभूति स्वयं मालतीमाधव की प्रस्तावना में इन तीन आयामों को प्रकारांतर से इंगित किया है—

शास्त्रेषु निष्ठा सहजश्च बोधः प्रागल्भ्यमभ्यस्तगुणा च वाणी।
कालानुरोधः प्रतिभानवत्त्वमेते गुणाः कामदुधाः क्रियासु।।

अनेकत्र तो भवभूति की भाषा में इन तीनों स्रोतों से एक साथ निःसृत समवेत त्रिवेणी भी प्रवाहित हुई है। शास्त्रज्ञान और असाधारण पांडित्य के कारण भवभूति की भाषा में वैदग्ध्य और पांडित्य का अनूठा समन्वय हुआ है। वे अवधारणाओं को काव्यात्मक भाषा में परिभाषित करते हैं। शास्त्रीयता का इतना मधुर काव्यात्मक उन्मेष अन्यत्र कठिनाई से मिलेगा। अपत्य या संतति को भवभूति परिभाषित करते हैं, तो अनुभूति में शास्त्र खिंचकर समाहित हो जाता है। कविता और दर्शन गहराई से परस्पर अनुस्यूत हो जाते हैं। पुत्र या संतान के लिये गहरी ललक कवि के मन में है। उसके साथ की पुत्र की अवधारणा को लेकर उसके मन में एक समझ भी है। दोनों को एक साथ भवभूति प्रकट करते हैं (वही, ६।२२) तो वहाँ भी सघन ऐंद्रिय बिंबो में गुँथा अनुभव ज्ञान

और चिंतन को सहज समेटकर उपस्थित है। प्रेम की अंतरंगता और सर्वव्यापिता के अनुभव का आख्यान तो भवभूति ने बड़ी समर्थ और अनोखी पदावली में किया है।

लोकभाषाओं का गहरा अध्ययन भवभूति ने किया और इसके कारण लोक में प्रचलित अनेक मुहावरे और लोकोक्तियाँ उनकी रचनाओं में पदे पदे मिलती हैं। उदाहरण के लिये-

अम्बुनि मज्जन्त्यलाबूनि ग्रावाणः प्लवन्ते। महा०
अण्डभेदनं क्रियते प्रश्रयश्चेति। महा०
अहेतुः पक्षपातो यस्तस्य नास्ति प्रतिक्रिया। उराच०

अपने भावावेग, अपार रचनात्मक ऊर्जा और अन्तर्दृष्टि के कारण भवभूति लोक से प्राप्त भाषा में नये अभिप्राय भी भर देते हैं। उनमें भाषा की देशज ठाठ सौंदर्यसंवलित हो गया है। भवभूति की यह पंक्ति देश्य दोष के परिहार के उदाहरण के रूप में भोज ने उद्धृत की है—

पातालप्रतिमल्लगल्लविवरप्रक्षिप्तसप्तार्णवम्।

गल्ल शब्द का प्रयोग यहाँ देशज है। पर महाकवि की कल्पनाशीलता या शक्तिमत्ता के कारण वह देश्य दोष की बजाय गुण में परिणत हो गया है।

भवभूति लौकिक उक्तियों का स्वयं उल्लेख भी करते हैं। प्रेम की आकस्मिकता को बताते हुए मालतीमाधव में कहा गया है—

यत्र लौकिकानामुपचारस्तारामैत्रकं चक्षूराग इति।

इसी प्रेम को लोग तारामैत्रक (आँखों की पुतलियों की मित्रता) या चक्षूराग (आँखों आँखों में प्रेम होना) कहते हैं।

भवभूति मनुष्य के अंतर्मन के जटिल भावसंसार को उन्मीलित करते हैं। इसके लिये वे दुर्लभ बिंबों का शृंखला गूँथ देते हैं। माधव की विरहवेदना में यह उक्ति द्रष्टव्य है—

लीनेव प्रतिबिम्बितेव लिखितेवोत्कीर्णरूपेव सा
प्रत्युप्तेव च वज्रलेपघटितेवान्तर्निखातेव च।
सा नश्चेतसि कीलितेव विशिखैश्चेतोभुवः पञ्चभि-
श्चिन्तासन्ततितन्तुजालनिविडस्यूतेव लग्ना प्रिया।।

(वह मेरे चित्त में लीन सी, प्रतिबिंबित सी, चित्रलिखित सी, उकेरी गई सी, गाड़ दी गई सी, वज्रलेप से जोड़ दी गई सी, भीतर खोद दी गई सी, कामदेव के पाँच बाणों के द्वारा कील से ठोक सी दी गई है। वह प्रिया मेरे भीतर चिंता की धारा के जाल में घनी सिल दी जाकर संसक्त है।)

भवभूति की भाषा

भवभूति में ऐसी सैंकड़ों सूक्तियाँ मिलती हैं, जिनमें लोकोक्ति बन जाने की क्षमता है। वे

नये आभाणक और मुहावरे भी रचते हैं। उदाहरण के लिये। 'येन स दूर्वाश्यामलाङ्गस्तथा विहस्तीकृत:' - (मामा)। दूब की तरह साँवला यह उपमा संस्कृत काव्य में ताजी हवा का झोंका है, तो विहस्तीकृत: (हाथ से निकल गया) – यह नया मुहावरा है। मालती के लिये आप इतनी चिंतातुर क्यों है, यह पूछा जाने पर कामंदकी कहती है— 'नन्वयमेव में चीरचीवरविरुद्ध: परिचय:' - यह मेरा चीर और चीवर के विरुद्ध परिचय है। संसार की भयावहता तथा सौंदर्य दोनों का अनुभव भवभूति ही इस प्रकार की पदावली में प्रकट कर सकते हैं - 'एते हि हृदयमर्मच्छिद: संसारभावा येभ्यो बीभत्समाना: सन्त्यज्य सर्वान् कामानरण्ये विश्राम्यन्ति मनीषिण: – (ये ही वे हृदय के मर्म को बींधने वाले भाव हैं, जिनसे जुगुप्सा करके सारी कामनाएँ छोड़कर मनीषी जन वन में विश्राम पाते हैं।) तथा – नमो भगवते संसाराय यस्मिन्नीदृशा अपि कल्पद्रुमा: प्ररोहन्ति! (इस संसारप्रभु को नमन जिसमें ऐसे भी कल्पद्रुम उगते हैं!) प्रेम की अंतरंग अनुभूति और प्रेम की सर्वव्यापिता के उनके दर्शन ने उनकी भाषा में अनेक मार्मिक सूक्तियों की सृष्टि की है। जैसे –

स्वरसमयी क्वचित् कस्यचित् प्रतीतिः – (मामा०) या

तत्तस्य किमपि द्रव्यं यो हि यस्य प्रियो जनः।

इतरेतरानुरागो हि दारकर्मणि परार्ध्यं मङ्गलम्

स्नेहश्च निमित्तसव्यपेक्ष इति विप्रतिषिद्धमेतत्।

प्रेम के कई पर्यायों का अलग अलग संदर्भो में भवभूति ने जितना प्रयोग किया है, उतना संस्कृत के अन्य किसी कवि ने कदाचित् नहीं किया होगा।

सर्वथा नयी पदावली नये मुहावरे और अभिव्यक्तियों की भी भवभूति ने प्रचुर मात्रा में सृष्टि की है। वर्षा में फूल उठे कदम्ब पर उनकी उक्ति है—

जृम्भाजर्जरडिम्बडम्बरघनश्रीमत्कदम्बद्रुमाः।

(मालतीमाधव, ९।१६)

(जमुहाई ले लेकर चटकती कलियों के विस्तार वाले लक्ष्मी से लदे हुए से कदम्ब के पेड़।) इसी प्रकार की अन्य अभिव्यक्ति है—

सारङ्गसङ्गरविधाविभकुम्भकूट कुट्टाकपाणिकुलिशस्य हरेः प्रमादः।

(वही, ६।३२)

(हाथी के मस्तक के शिखरों की कुटाई करने में वज्र. के समान हाथ वाला सिंह हरिण से युद्ध में प्रमाद कैसे कर सकता है?)

कोमलता और कैशोर्य की मसृणता के लिये मुहावरा हिन्दी में है— दुधमुँहा। राम के लिये कहा है— **त्वया तत्क्षीरकण्ठेन धृतमारण्यकं व्रतम्'** महावीरचरित, ४।५१)। शूर्पणखा की निर्लज्जता बताते हुए फिर कहलाया गया है— **सा क्षीरकण्ठकं वत्सं वृषस्यन्ती न**

लज्जिता। वही, ५।११)। वृषस्यन्ती – यह भी मुहावरेदार प्रयोग है, जिसका समतुल्य हिंदी में होगा – लार टपकाती हुई, जिसके लिये भवभूति ने इस शब्द का प्रयोग किया। इसी प्रकार बचपन के लिये पांसुक्रीडन (धूल मिट्टी में खेलना), भिक्षा के लिये पिंडपातवेला, निवासस्थान के लिये सन्त्याय, मुखसज्जा के लिये वर्णिकापरिग्रह, आदि अनेक शब्द भवभूति ने प्रयुक्त किये हैं, जो प्रायः अन्य रचनाकारों में नहीं मिलते। अपने सौंदर्यबोध की ताज़गी के कारण उनकी प्रतिभा सर्वथा अछूते मुहावरे लेकर आती है।

उनकी सूक्तियाँ एक विशिष्ट भावबोध के साथ जीवनदर्शन की अभिव्यक्ति करती हैं। कतिपय उदाहरण ध्यातव्य हैं –

प्रियप्राया वृत्तिर्विनयमधुरो वाचि नियमः
प्रकृत्या कल्याणी मतिरनवगीतः परिचयः।
पुरो वा पश्चाद्वा तदिदमविपर्यासितरसं
रहस्यं साधूनामनुपधि विशुद्धं विजयते।।

(उत्तररामचरित २.२)

(प्रीत से पगा बर्ताव और यह मीठी वाणी, यह कल्याणमयी मति स्वभाव से और प्रशस्त परिचय; आगे हो या पीछे, जिसका रस टूटता नहीं है — सज्जनों का निष्कपट विशुद्ध यह रहस्य विजयी है।)

वितरति गुरुः प्राज्ञे विद्यां यथैव तथा जडे
न तु खलु तयोर्ज्ञाने शक्तिं करोत्यपहन्ति वा
भवति च पुनर्भूयान्भेदः फलं प्रति तद्यथा
प्रभवति शुचिर्बिम्बग्राहे मणिर्न मृदां चयः।।

(उत्तररामचरित २. १४)

(गुरु तो जैसे ज्ञानी को विद्या देता है, ऐसे ही जड को भी। वह न उनके ज्ञान की शक्ति बढ़ाता है, न कम करता है। फिर भी अंतर बहुत बड़ा हो जाता है फल में, जैसे साफ मणि में पड़ता है अक्स, न कि मिट्टी के लौदे में।)

अपनी उर्वर साहित्यिक मेधा, विशिष्ट रंगदृष्टि और नाट्यसृष्टि के कारण भवभूति ने भारतीय साहित्य और रंगमंच की परंपरा पर दूरगामी प्रभाव डाला है। संस्कृत के नाटककारों में मुरारि, राजशेखर आदि ही नहीं, हिंदी कवियो में तुलसीदास से लगाकर भारतेंदु तक उनके प्रभाव से अछूते नहीं रहे हैं।

छंद

भवभूति ने अनुष्टुप् जैसे लघु छंदों का जितना सधा हुआ प्रयोग किया है, उतनी ही

निपुणता के साथ वे लंबे छंदों का प्रयोग करते हैं। भवभूति के छंदःप्रयोग की एक बड़ी विशेषता विषय तथा भाव के अनुरूप छंद का चयन है। किसी विचार या तत्व को साररूप में कहने के लिये वे अनुष्टुप् का सधा हुआ प्रयोग करते हैं, तो भावोद्रेक में लंबे छंदों का प्रयोगकर के भावों का सम्मर्द रच देते हैं। उनकी शिखरिणी विशेष सराही गयी है। क्षेमेंद्र ने लिखा है—

भवभूतेः शिखरिणी निरर्गलतरङ्गिणी।
चकिता घनसन्दर्भे या मयूरीव नृत्यति।।

रस तथा भाव –भवभूति करुणरस के कवि कहे गये हैं। कहा भी गया है— कारुण्यं भवभूतिरेव तनुते। उन्होंने स्वयं कंठतः करुणा के सार्वजनीन भाव की साहित्य में सर्वोच्च प्रतिष्ठा स्वीकार करते हुए कहा है—

एको रसः करुण एव निमित्तभेदाद्
भिन्नः पृथक् पृथगिव श्रयते विवर्तान्।
आवर्तबुद्बुदतरङ्गमयान् विकारा-
नम्भो यथा सलिलमेव हि तत् समस्तम्।।

(उत्तररामचरित)

(अर्थात् करुण रस ही एकमात्र रस है। निमित्त के भेद से वह अलग अलग विवर्तों या रूपों का आश्रय लेता रहता है। जिस प्रकार पानी भँवर, बुलबुलों, लहरों आदि के विकारों का आश्रय लेता रहता है, पर वे सब होते वास्तव में पानी ही हैं।)

भवभूति ने अपने राम और सीता को करुणा की साकार मूर्ति बना दिया है। सीता को करुण की मूर्ति बताते हुए वे कहते हैं –

करुणस्य मूर्तिरथवा शरीरिणी विरहव्यथेव वनमेति जानकी।

राम के भीतर भी उन्होंने करुण की प्रतिष्ठा दिखाते हुए कहा है—

अनिर्भिन्नो गभीरत्वादन्तर्गूढघनव्यथः।
पुटपाकप्रतीकाशो रास्य करुणो रसः।।

राम का करुणरस पुटपाक (रसायन बनाने के लिये सुलगती भट्टी के भीतर रखे सब ओर से बंद पात्र) की तरह है, जो गंभीर या गहरा होने के कारण खुल नहीं सकता और जिसमें भीतर ही भीतर व्यथा का घना ताप पकता रहता है। उत्तररामचरित के तीसरे अंक में भवभूति ने इन्हीं राम की वेदना और व्यथा के अवरुद्ध प्रवाह को उन्मुक्त कर दिया है, उन्होंने अपने नायक को जार जार रोते हुए चित्रित करके करुणा की अमंद तरंगिणी बहा दी है। राजा के रूप में राम अपनी वेदना भीतर ही भीतर दबाये रहे। उनकी कचोट और अंतस्ताप को भवभूति ने सूक्ष्म मार्मिक मनोवैज्ञानिक दृष्टि से पकड़ा और निरूपित किया है। वेदना के उफान और अभिव्यक्ति की प्रक्रिया बताते वे कहते हैं—

पूरोत्पीडे तडागस्य परीवाहः प्रतिक्रिया।
शोकक्षोभे च हृदयं प्रलापैरेव धार्यते।।

(उराच० ३.२९)

(तालाब जब वर्षा में लबालब भर जाता है, तो परीवाह या निकास के लिये बनाये गये नाले के द्वारा उसका ऊपर बहता जल निकाल देना ही उपचार होता है। इसी तरह शोक और क्षोभ में हृदय प्रलापकर के ही सँभाला जा सकता है।)

अनेक वर्षों के बाद ये ही राम पंचवटी के उस वन में आये हैं, जहाँ सीता के साथ बहुत पहले उन्होंने सुखद समय बिताया था। अयोध्या के बाहर आकर उस वन्य नैसर्गिक परिवेश में उनकी वेदना का अवरुद्ध सोता फूट पड़ता है। मनुष्य की अथाह करुणा का ऐसा चित्रण भारतीय साहित्य में अन्यत्र कम मिलता है। राम कहते हैं—

चिराद्वेगारम्भी प्रसृत इव तीव्रो विषरसः
कुतश्चितसंवेगात् प्रचल इव शल्यस्य शकलः।
व्रणो रूढग्रन्थिः स्फुटित इव हृन्मर्मणि पुन–
र्घनीभूतः शोको विकलयति मां नूतन इव।।

(३.२६)

दलति हृदयं शोकोद्वेगाद् द्विधा तु न भिद्यते।
वहति विकलः कायो मोहं न मुञ्चति चेतनाम्।
व्यथयति तनूमन्तर्दाहः करोति न भस्मसात्।
प्रहरति विधिर्मर्मच्छेदी न कृन्तति जीवितम्।।

(वही, ३.३१)

(शोक के उद्वेग से हृदय फटा जा रहा है, पर दो टुकड़ों में टूट नहीं जाता। विकल काया मूर्च्छित हो रही है, पर चेतना को छोड़ नहीं रही। देह को भीतर ही भीतर दाह जला रहा है, पर भस्मसात् नहीं कर देता। विधाता मर्म को बींधने वाला प्रहार कर रहा है, पर जीवन के डोर काट नहीं देता।)

शंबूक का वध करते समय राम अपने आप को लेकर कितने अवसादग्रस्त हैं, यह उनकी इस उक्ति से जाना जा सकता है—

हे हस्त दक्षिण मृतस्य शिशोर्द्विजस्य
जीवातवे विसृज शूद्रमुनौ कृपाणम्।
रामस्य गात्रमसि निर्भरगर्भखिन्न-
सीताविवासनपटोः करुणा कुतस्ते।।

वेदना की पराकाष्ठा के अनुभव को व्यक्त करने में भवभूति अद्वितीय हैं। इसके लिये वे

अचूक प्रभाव उत्पन्न करने वाले बिंबों या अप्रस्तुत विधानों का उपयोग करते हैं। उनकी पदावली सीधे हृदय से निकली हुई है और वह हमारे अंतर्मन में मथ देती है।

एकाकी असहाय राम का यह विलाप कितना हृदयद्रावक है—

हा हा देवि स्फुटति हृदयं ध्वंसते देहबन्धः
शून्यं मन्ये जगदविरतज्वालमन्तर्ज्वलामि।
सीदन्नन्धे तमसि विधुरो मज्जतीवान्तरात्मा
विष्वङ् मोहः स्थगयति कथं मन्दभाग्यः करोमि।।

(हा देवि, हृदय फटा जा रहा है, देह के बंध ध्वस्त हुए जा रहे हैं। संसार को मैं सूना मानता हूँ, भीतर ही भीतर की ज्वाला से जला जा रहा हूँ। तड़पता हुआ मेरा अंतःकरण गहरे अँधियारे में डूबा जा रहा है, चारों ओर से मोह मुझे ढाँपे ले रहा है, मैं अभागा क्या करूँ?)

भवभूति का प्रकृतिवर्णन

भवभूति ने प्रकृति के भयावह, विकट व बीहड़ रूप का जितना यथार्थ चित्रण किया है, उतना ही उसके कोमल, मृदुल रमणीय रूप का भी। उत्तरामचरित में दंडकारण्य का विकट विस्तार उनकी लेखनी से साकार हुआ है, तो पशु-पक्षियों की चेष्टाओं के वर्णन सरस बन पड़े हैं। स्वभावोक्ति अलंकार इन सारे वर्णनों में समवेत है। निम्नलिखित पद्य में ग्रीष्म के संताप की असह्यता का अनुभव देते हुए वे एक साथ गजों, कपोतों, कुक्कुटों आदि के विविध कार्यकलापों का चित्र अंकित कर देते हैं, तथा वन के विस्तार को भी इस चित्र में समेट लेते हैं—

कण्डूलद्विपगण्डकषणोकम्पेन सम्पातिभि-
र्घर्मस्रंसितबन्धनैः स्वकुसुममैरर्चन्ति गोदावरीम्।
छायापस्किरमाणविष्किरमुखव्याकृष्टकीटत्वचः
कूजत्क्लान्तकपोतकुक्कुटकुलाः कूले कुलायद्रुमाः।।९।।

(खुजलाते हाथियों के गोल कपोलों की रगड़ से घाम में ढीले डंठल वाले फूल झड़ रहे हैं। किनारे खोल पर लगे हुए ये पेड़ फूल गिरा कर गोदावरी नदी को पूज रहे हैं। इनकी छाया में चोचें खोलकर पक्षी खाल से कीड़े खीच रहे हैं। कबूतर और मुर्गे क्लान्त हो होकर चीख रहे हैं।)

भवभूति प्रकृति के विस्तार में रमते हैं। वे उसके सहज सौंदर्य पर भी मुग्ध हैं। रंगों की विविध छटाएँ उनके अरण्यवर्णन में उभरती हैं। विविधता, विराट की अनुभूति व विस्तार उनके प्रकृति चित्रण के अनन्यसाधारण गुण हैं। जैसे —

स्निग्धश्यामाः क्वचिदपरतो भीषणाभोगरूक्षाः
स्थाने स्थाने मुखरककुभो झाङ्कृतैर्निझराणाम्।
एते तीर्थाश्रमगिरिसरिद्गर्तकान्तारमिश्राः
सन्दृश्यन्ते परिचितभुवो दण्डकारण्यभागाः।।१४।।

(कहीं पर चिकने नीले और कहीं पर रूखे रूखे फैले हुए भयावह हैं। जहाँ तहाँ गूँज रही है हर दिशा झरनों की झंकारो से। इनमें तीर्थ, आश्रम, पहाड़, नदी, खाई और घने वन हैं। सब से मिलकर बने दण्डकारण्य के परिचित भूमि भाग दिखाई दे रहे हैं!)

प्रकृति वर्णन में भवभूति ध्वनियों, चेष्टाओं को जिस तरह निरूपित करते हैं उससे एक विश्व हमारे सम्मुख रच जाता है। वे बारीकी से ध्वनियों के संसार के पकड़ते हैं, दृश्यों को मूर्त करते हैं, तथा प्राणियों की अंतरंग चेष्टाओं के निरूपण में सर्वथा अछूता भावबोध देते हैं। एक उदाहरण द्रष्टव्य है —

निष्कूजस्तिमिताः क्वचित् क्वचिदपि प्रोच्चण्डसत्त्वस्वनाः
स्वेच्छासुप्तगभीरभोगभुजगश्वासप्रदीप्ताग्नयः
सीमानः प्रदरोदरेषु विरलस्वल्पाम्भसो यास्वयं
तृष्यद्भिः प्रतिसूर्यकैरजगरस्वेदद्रवः पीयते।।१९।।

(सब कुछ थम गया है, कहीं पर चिड़ियों का गूँजन तक मौन है, और कही पर बड़ा भयंकर पशुओं का गर्जन गूँज रहा है। आग सुलग सुलग उठती है जब स्वेच्छा से सोये अजगर इनमें फुफकार मारते हैं। ये वन की फैली हुई सीमाएँ हैं जहाँ कहीं गड्ढ़ों में बस थोड़ा थोड़ा जल बचा हुआ है। इनमें प्यासे गिरगिट बूँद-बूँद कर अजगर के तन से झरता हुआ पसीना चाट रहे हैं।)

कालिदास व भवभूति के प्रकृतिपर्यवेक्षण में यहाँ अंतर स्पष्ट देखा जा सकता है। कालिदास ने ऋतुसंहार पशु-पक्षियों के नैसर्गिक वैरभाव का स्मरण करा दिया है, पर प्रकृति की दारुणता के साथ उनका संघर्ष वे न दिखा सके। गिरगिट की असहाय दशा के चित्रण में भवभूति यह संघर्ष दिखाते हैं।

दूसरी ओर प्रकृति की विविध लीलाएँ हैं, प्रकृति की पावनता है, निर्मल परिवेश भी है।

इह समदशकुन्ताक्रान्तवानीरवीरुत्प्रसवसुरभिशीतस्वच्छतोया वहन्ति।
फलभरणरिणामश्यामजम्बूनिकुञ्जस्खलनमुखरभूरिस्त्रोतसो निर्झरिण्यः।।२०।।

(मतवाले पक्षी जब बेंत की डालियों पर बैठते हैं, तो उनके फूल झर झर कर निर्मल जल पर गिरते जाते हैं। उनसे सुरभित होकर शीतल जल बहता जाता है। प्रबल प्रवाह वाली निर्झरणियाँ पके फलों के भार से झुके काले काले जामुन के कुंजों में टकराकर बहती हैं।)

दधति कुहरभाजामत्र भल्लूकयूनामनुरसितगुरूणि स्त्यानमम्बूकृतानि।
शिशिरकटुकषायः स्त्यायते सल्लकीनामिभदलितविकीर्णग्रन्थिनिष्यन्दगन्धः।।२१।।

(गुफाओं में बैठे युवा भालू थूकते हैं, उनका स्वर गूँज कर कई गुना फैल जाता है। हाथियों के द्वारा कुचली बिखरी गाँठों वाली सल्लकी की बेलों का ठंडा कड़वा और कसैला गंध फैल रहा है।)

भवभूति मनुष्य को इस सारे पर्यावरण से एकाकार होता दिखाते हैं। वन के चप्पे चप्पे से

राम की स्मृतियाँ जुड़ी हुईं हैं, दंडकारण्य उनकी चेतना में रमा हुआ है। तब एक एक दृश्य को देखते हुए वे स्मृतियों के संसार में खो जाते हैं।

एते त एव गिरयो विरुवन्मयूरास्तान्येव मत्तहरिणानि वनस्थलानि।
आमञ्जुवञ्जुललतानि च तान्यमूनि नीरन्ध्रनीरनिचुलानि सरित्तटानि।।२३।।

यहाँ एते त एव, तान्येव, तान्यमूनि – इन सर्वनामों के प्रयोग के द्वारा प्रत्यभिज्ञा के भाव को कवि ने मार्मिक अभिव्यक्ति दी है। इसी प्रकार—

मेघमालेव यश्चायमारादिव विभाव्यते।
गिरिः प्रस्रवणः सोऽयं यत्र गोदावरी नदी।।२४।।

यहाँ भी यश्चायम्, सोऽयम्, यत्र इन सर्वनामों व अव्यय के प्रयोग की यही सार्थकता है।

भवभूति प्रकृति को मनुष्य के अंतरंग संसार से ही नहीं जोड़ते, वे उसे कालबोध व समय के व्यत्यास के अनुभव का भी सजीव माध्यम बनाते हैं। बारह वर्ष के बाद राम पंचवटी में आये हैं। वे एक एक दृश्य को देखते हुए वन में हो गये उलटफेर की मीमांसा करते हैं। सब कुछ बदल गया है, पर कुछ ऐसा भी है जो बदला नहीं है।

पुरा यत्र स्रोतः पुलिनमधुना तत्र सरितां
विपर्यासं यातो घनविरलभावः क्षितिरुहाम्।
बहोर्दृष्टं कालादपरमिव मन्ये वनमिदं
निवेशः शैलानां तदिदमिति बुद्धिं दृढयति।।२७।।

(पहले जहाँ जल बहा करता था, वहाँ आज सरिताओं के रेतीले तट हैं। जहाँ पेड़ घने थे, वहाँ विरल हैं, जहाँ विरल थे, वहाँ घने हैं। बहुत समय के बाद इस वन को देख रहा हूँ, तो यह कुछ और सा लग रहा है। पर पहाड़ों का वैसा का वैसा निवेश इस पहचान को दृढ़ बना रहा है कि यह वही वन है।)

भोज ने इस पद्य को तीन बार उद्धृत किया है। दो बार अपने श्रृंगारप्रकाश में तथा एक बार सरस्वतीकंठाभरण में। वे इसे स्मृति संचारी भाव तथा स्मरण अलंकार का उदाहरण मानते हैं। क्षेमेंद्र ने औचित्यविचारचर्चा में इसे देशौचित्य के उदाहरण के रूप में उद्धृत किया है।

गुञ्जत्कुञ्जकुटीरकौशिकघटाघूत्कारवत्कीचक-
स्तम्बाडम्बरमूकमौकुलिकुलः क्रौञ्चाभिधोऽयं गिरिः।
एतस्मिन्प्रचलाकिनां प्रचलतामुद्वेजिताः कूजितै-
रुद्वेल्लन्ति पुराणरोहिणतरुस्कन्धेषु कुम्भीनसाः।।२९।।

यह है क्रौंच पहाड़ जहाँ पर
गूँजा करते कुंजकुटीरों में
उल्लुओ के झुंडों के घू घू के स्वर।

बाँसो के झुरमुट पर दुबके कौओं के समूह
चुप हो जाते जिनको सुनकर।
कूजन के द्वारा घबरा कर लिपट लिपट पड़ते
पुराने चन्दन के वृक्षो के तनों से साँप।

तथा -

एते ते कुहरेषु गद्गदनदद्गोदावरीवारयो
मेघालम्बितमौलिनीलशिखराः क्षोणीभृतो दाक्षिणाः।
अन्योन्यप्रतिघातसङ्कुलचलत्कल्लोलकोलाहलै-
रुत्तालास्त इमे गभीरपयसः पुण्याः सरित्सङ्गमाः।।३०।।

(पर्वत कुहरों में कल कल छल छल
करता बहता है जल
गोदावरी नदी का।
मेघ लटक आते जिनके नीले शिखरों पर
ये ही हैं वे पहाड़ दक्षिण के
परस्पर टकराकर होकर संकुल चंचल
हिलमिल लहरें करती हैं कोलाहल
उत्ताल इधर है गहरा जल
गोदावरी नदी के संगम का।)

भोज शृंगारप्रकाश में इस पद्य को नादविशेष के द्वारा इंद्रियों को संतर्पित करने की काव्य की क्षमता का उदाहरण मानते हैं।

भवभूति का व्यक्तित्व तथा समाजदृष्टि

पद्मपुर से पद्मावती तक की यात्रा में भवभूति ने इस देश के विभिन्न भूभागों को बहुत निकट से देखा होगा। दंडकारण्य के बीहड़ सौंदर्य और विस्तार का अत्यंत सजीव चित्रण उनके उत्तररामचरित में मिलता है। मालतीमाधव में पद्मावती के आसपास के प्रदेशों - पारा (पार्वती नदी), लवणा (लूण नदी) सिंधु नदी, स्वर्ण बिंदु आदि स्थानों का वर्णन है, जो अभी भी विद्यमान हैं। मालतीमाधव नाटक के माध्यम से भवभूति ने अपने जीवन और चरित के परोक्ष रूप से संकेत दिये हैं। जिस प्रकार भवभूति विदर्भ देश के पद्मपुर नगर से पद्मावती आये थे, उसी प्रकार इस नाटक का नायक भी विदर्भ देश से न्याय दर्शन पढ़ने के लिये पद्मावती आता है।

एक मनस्वी योद्धा पुरुष के रूप में राम की छवि गढ़ने तथा अयोध्या का गढ़ ढहाने की माल्यवान् की योजनाओं और राजनीतिक चालों की विषय वस्तु को रामकथा के रूप में प्रस्तुत

करने के पीछे भवभूति की अपनी दृष्टि थी, जिसमें रामकथा की एक समकालिक व्याख्या भी उन्होंने की तथा उसे ऐतिहासिक परिप्रेक्ष्य में प्रस्तुत किया। भवभूति का समय वह समय है जब विदेशी आक्रांताओं से देश बार बार रौंदा जा रहा है। महावीरचरितम् का आरंभ ही माल्यवान् के द्वारा अयोध्या को ध्वस्त करवाने की योजना से होता है, वही विश्वामित्र के यज्ञ की रक्षा के लिये जाते राम पर आक्रमण कराता है, वही ताटका और सुबाहु को भेजता है, और शूर्पणखा को मंथरा के वेष में भेज कर राम को वनवास दिलवाता है। महावीरचरितम् नाम अपने आप में प्रतीकात्मक है। यह एक महावीर का चरित है, जो एक समूचे युग का केंद्रीय चरित्र भी है।

भवभूति की रचनाओं से अनुमान होता है कि वे एक अत्यंत संवेदनशील, भावुक, स्वाभिमानी और मनस्वी व्यक्ति रहे होगें। वे कभी किसी राजा के आश्रय में रहे होंगे – ऐसा नहीं लगता। यदि वे किसी राजा के आश्रय रहे होते, तो उन्हे अपनी नाट्यकृतियों के अभिनय के लिये कालप्रियनाथ के यात्रा महोत्सवों की प्रतीक्षा करने की आवश्यकता नहीं होती।

इसके साथ ही भवभूति का व्यक्तित्व एक प्रखर मनस्वी तथा अपने युग के आगे देखने और सोचने वाले मनीषी का क्रान्तदर्शी व्यक्तित्व है। उनकी साहसिकता, विद्रोह की प्रवृत्ति और क्रांतिकारी चेतना उनकी तीनों नाट्यकृतियों में व्यक्त हुई है। उत्तररामचरितम् के दूसरे अंक के आरंभ में भवभूति ने एक तापसी का प्रवेश कराया है, जो उपनिषदों में प्रतिपादित निगमांत (वेदांत) विद्या के अध्ययन के लिये वाल्मीकि के आश्रम से अगस्त्य के आश्रम में जा रही है। संस्कृत के अन्य किसी नाटक में ऐसा प्रसंग नहीं मिलता, जिसमें एक अकेली लड़की घने जंगल से होकर विद्यार्जन के लिये एक गुरुकुल से दूसरे गुरुकुल चली जाये। भवभूति मीमांसा के अधिकारी विद्वान् हैं। वे उन कथित परंपराओं से भी परिचित है, जो स्त्री और शूद्र को वेद पढ़ने का अधिकार नहीं देतीं। फिर भी वे एक स्त्री को वेदांत का अध्ययन करते हुई चित्रित करते हैं। यही नहीं, उनके मालतीमाधव में तो नायक माधव विदर्भ देश से चल कर आन्वीक्षिकी या न्यायशास्त्र पढने के लिये एक स्त्री (कामंदकी) के पास आता है। आन्वीक्षिकी या न्यायशास्त्र पर भी पुरुषों का ही अधिकार रहा है। पर भवभूति की कामंदकी भूरिवसु और देवरात इन दो मंत्रीपुत्रों के साथ गुरुकुल में न्यायशास्त्र का अध्ययन कर चुकी है।

भवभूति के नारी पात्र विशेष रूप से चुनौती और साहसिकता के प्रतीक हैं। उत्तररामचरित की वासंती एक राजा की यशोलिप्सा पर प्रहार करती हुई राम से सीतानिर्वासन के औचित्य पर प्रश्न करती है। भारतीय पारंपरिक परिवार की एक कन्या अपने माता पिता को बताये बिना घर से निकलकर अपने प्रेमी से चोरी छिपे विवाह रचाती है। पुरुषप्रधान समाज में स्त्री की अवमानना और उसको लेकर गहरा अनुताप भवभूति की कृतियों में अत्यंत मार्मिक रूप में व्यक्त हुआ है। मालतीमाधव में मालती के पिता अमात्य भूरिवसु तथा उत्तररामचरित में राम स्त्री के प्रति हो रहे अन्याय को लेकर पुरुष के हृदय की कचोट और अनुताप के दारुण और

गहन अनुभव से गुजरते हैं। सातवीं-आठवीं शती के भारतीय समाज में रहकर वासंती, आत्रेयी, मालती जैसे नारी चरित्रों की सृष्टिकर के भवभूति ने अपनी दुराधर्ष प्रश्नाकुलता और साहसिकता का परिचय दिया है।

सामाजिक शक्तियों की द्वंद्वात्मकता भवभूति के तीनों रूपकों में एक अंतर्वस्तु के रूप में गुँथी हुई है। महावीरचरितम् की तो परिकल्पना ही आदि से अंत तक दो पक्षों के द्वंद्व के रूप में की गयी है। इसके लिये भवभूति ने पूरी रामकथा में आमूलचूल बदलकर नया रूप दे दिया है। रावण के मंत्री माल्यवान् की राजनीतिक चालें पहले अंक से ही से प्रारंभ हो जाती हैं, जहाँ राम और लक्ष्मण विश्वामित्र के आश्रम की रक्षा के लिये जाते हैं। मालतीमाधव में एक ओर कामुक और विलासी बूढा मंत्री नंदन और उसके कहने में चलने वाला राजा है, तो दूसरी ओर कामंदकी, देवरात, भूरिवसु तथा मालती और माधव हैं। उत्तररामचरित की जटिल संरचना में व्यक्ति और व्यवस्था, राजा तथा प्रजा, प्रेम और न्याय, मूल्यों और दृष्टियों का टकराव गहराई में पिरोया हुआ है। पुरुषप्रधान समाज में नारी की स्थिति को लेकर इतने संवेग के साथ सहानुभूतिमय चिंता कालिदास, बाणभट्ट और भवभूति जैसे कवियों में ही मिलती है। उत्तररामचरित के पहले अंक का वह दृश्य, जिसमें अपने आप को धिक्कारते हुए उत्कट अपराधबोध के आवेग में राम निद्रानिमग्न सीता के चरण अपने माथे पर रख लेते हैं, स्त्री के प्रति किये जा रहे अन्याय को लेकर पुरुष के गहरे अपराधबोध की भावाकुल अभिव्यक्ति है।

भवभूति मांसभक्षण करने वाले ऋषियों पर व्यंग्यप्रहार करते हैं। मीमांसकों के सुविश्रुत कुल में जन्म लेकर भी भवभूति धर्मशास्त्र या मीमांसा के विधानों पर प्रश्नचिह्न लगाते हैं। धर्म के नाम पर हो रहे पाखंड और घिनौने आचरण का वे चित्र उकेरते हैं। मालतीमाधव में कपालकुंडला अपने तांत्रिक गुरु अघोरघंट के आदेश पर करालायतन में देवी के आगे बलि चढ़ाने के लिये मालती का अपहरण कर लेती है। भवभूति ने बिना किसी हिचक के अपने नायक माधव के हाथों अघोरघंट का वध करा दिया है, और पुनः मालती का अपहरण करने पर कपालकुंडला को भी दंडित कराया है। कापालिकों की शवसाधना तथा धर्म के आडंबरबहुल क्रूर रूप के विरुद्ध भवभूति की प्रतिक्रिया यहाँ स्पष्ट है। पुरुष के द्वारा नारी की प्रतारणा को लेकर भवभूति ने मालतीमाधव और उत्तररामचरित में जो पीड़ा व्यक्त की है, वह हृदय के मर्म को बींधने वाली है।

अपने समय की धार्मिक स्थिति तथा धर्म के नाम पर होने वाले आडंबर और पाखंड से भवभूति परिचित हैं। मालतीमाधव में वे अघोरघंट और कपालकुंडला के चरित्रों के माध्यम से वे धर्म के विकृत रूप का बोध देते हैं और उसका प्रत्याख्यान भी करते हैं।

तीनो रूपकों में भवभूति की चिंता का केंद्र मनुष्य और मनुष्यजाति की भवितव्यता है। महावीरचरित के दूसरे, तीसरे अंकों में माल्यवान् रावण को लेकर कहे गये वचन पतनशील सामंतीय समाज के विघटन पर बेबाक टिप्पणियाँ प्रस्तुत करते हैं। रावण का परिवार अपने

अंतर्विरोधों और पारस्परिक कलह के कारण टूट रहा है, यह माल्यवान् जानता है, फिर भी वह रावण का साथ देने को विवश है। उसे सबसे अधिक चिंता राम की ओर से आयी चुनौती की है। उसकी सहायिका शूर्पणखा पूछती है— 'मानुषमात्रे एतावती चिन्ता?' - एक मनुष्य को लेकर इतनी चिंता क्यों? भवभूति के समग्र रचना संसार में इसी प्रश्न का सकारात्मक उत्तर है। रामकथाविषयक अपने दोनों नाटकों में उन्होंने राम को एक मानव के रूप में प्रस्तुत करके मनुष्य के द्वंद्व और प्रेम को गहरी रागात्मकता के साथ व्यक्त किया है।

भवभूति ने संस्कृत नाटक की अनेक रूढ़ियों का पालन नहीं कया। उनके तीनों ही रूपकों में विदूषक नहीं है, जब कि संस्कृतनाटक की परंपरा तथा नाट्यशास्त्र के विधान के अनुसार नाटक और प्रकरण में विदूषक होना चाहिये। इन्हीं परंपराओं और विधानों के अनुसार नाटक में शृंगार या वीर रस की प्रधानता होनी चाहिये, भवभूति के उत्तररामचरित में करुणरस प्रधान है।

जीवनदर्शन

भवभूति की दुर्लभ विशेषता, जो उन्हें शेष संस्कृत कवियों से विशिष्ट बनाती है, कविता में दर्शन की अभिव्यक्ति कही जा सकती है। उनकी रचना में कविता के अद्वितीय वैभव से शास्त्र स्वयं खिंचता हुआ काव्यविश्व में अपने आपको ढालता हुआ कविता में रूपांतरित और काव्यसंसार को समर्पित हो जाता है। कविता और शास्त्र या दर्शन के समागम की एक अनूठी प्रक्रिया भवभूति की रचना में घटती है। भवभूति मालतीमाधव तथा उत्तररामचरित दोनों में सामाजिक संदर्भों के बीच प्रेम को परिभाषित करते हैं, और प्रेम करते हुए मनुष्य को उसकी स्मृति, चिंतासंतति और अंतर्मन में अनुस्यूत अनुराग के संदर्भ से वे नयी पहचान देते हैं। प्रेम को एक सर्वव्यापी सर्वबीजभूत तत्त्व के रूप में अपनी तीनों रचनाओं में भवभूति ने निरूपित किया है। मालतीमाधव १।२० तथा ६।१८, उत्तररामचरित १।३९; ५।१७; ६।१२ आदि द्रष्टव्य हैं। अपने तीनों ही रूपकों में उन्होंने दांपत्य को विषय बनाया है। संतति और पारिवारिक संबंधों की व्याख्या भी भारतीय जीवनबोध के बीच भवभूति ने की है। द्रष्टव्य उत्तररामचरित, ६.२२, ३७)

भवभूति दांपत्य संबंधों के साहसी चितेरे हैं। नाटको में अन्य किसी संस्कृत रचनाकार ने दांपत्य की अनुभूति का ऐसा अंतरंग चित्रण नहीं किया, जितना भवभूति ने। कालिदास के तीनों ही रूपकों का विषय परकीया रति है, दांपत्य संबंधों की कटुता का ही निरूपण वहाँ हुआ है।

भवभूति और लोकनाट्यपरंपरा

भवभूति का अवतरण भारतीय नाट्यपरंपरा के एक विशिष्ट संक्रांतिकाल में हुआ। श्रोत्रिय ब्राह्मणों के प्रतिष्ठित परिवार में रहकर भवभूति शास्त्रपरंपरा में तो निष्पात हैं, नाट्यशास्त्र का भी उनका विशद अध्ययन उनकी कृतियों में प्रतिफलित हैं। फिर भी भवभूति नाट्यशास्त्र के विधानों की सीमा रेखाएं ही नहीं लांघते हैं, वे सचेत भाव से भरत की अवहेलना करन लगते

हैं। भास को छोड़कर प्रथम श्रेणी के संस्कृत नाटककारों में किसी ने नाट्यशास्त्र के विधि विधानों का ऐसा उल्लंघन नहीं किया। भास के सामने भरतमुनि का नाट्यशास्त्र संभवत: था ही नहीं, अत: उनपर उसके उल्लंघन का आरोप नहीं लगाया जा सकता। भवभूति तो करुण रस की सर्वातिशयिता का दर्शन खड़ा करके नाट्यशास्त्रीय व्यवस्था चुनौती देते लगते हैं। वे शयन, आलिंगन, दूरदेशगमन, आदि न दिखाने के विषय में नाट्यशास्त्रीय निर्देशों का पालन न कर अपने नाटकों में इस प्रकार की स्थितियों का विशिष्ट संयोजन करते हैं। उत्तम पात्र के प्रवेश के विषय में वे संस्कृत नाटक की पारंपरिक औपचारिकता का निर्वाह नहीं करते।

शास्त्र से अपने संबंध के आधार प्रयोग तीन प्रकार का ठहरता है—आभ्यंतर प्रयोग, बाह्य प्रयोग और अपप्रयोग। आभ्यंतर प्रयोग तो सर्वथा शास्त्र-सम्मत प्रयोग है। बाह्य प्रयोग शास्त्र की सीमाओं और निर्देशों के बाहर आकर, उनसे लेकर किया हुआ प्रयोग है और अपप्रयोग शास्त्र की व्यवस्था को विकृत करके औचित्य साथ किया जाने वाला प्रयोग है। भवभूति के विषय में यह कहा जा सकता है कि शास्त्रबाह्य किसी नाट्यपरंपरा से उनका गहरा परिचय है। यह शास्त्रबाह्य परंपरा लोक-परंपरा है, लोक नाट्य की परंपरा है। उपरूपकों के वर्गीकरण और लक्षण के द्वारा आगे चलकर इस परंपरा का एकांश में मानकीकरण और शास्त्र में व्यवस्थापन हुआ, पर नाट्यशास्त्र के पहले, नाट्यशास्त्र के रचनाकाल में और उसके पश्चात् प्रयोग में तो यह परंपरा बराबर बनी रही है।

भवभूति के संदर्भ में बाह्य प्रयोग या शास्त्रातिवर्ती प्रयोग की बात विशेषत: इसलिए उठती है कि वे ऐसे नाटककार हैं, जिन्होंने बाह्य प्रयोग का प्रत्यक्ष उदाहरण ही नमूने के रूप में नाटक में प्रस्तुतकर दिया है। उत्तरामचरित के अंतिम अंक में प्रयुक्त होनेवाला गर्भांक बाह्य प्रयोग है, क्योंकि यह किसी शास्त्र सम्मत नाट्यमंडप में न किया जाकर वाल्मीकि के आश्रम में खुले परिसर में हो रहा है, और भरत की परिभाषा में प्रेक्षागृहविवर्जित प्रयोग भी बाह्य प्रयोग ही है। अपने नाटक के भीतर होनेवाले इस नाटक का प्रयोक्ता भवभूति ने स्वयं भरतमुनि को ही बना दिया है और प्रयोग का उपस्थापन अप्सराओं का दल कर रहा है। यहाँ भवभूति का कटाक्ष और नाट्यप्रयोग को लेकर उनकी स्वयं की दृष्टि भी स्पष्ट ही है। नाटक देखने के लिए कोई 'अभिरूपभूयिष्ठा परिषद्' यहाँ नहीं है, अपितु ब्रह्मक्षत्र-पौर जनपद प्रजाएँ उपस्थित हैं और वाल्मीकि के आर्ष प्रभाव से तो 'सदेवासुरतिर्यङ्निकाय सचराचर भूतग्राम' ही सन्निधापित कर दिया गया है। इस नाटक की प्रस्तावना में सूत्रधार कहता है— भगवान् भूतार्थवादी प्राचेतस स्थावरजंगमात्मक जगत् को आज्ञा देते हैं कि हमने यह करुण और अद्भुत रसवाला काव्य रचा है, जिसे देखने के लिये आप सावधान हो जायें।

गर्भांक का प्रयोग तो श्रीहर्ष ने भी प्रियदर्शिका में भी किया है, पर वह बाह्य प्रयोग कदापि नहीं है। भवभूति ने बड़ी कुशल योजना के साथ भरत के प्रस्थान की अपनी अवगति और उससे अपनी असहमति दोनों को यहाँ प्रकट कर दिया है। भरत के नाट्यशास्त्र से उसका

प्रस्थानभेद है। भरत का ग्रंथ सूक्ष्म अभिव्यंजनाप्रधान अभिनय पद्धति का सर्वांगींण और परिष्कृत रूप सामने रखता हुआ रंगमंच के उस प्रस्थान की समग्र शास्त्रीय प्रविधि को उपस्थापित करता है जिसे हम राजसभा का रंगमंच या अभिजात रंगमंच कह सकते हैं। इस सारी शास्त्रीय प्रविधि, भरत के रंगदर्शन द्वारा अभिजात रंगपरंपरा का सर्वोत्तम और सबसे समुज्ज्वल उदाहरण कालिदास प्रस्तुत करते हैं। वे भरत के शास्त्र को आत्मसात् करके अपनी प्रतिभा से उसे सर्जनात्मक अभिव्यक्ति देते हैं। भरत के शास्त्र को आत्मसात् भवभूति ने भी किया है, पर उनके घेरे से बाहर आने के लिए किया है। उनकी असहमति अपप्रयोग के लिए नहीं है। वे नाट्यशास्त्र की प्रविधियों के बाहर सक्रिय एक भिन्न प्रकार के रंगमंच को अपनी सर्जनात्मक प्रतिभा का माध्यम बनाते हैं।

वस्तुतः भवभूति का नाट्यसंस्कार मन्दिर या देवालय की रंगशाला का है। मंदिर की रंगशाला का भरतमुनि के शास्त्र से प्रस्थानभेद है। विष्णुधर्मोत्तरपुराण में नाट्यमंडप का वर्गीकरण ही भरत के शास्त्र से इसलिए भिन्न है। प्रेक्षागार विष्णुधर्मोत्तरकार की दृष्टि में देवालय का अनिवार्य अंग है। जिसे मंदिरपरिसर में उत्तर की ओर बनाया जाना चाहिये। देवालय में प्रतिसंवत्सर देवता की तिथि अथवा पौर्णमासी पर यात्रा महोत्सव का आरम्भ किया जाता था। यात्रा के दूसरे दिन नट, नर्तक, मल्ल, ऐन्द्रजालिक आदि की प्रेक्षायें या खेल आयोजित किये जाते थे। विष्णुधर्मोत्तर ने यात्रा का आयोजन राजा का कर्तव्य माना है। यात्रा के उत्सव को देखने के लिए दूर दराज के इलाकों से लोग पहुँचते थे। यात्रा में होनेवाले नाटकों का मंचन अपार जनसमुदाय के आगे होता था ग्यारहवीं शती में रची गई प्राकृत कथा 'नम्मयासुन्दरी' में ऐसी ही एक यात्रा का वर्णन करते हुए कहा गया है कि इसमें इतनी भीड़ हो गई थी मंच के सामने के मैदान में तिल धरने की जगह नहीं थी और लोग आसपास के मकानों की छतों पर चढ़कर नाटक देख रहे थे। इस यात्रा में नटों और नर्तकों की कलाओं के प्रदर्शन, रास और चर्चरियों के आयोजन के साथ और भी अनेक प्रकार के खेल दिखाए जाने की चर्चा कथा के लेखक ने की है।

भवभूति के नाटक कालप्रियनाथ की यात्रा में खेले गए थे। भवभूति ने उन्हें राज्य सभा में चुनिंदा पंडितों और कलावंतों की सीमित मंडली के आगे दिखाने के लिए नहीं लिखा था, यात्रा में समागत असंख्य लोग उन्हें देखेंगे इस बात को ध्यान में रखते हुए मंदिर की रंगशाला के लिए उन्होंने नाटक लिखे थे। इन नाटकों की रचना प्रक्रिया और संविधान पर मन्दिर की रंगशाला और प्रेक्षकों के विशाल समाज की अभिरुचि की छाप संरचना के स्तर पर गुंथी हुई हैं।

यात्रा महोत्सव के आयोजनों में भवभूति, मुरारि जैसे नाटककारों के रूपकों का भी अभिनय होता था और लोकनाट्यकोटि के रासक, हल्लीसक, चर्चरी आदि का भी। अतएव यात्रा के रंगमंच से जुड़े नाटककारों में लोकनाट्य से सम्पर्क उसके साथ अन्त:क्रिया और

उससे प्रभावित होने की सम्भावना देखी जा सकती है। इसीलिए मन्दिर की रंगशाला के लिए लिखे गए नाटक राजसभा के प्रेक्षागार के लिए लिखे गए नाटकों से अपनी बनावट में अलग हैं, इस अर्थ में भवभूति के तीनों नाटकों का स्तर कालिदास के तीनों नाटकों से भिन्न है। क्योंकि दोनों नाटककार अलग अलग उद्देश्य से नाट्यरचना कर रहे हैं। भवभूति ने अपने विशिष्ट उद्देश्य व कविदृष्टि से ऐसे प्रयोग किये हैं जो उनके पहले के उपलब्ध संस्कृत नाटकों में सम्भाव्य नहीं थे। भवभूति के इन विशिष्ट प्रयोगों को लोकनाट्य या यात्रा के रंगमंच के आलोक में ही समझा और परिभाषित किया जा सकता है।

उत्तररामचरित की प्रस्तावना में सूत्रधार के मुख से एक चौंका देने वाला वाक्य कहलाया गया है।

एषोऽस्मि कार्यवशादायोध्यकस्तदानीन्तनश्च संवृतः।

प्रस्तावना में सूत्रधार अभिनेता (अनुकर्ता) के रूप में रहता है। प्रस्तावना की संरचना के भीतर वह नाटक के पात्र या अनुकार्य में अपने आप को रूपांतरित होता हुआ दर्शकों के सम्मुख दिखाये या इसकी सूचना उन्हें दे यह स्थिति इसके पहले संस्कृत नाटकों में नहीं मिलती। अनुकर्ता और अनुकार्य का सहावस्थान अभिजात रंगमंच के लिए विजातीय तत्त्व है। जबकि अनुकर्ता और अनुकार्य की मंच पर एक साथ उपस्थिति लोकनाट्य परम्परा में एक जानी पहचानी सहज स्थिति रहती है। उत्तररामचरित की प्रस्तावना में सूत्रधार और मारिष इदानींतन अभिनेता भी है और उसी समय तदानींतन आयोध्यक भी। कार्यवशात् पद का प्रयोग भी सूत्रधार के मुख से साभिप्राय ही कराया गया है। भवभूति इस तथ्य के प्रति सत हैं कि उपरूपकों की सहज संभाव्य स्थिति को रूपक नाटक के कलेवर के भीतर कदाचित् वे ही पहली बार ला रहे हैं।

भवभूति प्रचलित लीक से हटकर लोकनाट्य का भावबोध लेकर संस्कृत नाटक की आस्वादभूमि बदल देते हैं।

लोकनाट्यप्रभाव से आस्वाद की भिन्न दिशा ग्रहण करने के कारण भवभूति के नाटकों की संरचना में भी कुछ विभेद और वैशिष्ट्य आ जुड़ा है। संस्कृत नाट्य परम्परा में एकालाप (सालिलाकी) का ऐसा सघन प्रयोग अन्य किसी नाटककार ने नहीं किया। लोकनाट्य में पात्र भावोद्रेक के क्षणों में गीत गाने लगते है अथवा अपने बारे में किसी अन्य पात्र के द्वारा गाए गाए गीत में अपने ही अनुकार्य को अन्यपुरुष बनाकर स्वयं शामिल हो जाते हैं, उसी प्रकार भवभूति के राम, माधव आदि के एकालापों में पात्र इतर पात्रों से बेखबर होकर अपने में डूबकर अपने को व्यक्त करते हैं। पात्र अपने ही अनुकार्य का उल्लेख तृतीय या अन्य पुरुष के रूप में करने लगते है, जैसे कि उत्तररामचरित के पहले अंक में राम लंबे एकालाप में—

हन्त, हन्त सम्प्रति विपर्यस्तो जीवलोकः। अद्यावसितं जीवितप्रयोजनं रामस्य।
शून्यमधुना जीर्णारण्यं जगत्। असारः संसारः। काष्ठप्रायं शरीरम्।

अथवा-

दुःखसंवदेनायैव रामे चैतन्यमागतम्,
मर्मोपघातिभिः प्राणैर्वज्रकीलायितं हृदि।

हा अम्ब अरुन्धति परिमुषिताः स्थ, परिभूताः स्थ रामहतकेन।

उत्तररामचरित की अपेक्षा कुछ और अधिक चौंकाने वाले ढंग से मालतीमाधव में सूत्रधार कहता है कि यह मैं कामंदकी बन गया और पारिपार्श्विक तुरंत कहता है कि मैं भी अवलोकिता बन गया हूँ। दोनों के इन संवादों के साथ प्रस्तावना समाप्त हो जाती है और उसके बाद यह रंगनिर्देश है—

ततः परिवर्त्य रक्तपट्टिकानेपथ्ये कामन्दक्यवलोकिते प्रविशतः।

सूत्रधार और नट के प्रस्तावना के अन्त में निर्गमन और फिर कामंदकी और अवलोकिता के रूप में उनके पुनः प्रवेश के बीच कोई व्यवधान नहीं है। लगता है कि उक्त रंगसंकेत लिपिकारों ने नाटक के कलेवर में प्रस्तावना का अतिक्रमण रोकने के लिए बाद में जोड़ दिया और अपने क्रमशः कामंदकी ओर अवलोकिता बन जाने की घोषणा दर्शकों के आगे करके सूत्रधार और नट जैसे वहीं भगवा चोगे ओढ़ तत्काल पात्र के रूप में उपस्थित हो गए हैं। लोकनाट्य के मंच पर रंगमंचीय दिक्काल की जिस तरह रचना होती है, उसमें नट का पात्र की खोल ओढ़ना या उसे उतार देना सहज प्रक्रिया है, भवभूति ने भी उसी सहजता से उसे अपना लिया है।

यह प्रक्रिया केवल प्रस्तावना तक ही सीमित नहीं है। प्रकरण के कलेवर के भीतर भी भवभूति की कामंदकी अपने सूत्रधार रूप के प्रति सचेत है। नाटक में कामंदकी द्विविध अर्थ में सूत्रधार है— कथानक में अपनी प्रवर्तक भूमिका के कारण भी यह सूत्रधार है और नाट्यदल का सूत्रधार कामंदकी की भूमिका कर रहा है—इस दृष्टि से भी वह सूत्रधार है। कामंदकी के अनेक संवाद अनुकर्ता सूत्रधार की दृष्टि से भी बोले गए हैं। जानबूझकर भवभूति कामंदकी की दो सहवर्ती भूमिकाओं को ध्यान में रखकर ऐसे संवादों को द्व्यर्थक बनाकर प्रस्तुत करते हैं। विशेषतः दसवें अंक में लवंगिका, कामंदकी, सौदामिनी आदि के संवाद इसी दृष्टि से उपनिबद्ध लगते हैं—

लव० -को वास्मिन् सम्पूरितसर्वप्रकारमहोत्सवे न परिहासपूर्णो भवति?

काम० -एवमेतत्, अस्ति वा कुतश्चिदेवम्भूतमद्भुतं विचित्ररमणीयोज्ज्वलं प्रकरणम्?

सौदा० -इदमत्र रमणीयतरं, यदमात्ययोर्भूरिवसुदेवरातयोश्चिरात् पूर्णोयमितरेतरापत्यसम्बन्धात्मा मनोरथः।

उत्तररामचरित में राम के अनेक संवादों की भी आंतरिक संरचना इसी प्रकार की लगती है। छठे अंक में कुश लव के द्वारा राम के सम्मुख रामायण के पात्रों का प्रस्तुतीकरण

लोकनाट्यविधा से भवभूति के नैकट्य और उसके अभिप्रायों के ग्रहण के द्वारा नाटक में भावबोधसंकुल पर्यावरण निर्माण कर सकने की उनकी प्रतिभा को उजागर करता है। इसके साथ ही सूत्रधार और मारिष के द्वारा कामंदकी तथा अवलोकिता भूमिका में अवतरण विरूपा भूमिका का उदाहरण प्रस्तुत करता है। अभिजात रंगमंच के अनुरूप भूमिकाओं का प्रयोग अधिक रहा है। विरूपा भूमिकाएं लोक रंगमंच पर फबती है। लोकनाट्य की इस विशेषता की पहचान के कारण ही भवभूति अपने प्रकरण के भीतर भी मकरंद को स्त्रीवेश में मालती की भूमिका में उतार देते हैं।

उपर्युक्त एकालापों, दर्शकों को सीधे संबोध्य द्व्यर्थक संवादों आदि के अतिरिक्त भवभूति की संवादयोजना में अनेक ऐसी दुर्लभ विशेषताएं हैं, जो लोकनाट्य परम्परा से संग्रहीत प्रतीत होती है। अपने नाटकों में कई स्थलों पर दो अलग-अलग पात्रों के मुख से एक ही संवाद विशेषतः पूरा का पूरा पद्य वे एक समय में एक साथ प्रस्तुत करते हैं, जबकि दोनों पात्रों के संबोध्य विषय अलग-अलग हैं। उत्तररामचरित में वासंती राम के लिये तथा तमसा सीता के लिये यह पद्य एक साथ बोलती हैं —

अवनिरमरसिन्धुः सार्धमस्मद्विधाभिः
स च कुलपतिराद्यश्छन्दसां यः प्रयोक्ता,
स च मुनिरनुयातारुन्धतीको वसिष्ठ-
स्तव वितरतु भद्रं भूयसे मङ्गलाय।

(३/४८)

यह लोकनाट्य में प्रयुक्त सहगायन की स्थिति को निर्मित करता है। इस प्रकार के प्रयोग भवभूति ने बार-बार किये हैं। मालतीमाधव के पाँचवें अंक में माधव मालती को तथा अघोरघंट कपालकुंडला को संबोधित करके एक ही पद्य एक साथ बोलते हैं। आगे चलकर वे एक ही पद्य एक साथ एक दूसरे को संबोधित करके भी कह देते हैं। महावीरचरित के तीसरे अंक का पहला संवाद वसिष्ठ और विश्वामित्र एक साथ बोलते हैं, आगे चलकर (३/३९) जनक, दशरथ और विश्वामित्र तीनों मिलकर एकसाथ एक पद्य जामदग्न्य के प्रति कहते हैं। संवाद की यह शैली लोकनाट्य के समूहगायन के संदेश की स्थिति को ही निर्मित करती है।

भवभूति के इस प्रकार के संवादों की तुलना शाकुंतल आदि में अनुसूया और प्रियवंदा दोनों के द्वारा एक साथ कहे गये— 'अयं जनः कस्य हस्ते समर्पितः' जैसे वाक्यों से नहीं की जा सकती। वहाँ रंगमंच के यथार्थ ने वस्तु जगत् के यथार्थ का उस प्रकार लोप नहीं किया है जैसा यहाँ। एक पूरा का पूरा संवाद दो परस्पर विरोधी दृष्टि वाले पात्रों के मुख से एक साथ कहलवाया जाये, यह नाटक में भिन्न प्रकार का यथार्थ निर्मित करता है। लोकनाट्य के मंच का संस्कार जिन्हें प्राप्त है वे ही ऐसा प्रयोगकर और समझ सकते हैं। उस संस्कार से वंचित समीक्षकों ने भवभूति को आड़े हाथों से भी ऐसे प्रयोगों के कारण लिया है।

वस्तुत: भवभूति के नाटक का अभिनेता कहीं पात्र से एकाकार होता है, कहीं पात्र से अलग होकर नाटककार की दृष्टि या उसी पात्र की स्थिति की व्याख्या करने लगता है, जिसका अभिनय वह कर रहा है। उत्तररामचरित के तीसरे अंक में तमसा के संवाद 'अहो संविधानकम्' और उसके पश्चात् आए पद्य- 'एको रस: करुण एव' में संवाद की अदायगी इसी प्रकार है। आंकिया नाट या हरिकथा के मंच के लिए लिखे गए बाद में संस्कृत नाटकों में तो सूत्रधार सूत्रधार के रूप में ही मंच पर लगातार उपस्थित रहकर नाटक के अभिनीयमान प्रसंग की दर्शकों के आगे व्याख्या करता चलता है। भवभूति सूत्रधार को प्रत्यक्ष नाटक के भीतर न लाकर प्रकारान्तर से लाते हैं। पर पात्र के अनुकर्ता और अनुकार्य इन दो रूपों के बीच पार्थक्य का संकेत वे देते चलते हैं जो लोकनाट्य की विशेष पहचान है।

संवादों की संप्रेषणीयता की दृष्टि से ही नहीं, रंगसंकेतों की दृष्टि से भी भवभूति के रूपक अपने रंगमंच के लिए एक भिन्न प्रविधि की मांग करते हैं। कालिदास अपने रंगसंकेतों में आंगिक अभिनय की एक परिष्कृत अभिव्यंजनाप्रधानरीति का सुस्पष्ट निर्देश करते हैं। कहीं-कहीं तो नाट्यशास्त्रसम्मत हस्त या करण का स्वयं निर्देश भी वे दे देते हैं। जहाँ आंगिक अभिनय की विशेष मुद्रा का नामत: संकेत नहीं है , वहाँ भी रूपयति, अभिनयति या अभिनीय, नाटयति जैसे रंग संकेतों के द्वारा आंगिक अभिनय की शैलीबद्धता निर्दिष्ट है। कालिदास में इस प्रकार के रंग संकेतों की भरमार है। जबकि भवभूति नाटयति, अभिनयति जैसे रंग संकेतों का बहुत ही कम प्रयोग करते हैं। उनका रंगमंच आंगिक शैलीबद्धता पर इतना निर्भर नहीं है, आंगिक व्यापार का वहाँ प्राचुर्य है, पर यह व्यापार शास्त्रीय मुद्राओं की अपेक्षा वस्तुपरक लौकिक चेष्टाओं या प्राकृत शारीरिक क्रियाओं पर अधिक निर्भर है। इस अर्थ में भी भवभूति लोकधर्मी रंगमंच या लोकनाट्य के रंगमंच का अनुवर्तन करते हैं। कालिदास जिस तरह आंगिक की संकेतात्मक मुद्राओं का एक सम्पन्न रंगमंच खड़ा करते हैं, भवभूति उसी तरह वाचिक और सात्त्विक, अभिनय की सूक्ष्म प्रविधि के प्रचुर संकेत देते चलते हैं। उनके एक टीकाकार जगद्धर ने मालतीमाधव में वाचिक रस को सर्वातिशायी बताया है।

भवभूति आंगिक की शास्त्रीय शैलीबद्धता से सुपरिचित हैं, पर लोकमंच से जुड़कर जानबूझकर ही वे इस शैलीबद्धता को तोड़ते हैं। कालिदास के सुसंबद्ध और शास्त्रसम्मत रंग संकेतों की तुलना में इनके रंग संकेत अटपटे भी लग सकते हैं, पर अपनी सर्जनात्मक प्रतिभा से शैलीबद्धता को तोड़कर भवभूति अप्रतिम रंगसृष्टि करते हैं, उसे उनके समय के वे सूत्रधार और अभिनेता ही निभा सकते थे, जो मन्दिर या यात्रा के रंगमंच की सहज पर सात्त्विक अभिनय को निकष बनाकर चलने वाली प्रयोग पद्धति में दीक्षित रहे होंगे।

उत्तररामचरित के प्रथम अंक में अतिशय ग्लानि, अनुताप और अन्तर्द्वन्द्व के दुर्वार आवेग में राम पलंग पर सोयी सीता को प्रणाम करने के लिए झुकते हैं, जब उनके लिए रंग संकेत है—

'सीतायाः पादौ शिरसि कृत्वा'

पलंग पर सोई सीता के दोनों चरण ही उठाकर राम अपने मस्तक के ऊपर रख लेते हैं। प्रणाम की यह कोई शास्त्रीय पद्धति नहीं है, न ही यह वह नाट्यधर्मी रीति है, जिसके द्वारा कालिदास के तीनों रूपकों में नायक नायिकाओं को प्रणाम करते हैं। पर करुणा और आत्मप्रतारणा की जो उद्दाम स्रोतस्विनी राम के इस अशास्त्रीय प्रणाम से उत्तररामचरित के प्रसंग में बह उठी है, उसकी स्वल्प भी ऊर्मि और ऊर्जा अभिजात रंगमंच के अभिजात नायक के प्रणति निवेदन में नहीं है। भवभूति की दुर्वार भावाकुलता अभिजात और भरतसम्मत रंगविधि में अँट भी नही सकती थी, इसलिए उन्होंने ठीक ही लोकनाट्य से जुड़े मन्दिर की यात्रा के मंच का आश्रय लिया और उसकी प्रयोगविधि को भी अपने नाटक की सर्जनाप्रक्रिया में दृष्टि में रखा।

अपने रूपकों के अभिनय में नृत्यात्मक आंगिक विन्यास तथा आंगिक अभिनय के हस्त, वक्षस् कटि आदि अंगों की लयबद्ध गतियों के उपयोग का निषेध भवभूति स्वयं अपने रंगसकेतों में करते हैं। महावीरचरित में परशुराम से मुठभेड़ के लिए प्रस्थित होते राम को रोकने के लिए सीता उनका धनुष ही छुड़ाने लगती हैं और फिर कहती हैं कि (नहीं रुकते तो) बल पूर्वक रोक लूँगीं। बलपूर्वक रोके गये राम वीररभसोत्फाल तथा वैदेहीपरिरंभ दोनों का एक साथ अनुभव करते हैं। आंगिक अभिनय की सूक्ष्म प्रविधियों से यह उद्दाम भावनाकुल दृश्य दिखाना संभव नहीं है।

अभिनय पद्धति की दृष्टि से भवभूति के अनेक प्रवर्तक प्रयोग जो आज अटपटे समझे जाते हैं, और जिनके कारण मंचन की भरपूर सम्भावनाओं से युक्त होते हुए भी उनके नाटक अनाटकीय कह दिए जाते हैं, लोकनाट्य और उपरूपकों की परम्परा के संदर्भ में समझने पर कदाचित् बोधगम्य और सहज प्रतीत हो सकते हैं। भवभूति अपने नाटकों में कई बार कुछ विशेष वाक्यांशों की पुनरावृत्ति करते हैं। यह दोहराव रामलीला या रासलीला जैसे लोकपरंपरा के नाट्य की संरचनागत आवश्यकता रही है और भवभूति 'ब्रह्मादयो ब्रह्महिताय तप्त्वा' जैसे पद्यों को महावीरचरित और उत्तररामचरित में दोहराते हैं, तो यह लीलाकोटि के रूपक की संरचनागत आवश्यकता है।

अभिनयपद्धति के दृष्टि से आचार्यों के द्वारा वाक्यार्थाभिनय को रूपकपरम्परा की और पदार्थाभिनय को उपरूपक परम्परा की विशेषता बताया जाता है। पदार्थाभिनय एक व्याख्यात्मक अभिनयपद्धति है, जिसमें संवाद या वाचिक के पाठ के पश्चात् उसके अलग-अलग पदों का अलग-अलग अभिनय करके बताया जाता है। संवाद में भवभूति अपने नाटकों में वाक्यार्थाभिनय के स्थान पर पदार्थाभिनय की पद्धति पर बल देते है। क्या लोकनाट्य या लीलानाटकों से नैकट्यके कारण ही उनके नाटकों को वाचिक रस का नाटक कहा गया है? ये विचारणीय प्रश्न हैं। एक स्थान पर तो भवभूति सुस्पष्ट रूप में पदार्थाभिनय की पद्धति को अपनाने का

संकेत प्रस्तुत करते हैं। मालतीमाधव के पंचम अंक में कापालिकद्वय चामुंडा की स्तुति करते हैं। स्तुति पाठ के पश्चात् वहाँ 'इत्यभिनयत:' यह रंगसंकेत दिया गया है। अतएव पाठ के पश्चात् कापालिकद्वय चामुंडा की स्तुति का पदार्थाभिनय करते हैं—यही नाटककार का आशय समझा जाना चाहिए। शार्दूलविक्रीडित और दण्डक छन्दों में कराला की जो स्तुति है, वह भी पदार्थाभिनय की अपेक्षा रखती है। जगद्धर ने तो पहले पद्य (५,२२) की टीका में निशुंभ करण की प्रस्तुति सूचित की ही है, २३ वें पद्य में दंडक की जो रचना है, उसकी प्रस्तुति भी करण और अंगहारों की अपेक्षा करती है और करण और अगहारों का निर्वाह पाठ में समवेत करके नहीं, पाठ के पश्चात् पदार्थाभिनय के साथ ही हो सकता है।

भवभूति के नाट्यशास्त्र के अभिजात रंगमंच की परम्परा को तोड़कर दूसरी परम्परा बना ले जाते हैं। भवभूति उसके प्रभाव से भी आक्रांत नहीं हुए हैं न ही उसके अभिप्रायों को अपने रूपकों में थोपते हैं। प्रतिभा की सामर्थ्य से, एक अर्थ में, वे दोनों परम्पराओं को अतिक्रांत कर जाते हैं।

आस्वाद के नये धरातल तथा रंगमंच

भवभूति ने संस्कृत नाटक के नाट्यानुभव को नया संस्कार दिया है। जीवन सुखदु:खमिश्रित है। भवभूति उत्तररामचरित के पाँचवे अंक में लव के मुख से कहलाते हैं – मिश्रीकृतक्रमो रसों वर्तते। रस का मिश्रण हो गया है। सम्भेद, सम्प्लव, व्यतिकर, आवर्त – ये भवभूति के सौंदर्यशास्त्र के बीज शब्द हैं। संसार में रह कर यहाँ के सारे दु:ख, संशय, प्रेम और आनंद का अनुभव करना ही भवभूति के लिये रस है। रस का स्रोत मनुष्य के भीतर ही है। इसीलिये भवभूति कहते हैं—रामस्य करुणो रस:।

पारंपरिक समीक्षा में भवभूति

संस्कृतपरंपरा में भवभूति की गणना कालिदास के साथ सर्वश्रेष्ठ महाकवि के रूप में की जाती रही है। एक प्राचीन सुभाषित में तो भवभूति को कालिदास से भी बड़ा महाकवि बता दिया गया है—

कवय: कालिदासाद्या भवभूतिर्महाकवि:।

एक अन्य पारंपरिक पद्य में कालिदास कहते हैं कि यह मेरा सौभाग्य है कि भवभूति के साथ मेरी तुलना करने के लिये वाणी की देवी मेरी व भवभूति की रचनाओं को तराजू पर तौलती हैं और भवभूति की वाणीवाला पलड़ा हल्का होने पर अपनी ओर से उसमें माधुर्य बिखेरकर उसे गुरुतर बना देती हैं—

अहो मे सौभाग्यं मम च भवभूतेश्च भणितिं
तुलामारोप्य प्रतिफलति तस्यां लघिमनि।

गिरां देवी साक्षाच्छ्रुतिकलितकह्लारकलिका-
मधूलीमाधुर्यं क्षिपतिपरिपूर्त्यै भगवती।।[३०]

यह भी माना जाता रहा है कि यद्यपि कालिदास वाल्मीकि के बाद की संस्कृत कविता में सिरमौर हैं, पर उत्तररामचरित की रचना करके भवभूति ने उन्हें भी पीछे छोड़ दिया है— 'उत्तरे रामचरिते भवभूतिर्विशिष्यते।'

यद्यपि भवभूति ने मालतीमाधव में इस बात को लेकर हताशा प्रकट की थी कि उनकी अवज्ञा की जा रही है, पर उनके समकालीन या उनके तत्कालपरवर्ती अनेक आचार्य भवभूति को सराहना के भाव से उद्धृत करते हैं। वामन ने काव्यालंकारसूत्रवृत्ति में समासबहुला अत्यल्बुणपदा गौडी रीति के उदाहरण में महावीरचरित का पद्य उद्धृत किया है।[३१] वामन ने ही रूपक अलंकार में कल्पना के सौंदर्य की विशेषता बताने के लिये भी भवभूति का 'इयं गेहे लक्ष्मी:' इत्यादि पद्य उद्धृत किया है। कुंतक बताते हैं कि भवभूति के परशुना लज्जते चन्द्रहास:, सीताविवासनपटो: करुणा कुतस्ते इत्यादि कथनों में किस प्रकार करुणा की स्तोस्विनी वक्रता की विच्छित्ति के साथ प्रवहमाण है— **यत्र वाक्यान्तरवक्तव्यमपि वस्तु प्रस्तुतार्थनिष्पत्तये विच्छित्त्या तेनैव वाक्येनाभिधीयते।.... निर्भरगर्भखिन्नदेवीविवासनपटोः दाशरथेः पाणिरसीत्युचितानुरोधित्वात् कुतस्ते करुणासम्भवः, तदवध्यस्यापि शूद्रमुनेः ब्राह्मणशिशुजीवितरक्षणाय मण्डलाग्रं समर्पयेत्येकं वस्तु। द्वितीयं – यदि न्याय्यमवश्य-करणीयमपि तथाविधकारुणिकत्वादुदारचेतसा न करणीयमेवेति मन्यसे, तथापि रामस्य निर्भरगर्भखिन्नदेवीविवासनपटोः निष्करुणचूडामणेः करस्त्वमिति मुनिमारणं कियन्मात्रं तवेति विप्रलम्भशृङ्गारपरिपोषात् किमपि रामशब्दस्य रूढिवैचित्र्यवक्रत्वमुभयत्रापि स्फुरति।'**

भोज ने काम की अनिर्वचनीय स्नेहात्मकता बताने के लिए भवभूति के निम्नलिखित पद्य उद्धृत किये हैं —

अहेतुः पक्षपातो यस्तस्य नास्ति प्रतिक्रिया।
स हि स्नेहात्मकस्तन्तुरन्तर्भूतानि सीव्यति।।

(निष्कारण होनेवाले पक्षपात की कोई प्रतिक्रिया (तर्क, कार्यकारणभाव) नहीं होती। यह वह स्नेहात्मक तन्तु है जो एक प्राणी को दूसरे से जोड़ता है।

व्यतिषजति पदार्थानान्तरः कोऽपि हेतु-
र्न खलु बहिरुपाधीन् प्रीतयः संश्रयन्ते।।

(पदार्थों को आन्तरिक कोई हेतु परस्पर जोड़ता है, प्रेम बाह्य उपाधियों पर अवलम्बित नहीं है।

अकिञ्चिदपि कुर्वाणः सौख्यैर्दुःखान्यपोहति।
तत् तस्य किमपि द्रव्यं यो हि यस्य प्रियो जनः।।

(कुछ न करता हुआ भी अपने सुख से दुःखों को दूर कर देता है। जो जिसका प्रिय है, वह उसके लिए विशेष निधि है।

भोज ने मालतीमाधव (५.२८) भाव, रस,उपमान आदि के प्रयोगों को प्रशस्य बताते हुए सराहना की है। सागरनंदी ने मालतीमाधव में काम की दस आवस्थाओं में नौ का नायिका मालती में प्रतिफलन बताया है। भोज ने षड्विधशृंगार का परिपाक इसमें प्रदर्शित किया है। उत्तररामचरित (४.२०) या महावीरचरित (१.१८)के पद्य को भोज ऊह का उदाहरण मानते हैं।

सुप्रसिद्ध दार्शनिक चित्सुखाचार्य ने अपने तत्त्वप्रदीप नामक ग्रंथ में भवभूति को लेकर एक प्रश्न उठाया है। उनका कथन है कि भवभूति अपने समय के इतने महान् आचार्य हैं कि उनका कहा या लिखा हुआ एक एक वाक्य वेदवाक्य के समान प्रामाणिक है। पर मालतीमाधव आदि नाटकों में उन्होंने जो जो बातें कहीं हैं, वे सब तो प्रामाणिक नहीं हैं। ऐसी स्थिति में नाटक लिखने से भवभूति की प्रामाणिकता का खंडन हो जाता है यह मानना होगा। इस शंका का समाधान करते हुए चित्सुखाचार्य कहते हैं कि नाटक नाटिका आदि की रचना करने से एक दार्शनिक या आचार्य के रूप में भवभूति की प्रामाणिकता समाप्त नहीं हो जाती-

आप्तोदीरितवाक्येषु मालतीमाधवादिषु।
व्यभिचारान्न तद्युक्तमाप्तत्वस्यानिरुक्तितः।।

न हि पुरा आप्त एव सन् नाटकनाटिकादिप्रबन्धविरचनमात्रेण अनाप्तो भवति भवभूतिः।

प्राकृत महाकाव्य गउडवहो के रचयिता वाक्पतिराज भवभूति के समकालीन थे। उन्होंने भवभूति की बड़ी ही सहृदयतापूर्ण समीक्षा करते हुए कहा है—

भवभूतिजलनिधिनिर्गतकाव्यामृतरसकणा इव स्फुरन्ति।
यस्य विशेषा अद्यापि विकटेषु कथानिवेशेषु।।

(गउडवहो, ७९९)

(भवभूति रूपी सागर से निकले काव्य रूपी अमृत के रसकण चमक रहे हैं। उनकी विशेषता विकट कथानिवेश में अभी भी बनी हुई है।)

राजशेखर ने बालरामायण में भवभूति को वाल्मीकि का अवतार बताया है। क्षेमेंद्र ने भवभूति की शिखरिणी की लय और प्रवाहात्मकता की प्रशंसा करते हुए कहा है—

भूवभूतेः शिखरिणी निरर्गलतरङ्गिणी।
चकिता घनसन्दर्भे या मयूरीव नृत्यति।।

सुवृत्ततिलक (३.३३)

आर्यासप्तशती के प्रणेता गोवर्धनाचार्य ने भवभूति की वाणी को भूधरभू (पर्वतीय भूमि, पार्वती) के समान कहा है, जिसकी करुणा के प्रवाह में पाषाण भी रो उठते हैं—

भवभूतेः सम्बन्धाद् भूधरभूरेव भारती भाति।
एतत्कृतकारुण्ये किमन्यथा रोदिति ग्रावा।।

सोड्ढल ने अपनी उदयसुंदरीकथा में भवभूति को सरस्वती के पथ का सार्थवाह बताया है।

मान्यो जगत्यां भवभूतिरेव सारस्वते वर्त्मनि सार्थवाहः।
वाचं पताकामिव यस्य दृष्ट्वा जनः कवीनामनुपृष्ठमेति।।

धनपाल ने अपनी तिलंकमंजरी में कहा है—

स्पष्टभावरसा पादन्यासैः प्रवर्तिता।
नाटकेषु नटस्त्रीव भारती भवभूतिना।।

(तिलकमंजरी, प्रास्ताविकपद्य-३०)

धर्मशर्माभ्युदयकार हरिश्चंद्र ने सुबंधु, कालिदास, पाणिनि, हरिचंद्र तथा भारवि जैसे कवियों के परिप्रेक्ष्य में भवभूति को विशिष्ट बताते हुए कहा है—

सुबन्धौ भक्तिर्नः क इह रघुकारे न रमते
धृतिर्दाक्षीपुत्रे हरति हरिचन्द्रोऽपि हृदयम्।
विशुद्धोक्तिः सूरः प्रकृतिमधुराः भारविगिरः
तथाप्यन्तर्मोदं किमपि भवभूतिर्वितनुते।।

यह पद्य सदुक्तिकर्णामृत में भी उद्धृत है।

सुभाषितसंग्रहों में भवभूति के प्रचुर उद्धरण मिलते हैं। विद्याकर ने अपने सुभाषितरत्नाकर में उनके ४६ पद्य उद्धृत किये हैं।

रामाभ्युदय नाटक

रामाभ्युदय नाटक अनुपलब्ध नाटकों में एक है। इस नाटक के रचयिता राजा यशोवर्मा थे। यह रामायणाश्रितनाटकों में एक महत्त्वपूर्ण नाट्यरचना रही है। भवभूति और यशोवर्मा समकालीन हैं, यशोवर्मा राजा थे, तथा कवियों के आश्रयदाता भी। पर भवभूति की तीनों नाट्यकृतियाँ सुरक्षित रहीं, यशोवर्मा के आश्रित कवि वाक्पतिराज का प्राकृत महाकाव्य गौडवहो भी प्राप्त होता है। सम्राट् होते हुए भी यशोवर्मा की अपनी नाट्यरचना सुरक्षित नहीं रह सकी, यह एक विस्मयकर तथा खेदकर तथ्य है। इसका कारण यही प्रतीत होता है कि ललितादित्य के साथ संग्राम में यशोवर्मा को पराजय झेलनी पड़ी, और उनके आश्रय में होनेवाली साहित्यिक तथा कलात्मक गतिविधियाँ बिखर गईं। यह भी संभव है कि उनका नाटक ऊपर उद्धृत मायुराजकृत उदात्तराघव या भवभूति के महावीरचरित तथा उत्तररामचरित की तुलना में कमजोर कृति हो। रामाभ्युदय में राम की धीरललित नायक के रूप में प्रस्तुति और सीता के साथ उनके शृंगार के चित्रण की अभिनवगुप्त आलोचना करते हुए कहा है कि

नाटक के नायक़ को नाटिका के नायक के समान धीरललित बना देना तो अत्यंत असमंजस है। इतनी कड़ी टिप्पणी अभिनवगुप्त ने कम रचनाकारों पर की है। फिर भी रामाभ्युदय नाटक को आचार्यपरंपरा ने बहुशः संदर्भित किया है और इस नाटक की कतिपय शताब्दियों तक चर्चा होती रही। इसका संदर्भ देनेवाले आचार्य शारदातनय, बहुरूपमिश्र आदि हैं। इस की कड़ी आलोचना करने के बाद अभिनवगुप्त इसके उज्ज्वल पक्ष का भी वे उद्घाटन करते हैं। वे बताते हैं कि उद्धत नायकों में करुणरस के प्रसंग में शोक संभव है, उद्धत नायक क्रोध ही करता रहे व करुणा का अनुभव कभी भी न करे – ऐसा नहीं कहा जा सकता। (दृश्यते हि रौद्रप्रकृतीनामपि विषादः यथा, रामाभ्युदये- अभिभा०।) इसका उदाहरण यशोवर्मा के रामाभ्युदय में रावण के चरित्र का प्रस्तुतीकरण है। यही नहीं अपने पक्ष के प्रमाणीकरण के लिये अभिनवगुप्त ने रावण की यह उक्ति इस नाटक से उद्धृत की है—

एतत्तु क्षतिमातनोति मनसो यद्वज्रधाराङ्किते
क्रौर्येच्छाप्रणयः प्लवङ्गनखरैः प्राप्तः प्रहस्तोरसि।

(यह बात मन को बहुत सालती है कि इंद्र के वज्र की धार से चिह्नित प्रहस्त के वक्षःस्थल पर वानरों के नाखूनों ने क्रूरता की इच्छा का परिचय पा लिया।)

भोज ने शृंगारप्रकाश में दो स्थलों पर रामाभ्युदय का यह पद्य उद्धृत किया है, एक तो प्रवास प्रत्यादान के उदाहरण में (पृ० ११८१), दूसरे वागारंभस्मृतिजनित देहादिविकारों के उदाहरण में (शृंप्र० पृ० १४१३)

यत् त्वन्नेत्रसमानकान्ति सलिले मग्नं तदिन्दीवरं
मेघैरन्तरितः प्रिये तव मुखच्छायानुकारी शशी।
येऽपि त्वद्गमनानुसारिगतयस्ते राजहंसा गता-
स्त्वत्सादृश्यविनोदमात्रमपि मे दैवेन न क्षम्यते।।

(हे प्रिये, तुम्हारे नयनों के समान कांति वाला नीलकमल जल में डूब गया, तुम्हारे मख की छवि का अनुकरण करने वाला चंद्रमा मेघों से ढ़क लिया गया, और वे राजहंस जो तुम्हारी गति के अनुसार चला करते थे, वे भी चले गये, भाग्य मुझे तुम्हारे सादृश्य के द्वारा जी बहलाने का भी अवसर नहीं दे रहा है।)

सहज राग के उदाहरण में भोज ने इस नाटक से राम का यह कथन उद्धृत किया है

कृतककुपितैर्बाष्पाम्भोभिः सदैन्यविलोकितैः
वनमपि गता यस्य प्रीत्या धृतापि तथाम्बया।
नवजलधरश्यामाः पश्यन् दिशो भवतीं विना
कठिनहृदयो जीवत्येव प्रिये स तव प्रियः।।

(जिसके प्रेम के कारण माता के द्वारा रोकनेपर भी बनावटी रोष दिखाकर, आँसू बहाकर,

दीनता के साथ देखकर तुम वन में आ गईं, ऐसी तुम्हारे बिना नये मेघों से श्यामल दिशाओं को देखता हुआ यह कठिनहृदय तुम्हारा प्रिय जीवित ही है।)

मुरारि–अनर्घराघव

परिचय

मुरारि के पिता मौद्गल्यगोत्रीय श्रीवर्धमान भट्ट थे। इनकी माता का नाम तंतुमती था। अपने पांडित्य के प्रकर्ष और कवित्व के द्वारा उन्होंने महाकवि और बालवाल्मीकि की उपाधि प्राप्त की थी। मुरारि का उल्लेख कश्मीरी कवि रत्नाकर ने अपने महाकाव्य हरविजय (३८.७८) में किया है। हरविजय की रचना ८५९ ई० के आसपास हुई। अतएव मुरारि का समय ८०० ई० के आसपास माना जा सकता है। मुरारि भवभूति से प्रभावित प्रतीत होते हैं, तथा अपनी काव्यमीमांसा में राजशेखर ने कदाचित्[३२] उन्हें उद्धृत किया था। अनर्घराघव का अभिनव पुरुषोत्तम (पुरी) के मंदिर की यात्रा के अवसर पर हुआ था। मुरारि नवीं-दसवीं शताब्दी के आसपास सारे भारत में ख्याति पा चुके थे। क्योंकि दशरूपकावलोक के कर्ता धनिक ने भी मुरारि के नाटक से एक पद्य-उद्धृत किया है।

अनर्घराघव में माहिष्मती के उल्लेख के आधार पर कुछ विद्वानों ने इन्हें कलचुरी के राजा का आश्रित माना है। कुछ विद्वानों के मत से तो इनका जन्म ही माहिष्मती में हुआ। यह सत्य है कि मुरारि माहिष्मती की ऐतिहासिक भौगोलिक परिस्थिति से साक्षात् परिचित प्रतीत होते हैं। उदाहरण के लिए, उनका यह उल्लेख उद्धृत किया जा सकता है—

इयं च कलचुरिनरेन्द्रसाधारणानाग्रमहिषी माहिष्मती नाम चेदिमण्डलमुण्डमाला नगरी।।

डेविड शुल्मन के अनुसार मुरारि की जन्मभूमि तथा निवासस्थली कलिंग (उड़ीसा तथा आंध्र) के कछारभूमि रही है।[३३]

कथावस्तु

अनर्घराघव नाटक रामकथा पर आधारित है तथा भवभूति के महावीरचरित से प्रभावित है। इसमें सात अंक हैं। इसमें विश्वामित्र के द्वारा राम और लक्ष्मण को यज्ञ की रक्षा के लिए ले जाने के प्रसंग से लेकर रावण-वध के पश्चात् राम के अयोध्या लौटने तक की कथा नाटकीय रूप में प्रस्तुत की गयी है। पहले अंक में राम और लक्ष्मण का विश्वामित्र के साथ तपोवन में जाना, दूसरे अंक में ताटका आदि का वध, तीसरे अंक में धनुर्भंग के पश्चात् सीता का राम के साथ विवाह तथा उर्मिला आदि बहनों का भी परिणय; चौथे अंक में परशुराम से भिड़न्त, पाँचवें में वनवास, सीताहरण और जटायु के साथ रावण के संग्राम और बालिवध के प्रसंग हैं। षष्ठ अंक में राम-रावणयुद्ध का वर्णन और सातवें अंक में पुष्पक विमान से राम के अयोध्या लौटने का प्रसंग है।

भवभूति का प्रभाव

रामकथा को नाटकीय रूप देने के लिए मुरारि ने भवभूति के महावीरचरित का अत्यधिक अनुवर्तन किया है। महावीरचरित के दूसरे अंक में विष्कंभक में माल्यवान् का शूर्पणखा के साथ राम से द्वन्द्व के विषय में संवाद है, जिसकी छाया अनर्घराघव में चौथे अंक के विष्कंभक में देखी जा सकती है। इसी प्रकार महावीरचरित का तीसरे अंक का राम-परशुराम-संवाद भी अनर्घराघव के चौथे अंक में अनुहृत हुआ है। धनुर्भंग का प्रसंग भी अनर्घराघव में महावीरचरित के समान है।

मौलिक कल्पनाएँ

तृतीय अंक में रावण के प्रतिनिधि शोष्कल के संवाद ओजस्वी हैं, तथा नाटक में तनाव के वातावरण को गहराई देते हैं। चतुर्थ अंक में माल्यवान् शूर्पणखा को 'परपुरप्रवेशविद्या' के द्वारा मंथरा के शरीर में प्रवेश करने का आदेश देते हैं।

मुरारि ने भवभूति के द्वारा रामकथा में की गयी उद्भावनाओं का परिष्कार करने का भी प्रयास किया है। उन्होंने राम-परशुराम-संवाद में अपने राम को भवभूति के राम की अपेक्षा अधिक संयत और विनम्र प्रदर्शित किया है, तथा परशुराम को भड़काने के लिए नेपथ्य से आने वाले अन्य पात्रों के संवाद का अच्छा उपयोग किया है। भवभूति के नाटक में शिव का धनुष विश्वामित्र के आश्रम में ही प्रकट हो जाता है और राम उसका भंग वहीं कर देते हैं। मुरारि के नाटक में विश्वामित्र राम व लक्ष्मण को लेकर जनकपुरी जाते हैं, और वहाँ जनक आदि के सामने राम धनुर्भंग करते हैं। मुरारि की एक मौलिक उद्भावना चित्रकूट में राममिलन के समय उस कूटपत्र के रहस्य के उद्‌घाटन की है, भरत बताते हैं कि यह कूटपत्र कूटमंथरा के द्वारा कैकेयी की ओर से दशरथ को दिया गया था, कैकेयी इसे नहीं जानती थी और वह निर्दोष हैं। रावण की बालि के साथ मित्रता से जाम्बवान् का खिन्न होना, जाम्बवान् से और माल्यवान् की परस्पर मंत्रणा, जाम्बवान् से प्रेरित शबरी का कूटमंथरा बनकर कैकेयी के नाम से जाली पत्र दशरथ को देना, गुह की रक्षा, लक्ष्मण-कबंधयुद्ध, बालि का स्वयं क्रुद्ध होकर राम से संग्राम के लिए प्रस्तुत हो जाना आदि कल्पनाएँ मुरारि के नाटक में नवीन हैं। मुरारि ने राम के चरित्र पर लगे इस आक्षेप को भी मिटाने का प्रयास किया है कि उन्होंने बालि को छिपकर मारा। बालि को रावण के द्वारा भेजे गये संदेश को कवि ने इस प्रकार निरूपित किया है—

प्रक्लृप्तकान्तारकुमारभक्तिर्दौभागिनेयो जनकेन मुक्तः।
मनुष्यसामन्तसुतो निषङ्गी सहानुजस्तिष्ठति दण्डकायाम्।।

(५.३७)

तौ चास्माकं तत्र विहारिषु निशाचरेषु पाटच्चरीं वृत्तिमातिष्ठमानौ भवद्भिः प्रतिकर्तव्यौ।

बालि स्वयं राम को चुनौती देता है, और राम सम्मुख समर में उसका वधकर देते हैं।

इन नवीन उद्भावनाओं के साथ मुरारि की काव्यात्मक कल्पना बड़ी उर्वर है और उन्होंने अछूते उपमानों से संस्कृतकाव्यधारा को समृद्ध करने का प्रयास किया है। प्रभात के वर्णन में वे कहते हैं—

जाताः पक्वपलाण्डुपाण्डुमधुरच्छायाकिरस्तारकाः
प्राचीमङ्कुरयन्ति किञ्चन रुचो राजीवजीवातवः।
लूतातन्तुवितानवर्तुलमितो बिम्बं दधच्चुम्बति
प्रातः प्रोषितरोचिरम्बरतलादस्ताचलं चन्द्रमाः।।

(२/३)

(तारे पके प्याज के समान पीली मधुर छाया वाले हो गये।कमल को जीवन देने वाली कुछ किरणें पूर्व दिशा को अंकुरित कर रही हैं। मकड़ी के जाले जैसा वर्तुल बिंब धारण किये चंद्रमा प्रातः अस्त होती आभा वाला आकाश से निकलता हुआ अस्ताचल को चूम रहा है।)

निम्नलिखित पद्य में कमलिनी की हजार पंखुड़ियों से सूर्य की सहस्रों रश्मियों की गिनती करने की उत्प्रेक्षा सूर्योदय और सूर्यास्त के दृश्यों को अछूती कल्पनाशीलता से साकार करती है—

एकद्वित्रिप्रभृतिक्रमेण गणनामेषामिवास्तं यतां
कुर्वाणा समकोचयद्दशशतान्यम्भोजसंवर्तिकाः।
भूयोऽपि क्रमशः प्रसारयति ताः सम्प्रत्यमूनुद्यतः
संख्यातं सकुतूहलीव नलिनी भानोः सहस्रं करान्।।

(२.५)

यद्यपि सर्वत्र पदावली सायास चुन-चुन कर लायी गयी लगती है, पर भावोद्बोध के प्रसंगों में कहीं-कहीं मुरारि भवभूति के समान करुणा का निरर्गल प्रवाह बहा देते हैं।

सीता के वियोग में राम के मुख से उन्होंने कहलाया है—

स्फुरति जडता बाष्पायेते दृशौ गलति स्मृति-
र्मयि रसतया शोको भावश्चिरेण विपच्यते।।

(५/२२)

(जडता स्फुरित हो रही है, आँखें बार बार डबडबा जातीं हैं, स्मृति गल रही है। शोक का भाव रस बनकर मेरे भीतर पकता जा रहा है।)

शृंगाररस में मुरारि की सर्वाधिक रुचि है। विश्वामित्र जैसे ऋषि के मुख से भी वे शृंगारमयी

चर्चा करा देते हैं (५/६५), जो मर्यादा का भंग है। इस अभिनिवेश के कारण राम को मर्यादामुरुषोत्तम रूप की, जो भवभूति में अविहत बना रहा है, मुरारि ने क्षति की है।

ओजस्विता तथा गाढबंध मुरारि की संवाद शैली में नये मुहावरों के साथ गुँथकर चित्ताकर्षक प्रयोगों में ढलते जाते हैं। परशुराम अपने समक्ष वीर के अभाव पर खेद प्रकट करते हुए कहते हैं—

शस्त्राशस्त्रिकथैव का नवभवद्गीर्वाणपाणिन्धमाः
पन्थानो दिवि सङ्कुचन्ति वसुधा वन्ध्या न सूते भटान्।
लक्ष्मीरप्यरविन्दसौधवलभीनिर्व्यूढपर्यङ्किका
विश्रान्तैरलिभिर्न कुञ्जरघटागण्डोद्गतैर्मोद्यते।।

(शस्त्रों से भिड़ंत की तो बात ही दूर रही, धरती बाँझ हो गई, देवताओं के हाथ जिन पर फड़कें, वे रास्ते सिकुड़ते जा रहे हैं, धरती बाँझ होगई, वह वीरों को जन्म नहीं देती, लक्ष्मी कमलपुष्प की अटारी में शैया पर जाकर सो गई है, भौंरे विश्राम कर हे हैं, हाथियों के कपोलों से बहते मदजल से वे मुदित नहीं हो रहे।)

मुरारि अपने पदसौष्ठव तथा व्याकरण के पांडित्य के लिए विशेषरूप से सराहे जाते हैं। अनुप्रास तथा श्लेष इन्हें विशेष प्रिय है। इनकी प्रशस्तियों में कहा गया है कि पदवैभव में इन्होंने माघ तथा भवभूति को भी पीछे छोड़ दिया है। भवभूति, मुरारि तथा माघ शब्दों के प्रयोग में श्लेष तथा यमक अलंकारों का आधान करते हुए प्रशस्तिकार कहते हैं—

मुरारिपदचिन्ता चेत् तदा माघे रतिं कुरु।
मुरारिपदचिन्ता चेत् तदा माघेऽरतिं कुरु।।

(मुरारि कवि के पदों की चिंता करते हो, तो माघ में प्रेम रखो। मुरारि या कृष्ण के पद अथवा चरणों का चिंतन करते हो, तो अघ या पाप में रति मत रखो।)

मुरारिपदचिन्तायां भवभूतेस्तु का कथा।
भवभूतिं परित्यज्य मुरारिमुररीकुरु।।

(मुरारि के पद की चिंता हो तो भवभूति की बात ही क्या? भवभूति (कवि भवभूति, अन्य अर्थ - भव या शिव की भूति अथवा भस्म) को छोड़कर मुरारि (कवि मुरारि, अन्य अर्थ - कृष्ण को स्वीकार करो।)

भवभूतिमनादृत्यनिर्वाणमतिना मया।
मुरारिपदचिन्तायामिदमाधीयते मनः।।

भवभूति का अनादर करके निर्वाण की मति वाले मेरे द्वारा मुरारि के पद की चिंता में अपना यह मन लगाया जा रहा है।)

अवसरोचित अत्यन्त प्रासादिक तथा सरल भाषा में रचना करने में भी मुरारि ने पटुता प्रदर्शित की है। उदाहरण के लिए राम के धनुर्भंग के पूर्व जनक की वह उक्ति—

इदं वयो मूर्तिरियं मनोज्ञा वीराद्भुतोऽयं चरितप्ररोहः।
इमौ कुमारौ बत पश्यतो मे कृतार्थमन्तर्नटतीव चेतः।।

(३/२४)

पद्यों की प्रचुरता से अवश्य अनर्घराघव की नाटकीयता की क्षति हुई है। पूरे नाटक में लगभग ५०० पद्य हैं।

पांडित्य

मुरारि का पांडित्य प्रसिद्ध है। अनेक शास्त्रों का उन्होंने अभ्यास किया था। अनर्घराघव के चौथे अंक में माल्यवान् तथा रावण की बातचीत है, जिसमें माल्यवान् कौटिल्य के अर्थशास्त्र के सूत्र (७.३.११-१२) उद्धृतकर देता है। वेदों तथा औपनिषदों का मुरारि का ज्ञान तो चूडांत ही है। इनके अनेक प्रयोगों में वैदिक पदावली तथा उपनिषदिक चिंतन की छायाएँ झिलमलाती प्रतीत होती हैं।[३४] **आरण्योऽग्निरिव सुखदुःखामर्षजं तेजो विक्रमयति मण्डलस्य चानुग्राह्यो भवति** (अंक २), **अरिषट्वर्गो वायमस्यास्तात पदानि षट्। तेषामेकमपि च्छिन्दन् खञ्जय भ्रमरीं श्रियम्।।** (अंक ६) जैसी उक्तियों में उनका राजनीति का पांडित्य झलकता है, तो **प्रकृष्टकर्त्रभिप्रायक्रियाफलवतो विधीन्** (अंक २) जैसे संवादों में व्याकरण का। काव्य में शास्त्र का सन्निवेश करके मुरारि भोज की काव्यशास्त्रविधा का लक्षण चरितार्थ करते हैं। जैसे–

विश्वं चाक्षुषमस्तमस्ति हि तमः कैवल्यमौपाधिक-
प्राच्यादिव्यवहारवीजविरहाद् दिङ्मात्रमेव स्थितम्।। अंक २

या –

वैशेषिककन्दलीपण्डितो जगद् विजयमानः पर्यटामि (अंत ५)

यहाँ मुरारि वैशेषिकदर्शन का पांडित्य दिखाते हुए उसे कविता में ढालते हैं। यहाँ कन्दलीपंडित – यह उन्होंने नया मुहावरा गढ़ा है। कन्दली से आशय न्यायकन्दली नामक ग्रंथ से भी हो सकता है, तथा कन्द से भी।

पारम्परिक समीक्षा

मुरारि की प्रशंसा आचार्य-परम्परा में भाषा के सौष्ठव व अर्थ की अगाधता के कारण की जाती रही है। रुचक या रुय्यक ने तो यहाँ तक कहा है कि मुरारि सरस्वती के सार को उसी प्रकार जानते हैं, जिस प्रकार मंदर पर्वत सागर की गहराई की-

अब्धिर्लङ्घित एव हि वानरभटैः किन्त्वस्य गम्भीरता-
मापातालनिमग्नपीवरतनुर्जानाति मन्थाचलः।
दैवीं वाचमुपासते हि बहवः सारं तु सारस्वतं,
जानीते नितरामसौ गुरुकुलक्लिष्टो मुरारिः कविः।।

(राघवभट्ट द्वारा अर्थद्योतनिका में उद्धृत, रुय्यक के द्वारा अलङ्कारसर्वस्व में भी उद्धृत)

रत्नाकर ने अपने हरविजय महाकाव्य में मुरारि के नाम में श्लेष का प्रयोग करते हुए उसकी तुलना श्रीकृष्ण से कर दी है—

अङ्कोत्थनाटक इवोत्तमनायकस्य नाशं कविर्व्यधित यस्य मुरारित्थम्।

दशरूपक के टीकाकार बहुरूप मिश्र ने व्यवसाय नामक संध्यंग के उदाहरण में अनर्घराघव से रावण की राम के प्रति यह उक्ति उद्धृत की है—

यत् कन्यामभिलष्यता निमिपतेर्न स्थाणवीयं मया
दोर्लीलातुलितावकारिणहरग्राव्णा विरुग्णं धनुः
तद् रक्षन्त्यधुना कियन्तमवधिं यावद् भवानित्यमी
देवेन्द्रद्विपदानदुर्दिनभिदो रौद्रार्चिषो मार्गणाः।।

प्रशस्ति नामक संध्यंग के उदाहरण में बहुरूप ने अनर्घराघव का यह पद्य उद्धृत किया है

समुन्मीलत्सूक्तिस्तवकमकरन्दैः श्रवणयो-
रविश्रामां धारां सततमुपचिन्वन्ति कवयः।
न शब्दब्रह्माख्यं परिमलमनाघ्राय च जनः
कवीनां गम्भीरे वचसि गुणदोषौ कलयतु।

(कविजन सूक्त के खिलते पुष्पों के गुच्छों के पराग से श्रवणों में निरंतर रसधार बहाते रहते हैं, लोग शब्दब्रह्म नामक परिमल को सूँघे बिना कवियों के गंभीर वचन में मीनमेख न निकालें।)

पताका व प्रकरी के उदाहरण में भी बहुरूप ने अनर्घराघव से अनेक पद्य उदाहृत किये हैं, बहुरूप के वे प्रिय कवि प्रतीत होते हैं सर्वाधिक पद्य उन्होंने विविध कोटियों के उदाहरण में अनर्घराघव से उद्धृत किये हैं। बहुरूप अनर्घराघव को सुबंधु की परिभाषा के अनुसार भास्वर नाटक भी मानते हैं। इस नाटक के संवादों की ओजस्विता तथा दीप्ति के आधार पर उनका यह कथन सत्य माना जा सकता है। सदुक्तिकर्णामृत में मुरारि के बाईस पद्य उद्धृत हैं।

चमत्कारचंद्रिका के प्रणेता विश्वेश्वर ने मुरारि के काव्य की प्रखरता और दुरूहता को देखते हुए उन्हें खरपाक का का कवि कहा है।[३५] सिंहभूपाल ने आरभटी वृत्ति के अंतर्गत संक्षिप्ति के उदाहरण में अनर्घराघव (५.७) के जटायु के संवाद के आधार पर विवेचन किया है। सुभाषितहारावती में हरि कवि ने मुरारि के आठ पद्य उद्धृत किये हैं।

सुभाषितकसंग्रहकारों में मुरारि लोकप्रिय रहे हैं। सुभाषितरत्नकोश में विद्याकर ने उनके ५७ पद्य उद्धृत किये हैं।

टीकाएँ

मुरारिमिश्र अपने पांडित्य व विदग्धता के कारण टीकाकारों में सम्मान्य रहे हैं। जीवानंद विद्यासागर ने अनर्घराघव पर टीका लिखी जो १९३६ में कलकत्ता से प्रकाशित है।

पार्थविजय – त्रिलोचन

त्रिलोचन मुक्तककार के रूप में प्रसिद्ध हैं, तथा सुभाषित संग्रहों में उनके कतिपय पद्य उद्धृत मिलते हैं। उन्होंने पार्थविजय नाटक की रचना की थी, जो मिलता नहीं है। जल्हण के द्वारा राजशेखर के नाम से उद्धृत कविप्रशस्ति में त्रिलोचन की एक नाटककार के रूप में सराहना की गई है (सूक्तिमुक्तावली, ४.७१), तथा इस प्रशस्ति में प्रशंसित कवियों के नाम क्रम में त्रिलोचन को गणपति तथा रत्नाकर के पहले रखा गया है। दूसरी ओर शार्ङ्गधरपद्धति (१८६-८७) में त्रिलोचन के नाम से बाण और मयूर की प्रशस्ति में पद्य उद्धृत हैं, जिससे उनकी अवस्थिति सातवीं शताब्दी के पहले नहीं मानी जा सकती। पार्थविजय एक श्रेष्ठ नाट्यकृति के रूप में सम्मानित रहा है। भोज ने शृंगारप्रकाश में तथा रामचंद्र-गुणचंद्र ने नाट्यदर्पण में इससे पद्य उद्धृत किये हैं, तथा सुभाषितसंग्रहों में विद्याकर, जल्हण तथा शार्गधर के संकलनों में त्रिलोचन के कतिपय पद्य संग्रहीत हैं। नाटककार के रूप में त्रिलोचन ने बाण की बड़ी प्रशंसा की है। त्रिलोचन के नाम से सुभाषितरत्नकोश में उद्धृत पद्य (२९९७) में बोधिसत्त्व अवलोकितेश्वर की वंदना होने से अनुमान होता है कि वे बौद्ध रहे होंगे। रामचंद्र-गुणचंद्र के द्वारा दिये गये विवरण से पार्थविजय के कथावस्तु समझी जा सकती है। इस नाटक में पांडवों के वनवास की अवधि का निरूपण है। प्रथम अंक में जुए में राज्य हारने के बाद पांडवों के वनगमन का प्रसंग रहा होगा. द्वितीय अंक की चर्चा नाट्यदर्पण में विशेष रूप से की गई है, जिसमें उनके वनवास के अवधि की समाप्ति पर होने का संकेत है। तृतीय अंक में अर्जुन के द्वारा दुर्योधन को गंधर्वों के बंधन से मुक्त कराने का प्रसंग रहा होगा। इस वृत्तांत को अपनी कल्पना के रंगों से रँगते हुए नाटककार त्रिलोचन ने इसमें दुर्योधन की रानी भानुमती के भी अपहरण का प्रसंग इसमें जोड़ दिया है। कंचुकी रानी को बचाने की गुहार लगाते हुए चिल्लाता है—

एषा वधूर्भरतकुलस्य साध्वी दुर्योधनस्य महिषी प्रियसङ्गरस्य।
विस्मृत्य पाण्डुधृतराष्ट्रपितामहादीन् गन्धर्ववीरपशुभिः परिभूयते स्म।।

शेष अंकों में अर्जुन को केंद्र में रखकर महाभारत संग्राम का वर्णन किया गया होगा। ए०के० वार्डर का अनुमान है कि भोज ने शृंगारप्रकाश में दूत का उदाहरण कृष्ण के शांतिसंदेश लेकर दुर्योधन के पास जाने के प्रसंग से इसी नाटक से दिया है।[३६]

प्रद्युम्नकवि के नाटक

ऊपर राजशेखर की कविप्रशस्ति का उल्लेख किया गया है। जल्हण के द्वारा सूमु० में इस प्रशस्ति में त्रिलोचन तथा गणपति के पश्चात् प्रद्युम्न कवि की चर्चा है। राजशेखर ने प्रद्युम्न के नाटक में उक्ति-प्रत्यक्तियों के तीखेपन की सराहना की है। विद्याकर ने सुभाषितरत्नकोश में प्रद्युम्न के तीन पद्य उद्धृत किये हैं, पर इनमें से एक को अर्जुनवर्मदेव तथा वेमभूपाल ने

अमरुशतक की अपनी टीकाओं में अमरुकविरचित माना है। श्रीधरदास तथा वल्लभदेव ने भी प्रद्युम्न के पद्य उद्धृत किये हैं।

भीमपराक्रम (अभिनंद)

भीमपराक्रम नाटक शतानंद नाम के महाकवि के पुत्र अभिनंद के द्वारा विरचित है। शतानंद के पुत्र तथा रामचरित महाकाव्य के प्रणेता महाकवि अभिनंद की चर्चा इस पुस्तक में महाकाव्य तथा मुक्तकविषयक अध्यायों में की गई है। ए०के० वार्डर का अनुमान है कि इस नाटक के प्रणेता रामचरितमहाकाव्यकार अभिनंद ही हैं, क्योंकि रामचरित में उन्होंने भीमपराक्रम शब्द का प्रयोग किया है, तथा रामचरित महाकाव्य और इस नाटक की रचनाशैलियों में समानता है।[३७] इस नाटक में भीम के द्वारा जरासंध के वध का वृत्तांत है। कथानक का बीजनिक्षेप, विकास तथा परिणति आद्यंत दर्शकों को बाँध कर रखने वाली है। प्रथम अंक का वृत्तांत पांडवों की राजधानी इंद्रप्रस्थ से आरंभ होता है। सूचना मिलती है युधिष्ठिर राजसूय यज्ञ करने जा रहे हैं और भीम ने प्रतिज्ञा की है कि वे जरासंध के द्वारा बंदी बनाये गये राजाओं को मुक्त करायेगें। इसके पश्चात् छद्मवेशधारी भीम, अर्जुन तथा कृष्ण का प्रवेश होता है। ये मगध की राजधानी में प्रवेश कर रहे हैं। ये तीनों जरासंध से मिलते हैं, तथा कृष्ण और जरासंध में झड़प हो जाती है। इसी समय आग में घी डालने के लिये नारद वहाँ आ पहुंचते हैं। जरासंध भीम की चुनौती स्वीकार कर लेता है, और दोनों अक्षवाट (अखाड़े) में उतरते हैं। मंच पर विद्यमान पात्र दोनों के द्वंद्व युद्ध को देखते हैं और उसका वर्णन करते हैं। भीम के द्वारा बार बार पराभूत होकर भी जरासंध पूर्ववत् स्वस्थ होकर उठ खड़ा हो जाता है। अंततः कृष्ण का संकेत पाकर भीम उसे दोनों पाँवों से चीर देते हैं। नाटक वीररस तथा ओजस्वी संवादों से परिपूर्ण है।

पुष्पदूषितक

पुष्पदूषितक एक अत्यंत रोचक प्रकरण था, जो दुर्भाग्य से अनुपलब्ध है। इस प्रकरण को अभिनवभारती, साद. नाद. नालरको. वजी. दशरूपकावलोक जैसे ग्रंथों में सराहना के साथ उद्धृत किया गया है। अभिनवगुप्त ने इस प्रकरण के कथा संविधान की प्रशंसा की है तथा इसके प्रणेता का नाम ब्रह्मयशःस्वामी बताया है। समुद्रदत्त, सार्थवाह सागरदत्त आदि इसके पात्र हैं। यात्रा पर जाते हुए समुद्रदत्त अपनी प्रिया नंदयंती को एक अंगूठी देकर जाता है। उस अँगूठी के द्वारा आगे चलकर वह अपने पुत्र को पहचान पाता है। कुंतक ने इस प्रकरण पर प्रबंधवक्रोक्ति की दृष्टि से विशद चर्चा की है। तदनुसार समुद्रदत्त नामक व्यापारी इसका नायक है। वह व्यापार के लिये विदेश जाता है, एक दिन प्रिया विरह में संतप्त आधी रात में वह पत्नी नंदयंती के घर पर पहुँच जाता है, जहाँ सेवक कुवलय उसे प्रवेश नहीं करने देता, तब वह उसे अपनी अँगूठी देकर घर में प्रवेश कर लेता है और अपनी पत्नी के साथ सहवास करके

चला जाता है। इसके बाद नंदयंती जब अपने श्वसुरालय पहुँचती है और उसमें गर्भवती होने के लक्षण प्रकट होते हैं तो ससुर सागरदत्त उसके चरित्र पर शंका करके उसे निर्वासित कर देते हैं। फिर कुवलय इनसे मिलता है और उन्हें समुद्रदत्त की दी हुई अँगूठी दिखाता है। सागरदत्त को अपने कृत्य पर पछतावा होता है और वे तीर्थयात्रा पर निकल जाते हैं। समुद्रदत्त जब यात्रा से लौटकर पुनः घर आता है, और उसे पत्नी के निर्वासन की दुःखद घटना का पता चलता है तो वह भी दुःखी होकर नंदयंती को खोजने के लिये निकल पड़ता है। नंदयंती शबरों की वसति में रह रही है। समुद्रदत्त वहाँ तक पहुँच जाता है, अपनी प्रिया को देख लेता है, तभी शबर उस पर बाणवर्षा करने लगते हैं। यह देख नंदयंती रोने लगती है। समुद्रदत्त कहता है—

भर्ता तवाहमिति कष्टदशाविरुद्धं पुत्रस्तवैष कुत इत्यनुदारतैषा।
शस्त्रं पुरः पतति किं करवाणि हन्त व्यक्तं विरौति यदि साऽभ्युपपत्स्यते माम्।।

(मैं तुम्हारा पति हूँ यह कहूँ तो यह इस कष्टपूर्ण दशा के विरुद्ध बात होगी। तुम्हारे यह पुत्र कैसे – यह पूछूँ तो यह अनुदरता होगी। मेरे ऊपर शस्त्र छोड़े जा रहे हैं, ऐसे में यदि वह रो रही है, तो यह मेरे ऊपर उसकी करुणा ही है)

शबर उसे पकड़कर शबरसेनापति के समक्ष ले जाते हैं। वहीं समुद्रदत्त एक सुंदर बालक को देखता है। इस अवसर पर सेनापति से उसकी बातचीत के अंश हैं –

समुद्रदत्त – किंनामधेयोऽयं बालकः?

सेनापतिः — विशाखानक्षत्रोऽयं बालकः।

समुद्रदत्तः (पूर्वानुभूतं नन्दयन्तीसमागमं स्मरन् स्वगतम्) तदा किल नन्दयन्त्या पृष्टेन मया कथितं यथा –

एतौ तौ प्रतिदृश्येते चारुचन्द्रसमप्रभौ।
ख्यातौ कल्याणनामानावुभौ तिष्यपुनर्वसू।।

तदाधानाद् दशमं जन्मनक्षत्रमिति ज्योतिःशास्त्रसमयविदो यद् ब्रुवते तदुपपन्नमेव।

इस प्रकार समुद्रदत्त अपने पुत्र का प्रत्यभिज्ञान पाता है। शबरसेनापति के उसका यह नाटकीय संवाद एक पद्य में होता है

स्वप्नोऽयं नहि, विभ्रमो नु मनसः, शान्तं तदेषा त्रपा
जाया ते कथमङ्कबालतनया, पुत्रस्तवायं मृषा।।
आलम्बाय न एष वेत्ति नियतं सम्बन्धमेतद् गतं
केनैतद् घटितं विसन्धि विधिना सर्वं समायुज्यते।

अभिनवगुप्त ने इस प्रकरण की समीक्षा करते हुए उचित ही कहा है कि इसमें कार्य या फलप्राप्ति दैवायत्त है न कि पुरुषार्थायत्त—

'ब्रह्मयशःस्वामिना कृते पुष्पदूषितके षष्ठेऽङ्के नन्दयन्तीसमुद्रदत्तयोः समागमः केवलं दैवसाधित एव न तु नीतिचक्षुषा पौरुषप्रभावेण।'

अभिनवगुप्त ने नाशा. के सप्तम अध्याय पर अभिनवभारती में पुनः पुष्पदूषितक का उदाहरण व्यभिचारी भावों के संदर्भ में देते हुए कहा है— **अत एव याऽन्यगतत्वेन शङ्का यथा समुद्रदत्तस्य नन्दयत्यामनुरागशङ्का पुष्पदूषितकप्रकरणे।**

साहित्यदर्पण में विश्वनाथ ने कहा है कि प्रकरण में जब गृहस्थ के घर की चर्चा हो, तो कुलजा स्त्री का ही नायिका के रूप में वर्णन किया जाना चाहिये। इसका उदाहरण उन्होंने पुष्पदूषितक का दिया है।

मायापुष्पक

मायापुष्पक रामकथा पर आधारित नाटक था। यह प्राप्त नहीं होता। अभिनवगुप्त ने इस नाटक की प्रतीकात्मकपात्र की परिकल्पना की सराहना करते हुए कहा है—

अभियोज्य क्रियासु यत् पदं मूर्तत्वात् केवलं साभिलाषं लोकेऽपि कलाशिल्पकल्पनाकलितम्। अतस्तदपि मूर्तिसम्पादनेन प्रयुज्यते प्रयोगः क्रियते। यथा मायापुष्पके 'ततः प्रविशति ब्रह्मशापः' इति।

इस नाटक में ब्रह्मशाप सूत्रधार बनकर कथा को गति देता है। उसी का यह संवाद भी अभिनव के द्वारा उद्धत है—

कैकेयी क्व पतिव्रता भगवती कैवंविधं वाग्विषं
धर्मात्मा क्व रघूद्वहः क्व गमितोऽरण्यं स्वजायानुजः।
क्व स्वच्छो भरतः क्व वा पितृवधान्मात्राधिकं दह्यते
किं कृत्वेति कृतो मया दशरथेऽवध्ये कुलस्य क्षयः।।

अभिनवगुप्त ने मायापुष्पक नाटक से सुग्रीव का एक संवाद उद्धृत किया है—

दुर्गं भूमिरमात्यभृत्यसुहृदो दाराः शरीरं धनं
मानो वैरिविमर्दसौख्यममरप्रख्येन सख्येन किम्?
यस्मात् सर्वमिदं प्रियाविरहितैस्तस्मादशक्ता वयं
न स्वेच्छासुलभैः पथोऽपि घटते शैलाश्मखण्डैरपि।।

इस संवाद में सुग्रीव ने दुर्ग, भूमि, अमात्य, भृत्य, मित्र, पत्नी, शरीर, धन-यह क्रम रखा है। आङ्गिक अभिनय की दृष्टि से निकटस्थ पदार्थों को पहले बताना चाहिए। तदनुसार, शरीर, पत्नी, भूमि, धन-इस प्रकार का क्रम होना चाहिए। अभिनव का आशय यही प्रतीत होता है कि अभिनेता यहाँ आङ्गिक अभिनय तो निकटस्थ पदार्थों का निर्देश पहलेकरते हुए दूरतर का पश्चात् करते हुए ही करेगा, वाक्योच्चारण जब बाद में में होगा तो उसमें क्रम का व्यत्यास हो जाएगा।

विडंबना के बोध, वक्रोक्तिविधान, प्रतीकात्मक संविधान तथा कौतुक के निर्वाह की दृष्टि से मायापुष्पक एक उत्कृष्ट कृति है। रावण अपनी नियति के थपेड़ों का अनुभव करता हुआ विषादग्रस्त होकर इस नाटक में कहता है—

वाली यथा विनिहतः प्रथितप्रभावो
दग्धा यथैककपिना प्रसभं च लङ्का।
तीर्णो यथा जलनिधिर्गिरिसेतुना च
मन्ये तथा विलसितं चपलस्य धातुः।।

कुंतक ने कहा है कि एक ही रामायण की कथा को लेकर कई कवियों ने नाटकादिप्रबंधों की रचना की, पर उनमें परस्पर संवाद या समानता न होकर अपनी अपनी अलग ही वक्रिमा है। इसके उदाहरण में उन्होंने रामाभ्युदय, उदात्तराघव, महावीरचरित, बालरामायण और कृत्यारावण के नाम उल्लिखित किये हैं।[३८] इसके साथ ही कुंतक ने मायापुष्पक, कृत्यारावण, छलितराम जैसे नाटकों के नामकरण में भी वक्रता मानी है।[३९]

अभिज्ञानजानकी

इस नाटक का उल्लेख कुंतक ने वक्रोक्तिजीवित में किया है। कुंतक ने इस नाटक से नील, वानरों, राम और जांबवान् के संवाद और उनके साथ तीन पद्य उद्धृत किये हैं, जिनसे इस नाटक में कवित्व की स्फूर्ति, संवादों की स्फुरत्ता और ओजस्विता के साथ नाटककार की नवीन कल्पनाओं का आभास भी होता है। कुंतक के कथन का सार उनके द्वारा उद्धृत इन नाटक के कतिपय अंशों के साथ यहाँ दिया जा रहा है। तदनुसार थोड़ा सा मनोरथ उन्मीलित होते ही मनस्वियों के लिये अध्यवसाय का प्रशस्त पंथ खुल जाये, तो कथा में सहृदयजनों के लिये चमत्कार आ जाता है। इससे जो वक्रता प्रबंध में आती है, वह सारे प्रबंध का अलंकार हो जाती है। इसका उदाहरण अभिरामजानकी नाटक है, जिसके तीसरे अंक में वानरसेना समुद्र के इस पार पड़ाव डाले हुए है, वानर समझ नहीं पा रहे हैं कि सागर कैसे पार करेगें, उनके पास विद्या का कोई बल नहीं, वैदेही के प्राणप्रिय राम के दिव्यास्त्रों का प्रभाव वे जानते नहीं हैं, ऐसे में सेनापति नील उन्हें संबोधित करके कहता है—

शैलाः सन्ति सहस्रशः प्रतिदिशं वल्मीककल्पा इमे
दोर्दण्डाश्च कठोरविक्रमरसक्रीडासमुत्कण्ठिताः।
कर्णास्वादितकुम्भसम्भवकथाः किं नाम कल्लोलिनी-
कान्ते गोष्पदपूरणाय कपयः कौतूहलं नास्ति वः।।[४०]

(दिशा दिशा में बामियों की तरह खड़े ये पर्वत हैं, कठोर पराक्रम के रस की क्रीडा के लिये फड़कते तुम्हारे ये भुजदंड हैं, कुंभसंभव मुनि अगस्त्य की कथाओं का रस तुम लोगों अपने कानों

से पिया है (जिन्होंने चुल्लू से सागर पी लिया था), तो गाय के खुर से बने गड्ढे में भरे इस कल्लोलिनीकांत या सागर को पार करने के लिये तुम लोगों में कोई कौतूहल क्यों नहीं है?)

नील के इस वाक्य को सुनकर वानरों में उत्साह जाग जाता है। नेपथ्य से उनका उत्तर सुनाई देता है—

आन्दोल्यन्ते कति न गिरयः कन्दुकानन्दमुद्रां
व्यातन्वानाः कपिपरिसरे कौतुकोत्कर्षतर्षात्।
लोपामुद्रापरिवृढकथाभिज्ञतदाप्यस्ति किन्तु
क्रीडावेशः पवनतनयोच्छिष्टसंस्पर्शनेन।।

(हम वानर लोग कौतुक में भरकर गेंद की तरह कितने कितने पर्वतों को उठाकर उठाल देते हैं, अगस्त्य ऋषि ने किस तरह सागर पी लिया था – यह कथा हमें विदित है। पर इस सागर को तो पवनतनय हनुमान् ने पार करके उच्छिष्ट बना दिया है, इसलिये इसे पार करने में हमें लज्जा आ रही है।)

कुंतक इस नाटक में इस प्रकार के फड़कते हुए संवादों पर मुग्ध हैं। इस पद्य में 'पवनतनयोच्छिष्टसंस्पर्श' इस पद की उन्होंने पर्यायवक्रता की दृष्टि से बड़ी प्रशंसा की है।

पर राम जानते हैं कि वानरों की बातें तो बाते ही हैं, वे जांबवान् से कहते हैं – आर्य दुष्करोऽयमेभिर्मकराकरबन्धाध्यवसायः। (आर्य, मकराकर या सागर पर सेतुबंध का व्यवसाय अथवा प्रयास इन वानर लोगों के लिये दुष्कर है।) इस संवाद में भी सागर के लिये मकराकर इस पर्याय का प्रयोग उसकी अगाधता व भयंकरता को प्रकट करता है। जांबवान् राम को समझाते हैं –

अनङ्कुरितनिस्सीममनोरथपथेष्वपि।
कृतिनः कृत्यसंरम्भमारभन्ते जयन्ति च।।

(अनंकुरित निस्मीम मनोरथों के पथों पर कृती जन अपना कृत्यों का उद्यम प्रारंभ कर ही डालते हैं और सफल होते हैं।)

निश्चय ही अभिज्ञानजानकी नाटक रामकथाधारित प्रबंधों में एक विशिष्ट रचना थी, जो साहित्यभंडार से विलुप्त हो गई।

छलितराम

छलितराम नामक विलुप्त नाटक का उल्लेख दशरूपकावलोककार धनिक, अभिनवगुप्त, साहित्यदर्पणकार विश्वनाथ तथा नाट्यशास्त्र के अन्य अनेक आचार्यों ने जिस तरह किया है, उससे स्पष्ट है कि नाट्यशास्त्रीयपरंपरा में यह नाटक श्रीहर्ष की रत्नावली और भट्टनारायण के वेणीसंहार की भाँति समादृत रहा है। रामजी उपाध्याय इसे गुप्तकाल या उत्तरगुप्तकाल की कृति मानते हैं। अभिनवभारती के आरंभ में ही अभिनव ने छलितराम नाटक का स्मरण किया है— तथा क्वचिन्नाटके धर्मः प्रधानम्-यथा छलितरामे रामस्याश्वमेधयागः। तदनुसार इस

नाटक में धर्म पुरुषार्थ के निरूपण को प्रमुखता देते हुए राम के द्वारा सीतावनवास के अनंतर किये गये अश्वमेधयज्ञ के प्रसंग का चित्रण विशेष रूप से किया गया था। प्रस्तावना में कथोद्धात के द्वारा राम का प्रवेश कराते समय यह पद्य प्रस्तुत किया गया है—

आसादितप्रकटनिर्मलचन्द्रहासः प्राप्तः शरत्समय एष विशुद्धकान्तः।
उत्खाय गाढतमसं घनकालमुग्रं रामो दशास्यमिव सम्भृतबन्धुजीवम्।।

(दशास्य को निर्मूल करने वाले राम के समान संभृतबंधुजीव (बंधुओं के जीवन को अवलंबन देने वाला, बंधुजीव के फूल खिलने वाला) निर्मल चंद्रहास (तलवार, चंद्रमा की छटा) को प्राप्त किया हुआ गाढ़ तमस् से भरे उग्र घनकाल (घने संकट के समय, वर्षा ऋतु) को उखाड़कर यह विशुद्धकांत शरत् का समय आ पहुँचा।)

राम के द्वारा सीता को वनवास दिये जाने पर लक्ष्मण उन्हें वन में छोड़ आते हैं, उस समय सुमाय तथा चित्रमुख नामक राक्षस सीता को मारने का प्रयास करते हैं। पर सीता उनसे बच जाती हैं।

इस नाटक में चमत्कारपूर्ण प्रसंग लव तथा लक्ष्मण के संग्राम का है, जिसमें लक्ष्मण लव को परास्त कर के बाँध कर ले जाते हैं। यह पद्य इस समय नेपथ्य से कहा जाता है—

येनावृत्य मुखानि साम पठतामत्यन्तमायासितं
बाल्ये येन हृताक्षसूत्रवलयप्रत्यर्पणैः क्रीडितम्।
युष्माकं हृदयं स एष विशिखैरापूरितांसस्थलो
मूर्च्छाघोरतमःप्रवेशविवशो बद्ध्वा लवो नीयते।।

लव अयोध्या पहुँचकर सीता की स्वर्णमयी प्रतिमा देखकर चकित हो जाते हैं। राम के द्वारा लव के प्रत्यभिज्ञान का उपक्रम भी नाटककार ने यहाँ बड़े ही चमत्कारपूर्ण ढंग से कराया है।

लवः – (स्वगतम्) अये कथमियम् अम्बा राजद्वारमागता? (उत्थाय सहसा अञ्जलिं बद्ध्वा) अम्ब, अभिवादये। (निरूप्य) कथमियं काञ्चनमयी?

(उपसृत्योपविशति। सर्वे परस्परमवलोकयन्ति)

रामः –दृष्ट्वा) वत्स, किमियं तव माता?

छलितराम नाटक की भाषा व वर्णनकला मनोहारी है। कुंभकर्ण का कटा हुआ मस्तक किस प्रकार आकाश से धरती पर गिर रहा है इसका वर्णन इस नाटक में इस प्रकार किया गया है—

प्रौढच्छेदानुरूपोच्छलनरयभवत्सैंहिकेयोपघात-
साकृष्टाश्वतिर्यग्वलितरविरथेनारुणेनेक्ष्यमाणम्।
कुर्वत्काकुत्स्थवीर्यस्तुतिमिव मरुतां कन्धरारन्ध्रभाजां
भाङ्कारैर्भीममेतन्निपतति वियतः कुम्भकर्णोत्तमाङ्गम्।।

(राहु का कटा मस्तक जितनी तेजी से काटा गया उतनी ही तेजी से उछल कर सूर्य को निगलने के लिये बढ़ा आ रहा है—यह समझकर उससे बचने के लिये सूर्यसारथि अरुण घोड़ों की लगाम खींचकर रथ को तिरछा झुकाकर जिसे ताकते रह गये हैं, ऐसा वह भयंकर मस्तक पहाड़ की गुफाओं में छिपे पवनों के स्वर के द्वारा काकुस्थ या राम के पराक्रम की स्तुति करता हुआ भाम्-भाम् की ध्वनि के साथ आकाश से गिर रहा है।)

धनिक, अभिनवगुप्त आदि ने इस नाटक से अनेक संवाद उद्धृत किये हैं। जिनसे इसकी कथावस्तु की रुचिरता सामने आती है। इस नाटक में राम के द्वारा सीता को वनवास दिये जाने, तथा अश्वमेध यज्ञ करने का प्रसंग उत्तररामचरित के समान है, पर सीता, लव और कुश के बीच में होने वाले संवाद करुणा, शंका, शौर्य आदि के अभिप्रायों से संवलित होकर विशेष प्रभावित करते हैं। उदाहरणार्थ –

सीता – तर्हि सो राआ विणएण पणजिदब्बो। (जब तुम उन राजा के सामने जाओ, तो विनय से उन्हें प्रणाम करना।)

लव: – अथ किमावाभ्यां राजोपजीविभ्यां भवितव्यम्? (तो क्या हम लोगों को राजा के चाकर बनकर रहना पड़ेगा?

सीता – मा अण्णधा सङ्कध्वम्। (अन्यथा शंका मत करो। वे तुम्हारे पिता हैं।)

लव: - पिता? (पिता कैसे?)

सीता – नक्खु तुम्हाणं सअलाए ज्जेव पुहवीएत्ति। (तुम्हारे ही नहीं, सारी पृथ्वी के।)

भोज ने प्रबंध में रस के अवियोग के लिये दोषों का त्याग व गुणों का आधान किस प्रकार किया जाता है यह प्रदर्शित करने के लिये निर्दोषदशरथ (नाटक, नाटक के अंक?) तथा छलितराम इन दो नाटकों से उदाहरण दिये हैं। निर्दोषदशरथ में तो कैकेयी तथा दशरथ राम को वनवास नहीं देते, माया कैकेयी व माया दशरथ उनके वनवास का षडयंत्र रचते हैं। इसी प्रकार छलितराम में राम के द्वारा सीता के परित्याग का हेतु लवणासुर के द्वारा नियोजित राक्षसों का षडयंत्र बन जाता है, न कि कैकेयी और मंथरा की दुरभिसंधि।[४१]

जानकीराघव

इस विलुप्त नाटक का भी परिचय प्राप्त उद्धरणों से यत्किंचित् हो पाता है। इस नाटक में सात अंक थे। नालरको० में इससे अनेक पद्य उद्धृत किये गये हैं। रावण सीता स्वयंवर के अवसर पर उपस्थित क्षत्रिय समाज को फटकार लगाता हुआ कहता है—

रे क्षत्रियाः शृणुत रे दशकन्धरस्य दोर्दर्पनिर्जितसुराधिपतेः प्रतिज्ञाम्।
सीतां विवाहयतु कोऽपि धनुर्भनक्तु नेष्याम्यहं पुनरिमामपहृत्य लङ्काम्।।

परशुराम के आगमन से आतंकित सीता को दिलासा देती हुई उसकी सखी प्रियंवदा कहती है—

मा भैषीः मिथिलाधिराजतनये दिष्ट्याधुना वर्धसे
भद्रं विद्धि निजप्रियस्य भुजयोर्वीर्येण गुर्वोरपि।
आक्षेपे हसता स्वपौरुषकथालापेष्ववज्ञावता
कर्षंश्चापमधिज्यकार्मुकभृता रामेण रामो जितः।।

साहित्यदर्पण में संग्रह संध्यंग के उदाहरण में इससे राम के संवाद का यह पद्य उद्धृत किया गया है—

लीलागतैरपि तरङ्गयतो धरित्रीमालोकनैर्नमयतो जगतां शिरांसि।
तस्यानुमापयति काञ्चनकान्तिगौरकायस्य सूर्यतनयत्वमधृष्यतां च।।

इस पद्य में हनुमान् का ओजस्वी तथा मनोहर वर्णन है। छठे अंक में राम के द्वारा सीता की विरहावस्था की कल्पनाओं में दोनों के अन्योन्याश्रित प्रेम की करुण प्रतिच्छवियाँ हैं।

चित्रोत्पलावलंबितक

रामचंद्र तथा गुणचंद्र के अनुसार अमात्य शंकुक ने चित्रोत्पलावलंबितक नामक नाटक की रचना की थी। नाट्यदर्पण में इन आचार्यों के द्वारा इस नाटक से जो पद्य सप्रसंग अवतारित किया गया है, उसमें एक बौद्ध भिक्षु, नाटक की नायिका के साथ मंच पर दिखाया गया है, नायिका तथा उसकी सखियाँ राजप्रासाद पर दस्युओं के द्वारा सहसा धावा बोल देने के कारण भयभीत हो जाती हैं। सुभाषितसंग्रहों में शंकुक के नाम से लगभग बारह पद्य उद्धृत हैं।

शक्तिभद्रः अश्चर्यचूडामणि

आश्चर्यचूडामणि नाटक के प्रणेता शक्तिभद्र का जन्म केरल के कुन्नत्थबर जिले में चेन्नीरक्करस्वरूपम् नामक ब्राह्मणकुल में हुआ।[४२] ये केरल के ही एक अन्य नाटककार कुलशेखर (९००ई० लगभग) से पूर्ववर्ती हैं। शक्तिभद्र का समय आठवीं शताब्दी के आसपास माना जा सकता है। अनुश्रुतियों के अनुसार शक्तिभद्र आद्यशंकराचार्य के समकालीन थे, और उन्होंने एक बार जब आचार्य शंकर अपनी दिग्विजययात्रा के क्रम में चेंगनूर में पहुँचे तो उनके समक्ष उनका अभिमत जानने के लिये अपना संपूर्ण आश्चर्यचूड़ामणि नाटक पढ़कर सुनाया। आचार्य शंकर का उस दिन मौन व्रत था, इसलिये पूरा नाटक सुनने के पश्चात् वे कुछ नहीं बोले। शक्तिभद्र को लगा कि आचार्य को उनकी रचना अच्छी नहीं लगी है, और उन्होंने खिन्न होकर अपने नाटक की पोथी जला दी। आचार्य शंकर वापसी की यात्रा में फिर चेंगनूर आये और उन्होंने शक्तिभद्र से उनकी रचना में संसार की कुशलवार्ता बताने वाले एक पद्य (२.१९) विषय में प्रश्न किया। तब शक्तिभद्र को नाटक की पोथी नष्ट करने की अपनी त्वरा पर पश्चात्ताप हुआ। आचार्य शंकर को जब विदित हुआ कि शक्तिभद्र ने नाटक जला दिया है, तो उन्होंने अपनी असाधारण स्मरण शक्ति से सारा नाटक वैसा का वैसा ही बोल बोलकर फिर से लिखवा दिया।[४३] इस अनुश्रुति से शक्तिभद्र की लोकप्रियता प्रमाणित होती है।

शक्तिभद्र ने आश्चर्यचूड़ामणि के अतिरिक्त कुछ अन्य प्रबंधों की भी रचना की थी, जिनमें से उन्मादवासवदत्तम् नामक नाटक का उल्लेख इनके द्वारा स्वयं आश्चर्यचूड़ामणि की प्रस्तावना में सूत्रधार के मुख से कराया गया है। सूत्रधार शक्तिभद्र का परिचय देते हुए कहता है

सूत्र- आर्ये श्रूयताम्। उन्मादवासवदत्ताप्रभृतीनां काव्यानां कर्तुः कवेः शक्तिभद्रस्येदं प्रज्ञाविलसितम्।

पर शक्तिभद्र का अन्य कोई ग्रंथ संप्रति उपलब्ध नहीं है।

प्रयोग की दृष्टि से आश्चर्यचूडामणि केरल के चाक्यारों के बीच भास के नाटकों की भाँति लोकप्रिय रहा है, और यह केरल के कूडियाट्टम् रंगमंच पर प्रायः खेला जाता रहा है। प्रयोग की दृष्टि से यह नाटक इतना लोकप्रिय हुआ कि उत्तरभारत में भी इसके अभिनय होते रहे। शक्तिभद्र भट्टनारायण के वेणीसंहार से परिचित प्रतीत होते हैं, उनके नाटक में राम के द्वारा सीता के प्रति कहे गये निम्नलिखित संवाद में वेणीसंहार में भीम के द्वारा द्रौपदी के प्रति कहे गये कथन की छाया है—

रक्षोवधाद् विरतकर्म विसृज्य चापं गोधाङ्गुलित्रपदवीषु धृतव्रणेन।
रेखातपत्रकलशाङ्कितलेन रामो वेणीं करेण तव मोक्ष्यति देवि देवः।।

(६/२१)

आश्चर्यचूडामणि नाटक रामकथा पर आधारित है। इसके अलग-अलग अंकों के अलग-अलग नाम अभिनेताओं के बीच प्रसिद्ध हैं। पहले अंक का नाम पर्णशालांक है। इसका आरंभ पंचवटी में शूर्पणखा के साथ राम और लक्ष्मण के संवाद, विवाद और द्वंद्व के दृश्यों से होता है। प्रस्तावना के बाद गोदावरी के तट पर कुटी बनाते हुए लक्ष्मण का प्रवेश करते हैं। राम और लक्ष्मण दोनों शूर्पणखा के साथ परिहास करते हैं, यह दृश्य बहुत नाटकीय तथा रोचक है। दूसरे अंक का नाम शूर्पणखांक है। शूर्पणखा प्रसंग इस अंक में विस्तारित कर दिया गया है। तीसरे अंक का नाम मायासीतांक है। इसमें जनस्थान के ऋषि राम के द्वारा खर-दूषण आदि के संहार से अभय प्राप्तकर संतुष्ट होकर उनके लिये उपहार में एक चूडामणि, अंगुलीयक तथा दिव्य कवच भेजते हैं। दोनों की विशेषता यह है कि जब तक इन्हें कोई पहने रहेगा, राक्षसों की माया उसे धोखा न दे सकेगी,वह छद्मवेषधारी राक्षस को स्पर्श करते ही उससे वास्तविक रूप में देख सकेगा। नाटक के आश्चर्यचूडामणि नामकरण का निमित्त ऋषियों का यह उपहार ही है। राम अँगूठी स्वयं धारण कर लेते हैं तथा चूडामणि को सीता के जूड़े में बाँध देते हैं। लक्ष्मण कवच धारण करते हैं। दूसरी ओर रावण राम से प्रतिशोध लेने के लिये मारीच को अपने साथ लेता है। मारीच स्वर्णमृग के रूप में प्रवेश करता है। राम और सीता दोनों उसके अद्भुत सौंदर्य पर विस्मयविमुग्ध हैं, जब कि लक्ष्मण उन्हें सावधान करते हैं कि यह राक्षसों की माया हो सकती है। राम के स्वर में मारीच की पुकार को सुनकर सीता लक्ष्मण को आग्रहपूर्वक राम के पास भेज देती हैं, तब रावण राम का ही वेष धारण करके आता है, और

उसका सारथि लक्ष्मण का वेष धर लेता है। रामवेषधारी रावण सीता से कहता है कि उन्हें तुरंत अयोध्या चलना होगा क्योंकि भरतसंकट में हैं। सीता धोखे में आ कर रथ पर बैठ जाती हैं। लक्ष्मण वेषधारी सारथि बताता है कि रथ भी जनस्थान के ऋषियों ने उपहार में दिया है। जब वास्तविक राम कुटी की ओर लौट रहे हैं, तो मरणासन्न मारीच राम का रूप धर कर लक्ष्मण को धोखा दे देता है।

रावण सीता का हरण करके चल देता है, इधर शूर्पणखा सीता का वेष धरकर राम और लक्ष्मण को भुलावा देने पहुँच जाती है। राम अँगूठी के प्रभाव से उसे पहचान जाते हैं, और रावण के लिये उसके द्वारा चेतावनी से भरा संदेश भेजते हैं।

मारीच स्वर्ण मृग बन कर नहीं, मायाराम बनकर आता है। वास्तविक सीता मायाराम (रावण) के साथ आकाश-मार्ग से जा रही हैं, और धरती पर चलते वास्तविक राम को देखकर उन्हें घेरकर अनेक राक्षस घूम रहे हैं।

लक्ष्मण यह समझकर कि बड़े भाई राम को राक्षस ने मार दिया है, आत्महत्या करने को तैयार हो जाते हैं। वे मायाराम बने मारीच को लगा बाण निकाल रहे होते हैं, उसी समय उन्हें खोजते हुए राम वहाँ आ जाते हैं। ये वास्तविक राम हैं, पर लक्ष्मण उन्हें राक्षस समझकर क्रुद्ध होकर मारने को तैयार जो जाते हैं। राम लक्ष्मण को सचाई बताते हैं और मारीच को छूकर अँगूठे के प्रभाव से उसका वास्तविक रूप उन्हें को दिखाते हैं। राम के द्वारा मायानिवारक अँगूठी से मारीच की माया टूट जाती है।

मारीच लक्ष्मण के चरणप्रहार से मर जाता है, और उसे मरा हुआ देखकर मायासीता बनी शूर्पणखा रोने लगती है। राम उसके आँसू पोंछने के लिए उसका स्पर्श करते हैं, तो स्पर्श करते ही अँगूठी के प्रभाव से वह अपने वास्तविक रूप में आ जाती है।

जटायुवधांक नामक चौथे अंक में रावण सीता को रथ पर बिठाकर ले जा रहा है। जैसे ही वह लोलुपतावश सीता को छूने लगता है,चूडामणि के प्रभाव से सीता उसे उसके वास्तविक रूप में देख लेती हैं। तब सीता की पुकार पर जटायु आता है और रावण को चुनौती देता है।

अशोकवनिकांक नामक पाँचवे अंक में लंका का दृश्य प्रस्तुत होता है। मंदोदरी अपनी चेटी को दुःस्वप्न का वृत्तांत बताती है, फिर अशोकवाटिका में सीता के प्रति प्रणयनिवेदन करते रावण को वह छिपकर देखती है। सीता के द्वारा तिरस्कृत रावण क्रोध में भरकर सीता का वध करने के लिये तलवार खींच लेता है, मंदोदरी लताकुंज से निकलकर उसे रोकती है। छठा अंक अंगुलीयकांक के नाम से प्रसिद्ध है, इसमें हनुमान् सीता को खोजते हुए प्रवेश करते हैं। सीतान्वेषण में असफल होकर वे आत्मघात करने जा ही रहे हैं, तभी उन्हें अशोकवाटिका से सीता का करुणक्रंदन सुनाई पड़ता है। अंतिम सातवें अंक में विद्याधर तथा विद्याधरी के संवाद के द्वारा रावणवध की सूचना दी जाती है। राम, लक्ष्मण, विभीषण आदि प्रवेश करते हैं। अंत में सीता की अग्निपरीक्षा और राम की अयोध्या लौटने के प्रसंग के साथ नाटक समाप्त होता है।

आश्चर्यचूडामणि आश्चर्यजनक प्रसंगों का चूडामणि ही है। भास के नाटकों के बाद यह नाटक केरल के रंगमंच पर सर्वाधिक लोकप्रिय रहा है। कूडियाट्टम् के चाक्यारों द्वारा भास के रामायणकथा पर आधारित दो नाटकों-प्रतिमा और अभिषक के साथ इस नाटक को मिलाकर तीनों नाटकों का एक शृंखला में अभिनय किया जाता रहा है, जो पूरे एक वर्ष में समाप्त होता है। कुप्पु स्वामी शास्त्री ने इस नाटक को भवभूति के उत्तररामचरित के बाद संस्कृत का रामकथा पर आधारित सर्वश्रेष्ठ नाटक माना है।[४४] मोरिस विंटरनित्स ने तो इसे नाट्यकला की दृष्टि से उत्तररामचरित से भी अधिक प्रशस्य मान लिया है।[४५]

आश्चर्यचूडामणि में अद्भुत रस का आद्यंत निर्वाह किया गया है और इसके लिये नाटककार ने अनेक विस्मयजनक वृत्तांतों तथा निराली कल्पनाओं का जाल बिछाया है। चूडामणि और अँगूठी का जादुई चमत्कार, रावण, व शूर्णणखा का रूप बदलकर राम, लक्ष्मण और सीता को धोखा देना आदि ऐसी ही कल्पनाएँ हैं। एक ही अंक के बीच तीन-तीन राम, दो दो लक्ष्मण और दो दो सीताएँ मंच पर आमने-सामने आ जाते हैं।

आश्चर्यचूडामणि की सबसे बड़ी विशेषता उसके संवादों की नाटकीयता है। नाटककार ने संवादों में विनोद, विस्मय तथा कौतुक भर दिया है। पाँचवें अंक में मंदोदरी का प्रवेश असूचित है, वह सहसा वाक्य से आरंभ करती है—

मं० – किं णु खु अदं वि भविस्सदि?

(इसके आगे क्या होगा?)

चेटी – अणुदावोद्गारं विअ ऊट्टिणीए वअणं। (अनुतापोद्गारमिव भट्टिन्या वदनम्।)

(भट्टिनी के वचन से अनुताप से भरे हुए हैं।

मं० - हञ्जे! णं तुए असोअवणिआ पविट्ठपुव्वा। (हञ्जे, ननु त्वया अशोकवनिका प्रविष्टपूर्वा।)

सखि, तू ने अशोकवनिका देखी तो है।

चेटी – णं तहिं भट्टिणो वंदी तापसपदिणी। किं तिस्से? (ननु तत्र भर्तुबन्दिनी तापसपत्नी। किं तस्या?)

(वहाँ तो तापस की पत्नी बंदी है। उससे क्या?)

मं० – तन्निमित्तं नो विनाशं प्रेक्षे। (उसी के कारण मुझे लगता है हम सब का विनाश होगा।)

प्रस्तावना में नटी व सूत्रधार का संवाद रोचक है—

नटी – अय्य अच्चाहिदं खु एदं आआसं पलवइ पुप्फं सिअदाँओ तेल्लं उप्पादअंति जई दक्खिणाओ दिसाओ आअदं णाडअणिबंधणम्। (आर्य यह तो बड़ा चमत्कार हो गया दक्षिण दिशा से नाटक का आना, जैसे कि आकाश में फूल उगने लगे -

सूत्र०- आर्ये मा मैवम्। अपचिनु गुणम्, अपहस्तय जन्माभिनिवेशम्। पश्य—

गुणाः प्रमाणं न दिशां विभागो निदर्शनं नन्विदमेव तत्र।
स्तनद्वये ते हरिचन्दनं च हारश्च नीहारमरीचिगौरः।। (१.३)

(आर्ये, ऐसा मत कहो। गुण का संग्रह करो, जन्म को लेकर आग्रह छोड़ दो। गुणों का प्रमाण माना जाना चाहिये दिशाओं का विभाग नहीं। इसका उदाहरण तो यहीं सामने है कि तुम्हारे स्तनयुगल पर हरिचंदन और चंद्रमा की किरणों के समान हार है।

द्वितीयांक में शूर्पणखा का वर्णन बीभत्स, रौद्र व भयानक रसों का संचार करता है।

व्याजृम्भते दशधरोदरचुम्बिबाहुरावर्तते क्षणनतोन्नतभूमिचक्रा।
व्यादाय वक्त्रमभिधावति भीममस्मानुद्घाटितार्गलकवाटपुटा पुरीव।। (२.६)

(जिसकी साँकल उठा कर द्वार खोल दिये गये हों, ऐसी नगरी के समान यह मुँह फाड़ कर हमारी और दौड़ी आ रही है। इसका हाथ फैला हुआ है, क्षण क्षण में उठते गिरते भूमि चक्र पर यह दौड़ी आ रही है।), इसी प्रकार रावण के वैभव का वर्णन करते हुए कवि कहता है—

यानि यानि मनोज्ञानि वस्तून्यमरवेश्मनि।
तानि तानि किलोद्धृत्य लङ्कां नयति रावणः।। (६.२)

लंका नगरी के वर्णन में उदात्त अलंकार का रुचिकर प्रयोग है। हनुमान् लंका के वृक्षों की समृद्धि को देखकर विस्मित होकर कहते हैं —

एषां पल्लवमंशुकानि कुसुमं मुक्ताः फलं विद्रुमं
वैडूर्यं दलमङ्कुरो मरकतं हैमं च शाखाशतम्।
एते के जगतीरुहो वनजुषाप्यज्ञातपूर्वा मया
प्रायस्सारममी दिवो विटपिनः किं तैर्ममान्यो भरः।। (६.४)

(इनके पल्लव अंशुक हैं, मोती फूल हैं, विद्रुम या मूँगे फल हैं, वैडूर्य के इनमें दल हैं, मरकत के अंकुर और सोने की सैंकड़ों शाखाएँ हैं। ये कौन से पेड़ हैं, जिन्हें वन में रहने वाला मैं भी नहीं पहचानता। ये तो स्वर्ग के सार हैं, शेष पेड़ तो धरती पर बोझ हैं, उनका क्या करना?।

मरकतरुचोमाद्यद्भृङ्गा महीरुहराजयो
निपतितनदीनिर्धौतान्ता नितम्बभुवो गिरेः।
पथिकसुहृदः पम्पावीचिभिदश्च समीरणाः
क्षणमपि विभुं नालं हर्तुं हरत्सु गणेषु ते।। (६.९)

(जिन पर मतवाले भ्रमर मँडरा रहे हैं ऐसी पेड़ों की कतारें, मरकत मणि की कांति वाली पर्वत की ढलानें, जिन से गिरती नदियों की धाराएँ उन्हें धो रही हैं तथा पथिकों से मित्र

पंपासरोवर की लहरों को झिंझोड़ने वाले पवन के झोंके हरण करते तुम्हारे गणों के एक क्षण के लिये हरण करने में समर्थ नहीं हैं।)

इस नाटक में संवाद सर्वत्र नाटकीय और रोचक है। भाषा रंगमंच के लिए उपयुक्त तथा सर्वत्र सरल और सहज है। लोकोक्तियों का भी प्रयोग संवादों में प्रचुर मात्रा में हुआ है। उदाहरण के लिए—

आकाशः प्रसूते पुष्पम्। सिकतास्तैलमुत्पादयन्ति।
गुणाः प्रमाणं न दिशां विभागाः। कथमौष्ण्यमग्नेश्छाद्यते?
बालेन बद्धो मुसलेन हन्यते। क्षीराहुतिं चिताग्निः कथमर्हति?
पयो मद्यस्पर्शेन शङ्क्यते। कथं दीपिकां तमः कलङ्कयति। इत्यादि।

शक्तिभद्र की वचनावली सूक्तिमुक्ताओं से सुसज्जित है। सीता के लिये रावण का कथन यह कथन उसके सौंदर्यप्रेम को भी सूचित करता है तथा—

यस्य नैसर्गिकी शोभा तन्न संस्कारमर्हति।
कः कलां शशिनो मार्ष्टि कौस्तुभः केन रज्यते।।

(आचू० ३.२४)

(जिसकी स्वाभाविक शोभा है, उसे संस्कार की आवश्यकता नहीं। चंद्रमा की कला को कौन झाड़ता पोंछता है, कौस्तुभः को कौन रँगता है?)

कूटियाट्टम् के रंगमंच पर आश्चर्यचूडामणि

आश्चर्यचूडामणि नाटक के हनुमत्सीतासंवाद के प्रकरण का अभिनय कूटियाट्टम् के चाक्यार विलक्षण पद्धति से करते हैं, जिसे कूटिचोल्लुक कहा जाता है। इसमें हनुमान् का अभिनय करनेवाला चाक्यार आहार्य धारण किये रहता है, पर सीता का पात्र मंच पर नहीं रहता, उसके स्थान पर कुतप में बैठी गायिका उसके संवाद बोल देती है और सूत्रधार हनुमान् तथा सीता के संवादों का अनुवाद करता चलता है।

आधुनिक रंगमंच पर राष्ट्रिय संस्कृत संस्थान के कौमुदी संस्कृत नाट्यमहोत्सव में आश्चर्यचूडामणि का प्रस्तुतियाँ हो चुकी हैं।

पारंपरिक समीक्षा में आश्चर्यचूडामणि

नटांकुश नामक ग्रंथ के अज्ञात लेखक ने आश्चर्यचूडामणि की भूरि-भूरि प्रशंसा की है। इस नाटक को सज्जनों के लिये (मस्तक पर धारण करने योग्य) चूडामणि बताते हुए उसने कहा है—

यत्कृतं नाटकं चूलामणिश्चूडामणिः सताम्।
स कस्यैव न मान्योऽयं शक्तिभद्रो महाकविः।।१४।।

अभिनवराघव (राघवाभ्युदय) – क्षीरस्वामी

काश्मीर के शासकों में राजा जयापीड अपनी विद्वत्ता, व्याकरण के असाधारण पांडित्य तथा कवियों व पंडितों के आश्रयदातृत्व के लिये नितांत प्रसिद्ध हैं। अपने नाम के अनुरूप उद्भट आलंकारिक उद्भट इनके प्राधान अमात्य थे, वामन जैसे प्रख्यात काव्यचिंतक भी इनके एक मंत्री थे तथा मनोरथ, शंखदत्त तथा संधिमान् आदि कवि इनकी राजसभा के सम्मानित कवि थे। जयापीड की पाणिनि की अष्टाध्यायी व पातंजल महाभाष्य में बड़ी रुचि थी, और इसके कारण ही उसने व्याकरण के अपने समय के सर्वश्रेष्ठ पंडित क्षीरस्वामी को ससम्मान अपनी राजसभा में स्थान प्रदान किया। क्षीरस्वामी ने अभिनवराघव नामक नाटक की रचना की थी, जो अनुपलब्ध है। रामचंद्रगुणचंद्र ने इस नाटक का संदर्भ देते हुए इसकी प्रस्तावना से स्थापक का यह वाक्य उद्धृत किया है, जिसमें क्षीरस्वामी ने अपना परिचय देते हुए स्वयं को इंदुराज का शिष्य बताया है।

अस्त्येव राघवमहीनकथापवित्रं काव्यप्रबन्धघटनाप्रथिमप्रथिम्नः।
भट्टेन्दुराजचरणाब्जमधुव्रतस्य श्रीरस्य नाटकमनन्यसमानसारम्।।[४६]

इंदुराज प्रतिहारेंदुराज के नाम से भी प्रसिद्ध हैं। उनका समय दसवीं शताब्दी का अंतिम भाग है। इन्होंने उद्भट के काव्यालंकारसारसंग्रह पर टीका लिखी थी।

सागरनंदी ने क्षीरस्वामी के नाटक का नाम राघवाभ्युदय बताया है। इस नाटक में पाँचों संधियों तथा पाँचों अवस्थाओं के विनियोग पर प्रकाश डालते हुए इसकी संक्षिप्त रूपरेखा उन्होंने इस प्रकार बताई है—

प्रारम्भो रावणवधे खरप्रभृतिवैशसम्।
प्रयत्नः शूर्पणखया कृतः सीतापहारतः।
सुग्रीवस्य तु सख्येन सञ्जातः प्राप्तिसम्भवः।
नियता फलप्राप्तिः कुम्भकर्णादिसङ्क्षये।
यो देवैः राक्षसमतेः कार्यो दुष्टमतेर्वधः।
फलयोगः स रामस्य धर्मकामार्थसिद्धये।।

सानं० द्वारा इस नाटक से उद्धृत अंशो में एक पद्य जटायु तथा रावण के बीच झड़प का है, जिसमें जटायु कहता है—

अवनिरविरथान्तः प्रस्थितैकैकचञ्चूपुटकुहरविलोलव्यालकल्पाग्रजिह्वः।
अरुणरुचिरतिर्यग्वर्तिदृग्भैरवास्यः कवलयतु भवन्तं क्रोधदीप्तो जटायुः।।

(धरती के छोर और सूर्य के रथ तक अपनी एक चंचु को फैलाये, पुट कुहर में व्याल

के समान लपलपाती जिह्वावाला, रक्त कांतिवाला, सीधी दृष्टि और भयंकर मुखवाला जटायु तुम्हें निगल ले।)

सहज सरल प्रांजल अभिव्यक्ति के साथ जटिल से जटिल परिस्थितियों को निरूपित करने में नाटककार को सफलता मिली है। सागर पार करने की चिंता में उद्विग्न राम को समझाते हुए लक्ष्मण कहते हैं—

अभ्यर्थ्यतामार्यमसौ पयोधिः स वध्यतां कूटमतिर्दशास्यः।
विमुञ्च तावत् परिदेवितव्यं कार्याणि सर्वत्र गुरूभवन्ति।।

राघवाभ्युदय नाटक में एक अनूठी कल्पना रावण के द्वारा राम के साथ छद्मसंधि के प्रस्ताव की है। रावण जालिनी नामक राक्षसी को मायामैथिली बनाकर स्वयं इंद्र का रूप धारण कर राम के पास जाता है और सीता को लौटाकर संधि कर लेने का प्रस्ताव करता है। राम इसे स्वीकार करने में इसलिये हिचकिचाते हैं कि वे विभीषण को वचन दे चुके हैं कि वे उसका राज्याभिषेक करायेगें।

कथमिव विदधामि तस्य सन्धिं कथममरेन्द्रगिरां भवामि वासः।
इति विषमविवर्तमानचिन्ता तरलमतिर्न निश्चिनोमि किञ्चित्।।

तब तक लक्ष्मण रावण के कपट को भाँप लेते हैं। अपना भाँडाफोड़ होते देख इंद्ररूपधारी रावण लक्ष्मण पर चिल्लाने लगता है।

रामानंद

इस नाटक से दो उद्धरण राजशेखर ने कामी० में दिये हैं। भोज ने शृंप्र० में भी इसे उद्धृत किया है। इसकी रचना ८५०ई० के पहले हो चुकी थी ऐसा अनुमान किया जाता है। कामी० में उद्धृत निम्नलिखित पद्य इस नाटक की प्रस्तावना से है—

खं वस्ते कलविङ्ककण्ठमलिनं कादम्बिनीकम्बलं
चर्चा पारयतीव दर्दुरकुलं कोलाहलैरुन्मदम्।
गन्धं मुञ्चति सिक्तलाजसदृशं वर्षेण दग्धा स्थली
दुर्लक्ष्योऽपि विभाव्यते कमलिनीहासेन भासां पतिः।।

व्यर्थं यत्र कपीन्द्रसख्यमपि मे – यह पद्य भी इस नाटक से उद्धृत किया गया है, जबकि यह पद्य उत्तररामचरित नाटक में मिलता है। मम्मट ने काव्यप्रकाश में ध्वनि के विभिन्न भेदों के सम्मिश्रण के उदाहण में इस नाटक से राम की यह कारुणिक विरहोक्ति उद्धत की है—

स्निग्धश्यामलकान्तिलिप्तवियतो वेल्लद्बलाका घनाः
वाताः शीकरिणः पयोदसुहृदामानन्दकेकाः कलाः।
कामं सन्तु दृढं कठोरहृदयो रामोऽस्मि सर्वं सहे
वैदेही तु कथं भविष्यति ह हा हा देवि धीरा भव।।

(अपनी स्निग्ध श्यामल कांति से आकाश को लीप चुके मेघ जिनपर बलाकाएँ मँडरा रहीं

हैं, फुहार छोड़ती हवाएँ और मेघों के मित्र मयूरों की आनंद से सनी केकाओं की कलाएँ – ये सब भले हों, मैं तो दृढ़ कठोर हृदय वाला राम हूँ, मैं सब सह ही रहा हूँ, पर वैदेही कैसे रहेगी, ह ह हा, देवि धैर्य धरो!)

इस पद्य में विविध ध्वनिभेदों की उपस्थिति पर प्रकाश डालते हुए मम्मट कहते हैं — **'अत्र लिप्तेति पयोदसुहृदामिति च, अत्यन्ततिरस्कृतवाच्ययोः संसृष्टिः। ताभ्यां सह रामोऽस्मीत्यर्थान्तरसंक्रमितवाच्यस्यानुग्राह्यानुग्राहकभावेन रामपदलक्षणैकव्यञ्जकानुप्रवेशेन चार्थान्तरसंक्रमितवाच्यरसध्वन्योः संकरः।'** लिप्त या लीप चुके कहने से मुख्यार्थ बाधित होकर फैल चुके यह अन्य अर्थ लिया जाता है, जिससे बादलों का गहरा संकुल व्यंजित होता है। इसी प्रकार मेघों के सुहृद् में भी मुख्यार्थ बाधित होता है, व मेघों को देखकर प्रसन्न होने वाले यह अन्य अर्थ लिया जाता है। अतः इन दोनों अत्यंत तिरस्कृतवाच्य ध्वनि है। 'मैं राम हूँ'— इसमें अर्थांतरसंक्रमित वाच्य है, दशरथपुत्र राम यह अर्थ अपने साथ सकलदुःखपात्रत्व, सहनशीलत्व आदि अर्थों को आक्षिप्त कर लेता है। दोनों प्रकार की ध्वनियों की यहाँ परस्पर अनुग्राह्यानुग्राहकभाव से उपस्थिति है।

तपतीसंवरण तथा सुभद्राधनंजय

केरल के राजा कुलशेखर वर्मा का संस्कृत नाटक तथा भारतीय रंगमंच को योगदान अविस्मरणीय है। इनका समय ९०० ई॰ के आसपास है। एन०पी० उन्नि कुलशेखर का समय ग्यारहवीं – बारहवीं शताब्दी के आसपास मानते हैं। कुलशेखर को केरलकुलचूडामणि तथा महोदयपुरपरमेश्वर की उपाधियों के द्वारा प्रशंसित किया जाता रहा है। वस्तुतः कुलशेखर भी इनकी उपाधि ही थी, मूल नाम रामवर्मा था – ऐसी युधिष्ठिरविजय आदि काव्यों के उल्लेखों से प्रमाणित होता है। वासुदेव ने अपने काव्य त्रिपुरदाह में इन्हें राजशेखर के नाम से भी अभिहित किया है।[४७] इन्होंने दो नाटकों की रचना की - तपतीसंवरण तथा सुभद्राधनंजय। तपतीसंवरण तथा सुभद्राधनंजय के अतिरिक्त इन्होंने विच्छिन्नाभिषेक नामक नाटक का भी प्रणयन किया था तथा तीनों नाटक इन्होंने आचार्य शंकर (आदि शंकराचार्य) को सुनाये थे– ऐसी अनुश्रुति है। इन दोनों नाटकों पर कुलशेखर के समकालीन तथा उनके विश्वस्त मित्र और उनके आश्रयप्राप्त किसी अज्ञातनामा विद्वान् ने संवरणध्वनि तथा धनंजयध्वनि नाम से व्यंग्यव्याख्याओं का प्रणयन किया था। तोलन नाम विद्वान् ने इन नाटकों पर अट्टप्रकाश तथा क्रमदीपिका नाम से टीकाग्रंथ भी लिखे थे।

कुलशेखर ने 'आश्चर्यमंजरी' नामक कथा का भी प्रणयन किया था, जो अनुपलब्ध है।[४८] तपतीसंवरण की प्रस्तावना में इसका उल्लेख है, तथा अनर्घराघव की टीका में रुचिपति उपाध्याय ने भी इसका उल्लेख किया है। इस कथा की रचना कुलशेखर ने सुबंधु, बाण तथा दंडी की कथाओं से प्रभावित होकर की थी – यह अनुमान होता है।[४९] स्तोत्रकाव्य मुकुन्दमाला भी इनकी कृति है।

तपतीसंवरण की स्थापना में अपना परिचय देते हुए कुलशेखर ने कहा है—

उत्तुङ्गघोणमुरुकन्धरमुन्नत्तांसमंसावलम्बिमणिकर्णिककर्णपाशम्।
आजानुलम्बिभुजमञ्चितकाञ्चनाभमायामि यस्य वपुरार्तिहरं प्रजानाम्।।

(१.२)

(जिनका उन्नत नासिका, विशाल कंधर, उन्नत कंधे तथा उन्नत कंधे के नीचे मणिजटित कर्णपाश वाला, आजानुबाहु, चमकते सोने की आभावाला, प्रशस्त देह प्रजाओं के दुःख दूर करनेवाला है।)

कुलशेखर वर्मा स्वयं नाट्यशास्त्र के ज्ञाता और नाटकों के प्रयोक्ता थे। उन्होंने नाट्यप्रयोग की जिस शैली का संवर्धन किया, वह कूटियाट्टम् के नाम से केरल में एक सहस्र वर्षों से आज तक प्रचलित है, तथा वर्तमान में संस्कृत रंगमंच की सबसे प्रामाणिक और जीवित परम्परा है।

तपसीसंवरण में सूर्यकन्या तपती की हस्तिनापुरनरेश संवरण के साथ प्रेम और विवाह की कथा है। संवरण हस्तिनापुर का राजा है। साल्वराजपुत्री उसकी महिषी है। पहले अंक में नायक संवरण विदूषक को बताता है कि उसने स्वप्न में सूर्यबिंब का दर्शन किया, जिसने घोषणा की कि साल्बराजपुत्री से तुम्हें संतान की प्राप्ति नहीं होगी। विदूषक इस स्वप्न का आशय खोलता हुआ नायक से कहता है कि संतानप्राप्ति के लिये तुम्हें दूसरा विवाह करना चाहिये यह देवता का निर्देश है। इसके पश्चात् दोनों महारानी से मिलने के लिये जाते हैं,तो उन्हें एक मरकत शिलातल पर किसी सुंदरी के चरणों की छाया दिखती है। तभी महारानी वहाँ आ पहुँचती है। नायक को नायिका तपती का कर्णपूर मिल जाता है, जिसपर नायक के लिये प्रेम का निवेदन अंकित है।

वास्तव में तपती के जन्म के पश्चात् नारद के घोषणा की थी कि इसका विवाह संवरण से होगा। इसलिये तपती युवावस्था में धरती पर उतरकर हस्तिनापुर में अपने भावी पति के देखने जा पहुँची थी।

आगे के प्रसंग में राजा विदूषक को नायिका का कर्णपूर सँभालकर रखने के लिये दे देता है। फिर राजा मृगया के लिये विदूषक को साथ लेकर वन में जाता है, जहाँ वानर विदूषक के साथ छीनाझपटी कर के कर्णपूर लेकर भाग जाते हैं। राजा एक जलाशय में तपती की छाया देखता है। नायक और नायिका का छिपकर मिलना, नायिका के द्वारा विरह में आत्मघात का प्रयास, नायक को प्रेमपत्र या संदेश भेजना आदि घटनाएँ इस नाटक में हर्ष की नाटिकाओं के समान हैं। कुलशेखर ने तो अति करते हुए राजा को कामज्वर से इतना संतप्त बता दिया है कि विदूषक को उसके शिशिरोपचार में लगना पड़ता है, वह नलिनीपत्र से राजा को पंखा झलता है। नायिका तथा उसकी सखी तिस्करिणी विद्या से अंतर्धान रहकर नायक की बातचीत सुनती हैं— यह प्रसंग कालिदास के विक्रमोर्वशीय पर आधारित प्रतीत होता है। वानर नायिका के जिस कर्णपूर को छोड़कर भाग जाते हैं, वह नायिका की सखी रंभा को मिल जाता है।

नायक मदनसंतप्त है, विदूषक सोच रहा है कि उसने तो नायिका का वह कर्णपूर भी खो दिया, जो इस समय नायक का संताप कम कर सकता था, तभी अदृश्य रंभा कर्णपूर उसके आगे गिरा देती है। नायक नायिका के वियोग में मरणासन्न हो जाता है,तो विदूषक आत्महत्या करने पर उतारू हो जाता है। तपती भी इनकी यह स्थिति देखकर मूर्च्छित हो जाती है, तब सखियाँ उसे प्रबोधित करती हैं।

नायक के द्वारा सूर्य की उपासना करने का वृत्तांत इसमें नवीन है, जिसके फलस्वरूप उसे सूर्यकन्या तपती प्राप्त होती हैं। संवरण के द्वारा किये गये राक्षसों के विनाश का बदला लेने के लिये एक राक्षसी के द्वारा मायाजाल रचने का वृत्तांत भी चमत्कारपूर्ण तथा नवीन संविधान प्रस्तुत करने वाला है। वह तपती का वेश बनाकर संवरण की हत्या करने के लिये ले जा रही है तभी तपती की सखी मेनका वहाँ आ पहुँचती है। इधर हस्तिनापुर पर अनावृष्टि के कारण अकाल की दारुण छाया मँडराती है और पांचाल के राजा ने आक्रमण करके हस्तिनापुर हस्तगत कर लिया है। मंत्री राजा को खोज रहे हैं। अंततः संवरण हस्तिनापुर लौटता है, उसके आते ही हस्तिनापुर में वृष्टि होती है, राक्षसी धोखा देने के लिये फिर माया रचती है, जिसके फेर में मेनका व रंभा भी आ जाती हैं। तपती तपन वन में पुत्र को जन्म दे चुकी है, पर यह उसके लिये स्वप्नवत् था इसलिये उसे पता नहीं है कि उसका कोई पुत्र भी है। यह धनुर्धर पुत्र मायाविनी राक्षसी को अपने बाणों से छलनी कर देता है और नाटक के अंत में नारद इसे लेकर राजा के पास आतें हैं।

तपतीसंवरण की संरचना पर कालिदास के विक्रमोर्वशीयम्, श्रीहर्ष की नाटिकाओं तथा भवभूति के उत्तररामचरितम् का गहरा प्रभाव है। इसकी कथा अनेक आश्चर्यजनक घटनाओं से भरी हुई है। मुरारि के अनर्घराघव तथा शक्तिभद्र के आश्चर्यचूडामणि नाटक के समान इसमें राक्षसी के मायाजाल से पात्रों में होनेवाले संभ्रम के प्रसंग विस्तार से चित्रित हैं। शृंगारातिरिक्त रसों में नायक के पराक्रम के वर्णन में वीररस तथा माया व छल के निरूपण में अद्भुत रस की पुष्टि हुई है। नाटक में सूर्य तथा सूर्योपासना का माहात्म्य भी सूचित किया गया है।

कुलशेखर की भाषा परिष्कृत तथा मुहावरेदार है। सुंदर प्रोक्तियों तथा आभाणकों के प्रयोग से उसमें चमक आ गई है। उदाहरणार्थ विदूषक के इस कथन में –

दुष्टतुरगेण कन्दुकक्रीडं मया क्रीडता क्वापि प्रक्षिप्तोऽस्मि। (इस दुष्ट घोडे ने गेंद की तरह मुझ से खेलते हुए कहीं मुझे फेंक दिया) - कन्दुकक्रीडं क्रीडता यह मुहावरा है। गद्य में लिखे संवादों को भी कुलशेखर काव्यात्मक सौंदर्य व लालित्य से अलंकृत कर देते हैं, जैसे – **'ज्योत्स्नादुकूलावगुण्ठितोऽयं प्रदोषः।'**

कुलशेखर के दूसरे नाटक सुभद्राधनंजय में पाँच अंक हैं। इसकी कथा महाभारत में वर्णित अर्जुन और सुभद्रा के प्रेम और अर्जुन द्वारा कृष्ण की सम्मति से सुभद्रा के अपहरण के प्रसंग पर आधारित है। एक राक्षस के द्वारा अपहरण करके ले जायी जाती सुभद्रा को अर्जुन बचाता है और सुभद्रा उस पर अनुरक्त हो जाती है। सुभद्रा के प्रेम में पड़कर उसे खोजता हुआ

अर्जुन साधु बन जाता है और विदूषक उसके साथ शिष्य के रूप में चलता है। साधुवेष में उसकी ख्याति द्वारका तक पहुँचती है और कृष्ण उससे मिलने के लिए आते हैं। कृष्ण अर्जुन को पहचान लेते हैं, और उसके साधु बनने का कारण भी समझ जाते हैं। छद्मसाधु से प्रभावित हुए बलराम प्रस्ताव करते हैं कि साधु महाराज को राजप्रसाद में लाया जाय। अर्जुन साधु के रूप में द्वारका के राजभवन में आ जाता है, जहाँ उसकी प्रिया सुभद्रा को ही उसकी सेवा में लगा दिया जाता है। सुभद्रा के भ्रम के कारण इस नाटक में बड़ी रोचक स्थिति निर्मित होती है। वह नहीं जानती कि उसे राक्षस से बचानेवाला और द्वारका में रह रहा साधु एक ही व्यक्ति है, और यह व्यक्ति अर्जुन है। वह बाल्यकाल से ही अर्जुन पर अनुरक्त थी। इस प्रकार वह अर्जुन, राक्षस से बचानेवाला व्यक्ति और साधु-तीनों को अलग-अलग व्यक्ति मानकर अपने आपको तीन पुरुषों के प्रति आकर्षित होने के पाप का भागी मानती है और इस मनोयंत्रणा से दुःखी होती हुई फाँसी लगाकर करने को उद्यत हो जाती है, उसी समय अर्जुन वहाँ पहुँचकर उसकी भ्रांति दूर करते हैं। फिर कृष्ण, अर्जुन और सुभद्रा का गुपचुप विवाह कराकर दोनों के पलायन में सहायता करते हैं। विवाह के पश्चात् पुनः राक्षस के द्वारा सुभद्रा का अपहरण, द्रौपदी के वेष में काली और सुभद्रा के वेष में ग्वालिन का अर्जुन के सामने आना-इत्यादि अनेक रोचक नवीन वृत्तांत इस नाटक में सुभद्रा और अर्जुन के विवाह के पश्चात् घटित होते हैं।

विदूषक के परिहास व व्यंग्य की धार से चुटीले वाक्य इस नाटक में रोचक हैं। संन्यासी अर्जुन का पूजन करती सुभद्रा को देखकर वह कहता है— 'भोः, केनेदानीं मूढ़ेन पाटच्चरो भाण्डागाररक्षाधिकारे लम्भितः।' अरे किस मूर्ख ने चोर को ही भंडार की रक्षा में नियुक्त कर दिया?

विबुधानंद

शीलांक नामक जैन कवि ने विबुधानंद नामक उत्सृष्टिकांक का प्रणयन किया। जैन साहित्कारों में शीलांक का नाम प्रसिद्ध है। उन्होंने ग्यारह अंगों पर टीकाओं का प्रणयन किया, जिनमें से दो प्राप्त हैं।

विबुधानंद में राष्ट्रकूट राजवंश का उल्लेख हुआ है। इस आधार पर इसका रचनाकाल आठवीं शती से दसवीं शती के बीच माना जा सकता है। भास के ऊरुभंग के पश्चात् उपलब्ध होनेवाला यह दूसरा उत्सृष्टिकांक है। इसमें लक्ष्मीधर नामक राष्ट्रकूट वंशीय राजकुमार का राजा राजशेखर की राजधानी में आना, राजकन्या बंधुमती से उसका प्रेम, दोनों का विवाह होना तथा विवाह के पश्चात् आभूषणों की पेटी से निकले साँप के डँस लेने से नायक की मृत्यु और उसके साथ बंधुमती का सती होना-यह दुःखांत वृत्त है। बेटी और जामाता दोनों के निधन से राजा राजशेखर भी प्रवज्या लेने का विचार करते हैं, पर अपने पुत्र के अल्पवयस्क होने के कारण रुक जाते हैं।

विवुधानंद की रचना जैनधर्म के निर्वेद का संदेश देने के लिए की गयी है। इसको भाषा सरल है तथा रूपक अभिनेय है। श्रृंगार, हास्य और करुण रसों का इसमें परिपाक हुआ है और अवसान में शांत रस है।

कल्याणसौगंधिक व्यायोग

केरल के निवासी नीलकंठ का कल्याणसौगंधिक व्यायोग महाभारत के वनपर्व की सुप्रसिद्ध कथा पर आधारित है, जिसमें भीमसेन द्रौपदी के लिए सुगंधित पुष्प लेने जाते हैं और वहाँ हनुमान् से उनकी मुठभेड़ हो जाती है। भीम अपने पूर्वपुरुष और अग्रज भ्राता हनुमान् को न पहचान कर उनसे युद्ध कर बैठते हैं। नाटककार ने इस कथा में पुष्पावचय के पहले भीम की एक राक्षस से भी मुठभेड़ करायी है। भीम और हनुमान् के बीच मल्लयुद्ध के अतिरिक्त वाक्कलह भी बड़ा रोचक है।

क्रोधवश नामक राक्षस से भीम की मुठभेड़ इस नाटक में नई उद्भावना है। भीम राक्षस को चुनौती देता हुआ कहता है—

> **खड्गेन क्षतविग्रहस्य पिशितैः क्लृप्तोपदंशोत्तरं**
> **कोष्णं ते रसयन् कपालचषकेणाकण्ठमस्त्रासवम्।**
> **आन्त्रस्त्रग्गुणमुद्वहन् विरचयन् नेपथ्यमस्थिव्रजै-**
> **र्नृत्यन् मत्तविलासजां धनपतेः प्रीतिं करिष्याम्यहम्।।**

खड्ग से तुम्हारे टुकड़े टुकड़े करके उनके मांस से चिखोना बनाकर, तुम्हारे कपाल के चषक से आकंठ तुम्हारा गुनगुने रक्त का रस ले लेकर पान करता हुआ, नाचता हुआ मैं मत्तविलास से होने वाली धनपति की प्रीति संपादित करूँगा।)

यहाँ भीम के कथन में बीभत्स, जुगुप्सा व क्रूरता का अतिरेक रूपककार ने कर दिया है। केरल के देशी नाट्यों में घोर हिंसात्मक दृश्यों का प्रदर्शन किया जाता रहा है, यह इस परंपरा का निदर्शन है। मत्तविलास के उल्लेख के द्वारा संभव है नाटककार मत्तविलासप्रहसन का भी परोक्ष रूप से संकेत करना चाहते हों। अभिनय तथा रंगमंच में उनका अभिनिवेश तो नाटक के संविधान में साफ झलकता है। प्रस्तावना में ही कहा है— इममभिनयालङ्कारालङ्कृतमनुदर्शयेति।

राजशेखर

राजशेखर एक कवि तथा आचार्य के रूप में संस्कृत-साहित्य में प्रसिद्ध हैं। वे यायावर वंशीय ब्राह्मण परिवार में उत्पन्न हुए। प्राचीन काल में ऋषियों के दो वर्ग थे- एक यायावरीय, दूसरे शालीय। यायावरीय एक स्थान पर न टिक कर निरन्तर यात्रा करते रहते थे। राजशेखर के पूर्वज मूलतः महाराष्ट्र के निवासी थे। इनमें अकालजलद अपने समय के श्रेष्ठ आचार्य तथा कवि थे। राजशेखर के पिता दर्दुक[५०] किसी राजा के मंत्री थे। इन्होंने अपनी माता का नाम

शीलवती बताया है तथा स्वयं को महामंत्री का पुत्र कहा है।[५१] परन्तु उन्होंने इस बात का कहीं भी उल्लेख नहीं किया कि उनके पिता किस राजा के महामन्त्री थे। चौहानवंशीय राजकुमारी अवंतिसुंदरी के साथ राजशेखर का विवाह हुआ, जो स्वयं विदुषी और साहित्य की मर्मज्ञ थी। राजशेखर कान्यकुब्ज में प्रतिहारवंशीय राजा महेंद्रपाल (८८५-९१० ई०) के गुरु रहे। ऐसा प्रतीत होता है कि उन्हें उस समय महेन्द्रपाल को शिक्षा देने के लिए कान्यकुब्ज में आमंत्रित या नियुक्त किया गया होगा, जब महेन्द्रपाल राजकुमार तथा किशोर या तरुण रहा होगा। राजा महेंद्रपाल के शिलालेख तथा अन्य प्रमाणों से यह ज्ञात होता है कि उनके एक घोइक नामक तंत्रपाल था। अपने पिता के प्रभाव से ही राजशेखर राजा के उपाध्याय के गौरवशाली पद पर पहुँचे होंगे। राजशेखर ने अपने पितामह की साहित्यिक उपलब्धियों का सगौरव वर्णन किया है।

इनके बालभारत नाटक का अभिनय राजा महीपाल (९१२-४४ ई०) के समक्ष हुआ। विद्धशालभंजिका नाटिका का अभिनय त्रिपुरी के कलचुरी राजा युवराज प्रथम केयूरवर्ष की सभा में हुआ। इस प्रकार राजशेखर तीन राजाओं से संबद्ध रहे और इनका समय नवीं शताब्दी के उत्तरार्ध से दसवीं शताब्दी के पूर्वार्द्ध के बीच माना जा सकता है।

ऐसा प्रतीत होता है कि राजशेखर के पूर्वज राजाश्रय की खोज में चेदि देश आ गये होंगें। उनके एक सुभाषित में नर्मदा नदी का सुंदर वर्णन है, तथा राजा रणविग्रह का उल्लेख करते हुए सुरानंद नामक कवि को चेदिमंडल का भूषण कहा गया है।[५२] राष्ट्रकूट नरेश चतुर्थ गोविन्द के सम्भात और सांगली ताम्रपत्र लेखों से ज्ञात होता है कि रणविग्रह त्रिपुरी के कल्चुरि राजा द्वितीय शंकरगण का विरुद था। इस प्रकार सुरानन्द द्वितीय शंकरगण का आश्रित रहा होगा यद्यपि राजशेखर स्वयं गुर्जर प्रतिहार साम्राज्य के आश्रय में कन्नौज में रहे। पर त्रिपुरी के लिये उनके मन में अनुराग बना रहा, जो बालरामायण के एक पद्य (३.३८) में व्यक्त हुआ है।

विदुषी पत्नी का साहचर्य और सहयोग,[५३] पंडितों व कवियों के परिवार से मिली परंपराएँ तथा राजसभा में सम्मानित पद इन स्थितियों का राजशेखर के व्यक्तित्व तथा कृतित्व के संवर्धन में योगदान रहा है।

सामन्तीय परिवेश के बीच रहने के कारण राजशेखर का विवाह अवन्तिसुन्दरी के साथ सम्भव हुआ होगा। सम्भव है कि राजशेखर अवन्तिसुन्दरी के सम्पर्क में विवाह के पूर्व ही आये हों तथा उसके वैदुष्य से प्रभावित हुए हों और राजशेखर तथा अवन्तिसुन्दरी दोनों के पिताओं ने दोनों की समान रुचि देखकर यह सम्बन्ध करना स्वीकार किया हो।

अपने बालरामायण नाटक की प्रस्तावना में राजशेखर ने अपने को वाल्मीकि, भर्तृमेंठ और भवभूति का अवतार बताया है। उन्होंने यह भी सूचित किया है कि उस समय के एक सभासद कृष्णवर्मा ने उनकी प्रशस्ति में यह पद्य रचा था—

पातुं श्रोतृरसायनं रचयितुं वाचः सतां सम्मता
व्युत्पत्तिं परमामवाप्तुमवधिं लब्धुं रसस्त्रोतसः।

भोक्तं स्वादुफलं च जीविततरोर्यद्यस्ति ते कौतुकं
तद् भ्रातः श्रृणु राजशेखरकवेः सूक्ती :सुधास्यन्दिनीः।।

(बालरामायण, १/१७)

इस खंड के मुक्तककाव्य विषयक अध्याय में सुभाषितकार अभिनंद की चर्चा आई है। ये अभिनंद राजशेखर के परम प्रशंसक थे, और राजशेखर से अपनी भेंट को इन्होंने जीवन कीं परम उपलब्धि बताते हुए इससे जन्मे आनंद को भावोच्छ्वसित होकर रमणीय अभिव्यक्ति दी है। महाकवि राजशेखर से अपनी भेंट का इनके द्वारा नीचे दिये पद्य में जैसा मर्मस्पर्शी वर्णन किया गया है वह इनकी सहृदयता का परिचायक है।

सौजन्याङ्कुरकन्द-सुन्दरकथासर्वस्व-सीमन्तिनी-
चित्ताकर्षणमन्त्र मन्मथसुहृत्कल्लोल वाग्वल्लभ।
सौभाग्यैकनिवेश पेशलगिरामाधार-धैर्याम्बुधे
धर्माद्रिद्रुम राजशेखरकवे दृष्टोसि यामो वयम्।।

(सुभाषितरत्नकोश, १४२२)

(हे सौजन्य रूपी अंकुर के कंद, हे सुंदर कथाओं के सर्वस्व, हे सुंदरियों के चित्त के खींचने वाले मंत्र! हे मन्मथ या कामदेव के मित्र कोकिल की कल्लोल! वाग्वल्लभ! हे सौभाग्य की एकमात्र निवेश बनने वाली वाणी के आधार! हे धैर्य के सागर! हे धर्म के आदिद्रुम राजशेखर कवि! तुम्हें देख लिया, अब हम चले।)

रचनाएँ

अपने बालरामायण नाटक में राजशेखर ने स्वयं को छह प्रबंधों का प्रणेता बताया है। इन छह प्रबंधों में से चार रूपक सुविदित हैं—बालरामायण, बालभारत या प्रचंडपांडव, कर्पूरमंजरी तथा विद्धशालभंजिका। पाँचवीं कृति काव्यमीमांसा नामक काव्यशास्त्रीय ग्रन्थ है, जो अधूरा मिलता है। राजशेखर का छठा प्रबंध कौन-सा है—इसका निर्णय नहीं हो सका है। हेमचंद्र तथा उज्ज्वलदत्त के अनुसार राजशेखर ने हरविलास नामक एक महाकाव्य की रचना की थी।[५४] व्ही० राघवन् ने अपने ग्रंथ भोजज श्रृंगारप्रकाश में अमरकोश के टीकाकार नारायण का एक उद्धरण प्रस्तुत किया है, जो उनके अनुसार राजशेखर के हरविलास काव्य से है। इस पद्य में दानवों के द्वारा देवों के पराभव तथा उनके शिव के प्रति शरणागत होने का उल्लेख है।

स्वयं राजशेखर ने काव्यमीमांसा में अपनी एक अन्य रचना भुवनकोश का उल्लेख किया है जिसमें सारे भुवन या संसार का भौगोलिक वर्णन किया गया था। इन प्रबंधों के अतिरिक्त राजशेखर ने अनेक स्फुट पद्यों की भी रचना की थी, जो सुभाषित संग्रहों में उपलब्ध हैं। आचार्य कुंतक ने इनके मुक्तकों की भूरि-भूरि प्रशंसा की है।

कंर्पूरमंजरी

यह सट्टक कोटि का उपरूपक है। आद्यंत प्राकृत भाषा में रचा गया है। तथा कालिदास के मालविकग्निमित्र तथा हर्ष की रत्नावली से स्पष्टत: प्रभावित है। तांत्रिक भैरवानंद अपने तंत्र के प्रभाव से स्नान करती हुई एक सुंदरी को राजा के सामने उपस्थित कर देता है। यह सुंदरी वास्तव में कर्पूरमंजरी ही है। राजा उससे प्रेम करने लगता है। कर्पूरमंजरी तथा राजा दोनों छिपकर मिलते हैं, रानी इस पर क्रुद्ध कर्पूरमंजरी को कारागार में डाल देती है। राजा एक सुरंग में से जाकर नायिका से मिलता है। नाटक के अंत में भैरवानंद के द्वारा यह बताने पर कि राजा का विवाह लाट देश की राजकुमारी के साथ करने पर वे चक्रवर्ती बन जायेंगे, रानी राजा का विवाह कर्पूरमंजरी के साथ कराने पर तैयार हो जाती है।

कर्पूरमंजरी में वसंत, नायिका का सौन्दर्य, दोला (झूला) तथा चर्चरी नृत्य के काव्यात्मक और मनोहारी वर्णन हैं। नृत्य और संगीत के आद्यंत समायोजन ने इसे रंगमंच के लिए आकर्षक बना दिया है।

बालभारत या प्रचंडपांडव

इस नाटक के दो ही अंक प्राप्त हुए हैं। यह महाभारत की कथा पर आधारित नाटक है। प्राप्त दो अंकों में द्रौपदी का स्वयंवर तथा द्यूतक्रीड़ा और द्रौपदी के वस्त्रहरण की घटनाएँ चित्रित हैं।

विद्धशालभञ्जिका

यह नाटिका है। वासुदेव विष्णु मिराशी ने इसके कतिपय प्रसंगों को ऐतिहासिक माना है। इसमें उल्लिखित युवराजदेव और राष्ट्रकूट नरेश चतुर्थ के बीच युद्ध पयोष्णी नदी के तट पर ९६६ ई० में हुआ। नाटिका में उल्लिखित वीरपाल युवराजदेव का जामाता अमोघवर्ष है, जिसका पक्ष लेते हुए युवराजदेव ने युद्ध किया। इसमें चार अंकों में लाटवेश के राजा चंद्रवर्मा की पुत्री मृगांकवती तथा राजा विद्याधरमल्ल के गुप्त विवाह की कथा निरूपित है। राजा चंद्रवर्मा ने अपनी पुत्री मृगांकवती को नायक त्रिपुरी के कलचुरी सम्राट् विद्याधरमल्ल के यहाँ मृगांकवर्मा के नाम से लड़के के वेश में भेज रखा है। रानी खेल-खेल में विदूषक का ब्याह एक दास को दासी का वेष बनवाकर उसके साथ कराती हैं। विवाह के समय दास डमरुक बोल पड़ता है कि मैं तो डमरुक हूँ। विदूषक लज्जित होता है और रानी से इस हँसी का बदला लेने के लिए रानी की दासी मेखला को अपने पाँवों के नीचे से निकाल देता है। रानी मृगांकवर्मा को वास्तव में लड़का समझकर उसे कन्या का वेश धारण कराती हैं, और राजा के साथ हँसी में उसका विवाह करा देती हैं। नायिका का कभी शालभंजिका (पुतली या प्रतिमा) तो कभी किशोर के रूप में दिखायी पड़ना इस नाटिका में एक अभिनव और चमत्कारपूर्ण कल्पना है।

नाटिका के अंत में ज्येष्ठा नायिका अपने पति का विवाह मृगांकवती तथा कुंतलराजकुमारी कुवलयमाला दोनों को साथ करा देती हैं।

बालरामायण

यह दस अंकों का महानाटक है। आकार की दृष्टि से यह संस्कृत के सर्वाधिक विशाल नाटकों में एक है। इसमें रामायण की सम्पूर्ण कथा प्रस्तुत है। यह रामलीला की प्राचीन परम्परा का स्वरूप भी प्रस्तुत करता हैं। पर राजशेखर ने रामायण की कथा को नवीन विन्यास देते हुए इस रावणकेंद्रित बना दिया है। बालरामायण के दस अंकों में केवल तीन ही अंकों में राम मंच पर रहते हैं। राम की अपेक्षा दशरथ, परशुराम और रावण के चरित्र इस नाटक में अपनी उपस्थिति से वर्चस्व बनाते हैं।

इस नाटक के सभी दस अंक भी दीर्घाकार हैं, और पूरे नाटक का अभिनय एक दिन में होना संभव नहीं है। इसके प्रत्येक अंक का नाम एक-एक लीला पर किया गया है। अंक के प्रारम्भ में सूत्रधार के द्वारा की जाने वाली घोषणा दी गई है। जैसे-अत: परं परशुराम-रावणीयो भविष्यति (द्वितीय अंक); अत: परं विलक्षलङ्केश्वरो भविष्यति (तृतीय अंक); अत: परं भार्गवभङ्गो भविष्यति (चतुर्थ अंक) इत्यादि। यह पद्धति भी रामलीला के समान है। अंकों के नाम कथावस्तु के अनुसार अलग-अलग दिये गये हैं। इस प्रकार दसों अंकों के नाम हैं— प्रतिज्ञापौलत्य, परशुरामरावणीय, विलक्षलङ्केश्वर, भार्गवभंग, उन्मत्तदशानन, निर्दोषदशरथ, असमपराक्रम, वीरविलास, रावणवध तथा राघवानंद। प्रथम अंक में विश्वामित्र राम को अपने आश्रम में यज्ञ की रक्षा के लिए लेकर आते हैं, तथा अपने शिष्य शुन:शेप को अपना प्रतिनिधि बनाकर जनक के पास भेजते हैं। शुन:शेप और राक्षस के संवाद में विश्वामित्र तथा अगस्त्य इन दोनों मुनियों के गुणों व चरित का बखान किया गया है। रावण और प्रहस्त विमान से मिथिला आते हैं। रावण के लिए शिव का धनुष मँगवाया जाता है। शिवधनुष का अपमान करने के कारण रावण और जनक में विवाद हो जाता है। द्वितीय अंक में परशुराम और रावण के विवाद का निरूपण है। तृतीय अंक में रावण के सम्मुख दिव्य पात्रों के द्वारा सीता-स्वयंवर नाटक का अभिनय किया जाता है। चौथे अंक में राम और सीता के विवाह के पश्चात् परशुराम का मिथिला में आना और उनका राम से संवाद चित्रित है। पाँचवें अंक में सीता के विरह में व्याकुल रावण का जी बहलाने के लिए यंत्र जानकी (सीता की कठपुतली) उसके सामने लायी जाती है। इसी अंक में शूर्पणखा रावण के सामने आती है। इसकी नासिका और कान काट दिये गये हैं। षष्ठ अंक में माल्यवान् की योजना के अनुसार शूर्पणखा और मायामय नामक राक्षस कैकेयी और दशरथ का वेष धरकर अयोध्या आते हैं। छद्म कैकेयी के द्वारा छद्म दशरथ से दो वर माँगे जाते हैं, और राम उसके कारण वनवास प्रस्थान करते हैं। इसके पश्चात् सीताहरण और जटायु के वध की सूचना जटायु के दूत के द्वारा दी जाती है। पंचम अंक में राम की सागर से मार्ग की याचना, सेतु का निर्माण, सेतु-बंधन में बाधा डालने के लिए आयी

राक्षस सेना से राम की सेना का युद्ध, रावण के द्वारा कृत्रिम सीता का मस्तक काटकर राम के आगे फेंका जाना, राम का उसे वास्तविक सीता समझकर विलाप, कृत्रिम सीता के मस्तक से निकली सारिका (मैना) का राम को प्रबोध, मंदोदरीपुत्र सिंहनाद की राम को चुनौती और राम का उससे समर के लिए प्रस्थान-ये घटनाएँ चित्रित हैं। अष्टम अंक में राम और रावण के बीच तुला-द्यूत होता है, जिसमें रावण का प्रतिनिधि नरांतक राम के प्रतिनिधि अंगद से युद्ध करता है। नरांतक मारा जाता है। पराजय के पश्चात् भी रावण तुलाद्यूत की शर्त स्वीकार न करके युद्ध करता रहता है। इस अंक में त्रिजटा सीता को युद्ध का वृत्तांत बताती है। नवम अंक में यमराज द्वारा लंका का लेखपट्ट माँगा जाता है, जिसके माध्यम से युद्ध की हो चुकी और हो रही घटनाओं का विवरण दिया गया है। इंद्र और दशरथ भी इस अंक में आते हैं। राम और रावण के युद्ध तथा रावणवध का भी इस अंक में चित्रण है। अंतिम दसवें अंक में राम पुष्पक विमान से अयोध्या लौटते हैं, लंका से अयोध्या तक के भारतवर्ष के दृश्यों का यहाँ कवि ने सुंदर वर्णन किया है।

बालरामायण में रामकथा में अनेक नये तत्त्व और नवीन उद्भावनाएँ नाटककार ने समायोजित की हैं। विश्वामित्र के शिष्य शुन:शेप की पात्र के रूप में उपस्थिति तथा रावण के गुप्तचर से उसका संवाद, दशरथ तथा कैकेयी दोनों को वनवास के प्रसंग में निर्दोष सिद्ध करने के लिए मायामय कैकेयी और मायामय दशरथ का अवतरण, शूर्पणखा की नासिका और कान अयोध्या में ही काटे जाना, रावण और परशुराम का विवाद, तुलाद्यूत का प्रकरण आदि अनेक वृत्तांत राजशेखर की कल्पना की उर्वरता के परिचायक हैं। तीसरे अंक में रावण के मनोरंजन के लिए उसकी सभा में प्रदोष के समय सीता स्वयंवर नामक प्रेक्षणक का अभिनय किया जाता है। गर्भांक या नाटक के भीतर नाटक की यह कल्पना भवभूति से प्रभावित प्रतीत होती है।

काव्यकला

राजशेखर की भाषा वक्रोक्ति की विच्छिति और शैली के निखार का मानदण्ड है। उनमें परिष्कार, सुकुमारता और ओजस्वी गाढबंध की रचना का सम्मिश्रण करने की विरल क्षमता है। बालभारत में उनकी अपनी शैली के विषय में यह गर्वोक्ति मिथ्या नहीं है—'अहो मसृणोद्धता सरस्वती यायावरस्य।' अर्थात् यायावर राजशेखर की वाणी में मसृणता तथा उद्धतता दोनों का संयोग है। अनुप्रासों के विन्यास की दक्षता उनमें देखते ही बनती है। उनका शब्दभण्डार अत्यन्त सम्पन्न है, तथा गद्य में अटूट लय है। वत्स सोदर वृकोदर, परपुरञ्जय धनञ्जय, मण्डितपाण्डवकुल नकुल, द्विषद्दु:सह सहदेव इह हि महाराजसमाजे न जाने कमवलम्बिष्यते राधावेधकीर्तिवैजयन्ती (प्रचंडपांडव); कथमद्यापि पटिष्ठमाञ्जिष्ठं च मञ्जुमार्तण्डीयं तेज:, मरीचयोऽर्कस्य कोमला: (बालरामायण)। इस प्रकार की वाक्यावलियाँ राजशेखर के रूपकों में वाचिक अभिनय या पाठ की दृष्टि से आकर्षण उत्पन्न करती हैं, तथा उनकी भाषा को विलक्षण सौन्दर्य से मंडित करती हैं।

अनुप्रास के कारण संगीत की झंकार भी उनकी गद्य और पद्य-रचना में गूँजती रहती है। उदाहरण के लिए—

द्युतिजितकरवालः सूतवंशप्रवालः स्फुटितकुटजमालः स्पष्टनीलत्तमालः।
इह हि गतमरालः केतकाली कराले शिखरिणि मम कालः सोऽभवन्मेघकालः।।

(बालरामायण, १/५२)

इसमें कोई सन्देह नहीं कि शैली का यह परिष्कार और चमत्कार आयासजन्य तथा कृत्रिम है। हृदय की सहज संववेदना, भवभूति जैसी रागात्मकता का राजशेखर में अभाव है।

राजशेखर के नाटकों में काव्यात्मक कल्पनाओं और प्रकृति के मानवीकरण ने विशेष आकर्षण उत्पन्न कर दिया है। बालरामाण में दिन और संध्या को वर-वधू के रूप में प्रस्तुत करते हुए वे कहते हैं—

दिवससन्ध्यावरवध्वोर्वहति विवाहाग्निविभ्रमं भानुः।
लाजायते च साक्षादुत्तरलस्तारकानिकरः।।

(३/८७)

(दिन और संध्या का विवाह हो रहा है, सूर्य विवाह की वेदी में जलती अग्नि जैसे लग रहें हैं। चमकते हुए तारे विवाह के समय छोड़े जानेवाले लाजा (लाई) प्रतीत हो रहे हैं।)

राम के साथ वनवास के समय चलती सीता का यह चित्र अत्यन्त करुणापूर्ण तथा सौकुमार्य और कारुण्य की पराकाष्ठा का निदर्शन है—

मुञ्चत्यग्रे किसलयचयं लक्ष्मणो याति सीता
पादाम्भोजे विसृजदसृजी तत्र सञ्चारयन्ती।
रामो मार्गं दिशति च ततस्तेऽखिलेनापि चाह्ना
शैलोत्सङ्गप्रणयिनि पथि क्रोशमेकं वहन्ति।।

(६/४७)

(लक्ष्मण सीता के आगे कोमल पत्ते बिछा रहे हैं। सीता उनपर अपने चरण-कमल रखकर चल रही हैं, फिर भी उनके चरणों से रक्त चू रहा है। राम मार्ग दिखाते हुए आगे-आगे चल रहे हैं। इस प्रकार पर्वतीय मार्ग को ये तीनों दिनभर में एक कोस पार कर पाते हैं।)

छंदों की दृष्टि से राजशेखर ने बड़े और छोटे सभी छंदों का प्रयोग अपने रूपकों में किया है। उनके शार्दूलविक्रीडित छंद की प्रशंसा करते हुए क्षेमेंद्र ने कहा है—'शार्दूलक्रीडितैरेव प्रख्यातो राजशेखरः।' सर्वाधिक श्लोक राजशेखर ने शार्दूलविक्रीडित छंद में ही लिखे हैं। बालरामायण में २८, बालभारत में ४१, विद्धशालभञ्जिका में ३६ तथा कर्पूरमंजरी में २४ शार्दूलविक्रीडित हैं। इसके पश्चात् सर्वाधिक संख्या वसंततिलका छंद की है।

वह्निरेव वह्नेर्भेषजम्, पद्मा पद्मे निषीदतु, न विना हिमानीमचण्डो मार्तण्डः, अतथाविधो

न तथाविधरहस्यवेदी, न सर्वदा सर्वस्य सदृशो दशापरिपाकः, क्व नु पुनः सर्वत्र सर्वे गुणाः, अयमपरः क्षते क्षारावसेकः, चतुर्थीन्द्रो दृष्टः, डिम्भस्य दुर्विलसितानि मुदे गुरूणाम्, पुराणपत्रमविदार्य पल्लवो न समुल्लसति, दृष्टा हरिश्चन्द्रपुरीव नष्टा, नटे दृष्टे मुण्डित उपविष्टः पतिर्मुण्डितः — इस प्रकार की सूक्तियाँ, मुहावरे या आभाणक राजशेखर की रचनाओं में भरे पड़े हैं।

राजशेखर का रंगमंच और उन पर लोकनाट्य-परम्परा का प्रभाव

राजशेखर ने लोकनाट्य-परम्परा से जुड़ी एक रूपकविधा का दुर्लभ और पहला उदाहरण प्रस्तुत किया। कर्पूरमंजरी की प्रस्तावना में सूत्रधार के वचनों में वे नाट्यप्रस्तुति के पहले नेपथ्य में चल रही अभिनेताओं की तैयारी का सारा दृश्य उजागर कर देते हैं। बालरामायण में वे नाट्याचार्य कोहल के द्वारा सीतास्वयंवर नाम का गर्भ नाटक (नाटक के भीतर नाटक) रावण की सभा में प्रस्तुत कराते हैं। कोहल उपरूपकों या लोकनाट्यों की परम्परा के आचार्य हैं। कोहल को नाट्याचार्य के रूप में अपने नाटक में एक पात्र बनाना राजशेखर का लोकनाट्यपरम्परा से नैकट्य सूचित करता है। अपने रूपकों में वे ध्रुवाओं (नाट्यप्रयोग के समय गायकवृंद द्वारा गाये जाने वाले गीत) का प्रयोग भी बार-बार करते हैं। विद्धशालभंजिका में कठपुतलीनाट्य के अभिप्रायों का नाटकीय विन्यास प्रभावशाली रूप में उन्होंने किया है। नाट्यशास्त्र के अनेक विधानों का उल्लंघन भी राजशेखर ने लोकनाट्यपरम्परा से प्रभावित होने के कारण ही किया है। उदाहरणार्थ, रंगमंच पर उत्स्वप्नायित या शयन का दृश्य, बालरामायण में परशुराम और रावण के बीच युद्ध का प्रसंग, स्नान करती नायिका का प्रवेश आदि। कर्पूरमंजरी में उन्होंने चर्चरी का प्रवेश कराया है, जो लोकनाट्य करनेवाला दल ही है।

पारम्परिक समीक्षा-राजशेखर ने अपने जीवनकाल में सहृदयों व कवियों के समाज में प्रतिष्ठा अर्जित कर ली थी। तभी तो उनके कुछ समय बाद हुए महाकवि धनपाल ने उनकी समाधिगुणशालिनी तथा प्रसन्न परिपाक वाली वाणी की सराहना करते हुए कहा है—

समाधिगुणशालिन्यः प्रसन्नपरिपक्त्रिमाः।
यायावरकवेर्वाचो मुनीनामिव वृत्तयः।।

(तिलकमंजरी, प्रस्ताविकपद्य-३३)

बालरामायण के एक पद्य (२.३७) की कुन्तक ने व्याकरण वक्रता के उदाहरण के रूप में प्रस्तुत किया है, तो राजशेखर के इस पद्य का उन्होंने सुकुमार गुण की दृष्टि से गहरा विश्लेषण किया है—

सद्यः पुरी परिसरेऽपि शिरीषमृद्वी, सीता जवात् त्रिचतुराणि पदानि गत्वा।
गन्तव्यमस्ति कियदित्यसकृद् ब्रुवाणा, रामाश्रुणः कृतवती प्रथमावतारम्।।

कुंतक कहते हैं— **अत्रासकृत्प्रतिक्षणं कियदद्य गन्तव्यमित्यभिधानलक्षणः परिस्पन्दो**

न स्वभावमहत्तामुन्मीलयति, न च रसपरिपोषाङ्गतां प्रतिपद्यते। यस्मात्सीतायाः सहजेन केनाप्यौचित्येन गन्तुमध्यवसितायाः सौकुमार्यादेवंविधं वस्तु हृदये परिस्फुरदपि वचनमारोहतीति सहृदयैः संभावयितुं न पार्यते। न च प्रतिक्षणमभिधीयमानमपि राघवाश्रुप्रथमावतारस्य सम्यक् सङ्गतिं भजते, सकृदाकर्णनादेव तस्योपपत्तेः। एतच्चात्यन्तरमणीयमपि मनाङ्मात्रचलितावधानत्वेन कवेः कदर्थितम्। तस्माद् अवशम् इत्यत्र पाठः कर्तव्यः। (सीता के लिये बार बार यह कहना कि कितना और चलना है— यह उसके स्वभाव की महत्ता को सूचित नहीं करता। सीता तो सहज औचित्य से साथ चलने के लिये तैयार हुईं थीं, उसके मन में इस तरह का प्रश्न करने की बात भी उठेगी – सहृदय इस बात की कल्पना भी नहीं कर सकते। फिर इस तरह बार बार सीता के पूछने पर राघव के अश्रु के प्रथम अवतार या उनकी आँखों में पहली बार आँसू भर आने की बात भी असंगत है, एक बार 'कितना चलना है' यह पूछना ही राम की आँखों में आँसू ला देने के लिये पर्याप्त था। यह पद्य बड़ा रमणीय है, पर कवि का अवधान स्खलित हो गया है, इसलिये इसमें कदर्थित या अर्थ का अनर्थ हुआ है।)

इसी प्रकार बालरामायण के निम्नलिखित पद्य में आचार्यों ने समाप्तपुनरात्त दोष दिखाया है—

मसृणचरणपातं गम्यतां भूः सदर्भा विरचय सिचयान्तं मूर्ध्नि घर्मः कठोरः।
तदिति जनकपुत्री लोचनैरश्रुपूर्णैः पथि पथिकवधूभिर्वीक्षिता शिक्षिता च।।

यहाँ प्रथमार्ध का वक्तव्य शेष 'तत् इति' द्वितीयार्ध में निक्षिप्त कर दिया गया है, अतः समाप्तपुनरात्त दोष हो जाता है। इसी प्रकार —

चापाचार्यस्त्रिपुरविजयी कार्तिकेयो विजेयः शस्त्रव्यस्तः सदनमुदधिर्भूरियं हन्तकारः।
अस्त्येवैतत् किमु कृतवता रेणुकाकण्ठबाधां बद्धस्पर्धस्तव परशुना लज्जते चन्द्रहासः।।

परशुराम के लिये संबोधित इस पद्य में प्रत्ययदोष बताया है।

आज्ञा शक्रशिखामणिप्रणयिनी शास्त्राणि चक्षुर्नवं
भक्तिर्भूतपतौ पिनाकिनि पदं लङ्केति दिव्या पुरी।।
उत्पत्तिर्द्रुहिणान्वये च तदहो नेदृग्वरो लभ्यते
स्याच्चेदेष न रावणः क्व नु पुनः सर्वत्र सर्वे गुणाः।

आचार्य का कथन है कि इस पद्य को 'स्याच्चेदेष न रावणः' – यहीं पर समाप्त कर देना चाहिये था, 'क्व नु पुनः सर्वत्र सर्वे गुणाः' यह जोड़ने की आवश्यकता नहीं थी। इसी प्रकार की आलोचना राजशेखर के इस पद्य पर की की गई है—

अत्रासीत् फणिपाशबन्धनविधिः शक्त्या भवद्देवरे...
केनाप्यत्र मृगाक्षि राक्षसपतेः कृत्ता च कण्ठाटवी

पुष्पक विमान से लौटते समय राम सीता को आकाश से नीचे रणभूमि का दृश्य बताते

हुए कहते हैं - 'हे मृगाक्षि, तुम्हारे देवर को नागपाश से बाँधा गया था, और यहाँ पर किसी ने राक्षसपति रावण की कंठाटवी को काटा था।' इसकी समीक्षा करते हुए मम्मट कहते हैं - **अत्र केनाप्यत्रेत्यर्थशक्तिमूलानुरणनरूपस्य। तस्याप्यत्र इति युक्तः पाठः।** ('केनापि' इसमें अर्थशक्तिमूल अनुरणन रूप व्यंग्य ध्वनि है, पर वह उचित नहीं है, (क्योंकि राम जैसे धीरोदात्त नायक का अहंभाव उससे प्रकट होता है, जो अनुचित है)। केनापि के स्थान पर तस्यापि करने से उसका दोष हट जाता है।

क्षेमीश्वर

राजशेखर के समकालीन तथा राजा महीपाल देव की सभा के रत्न सुकवि क्षेमीश्वर ने दो नाटकों का प्रणयन किया-चण्डकौशिक तथा नैषधानंद। पहला नाटक विश्वामित्र के द्वारा राजा हरिश्चन्द्र की सत्यवादिता की परीक्षा के कथानक को प्रस्तुत करता है। विघ्नराज वराह, पाप तथा चांडालवेषधारी धर्म जैसे प्रतीकात्मक चरित्रों, हरिश्चंद्र के द्वारा सत्य की रक्षा के लिए श्मशान में चांडाल बनकर रहना, अपने मृत पुत्र को भी श्मशानशुल्क न चुकाये जाने के कारण चिता पर चढ़ाने से रोक देना, हरिश्चन्द्र के गुरु उपाध्याय के उज्ज्वल चरित्र और विश्वामित्र की निर्ममता का चित्रण इस नाटक में बड़ा प्रभावशाली है।

प्रथम अंक में राजा अपने पुरोहित के निर्देश पर आने वाली विपत्ति को टालने के लिए रात्रि में अज्ञातवास पर रहकर अनुष्ठान करते हैं। रानी शैव्या उनके रात्रि में बिना बताये कहीं चले जाने से रूठ जाती है। राजा रनिवास पहुँचे तो रानी अपनी सखी चारुमती के साथ उदास बैठी थीं। राजा ने सोचा - नलिनी सूर्य के मेघों से आच्छन्न हो जाने पर खंडिता हो जाती है, यह उसी का विप्रलंभ नहीं है, यह सूरज के लिये भी तो उपालंभ है। उधर चारुमती रानी का डाह और भड़का रही थी कि राजा लोगों के तो अनेक वल्लभाएँ होती ही हैं। यह सब सुनकर शैब्या तो रोती जा रही थी। राजा को सामने देख रानी ने जो कुछ शिकायत झगड़ा करने की ठानी थी, वह सब भूल गई। पर जब राजा ने पूछा कि प्रिये, साज सिंगार क्यों नहीं किया, तब रानी को अचानक क्रोध आ ही गया। उसने ताना मारने लगी कि आप कितने सुंदर लग रहे हैं उनींदी लाल लाल आँखों और निद्रालस अंगों से! राजा ने उसे मनाते हुए कहा कि गुरु के आदेश से उन्हें रात आश्रम में पूजा करते हुए बितानी पड़ी।

जब तक रानी कुछ समझ पाती, कुलपति का भेजा एक तापस वहाँ आ पहुँचा। उसके हाथ में शांति जल था। राजा का प्रारब्ध इस समय अच्छा नहीं है। तापस सोच रहा था - यह क्या हो रहा है, पूर्णिमा के दिन चंद्रग्रहण हो रहा है, धरती हिल रही है। अनिष्ट टालने के लिये अनुष्ठान तो किया, पर होनी तो होकर रहेगी।

राजा ने तापस का आदर सत्कार किया। तापस ने कुलपति का संदेश सुनाया — रानी शैब्या को भी गृहदेवता की आराधना और ब्राह्मणों का पूजन करना है।

रानी व्यग्र हो उठतीं हैं। राजा को क्या क्या खरी खोटी सुनानी थी, वह सब भूलकर पूजा गृह की ओर चल देतीं हैं। तभी वनेचर सूचना देता है कि एक महावराह ने उत्पात मचा रखा है। राजा मृगया करने चल पड़ते हैं। पर वराह तो उन सब को चकमा देकर बहुत बीहड़ जंगल में जा धँसा।

वराह कभी राजा हरिश्चंद्र के सामने प्रकट होता, कभी बिला जाता। कभी लगता कि अब एक दम निकट है। पर राजा बाण छोड़ने को होते कि वह यह जा, वह जा।

वास्तव में वह वराह नहीं था। वह था विघ्नराज। उसका तो लक्ष्य था कि किसी तरह राजा को भटका कर विश्वामित्र के आश्रम में पहुँचा दे। राजा बेतहाशा वराह का पीछा करते करते विश्वामित्र के आश्रम में जा पहुंचे। आश्रम के पास पहुंचतें हैं कि वराह गायब हो जाता है। यहाँ प्रथम अंक समाप्त होता है।

द्वितीय अंक में राजा आश्रम में स्त्रियों की चीख पुकार सुनते हैं। आर्तस्वर में स्त्रियां गुहार कर रहीं थीं - बचाइये बचाइये हमें, हमें जीवित अग्नि में झोंका जा रहा है। राजा ढाढस बँधाते हुए धीर गंभीर स्वर में कहते हैं - डरिये नहीं, डरिये नहीं आप लोग! जो कोई पापी आपको सता रहा है, उसे मैं बाणों से छलनी कर डालूँगा!

पास जाकर देखा - तीन स्त्रियाँ थीं। भय से थर थर काँपती हुईं। हवन कुंड के सामने एक तपस्वी बैठा मंत्र पाठ कर रहा था, तीनों स्त्रियाँ उसकी मंत्रशक्ति से बलात् खींची जा रहीं थीं!

राजा ने उसे ललकारा - अरे पाखंडी, तू तो तापस से वेष में पाप की प्रतिमा है, ऋषि समाज पर कलंक है। बंद कर यह सारा पापपूर्ण अनुष्ठान! नहीं तो तू मेरे बाण से अभी यमलोक पहुँचेगा।

राजा की ललकार से ऋषि विश्वामित्र की समाधि टूट जाती है। समाधि को टूटते ही वे तीन स्त्रियाँ पाश से छूटी हरिणियों की तरह सरपट भाग जाती हैं। वास्तव में वे स्त्रियाँ थीं ही नहीं, वे तो सृष्टि, स्थिति और लय की विद्याएँ थीं, जिन्हें विश्वामित्र साधना चाह रहे थे।

विश्वामित्र ने क्रोध में अंगारे की तरह जलती आँखों से राजा को घूरते हुए कहते हैं - अरे क्षत्रियाधम, जिस तरह शांत और संयमी शिव ने समाधि भंग करने वाले कामदेव को अपनी क्रोधाग्नि में जलाकर भस्म कर डाला उसी तरह मैं भी तुझे जलाकर राख कर दूँगा, तूने मेरी सारी साधना मटियामेट कर के रख दी!

राजा को अपनी भूल का पता चलता है, वे विश्वामित्र के आगे बहुत गिड़गिड़ाते हैं।

विश्वामित्र ने उपहास के स्वर में कहते हैं - तू बड़ा धर्मात्मा है, मेरी तीन विद्याएँ सधने ही वालीं थीं, जो मेरे हाथ से निकल गईं, बता उनके बराबरी का क्या दान तू मुझे दे सकेगा?

हरिश्चंद्र ने कहा - आप यदि दान स्वीकार करें, तो सूर्यवंश कृतार्थ हुआ! आपकी ऐसी घनघोर तपस्या के अनुरूप तो कुछ दान मेरे पास नहीं। पर यह विविध धनधान्यों से परिपूर्ण रत्नों की खान सारी धरती आपको दे सकता हूँ।

राजा विश्वामित्र को प्रसन्न करने के लिए सारी पृथ्वी का राज्य उन्हें देने का संकल्प करते हैं। विश्वामित्र कहते हैं कि इसके ऊपर दक्षिणा भी दो। राजा एक मास के भीतर एक लाख स्वर्णमुद्रा देने का वचन देते हैं। विश्वामित्र कहते हैं — स्वर्णमुद्राएँ इस धरती से लाकर तो तू नहीं दे सकेगा, कहीं और जाकर लानी होगीं। हरिश्चन्द्र मुनि की दक्षिणा की व्यवस्था के लिए रानी शैव्या और पुत्र रोहित को लेकर काशी जाते हैं।

काशी में भटकते हुए एक मास बीतनें कों आता है। दक्षिणा राशि की व्यवस्था नहीं हो पाती। विश्वामित्र वहाँ भी आ धमकते हैं। राजा को देखकर कहते हैं - अरे दुरात्मा, यही है तेरा धर्म, एक माह पूरा होने को है, कहाँ है मेरी दक्षिणा?

राजा कहते हैं - भगवन्, बस अभी अपने आप को बेचकर आपकी दक्षिणा की एक लाख स्वर्णमुद्राएँ यहीं आपको अर्पित कर देता हूँ।

वणिग्वीथी आ गई। यह काशी का हाट था। सोने के सुमेरु पर्वत के समान ऊँचे ऊँचे ढेर लगे हुए थे। मणिमाणिक्य और रत्नों का छटा बिखरी थी। यहाँ सब कुछ खरीदा जा सकता था, दास दासी भी। राजा ने तिनके अपने मस्तक पर रखकर अपने तो बेचने के लिये पुकार लगाई - हे महानुभावो, किसी विवशता के कारण मैं अपने आप को एक लाख स्वर्ण मुद्राओं में बेच रहा हूँ। कृपया मुझे खरीद लें।

सुनकर कुछ श्रेष्ठी जन खरीदने के लिये आ पहुँचे और पूछने लगे - क्या काम करोगे, क्या क्या कर सकते हो?

राजा ने कहा- बिक जाने पर तो मैं अपने स्वामी का दास बन कर रहूँगा, जो स्वामी कहेगें, सब करूँगा।

साहूकार कहते - ठीक है, पर मूल्य अधिक है।

राजा ने साँस छोड़कर कहा - श्रेष्ठीजनो, मैं क्षत्रिय हूँ, दो बातें नहीं करता।

राजा अन्य स्थान पर खड़े होकर फिर से पुकार लगाने लगा।

तभी रोहित का हाथ पकड़े पीछे आती हुई शैब्या वहाँ आ पहुँची। उसने राजा से कहा - यह क्या कर रहे हैं? सुख के दिनों में आपने मुझे साथ रखा, और ऐसे समय में सेवा का अवसर न देकर स्वयं यहाँ वणिग्वीथी में आ गये।

शैब्या ने पुकार लगाई - हे आर्यगण, मेरे पति ने अपनी जितनी बोली लगाई है, उससे आधे मूल्य में आप लोग आचार परायण इस दासी को खरीद लीजिये।

राजा का मस्तक नीचा हो गया।

शैब्या को देखकर कुछ खरीददार तुरन्त आ पहुँचे, और पूछने लगे कि क्या क्या कर सकती हो, हम से क्या चाहती हो?

शैब्या ने कहा - परपुरुष की सेवा और झूठे भोजन का ग्रहण छोड़कर सब काम करूँगीं।

सुनकर खरीददार मुँह बिचकाकर चलते हुए।

तभी अपने बटु के साथ एक उपाध्याय उधर से निकले। उन्हें अपने पत्नी की सेवा के लिये एक दासी की आवश्यकता थी। देखा कि बाजार में दासी बिक रही है, तो खरीदने को आ पहुँचे। शैब्या की शर्तें उन्हें स्वीकार थीं। तुरत पचास हजार स्वर्ण मुद्राएँ उन्होंने निकालकर चुकता कीं, और कहा - चलो हमारे साथ।

शैब्या ने कहा - मैं अपने पति से विदा ले लूँ।

उपाध्याय को जल्दी थी। उन्होंने अपने शिष्य से कहा - तुम इस स्त्री को साथ लेकर आ जाना।

शैब्या ने रोते हुए पति से आज्ञा माँगीं।

हरिश्चंद्र कभी अपने आप को तो कभी विधाता को कोसते। मैं कितना अभागा हूँ, अपनी मूर्खता के कारण अपनी सुकुमार पत्नी और फूल जैसे बालक को यह कष्ट पहुँचा रहा हूँ। हृदय पर वज्र रखकर उन्होंने प्रिया से कहा — तुम रानी थीं, मेरे कारण आज दासी हो गईं। अब तो यही धर्म है कि शिष्य सहित ब्राह्मणदेव की सेवा करना, अपना ध्यान रखना, और रोहित का भी। फिर भाग्य जो कराये, जहाँ हमें ले जाए —-

उपाध्याय का शिष्य जल्दी मचाने लगा। रोहित अबोध बालक था, वह शिष्य को डपटने लगा - अरे बटु, तुम मेरी माँ को कहाँ ले जा रहे हो?

बटु ने कहा - अरे गर्भदास, परे हट! और उसे धकेल दिया।

राजा ने रोते हुए पास पहुँचकर रोहित को उठाकर छाती से लगा लिया, बटु को भी मनाने लगे - क्रोध न करें! यह तो भोला बालक है, इसके अपराध के लिये हम क्षमा माँगते हैं।

शैब्या रोते रोते चल पड़ी।

तभी महर्षि विश्वामित्र आ पहुँचे। उन्होंने कहा - मैं कब तक अपनी दक्षिणा के लिये यहाँ रुका रहूँगा?

राजा ने कहा - महर्षि, क्रोध न करें, यह आधा भाग ले लीजिये दक्षिणा का।

विश्वामित्र ने कहा - देना है, तो पूरा दे। हम आधी दक्षिणा नहीं लेते।

आकाश से देवताओं ने पुकार लगाई - धिक्कार है तुम्हारी तपस्या को, धिक्कार है तुम्हारे ब्रह्मर्षि होने को!

ब्रह्मर्षि ने क्रोध में जलते नेत्रों से ऊपर ताका, और देवताओं को शाप देने को उद्यत हो गये। उनकी यह मुद्रा देखकर देवता गण अपने विमानों में किसी तरह गिरते पड़ते वहाँ से तत्काल दूर भागे।

हरिश्चंद्र फिर महर्षि से अभी दक्षिणा का आधा भाग स्वीकार करने के लिये चिरोरी विनती करने लगे। महर्षि ने उनका अनुरोध ठुकरा दिया। राजा ने कहा - चांडाल तक के हाथों अपने को बेच दूँगा, पर जो प्रण किया है, उसे निभाऊँगा।

राजा ने फिर बिक्री के लिये पुकार लगाई। सुनकर लोग पास आते, उन्हें देखते-भालते और मूल्य सुनकर चल देते। पुकार लगाते लगाते राजा मूर्च्छित होकर गिर पड़े।

तभी चांडाल के वेष में धर्म वहाँ आ पहुँचा। उसने कहा - उठ, उठ! मैं रहा तेरा ग्राहक!

सुनकर राजा चैतन्य हुए। पूछा - 'कौन हैं आप दयालु दाता?'

— हम हैं चांडालों के महत्तर। काशी के सारे श्मशानों के स्वामी हैं हम। जो शव जलाये जाते हैं, उनका शुल्क लेने वालों की चौकियाँ हमारे अधीन हैं। वध (फाँसी का दंड) करने वाले चांडालों के भी हम ही स्वामी हैं।

सुनकर राजा महर्षि विश्वामित्र के चरणों पर गिरकर गिड़गिड़ाने लगे - भगवन्, प्रसन्न होइये। चांडाल के हाथों अपने को बेचूँ, उससे तो अच्छा है कि शेष बची दक्षिणा के बदले आप मुझे अपनी सेवा में रख लीजिये। एक क्षत्रिय भला चांडाल का दास बनकर कैसे रहेगा?

महर्षि ने कहा - अरे मूर्ख, हम तपस्वियों को दासों से क्या काम, हम तो अपने दास स्वयं हैं। तुझ दास की मुझे कोई आवश्यकता नहीं!

राजा बार बार निहोरा करने लगे - जो आप कहेगें, वह करूँगा!

विश्वामित्र ने उपहास के स्वर में कहा - अच्छा, जो हम कहेंगें, करेगा?

राजा ने कुछ आशा के साथ कहा - आज्ञा देकर तो देखिये भगवन्!

तो बस आज्ञा यही है कि इस चांडाल के हाथों अपने को बेचकर दक्षिणा चुका दे!

हारकर राजा ने चांडालों के महत्तर के पास पहुँचकर कहा - हे अपनी जाति के नायक, मुझे पचास हजार स्वर्ण मुद्राओं के बदले आप खरीद लीजिये। और मेरा समय (शर्त) भी सुन लीजिये।।

चांडालाधिपति ने पूछा - क्या समय है तेरा?

राजा ने कहा - भिक्षा का अन्न ग्रहण करूँगा, रास्ते का फटा चिथड़ा पहनूँगा और जो आप आदेश देगें, बिना विचारे करूँगा।

चांडाल ने हँसते हुए कहा - यह तो बड़ा सुंदर समय है। लो यह मूल्य!

राजा ने अपने आप से कहा - जो हुआ बहुत अच्छा हुआ, महर्षि के शाप से बच गया, अपना वचन पूरा कर सका, इसके लिये चांडाल के हाथ भी बिका, तो यही मेरे लिये श्रेयस्कर है।

चांडालराज ने पचास हजार स्वर्णमुद्राएँ अर्पित कीं। शैब्या ने जो धन दिया था, उसमें उन्हें मिलाकर एक लाख स्वर्णमुद्राएँ अर्पितकर राजा ने ऋषि से सविनय कहा - भगवन् अब अपनी पूरी दक्षिणा ग्रहण कर मुझे कृतार्थ करें।

राजा का काम था बिना शुल्क दिये कोई चिता जलाकर न चला जए। सहस्रों चिताएँ निरंतर जलती रहतीं। सब पर पहरा देना होता था। रात में वे पुकार भी लगाते जाते थे —

बिना मेरी आज्ञा के कोई यहाँ चिता न प्रज्ज्वलित करे, और मृतकम्बल (कफन) सौंपे बिना दाह संस्कार न करे।

अब धर्म ने राजा हरिश्चंद्र की एक और परीक्षा लेने का विचार किया। वह कापालिक का वेश बनाकर उनके पास पहुँचा और बोला - महात्मन्, मुझे श्मशान में साधना करनी है, आप तनिक रखवाली कीजिये।

राजा ने कहा - यदि आपकी साधना मेरे स्वामी के कार्य में बाधा न बने, तो मुझे आपत्ति नहीं। और आपके लिये मैं पहरा भी देता रहूँगा।

कापालिक ने कहा - हम तो धर्म का ही अनुष्ठान कर रहे हैं, हमारी साधना से तुम्हारे स्वामी के कार्य में भला बाधा क्यों होगी?

कापालिक ने अनुष्ठान आरंभ किया। सृष्टि, स्थिति और लय की विद्याएँ प्रकट हो गईं। वे राजा हरिश्चंद्र के पास आकर कहने लगीं - महाराज, हम ही वे तीन विद्याएँ हैं, जिनकी आप ने ऋषि विश्वामित्र से रक्षा की और जिनके कारण आपको ये कष्ट के दिन देखने पड़ रहे हैं। अब हम आप के अधीन हैं।

राजा ने उन तीनों को प्रणाम करके कहा- हे भगवतियो, आप प्रसन्न होइये, आप भगवान् विश्वामित्र के पास ही जाइये, मेरे कारण उन्हें आप से वंचित होना पड़ा। यदि आप उनकी सेवा में रहेगीं, तो मैं उनके प्रति किये गये अपराध से अपने को मुक्त समझूँगा।

विद्याओं ने कहा - राजन्, ऐसा ही होगा। यह कहकर विद्याएँ अंतर्धान हुईं।

अब कापालिक ने राजा के पास आकर कहा—मेरी साधना पूरी हुई। हे राजन्, लो स्वीकार करो यह सिद्धरस का पात्र। इसके सेवन से मनुष्य मृत्यु पर विजय पाकर सुमेरु पर्वत पर सुख से विचरण करता है।

राजा ने कहा - महात्मन्, इस पात्र को स्वीकार करना मेरे दासधर्म के विरुद्ध होगा। मेरे स्वामी के प्रति यह प्रवंचना होगी।

कापालिक ने कहा - ऐसा? तो फिर अपने दासभाव से मुक्ति के लिये इसे ले लो, इसे अपने स्वामी को देकर अपने मुक्त कर सकते हो।

राजा ने कहा - ऐसा कैसे हो सकता है? धनरहित होना ही दास भाव है। दास को जो प्राप्ति होती है, वह भी उसके स्वामी की होती है। तो यह पात्र गुप्त रूप से मेरे स्वामी तक पहुँचे।

कापालिक चला गया।

रात का समय था। घुप्प अँधेरा था। अनुचर ने बताया कि कोई स्त्री शव लेकर आई है। राजा पास गये। तभी उन्हें स्त्री का हृदय विदारक करुण विलाप सुनाई दिया - हा पुत्र, तुम बोलते क्यों नहीं, मुझे उत्तर दो... तो क्या जिस तरह तुम्हारे पिता ने मुझे छोड़ा, तुम भी सचमुच मुझे छोड़कर चल ही दिये?

विलाप करने वाली स्त्री बार बार मूर्च्छित हो जाती। होश में आने पर फिर छाती पीट पीट कर रोने लगती और अपने बेटे को पुकारती। फिर वह अपने पति का स्मरण करके कहती - हा आर्यपुत्र आपने कहा था कि बच्चे का ध्यान रखना — आप को तो विदित भी नहीं है अब कि कितना बड़ा सर्वनाश हो गया - मैं अभागी आपके प्राण प्रियपुत्र की रक्षा न कर सकी। हे भगवान् कौशिक आप कृतार्थ हुए!

अब तो राजा पहचान गये। अरे यह तो उनकी प्राणप्रिया शैब्या है। चित्त में महा हाहाकार मच गया। यह कैसा अनर्थ हुआ, कैसा वज्रपात। जिस रोहित का स्मरण करके सोचते थे कि जीवन अभी समाप्त कहाँ हुआ, रोहित तो है। वही चला गया! दूर अँधेरे में खड़े वे रुलाई को रोक कर सोचने लगे - क्या देवी को अपना परिचय दे दूँ? - पर इस अभागी पर और कितने दुःख का वज्रपात करूँ - मुझे इस स्थिति में और इस वेष में देखकर यह क्या सोचेगी? कैसे झेल पायेगी मेरी इस दुर्दशा को? इससे तो अच्छा है इसी श्मशान में बहती माँ गंगा में पाप की गठरी अपनी इस काया को डुबाकर जीवन का अंत कर डालूँ। अब शेष ही क्या रहा?

यह सोचकर वे अपने प्राण देने के लिये गंगा तट की ओर चले, पर तभी अपने धर्म का स्मरण आया। दास को अपने जीवन पर क्या अधिकार कि वह स्वयं प्राण दे सके? उसके प्राणों पर तो उसके स्वामी का अधिकार है। तो मैं अभागा अपना यह अंतिम मनोरथ पूरा नहीं कर सका। मर नहीं सकता, शोकाग्नि में जलता हुआ भी कर्तव्य तो निभाऊँगा। तो चलूँ, उस शव का शवकंबल तो लूँ... संसार क्या है? इसके न किसी को आदि का पता, न अंत का! मध्य में यह कुछ दिख रहा है यह सब तो नश्वर पंच भूतों की गठरी है, इसे तो ठठरी बनकर जलना ही है।

हरिश्चंद्र लौटे, तो देखा कि बेटे का शव चिता पर रख रोती रोती रानी शैब्या श्मशान के एक पेड़ से लटक कर फाँसी लगाकर मरने की तैयारी में है। उन्होंने धीर गंभीर स्वर में पुकार कर वही कहा, जो अपने आप से अभी कहा था - दास को अपने जीवन पर क्या अधिकार कि वह स्वयं प्राण दे सके?

भय से काँपती शैब्या ने फाँसी के फँदे से अपने को मुक्त किया और बोली - कौन महात्मा है, जिसने मुझे इस घड़ी में भी मेरे धर्म का स्मरण करा दिया! अरे मैं कैसे भूल गई कि मैं पराधीन हूँ?

मरणान्निवृतिं यान्ति धन्याः स्वाधीनवृत्तयः।
आत्मविक्रयिणः पापाः प्राणत्यागेऽप्यनीश्वराः।। (५/१५)

राजा हरिश्चंद्र रुलाई रोकते हुए प्रिया के पास गये। मुँह फेरकर चांडालों के स्वर में उन्होंने शैब्या से कहा - मुझ से अनुमति लिये बिना और शवकंबल दिये बिना इस श्मशान में कोई शवसंस्कार नहीं कर सकता।

शैब्या ने भय से काँपते हुए कहा - भद्र, दूर ही खड़े रहो, मैं देती हूँ शवकंबल!

रोहित के शरीर से कंबल खींचकर मुँह फेरे खड़े राजा के हाथ में वह कपड़ा डालते हुए उस हाथ पर शैब्या की दृष्टि गई। यह तो पहचाना हुआ हाथ है। पाणिग्रहण के समय से जो इसे पकड़ा, इस पर बनी चक्रवर्ती की रेखाएँ— कैसे भूल कर सकती है पहचानने में।

शैब्या पति के चरणों पर गिर पड़ी - आर्यपुत्र रक्षा कीजिये, रक्षा कीजिये।

राजा हरिश्चंद्र ने कहा - देवि, मैं एक पापी चांडाल हूँ, मेरे स्पर्श से अपने आप को दूषित मत करो।

शैब्या ने आँसू पोंछते हुए कहा - आप यहाँ, कैसे हुआ ऐसा?

राजा ने कहा - यह मेरे कर्मों का फल है। लाओ अब मुझे वह शवकंबल दे दो।

तभी आकाश से पुष्पवृष्टि होने लगी। ऊपर से स्तुति गान के स्वर सुनाई पड़ने लगे - 'धन्य है महाराज हरिश्चंद्र, आपकी उदारता, आपका धैर्य, आपका त्याग और आपका दान सब कुछ अलौकिक है!' तभी साक्षात् धर्म वहाँ प्रकट हुए। उन्होंने कहा - मैं तुम दोनों को वह ब्रह्मलोक प्रदान करने के लिये आ गया, जो सत्य, दान और तप से नहीं मिल सकता।

राजा और रानी ने धर्म को प्रणाम किया। तभी रोहिताश्व ने आँखें खोलीं। धर्म ने कहा - 'वत्स उठो, तुम्हें राजा हरिश्चंद्र के समान सत्य का पालन करते हुए प्रजा का पालन करना है।'

सुनकर रोहित पिता को प्रणाम करने को हुआ। राजा ने कहा - 'मैं चांडाल हूँ, मेरा स्पर्श मत करो।'

धर्म ने कहा - 'महाराज हरिश्चंद्र, अब ऐसे दीन वचन बोलने की आवश्यकता नहीं। आपका राज्य महर्षि विश्वामित्र ने आपके सचिवों को लौटा दिया है, उस पर रोहित का अधिकार है। वास्तव में आपकी परीक्षा लेने के लिये ही महर्षि ने यह सब किया था। जिस ब्राह्मण ने आपकी प्राणप्रिया को खरीदा, वे और कोई नहीं इस काशी के पालनहार भगवान् शिव ही थे, और जिन के घर में शैब्या रही, वे माता पार्वती थीं। और चांडाल के वेष में जिसने ने तुम्हें खरीदा, वह और कोई नहीं मैं स्वयं था।'

दिव्य लोक के लिये विमान आ गया। राजा ने अपने बेटे का राज्याभिषेक किया। सारी नदियाँ तीर्थों का जल कलशों में भरकर देवियाँ बनकर वहाँ आ गईं। सुरसुंदरियाँ पारिजात के फूलों की झड़ी लगाकर नृत्य करने लगीं। धर्म ने कहा - महाराज, सब कृत्य पूरा हुआ, अब आप दिव्य लोक चलिये।

राजा हरिश्चंद्र ने कहा - 'जब मैंने सारी धरती का राज्य क्रोध में गर्जन तर्जन करते महर्षि को दिया, तब दीन बने मेरे प्रजाजनों ने रो रोकर मुझ से कहा था - महाराज हमें छोड़कर मत जाइये। हमें भी साथ ले चलिये। दुःख के समय मैं उन्हें साथ कहाँ ले जाता, कैसे उनका भरण पोषण करता? अब सुख का समय है, तो उन्हें कैसे भूल जाऊँ? अकेला दिव्य लोक कैसे चला जाऊँ?'

धर्म ने कहा - 'यह तो संभव नहीं। प्रजाजनों का वैसा पुण्य नहीं।'

राजा हरिश्चंद्र ने कहा - 'मैं अपने सारे पुण्य अपने प्रजाजनों को बाँटता हूँ। उन पुण्यों से एक क्षण भी दिव्य लोक में उन लोगों के साथ रहने को मिलेगा, तो वह मेरे लिये अधिक काम्य है।'

धर्म ने कहा - 'राजन्, अलौकिक है आपका चरित। आपकी इस कामना से आपके पुण्य का अक्षय कोश और बढ़ गया है। तो आपके प्रजाजनों ने भी अक्षय लोक प्राप्त किया। अब और आपका मैं क्या प्रिय करूँ?'

राजा ने कहा - इससे बढ़कर और क्या प्रिय होगा। पर आप पूछ रहे हैं, तो यह भी हो कि सब सज्जन प्रमुदित रहें, और यह शस्य श्यामला सदा धरती फले फूले।

संस्कृत के नाटकों में राजा ऋषियों के आगे नतमस्तक होते रहे हैं। पर मनुष्य की मनुष्यता ने ऋषित्व को परास्त कर दिया हो - ऐसा यही एक नाटक है। नाटक के अंत में धर्म हरिश्चंद्र से कहते तो हैं कि आपकी परीक्षा लेने के लिये महर्षि ने यह सब किया था, पर नाटककार ने तो अपनी रचना के आरंभ में विश्वामित्र को परीक्षक के इस उज्ज्वल रूप में चित्रित नहीं किया है। वे आरंभ में अनुष्ठान के भंग हो जाने से सिद्धियाँ न मिलने पर जिस तरह कुपित होकर सिद्धियों के बदले में राज्य और दक्षिणा माँगते हैं - उसमें एक लोभी तांत्रिक का रूप है। हरिश्चंद्र के अटल सत्य के सामने विश्वामित्र भीतर से धीरे धीरे करके बदल जाते हैं। वे नाटक के अंत में ही हरिश्चंद्र का राज्य उसके सचिवों को लौटाते हैं, आरंभ में नहीं। नाटक के अंत में ही उनका बदला रूप देखकर सिद्धियाँ हरिश्चंद्र के कहने पर उनके पास जाने को राजी होती हैं। मनुष्य के सत्य के सामने ऋषि और देवता नतमस्तक होते हैं।

चंडकौशिक संस्कृत नाटकों में एक विलक्षण रचना है, अपने समय के तांत्रिक अनुष्ठानों और हरिश्चंद्र की सत्यप्रतिज्ञता और सहिष्णुता का जैसा मर्मस्पर्शी चित्रण क्षेमीश्वर ने किया, वह संस्कृत साहित्य में दुर्लभ है। इस नाटक का भारतेंदु हरिश्चंद्र की सुप्रसिद्ध नाट्यकृति सत्यहरिश्चंद्र पर गहरा प्रभाव पड़ा है। लोकनाट्यपरंपरा से भी इसका अंत:संवाद है।

प्रतीकात्मकता इस नाटक की वस्तुयोजना की एक दुर्लभ विशेषता है। जिस महावराह के कारण हरिश्चंद्र पहले अंक में मृगया के लिए निकल पड़ते हैं, वह वास्तव में विश्वामित्र से ब्रह्मा, विष्णु और शिव की तीन विद्याओं की रक्षा के लिए वराह का रूप धारण करने वाला विघ्नराट् है। स्त्रियाँ विश्वामित्र की सिद्धियाँ हैं। हरिश्चन्द्र को खरीदने वाला चांडाल धर्म है। शैव्या को खरीदने वाले शिव और पार्वती स्वयं हैं। पाप भी साकार होकर पात्र के रूप में नाटक में आता है।

क्षेमीश्वर ने भवभूति जैसे नाटककारों का दाय भी ग्रहण किया है, पर उसे अपनी निर्वेदपरक व धर्मपरायण दृष्टि के परिप्रेक्ष्य में संस्कारित किया है। जीवन व जगत् की विचित्र गति का वर्णन करते हुए वे शिखरिणी में भवभूति की गूँज में भी नवीन स्वर भरते हुए कहते हैं –

सुखं वा दुःखं वा किमिव हि जगत्यस्ति नियतं
विवेकप्रध्वंसाद् भवति सुखदुःखव्यतिकरः।
मनोवृत्तिः पुंसां जगति जयिनी कापि महतां
यथा दुःखं दुःखं सुखमपि सुखं वा न भवति।। (४.२९)

भाषाशैली तथा रस

क्षेमीश्वर की शैली प्रसादगुणसंपन्न तथा प्रांजल है। धर्मवीर, दानवीर और सत्यवीर के रूप में हरिश्चन्द्र के चरित्र की अपूर्व प्रतिष्ठा करते हुए कवि ने इस नाटक में करुणा, शांत और वीररसों की त्रिवेणी प्रवाहित की है। प्रथम अंक में रानी शैव्या के रूठने और हरिश्चन्द्र के उसे मानने के प्रसंग में शृंगाररस की भी अभिव्यक्ति है।

चंडकौशिक का संदेश

जीवन में अपरिग्रह, त्याग व सेवा के मूल्यों की प्रतिष्ठा करते हुए क्षेमीश्वर ने हरिश्चंद्र के वैदिक आख्यान को नया रूप दिया है। वे उदात्त धरातल पर नाटक को पहुँचाते हैं जहाँ-

चलन्ति गिरयः कामं युगान्तपवनाहताः।
कृच्छ्रेऽपि न चलत्येव धीराणां निश्चलं मनः।। (४.३५)

(प्रलयपवन से आहत होकर भले ही पर्वत डोलने लगें, पर धीरजनों के निश्चल मन कितनी ही कठिनाई हो, नहीं हिलते।)

नैषधानंद

नैषधानंद सात अंकों का नाटक है। यह महाभारत के नलोपाख्यान पर आधारित है। राजा नल के दमयंती से प्रेम और दमयंती के अपने स्वयंवर में नल को वर के रूप में चुनने से लेकर नल के अपने भाई पुष्कर से द्यूत में हारने और नल-दमयंती के वियोग की करुण कथा को उनके पुनर्मिलन के वृत्तांत तक कवि ने नाटकीयरूप में विन्यस्त किया है। सात अंकों के नाम हैं— महेंद्रसंदेश, दौत्यदमयंतीदर्शन, दमयंतीस्वयंवर, द्यूतप्रहृतसर्वस्व, अनलधर्म, दमयंतीपरिदेवन तथा उपसंहार। महाभारत की कथा को नाटकीय स्वरूप देने में कवि सफल है। कथा की मूल योजना में परिवर्तन न करते हुए भी कतिपय नये प्रसंगों की उद्भावना की गयी है। उदाहरणार्थ, पहले अंक में ही दमयंती के स्वयंवर में जाते नल को इंद्र संदेश देने के लिए मातलि स्वर्ग से उतरकर आता है, जबकि मूल कथा में देवता स्वयं नल के पास आते हैं, और दमयंती के पास अपना संदेश पहुँचाने के लिए कहते हैं। चौथे अंक में द्यूत में नल के हार जाने पर पुष्कर चाहता है कि वह दमयंती को भी दाँव पर लगा दे, और नल जब दमयंती को दाँव पर नहीं लगाता, तो पुष्कर दमयंती को पकड़ लेने की इच्छा से उसके प्रासाद

में जा घुसता है। यह पता चलने पर नल रोषावेष में उससे युद्ध करने के लिए शस्त्र उठा लेते हैं। छठे अंक में राजा ऋतुपर्ण और उनकी रानी के समक्ष नल के चरित्र पर एक नाटक प्रस्तुत किया जाता है। इस नाटक को बाहुक के वेष में राजा ऋतुपर्ण के यहाँ सारथि का काम कर रहे स्वयं नायक नल भी देखते हैं। वास्तव में यह नाटक दमयंती की नल को खोजने की कूटयोजना का ही अंग है। नाटक करने वाला सूत्रधार और नटी नाटक की प्रस्तुति के समय बाहुक की चेष्टाओं को सूक्ष्मता से परखते हैं। इस गर्भनाटक के माध्यम से कवि ने बड़ी कुशलता के साथ पिछली घटनाओं को भी दिखा दिया है। अंतिम अंक में दमयंती स्वयंवर रचाती है। नल बाहुक का रूप छोड़कर अपने वास्तविक रूप में आते हैं, तथा स्वयंवर वधू मानकर दमयंती की भर्त्सना कर डालते हैं, जिससे खिन्न होकर दमयंती अग्नि में अपने आपको होम कर देने को तत्पर हो जाती है। अग्नि उसकी पावनता का साक्ष्य देतें हैं। इसके पश्चात् नल अपनी प्रिया को पुनः स्वीकार करते हैं। यह प्रसंग भी महाभारत की कथा में नहीं हैं, तथा क्षेमीश्वर की कल्पना से प्रसूत है।

रस और भाव की अभिव्यक्ति की दृष्टि से करुण, वीर तथा शृंगार रसों की त्रिवेणी का सुंदर संगम क्षेमीश्वर ने इस नाटक में रचा है। दमयंती और नल के विलाप और विषाद के प्रसंगों में ग्लानि, शंका, त्रास, संभ्रम आदि विविध संचारी भावों के विवर्त बनते हैं और करुणा धारा बहती प्रतीत होती है। नल का दमयंती के प्रति अनुराग का चित्रण भी प्रभावशाली है। वीररस का अच्छा परिपाक चौथे अंक में हुआ है, जहाँ अन्यायी पुष्कर से संघर्ष करने के लिए रोषाविष्ट नल शस्त्र लेकर उसे ललकारते हैं।

क्षेमीश्वर की वर्णन-कला

क्षेमीश्वर के वर्णनों तथा संवादों की भाषा सरस और सरल तथा प्रवाहपूर्ण है। कालिदास और भवभूति- इन दो कवियों का गहरा प्रभाव उनकी रचनाओं पर है। शाकुंतल के प्रथम अंक की भाँति नैषधानंद में भी नायक तीव्र गति से भागते रथ पर सवार होकर जा रहा है। रथ की गति का वर्णन है—

दृष्टं दृष्टिपथादपैति न पुनर्दृष्टं पुरो दृश्यते,
पश्चाद्भूतमभूतवन्नयनयोर्मार्गे न सन्तिष्ठते।
वेगात् स्यन्दनमारुतैरिव परिक्षिप्तं द्वयोः पार्श्वयो-
रेतत् पश्य सकाननाद्रिनगरग्रामं जगद् धावति।। (१/११)

(अभी दिखायी पड़ी वस्तु आँखों के आगे से तत्काल ओझल हो जाती है, सामने देखी वस्तु सामने नहीं रह जाती। पीछे छूट गये दृश्य ऐसे विलीन हो जाते हैं जैसे थे ही नहीं। रथ के भागने से चीरी गयी हवा दोनों ओर कानन, पर्वन, नगर और गाँवों को जैसे उछाल रही है, तो सारा संसार भागता लग रहा है।)

क्षेमीश्वर पात्र के अनुरूप भाषा और कथनभंगी का प्रयोग करते हैं। द्यूत में सर्वस्व हारा हुआ नल अपने आभूषण उतारकर वन की ओर प्रस्थान करता हुआ कहता है—

संसारजलधिवेले दशाघनालीतडिल्लते लक्ष्मि
विरम तरलासि भद्रे मोहसरःशफरि वन्दे त्वाम्।। (४/२४)

(हे संसारसागर की वेला (तट), मनुष्य की दशारूपी मेघसमूह की विद्युल्लता, लक्ष्मी! तुम यहीं ठहरी रहो, तुम चंचल हो। हे मोहरूपी सरोवर की मछली, मैं तुम्हारी वंदना करता हूँ।)

इसी प्रकार क्षेमीश्वर के सौन्दर्यवर्णन तथा प्रणय की अभिव्यक्ति रसपेशल और भावमयी है। माला गूँथती दमयंती को देखकर नल कहता है—

अलसमधुरैः क्षामक्षामैर्मयूखविपाण्डुभिः
प्रकृतिसुभगैरङ्गैर्नेत्रैश्चिरस्थिरतारकैः।
अनिबिडगुणग्रन्थिव्यस्तक्रमैर्ग्रथनैः स्त्रजां
सृजति सुमुखी कन्दर्पाज्ञासमाधिविधेयताम्।। (२/२३)

(अलसाये, मधुर, दुबलाये, किरणों की तरह पांडुर, स्वभाव से सुंदर अंगों तथा स्थिर पुतलियों वाले नेत्रों से तथा घनी माला गूँथने के क्रम से सुमुखी कामदेव की आज्ञा में समाधि लीन-सी लगती है।)

दमयंती को अकेली वन में छोड़कर जाते हुए नल के अंतर्द्वंद्व को करुण मार्मिक अभिव्यक्ति देने में कवि सफल है। नल कहते हैं—

स्नेहेन नीयतेऽन्यत्र मोहेनान्यत्र नीयते।
नलस्य मम दोलेव मतिरायाति च याति च।। (५/४१)

(एक ओर स्नेह से खींची जाती है, दूसरी ओर मोह से कहीं और ले जायी जाती मेरी बुद्धि झूले की तरह कभी इधर डोलती है कभी उधर।)

चंडकौशिक नाटक की ही भाँति इस नाटक में भी कवि ने प्रतीकात्मक या अमूर्त पात्रों का प्रवेश कराया है। चतुर्थ अंक में मोह तथा माया आते हैं।

दोनों ही नाटकों में क्षेमीश्वर ने उदात्त जीवन मूल्यों और आदर्शों की प्रेरणामयी अभिव्यक्ति की है। नल के चरित्र के द्वारा नैषधानंद में उन्होंने शालीनता, मर्यादा और प्रेम की अनन्यता का संदेश देते हुए द्यूत जैसे व्यसन के दुष्परिणामों का सजीव चित्र अंकित किया है।

रंगमंच की दृष्टि से क्षेमीश्वर के नाटकों पर मध्यकाल की लोकनाट्य-परम्परा का प्रभाव सुस्पष्ट परिलक्षित होता है, यद्यपि इनके दोनों नाटकों का अभिनय राजसभा के मंच पर हुआ। चंडकौशिक के भरतवाक्य में बताया गया है कि यह नाटक राजा कार्तिकेय के आदेश पर खेला जा रहा है। जबकि प्रस्तावना में इसे राजा महीपाल देव के आदेश पर प्रस्तुत किया जाता हुआ बताया गया है। संभव है कि दो अलग-अलग राजाओं के यहाँ इसकी प्रस्तुतियाँ क्षेमीश्वर के जीवनकाल में हुई हों, जिससे रंगमंच पर इसकी लोकप्रियता का पता चलता है।

हनुमन्नाटक

हनुमन्नाटक संस्कृत की प्राचीन नाट्य परंपरा की कदाचित् एकमात्र ऐसी कृति है, जिसके मूल प्रणेता तो पौराणिक पात्र कहे गये हैं, और संस्कर्ता ऐतिहासिक व्यक्तिविशेष हैं। इन संस्कर्ताओं में मधुसूदन तथा दामोदर का समय इदमित्थं रूप में निर्धारित नहीं किया जा सका है। दोनों ने हनुमन्नाटक के प्रणयन का श्रेय लेने के स्थान पर केवल इतना ही कहा है कि जो पाठ हमें पहले से प्राप्त था, उसका विन्यास हमने किया है।

हनुमन्नाटक रामभक्त हनुमान् का रचा हुआ माना जाता है। ऐसा प्रतीत होता है कि इस नाटक का अन्यन्त प्राचीन रूप रंगमंच पर लोकप्रिय रहा होगा। यह रामलीला के रंगमंच की परम्परा का नाटक है। बाद में यह नाटक लुप्त हो गया, तथा भोज ने इसका उद्धार कराया ऐसी अनुश्रुति है। यह तो निश्चित है कि हनुमन्नाटक लोकरंगमंच पर लीलानाट्य के रूप में लोकप्रिय रहा होगा और वाचिक परम्परा में इसका प्रचलन रहा। बाद में इसे लिखित रूप में संकलित किया गया। अत: इसके दो प्राचीन पाठ मिलते हैं, जिनमें परस्पर अत्यधिक भिन्नता है। एक पाठ पश्चिम भारतीय संस्करण कहा जाता है, जो दामोदर मिश्र के द्वारा संकलित किया गया। इसके संकलन का समय ग्यारहवीं शताब्दी के आसपास है। इसमें चौदह अंक तथा ५७८ पद्य हैं। दूसरा पाठ बंगाली संस्करण के रूप में जाना जाता है। इसके संकलनकर्ता मधुसूदन मिश्र हैं। यह महानाटक के नाम से भी प्रसिद्ध है। इसमें नौ अंक तथा ७७८ पद्य हैं। इसके संकलन का समय बारहवीं शताब्दी के आसपास है। पूरा नाटक कथागायन तथा लीलानाट्य की शैली में है। इस प्रकार नाट्यशास्त्र के मानदंडों पर यह नाटक खरा नहीं उतरता। सूत्रधार और विदूषक इसमें अनुपस्थित है, और विष्कंभक तथा प्राकृत भाषा का प्रयोग नहीं किया गया है। नाटक के दोनों संस्करणों में श्लोकों में भेद है, कथा का क्रम एक ही है। राम के विश्वामित्र के आश्रम में जाने के प्रसंग से लेकर उनके महाप्रयाण तक की कथा इनमें प्रस्तुत की गयी है।

दामोदर तथा मधुसूदन दोनों के द्वारा संकलित हनुमन्नाटक की अलग-अलग वाचनाओं की पृष्ठभूमि में दो भिन्न कथाएँ जुड़ी हुई हैं। दामोदरमिश्र द्वारा संकलित संस्कृत नाटक के टीकाकार मोहनदास ने इसकी प्राप्ति की कथा बताते हुए कहा है कि इस नाटक की रचना हनुमान् ने की थी, वाल्मीकि को विदित हुआ कि हनुमान् जी ने रामचरित पर एक उत्तम नाटक लिख डाला है, तो वे खिन्न हुए कि अब उनकी रामायण को कौन पढेग़ा? तब हनुमान् ने उनकी प्रसन्नता के लिए पत्थर की शिलाओं पर लिखे अपने नाटक की प्रति समुद्र में बहा दी। कई शताब्दियों के बाद राजा भोज को सागर से ये शिलाएँ मिलीं, जिन पर यह नाटक उत्कीर्ण था और उन्होंने दामोदर मिश्र से उसका उद्धार करवाया। मधुसूदन के संस्करण के साथ दी गयी कथा में में बताया गया है हनुमान् के द्वारा लिखे गये इस नाटक के लुप्त होने के पश्चात् कालांतर में इसकी प्रति राजा विक्रमादित्य को मिली।

मधुसूदन मिश्र द्वारा संकलित महानाटक के अंतिम अंक में कहा गया है—

एष श्रीहनूमता विरचिते श्रीमन्महानाटके
वीरश्रीयुतरामचन्द्रचरिते प्रत्युद्धते विक्रमैः।
मिश्रश्रीमधुसूदनेन कविना सन्दर्भ्य सज्जीकृते
स्वर्गारोहणनामकोऽत्र नवमोऽङ्क एवेत्यसौ।।

(मधुसूदनमिश्रसंकलित हनुमन्नाटक, ९.१४९)

जब कि दामोदरमिश्र द्वारा संकलित महानाटक में इस कथा का संकेत इस प्रकार दिया गया है—

रचितमनिलपुत्रेणाथ वाल्मीकिनाब्धौ
निहितममृतबुद्ध्या प्राङ्महानाटकं यत्
सुमतिनृपतिभोजेनोद्धृतं तत्क्रमेण
ग्रथितमवतु विश्वं मिश्रदामोदरेण।।

(हनुमन्नाटक, १४.९६)

बल्लालसेन के भोजप्रबंध में हनुमन्नाटक के पुनरुद्धार की कथा दी गई है। इसमें कहा गया है कि भोज के द्वारा समुद्र से प्राप्त यह नाटक जिन पत्थरों पर उत्कीर्ण था, उनमें क्रमविपर्यय के कारण किसी श्लोक का पूर्वार्ध तो मिल रहा था, पर उत्तरार्ध जिस पत्थर पर था, वह नहीं मिल रहा था। कालिदास ने इसका उत्तरार्ध स्वयं बना कर दे दिया। बाद में वह पत्थर भी मिल गया, जिस पर मूलनाटक के इस पद्य का उत्तरार्ध खुदा हुआ था। पर विस्मय की बात यह थी कि कालिदास ने स्वयं बनाकर जो उत्तरार्ध दिया था, वही का वही पत्थर पर भी अंकित मिला। यह कथा धनपालकृत तिलकमंजरी के प्रास्ताविक में भी दी गई है, तथा मेरुतुंग के प्रबंधचिंतामणि में भी। पर वहाँ उत्तरार्ध की समस्यापूर्ति का श्रेय कवि धनपाल को दिया गया है।

हनुमन्नाटक के उक्त दोनों संस्करण लीलानाट्य में प्रचलित रामकथा का स्वरूप प्रस्तुत करते हैं, तथा दोनों में प्राचीन या उस समय के कवियों के अनेक पद्य जोड़ लिये गये हैं। वस्तुतः लीला दिखाने वाली नटमंडलियाँ विभिन्न स्त्रोतों से सुंदर पद्यों को अपनी प्रस्तुति में जोड़ लेती होगीं, और इसी परम्परा में हनुमन्नाटक विकसित हुआ। इसलिए इसमें वाल्मीकि रामायण तथा अन्य रामायणों, रघुवंश, अभिज्ञान-शाकुंतल, उत्तररामचरित, प्रसन्नराघव, बालरामायण आदि काव्यों या नाटकों से भी पद्य ले लिये गये हैं। इनके अतिरिक्त रामलीला की नाट्यपरम्परा में गाये जाने वाले अनेक अत्यन्त मार्मिक पद्य हनुमन्नाटक में मिलते हैं। विरही राम की यह उक्ति मन को छूने वाली है—

हारो नारोपितः कण्ठे मया विश्लेषभीरुणा।
इदानीमन्तरे जाताः पर्वताः सरितो द्रुमाः।। (५.२५)

(सीता से दूर न हो जाऊँ इस भय से मैं उससे आलिंगन के समय कंठ में हार भी नहीं पहनता था, आज उसके और मेरे बीच कई पर्वत, नदियाँ और पेड़ हैं।)

पूरे नाटक में पद्यों की भरमार है। सूत्रधार या विदूषक जैसे पात्रों का उल्लेख नहीं है, पर पूरा नाटक कथागायन या कथा-कथन की शैली में है। केवल पाँचवें अंक में समासबहुल वर्णनात्मक गद्य का प्रयोग हुआ है, अन्यत्र गद्यांश अत्यल्प है। पद्यों में बहुसंख्य पद्य ऐसे हैं, जिनके लिए यह निर्देश नहीं है कि ये किस पात्र के द्वारा बोले जायेंगे। वस्तुतः ऐसे पद्य सूत्रधार या कथागायक के द्वार पढ़े अथवा गाये जाने के लिए हैं। उदाहरण के लिए, शिवधनुष तोड़े जाने के समय का पद्य-

गृहीतहरकोदण्डे रामे परिणयोन्मुखे।
पस्पन्दे नयनं वामं जानकीजामदग्न्ययोः।। (१.२)

(परिणयोन्मुख राम ने शिव का धनुष उठाया, तो जानकी और जामदग्न्य के बायें नेत्र फड़क उठे।)

हनुमन्नाटक का तुलसीदास के रामचरितमानस और केशवदास की रामचंद्रिका पर गहरा प्रभाव है। तुलसीदास ने अनेक पद्यों के भाव संभवतः सीधे इसी नाटक से लिये हैं, यद्यपि हनुमन्नाटक में तो ये पद्य अन्य महाकवियों की कृतियों से लिये गये हैं। उदाहरणार्थ राम के धनुर्भंग के पूर्व लक्ष्मण का संवाद है—

पृथ्वि स्थिरा भव भुजङ्गम धारयैनां त्वं कूर्मराज तदिदं द्वितयं दधीयाः
दिक्कुञ्जराः कुरुत तत्रितये दिधीषां रामः करोति हरकार्मुकमाततज्यम्।।

(१.२२)

(हे पृथ्वि? तू स्थिर हो जा, हे शेषनाग तुम इसे सँभाले रहो, हे कूर्मराज तुम पृथ्वी और शेष दोनों को धारे रहो। हे दिक्कुंजरो? तुम लोग इन तीनों को स्थिर रखने का प्रयास करो, क्योंकि राम शिव के धनुष पर डोरी चढ़ा रहे हैं।) हनुमन्नाटक में यह पद्य राजशेखर के बालरामायण (१.४८) से लिया गया है।[५५]

मैक्समूलर के अनुसार हनुमन्नाटक मूलतः नाटक के विकास की प्रारम्भिक अवस्था की कृति है। पिशेल और ल्यूडर्स इसे छाया नाटक का आरम्भिक रूप मानते हैं।

वस्तुतः हनुमन्नाटक संस्कृत में रामलीला का परंपरा का पहला उदाहरण कहा जा सकता है। इसमें पात्रों के कार्यव्यापार तथा प्रवेश आदि का भी पद्यों में वर्णन किया गया है, जो कथागायन के रंगमंच का स्वरूप प्रकट करता है। नाटक मंच पर खेले जाते समय गायक-वादक ऐसे पद्यों की प्रस्तुत साथ में करते जाते होंगे। इस का मूल पाठ रामलीला मंडलियों के पास रहा होगा, जो वाचिक परंपरा में पल्लवित होता रहा, तथा लोकरुचि को ध्यान में रख कर विभिन्न कवियों के अनेक सुंदर पद्य समय समय पर इसमें जोड़े जाते रहे।

एक ही पद्य को मधुसूदन तथा दामोदर ने अपने अपने संस्करणों में भिन्न भिन्न प्रसंगों में रख दिया है। उदाहरणार्थ भवभूतिकृत 'मूर्ध्नामुद्वृत्तकृत्त...'' इत्यादि पद्य मधुसूदन के संस्करण में (९.५६) इंद्रजित के वध पर रावण के विलाप में रखा गया है, जब कि दामोदर के संस्करण में यह अंगद रावण के संवाद में है। डिम्भस्य दुर्विलसितानि मुदे गुरूणाम् - यह उक्ति राजशेखर के बालरामायण (४.६१) में है, हनुमन्नाटक में इसे यथावत् दोहराया गया है।

नाट्यनिर्देशों में पात्रों के कार्यकलाप का काव्यात्मक वर्णन कराया गया है, जो कथागायन की शैली है। उदाहरणार्थ —

लक्ष्मणः श्रीरामहृदयानन्दकन्दाङ्कुरोद्भवाय निजप्रचण्डदोर्दण्डयोर्महतीं प्रौढिं नाटयति

जामदग्न्यः स्फीतफूत्कारप्रफुल्लनासापुटकोटरोद्गीर्णप्रभृतगर्वानलोच्छलित-कालकूटधूमस्तोमाच्छादितदिङ्मण्डलः।

यही नहीं अनेक नाट्यनिर्देश तो पूरे के पूरे एक एक पद्य में हैं, जैसे –मंदोदरी रावण को प्रणाम करती है— इस बात को निम्नलिखित पद्य में वर्णित किया गया है—

वृन्दारुवृन्दारकवृन्दवन्दिमन्दारमालामकरन्दलेशैः।
मन्दोदरीयं चरणारविन्दरेणूत्करान् कर्करतामनैषीत्। (९.४)

इसी प्रकार कथाकथन की शैली का यह सुंदर उदाहरण है, जिसका अनुकरण तुलसीकृत रामचरितमानस आदि में किया गया है—

पथि पथिकवधूभिः सादरं पृछ्यमाना कुवलयदलनीलः कोऽयमार्ये तवेति।
स्मितविकसितगण्डं व्रीडविभ्रान्तनेत्रं मुखमवनमयन्ती स्पष्टमाचष्ट सीता।।

(३.५)

(मार्ग में पथिक वधुओं के द्वारा सादर सीता पूछे जाने पर कि हे आर्ये नीलकमल के समान नील वर्ण वाले ये तुम्हारे कौन है? मुस्कान से विकसित कपोलों के साथ तथा लज्जा से इधर उधर ताकते नयनों के साथ मुख झुकाकर सीता ने स्पष्ट बताया (कि ये मेरे पति हैं)।)

युद्ध आदि के वर्णनों में अतिरंजना का उद्रेक है। हिंसा, क्रूरता तथा पराक्रम का भी अतिशयोक्तिमय वर्णन किया गया है। जो प्रसंग लोकविश्वासों, लोकचेतना व लोक की संवेदना का स्पर्श करने वाले हैं, उन्हें हनुमन्नाटक में विस्तार दिया गया है। इनमें कहीं कहीं तो इतने गहन भावपूर्ण प्रसंग हैं जो मानवीय रागात्मकता और संवेदना की पराकाष्ठा पर पहुँच जाते हैं। संजीवनी बूटी से पुनर्जीवित होने पर लक्ष्मण अपने अनुभव का वर्णन करते हुए कहते हैं –

ईषन्मात्रमहं वेद्मि स्फुटं वेत्ति सराघवः। वेदना राघवेन्द्रस्य केवलं व्रणिनो वयम्।

(मुझे तो बहुत कम बोध है, राघव — भैया राम — सब स्फुट जानते हैं। हमें तो केवल घाव भर लगता है, वेदना को राघवेंद्र को होती है।)

इसी पंक्ति का अनुकरण करते हुए तुलसीदास ने बरवै रामायण में लिखा—

हृदय घाउ मेरे, पीर रघुवीरे।

दूसरी ओर उस समय की लोकरुचि का अनुवर्तन करते हुए कुछ प्रसंग हास्यास्पदता की सीमाओं का स्पर्श करते हैं। उदाहरणार्थ द्वितीय अंक में राम और सीता विवाह के पश्चात् अयोध्या आये हैं, दोनों रति के लिये इतने आतुर हैं कि दिन क्यों नहीं ढल जाता यह सोचते हुए दोनों अश्वशाला में जाकर अश्वों को कोड़ों से पीटने लगते हैं, ताकि अश्वों को कोड़ों से पिटता देखकर सूर्य के साथ अश्व संकेत समझकर तेजी से भागें और दिन ढल जाये।

सूत्रधार का प्रश्न है—

रामो यामत्रयमपि कथं मारनाराचभिन्नो
नीत्वा सीतां किमिति तुरगांस्ताडयामास दण्डैः।

इस तरह के प्रसंगों में रामलीला रासलीला में पर्यवसित हो गई है। संभव है कि जयदेव के गीतगोविंद से भी हनुमन्नाटक के संकलनकार प्रभावित हुए हों। इसके पश्चात् राम व सीता की प्रेमलला का वर्णन भी सूत्रधार की शैली में किया गया है—

अन्योन्यं बाहुपाशग्रहणरसभराशालिनोस्तत्र यूनो-
र्भूयो भूयः प्रभूताभिमतफलभुजोर्नन्दतोर्जात एषः।
संसारो गर्भसारो नव इव मधुरालापिनोः कामिनोर्मां
गाढं चालिङ्ग्य गाढं स्वपिहि नहि नहीति च्युतो बाहुबन्धः।।

(२.१३)

इस तरह के पद्यों में तो गीतगोविंद में वर्णित राधाकृष्ण के अभिसार व सुरत की छाया है।

इसी प्रकार इस नाटक में अनेक ऐसे पद्य जोड़ लिये गये हैं, जो आम जनता में प्रचलित व प्रसिद्ध रहे होंगे, जिनको कहना सुनना मनोरंजन का विषय होता होगा। उदाहरणार्थ —

रामाभिषेके मदविह्वलाया हस्तच्युतो मेहघटस्तरुण्याः।
सोपानमार्गे प्रकरोति शब्दं ठंटं ठठंठं ठठठं ठठंठः।।

(३.३ पृ० ३७)

(राम के राज्याभिषेक के समय मद से विह्वल कोई रमणी हाथ में घड़ा लिये सीढ़ियों से उतर ही थी कि उसके हाथ से घड़ा छूट गया तो सोपान मार्ग पर लुड़कता हुआ वह घड़ा ठंटं ठठंठं ठठठंठठंठ:का शब्द कर रहा है।)

रावण और मंदोदरी के अनेक रोचक संवाद हनुमन्नाटक में हैं। एक स्थल पर मंदोदरी रावण से पूछती है कि मैं भी तो सुदंर हूँ, मुझ में और सीता में अंतर ही क्या है? रावण उत्तर देता है— प्रिये तुम भी परम सुंदर हो, पर तुम में और सीता में अंतर यह है कि तुम्हारी देह से मेढ़कों की गंध आती है और सीता की देह से कमल की सुवास। (हनुमन्नाटक, ९.३९,पृ० १४१)

वास्तव में हनुमन्नाटक लोकचेतना के रंग में रँगा है। राम का चरित उस समय लोक स्मृति में जैसा था, वह इसमें मिलता है। राम बालि का वध करते हैं, मृत्यु के पूर्व बालि राम पर अभियोग लगाता हुआ कहता है कि आपने मुझे छल से क्यों मारा, आपको अपनी पत्नी को खोजवाना था तो मेरे पास आते मैं आपका काम कर देता। अन्य सभी रामायणों में राम अपने कृत्य को युक्तिसंगत ठहरातें हैं। हनुमन्नाटक के राम तो ग्लानि के भाव में भरकर रोने लगते हैं और अपना अपराध स्वीकार करते हुए वे बालि का यह शाप भी शिरोधार्य करते हैं कि अगले जन्म में जब वे कृष्ण का अवतार लेगें, तो वह व्याध बनकर उनकी हत्या करेगा। इसी तरह रावण का वध होने के पश्चात् अंगद सहसा रोष में भरकर राम को मार डालने के लिये उतारू हो जाता है, वह कहता है कि आपकी पत्नी आपको मिल जाये, तब तक के लिये मैंने अपना क्रोध दबाकर रखा था, अब मैं अपने पिता का प्रतिशोध लूँगा! तब उसे समझाया जाता है कि उसके पिता बालि तो पहले ही अपने प्रतिशोध के लिये राम को शाप दे चुके हैं। तब अंगद शांत होता है। रावण जैसे महामनस्वी को हनुमन्नाटक में ही अत्यंत दुर्बलता की स्थिति में चित्रित किया गया है। इंद्रजित व कुंभकर्ण के निधन के पश्चात् वह पछताता हुआ मंदोदरी से पूछता है कि क्या अब राम से संधि कर लूँ और सीता को लौटा दूँ। मंदोदरी जो इसके पहले उसे सीता को लौटाने का परामर्श देती रही है, कहती है कि अब जब सब समाप्त हो गया है, तो संधि के विषय में क्या सोचना? वह यहाँ तक कहती है कि यदि आप डर रहे हैं, तो मैं एक क्षत्रियाणी हूँ, मैं रण में उतर पडूँगीं।

रामाय प्रतिपक्षवृक्षशिखिने दास्यामि वा मैथिलीम्
युद्धे राघवसायकैर्विनिहतः स्वर्गं गमिष्यामि वा?
नीतिज्ञे कथयस्व देवि, कतमः पक्षो गृहीतस्त्वया?
सुश्राव्यं पदमस्मदीयमगमन्मन्मात्रशेषं कुलम्।।

(हनुमन्नाटक १४.४. पृ० १९७)

मंदोदरी इसकी प्रतिक्रिया में अपने चरित्र का एकदम अलग रूप प्रकट कर देती है। इस प्रसंग को करुणा व शूरता के भाव में इस प्रकार रँग दिया गया है कि वामन का यह कथन स्मरण हो जाता है—

करुणप्रेक्षणीयेषु सम्प्लवः सुखदुःखयोः
यथानुभवतः सिद्धः तथैवोजःप्रसादयोः।।

(करुणा के नाटकों में सुख और दुःख का सम्प्लव (गड्डमगड्ड होना) अनुभव से जिस प्रकार सिद्ध है, उसी प्रकार काव्य में ओजोगुण और प्रसादगुण मिल जाते हैं।)

मंददरी कहती है—

शोकं लङ्केश मा गाः कुरु चिरमपुनर्भावि गाढोपगूढं
देवाऽऽज्ञां देहि योद्धुं समरमवतराम्यस्मि सुक्षत्रिया यत्।।

(हे लंकेश शोक मत करो, मुझे प्रगाढ़ आलिंगन करो, क्योंकि हम फिर नहीं मिलेगें। हे देव, मुझे समर में उतरने की आज्ञा दो, क्योंकि मैं भी सुक्षत्रिया हूँ।)

इसके इस कथन से रावण का अवसाद भी दूर हो जाता है और वह कहता है—

रावणः मैवं कान्ते स्वकान्ते तरुणय करुणां प्राणरङ्कः किमेको
लङ्कां सन्त्यज्य शङ्कां शिव शिव समरायोद्यतो राक्षसेन्द्रः।।

(१४.७. पृ० १९८)

(हे कांते! अपने कांत में ऐसी करुणा मत बढ़ाओ। यह (रावण) प्राणरंक है क्या? यह तो शंका त्यागकर लंका को छोड़कर समर के लिये उद्यत हो रहा है।)

हनुमन्नाटक का एक अत्यंत मनोहारी प्रसंग पुष्पक विमान से अयोध्या लौटते हुए राम और सीता के संवाद का है। राम सीता को सेतु दिखाना चाहते हैं, जो उन्होंने सागर पार करने के लिये बनवाया। सीता विमान से नीचे झाँकती हैं और कहती हैं कि हिलोर लेता सागर तो दिख रहा है, पर सेतु कहाँ है, तब राम नीचे झाँकते हैं और कहते हैं कि सेतु तो साफ दिखाई दे रहा है। सीता फिर देखती हैं, उन्हे सेतु कहीं नहीं दिखता। ऐसा बार बार होने पर राम समझ जाते हैं कि बात क्या है, सीता का मुख सुधानिधि चंद्रमा के समान है उसकी झलक मिलते ही सागर ज्वार में उमड़ पड़ता है और सेतु उसकी लहरों के उछाल में ढक जाता है। राम सीता मुख अपनी हथेलियों से ढ़क देते हैं, और फिर कहते हैं अब देखो। अब की बार सीता को सेतु दिख जाता है। इस पूरे प्रसंग को हनुमन्नाटक इस पद्य में बाँधा गया है

दृष्टोऽयं सरितां पतिः प्रियतम क्वास्ते स सेतुः परं
क्वेति क्वेति मुहुर्मुहुः सकुतुकं पृष्टे परं विस्मिते।
अत्रासीदयमत्र नात्र किमिति व्यग्रे निजप्रेयसि
व्यावृत्तास्यसुधानिधिः समभवन्मन्दस्मिता जानकी।।

(हनुमन्नाटक १४.६७ पृ० २२४)

यह कल्पनाओं की सुकुमारता कहीं-कहीं मुग्धतातिशय में पर्यवसित होकर हास्य की सृष्टि भी करने लगती है। इसी प्रसंग के आगे जब वास्तव में चंद्रमा आकाश में उदित होता है राम घबराकर यह सोचते हुए सीता के नयन ढाँप लेते हैं कि चंद्रमा के भीतर कलंक को हरिण के रूप में देखकर कहीं सीता उनसे उस हरिण को लाने के लिये हठ न करने लगे!

काव्यात्मकता, लय और सानुप्रास पदावली का हनुमन्नाटक के वर्णनों में त्रिवेणी संगम रचा गया है। मंदोदरी रावण के निधन पर विलाप करती हुई कहती है

विभीषणः पापकथानिमग्नः स्वापाकुलोऽभूद्यदि कुम्भकर्णः
राजाऽभिमानी पतितः कलङ्के लङ्के निमग्नाऽसि गभीरपङ्के।।

(हनुमन्नाटक, ९.४१, पृ० १४१)

मंदोदरी को विश्वासघाती विभीषण से इतनी घृणा होती है कि वह राम से कहती है कि मैं इस पापी के राज्य में लंका में नहीं रहना चाहती आप मुझे अपने साथ ले चलें, क्योंकि मैं जानती हूँ आप परस्त्री की ओर आँख उठाकर भी नहीं देख सकते।

हनुमन्नाटक में तत्कालीन रंगमंचीय प्रस्तुति की शैली का भी आभास होता है, जो केरल में उस समय विकसित हो रहे कूटियाट्टम् की झलक देती है। संवादों में अनुप्रास की झड़ी लगा दी गई है, तथा सुश्राव्यता और ओजस्विता का समागम हुआ है। उदाहरणार्थ -

एषा पञ्चवटी रघूत्तमकुटी यत्रास्ति पञ्चावटी
पान्थस्यैकघटी पुरस्कृततटी संश्लेषभित्तौ वटी।
गोदा यत्र नटी तरङ्गिततटीकल्लोलचञ्चत्पुटी
दिव्यामोदकुटी भवाब्धिशकटी भूतक्रियादुष्कुटी।।

(३.२२ पृ०४५)

परशुरामसंवाद, अंगदरावणसंवाद आदि संवादों में लोकप्रिय रंगमंच का नमूना देखा जा सकता है। राम परशुराम से कहते हैं—

यस्मादेकगुणं शरासनमिदं सुव्यक्तमुर्वीभुजा-
मस्माकं भवतो यतो नवगुणं यज्ञोपवीतं बलम्।। (१.४१)

(हम राजाओं के पास तो एक गुण (डोरी) वाला धनुष है। आप ब्राह्मण लोगों के पास नौ गुण वाले यज्ञोपवीत का बल है।) इस प्रकार के पद्य जो जिह्वारूढ़ होने की क्षमता रखते हैं, हनुमन्नाटक में अनेक हैं। वे अपनी लय व अनुप्रासों के आकर्षक के कारण स्मरणीय बन गये हैं। जैसे यह पद्य—

हारः कण्ठे विशतु यदि वा तीक्ष्णधारः कुठारः
स्त्रीणां नेत्राण्यधिवसतु सुखं कज्जलं वा जलं वा।

(हनुमन्नाटक, १.४५ पृ० १८)

(कंठ में हार डाला जाये, या तीक्ष्णधार कुठार? स्त्रियों के नेत्रों में कज्जल (काजल) बसे या जल (आँसू)?

चंद्रोदय का यह वर्णन भी अपनी पदावली की मिठास के लिये स्मरणीय है—

प्राचीभागे सरागे तरणिविरहिणि क्रान्तमुद्रे समुद्रे
निद्रालौ नीरजालौ विकसितकुमुदे निर्विकारे चकोरे
आकाशे सावकाशे तमसि शममिते काकलोके सशोके
कन्दर्पेऽनल्पदर्पे वितरति किरणाञ्छर्वरीसार्वभौमः।। (२.३)

रामो द्विर्नाभिषते (राम दो तरह की बाते नहीं करते) यह वाल्मीकि रामायण में राम की सुप्रसिद्ध उक्ति है (जो अयोध्याकांड में कैकेयी के प्रति उनके संवाद का अंग है।) यह लोक

में प्रचलित होकर इस श्लोक में ढल गई होगी, जिसका उपयोग हनुमन्नाटक के संकलयिताओं ने किया -

द्विः शरं नाभिसन्धत्ते द्विः स्थापयति नाश्रितान्।
द्विर्ददाति न चार्थिभ्यां रामो द्विर्नाभिभाषते।। (१.४९)

(एक लक्ष्य को बींधने के लिये दो बार धनुष पर बाण का संधान नहीं करता, आश्रितों को दो बार स्थापित नहीं करता, याचकों को दो बार दान नहीं देता, राम दो बात नहीं करता.)

अंगद संवाद सबसे लंबा है और इसकी लोकप्रियता को देखते हुए इसे दो बार विन्यस्त किया गया है। दूसरी बार राम रावण युद्ध के ठीक पहले अंगद को फिर रावण को समझाने के लिये भेजा जाता है।

रावण का संवाद है—

इन्द्रं माल्यकरं सहस्रकिरणं द्वारि प्रतीहारकं
चन्द्रं छत्रधरं समीरवरुणौ सम्मार्जयन्तौ गृहान्
पाचक्यं परिनिष्ठितं हुतवहं किं मद्गृहे नेक्षसे
रक्षोभक्ष्यमनुष्यमात्रवपुषं तं राघवं स्तौषि किम्?

(क्या तुम देख नहीं रहे कि मेरे घर में इंद्र मालाकार है, सूर्य द्वार पर प्रतीहार है, चंद्र छत्रधारी है, समीर और वरुण मेरे घर में झाडू लगाते हैं। अग्नि मेरे यहाँ रसोइयों का काम करता है। तो फिर राक्षसों के लिये जिसकी काया मात्र भक्ष्य है उस मनुष्य की स्तुति क्यों कर रहे हो?)

अङ्गद कहता है—

रे रे रावण हीन दीन कुमते रामोऽपि किं मानुषः
किं गङ्गाऽपि नदी? गजः सुरगजोऽप्युच्चैःश्रवाः किं हयः।। (८.२४)

(रे दीन हीन कुमते रावण? क्या राम भी मनुष्य हैं? क्या गंगा केवल नदी है? क्या ऐरावत मात्र हाथी है, उच्चैःश्रवाः क्या एक घोड़ा भर है?

भवभूति के उत्तररामचरित का लव के द्वारा कहा गया पद्य वृद्धास्ते न विचारणीयचरिताः यहाँ प्रशस्तिपरक मानकर अंगद के मुख से राम के लिये कहलवा दिया गया है। (१४.२२)

पंचवटी में सीता प्रार्थना करती हैं –

क्रीडाकल्पवटं विसर्पितजटं विश्वाम्बुजन्मावटं
पिष्टाण्डोघघटं धृताङ्घ्रिशकटं ध्वस्तक्षमासङ्कटम्।
विद्युच्चारुरुचाविधूतकपटं सीताधरालम्पटं
भिन्नाभ्रामघटं विरुग्णशकटं वन्दे गिरां दुर्घटम्।। (३.२३)

हनुमन्नाटक के संग्रहकर्ताओं को सुंदर पद्यों के संकलन का ऐसा प्रलोभन है कि शाकुंतल में भागते हरिण के छोने का वर्णन (ग्रीवाभङ्गाभिरामम्...) यहाँ स्वर्णमृग के भागने के वर्णन में

विन्यस्त कर लिया गया है। कुंदमाला का सीता के दुकूल का रमणीय वर्णन (द्यूतेपण: प्रणयकेलिषु कण्ठहार:) भी राम के द्वारा सीताहरण के पश्चात् हनुमान् आदि वानरों से उसके भूषण व वस्त्र मिलने के प्रसंग में जोड़ दिया गया है। (५.१)। लोकप्रिय समस्यापूर्तियों को भी हनुमन्नाटक के संकलनकारों ने जोड़ लिया है। जैसे मशकगलकरन्ध्रे हस्तियूथं प्रविष्टम् – यह समस्यापूर्ति इस तरह है—

विरम विरम तूर्णं कुम्भकर्णस्य कर्णा-
न्न खलु तव निनादैरेष निद्रां जहाति।
इति कथयति काचित् प्रयेसी प्रेक्ष्यमाणा
मशकगलकरन्ध्रे हस्तियूथं प्रविष्टम्।।

इसी प्रकार लोकोक्तियों या आभाणकों का भी रुचिकर प्रयोग है— हनुमान् कहते हैं कि खौलती कड़ाही में सरसों के दाने फूटने में जितना समय लगता है, उतने में ही मैं संजीवनी बूटी लेकर आ जाऊँगा — तैलाग्ने: सर्षपस्य स्फुटनरवपरस्तत्र गत्वाऽत्र चैमि।

अन्य अनुपलब्ध नाटक

संस्कृत साहित्य के भंडार से सैंकड़ों नाटक लुप्त हो गये। नाट्यशास्त्र तथा काव्यशास्त्र के ग्रंथों में इनके उल्लेख व इनसे दिये गये उद्धरणों से ऐसे नाटकों के विषय में कुछ जानकारी मिलती है। ऐसे अनेक नाटकों का ऊपर परिचय दिया गया है। अन्य उल्लिखित नाटकों में से कुछ का यहाँ नामोल्लेख किया जा रहा है।

दशरूपकावलोक में उल्लिखित

तरंगदत्त प्रकरण, पयोधिमंथन समवकार, उर्वशीमर्दन (नालरको० में भी उ०), कामदत्ता भाणिका, कुसुमशेखरविजय ईहामृग, जामदग्न्यविजय नाटक, तारकोद्धरणम् डिम, देवीपरिणय नाटक, नलविजय नाटक, पद्मावतीपरिणय प्रकरण, वकुलवीथिका, मदलेखा त्रोटक, मेनकानहुष त्रोटक, ललितनागर भाण, वृत्रोद्धरणम् डिम, शक्रानंद समवकार, शशिकलाप्रहसन (बहुरूपमिश्र द्वारा भी उ०) स्तम्भितारम्भ त्रोटक, इंदुलेखा वीथी, पाण्डवानन्द।

अभिनवगुप्त के द्वारा उल्लिखित

वसुनाग का प्रतिमानिरुद्ध, मारीचवध तथा राघवविजय रागकाव्य, चूडामणि डोंबी, पाण्डवानन्द, राधाविप्रलंभ रासक।

रामचंद्रगुणचंद्र के द्वारा नाद० में उल्लिखित

अनंगसेनाहरिनंदिप्रकरण, अनंगवती नाटिका, अज्ञातकर्तृक इंदुलेखा नाटिका, कंस द्वारा

देवकी की संतति के वध की कथा पर आधारित बालिकावञ्चिकम्, कौशलिका नाटिका, जामदग्न्यविजय नाटक, तरंगदत्त प्रकरण, द्रौपदीस्वयंवर नाटक, प्रतिमानिरुद्ध नाटक, पार्थविजय, राधाविप्रलंभ रासक, रोहिणीमृगांक, विधिविलसितम्, विलक्षदुर्योधन।

वक्रोक्तिजीवित में उल्लिखित

प्रतिमानिरुद्ध नाटक, मायाकापालिक संलापक, इंदुलेखा वीथी, पाण्डवानन्द, प्रयोगाभ्युदय, बालिकावञ्चितकम्।

नालरको० में उल्लिखित

कलावतीनाटिका, कीचकभीम, कामदत्ता भाणिका, पद्मावतीपरिणय प्रकरण, बृहत्कथा के नरवाहनदत्तवृत्तांत पर आधारित मदनमंजुला, मायामदालसा, मारीचवंचितक, केलिरैवतक हल्लीसक, क्रीडारसातल श्रीगदित, ग्रामेयी नाटिका, देवीमहादेवम् उल्लाप्यक, नलविजय नाटक, पत्रलेखा भाण, भीमविजय, मदनिकाकामुक रासक, मायाकापालिक सल्लापक, वीणावती भाणी, मेनकानहुष, रेवतीपरिणय, ललितनागर, वकुलवीथी, शक्रानंद समवकार, शशिकामदत्त नाटक, शशिविलास प्रहसन, सत्यभामा, शृङ्गारतिलक, अज्ञातकर्तृक अमोघराघव नाटक, कनकावतीमाधव संल्लापक, कुसुमशेखरविजय ईहामृग, पद्मावतीपरिणय प्रकरण, वकुलवीथिका, वालिवध प्रेक्षणक, बिंदुमती दुर्मल्लिका, मदनिकाकामुक प्रहसन, राधावीथी, रेवतीपरिणय नाटक, ललितनागर भाण, वृत्रोद्धरणम् डिम, शक्रानंद समवकार, शर्मिष्ठापरिणय, शशिकामदत्ता प्रकरण, शृंगारतिलक प्रस्थान,सत्यभामापरिणय गोष्ठी, उषाहरण, रामायण पर आधारित बालचरित, मायामदालसम्, मारीचवञ्चितकम्, वासवदत्ताहरण।

भाप्र० में उल्लिखित

मारीचवञ्चित, गङ्गातरंगिका, पारिजातलकता, माणिक्यवल्लिका कल्पवल्ली, नंदीमती तथा शृंगारमंजरी (दोनों भाण), सैरंध्रिका, सागरकौमुदी तथा कलिकेलि (तीनों प्रहसन), उत्कंठितमाधव, उदात्तकुंजर उल्लोप्यक, केलिरेवतकम् हल्लीसक, गौडविजय, तरंगदत्त प्रकरण, तारकोद्धरणम् डिम, देवीपरिणय नाटक, देवीमहादेवम् उल्लोप्यक, नन्दिमाली भाण, पद्मावतीपरिणय प्रकरण, वकुलवीथिका, वालिवध प्रेक्षणक, मदलेखा भाणी, वृत्रोद्धरणम् डिम, शारदचंद्रिका उत्सृष्टिकांक, शृंगारतिलक प्रस्थान, सुग्रीवकेलनम् काव्य, सैरंध्रिका प्रहसन, स्तम्भितारम्भ त्रोटक, पाण्डवानन्द, मारीचवञ्चितकम्।

रसु० में उल्लिखित

आनंदकोश तथा बृहत्सुभद्रक प्रहसन, मायाकुरङ्गिका ईहामृग, शृङ्गारमंजरी, वीरभद्रविजृम्भणम् डिम।

सादo में उल्लिखित

कंदर्पकेलि प्रहसन, कनकावतीमाधव संल्लापक, केलिरेवतकम् हल्लीसक, देवीमहादेवम् उल्लोप्यक, धूर्तचरित प्रहसन, नर्मवती नाट्यरासक, वालिवध प्रेक्षणक, बिंदुमती दुर्मल्लिका, मेनकाहितम् त्रोटक, यादवोदय: काव्य, रैवतमदनिका गोष्ठी, लीलामधुकर भाण, विलासवती नाट्यरासक, शर्मिष्ठाययाति उत्सृष्टिकांक, शृंगारतिलक प्रस्थान, स्तम्भितारम्भ त्रोटक, पुष्पमाला नाटिका, रामायण पर आधारित बालचरित।

नाटकपरिभाषा में उल्लिखित

माधवीवीथिका, मायाकुतूहलम् ईहामृग, सौभद्रक प्रहसन, चित्रोत्पलावलम्बितक प्रकरण, वीरभद्रविजृम्भणम् डिम।

प्रतापरुद्रीय में उल्लिखित - माधवीवीथिका।

अलंकारसंग्रह में उल्लिखित – मेनकाद्विजम् रासकम्, मेनकानहुष त्रोटक, रैवतमदनिका गोष्ठी, विलासवती नाट्यरासक, शृंगारतिलक प्रस्थान, स्तम्भितारम्भ त्रोटक।

उपसंहार

इस अध्याय में संस्कृत नाटक की लगभग एक सहस्राब्दी की विकासयात्रा का विवरण दिया गया है। इस अवधि में शूद्रक, विशाखदत्त, भट्टनारायण, श्रीहर्ष जैसे श्रेष्ठ नाटककार हुए और इनके पश्चात् भवभूति ने संस्कृत नाटक को अभूतपूर्व भावगांभीर्य और जीवनदर्शन की उदात्तता से संवलित बनाया। अनेक रूपक प्रकारों में नाट्यकृतियाँ सामने आईं, तथा रंगमंच की दृष्टि से विविध अभिनय पद्धतियों का उपयोग किया गया।

सन्दर्भ

१. पूर्वरंग के विषय में जानकारी के लिये इस पुस्तक के पहले खंड में 'दृश्यकाव्य (नाटक) का उद्भव तथा सैद्धांतिक पृष्ठभूमि' शीर्षक अध्याय द्रष्टव्य है।

२. वादन्याय – सं० पी०पी० गोखले, सद्गुरु प्रकाशन, दिल्ली, १९९३, पृ० ५०-५२

३. इंडियन काव्य लिट्रेचर, खंड-२, पृ० १८०

४. काव्यालंकारसूत्रवृत्ति के पंचम अधिकरण के प्रथम अध्याय में वामन ने कहा है कि कुछ वृत्तों में पादांत वर्ण लघु होना खटकता नहीं है। अपने इस कथन की पुष्टि में उन्होंने मृच्छकटिक का यह पद्य उद्धृत किया है—

यासां बलिर्भवति मद्गृहदेहलीनां हंसैश्च सारसगणैश्च विलुप्तपूर्वः।
तास्वेव पूर्वबलिरूढयवाङ्कुरासु बीजाञ्जलिः पतति कीटमुखावलीढ़ः।।

यहाँ वसंततिलकावृत्त होने से तृतीयपाद में अंतिम वर्ण का लघुत्व अशोभनीय नहीं लगता।

५. काव्यालंकारसूत्रवृत्ति, हिंदी अनुसंधानपरिषद् ग्रंथमाला, १९५४, पृ० २४४

६. इस संबंध में विवरण के लिये इस पुस्तक के पहले खंड में भासविषयक अध्याय द्र०

७. विवरण के लिये इसी अध्याय में आगे चतुर्भाणी शीर्षक द्र०

८. प्रकरण के लक्षण के लिये इस पुस्तक के प्रथमखंड में दृश्यकाव्य का स्वरूप और विकास शीर्षक अध्याय देखें।

९. द्र० इस पुस्तक के प्रथम खंड में 'श्रव्यकाव्य का उद्भव और विकास तथा सैद्धांतिक अवधारणाएँ' शीर्षक अध्याय, भाणवाङ्मयचरितम् – के०वी० रामकृष्णमाचार्य, संस्कृत अकादमी, हैदराबाद, २०१०, भूमिका पृ० ३

१०. रूपं चित्रादि प्रतिकृतिः, ततो वत्सेशस्य दृष्टेऽप्याकारे कामोऽनुत्पद्यमानोऽङ्गलीलालक्षणाद्विचेष्टितादुपजायते, नष्टरागप्रत्यानयनं वा ततो भवति, यथा विशाखदेवस्य निबद्धेऽभिसारिकावञ्चितके वत्सेशस्य पद्मावतीभट्टशबरीवेषाद्याचरणरूपाल्लीलाचेष्टितात् कामावृत्तिराख्याता।

११. मुद्रित पुस्तकों में शर्मगुप्तो – पाठ है, जो प्रामादिक प्रतीत होता है।

१२. साध्ये निश्चितमन्वयेन घटितं बिभ्रत्सपक्षे स्थितिं
व्यावृत्तं च विपक्षतो भवति यत् तत् साधनं सिद्धये।
यत् साध्यं स्वयमेव तुल्यमुभयोः पक्षे विरुद्धं च यत्
तस्याङ्गीकरणेन वादिन इव स्यात् स्वामिनो निग्रहः॥
मुद्राराक्षस, ५.१०

१३. चञ्चद्भ्यां वेगादावर्तमानाभ्यां भुजाभ्यां भ्रमिता येयं चण्डा दारुणा गदा तया योऽभितः सर्वत ऊर्वोर्घातस्तेन सम्यक् चूर्णितं पुनरनुत्थानोपहतं कृतमूरुयुगलं युगपदेवोरुद्वयं यस्य तं सुयोधनमनादृत्यैव स्त्यानेनाश्यानतया न तु कालान्तरशुष्कतयावबद्धं हस्ताभ्यामविगलद्रूपमत्यन्तमाभ्यन्तरतया घनं न तु रसमात्रस्वभावं यच्छोणितं रुधिरं तेन शोणौ लोहितौ पाणी यस्य सः। अत एव स भीमः कातरत्रासदायी। तवेति। यस्यास्तत्तदपमानजातं कृतं देव्यनुचितमपि तस्यास्तव कचानुत्तंसयिष्यत्युत्तंसवतः करिष्यति, वेणीत्वमपहरन् करविच्युतशोणितशकलैर्लोहितकुसुमापीडेनेव योजयिष्यतीत्युत्प्रेक्षा। देवीत्यनेन कुलकलत्रखिलीकारस्मरणकारिणा क्रोधस्यैवोद्दीपनविभावत्वं कृतमिति नात्र शृङ्गारशङ्का कर्तव्या। सुयोधनस्य चानादरणं द्वितीयगदाघातदानाद्यनुद्यमः। स च सञ्चूर्णितोरुत्वादेव। स्त्यानग्रहणेन द्रौपदीमन्युप्रक्षालने त्वरा सूचिता। समासेन च सन्ततवेगवहनस्वभावात् तावत्येव मध्ये विश्रान्तिमलभमाना चूर्णितोरुद्वयसुयोधनानादरणपर्यन्ता प्रतीतिरेकत्वेनैव। भवतीत्यौद्धत्यस्य परं परिपोषिका। अन्ये तु सुयोधनस्य सम्बन्धि यत्स्त्यानावबद्धं घनं शोणितं तेन शोणपाणिरिति व्याचक्षते। य इति। स्वभुजयोर्गुरुर्मदो यस्य चमूनां मध्येऽर्जुनादिरित्यर्थः। पाञ्चालराजपुत्रेण धृष्टद्युम्नेन द्रोणस्य व्यापादनात्तत्कुलं प्रत्यधिकः क्रोधावेशोऽश्वत्थाम्नः। तत्कर्मसाक्षीति कर्णप्रभृतिः। रणे सङ्ग्रामे यः प्रतीपं प्रतिकूलं कृत्वास्ते स एवं विधो यदि सकलजगदन्तको भवति तस्याप्यहमन्तकः किमुतान्यस्य मनुष्यस्य देवस्य वा। अत्र पृथग्भूतैरेव क्रमाद्विमृश्यमानैरर्थैः पदात्पदं क्रोधः परां धारामाश्रित इत्यसमस्ततैव दीप्तिनिबन्धनम्।

१४. हर्षचरित, पृ० २११

१५. हर्षचरितसार – वासुदेव विष्णु मिराशी, प्रस्तावना।

१६. श्रीहर्ष के रूपकों का तुलनात्मक और आलोचनात्मक अध्ययन, गोकुलप्रसाद त्रिपाठी, पृ० ४

१७. वही, पृ० ६।

१८. वही, पृ० ५५

१९. रसध्वनिस्तु स एव योऽत्र मुख्यतया विभावानुभावव्यभिचारिसंयोजनोदितस्थायिप्रतिपत्तिकस्य प्रतिपत्तुः स्थाय्यंशचर्वणाप्रयुक्त एवास्वादप्रकर्षः। यथा –
कृच्छ्रेणोरुयुगं व्यतीत्य सुचिरं भ्रान्त्वा नितम्बस्थले
मध्येऽस्यास्त्रिवलीतरङ्गविषमे निःष्पन्दतामागता।

मद्दृष्टिस्तृषितेव सम्प्रति शनैरारुह्य तुङ्गौ स्तनौ
साकाङ्क्षं मुहुरीक्षते जललवप्रस्यन्दिनी लोचने।।
अत्र हि नायिकाकारानुवर्ण्यमानस्वात्मप्रतिकृतिपविचित्रितचित्रफलकावलोकनाद्वत्सराजस्य परस्परास्थाबन्धरूपो रतिस्थायिभावो विभावानुभावसंयोजनवशेन चर्वणारूढ इति।

२०. कुट्टनीमत के इलाहाबाद संस्करण के संपादक से यहाँ अनंगहर्ष के अभिप्राय राजा हर्षवर्धन से ही लिया है। संस्कृत साहित्य में एक अन्य राजा अनंगहर्ष भी नाटककार हैं, संभव है सूत्रधार का आशय इन से रहा हो।
२१. क्षेमेंद्रलघुकाव्यसङ्ग्रहः – सं० श्रीनिवासवरखेडी, श्रीनिवास, सूर्यप्रकाश, संस्कृतपरिषद्, हैदराबाद, २००९. पृ० १४)
२२. मध्यकालीन संस्कृत नाटक, पृ० २३
२३. वक्रोक्तिजीवित १.७ पर वृत्ति, धारवाड़, १९७७, पृ० १२
२४. डॉ० मिराशी के अनुसार नागपुर – विलासपुर मार्ग में आमगाँव पद्मपुर था।
२५. वेद तथा प्रवचन में अग्रगण्य तथा पवित्र आचार वाले ब्राह्मणों को पंक्तिपावन ब्राह्मण कहा गया है। भोजनादिगोष्ठ्यां पावना अग्रभोजिनः पवित्रा वेत्यर्थः। यद्वा यजुषां पारणो यःस्यात् साम्नां यश्चापि पारगः। अथर्वशिरसोऽध्येता ब्राह्मणः पंक्तिपावनः (जगद्धर)। अग्र्याः सर्वेषु वेदेषु सर्वेषु वचनेषु च। श्रोत्रियान्वयजाश्चैव विज्ञेयाः पंक्तिपावनाः। त्रिणाचिकेतः पंचाग्निस्त्रिसुपर्णः षडंगविद्। ब्रह्मदेयात्मसन्तानो ज्येष्ठसामग एव च। वेदार्थवित्प्रवक्ता च ब्रह्मचारी सहस्रदः। शतायुश्चैव विज्ञेया ब्राह्मणाः पंक्तिपावनाः। मनु० ३.१८४-८६
२६. मद्रास युनिवर्सिटी संस्कृत सीरीज-१३, १९४९
२७. संस्कृत सुकवि समीक्षा, पृ० ३२०-२२
२८. संस्कृत सुकवि समीक्षा, पृ० ३२२-२३
२९. तेन खलु पुनः समयेन तं भगवन्तमाविर्भूतशब्दब्रह्मप्रकाशमृषिमुपसङ्गम्य भगवान् भूतभावनः पद्मयोनिरवोचत्— 'ऋषे प्रबुद्धोऽसि वागात्मनि ब्रह्मणि। तद्ब्रूहि रामचरितम्। अव्याहतज्योतिरार्षं ते प्रतिभाचक्षुः। आद्यः कविरसि इत्युक्त्वा तत्रैवान्तर्हितः।
अथ स भगवान्प्राचेतसः प्रथमं मनुष्येषु शब्दब्रह्मणस्तादृशं विवर्तमितिहासं रामायणं प्रणिनाय।
३०. पीटर्सन द्वारा वल्लभदेवकृत सुभाषितावलि के संस्करण की भूमिका (पृ० २३) में उद्धृत
३१. काव्यालंकारसूत्रवृत्ति, हिंदी अनुसंधान परिषद् ग्रंथमाला, ग्रंथ-१, १९५४, पृ० २४
३२. मुरारि के अनर्घराघव का एक पद्य (१.५८) हेमचंद्र ने जिस प्रघट्टक के बीच में उद्धृत किया है, वह पूरा का पूरा राजशेखर की काव्यमीमांसा से लिया गया है। ऐसी स्थिति में यह संभव है कि राजशेखर की काव्यमीमांसा में उक्त पद्य उद्धृत किया गया था, जो प्रतिलिपिकारों की भूल से छूट गया।
३३. टुवर्ड ए हिस्ट्री आफ काव्य लिटरेचर, पृ० ४४३
३४. विवरण के लिये टुवर्ड ए हिस्ट्री आफ काव्य लिटरेचर में डेविड शुल्मन का लेख द्र. पृ० ४४५
३५. खरपाक इत्युच्यते। सोऽयमभ्यस्तकविभूमिकानां वक्रोक्तिवासनावासितान्तःकरणानां विदग्धानां व्युत्पत्तिमात्रफलेषु लक्ष्यते। तथा हि मुरारेः तदात्वप्रोन्मीलन्म्रदिमरमणीयाः कठिनतां विचिन्त्य प्रत्यङ्गादिव तरुणभावेन नमितौ। इत्यादि।
३६. Indian Kāvya Literature, vol. V, p. 46
३७. Indian Kāvya Literature, vol. V, p. 127
३८. वक्रोक्तिजीवित ४.२५ पर वृत्ति, धारवाड़, १९७७, पृ० २८२
३९. वक्रोक्तिजीवित ४.२४ पर वृत्ति, धारवाड़, १९७७, पृ० २८१

४०. वक्रोक्तिजीवित ४.२ पर वृत्ति, धारवाड़, १९७७, पृ० २४६
४१. शृंगारप्रकाश (एकादश प्रकाश) भाग १, पृ० ६५८, सं० रेवाप्रसाद द्विवेदी दिल्ली, २००७
४२. Mahakavi Uloor,Kerala Sahitya Caritram, Vol I.पृ० १३१.
४३. वही,पृ० १२७
४४. S.Kuppuswami Sastri(Ed.), Aścaryacūḍamaṇi, Mylapore, 1926, p.12.quoted by K.Kunjunni Raja, Contribution of Kerala to Sanskrit Literature, p.211
४५. M.Winternitz, 'Śaktibhadra's Place in the History of Sanskrit Literature', Kuppuswami Sastri Commemoration Volume, p.5. quoted by K.Kunjunni Raja, Contribution of Kerala to Sanskrit Literature, p.211
४६. नाद. ३.४ की वृत्ति में उद्धृत पद्य सं० १७४, नाट्यसाहित्यमाला-१, पृ० ८६
४७. Sanskrit Dramas of Kulasekhara – A Study — N.P. Unni, p. 27
४८. तपतीसंवरण की स्थापना में इस रचना का उल्लेख करते हुए कहा गया है— 'यस्य परमहंसपादपङ्केरुहपटलपवित्रीकृतमुकुटतटस्य वसुधाविबुधघनान्धकारमिहिरायमाणकरकमलस्य मुखकमलादगलद् आश्चर्यमञ्जरीकथामधुद्रवः।'
४९. संस्कृत ड्रामाज आफ कुलशेखर, पृ० ४३
५०. राजशेखर की नाट्यकृतियों की प्रस्तावना में कवि के पिता का नाम सूचित किया गया है, पर पांडुलिपियों में इस नाम की वर्तनी भिन्न भिन्न लिखित है। विद्धशालभंजिका नाटिका में कवि ने अपने को दौहिक या दुर्दक का तथा बालरामायण में दौदुर्कि (दुर्दक का पुत्र) बताया है।
५१. बालरामायण (१.८) बालभारत (१.९)
५२. नदीनां मेकलसुता नृपाणां रणविग्रहः।
कवीनां च सुरानन्दश्चेदिमण्डलमण्डनम्।। (सूक्तिमुक्तावली।)
५३. अवन्तिसुन्दरी का रचा कोई ग्रंथ या काव्य अलग से नहीं मिलता। उनके काव्यशास्त्र विषयक स्वतन्त्र मतों का उल्लेख तीन बार काव्यमीमांसा में राजशेखर ने किया है। हेमचंद्र ने देशीनाममाला में उनके रचे तीन प्राकृतपद्य उद्धृत किये हैं।
५४. भोज ने शृंप्र० के ११वें प्रकाश में आशीर्नामक मंगल के उदाहरण में हरविलासनामक काव्य से यह मांगलिक पद्य उद्धृत किया है, पर यह राजशेखरकृत हरिलास से है या अन्य कविकृत हरविलास से है यह निर्देश नहीं किया है—
ओमित्येतत्परं ब्रह्म श्रुतीनां मुखमक्षरम्।
प्रसीदतु सतां स्वान्तेष्वेकं त्रिपुरुषीमयम्।। पृ० ६७७
५५. इसी प्रकार कपोले जानक्याः करिकलभ दन्तद्युतिमुषि (१.२) यह पद्य भी हनुमन्नाटक में उद्धृत है। भोज ने गर्वजनित दृष्ट्यादिविलास तथा असदृशस्पर्धा के के उदाहरण में क्षुद्राः सन्त्रासमेते इत्यादि प्रसिद्ध पद्य दो बार उद्धृत किया है। शृंप्र. के संपादक रेवाप्रसाद द्विवेदी ने इसका संदर्भ एक बार महानाटक (१२.२) से तो दूसरी बार हनुमन्नाटक (१२.२) के नाम से दिया है। दूसरी ओर अविचलितस्थैर्य के उदाहरण में कपोले जानक्याः – इस पद्य को वे हनुमन्नाटक से उद्धृत मानते हैं (शृप्र० भाग- २ पृ० १००६)

अध्याय ३

मुक्तक, स्तोत्र, दूतकाव्य तथा खंडकाव्य

संस्कृतसाहित्य में मुक्तककाव्य के उद्भव व विकास की पंरपरा को लेकर इस ग्रंथ के प्रथम खंड में चर्चा की गई है। प्रथम शताब्दी ई० से मुक्तक की परंपरा विविध विधाओं में विकसित होती हुई कवियों की प्रातिभ उर्वरता प्रमाणित करती है। एक सहस्त्र वर्ष की इस अवधि में मुक्तक का उन्मुक्त प्रवाह स्तोत्रकाव्य, शृंगारित मुक्तक, नीतिपरक श्लोक, हास्य व व्यंग्य के काव्य तथा लोकजीवन से जुड़े सुभाषितों के रूप में अनेक धाराओं में बहता रहा।

ईसा की पहली सहस्त्राब्दी (प्रथम शताब्दी से दसवीं शताब्दी ई० तक) संस्कृतमुक्तक की अनेक नई विधाएँ विकसित हुई। स्फुटपद्य, स्तोत्रकाव्य, शतक, सप्तशती, संदानितक, संघातकाव्य, दूतकाव्य या संदेशकाव्य आदि मुक्तक के प्रकार अधिकाधिक संख्या में रचे गये। यह वस्तुतः मुक्तककाव्य का स्वर्णिम युग है।

स्तोत्रकाव्यों में अनेक शतककाव्य भी मुख्यतः स्तोत्र ही हैं, किंतु स्तोत्रों की परंपरा का विशिष्टरूप संस्कृत साहित्य में मिलता है।

अनेक स्तोत्र तो ऐसे हैं, जिनका रचनाकाल और वास्तविक रचनाकार अविदित है। किसी प्राचीन महापुरुष, ऋषि या महान् भक्त को उनको प्रणेता माना गया है। उदाहरण के लिये दुर्वासा ऋषि के नाम से त्रिपुरामहिमस्तोत्र, मानसपूजार्यापद्धति तथा ललितास्तवरत्न[१] - ये तीन स्तोत्र मिलते हैं। रावण के नाम से शिवस्तुति तथा शिवताण्डवस्तोत्र, श्रीकृष्ण के पुत्र साम्ब के द्वारा रचित मानी गयी साम्बपंचाशिका आदि रचनाएँ स्तोत्रकाव्यपरंपरा के रत्न हैं।

विलुप्त मुक्तककाव्यों के स्त्रोत

संस्कृत साहित्य के भांडागार से अनेक बहुमूल्य मुक्तककाव्य की मुक्ताएँ लुप्त हो चुकी हैं। लुप्त मुक्तकों का पुनरुद्धार निम्नलिखित स्त्रोतों से किया जाता रहा है तथा किया जा सकता है—(१) वाचिक परंपरा, (२) सुभाषितसंग्रह, तथा (२) विविध शास्त्रीय ग्रंथ।

वाचिक परंपरा

अनेक सुभाषित या मुक्तक अपनी लोकप्रियता या रसप्रवणता के कारण पंडित समाज में जिह्वारूढ होकर स्मृतिशेष बने रहे। इनको जिन पंडितों की स्मृतियों में ये सुरक्षित हैं, रनसे ग्रहणकर के संरक्षित कया जा सकता है।

सुभाषितसंग्रह

महाकाव्यों, लघुकाव्यों तथा मुक्तक काव्यों के अतिरिक्त संस्कृत काव्य परंपरा में असंख्य सुभाषित लोकप्रिय रहे। कालांतर में ऐसे स्फुट सुभाषितों के संकलन भी तैयार किये गये, इन संकलनों में महाकाव्यों, नाटकों आदि से भी सुंदर पद्यों का चयन किया गया। संस्कृत साहित्य के इतिहास में इन सुभाषितसंग्रहों का अत्यधिक महत्त्व इस दृष्टि से भी है कि उनमें ऐसे अनेक महाकवियों के पद्य सुरक्षित हैं, जिनकी स्वतंत्र रूप से कोई कृति नहीं मिलती। इसके साथ ही भवभूति, बाण आदि प्रख्यात महाकवियों के भी अनेक ऐसे स्फुट पद्य इन संग्रहों में सुरक्षित हैं, जो इन महान् रचनाकारों की कृतियों में कहीं नहीं मिलते।

सुभाषितरत्नकोश (सुरको०)

सुभाषितरत्नकोश ११००ई० से ११३०ई० के बीच तैयार किया गया। संकलनकार विद्याकर बौद्ध थे। इसमें ५० व्रज्याओं में १७३९ पद्य संकलित हैं। प्रथम छह व्रज्याओं में मांगलिक पद्य हैं। इनके पश्चात् छहों ऋतुओं और शृंगार आदि रसों से संबद्ध व्रज्याएँ हैं। ऋतुवर्णन के पद्यों में कई पद्य ऐसे हैं, जिनमें गाँवों और वनांचलों के दृश्यों का मार्मिक चित्रण है। इस संग्रह में अन्यापदेश व्रज्या, वातव्रज्या और सद्व्रज्या के पद्य भी मनोहारी हैं। विशेष रूप से दीन व्रज्या और जाति व्रज्या — ये दो व्रज्याएँ इस संकलन में दुर्लभ काव्योंकी अनूठी निधि हैं। इनमें भारतीय ग्रामजीवन, मध्यवर्ग और निम्नवर्ग की जनता के यथार्थ का मर्मस्पर्शी चित्रण मिलता है। सुभाषितरत्नरोश में कालिदास, कुमारदास, क्षेमीश्वर, भवभूति, राजशेखर, बाण, भास, शूद्रक, मुरारि, श्रीहर्ष आदि प्रख्यातकवियों के पद्य तो उद्धृत हैं ही, योगेश्वर, अभिनंद, उत्पलराज, धर्मकीर्ति, छित्तप, वसुकल्प आदि श्रेष्ठ किंतु अज्ञातप्राय कवियों के भी दुर्लभ पद्य इसमें मिलते हैं।

इस संकलन की एक खंडित पांडुलिपि महामहोपाध्याय हरप्रसाद शास्त्री को १८९५ई० के आसपास मिली थी। पांडुलिपि में ग्रंथ का नाम भी नहीं था। इसका एक संस्करण बिब्लियोथिका इंडिका में १९१२ ई० में प्रकाशित किया गया। पांडुलिपि में प्रथम पद्य के आधार पर इसका नाम शास्त्री जी ने कवींद्रवचनसमुच्चय रखा। बाद में विद्याकर के संकलन की पूरी पांडलिपि मिलने पर यह सिद्ध हुआ कि कवींद्रवचनसमुच्चय इस संकलन का नाम नहीं है, यह वास्तव में सुभाषितरत्नकोष है।

सदुक्तिकर्णामृत (सदु०)

इस के संकलनकार बंगाल के निवासी श्रीधर हैं। ये राजा लक्ष्मणसेन के आश्रय में रहे। सदुक्तिकर्णामृत के संकलन का समय १२०५ई० है। इसमें विशेष रूप में बंगक्षेत्र के उस काल के कवियों के बहुसंख्य दुर्लभ पद्य संगृहीत हैं। इसका विभाजन पाँच प्रवाहों में किया गया है,

प्रत्येक प्रवाह में कई वीचियाँ हैं, और प्रत्येक वीचि में पाँच पाँच पद्य हैं। पूरे ग्रंथ में ४७६ प्रवाह तथा २३७० पद्य हैं। कुल मिला कर ४८५ कवि इसमें उद्धृत हैं। इनमें आनंदवर्धन, उद्भट, उत्पलराज, व्याडि, वामन, वार्तिककार आदि महान् आचार्यों के अविदित पद्यों को श्रीधर ने प्रस्तुत किया है। इनके अतिरिक्त कालिदास आदि प्रख्यात महाकवियों के साथ योगेश्वर जैसे प्रतिभाशाली कवियों के भी दुर्लभ तथा अन्य स्रोतों से अप्राप्य पद्य उन्होंने सँजो कर रखे हैं।

सूक्तिमुक्तावली (सूमु०)

इसके संकलयिता जल्हण तथा संकलन का समय १२८५ई० है। जल्हण लक्ष्मीधर के पुत्र थे, तथा दक्षिण के राजा कृष्ण की सभा में रहे। सूक्तिमुक्तावली में १३३ पद्धतियाँ और कुल २७९० पद्य हैं। कुल २४० कवियों को इसमें स्थान मिला है।

शार्ंगधरपद्धति (शाप०)

सुभाषितसंग्रहों में शार्ंगधरकृत शार्ंगधरपद्धति सर्वाधिक लोकप्रिय रही है। संकलनकार शार्ंगधर दामोदर के पुत्र राघव के पौत्र तथा राजा हम्मीर के गुरु थे।[२] यह संकलन १३६३ई० में तैयार किया गया। इसमें १६३ पद्धतियाँ तथा ४६८९ पद्य हैं, मूल ग्रंथ में ६३०० पद्य होने का उल्लेख मिलता है। वैद्यक, वनस्पति, वृक्षायुर्वेद, अस्त्रविद्या आदि पर भी इसमें पद्धतियाँ हैं। अठारहवीं शताब्दी में इसका बृहच्छार्ंगधरपद्धति के नाम से एक बृहत् संस्करण तैयार किया गया।

सुभाषितावली

(सुभा०, वल्लभदेव, १५वीं शताब्दी) में १०१ पद्धतियों में ३५२७ पद्य हैं, तथा ३६० के लगभग कवियों को इसमें स्थान मिला है।

प्रसन्नसाहित्यरत्नाकर

इस संग्रह का संकलन नंदन पंडित ने पंद्रहवीं शताब्दी के आसपास किया। इसमें एक हजार पद्य हैं। यह अभी तक अप्रकाशित है।

रसिकजीवनम्

गंगाधर भट्ट ने १६६०ई० में रसिकजीवनम् नाम से सुभाषितसंकलन तैयार किया। गंगाधर भट्ट के पिता का नाम गौरीश तथा माता का नाम उमा था। इस संकलन में गंगाधर ने स्वयं के रचे पद्य भी संकलित किये हैं, इनमें से एक पद्य में राजा रामभद्र की प्रशस्ति है। रसिकजीवनम् के दस प्रबंध इस प्रकार हैं – मंगलश्लोक (१११ पद्य), राजवर्णन (१०८

पद्य), अन्योक्ति (४०८ पद्य), नवरस (१४४ पद्य), नायिकाभेद (९६ पद्य), शृंगाररस (१४७ पद्य, इनमें अंतिम प्राकृत में है), संभोग (१५५ पद्य), षड्ऋतुवर्णन (१३२ पद्य), हास्यादिरसा: (१३८ पद्य), सुभाषितप्रशंसा तथा विविध (११८ पद्य)। अमरुक, भवभूति आदि प्राचीन सुविदित कवियों के अतिरिक्त गंगाधर ने कीकाकवि, गोठीमिश्र जैसे परवर्ती तथा अज्ञात कवियों के अनेक पद्य संगृहीत किये हैं। गंगाधर ने कवियों के नामों में बहुचन तथा अंत में गुरूणाम् जोड़कर उनके प्रति आदर व्यक्त किया है, जैसे मधुसूदनसरस्वतीनाम् अथवा शङ्करगुरूणाम् इत्यादि।

प्रस्तावरत्नाकर

इस संग्रह की निर्माण १५५७ई० में हरिदास कवि ने किया। इसमें इक्कीस परिच्छेद हैं।

अन्य सुभाषितसंग्रहों में सूक्तिरत्नहार (सूर्यकलिंगराज, १४वीं शताब्दी), सुभाषितसुधानिधि (सायण, चौदहवीं शताब्दी), व्याससुभाषितसंग्रह (अज्ञात), पुराणार्थसंग्रह (अज्ञात), सुभाषितनीवी (वेंकटनाथ, तेरहवीं शताब्दी), सूक्तिमुक्तावली (रूपगोस्वामी, सोलहवीं शताब्दी), नीतिमंजरी (द्या द्विवेद, १४-१५वीं शताब्दी) सूक्तिमुक्तावली (हरिहर, सत्रहवीं श०) सुभाषितमुक्तावली (अज्ञात, १६२३ई०), सुभाषितहारावली (सुहा०, हरि कवि, सत्रहवीं श०) पद्यरचना (लक्ष्मण भट्ट, सत्रहवीं श०), सभ्यालंकार (गोविंदजित्, सत्रहवीं श०), पद्यवेणी (वेणीदत्त, सत्रहवीं श०) पद्यमामृततरंगिणी (व्रजनाथ, सत्रहवीं श०) आदि उल्लेखनीय हैं। विद्याकरसहस्राकर के संकलयिता विद्याकर मिश्र हैं। एक हजार पद्य संकलित करने का संकल्प लेकर इसका निर्माण विद्याकर ने आरंभ किया था, पर इसे वे पूरा न कर सके। संकलनकार के संबंधी ज्योतिर्विद् ने इसे पूरा किया। इसके एक सहस्र पद्यों में १३० कवियों की रचनाएँ हैं।

वेदों के प्रख्यात भाष्यकार सायण ने दो सुभाषितसंग्रहों का निर्माण किया – सुभाषितसुधानिधि तथा पुरुषार्थसुधानिधि। सायण विजयनगर के सम्राट् कम्पन (१३४०-१३५४) तथा हरिहर और बुक्क के आश्रय में रहे। सुभाषितसुधानिधि ने उन्होंने अपने आश्रयदाता का नामोल्लेख किया है। यह संग्रह चारों पुरुषार्थों के अनुसार चार पर्वों में विभाजित है तथा प्रत्येक पर्व में अनेक पद्धतियाँ हैं। कुल मिला कर इसमें २२९ पद्धतियाँ तथा ११८१ श्लोक हैं। पुरुषार्थसुधानिधि में महाभारत तथा पुराणों से सुभाषित संकलित हैं।

सुभाषितसंग्रहों के मुक्तक

सुभाषित संग्रहों में संकलित मुक्तककाव्य को निम्नलिखित कोटियों में रखा जा सकता है—

(१) **अज्ञात कवियों के मुक्तक** - सुभाषित संग्रहों में ऐसे बहुसंख्य कवियों के पद्य संकलित हैं, जिनके नाम तक संकलनकार को विदित नहीं है।

(२) **लुप्त प्रबंधों से संकलित** - अनेक मुक्तक ऐसे भी इन संकलनों में प्राप्त होते हैं, जो किसी प्रबंध से हो सकते हैं। कवि का नाम तो संकलनकार ने दिया है, पर प्रबंध का नाम विदित नहीं होता। अनेक महाकवियों के प्रबंध विलुप्त हैं, सुभाषितसंग्रहों में इनके पद्य संकलित हैं, पर यह सुनिश्चित नहीं हो पाता कि वे पद्य तत्तत् कवि के विलुप्त प्रबंध से लिये गये हैं, या उसके द्वारा रचित स्वतंत्र मुक्तक हैं। उदाहरणार्थ काव्यशास्त्र के आचार्य शंकुक ने भुवनाभ्युदय काव्य लिखा था, यह उल्लेख मिलता है, शंकुक के अनेक पद्य सुभाषित संग्रहों में संकलित हैं, पर यह वे भुवनाभ्यदय काव्य से हैं या स्वतंत्र मुक्तक हैं, यह निर्णय कर पाना संभव नहीं है। इसी प्रकार प्रथम शताब्दी के कवि चंद्र ने नाट्यरचनाएँ की थीं, इनके भी पद्य सुभाषितसंग्रहों में मिलते हैं। पर ये पद्य उनके किसी नाटक से हैं– यह नहीं कहा जा सकता।

(३) **प्रसिद्ध महाकवियों के मुक्तक** – कालिदास, भवभूति आदि महाकवियों के नाम से अनेक मुक्तक इन सुभाषित संग्रहों में संकलित हैं। इसप्रकार सुभाषितसंग्रहों के द्वारा हमें कई श्रेष्ठ महाकवियों की रचनाओं का आभास होता है। उदाहरण के लिये कालिदास के नाम से विद्याकर ने सुरको० में यह पद्य उद्धृत किया है—

पिनष्टीव तरङ्गाग्रैः समुद्रः फेनचन्दनम्।
तदादाय करैरिन्दुर्लिम्पतीव दिगङ्गनाः।।

(सुरको० १९६)

(तरंगों के उछाल से समुद्र फेन रूपी चंदन पीस रहा है, अपने कर (हाथों, किरणों) से उसे उठाकर चंद्रमा दिशारूपी सुंदरियों के ऊपर लगा रहा है।)

यह पद्य कालिदास का ही है यह कहना कठिन है। माघ आदि महाकवियों के नाम से भी अनेक पद्य इन सुभाषितसंग्रहों में संकलित हैं, जो इन महाकवियों की उपलब्ध रचनाओं में अनुपलब्ध हैं।

कालिदास, माघ आदि कवियों के ऐसे भी अनेक ऐसे पद्य सुभाषितसंग्रहों में उद्धृत मिलते हैं, जिनमें ये भारतीय जनजीवन का सहज स्वरूप चित्रित करते हैं। कालिदास के नाम से उद्धृत एक पद्य में शबरसुंदरी के अभिसार का यह मनोहर चित्र है

दिवाऽपि जलदोदयादुपचितान्धकारच्छटा
जटालिततटीमिमां विशति विस्मरन्ती नयम्।
तमालतरुमण्डितावटनिरस्तभानुद्युतिं
धृताभिसरणव्रता शबरसुन्दरी कन्दरीम्।।

(सदु० ७८८)

माघ के नाम से दारिद्र्य की व्यथा व अर्थ की महिमा का वर्णन प्रस्तुत करने वाले कतिपय पद्य सुभाषत संग्रहों में संकलित हैं। माघ के संबंध में अनेक कथाएँ प्रबंधकोष, पुरातनप्रबंधसंग्रह आदि कथाग्रंथों में मिलती हैं, जिनमें माघ को अपने जीवन में दरिद्रता के दिन देखने पड़े – ऐसे प्रसंग आते हैं। संभव है कि माघ ने अपने दुर्दिनों में ऐसे पद्य लिखे हों। ऐसा ही एक पद्य है—

अर्था न सन्ति न च मुञ्चति मां दुराशा
त्यागान्न सङ्कुचति दुर्ललितं मनो मे।
याच्ञा च लाघवकरी स्ववधे च पापं
प्राणाः स्वयं व्रजत किं प्रविलम्बितेन।। (शाप० ४०७)

सुभाषितसंग्रहों में पहली शताब्दी से बारहवीं शताब्दी तक विरचित मुक्तक कविता के अत्यंत दुर्लभ निदर्शन प्राप्त होते हैं, जो अन्यथा अनुपलब्ध हैं। इसमें रसमय कविता, ऋतुवर्णनपरक कविताएँ, भावपूर्ण स्तोत्र तथा भारतीय जनजीवन से संबद्ध कविताएँ उल्लेखनीय हैं।

रसमय मुक्तक की परंपरा

मुक्तक अंतर्मन में उच्छलित भावों की सहज अभिव्यक्ति है। इसका विषय कुछ भी हो सकता है। पर मुक्तकों में मन के सुकुमार भाव, शृंगार तथा प्रणय व राग की अभिव्यक्ति बड़ी मनोरम होती आई है। उदाहरणार्थ सुरको० में उद्धृत अज्ञात कवि का यह मुक्तक—

रोमाञ्चैरिव कीलिता चलति नो दृष्टिः कपोलस्थले
स्वान्तं प्रेमपयोधिपङ्कपतनान्निश्श्लेष्टमास्ते गतम्।
उद्धाराय तयोर्गता इव पुनस्त्रासान्निवृत्ता इव
श्वासा दीर्घममी गतागतममी कुर्वन्त एवासते।।

(सुरको०, १७.३९)

(नायिका के कपोलों पर दृष्टि रोमांच के द्वारा ऐसी कीलित होकर रह गई है कि हिल ही नहीं रही। अन्तःकरण प्रेमसागर के पंक में डूब कर निश्चेष्ट हो गया है। इन दोनों के उद्धार के लिये साँसें पहुँची भी, तो घबरा कर लौट आईं, अब वे लंबा गतागत (आवाजाही) कर रही हैं।)

इसी प्रकार ऋतुवर्णन के अत्यंत सूक्ष्म विशद चित्र अनेक मुक्तकों में मिलते हैं। नील नामक कवि का यह मुक्तक उदाहरणीय है —

द्विस्त्रिः कोकिलया रुतं त्रिचतुरैराम्राङ्कुरैरुद्गतं
कोशान् बिभ्रति किंशुका मधुकरश्रेणीजुषः पञ्चषान्।
क्वापि क्वापि मदाकुलतया कान्तापराधग्रह-
ग्रन्थिच्छेदसमुद्यतं च हृदयं दोलायते सुभ्रुवाम्।।

(सुरको० १३७)

(कोयल ने कूक भरी ही है बस दो या तीन बार
मंजरियाँ फूटी ही हैं आमों में बस तीन या चार
टेसू के चार पाँच अधखिले फूलों पर मँडराये ही हैं भोरे
और इधर ढ़ीली हो गईं प्रिय के अपराधों की गाँठें
मद से आकुल फिर डोल उठे हैं बाँकी भोंहों वाली सुंदरियों के मन!)

यह कविता मनुष्य और निसर्ग के संबंधों की गहनता का भी बोध कराती है। ऋतुओं का विपर्यय किस प्रकार हमारी मन:स्थितियों से जुड़ा है— यह मुक्तककाव्यों के अज्ञात कवि हमें बताते हैं, उनके वर्णनों में प्रकृति उद्दीपन न होकर हृदय के अंतरंग भावों से एकाकार हो गई है। एक उदाहरण मनुष्य के अंत:संसार और प्रकृति की परिवर्तनमान दृश्यपटी के बीच तारतम्य और अंत:संबंधों का देखें—

माकन्देषु न यद्यपि प्रतिदिनं गर्भाङ्कुरग्रन्थयो
भिद्यन्ते न च यद्यपि प्रतनुते पुष्पाण्याशोकद्रुमः।
धत्ते नान्यभृतस्य यद्यपि कलः कण्ठे परं पञ्चमो
भ्रातः पश्य तथाप्ययं हतमधुश्चेतः करोत्युत्सुकम्।।

(भोज द्वारा श्रृंगारप्रकाश में उद्धृत)

(अब रोज रोज कहाँ आतीं हैं बोरें आमों में? न ही अशोक फूलते हैं अब वैसे! कोयल का पंचम सुर भी तो कहाँ सुनाई देता है इधर बराबर? भैया रे, देखो तो फिर भी वसंत दईमारा यह तो मन में गुदगुदी मचा ही देता है।)

वैष्णवभक्ति तथा राधाभाव की रस माधुरी के मुक्तक

कृष्ण व गोपियों के प्रेम में माधुर्यभक्ति, रसमय श्रृंगार व सौंदर्य के बोध की मुक्तक कविता का आरंभ संस्कृत में प्रथम सहस्राब्दी के साथ हो चुका था। आगे चल कर संपूर्ण भारतीय वाङ्मय को इस माधुर्यबोध से रस से सराबोर कर दिया। इस सारी परंपरा के बीज संस्कृत के मुक्तकसाहित्य में ही मूलत: हैं। भोज ने श्रृंप्र. में यह उद्धरण दिया है

कालिन्दीजलकुञ्जवञ्जुलवनच्छाया निषण्णात्मनो
राधाबद्धनवानुरागरसिकस्योत्कण्ठया गायतः।
तत् पायाद्विपुलस्खलज्जलभवज्झङ्कारसम्मूर्च्छितं
गीतं लम्बितकर्णतर्णककुलैराकर्ण्यमाणं हरेः।

(श्रृंप्र० भाग २, पृ० ८७५ सं० रेप्रद्वि.)

(कालिंदी या यमुना के किनारे वंजुल या बाँस के वनों की छाया में बैठकर राधा में बँधे

नये अनुराग के साथ उत्कंठित होकर गाते हुए कृष्ण के वे गीत आपके रक्षा करें, जो पानी की विशाल सतह पर फैलते हुए झंकारों में गूँजते हैं और जिन्हें बछड़े कान उठा उठाकर सुनते रह जाते हैं।)

श्रीधर (सदु २८७) यही पद्य उद्भट के नाम से उद्धृत किया है। इस अध्याय में आगे आनंदवर्धन आदि कवियों की चर्चा की जा रही है, जिन्होंने राधा और कृष्ण की प्रीति में पगी सरस कविताओं से संस्कृत साहित्य को संपन्नतर बनाया।

जनजीवन से संबंधित मुक्तक

संस्कृत मुक्तक काव्यों में लोकजीवन तथा ग्रामजीवन के यथार्थ को चित्रित करने वाले महाकवियों की परंपरा भी निरंतर बनी रही। इस परंपरा के कवियों के पद्य अधिकांशतः सुभाषित संग्रहों में ही मिलते हैं। कतिपय उदाहरण द्रष्टव्य हैं—

पोतानेतानपि गृहवति ग्रीष्ममासावसानं
यावन्निर्वाहयतु भवती येन वा केनचिद् वा।
पश्चादम्भोधरजलपरीपातमासाद्य तुम्बी
कूष्माण्डी च प्रभवति तदा भूभुजः के वयं के?

(सुरको, १३०६ धरणीधर)

गर्मी के ये दिन बीत जाएँ बस,
बच्चों को सम्भाले रहो ओ घरवाली
जैसे भी बन पाये वैसे।
फिर आएगी बरसात गिरेगा पानी,
जिसको पाकर फल जाएँगी कुम्हड़े और लौकी की बेलें।
तब फिर हम क्या और राजे महराजे क्या!

अरण्यरुदितं कृतं शवशरीरमुद्वर्तितं
स्थलेऽब्जमवरोपितं सुचिरमूषरे वर्षितम्।
श्वपुच्छमवनामितं बधिरकर्णजापः कृतः
कृतान्धमुखमण्डना यदबुधजनः सेवितः।

(जंगल में रुदन किया, मुर्दे के तन पर उबटन लगाया, सूखी धरती पर कमल रोपा, बड़ी देर ऊसर में जलवर्षा की, कुत्ते की पूँछ सीधी की, बहरे के कान में फुसफुसाते रहे, अंधे के चेहरे को सजाते रहे – यह जो हमने नासमझ की सेवा की।)

वृथा दुग्धोऽनड्वान् स्तनभरनता गौरिति परं
परिष्वक्तः षण्डो युवतिरिति लावण्यरहितः।

कृता वैदूर्याशा विकचकिरणे काचशकले
मया मूढेन त्वां कृपणमगुणज्ञं प्रणमता।।

(थनों के भार से झुकी दुधारू गाय मानकर व्यर्थ एक साँड दुहा मैंने/कोई नवयौवना समझकर बाहों में बाँधा हिजड़ा मैंने/चमकीले काच शकल पर आस लगाई मैंने मणि की/ मूढ था मैं — जो करता रहा प्रणाम —कृपण और अगुणज्ञ तुझ को।)

मद्गेहे मुसलीव मूषिकवधूर्मूषीव मार्जारिका
मार्जारीव शुनी शुनीव गृहिणी वाच्यः किमन्यो जनः?
किञ्च क्षुतक्लमघूर्णमाननयनैरुन्निद्रमुर्वीगतैः
कर्तु वाग्व्ययमक्षमैः स्वजननी बालैः समालोक्यते।।

(दुर्गत, सुरको०, २२२९)

(मेरे घर में छिपकली जैसी है चुहिया। चुहिया जैसी है बिल्ली। बिल्ली जैसी है कुतिया और कुतिया जैसी है पत्नी। और बाकी के लिए क्या कहूँ? धरती पर बिलखते-बिलबिलाते, उचटी नींद वाले, भूख से अशक्त पर कुछ कह पाने में असमर्थ बच्चे ताकते हैं अपनी माँ को।)

इस प्रकार के काव्यों में वनग्राम के निवासियों – शबरों, भिल्लों आदि का जो चित्रण संस्कृत के अनेक महाकवियों ने भी किया है। पर अनेक मुक्तककार ऐसे हैं, जो ग्रामजीवन में अथवा मध्यवर्ग या निम्नवर्ग के सामान्य जनों में रमे हुए हैं, उनके जीवन को निकट से देखकर उसके विषय में काव्य रचना कर रहे हैं।

नान्तःकर्षन्ति केषां कृतपदरचनैः पामरग्रामनारी-
वक्षोजोत्तुङ्गतुम्बीफलनिहतमृदूत्सर्पिगम्भीरशब्दैः
उद्गीताः शृङ्गकोटीस्थगितकरशिखालोलकल्लोलवीणा-
तन्त्रीनिक्वाणानुरूपध्वनिभिरभिनयव्याहृताः काव्यबन्धाः।।

(अज्ञात, सदुक्ति० १०५३)

(पामर या गाँव के मजदूरों की स्त्रियों के द्वारा अपने वक्षःस्थल पर तमूरा रख कर, स्वयं पद रच रच कर मधुर फैलते गंभीर सुरों में गाये जाते, मिजराब उतार कर अंगुलियों से छेड़े गये वीणा के तारों की झँकार के अनुरूप ध्वनियों के साथ अभिनय में बताये जाते काव्य के ये बंध किसके चित्त को नहीं खींच लेते?)

गाँव की स्त्रियों के जीवन की दुर्लभ छवियाँ इन मुक्तकों में हैं। इस दृष्टि से योगोश्वर व अभिनंद जैसे कवियों की कविता तो संस्कृतकाव्य के सुंदरतम उदाहरणों में गणनीय है। इन कवियों का परिचय आगे दिया जा रहा है। पर लोक जीवन पर मार्मिक व यथार्थपरक

मुक्तकरचनाएँ करने वाले बहुसंख्य कवियों का परिचय नहीं मिलता, केवल नाम विदित हो पाता है, या अनेक पद्यों में तो कवियों का नाम भी अविदित ही है।

ये मुक्तक जीवन के सहज राग, सहज रूप व सहज सौंदर्य को निरूपित करते हैं। अकृत्रिमाभिरामरमणीयता इनका सर्वस्व है। महुवे बीनने वाली ग्राम बालाओं की यह छवि संस्कृत के मुक्तककार ने इसी सहज रूप में अंकित की है—

चिन्वानाभिर्मधूकं मधुरमधुकरध्वानिचूताङ्कुराग्र-
ग्रासव्यग्रान्यपुष्टध्वनितधृतजयारम्भसंरम्भणाभिः।
गीयन्ते वल्ववीभिः पथिकसहचरीप्राणयात्राप्रदीपाः
प्रातः प्रातर्वसन्तस्वररचितपदोद्गारिणो गीतभेदाः।।

(विरिञ्चि, सदु० १०६४)

(भोर होते ही ग्वालों की स्त्रियाँ महुवे बीन रही हैं। वे वसंत की तरह के स्वर में पद रच कर तरह तरह के गीत गा रही हैं। आम की डालों पर मँडराते भौंरे मधुर गुंजार कर रहे हैं। कौवे अपने ग्रास के लिये ललचाते रट लगाये जा रहे हैं। इन गोपियों के गीत विरहिणियों के जीवनयात्रा के लिये दीपक हैं।)

इसी प्रकार शीत की मार झेलते किसी दरिद्र पर स्वाभिमानी पुरुष की उक्ति है—

शीतकालसमुद्भिन्नपुलकाङ्कुपरशालिनी
ममाम्बरविहीनस्य त्वगेव पटिकायते।।

(अज्ञात सुरको० १३१८)

शीत में रोम रोम उठ खड़ा हुआ है मेरी काया पर
कपड़े नहीं हैं मेरे पास, मेरी चमड़ी ही बन गई है ओढ़नी।

घटकर्परकाव्य

घटकर्परकाव्य के प्रणेता घटकर्पर का वास्तविक नाम अविदित है। किंवदंती है कि इस काव्य के रचयिता ने प्रतिज्ञा की थी कि यदि मुझ से अधिक अच्छे यमककाव्य की रचना कर दिखाये, तो मैं उसके घर घटकर्पर (फूटे घड़े) से पानी भरूँगा। काव्य के अंत में यह प्रतिज्ञा घोषित भी है—

भावानुरक्तवनितासुरतैः शपेयमालम्ब्य चाम्बु तृषितः करकोशपेयम्।
जीयेय येन कविना यमकैः परेण तस्मै वहेयमुदकं घटकर्परेण।। (२२)

(भावानुरक्त प्रेमिका के साथ किये जाते सुरत समागम की शपथ लेकर, हाथ में अंजलि से पीने योग्य जल भर कर तृषित मैं यह घोषणा करता हूँ कि जो कोई अन्य कवि मुझे यमक में जीत लेगा, उसके लिये में फूटे घड़े से पानी भरूँगा।)

घटकर्पर कवि ने इस काव्य के अतिरिक्त नीतिसार नामक अन्य कोई काव्य भी लिखा था। हेमचंद्र ने धावक नामक परवर्ती कवि और घटकर्पर को एक माना है। उनके अनुसार अनुश्रुति है कि भास आरंभ में अत्यंत दरिद्र थे और फूटे घड़े से पानी भरते थे, इसलिये उनका एक नाम घटकर्पर पड़ गया। हेमचंद्र ने अपने काव्यानुशासन में इस अनुश्रुति को प्रामाणिक मानते हुए सूचित किया है कि भास राजा विक्रमादित्य की सभा में थे, वे संपन्न हो गये, फिर भी अपनी पूर्वदशा का स्मरण करके घटकर्पर से ही जल भर कर लाते थे। विक्रम की राजसभा के दूसरे कवि उनकी इस प्रतिज्ञा की खिल्ली उड़ाते हुए उन पर हँसते थे और घटकर्पर कहकर उन्हें चिढ़ाते थे।। पर यह मान्यता प्रामाणिक नहीं लगती (संस्कृत नाटक विषयक अध्याय में भास देखें।) आचार्य अभिनवगुप्त के अनुसार कालिदास ही घटकर्पर हैं। अभिनवगुप्त ने तो इस काव्य को कालिदासकृत मानकर अत्यंत आदर से इस पर अपनी विवृति रची है। वे कहते हैं – किञ्च अत्र कर्ता महाकविः कालिदास इति अनुश्रुतमस्माभिः। न चास्य काव्ये तृणमात्रमपि कलङ्कपात्रमुत्प्रेक्षितवन्तो मनोरथेऽपि सुप्तेऽपि सहृदयाः।

घटकर्पर-काव्य का वास्तविक नाम क्या है— यह भी अनिर्णीत है। घटकर्परकुलक, घटकर्षरकलाप, घटकर्पर तथा घटकर्परकाव्य ये चार नाम इस काव्य के मिलते हैं। अभिनव गुप्त ने इस काव्य की अत्यंत उत्कृष्ट टीका लिखी है, जिसमें उन्होंने पहला नाम स्वीकृत किया है। बारह अन्य टीकाएँ इस काव्य पर मिलती हैं, जिनमे इसके भिन्न भिन्न नाम व्यवहृत हैं। दूसरा नाम एक अन्य टीकाकार दिवाकर ने माना है। टीकाकार गोविंद ज्योतिर्विद् ने इस काव्य को केवल घटकर्पर कहा है। सोलहवीं शती के टीकाकार कमलाकरभट्ट इसे घटकर्परकाव्य कहते हैं।

उक्त टीकाकारों के अतिरिक्त भरतमलिक, शंकर, ताराचंद्र, जीवानंद, गोवर्धन, वैद्यनाथ आदि श्रेष्ठ पंडितों ने घटकर्पर पर टीकाएँ लिखीं हैं।

घटकर्पर काव्य में कुल बाईस पद्य हैं। इसकी विषय वस्तु मेघदूत के समान है। इसमें पत्नी पति के पास मेघ को दूत बनाकर भेजती है। विप्रलंभ शृंगार रस प्रधान है। प्रत्येक पद्य के चारों चरणों में यमक अलंकार का विन्यास अत्यंत मनोहारी है। विरहिणी की चिंता, स्मृति, शंका, आदि भावों को गूँथते हुए कवि ने असाधारण कौशल से यमक का निर्वाह इस प्रकार किया है कि कहीं भी आयास या क्लेश का अनुभव नहीं होता। उदाहरण के लिये—

किं कृपापि तव नास्ति कान्तया पाण्डुगण्डपतितालकान्तया।
शोकसागरजले निपातितां त्वद्गुणस्मरणमेव पाति ताम्। (१२)

(जिसके पीले पड़ गये कपोलों पर लटें छितराई रहती हैं ऐसी अपनी प्रिया पर क्या तुम्हें कुछ करुणा नहीं? शोकसागर के जल में गिर पड़ी उसे तो बस तुम्हारे गुणों का स्मरण की बचाये हुए है।)

घटकर्पर यमककाव्य परंपरा का प्रेरणास्रोत रहा है। जिस प्रकार मेघदूत की एक एक पंक्ति लेकर उसकी पादपूर्ति करते हुए अनेक कवियों ने काव्यरचना की, उसी प्रकार घटकर्पर के श्लोकों के आधार पर भी कई कवियों ने यमक काव्य की दिशा में लेखनी चलायी।

जीवानंद विद्यासागर ने अपने काव्यसंग्रह के प्रथम भाग में घटकर्पर के नाम से २१ पद्यों का एक नीतिसार नामक स्फुट मुक्तकसंग्रह प्रकाशित किया है, जिसका कर्तृत्व सर्वथा संदिग्ध है। इसमें संकलित नीतिविषयक पद्य भर्तृहरि के शतकों अथवा अन्य सुभाषितसंग्रहों में मिलते हैं।

नागार्जुन के स्तोत्र

प्रसिद्ध बौद्ध दार्शनिक नागार्जुन ने अनेक स्तोत्र काव्यों तथा विविध काव्यों की रचना की थी। इनमें चतुःस्तव सर्वाधिक प्रसिद्ध है। इसमें चार स्तोत्र हैं – लोकातीतस्तव, निरौपम्यस्तव, अचिंत्यस्तव तथा परमार्थस्तव। नागार्जुन का शून्यवादी दर्शन इन स्तोत्रों में प्रतिफलित हुआ है। अत्यंत प्रांजल अभिव्यक्ति के साथ जटिल गूढ़ अभिप्रायों को वे व्यक्त करते हैं। उदाहरणार्थ—

न भयो नाशुचिः काये क्षुत्तृष्णा सम्भवो न च।
त्वया लोकानुवृत्यर्थं दर्शिता लौकिकी क्रिया।
नित्यो ध्रुवः शिवः कायस्तव धर्ममयो जिन।
विनेयजनहेतोश्च दर्शिता निर्वृतिस्त्वया।।

(हे जिन, तुम्हारे देह में न भय है, न अशुचिता। क्षुधा और तृष्णा भी उससें जन्म नहीं लेती। तुमने लोकानुवृत्ति के लिये लोकव्यवहार की क्रियाएँ प्रदर्शित की हैं। तुम्हारा धर्मकाय नित्य, ध्रुव, शिव है। विनेय या शिक्षणीय जनों के लिये तुमने निवृत्ति का मार्ग प्रदर्शित किया है।)

आर्यदेव का चतुःशतक

आर्यदेव का समय २००ई० के आसपास है। एक आँख न होने से इनका अन्य नाम काण्हदेव भी रहा है। ये प्रख्यात दार्शनिक नागार्जुन के शिष्य थे। चंद्रकीर्ति ने इनके चतुःशतक पर अपनी टीका में बताया है कि ये राजपुत्र थे तथा सिंहल देश में जन्मे थे। राज्य का त्याग करके ये माध्यकशास्त्र का अध्ययन करने के लिये दक्षिणभारत आये। चतुःशतक में अत्यंत सरल सहज भाषा में बुद्ध के संदेश, अनात्मवाद, क्षणभंगवाद आदि सिद्धांतों का प्रतिपादन है। अनित्यता के विषय में आर्यदेव कहते हैं—

यदा हि कृतकाद् बीजाज्जायते कृतकोऽङ्कुरः।
अनित्येभ्यस्तथा सर्वमनित्यं ह्येव जायते।। (१०.२४)

यस्मात् प्रवर्तते भावस्तेनोच्छेदो न जायते।
यस्मान्निवर्तते भावस्तेन नित्यो न जायते।। (१०.२५)

(जिस तरह नकली बीज से नकली अंकुर फूटता है, उसी तरह अनित्य वस्तुओं से सब अनित्य वस्तुएँ ही जन्म लेती हैं। जिससे ये सब वस्तुएँ जन्म लेती रहती हैं, उससे उनका उच्छेद नहीं होता। जिसमें ये वस्तुएँ लीन होती रहती हैं, उसके कारण ये नित्य नहीं हो सकतीं।)

मातृचेट के स्तोत्र

बौद्ध कवि मातृचेट राजा कनिष्क के समकालीन बताये गये हैं। पर यह कनिष्क प्रथम है या द्वितीय इस पर विद्वानों में एक मत नहीं है। कनिष्क ने उनकी ख्याति सुनकर उन्होंने अपनी सभा में आमंत्रित किया था, उन्होंने वृद्धावस्था के कारण आने में असमर्थता प्रकट करते हुए एक लंबा पद्यात्मक पत्र राजा को भेजा था।

नागार्जुन के शिष्य आर्यदेव मातृचेट के गुरु थे। तारानाथ ने उनके जीवनचरित का निरूपण करते हुए बताता है कि वे एक संपन्न ब्राह्मणपरिवार में उत्पन्न हुए। उनके पिता का नाम संघगुह्य था। उनका मूल नाम काल था, माता के प्रति भक्ति के कारण उनका मातृचेट नाम चल पड़ा, कहीं कहीं पितृचेट नाम भी उनके लिये आया है। तारानाथ के अनुसार उनके स्तोत्रकाव्य अत्यंत लोकप्रिय थे, तथा घर घर में गाये जाते थे और लोकगायक नगर नगर डगर डगर उनका गायन करते हुए घूमते रहते थे।

मातचेट के स्तोत्र तथा मुक्तककाव्य इस प्रकार हैं—

वर्णार्हवर्ण स्तोत्र

इसमें चार सौ पद्य तथा बारह परिच्छेद हैं। संस्कृत में यह खंडित रूप में प्राप्त है, इसका तिब्बती भाषा में अनुवाद मिलता है। समग्र काव्य अनुष्टुप् छंद में निबद्ध था। उदात्त अभिप्रायों तथा भावसमृद्धि की दृष्टि से यह उत्तम रचना है।

वर्णार्ह से आशय बुद्ध से है। मातृचेट ने महायानसम्प्रदाय के अनुसार बुद्ध में भक्तिभाव व्यक्त किया है। काव्यसमृद्धि, कल्पना तथा यमक और अनुप्रास अलंकारों के विनिवेश के कारण मातृचेट की कविता संस्कृत के श्रेष्ठ काव्यों में गणनीय है। उदाहरणार्थ—

सदा सदाचारविधायिने यिने क्षराक्षराप्तप्रतिसंविदे विदे।
महामहायाप्रतिमाय ते यते नमो नमोर्हाय महार्हतेऽर्हते।। (२.७०)

पूज्यपूज्यतमं लोके लोकपूजितपूजितम्।
पूजार्हं पूजयामि त्वा पूजाभाजनमुत्तरम्।। (३.३)

निम्नलिखित पद्य में मातृचेट ने मालोपमा के द्वारा बुद्ध की अर्चना में शब्दों की मनोहर पुष्पमाला अर्पित की है—

स्वरत्नैराकरमिव स्वधातुभिरिवाचलम्।
चन्दनं स्वरसेनेव सरः स्वजलैरिव।।
गुणैस्त्वाभ्यर्चयिष्यामि त्वन्मतादेव निर्हृतैः।
स्वनिर्वान्तेन हेम्नेव काञ्चनेन नवं मणिम्।।

(अपने ही रत्नों से रत्नाकर बने हुए, अपनी ही धातुओं से अचल बने हुए, अपने ही रस से चंदन बने हुए, अपने ही जल से सरोवर बने हुए आपकी आपके ही मत से मिले गुणों के द्वारा मैं पूजा करता हूँ, जैसे आपके द्वारा रचे स्वर्ण से ही नवीनमणिरूपी आपकी मैं पूजा करता हूँ।)

यहाँ रत्नाकर (रत्नों की खान, सागर), अचल (अकंप्य, पर्वत), रस (आनंद, द्रव) गुण (विशेषता, धागा) – इन शब्दों में श्लेष है।

(२) अध्यर्धशतक

इसमें १५३ अनुष्टुप् छंद हैं। यह मातृचेट की सबसे लोकप्रिय रचना मानी गई है। चीनी, तोखारी, तिब्बती आदि भाषाओं में इसके प्राचीन काल में अनुवाद किये गये। यह काव्य तेरह भागों में विभक्त है। दिङ्नाग जैसे दिग्गज दार्शनिक और कवि इससे प्रभावित हुए हैं। समंतभद्र के स्वयंभू स्तोत्र, हेमचंद्र के वीतराग स्तोत्र आदि परवर्ती स्तुतिकाव्यों का यह प्रेरणास्रोत रहा है। शोधकर्ताओं ने मातृचेट तथा हेमचंद्र के पद्यों में घनिष्ठ भावसाम्य प्रदर्शित किया है।[३]

(३) कनिष्कलेख

महाराज कनिष्क को लिखित पद्यबद्ध पत्र। इसमें ८५ श्लोक थे। यह भी मूल संस्कृत में अप्राप्य है।

मातृचेट का अन्य स्तोत्र प्रसादप्रतिभोद्भवस्तोत्र संस्कृत में संपूर्ण प्राप्त है। ए.के. वार्डर ने इसे मातृचेट का सर्वश्रेष्ठ स्तोत्र मना है।[४]

मातृचेट के नाम से उद्धृत अन्य रचनाएँ हैं – **सम्यक्त्वबुद्धलक्षणस्तोत्र, त्रिरत्नमङ्गलस्तोत्र, एकोत्तरीस्तोत्र, सुगतिपञ्चत्रिरत्नस्तोत्र, चतुर्विपर्ययकथा, कलियुगपरिकथा, आर्यतारादेवीस्तोत्र, मितचित्रगीति, तथा चतुःशतक।**

इत्सिंग के उल्लेख के अनुसार मातृचेट के स्तोत्रों का महायानपरंपरा के भिक्षु अनवरत पाठ करते रहते थे। रत्नश्रीज्ञान ने दंडी के काव्यादर्श की अपनी टीका में मातृचेट के स्तोत्र से वंशस्थ वृत्त में लगभग बाईस पद्य उद्धृत किये हैं जो मातृचेट के एक ही स्तोत्र से हैं।

समंतभद्र

समंतभद्र जैन धर्म के प्रतिष्ठित आचार्य व कवि हैं। ये तमिलनाडु में द्रमिळसंघ में प्रवचन करते रहे। उनके एक ग्रंथ आप्तमीमांसा की पांडुलिपि में उन्हें उरयूर के राजा का पुत्र बताया गया है। प्रभाचंद्र के कथाकोश के अनुसार उनका निवास कांची में था, कदंब राजाओं से भी उनका संबंध बताया गया है। उनका समय दूसरी-तीसरी श. ई० लगभग है। उनकी रचनाएँ हैं – आप्तमीमांसा, देवागमस्तोत्र, युक्त्यनुशासन, स्वयम्भूस्तोत्र, जिनस्तुतिशतक, रत्नकरण्डकश्रावकाचार (उपासकाध्ययन) आदि। देवागमस्तोत्र वस्तुतः स्वाति के तत्त्वार्थसूत्र पर गण्डसहस्त्रीभाष्य का प्रास्ताविक है। इसमें ११५ पद्य हैं। इसका अन्य नाम आत्ममीमांसा भी है। इसमें वीर जिन के स्वरूप का विमर्श करते हुए कहा गया है—

स त्वमेवासि निर्दोषयुक्तिशास्त्राविरोधिवाक्।
अविरोधि यदिष्टं ते प्रसिद्धेन न बध्यते।
त्वन्मतामृतबाह्यानां सर्वैकान्तवादिनाम्।
आप्ताभिमानदग्धानां स्वेष्टं दृष्टेन बाध्यते।।

(निर्दोष युक्तियों से युक्त शास्त्र की अविरोधी वाक् आप ही हैं। आपके लिये जो अविरोधी इष्ट है, वह लोकप्रसिद्धि से बँधा हुआ नहीं है। आपके अमृततुलय वचन के बाहर जाने वाले सभी एकांतवादियों के लिये, जो अपने को आप्त मानने के अभिमान से जल चुके हैं, उनका इष्ट उनकी दृष्टि से बाधित होता है।)

युक्त्यनुशासन में ६५ पद्यों में महावीर की स्तुति है।

स्वयम्भूस्तोत्र को आचार्य प्रभाचंद्र ने निःशेषजिनोक्तधर्मविषय अर्थात् जिनप्रोक्त समस्त धर्मविषयों का प्रतिपादक माना है। समस्त दर्शन का सार भी तीर्थंकरों के चरित में समंतभद्र ने समाहित कर लिया है, तथा विविध दर्शनों के तत्त्वों को कवित्वमय अभिव्यक्ति दी है। वृषभदेव की स्तुति में कहा है

स विश्वचक्षुर्वृषभोऽर्चितः सतां समग्रविद्यात्मवपुर्निरञ्जनः।
पुनातु चेतो मम नाभिनन्दनो जिनो जितक्षुल्लकवादिशासनः।।[५]

(वे ऋषभ विश्व के नेत्र हैं, सज्जनों के द्वारा पूजित हैं, वे समग्रविद्याओं के स्वरूप हैं, निरंजन हैं। क्षुल्लकों से वाद करने वालों का अनुशासन करने वाले नाभि के वे पुत्र जिन मेरे चित्त को पवित्र करें।)

भाषा व्यत्पत्ति तथा भक्ति की त्रिवेणी स्तवन में समंतभद्र ने प्रवाहित की है। चंद्रप्रभजिनस्तवन करते हुए कवि कहता है —

चन्द्रप्रभं चन्द्रमरीचिगौरं चन्द्रं द्वितीयं जगतीव कान्तम्।
वन्देऽभिनन्द्यं महतामृषीन्द्रं जिनं जितस्वान्तकषायबन्धम्।।

समंतभद्र के जिनशतकालंकार को स्तुतिविद्या भी कहा जाता है। इसमें विविध स्तुतियाँ हैं। इसके ४५ पद्यों में मुरजबंध रचते हुए दुस्साध्य चित्रालंकार का प्रयोग भी है। प्रांजल भावाभिव्यक्ति इसकी विशेषता है। यथा—

न शीतलं चन्दनचन्द्ररश्मयो न गाङ्गमम्भो न च हारयष्टयः।
यथा मुनेस्तेऽनघवाक्यरश्मयः शमाम्बुगर्भा शिशिरा विपश्चिताम्।।

(हे मुने, न तो चंदन, न चंद्रमा की रश्मियाँ, न गंगा का जल, न मोतियों के हारों की लड़ियाँ ही ऐसी शीतल हैं जैसी आप के शमजल से भरी निष्पाप वाक्यरश्मियाँ विद्वज्जनों के लिये शीतल हैं।)

युत्त्यनुशासन में ६४ पद्यों में वीरजिन का स्तवन है।

धनंजयकृत विषापहारस्तोत्र

विषापहारस्तोत्र के प्रणेता धनंजय का समय ४००ई० के आसपास माना गया है। इनके पिता वासुदेव तथा माता श्रीदेवी थीं। संस्कृत में सर्वप्रथम द्विसंधानकाव्य की रचना का श्रेय इन्हें दिया जाता है। इनके विषापहारस्तोत्र में ऋषभदेव की स्तुति में ३८ पद्य हैं, जो इंद्रवज्रा छंद में निबद्ध हैं। ऋषभ के नामस्मरण को कवि ने मोह रूपी विष का निवारक बताते हुए कहा है—

विषापहारं मणिमौषधानि मन्त्रं समुद्दिश्य रसायनं च।
भ्राम्यन्त्यहो न त्वमिति स्मरन्ति पर्यायनामानि तवैव तानि।।

(लोग विष को दूर करने वाले मणि, औषधियों, मंत्रों तथा रसायनों के फेर में पड़े रहते हैं, वे तुम्हारा स्मरण नहीं करते। ये सब तुम्हारे नाम के ही पर्याय हैं।)

द्वात्रिंशद्द्वात्रिंशिका

इस स्तोत्रसमुच्चयय के कवि प्रसिद्ध बौद्धदार्शनिक तथा न्यायावतार नामकग्रंथ के प्रणेता सिद्धसेन दिवाकर हैं। इनका समय ३७३ई० से ४१४ई० के आसपास है। आदिनाथ नेमिनाथ उपाध्ये इन्हें गुप्तकाल में मानते हैं।

द्वात्रिंशद्द्वात्रिंशिका में ३२-३२ पद्यों की ३२ कृतियाँ हैं। इनमें से अब २१ ही मिलती हैं। काव्यसौष्ठव के साथ आत्मचिंतन की दीप्ति इनमें स्फुरित हुई है। सिद्धसेन दिवाकर एक वादी के रूप में प्रसिद्ध हैं। उनकी इन ३२ कृतियों में इनकी वादप्रवणता की झलक भी मिलती है।

समृद्धपक्षा अपि सच्छिखण्डिनो यथा न गच्छन्ति गतं गरुत्मतः।
सुनिश्चितज्ञेयविनिश्चयास्तथा न ते गतं यातुमलं प्रवादिनः।।

(समृद्ध पक्ष वाले, शिखंडीसहित होकर भी जैसे सामान्य पक्षी गरुड़ के समान उड़ान नहीं

भर पाते, इसी प्रकार सुनिश्चित ज्ञेय के विनिश्चय वाले भी विद्वज्जन आप के जैसे श्रेष्ठ वादी की गति को नहीं पकड़ सकते।)

इस पद्य में पक्ष, शिखंडी, गति, ज्ञेयविनिश्चय – इन समस्त पदों में पक्षी तथा वादी दोनों के पक्षों में अलग अलग अर्थ निकाले जा सकते हैं। श्लेष तथा शास्त्रकाव्य का यह निदर्शन है।

कुछ विद्वान् कल्याणमंदिरस्तोत्र को भी सिद्धसेन दिवाकर की कृति मानते हैं, जबकि अन्य मत से इसके रचयिता कुमुदचंद्र हैं। वसंततिलका छंद में निबद्ध इस स्तोत्र में ४४ पद्य हैं।

देवनंदिकृत सिद्धिप्रियस्तोत्र

जिनेंद्रबुद्धि तथा पूज्यपाद के अन्य नामों से प्रसिद्ध देवनंदि प्रसिद्ध जैन आचार्य हैं। इनका समय ४५० से ५००ई० के आसपास है। सिद्धिप्रियस्तोत्र में इन्होंने यमक के विलक्षण चमत्कार का प्रदर्शनकरते हुए २६ पद्यों में जिनस्तुति की है। यमक के निर्वाह के आग्रह के कारण रचना में दुरूहता तथा आयास स्पष्ट झलकता है।

श्रुत्वा वचांसि तव सम्भव कोमलानि
नो तृप्यति प्रवरसम्भव कोऽमलानि।
देव प्रमुक्तसुमनोभवनाशनानि
स्वार्थस्य संस्थितिमनोभवनाशनानि।। (३)

(हे प्रवरसंभव संभव, आपके कोमल वचन सुनकर कौन तृप्त नहीं होता? ये देव ये वचन उन्मुक्त मनोभव या कामदेव का नाश करने वाले तथा स्वार्थ की संस्थिति में होने वाले मन के विकारों का नाश करने वाले हैं।)

यहाँ कवि ने दार्शनिक अवधारणाओं को मानस में रखकर पदावली को जटिल बना दिया है। प्रमुक्तसुमनोभव का अर्थ मुक्त मन के स्वामी भी हो जाता है और उन्मुक्त सुमनों वाले भवन (मकान) तथा अशन (भोजन) यह भी अर्थ लिया जा सकता है। कोमलानि तथा कोऽमलानि का यमक स्पष्ट है। पहले कोमल का अर्थ सुकुमार तथा दूसरे कोऽमलानि में कः अमलानि यह संधिविच्छेद करके भला कौन तुम्हारे निर्मल वचन कर सुनकर तृप्त न होगा – इस अर्थ की पूर्ति हो जाती है।

स्तोत्ररचना देवनंदी के स्फुट स्तोत्रों का संग्रह है। ये स्तोत्र नित्य पाठोपयोगी तथा सरल भाषा में हैं।

पात्रकेसरी

अहिच्छत्रा नगरी के निवासी पात्रकेसरी का समय छठी-सातवीं शताब्दी है। ये अपने समय के सम्मानित पंडित थे, अपने ब्राह्मणत्वाभिमानी होते हुए भी ये पार्श्वनाथ दिंगबर मंदिर में

नित्य दर्शनार्थ जाते थे। इनके पाँच सौ शिष्य राजा की सहायता करते थे। त्रिलक्षणकदर्थन तथा जिनेंद्रगुणस्तुति इनकी दो कृतियाँ हैं। जिनेंद्रगुणस्तुति का अन्य नाम पात्रकेसरीस्तोत्र भी है। इसमें पचास पद्यों में वैदिक तथा बौद्धदर्शन की मान्यताओं का निराकरण करते हुए अपरिग्रहव्रत का माहात्म्य तथा जैनजीवनचर्या की प्रशस्ति है।

मानतुंग के स्तोत्र

विंटरनित्स के अनुसार मानतुंग का समय ईसा की तीसरी शती है, जब कि अन्य विद्वान् इन्हें सातवीं शताब्दी में रखते हैं। इनका निवासस्थान काशी में था तथा इनके पिता का नाम धनदेव था। इन्होंने पहले दिगंबर मत में दीक्षा ली, फिर उसे छोड़कर श्वेतांबर हुए। वसंततिलका छंद में निबद्ध इनका भक्तामरस्तोत्र जैनमतावलंबियों में अत्यंत समादृत है। इसका अन्य नाम आदिनाथस्तोत्र है। भक्तिभाव की अभिव्यक्ति, अनन्य निष्ठा तथा काव्यात्मक चारुता का समागम इस स्तोत्र के ४८ पद्यों में हुआ है। उदाहरणार्थ —

अल्पश्रुतं श्रुतवतां परिहासधाम त्वद्भक्तिरेव मुखरीकुरुते बलान्माम्।
यत्कोकिलः किल मधौ मधुरं विरौति तच्चाम्रचारुकविकानिकरैकहेतु।।

(मेरे जैसे अल्पश्रुत तथा परिहास के पात्र को आप की भक्ति ही मुखर बना देती है। क्योंकि कोकिल वसंत के आने पर जो मधुर कूजन करता है, वही आम्र के कुंज में मंजरियों के खिलने का हेतु बन जाता है।)

अकलंक

अकलंक जैन दर्शन व तत्त्वचिंतन के एक मूर्धन्य आचार्य हैं। ये आठवीं शताब्दी में हुए, तथा राष्ट्रकूट राजा शुभतुंग (कृष्ण) के समकालीन थे। पल्लवों की राजसभा में इन्होंने बौद्ध दार्शनिकों को वाद में परास्त किया, जिसके कारण लंका पलायन करके लंका चले गये।[६] अकलंक ने विविध दार्शनिक ग्रंथों की रचना की। अकलंक स्तोत्र, देवागमस्तोत्रन्यास उनकी स्तुतिपरक रचनाएँ हैं।

कुन्तलेश्वरदौत्य

कुन्तलेश्वरदौत्य का उल्लेख क्षेमेंद्र ने कालिदास की कृति के रूप में किया है, तथा यह माना है कि राजा विक्रमादित्य ने कुंतल के राजा के प्रति कालिदास को दूत बनाकर भेजा था, उस अवसर पर कवि ने इस काव्य की रचना की। आधुनिक विद्वानों ने इसे कालिदास की रचना के रूप में स्वीकार नहीं किया है। अनुश्रुति है कि कुंतलेश्वर ने जब कवि से आसन पर विराजमान होने का अनुरोध किया, तो कवि आसन स्वीकार न करके धरती पर ही बैठ गये। कुंतलनरेश ने पूछा कि आप ऐसा क्यों कर रहे हैं, तो उन्होंने उत्तर दिया—

इह निवसति मेरुः शेखरः क्ष्माधराणामिह विनिहितभाराः सागराः सप्त चान्ये।
इदमहिपतिभोगस्तम्भविभ्राजमानं धरणितलमिहैव स्थानमस्मद्विधानाम्।।[७]

(पर्वतों का मुकुटमणि सुमेरु पर्वत इस पर विराजमान है, सात सागरों का भार भी इसी पर है, अहिपति अर्थात् शेषनाग की फणावली की विस्तार इसे सँभाले है। हमारे जैसों के लिये यह धरणीतल ही बैठने के लिये उचित स्थान है।)

भोज ने भी संदर्भपुरस्सर कुंतलेश्वरदौत्य का यह पद्य अपने श्रृंगारप्रकाश के अष्टम प्रकाश में उद्धृत किया है—

असकलहसितत्वात् क्षालितानीव कान्त्या
मुकुलितनयनत्वाद् व्यक्तकर्णोत्पलानि।
पिबति मधुसुगन्धीन्याननानि प्रियाणां
त्वयि विनिहितभारः कुन्तलानामधीशः।।

कुंतलेश्वर के राज्य से जब कालिदास विक्रमादित्य के पास लौट कर आये, और विक्रमादित्य ने उनसे पूछा कि कुंतलेश्वर कैसे हैं या क्या करते रहते हैं, तो कालिदास ने कहा-कुंतलों के अधीश्वर आप के ऊपर राज्य का सारा भार सौंप कर अपनी प्रियाओं के ऐसे मुख जो भरपूर हँसी के उजाले से धुले धुले हैं, नयन मुँद जाने से व्यक्त हो गये कर्णोत्पलों वाले हैं तथा मधु से सुगंधित हैं, पी रहे हैं।)

भोज ने इसके आगे लिखा है कि विक्रमादित्य ने यह सुनकर प्रसन्न होकर कालिदासविरचित पद्य को ही किंचित् परिवर्तित कर के कहा—

(इदमेवोहित्वा विक्रमादित्यः प्रत्यूचे)—

पिबतु मधुसुगन्धीन्याननानि प्रियाणां
मयि विनिहितभारः कुन्तलानामधीशः।।

धर्मकीर्ति

धर्मकीर्ति एक बौद्ध दार्शनिक के रूप में विख्यात हैं। उनका समय छठी-सातवीं शताब्दी है। उनका जन्म एक ब्राह्मण परिवार में हुआ था, तथा बौद्ध धर्म में दीक्षित होकर वे अध्ययन के लिये नालंदा आये।

सुभाषिकरत्नकोश में धर्मकर्ति के नाम से १६, सदुक्तिकर्णामृत में नौ तथा सुभाषितावलि में छह पद्य उद्धृत हैं। बौद्धदर्शन की गूँज उनकी कविता में स्पष्ट ध्वनित है। प्रसिद्ध नैयायिक जयंत भट्ट ने धर्मकीर्ति का खंडन करते हुए उपहास के स्वर में कहा भी था कि धर्मकीर्ति को नित्य पदार्थ से ऐसी चिढ़ है कि प्रणयकाव्य रचते समय भी वे नित्य तत्त्व का विरोध करने लगते हैं।[८] यह सत्य है कि धर्मकीर्ति ने अपने मुक्तकों में भी क्षणभंगवाद या क्षणिकता की

बौद्धदर्शन की अवधारणा को अभिव्यक्ति दी है। इसके उदाहरण स्वरूप उनके ये पद्य उद्धृत किये जा सकते हैं—

अलमतिचपलत्वात् स्वप्नमायोपमत्वात्
परिणतिविरसत्वात् सङ्गमेनाङ्गनायाः।
इति यदि शतकृत्वस्तत्त्वमालोचयाम-
स्तदपि न हरिणाक्षीं विस्मरत्यन्तरात्मा।।[१]

(हम सौ सौ तरह से तत्त्वविचार करते हुए मन को समझाते हैं कि अंगना के साथ संगम करने के लिये यह चंचलता रहने दो, यह सब स्वप्न और माया है, परिणाम में यह सब विरस होगा, फिर भी उस हरिणाक्षी को अंतरात्मा भूलता नही है.)

याता लोचनगोचरं यदि विधेरेणेक्षणा सुन्दरी
नेयं कुङ्कुमपङ्कपिञ्जरमुखी तेनोज्झिता स्यात् क्षणम्।
नाप्यामीलितलोचनस्य रचनाद्रूपं भवेदीदृशं
तस्मात् सर्वमकर्तृकं जगदिदं श्रेयो मतं सौगतम्।।

(सुरको० ४४०)

(यदि यह कुकुंम के लेप से पिंजरित मुख वाली यह हरिणाक्षी विधाता के दृष्टिपथ में पड़ जाती, तो वे इसे एक क्षण को भी छोड़ते ही नहीं। और आँख बंद कर के तो इस रूप की रचना हो नहीं सकती। इसलिये बुद्ध के इस मत को मानना ही उचित है कि इस जगत् का निर्माता कोई नहीं है।)

अपने दार्शनिक ग्रंथों में भी धर्मकीर्ति ने विचारप्रवाह को छंदों में बाँधते हुए उसे कवित्व की विच्छित्तियों से संवलित कर दिया है। प्रमाणवार्तिक जैसे प्रौढ़ दार्शनिक ग्रंथ में भी काव्यप्रवाहतरंग बीच बीच में उठते हैं। ऐसे अवसरों पर धर्मकीर्ति अपनी बात इस तरह छंद में उतारते हैं—

प्रायः प्राकृतसक्तिरप्रतिबलप्रज्ञो जनः केवलं
नानर्थ्येव सुभाषितैः परिगतो विद्वेष्ट्यपीर्ष्यामलैः।
तेनायं न परोपकार इति नश्चिन्तापि चेतश्चिरं
सूक्ताभ्यासविवर्धितव्यसनमित्यत्रानुबद्धस्पृहम्।।

(जो लोग मेरे समान सोच समझ की शक्ति वाले नहीं है, वे तो प्रायः सामान्य विषयों में आसक्त रहते हैं, उन्हें सुंदर उक्ति से कोई प्रयोजन नहीं और वे ईर्ष्या के मल से भरे द्वेष भी करते हैं। इसलिये मैंने अपना ग्रंथ परोपकार समझकर नहीं लिखा, यह तो सूक्तियों के अभ्यास से विवर्धित व्यसन वाले मेरे मन की बढ़ती स्पृहा है जिसने इसे रचवा लिया है।)

धर्मकीर्ति चिंतन के क्षेत्र में जिस तरह अपने पथ पर अकेले चलते हैं, उसी तरह अपनी

काव्ययात्रा में भी उनका पथ अलग ही है। अपने समय की सहृदयसमाज व आचार्य परंपरा में कहीं अकेले छूट जाने का बोध उनके कवि मन को कचोटता रहा है। तभी तो वे कहते हैं -

वहति न पुरः कश्चिन्न पश्चात् कोप्यनुयाति माम्
न च नवपदक्षुण्णो मार्गः कथ न्वहमेककः।
भवतु विदितं पूर्वव्यूढोऽधुना खिलतां गतः
स खलु बहलो वामः पन्था मया स्फुटमूर्जितः।।

(धर्मकीर्ति, सुभाषितरत्नकोश, १७२९)

'कोई नहीं जा रहा है मेरे आगे-आगे
कोई नहीं आ रहा है मेरे पीछे-पीछे
ऐसा नहीं है कि केवल मैं ही चला हूँ पहली बार इस पथ पर
फिर भला मैं एकाकी कैसे!
चले हैं पहले भी इस पर लोग
आज भले ही रीता हो यह पथ
पर मैंने इसे चुन ही लिया है बस।
यह मेरा समृद्ध वामपंथ।'

धर्मकीर्ति के जितने पद्य उनके दार्शनिक ग्रंथों अथवा सुभाषित संकलनों में उद्धृत मिलते हैं, उनके आधार पर उनकी कविता की अद्वितीय गुणवत्ता प्रमाणित होती है। इन पद्यों में कवि की दृष्टि तथा दार्शनिक की मेधा का संगम हुआ है। धर्मकीर्ति का निम्नलिखित पद्य रईस के घर चाकरी करने वाले सेवक की दारुण नियति पर है—

हसति हसति स्वामिन्युच्चै रुदत्यपि रोदिति
कृतपरिकरः स्वेदोद्गारं प्रधावति धावति।
गुणसमुदितं दोषापेतं प्रनिन्दति निन्दति
धनलवपरिक्रीतो भृत्यः प्रनृत्यति नृत्यति।।

(सुरको, ३२३२)

हँसता है स्वामी के हँसने पर
रोता है चीख-चीखकर स्वामी के रोने पर
बाँधकर कमर बहाता हुआ पसीना
वह भागता है स्वामी के भागने पर
किसी भी गुणी और निर्दोष सज्जन की
निंदा करता है भरपूर स्वामी के निंदा करने पर

रुपये के टुकड़े से खरीदा गया सेवक
नाच नाच उठता है स्वामी के नाचने पर!

यह पद्य स्वयं धर्मकीर्ति ने अपने बहुत प्रौढ़ दार्शनिक ग्रंथ वादन्याय में भी उद्धृत किया है— यह बताने के लिये कि वाद या बहस में वादी या प्रतिवादी के द्वारा की जाने वाली पुनरुक्ति सदैव दोष नहीं होती।

उनके कतिपय पद्य प्रकृतिवर्णनपरक भी हैं, पर इनमें समासोक्ति के द्वारा मानवीकरण तथा सूक्ष्म पर्यवेक्षण के द्वारा चित्रात्मकता का आधान किया गया है। उदाहरणार्थ—

शशिनमसूत प्राची नृत्यति मदनो हसन्ति ककुभोऽपि।
कुमुदरजःपटवासं विकिरति गगनाङ्गणे पवनः।।

(सुभाषितरत्नकोश, ९१९)

(प्राची दिशा ने शशिरूपी शिशु को जन्म दिया, मदन नाच रहा है, दिशाएँ हँस रही हैं, गगन के आँगन में पवन कुमुद के पराग का पटवास (गुलाल) बिखेर रहा है।)

आर्या छंद का चयन ऐसे दृश्य के लिये सर्वथा अनुरूप है।

धर्मकीर्ति ने भर्तृहरि की भाँति शृंगार का काव्य लिखा है, और भर्तृहरि की शृंगार की कविता के समान उसमें जगत् की नश्वरता, क्षणभंगुरता तथा विचारप्रवणता के दर्शन होते हैं। डी०डी० कोसांबी का अनुमान है कि इत्सिंग तथा अन्य चीनी यात्रियों ने धर्मकीर्ति व भर्तृहरि को भ्रमवश एक ही व्यक्ति मान लिया, जिसके कारण संभव है कि धर्मकीर्ति के कतिपय पद्य भर्तृहरिशतकों में सम्मिलित हो गये हों।[१०] पर हमारी सम्मति है कि दोनों कवियों की कविता की भावभूमि का समान होना भी इस सम्मिश्रण का एक बड़ा कारण हो सकता है।

उनकी शृंगारकविता के कतिपय उदाहरण प्रस्तुत हैं—

हन्तु नाम जगत् सर्वममविवेकि कुचद्वयम्।
प्राप्तश्रवणयोरक्ष्णोर्न युक्तं जनमारणम्।।

(सुभाषितरत्नकोश, ४३७)

(यह अविवेकी कुचयुगल तो विवेकरहित हैं, ये भले जगत् को मार डालें, पर आँखें तो श्रवण को प्राप्त है, उनके द्वारा लोगों को इस तरह मारना उचित नहीं है!)

यहाँ आँखों के कटाक्ष पर बड़ा तीखा कटाक्ष किया गया है, जिसमें श्लेष की छटा भी मिश्रित है। नेत्रों के श्रवण को प्राप्त होने का सीधा अर्थ तो यही है कि दीर्घ होने के कारण वे कानों तक पहुंचते लगते हैं, पर प्राप्तश्रवण का अन्य दार्शनिक आशय है कि श्रवण की क्षमता रखने वाला व्यक्ति तो समझदार होता है, वह अकारण लोगों की हत्या करे यह कैसे हो सकता है!

इसी प्रकार धर्मकीर्ति के शब्दों में अपने भीतर विमर्श करते प्रेमी की उक्ति है—

सङ्गमविरहविकल्पे वरमिह विरहो न सङ्गमस्तस्याः।
सङ्गे सैव तथैका त्रिभुवनमपि तन्मयं विरहे।।

(सदुक्तिकर्णामृत, ९२९)

(संगम और विरह के बीच किसे चुना जाये यह विकल्प होने पर मैं तो समझता हूँ कि उस प्रिया का विरह ही अधिक अच्छा। संगम में तो अकेली वह ही पास रहती है, विरह में तो तीनों लोकों में केवल वही वह होती है।)

अपने दर्शनविषयक ग्रंथों में धर्मकीर्ति प्रतिपक्षी की खूब खबर लेते हैं, तथा खंडन करते समय व्यंग्य के तीखे बाण प्रतिवादी पर वे चलाते हैं, शृंगार और प्रेम की कविता में भी उनका यह रूप उनकी रचना के अलग ही स्वाद ला देता है। प्रेमिका और अपने बीच तारतम्य बताता हुआ उनकी कविता का प्रेमी कहता है—

सा बाला वयमप्रगल्भमनसः सा स्त्री वयं कातराः
साक्रान्ता जघनस्थलेन गुरुणा गन्तुं न शक्ता वयम्।
सा पीनोन्नतिमत्पयोधरयुगं धत्ते सखेदा वयं
दोषैरन्यजनाश्रितैरपटवो जाताः स्म इत्यद्भुतम्।।

(सुभाषितरत्नकोश, ४८१)

(बाला वह है, और अप्रगल्भ (नादान) मन वाले हम हैं, स्त्री वह है और कातर हम हैं। भारी जघनस्थल से आक्रांत वह है और चलने में बाधा हमें हो रही है। पुष्ट और ऊपर उठे उरोज युगल उसके हैं और खेद हमको होता है। कैसी विचित्र बात है कि हम दूसरे के दोषों से अपटु बनते गये हैं।)

धर्मकीर्ति विसंगतिबोध के सबसे बड़े कवियों में एक कहे जा सकते हैं। वे संसार की विभीषिका और विसंगति का विविध स्तरों पर साक्षात्कार करते हैं। साहित्य के संसार में भी किस प्रकार गड्डारिकाप्रवाहन्याय से लोगों की समझ बनती है इस पर उनका मर्मोद्घाटन है—

शैलैर्बन्धयति स्म वानरहृतैर्वाल्मीकिरम्भोनिधिं
व्यासः पार्थशरैस्तथापि न तयोरत्युक्तिरुद्भाव्यते
वागर्थौ च तुलाधृताविव तथाप्यस्मन्निबन्धानयं
लोको दूषयति प्रसारितमुखस्तुभ्यं प्रतिष्ठे नमः।।

(सुरको० ४८१)

(वाल्मीकि ने वानरों से पहाड़ उठ वा कर सागर पर सेतु बँधवा दिया और व्यास ने पार्थ (अर्जुन) के बाणों से। पर उनके लिये कोई नहीं कहता है कि उन्होंने अत्युक्ति की है। हम शब्द और अर्थ का तौल तौल कर प्रयोग करते हैं, फिर भी हमारे प्रबंधों पर दोष लगाने के लिये लोग मुँह बाये हुए हैं। हे प्रतिष्ठा! तुझे नमन है।)

यहाँ मुहावरेदार भाषा की छटा और उससे जन्मा व्यंग्य तथा परिहास मर्मवेधी बन गया है। 'लोंक: प्रसारितमुख:' तथा 'शब्दार्थौं तुलाधृतौ' जैसी प्रोक्तियों के प्रयोग से धर्मकीर्ति ने प्रमाणित कर दिया है कि वे सचमुच शब्द और अर्थ तोल सकते हैं। वामन ने कवि का नामनिर्देश किये बिना इस पद्य को काव्यालंकारसूत्रवृत्ति में विरोध अलंकार के उदाहरणस्वरूप उद्धृत किया है।

काश्मीर के विद्वान् धर्मोत्तर ने धर्मकीर्ति के न्यायबिंदु तथा प्रमाणविनिश्चय पर टीका लिखी थी। धर्मोत्तर आनंदवर्धन के समकालीन थे, तथा संभव है कि आनंदवर्धन उनके माध्यम से धर्मकीर्ति के काव्य से परिचित हुए हों। आनंदवर्धन ने धर्मोत्तर की न्यायविनिश्चयटीका पर न्यायविनिश्चयवार्तिक की रचना की थी, यह भी ध्वन्यालोक में उनके उल्लेख से विदित होता है। आनंदवर्धन ने दार्शनिक धर्मकीर्ति तथा कवि धर्मकीर्ति के बीच अंत:संवाद को पहचाना व इस आधार पर उनके काव्य की गहरी मीमांसा भी की। उदाहरणार्थ—

लावण्यद्रविणव्ययो न गणितः क्लेशो महान् स्वीकृतः
स्वच्छन्दं वसतो जनस्य हृदये चिन्ताज्वरो निर्मितः।
एषापि स्वगुणानुरूपरमणाभावाद् वराकी हता
कोऽर्थश्चेतसि वेधसा विनिहितस्तन्व्यास्तनुं तन्वता।[११]

(लावण्य की सामग्री कितनी लग गई इसकी गिनती नहीं की, महान् क्लेश भी उठाया, स्वच्छंद रहते लोगों के मन में चिंता का ज्वर उत्पन्न कर दिया, और अपने तुल्य रमण के न मिलने से यह बिचारी भी मारी गई! विधाता ने मन में क्या सोचा था, जब वे इस तन्वी (सुंदरी) की काया को रच रहे थे?)

इस पद्य पर विचार करते हुए आनंदवर्धन कहते हैं कि कुछ आचार्य इसे ब्याजस्तुति का उदाहरण समझते हैं, जो उचित नहीं है, क्योंकि कवि का अभिप्राय सुंदरी की न निंदा करने में है न निंदा के बहाने प्रशंसा करने में। यह किसी निराश प्रेमी की उक्ति है— यह भी नहीं कहा जा सकता, क्योंकि यदि आख्यायक इस सुंदरी का प्रेमी होता तो वह यह कैसे कह सकता था कि अपने अनुरूप प्रेमी के अभाव में यह बिचारी भी मारी गई! यह किसी तटस्थ व्यक्ति का कथन भी नहीं हो सकता, क्योंकि यदि वह तटस्थ ही है, तो सुंदरी के लिये हृदय में चिंता का ज्वर होने की बात क्यों करता है? इन सब विकल्पों पर विचार करके आनंदवर्धन कहते हैं कि यह न ब्याजस्तुति है, न शृंगारपूर्ण उक्ति, न ताटस्थ्योक्ति ही। यह पद्य किसी प्रबंध (नाटक, महाकाव्य आदि) का भी नहीं है (जिससे कविनिबद्धवक्तृप्रौढ़ौक्ति मानकर इसकी व्याख्या कर दी जाये)। यह वास्तव में अप्रस्तुतप्रशंसा है। यहाँ वर्णित सुंदरी वास्तव में कवि की उक्ति या कविकल्पना है, जिसका आदर करने वाला कोई नहीं है यह देखकर कवि अपना खेद यहाँ प्रकट कर रहा है। आनंदवर्धन कहते हैं कि यह पद्य धर्मकीर्ति का है ऐसा सुना है, और धर्मकीर्ति का स्वभाव भी ऐसा है कि वे अपनी उपेक्षा से खिन्न रहते रहे हैं, जैसे उन्होंने अपने प्रमाणवार्तिक (४.२८६) के इस पद्य में भी इसी प्रकार के भाव प्रकट किये हैं —

अनध्यवसितावगाहनमनल्पधीशक्तिनाप्यदृष्ट परमार्थतत्त्वमधिकाभियोगैरपि।
मतं मम जगत्यलब्धसदृशप्रतिग्राहकं प्रयास्यति पयोनिधेः पय इव स्वदेहेजराम्।।

(बुद्धि की प्रचुर शक्ति वाले भी जिसमें पूरी तरह अवगाहन न कर सके, अधिक प्रयास करने वाले भी जिसका परमर्थतत्त्व न पा सके, ऐसा यह मेरा मत संसार में अपने अनुरूप प्रतिग्राहक को पाये बिना सागर के जल की तरह अपनी ही काया में बुढ़ा जायेगा!)

धर्मकीर्ति के स्फुट पद्यों में उनका स्वाभिमान, वैराग्यप्रवणता तथा सांसारिक विषयों को लेकर उपेक्षाभाव झलकता है। कवि अपनी वृद्धावस्था पर गर्वित है —

अनङ्ग पलितं मूर्ध्नि पश्यैतद् विजयध्वजम्।
इदानीं जितमस्याभिस्तवाकिञ्चित्कराः कराः।।

(सुभाषितरत्नकोश, १५१८)

(हे अनंग! देखो मेरे मस्तक पर ये श्वेत केश! ये मेरी विजय के ध्वज हैं। अब हम जीते, तुम्हारे शर व्यर्थ हुए।)

अपने स्वभाव की गंभीरता के कारण धर्मकीर्ति जीवन को असिधाराव्रत मानते हैं—

असन्तो नाभ्यर्थ्याः सुहृदपि न याच्यस्तनुधनः
प्रिया वृत्तिर्न्याय्या चरितमसुभङ्गेऽप्यमलिनम्।
विपद्युच्चैः स्थेयं पदमनुविधेयं च महतां
सतां केनोद्दिष्टं विषममसिधारा व्रतमिदम्।

(सुभाषितरत्नकोश-१२१३)

(दुष्टों से याचना नहीं करनी है, मित्र कंगाल हैं, उनसे भी कुछ नहीं माँगना है। न्यायसंगत प्रिया वृत्ति बनाकर रखनी है। प्राणों पर संकट आ जाये, फिर भी चरित पर कंलक नहीं आने देना है। विपत्ति में ऊँचा बन कर रहना है, महापुरुषों के पगचिह्नों पर चलते रहना है। सज्जनों को किसने सिखाया यह विषम असिधाराव्रत?)

आनंदवर्धन ने कवि का नाम निर्दिष्ट किये बिना ध्वनि के उत्कृष्ट उदाहरण के रूप में एक रोचक पद्य उद्धृत किया है—

शिखरिणि क्व नु नाम कियच्चिरं किमभिधानमसावकरोत्तपः।
तरुणि येन तवाधरपाटलं दशति बिम्बफलं शुकशावकः।।

(हे तरुणि, किस पर्वत पर कहाँ पर कितने समय तक कौन सा तप किया होगा इसने? यह जो तेरे अधर के जैसे लाल बिंब फल को कुतर रहा है शुकशावक।)

वस्तुतः यह पद्य रसिकता, चुहल और शिष्ट हास्य की गुदगुदी के साथ सौंदर्य और श्रृंगार का अनूठा ही रूप प्रस्तुत करता है। विद्याकर ने सुरको० में इस पद्य को कवि का नाम निर्देश किये बिना उद्धत किया है, जबकि श्रीधर व वल्लभदेव के सुभाषितसंग्रहों में यह धर्मकीर्ति के

नाम से उद्धृत है। धर्मकीर्ति के दार्शनिक ग्रंथों से स्पष्ट है कि वे एक परिनिष्ठित गंभीर दार्शनिक थे तथा अपनी उपेक्षा से वे खिन्न भी बहुत रहते थे। पर व्यंग्य, हास्य की फुलझड़ियाँ छोड़ने में बड़े प्रवीण थे। इसलिये इस तरह की चुहल करने वाले पद्य उन्होंने लिखें हों, इस संभावना से इंकार नहीं किया जा सकता। इसी तरह का एक और पद्य है—

नपुंसकमिति ज्ञात्वा प्रियायै प्रहितं मनः।
तत् तु तत्रैव रमते हताः पाणिनिना वयम्।।

(सुरको० ४७८)

(नपुंसक समझकर प्रिया के पास हमने अपना मन भेज दिया। वह है कि वहीं जा रमा, पाणिनि के दद्वारा हम मारे गये!)

यह पद्य शाप० में अज्ञात कविकृत बता कर उद्धृत किय गया है।

यह शास्त्रकाव्य तथा हास्यरस की कविता का अनोखा उदाहरण है। मनस् शब्द संस्कृतव्याकरण में नपुंसकलिंग में होता है— इस तथ्य को लेकर कवि ने चुटकी ली है। धर्मकीर्ति का पाण्डित्य व परिहासपरायणता दोनों यहाँ देखे जा सकते हैं।

हारोऽयं हरिणाक्षीणां लुठति स्तनमण्डले।
मुक्तानामवस्थेयं के वयं स्मरकिङ्कराः।।

(सुरको० ४७९)

(हरिणाक्षी के स्तनमंडल पर लोटता रहता है यह हार। मुक्तात्माओं की यह अवस्था, तो काम के हम किंकरों की बिसात क्या?)

यहाँ 'मुक्तानाम्' इस पद में श्लेष है। स्त्रीलिंग में मुक्ता (मोती) का षष्ठीबहुवचन भी 'मुक्तानाम्' बनेगा और पुल्लिंग में मुक्त शब्द का भी षष्ठीबहुवचन 'मुक्तानाम्' ही होगा। श्लेष के चमत्कार के साथ विनोद का यहाँ अनोखा ही पुट है।

हास्य व विनोद के रंग मिलाकर शृंगार की कविता लिखने में जिस तरह धर्मकीर्ति की अपनी पहचान बनती है, उसी तरह विरह के कवि के रूप में भी वे अनन्य हैं। उनके उपलब्ध काव्यों में संभोग शृंगार की अपेक्षा विरहानुभूति का वर्णन करने वाले पद्य अधिक है, तथा इन पद्यों में अनुभूतियों का सघनता व गहनता भी। धर्मकीर्ति नवीन उपमान भी अपने विप्रलंभवर्णन में प्रयुक्त करते हैं। ऐसा ही एक उदाहरण हैं—

वक्त्रेन्दोर्न हरन्ति वाष्पपयसां धारा मनोज्ञाः श्रियं
निःश्वासा न कदर्थयन्ति मधुरां बिम्बाधरस्य द्युतिम्।
तस्यास्त्वद्विरहे विपक्वलवलीलावण्यसंवादिनी
छाया कापि कपोलयोरनुदिनं तन्व्याः परं पुष्यति।।

(सुरको०५३९, सदु०६१६)

(मुखचंद्र पर आँसू की धाराएँ बह बह कर उसकी सुंदर शोभा को हर नहीं रही हैं, छोड़ी गई साँसे बिंबफल जैसे रक्त अधर की द्युति को नहीं बिगाड़ रही हैं। तुम्हारे विरह में उसके कपोलों पर पकी लवली लता के जैसी छाया भर बढ़ती दिखती है।)

यह पद्य स्वभावोक्ति का उदाहरण है। अतिशयोक्ति के स्थान पर सहज कथन के द्वारा नायिका की अवस्था का चित्रण उपमा के द्वारा मार्मिक रूप में अंकित किया गया है।

धर्मकीर्तिविरचित अथवा उनके नाम से उद्धृत अनेक पद्य अमरुक कवि के अमरकाव्य की स्मृति करा देते हैं (अमरुक पर विवेचन आगे देखें)। उदाहरणार्थ यह पद्य—

भ्रूभङ्गो गुणितश्चिरं नयनयोरभ्यस्तमामीलनं
रोद्धुं शिक्षितमादरेण हसितं मौनेऽभियोगः कृतः।
धैर्यं कर्तुमपि स्थिरीकृतमिदं चेतः कथञ्चिन्मया
बद्धो मानपरिग्रहः परिकरे सिद्धिस्तु दैवे स्थिता।।

(सुरको० ६४५)

(भ्रूभंग को फैला लिया है, आँखों को देर तक बंद रखने का अभ्यास कर लिया है, आदर के द्वारा हँसी को रोकने की शिक्षा भी पा ली, मौन रहने का खूब प्रयास किया है। अपने जी को कड़ा कर के धैर्य धारण करने के लिये मैंने स्थिर भी बना लिया है। इस तरह मान (रूठने) की सारी तैयारी तो कर ली, पर सिद्धि तो भाग्य के अधीन है।)

यहाँ अमरुक के काव्य की भाँति मन के अंतर्विरोधों में कवि झाँकता तथा प्रेम की विचित्र गति की अपनी समझ का परिचय देता है। नायिका चाहती भी है कि प्रिय के आने पर वह उन्हें खरी खरी सुना सके, अपना रोष जता सके, पर यह भी जानती है कि प्रिय तो सामने देखकर वह अपने आप पर नियंत्रण नहीं रख पायेगी। प्रेमानुभूति की अनिर्वर्णनीयता को कवि ने सहज रूप में व्यक्त किया है। ऐसे काव्य में मनोवेदना के कई तार एक साथ झंकृत होते हैं।

भवतु विदितं कृत्यालापैरलं प्रिय गम्यतां
तनुरपि न ते दोषोऽस्माकं विधिस्तु पराङ्मुखः।
तव यदि तथारूढं प्रेम प्रपन्नमिमां दशां
प्रकृतिचपले का नः पीडा गते हतजीविते।।

(सुरको० -६५७)

(प्रिय, बनावटी बातें रहने दो, अब जाओ भी। तुम्हारा तनिक सा भी दोष नहीं, विधाता हम से ही मुँह मोड़े हुए है। तुम्हारे उस तरह के प्रेम की यदि ऐसा दशा हो गई, तो स्वभाव से चपल हमारे इस हत जीवन के लिये क्या शोक करना!)

इसी प्रकार एक अन्य विरहिणी की उक्ति है—

प्रिये प्रयाते हृदयं प्रयातं निद्रा गता चेतनया सहैव।
निर्लज्ज हे जीवित न श्रुतं किं महाजनो येन गतः स पन्थाः।।

(सुरको० ७२०)

(प्रिय चले गये, हृदय इनके साथ ही चला गया, चेतना के साथ ही नींद भी जा चुकी, हे निर्लज्ज मेरे प्राण, क्या तुमने सुना नहीं कि बड़े लोग जिस मार्ग से गये हैं, वही मार्ग है?)

यह पद्य अमरुक के एक पद्य (प्रस्थानं वलयैः कृतम्—) से नितांत भाव साम्य रखता है (आगे देखें)। सुभाषितसंग्रहों में धर्मकीर्ति के नाम से उद्धृत पद्यों में कितने वास्तव में उन्हीं के हैं, यह कहना कठिन है। परंतु इनमें से अनेक पद्यों में धर्मकीर्ति की अपनी शैली की छाप है। जैसे शाप० ९४७ में उद्धृत यह पद्य—

स्वच्छन्दं हरिणेन या विरहिता दैवात् समासादिता
भङ्गप्रस्नुतदुग्धबिन्दुमधुरा शालेर्नवा मञ्जरी।
निःश्वासानलदग्धकोमलतृणप्रख्यापितान्तर्व्यथ-
स्तामेव प्रतिवासरं मुनिरिव ध्यायन् वने शुष्यति।।

(कुचल दी गई थी वह, इसलिये उसके भीतर के दूध की मधुर बूँदे बाहर चू पड़ीं थीं। ऐसी उस शालि की मंजरी को जो कभी खो गई थी, भाग्य की बात कि हरिण ने फिर से पा लिया। उसकी छोड़ी साँसों से उसके कोमल तृण जल गये हैं, जो उसके भीतर की व्यथा बता रहे हैं। मुनि की तरह उसी मंजरी का ध्यान करता वह हरिण वन में सूख रहा है।)

दिवाकर

कवि दिवाकर का समय सातवीं शताब्दी है। इनका पूरा नाम मातंग दिवाकर है। राजशेखर ने मातंग दिवाकर पर निम्नलिखित प्रशस्तिपद्य लिखा है।

अहो प्रभावो वाग्देव्या यन्मातङ्गदिवाकरः।
श्रीहर्षस्याभवत् सभ्यः समो बाणमयूरयोः।।

(वाग्देवी सरस्वती का कैसा प्रभाव है कि कवि दिवाकर मातंग (चांडाल) होकर भी बाण और मयूर के समान राजा श्रीहर्ष का सभासद् बन गया।)

इससे प्रतीत होता है कि दिवाकर ने (मातंग या चांडाल के) कुल में जन्म लिया था, तथा अपनी कवित्वप्रतिभा के द्वारा राजा हर्ष का सम्मान प्राप्त किया।

वल्लभदेव की सुभाषितावलि में मातंग दिवाकर के नाम से चार पद्य (३०, २४९६, २५४४ तथा २५४६) उद्धृत हैं। इनमें से अंतिम दो को अभिनवगुप्त ने लोचन में व्याजस्तुति के अपने विमर्श में भी उद्धृत किया है,[१२] तथा इन्हीं में से एक (सुभाषितावलि में २५४४)

को विद्याकर (सुभाषितरत्नकोश ९९६) ने भी उद्धृत किया है, पर इसके कवि का नाम विद्या बताया है। दिवाकर ने यह प्रशस्ति अभिव्यक्ति की अलग ही बानगी देते हुए लिखी है—

किं वृत्तान्तैः परगृहगतैः किन्तु नाहं समर्थ-
स्तूष्णीं स्थातुं प्रकृतिमुखरो दाक्षिणात्यस्वभावः।
गेहे गेहे विपणिषु तथा चत्वरे पानगोष्ठ्या-
मुन्मत्तेव भ्रमति भवतो वल्लभा देव कीर्तिः।।

(शाप० १२२७)

(वैसे तो दूसरों के घर में होने वाली बातों से क्या लेना देना, पर हे महाराज, मैं स्वभाव से मुँहफट दाक्षिणात्य स्वभाव वाला ठहरा, तो मैं तो कहूँगा कि आपकी कीर्तिरूपिणी प्रिया घर घर में बाजारों में चौराहे पर शराबखानों में पगली की तरह घूमती फिरती है।)

यहाँ दिवाकर ने ब्याजस्तुति अलंकार का आकर्षक प्रयोग किया है।

शांर्गधर ने इस पद्य के कवि का नाम मातंगदिवाकर दिया है, तथापि उनका यह उल्लेख संदिग्ध है।

भर्वु (भश्रु)

भर्वु के वास्तविक नाम को लेकर विवाद है। सुभाषितसंग्रहों में भश्रु के नाम से पद्य उद्धृत मिलते हैं। जैसे-शांर्गधर (२५२) यही वल्लभदेव (५१३) शांर्गधर २९३२ – यही वल्लभदेव (१८३८) तथा यही जल्हण सूक्तिमुक्तावली ६३.२३)। इनमें से एक पद्य है—

कामं प्रियानपि प्राणान् विमुञ्चन्ति मनस्विनः
इच्छन्ति न त्वमित्रेभ्यो महतीमपि सत्क्रियाम्।।

(प्राण कितने ही प्रिय हों, मनस्वी जन उन्हें भी छोड़ देते हैं, पर शत्रुओं से बड़े से बड़े सत्कार को स्वीकार नहीं करते।)

बाणभट्ट ने कादम्बरी में अपने गुरु का नाम भर्वु बताया है। संभव है कि बाण के गुरु भर्वु तथा कवि भश्रु एक ही व्यक्ति हों। ऐसी स्थिति में इनका समय सातवीं शताब्दी माना जा सकता है।

सुभाषितकार तथा स्तोत्रकार बाण

कादंबरी जैसी कालजयिनी कथा तथा चंडीशतक स्तोत्र के प्रणेता बाण का विशिष्ट परिचय गद्यकाव्यविषयक अध्याय में दिया गया है। वे एक मुक्तककवि के रूप में सुदीर्घकालावधि तक कविपरंपरा के प्रेरक व आदर्श रहे हैं। बाण के २३ पद्य सुरको० में विद्याकर ने संकलित किये हैं। सदु. में भी बाण के १४ पद्य उद्धृत हैं। भवानंद कवि ने योगेश्वर के साथ इनकी प्रशस्ति करते हुए लिखा है—

बाणः सृष्टिमपूर्ववस्तुविषयामेकोऽत्र निर्व्यूढवान्
निष्णातः कविकुञ्जरेन्द्रचरिते मार्गे गिरां वागुरः।
वेधा विन्ध्यपुलिन्दपामरवधूभूगोलझञ्झानिल-
प्रायोऽर्थे वचनानि पल्लवयितुं जानाति योगेश्वरः।।

(सदु०, २१२६, सुरको० २०३)

(अकेले बाण ने अपूर्व विषय वस्तु को लेकर काव्य रचना की, वागुर कवि भी कविकुंजरेंद्रों की काव्यपद्धति पर चलने में निष्णात हैं। विंध्याचल के पुलिंदों की श्रमिक पत्नियों, भूगोल तथा झंझानिल जैसे अर्थों को शब्द देना तो योगेश्वर ही जानते हैं।)

बाण को योगेश्वर आदि जनजीवन पर काव्य लिखने वाले महाकवियों ने अपना आदर्श माना। परवर्ती कवियों में उनके सुभाषितों की अंतर्ध्वनियाँ किस तरह गूँजती रही हैं, यह बताते हुए कहा गया—

बाणः प्राणिति केशटः स्फुटमसौ जागर्ति योगेश्वरः
प्रत्युज्जीवति राजशेखरगिरां सौरभ्यमुन्मीलति।
येनायं कलिकालपुष्पधनुषो देवस्य शिक्षावशा-
दाकल्पं वसुकल्प एव वचसि प्रागल्भ्यमभ्यस्यति।।[१३]

शाप० में उद्धृत (१८६) त्रिलोचन नामक कवि ने मुक्तककार बाण की प्रशस्ति में कहा है—

हृदि लग्नेन बाणेन यन्मन्दोऽपि पदक्रमः।
भवेत् कविकुरङ्गाणां चापलं तत्र कारणम्।।

(बाण हृदय में लग गया, तो कविरूपी कुरंगों या हरिणों का धीमा या शिथिल होकर भी पदक्रम होता रहता है, इसमें उनकी चपलता ही कारण है।)

यहाँ कविकुरग शब्द में रूपक है। पदक्रम (पदरचना का क्रम, पाँव बढ़ाना) तथा बाण इन दो शब्दों में श्लेष है।

बाण के स्फुट पद्यों में घने जंगल, वनग्राम, निर्धन पथिकों के अनुभव तथा ॠतुओं के परिवर्तमान दृश्य बड़ी ही सूक्ष्म व भावप्रवण दृष्टि के साथ अंकित हैं। ग्रीष्म में अरण्य की भीषणता का यह सजीव चित्रण करने वाले उनके कतिपय पद्यों में से दो उद्धृत हैं—

तापं स्तम्बेरमस्य प्रकटयति करी शीकरैः कुक्षिमुक्षन्
पङ्काङ्कं पल्वलानां वहति तटवनं माहिषैः कायकाषैः।
उत्ताम्यत्तालवश्च प्रतपति तरणावांशवीं तापतन्द्रीम्
अद्रिद्रोणीकुटीरे कुहरिणि हरिणारातयो यापयन्ति।।

(सुरको० २०३)

(हाथी अपनी सूँड से फुहार छोड़कर ताप कितना है यह बता रहा है। भैंसों के लोटपलोट करने से पल्वल या पोखर का जल कीचड़ से भर गया है। सूर्य रहा है, ताप की तंद्रा को उत्तानित तालु वाले सिंह पहाड़ की किसी अँधेरी गुफा में बिता रहे हैं।)

जाताः पान्थनखंपचाः प्रचयिनो गन्त्रीपथे पांशवः
कासारोदरशेषमम्बु महिषो मथ्नाति ताम्यत्तिमि।
दृष्टिर्धावति धातकीवनमसृक्तर्षेण तारक्षवी
कण्ठान् बिभ्रति विष्किराः शरशमीनीडेषु नाडिंधमान्।।

(सुरको० २०४)

(रास्ते की धूल इतनी गर्म है, उस पर चलते पथिकों के पाँव जलते हैं। तालाब के बीचा-बीच थोड़ा सा जो पानी बचा है, उसे भी भैंसा मथ रहा है, जिससे मछलियाँ तड़प रहीं हैं। तरक्षु (तेंदुवे) की दृष्टि खून की तृषा से धातकी के वन में दूर दूर दौड़ रही है। सरकंडों या शमी के नीडों में पक्षियों कंठ फूलती साँस से काँपते हैं।)

दूसरी और बाण गाँव के लोगों के सहज जीवन, पथिकों से प्याऊ पर बैठी सुंदरियों के प्रीति के मधुर चित्र भी उतनी ही सरसता के अंकित करते हैं।

दूरादेव कृतोऽञ्जलिर्न स पुनः पानीयपानोचितो
रूपालोकनविस्मितेन चलितं मूर्ध्ना न शान्त्या तृषः।
रोमाञ्चोऽपि निरन्तरं प्रकटितः प्रीत्या न शैत्यादपाम्
अक्षुण्णो विधिरध्वगेन घटितो वीक्ष्य प्रपापालिकाम्।।

(दूर से ही जोड़ लिये थे हाथ, पर पानी पीने के लिये नहीं थे वे! रूप के दर्शन से मुग्ध होकर हिल हिल उठा सिर, प्यास के बुझने से नहीं! रोमांचित हो उठी ती देह, पर जल की शीतललता के कारण नहीं। प्याऊ पर पानी पिलाने वाली के लिये प्यासे पथिक का प्रेम जताने का क्या अच्छा तरीका था यह!)

बाण के अनेक मार्मिक पद्य सुभाषितसंग्रहों में संकलित हैं। वर्षा ऋतु में नववधू को छोड़कर जाते किसी युवक को बड़ी चुभती हुई सीख कवि ने दी है

उद्यद्बर्हिषि दर्दरारवपुषि प्रक्षीणपान्थायुषि
श्च्योतद्विप्रुषि चन्द्ररुङ्मुषि सखे हंसद्विषि प्रावृषि।
मा मुञ्चोच्चकुचाग्रसन्ततपतद्बाष्पाकुलां बालिकां
काले कालकरालनीतजलदव्यालुप्तभास्वत्त्विषि।।

(शाप० ३३९)

(जो वर्षा का समय मयूरों के केका कूजन से भरा है, मेढ़कों की टर्राने की ध्वनि से सराबोर है, पथिकों की आयु जिसमें क्षीण हो रही है, जिसमें पानी बरसने लगा है, जो चंद्रमा

की कांति चुराने वाला है, हंसों का द्वेषी है, ऐसे कालकराल तथा मेघों से सूर्य का लोप कर देने वाले वर्षा के समय में उच्चकुचाग्रों पर निरंतर आँसू की बूँदें गिराती व्याकुल इस बालिका को छोड़कर मत जा!)

हेमंत या ग्रीष्म में दरिद्र पथिकों की व्याकुलता, असहायता व निरीहता के चित्र कारुणिक हैं।

पुण्याग्नौ पूर्णवाञ्छः प्रथममगणितप्लोषदोषः प्रदोषे
पान्थस्तप्त्वा प्रसुप्तस्तदनु तततृणे धामनि ग्रामदेव्याः।
उत्कम्पी कर्पटार्धे जरति परिजडे छिद्रिणि च्छिन्ननिद्रे
वाते वाति प्रकामं हिमकणिनि कणन् कोणतः कोणमेति।।

(सुरको०१३०५, सदु० १३४४)

(प्रदोष के समय हाथ झुलसने की परवाह न करके अलाव की अग्नि वह तापता रहा, फिर पथिक ग्रामदेवी के मंदिर में फूस की बिस्तर पर सो गया। अब वह काँप रहां है, जो फटा पुराना आधा कपड़ा उसने पहना है, उसमें भी छेद हैं। पथिक की नींद टूट गई है। बर्फीली हवा बह रही है, पथिक के दाँत बज रहे हैं, और पर इस कोने से उस कोने में चक्कर काट रहा है।)

ग्रीष्मोष्मप्लोषशुष्यत्पयसि बकभयोद्भ्रान्तपाठीनभाजि
प्रायः पङ्कैकमात्रं गतवति सरसि स्वल्पतोये लुठित्वा
कृत्वा कृत्वा जलार्द्रीकृतमुरसि जरत्कर्पटार्धं प्रपायां
तोयं जग्ध्वा पान्थो व्रजतिऽपिहहा हेति कुर्वन् पिपासुः।।

(शाप ३८५५)

(ग्रीष्म की ऊष्मा से सूखते उस सरोवर में, जिसमें बगुलों के भय से मछलियाँ बिलबिला रही हैं, जिसमें कीचड़ जैसे थोड़ा जल बचा है, उसमें थोड़ी सी लोट-पलोट करके फिर अपना फटा हुआ आधा कपड़ा पानी से भिगोकर उसे छाती पर मल कर प्याऊ से पानी पी कर फिर भी प्यासा पथिक हाय हाय करता चला जा रहा है।)

दूसरी ओर ऐसे भी पथिक हैं, जिनमें मन में बसी प्रिया की स्मृति भयावह ग्रीष्म में उन्हें चाँदनी की शीतलता देती चलती है—

वाताकीर्णविशीर्णवीरणतृणश्रेणीक्षणत्कारिणि
ग्रीष्मे सोष्मणि चण्डसूर्यकिरणप्रक्वाथ्यमानाम्भसि।।
चिन्तारोपितकामिनीमुखशशिज्योत्स्नाहृतक्लान्तयो
मध्याह्नेऽपि सुखं प्रयान्ति पथिकाः स्वं देशमुत्कण्ठिनः।।

(शाप० ३३५६)

(लू ने खस के तिनकों को तितर बितर कर दिया है, वे सनसना रही हैं। ग्रीष्म तप रहा है। प्रचंड सूर्य पानी को उबाले दे रहा है। अपनी कल्पनाओं में प्रिया के मुखचंद्र की ज्योत्स्ना से जिनकी क्लांति दूर हो गई है, ऐसे पथिक इस तपती दुपहर में भी अपने देश के लिये उत्कंठित होकर सुख से चले जा रहे हैं।)

ग्राम जीवन, वनग्राम के दृश्यों के विस्तीर्ण दृश्यालेख बाण भट्ट अंकित करते हैं। उनकी कविता में विशाल दृश्यपटल बनता है। अपने गद्य में वे जिस तरह किसी दृश्य का सूक्ष्म शब्दचित्र अंकित करते हैं, उसी तरह वे पद्यों में गाँवों, दीनहीन जनों के जीवन के यथार्थ चित्र अंकित करते हैं। कुए पर चलते अरघट से पानी पीते पथिकों का यह चित्र ग्रीष्म की प्यास का सटीक अनुभव देता है—

भ्राम्यच्चीत्कारचक्रभ्रमभरितघटीयन्त्रचक्रप्रमुक्त-
स्रोतःपूर्णप्रणालीपथसरणिसिरासारिसीत्कारिवारि।
कौपं पान्थाः प्रकामं सितमणिमुसलाकारविस्फारधारं
विक्षिप्तक्षुण्णमुक्ताकणनिकरनिभा सारपातं पिबन्ति।।

(अरघट घूमता है, तीव्र चीत्कार का स्वर फूटता है, प्रणाली में पानी बहने लगता है। पथिक कुए से निकाला जाता वह श्वेतमणिमुक्ताओं से बने मूसल जैसी चमकती धाराओं वाला जल पी रहे हैं, उसे पीते हुए वे मुक्ताओं से बूँदें बिखेर रहे हैं.)

पानी की मोटी मोटी धाराएँ प्रणाली में बह उठी हैं, इनके लिये सितमणिमुसलाकारविस्फारधारं– कितना नवीन बिंब रचा है। उन धाराओं में हाथ डुबो कर पथिक जल पीते हैं तो विक्षिप्तक्षुण्णमुक्ताकणनिकर जैसी प्रतीति होती है।

सौंदर्यबोध की हृद्यता, मानवीय भावों की सूक्ष्मता, माधुर्य प्रेम की हृद्यता के कारण बाण के मुक्तक मन को छूते हैं। भारत की दरिद्र जनता के प्रति सरहानुभूति और उसके सुख-दुःख से एकाकारिता भी इनमें झलकती है। उदाहरणार्थ—

प्रातर्बाष्पाम्बुबिन्दुव्यतिकरविगलत्क्लिन्नसृक्कः कथंचित्
किंचित् संकुब्जजङ्घाजनितजडजवो जीर्णजानुर्जरार्तः।
मुष्ट्यावष्टभ्य यष्टिं कटिपुटविचटत्कर्पटः प्लुष्टकन्थः
कुन्थन्नुत्थाय पान्थः पथि परुषमरुन्मूर्छ्यमानः प्रयाति।।

(सुभाषितरत्नकोष १३०४)

(भोर के समय आँसू की टपकती बूँदों से उसके ओंठ भींगे हैं, सिकुडी पिंडलियों के कारण कुछ जकड़ गये बदन वाला जीर्ण जानु (घुटने) वाला, जरा से आर्त, मुट्ठी में लकड़ी पकडे, कमर में बँधे चट चट कर फटते जाते कपड़े वाला, फटी कथरी वाला, खाँसता हुआ पथिक उठ कर रास्ते पर चल पड़ा है, पर लू के थपेड़े उसके होश उड़ा रहे हैं।)

दरिद्र जनता के प्रति करुणा व जीवन के संघर्ष का जो चित्रण बाण ने अपने इन मुक्तकों में किया है, वह उन्हें वास्तव में जनजीवन की संस्कृतकाव्यपरंपरा में योगेश्वर के साथ शीर्ष पर स्थापित करता है। उनके काव्य के अनुभव अंतरंग परिचय से उपजे हैं, जैसे शीत में आग तापते पथिक का यह वर्णन—

अन्योन्याहतिदन्तनादमधुरं प्रह्वं मुखं कुर्वता
नेत्रे साश्रुकणे निमील्य पुलकव्यासङ्गि कण्डूयता।
हा हा हेति सनिष्ठुरं विवदता बाहू प्रसार्य क्षणं
पुण्याग्निः पथिकेन पीयत इव ज्वालाहतश्मश्रुणा।।

(शाप० ३९३४)

(कटकट कर बजते दाँतों की मधुर ध्वनि से, मुँह नीचे झुका झुका कर, पनियाई आँखें मूँदे, अपनी पुलकांचित काया खुजाते हुए, हा हा हा यह निष्ठुर स्वर में कहते हुए, दोनों हाथ फैला कर बटोही अलाव की आग को पी रहा है। लपट से उसकी मूँछे झुलस सी रही हैं।)

बाण स्वभावोक्ति के कवि हैं। उनके मुक्तक काव्य में इस देश की धरती की रसगंध है। उनका अश्व की स्वभावच्छवि प्रस्तुत करने वाला यह पद्य हर्षचरित में भी मिलता है, तथा सुभाषितसंग्रहकारों ने भी इसे उद्धृत किया है—

पश्चादङ्घ्री प्रसार्य त्रिकनतिविततं द्राघयित्वाङ्गमुच्चै-
रासज्याभुग्नकण्ठो मुखमुरसि सटां धूलिधूम्रां विधूय।
घासग्रासाभिलाषादनवरतचलत्प्रोथतुण्डस्तुरङ्गो
मन्दं शब्दायमानो विलिखति शयनादुत्थितः क्ष्मां खुरेण।।

(सुरको० ११६६)

(अपने दो पाँव पीछे फैला कर कमर के नीचे के भाग के झुका कर विस्तारित करता हुआ, शरीर से अँगडाई लेता हुआ, झुकी गरदन वाला, मुख झुकाये, धूल से धूमिल छाती को हिलाता, घास के ग्रास की अभिलाषा से लगातार हिलती विशाल थूथन वाला यह तुरंग धीरे धीरे हिनहिनाता हुआ शयन से उठ कर धरती को खुरों से कुरेद रहा है।)

चंडीशतक

बाण ने देवी की स्तुति में चंडीशतक की रचना की। किंवदंती है कि मयूर के श्लोक में, जिसका उल्लेख आगे किया जा रहा है, चण्डीशब्द के प्रयोग से प्रेरित होकर उन्होंने चंडीशतक की रचना की थी। एक अन्य किंवदंती के अनुसार बाण ने मयूर को शाप दिया और बदले में मयूर ने उन्हें शाप दे डाला। फिर दोनों ने अपनी अपनी शापमुक्ति के लिये क्रमशः चंडी व सूर्य की स्तुति में शतक काव्य लिखे। ये किंवदंतियों में कल्पना व प्रवाद ही अधिक लगता है, सचाई नहीं।

स्रोत - चंडीशतक के सौ पद्यों में चंडी के द्वारा महिषासुर के संहार की कथा का भी स्तव के साथ साथ निरूपण है। यह कथा महाभारत के नवम पर्व (अ. ४४-४६) में प्रतिपादित है। बाण महाभारत से भी प्रेरित हैं, और पुराणों का भी उन्होंने आधार लिया है। मार्कंडेय पुराण का अ. ८१ से ९३ तक का भाग दुर्गासप्तशती के नाम से प्रसिद्ध है। इस काव्य की रचना की पृष्ठभूमि में बाण पर कृष्णकथा की परंपरा का भी प्रभाव संभाव्य है। इसके तीन पद्यों (सं० २५,४५ तथा ५४) में कंस के हाथ से छूटकर आकाश में उड़ गयी योगमाया को ही महिषासुरमर्दिनी कहा गया है।

काव्यसौंदर्य-अलंकारों का विन्यास, अनुप्रास का निनाद व कल्पनाओं की बहुवर्णी छटाएँ चंडीशतक में परस्परस्पर्धाधिरोह के साथ आती हैं। देवी ने महिष पर त्रिशूल से प्रहार किया, तीन शूल एक साथ उसके शरीर में जो धँसे, तो उससे रक्त की तीन धाराएँ फूट पड़ीं। इस दृश्य का वर्णन करते हुए कवि कहता है—

मृत्योस्तुल्यं त्रिलोकीं ग्रसितुमतिरसान्निःसृताः किन्नु जिह्वाः
किं वा कृष्णाङ्घ्रिपद्मद्युतिभिररुणिता विष्णुपद्याः पदव्यः।
प्राप्ताः सन्ध्याः स्मरारेःस्वयमुत नुतिभिस्तिस्त्र इत्यूह्यमाना
देवैर्देवीत्रिशूलाहतमहिषजुषो रक्तधारा जयन्ति।। (४)

(क्या त्रिलोकी के तीनों लोकों को जीतने के लिये मृत्यु की लपलपाती तीन जिह्वाएँ एक साथ निकल आईं हैं? अथवा (विराट् रूप में आकाश को तीन डगों से नापते समय) विष्णु के रक्त चरण पड़ने से त्रिपथगा गंगा की तीनों धाराएँ लाल हो गईं हैं? अथवा (त्रिकालसंध्योपासना करने वाले) शिव की स्तुति से प्रसन्न होकर तीनों संध्याएँ एक साथ उतर आईं हैं? – देवी के द्वारा महिष पर त्रिशूल से प्रहार करने से फूटीं जिन रक्त धाराओं को लेकर देव इस प्रकार तर्क वितर्क कर रहे हैं, उन तीनों रक्तधाराओं की जय हो।)

यद्यपि गौडी रीति के जटिल बंधों व समासप्रधान शैली के कारण सर्वत्र एक जैसी प्रासादिकता व प्रांजलता इस काव्य में नहीं रह पाई है, पर भक्तिभाव की अनिर्बाध अभिव्यक्ति सर्वत्र है। शक्ति का अपूर्व ओजस्वी स्तवन बाण की वाग्धारा ने किया है। समस्त देवताओं को इस शक्ति के सम्मुख निर्वीर्य बताते हुए वे कहते हैं –

विद्राणे रुद्रवृन्दे सवितरि तरले वज्रिणि ध्वस्तनिद्रे
जाताशङ्के शशाङ्के विरमति मरुति त्यक्तवैरे कुबेरे।
वैकुण्ठे कुण्ठितास्त्रे महिषमतिरुषं पौरुषोपघ्ननिघ्नं
निर्विघ्नं निघ्नती वः शमयतु दुरितं भूरिभावा भवानी।। (६६)

(एकादश रुद्र भाग चले, सूर्य के पसीने छूट गये, वज्रधारी इंद्र का वज्र चकनाचूर हो गया, शशांक (चंद्रमा) तो आशंकित हो गया, हवा की हवा बंद हो गई, कुवैर ने वैर छोड़

दिया, वैकुंठवासी विष्णु के अस्त्र कुंठित हो गये, तब अत्यंत रोष के साथ महिष को निर्विघ्न निघ्न करती (वध करती) भूरिभावा भवानी आपके दुरित का शमन करे।)

ओजस्विता, गत्यात्मकता, उक्तिप्रत्युक्ति, युद्धवर्णन के रोमांचक दृश्य, संहार व हिंसा के भाव की पराकाष्ठा—ये सब इस काव्य में अभिव्यक्ति के निरर्गल प्रवाह के अंग बन गये हैं। यह एक साहसिक कवि का साहसमय काव्य है। महिषवध के समय देवी के कंचुक की संधियाँ किस तरह टूटती हैं यह भी बेहिचक इस अभिव्यक्ति में कवि कह सका है—

चक्षुर्दिक्षु क्षिपन्त्याश्चलितकमलिनीचारुकोशाभिताम्रं
मन्द्रध्वानानुयातं झटिति वलयितो मुक्तबाणस्य पाणेः।
चण्ड्याः सव्यापसव्यं सुररिपुषु शरान् प्रेरयन्त्या जयन्ति
त्रुट्यन्तः पीनभागे स्तनचलभरात् सन्धयः कञ्चुकस्य।। (७०)

(चंचल कमलिनी के कोष सदृश आरक्त नयन जब देवी दिशा दिशा में प्रेरित करती थी, उसके छूट रहे बाणों की सनसन के संग कंगन खन खन करते। दाएँ बायें बाण उसके हाथों से जब सर्राते, तो वक्षस्थल की हलचल से कंचुकबंध टूटते जाते। कंचुकी के वे टूटते बंध भवबाधा हरें, विजय करें।)

चंडीशतक के हर छंद में ओजस्विता कूट कूट कर भरी है। महिष का जितना तीखा प्रत्याख्यान है, देवी की उतना ही एक करारा उत्तर है—

बालोऽद्यापीश जन्मा समरमुडुपभृत् भस्मलीलाविलासी
नागास्यः शातदन्तः स्वतनुकरमदाद् विह्वलः सोऽपि शान्तः।
धिग्यासि क्वेति दृप्तं मृदिततनुमदं दानवं संस्फुरोक्तं
पायाद्वः शैलपुत्री महिषतनुभृतं निघ्नती वामपार्ष्ण्या।।

(महीसुर देवी को ताना मारता हुआ कहता है— कार्तिकेय तो अभी बच्चा ही है, शंकर माथे पर चंद्रमा को चढ़ाकर और भस्म लगा कर रहता है, गजानन का एक दाँत पहले ही टूट चुका है, वह मोटापे के कारण वैसे ही विह्वल है और युद्ध को लेकर ठंडा पड़ चुका है। तो धिकार है तुम्हें, तुम जाती कहाँ हो – इस प्रकार दृप्त होकर फड़ककर बक बक करते महिष असुर को जो शैलपुत्री बाँये पैर की ठोकर मारकर कुचलती हैं, वे आपकी रक्षा करें।)

टीकाएँ

इस काव्य पर मेदपाटेश्वर महाराणा कुंभ की टीका तथा एक अज्ञातकर्तृक टीका मिलती है, जो गोपालनारायण बहुरा द्वारा मूल काव्य के साथ संपादित हैं।[१४] कृष्णमाचारी ने सोमेश्वर के पुत्र धनेश्वर, नागोजी भट्ट और भास्कर राय की टीकाओं का उल्लेख किया है, जिसे गोपालनारायण बहुरा ने अप्रामाणिक माना है।[१५]

मयूरकृत सूर्यशतक तथा मयूर के मुक्तक

मयूक कवि बाण के समकालीन थे। ये भी संभवत: हर्ष की सभा में रहे थे। बाण और मयूर में आपस में लागडाट रहती थी — ऐसा इनके विषय में प्रचलित अनेक दंतकथाओं से आभास होता है। एक कथा के अनुसार मयूर बाण के साले थे। किंवदन्ती है कि रात के समय बाणभट्ट रूठी हुई अपनी पत्नी (मयूर कवि की बहन) को मना रहे थे। मनाते-मनाते उन्होंने एक पद्य रच कर कहना शुरू किया, जिसके तीन चरण इस प्रकार थे—

गतप्राया रात्रिः कृशतनु शशी शीर्यत इव
प्रदीपोऽयं निद्रावशमुपगतो घूर्णित इव।
प्रणामान्तो मानस्त्यजसि न तथापि क्रुधमहो।।

(हे कृशतनु, रात बीत चली है। चांद फीका पड़ रहा है। दिया उनींदा होकर झपकने लगा है। (प्रेमी के द्वारा प्रिया को) प्रणाम करने तक ही रिसाना ठीक माना जाता है। फिर भी तुम क्रोध छोड़ नहीं रहीं-)

बाणभट्ट ये तीन चरण बार-बार पढ़ते हुए चौथा चरण सोच रहे थे। भोर हो गई थी। चौथा चरण बन नहीं रहा था। इसी समय उनके साले मयूर कवि अपने बहनाई से मिलने आ पहुंचे। बाणभट्ट ने उसी समय एक बार फिर अपनी पत्नी को सुनाते हुए अपने पद्य के तीनों चरण बोले और चौथे चरण का बन्ध सोचते हुए फिर अटके। मयूर ने उनके कहे तीन चरण सुन लिये और सोचा कि कवि बाण सबेरे-सबेरे विप्रलम्भ शृंगार की रचना कर रहे हैं और चौथा चरण बन नहीं रहा है, सो चौथा चरण जोड़ने में वे क्यों न अपने बहनोई की सहायता कर दें। उन्होंने तुरंत यह चौथा चरण अपनी ओर से सोच कर बोल दिया—

कुचप्रत्यासत्या हृदयमपि ते चण्डि कठिनम्।

(हे चण्डी या रिसाने वाली, तेरे कुच कठोर हैं, उनसे सटा होने से तेरा हृदय भी कठोर हो गया है)

मयूर की बहन को उनका यह आचरण अशोभन लगा और उन्होंने अपने भाई को शाप दे दिया कि कोढ़ी हो जा! मयूर कवि कोढ़ी हो गये। फिर उन्होंने अपना कुष्ठ रोग मिटाने के लिये सूर्यशतक की रचना की और सूर्य के सम्मुख उसका पाठ करके रोग से मुक्त हुए।

संभवत: नवसाहसांकचरितकार पद्मगुप्त परिमल को भी बाण व मयूर के बीच हुए संघर्ष की जानकारी थी। अपने काव्यनायक के वर्णन में उन्होंने श्लेष के माध्यम से बाणमयूरसंघट्ट का वर्णन किया है—

स चित्रवर्णविच्छित्तिहारिणोरवनीपतिः।
श्रीहर्ष इव सङ्घट्टं चक्रे बाणमयूरयोः।।

(उस राजा पद्मगुप्त ने श्रीहर्ष की तरह अपने वर्ण (रंग, श्रीहर्ष के पक्ष में अक्षरों) की विच्छित्ति या शोभा से मन को हरने वाले बाण (अस्त्रों, श्रीहर्ष के पक्ष में कवि बाण) तथा मयूर (मोर, श्रीहर्ष के पक्ष में कवि मयूर) का संग्रह किया।)

चंद्रप्रभसूरि के प्रभावकचरित (१२५०ई०) में बाण और मयूर दोनों के द्वारा अपने स्तोत्र काव्यों की रचना से कुष्ठरोगमुक्त होने का वृत्तांत दिया गया है।

राजशेखर ने सूक्तिमुक्तावली में उद्धृत कविप्रशस्ति में मयूर के विषय में लिखा है—

दर्पं कविभुजङ्गानां गता श्रवणगोचरम्।
विषविद्येव मायूरी मायूरी वाङ् निकृन्तति।

(मयूर पर सर्प के विष की प्रभाव नहीं होता, अत: मायूरी विषविद्या के समान मायूरी या मयूर कवि की वाणी सुनी जाने पर कविभुजंगों (कवि रूपी सर्पों, दुष्टकवियों) के दर्प को काट देती है।)

कुछ इस तरह की ही मयूर की प्रशस्ति शार्ङ्गधरपद्धति (१८७) में उद्धृत एक पद्य में त्रिलोचन कवि ने की है

तावत्कविविहङ्गानां ध्वनिर्लोकेषु शस्यते।
यावन्नो विशति श्रोत्रे मयूरकमयध्वनिः।। (१६)

(कविरूपी पक्षियों का स्वर तभी तक इस संसार में प्रशंसित होता है, जब तक मयूरक (मोर, मयूर कवि) की ध्वनि कानों में नहीं पडती।)

इस पद्य के आधार पर कुछ विद्वानों ने यह निष्कर्ष दिया कि बाण के द्वारा हर्षचरित में अपनी मित्रमंडली में उल्लिखित मयूरक नामक जांगुलिक ही मयूर कवि हैं, जो सत्य नहीं है।

सूर्यशतक सूर्य की स्तुति में रचा गया है। चंडीशतक के समान यह काव्य भी गौड़ी रीति के विन्यास, दीर्घसमासों के निर्वाह, गाढबंध तथा ओजो गुण के कारण बहुत रम्य है। अनुप्रास और यमक की लड़ियाँ गूँथने में मयूर परमकुशल हैं। एक उदाहरण द्रष्टव्य है—

शीर्णघ्राणाङ्घ्रिपाणीन् व्रणिभिरपघनैर्घर्घराव्यक्तघोषान्
दीर्घाघ्रातानघोघैः पुनरपि घटयत्येक उल्लाघयन् यः।
घर्मांशोस्तस्य वोऽन्तर्द्विगुणघनघृणाविघ्ननिर्विघ्नवृत्ते-
र्दत्तार्घाः सिद्धसङ्घैर्विदधतु घृणयः शीघ्रमंघोविघातम्।।

(कुष्ठ आदि रोगों से शीर्ण हुए पाँव हाथ वाले, व्रण से युक्त अवयवों (अपघनैः) के कारण घर्घर अव्यक्त स्वर में बोलने वाले, पापसमूहों (अघौघैः) से चिरकाल तक ग्रसित हैं (दीर्घाघ्रातान्), ऐसे लोगों को जो सूर्य एक या अद्वितीय रहकर नीरोग बनाते हैं (उल्लाघयन्), जिनके अंतर्हृदय में दोगुनी घृणा (दया) है, सिद्धसंघों के द्वारा प्रात:सायं संध्या में जिन्हें अर्घ्य दिया जाता है, उन घर्मांशु की वे रश्मियाँ (घृष्णयः) शीघ्र आप लोगों के पाप का नाश (अंहोविघातम्) करें।

इस पद्य पर समीक्षा करते हुए आचार्य कुंतक ने कहा कि मयूर की कविता अपेशल अक्षरों से भी अलंकृत हो गई है।

सूर्यशतक में प्रथम ४३ पद्यों में सूर्य की रश्मियों का अत्यंत कल्पनापूर्ण विविध बिंबों में उकेरा गया वर्णन मनोहारी है। तदनंतर छह पद्यों में अश्वों का, बारह पद्यों में सूर्य के सारथि अरुण का कवि ने वर्णन किया है। ५० से ६१ तक सूर्य के सारथि अरुण का वर्णन है। ६२ से ७२ तक रथ का तथा ७३ से ८० वें पद्य तक सूर्यबिंब का प्रभावी वर्णन है। शेष श्लोकों में सूर्य की अन्य देवों की अपेक्षा अतिशायी महत्ता का निरूपण है।

यमक और अनुप्रास की लड़ियाँ पिरोने में मयूर की सानी नहीं है।

आनन्दवर्धन ने ध्वन्यालोक के द्वितीय उद्योत में मयूर के सूर्यशतक से कवि का नाम निर्देश किये बिना दो पद्य उद्धृत किये हैं –

दत्तानन्दाः प्रजानां समुचितसमयाकृष्टसृष्टैः पयोभिः
पूर्वाह्णे विप्रकीर्णा दिशि दिशि विरमत्यह्नि संहारभाजः।
दीप्तांशोर्दीर्घदुःखप्रभवभवभयोदन्वदुत्तारनावो
गावो वः पावनानां परमपरिमितां प्रीतिमुत्पादयन्तु।।

(सूश० ९)

(समुचित समय (सूर्य के पक्ष में ग्रीष्म, गोओं के पक्ष में दोहन का समयल पर आकृष्ट) समुद्र से खींचे हुए, (गौवों के पक्ष में अयन पर चढ़े हुए), पूर्वाह्ण में दिशा दिशा में फैली हुई (गौओं के पक्ष में चरने के लिये छोड़ी गई) पयस् (पयोभिः जलैर्दुग्धैश्च) के द्वारा सायंकाल समेट ली गईं, पवित्र पदार्थों में श्रेष्ठ, दुःख से जन्मे भवसागर के भय से पार लगाने वाली नौकाएँ वे सूर्य की किरणें आप लोगों के लिये अपरिमित आनंद उत्पन्न करें।)

मधुसूदनी टीका में बृहस्पति स्मृति का प्रमाण देते हुए बता गया है कि गायें भी सूर्य से उत्पन्न हुईं हैं, और किरणें तो सूर्य से उत्पन्न हैं हीं।

आनंदवर्धन के अनुसार यहाँ एक अप्राकरणिक वाच्य अर्थ है, दूसरा श्लेष के आधार पर अप्राकरणिक अर्थ भी निकल रहा है। वाक्य असंबद्ध अर्थ को द्योतित तो नहीं करेगा, अतः सहृदय प्राकरणिक और अप्राकरणिक अर्थ के बीच उपमानोपमेयभाव की कल्पना कर लेता है।

आनंदवर्धन के द्वारा उद्धृत दूसरा पद्य भी अलंकारों के सांकर्य के प्रसंग में है—

नो कल्पापायवायोरदयरयदलत्क्ष्माधरस्यापि शम्या
गाढोद्गीर्णोज्ज्वलश्रीरहनि न रहिता नो तमःकज्जलेन।
प्राप्तोत्पत्तिः पतङ्गान्न पुनरुपगता मोषमुष्णत्विषो वो
वर्तिः सैवान्यरूपा सुखयतु निखिलद्वीपदीपस्य दीप्तिः।।

(सारे द्वीपों के दीप भगवान् सूर्य की दीप्ति रूप वह वर्ति (बत्ती) जो अदय रय (विकट

वेग) से क्ष्माधर (पर्वत) को भी चूर चूर करने वाले प्रलयपवन से भी जो अगम्य है, जो दिन में गाढ़ी उज्ज्वल शोभा को ही उगला करती है, जो अंधकार रूपी कज्जल से रहित हो ऐसा भी नहीं है, पतंग (सूर्य से जो उत्पन्न है, पर पतंग (पक्षी) से जो नहीं बुझती, वह असाधारण वर्ति (दीपक की बाती) सुख प्रदान करे।)

इस पद्य की मीमांसा करते हुए आनंदवर्धन कहते हैं - **'अत्र हि साम्यप्रपञ्चप्रतिपादनं विनैव व्यतिरेको दर्शितः, नात्र श्लेषमात्राच्चारुत्वप्रतीतिरस्तीति श्लेषस्य व्यतिरेकाङ्गत्वेनैव विवक्षितत्वात् न स्वतोऽलङ्कारतेत्यपि न वाच्यम्।'** अर्थात् सूर्य की तुलना किसी दीपक से नहीं की गई है, फिर भी यह बता दिया गया है कि सूर्य संसार के किसी भी दीपक से अत्यधिक बढ़े-चढ़े हैं, अतः व्यतिरेक अलंकार व्यंजित हो जाता है। श्लेष इस व्यतिरेक का अंग बन गया है।

टीकाएँ

सूर्यशतक पर काश्मीर निवासी वल्लभदेव, मधुसूदन तथा त्रिभुवनपाल की टीकाएँ मिलती हैं। इनमें वल्लभदेव की टीका ३६ पद्यों तक की प्राप्त है।

सुभाषितकार मयूर

मयूर के अनेक पद्य सुभाषितसंग्रहों में उद्धृत हैं। सुभाषितावलि (१२३-१२९) में संकलित उनके सात पद्य शिवपार्वती के प्रणयकलह से संबद्ध हैं। इनमें वक्रोक्ति, चुहल, हासपरिहास का अनोखा रूप उजागर हुआ है। उदाहरणार्थ—

विजये कुशलस्त्र्यक्षो न क्रीडितुमहमनेन सह शक्ता।
विजये कुशलोऽस्मि न तु त्र्यक्षोऽक्षद्वयमिदं पाणौ।।

पार्वती अपनी सखी विजया से कहती हैं – विजये, त्र्यक्ष (तीन नेत्र वाले, तीन अक्ष या पाँसे अपने पास रखे हुए) शिव तो द्यूतक्रीडा में बड़े कुशल हैं, मैं इनके साथ नहीं खेल सकती। शिव उत्तर में कहते हैं – विजये, मैं त्र्यक्ष (तीन पाँसों वाला) कहाँ हूँ, मेरे पास तो दो ही अक्ष या पाँसे हैं।[१६]

मयूर का सुभाषितावलि (१५१५) में उद्धृत निम्नलिखित पद्य संभवतः राजा हर्ष की प्रशस्ति है, जिसमें उन्होंने राजा के द्वारा कुंतल देश, चोल देश, मध्यदेश व कांची कर विजय प्राप्त करने का संकेत दिया है, तथा नायिका के प्रति शृंगारपरक अर्थ भी श्लेष से व्यक्त किया है—

भूपालाः शशिभास्करान्वयभुवः के नाम नासादिता
भर्तारं पुनरेकमेव हि भुवस्त्वां देव मन्यामहे।
येनाङ्गं परिमृश्य कुन्तलमथाऽऽकृष्य व्युदस्यायतं
चोलं प्राप्य च मध्यदेशमधुना काञ्च्यां करः पातितः।।

शार्गधरपद्धति तथा सुभाषितावलि में मयूर के अनेक पद्य ऐसे भी उद्धृत हैं, जो ग्रामों के जीवन, दरिद्र जनता तथा वनों में भटकते पथिकों की मार्मिक कथाएं कहते हैं। शाप (५९७ गोदोहन का यह सूक्ष्म सुंदर चित्र मयूर के द्वारा उकेरा गया है—

आहत्याहत्य मूर्ध्ना द्रुतमनुपिबतः प्रस्नुतं मातुरूधः
किञ्चित्कुब्जैकजानोरनवरतचलच्चारुपुच्छस्य धेनुः।
उत्तीर्णां तर्णकस्य प्रियतनयतया दत्तहुङ्कारमुद्रां
विस्रंसिक्षीरधारा लवशबलमुखस्याङ्गमातृप्ति लेढि।।

(अपनी थूथन से बार बार प्रहारकर के माता के ऊधस् से बहते दूध को जल्दी जल्दी पीते, एक घुटना कुछ टेढ़ा किये हुए, लगातार अपनी पूँछ हिलाते हुए अपने बछड़े की हुँकारी का तनयप्रेम के कारण उत्तर देती हुई, दूध की धार बहाती हुई, उस शबल या चितकबरे मुख वाले बछड़े के देह को तृप्त होकर चाट रही है।)[१७]

मयूराष्टक – मयूर के द्वारा प्रणीत माने गये इस काव्य में आठ श्लोकों में किसी युवती के मादक सौंदर्य का वर्णन है। इसका पहला, दूसरा तथा चौथा पद्य स्रग्धरा में तथा शेष पद्य शार्दूलविक्रीडित में हैं। मयूराष्टक को संस्कृत पोएम्स आफ मयूर नामक कलन में जी.पी. क्वेकनबोस ने प्रकाशित किया।

श्रीहर्ष के स्तोत्र

श्रीहर्ष का परिचय संस्कृत नाटक का समृद्धिकाल शीर्षक अध्याय में दिया गया है। प्रियदर्शिका, रत्नावली तथा नागानंद इन तीन रूपकों के अतिरिक्त श्रीहर्ष ने सुप्रभातस्तोत्र तथा अष्टमहास्थानचैत्यस्तोत्र भी लिखे। दोनों स्तोत्रों में कवि ने बुद्ध के प्रति अपनी अकुंठ श्रद्धा को अभिव्यक्ति दी है। सुप्रभात स्तोत्र में २४ पद्य हैं, जिनमें अधिकांश मालिनी छंद में हैं। इसका नाम सुप्रभात स्तोत्र इसलिये रखा है कि कवि के अनुसार जब सूर्य आदि शेष सभी देवता सोते रहते हैं तो भगवान् बुद्ध जागे रहते हैं। अष्टमहास्थानचैत्यस्तोत्र में पाँच पद्य हैं, जिनमें से चार मंदाक्रांता में तथा शेष स्रग्धरा में हैं। कवि ने समस्त जगतीतल में विस्तीर्ण बुद्ध के चैत्यों का वर्णन किया है और इस निमित्त से संक्षेप में उसने कश्मीर, चीन, लंका, नेपाल, कांची, सौराष्ट्र आदि विविध भूगोलिक स्थानों की विहंगम यात्रा कर डाली है।

इसी परंपरा में नवम शती में लोकेश्वरशतक नाम से स्तुतिकाव्य लिखा गया।

अमरुक

कालिदास के पश्चात् मुक्तककाव्य परंपरा में सर्वाधिक सराहे गये गये कवि अमरुक हैं। इनका अमरुकशतक मुक्तक काव्य परंपरा का एक ऐसा मानदंड बन गया है, जिसकी ऊँचाई तक कदाचित् ही कोई अन्य संस्कृत कवि पहुँच पाया हो। अमरुक कौन थे और कब हुए—

यह प्रश्न अत्यंत जटिल है। किंवदंती है कि आदि शंकराचार्य मंडन मिश्र की पत्नी भारती के साथ शास्त्रार्थ में इस कारण पराजित हो गये कि वे कामशास्त्र से अनभिज्ञ थे, तब उन्होंने अमरुक नाम के एक राजा के शव में अपना जीव प्रविष्ट करा दिया जिसका उसी समय निधन हुआ था। अमरुक के देह में रहकर उन्होंने स्त्री-पुरुष संबंधों के रहस्यों को जाना और फिर वापस अपने देह में आकर शास्त्रार्थ में भारती को पराजित किया, और अमरुक की काया में रहते हुए शृंगार के जो अनुभव उन्होंने प्राप्त किये, उनके आधार पर उन्होंने ही अमरुशतक काव्य का प्रणयन किया। अमरुक के काल के विषय में इतना अवश्य कहा जा सकता है कि आनंदवर्धन से पहले हुए। आनंदवर्धन ने अमरुक की जिस प्रकार सराहना की है, कालिदास को छोड़कर अन्य किसी कवि की प्रतिभा पर उन्होंने ऐसी सुंदर समीक्षा नहीं की। ध्वन्यालोक ३.७ पर वृत्ति में आनंदवर्धन कहते हैं – "मुक्तकेषु प्रबन्धेष्विव रसबन्धाभिनिवेशिनः कवयो दृश्यन्ते, यथा ह्यमरुकस्य कवेर्मुक्तकाः शृङ्गाररसस्यन्दिनः प्रबन्धायमानाः प्रसिद्धा एव" अर्थात् मुक्तकों में भी प्रबंधों की तरह रसबंधों का अभिनिवेश करने वाले कवि होते हैं, जैसे कि अमरुक कवि के मुक्तक शृंगाररस की धारा बहाने वाले तथा प्रबंध बन जाने वाले प्रसिद्ध हैं।

अतः अमरुक आठवीं शताब्दी के पहले मुक्तक के एक अनोखे कवि के रूप में प्रतिष्ठा प्राप्त कर चुके थे।

संस्करण

अमरुशतक के अनेक भाषाओं में अनुवाद हुए हैं। इसके प्राचीन उल्लेखनीय संस्करण ये हैं—

काव्यसंग्रह – डा० योहम हेवर्लिन कोलकाता १८४७ई० – १०० श्लोक

आ० साइमन द्वारा सं० रोमन में १८९३ में प्र०

जे० गिल्डे माइस्टर द्वारा सं० बिब्लियोथिका संस्कृतिका० १८४७ई० में प्र०

निर्णय सागर प्रेस सं० दुर्गाप्रसाद द्वारा अर्जुनवर्मदेव की टीका के साथ सं०१८८९

भावपक्ष

अमरुक अनुभावों का बारीकी से चित्रण करते हुए मनुष्य के अंतर्मन की अतल गहराइयों में झाँकते हैं। अनुभाव से स्वभाव की पहचान करने में उनकी सिद्धि अप्रतिम है। स्त्री हो या पुरुष दोनों के भावजगत् में वे गहन आलोडन करते हैं, विरही मन की विचित्र भावतरंगों और अंतर्विरोधों की पहचान करते हैं, तथा भावशबलता, भावसंधि और भावसम्मर्दों का अनोखा संसार रचते हैं। उनके पात्र प्रायः भावुक, भोले और संवेदनशील हैं। विरही पथिक का यह चित्र है—

देशैरन्तरिता शतैश्च सरितामुर्वीभृतां काननै-
र्यत्नेनापि न याति लोचनपथं कान्तेति जानन्नपि।

उद्ग्रीवश्चरणावरुद्धवसुधः प्रोन्मृज्य सास्त्रौ दृशा
तामाशां पथिकस्तथापि किमपि ध्यायन् पुनर्वीक्षते।।[१८]

(शत शत देशों नदियों, पर्वतकान्तारों से जो हुई अंतरित
नयनपथ पर यत्न करने पर भी न जो होगी अवतरित।
जानता है यह बात, उचका कर गरदन, एड़ियों पर टिकाकर देह
पथिक वह अश्रुभरी आँखों से
उचटे हुए हृदय से
उसी दिशा में देखता रह जाता है बड़ी देर तक।)

बटोही अच्छी तरह जानता है कि प्रिया बहुत दूर है, बीच में सैंकड़ों देश, नदियों और पर्वतों व्यवधान है, किसी भी तरह प्रिया की झलक नहीं पायी जा सकती। फिर भी वह अँसुवाई आँखें पोंछकर, गर्दन उचका कर, पंजों के बल उचक कर उस दिशा में एकटक ताक रहा है जिस दिशा में प्रिया छूट गयी है। मानव स्वभाव का ही नहीं, उसकी चेष्टाओं का भी सूक्ष्म चित्रण यहाँ स्वभावोक्ति अलंकार का आधान करता है जो विप्रलंभ के अनुभव को और गहराई देता है।

मनुष्य के स्वभाव की विचित्रताएँ विच्छित्तियों के साथ अमरुक की कविता में सामने आयी हैं, जिससे अनूठे सौंदर्यबोध की सृष्टि होती है। मनुष्य अपने आप में सृष्टि का एक रहस्य है। वह कब क्या कर बैठेगा कहा नहीं जा सकता। वह प्रेम करता है, तनिक सी बात पर प्रेम की डोर झटक कर तोड़ देता है, और प्रेम में पड़ी जो गाँठ किसी तरह खोले न खुल सकी, वह अपने आप कब झट से खुल जाये कुछ कहा नहीं जा सकता-

नापेतोऽनुनयेन यः प्रियसुहृद्वाक्यैर्न यः संहृतो
यो दीर्घं दिवसं विषह्य विषमं यत्नात् कथञ्चिद् धृतः।
अन्योन्यस्य हृते मुखे निहितयोस्तिर्यक् कथञ्चिद् दृशोः
स द्वाभ्यामतिविस्मृतव्यतिकरो मानो विहस्योज्झितः।। (४२)

जिस मान को दोनों ने कस कर जतन से पकड़ रखा था, जो मनाने से न टूट पाया, न मित्रों के समझाने बुझाने से कम हुआ , जिसे दिन भर सहा और एक दूसरे से मुँह चुराया, वही मान किसी तरह तिरछी दृष्टि एक दूसरे पर पड़ते ही हँसी के फूटते फूटते पता नहीं चला कब मिट गया।

दूसरी ओर कठकरेजी नायिका का मान है, किसी तरह छूटे नहीं छूट रहा—

लिखन्नास्ते भूमिं बहिरवनतः प्राणदयितो
निराहाराः सख्यः सततरुदितोच्छूननयनाः।
परित्यक्तं सर्वं हसितपठितं पञ्जरशुकै-
स्तवावस्था चेयं विसृज कठिने मानमधुना।।

(बाहर मुँह झुकाये बैठा हुआ है वह – तुम्हारा प्राणप्यारा
कुछ कुरेदता जा रहा है धरती पर
सखियों ने कुछ खाया पिया नहीं है
रोते रोते उनकी आँखें सूज गई हैं,
पिजरे के तोते छोड़ चुके हँसना पढ़ना
और तेरी भी ऐसी हालत!
अरी कठोर, अब तो अपना मान छोड़ दे!)

इस पद्य की काव्यशास्त्रियों ने भूरि भूरि प्रशंसा की है। इसके प्रातिपदिक, प्रकृति व प्रत्ययों के समीचीन प्रयोग की प्रशंसा करते हुए मम्मट कहते हैं - 'अत्र लिखन्निति न तु लिखतीति; तथा आस्ते इति, न तु आसित इति, अपि तु प्रसादपर्यन्तमास्ते, इति, भूमिमिति न तु भूमाविति न हि बुद्धिपूर्वकमपरं किंचिल्लिखतीति तिङ्सुब्विभक्तीनां व्यङ्ग्यम्' - अर्थात् लिखता है यह नहीं कहा, लिखता चला जा रहा है— यह कहा है। बैठ गया है यह नहीं कहा, बैठा हुआ है—यह कहा है। इससे कवि कहना चाहता है कि जब तक तुम मान न जाओगी, ऐसे ही बैठा रहेगा, भूमि पर लिख रहा है यह नहीं कहा, भूमि को कुरेद रहा है यह कहा है, इससे अभिप्राय यह है कि सोच समझकर कुछ नहीं लिख रहा – इस प्रकार इस पद्य में सुबंत व तिडंत की व्यंजकता है।

नारी-जीवन की विडंबना को भी इतनी मार्मिक अभिव्यक्ति अन्य किसी कवि ने नहीं दी होगी, जितनी अमरुक ने।

तथाभूदस्माकं प्रथममविभक्ता तनुरियं
ततो न त्वं प्रेयानहमपि च हताशा प्रियतमा।
इदानीं नाथस्त्वं वयमपि च कलत्रं किमपरं
मयाप्तं प्राणानां कुलिशकठिनानां फलमिदम्।।

(अश० ६९)

(पहले तो यह देह तुम से अलग था ही कहाँ, तब तुम प्रिय हो और मैं प्रियतमा हूँ- ऐसा भेद ही हम लोग नहीं समझते थे। अब तुम स्वामी हो और मैं तुम्हारी चेरी। इन वज्र से कठोर प्राणों का यह फल मैंने पाया।)

सुरको (२१.१२) में यह पद्य भावकदेवी के नाम से उद्धृत है, जब कि अमरुशतक के संस्करण में भी यह सम्मिलित है—

चपलहृदये स्वातन्त्र्यात् तथा गृहमागत-
श्चरणपतितः प्रेमार्द्रः प्रियः समुपेक्षितः।

तदिदमधुना यावज्जीवं निरस्तसुखोदया
रुदितशरणा दुर्जातानां सहस्व रुषां फलम्।। (अश० ५६)

(ओ चंचल मन वाली आखिर किसी तरह
खुद ही जब वह आया था घर
प्रेम से भीजा भीजा और गिर रहा था तेरे चरणों पर
तब तू ने उसे कुछ भी न समझा..
जा अब कलपती रह यों ही जीवन भर
और भोग अपने दईमारे इस गुस्से का फल।)

एकस्मिन् शयने पराङ्मुखतया वीतोत्तरं ताम्यतो-
रन्योन्यस्य हृदि स्थितेऽप्यनुनये संरक्षतोर्गौरवम्।
दंपत्योः शनकैरपाङ्गवलनामिश्रीभवच्चक्षुषो-
र्भग्नो मानकलिः सहासरभसव्यावृत्तकण्ठग्रहम्।।

(एक ही शय्या पर थे दोनों दंपति,
पर लेटे थे मुँह फेरे
कोई कुछ कह नहीं पा रहा था, पर कसमसा रहे थे मन ही मन।
दोनों के मन में था कि मान ही जायें,
पर दोनों रखवाली कर रहे थे अपने अपने गौरव की।
चाह रहे थे अब मना ही लें।
धीरे से आँखों की कोर तिरछी भर हुई
कि आँखें मिल गईं
फूट गई हँसी
टूट गया मान
दोनों ने एक दूसरे को गले लगा लिया झट से।)

अभिनवगुप्त ने ध्वन्यालोक प्रथम उद्योत में कहा है— **इत्यत्रेर्ष्यारोषात्मनो मानस्य प्रशमः।**

निश्छलता, भोलापन, खट्टे मीठे अनुभव इनके चित्रण में अमरुक बेजोड़ हैं। मुग्धा नायिका के भोलेपन के निरूपण में उनका मन जितना रमा है, उतना ही खंडिता विप्रलब्धा और कलहांतरिता नारियों की गहन मनोवेदना के भावपूर्ण चित्रण में भी। उनके इस मुग्धावर्णन को काव्यशास्त्रियों ने एक स्वर से सराहा है—

शून्यं वासगृहं विलोक्य शयनादुत्थाय किञ्चिच्छनै-

निर्द्राव्याजमुपागतस्य सुचिरं निर्वर्ण्य पत्युर्मुखम्।
विस्रब्धं परिचुम्ब्य जातपुलकामालोक्य गण्डस्थलीं
लज्जानम्रमुखी प्रियेण हसता बाला चिरं चुम्बिता।।

(सूना शयनगृह देखकर शयन से धीरे से थोड़ा उचक कर
नींद का बहाना कर के लेटे प्रिय का मुख बड़ी देर कर निहार कर
उसने बेखटके प्रिय का मुख चूम लिया,
फिर देखे प्रिय के रोमांचित होते जा रहे कपोल
तो लजा से मुँह झुका कर रह गई
फिर हँसता प्रिय उस बाला को बड़ी देर तक चूमता रहा।)

साहित्यदर्पण में विश्वनाथ ने उचित ही यह पद्य संभोग शृंगार के उदाहरण में दिया है। साहित्यदर्पण की लोचन टीका में महेश्वर तर्कालंकार इस पद्य की व्याख्या में विभावादि रस सामग्री का विश्लेषण करते हुए बताया है कि किस प्रकार एक एक शब्द से व्यभिचारी भावों की अटूट शृंखला कवि ने यहाँ रच दी है।[१९]

वास्तव में अमरुक प्रेम की विभिन्न दशाओं का इतनी गहरे पर्यवेक्षण के साथ चित्रण करते हैं कि काव्यशास्त्र के आचार्यों को भावसंधि, भावोदय, भावशबलता के उदाहरणों के लिये इनकी कविता आदर्श लगे — यह स्वाभाविक ही है। भावोदय के निरूपण का उनका एक पद्य है—

एकस्मिञ् शयने विपक्षरमणीनामग्रहे मुग्धया
सद्यो मानपरिग्रहग्लपितया चाटूनि कुर्वन्नपि।
आवेगादवधीरितः प्रियतमस्तूष्णीं स्थितस्तत्क्षणं
माभूत्सुप्त इवेत्यमन्दवलितग्रीवं पुनर्वीक्षितः।। ५१।।

(एक ही शयन पर थे दोनों
कि सौत का नाम मुँह से निकल गया नायक के
फिर तो मान ठान कर सिमट कर अलग हो गई प्रिया
चाटुवचन कहता रहा प्रियतम
आवेग में भरी वह उसका तिरस्कार करती रही
कहते कहते वह चुप हो गया
तो कहीं सो तो नहीं गया – यह सोच
इसके प्रिय को ताका झट से गरदन मोड़ कर!)

मम्मट ने इस पद्य को भावोदय ध्वनि के उदाहरण में उद्धृत किया है। औत्सुक्य भाव का उदय कवि ने यहाँ दिखाया है।

इसी तरह आँखों में एक के बाद एक किस तरह कई भाव आते और जाते हैं यह भी अमरुक ने अपने शब्दों में अंकित करते हुए संचारी भावों का सम्मर्द रच दिया है—

दूरादुत्सुकमागते विवलितं संभाषिणि स्फारितं
संश्लिष्यत्यरुणं गृहीतवसने किञ्चाञ्चितभ्रूलतम्।
मानिन्याश्चरणानतिव्यतिकरे बाष्पाम्बुपूर्णेक्षणं
चक्षुर्जातमहो प्रपञ्चचतुरं जातागसि प्रेयसि।।२९।।

(जब कर प्रिय दूर था, तो उत्सुक थीं,
वह पास आने लगा तो झुक गईं,
वह बोलने लगा कि विस्फारित हो गईं वे,
वह आलिंगन करने को हुआ तो लाल हुईं,
उसने आँचल पकड़ लिया तो भोंहे उन पर तन गईं,
वह पाँवों पर गिरने लगा आँसुओं में डबडबा गईं
प्रियतम अपराधी होने पर
मानिनी की आँखें कितने कितने प्रपंच रचने में चतुर हो गईं हैं।)

अमरुक का संस्कृत काव्य पर प्रभाव

अमरुक भी कालिदास की तरह कवियों के प्रेरणा स्रोत रहे हैं। उनके अनुकरण पर शृंगार के मुक्तकों की रचना की परंपरा चली। अमरुक के अपने शतक में अन्य कवियों के मुक्तक मिश्रित हो गये- इसका कारण भी अमरुक का अत्यधिक अनुकरण है। वाक्कूट नाम के कवि के मुक्तक तो अमरुक की छाया जैसे लगते हैं। उदाहरण के लिये –

किं पादान्ते पतसि विरम स्वामिनो हि स्वतन्त्राः
किञ्चित् कालं क्वचिदपि रतिस्तेन कस्तेऽपराधः।
आगस्कारिण्यहमिह यया जीवितं त्वद्वियोगे
भर्तृप्राणाः स्त्रिय इति ननु त्वं मयैवानुनेयः।।

(वाक्कूट, सुरको० २१.९)

(पैरों पर क्यों गिर रहे हैं आप? उठिये,
स्वामी तो स्वतंत्र हुआ ही करते हैं,
कुछ समय तक कहीं मन लग गया, तो उसमें आपका अपराध क्या?
अपराधिनी हूँ मैं, जो जीवित रही आपके वियोग में
भर्ता होते हैं स्त्रियों के प्राण
इस कारण मुझ को करना चाहिये थे उल्टे आपसे अनुनय-विनय।)

कस्मान्म्लायसि मालतीव मृदितेत्यालीजने पृच्छति
व्यक्तं नोदितमार्तयाऽपि विरहे शालीनया बालया।
अक्ष्णोर्बाष्पचयं निरीक्ष्य कथमाप्यालोकितः केवलं
किञ्चित् कुड्मलकोटिभिन्नशिखरश्चूतद्रुमः प्राङ्गणे।।

(सुरको० २२.४२)

(सखियाँ बार बार पूछ रही हैं — मृदित मालती जैसी मुरझाई मुरझाई क्यों हो? विरहव्यथित आर्त वह बाला शालीनता में कुछ बोली नहीं, नयन में घुमड़ती अश्रुराशि को रोक कुछ खिली हुई मंजरियों वाले आंगन में लगे आम्र के वृक्ष को बस ताकती रह गई।)

तथा –

एते चूतमहीरुहोऽप्यविरलैर्धूमायिताः षट्पदै-
रेते प्रज्वलिताः स्फुटत्किसलयोद्भेदैरशोकद्रुमाः।
एते किंशुकशाखिनोऽपि मलिनैरङ्गारिताः कुड्मलैः
कष्टं विश्रमयामि कुत्र नयने सर्वत्र वामो विधिः।।

(इधर यह आम का कुंज निरंतर धूमायित भ्रमरों से
उधर अशोक के वृक्ष चटकते किसलयवृंतों में दहके दहके से।
और पलाश के झुंड मलिन कलियों से उगल रहे अंगारे
हाय रे दुःख! किधर टिकाऊँ दृष्टि सर्वत्र ही तो टेढ़ा है विधाता।)

इसी प्रकार सुरको० में वैद्यदैन्य के नाम से यह पद्य संकलित है—

न मन्दो वक्त्रेन्दुः श्रयति न ललाटं कुटिलता
न नेत्राब्जं रज्यत्यनुसरति न भ्रूरपि भिदाम्।
इदं तु प्रेयस्याः प्रथयति रुषोऽन्तर्विकसिताः
शतेऽपि प्रश्नानां यदभिदुरमुद्रोऽधरपुटः।

मुखचंद्र नहीं हुआ मंद और न माथे पर हैं बाँकी रेखाएँ
कमल नयन नहीं आरक्त और न भौंहें ही बंकिम हैं
प्रेयसी का भीतर ही भीतर घुमड़ता रोष
बताता है केवल
सौ सौ प्रश्नों के आगे भी मुद्रित
अधरपुट उसका! (वैद्यधन्य, सुरको० २१.५४, ६८८)

संस्कृत के कवियों में गोवर्धन अमरुक से अत्यधिक प्रभावित हैं, जिनका परिचय आगे दिया जा रहा है।

टीकाएँ

मेघदूत के पश्चात् मुक्तक काव्य परंपरा में अमरुक पर ही सर्वाधिक टीकाएँ लिखी गयीं। इनमें सर्वाधिक प्रामाणिक और विशद टीका अर्जुनवर्मदेव की रसिकसंजीवनी है। अर्जुनवर्मदेव राजा भोज के वंशज थे। इनका समय तेरहवीं शताब्दी का उत्तरार्ध है। वेमभूपाल की श्रृंगारदीपिका टीका भी मिलती है। रविचंद्र ने कामदा टीका में इसे शंकराचार्यविरचित मानकर प्रत्येक पद्य की शांतरसपरक व्याख्या की है, जो अमरुशतक की भावभूमि का हनन करती है। म०म० दुर्गाप्रसाद ने इस तरह की टीका की समीक्षा में उचित ही कहा है— **'स च रसस्यन्दिष्वमरुकश्लोकेषु परिशील्यमानेषु रहसि प्रौढवधूनां रतिसमये वेदपाठ इव सहृदयानां शिरःशूलमेव जनयति।'**[२०]

अमरकोश पर अन्य टीकाएँ हैं – रुद्रमदेवकृत टीका, सूर्यदास की श्रृंगारतरंगिणी, शेषरामकृष्णकृत रसिकसंजीवनी, चतुर्भुजमिश्र की मानचिंतामणि, अमरुदर्पण, कोकसंभव की टीका, नंदलालकृत टीका, शंकरकृत टीका, ज्ञानानंदकलावरसेनकृत टीका तथा अज्ञातकृत टिप्पण।

आधुनिक काल में भी इसके विभिन्न भाषाओं में अनेक अनुवाद होते रहे हैं।

अमरुक की समीक्षा परंपरा

भारतीय काव्यशास्त्र के आचार्यों में वामन और आनंदवर्धन से लगाकर पंडितराज जगन्नाथ और अप्पयदीक्षित तक के शीर्षस्थ आचार्यों की सुदीर्घ पंक्ति में ऐसा कोई भी नहीं है, जिसने अमरुक के काव्यरस का पान न किया हो और उसकी सराहना न की हो। वामन ने काव्यालंकारसूत्रवृत्ति के तृतीयअधिकरण के द्वितीय अध्याय में अर्थगुण श्लेष में क्रमकौटिल्यानुल्बणत्वोपपत्तिरूप घटना के उदाहरण में अमरुक का यह पद्य उद्धृत किया है—

दृष्ट्वैकासन संस्थिते प्रियतमे पश्चादुपेत्यादरा-
देकस्या नयने पिधाय विहितक्रीडानुबन्धच्छलः।
ईषद्वर्तितकन्धरः सपुलकस्वेदोल्लसन्मानसा-
मन्तर्हासलसत्कपोलफलकां धूर्तोऽपरां चुम्बति।

(एक ही आसन पर बैठी दोनों प्रियतमाओं को देखकर पीछे से जाकर आदर के साथ एक की आँखें मूँद कर जैसे उसके साथ खेल कर रहा हो, फिर कंधा झुकाये हुए वह धूर्त पुलक और पसीने से भरी, भीतर भीतर फूटती हँसी में उमगते कपोल वाली दूसरी प्रिया को चूम रहा है।)

भोज ने उस पद्य को धीरललितसाधारणशठमध्यम नायक के उदाहरण में उद्धत किया है। श्रृंप्र० भाग २ पृ० ८७८) वामन कांति गुण के अंतर्गत दीप्तरसत्व के उदाहरण में भी अमरुक को उद्धृत करते हैं।[२१]

अमरुक पर अत्यंत सहृदयतापूर्ण समीक्षा करने वाले आचार्यों में आनंदवर्धन की चर्चा ऊपर की गई है। वे अमरुक के एक एक मुक्तक को प्रबंध के बराबर मानते हैं। यही नहीं, आनंदवर्धन अलंकारों की नातिनिर्वहणैषिता अर्थात् रससृष्टि की दृष्टि से उनके मोह के त्याग का उदाहरण भी अमरुक के काव्य से देते हैं।[२२] ध्वन्यालोक में उन्होंने अमरुक निम्नलिखित पद्यों पर विशद चर्चा की है—कपोले पत्राली ...(८१), कोपात्कोमल ...(९) तथा शून्यं वासगृहम्.. (८२)

मम्मट ने रसवदलङ्कार या रस के अंग होने की स्थिति के लिये अमरुक के पद्य को उद्धृत करके उसका अच्छा विश्लेषण किया है।[२३] इसी प्रकार—

कथमपि कृतप्रत्यापत्तौ प्रिये स्खलितोत्तरे
विरहकृशया कृत्वा व्याजप्रकल्पितमश्रुतम्।
असहनसखीश्रोत्रप्राप्तिप्रमादससंभ्रमं
विवलितदृशा शून्ये गेहे समुच्छ्वसितं ततः।।

अमरुक के इस पद्य को इंदुराज ने काव्यालंकारसारसंग्रह की अपनी वृत्ति में उद्धृत करते हुए अनिबद्ध काव्य में शृंगार रस के अक्षुण्ण प्रवाह का उदाहरण बताते हुए कहा है कि अलंकार न होने पर भी गुणों के द्वारा कविता इस तरह सरस बन जाती है। इस पद्य में माधुर्य और ओजस् गुणों से परिबृंहित प्रसाद गुण ही कविता का प्राण बन गया है। यही नहीं, ईर्ष्या विप्रलंभ और विरहानुभव को संभोग शृंगार के अनुभव में परिणत करने की कवि की दक्षता का भी यह विरल नमूना है।[२४]

मम्मट ने पदप्रकाश्यध्वनि के विचार में पदों की भावप्रकाश्यता के उदाहरण में अमरुक का यह पद्य उद्धृत किया है—

मुग्धे मुग्धतयैव नेतुमखिलः कालः किमारभ्यते
मानं धत्स्व धृतिं बधान ऋजुतां दूरे कुरु प्रेयसि।
सख्यैवं प्रतिबोधिता प्रतिवचस्तामाह भीतानना
नीचैः शंस हृदि स्थितो हि ननु मे प्राणेश्वरः श्रोष्यति।।

('हे भोली, क्यों भोलेपन में ही सारा समय निकाल देने पर तुली हुई हो? मान धारण करो, धीरज बाँध कर रखो, प्रिय को लेकर अपनी यह सिधाई छोड़ दो!' सखी के द्वारा यों समझाई गई भीतानना (डरी हुई मुख मुद्रा वाली) उसने कहा - धीरे बोल, मेरे हृदय में बैठे प्राणेश्वर सुन लेगें।)

इस पद्य में पदप्रकाश्यध्वनि को प्रकाशित करते हुए मम्मट कहते हैं - 'अत्र भीताननेति। एतेन हि नीचैःशंसनविधानस्य युक्तता गम्यते।'

इसीप्रकार न्यूनपदत्व दोष दोष न रहकर कहीं कहीं गुण बन जाता है, यह स्पष्ट करने के लिये मम्मट ने अमरुक का यह पद्य उदाहृत किया है—

गाढालिङ्गनवामनीकृतकुचप्रोद्भूतरोमोद्गमा
सान्द्रस्नेहरसातिरेकविगलच्छ्रीमन्नितम्बाम्बरा।
मा मा मानद माति मामलमिति क्षामाक्षरोल्लापिनी
सुप्ता किं नु मृता नु किं मनसि मे लीना विलीना नु किम्।।

(अश० ४०)

टीकाकारों द्वारा अमरुशतक का पाठालोचन - अमरुशतक पर ४० से अधिक टीकाओं का प्रणयन हुआ। इनमें मुख्य टीकाकारों के द्वारा अमरुशतक में स्वीकृत पद्यसंख्या इस प्रकार है—

अर्जुनवर्मदेव – १२१५ ई० के आसपास - रसिकञ्जीवनी,

वेमभूपाल – १४०३ से १४२०ई, शृङ्गारदीपिका, १०१ श्लोक

रविचन्द्र – कामदा – १३वीं शती के पश्चात्, १०० श्लोक,

रुद्रमदेवकुमार – देवधर के अनुसार १४०३ से १४२०ई, अन्य के अनुसार १२९० से १३६२ई०, ११४ श्लोक

अर्जुनवर्मदेव ने पश्चिम भारतीय पाठ लिया है, कोकसंभव ने दक्षिणभारतीय तथा रविचन्द्र ने उत्तर भारतीय; जब कि रुद्रम देवकुमार ने मिश्रित वाचना स्वीकृत की है। वेमभूपाल का शृङ्गारदीपिका में प्रतिज्ञावाक्य है—

मूलश्लोकान् समाहृत्य प्रक्षिप्तान् परिहृत्य च।
विधत्ते विदुषामिष्टां टीकां शृङ्गारदीपिकाम्।

आफ्रेट के अनुसार अमरुक का छंद शार्दूलविक्रीडित है। अपनी अपनी टीकाओं में अर्जुनवर्मदेव और वेमभूपाल ने ६१-६१, रविचन्द्र ने ५४ तथा रुद्रम देवकुमार ने ६३ शार्दूलविक्रीडित रखे हैं।

५६ वें श्लोक की टीका के बाद अर्जुनवर्मदेव कहते हैं— अत्रान्तरे बहवः प्रक्षेपश्लोकाः सन्ति। ते यथा – मन्दं मुद्रितपांसवः (१२६), इयमसौतरलायतलोचना (१२७), सालक्तकं शिखिदलाधिक (१२८), श्रुत्वाकस्मान्निशीथे (१२९), पीतो यतः प्रभृति० (१२०)....

अनिर्वचनीयचमत्काराणाममरुकश्लोकानां मध्ये छन्दोमात्रमेलनेन हासोत्पादकतया च प्रक्षेपश्लोकाः – अमी झञ्झानिलाः शिरोर्तिमुत्पादयन्ति।

रुद्रम देवकुमार ने अर्जुनवर्मदेव द्वारा निरस्त इन सभी श्लोकों को प्रामाणिक मानकर उनकी भी विस्तृत टीका की है।

प्रशस्तियाँ

टीकाकार अर्जुनवर्मदेव ने लिखा है—

अमरुककविडमरुकनादेन विनिह्नुता जयति।
शृङ्गारभणितिरन्यानां धन्यानां श्रवणविवरेषु।।

(अमरुककवि के डमरुक के निनाद के आगे शेष कवियों की शृंगारपूर्ण उक्तियाँ दब गयी हैं। अन्य किसी कवि की शृंगारित उक्ति उसके रहते किसी धन्य व्यक्ति के कानों में ही पड़ सकती है।)

हरिहरसुभाषित के प्रणेता हरिहर ने अमरुक की प्रशस्ति में कहा है कि रस की इच्छा वाले मरुग्राम (रेगिस्तान) में रस खोजें, तो यह उनकी मूर्खता है। रस तो अमरुदेश (अमरुक के काव्य, जहाँ मरुस्थल न हो ऐसे देश) में ही मिल सकता है—

भ्राम्यन्तु मारवग्रामे विमूढा रसमीप्सवः।
अमरुदेश एवासौ सर्वतः सुलभो रसः।।

सदु० में अमरुक के ५८ पद्य उद्धृत हैं।

अमरुक तथा गाहासत्तसई

अमरुक दांपत्य की जटिल सम्मिश्र अनुभूतियों और प्रेम की पीडा के अनुपम चितेरे हैं। गाहासत्तसई से चली आई लोककाव्य की परंपरा से मिले अनेक अभिप्रायों और कोमल भावों को उन्होंने भी अपनी कविता में अपनाया है। गाहासत्तसई की एक गाथा में विरहिणी प्रवास पर गये पति की राह देखती उसके स्वागत में आँखों के कमल बिछाती रहती है, और वक्ष:स्थल का मंगल कलश लिये द्वार पर खड़ी रहती है।

रत्था पहिण्णुप्पला तुमं सा पडिच्छए एंतं।
दार निहिंएहिं दोंहि वि मंगलकलसेंहि थणेंहि।।

(गाहासत्तसई, २.४०)

अमरुक इससे एक भावपूर्ण दृश्य खींच देते हैं, जिसमें प्रवासी घर लौट कर आया है। विरहिणी ने नीलकमलों से नहीं, चितवन से ही की लंबी बंदनवार तान दी है, कुंद और मालती के पुष्पों के गुच्छों के नहीं मुस्कानों के पुष्पस्तवक उसे अर्पित कर दिये हैं, घड़े के पानी से नहीं अपने तन से बह चले पसीने के पानी से ही अर्घ्य दे डाला है। इस तरह इसने प्रिय के स्वागत में अपनी सारी काया को ही मंगल का उपकरण बना दिया है–

दीर्घावन्दनमालिका विरचिता दृष्ट्यैव नेन्दीवरैः
पुष्पाणां प्रकरः स्मितेन रचितो नो कुन्दजात्यादिभिः।
दत्तः स्वेदमुचा पयोधरभरेणार्घ्यं न कुम्भाम्भसा
स्वैरेवावयवैः प्रियस्य विशतस्तन्व्या कृतं मङ्गलम्।।

अमरुक का भारतीय साहित्य पर प्रभाव

अमरुक ने एक पद्य में कलहान्तरिता नायिका का चित्रण किया है।

कोपात्कोमललोलबाहुलतिकापाशेन बद्ध्वा दृढं
नीत्वा वासनिकेतनं दयितया सायं सखीनां पुरः।
भूयोऽप्येवमिति स्खलन्मृदुगिरा संसूच्य दुश्चेष्टितं
धन्यो हन्यत एव निह्नुतिपरः प्रेयान् रुदत्या हसन्।।

(अमरुक – ९)

साँझ का समय है। रिसाई हुई नायिका पति को कोमल बाहुपाश में दृढ़ता के साथ बाँध कर अपने वासगृह में ले आई है। सखियाँ देख रही हैं। नायिका लड़खड़ाती कोमल वाणी में – और करोगे ऐसा?- यह कहती हुई नायक की दुश्चेष्टा बताकर उसे पीट रही है, नायिका रोती जा रही है, नायक मुँह छिपाये हँस रहा है। अमरुक कहते हैं कि वह धन्य है, जिसे प्रिया की ऐसी मार पड़ी है।

पद्माकर ने अमरुक के पद्य का पुन:पाठ प्रस्तुत किया है। यह आलेख्यप्रख्य सादृश्य है, चित्र तो वही है, नायिका नायक की दुश्चेष्टा को सूचित नहीं कर रही, वह खरी खरी कह रही है, पर नायिक की पिटाई फूल की छड़ी से कर रही है—

धरैं पी के प्रानप्यारी भुजलतनि भरैं भरैं
कहैं पदमाकर न एसो दोस कीजौ
फेरि सखिनसमीप यों सुनावति खरैं खरैं
प्यौ छपछपावै बात हँस बहरावै
तिय गद्गदकंठ दृग आँसुन झरैं झरैं
ऐसो धन धन्य धनी है सुएसो जाहि
फूल की छरी सों खरी हनति हरैं हरैं।।

अमरुक का प्रवत्स्यत्पतिका नायिका का एक करुण चित्र है—

प्रहरविरतौ मध्ये वाह्नस्ततोऽपि परेण वा
किमुत सकले याते वाह्नि प्रिय त्वमिहैष्यसि।
इति दिनशतप्राप्यं देशं प्रियस्य यियासतो
हरति गमनं बालालापैः सवाष्पगलज्जलैः।।

(अमरुक० १२)

पति दूर देश जा रहा है, जहाँ पहुँचने में ही सौ दिन लगेगें। भोली नायिका पूछ रही है— आप एक पहर के बाद आज लौट आयेगें, या दोपहर होने पर अथवा अपराह्न में या दिन

ढलने तक तो लौट ही आयेगें न? नायिका के आँसुओं के प्रवाह के बीच कहे गये इन कथनों से नायक का जाना ही रुक जाता है।

पद्माकर इसे इस तरह कहते हैं—

सो दिन को मारग चहाँ कों वेगि
माँगी विदा प्यारे पद्माकर प्रभात रात होने पर
सों सुनि प्यारी पिअगमन कराइबे कों
अँसुनि अन्हाइ बोली आसन सुतीते पर
बालम बिदेस तुम जात हो तो जाउ
पर साँची कहि जाउ कब ऐहो भौन रीते पर
पहर के भीतर कै दुपहर के ऊपर ही
तीसरे पहर कैंधो साँझ ही बितीते पर।।

यहाँ तो प्रतिबिंबकल्प ही सादृश्य है, पद्माकर ने अपनी ओर से कुछ जोड़ा नहीं है।

एक दूसरी प्रवत्स्यत्पतिका अमरुक में है, जो प्रिय के प्रवास पर चलते समय प्राण ही तज देने का निश्चय कर रही है—

प्रस्थानं वलयैः कृतं प्रियसखैरस्त्रैरजस्त्रं गतं
धृत्या न क्षणमासितं व्यवसितं चित्तेन गन्तुं पुरः
यातुं निश्चितचेतसि प्रियतमे सर्वे समं प्रस्थिताः
गन्तव्ये सति जीवित प्रियसुहृत्सार्थः किमु त्यज्यते।।

(कंगन खिसक चले, प्रिय मित्र आँसू तो निरंतर बाहर निकल ही पड़े, धीरज एक क्षण टिका ही नहीं, मन ने ही बाहर निकल जाने की ठान ली है। हे मेरे प्राण, प्रियतम ने जाने का तय कर लिया, तो ये सब उनके साथ चल पड़ने को उतारू हैं। फिर तुम ही अपने प्रिय मित्रों का संग क्यों छोड़ रहे हो?)

इसकी अनुकृति में पद्माकर रहते हैं—

ऊबत हौं, डूबत हौं, डगत हौं डोलत हौं
बोलत न काहे प्रीति रीतिन रितै चले
कहै पदमाकर त्यों उससि उसाँसन सों
आँसू वै ऊपर आई आँखिन इतैं चले
औधि ही के आगम लौं रहत बने तो रहौ
बीच ही क्यों बेरि बंध-बेदिनि बितै चले

एरे मेरे प्रान प्रानप्यारे की चलाचलि में
तब तो चलै न, अब चाहत कितै चलै।।

यहाँ लगभग तुल्य देहितुल्य सादृश्य है। पद्माकर की नायिका अमरुक की नायिका से भिन्न है, वह प्रिय के आने तक प्राणों को रोके रखना चाहती है।[२५]

भर्तृहरि के शतक

कवि भर्तृहरि ने नीतिशतक, शृंगारशतक तथा वैराग्यशतक ये तीन शतककाव्य लिखे। शतककाव्य परंपरा में भर्तृहरि के शतक सर्वाधिक लोकप्रिय हैं।

भर्तृहरि एक प्राचीन सम्राट् भी थे। अनुश्रुतियों में इन्हें कहीं राजा विक्रमादित्य का समकालीन माना गया है, तो लोककथाओं और लोकनाट्य परंपरा में इनका संबंध गुरु गोरखनाथ के साथ माना गया है।

व्याकरणशास्त्र और दर्शन के परंपरा में वाक्यपदीयम् के प्रणेता भर्तृहरि का एक मौलिक विचारक के रूप में अमिट स्थान है। भर्तृहरि के व्याकरण पर दो अन्य ग्रंथ भी प्राप्त होते हैं - महाभाष्य की त्रिपदीदीपिका टीका, जो अधूरी मिलती है तथा शब्दधातुसमीक्षा। मीमांसासूत्रवृत्ति, वेदांतसूत्रवृत्ति आदि ग्रंथों के प्रणेता भी भर्तृहरि माने जाते हैं। एक परंपरा इनके द्वारा रचे गये बारह शतककाव्यों का भी उल्लेख करती है।

भट्टिकाव्य की कंदर्पचक्रवर्तीकृत टीका में कवि भट्टि तथा भर्तृहरि को एक ही व्यक्ति बताया गया है। नारायण विद्याविनोद तथा भरतमल्लिक इन दो टीकाकारों ने भी भट्टिकाव्य का प्रणेता भर्तृहरि को माना है। नारायण विद्याविनोद ने तो भर्तृहरि के पिता का नाम श्रीधर बता दिया है[२६] जबकि कवि भट्टि ने अपने महाकाव्य में अपने आश्रयदाता का नाम श्रीधरसेन बताया है। इन टीकाकारों ने भट्टि और भर्तृहरि की अभिन्नता को लेकर या तो मनगढ़ंत कल्पनाएँ कीं हैं, या उन्हें भ्रांति हुई है। भट्टिकाव्य या रावणवधमहाकाव्य के प्रणेता महाकवि भट्टि भी एक बड़े वैयाकरण थे, और पाणिनिव्याकरण के नियमों के दृष्टांत के रूप में उन्होंने अपना महाकाव्य लिखा – इस तथ्य के कारण तथा भट्टि शब्द को संस्कृत के भर्तृ का तद्भव मान लेने के कारण टीकाकारों में भर्तृहरि और कवि भट्टि के एक ही व्यक्ति होने की भ्रांति पनपी है।

वाक्यपदीयकार भर्तृहरि, शतकत्रय के प्रणेता भर्तृहरि, सम्राट् तथा गुरु गोरखनाथ के शिष्य भर्तृहरि तथा भट्टिकाव्य के प्रणेता जो भट्टि के नाम से प्रसिद्ध हैं, और जिन्हें भ्रमवश कहीं कहीं भर्तृहरि मान लिया गया है) – इन चारों में भट्टिकाव्य के प्रणेता भट्टि तो निश्चय ही शेष तीन से भिन्न हैं। वाक्यपदीयकार भर्तृहरि और शतककार भर्तृहरि को प्राचीन परंपरा में तथा कुछ आधुनिक विद्वानों ने भी एक व्यक्ति माना है। इस विषय में यह श्लोक सुब्रह्मण्यम् अय्यर ने उद्धृत किया है—

महान्तः कवयः सन्तु महान्तः सन्तु पण्डिताः।
महाकविर्महाविद्वानेको भर्तृहरिर्मतः।।[२७]

(महान् कवि हुए होंगे, महान् पंडित भी हुए होंगे, पर महाकवि और महाविद्वान् तो अकेले भर्तृहरि ही माने गये।)

सत्रहवीं शताब्दी के महाकवि रामभद्रदीक्षित ने अपने पतंजलिचरित में वाक्यपदीयकार भर्तृहरि तथा शतकत्रयप्रणेता भर्तृहरि को अभिन्न माना है।

दसवीं शताब्दी के आचार्य धनिक ने भर्तृहरि के शतक तथा उनके वाक्यपदीय से अंश उद्धृत किये हैं, अतः भर्तृहरि दसवीं शताब्दी के पहले हो चुके थे। चीनी यात्री इत्सिंग ने व्याकरणग्रंथ के प्रणेता के रूप में भर्तृहरि का उल्लेख किया है, तथा बताया है कि भर्तृहरि के निधन के पश्चात् चालीस वर्ष बीत चुके हैं। इसके हिसाब से भर्तृहरि के निधन का समय ६५१ ई० के लगभग सिद्ध होता है। यदि वाक्यपदीयनामक ग्रंथ के प्रणेता भर्तृहरि तथा शतककार भर्तृहरि को एक व्यक्ति मान लिया जाये, तो भर्तृहरि का समय सातवीं शताब्दी के पहले सिद्ध होता है।

इत्सिंग ने भर्तृहरि के बारे में लिखा है कि वह सात बार बौद्ध धर्म में दीक्षित हुआ और सातों बार वापस गृहस्थजीवन में लौट आया। भर्तृहरि लोकगाथाओं के नायक हैं। बनारस के निकट तथा उज्जैन में उनके नाम की गुफाएँ हैं। वाक्यपदीयकार भर्तृहरि का बौद्धधर्म में रत्तीभर भी झुकाव नहीं है, वे वेद और आगम की परंपरा में दीक्षित हैं। संभवतः इत्सिंग को भी कवि भर्तृहरि और वैयाकरण भर्तृहरि को लेकर भ्रांति है। वास्तव में तो ये दोनों भी एक व्यक्ति हो ही नहीं सकते। सुब्रह्मण्यम् अय्यर ने उचित ही शतककार या कवि भर्तृहरि को वैयाकरण भर्तृहरि से भिन्न माना है। उनके अनुसार कवि भर्तृहरि लोकगाथाओं के नायक हो सकते हैं, वाक्यपदीयकार या वैयाकरण भर्तृहरि नहीं।[२८] वैयाकरण भर्तृहरि के गुरु वसुरात का समय ४३०ई० से ४९०ई० के बीच मानते हुए अय्यर ने भर्तृहरि का समय ४५० से ५१०ई० के आसपास माना है। बौद्ध दार्शनिक दिङ्नाग का समय ४८० ई० से ५४०ई० के बीच है। दिङ्नाग ने वैयाकरण भर्तृहरि के वाक्यपदीयम् की कारिकाओं का उपयोग किया है। इसके कुछ समय बाद ही शांतरक्षित तथा उनके टीकाकार कमलशील वाक्यपदीयम् को भर्तृहरि की कृति स्वीकार करते हुए भर्तृहरि को उद्धृत करते हैं। पतंजलि के बाद काशिकावृत्ति व्याकरण के क्षेत्र में सर्वाधिक महत्त्वपूर्ण कृति मानी जाती है। काशिकाकार ने भी 'शिशुक्रन्द...' – इत्यादि पाणिनि के सूत्र की वृत्ति में वाक्यपदीय का संदर्भ दिया है। शतपथ ब्राह्मण पर अपने भाष्य में हरि स्वामी ने वाक्यपदीयम् की पहली कारिका को उद्धत किया है। हरिस्वामी का समय ६३८ई० के आसपास है। इसी कारिका को कुमारिल भट्ट ने भी उद्धृत किया है।[२९] अतः वाक्यपदीयकार भर्तृहरि हरिस्वामी तथा कुमारिल भट्ट (छठी शताब्दी) से पहले हुए यह निश्चित है। पतंजलि के योगसूत्र पर व्यास का लिखा हुआ भाष्य है, इसमें भी भर्तृहरि की

कारिकाओं का दो स्थानों पर संदर्भ लिया गया है। पी०वी०काणे भाष्यकार व्यास का समय पाँचवीं शताब्दी मानते हैं। छठी शताब्दी के पूर्वार्ध में अष्टांगहृदय नामक आयुर्वेदग्रंथ के रचयिता वाग्भट हुए। उनके शिष्य इंदु ने वाक्यपदीयम् से दो श्लोक उद्धृत किये हैं। इन सब उल्लेखों से वैयाकरण भर्तृहरि का समय ४००ई० के आसपास माना जाना चाहिये। कवि भर्तृहरि यदि उज्जयिनी के राजा विक्रमादित्य के समकालीन हैं, तो उनका समय इससे भी पहले मानना होगा।

पाठसमीक्षा

भर्तृहरि के शतक शताब्दियों से आज तक भारत में अत्यंत लोकप्रिय रहे हैं, भर्तृहरि-प्रणीत अनेक पद्य पंडितमंडली में इसी तरह उदाहृत होते हैं, जैसे कबीरपंथियों में कबीर के नाम से दोहे या साखियाँ। उनकी मौखिक परंपरा में इस लोकप्रियता के कारण भर्तृहरि के शतकों के पाठ में मिश्रण व विनियोजन बहुत अधिक हुआ है। डी०डी० कोसांबी ने भर्तृहरि के शतकों का समीक्षात्मक संस्करण तैयार करने के लिये काफी परिश्रम किया है। अनेक पांडुलिपियों के परीक्षण से भर्तृहरि के नाम से प्रचलित छह सौ से अधिक पद्यों के संकलन में उन्होंने पाया कि १८० पद्य ही पांडुलिपियों के प्रमाण से सर्वसम्मतरूप में भर्तृहरि कृत निर्धारित हो सकते हैं।

विषयवस्तु

भर्तृहरि के तीनों शतकों में अलग अलग प्रकरण हैं। नीतिशतक में मूर्ख, विद्वान्, मान, अर्थ, दुर्जन, सुजन, परोपकार, धैर्य, दैव तथा कर्म - इन विषयों पर पद्धतियाँ हैं। शृंगारशतक में स्त्रीप्रशंसा, संभोगवर्णन, कामिनीगर्हणा, सुविरक्तदुर्विरक्तपद्धति तथा ऋतुवर्णन ये विषय हैं। वैराग्य शतक में तृष्णादूषण, विषमपरित्यागविडंबना, याच्ञादैन्यदूषण, भोगास्थैर्य, कालमहिमा. यतिनृपतिसंवाद, सुमन:प्रबोध, नित्यानित्यवस्तुविचार, शिवार्चन तथा अवधूतचर्या- ये विषय हैं।

भर्तृहरि की कविता मुख्य रूप से जनजीवन से जुड़ी काव्यधारा से समागम करती हुई अवधूतों या संतों के काव्य की बानगी भी प्रस्तुत करती है। योगेश्वर (आगे देखें) और भर्तृहरि दोनों राजसत्ता को तिनके की तरह झटक देने की बात कहते हैं। वे सत्ता में मदांध राजाओं को चुनौती देते हैं। इस अर्थ में लोकजीवन पर संस्कृत में काव्य लिखने वाले महान् कवियों की समृद्ध काव्य परंपरा उन संतों या अवधूतों की काव्यधारा से जुड़ जाती है। इस समागम के एक समर्थ उदाहरण भर्तृहरि हैं। संस्कृत कविता के एक अभिनव प्रस्थान के प्रवर्तक भी भर्तृहरि हैं। वे एक प्रवर्तक कवि हैं, इसलिये उनके अनुकरण पर असंख्य कवियों ने जीवन के प्रपंच की असारता और सत्ता के मद में लिप्त प्रभुओं को चुनौती देने वाली कविता लिखी। इस कविता का मूल भाव निस्पृहता या निर्वेद है। पर इस निर्वेद की भूमि पर से यह सत्ता और ऐश्वर्य के मद में डूबे मठाधीशों और प्रभुओं को चुनौती भी देती है। भर्तृहरि राजा को फटकार लगाते हुए कहते हैं—

त्वं राजा वयमप्युपासितगुरुप्रज्ञाभिमानोन्नताः
ख्यातस्त्वं विभवैर्यशांसि कवयो दिक्षु प्रतन्वन्ति नः।
इत्थं मानद नातिदूरमुभयोरप्यावयोरन्तरं
यद्यस्मासु पराङ्मुखोऽसि वयमप्येकान्ततो निःस्पृहाः।।

(वै०श० २४)

(तुम राजा हो तो हम भी गुरु की उपासना कर उनकी प्रज्ञा के अभिमान से ऊँचे हैं। नाम तुम्हारा है अपने वैभव के कारण तो हमारी भी कीर्ति कविगण दिशा-दिशा में फैला रहे हैं। हे मानी! बहुत बड़ा तो नहीं है हम दोनों में अंतर। फिर भी तुम यदि मुँह फेरे हो हमसे तो हमको भी तुमसे क्या लेना देना है?)

जीवन के प्रपंच की निस्सारता का बोध मनुष्य को मनस्वी बनाता है। इसके साथ ही वह उसमें आत्माभिमान भी जगाता है। यह मनस्विता और आत्माभिमान मनुष्य को क्षुद्रताओं से ऊपर उठाता है। धरती का सारा भौतिक ऐश्वर्य मनुष्य की इस गरिमा के आगे ओछा है। भर्तृहरि इसी विराट् भूमि पर अवस्थित होकर सारी धरती को भी छोटा पाते हैं— भुवस्तस्या लाभे क इव बहुमानः क्षितिभुजाम्? (वही, २५)।

यह कविता मनुष्य के स्वाभिमान को जगाती है, विवेक और विमर्श के लिये उसे प्रेरित करती है। इसी भावस्थिति में भर्तृहरि कहते हैं—

किं कन्दाः कन्दरेभ्यः प्रलयमुखगताः निर्झरा वा गिरिभ्यः
प्रध्वस्ता वा तरुभ्यः सरसफलभृतो वल्कलिन्यश्च शाखाः।
वीक्षन्ते यन्मुखानि प्रसभमुपगतप्रश्रयाणां खलानां
दुःखोपात्तवित्तस्मयवशपवनानर्तितभ्रूलतानि ।।[३०]

(क्या कंदराओं से कंद लुप्त हो गये हैं? क्या पर्वतों के निर्झर सूख गये हैं? क्या एकदम ध्वस्त हो गये हैं सरस फलों वाले पेड़ और वल्कल वाली उनकी शाखाएँ? जो विनय का लबादा ओढ़े रहने वाले दुष्टों के कठिनाई से पाए थोड़े से धन के घमण्ड में हवा में थिरकती भौंहों वाले मुँह ताके जा रहे हैं?)

यह फक्कड़ों, औघड़ों और सन्तों की वाणी है, जो भर्तृहरि में उतरकर संस्कृत काव्य को एक अलग दिशा देती है। कहीं कहीं इसमें उत्प्रास या आधुनिक अर्थ में व्यंग्य की तीखी धार है, तो कहीं मनुष्यों को उनकी क्षुद्रता के लिये फटकार भी लगायी गयी है। राजसत्ता पर यह करारी चोट है।

न नटा न विटा न गायका न च सभ्येतरवादचञ्चवः।
नृपमीक्षितुमत्र क वयं कुचभारानमिता न योषितः।।

(वही, २७)

(हम कोई नट, भाँड, गायक नहीं, न अश्लील चर्चा करने में हम निपुण हैं, न अपने देह का प्रदर्शनकरने वाली युवतियाँ ही हैं। फिर राजा साहब के दर्शन भला हम कैसे पा सकते हैं?)

हमारे भौतिक जीवन का यथार्थ या लौकिक सत्य भी इसी में समाविष्ट है और जीवन के गूढ़ बृहत्तर प्रश्न भी। भर्तृहरि मध्वर्गीय परिवार के उपेक्षित बूढ़े व्यक्ति का यह कारुणिक चित्र प्रस्तुत करते हुए जीवन की सारी आपा धापी के निरर्थक पर्यवसान को दिखाते हैं—

गात्रं सङ्कुचितं गतिर्विगलिता भ्रष्टा च दन्तावलि-
र्दृष्टिर्नश्यति वर्धते बधिरता वक्त्रं च लालायते।
वाक्यं नाद्रियते च बान्धवजनो भार्या न शुश्रूषते
हा कष्टं पुरुषस्य जीर्णवयसः पुत्रोऽप्यमित्रायते।।

(वही, १११)

(देह में झुर्रियाँ पड़ गयी हैं, चाल लड़खड़ाती है, दाँत गिर चुके हैं, आँखों से दिखना बंद हो रहा है, कान बहरे हो रहे हैं, मुँह से लार टपकती है। रिश्तेदार नातेदार बात सुनने तक को तैयार नहीं, पत्नी ने सेवा करना बंद कर दिया है। बुढ़ौती में बेटा तक बैरी बन गया है)।

भर्तृहरि न अपने शृंगारशतक में पूरी तरह शृंगारी हैं, न अपने वैराग्यशतक में पूरी तरह विरागी ही। उनकी कविता उस अर्थ में अवधूतों या संतों की कविता नहीं, जिस अर्थ में सरहपाद या गोरखनाथ जैसे संतों या अवधूतों की रचनाएँ। यह भोग और वैराग्य के संधिस्थल पर खड़ी कविता है। यह लोकजीवन के रस में रमती भी है, पर साथ ही जगत् की निरर्थकता से विचलित भी होती है। लोक के जीवन का रस और संसार के प्रपंच की निरर्थकता के अनुभव से उपजे मोहभंग के भाव को भर्तृहरि ने अत्यंत अंतरंग अनुभव में डूबकर प्रकट किया है। शृंगारशतक तक में अंत:स्वर भीतर ही भीतर गूँजती हुई चेतावनी है— समस्तभावैः खलु बन्धनं स्त्रियः- (शृंश० २)। मूलतः वे मोहभंग के कवि हैं— शृंगारशतक में वे कहते हैं— 'स्त्रीयन्त्रं केन सृष्टं विषममृतमयं प्राणिनां मोहपाशः' (७६)। या 'त्वङ्मांसास्थिमयं वपुर्मृगदृशां मन्दो जनः सेवते।'

इस कविता का सौन्दर्यबोध अलग है। शृंगार में रमाने वाली कविता मिथ्या का मोहक जाल रचती है। भर्तृहरि अपने शृंगारशतक में ही इस मोहक जाल को तोड़ देते हैं। कवियों ने हाड़ चाम के नारी देह के लिये चंद्रमा, कमल आदि के उपमानों के अंबार लगा दिये हैं। इस कविता को भर्तृहरि छलावा कहते हैं— (किन्त्वेवं कविभिः प्रतारितमनास्तत्त्वं विजानन्नपि - ७७)। शृंगारशतक तो संस्कृत में अनेक रचे गये, पर कदाचित् भर्तृहरि का ही शृंगारशतक है, जिसमें संसार की अनित्यता की बात कही गयी है। संसार के सारे सुख परिणति में विष की तरह दु:खद हैं— 'व्यतीतेऽस्मिन् काले विषमिव भविष्यत्यसुखदम्'— स्त्री को यहाँ मछली फँसाने के काँटे से उपमा दी गयी है (८४)। शृंगारशतक के एक प्रकाशित संस्करण में

सुविरक्त प्रशंसा का पूरा एक प्रकरण है (९२-१००)। इसी तरह नारीनिंदा का विस्तृत निरूपण करते हुए भर्तृहरि कहते हैं—

स्मितेन भावेन च लज्जया धिया पराङ्मुखैरर्धकटाक्षवीक्षितैः।
वचोभिरीर्ष्याकलहेन लीलया समस्तभावैः खलु बन्धनं स्त्रियः।।

(शतकत्रयादि०,७९)

(मुस्कान से, भाव से, लज्जा से, बुद्धि से, मुख मोड़ने से, चितवन से, वचन से, ईर्ष्याकलह से, लीला से – इन सभी भावों से स्त्रियाँ बस बंधन ही हैं।)

नामृतं न विषं किंचिदेकां मुक्त्वा नितम्बिनीम्।
सेवामृतलता रक्ता विरक्ता विषवल्लरी।।

(वही, ९१)

नितंबिनी या सुंदर नारी को छोड़कर (इस जगत् में) और कुछ न अमृत है, न विष। यदि अनुरक्त है, तो वही अमृतलता है, विरक्त है तो विषवल्लरी है।)

आवर्तः संशयानामविनयभवनं पत्तनं साहसानां
दोषाणां सन्निधानं कपटशतमयं क्षेमप्रत्ययानाम्।
स्वर्गद्वारस्थितिध्नं नरकपुरमुखं सर्वमायाकरण्डं
स्त्रीयन्त्रं केन सृष्टं विषममृतमयं प्राणिलोकस्य पाशः।।

(वही, ९४)

(संशयों का आवर्त, ढ़िठाई का भवन, साहसों का नगर, सौ सौ कपटों से भरा दोषों का समवाय, अप्रत्यय या अविश्वास का समाचार, स्वर्ग के द्वार पर पहुँचने से रोकने वाला, नरक की नगरी का मुख, सारी मायाओं की पिटारी – यह स्त्री रूपी यंत्र किसने बनाया, यह सब प्राणियों के लिये पाश है।)

कामाक्षियों की कुटिला भ्रूलता कुंजिका के समान नरक रूपी नगर के द्वार का उद्घाटन कर देती है और इनके रहते कोई कितना ही शास्त्रज्ञ या विवेकशील क्यों न हो, सद्गति का भाजन हो नहीं सकता।[३१] यदि भवसागर में डूबना न हो तो स्त्री को दूर से ही छोड़ देना चाहिए।[३२] भवसागर दुस्तर नहीं है यदि उसमें मदिरेक्षणाएँ न हों। इन विचारों से प्रेरित होकर भर्तृहरि कभी एकदम विरक्त होकर अनुभव करते हैं—

इह खलु मधुरं वा गात्रमेतद् रसोऽयं, स्फुरितपरिमलोऽसौ स्पर्श एष स्तनानाम्।
इति हृतपरमार्थैरिन्द्रियैर्भ्राम्यमाणः, स्वहितकरणधूर्तैः पंचभिर्वञ्चितोऽस्मि।।

(यह मधुर अंग है, यह रस है, यह फूटता हुआ परिमल या सुगंध है, यह स्तनों का स्पर्श है— इस तरह परमार्थ को नष्ट कर चुके अपना ही हित साधने में लगे पाँच इंद्रियों से घुमाया जाता हुआ मैं ठगा गया।)

नो सत्येन मृगांक एष वदनीभूतो न चेन्दीवर-
द्वन्द्वं लोचनतां गतं न कनकैरप्यङ्गयष्टिः कृता।
किं त्वेवं कविभिः प्रतारितमनास्तत्त्वं विजानन्नपि,
त्वङ्मांसास्थिमयं वपुर्मृगदृशां मत्वा जनः सेवते।।

(वही, १०८)

(यह सच में न तो मुख के रूप में चंद्रमा है, न नयनयुगल के रूप में कमल ही, न सोने से बनी यह अंगयष्टि ही है। पर कवियों के द्वारा इस तरह ठगा जा कर तत्त्व को जानता हुआ भी मनुष्य त्वचा, मांस और हड्डियों से बनी काया को वही सब मान कर सेवन करता है।)

इस प्रकार के विचारों से झकझोरे जाकर भर्तृहरि अपने आपसे कह उठते हैं,

कामिनीकायकान्तारे कुचपर्वतदुर्गमे।
मां संचर मनः पान्थ तत्रास्ते स्मरतस्करः।।

(वही, १०४)

(हे पथिक, कुचरूपी पर्वतों से दुर्गम कामिनी की काया रूपी कांतार या वन में संचरण मत कर। वहाँ कामदेव रूपी तस्कर है।)

परन्तु भर्तृहरि का चित्त इस विचारधारा पर भी स्थिर नहीं हो पाता। फिर उन्हें सांसारिक आकर्षण खींचते हैं और उनके मन में द्वन्द्व मचा रहता है कि – सेव्या नितम्बाः किमु भूधराणामुतस्मरस्मेरविलासिनीनाम्।। वही, ८४) और वे सोचते हैं—

किमिह बहुभिरुक्तैर्यु क्तिशून्यैः प्रलापैर्द्वयमिह पुरुषाणां सर्वदा सेवनीयम्।
अभिनवमदलीलालालसं सुन्दरीणां, स्तनभरपरिखिन्नं यौवनं वा वनं वा।।

(वही, ८५)

(बहुत कहने से क्या? युक्तिशून्य प्रलाप से क्या? पुरुषों को दो वस्तुओं का सदा सेवन करना चाहिये – या तो सुंदरियों का अभिनवमद की लीला के विलास से भरा स्तनों के भार से खिन्न यौवन या फिर वन।)

आवासः क्रियतां गांगे पापहारिणि वारिणि।
स्तनमध्ये तरुण्या वा पापहारिणि हारिणि।।

(वही, १३५)

(या तो गंगा के पापहारी वारि में निवास किया जाये या तरुणी के पापहारी हार से युक्त स्तनमध्य में)

भर्तृहरि की कविता संसार की निरर्थकता तथा प्रपंचों से ऊपर उठने के लिये आह्वान है। प्रपंच के अनुभव को गहरी अभिव्यक्ति देने के ले वे उत्तम पुरुष का प्रयोग करते हुए कहते हैं—

न ध्यातं पदमीश्वरस्य विधिवत् संसारविच्छित्तये,
स्वर्गद्वारकपाटपाटनपटुर्धर्मोऽपि नोपार्जितः।।
नारी पीनपयोधरोरुयुगलं स्वप्नेऽपि नालिंगितं
मातुः केवलमेव यौवनवनच्छेदे कुठारा वयम्।।

(वही, १५४)

(संसार से मुक्ति के लिये विधिवत् ईश्वर के पद का ध्यान नहीं किया, स्वर्ग के द्वार खोलने में पटु धर्म का भी उपार्जन नहीं किया, नारी के पीनपयोधरयुगल का भी स्वप्न में आलिंगन नहीं किया। हम माता के यौवनरूपी वन का उच्छेद करने वाले कुठार ही बन कर रह गये।)

भोगा न भुक्ता वयमेव भुक्तास्तपो न तप्तं वयमेव तप्ताः।
कालो न यातो वयमेव यातास्तृणा न जीर्णा वयमेव जीर्णाः।।

(भोगों को हमने नहीं भोगा, हम ही भोगे गये, तप हमने नहीं तपा, हम ही तप गये। काल नहीं बीता, हम ही बीत गये, तृष्णा जीर्ण नहीं हुई, हम ही जीर्ण होते गये।)

वलिभिर्मुखमाक्रान्तं पलितैरंकितं शिरः।
गात्राणि शिथिलायन्ते तृष्णैका तरुणायते।।

(वही, १५५-५६)

(मुख झर्रियों से भर गया है, माथा सफेद बालों से अंकित है। अंग शिथिल होते जा रहे हैं, बस तृष्णा ही तरुण होती जा रही है।)

इस मनः स्थिति में भर्तृहरि बार-बार तृष्णा और आशा को कोसते हैं।[३३] विषयों के प्रति जुगुप्सा व्यक्त करते हैं,[३४] और भोगों की निरर्थकता तथा संसार की नश्वरता एवं दुखमयता[३५] की दुहाई देते हैं तथा संसार को छोड़कर वैराग्य और मोक्ष के मार्ग पर चलने का निश्चय करते हैं जो अधिक टिक नहीं पाता।

भर्तृहरि का संस्कृत साहित्य पर प्रभाव

शतककाव्य परंपरा में भर्तृहरि एक मानदंड तथा अनुकरणीय आदर्श के रूप में स्वीकृत रहे हैं। भल्लटशतक, शिल्हणकृत शांतिशतक, नीलकंठदीक्षितकृत वैराग्यशतक, कुसुमदेवकृत दृष्टांतकलिकाशतक,[३६] सोमप्रभ की शृंगारवैराग्यतरङ्गिणी आदि सैकड़ों शतक काव्यों में भर्तृहरि की परंपरा विकसित होती रही। पंद्रहवीं शताब्दी में कवि धनदराज ने भर्तृहरि के तीन शतकों के समान ही नीति, शृंगार और वैराग्य के शतक लिखे।[३७]

पारंपरिक समीक्षा में भर्तृहरि

आनंदवर्धन ने अपने यह बताने के लिये कि किस प्रकार पुराने काव्यों के अर्थ व कल्पनाएँ अपनाकर नये कवि अपनी रचना में नयापन ला सकते हैं, भर्तृहरि का स्मरण

कवियों के लिये प्रेरणास्त्रोत के रूप में किया है। अभिनवगुप्त, कुंतक, धनिक, मम्मट जैसे मूर्धन्य काव्यशास्त्रियों के लिये भर्तृहरि की कविता एक मानक के रूप में ग्राह्य रही है। क्षेमेंद्र ने सुवृत्ततिलक (३.२०) में भर्तृहरि के एक पद्य में हरिणी छंद के प्रयोग की साधुता दिखाई है।

पंचस्तवी

पंचस्तवी काश्मीर शैवदर्शन की परंपरा में प्रसिद्ध पाँच स्तोत्रों का संग्रह है। इसके प्रथम दो स्तोत्र लघुस्तव तथा चर्चास्तव हैं। टीकाकार पंडित हरभट्ट शास्त्री (१८७४-१९५१) तथा आचार्य अमृत वाग्भव के मत में इन स्तोत्रों के प्रणेता धर्माचार्य नामक कवि हैं। पाँचों स्तोत्र त्रिकदर्शन के साधनापक्ष का अत्यंत उदात्त काव्यात्मक निरूपण करते हैं। अनुभूति की सांद्रता, कल्पनाओं की समृद्धि और भाषा की प्रौढ़ि के द्वारा ये स्तोत्र साहित्य की पराकाष्ठा का स्पर्श करते हैं। आचार्यपरंपरा में भी ये स्तोत्र अतिशय समादृत रहे हैं। काव्यप्काश में मम्मट, सरस्वतीकंठाभरण में भोज, मातृकाचक्रविवेकव्याख्या में शिवानंद, सर्वदर्शनसंग्रह में माधवाचार्य, कुवलयानंद में अप्पयदीक्षित तथा विरूपाक्षपञ्चाशिकाव्याख्या में विरूपाक्ष जैसे आचार्यों ने इनमें से पद्य या पद्यांश उद्धृत किये हैं। श्रीविद्यारण्य में विद्यारण्य ने तथा श्रीसौभाग्यरत्नाकर में नित्यानंदनाथ ने इनसे पद्य उद्धृत करते हुए इनके कर्ता धर्माचार्य को बताया है। त्रिपुरामहिमस्तोत्रव्याख्या में नित्यानंद ने भी पञ्चस्तवी से श्लोक उद्धृत किया है, तथा इसका प्रणेता धर्माचार्य को ही माना है। नित्यानंद ने लघुस्तव की व्याख्या भी की थी। अमृतवाग्भावाचार्य ने स्तोत्रकार धर्माचार्य को दाक्षिणात्य माना है।[३८]

हरभट्ट शास्त्री ने अपनी टीका के उपोद्घात में इन स्तोत्रों का वैशिष्ट्य पर प्रकाश डालते हुए कहा है—

धर्माचार्यचमत्कृतिर्जगति या विद्वन्मनोरञ्जिनी
सद्वाच्यार्थरसोज्ज्वला परमहामन्त्रानुभूनिर्भरा।।

दार्शनिकता, आध्यात्मिक अनुभव तथा त्रिपुरसुंदरी के माहात्म्य की प्रकृष्ट अभिव्यक्ति इन स्तोत्रों में हुई है। उदाहरणार्थ—

ऐन्द्रस्येव शरासनस्य दधती मध्येललाटं प्रभां
शौक्लीं कान्तिमनुष्णगौरिव शिरस्यातन्वती सर्वतः।
एषासौ त्रिपुरा हृदि द्युतिरिवोष्णांशोः सदाहःस्थिता
छिन्द्याद्वः सहसा पदैस्त्रिभिरघं ज्योतिर्मयी वाङ्मयी।।

(लघुस्तव, २)

इच्छा, ज्ञान, क्रिया – ये तीन शक्तियाँ ही देवी के तीन पुर हैं।

सौंदर्यबोध की अनाविलता तथा कल्पना की ऊँचाइयों ने इन स्तोत्रों को चित्ताकर्षक बना दिया है। चर्चास्तव में कवि कहते हैं—

योऽयं चकास्ति गगनार्णवरत्नमिन्दुर्योऽयं सुरासुरगुरुः पुरुषः पुराणः।
यद्वाममर्धमिदमन्धकसूदनस्य देवि त्वमेव तदिति प्रतिपादयन्ति।।

(चर्चास्तव, पृ० २०)

दृष्टांतकलिकाशतक

दृष्टांतकलिकाशतक के कर्ता कुसुमदेव के जीवन व रचनाकाल के विषय में जानकारी नहीं मिलती। वल्लभदेव ने सुभाषितावलि में इससे एक पद्य उद्धृत किया है, अतः इसकी रचना पंद्रहवीं शताब्दी के पूर्व हो चुकी थी। इसमें प्रत्येक पद्य में दृष्टांत तथा उसके माध्यम से नीति या संदेश दिया गया है। कहीं कहीं नवीन कल्पनाएँ हैं। यथा—

मनस्विहृदयं धत्ते रोषेणैव प्रसन्नताम्।
भस्मना ज्वलदङ्गारः प्रसादं लभतेतराम्।।(९)

(मनस्वी का हृदय रोष से फिर प्रसन्नता को प्राप्त हो जाता है। जलता हुआ अंगारा भस्म के द्वारा शांत हो जाता है।)

सदुपदेश के लिये कवि ने निदर्शना, अर्थांतरन्यास आदि अलंकारों का सदा हुआ प्रयोग किया है। एक अन्य उदाहरण द्रष्टव्य है—

धनमपि परदत्तं दुःखमौचित्यभाजां भवति हृदि तदेवानन्दकारीतरेषाम्।
मलयजरसबिन्दुर्बाधते नेत्रमन्तर्जनयति च स एवाह्लादमन्यत्र गात्रे।।

चंदन की बूँद आँख में पड़ जये तो कष्ट देती है, वही शरीर के अन्य अंगों को सुख देती है। दूसरे का अनुचित रूप से दिया गया धन दुःख बन जाता है, वही उचित रूप से दिया जाये, तो आनंदकारी होता है।

स्तोत्रकार भट्टनारायण

स्तवचिन्तामणिः[३८] के प्रणेता भट्टनारायण हैं, जिनका समय आठवीं शताब्दी के आसपास है। प्रसिद्ध शैव दार्शनिक क्षेमराजाचार्य ने इस पर वृत्ति लिखी है।[४०] भट्टनारायण का अभिनवगुप्त ने सादर उल्लेख किया है। उन्होंने ईश्वरप्रत्यभिज्ञाविवृतिविमर्शिनी (द्वितीयभाग, पृ० १७८) में स्वात्मपरामर्श से प्रयोजित आनंद का उदाहरण देते हुए स्तवचिंतामणि से यह पद्य उद्धृत किया है—

त्रैलोक्येप्यत्र यो यावानानन्दः कश्चिदीक्ष्यते।
स बिन्दुर्यस्य तं वन्दे देवमानन्दसागरम्।।

(स्तवचिं० ६१)

(इन तीनों लोकों में जितना जो कुछ आनंद दिखता है, वह जिनका एक बूँदभर है, उन आनंदसागर भगवान् की मैं वंदना करता हूँ।)

उत्पलदेव उनसे परिचित थे। यह स्तोत्र शैवदर्शन के मर्म को भी उद्घाटित करता है तथा भावपूर्ण भी उतना ही है। क्षेमराज ने इसकी प्रतिपद दार्शनिक गहराईयों को उद्घाटित किया है।

यः स्फीतः श्रीदयाबोधपरमानन्दसम्पदा।
विद्योद्योतितमाहात्म्यः स जयत्यपराजितः। (२)

क्षेमराज के अनुसार यहाँ परमेश्वर की पंच शक्तियों का अभिधान हुआ है, श्री के द्वारा लक्ष्मी, दया के द्वारा विश्वानुग्रहात्मा दयाशक्ति, बोध के द्वारा ज्ञानशक्ति, परमानन्द से स्वातन्त्र्यशक्ति, तथा संपत् से क्रिया शक्ति।

वस्तुतः भट्टनरायण ने काश्मीर शैवदर्शन को काव्यमार्ग का पथिक बना दिया। उन्होंने शैवशास्त्र के नाद, बिंदु, कला आदि पारिभाषिक शब्दों का प्रयोग करते हुए कविता को विचार का परिधान दिया है।

प्रसरद्बिन्दुनादाय शुद्धामृतमयात्मने।
नमोऽनन्तप्रकाशाय शङ्करक्षीरसिन्धवे।। (३)

जिनसे बिंदु और नाद का प्रसार हो रहा है, जो शुद्ध अमृतमय हैं, ऐसे अनंत प्रकाशवाले शंकर रूपी क्षीर सागर को नमन है।)

ब्रह्माण्डगर्भिणीं व्योमव्यापिनः सर्वतो गतेः।
परमेश्वरहंसस्य शक्तिं हंसीमिव स्तुमः।। (८)

(व्योम में व्याप्त सर्वतोगति परमेश्वररूपी ब्रह्मांड में समाई हंस की शक्तिरूपिणी हंसिनी को हम नमन करते हैं।)

यमक आदि अलंकारों की श्रीभट्नारायण झड़ी लगा देते हैं। अलंकार उनके काव्य में भक्ति व दर्शन की यात्रा के पाथेय बन जाते हैं। सहजता टूटती नहीं है।

नमो भक्त्या नृणां मुक्त्यै भवते भव तेऽवते।
स्मृत्या नुत्या च ददते शम्भवे शं भवेऽभवे।। (३०)

भव (शिव) अवते (रक्षा करने वाले) भवते (आपके लिये), स्मृत्या, नुत्या) नमन करने के द्वारा) शं (शांत को) ददते (देने वाले के लिये) शंभवे (शिव के लिये) – इन पदों के प्रयोग से यमक साधा गया है।

उत्पलदेव के स्तोत्र

उत्पलदेव प्रख्यात दार्शनिक, आचार्य और सुकवि अभिनवगुप्त के परम गुरु हैं। क्षेमराज ने उत्पलदेव को सततसाक्षात्कृतस्वात्मा महेश्वरः कहा है। उत्पलदेव चिंतन व साधना में सतत निमग्न रहते थे, स्तोत्र उनके अनायास बनते गये, और उनका संग्रह करने का उन्होंने कोई

प्रयत्न स्वयं नहीं किया। क्षेमराज अपनी विवृति में बताते हैं कि उत्पल देव के शिष्यों – श्रीराम, आदित्यराज तथा विश्वावर्त ने उनके बीस स्तोत्रों को संकलित किया तथा प्रत्येक स्तोत्र के शीर्षक भी दिये।[४१]

उत्पलदेव ने अपने दर्शन में जिस रहस्यानुभूति की विशद व्याख्या की, उसी को काव्यानुभूति का अंग उन्होंने बना दिया। अपनी कविता में वे उपमान लोकजीवन से उठाते हैं, पर उन्हें शिवतत्त्व के अनुभव का अंग बनाकर उदात्त बना देते हैं। अभिनवगुप्त ने ध्वन्यालोकलोचन में 'यथोक्तमस्मत्परमगुरुभिः श्रीमदुत्पलपादैः' कहकर उनका निम्नलिखित पद्य उद्धृत किया है, वह उत्पलदेव की प्रातिभदृष्टि की गहनता को प्रमाणित करता है— —

तैस्तैरप्युपयाचितैरुपनतस्तन्व्याः स्थितोऽप्यन्तिके
कान्तो लोकसमान एवमपरिज्ञातो न रन्तुं यथा।
लोकस्यैष तथानवेक्षितगुणः स्वात्मापि विश्वेश्वरो
नैवालं निजवैभवाय तदियं तत्प्रत्यभिज्ञोदिता।।

(तरह तरह की याचनाओं के साथ पास में स्थित होकर किसी स्त्री के द्वारा अपना प्रिय अन्य लोगों के समान मानकर पहचान में नहीं आता। इसी प्रकार विश्वेश्वर जो हमारी अपना आत्मा है, वह भी लोगों के द्वारा अनवेक्षितगुण वाला होकर अपने वैभव को प्रकट नहीं कर पाता। इसलिये उसकी यह प्रत्यभिज्ञा हम अपने दर्शन में बता रहे हैं।)

उत्पलदेव संसार को शिवमय देखते हैं, संसार को शिवमय देखने वाले शिवभक्तों को भी वे अपना आराध्य बताते हैं —

सर्वदा सर्वभावेषु युगपत् सर्वरूपिणम्।
त्वामर्चयन्त्यविश्रान्तं ये ममैतेऽधिदेवताः।। (१७.३)

दार्शनिक प्रत्ययों को वे सहज व सुबोध रूप में व्यक्त करते हैं —

सर्वदा सर्वभावानां युक्ता या द्वितयी गतिः।
तामुल्लङ्घ्यतृतीयस्मै नमश्चित्राय शम्भवे।। (२.१)

(संसार में सभी वस्तुओं की दो ही गतियाँ होती हैं – जन्म और मरण। इस द्वितयी गति के परे स्थित तृतीय और चित्र शंभु को नमन है।)

स्वानुभूति रहस्यों को व्यक्त करती है, तो असाधारण भाषा में परस्पर विरोधी कथन उसके अंग बन जाते हैं।

परमामृतसान्द्राय शीतलाय शिवाग्नये।
कस्मैचिद् विश्वसम्प्लोषविषमाय नमोऽस्तु ते।। (२.३)

जो परम अमृत में सांद्र (गाढ़ी) है, शीतल है ऐसी शिव रूप किसी अग्नि को नमन, जो विश्व को सुखा देने के कारण विषम है।

उत्पलदेव शिव की परमतत्त्व के रूप में गूढ़ता बताने के लिये परस्परविरुद्ध विशेषणों का भरपूर उपयोग करते हैं। वे शिव तत्त्व को वे वेदागमविरुद्ध भी कहते हैं, तथा वेदागमविधायी और वेदागम के तत्त्वों से संवलित भी कहते हैं। शिव दक्षिणाचारी भी हैं, वामाचारी भी, वे सर्वाचार्य और सर्व है, फिर भी वे निराचार्य और असर्व हैं।

वेदागमविरुद्धाय वेदागमविधायिने।
वेदागमसतत्त्वाय गुह्याय स्वामिने नमः।। (२.७)

दक्षिणाचारसाराय वामाचाराभिलाषिणे।
सर्वाचार्याय सर्वाय निराचार्याय ते नमः।। (२.१९)

उत्पलदेव ने रहस्यानुभूति को व्यक्त करने के लिये विशिष्ट शब्दावली भी आविष्कृत की है, जिसमें सुधा, पान, रस, अमृत, मद, पीयूष, आसव, सेक आदि शब्द अनुभव के तारतमिक अर्थ व्यक्त करते हैं।

पारंपरिक समीक्षा में उत्पलदेव - एक कवि के रूप में अलंकारशास्त्र की परंपरा ने उत्पलदेव को बड़ा सम्मान दिया है। मम्मट ने भावध्वनि के उदाहरण में शिवस्तुति परक उनका यह पद्य उद्धृत किया है—

कण्ठकोणविनिविष्टमीश ते कालकूटमपि मे महामृतम्।
अप्युपात्तममृतं भवद्वपुर्भेदवृत्ति यदि मे न रोचते।।

(शिवस्तोत्रावलि, १३.१७)

(हे ईश, आपके कंठ के एक कोने में विनिविष्ट कालकूट भी मेरे लिये महान् अमृत है। अमृत या चंद्रमा आपके शरीर से यदि भेदवृत्ति अलग होकर माथे पर बैठा है, तो वह मुझे अच्छा नहीं लगता।)

उत्पलदेव के काव्य में अलंकार दिव्यतत्त्व के अनुभव की उपादानसामग्री बन गये हैं। रहस्यानुभूति की कविता में श्रृंगारपरक लौकिक काव्य की तुलना में अलंकारों का विन्यास किस प्रकार सर्वथा भिन्न हो जाता है— यह हम उनकी कविता से समझ सकते हैं। उत्पलदेव में उपमा, उत्प्रेक्षा आदि साधर्म्यमूलक अलंकारों का भी प्रयोग किया है, पर उन्होंने विरोध, अपह्नुति आदि विरोधमूलक अलंकारों का प्रयोग अपेक्षाकृत अधिक किया है क्योंकि ये अलंकार रहस्यमय परमतत्त्व के बोध के लिये उपयुक्त भाषाशैली का निर्माण करते हैं। परमशिव का स्वरूप सहज बोधगम्य नहीं है, अतः उसे पहेलियों की भाषा में व्यक्त करना पड़ता है। उत्पल ने काव्य में अपने अलंकारप्रयोग से ऐसी भाषा का सृजन किया। वे विरोधालंकार के साथ श्लेष या रूपक का अंगागिभाव से विन्यास करके अनुभव को और भी विशद बना देते हैं। उनके भक्तिविलासस्तोत्र का यह उदाहरण देखिये -

आत्मा मम भगवद्भक्तिसुधापानयुवाऽपि सन्।
लोकयात्रारजोरागात् पलितैरिव धूसरः।। (भ०वि०२)

(मेरा आत्मा भगवद्भक्ति की सुधा के पान से युवा होकर लोकयात्रा के रजोराग के कारण मानों पलित या श्वेतकेशों से धूसर हो गया है।)

यहाँ युवा होकर भी श्वेत केशों से धूसर होने का कथन विरोध को प्रकट करता है। लोकयात्रारजोराग में श्लेष है। रजस् का अर्थ रजोगुण तथा धूल भी है। राग का अर्थ आसक्ति तथा लालरंग भी है। इससे श्लेष उपमागर्भित भी हो जाता है। जिस तरह संसार में रक्तवर्ण की धूल से मलिन कोई व्यक्ति वृद्ध दिखता है उसी प्रकार रजोगुणमयी आसक्ति से मेरा आत्मा वृद्ध है यह उपमा व्यंजित होती है। पर वास्तव में आत्मा वृद्ध नहीं होता, वृद्ध सा प्रतीत होता है— इससे विरोध का परिहार भी यहाँ हो जाता है। इसी प्रकार—

जयन्ति भक्तिपीयूषरसासववरोन्मदाः।
अद्वितीया अपि सदा त्वद्वितीया अपि प्रभो।।

(भ०वि० ५)

(भक्ति के पीयूषरस का आसव पीकर जो उन्मद हैं, ऐसे अद्वितीय होकर ही त्वद्द्वितीय भक्तों की जय हो।)

एक ही पदार्थ को अद्वितीय और त्वद्द्वितीय (तुम्हारे साथ के कारण द्वितीय) कहने से यहाँ भी विरोध अलंकार है। भक्तिपीयूषरसासव रूपक अलंकार भी है।

दार्शनिक रहस्यों को प्रकट करने के लिये किस प्रकार विरोधमूलक भाषा सहायक हो जाती है— यह अनेकत्र उत्पल के काव्य से स्पष्ट होता है। शिव का स्तवन करते हुए वे कहते हैं—

नाथ वेद्यक्षये केन न दृश्योऽस्येकशः स्थितः।
वेद्यवेद्यैकसङ्क्षोभे ऽप्यसि भक्तैः सुदर्शनः।।

(भ०वि० ९)

यहाँ वेद्य या संसार के सारे पदार्थों का क्षय हो जाने पर एक मात्र शिव ही दृश्य रहते हैं यह तो वस्तुतत्त्व् कहा गया है, पर वेद्य का क्षय होने पर भी शिव का दृश्य होना विरोध की स्थिति है।

शिव का स्वरूप बताते हुए कवि ने कहा है—

विश्वेन्धनमहाक्षारानुलेपशुचिवर्चसे।
महानलाय भवते विश्वैकहविषे नमः।।

(स्वात्मपरिभावनस्तोत्र २)

विश्वरूपी ईंधन के जलने से निर्मित राख को लपेट कर भी शिव शुचिवर्चस् या पावन देह वाले हैं – इस कथन में विरोध है। साथ ही शिव को ऐसा महानल या विराट् अग्नि बताया गया है, जिसमें सारा विश्व आहुति बन जाता है। उत्पल ने महानल, महासिंधु आदि के सांग या निरंग रूपकों के द्वारा भी अनेकत्र परमशिव के स्वरूप की अभिव्यंजना की है।

त्वच्चिदानन्दजलधेश्च्युताः संवित्तिविप्रुषः।
इमाः कथं मे भगवन्नामृतास्वादसुन्दराः।।

(हे भगवन्, आपकी चेतना के सागर से टपकीं संवित् की बूँदें मेरे लिये भला अमृत से स्वाद जैसी सुंदर क्यों न होंगी?)

अभिनवगुप्त के शिष्य मधुराज योगी ने अपने शास्त्रपरामर्श नामक ग्रंथ में उत्पलदेव की स्तोत्रावली की समाशंसा इन शब्दों में की है—

सन्त्येव सूक्तिसरितः परितः सहस्राः स्तोत्रावली सुरसरित्सदृशी न काचित्।
या कर्णतीर्थमतिशय्य पुनाति पुंसः श्रीकण्ठनाथनगरीमुपकण्ठयन्ती।।

(शास्त्रपरामर्श पद्य- ८)

(सब ओर सहस्रों सूक्ति की नदियाँ हैं, पर सुरसरिता के जैसी स्तोत्रावली और दूसरी नहीं है, जो श्रीकंठनाथ की नगरी (कैलासधाम) के उपकंठ (समीप) पहुँचाती हुई पुरुष के कर्णरूपी तीर्थ को अत्यधिक पवित्र बना देती है।

उत्पलराज

संभव है कि उत्पलदेव ने स्तोत्रकाव्यों के अतिरिक्त अन्य काव्यों का भी प्रणयन किया है। उत्पलराज के नाम से भी सुभाषितसंग्रहों में पद्य उद्धृत हैं। ये उत्पलराज उत्पलदेव से अभिन्न हैं या अलग यह गवेषणीय है। एस०के०डे० इसे उत्पलराज को काश्मीर का अवंतिवर्मा के वंश में उत्पन्न कोई राजा मानते हैं, तथा यह भी सूचित करते हैं कि धारानरेश मुंज का का साहित्यिक नाम उत्पल रहा है। शाप० में उत्पलराज के नाम से यह मार्मिक अन्योक्ति उद्धृत है

उत्तंसकौतुकरसेन विलासिनीनां लूनानि यस्य न नखैरपि पल्लवानि।
उद्धूतमण्डनतरो सहकार स त्वमङ्गारकरगोचरतां गतोऽसि।।

परंतु सदु. में उत्पलराज के नाम से उद्धृत पद्य (४६३, ११९४, २२९०) उत्पलदेव की शैली व रचनाधर्मिता से मेल नहीं खाते। इनमें ११९४ संख्यक पद्य बहुत सुंदर है, पर यह शृंगार के प्रसंग में ग्रीष्म ऋतु का वर्णन है। तृतीय पद्य है —

अग्रे गीतं सरसकवयः पार्श्वतो दाक्षिणात्याः
पृष्ठे लीलावलयरचितं चामरग्राहिणीनाम्।
यद्येतत् स्यात् कुरु भवरसास्वादने लम्पटत्वं
नो चेच्चेतः प्रविश परमेब्रह्मणि प्रार्थनैषा।।

आगे आगे गीत गाये जा रहे हैं, बगल में दक्षिण के सरस कवि हैं, पीछे लीला से चँवर डुलाती सुंदरियाँ हैं – यह सब है, तब तो संसार के रस के आस्वाद के लिये लंपट बनो, नहीं तो हे चित्त, परब्रह्म में प्रवेश करो, तुम से यही प्रार्थना है।)

क्षेमेंद्र ने अपने सुवृत्ततिलक में उत्पलराज के नाम से निम्निलिखित पद्य उद्धृत किया है—

हृताञ्जनश्यामरुचस्तवैते स्थूलाः किमित्यश्रुकणाः पतन्ति।
भृङ्गा इव व्यायतपङ्क्तयो ये तनीयसीं रोमलतां श्रयन्ति।

(सु०ति०, द्वितीय विन्यास, ६.२८)

(अंजन की श्याम छवि मिटाने वाले तुम्हारे नेत्रों से ये अश्रुकण टपक रहे हैं, ये भौंरों की तरह फैलती कतार बाँधे पतली रोमलता तक पहुँच रहे हैं।)

रविगुप्त

रविगुप्त का समय सातवीं - आठवीं शताब्दी के आसपास है। ये बौद्ध दार्शनिक के रूप में भी जाने जाते हैं। तिब्बती इतिहासकार तारानाथ ने इन्हें कश्मीरदेश का निवासी तथा डोंबीभेरुक नामक कवि का समकालीन बताया है। रविगुप्त को मम्मट ने उद्धृत किया है।

अगूढ नामक गुणीभूतव्यंग्य के भेद के उदाहरण के रूप में मम्मट ने इनका यह पद्य उद्धृत किया है—

श्रीपरिचयाज्जडा अपि भवन्त्यभिज्ञा विदग्धचरितानाम्।
उपदिशति कामिनीनां यौवनमद एव ललितानि।।

(लक्ष्मी का परिचय मिल जाये, तो मूर्ख व्यक्ति भी विदग्ध के चरित के जानकार बन जाते हैं। कामिनियों को यौवन का मद ही सुंदर हाव भाव सिखा देता है।)

यहां उपदिशति इस पद में अर्थांतरसंक्रमितवाच्य ध्वनि है।

इस पद्य को सूक्तिमुक्तावली (पृ० ४१७) तथा सुभाषितावलि (२८५४) में भी संकलित किया गया है। सुभाषितावलि में रविगुप्त के ५६ पद्य संकलित हैं।

रविगुप्त जीवन के मर्म को सहज शब्दों में उद्घाटित करने में निपुण हैं। उदाहरणार्थ सुरको. (८०५) में संकलित उनका यह पद्य द्रष्टव्य है—

अकृतप्रेमैव वरं न पुनः सञ्जातविघटितप्रेमा।
उद्धृतनयनस्ताम्यति यथा हि न तथेह जातान्धः।।

(प्रेम किया और जिसका प्रेम टूट गया उससे तो जिसने प्रेम नहीं किया, वही अच्छा है। किसी की आँखें निकाल ली जायें, तो वह जैसा दुखी होता है, जन्म का अंधा वैसा तो नहीं होता।)

सदु. (१६६०) में रविगुप्त का यह पद्य उद्धृत है

जगन्नेत्रश्रेणीतिमिर कुहरसिद्धाञ्जनसखा
मयूखा यस्यैते त्रिभुवनममोघं विदधति।
अये कर्मालङ्घ्यं कलय किमपीदं तनुभृता-
मुलूकानामन्धंकरणकिरणाः सोऽम्बरमणिः।।

(संसार के नयनों के आगे कतार बाँधे तिमिरकुहर को मिटाने के लिये सिद्धांजन के सखा ये जिसके मयूख तीनों लोकों को अमोघ बनाते हैं, अरे, देहधारियों का यह कैसा अलंघ्य कर्म है? जिसके किरण उलूकों को अंधा बना दें वही अंबरमणि (सूर्य) है।)

श्रीधर ने इसे अपदेशप्रवाह में उद्धृत किया है, पर रविगुप्त सूर्य के प्रति अकुंठ आस्था भी व्यक्त कर रहे हैं।

शार्गधरपद्धति (२३७, ३५१, ३८४) में रविगुप्त के नाम से ये पद्य उद्धृत हैं—

सुजनो न याति वैरं परहतिनिहरतो विनाशकालेऽपि
छेदेऽपि चन्दनतरुः सुरभयति मुखं कुठारस्य।।

(अपने विनाश के समय दूसरे के द्वारा समाप्त किया जाता हुआ भी सुजन वैर भाव धारण नहीं करता, चंदन का वृक्ष काटा जाने पर भी कुल्हाड़ी का मुख सुरभित कर देता है।)

लब्धोच्छ्रयो नीचः प्रथमतरं स्वामिनं पराभवति।
भूमिरथो रथ्यादावुत्थापकमेव संवृणुते।।

(नीच व्यक्ति ऊपर उठ जाये, तो अपने स्वामी को ही नीचा दिखाने लग जाता है। गली की मुहानी पर चढ़ता रथ (उलार होता है) तो अपने उठाने वाले को ही ढक लेता है।)

प्राप्तानपि न लभन्ते भोगान् भोक्तुं स्वकर्मभिः कृपणाः।
मुखपाकः किल भवति द्राक्षापाके बलिभुजां हि।।

(कंजूस लोग भोग से साधन मिलने पर भी उन्हें भोग नहीं पाते। कौवों के लिये द्राक्षा (अंगूर) पकने का समय आने पर मुखपाक हो जाता है।)

रविगुप्तकृत चंद्रप्रभाविजय

यशोधर ने कामसूत्र की अपनी टीका में चतुःषष्टिकलाओं में अक्षरमुद्रा व अक्षरमुष्टिकाकथन (चौंसठ कलाओं में ४५वीं) के उदाहरण में रविगुप्त के चंद्रप्रभाविजय नामक काव्य से आर्याएँ उद्धृत की हैं। अक्षरमुष्टिका कूटकाव्य का एक प्रकार है। कविता में अक्षरों से मुष्टि बन जाना अक्षरमुष्टिका है। यह दो प्रकार की होती है— साभासा और निराभासा। पहली में कूट या पहेली के समाधान का संकेत भी उसी वाक्य में दिया होता है, दूसरी में यह संकेत अनुपस्थित होता है। साभासा अक्षरमुष्टिका के उदाहरण में यशोधर ने आचार्य रविगुप्त के चन्द्रप्रभाविजयकाव्य से यह उदाहरण दिया है—

मेवृकसिंकतुवृधमकुंमी मूधसबांसुशकनिधकाव्याः।
चैवैज्येआश्राभाआकामापौमाफा चैव।।

इसमें मेष, वृष, कर्क आदि राशियों तथा फाल्गुन, चैत्र, वैशाख आदि मासों का संकेत उनकी संज्ञाओं के प्रथमाक्षर के द्वारा कवि ने किया है।

लोकसंव्यवहारप्रतिपत्तिः

रविगुप्तविरचित नीतिपरक सुभाषितों का संकलन है।[४२] कवि ने दृष्टांत, निदर्शना, अर्थांतरन्यास आदि अलंकारों का प्रयोग करते हुए जीवन के सत्यों का तलावगाहिनी दृष्टि से उद्‌घाटन किया है। जैसे—

उद्युक्तः परभेदे यथा खलः सज्जनस्तथा सन्धौ।
छिद्रं करोति सूची सपदि पिधत्ते तदनु तन्तुः।। (११)

(दुष्ट व्यक्ति जैसे दूसरे को तोड़ने में लगा रहता है, वैसे ही सज्जन जोड़ने में लगा रहता है। सुई छेद करने का काम करती है, धागा उसे तुरत भर देता है।)

रविकीर्ति ने संसार के व्यापक अनुभवों को समेटते हुए शब्दों की विविधता के द्वारा भाषा को संपन्न बनाया है। उदाहरणार्थ—

शशिकरशुचयोऽपि गुणाः शठेषु दोषा भवन्ति साधूनाम्।
कलधौतमपि रुमायां निपतितमूषीभवत्येव।। (१२)

(साधुजनों के चंद्रमा की किरणों जैसे शुचि गुण भी शठ जनों में पहुँचकर दोष बन जाते हैं। खरा सोना भी रुमा या नमक की खान में गिर जाये, तो खारा हो जाता है।)

यहाँ कलधौत, रुमा (नमक की खान) ऊष (क्षार) आदि शब्द भाषा का संपन्नता के प्रत्यायक हैं। इसीप्रकार —

अनुचितगुणरागितया शुचिनि पदे न स्थितिं खलो लभते।
चन्दनमपास्य सरघा मृतकुणपेष्वेव लीयन्ते।। (२६)

(अनुचित गुणों में आसक्ति होने से खल जन शुचि स्थान में नहीं टिक सकते। मक्खियाँ चंदन को छोड़कर मृत व्यक्ति के शव पर ही मँडराती हैं।)

यहाँ भी सरघा (मक्खियाँ) और कुणप (शव) जैसे अप्रचलित शब्दों के प्रयोग के द्वारा रविगुप्त ने अपने पदप्रयोग की विचक्षणता का परिचय दिया है।

आर्या छंद का अत्यंत सटीक प्रयोग कवि ने लोकसंव्यवहारप्रतिपत्ति में किया है। वास्तव में रविगुप्त की कविता सत्य और शिव का सुंदर के साथ समन्वय करती है। वे स्वयं कहते हैं—

आकारदारुणोऽयं भयमस्मादित्यनिश्चयोऽपि।
भवति महाभैरवमपि शिवस्य रूपं शिवायैव।। (४०)

(देखने में यह दारुण हैं अत: इसे देखकर डरना चाहिये यह नहीं कहा जा सकता। शिव का महाभैरव रूप भी कल्याणकर ही होता है।)

पुष्पदंत के स्तोत्र

स्तोत्रकाव्यकारों में पुष्पदंत एक महाकवि के रूप में प्रतिष्ठित हैं। आचार्य राजशेखर ने

इनके शिवमहिम्न:स्तोत्र का एक पद्य काव्यमीमांसा में उद्धृत किया है,अत: इनका समय नवम शताब्दी या उसके भी पहले हो सकता है। मेरुतुंग ने प्रबंधचिंतामणि में भी इनका एक पद्य उद्धृत किया है, जिससे शिवमहिम्न:स्तोत्र की व्यापक लोकप्रियता का पता चलता है।

महाकवि पुष्पदंत ने अपने दो स्तोत्रकाव्यों गणेशमहिम्न:स्तोत्र तथा शिवमहिम्न:स्तोत्र के द्वारा अमर कीर्ति पायी है। पहले स्तोत्र में गणेश को सगुण और निर्गुण ब्रह्म दोनों बताते हुए सृष्टि, स्थिति और लय के कारण के रूप में निरूपित किया गया है—

गकारो हेरम्बः सगुण इति योनिर्गुणमयो
द्विधाप्येको जातः प्रकृतिपुरुषो ब्रह्म हि गणः।
स चेशश्चोत्पत्तिस्थितिलयकरोऽयं प्रथमको
यतो भूतं भव्यं भवति पतिरीशो गणपतिः।।

शिवमहिम्न:स्तोत्र शिवभक्तों में अत्यंत लोकप्रिय है। इस स्तोत्र को लेकर एक किंवदंती प्रचलित है, जिसके अनुसार पुष्पदंत एक शिवभक्त गंधर्व थे तथा देवराज इंद्र की सभा के सम्मानित गायक थे। गंधर्वराज चित्ररथ ने पुष्पों का एक उद्यान बनवाया था, शिव की पूजा के लिये पुष्प वहीं से ले जाते थे। एक दिन पुष्पदंत की ने उसी उद्यान से पुष्प तोड़ लिये। चित्ररथ ने चोर को पकड़ने के लिये शिव की पूजा के लिये अर्पित पुष्प उद्यान के पथ पर निर्माल्य बिछा दिया। अगले दिन जब पुष्पदंत वहाँ आए तो उनकी नजर उन शिवनिर्माल्य की वस्तुओं पर नहीं पड़ी जिससे उनके पाँव उन पर पड़ गए। चित्ररथ के कोपभाजन बन कर गंधर्व पुष्पदंत की सारी शक्तियाँ समाप्त हो गईं। तब उन्होंने एक शिवलिंग का निर्माण कर उसकी पूजा की तथा शिव की स्तुति में स्वयं के रचे छंद पढ़े। शिव ने प्रसन्न होकर वर दिया कि उनका स्तोत्र शिवमहिम्न:स्तोत्र के नाम से प्रचलित होगा, और पुष्पदंत द्वारा बनाया गया शिवलिंग पुष्पदंतेश्वर महादेव के नाम से जाना जायेगा।

महान् आचार्य मधुसूदन सरस्वती ने शिवमहिम्न:स्तोत्र पर टीका लिखी है। नर्मदा तट पर अमरेश्वर महादेव के मंदिर में इसके ३१ पद्य खुदे हुए हैं, पर पांडुलिपियों में इसमें ४० पद्य (पुष्पिका के अंतिम तीन पद्य मिलाने पर ४३) मिलते हैं। भावसांद्रता तथा समर्पण और माहात्म्यगायन की दृष्टि से पुष्पदंत की अभिव्यक्ति हृद्य निरवद्य है। निम्नलिखित पद्य इसका प्रसिद्ध उदाहरण है—

असितगिरिसमं स्यात् कज्जलं सिन्धुपात्रे
सुरतरुवरशाखा लेखनीपत्रमुर्वी।
लिखति यदि गृहीत्वा शारदा सर्वकालं
तदपि तव गुणानामीश पारं न याति।।

(हे भगवान् शिव, यदि नीलगिरि के समान काजल को सागर के पात्र में घोल दिया जाय, कल्पवृक्ष की डाल से लेखनी बनायी जाय, और सारी धरती को कागज बना दिया जाये, तथा शारदा सदा के लिये बैठी लिखने का काम करे, तो भी आपके गुणों का पार नहीं पाया जा सकता।)

राजशेखर ने काव्य में शास्त्र के संवाद पर विचार करते हुए शिवमहिम्न:स्तोत्र का यह पद्य उद्धृत किया है और बताया है कि किस प्रकार न्याय और वैशेषिक के सिद्धांतों पर कवि ने यहाँ कटाक्ष किया है—

किमीहः किंकायः स खलु किमुपायस्त्रिभुवनं
किमाधारो धाता सृजति किमुपादान इति च।।
अतर्क्यैश्वर्ये त्वय्यनवसरदुःस्थो हतधियः
कुतर्कोऽयं कांश्चित् मुखरयति मोहाय जगतः।। ५।।

हतबुद्धि जनों का अनवसर में किया किया कुतर्क कि इस सृष्टि को बनाने वाला कैसा है, उसका स्वरूप क्या है, क्या उपाय वह सृष्टि के लिये करता है, क्या आधार तथा क्या क्या उपादान लेकर इसे वह रचता है, तुम्हारे अतर्क्य ऐश्वर्य पर ऐसा कुतर्क किन्हीं लोगों को मुखर बनाता है जो संसार के मोह का ही कारण होता है।

सर्वज्ञमित्र

इतिहासकार तारानाथ के अनुसार सर्वज्ञमित्र रविगुप्त के शिष्य थे। राजतरंगिणी (४.२१०) में भी इनका उल्लेख है। तारा देवी की स्तुति में इन्होंने आर्यस्त्रग्धरास्तोत्र की रचना की। कल्हण ने तो इन्हें द्वितीय बुद्ध कह दिया है।

मानांक

मानांक का समय आठवीं- नवीं शताब्दी के आसपास है। राजशेखर के अनुसार रुद्रट ने उनके एक पद्य का अनुहरण किया है। इनके द्वारा विरचित मेघाभ्युदय तथा वृंदावन नाम से दो मुक्तककाव्य प्राप्त होते हैं। अपने वृंदावनकाव्य में उन्होंने अपने आप को राजा बतलाया है।

मेघाभ्युदय काव्य में ३८ पद्यों में वर्षा के आगमन के समय यह एक प्रवत्स्यत्पतिका नायिका की व्यथा चित्रित है। कवि ने यमक अलंकार का निर्वाह करते हुए वर्षा का वर्णन किया है, तथा विविध छंदों की छटा के साथ मेघों के विविध रूप निरूपित करने में अपनी कला का प्रदर्शन किया है। छब्बीसवें पद्य में पहाड़ों से झरते झरनों का आकर्षक वर्णन है। मानांक ने इस काव्य में सोलह अलग अलग छंदों का प्रयोग किया है, जिनमें से अनेक अतिदुरूह व अप्रचलित छंद हैं। दो पद्यों (२२ तथा २३) में तो कदाचित् टीकाकार शांतिसूरि भी छंद निर्धारित नहीं कर सके हैं। ए०के० वार्डर के अनुसार इनमें वेष्ट (प्राकृत का वेध) नामक छंद है, जिसका प्रयोग वसुदेवहिंडी में भी हुआ है।[४३]

वृंदावनकाव्य में पचास पद्य हैं इस काव्य में कृष्ण की लीलाओं का वर्णन है। यमक अलंकार का सायास विन्यास मेघाभ्युदय के समान यहाँ भी प्रचुर है तथा छंदों की विविध छटाएँ दिखाने में भी मानांक ने अपने कलाकौशल का प्रदर्शन किया है। भोज ने मेघदूत तथा

वृंदावनकाव्य दोनों को संघात नामक काव्यप्रकार का उदाहरण माना है। राजशेखर ने इस काव्य से एक पद्य उद्धृत किया है। इससे स्पष्ट होता है कि कवि के रूप में मानांक का आचार्यों के बीच बड़ा सम्मान था।

हरिप्रबोधकाव्य

हरिप्रबोध काव्य के कवि का नाम अज्ञात है, तथा काव्य भी अनुपलब्ध है। इस काव्य का उल्लेख वामन ने अपनी काव्यालंकारसूत्रवृत्ति में किया है, तथा इसका यह पद्य उन्होंने उद्धृत किया है।

विविधधवना नागगर्द्धर्धनाना विविततगगनानाऽनाममज्जज्जनाना।
रुरुशशललनाना नावबन्धुं धुनाना मम हि हिततनानाऽनाननस्वस्वनाना।।

यही पद्य कवि का नामनिर्देश किये बिना भोज ने भी उद्धृत किया है। इसी काव्य का एक अन्य पद्य उद्धृत करते हुए भोज ने बताया है कि यह पद्य आश्वासकबंध कोटि के हरिप्रबोध नामक काव्य से है।

आश्वासकबन्धेऽपि भिन्नवृत्तान्तदर्शनात्। तद्यथा हरिप्रबोधे आर्यागीतिच्छन्दोनिबन्धक आश्वासकान्ते पुष्पिताग्रा –

भगवति शयिते विभावरीणां द्युतिमपहृत्य यशोविभावरीणाम्।
गतमसितया विभावरीणां सघनमहस्समस्तविभावरीणाम्।।

(शृप्र० एकादशप्र०, भाग १ रे०प्र०सद्वि० पृ० ६८१)

इस काव्य का हेमचंद्र ने भी उल्लेख किया है।

वक्रोक्तिपंचाशिका

वक्रोक्तिपंचाशिका के प्रणेता रत्नाकर का परिचय उनके हरविजय महाकाव्य के संदर्भ में दिया गया है। इसमें शिव और पार्वती के बीच नर्मालाप (ठिठोली) का आद्यंत वक्रोक्ति अंलकार से समन्वित अनोखा निर्वाह कवि ने किया है। कभी शिव पार्वती को अपनी वक्रभणिति से निरुत्तर कर देते हैं, तो कभी पार्वती अपने तीखे प्रत्युत्तरों से उन्हें हतप्रभ कर देती हैं।

त्वं हालाहलभृत् करोषि मनसो मूर्च्छां ममालिङ्गतो
हालां नैव बिभर्मि नैव च हलं मुग्धे कथं हालिकः।
सत्यं हालिकतैव ते समुचिता सक्तस्य गोवाहने
वक्रोक्त्येति जितो हिमाद्रिसुतया स्मेरो हरः पातु वः।।

(पार्वती कहतीं हैं – तुम हालाहलभृत् (हालाहल या विष को कंठ में धारण करने वाले)

हो अत: तुम्हारा आलिंगन करने पर मेरा मन मूर्च्छित हो जाता है। शिव हालाहलभृत् का अन्य अर्थ हाला (मदिरा) तथा हल को धारण करने वाला – यह लेकर कहते हैं – अरी भोली, मेरे पास तो न हाला है न हल, तो मैं हालिक (हलवाहा)कैसे हुआ? पार्वती हालिक का अन्य अर्थ (मदिराविक्रेता) लेकर कहती हैं – सत्य है, तुम हालिक ही हो। कवि कहता है कि उमा के द्वारा इस तरह वक्रोक्ति के द्वारा हतप्रभ कर दिये गये शिव आपकी रक्षा करें।

यहाँ हालिक का हलवाहा तथा मदिराविक्रेता ये दोनों अर्थ सहज निकल आते हैं। अंतिम पंक्ति में शिव या पार्वती के प्रति प्रणति या उनकी प्रशस्ति का भाव होने से इसे स्तोत्रकाव्य के अंतर्गत ही रखा जाना उचित है।

मेघदूत तथा घटकर्परकाव्य से प्रेरित काव्य- परंपरा

मेघदूत का सैंकड़ों महाकवियों ने अनुकरण करते हुए संदेश काव्यों का प्रणयन किया। इन संदेशकाव्यों को निम्नलिखित चार श्रेणियों में विभाजित किया जा सकता है—-

(१) समस्यापूर्तिकाव्य

(२) भक्तिपरक, धार्मिक या दार्शनिक संदेश काव्य

(३) शृंगारप्रधान संदेशकाव्य

(४) प्रतिसंदेश काव्य

(१) समस्यापूर्तिकाव्य

अनेक कवियों ने तो मेघदूत की लोकप्रियता तथा असाधारण काव्यसमृद्धि से आकर्षित होकर अपने काव्य को लोकप्रिय बनाने के लिये मेघदूत के पद्यों के एक एक चरण को लेकर उनकी समस्या-पूर्ति में काव्य लिख डाले। ऐसे काव्यों में सबसे प्राचीन काव्य जिनसेन का ८१४ ई० में विरचित पार्श्वाभ्युदय काव्य है। इसमें भगवान् पार्श्वनाथ का चरित निरूपित है। सत्रहवीं शताब्दी में विरचित मेघविजय का मेघदूतसमस्यालेख भी धर्मप्रचार की भावना से मेघदूत की एक एक पंक्ति की समस्यापूर्ति करते हुए लिखा गया है।

कुछ कवियों को घटकर्पर काव्य के यमकविन्यास ने आकर्षित किया तथा उन्होंने तदनुरूप यमककाव्य ही नहीं, घटकर्परकाव्य के एक एक चरण को भी समस्यापूर्ति के लिये लेकर काव्य रचना की। ऐसे काव्यों में मदनकवि का १६२४ई० में रचित कृष्णलीलाकाव्य, घटकर्पर के प्रत्येक चरण की समस्यापूर्ति प्रस्तुत करता है।

(२) भक्तिपरक, धार्मिक या दार्शनिक संदेश काव्य

मेघदूत की लोकप्रियता को देखते हुए अनेक कवियों, संतों या संप्रदायविशेष के प्रचारकों ने उसकी शैली, पंक्तियों तथा विधा को अपनाकर अपने भक्तिभाव की अभिव्यक्ति या सिद्धांत

के प्रचार के लिये संदेशकाव्यों की रचना की। इन संदेश काव्यों के भी चार अवांतर प्रकार कहे जा सकते हैं— जैन, बौद्ध, वेदांती तथा वैष्णवभक्तिपरक। जैन संदेश काव्यों में उल्लेखनीय हैं— जिनसेन का पार्श्वाभ्युदय, विक्रमकवि का नेमिदूत, मेरुतुंग का जैनमेघदूत, चरित्रसुंदरगणि का शीलदूत, वादिचंद्र का पवनदूत (सत्रहवीं शताब्दी), अज्ञातकवि का चेतोदूत, विनयविजयगणि का इंदुदूत तथा मेघविजय का मेघदूतसमस्यालेख।

(३) शृंगारप्रधान संदेशकाव्य

दसवीं शताब्दी में जंबू कवि का चंद्रदूत विरहिणी नायिका के द्वारा चंद्र को दूत बनाकर प्रिय के पास संदेश भेजने के वृत्तांत का निरूपण है। इसके २३ छंदों में कुल १४ ही प्राप्त हुए हैं। सभी मालिनी छंद में है। मेघदूत की अपेक्षा घटकर्पर को ही आदर्श मानते हुए कवि ने इस काव्य में यमक अलंकार के नियतपादभागावृत्ति, अनियतपादभागावृत्ति तथा पादावृत्ति सन्दष्टक आदि भेदों के प्रत्येक पद्य में उदाहरण प्रस्तुत किये हैं।

शीला भट्टारिका

राजशेखर ने शीला भट्टारिका के विषय कहा है कि पांचाली रीति या तो बाण की वाणी में मिलती है या शीला भट्टारिका की कविताओं में। ऐसी स्थिति में शीला भट्टारिका बाण (सातवीं शताब्दी) के आसपास तथा राजशेखर (दसवीं शताब्दी) के पहले हुईं – यह कहा जा सकता है। वामन ने (३.२.७) में नामोल्लेख के बिना एक पद्य उद्धृत किया है, जिसे वाग्भट ने सीता नामक स्त्रीकवि की रचना बताया है। ए.के. वार्डर का अनुमान है कि वाग्भट के ग्रंथ में लेखक (लिपिकार) के प्रमाद से शीला सीता बना दी गईं हैं। राजशेखर ने स्त्रीकवियों पर रची प्रशस्तिशृंखला की पहली कड़ी शीला भट्टारिका के लिये अर्पित की है, जिसके बाद विजया का नाम है। राजशेखर की पुरुष कवियों पर प्रशस्तिशृंखला में ऐतिहासिक दृष्टि से पौर्वापर्य का निर्वाह है। यदि माना जाये कि राजशेखर या उनके पद्यों के संग्रहकार जल्हण ने स्त्रीकवियों पर प्रशस्तिशृंखला में ऐतिहासिक पौर्वापर्य का निर्वाह किया है, तो शीलाभट्टारिका इस शृंखला की आद्य कवि हैं। धनददेव ने अपने शतक में स्त्रीकवियों की प्रशस्ति की है, उसमें भी इसी पौर्वापर्य का निर्वाह किया है। विज्जा या विजया का समय आठवीं शताब्दी के लगभग है।

मम्मट आदि काव्यशास्त्रियों के द्वारा उद्धृत शीला के एक पद्य में रेवा के तट पर विहार करने की उत्कंठा व्यक्त की गई है। इससे प्रतीत होता है कि कवि शीलाभट्टारिका का निवास नर्मदा नदी के पर्यंत प्रदेश में कहीं रहा होगा। मम्मट ने काव्यप्रकाश में यह पद्य उत्तम काव्य के उदाहरण में उद्धृत किया है—

यः कौमारहरः स एव हि वरस्ता एव चैत्रक्षपा-
स्ते चोन्मीलितमालतीसुरभयः प्रौढाः कदम्बानिलाः।

सा चैवास्मि तथापि तत्र सुरतव्यापारलीलाविधौ
रेवारोधसि वेतसीतरुतले चेतः समुत्कण्ठते।

(वही मेरा वर (दूल्हा) है, जिसने मेरे कौमार्य का हरण किया, वे ही चैत की रातें हैं, वे ही कदंब की सुगंध से भरपूर हवाएं हैं, वह मैं हूँ, फिर भी सुरत (मिलन) के व्यापार की लीलाविधि के लिये रेवा के किनारे वेतस के कुंज में जाने के लिये जी मचल रहा है।)

इस पद्य को शाप. ३७६८ में भी शीलाभट्टारिका के नाम से उद्धृत किया गया है।

इसी प्रकार मम्मट आदि आचार्यों ने शीलाभट्टारिका का यह अनन्यानुरागवती प्रेमिका द्वारा कहा यह कथन उद्धृत किया है—

धन्याऽसि या कथयसि प्रियसंगमेऽपि विस्त्रब्धचाटुकशतानि रतान्तरेषु।
नीवीं प्रति प्रणिहिते तु करे प्रियेण सख्यः शपामि यदि किंचिदपि स्मरामि।। ६१।।

(तुम धन्य हो जो प्रिय के समागम के समय उनके द्वारा भरोसे में लेकर कहे गये सैंकड़ों चाटु वचनों को बता रही हो। सखियो, मैं तो शपथ लेती हूँ, नीवी (वस्त्र की ग्रंथि) की ओर प्रिय के हाथ ले जाने बाद जो होता है, उसका मुझे स्मरण तक नहीं रहता।)

शाप० (३७४६) में यही पद्य विज्जिका के नाम से उद्धृत किया है।

यहाँ नायिका के द्वारा अपने प्रेम की तन्मयता का बखान किया गया है, तथा समागम के समय प्रिय के द्वारा कहे गये रिझाने मनाने के वचनों को बताने वाली अपनी सखी की अपेक्षा उसका प्रेम कितना अधिक गहरा है यह नायिका यहाँ कहना चाहती है। अपने आप को नायिका अधिक धन्य बता रही है, अत: व्यतिरेक अलंकार यहाँ व्यंजित होता है।

इस पद्य को भोज, राजशेखर, मम्मट, रुय्यक, शोभाकरमित्र, विश्वनाथ तथा नरेंद्रप्रभ सूरि उद्धृत किया है। शार्ंगधर पद्धति (३७४६) में ही यह पद्य भी संकलित है। विद्याकर और जल्हण के सुभाषित संग्रहों में भी यह पद्य संकलित है। यह पद्य दशरूपकावलोक तथा अभिधावृत्तिमातृका और कवींद्रवचनसमुच्चय (५००) में भी उद्धृत है।

सुभाषितरत्नाकर (८४०), सूक्तिमुक्तावली, शार्ंगधर (३५०७, ३४४७) तथा वल्लभदेव (११९७, १४४०) ने शीला के अन्य पद्य उद्धृतकिये हैं, कुल मिला कर छह ही पद्य इस कवि के प्राप्त होते हैं।[४४]

विज्जिका

विज्जिका या विज्जका का मूल नाम विद्या रहा होगा। संस्कृत साहित्य में उनका तद्भव नाम विज्जा या विज्जिका प्रसिद्ध हो गया। विद्या नामक महिला कवि के भी कई पद्य सुभाषित संग्रहों में उद्धृत हैं। विद्या ही विज्जा या विज्जिका हैं – यह माना जाता है। विज्जिका के पद्यों को उद्धृत करने वाले आचार्यों में मुकुलभट्ट प्रथम हैं जिनका समय ९२५ई० के लगभग है।

इस आधार पर विज्जिका का समय दंडी तथा मुकुलभट्ट के बीच सातवीं-आठवीं शताब्दी में माना जा सकता है। सदु. में विद्या के नाम से १३ पद्य उद्धृत हैं।

कतिपय विद्वान् कर्णाटक की रानी विजया तथा पुलकेशी द्वितीय के ज्येष्ठपुत्र चंद्रादित्य की पत्नी विजयभट्टारिका या विजयांका से विज्जिका को अभिन्न मानने के पक्ष में हैं। राजशेखर ने कार्णाटी विजयांका की प्रशस्ति में कहा है—

सरस्वतीव कर्णाटी विजयाङ्का जयत्यसौ।
य वैदर्भगिरां वासः कालिदासादनन्तरम्।।

(सरस्वती के समान कर्नाटक की रानी विजयांका की जय हो, जो कालिदास के पश्चात् वैदर्भी वाणी का निवास हैं या वैदर्भी रीति की सर्वश्रेष्ठ कवि हैं।)

राजशेखर के इस पद्य के आधार पर यह अनुमान किया जाता है कि विजयांका अथवा विज्जिका कर्णाटक के किसी राज्य कीं रानी थीं। शाप. में उद्धृत निम्नलिखित पद्य में विज्जिका की गणना स्त्री कवियों में शीला भट्टारिका के बाद की गई है—

शीलाविज्जामारुलामोरिकाद्याः काव्यं कर्तुं सन्ति विज्ञाः स्त्रियोऽपि।
विद्यां वेत्तुं वादिनो निर्विजेतुं विश्वं वक्तुं यः प्रवीणः स वन्द्यः।।

इनके नाम से यह गर्वोक्ति पंडितपरम्परा तथा कविपरंपरा में प्रसिद्ध है—

एकोऽभून्नलिनात् ततश्च पुलिनात् वल्मीकतश्चापरः
ते सर्वे कवयो भवन्ति गुरवस्तेभ्यो नमस्कुर्महे।
अर्वाञ्चो यदि गद्यपद्यरचनैश्चेतश्चमत्कुर्वते
तेषां मूर्ध्नि ददामि वामचरणं कर्णाटराजप्रिया।।

(एक कवि ब्रह्मा तो नलिन या कमल से उत्पन्न हुए, दूसरे व्यास पुलिन या नदी के तट पर उत्पन्न हुए, तीसरे वाल्मीकि वल्मीक से उत्पन्न हुए। ये सब तो बड़े कवि हैं, उन्हें हम नमन करते हैं। यदि आज के कोई गद्य या पद्य में रचनाकर के चित्त तो चमत्कृत करते हैं, तो उनके मस्तक पर मैं कर्णाटराज की प्रिया अपना वाम चरण रखती हूँ।)

विज्जिका को अपने कवित्व पर गर्व था – यह अन्य उल्लेखों से भी विदित होता है। दण्डी के एक मंगलपद्य में आये हुए शब्दों 'सर्वशुक्ला सरस्वती' पर चिढ़कर उन्होंने यह गर्वोक्ति की है—

नीलोत्पलदलश्यामां विज्जिकां मामजानता।
वृथैव दण्डिना प्रोक्ता सर्वशुक्ला सरस्वती।।

(शांर्गधर १८०, सुभा० ३५० में उद्धृत)

(नील कमल की पंखुड़ी जैसे श्याम वर्ण की मुझे जाने बिना दंडी ने व्यर्थ ही सरस्वती को सर्वशुक्ला कह दिया।)

सदुक्तिकर्णामृत (५७९) तथा सुभाषितरत्नाकर में विद्या के अनेक पद्य संकलित है।

विज्जिका अत्यंत सहृदय कवि थीं। सहृदय का एक मार्मिक लक्षण ही इन्होंने अपने रचे एक पद्य में इस प्रकार दिया है—

कवेरभिप्रायमशब्दगोचरं वदन्तमार्द्रेषु पदेषु केवलम्।
वदद्भिरङ्गैः कृतरोमविक्रियैर्जनस्य तूष्णीम्भवतोऽयमञ्जलिः।।

(शब्दों से परे जो कवि का अभिप्राय है, वह आर्द्र भीगे पदों में ही समाया होता है। उसे अपने रोमांचित अंगों से ही कह कर चुप रहने वाले सहृदय के लिये नमन है।)

विज्जिका ने अनेक शृंगारपरक पद्य रचे थे, यह उनके नाम से मिलने वाले उद्धृत पद्यों से स्पष्ट है। मम्मट ने शब्दव्यापारविचार में विज्जिका का यह श्लोक उद्धृत किया है—

दृष्टिं हे प्रतिवेशिनि ! क्षणमिहाप्यस्मद्गृहे दास्यसि
प्रायेणास्य शिशोः पिता न विरसाः कौपीरपः पास्यति।
एकाकिन्यपि यामि सत्वरमितः स्त्रोतस्तमालाकुलं
नीरन्ध्राः तनुमालिखन्तु जरठच्छेदानलग्रन्थयः।।

(पड़ौसिन, तनिक मेरे घर पर भी दृष्टि दिये रहना! इस बच्चे के पिता कुएँ का बेस्वाद पानी तो प्रायः पीते हैं नहीं। (तो क्या करूँ) अकेली हूँ फिर भी झट से यहाँ से तमाल के घिरे उसी झरने तक जाऊँगीं। घने सरकंडों की सूखीं गाँठें मेरे शरीर पर खरोंचें लगायें तो लगायें...)

यह पति के लिये पानी लाने के बहाने प्रिय से मिलने के लिये जाना चाहती स्वैरिणी नायिका का कथन है।

यह पद्य दशरूपकावलोक तथा अभिधावृत्तिमातृका और कवींद्रवचनसमुच्चय (५००) में भी उद्धृत है। साहित्यदर्पणकार विश्वनाथ ने इस पद्य में व्यंग्यार्थ का उद्घाटन करते हुए कहा है— अत्र स्वतः सम्भविना वस्तुना तत्प्रतिपादिकाया परपरुषोपयोगजनखक्षतादिगोपनरूपं वस्तुमात्रं व्यज्यते। शांर्गधरपद्धति (३७६९) में भी यह पद्य विज्जका के नाम से संकलित है। शांर्गधरपद्धति में अन्य अनेक पद्य विज्जिका के संकलित हैं (३९००, ३७९४)।

विज्जिका की सूखकर उथले हो गये सरोवर के माध्यम से यह अन्योक्ति मार्मिक है—

माद्यद्दिग्गजदानलिप्तकरटप्रक्षालनक्षोभिता
व्योम्नः सीम्नि विचेरुरप्रतिहता यस्योर्मयो निर्मलाः।
कष्टं भाग्यविपर्ययेण सरसः कल्पान्तरस्थायिन-
स्तस्याप्येकबकप्रचारकलुषं कालेन जातं जलम्।।

(शाप० ११३१)

(मतवाले दिग्गजों के मदजल से लिपटे मस्तकों के प्रक्षालन से जिस कल्पांतरस्थायी सरोवर की निर्मल ऊर्मियाँ आकाश की सीमाएँ छूती थीं, कष्ट की बात है कि भाग्यविपर्यय के कारण उसका भी जल केवल बगुलों के चलने से कलुषित होकर रह गया है।)

निम्नलिखित पद्य में विज्जका ने विरहियों के विषय में कहा है— वर्षा के आने पर घुमड़ते बादलों और नवतृणांकुरों से धरती छा जाती है, पर विरही जन तो मरणशरण होकर रह जाते हैं –

मलिनहुतभुग्धूमश्यामैर्दिशो मलिना घनै-
रविरलतृणैः श्यामा भूमिर्नवोद्गतकन्दलैः।
सुरतसुभगो नूनं कालः स एव समागतो
मरणशरणा यस्मिन्नेते भवन्ति वियोगिनः।।

(शाप० ३८६७)

शाप० ने तरुणीवर्णन में विज्जिका का यह पद्य उद्धृत कया है

कोशः स्फीततरः स्थितानि परितः पत्राणि दुर्गं जलं
मित्रैर्मण्डलमुज्ज्वलं चिरमधो नीतास्तथा कण्टकाः।
इत्याकृष्टशिलीमुखेन रचनां कृत्वा तदत्यद्भुतं
यत् पद्मेन जिगीषुणाऽपि न जितं मुग्धे त्वदीयं मुखम्।।

(३३२२)

कोई प्रेमी अपनी सुंदरी प्रिया की मनुहार करते हुए कहता है— हे मुग्धे, बड़ा फैला हुआ कोश (फूल के भीतर का हिस्सा, खजाना) इसका था, चारों ओर पत्र (पत्तियाँ, वाहन) थे, जल ही इसका दुर्ग था (योद्धा के पक्ष में जल में जिसका दुर्ग था), इस तरह शिलीमुखों (भोरों, बाणों) को खींचते हुए विजयेच्छु इस पद्म ने तुम्हारे विरुद्ध अद्भुत व्यूह रचना की, फिर भी यह तुम्हारे मुख को न जीत पाया।)

इसमें युद्ध की तैयारी, दुर्गविधान आदि को शृंगाररस के प्रसंग में श्लेष के माध्यम से जिस तरह जोड़ा गया है, वह कल्पनाशीलता का परिचायक है। हरि कवि ने भी सुहा० १६२५ में इसे उद्धृत किया है।

विज्जिका ने अपने रसमय काव्य तथा अन्योक्तियों के द्वारा सहृदय समाज में पहचान बनाई थी, जो अनेक शताब्दियों तक बनी रही। एक अन्य अन्योक्ति में वे दुष्टों के फेर में पड़ गये सज्जन की दशा को व्यक्त करते हुए कहती हैं—

केनात्र चम्पकतरो बत रोपितोऽसि कुग्रामपामरजनान्तिकवाटिकायाम्।
यत्र प्रवृद्धतरशाकविवृद्धिलोभाद् भो भग्नवाटघटनोचितपल्लवोऽसि।।

(शाप० १००३)

(हे चंपा के पेड़, किसने तुम्हें इस कुग्राम के परिसर में ग्रामीण लोगों की वाटिका में रोप दिया, जहाँ बढ़ती सागसब्जी के लोभ से लोग तुम्हारे पल्लव नोंच नोंच कर वाटिका को भंग कर रहे हैं।)

इसी प्रकार सदु. १८८३ में विद्या के नाम से उद्धृत इस पद्य में वृक्ष पर उनकी यह अन्योक्ति भी पैनी और गूढव्यंग्य प्रहार करने वाली है

सुच्छायं फलभारनम्रशिखरं सर्वार्तिशान्तप्रदं
त्वामालोक्य सुभूरुहं खलु वरं मार्गं विहायागताः।
अन्तस्ते यदि कोटरे दरचलद्व्यालावलीविस्फुर-
द्वक्त्रोद्वान्तविषानलातिभयदं धन्यस्तदानीं भवान्।।

(१८८३)

(अच्छी छाया वाले, फलों के भार से नम्र शिखर वाले, सब की आर्ति को शांत करने वाले सुंदर वृक्ष को देखकर अच्छा भला रास्ता छोड़कर (पथिक) तुम्हारे पास आ गये। पर तुम्हारे कोटर के भीतर यदि हिलते साँपों के समूह के मुखों से अत्यंत भयदायी विष की आग फूट रही है, तो आप धन्य हैं।)

यहाँ वृक्ष से माध्यम से ऐसे व्यक्ति पर व्यंग्य है, जो बाहर बाहर से बड़ा सज्जन लगता है, पर भीतर से महा दुष्ट है।

बाद के सुभाषित संग्रहों में भी विज्जिका के पद्य उद्धृत होते रहे हैं। रसिकजीवनम् में गंगाधर ने (३.२९७) उनका यह पद्य संकलित किया है।

किंशुककलिकान्तर्गतमिन्दुकलास्पर्धि केसरं भाति।
रक्तनिचोलकपिहितं धनुरिव जतुमुद्रितं वितनोः।।

(शाप० ३७९४)

(किंशुक या पलाश के फूल की कलिका के भीतर चंद्रमा की कला से स्पर्धा करने वाला केसर या पराग चमक रहा है। लगता है जैसे कामदेव का जतु या लाख से साँधा गया लाल वस्त्र में बँधा धनुष हो।)

यहाँ कामदेव के लिये वितनु शब्द का प्रयोग पर्यायवक्रता का आधान करता है। जिसके पास देह नहीं है, वह भी धनुष उठा लेता है यह व्यंजना होने से विरोधाभास अलंकार ध्वनित होता है।

सदु० २३६६ में विद्या की यह समस्या बड़ी रोचक है —

थूथूकृत्य वमद्भिरध्वगजनैरप्राप्तकण्ठं पयः
शुष्यत्तालुगलैर्विरुत्य लवणोदन्वानुपालभ्यते।

केन क्षारखने वृथैव भवतो नामानृतं निर्मितं
पाथोधिर्जलधिः पयोधिरुदधिर्वारांनिधिर्वारिधिः।।

(सदु० २३६६)

(सूखते तालू वाले पथिक जन थू थू करके गले तक भी न पहुँच पाये इसके पानी को उगल देते हैं। फिर वे ताना दे देकर खारे सागर को उपालंभ देते हैं – अरे नमक की खदान, किसने व्यर्थ मिथ्या तुम्हारे ये नाम रख दिये – पाथोधि, जलधि, पयोधि, उदधि, वारांनिधि और वारिधि!)

यहाँ भी पर्यायवक्रता का विलक्षण प्रयोग विज्जिका ने किया है। – पाथोधि, जलधि, पयोधि, उदधि, वारांनिधि और वारिधि – ये सागर के पर्याय मीठे पानी के स्रोत को सूचित करते हैं। यहाँ 'नाम मोटे और दर्शन खोटे' की कहावत को विज्जिका ने सुंदर रूप में व्यक्त किया है।

हरि कवि ने सुहा. में विज्जा के तीन पद्य उद्धृत किये हैं। इनमें यह पद्य तो रूपक की अनोखी छटा के लिये स्मरणीय है—

प्रियसखि विपद्दण्डप्रान्तपरम्परा
परिचयचले चिन्ताचक्रे विधाय विधिः खलः।
मृदमिव बलात् पिण्डीकृत्य प्रगल्भकुलालवत्
भ्रमयति मनो नो जानीमः किमत्र करिष्यति।।

(८३२)

(हे प्रिय सखि, मेरे मन को मिट्टी के लोंदे की तरह बलात् पिंड बना कर ढ़ीठ कुम्हार की तरह यह विधाता विपत्ति के डंडे की नोक से चिंता के चक्र पर चढ़ाकर चारों ओर घुमा कर पता नहीं क्या करेगा?)

विज्जका ने कौमुदीमहोत्सव नाम से एक नाटक की रचना भी की, ऐसा कतिपय विद्वानों का अनुमान है। यह अनुमान इस नाटक की केरल से प्राप्त पांडुलिपि की प्रस्तावना में त्रुटित पाठ में '...कया' इस पद के आधार पर किया जाता रहा है। इस नाटक की चर्चा अन्य अध्याय में की गई है।

अन्य स्त्री कवि

सुभद्रा

वल्लभदेव द्वारा संकलितसुभाषितावलि में तथा राजशेखर के द्वारा सुभद्रा के पद्य उद्धृत किये गये हैं।

फल्गुहस्तिनी

जल्हण ने सुमु० (१३१.३९) में फल्गुहस्तिनी का यह पद्य उद्धृत किया है—

सृजति तावदशेष गुणाकरं पुरुषरत्नमलङ्करणं भुवः।
तदपि तत्क्षणभङ्गि करोति चेदहह कष्टमपण्डितता विधेः।।

(धरती के अलंकार समस्त गुणों के निधान पुरुषरत्न की यह सृष्टि करता है, उसे भी तत्क्षण समाप्त होने वाला बना देता है, आह, विधाता की यह कैसी अपंडितता है।)

फल्गुहस्तिनी के दो पद्य सुभाषितावलि में उद्धृत हैं।

नीतिद्वात्रिंशिका

नीतिद्वात्रिंशिका के प्रणेता सुंदर पांड्य शैवदर्शन के प्रमुख आचार्यों में गिने जाते हैं। इनका आविर्भाव शंकराचार्य के पूर्व हुआ तथा निवास तमिलनाडु में था। कतिपय विद्वानों के मत से मदुरा के राजा सुंदरपांड्य से अभिन्न हैं तथा पांड्यराज कुब्जवर्धन के नाम से भी जाने जाते हैं। संत ज्ञानसंबंधार के उपदेशों से प्रभावित होकर इन्होंने जैन धर्म से शैव धर्म की दीक्षा ले ली थी। दक्षिण में ये शिव के ६३ भक्तों (नायनमारों) के रूप में पूजित हैं।

नीतिद्वात्रिंशिका में एक सौ बीस पद्य हैं। समस्त काव्य आर्याछंद में निबद्ध है। धर्म, ज्ञान, वाक्, सत्सङ्गति आदि विषयों पर सुंदरपांड्य ने सारगर्भित भाषा में अपने तथ्यों को अभिव्यक्ति दी है। वाणी के विषय में वे कहते हैं—

शब्दार्थसूक्ष्मवसना सत्याभरणा विचित्रहेत्वङ्गी।
विद्वन्मुखनिष्क्रान्ता सुस्त्रीव विराजते वाणी।। (९)

(शब्द और अर्थ रूपी महीन वस्त्र धारण करने वाली, सत्य के आभूषण पहनने वाली, विचित्र हेतुओं के अंग वाली विद्वज्जनों के मुख से निकली वाणी सुंदर स्त्री की तरह शोभित होती है।)

यहाँ रूपक अलंकार का प्रयोग सार्थक है, तथा परिकर अलंकार भी उसके साथ कवि ने साध लिया है।

खल जनों का यह अतिशयोक्तिपूर्ण वर्णन रूपक अलंकार की छटा को भी उजागर करता है—

परवादे दशाननः पररन्ध्रनिरीक्षणे सहस्राक्षः।
सद्वृत्तवित्तहरणे बाहुसहस्रार्जुनो नीचः।। (१११)

(नीच व्यक्ति दूसरों की निंदा करने में दशानन, दूसरों के छिद्र (बुराइयाँ) देखने में सहस्राक्ष, सद्वृत्त या उत्तम आचरण रूपी वित्त को हरने में सहस्रबाहु होता है।

यहाँ भी दशानन, सहस्राक्ष तथा सहस्रार्जुन शब्दों में न केवल श्लेष का प्रयोग उत्तम है, उनको नीच व्यक्ति के लिये उपमान बनाकर कवि ने इन (दशानन, सहस्राक्ष तथा सहस्रार्जुन के) निंद्य कृत्यों का भी संकेत दे दिया है।

शंकराचार्य के स्तोत्र

स्तोत्रकारों में आदि शंकराचार्य ने स्तोत्रसाहित्य को सौंदर्यबोध, काव्यात्मकता, दार्शनिकता और भक्तिप्रवणता के अनूठे समागम के द्वारा जिस पराकाष्ठा पर पहुँचाया वह हमारे साहित्य में सदैव अनुकरणीय और स्पृहणीय बनी रही है।

शंकराचार्य का समय नवीं शताब्दी माना जाता है। इनका जन्म केरल के कालटी ग्राम में हुआ। इनकी माता का नाम आर्याम्बा तथा पिता का नाम शिवगुरु था। ३२ वर्ष की आयु में इन्होंने अपना पार्थिव शरीर छोड़ा। इनके नाम से २४० स्तोत्र मिलते हैं, जिनमें से अधिकांश इनके द्वारा स्थापित पीठों पर अधिष्ठित रहने वाले परवर्ती शंकराचार्यो के द्वारा विरचित हैं। वाणी विलास प्रेस से प्रकाशित शंकरग्रंथावली में आदि शंकराचार्य के नाम से ६४ स्तोत्र संकलित हैं। इनके नाम से अत्यधिक प्रसिद्ध, बहुपठित और लोकप्रिय स्तोत्र हैं— सौंदर्यलहरी, आनंदलहरी, देव्यपराधक्षमापणस्तोत्र, चर्पटपञ्जिका- स्तोत्र तथा कनकधारास्तवः।

अन्य अनेक स्तोत्र शंकराचार्य के नाम से प्रचलित तथा विभिन्न संकलनों में समाविष्ट हैं। इनमें से उल्लेख्य हैं–भुजंगस्तोत्र (भुजंगप्रयात छंद में विरचित), शिवानंदलहरी, शिवापराधक्षमापणस्तोत्र, दक्षिणामूर्त्तिवर्णमालास्तोत्र, शिवपञ्चाक्षरस्तोत्र, उमामहेश्वरस्तोत्र, देवीभुजंगस्तोत्र, त्रिपुरसुन्दर्यष्टक, ललितापञ्चरत्नम्, नवरत्नमालिका, गौरीदशकम्, भवानीभुजंग, हनुमत्पंचरत्न, पाण्डुरंगाष्टक, अच्युताष्टक, कृष्णाष्टक, मोहमुद्गर, कनकधारास्तोत्र, मीनाक्षीस्तोत्र, कालभैरवाष्टक, नर्मदाष्टक, गङ्गाष्टक, मणिकर्णिकाष्टक, काशीपञ्चकम् इत्यादि। इनमें से अनेक ऐसे हैं, जो आदि शंकाराचार्यकृत न होकर शंकराचार्य के द्वारा स्थापित पीठों पर आसीन परवर्ती शंकराचार्यों के द्वारा लिखे गये स्तोत्र भी हो सकते हैं।

सौंदर्यलहरी भारतीय साहित्य में काव्यसौंदर्य की पराकाष्ठा का उज्ज्वल उदाहरण है। सौ शिखरिणी छंदों में शंकराचार्य में यहाँ रससृष्टि, जीवनदृष्टि और आगमनिगम की परंपरा - इस त्रिवेणी की अबाध धारा प्रवाहित की है। इसके आरंभिक ४० पद्य तंत्रशास्त्र के गंभीर रहस्य को ललित रूप में व्यक्त करते हैं, शेष पद्यों में भगवती त्रिपुरसुंदरी का आशिरोनख वर्णन है। भगवती का रूप एक ओर तो ममतामयी जननी की ललित छाया से संवलित है, दूसरी ओर विश्वदृष्टि और विराट् को भी वह समेट लेता है। सूर्यचंद्र यहाँ त्रिलोकी के वक्षोजयुगल बन जाते हैं, तो देवी का रूप सृष्टि के अनंत सौंदर्य को समाहित करके सजीव व साकार हो उठता है।

वहन्ती सिन्दूरं प्रबलकबरीभारतिमिरद्विषां वृन्दैर्वन्दीकृतमिव नवीनार्ककिरणम्।
तनोतु क्षेमं नस्तव जननि सौन्दर्यलहरीपरीवाहस्रोतस्सरणिरिव सीमन्तसरणिः।।

(हे माँ, तेरे मुख की सौंदर्यलहरी के प्रवाहस्रोत के मार्ग जैसी वह सिंदूर से भरी तेरे केशों की माँग हमारा कल्याण करे, जो केशभार रूपी अँधियारे के शत्रुओं के द्वारा बंदी बना लिये उदित होते सूर्य की किरणों के सदृश है।)

कल्पनाओं, अप्रस्तुतविधान की प्रत्यग्रता और बिम्बों का जो अनुपम संसार सौंदर्यलहरी में रचा गया है, वह कविता की समृद्धि का शिखर कहा जा सकता है। समर्पण और आस्था की भी यहाँ पराकाष्ठा ही प्रकट हुई है।

भवानि त्वं दासे मयि वितर दृष्टिं सकरुणा-
मिति स्तोतुं वाञ्छन् कथयति भवानि त्वमिति यः।
तदैव त्वं तस्मै दिशसि निज सायुज्यपदवीं
मुकुन्दब्रह्मेन्द्रस्फुटमुकुटनीराजितपदाम्।। (२२)

(हे भवानि! तू मुझ दास पर अपनी करुणामयी दृष्टि डाल- इस प्रकार कोई मुमुक्षु स्तुति करते समय भवानि (मैं हो जाऊँ, तथा हे भवानि -यह संबोधन) त्वम् (तुम)- इतना भर कह पाता है कि तुम उसकी प्रार्थना का 'मैं तुम बन जाऊँ' - यह अर्थ लेकर उसे अपना वह सायुज्य पद प्रदान कर देती हो, जिस पद की ब्रह्मा, विष्णु, इंद्र आदि देवता अपने मुकुटों के स्फुट प्रकाश से आरती उतारा करते हैं।)

यहाँ भवानि (मैं हो जाऊं, तथा भवानी के लिये संबोधन) के तथा पद (स्थान, चरण) के श्लेष के द्वारा चमत्कार की छटा तो कवि ने रची ही है, अपने भक्तिभाव को भी उसके द्वारा प्रगुणित कर दिया है। भाषा पर असाधारण अधिकार के साथ शास्त्रीयता तथा पांडित्य का भावधारा में समागम करते हुए कवि ने विराट् विश्व को उन्मीलित किया है। जैसे —

विशाला कल्याणी स्फुटरुचिरयोध्या कुवलयैः
कृपाधारा धारा किमपि मधुरा भोगवतिका।
अवन्ती दृष्टिस्ते बहुनगरविस्तारविजया
ध्रुवं तत्तन्नाम व्यवहरणयोग्या विजयते।।

(तेरी दृष्टि विशाला, कल्याणी, खिले हुए कमलों की शोभा में उज्ज्वल अयोध्या, कृपा की धारा सदृश धारा, कुछ मधुरा, भोगवतिका, सबकी रक्षा करने वाली अवंतिका और नगरों के विस्तार को जीतने वाली विजया - इस प्रकार विभिन्न नगरियों के नामों से व्यवहार करने के योग्य होने से उत्कृष्ट है।) यहाँ विशाला (उज्जयिनी), कल्याणी आदि नगरियों के नामों को प्रस्तुत करते हुए श्लेष के द्वारा कवि ने दृष्टि की विशेषताओं को शास्त्रीय रूप में भी व्यक्त करा दिया है। अंतर्विकसित दृष्टि विशाला कहलाती है, आश्चर्ययुक्त कल्याणी, विकसित

पुतलियों वाली अयोध्या, अलसायी दृष्टि धारा, तिर्यक् नेत्रों वाली मधुरा, मैत्रीभाव से युक्त भोगवती, भोली दृष्टि अवंती और तिरछी विजया कहलाती है।

कवि ने उत्तर से दक्षिण तक के अपने समय के श्रेष्ठ नगरों के नाम देवी की दृष्टि के वर्णन में गूँथकर राष्ट्र का स्वरूप भी यहाँ उन्मीलित कर दिया है।

सौंदर्यलहरी सौंदर्य की समग्र अवधारणा प्रस्तुत करती है, जो कठोर और तेजस्वी भी है, मृदुल-कोमल भी है, शक्ति भी है, और वात्सल्य भी; काम और शृंगार भी है तथा उदात्त और भव्य भी। शक्ति या नारीतत्त्व में परमसौंदर्य का कवि ने साक्षात्कार किया है। स्थूल स्तर पर जो काम है, वह शक्तितत्त्व से संवलित होकर ही सार्थक बनता है— यह सौंदर्यलहरी का जीवन-दर्शन है। स्थूलदृश्यमान भावों में दैवी सत्ता और दिव्य चेतना का सजीव अनुभव कवि ने किया है और दिव्य सत्ता से इन स्थूल दृश्यमान भाव किस प्रकार जन्म लेते हैं— यह भी उसने प्रतिपादित किया है।

अपनी माँ- एक दाक्षिणात्य नारी के मानसबिंबों को शंकराचार्यने इसमें दिव्य रूप दे दिया है। नासा में मुक्तामणि (६१), मुख में तांबूल और आँखों में कज्जलकला (६५) करधनी में लटकती मेखला तथा कांची शाटी, गले में झूलता हार तथा कविशिशु द्वारा मातृत्व भाव से निहारा गया वक्षोजयुगल (७२-७५)— यह अपनी माँ की छवि भी है, जिसे शैशव में छोड़कर संन्यास धारण कर लिया था। इस माता के सामने कवि अपने को द्रविड़शिशु कहते हैं तथा मानते हैं कि ममतामयी जननी का पय:पान करके ही उनकी काव्यधारा स्रवित हुई है।

दयावत्या दत्तं द्रविडशिशुरास्वाद्य तव यत्
कवीनां प्रौढानामजनि कमनीयः कवयिता।।

कविता की कमनीयता और सौंदर्यलहरी के उदात्त भाव के पीछे यह वात्सल्य भी है।

आनन्दलहरी में २० पद्यों में माधुर्य वात्सल्य और भक्ति का संगम हुआ है। देवी के इस मातृरूप में कवि ने भारतीय जननी की छवि को भी समाविष्ट कर लिया है—

मुखे ते ताम्बूलं नयनयुगले कज्जलकला
ललाटे कश्मीरं विलसति गले मौक्तिकलता।
स्फुरत्काञ्चीशाटी पृथुकटितटे हाटकमयी
भजामि त्वां गौरीं नगपतिकिशोरीमविरतम्।।

(आपके मुख में तांबूल, नयनयुगल में काजल की रेखा, ललाट पर केसर विलस रही है तथा गले में मुक्तामाला है। पृथुकटितट (कमर के नीचे के भाग) पर कांची की सोने की जरी वाली साड़ी चमक रही है। ऐसी नगपति (हिमालय) की किशोरी या कन्या गौरी का मैं अविरत भजन करता हूँ।)

भक्तिभाव की सघनता, विनय और मातृरूप के ध्यान की दृष्टि से देव्यपराधक्षमापण स्तोत्र अत्यंत मार्मिक रचना है। अपने को अज्ञानी तथा शिशुवत् बताकर कवि अपना हृदय मातृरूपा देवी के सम्मुख खोल देता है, और अपने स्खलनों या त्रुटियों के लिये क्षमा माँगता हुआ देवी से उसे अपनाने का निहोरा करता है—

विधेरज्ञानेन द्रविणविरहेणालसतया
विधेयाशक्यत्वात् तव चरणयोर्या च्युतिरभूत्।
तदेतत् क्षन्तव्यं जननि सकलोद्धारिणि शिवे
कुपुत्रो जायेत क्वचिदपि कुमाता न भवति।। (२)

(विधि को न जानने के कारण, धन न होने के कारण, आलस्य के कारण या कर्तव्य के अशक्य होने के कारण तुम्हारे चरणों की सेवा में जो च्युति हुई, हे माँ सब का उद्धार करने वाली शिवे, उसे क्षमा करना। कुपुत्र भले उत्पन्न हो जाये, पर माता कभी कुमाता नहीं होती।)

गणेशभुजङ्गम् में नौ पद्य हैं। इस में कवि ने गणेश को परमतत्तव के रूप में स्थापित किया है।

यमेकाक्षरं निर्मलं निर्विकल्पं गुणातीतमानन्दमाकारशून्यम्।
परं पारमोङ्कारमाम्नायगर्भं वदन्ति प्रगल्भं पुराणं तमीडे।।(७)

इसी प्रकार सुब्रह्मण्य स्तोत्र ३३ पद्यों में भी कार्तिकेय को महावेदभाव तथा चैतन्यस्वरूप देवाधिदेव के रूप में वंदित किया गया है—

न जानामि शब्दं न जानामि चार्थं न जानामि पद्यं न जानामि गद्यम्।
चिदेका षडास्या हृदि द्योतते मे मुखान्निस्सरन्ते गिरश्चापि चित्रम्।।(२)

(न मैं शब्द जानता हूँ, न अर्थ। न मैं पद्य जानता हूँ, न गद्य। (पर) छह मुख वाली एक चेतना मेरे हृदय में चमक रही है, और मेरे मुख से वाणियाँ फूट रही हैं – यह आश्चर्य है।)

मयूरादिरूढं महावाक्यगूढं मनोहारिदेहं महच्चित्तवेदम्।
महादेवदेवं महावेदभावं महादेवबालं भजे लोकपालम्।। (३)

(मयूर के वाहन पर विराजमान महावाक्य के समान गूढ़, मनोहर देह वाले, महती चेतना से जाने जाने के योग्य, महान् देवता, महान् वेदभावस्वरूप महादेव के बालक लोकपाल कार्तिकेय का मैं भजन करता हूँ।)

शिवभुजंगम् में ४० पद्य हैं। स्तुत्य को अन्य देवों से विलक्षण ही नहीं केवल उसी को आराध्य माननेका प्रबल आग्रह इन सभी स्तोत्रों में है। शिवभुजङ्गम् में कहा है—

अकण्ठे कलङ्कादनङ्गे भुजङ्गादपाणौ कपालादभालेऽनलाक्षात्।
अमोलौ शशाङ्कादवामे कलत्रादहं देवमन्यं न जाने न जाने।। (३५)

(जिनके कंठ में कलंक नहीं, जिनके अंग में भुजंग नहीं, कर में कपाल नहीं, जिनके भाल

में अनल या अग्नि नहीं, मस्तक पर शशांक नहीं, वाम भाग में पत्नी नहीं ऐसे किसी देव को मैं नहीं जानता, नहीं जानता।)

यहाँ भक्तिभाव की तीव्रता में व्याकरण नया ही बन गया है। भाषा भाव की चेरी हो गई है।

किरीटे निशेशो ललाटे हुताशो भुजे भोगिराजो गले कालिमा च।
तनौ कामिनी यस्य तत्तुल्यदेवं न जाने न जाने न जाने न जाने।। (३८)

(जिनके किरीट या मस्तक पर चंद्रमा है, ललाट पर अग्नि है, भुजा में भोगिराज या सर्प है, गले में कालिमा है, तन में कामिनी है, उनके समान अन्य किसी देव को मैं नहीं जानता, नहीं जानता।)

शिवानंदलहरी भी सौंदर्यलहरी तथा आनंदलहरी के समान उसी प्रकार के भावबोध के साथ शिखरिणी छंद में गुंफित है। इसके सौ पद्यों में प्रथम २७ पद्य शिखरिणी में तथा शेषपद्य शार्दूलविक्रीडित आदि अन्य छंदों में हैं। शिखरिणी का लय किस प्रकार भक्तिभाव की तन्मयता में ढलता चला जाता है, यह हम इन पद्यों को पढ़ते हुए अनुभव करते हैं। जैसे -

त्रयीवेद्यं हृद्यं त्रिपुरहरमाद्यं त्रिनयनं
जटाभारोदारं चलदुरगहारं मृगधरम्।
महादेवं देवं मयि सदयभावे पशुपतिं
चिदालम्बं साम्बं शिवमतिविडम्बं हृदि भजे।। (३)

(त्रयी या तीनों वेदों के द्वारा वेद्य, हृद्य या आनंददायी, त्रिपुर का नाश करने वाले, त्रिनयन, विशाल जटाभार वाले, सर्प के हार जिनके कंठ में झूल रहे हैं ऐसे, मृगचर्म धारण करने वाले, महादेव देव जो मेरे प्रति सदयभाव रखने में पशुपति हैं, चैतन्य के आलंबन, शिव की मति को विडंबित करने वाले सांब का मैं हृदय में भजन करता हूँ।)

शंकराचार्य के स्तोत्रों में सौंदर्यलहरी तथा आनंदलहरी के पश्चात् मोहमुद्गर (भजगोविन्दम्) सर्वाधिक लोकप्रिय हुआ है। इसमें पज्झटिका या चौपाई छंद अत्यंत आकर्षक तथा लयात्मक है। संसार की अनित्यता, भोगों की निस्सारता तथा वैराग्य में प्रवृत्ति का ऐसा आवेगमय दृढ़ आग्रह के भरा उपदेश काव्य की परिपूर्ण समृद्धि के साथ अन्यत्र नहीं मिलेगा।

यावद् वित्तोपार्जनसक्तस्तावन्निजपरिवारो रक्तः।
पश्चाज्जीवति जर्जरदेहे वार्तां कोऽपि न पृच्छति गेहे।। (५)

का ते कान्ता कस्ते पुत्रः संसारोऽयमतीव विचित्रः।
कस्य त्वं कः कुत आयातस्तत्त्वं चिन्तय तदिदं भ्रातः।। (८)

अङ्गं गलितं पलितं मुण्डं दशनविहीनं जातं तुण्डम्।
वृद्धो याति गृहीत्वा दण्डं तदपि न मुञ्चत्याशा पिण्डम्।।

(जब तक धन कमाने में लगा है, तब तक तेरा परिवार अनुरक्त रहता है। बाद में जर्जर देह के साथ जीवित रहने पर घर में कोई हालचाल भी पूछने वाला नहीं रहता। कौन तेरी कांता है, कौन तेरा पुत्र है? यह संसार अत्यंत विचित्र है। तू किसका क्या है, कहाँ से आया है— हे भाई, इस तत्त्व का विचार कर। अंग गल गया, माथे के केश श्वेत हो गये, मुख के सारे दाँत गिर गये, बूढ़ा हो गया, डंडा हाथ में लेकर चलता है, पर आशा का अभी भी पिंड नहीं छोड़ रही।)

अन्त्यानुप्रास की ऐसी छटा भी इसने मनोहारी रूप में गीतगोविंद जैसे रागकाव्यों को छोड़ अन्यत्र दुर्लभ है।

कनकधारास्तोत्र में १८ वसंततिलका छंद हैं। यमुनाष्टक पंचचामर छंद में है, गंगाष्टक में मालिनीसहित स्रग्धरा की धारा प्रवाहित हुई है। गङ्गाष्टक का यह पद्य भाषा और भाव के गंगायमुनासमागम की तरह है—

ब्रह्माण्डं खण्डयन्ती हरशिरसि जटावल्लिमुल्लासयन्ती
स्वर्लोकादापतन्ती कनकगिरिगुहागण्डशैलात् सरन्ती।
क्षोणीपृष्ठे लुठन्ती दुरितचयचमूनिर्भरं भर्त्सयन्ती
पाथोधिं पूरयन्ती सुरनगरसरित् पावनी नः पुनातु।। (२)

(ब्रह्मांड के टुकड़े टुकड़े करती हुई, शिव के मस्तक पर जटावल्ली को झिंझोड़ती हुई, स्वर्गलोक से गिरती हुई, सुमेरु की गुफा के शिखरों से सरकती हुई, धरती की पीठ पर लोटती हुई, पापों के समूह की सेनाओं को पूरी तरह फटकारती हुई, सागर को पूरती हुई पावन स्वर्गसरिता हमें पावन बना दे।)

काशीपञ्चकम् में दो उपजाति, एक इंद्रवज्रा, एक अनुष्टुप् तथा एक स्रग्धरा है। प्रथम तीन पद्यों के अंतिम चरण में 'सा काशिकाऽहं निजबोधरूपा' इस पंक्ति की आवृत्ति हुई है।

मुक्तिकलश

मुक्तिकलश कवि का एक पद्य क्षेमेंद्र ने कविकंठाभरण (५. १) में उद्धृत किया है।[४५] बिल्हण के पितामह का नाम मुक्तिकलश था, संभवतः ये ही सुभाषितकार मुक्तिकलश हो सकते हैं। विक्रमांकदेवचरित (१८.७५) में भी इन्हें उद्धृत किया गया है।

कमलायुध

कमलायुध को गौडवहो महाकाव्य के प्रणेता वाक्पतिराज ने अपना गुरु माना है। योगेश्वर की परंपरा के कवियों में इनका उल्लेख होता है। इनका समय सातवीं शताब्दी का अंतिम चरण माना जा सकता है। कमलायुध कोमलभावनाओं के कवि हैं। सदु० में उनके तीन पद्य उद्धृत हैं। ग्रीष्म में सुंदरियों के सहज श्रृंगार का यह मनोहर वर्णन उदाहर्तव्य है —

अभिनवकुशसूचिस्पर्धि कर्णे शिरीषं कुरवकपरिधानं पाटलादाम कण्ठे।
तनुसरसिजार्द्रोन्मीलितः सुन्दरीणां दिनपरिणतिजन्मा कोऽपि वेषश्चकास्ति।।

(सदु० १२६४)

(ताजा कुश के नोक से स्पर्धा करने वाला शिरीष कान में लगा हुआ है, कंठ में पाटल दाम या सूत्र में गुँथी कुवरक की माला है। कमल के द्वारा तनिक आर्द्र सुंदरियों का यह वेष दिन के ढलने पर सुशोभित होता है।)

विंध्य के बीहड़ विस्तार का यह वर्णन उनकी कविता की शक्तिमत्ता का प्रमाण है

करिकवलनशिष्टैः शाखिशाखाग्रपत्रैररुणसरणयोऽमी सर्वतो भीषयन्ते।
चलितशबरसेनादत्तगोशृङ्गचण्डध्वनिचकितवराहव्याकुला विन्ध्यपादाः।।

(सदु० २०४)

(विंध्य की ये ढलानें हाथियों के द्वारा कवलित होने के बाद बचे रह गये पेड़ों के अग्रपत्रों से अरुणसरणि वाली सब ओर से डरावनी लग रहीं हैं। ये चलती हुई शबरसेना के द्वारा बजाये गये गोशृंग (गाय के सींग से बने बाजे) की प्रचंड ध्वनि से चौंक गये वराहों के कारण व्याकुल हैं।)

इस पद्य को आचार्य वामन ने उद्धृत किया है। इससे स्पष्ट है कि कमलायुध ने अपनी कविता की गुणवत्ता से आचार्यों का ध्यान आकृष्टकिया था।

योगेश्वर

योगेश्वर भारतीय ग्राम जीवन- विशेषतः निम्न मध्यवर्ग या निम्नवर्ग पर कविता लिखने वाले संस्कृत कवियों में अग्रणी हैं। इनका समय नवीं शताब्दी या उसके पूर्व है। कोसांबी और इंगाल्स के अनुसार वे बंगाल के पाल राजाओं के आश्रित थे। पर योगेश्वर की कविता के वर्ण्यविषय विन्ध्य के जंगलों, नर्मदा के तटीय प्रदेश— विशेषतः इस क्षेत्र के वनग्राम, आदिवासी जन और किसान मजदूर आदि हैं। अतः अनुमान होता है कि ये विंध्य के अंचल के वासी थे। इनकी प्राचीन प्रशस्ति में भी इनका विंध्य और रेवा (नर्मदा) से संबंध बताया गया है।

योगेश्वर का स्वतन्त्र रूप से कोई काव्य उपलब्ध नहीं है। बारहवीं शताब्दी से लगाकर अठारहवीं शताब्दी तक की अवधि में संकलित विभिन्न सुभाषित संग्रहों में इनके स्फुट श्लोक उद्धृत हैं। योगेश्वर कृत ऐसे स्फुट पद्यों को संकलित करने पर उनकी कुल संख्या ७० के लगभग होती है। इन सत्तर श्लोकों के आधार पर ही योगेश्वर संस्कृत कवियों की प्रथम पंक्ति में स्थापित किये जा सकते हैं। भोज और राजशेखर जैसे आचार्यों ने योगेश्वर के अनेक पद्य उद्धृत किये हैं, और इन आचार्यों की अवधारणाओं पर योगेश्वर की कविता का प्रभाव परिलक्षित होता है।

विद्याकर द्वारा उद्धृत एक पद्य में योगेश्वर ने अपने को बाण, भवभूति, कमलायुध, केशट तथा वाक्पतिराज का अनुगामी कहा है।

योगेश्वर ने संस्कृत कविता को अछूती अभिव्यक्तियाँ और नये मुहावरे दिये हैं। भारतीय जनता के स्वप्नों और संघर्षों को उन्होंने समर्थ पदावली में वाणी दी है। इसलिये लोकजीवन पर काव्य लिखने वाले बाद के कवियों ने उन्हे अपना आदर्श माना। अभिनन्द, जिन्होंने सुप्रसिद्ध रामचरित महाकाव्य के अतिरिक्त बंगाल के ग्रामजीवन पर अनेक पद्य लिखे, उनकी प्रशस्ति में कहते हैं—

तातः सृष्टिमपूर्ववस्तुविषयामेकोऽत्र निर्व्यूढवान्
निष्णातः कविकुञ्जरेन्द्रचरिते मार्गे गिरां वागुरः।
रेवा विन्ध्यपुलिन्दपामरवधूभूगोलझञ्झानिल-
प्रायोऽर्थे वचनानि पल्लवयितुं जानाति योगेश्वरः।।[४६]

योगेश्वर को भारतीय ग्रामजीवन का गहरा अनुभव था। वे लोकजीवन के निपुण चितेरे हैं। भीलों, शबरों और पुलिंदों के बीच रहकर उन्होंने उनके जीवन के यथार्थ को कविता में उद्घाटित किया है। मध्यवर्ग तथा निम्न वर्ग के लोक-जीवन के संघर्ष, पीडा और कठिनाइयों को वे प्रामाणिक रूप से चित्रित करते हैं। इसके साथ ही उनके शिव के प्रति आराधना के भाव से लिखे पद्य भी बड़े रोचक और कल्पनापूर्ण हैं। पर वे मूलत: खेत-खलिहान और ग्रामांचल के जीवन को उकेरने वाले कवि हैं। धान काटने के बाद किसानों के जीवन में आये उल्लास का चित्र उन्होंने तन्मय होकर अंकित किया है।

योगेश्वर के एक पद्य में दरिद्र बटोही का वर्णन है। शीत ऋतु का समय है। सर्दी के बचने के लिये एक मुट्ठी पुआल की आस लगाये दरिद्र बटोही हलवाहे के आगे गिड़गिड़ाता हुआ उसकी प्रशंसा में जिस तरह धरती और आकाश एक कर देता है, उसका करुण पर शिष्ट हास्य समन्वित सजीव चित्र योगेश्वर ने इस पद्य में अंकित किया है—

भद्रं ते सदृशं यदध्वगशतैः कीर्तिस्तवोद्गीयते
स्थाने रूपमनुत्तमं सुकृतिनो दानेन कर्णो जितः।
इत्यालोच्य चिरं दृशा कृपणया दूरागतेन स्तुतः
पान्थेनैकपलालमुष्टिरुचिना गर्वायते हालिकः।।

('हे भैया, सौ सौ बटौही तुम्हारा यश गा रहे हैं, तो यह बात तुम्हारे योग्य ही है। क्या तुम्हारा रूप है, क्या शोभा है! तुम्हारे जैसे पुण्यात्मा ने तो अपने दान से कर्ण को जीत लिया!'— इस प्रकार दूर से आते हुए और दीनदृष्टि से निहार कर एक मुट्ठी भर पुआल की चाह में बटोही स्तुति कर रहा है, और हलवाहा उससे गर्व में फूल कर कुप्पा हो रहा है।)

वर्षा के समय जब घर चू रहा हो, तो दरिद्र गृहिणी घर को बचाने के लिये क्या क्या

करती है, यह योगेश्वर जिस तरह बताते हैं, वह उनकी दरिद्र जनता के प्रति सच्ची सहानुभूति, सूक्ष्म पर्येवक्षण तथा संवेदनशीलता का परिचायक है—

सक्तून् शोचति सम्प्लुतान् प्रतिकरोत्याक्रन्दतो बालकान्
प्रत्युत्सिञ्चति कर्परेण सलिलं शय्यातृणं रक्षति।
दत्वा मूर्धनि शीर्णशूर्पशकलं जीर्णे गृहे व्याकुला
किं तद् यन्न करोति दुःस्थगृहिणी देवे भृशं वर्षति।।

(सत्तू भीग कर बह गया है, और वह उसका शोक मना रही है। बच्चे चिल्लपों कर रहे हैं, और वह उन्हें चुप करा रही है। घर में फैले पानी को वह पौंछे से सुखा रही है। पुआल के बिस्तर को बचा रही है। माथे पर पुराने सूप का टुकड़ा रख कर अपने जर्जर घर में व्याकुल दरिद्र की यह गृहिणी क्या क्या नहीं कर रही है, जब कि बाहर पानी मूसलाधार बरस रहा है।)

केशट

केशट का समय आठवीं नवीं शताब्दी के आसपास है। विद्याकर ने सुभाषितरत्नकोश में इनके दस पद्य उद्धृत किये हैं, तथा श्रीधर ने उन्नीस। काव्यसौष्ठव की दृष्टि से इनकी रचना बाण और राजशेखर की कोटि की है। मध्यवर्गीय और निम्नवर्गीय पारिवारिक जीवन तथा मानवीय संबंधों की रागात्मकता का सुंदर चित्रण इन्होंने अपने पद्यों में किया है। विद्याकर, जल्हण, वल्लभदेव तथा शार्गधर के द्वारा उदाहृत उनका यह पद्य द्रष्टव्य है—

आयाते दयिते मरुस्थलभुवामुल्लङ्घ्य दुर्लङ्घ्यतां
गेहिन्या परितोषवाष्पतरलामसज्य दृष्टिं मुखे।
दत्वा पीलुशमीकरीरकवलान् स्वेनाञ्चलेनादरा-
दामृष्टं करभस्य केशरसटाभारावलग्नं रजः।।

(मरुस्थल में अलंघ्य दूरी पार करके बड़े दिनों के बाद प्रवासी प्रिय घर लौटकर आया है। गृहिणी ने उसे संतोष और अश्रु से तरल दृष्टि से निहारा और फिर जिस ऊँट पर बैठकर प्रिय आया था, उसके आगे पीलु, शमी और करीर के कौर डाले; फिर उसकी केसर सटाओं में लगी धूल को वह अपने आँचल से पोंछने लगी।)

प्रिय के आने पर गृहिणी के उछाह और स्नेह का उसकी चेष्टाओं के द्वारा यह प्रकटीकरण अन्यत्र दुर्लभ है।

आचार्य मम्मट ने केशट के दो पद्य उद्धृत किये हैं। कुल मिलाकर बीस पद्य विविध ग्रंथों में केशट के मिलते हैं।

सदु० में केशट के नाम से १९ पद्य उद्धृत हैं। संभवत: केशट ने दशावतारों पर सुंदर वंदनात्मक पद्य लिखे थे, जिनमें सुरको० में कच्छप व नृसिंहावतार संबंधी पद्य उद्धृत है। ये पद्य चमत्कार व कल्पनाओं नया संसार उजागर करते हैं। यथा—

पृष्ठभ्राम्यदमन्दमन्दरगिरिग्रावाग्रकण्डूयना-
न्निद्रालोः कमठाकृतेर्भगवतस्ते पान्तु श्वासानिलाः।
यत्सञ्चारकलानुवर्तनवशाद्वेलोच्छलेनाम्भसां
यातायातमयन्त्रितं जलनिधेर्नाद्यापि विश्राम्यति।।

(सदु० १८६)

(पीठ पर मंद मंद घूमते मंदरगिरि के पत्थरों से जिनकी खुजली मिट रही है और उसके कारण जो उनीदे हो रहे हैं उन कमठाकृति भगवान् के श्वास की हवाएँ आप की रक्षा करें, जिनकी संचारकला का अनुवर्तन करने के कारण वेला तक उछलते सागर के जल का अयंत्रित यातायात अभी भी रुक नहीं रहा है।)

आचार्यों के द्वारा उद्धृत यह पद्य सदु. में केशटकृत बताया गया है

मा गर्वमुद्वह कपोलतले चकास्ति
कान्तस्वहस्तलिखिता मम मञ्जरीति।
अन्यापि किं न सखि भाजनमीदृशानां
वैरी न चेद्भवति वेपथुरन्तरायः।।

(सदु० ११७५)

(यह घमंड मतकर कि मेरे कपोल पर कांत ने अपने हाथ से मंजरी लिखी है। सखि, इस तरह के सौभाग्य की पात्र (मेरी जैसी) और सुहागिनें भी हो सकती थीं, यदि बैरन बनने वाली कँपकँपी अंतराय न होती।)

स्वातंत्र्य भावना, मनस्विता, ईश्वरों (रईसों) की मदांधता के धिक्कार के स्वर भी केशट की कविता में हैं

स्वातन्त्र्यं तव नीचसर्पणमथो पात्रे स्थितौ नेयता
तच्चित्रं प्रकटीकरोति कलुषीभावोन्यजन्यस्तव।
स्नेहो हन्त तवान्तरं न लभते पृच्छामि तत्त्वां पयः
शिष्यः किं नु दुरीश्वरस्तव सखे किं वा त्वदीयो गुरुः।।

(नीचसर्पण (नीचे की ओर गिरने, नीच व्यक्ति के पास जाने) का स्वातन्त्र्य, पात्र में रहने पर कहीं भी ले जाये जाने की स्थिति – ये बातें अन्यजन्य कलुषीभाव को प्रकट करती हैं। स्नेह को तुम्हारी भीतर स्थान नहीं मिल सकता। तो है जल, मैं तुमसे पूछता हूँ कि दुरीश्वर (दुष्ट स्वामी) तुम्हारा शिष्य है या तुम्हारा गुरु है?)

विरह वेदना के कारुणिक स्वर उनकी अन्य विशेषता है, जो अन्योक्तियों के द्वारा व्यक्त हुई है। नीचे लिखी अन्योक्ति में एक हरिण के माध्यम से प्रेम में सर्वस्व लुटा देने वाले व्यक्ति की दशा का कारुणिक वर्णन किया गया है—

नादत्से हरिताङ्कुरान् क्वचिदपि स्थैर्यं न यद् गाहसे
यत्पर्याकुललोचनोऽसि करुणं कूजन् दिशः पश्यसि।
दैवेनान्तरितप्रियोऽसि हरिण क्षामोऽसि यत्प्रत्यहं
प्रत्यद्रि प्रतिकाननं प्रतिनदि प्रत्यूषरं धावसि।।

(सदु० १८५७)

(तुम जो हरीभरी घास नहीं खा रहे, कहीं टिक नही पा रहे, तुम जिसकी आँखें डबडबाई रहती हैं, जो करुण कूक भरकर इस दिशा से उस दिशा में दौड़ते फिर रहे हो, दुर्भाग्य से तुम्हारी प्रिया खो गई है, जिसके कारण हे हरिण, तुम प्रतिदिन दुबलाते जा रहे हो, और हर पहाड़, हर जंगल, हर नदी और हर ऊसर भूमि में भागते फिर रहे हो।)

वागुर

अपनी प्रशस्य वर्णन कला, जीवन के प्रेम और राग की सरस छवियों के कारण वागुर के काव्य की प्रशंसा योगेश्वर के अनुयायी कवियों ने की है। इन्होंने ग्रामजीवन पर भी काव्य लिखे थे – ऐसा लगता है। कमलकंडनी या धानकूटने वाली स्त्रियों की यह चित्ताकर्षक छवि वागुर ने अंकित की है—

क्वणद्वलयसन्ततिक्षणमुदञ्चिदोष्कन्दली
गलत्पटसमुन्मिषत्कुचतटीनखाङ्कावली।
कराम्बुजधृतोल्लसन्मुशलमुन्नमन्ती मुहुः
प्रलम्बिमणिमालिनी कलमकण्डनी राजते।।

(सुरको० ११८२)

(कंगन खन-खन करके बज रहे हैं। बाहें ऊपर उठ रही हैं। आँचल ढलकता है, वक्षःस्थल पर के नखचिह्न झलक जाते हैं। करकमलों में लिये मूसल को ऊपर उठाती हुई लंबी मणिमाला वाली धान कूटती स्त्री सुंदर लग रही है।)

श्रीधर ने सदु० १२९९ के शृंगारप्रवाह में उनके वर्षावर्णन का एक पद्य उद्धृत किया है।[४७]

मनोरथ

मनोरथ कवि, जिनकी चर्चा ऊपर की गई है, ध्वनि के प्रबल विरोधी थे। आनन्दवर्धन ने उनका यह पद्य ध्वनिविरोधियों के मत प्रस्तुत करते हुए उद्धृत किया है—

यस्मिन्नस्ति न वस्तु किञ्चन मनःप्रह्लादि सालङ्कृति
व्युत्पन्नै रचितं च नैव वचनैर्वक्रोक्तिशून्यं च यत्।
काव्यं तद् ध्वनिना समन्वितमिति प्रीत्या प्रशंसन् जडो
नो विद्योऽभिदधाति किं सुमतिना पृष्टः स्वरूपं ध्वनेः।।

(जिसमें मन को आह्लादित करने वाली कोई अलंकृत वस्तु नहीं, जो व्युत्पन्न वचनों से रचा हुआ नहीं, है, वक्रोक्ति से शून्य है, ऐसे काव्य की, ध्वनि से समन्वित है— यह कहकर प्रीति के साथ वह मूर्ख प्रशंसा कर रहा है, हम नहीं जानते कि बुद्धिमान् के द्वारा पूछने पर वह ध्वनि का क्या स्वरूप बतायेगा?)

मुक्ताकण

कल्हण ने राजा अवंतिवर्मा (८५५-८८४ई०) के समकालीन चार कवियों में मुक्ताकण का उल्लेख सबसे पहले किया है। क्षेमेंद्र अपने सुवृत्ततिलिक में मुक्ताकण के दो पद्य उद्धत किये हैं, जिनमें से पहला शिखरिणी (यथा रन्ध्रं व्योम्न...) और दूसरा पद्य शार्दूलविक्रीडित में है। क्षेमेंद्र ने दूसरे पद्य के बंध को समुचित नहीं माना है तथा मुक्ताकण की आलोचना की है। कविकण्ठाभरण में भी क्षेमेंद्र ने दूसरे पद्य को उद्धृत करतेहुए बताया है कि मनोरथ के भी अनुज चक्रपाल ने इस पद्य का छाया लेकर अन्य पद्य रचा था। रुय्यक ने अलंकारसर्वस्व में अनुमान अलंकार के उदाहरण में मुक्ताकण का पद्य उद्धृत किया है। जल्हण ने सूक्तिमुक्तावली में वर्षा के समय पथिकों की दशा का चित्रण करने वाला मुक्ताकण का पद्य नामोल्लेख किये बिना उद्धृत किया है।

आनंदवर्धन

आनंदवर्धन साहित्यशास्त्र के मर्मज्ञ आचार्य हैं। कल्हण के अनुसार वे राजा अवंतिवर्मा के शासनकाल में कवि के रूप में प्रसिद्धि को प्राप्त हुए—

मुक्ताकणः शिवस्वामी कविरानन्दवर्धनः।
प्रथां रत्नाकरश्चागात् साम्राज्येऽवन्तिवर्मणः।।

(कल्हण : राजतरंगिणी, ५।३९)

राजा अवंतिवर्मा (८५५-८८४ई०) के शासनकाल में चार साहित्यकार प्रसिद्ध हुए- मुक्ताकण, शिवस्वामी, कवि आनंदवर्धन तथा रत्नाकर। कल्हण के उल्लेख में यह विशेष उल्लेखनीय है कि चार रचनाकारों के नाम गिनाते हुए उन्होंने 'कवि' यह विशेषण केवल आनंदवर्धन के नाम के साथ जोड़ा; जबकि उनके साथ गिनाये गये रचनाकारो में कम से कम दो - शिवस्वामी और रत्नाकर पृथुलकाय महाकाव्य रचने के लिये प्रसिद्ध हैं। पर कल्हण ने कवि तो इनमें से आनंदवर्धन को ही बताया।

आनंदवर्धन के स्तोत्रकाव्य 'देवीशतक' की टीका व्याकरण के महान् आचार्य कैयट ने लिखी थी (९७८ई०)। इतने बड़े वैयाकरण का देवीशतक की टीका में प्रवृत्त होना इस काव्य और उसके कवि के सम्मान का सूचक है। आनंदवर्धन ने 'विषमबाणलीला' नाम से एक स्वतंत्र खंडकाव्य प्राकृत में लिखा था, जो लुप्त हो गया, पर आनंदवर्धन ने ही इसकी एक गाथा अर्थांतरसंक्रमितवाच्यध्वनि के उदाहरणस्वरूप अपने ग्रंथ में उद्धृत की है।

आनंदवर्धन का 'देवीशतक' एक दुरूह चित्रकाव्य है, जो देवी की स्तुति में रचा गया। अर्जुनचरित नामक संस्कृत महाकाव्य के भी वे प्रणेता हैं। यह महाकाव्य महाभारत की कथा पर आधारित था। अर्जुनचरित महाकाव्य की प्रबंधात्मकता को प्रकाश डालते हुए ध्वन्यालोक के तृतीय उद्योत में आनंदवर्धन ने कहा कि इस प्रबंध में अर्जुन के पातालगमन के द्वारा नायक के नय, विक्रम आदि गुणों को प्रकाशित करने का कवि को अवसर मिला है।[४८]

अर्जुनचरित तथा विषमबाणलीला अप्राप्त हैं। देवीशतक ही उनकी स्वतंत्र काव्य रचनाओं में उपलब्ध होता है। आनंदवर्धन के नाम से सुभाषितसंग्रहों में अनेक मुक्तक भी मिलते हैं। ध्वन्यालोक के अतिरिक्त इन्होंने कतिपय अन्य भी शास्त्रीय ग्रंथ लिखे थे। इनमें से धर्मकीर्ति के प्रमाणविनिश्चय पर धर्मोत्तरकृत टीका की उपटीका का इन्होंने स्वयं संकेत दिया है। अभिनवगुप्त ने ध्वन्यालोकलोचन में इनके तत्त्वालोक नामक एक ग्रंथ का उल्लेख किया है।[४९]

देवीशतक भाषा पर आनंदवर्धन के असाधारण अधिकार और दुरूह तथा क्लिष्ट काव्य की रचना के साथ मुरजबंध, खड्गबंध, गोमूत्रकाबंध आदि चित्रकाव्यों के उदाहरण प्रस्तुत करता है। कहीं कहीं यमक आदि का निर्वाह करते हुए भी कवि ने प्रसादगुण की रक्षा की है। उदाहरणार्थ —

संयतं याचमानेन यस्याः प्रापि द्विषा वधः।
संयतं या च मानेन युनक्ति प्रणतं जनम्।।
ऋषीणां सादयामास सा तमांसि त्रयीमयी
पायाद्वः सा दयामाधिच्छिदं जगति बिभ्रती।।(६)

प्रतिलोम अनुलोम से एक ही श्लोक को उलट कर पढ़ा जा सकता है। उदाहरणार्थ -

या दमावनयागेन स्वाराधा नयसारया
हरिकैतवहास्याय सायामा विजिता यया (८)

इसी से प्रतिलोम कर के यह श्लोक बन जाता है—

यायताजिविमाया सा यस्या हा बत कैरिह
या रसायनधारा स्वा न गेयानवमा दया।। (९)

अनेक श्लोक अत्यंत प्रसादगुण से संपन्न, सरस और मधुर हैं। पर गोमूत्रिकाबंध, संदष्टयमक, अर्धगोमूत्रिकाबंध आदि में शाब्दीक्रीडा पर आनंदवर्धन ने इसमें अपनी रचनाशक्ति खर्च की है।

मम्मट ने नवीकृतत्त्व के उदाहरण आनंदवर्धन के देवीशतक से यह पद्य उद्धृत किया है—

यदि दहत्यनलोऽत्र किमद्भुतं यदि च गौरवमद्रिषु किं ततः।
लवणमम्बु सदैव महोदधेः प्रकृतिरेव सतामविषादिता।।

(यदि आग जलाती है, तो इसमें अद्भुत क्या? यदि पहाड़ों में गौरव (भार) है, तो इसमें

कौन सी बड़ी बात है? सागर का जल सदैव खारा का खारा रहता है। सज्जनों की प्रकृति ही विषादरहित रहने की है।)

इसमें किमद्भुतम्, किं ततः, सदैव – इन पदों के द्वारा कवि ने एक ही बात को अलग अलग शब्दों में कहकर पुनरावृत्ति के दोष से काव्य को बचा लिया है। विशेष का समर्थन सामान्य से किया गया है, अतः अर्थान्तरन्यास अलंकार भी इस पद्य में है।

यमक को आनंदवर्धन से सहज साध्य बना लिया है यह विस्मयकर है। उचित ही यमक के उदाहरण मम्मट ने आनंदवर्धन के देवीशतक से यह पद्य दिया है—

यदानतोऽयदानतो नयात्ययं न यात्ययम्।
शिवेहितां शिवे हितां स्मरामितां स्मरामि ताम्।।

(जिनको नमन करके यह नय के अत्यय को प्राप्त नहीं होता। शिव की भार्या तथा शिव में आहित स्मर के द्वारा मित न की जा सकी जो उन देवी का मैं स्मरण करता हूँ।)

ध्वन्यालोक में आनंदवर्धन के मुक्तक – यद्यपि ध्वन्यालोक एक शास्त्रीय ग्रंथ है, पर कविता के सौंदर्य का विवेचन करते हुए आचार्य आनंदवर्धन ने स्वयं के कवित्व को भी उसमें गूँथा है। आनंदवर्धन के प्रांजल गद्य व और कमनीय पद्य दोनों में कवित्व की छटाएँ देखी जा सकती हैं। शास्त्रीय विमर्श को भी वे कविता की पदावली में सरस बना कर प्रस्तुत करते हैं। भोज की शब्दावली में तो सारा का सारा ध्वन्यालोक इस दृष्टि से शास्त्रकाव्य का निदर्शन है। काव्य विमर्श की चर्चा करते हुए आनंदवर्धन कहीं तो उसे चिरकाल से सोया हुआ बताते हैं, तो कहीं कविता के नंदनकानन में ध्वनि के कल्पतरु का रूपक रचते हैं, अन्यत्र वे दृष्टपूर्व अर्थों की रसपरिग्रह के कारण नवीनता के लिये मधुमास के वृक्षों से तुलना करते हैं।

काव्याख्येऽखिलधाम्नि विबुधोद्याने ध्वनिर्दर्शितः।
सोऽयं कल्पतरूपमानमहिमा भोग्योऽस्तु भव्यात्मनाम्।

इस तरह आनंदवर्धन दर्शन में कविता की रमणीयार्थप्रतिपादक पदावली का सन्निवेश करते चलते हैं। ध्वन्यालोक के मंगलपद्य में भी आनंदवर्धन ने अपनी कविप्रतिभा का परिचय दिया है।

स्वेच्छाकेसरिणः स्वच्छस्वच्छायायासितेन्दवः।
त्रायन्तां वो मधुरिपोः प्रपन्नार्तिच्छिदो नखाः।।

(स्वच्छ अपनी छाया से चंद्रमा को क्लेश देते, शरणागत की आर्ति का छेदन करने वाले स्वेच्छा से केसरी बने मधुरिपु के नख आपकी रक्षा करें।)

आनंदवर्धन के इस पद्य की विशद व्याख्या करते हुए अभिनवगुप्त ने इसमें गुरुपरंपरासम्मत त्रिविधध्वनि प्रदर्शित की है। विष्णु को नृसिंहावतार में नित्योद्योगसंपन्न निरूपित किया गया है, अतः इस पद्य में वीर रस ध्वनित है। नृसिंह के नखों की अतिशयशक्ति बताते हुए कवि ने यह

भी सूचित किया है उनके नख ही शत्रु के समूल नाश के लिये पर्याप्त हैं, अन्य किसी अस्त्र की उन्हें अपेक्षा नहीं है। 'मधुरिपु' यह संज्ञा भी अभिनवगुप्त की दृष्टि में सार्थक है, यह ईश्वर के जगत्रय के आयास को मिटाने की क्षमता को ध्वनित करती है। कुंतक की दृष्टि से मीमांसा करें, तो यह पर्यायवक्रता का उदाहरण है। मधुरिपु के लिये कवि ने विशेषण दिया है स्वेच्छाकेसरी, जो ईश्वर के स्वातंत्र्य का द्योतक है। वक्रोक्तिकार की दृष्टि से यह विशेषणवक्रता है। इसी तरह नखों के लिये विशेषण है 'प्रपन्नार्तिच्छिद:।' नखों का तो कर्म ही छेदन है, पर आर्तिच्छेदन तो उनका कर्म नहीं हैं। ये स्वेच्छाकेसरी के नख हैं, इनमें प्रपन्नार्तिच्छेदन संभाव्य है। प्रपन्न या शरणागतों की आर्ति के कथन से हिरण्यकशिपु का संकेत कवि ने कर दिया है। आर्ति का मूर्तिमान् रूप ही वह है। ऐसी आर्ति के छेदन का निरूपण करके कवि ने परेश्वर की परमकारुणिकता को भी सूचित कर दिया है। नखा: का एक और विशेषण है— 'स्वच्छस्वच्छायायासितेन्दव:।' अभिनवगुप्त के अनुसार यहाँ अर्थशक्त्युत्थ ध्वनि के द्वारा इंदु का बालचन्द्रत्व ध्वनित होता है, तथा इंदु को आयासित करने वाले नख इस कथन के द्वारा चन्द्रमा की नखों के समक्ष विच्छायता और अहृद्यता की प्रतीति होती है। इसके साथ ही स्वच्छता और कुटिलाकारता तो जैसी मुझ में है वैसी ही नखों में भी, पर ये नख प्रपन्नार्तिनिवारणकुशल हैं, और मैं नहीं – चंद्रमा मानों यह सोचता है। इससे व्यतिरेक और उत्प्रेक्षा ये दोनों अलंकार ध्वनित हो जाते हैं। फिर चंद्रमा जैसे यह भी सोचता है कि पहले तो केवल मैं एक ही आसाधारण वैशद्य व हृद्य आकार वाला होने से समस्त जनता के लिये आकर्षण का केंद्र था, अब ये दस दस नख बालचन्द्राकार भी हैं और सन्तप्त जनों की आर्ति के निवारण में कुशल भी हैं – तो समस्त लोक तो इन्हीं को आदर देगा – यह सोच सोच कर चंद्रमा आयास अनुभव कर रहा है— इस अर्थ की प्रतीति भी साथ होती है, अत: उत्प्रेक्षा के साथ अपह्नुति भी यहाँ ध्वनित है। इस प्रकार अभिनवुप्त के गुरु भट्टतोत के अनुसार वस्तु, अलंकार और रसध्वनि – तीनों का यह पद्य उदाहरण बन जाता है।

आनंदवर्धन ने ध्वन्यालोक में अपने स्वयं के पद्य भी अनेकत्र उदाहृत किये हैं। विरोधालंकार की प्रतीति कैसे होती है इसके उदाहरण में उन्होंने अपना विष्णुस्तुतिपरक यह पद्य उद्धृत किया है—

सर्वैकशरणमक्षयमधीशमीशं धियां हरिं कृष्णम्।
चतुरात्मानं निष्क्रियमरिमथनं नमत चक्रधरम्।।

(सब के एकमात्र शरण, अक्षय, अधीश, बुद्धि के ईश, हरि, कृष्ण, चतुर अंत:करण वाले, निष्क्रिय, अरिमथन चक्रधर को नमन करो।)

इस पर टिप्पणी करते हुए आचार्य कहते हैं— 'अत्र हि शब्दशक्तिमूलानुस्वानरूपो विरोध: स्फुटमेव प्रतीयते।' विष्णु निष्क्रिय रहकर भी अरिमथन करने वाले हैं, अत: आपातत: विरोध झलकता है, चतुरात्मानम् तथा चक्रधरम् इन विशेषणों से उसका परिहार संभाव्य है।

आनंदवर्धन ने अन्य अनेक स्तुतिकाव्य लिखे थे, यह अनुमान उनके उद्धरणों से होता है। अन्यत्र ध्वन्यालोक में उन्होंने शार्दूलविक्रीडित छंद में निबद्ध सूर्यस्तुति परक अपना यह पद्य उद्धृत किया है—

खं येऽत्युज्ज्वलयन्ति लूनतमसो ये वा नखोद्भासिनो
ये पुष्णन्ति सरोरुहश्रियमपि क्षिप्ताब्जभासश्च ये।
ये मूर्धस्ववभासिनः क्षितिभृतां ये चामराणां शिरां-
स्याक्रामन्त्युभयेऽपि ते दिनपतेः पादाः श्रिये सन्तु वः।।

(जो आकाश को अत्यंत उज्ज्वल बनाती चलतीं हैं, जो अंधकार को नोंच लेतीं हैं, जो नख के समान उद्भासित हैं, जो कमल की शोभा को पुष्ट करती हैं, (चरण के पक्ष में) अब्ज (कमल) की आभा को तिरस्कृत करते हैं, जो पर्वतों के शिखरों पर अवभासित होती हैं, (चरण के पक्ष में जो पर्वतों के शिखरों को रोंदते हैं) जो राजाओं के मस्तक पर अवभासित होते हैं, (चरण के पक्ष में) जो अमरों (देवों) के मस्तकों पर आक्रमण उल्लंघन करते हैं , वे दिनपति या सूर्य की किरणें आपकी श्रीवृद्धि करें।)

यहाँ पाद शब्द में श्लेष है, किरण तथा चरण दोनों अर्थ लेने पर अभिधेय व व्यंग्य अर्थों की अन्विति बनती है।

यह पद्य हरिकवि ने अपनी सुभाषितहारावली में भी उद्धृत किया है (१३५)।

इसके अतिरिक्त आनन्दवर्धन ने अनेक शृंगारपरक मुक्तक भी लिखे होंगे। ध्वनि के विविध भेदों व व्यंजना से होने वाले काव्यसौंदर्य के निदर्शन में उन्होंने इनमें से कुछ पद्य ध्वन्यालोक में उद्धृत किये हैं। इसी प्रकार का एक पद्य है—

लावण्यकान्तिपरिपूरितदिङ्मुखेऽस्मिन्
स्मेरेऽधुना तव मुखे तरलायताक्षि।
क्षोभं यदेति न मनागपि तेन मन्ये
सुव्यक्तमेव जलराशिरयं पयोधिः।।

(हे तरल नयनों वाली! लावण्य की कांति से दिशा के मुख परिपूरित करता मुस्कान से आभासित तुम्हारा मुख सामने है फिर भी रत्ती भर में हलचल नहीं है इसमें! स्पष्ट ही यह सागर बस जलराशि भर है।)

यहाँ जलराशि में पानी की राशि तथा जडता का पुंज ये दो अर्थ निकलते हैं जिनसे नायक द्वारा नायिका के प्रति चाटूक्ति और भी वक्रिम बन गई है।

विषमबाणलीला नामक काव्य प्राकृत भाषा में निबद्ध कुमारसंभव से प्रेरित प्रतीत होता है। इसके कई पद्य उन्होंने ध्वन्यालोक में उद्धृत किये हैं।[५०]

अप्रस्तुतप्रशंसा अंलकार में वाच्य कहीं तो विवक्षितत्व होता है, कहीं अविवक्षित और कहीं उभयविध। पहली स्थिति के उदाहरण में आनंदवर्धन ने अपना यह पद्य प्रस्तुत किया है—

अमी ये दृश्यन्ते ननु सुभगरूपाः सफलता
भवत्येषां यस्य क्षणमुपगतानां विषयताम्।
निरालोके लोके कथमिदमहो चक्षुरधुना
समं जातं सर्वैर्न सममथवान्यैरवयवैः।।

(सुंदर रूप ये जो दिख रहे हैं, इन पर एक क्षण में दृष्टिपात करके आँखें अपने को सफल बना लेती हैं। अब जब अँधेरा है, तो किस तरह ये एक साथ शरीर के शेष अंगों के समान बनकर रह गईं हैं।)

कवि कहना चाहता है कि आँखें संसार के विषयों को प्रकाशित कर सकें, इसके लिये उन्हें भी उजाला चाहिये। महान् व्यक्ति महान् कार्य कर सकें, इसके लिये उन्हें भी अवसर चाहिये। उपेक्षा के अँधेरे में अज्ञात रह गये किसी महान् गुणी पुरुष को लेकर आँखों के माध्यम से सुंदर व्यंजना की गई है।

आनंदवर्धन काव्यसमीक्षा के क्षेत्र में जिस प्रकार एक बड़े विचारक हैं, उसी तरह काव्यरचना के क्षेत्र में उन्होंने अपनी तत्त्वग्राही प्रज्ञा को अभिव्यक्ति दी है। अलंकारों के सांकर्य को बताने के लिये उद्धृत उनका यह पद्य चिंतन व प्रज्ञा का कविप्रतिभा के साथ सम्मिलन प्रस्तुत करता है—

या व्यापारवती रसान् रसयितुं काचित् कवीनां नवा
दृष्टिर्या परिनिष्ठितार्थविषयोन्मेषा च वैपश्चिती।
ते द्वे अप्यवलम्ब्य विश्वमनिशं निर्वर्णयन्तो वयं
श्रान्ता नैव च लब्धमब्धिशयनं त्वद्भक्तितुल्यं सुखम्।।

(एक तो रसों का आस्वाद करने वाली कवियों की कोई नित्य नई दृष्टि है, और एक विद्वानों की दृष्टि है, जो अर्थ को लेकर परिनिष्ठित उन्मेष कर देती है। हे अब्धिशयन (विष्णु)! इन दोनों को लेकर हम इस विश्व को निरंतर देखते देखते थक गये, पर तुम्हारी भक्ति के बराबर सुख न मिला।)

योगवासिष्ठ में इस पद्य को किंचित् पाठ परिवर्तन के साथ उद्धृत कर दिया गया है।

कुंतक ने भी आनंदवर्धन के इस पद्य का वक्रता के विन्यास की दृष्टि से विवेचन किया है। योगवासिष्ठकार ने इसके उत्तरार्ध में वक्रता को और नया कर दिया है। इससे लगता है कि योगवासिष्ठकार आनंदवर्धन के कवित्व से प्रभावित हैं।

आनंदवर्धन ने इस पद्य की व्यंजनाओं तथा उसमें अंतरनुस्यूत अर्थांतरसंक्रमितवाच्यध्वनि को अनुगृहीत करने वाले विरोधालंकार की विशद व्याख्या भी की है। तदनुसार कवियों की नित्य नई दृष्टि के लिये 'काचित्' यह सर्वनाम इस दृष्टि को लोकवार्ता की संकीर्णता से अलगा देता है। नवा कहने से प्रतिक्षण नवीन सौंदर्य का आधान कर सकने की क्षमता सूचित होती है। विरोध अलंकार के साथ प्रातिभ उन्मेष की असाधारणता का प्रत्यय यहाँ होता है।

कविदृष्टि और वैपश्चिती दृष्टि दोनों की अलग अलग चर्चा करके कवि पद्यकार यह कहना चाहता है कि मैं तो न कवि हूँ न पंडित। मेरे लिये ये दोनों दृष्टियाँ दरिद्र के घर में आ गये उपकरण की तरह हैं। तो इन दोनों को लेकर विश्व को निरंतर निभालते रहने का कथन का आशय यह है कि इनमें से एक दृष्टि समस्त संसार के निरूपण के लिये पर्याप्त नहीं है। इसी तरह 'निर्वर्णयन्तः' की भी अपनी व्यंजना है। श्रान्त के सामने अब्धिशयन को उपस्थित कराने में और ही चमत्कार है। श्रांत को शयन करते व्यक्ति के लिये बड़ा आदर होता है। लोकोत्तर रसचर्वणात्मक आनंद से भी परमेश्वर में विश्रांति का आनंद प्रकृष्ट है, क्योंकि रसास्वाद तो ब्रह्मास्वाद का एक बिंदु भर है। लौकिक सुख के साथ अनेक दुःख सदा जुड़े रहते हैं, अतःवह निकृष्टतर है। भगवद्भक्ति का आनंद लौकिक सुख, वैपश्चिती दृष्टि तथा रसास्वादजनित आनंद इन तीनों से बढ़कर प्रकृष्टतम है, यह आशय यहाँ ध्वनित होता है। वाच्य और व्यंग्य का परस्पर सांकर्य किस प्रकार काव्य में अर्थों की एक से एक सुंदर शृंखलाएँ निर्मित करता है, जो अनंत अर्थविच्छित्तियाँ उत्पन्न करती हैं यह पद्य इसका उदाहरण है।

वल्लभदेव ने सुभाषितावलि में आनंदवर्धन के रचे सत्रह पद्य उद्धृत किये हैं। आनंदवर्धन ने अनेक अन्योक्तियाँ रची थीं, जिनमें से वल्लभदेव द्वारा सुभाषितावलि (६२३) में उद्धृत यह अन्योक्ति उदाहरणीय है—

केलिं कुरुष्व परिभुङ्क्ष्व सरोरुहाणि गाहस्व शैलतटनिर्झरिणी पयांसि।
भावानुरक्तकरिणीकरलालिताङ्ग मातङ्ग मुञ्च मृगराजरणाभिलाषम्।।

(शाप० ९२०)

अप्रस्तुत मातंग या हाथी को संबोधित करते हुए कवि ने किसी दुस्साहसी को चेतावनी दी है— तुम केलि करो, कमल खाते रहो, पहाड़ी नदियों में अवगाहन करो, हे भाव से अनुरक्त हथिनी की सूँड से लालित देह वाले मातंग, मृगराज या सिंह से युद्ध ठानने की अभिलाषा छोड़ दो।)

शाप० (८९८) में आनंदवर्धन के नाम से जुगनू पर दुर्लभ भावबोध व नवीन शब्दयोजना से समन्वित यह अन्योक्ति है—

अदृष्टिव्यापारं गतवति दिनानामधिपतौ
यशःशेषीभूते शशिनि गतधाम्नि ग्रहगणे
ततान्धं सञ्जातं जगदुपनते मेघसमये
तदामी गम्यन्ते तमसि पटवः कीटमणयः।

(जब दिनाधिपति सूर्य दृष्टिव्यापार से ओझल हो जायें, चंद्रमा यशःशेष भर रह जाये, ग्रहगणों की आभा फीकी हो जाये, मेघ का समय (वर्षाकाल) आ जाये और सारा संसार अँधेरे से मुँद जाये, तब अँधेरे में भी पटु बनकर रहने वाले ये कीटमणि या जुगनू पहचाने जाते हैं।)

इस पद्य का एक एक शब्द चुभता हुआ व चमकदार है। ध्वनिसिद्धांतपरमाचार्य की प्रतिष्ठा के अनुरूप पदयोजना है।

सदु० (१६५६) में आनंदवर्धन की यह अन्योक्ति भी मननीय है—

किं नैव सन्ति सुबहूनि महामहांसि चन्द्रोत्पलं भुवनमण्डलमण्डनाय।
सूर्यादृते न तदुदैति न चास्तमेति येनोदितेन दिनमस्तमितेन रात्रिः।।

(भवन मंडल को आभूषित करने के लिये क्या चंद्रमा जैसे अन्य अनेक महिममय तेजस्वी नहीं हैं? पर सूर्य को छोड़कर अन्य न उदित होता है न अस्त होता है, जिसके उदय होने पर दिन और अस्त होने पर रात हो जाया करती है।

कवि कहना चाहता है कि सच्चा उदय और सच्चा अस्त तो सूर्य का ही है। अन्य चमकीले पदार्थों का उदयास्त महत्त्वहीन है।

श्रीधर ने इस पद्य को अपदेशप्रवाह में उद्धृत किया है, पर आनंदवर्धन सूर्य के प्रति अकुंठ आस्था भी व्यक्त कर रहे हैं।

शाप० (९०६) में आनंदवर्धन की यह अन्योक्ति भी उतनी ही मार्मिक है —

नास्योच्छ्रायवती तनुर्न दशनौ नो दीर्घदीर्घः करः
सत्यं वारण नैष केसरिशिशुस्त्वाडम्बरैः स्पर्धते।
तेजोबीजमजेयमस्य हृदये न्यस्तं पुनर्वेधसा
तादृक् त्वादृशमेव येन सुतरां भोज्यं पशुं मन्यते।।

(इसका देह तुम्हारी तरह ऊँचा नहीं है, न इसके तुम्हारे जैसे दो दाँत बाहर निकले हुए हैं, न इसके पास लंबी सूँड ही है। हे वारण (हाथी)! यह केसरी सिंह का शावक या छोना है, यह आडंबरों के द्वारा तुमसे स्पर्धा नहीं करता। पर विधाता ने इसके हृदय में अजेय तेजोबीज स्थापित कर दिया है, जिससे यह तुम्हारे जैसे विशाल डील डोल वाले को भी अपना भोज्य पशु ही मानता है।)

आनंदवर्धन के समय तक राधाभक्ति का सारे देश में प्रचार हो चुका तथा उन्होंने राधा पर कोई स्वतंत्र काव्य लिखा था या मुक्तकों में ही राधा की अनन्य आराधना का चित्रण किया है यह नहीं कहा जा सकता है। पर राधा को लेकर उनका यह पद्य (सुभाषितहारावली, ८३) में उद्धृत है—

श्लाघ्याशेषतनुः सुदर्शनकरः सर्वाङ्गलीलाजित-
स्त्रैलोक्यां चरणारविन्दचलितेनाक्रान्तलोको हरिः।
बिभ्राणां मुखमिन्दुसुन्दरतरं चन्द्रार्कचक्षुर्द्वयं
स्थाने यां स्वतनोरपश्यदधिकां सा राधिका वोऽवतात्।।

(जिनका स्वरूप सर्वथा श्लाघ्य है, जो सुदर्शन हाथ में लिये हुए हैं, सभी अंगों की

लीलाओं से जो विजित त्रिलोकी को अपने चरणकमल से सारे लोकों सहित आक्रांत किये हुए हैं, ऐसे कृष्ण ने चंद्रमा और सूर्य के नयन वाले और चन्द्रमा से सुंदरतर मुख वाली राधिका को ठीक ही अपने रूप से अधिक देखा, वे राधिका आपकी रक्षा करें।)

आनंदवर्धन ने महाकाव्य, खंडकाव्य, स्तोत्र, स्फुट मुक्तक आदि विविध विधाओं में रचना की। एक मुक्तककार के रूप वे अपनी स्वयं की इस उक्ति को चरितार्थ करते हैं कि मुक्तकों में भी प्रबंध के समान कवि का रसाभिनिवेश हो सकता है।

भल्लटशतक

भल्लटशतक के प्रणेता भल्लट का समय नवीं शताब्दी के आसपास है, क्योंकि आनंदवर्धन ने अपने ध्वन्यालोक में उन्हें उद्धृत किया है। कल्हण ने राजतरंगिणी में उनके विषय में लिखा है कि वे राजा शंकरवर्मा (८८३-९०२ई०) के समय में रहे थे और उसकी उपेक्षा के पात्र बने। संस्कृत की सुभाषित परंपरा में भल्लट का महत्त्व निर्विवाद है। अन्योक्ति या अन्यापदेश अलंकार में अप्रस्तुत के कथन के द्वारा प्रस्तुत की स्थिति पर प्रकाश डाला जाता है। भल्लट ने अपने समय की सामाजिक और राजनीतिक स्थितियों पर कटाक्ष करने और अपनी पीड़ा को व्यक्त करने के लिये अन्योक्ति को माध्यम बनाया। उनकी उक्तियाँ हृदय में उतरती चली जाती हैं। भल्लट के अन्यापदेशों में प्रस्तुत व अप्रस्तुत दोनों विराट् दृश्य उपस्थित करते हैं। सूर्य के अन्यापदेश के द्वारा वे कश्मीर में बाहरी हमलों और आतंक की स्थिति का संकेत करते हुए कहते हैं—

पातः पूष्णो भवति महते नोपपाताय यस्मात्
कालेनास्तं क इह न ययुर्यान्ति यास्यन्ति चान्ये।
एतावत्तु व्यथयतितरां लोकबाह्यैस्तमोभि-
स्तस्मिन्नेव प्रकृतिमहति व्योम्नि लब्धोऽवकाशः।।

(सूर्य डूब गया, यह कोई दुख की बात नहीं। समय आने पर कौन हैं, जो अस्त नहीं हुए और अस्त नहीं हो जायेगें? पर यह बात अवश्य बहुत चुभती है कि घुस पैठिये अँधेरे ने उस विस्तृत आकाश में अपने लिये स्थान पा ही लिया।)

बाहरी आक्रमणों से जर्जर हो रही काश्मीर की धरती के लिये करुणा भी यहाँ झलकती है। शाप० (७४५) ने इसे उद्धृत किया है।

जीवन की निराशा और विषाद, मनन और गंभीरता, अधिक्षेप तथा विडंबना, अनुभवों को सहज सटीक भाषा में प्रकट करने में अपनी सफलता के कारण भल्लट का कवित्व सराहनीय है। आचार्य मम्मट ने भी उनके तीन पद्यों को प्रशंसा के भाव से उद्धृत किया है। इनमें से निम्नलिखित पद्य में अन्योक्ति के साथ विरोधालंकार का सुंदर समगम रचा गया है—

अयं वारामेको निलय इति रत्नाकर इति
श्रितोऽस्माभिस्तृष्णातरलितमनोभिर्जलनिधिः।
क एवं जानीते निजकरपुटीकोटरगतं
क्षणादेनं ताम्यत्तिमिमकरमापास्यति मुनिः।।

(तृष्णा से तरलित मन वाले हम लोगों ने यह सोचकर इस सागर का आश्रय लिया कि यह अपार जलराशि का निलय है,रत्नाकर है। यह कौन जानता था कि अपने हाथ से चुल्लू में इसे लेकर तड़पते तिमि व मगरों के साथ मुनि इसे एक क्षण में पी जायेंगे।)

अप्रस्तुतप्रशंसा के उदाहरण में भल्लट का यह पद्य मम्मट ने उद्धृत किया है—

सोऽपूर्वो रसनाविपर्ययविधिः तत् कर्णयोश्चापलं
दृष्टिः सा मदविस्मृतस्वपरदिक् किं भूयसोक्तेन वा।
सर्वं विस्मृतवानसि भ्रमर हे यद्वारणोऽद्याप्यसौ
अन्तःशून्यकरो निषेव्यत इति भ्रातः क एष ग्रहः।।

(जिह्वा के अपूर्व विपर्यय की वह विधि, कानों की वह चपलता, मद के कारण अपनी व पराई दिशा को भुला देने वाली वह दृष्टि! हे भ्रमर! और अधिक क्या कहें, यह सब तुम भूल गये, जो भीतर से शून्य कर (सूँड, हाथ) वाले इस वारण (हाथी, देने से मना करने वाला व्यक्ति) का सेवन किये जा रहे हो! भाई यह तुम्हारा कैसा आग्रह?)

इस पद्य में अर्थश्लेष का अच्छा प्रयोग किया गया है। मतवाले हाथी के वर्णन के द्वारा ऐश्वर्य के मद से मत्त व्यक्ति का संकेत किया गया है, जो रसना विपर्यय वाला है अर्थात् उसके वचनों का कोई भरोसा नहीं, अपने कहे हुए से पलट जाता है; उसमें कानों की चपलता है, अर्थात् किसी के भी बहकावे में आ जाता है; मद के कारण उसे अपने और पराये का बोध नहीं रहता तथा वह अन्तःशून्य कर या खाली हाथ वाला भी है। कवि ने ऐसे व्यक्ति के आगे लगातार गिड़गिड़ाने वाले याचक पर यहाँ करारा व्यंग्य किया है। यहाँ कर तथा वारण में अर्थ शब्दश्लेष तथा रसनाविपर्ययविधिः, कर्णयोश्चापलम्, मदविस्मृतस्वपरदिक् दृष्टिः – इन पदों में अर्थश्लेष भी है।

अमीषां प्राणानां तुलितबिसिनीपत्रपयसां
कृते किं नास्माभिर्विगलितविवेकैर्व्यवसितम्।
यदीशानामग्रे द्रविणकणमोहान्धमनसां
कृतं वीतव्रीडैर्निजगुणकथापातकमपि।[५१]

(भल्लटशतक, १६८,महासुभा०संग्रह भाग-२, २४८३)

(जल में उगे कमल नाल की तरह भंगुर इन प्राणों के लिये विवेक को बिसार कर हमने क्या क्या नहीं कर डाला, जो कि द्रविण के मोह में अंधे मन वाले ईशों (रईसों) के आगे निर्लज्ज होकर अपने गुणों का बखान करने का पाप भी किया।)

निम्नलिखित पद्य को मम्मट तथा कुंतक[५२] दोनों ने उद्धृत किया है। दोनों ने इसकी कड़ी समीक्षा की है।

कल्लोलवेल्लितदृषत्परुषप्रहारै रत्नान्यमूनि मकरालय मावमंस्थाः।
किं कौस्तुभेन विहितो भवतो न नाम याच्ञाप्रसारितकरः पुरुषोत्तमोऽपि।। २७६।।

(हे मकरालय (सागर)! कलकल करती लहरों के साथ पत्थरों से प्रहार करके इन रत्नों का अपमान मत करो। क्या कौस्तुभ रत्न ने तुम्हारे सामने पुरुषोत्तम या विष्णु को भी माँगने के लिये हाथ फैला कर याचक के रूप में खड़ा नहीं कर दिया था?)

मम्मट ने इसमें कवि की चूक स्पष्ट करते हुए कहा है कि यहाँ सामान्य कथन ही पर्याप्त था, उसके स्थान पर विशेष का कथन कर दिया गया है। अर्थात् इन्हीं में से एक रत्न ने पुरुषोत्तम को हाथ फैलाने को बाध्य कर दिया यह कहना चाहिये था, न कि कौस्तुभ मणि का नाम लेने की आवश्यकता न थी। - (अत्र 'एकेन किं न विहितो भवतः स नाम' इति सामान्यं वाच्यम्)।

भल्लट अपनी अन्योक्तियों के द्वारा विडंबनाओं का तीखा बोध देते हैं।

गते तस्मिन् भानौ त्रिभुवनसमुन्मेषविरह-
व्यथां चन्द्रो नेष्यत्यनुचितमितो नास्ति किमपि।
इदं चेतस्तापं जनयतितरामत्र यदमी
प्रदीपाः सञ्जातास्तिमिरहतिबुद्धोद्धुरशिखाः।।

(शाप० ७४६)

(सूर्य के चले जाने पर तीनों लोकों में उन्मेष की विरहव्यथा को चंद्रमा मिटा दे – इसमें तो कुछ अनुचित नहीं है। पर यह बात तो मन में संताप ही उत्पन्न करने वाली है कि ये दिये अँधेरे को मिटाने के लिये अपनी शिखाएँ लहराते हुए प्रकट हो रहे हैं।)

यहाँ किसी महान् व्यक्ति के निधन पर किस तरह छोटे लोग असमर्थ होते हुए भी उसका यश लूटना चाहते हैं – इस पर व्यंग्य किया गया है। भल्लट अपनी अन्योक्तियों में महापुरुषों के प्रतीक के रूप में सूर्य, चंद्र, ग्रह नक्षत्र आदि को प्रस्तुत करते हैं, तो क्षुद्र जनों के प्रतीक के रूप में काक या अन्य जंतुओं को। काक पर दो रोचक अन्योक्तियाँ उन्होंने रची हैं।

यस्याकर्ण्य वचः सुधाकवलितं वाचंयमानामपि
व्यग्राणि ग्रथयन्ति मन्मथकथां चेतांसि चैत्रोत्सवे
रे रे काक वराक साकममुना पुंस्कोकिलेनाधुना
स्पर्धाबन्धमुपेयुषस्तव नु किं लज्जापि नो जायते।।

(शाप० ८४६)

(जिसके सुधासम वचन को सुनकर वाणी पर संयम रखने वाले लोगों के चित्त में मन्मथ

या कामदेव की कथा गुँथती चली जाती है, हे वराक (बेचारे) काक! उस पुंस्कोकिल के साथ तुम अब होड़ बद रहे हो, इसमें तुम्हे लज्जा भी नहीं आ रही?)

यहाँ काक वराक का अनुप्रास इस व्यंग्य व उपहास के भाव को और तल्ख बनाता है। भल्लट पशु पक्षियों के माध्यम से लोगों की क्षुद्रता का उपहास करने में पटु हैं। काक पर ही यह अन्योक्ति और भी धारदार है—

पथि निपतितां शून्ये दृष्ट्वा निरावरणाननां
दधिभृतघटीं गर्वोन्नद्धः समुन्नतकन्धरः
निजसमुचिटतचेष्टास्तास्ता विकारशताकुलो
यदि न कुरुते काणः काकः कदा नु करिष्यति।।

(शाप०८८१)

(मार्ग में एकांत में दही से भरी उघड़ी हाँडी को देखकर गर्व से तनकर कंधे ऊँचे कर के सौ सौ विकारों से आकुल काना कौवा अपने अनुरूप विकृत चेष्टाएँ न करे, तो कब करेगा?)

यहाँ क्षुद्र जनों की लुटेरी मनोवृत्ति पर अच्छा ताना मारा गया है।

भल्लट किसी भी पदार्थ के वर्णन में उसके सामान्य व विशेष दोनों रूपों को उद्‌घाटित करते हैं। वे पदार्थ का स्वरूप उसकी असाधारणता में उन्मीलित कर देते हैं। शाप में उद्धृत उनकी इन अन्योक्तियों में करभ (ऊँट) और खदिर का यह बहुत संक्षिप्त पर पैना वर्णन द्रष्टव्य है—

वपुर्विषमस्थानं कर्णज्वरकरो रवः।
करभस्याशुगत्यैव छादिता दोषसंहतिः।। (९५०)

(शरीर बेढब है, उसका बिलबिलाना कानों को ज्वर देने वाला है। पर करभ या ऊँट की तेज चाल उसके सारे दोषों को ढक देने वाली है)

चन्दने विषधरान् सहामहे वस्तु सुन्दरमगुप्तिमत्कुतः।
रक्षितुं वद किमात्मसौष्ठवं वर्धिताः खदिर कण्टकास्त्वया।।

(हे खदिर या कत्थे के पेड़! चंदन में विषधर सर्प बसते हैं इस बात को हम सह सकते हैं, क्योंकि कोई भी सुंदर वस्तु गोपन कैसे रह सकती है? पर क्या अपने सौंदर्य की रक्षा करने के लिये तुमने ये काँटे बढ़ा रखे हैं)

वस्तु सुन्दरमगुप्तिमत्कुतः - यह वड़ी सुंदर सूक्ति सहज ही भल्लट ने यहाँ गूँथ दी है। भल्लट ने कतिपय शृंगारपद्य भी शाप० ने उद्धृत किये हैं (३४८०)

कृष्णकर्णामृत

भक्तिभाव से समन्वित रचनाओं में कृष्णलीलाशुक (बिल्वमंगल) के कृष्णकर्णामृत का अद्वितीय स्थान है। कृष्ण लीलाशुक दामोदर और नीली के पुत्र तथा तंत्रपद्धति नामक ग्रंथ के प्रणेता श्रेष्ठ आचार्य ईशानदेव के शिष्य थे। इनका निवास स्थान मलाबार में भारती नदी के तट पर मुक्तिस्थल में था, जिसे आजकल मक्कुट्टलाइ कहा जाता है। सातकड़ि मुखोपाध्याय ने इनका जन्म कोझिकोड (कालीकट) में माना है। किंवदंती है कि अनंतशयनम् के पद्मनाभ मंदिर में निवास करते रहे तथा वहीं रहकर इन्होंने कृष्णकर्णामृत की रचना की। एक अन्य किंवदंती के अनुसार ये आचार्य पद्मपाद के शिष्य थे तथा त्रिशूर के शंकर मठ में रहते रहे। इनका समय इन सूचनाओं के अनुसार आठवीं नवीं शताब्दी के आसपास माना जा सकता है।

पं० बलदेव उपाध्याय ने इनका समय तेरहवीं शताब्दी का उत्तरार्ध माना है।

जयदेव के समान इनकी कृष्णभक्ति के विषय में अनेक दंतकथाएँ प्रचलित हैं। चिंतामणि नामक वेश्या के प्रेम में पड़कर रात्रि में घनघोर वर्षा के समय नदी पाकर के उससे मिलने के लिये जाते समय इन्होंने नदी में बहते एक शव को ही काष्ठखंड समझ लिया और अपनी प्रिया के भवन की छत से लटकते साँप को रस्सी समझकर उसे पकड़कर उसके घर में जा कूदे। प्रिया से मिली फटकार से इनका हदय परिवर्तन हो गया।[५३] इसप्रकार की कथा कृष्णभक्त सूरदास के विषय में भी है।

जयदेव के ही समान इनको भी मलाबार (केरल), बंगाल, आंध्र आदि प्रांतों के लोग अपने यहाँ का निवासी मानते आये हैं। कवित्व की असाधारण प्रतिभा के साथ साथ कृष्णलीलाशुक में पांडित्य भी उच्चकोटि का था। उन्होंने भोज के सरस्वतीकंठाभरण पर कृष्णलीलाविनोद नाम से टीका लिखी थी। विद्यारण्य ने उन्हें अपनी धातुवृत्ति में प्रतिष्ठित आचार्य के रूप में उद्धृत किया है। सातकड़ि मुखोपाध्याय ने उनके द्वारा देव नामक व्याकरण की पुरुषकार नाम से टीका लिखे जाने का उल्लेख किया है, साथ ही यह भी बताया है कि लीलाशुक ने सुबंतसाम्राज्य तथा तिङन्तसाम्राज्य नामक व्याकरणग्रंथों की भी रचना की थी। प्राकृत भाषा में सिरिचिंध (श्रीचिह्न) नामक काव्य भी इन्होंने लिखा था। – इसके १२ सर्गों में आठ इन्होंने लिखे। अवशिष्ट चार सर्ग इनके शिष्य व टीकाकार दुर्गाप्रसाद यति ने रचे।

संन्यासी के रूप में कृष्णलीलाशुक बिल्वमंगल के नाम से प्रसिद्ध हुए। वृंदावनस्तुति में उन्होंने रासक्रीडा का मनोहारी वर्णन किया है। कालवध नामक काव्य में उन्होंने कृष्ण के मुख से मार्कंडेय की रक्षा के लिये शिव के द्वारा यम के संहार की कथा प्रस्तुत करायी है। तथापि कृष्णलीलाशुक बिल्वमंगल की ख्याति को अजर अमर बनाने वाली कृति कृष्णकर्णामृत है।

वाचनाएँ

कृष्णकर्णामृत काव्य की वैष्णवमतानुयायियों में लोकप्रियता के कारण इसकी अलग

अलग वाचनाएँ प्रचलन में आ गईं। दाक्षिणात्य वाचना में तीन आश्वास हैं, जिनमें क्रमशः १०७, ११० तथा १०२ पद्य मिलते हैं। कृष्णदास कविराज की सारङ्गरङ्गला टीका के साथ प्रकाशित संस्करण[५४] में मात्र ११२ ही पद्य हैं, तथा दाक्षिणात्य वाचना का प्रथम आश्वास पाठभेदों व अन्य पद्यों के सम्मिश्रण के साथ इसमें रखा गया है।

कृष्णकर्णामृत के १२ तरंगों में चित्त को तरंगित करने वाले अतिशय सरस हृद्य निरवद्य पद्यबंध हैं। पद्यों की संगीतात्मकता, लय और माधुर्यभावधारा के कारण इन पर अभिनय व नृत्य भी होता रहा है और इस तरह यह कृति जयदेव के गीतगोविंद के समान धर्म, कला, संस्कृति के क्षेत्रों में काव्य की रसवत्ता को प्रतिष्ठित करती रही है। वात्सल्य की हृदय के तारों के झंकृत करने वाली ऐसी कोमल अनुभूति बिल्वमंगल ही करा सकते हैं—

अर्धोन्मीलितलोचनेन पिबतः पर्याप्तमेकं स्तनं
सद्यः प्रस्नुतदुग्धदिग्धमपरं हस्तेन सम्मार्जतः।
मात्रा चाङ्गुलिलालितस्य चिबुके स्मेरायमाणे मुखे
विष्णोः क्षीरकणाम्बुधारधवला दन्तद्युतिः पातु वः।

(अधमुँदी आँखों से दूध से पर्याप्त भरा एक स्तन पीते हुए तत्काल दूध की धार बहाने वाले अन्य स्तन को हाथ से मलते हुए अपनी माता के द्वारा चिबुक (ठुड्डी) पर अंगुलि के द्वारा लाड़ किये जाते हुए विष्णु की दूध की बूँदों के समान सफेद दंतद्युति आपकी रक्षा करे।)

श्रीमद्भागवत की सख्य भक्ति व गोपियों के अनिर्वाच्य प्रेम की तल्लीनता लीलाशुक के काव्य में अव्याहत बनी हुई है। मुरली को संबोधित उक्तियाँ भागवत के वेणुगीत की स्मृति कराती हैं। गोपी मुरली से कहती है कि तुम तो कृष्ण की अधरमणि के निकट रहती हो, मेरी उनके विरह में दीनदशा को तुम ही उन्हें बता देना—

अयि मुरलि मुकुन्दस्मेरवक्त्रारविन्दश्वसनमधुरसज्ञे त्वां प्रणम्याद्य याचे।
अधरमणिसमीपं प्राप्तवत्यां भवत्यां कथय रहसि कर्णे मद्दशां नन्दसूनोः।

(मुकुंद के मुस्कुराते मुख रूपी अरविंद की साँसों के मधु की रसज्ञा हे मुरलि, तुम्हें प्रणाम करके मैं यह याचना करती हूँ कि जब तुम उनकी अधररूपी मणि पर रखी जाओ, तो एकांत में उन नंदतनय के कानों में मेरी दशा का बयान कर देना।)

मालिनी छंद का उपयोग प्रेम की एकतानता व माधुर्य भाव को द्योतित कराने के लिये यहाँ बड़ा समीचीन बन गया है।

यद्यपि जयदेव ने गीतगोविंद में अष्टपदी की विधा का अभूतपूर्व अवतरण कराया, पर शंकराचार्य के स्तोत्रों में जिसप्रकार की अंत्यानुप्राससमन्वित पदशैया बिछाई गई है, उसका विकास लीलाशुक के पद्यों में मिलता है, जिससे उनके पद्य गीतियों के निकट आ गये हैं। उदाहरण देखें—

तरुणारुणकरुणामयविपुलायतनयनं कमलाकुचकलशीभरविपुलीकृतपुलकम्।
मुरलीवरतरलीकृतमुनिमानसनलिनं मम खेलतु मदचेतसि मधुराधरममृतम्।।

(१.१८)

यहाँ तरुणारुण, कमलाकुचकलशीभरविपुलीकृतपुलकम् – इत्यादि पदों में अनुप्रासों की झंकार माधुर्य की सृष्टि करती है।

कुल मिलाकर लीलाशुक की माधुर्यभक्तिभावना अध्यात्म के धरातल का आरोहण करती है। कृष्ण यहाँ मुक्तिमार्ग के प्रेरयिता बन जाते हैं। वृंदावन में गोचारण करते गोप का साक्षात्कार अव्याहत पथ पर जाने के लिये है—

अग्रे दीर्घतरोऽयमर्जुनतरुर्यस्याग्रतो वर्तनी
सा घोषं समुपैति तत्परिसरे तीरे कलिन्दात्मजा।
तस्यास्तीरतमालकाननतले चक्रं गवां चारयन्
गोपः क्रीडति दर्शयिष्यति सखे पन्थानमव्याहतम्।।

टीकाएँ

कृष्णकर्णामृत की चैतन्यमतानुयायियों में अपार लोकप्रियता को देखते हुए भक्तपंडितों ने इस पर अनेक टीकाओं का प्रणयन किया। गोपालभट्ट की कृष्णवल्लभा, चैतन्यदास की सुबोधिनी तथा कृष्णदास कविराज की सारंगरंगदा टीका सुशीलकुमार डे द्वारा संपादित संस्करण के साथ प्रकाशित हैं। पापल्लयसूरि की स्वरमणिचषक टीका श्रीवाणीविलास प्रेस, श्रीरंगम्, से प्रकाशित संस्करण के साथ प्रकाशित है।

भट्टेंदुराज

भट्टेंदुराज का मूल निवास कोंकण देश था। कश्मीर में आकर उन्होंने मुकुल भट्ट से शास्त्रों का अध्ययन किया। वे अभिनवगुप्त के गुरु तथा उद्भट के काव्यालंकारसारसंग्रह की लघुवृत्ति के प्रणेता के रूप में प्रसिद्ध हैं। इनका समय नवम शताब्दी के आसपास है।

अपने गुरु मुकुलभट्ट की जो प्रशस्ति इन्होंने काव्यालंकारसारसंग्रह की स्वोपज्ञलघुवृत्ति में की है, वह गुरु के प्रति अकुंठ श्रद्धा की ही नहीं, इनकी स्फीत कविता धारा की भी परिचायक है—

मीमांसासारमेघात्पदजलधिविधेस्तर्कमाणिक्यकोशात्
साहित्यश्रीमुरारेर्बुधकुसुममधोः शौरिपादब्जभृङ्गात्।
श्रुत्वा सौजन्यसिन्धोर्द्विजवरमुकुलात्कीर्तिवल्ल्यालवालात्
काव्यालङ्कारसारे लघुविवृतिमधात्कौङ्कणः श्रीन्दुराजः।।

भट्टेंदुराज को सर्वाधिक आदर के साथ उनके अप्रतिम प्रतिभाशाली शिष्य अभिनवगुप्त ने उद्धृत किया है। लोचन में अपह्नुतिध्वनि को उदाहरण में यह पद्य उद्धृत करते हुए उस पर विवेचन में अभिनव ने सहृदयत्व व आचार्यत्व की पराकाष्ठा प्रकट कर दी है—

अपह्नुतध्वनिर्यथास्मदुपाध्यायभट्टेन्दुराजस्य—

यः कालागुरुपत्रभङ्गरचनावासैकसारायते
गौराङ्गीकुचकुम्भभूरिसुभगाभोगे सुधाधामनि।
विच्छेदानलदीपितोत्कवनिताचेतोधिवासोद्भवं
सन्तापं विनिनीषुरेष विततैरङ्गैर्नताङ्गि स्मरः।।

चंद्रमंडल के बीच के कलंक का वर्णन करते हुए कवि ने कहा है कि वह वियोगाग्नि से झुलसे विरहिणियों के हृदय में रहने वाला कामदेव है, जो संताप मिटाने के लिये चंद्रमा के मंडल में जा सोया है। कालागुरु की मलीमस छवि का अपह्नव मन्मथ के रूप में किया गया है, उसे गौरांगी के कुच कुंभ पर कालागुरु से निर्मित पत्ररचना का सार भी उसे कहा है। अभिनवगुप्त इस पद्य में ससन्देहध्वनि, प्रतिवस्तूपमाध्वनि, हेत्वलङ्कारध्वनि, सहोक्तिध्वनि, उपमेयोपमाध्वनि आदि ध्वनित अलंकारों की शृंखला प्रदर्शित करते हुए इस की सराहना में कहते हैं -

अत्र चन्द्रमण्डलमध्यवर्तिनो लक्ष्मणो वियोगाग्निपरिचितवनिताहृदयोदितप्लोष-मलीमसच्छविमन्मथाकारतयापह्नवो ध्वन्यते। अत्रैव ससन्देहध्वनिः—यतश्चन्द्रवर्तिनस्तस्य नामापि न गृहीतम्। अपि तु गौराङ्गीस्तनाभोगस्थानीये चन्द्रमसि कालागुरुपत्रभङ्गविच्छित्त्यास्पदत्वेन यः सारतामुत्कृष्टतामाचरतीति तत्र जानीमः किमेतद्वस्त्विति ससन्देहोऽपि ध्वन्यते। पूर्वमनङ्गीकृतप्रणयामनुतप्तां विरहोत्कण्ठितां वल्लभागमनप्रतीक्षापरत्वेन कृतप्रसाधनादिविधितया वासकसज्जीभूतां पूर्णचन्द्रोदयावसरे दूतीमुखानीतः प्रियतमस्त्वदीयकुचकलशन्यस्तकालागुरु-पत्रभङ्गरचना मन्मथोद्दीपनकारिणीति चाटुकं कुर्वाणश्चन्द्रवर्तिनी चेयं कुवलयदलश्यामलकान्तिरेवमेव करोतीति प्रतिवस्तूपमाध्वनिरपि। सुधाधामनीति चन्द्रपर्यायतयोपात्तमपि पदं सन्तापं विनिनीषुरित्यत्र हेतुतामपि व्यनक्तीति हेत्वलङ्कारध्वनिरपि। त्वदीयकुचशोभा मृगाङ्कशोभा च दनमुद्दीपयत इति सहोक्तिध्वनिरपि। 'त्वत्कुचसदृशश्चन्द्रश्चन्द्रसमस्त्वत्कुचाभोगः' इत्यर्थप्रतीतेरुपमेयोपमाध्वनिरपि। एवमन्येऽप्यत्र भेदाः शक्योत्प्रेक्षाः। महाकविवाचोऽस्याः कामधेनुत्वात्।

अभिनव ने उनका अस्मदुपाध्याय कहकर गौरव के साथ बार बार तो स्मरण किया ही है, उन्हें 'विद्वत्कविसहृदयचक्रवर्ती' भी बताया है।

भट्टेंदुराज का एक अन्य पद्य भी चंद्रमा के विषय में है—

इन्दीवरद्युति यदा बिभृयान्न लक्ष्म स्युर्विस्मयैकसुहृदोऽस्य यदा विलासाः।
स्यान्नाम पुण्यपरिणामवशात्तथापि किं किं कपोलतलकोमलकान्तिरिन्दुः।।

(इंदु इंदीवर की द्युति को धारण कर ले यदि इसमें कलंक न हो। इसके विलास विस्मय के बंधु बन जायें, फिर भी क्या यह किसी पुण्य के परिणाम से सुंदरी के कंपोलतल सी कोमल कांति वाला हो पायेगा?)

लोचन में इस पद्य के सौंदर्य को खोलते हुए अभिनवगुप्त कहते हैं - अत्र हीन्दीवरलक्ष्मविस्मय-सुहृद्विलासनामपरिणामकोमलादयः शब्दाः शृङ्गाराभिव्यञ्जनदृष्टशक्तयोऽत्र परं सौन्दर्यमावहन्ति।

अभिनवगुप्त की दृष्टि में भट्टेंदुराज अतिशय की चारुता के कवि हैं। कविता में अतिशय लाकर उसकी विच्छित्तियाँ उन्होंने जिस तरह प्रकट की हैं, वह उन्हें एक मर्मस्पर्शी कवि के रूप में स्थापित करता है। इस संदर्भ के साथ[५५] अभिनव ने उनका यह पद्य उद्धृत किया है—

यद्विश्रम्य विलोकितेषु बहुशो निःस्थेमनी लोचने
यद्गात्राणि दरिद्रति प्रतिदिनं लूनाब्जिनीनालवत्।
दूर्वाकाण्डविडम्बकश्च निबिडो यत्पाण्डिमा गण्डयोः
कृष्णे यूनि सयौवनासु वनितास्वेषैव वेषस्थितिः।।

(वे कहीं भी अटक जाती हैं - तकती कह जाती हैं कहीं भी टकटकी बाँध कर। काटी गयी कमलिनी के टुकड़ों की तरह छीजते हैं उनके तन। जैसे हरी दूब सूख कर पीली पड़ रही हो। इस तरह फैल रहा है उनके गालों पर पीलापन। कृष्ण युवा क्या हो गये, कि जिस युवती को देखो, उसी के ऐसे के ऐसे लक्षण।)

भट्टेंदुराज शृंगार, प्रेम की कोमल भावनाओं का तलस्पर्शी चित्रण करते हैं। उनका यह पद्य राधाभाव व माधुर्यभक्ति से साथ विलासकलाकौतुक को भी व्यक्त करता है। इस पद्य में अपने लोचन से अतिशय के सौंदर्यविधान पर प्रकाश डालते हुए अभिनवगुप्त कहते हैं - 'अत्र हि भगवतो मन्मथवपुषः सौभाग्यविषयः सम्भाव्यत एवायमतिशय इति तत्काव्ये लोकोत्तरैव शोभोल्लसति।'

इसी प्रकार का पद्य सा यावन्ति पदानि शाप० (३५८०) में भट्टेंदुराज के नाम से उद्धत किया गया है।

कल्पना के लोकोत्तरत्व, बिंबों की प्रत्यग्रता वर्णों की विविधवर्णी आभाओं की झिलमिलाहट भट्टेंदुराज जिस तरह कविता में प्रकट करते हैं वह नयनाभिराम होती है। अभिनवगुप्त द्वारा उद्धृत यह पद्य इसका एक निदर्शन है—

यल्लक्ष्म्या हसितैः सितैर्धवलितं नर्मोक्तिलीलाजुषः
शौरेः स्फीतगभस्तिकौस्तुभरुचा यच्च क्वचित्पाटलम्।
अन्यत्र च्छुरितं यदम्बररुचा हेमप्रभादीप्रया
तद्वक्षोऽक्षतशक्रचापशबलव्योमाभमव्याज्जगत्।।

(जो लक्ष्मी की शुभ्र हँसी से धवल हो गया है, चमकती कौस्तुभ मणि की कांति से जो कुछ पाटल वर्ण का भी हो गया है, अन्यत्र अंबर सी झलकती कुंदन की उजली कांति से जो झिलमिला रहा है, इंद्रधनुष की सम्मिश्रित आभा वाले व्योम जैसा परिहासवचन की लीला करने वाले विष्णु का वह वक्षःस्थल जगत् की रक्षा करे।)

पर व्यंग्य के कटाक्ष से मर्म बींधने में भी भट्टेंदुराज कम नहीं है। व्यंग्य को गौण बनाकर

अप्रस्तुत वाच्य के द्वारा काव्य में चमत्कार के आधान के लिये अभिनवगुप्त ने ध्वन्यालोकलोचन में उनका ही पद्य उद्धृत किया है —

प्राणा येन समर्पितास्तव बलाद्येन त्वमुत्थापितः
स्कन्धे यस्य चिरं स्थितोऽसि विदधे यस्ते सपर्यामपि।
तस्यास्य स्मितमात्रकेण जनयन् प्राणापहारक्रियां
भ्रातः प्रत्युपकारिणां धुरि परं वेताल लीलायसे।।

(जिसने अपने प्राण तुम्हें दे दिये, अपना सब बल लगा कर तुम्हें ऊपर उठाया, जिसके कंधों पर तुम चढ़े रहे, जिसने तुम्हें पूजा भी, हे भाई वेताल, अपनी एक मुस्कान से तुमने उसके प्राण हर लिये! तुम तो सचमुच प्रत्युपकार करने वालों में मूर्धन्य हो!)

अन्योक्ति के माध्यम से अपने समय की विडंबनाओं को कवि कितनी तीखी अभिव्यक्ति देता है— यह सियार पर इंदुराज की इस रचना से समझा जा सकता है—

उदस्योच्चैः पुच्छं शिरसि निहितं जीर्णकुटिलं
यदृच्छाव्यापन्नद्विपपिशितलेशाः कवलिताः।
गुहागर्ते शून्ये सुचिरमुषितं जम्बुक सखे
किमेतस्मिन् कुर्मो यदि न गतः सिंहसमताम्।।

(शाप० १२१२)

(अपनी जीर्ण कुटिल पूँछ ऊपर उठा कर माथे पर धरी, अपने आप मर गये चीते के मांस के टुकड़े निगल लिये, सूने गुहागर्त में बड़े समय तक निवास किया। हे जंबुक, अब इसका क्या करें कि फिर भी तुम सिंह के समान न बन सके?)

कुलशेखरकृत मुकुंदमाला

मुकुंदमाला स्तोत्र के प्रणेता कुलशेखर का समय अनिर्णीत है। कुछ विद्वान् इन्हें सातवीं शताब्दी में तो कुछ दसवीं शताब्दी में स्थापित करते हैं। मुकुंदमाला में २४ पद्य हैं। यह वैष्णव भक्तिभाव की अनाविल अकुंठ अभिव्यक्ति के लिये उल्लेखनीय है। लय तथा सानुप्रास पदावली ने इसके भावसौंदर्य को और चमका दिया है। उदाहरणार्थ —

वन्दे मुकुन्दमरविन्ददलायताक्षं कुन्देन्दुशङ्खदशनं शिशुगोपवेशम्।
इन्द्रादिदेवगणवन्दितपादपीठं वृन्दावनालयमहं वसुदेवसूनुम्।।
दिवि वा भुवि वा ममास्तु वासो नरके वा नरकान्तकप्रकारम्।
अवधीरितशारदारविन्दौ चरणौ ते मरणे विचिन्तयामि।।

भावानुरूप छंदों का प्रयोग कुलशेखर ने किया है। रूपक आदि अलंकार उनकी भावधारा के सहज अंग बन गये हैं—

क्षीरसागरतरङ्गसीकरा सारतारकितचारुमूर्तये।
भोगिभोगशयनीयशायिने माधवाय मधुविद्विषे नमः।।

स्तोत्ररत्न : यामुनाचार्य

यामुनाचार्य महान् वेदांती तथा दार्शनिक रामानुजाचार्य के गुरु थे। इनका समय दसवीं शताब्दी है। 'आळवंदार' इनका तमिल नाम है, तदनुसार इनके स्तोत्र की प्रसिद्धि आलविंदारस्तोत्र के नाम से भी है। कोमल कल्पना, अर्थ की प्रांजलता, करुणा तथा भक्तिभाव की सांद्रता के कारण वैष्णव परंपरा में इनका स्तोत्ररत्न एक सहस्र वर्षों से भक्तों का कंठहार बना रहा है। अलंकारों की अपृग्यत्ननिर्वत्यता इनकी अभिव्यक्ति का विशेष गुण है। निदर्शना का प्रयोग करते हुए कवि कहता है—

तवामृतस्यन्दिनि पादपङ्कजे निवेशितात्मा कथमन्यदिच्छति।
स्थितेऽरविन्दे मकरन्दनिर्भरे मधुव्रतो नेक्षुरसं समीक्षते।।

(अमृत को बहाने वाले आपके चरणकमल में जिसने अपना अंत:करण लगा दिया है, वह और कुछ क्यों चाहेगा? पराग से लबालब कमल के होते हुए मधुव्रत इक्षुरस या ईख के रस की कामना नहीं करता।)

यहाँ भौरे के लिये मधुव्रत शब्द का प्रयोग कर के यामुनाचार्य ने शब्द की अपनी प्रत्यभिज्ञा का परिचय दिया है। मधुव्रत भौरे का पर्याय भी है, और मधुव्रत शब्द यह भी सूचित करता है कि भौरे ने केवल मधु के ही पान का व्रत ले रखा है, वह और कोई रस नहीं पीता। इस एक शब्द के प्रयोग ने कवि की अनन्य भक्तिभावना को असाधारण अभिव्यक्ति प्रदान कर दी है।

लोष्टकवि – दीनाक्रंदन स्तोत्र

लोष्टकवि काश्मीर के निवासी थे। उनका समय बारहवीं शताब्दी है। महाकवि मंख ने अपने श्रीकंठचरित महाकाव्य के अंतिम सर्ग में इनका उल्लेख करते हुए इनके द्वारा विरचित कुछ पद्य उद्धृत किये हैं। इससे प्रतीत होता है कि उन्होंने दीनाक्रंदन स्तोत्र के अतिरिक्त अन्य पद्य भी लिखे थे।

दीनाक्रंदन स्तोत्र की रचना लोष्ट ने अपने जीवन के अंतिम दिनों में वाराणसी में रहकर की यह इसी काव्य से सूचित होता है। वल्लभदेव की सुभाषितावलि और जल्हण की सुक्तिमुक्तावली में लोष्ट के इस स्तोत्र का एक एक पद्य उद्धृत है।

दीनाक्रंदन स्तोत्र में उसके नाम के अनुरूप समर्पण, दैन्यभक्ति व आर्तभाव की अभिव्यक्ति की पराकाष्ठा है। काश्मीरी भाषा के शब्द इसके प्रवाह में ढलते गये हैं।

चुण्ठीजलैरिव सुखैः परिणामदुःखैरास्वादितैरपि मनागविलुप्ततृष्णः।
श्रान्तोऽस्मि हा भवमरौ सुचिरं चरित्वा तच्छायया चरणयोः शिव मां भजेथाः।।

चुंठी प्रस्तरशिलाओं के बीच लताओं से घिरा जलाशय है। कवि कहता है कि चुंठी का पानी पीने में स्वाद का लगता है, पर पचाने में दुःखदायी है। उसे पी पीकर प्यास नहीं बुझती। इस तरह बढ़ती तृष्णा वाला मैं संसार की मरुस्थली में बहुत समय से भटकता हुआ थक गया, हे शिव, मुझे अपना आश्रय प्रदान करो।

भट्टनायक

भट्टनायक भी काव्यशास्त्र के ख्यातनामा आचार्य हैं। काव्यशास्त्रविषयक इनका हृदयदर्पण नामक ग्रंथ अप्राप्य है। इनके अनेक पद्य सुभाषित संग्रहों में मिलते हैं। शांर्गधरपद्धति में इनके नाम से यह पद्य उद्धृत है

एतस्मिन् वनमार्गभूपरिसरे सौन्दर्यमुद्राङ्कितः
प्रोद्यद्भिः फलपत्रपुष्पनिचयैश्चूतः स एकः परम्।
यं वीक्ष्य स्मितवक्त्रमुद्गतमहासन्तोषमुल्लासिताः
स्फारोत्कण्ठमकुण्ठितक्रमममी धावन्ति पान्थव्रजाः।।

(शाप० १०२०)

यहाँ आम्रवृक्ष के माध्यम से किसी विरले परोपकारी व्यक्ति की कवि ने प्रशंसा की है। वन मार्ग पर अत्यंत सुंदर तथा फलों और हरे भरे पत्तों से लदे आम के पेड़ को देखकर हँसते संतुष्ट होते उत्कंठित पथिक उसकी ओर लपक रहे हैं।

भट्टनायक की कवित्वप्रतिभा उनके शास्त्रीय विवेचनों के बीच बीच में संयोजित स्वोपज्ञ पद्यों में भी झलकती है। अभिनवगुप्त ने नाट्यशास्त्र के पहले अध्याय पर अपनी अभिनवभारती में भट्टनायक के इस पद्य को उद्धृत किया है—

नमस्त्रैलोक्यनिर्माणकवये शम्भवे यतः।
प्रतिक्षणं जगन्नाट्यप्रयोगरसिको जनः।।

(त्रैलोक्य रूपी नाट्य को रचने वाले कवि या नाट्यकार शंभु को नमन है, जिनके कारण लोग प्रतिक्षण जगद् रूपी नाटक के प्रयोग के रसिक बने रहते हैं।) अभिनवगुप्त के द्वारा ही ध्वन्यालोकलोचन में उद्धृत एक अन्य पद्य में भट्टनायक ने वाणी के लिये धेनु का रूपक रचते हुए कहा है—

वाग्धेनुर्दुग्ध एतं हि रसं यद्बालतृष्णया।
तेन नास्य समः स स्याद्दुह्यते योगिभिर्हि यः।।

(अपने बछड़ों के प्रति स्नेह के कारण वाणी रूपीधेनु रसरूपी जिस दूध को स्रवित करती है, योगी जन जिस दुग्ध का दोहन करते हैं, वह इस दूध के समान नहीं हो सकता।)

अभिनवगुप्त के मुक्तक तथा स्तोत्र

अभिनवगुप्त एक मेधावी चितंक, दार्शनिक, कवि और सौंदर्यशास्त्री थे। उनके जैसी प्रतिभा के निर्माण में अनेक समीकरणों, परंपराओं व साधनापद्धतियों का समायोजन हुआ। उनके आविर्भाव के समय प्रत्यभिज्ञा दर्शन का चिंतन और तंत्र की साधना – दोनों अपने शिखर पर थीं। दर्शन और तंत्रसाधना के साथ सूफियों की वाणी की अनुगूँज प्रकारांतर से उनकी कविता में कहीं आ गई है। अभिनव की कतिपय रचनाओं से उनके रचनाकाल का पता चलता है। उनकी कृतियों में क्रमस्तोत्र का रचनाकाल ९९०-९१ई० है, भैरवस्तोत्र का ९९२-९३ ई०, तथा ईश्वरप्रत्यभिज्ञाविवृतिविमर्शिनी का प्रणयन १०१४-१५ई० के आसपास हुआ। तन्त्रालोक अभिनवगुप्त की प्रौढवयस् की कृति है। इन सब उल्लेखों के आधार पर अभिनवगुप्त का समय ९५०ई० से १०३०ई० के बीच माना जाता है। तन्त्रालोक में अभिनवगुप्त ने अपना परिचय देते हुये अपने पुरखों का भी उल्लेख किया है। उसके अनुसार उनके पूर्वज मध्यदेश में कान्यकुब्ज के निवासी थे। राजा यशोवर्मा के शासनकाल में कान्यकुब्ज में उनके पूर्वज अत्रिगुप्त रहते थे। अत्रिगुप्त की जन्म स्थली गंगा और यमुना के संगम पर अन्तर्वेदी थी, और वे कन्नौज के राजा यशोवर्मा के द्वारा सम्मानित पंडित थे। उनकी ख्याति कान्यकुब्ज में ही नहीं कश्मीर तक रही होगी, क्योंकि जब कश्मीर के राजा ललितादित्य (७२५-७६१ई०) ने यशोवर्मा को पराजित किया, तो वह संधि के विनिमय में अत्रिगुप्त को भी अपने साथ काश्मीर लेकर आया। उसने अत्रिगुप्त को मान सम्मान देकर प्रवरपुर (श्रीनगर) के पास वितस्ता (झेलम) के किनारे शिवमंदिर के सामने एक प्रशस्त भवन बनवाकर अचल सम्पत्ति देकर बसाया। इन्हीं अत्रिगुप्त के वंश में वराहगुप्त हुए। वराहगुप्त के पुत्र थे नरसिंहगुप्त, जो अभिनवगुप्त के पिता थे। अपने पिता का घर का नाम अभिनवगुप्त ने 'चुखुल' या चुखुलक' तथा अपनी माता का नाम दुस्सला बताया है। नाट्यशास्त्र की अपनी टीका अभिनवभारती तथा ध्वन्यालोक की टीका लोचन में अभिनवगुप्त ने यह भी बताया है कि उनके पिता नरसिंहगुप्त संगीत और राग में अपनी निपुणता के लिये प्रसिद्ध थे। अभिनवगुप्त की वंशपरम्परा महान् पण्डितों की थी, उनका परिवार वैदुष्य के कारण प्रतिष्ठित था। काव्यशास्त्र के क्षेत्र में इंदुराज या भट्टेंदुराज तथा विप्र तोत (भट्टतोत) इन दो गुरुओं का उल्लेख अभिनवगुप्त ने अभिनवभारती तथा ध्वन्यालोकलोचन में किया है। तन्त्रालोक के आरम्भ में उन्होंने अपने को 'भट्टेन्दुराजचरणाब्जकृताधिवास' कहा है। अपने चाचा वामन का वे एक कवि के रूप में उल्लेख करते हैं, जो काव्यशास्त्र के प्रसिद्ध आचार्य वामन से भिन्न हैं। अभिनवगुप्त ने अपने चचेरे भाइयों तथा शिष्यों — क्षेमगुप्त, उत्पलगुप्त, चन्द्रगुप्त और पद्मगुप्त का स्मरण किया है। इनके अतिरिक्त उन्होंने राजपरिवार से जुड़े अनेक यशस्वी लोगों के नाम भी अपने ग्रन्थों में लिये हैं, जिन्होंने उन्हें सम्मान दिया। उन्होंने अपने समय के लगभग पच्चीस श्रेष्ठ गुरुओं से अध्ययन किया। यहाँ तक कि कौलिक मत का अध्ययन करने

वे काश्मीर के बाहर जालंधर गये। लोचन में उन्होंने अपने आप को ईश्वरप्रत्यभिज्ञा के प्रणेता आचार्य उत्पलदेव का प्रशिष्य या परमशिष्य बताया है। उत्पलदेव के शिष्य लक्ष्मणगुप्त थे, जिनसे अभिनवगुप्त ने शैवशास्त्र का अध्ययन किया। अभिनवभारती में उन्होंने गौरव के साथ अपने प्रवरपुर (आधुनिक श्रीनगर) तथा काश्मीर के वासी होने का उल्लेख किया है। वे अपने शिष्यों का भी अपनी रचनाओं में स्नेह के साथ स्मरण करते हैं। अभिनव के छोटे भाई मनोरथ उनसे अध्ययन करते रहे, फिर उनके भांजे कर्ण ने उनसे शैवशास्त्र पढ़ा, जो उनकी बहन अंबा के बेटे थे। कर्ण की असामयिक मृत्यु हो गई, अभिनवगुप्त की माता तो उसी समय चल बसी थीं, जब वे बच्चे थे। शिवाराधिका अंबा अपने आजन्म ब्रह्मचारी, फक्कड़ और अवधूत भाई के लिये माँ और संरक्षिका बनीं। वत्सलिक और मंद्र जो कर्ण के भाई थे, अभिनवगुप्त की सेवा करते रहे। बाद में अभिनवगुप्त प्रवरपुर के बाहर मंद्र के घर में जा कर रहे, इस समय उनके चुनिंदा शिष्य निरंतर उनसे अध्ययन करते रहे। परमार्थसार के व्याख्याकार योगराज अभिनवगुप्त के ही एक शिष्य क्षेमराज के शिष्य थे। उन्हीं शिष्यपरंपरा में एक अन्य शैव साधक मधुराज ने अभिनवगुप्त के शिष्यों की जो सूची दी है, उसमें क्षेमराज का नाम सबसे ऊपर है। अभिनवगुप्त ने अपने गुरुजनों का तो इतने आदर व भक्तिभाव से बार बार स्मरण किया है, उतने ही वात्सल्यभाव से उन्होंने अपने कुछ प्रियशिष्यों का भी नामोल्लेख अपनी रचनाओं में किया है। अभिनवगुप्त ने एक शिष्य का क्षेम के नाम से उल्लेख किया है। क्षेम से उनका आशय क्षेमराज से ही होगा, जो अभिनवगुप्त के शिष्यों में निश्चय ही सबसे प्रतिभाशाली थे।

कृतित्व

अभिनवगुप्त के द्वारा विरचित लगभग पैंतालीस ग्रन्थों का उल्लेख मिलता है। इनमें से अनेक विलुप्त हो चुके। इन ग्रन्थों को मुख्यत: तीन कोटियों में बाँटा जा सकता है— काव्यशास्त्र या कलाचिन्तन से सम्बद्ध ग्रन्थ, शैवदर्शन तथा तन्त्र से सम्बन्धित ग्रन्थ तथा स्तोत्र और विविध काव्य। काव्यशास्त्र या कलाचिन्तन से सम्बद्ध ग्रन्थों में उनकी दो कृतियाँ सुविदित हैं— भरतमुनि के नाट्यशास्त्र पर अभिनवभारती तथा आनन्दवर्धन के ध्वन्यालोक (जिसका वास्तविक नाम अभिनवगुप्त के अनुसार सहृदयालोक है) पर लोचन नामक टीका। नाट्यशास्त्र पर अभिनवभारती टीका उन्होंने सहृदयालोकलोचन के पश्चात् लिखी थी, यह भी अन्तरसंदर्भों से विदित होता है, क्योंकि रस व भाव शब्द से वाच्य नहीं होते - यह बताने के लिये नाट्यशास्त्र के सातवें अध्याय पर अभिनवभारती में उन्होंने लोचन का उल्लेख किया है। ये दोनों व्याख्याएँ होते हुए भी भारतीय काव्यशास्त्र में मौलिक चिन्तन के प्रकर्ष के लिये जानी जाती हैं।

शैवदर्शन पर तंत्रालोक, तंत्रसार, ईश्वरप्रत्यभिज्ञाविमर्शिनी तथा ईश्वरप्रत्यभिज्ञा-विवृतिविमर्शिनी—ये अभिनवगुप्त के प्रौढ ग्रंथ हैं। अपेक्षाकृत सामान्य जिज्ञासुओं के लिये

उन्होंने सरल शैली में बोधपञ्चाशिका, परमार्थचर्चा, अनुत्तराष्टिका तथा परमार्थसार की रचना की। 'तंत्रालोक' शैवदर्शन का विवेचन करने वाले शास्त्रों के बीच में सर्वाधिक महाकाय तथा महिमामय कृति कही गई है। इसी का सरल सार रूप 'तंत्रसार' है। गीता पर 'गीतार्थसंग्रह' नाम की उनकी व्याख्या है।

कवित्व

अभिनवगुप्त एक रहस्यदर्शी कवि भी थे। या तो उनकी चिंतनप्रधान कृतियों के घटाटोप में उनकी काव्यकृतियाँ उपेक्षित रह गईं, या स्वयं अभिनवगुप्त ने उन्हें अपने अंतरंग संसार का हिस्सा मानकर अधिक उजागर नहीं किया।

अभिनवगुप्त के मुक्तक

नीचे दिया गया श्लोक अभिनवगुप्त की दो कृतियों (अभिनवभारती तथा ध्वन्यालोकलोचन) दोनों की पुष्पिका (कोलोफन) में उनकी ओर से एक संदेश की तरह अंकित है —

सज्जनान् कविरसौ न याचते ह्लादनाय शशभृत् किमर्थितः।
नापि निन्दति खलान् मुहुर्मुहुर्धिक्कृतोऽपि न हि शीतलोऽनलः।।५।।

(कवि हाथ नहीं फैलाता सज्जन के आगे। क्या चंद्रमा से कोई कहता है जाकर
कि वह आह्लाद बाँटे? कवि खलजन की निंदा भी नहीं करता है बार बार।
क्या आग कभी ठंडी हो सकती है, दो यदि जितना भी धिक्कार!

अभिनवगुप्त अपने कवित्व, वैचारिक लेखन तथा साधना – तीनों में शिवमय हो गये थे, इस रूप में उनके शिष्य उन्हें सम्मान देते थे। अपने जीवनकाल में वे साक्षात् भैरव के रूप में पूजे जाने लगे थे। उनके मुक्तकों व स्तोत्रों में उनका यह रूप झलकता है। ध्वन्यालोकलोचन के अंत में उन्होंने लिखा है—

वस्तुतश्शिवमये हृदि स्फुटं सर्वतश्शिवमयं विराजते।
नाशिवं क्वचन कस्यचिद्वचः तेन वश्शिवमयी दशा भवेत्।।

(शिवमय यदि हो हृदय, तो शिवमय सब कुछ साफ साफ हो जाता है। किसी का कुछ भी कहा नहीं अशिव होता फिर, और हम सब की दशा हो जाती है शिवमयी।)

अभिनवगुप्त ने विविध विषयों पर स्फुट मुक्तक लिखे थे, उनका एक पद्य संस्कृत नाटकों के खलनायक शकार पर भी है। संभव है कि उन्होंने कोई प्रबंध काव्य भी लिखे हों, और उनके द्वारा उदाहृत स्वयं के कतिपय पद्य उनके किसी प्रबंधकाव्य का अंश हों। अभिनवभारती में उद्धृत इनके कतिपय पद्यों का विषय शृंगाररस है। दूसरी ओर अलंकार व्यंग्य होकर किस प्रकार वाच्य को उपस्कृत करते हैं इसके उदाहरण में अपना यह वैराग्य परक मार्मिक पद्य उन्होंने उद्धृत किया है—

वसन्तमत्तालिपरम्परोपमाः कचास्तवासन् कल रागवृद्धये।
श्मशानभूभागपरागभासुराः कथन्तदेते न मनाग्विरक्तये।।

(वसंत के मतवाले भौरों की कतार जैसे तुम्हारे केश पहले राग की वृद्धि करने वाले थे। अब वे ही श्मशान की धरती पर बिखरे पराग (राख) की तरह चमक रहे हैं, इनके कारण तुम्हें थोड़ा भी वैराग्य क्यों नहीं होता?)

इस पद्य का विवेचन करते हुए अभिनव कहते हैं कि यहाँ आक्षेप और विभावना अलंकार ध्वनित होते हैं, पर वे वाच्य को ही उपस्कृत करते हैं। व्यंग्य अर्थ में नवीनता है, वाच्य में पुरातनता, पर नवीनता पुरातनता की उपस्कारक हो जाती है।

इसी प्रकार लोचन में ही अतिशयोक्तिध्वनि के उदाहरण में अभिनव ने अपना यह पद्य उद्धृत किया है—

केलीकन्दलितस्य विभ्रममधोर्धुर्यं वपुस्ते दृशौ
भङ्गीभङ्गुरकामकार्मुकमिदं भ्रूनर्मकर्मक्रमः।
आपातेऽपि विकारकारणमहो वक्त्राम्बुजन्मासवः
सत्यं सुन्दरि वेधसस्त्रिजगतीसारस्त्वमेकाकृतिः।।

यहाँ मधुमास, मदन तथा आसव इन तीनों की सुभगता इस त्रिलोकी में एक दूसरे को पोषित करती हुई निरूपित की गई है।

अभिनवगुप्त के स्तोत्र काव्य – अनुत्तराष्टिका में आठ पद्य हैं। शार्दूलविक्रीडित छंदों में साधना के गूढ अनुभव तथा शैवाद्वैत का इसमें कवि ने प्रतिपादन किया है।

संसारोऽस्ति न तत्त्वतस्तनुभृतां बन्धस्य वार्तैव का,
बन्धो यस्य न जातु तस्य वितथा मुक्तस्य मुक्तिक्रिया।
मिथ्यामोहकृदेष रज्जुभुजगच्छायापिशाचभ्रमो,
मा किंचित्त्यज मा गृहाण विलस स्वस्थो यथावस्थितः।।२।।

(संसार सचमुच है नहीं, मानव के बंध की कथा ही दूर रही,
जिसका बंधन नहीं, मुक्त है वह, मुक्ति की कोई क्रिया संभव नहीं।
यह मिथ्या मोह को जन्म देने वाला भ्रम है, रज्जु में सर्प की छाया का पिशाच है
कुछ छोड़ना नहीं है, न कुछ लेना है
जैसे हो वैसे रहना है यथावस्थित।)

अलंकार, सानुप्रास पदावली अभिनवगुप्त की वाग्धारा में सहज सम्मिलित होती गई है। उदाहरणार्थ –

पूर्वाभावभवक्रिया हि सहसा भावाः सदाऽस्मिन्भवे
मध्याकार विकारसंकरवतां तेषां कुतः सत्यता।

निःसत्ये चपले प्रपञ्चनिचये स्वप्नभ्रमे पेशले,
शंकातंककलंकयुक्तिकलनातीतः प्रबुद्धो भव।।६।।

पहले सब कुछ अभाव था, सहसा भाव जगे इस भव में
यह बीच में भावों का आकार होना, उनमें विकार होना, उनका गड्मगड्ड होना
इसमें सचाई कैसे हो सकती है?
निःसत्य है यह चपल, – यह सारा प्रपञ्चनिचय
यह स्वप्न का भ्रम है, ऊपर ऊपर से सुंदर
होना है तुम्हें शंका के आतंककलंक की
युक्तिकलना से परे प्रबुद्ध।

परमार्थद्वादशिका में बारह पद्य हैं। शार्दूलविक्रीडित, वसंततिलका आदि विविध छंदों का प्रयोग किया गया है। परमार्थचर्चा में सात पद्य हैं। सभी इंद्रवज्रा वृत्त में है। शैवशास्त्र के मर्म को सदुपेशात्मक शैली में प्रस्तुत किया गया है। उदाहरणार्थ—

आदर्शकुक्षौ प्रतिबिम्बकारि सबिम्बकं स्याद्यदि मानसिद्धम्।
स्वच्छन्दसंविन्मुकुरान्तराले भावेषु हेत्वन्तरमस्ति नान्यत्।।

(जिस तरह दर्पण में पड़ते प्रतिबिंब को प्रमाण से जान लिया जाता है, उसी तरह चेतना के दर्पण में पड़ते भावों को जानने के लिये भी अन्य हेतु नहीं है।

'महोपदेशविंशतिका' में बीस छंदों में रहस्यात्मक अनुभवों को मर्मवेदी वाणी में अभिनव ने अभिव्यक्त किया है। कवि स्वयं को शिव से एकाकार देखता है।

त्वं त्वमेवाहमेवाहं त्वमेवासि न चास्म्यहम्।
अहं त्वमित्युभौ न स्तो यत्र तस्मै नमो नमः।।२।।

तुम तुम ही हो, मैं मैं ही हूँ, तुम ही हो मैं नहीं हूँ
यह सारा भेद का प्रपंच — यह मेरा होना और तुम्हारा होना
ये दोनों ही जिसमें नहीं होते, इसको नमन, उसको नमन।

क्रमस्तोत्र में ३० पद्यों में से २७ शिखरिणी में हैं। तांत्रिक अनुभव को गूढ वाणी में व्यक्त किया गया है।

बिलीने शंकौघे सपदि परिपूर्णे च विभवे
गते लोकाचारे गलितविभवे शास्त्रनियमे।
अनन्त भोग्यौघं ग्रसितुमभितो लंपटरसा
विभो संसाराख्या मम हृदि भिदाशं प्रहरतु।।१९।।

'भैरवस्तोत्र' में कवि ने स्वयं को भैरवरूप में देखा है। इस में १० पद्य हैं। 'देहस्थदेवताचक्र-

स्तोत्रम्' में १५ पद्यों में देह के भीतर स्थित देवों की स्तुति की गई है। तंत्र में प्रतिपादित चक्रों पर भी यहाँ विमर्श है। कवि के अनुभवनिवेदनम् में चार ही पद्य हैं। चारों में अंतर्यात्रा की सोपानचतुष्टयी पर आरोहण है।

शब्दः कश्चन यो मुखादुदयते मन्त्रः स लोकोत्तरः,
संस्थानं सुखदुःखजन्मवपुषो यत्कापि मुद्रैव सा।
प्राणस्य स्वरसेन यत्प्रवहणं योगः स एवाद्भुतः,
शाक्तं धाम परं ममानुभवतः किन्नाम न भ्राजते।।३।।

जो कोई भी शब्द निकलता है मुख से, वह ही बन जाता है मन्त्र अलौकिक
जो भी स्थिति सुख में दुख में काया की होती है, वह ही मुद्रा बन जाती है
प्राणों का अपने रस में बहते रहना, वही योग अद्भुत हो जाता है
यही शाक्त धाम परम है, मेरे अनुभव के भीतर क्या यह चमक नहीं रहा है?

'रहस्यपंचदशिका' में कुल ३७ छंद हैं। शक्ति का पार्वती, सरस्वती आदि के रूपों स्तवन किया गया है। अन्य अनेक स्तोत्र अभिनवगुप्त ने रचे थे, जिनका संकेत उनके द्वारा अभिनवभारती या ध्वन्यालोकलोचन में उदाहृत स्वोपज्ञ पद्यों से होता है। रसाभास की अलंकारता का प्रतिपादन करते हुए अभिनव ने अपने स्तोत्र का यह पद्य उद्धृत किया है।

समस्तगुणसम्पदः सममलङ्क्रियाणां गणै-
र्भवन्ति यदि भूषणं तव तथापि नो शोभसे।
शिवं हृदयवल्लभं यदि यथा तथा रञ्जयेः
तदेव ननु वाणि ते भवति सर्वलोकोत्तरम्।।

गुणों की सारी संपदाएँ, अलंकारों की सारी क्रियाएँ
ये सब भी मिलकर यदि तुम्हें सजाएँ
वह सौंदर्य न तुमको दे पाएँ
वाणी, यदि शिव को बसा लो हृदय में
और उन्हें ही बस मना लो
तो जो कुछ तुम में होगा, वह लोकोत्तर होगा।

बोधपञ्चादशिका[५६] यह हरभट्ट शास्त्री द्वारा विरचित विवरणिका के साथ प्रकाशित है। पंद्रह श्लोकों में अभिनवगुप्त ने शिष्यों के लिये सुबोध रूप में शैवशास्त्र का निचोड़ प्रस्तुत किया है।

अन्तस्मितभारूपस्तेजसां तमसामपि
य एकोऽन्तर्यदन्तश्च तेजांसि च तमांसि च।।
स एवसर्वभूतानां स्वभावः परमेश्वरः।
भावजातं हि तस्यैव शक्तिरीश्वरतामयी।। (२)

शक्तिश्च शक्तिमद्रूपाद् व्यतिरेकं न वाञ्छति।
तादात्म्यमनयोर्नित्यं वह्निदाहिकयोरिव।। (३)

शाप. ११५२ में मरुभूमि पर अभिनव की मार्मिक अन्योक्ति उद्धृत है।

रुद्रट

रुद्रट काव्यशास्त्र के क्षेत्र में काव्यालङ्कार के प्रणेता के रूप में जाने जाते हैं। इनके अनेक पद्य सुभाषित संग्रहों में उद्धृत है, आचार्य के ही समान कवि के रूप में भी इनका अवदान स्मरणीय है। वल्लभदेव ने सुभाषितावलि (२४०९) में इनका यह मुक्तक उद्धृत किया है

धूलीधूसरतनवो राज्यस्थितिरचनकल्पितैकनृपाः।
कृतमुखवाद्यविकाराः क्रीडन्ति सुनिर्भरं डिम्भाः।।

(शार्ंगधरपद्धित ५७५ में भी रुद्रट के नाम से उ०)

(बच्चे छककर खेल रहे हैं
धूल से लिपटी काया वाले
वे राजा राजा का खेल खेलते हैं
अपने बीच किसी एक को राजा बनाकर।
मुख से तरह तरह के वाद्य बजाते)
शाप० ने ही उनका यह पद्य भी उद्धृत किया है

सा सुन्दर तव विरहे सुतनुरियन्मात्रलोचना सपदि।
एतावतीमवस्थां याता दिवनसैरेतावन्मात्रैः।। (३४७३)

लक्ष्मीधर के मुक्तककाव्य

चक्रपाणिविजय महाकाव्य के प्रणेता लक्ष्मीधर का परिचय महाकाव्य विषयक अध्याय में दिया जा चुका है। सदु. में उनके १७ पद्य उद्धृत हैं। उनका यह पद्य दीन जनों के प्रति सहज संवेदना और गाँव के दृश्य को सूक्ष्म रूप से चित्रित करने के लिये बहुत सराहा गया है—

कम्पन्ते कपयो भृशं जडकृशं गोजाविकं ग्लायति
श्वा चुल्लीकुहरोदरं क्षणमपि क्षिप्तोऽपि नैवोज्झति
शीतार्तिव्यसनातुरः पुनरयं दीनो जनः कूर्मवत्
स्वान्यङ्गानि शरीर एव हि निजे निह्नोतुमाकाङ्क्षति।।[५७]

(बंदर बुरी तरह काँप रहे हैं, अकड़ गयी दुबलायी हुई गायें और बकरियाँ छीज रही हैं। भट्टी की गर्म भँभूदल में सोये कुत्ते को फिर से भट्टी सुलगाने के लिये आया हुआ हलवाई

ठोकर मारकर भगाना चाह रहा है, और कुत्ता भट्टी नहीं छोड़ रहा। शीत का दुःख जनता पर विपत् की तरह आ गिरा है। उससे आतुर होकर दीन या गरीब आदमी कछुवे की तरह अपने अंग अंग को अपने ही शरीर में घुसा लेना चाह रहा है।)

इनके पद्यों में ग्रामजीवन का विस्तृत परिप्रेक्ष्य निरूपित है। कतिपय पद्यों में निर्वेद का भाव व्यक्त किया गया है। उदाहरणार्थ —

मातर्लक्ष्मि भजस्व कंचिदपरं मत्काङ्क्षिणी मास्मभू-
र्भोगेभ्यः स्पृहयालवस्तव वशाः का निःस्पृहाणामसि।
सद्यःस्यूतपलाशपत्रपुटिकापात्रे पवित्रीकृतै-
र्भिक्षासक्तुभिरेव संप्रति वयं काश्यां समीहामहे।।

(सदु० २३२०)

(हे माता लक्ष्मी अब किसी अन्य के पास रहो, मेरी आकांक्षा मत करो। जिन्हें भोगों की स्पृहा है, वे तुम्हारे वश में होकर रहते हैं, निःस्पृहों की तुम हो ही कौन? हम तो अब तुरत सिले गये पलाश के पत्तों के पात्र (दोने) में पवित्रीकृत या साफ किये गये भिक्षा के सत्तुओं से ही निर्वाह करके काशी में बस जाना चाहते हैं।)

हेमंत का वर्णन जैसा लक्ष्मीधर ने किया है, वह अन्यत्र दुर्लभ है—

दिग्भागेषु हिमावृतिः प्रतिदिनं सान्द्रापि सान्द्रायते
प्रालेयैः पिहितप्रभो दिनपतिर्मन्दोपि मन्दायते।
भर्तुर्मान्द्यशुचेव हन्त दिवसः क्षीणोऽप्ययं क्षीयते
तत्संकोचनिरर्गलेव रजनी दीर्घापि दीर्घायते।।

(सुरको० १३२८)

(गाढ़ा हिम दिशा दिशा में और गाढ़ा होता चला जाता है। तुषार से आच्छादित सूर्य मंद से और मंदा होता जाता है। अपने स्वामी के फीके पड़ जाने के दुःख में दिन क्षीण से और क्षीण होता जाता है। दिन के सिकुड़ने से निरर्गल हुई दीर्घ रात और दीर्घ होती जाती है।)

प्रकृति का सूक्ष्म पर्यवेक्षण, सौंदर्यप्रेम तथा गाँव के सहज जीवन की छवियाँ लक्ष्मीधर के कतिपय सुभाषितो में मन मोहने वाली हैं। वसंत के समय फूलती सरसों का चित्र है—

सिद्धार्थयष्टिषु यथोदयहीयमानसंतानबद्धफलसूचिपरंपरासु।
विच्छिद्यमानकुसुमासु जनिक्रमेण पाकक्रमः कपिशिमानमुपादधाति।।

(सुरको० १३५९)

लक्ष्मीधर ने अन्योक्तियों के माध्यम से भी मार्मिक अभिप्राय प्रकट किये हैं। शाप. में उनकी यह अन्योक्ति उद्धत है—

पङ्कज जलेषु वासः प्रीतिर्मधुपेषु कण्टकैः सङ्गः।
यद्यपि तदपि तवैतच्चित्रं मित्रोदये हर्षः।। (११३४)

(हे पंकज, यद्यपि जलों (पानी, जड लोगों) के भी निवास, मधुपों (मधुपायी भ्रमरों, मद्यपों) में प्रीति, काँटों की संगत – ये सब (बुराइयाँ) तुम में हैं, पर विचित्र बात है कि मित्र (सूर्य, सुहृत्) के उदय पर तुम हर्षित भी होते हो।)

यहाँ एक एक पद साभिप्राय तथा गूढ़ व्यंजनाओं से भरा हुआ है। जलेषु में जडेषु पढ़ने पर श्लेष हो जाता है, मधुप तथा मित्र का श्लेष तो रमणीय है ही। कमल के लिये पंकज शब्द का प्रयोग करके पर्यायवक्रता कवि ने दिखा दी है, जो पंक या कीचड़ में उपजा है, उसमें बुराइयाँ तो होंगी ही। चलेषु, मधुपेषु, कण्टकैः – इन तीनों पदों में बहुवचन का प्रयोग भी पदप्रकाश्यव्यंग्यध्वनि का उदाहरण है। पंकज बहुत सारे मर्खों से घिरा है, कई मद्यप या शराबखोर उसके प्रेमी हैं, कई काँटों का साथ उसे मिला है।

अभिनंद

संस्कृत साहित्य में अभिनंद नाम से तीन कवि उल्लिखित हैं – एक सुभाषितकार अभिनंद, दूसरे कादंबरीकथासार महाकाव्य के प्रणेता अभिनंद तथा तीसरे रामचरितकार अभिनंद। इनमें से कादंबरीकथासार महाकाव्य के प्रणेता अभिनंद तथा रामचरितकार अभिनंद सर्वथा अलग अलग व्यक्ति हैं। सुभाषितकार अभिनंद को गौड अभिनंद भी कहा गया है, तथा इनके नाम से बहुसंख्य मुक्तक सुभाषितसंग्रहों में उद्धृत हैं। सुभाषितकार अभिनंद तथा रामचरितकार अभिनंद एक ही व्यक्ति हैं या पृथक् व्यक्ति हैं – यह निर्णय करना कठिन है। रामचरितकार अभिनंद का परिचय पूर्व अध्याय में दिया गया है।

गौड अभिनंद ने योगवासिष्ठ के साररूप योगवसिष्ठसंक्षेप नामक वेदांत ग्रंथ का निर्माण किया था। सोड्ढल ने जिन अभिनंद का अपनी उदयसुंदरीकथा में अत्यंत आदरभाव से उल्लेख किया है, वे अभिनंद ये ही प्रतीत होते हैं। ये बंगाल के राज देवपाल के सभाकवि थे। अपने समय के कवियों से अभिनंद का स्नेह संबंध रहे। राजशेखर से अपनी भेंट का मार्मिक वर्णन अभिनंद ने इस श्लोक में किया है—

सौजन्याङ्कुरकन्दसुन्दरकथासर्वस्वसीमन्तिनी-
चित्ताकर्षणमन्त्रमन्मथसुहृत्कल्लोलवाग्वल्लभ।
सौभाग्यैकनिवेश पेशलगिरामाधार धैर्याम्बुधे
धर्माद्रिद्रुम राजशेखरकवे दृष्टोसि यामो वयम्।।

(सुभाषितरत्नकोश, १४२२)

(हे सौजन्य रूपी अंकुर के कंद, हे सुंदर कथाओं के सर्वस्व, हे सुंदरियों के चित्त के खींचने वाले मंत्र! हे मन्मथ या कामदेव के मित्र कोकिल की कल्लोल! वाग्वल्लभ! हे सौभाग्य की एकमात्र निवेश बनने वाली वाणी के आधार! हे धैर्य के सागर! हे धर्म के आदिद्रुम राजशेखर कवि! तुम्हें देख लिया, अब हम चले!)

सदुक्तिकर्णामृत में इनके २२ पद्य उद्धृत हैं।

इनके स्फुट पद्यों में बंगाल के ग्राम जीवन के चित्र बड़े सरस हैं। गाँव के सिवान का यह वर्णन उदाहर्तव्य है, जिसमें अनाज से भरे खेत-खलिहानों, गाँव में घिरते कोहरे और गोबर के कंडों से जलाये गये अलाव तथा अलावों से उठतें धुएँ का चित्र साकार किया गया है—

आभोगिनः किमपि सम्प्रति वासरान्ते सम्पन्नशालिखलपल्लवितोपशल्याः।
ग्रामास्तुषारभरबन्धुरगोमयाग्निधूमावलीवलयमेखलिनो हरन्ति।।

(सुरको० ३०३, सदु० १३५१)

(दूर दूर तक विस्तीर्ण, दिन ढलने पर जिसकी फसलें सिवान तक चमकती हैं, तुषार से घिरे तथा गोबर के कंडों पर सुलगती आग से निकलते धुएँ के वलयों या घेरों की मेखलाओं वाले ये गाँव मन हर रहे हैं।)

इक्षुत्वक्क्षोदसाराः शकटसरणयो धीरधूलीपताकाः
पाकस्वीकारनम्रे शिरसि निविशते शूकशालेः शुकाली।
केदारेभ्यःप्रणालैः प्रविशति शफरीपङ्क्तिराधारमाराद्
अच्छः कच्छेषु पङ्कः सुखयति सरितामातपादुक्षपालम्।।

(सुरको० २८२)

(बैल गाड़ियों के मार्गों पर कुचलकर रस निकालने से बचे गन्ने के छिलके गिरे हुए हैं, धान के पकती पौध पर तोते टूटे पड़ रहे हैं, क्यारियों की नालियों से जल बहकर जलाधार में जाता है, तो उसके साथ मछलियों की पंक्ति उसमें प्रवेश कर जाती है। नदियों के कछारों में कीचड़ धाम से घबराये हलवाहे को अच्छा लगता है।)

अभिनंद तुच्छ प्रतीत होने वाले पदार्थ में छिपे सौंदर्य का अनोखा आविष्कार करते हैं। वे बेर के फल का मनोहारी वर्णन करते हैं—

मूले हरिन्ति किञ्चित्पार्श्वे पीतानि लोहितान्यग्रे।
मधुरसुरभीणि सम्प्रत्यगाढपाकानि बदराणि।।

(सुरको० ३०४)

(मूल में हरे हरे, आजू बाजू पीले और ऊपर ऊपर लाल, मधुर और सुरभित बेर के फल अब कुछ कुछ पक चले।)

यहाँ 'अगाढ़पाकानि' (जो गाढ़े नहीं पके) – यह एकदम नया मुहावरा अभिनंद ने गढ़ दिया है। इसी तरह अन्य पद्य (सुरको० ३०४) में नारंगक (संतरे या नारंगी) की सरस छवि उन्होंने उकेरी है।

दूसरी ओर अप्रस्तुतविधान का ताज़गी से भी वे चमत्कृत करते हैं। गाँव के दृश्यावली के वर्णनों में इनकी उपमाएँ एकदम नई हैं—

व्यथितवनितावक्त्रौपम्यं बिभर्ति निशापति-
र्गलितविभवस्याज्ञेवाद्य द्युतिर्मसृणा रवेः।
अभिनववधूरोषस्वादुः करीषतनूनपा
दसरलजनाश्लेषक्रूरस्तुषारसमीरणः।।

(सुरको० ३१७)

हेमंत का वर्णन करता हुआ कवि कहता है— चंद्रमा विरहिणी वनिता के मुख का औपम्य धारण कर रहा है, गलित वैभव वाले राजा जैसे सूर्य की द्युति मसृण हो गई। कंडों पर सुलगती आग नई दुल्हन के गुस्से जैसी सुस्वादु लगती है। तुषार से भरी हवा दुष्ट व्यक्ति को गले लगाने जैसी क्रूर है।)

इस पद्य में एक एक उपमा कवि की सूझ और नवोन्मेषशालिनी प्रज्ञा की परिचायक है। सूर्य की मंदी पड़ती धूप के लिये 'मसृणा' (मुलायम), अभिनववधू के रोष के लिये स्वादु तथा दुष्ट के लिये असरल शब्दों का प्रयोग लाक्षणिक प्रयोग का सौंदर्य ला देता है।

स्वभावोक्ति व व्यापक वन्यपरिवेश अभिनंद की कविता का अन्य वैशिष्ट्य है। वन में वर्षा के आगमन का सरस चित्र अंकित करते हुए वे लिखते हैं—

नेतुं वाञ्छति नीड एव दिवसं गर्भालसा वायसी
रक्तो नीपलतासु भुक्तविरसामुज्झत्यलिः पाटलाम्।
तेजः संप्रति संहरन्ति शिखिनो दग्धव्यपारं गता
जम्बूमाम्रवणादुपैति शनकैरासन्नपाकां पिकः।।

(सुरको० १२७६)

मेघागम के अवसर पर विभिन्न पशु-पक्षियों की चेष्टाएँ तथा नवांचल का वातावरण यहाँ कालिदास के मेघदूत की स्मृति करा देता है। वस्तुतः अभिनंद की विशेषता ग्रामजीवन का सहज चित्रण है। गाँव के सिवान से आती सियारों की हूहूकार की ध्वनि के बीच विरहिणी की रातें कैसे बीततीं है— यह बताते हुए वे कहते हैं -

अन्तर्मन्युविभिन्नदीर्घरसितप्रोद्भूतकण्ठव्यथै-
राक्रुष्टास्तटिनीषु कोकमिथुनैर्यावन्निशीथं मिथः।
शीतोज्जागरजम्बुकौघमुखरग्रामोपकण्ठस्थला:
कृच्छ्रेणोपरमन्ति पान्थगृहिणी चिन्तायता रात्रयः।।

(सुरको० १३३१)

शीत का समय है। आधी रात को नदी के तट पर कोक या चक्रवाक के जोड़े व्यथित होकर चीख रहे हैं। सियार सिवान पर हू-हू कर रहे हैं। पथिक की गृहिणी की रातें उसकी चिंता के कारण और लंबी होती जाती हैं।

अभिनंद के अनेक पद्य कृष्ण की बाललीलाओं के संबंधित हैं (सुरको. १५९, २६२)। कहीं वे शिव के परिवार का बड़ा ही मनोविनोदपरिपूर्ण चित्रण करते हैं,[५८] तो कहीं जयदेव के गीतगोविंद के भावसंसार का पूर्वाभास वे प्रस्तुत करते हैं।[५९]

अभिनंद ने अन्योक्तियाँ भी लिखीं थीं। निम्नलिखित अन्योक्ति में शूकरी के वर्णन को वे महावराह की छवि में परिणत करते हैं—

निष्कन्दामरविन्दिनीं स्थपुटितोद्देशां स्थलीं पल्वले
जम्बालाविलमम्बु कर्तुमपरा सूते वराही सुतान्।
दंष्ट्रायां चतुरर्णवोर्मिपटलैराप्लावितायामियं
यस्या एव शिशोः स्थिता विपदि भूः सा पुत्रिणी पौत्रिणी।।

(सुरको० १६४४)

(कंदरहित, कमलों वाली, ऊबड़खाबड़ स्थली पर पोखर के जल को सिवार से मचाने के लिये वराही पुत्रों को जन्म देती है। वही वराही पुत्रवती है, जिसके शिशु की एक डाढ़ पर चारों सागर को पटल से आप्लावित धरती विपत्ति के समय टिकी रहती है।)

शृंगार के अत्यंत अंतरंग रसमय अनुभव की अभिव्यक्ति अभिनंद के कुछ पद्यों में है, जैसे—

कियन्तंचित्कालं दशनपदभीताधरदलं ललाटप्रस्वेदस्खलदकूमुत्तालनयनम्।
निषेधानुज्ञातं पुलकितकपोलं प्रियतमो वधूवक्त्राम्भोजं रसयति च निर्वर्णयति च।।

(सुरको० ११०२)

(वर के दशनपद के भय के वधू का अधरदल घबराया हुआ है अर्थात् काँप रहा है, उसके ललाट से ढरते पसीने की बूँदें लटों पर स्खलित हो रही हैं, उसके नयन विस्फारित हैं, वह मनाकर रही है, पर निषेध में अनुज्ञा छिपी हुई है, उसके कपोल रोमांचित हैं। ऐसी वधू के मुखकमल को वर ताक रहा है और उसका रस ले रहा है।)

अभिनंद राजसभा के चाकचाक्य से दूर रहकर ग्राम व वनांचल के परिवेश में काव्यसाधना करने वाले कवियों में से एक हैं। उनकी परंपरा योगेश्वर की परंपरा है। उचित ही उन्होंने स्वरचित इस कविप्रशस्ति में अपने पूर्व के कवियों की गणना करते हुए योगेश्वर की अत्यंत सहृदयतापूर्ण समाशंसा की है—

तातः सृष्टिमपूर्ववस्तुविषयामेकोऽत्र निर्व्यूढवान्
निष्णातः कविकुञ्जरेन्द्रचरिते मार्गे गिरां वागुरः।
रेवाविन्ध्यपुलीन्द्रपामरवधूझञ्झानिलप्रेषित-
प्रायेऽर्थे वचनानि पल्लवयितुं जानाति योगेश्वरः।।

अभिनंद स्वयं को भवभूति, बाण, कमलायुध, केशट तथा वाक्पतिराज की परंपरा का कवि मानते हैं—

उन्नीतो भवभूतिना प्रतिपदं बाणे गते यः पुरा
यश्शीर्णः कमलायुधेन सुचिरं येनागमत् केशटः।
यः श्रीवाक्पतिराजपादरजसां सम्पर्कपूतश्चिरं
दिष्ट्या श्लाध्यगुणस्य कस्यचिदसौ मार्गः समुन्मीलति।।

(सुरको० २१२९)

छित्तप

भोज के समकालीन कवियों में छित्तप अग्रगण्य हैं। भोज पर अत्यंत रमणीय कल्पनापूर्ण प्रशस्तियाँ उन्होंने रचीं हैं। उपमाओं की नवीनता व वस्तुवर्णनवैशद्य में छित्तप बेजोड़ हैं।

उनके नाम से सदु. में ३६ पद्य उद्धृत हैं। अन्योक्तियों में छित्तप का काव्यशिल्प देखते ही बनता है। सेतुबंध पर उनकी यह अन्योक्ति अपूर्व ही है

समालम्ब्यान्योन्यं मसृणचरणाः कम्पनजुषो
न याताः के पारं सति जलधिबन्धैः कपिभटाः।
तटादेकोऽर्वाचश्चकितसुरसिद्धस्थितसमु-
त्समुत्प्लुत्य प्रायात् परमपरपारं स हनुमान्।।

(सदु० २०००)

(सागर पर सेतु बंध गया, तो एक दूसरे का हाथ पकड़कर धीरे धीरे पाँव धर धर कर काँपते काँपते कितने ही वानरवीर उसे पार कर गये। हनुमान् तो इनमें केवल एक ही है, जो इसके किनारे से छलाँग लगा कर चकित देव व सिद्धों के देखते देखते इस अपार पारावार के पार चला गया।)

सदु० २०५३ में उन्होंने नर्मदातरंग की भावपूर्ण स्तुति की है।

व्ही० राघवन् ने अर्धनारीश्वर के जिस अत्यंत मनोरम व विलक्षण वर्णन को भोजकृत माना है, उसे श्रीधर ने छित्तपकृत बताकर उद्धृत किया है (१३७)।

अच्छिन्नमेखलमलब्धदृढोपगूढमप्राप्तचुम्बनमवीक्षितवक्त्रकान्ति
कान्ताविमिश्रवपुषःकृतविप्रलम्भसम्भोगसख्यमिव पातु वपुः पुरारेः।।

(जिसमें मेखला नहीं टूटती, दृढ़ आलिंगन नहीं प्राप्त होता, चुंबन नहीं मिलता, एक दूसरे के मुख की कांति नहीं देखी जाती, ऐसी कांता से सम्मिश्रित काया वाले पुरारि या शंकर का वह रूप जिसमें वियोग और संभोग दोनों एक साथ चल रहे हैं आपकी रक्षा करें।)

छित्तप ने गर्वोक्तियाँ भी रचीं। सुहा० में छित्तप उनका यह गर्वोक्तिपद्य उद्यत है।

किं वीणा क्वणितेन किं मधुकरी झङ्कारितेनापि किं
कन्दर्पायुधशिञ्जितेन तरुणीहुङ्कारितेनापि किम्

श्रीमच्छित्तिपसत्कवेर्यदि वचो हेरम्बकुम्भस्थली-
मुक्ताम्भःसुभगं सुधासहचरं कर्णोदरं गाहते।।

(सुहा० ३९९)

(यदि छित्तप कवि के वे वचन, जो गणेश के मस्तक पर धारे गये मोतियों के पानी की तरह सुंदर सुधासहचर है, सुनाई पड़रहे हैं, तो वाणी के बजाने से क्या, भ्रमरियों की झंकार से क्या, कामदेव के धनुष की टंकार से क्या, तरुणियों की हँकारी से क्या?)

गणपति

राजशेखर ने सोलह श्रेष्ठ कवियों की प्रशस्ति लिखी है, जिसे जल्हण ने सूमु० में उद्धृत किया है। इसमें गणपति का उल्लेख है। गणपति ने महामोद नाम से काव्य लिखा था। कृष्णमाचार्य की अनुमान है कि महामोद एक नाटक रहा होगा, पर इसके लिये उन्होंने कोई सुपुष्ट प्रमाण नहीं दिया है। गणपति नवीं-दसवीं शताब्दी के सर्वश्रेष्ठ मुक्तककारों में हैं, इसमें कोई संदेह नहीं। विद्याकर (सुरको. ८९२, ८९४), श्रीधरदास (सदु० १२०७, ९३४, १०३९), जल्हण (२.४५), राजशेखर (काव्यमीमांसा) वल्लभदेव (सुभा० ८०) ने उन्हें उद्धृत किया है। श्रीधर ने एक पद्य (सदु. ७५४) गणपति तथा विज्जा के द्वारा संयुक्त रूप से विरचित बता कर उद्धृत किया है, जिससे अनुमान होता है कि गणपति विज्जा के समकालीन रहे होंगे।

धनिक

धनिक दसवीं शताब्दी में धारा नगरी में राजा भोज के आश्रित थे। ये धनंजयकृत नाट्यशास्त्रीय ग्रंथ दशरूपक पर अपनी वृत्ति के लिये विख्यात हैं। उनके द्वारा विरचित स्फुट पद्य इनकी स्वोपज्ञवृति तथा विविध सुभाषित संग्रहों में प्राप्त होते हैं। शांर्गधर ने इनका यह संयोग शृंगार का रसमय पद्य उद्धृत किया है—

उज्जृम्भाननमुल्लसत्कुचतटं लोलभ्रमद्भ्रूलतं
स्वेदाम्भःस्नपिताङ्गयष्टि विगलद्व्रीडं सरोमाञ्चया।
धन्यः कोऽपि युवा स यस्य वदने व्यापारिताः साम्प्रतं
मुग्धे दुग्धमहाब्धिफेनपटलप्रख्याः कटाक्षच्छटाः।।

(शाप० ३४१७)

(जमुहाई लेते हुए, कुचतट उल्लासित करते हुए, चंचल भौहें घुमाते हुए, पसीने के जल से नहाती अंगयष्टि के साथ, लज्जा के विगलनपूर्वक रोमांचित होकर तुमने जिस युवक पर मथे गये दुग्धसागर के फेन पटल सी कटाक्ष की छटाएँ छोड़ दी हैं वह धन्य है)।

इसमें नायिका के अनुभावों का चित्रण चित्रोपम है, तथा कटाक्ष के लिये मुग्धमहाब्धिफेनपटल का उपमान नवीन है।

शाप० (३८७३) में धनिक का यह पद्य उद्धृत है—

अन्त्रैः स्वैरपि संयताग्रचरणो मूर्च्छाविरामक्षणे
स्वाधीनव्रणिताङ्गशस्त्रनिचितो रोमोद्गमं वर्मयन्।
भग्नानुद्दलयन् जितान् परभटानाधर्षयन्निष्ठुरं
धन्यो धाम जयश्रियः पृथुरणस्तम्भे पताकायते।। (१३)

इस पद्य में धनिक ने वीर के साथ बीभत्स और फिर अद्भुत रसों का निवेश कर रसविरोध का परिहार भी कर दिया है तथा रसों का सम्मर्द भी रच दिया है। अपनी ही आँत उसके पाँव में उलझ रही है— यह कथन विडंबना व बीभत्सता को भी द्योतित करता है, पर वीर विजयी है, वह रण में पराक्रम दिखा कर इस स्थिति में पहुँचा है, मूर्च्छा हटते ही वह फिर अपनी सेना के वीरों को उत्साहित करने में लग जाता है— यह अर्थ अद्भुत का आधान करके रसविरोध का निरास कर देता है। वीर रणस्तंभ की पताका हो रहा है इसमें उपमा तथा रोमोद्गम को वर्म (कवच) बना रहा है इन कथनों में भी अप्रस्तुतविधान का चमत्कार है।

दुर्लभकृत ऋतुवर्णन

दुर्लभकवि का ऋतुवर्णन काव्य कालिदास के ऋतुसंहार से प्रभावित ऋतुवर्णनपरक सुंदर काव्य है। कालिदास के समान ग्रीष्म के वर्णन से काव्य का आरंभ कवि ने नहीं किया है अपितु शरद्वर्णन से किया है। कालिदास के काव्य के समान इसके वर्णनों में भारतीय वसुंधरा की नैसर्गिक अभिरामता के साथ साथ प्रणय और शृंगार का पुट है।

अन्य स्तोत्रकाव्य

साम्बपञ्चाशिका

इसके प्रणेता साम्ब कहे गये हैं। इस पर भी राजानक क्षेमराज की विवृति उपलब्ध है। यह मंदाक्रांता छन्द में है। परमतत्त्व की स्तुति गूढ़ दार्शनिक अभिप्रायों के साथ इसमें इस तरह की गई है कि कविता का सौंदर्य स्वतः प्रति पद्य उतरता चला गया है। दो उदाहरण द्रष्टव्य हैं -

सर्वाङ्गीणः सकलवपुषामन्तरे योऽन्तरात्मा
तिष्ठन् काष्ठे दहन इव नो दृश्यसे युक्तिशून्यैः।
यश्च प्राणारणिषु नियतैर्मथ्यमानं स सद्भि-
र्दृश्यं ज्योतिर्भवसि परमादित्य तस्मै नमस्ते।। (१४)

(समस्त देहधारियों के भीतर सब ओर से जो अंतरात्मा के रूप में विराजमान है, जो काठ

के भीतर अग्नि के रूप में छिपा है, पर जिसे युक्तिशून्य जन देख नहीं पाते, जो ज्योति प्राणों की अरणियों के मथने पर सज्जनों के लिये दृश्य बनता है, उस परमादित्य को नमन।)

अग्नीषोमौ प्रकृतिपुरुषौ बिन्दुनादौ च नित्यौ
प्राणापानावपि दिननिशे ये च सत्यानृते द्वे
धर्माधर्मौ सदसदुभयं योऽन्तरावेश्य योगी
वर्तेतात्मन्युपरतमतिर्निर्गुणं त्वां विशेत् सः।। (२५)

(अग्नि और सोम, प्रकृति और पुरुष, नित्य बिंदु और नाद, प्राण और अपान, दिन और रात, सत्य और असत्य, धर्म और अधर्म, सत् और असत् – इन परस्पर विरुद्ध युगलों को अपने भीतर समेटकर जो योगी अपने में ही पर्यवसितबुद्धि वाला होकर रहे, वह निर्गुण आप में प्रवेश पा सकता है।)

विरूपाक्षपञ्चाशिका[६०]

इस स्तोत्र पर विद्याचक्रवर्ती की विवृति मिलती है। यह चार स्कंधों में विभक्त है, प्रायः सभी स्कंध आर्या छन्द में हैं। शैव दर्शन के निगूढ़ तत्त्वों का भक्तिभावसंवलित विवेचन विरूपाक्ष ने किया है।

मत्स्थमपि भुवनवृन्दं बहिरिव मद् भाति मायया भविनाम्।
अथ विद्यया भवेद् भवपदिनामन्तर्बहिष्ट्वेन।।

(४.४१)

(माया के कारण संसारियों को भीतर समाया हुआ भुवन भी बाहर दिखाई देता है। विद्या के द्वारा जो भव या शिव का पद पा चुके उनके लिये यह संसार बाहर भी है, भीतर भी।)

त्रिपुरामहिमस्तोत्र

यह दुर्वासा ऋषि के द्वारा प्रणीत कहा जाता है। सौंदर्यबोध व शाक्ततंत्र का अनूठा समन्वय इसमें हुआ है। शार्दूलविक्रीडित छंद में लय तथा अनुप्रासों के अनुरणन को कवि ने पंक्ति पंक्ति में गुंजित कर दिया है। जैसे -

शिञ्जन्नूपुरपादकङ्कणमहामुद्रासु लाक्षारसा-
लङ्काराङ्कितमङ्घ्रिपङ्कजयुगं श्रीपादुकालङ्कृतम्।
उद्घास्वन्नखचन्द्रखण्डरुचिरं राजज्जपासन्निभं
ब्रह्मादित्रिदशासुरार्चितमहं मूर्ध्नि स्मराम्यम्बिके।। (३१)

(हे अंबिके! तुम्हारे उस चरणयुगल का मैं स्मरण करता हूँ, जिसमें रुनझुन करते नूपुर वाले कंकण बँधे हैं, जिस पर लाक्षारस या महावर से महामुद्रा का अलंकार अंकित है, जो

सुंदर पादुका से सजा है, चमकते चंद्रमासदृश नख के कारण रुचिर है तथा खिले जवाकुसुम के समान है और ब्रह्मा आदि देवों के द्वारा अर्चित है।)

ललितास्तवरत्नम्

यह स्तोत्र भी दुर्वासा ऋषि के द्वारा प्रणीत माना गया है। इसमें २१३ आर्याएँ हैं। सौन्दर्यबोध, लालित्य, सौकुमार्य, भक्तिभाव, दर्शन तथा तांत्रिकसाधना इन सबका समवाय इस स्तोत्र में कवि ने रच दिया है।

कुङ्कुमपङ्किलदेहां कुवलयजीवातुशावकावतंसाम्।
कोकनदशोणचरणां कोकिलनिक्वाणकोमलालापाम्।।
वामाङ्गगलितचूलीं वनमाल्यकदम्बमालिकाभरणाम्।
मुक्तालललन्तिकाञ्चितमुग्धालिकमिलितचित्रकोदाराम्।।
करविधृतकीरशावककलनिनदव्यक्तनिखिलनिगमार्थाम्।
वामकरसङ्गिवीणावादनसौख्यार्धमीलिताक्षियुगाम्।। (३१-३४)

यहाँ एक-एक विशेषण से शब्द चित्र अंकित होता चला जाता है। कोकनदशोणचरणा तथा कोकिलनिक्काणकोमलालापा इन दो विशेषणों में उपमाओं का आधान सहज रूप से हो गया है, तो वामाङ्गगलितचूली, वनमाल्यकदम्बमालिकाभरणा तथा वामकरसङ्गिवीणावादनसौख्यार्धमीलिताक्षियुगा ये पद स्वभावोक्ति की छटा बिखेरते हैं। करविधृतकीरशावककलनिनदव्यक्तनिखिलनिगमार्था में अद्भुत रस अंग बन जाता है।

शिवताण्डवस्तोत्र तथा शिवस्तुति

इन दोनों स्तोत्रों के प्रणेता लङ्केश्वर रावण माने गये हैं। शिवताण्डव स्तोत्र में पञ्चचामर या प्रमिताक्षरा छंद है, शिवस्तुति में पृथ्वी छंद में दस पद्य हैं। दोनों ही स्तोत्रों की शैली तथा भावाभिव्यक्ति में साम्य है। दोनों में छंद, लय और पदावली आराध्य से एक रूप हो गये हैं। दोनों में व्यास शैली है, चंद्रमौलि के स्थान पर कुमुद्वतीरमणखण्डचूड़ामणि शब्द का प्रयोग कवि करता है, गजाजिन न कहकर कटीतटपटीभवत्करटिचर्म कहता है। शाब्दिक क्रीड़ा, ओजस्विता व भक्तिभाव की अभिव्यक्ति के लिये अनोखी शैली में दोनों स्तोत्र अपूर्व हैं।

विहाय कमलालयाविलसितानि विद्युन्नटी-
विडम्बनपटूनि मे विहरणं विधत्तां मनः।
कपर्दिनि कुमुद्वतीरमणखण्डचूडामणौ
कटीतटपटीभवत्करटिचर्मणि ब्रह्मणि।।

(शिवस्तुति ४)

शिवताण्डव स्तोत्र में तो गौडी रीति, दीर्घसमासजनित गाढ बंध तथा ओजोगुण की पराकाष्ठा है।

जटाकटाहसम्भ्रमभ्रमन्निलिम्पनिर्झरी विलोकवीचिवल्लरीविराजमानमूर्धनि।
धगद्धगद्धगज्ज्वलल्ललाटपट्टपावके किशोरचन्दशेखरे रतिः प्रतिक्षणं मम।।

मूककवि कृत पंचशती

मूक कवि के नाम से पाँच शतक मिलते हैं जिनमें देवी की स्तुति है। कटाक्षशतक, मंदस्मितशतक, पादारविंदशतक, आर्याशतक तथा स्तुतिशतक। कटाक्षशतक में वसंततिलका, मंदस्मितशतक में शार्दूलविक्रीडित, पादारविंदशतक में शिखरिणी, आर्याशतक में आर्या तथा स्तुतिशतक में विविध छंदों का प्रयोग है।

पंचशती के निम्नलिखित पद्य को भोज (ग्यारहवीं शताब्दी का पूर्वार्ध) ने सरस्वतीकंठाभरण के पंचम परिच्छेद में उद्धृत किया है

लक्ष्मीवशीकरणचूर्णसहोदराणि त्वत्पादपङ्कजरजांसि चिरं जयन्ति।
यानि प्रणाममिलितानि नृणां ललाटे लुम्पन्ति दैवलिखितानि दुरक्षराणि।।

(आप के चरणकमल की वह रज चिर जय करे, जो लक्ष्मी के वशीकरण के चूर्ण की सहोदर हैं, जो प्रणाम करते समय मनुष्यों के ललाट पर लगकर भाग्य के लिखे अमंगल अक्षर मिटा देती है।)

इसी प्रकार मम्मट ने काव्यप्रकाश के दसवें उल्लास में मूक कवि का यह पद्यार्ध उद्धृत किया है—

पादाम्बुजं भवतु मे विजयाय मञ्जुमञ्जीरशिञ्जितमनोहरमम्बिकायाः।।

इसकी समीक्षा करते हुए मम्मट कहते हैं कि देवी के चरण को अंबुज कहा है, पर शिंजित (रुनझुन की ध्वनि) कमल में असंभव है, अत: रूपक अलंकार के लिये उसका उल्लेख बाधक बन जाता है। उपमेय चरण में तो शिंजित संभव है, अत: वह साधक है यह कहना भी उचित नहीं क्योंकि बाधक की प्रतीति ही यहाँ उत्कट रूप में हो रही है (इत्यत्र मञ्जीरशिञ्जितम् अम्बुजे प्रतिकूलम् असंभवादिति रूपकस्य बाधकम् न तु पादेऽनुकूलमित्युपमायाः साधकमभिधीयते विध्युपमर्दिनो बाधकस्य तदपेक्षयोत्कटत्वेन प्रतिपत्तेः। — काप्र० १०.५७८)

अत: मूक कवि का समय दसवीं-ग्यारहवीं शती से पहले होना चाहिये।

मुकुन्दमुक्तावलि

मुकुन्दमुक्तावलि के कवि का नाम अज्ञात है। भावसौंदर्य, पदावली की सानुप्रासिकता में यह केवल ३०- पद्यों की एस०के०डे० इसे उत्पलराज को काश्मीर का अवंतिवर्मा के वंश में उत्पन्न कोई राजा मानते हैं, तथा यह भी सूचित करते हैं कि धारानरेश मुंज का का साहित्यिक नाम उत्पल रहा है। रचना गीतगोविंद की पदावली के समतुल्य बन गई है। यथा—

नवजलधरवर्णं चम्पकोद्भासिकर्णं विकसितनलिनास्यं विस्फुरन्मन्दहास्यम्।
कनकरुचिदुकूलं चारुबर्हावचूलं कमपि निखिलसारं नौमि गोपीकुमारम्।।

मुखजितशरदिन्दुः केलिलावण्यसिन्धुः करविनिहितकन्दुर्वल्लवीप्राणबन्धुः।
वपुरुपसृतरेणुः कक्षनिक्षिप्तवेणुर्वचनवशगधेनुः पातु मां नन्दसूनुः।।

शिवस्तुतिः

शिवस्तुति के प्रणेता नारायण पंडित हैं। इनका समय अज्ञात है। संपूर्ण स्तुति पृथ्वी छंद में निबद्ध है। ओजस्विता, परिष्कृत भाषा तथा स्फुरित होती पदावली का चमत्कार इस काव्य में आद्यंत है। परिकर अलंकार का प्रयोग इसी प्रकार सधा हुआ है। एक उदाहरण द्रष्टव्य है—

परत्रिपुरनैधनं विविधदैत्यविध्वंसनं पराक्रमपरम्परा अपि परा न ते विस्मयः।
अमर्षवशहर्षितक्षुभितवृत्तनेत्रोज्ज्वलज्वलज्जवनहेलया शलभितं हि लोकत्रयम्।।

यहाँ परा पराक्रमपरंपरा – इस पदावली के द्वारा यमक का सहज विनिवेश हो गया है। लोकत्रयं शलभितम् (तीनों लोक पतिंगे की तरह जल गये) में अतिशयोक्ति है। शंकर का माहात्म्यातिशय इससे ध्वनित होता है।

भक्ति, आस्था व शौर्य की आकांक्षा की त्रिवेणी नारायण कवि ने यहाँ प्रवाहित की है।

पञ्चस्तवः

इस स्तोत्र के प्रणेता रामानुमतानुयायी श्रीवत्सांक हैं, इनका समय ग्यारहवीं शताब्दी है। विशिष्टाद्वैतपरंपरा में इनके वरदराजस्तव स्तोत्र का बड़ा सम्मान है, जो पंचस्तव का ही एक भाग है। एक पद्य में इनकी उक्तियों को वेदत्रयीरूपी नायिका का मंगलसूत्र कहा गया है —

श्रीवत्सचिह्नमिश्रेभ्यो नम उक्ति विधीमहे
यदुक्तयस्त्रयीकण्ठे यान्ति मङ्गलसूत्रताम्।।

वरदराजस्तवः में १०२ पद्य हैं। समर्पण तथा आत्मावसाद का भाव इस रचना में पिरोया हुआ है।

यदि त्वभक्तोऽप्यगुणोऽपि निष्क्रियो
निरुद्यमो निष्कृतदुष्कृतो न च।
लभेय पादौ वरद स्फुटाग्रत-
स्ततःक्षमायास्तव मङ्गलाः गुणाः।।

जिनशतक

इसके प्रणेता जंबूगुरु हैं। इस पर सांबमुनि की टीका मिलती है, जिसका रचनाकाल १२०४ वि. है। इस शतक की रचना ग्यारहवीं शती के पूर्व हो चुकी थी – यह कहा जा सकता है। संपूर्ण शतक स्रग्धरा छंद में है तथा चार भागों में विभाजित है। इनमें जिनके चरण, हाथ, मुख तथा वाणी का वर्णन है। आनुप्रासिकता के आग्रह ने स्रग्धरा का धारा को वेग दिया है, पर प्रसादगुण का क्षति की है।

क्षोणीं क्षान्त्या क्षिपन्तः क्षणिकरनिकरस्त्रीकटाक्षाक्षताक्षा
मोक्षक्षेत्राभिकाङ्क्षाः क्षपितशुभशताक्षेमविक्षेपदक्षाः।
अक्षोभाः क्षीणरूक्षाक्षरपटुवचनाभिक्षवो मङ्क्ष्वलक्ष्मीं
साक्षाद् वीक्ष्य क्षिपन्ति क्षपयतु स जिनः क्षय्यपक्षं यदङ्घ्री।।

उपसंहार

ईसा का प्रथम सहस्राब्दी में संस्कृत मुक्तक ने अपनी विकास यात्रा में अनेक प्रस्थान रचे। स्तोत्रों की भावसंपदा में दर्शन, भक्ति और ज्ञान की त्रिवेणी सरस रूप प्रवाहित हुई, वहीं लोक जीवन से संबंधित मुक्तकों में गाँव के लोगों, किसानों, हलवाहों व श्रमिकों के जीवन के यथार्थ उद्घाटित हुआ। इस प्रकार संस्कृत साहित्य में मुक्तक या लघुकाव्य की परंपरा श्रृंगार, नीति और वैराग्य की तरंगिणियों में प्रवहमाण होती हुई भक्ति, जीवनदर्शन, रागात्मकता और मनुष्य की गौरवगाथा का निदर्शन प्रस्तुत करती है। अपनी विविधता में संस्कृत मुक्तक साहित्य विश्व में अपूर्व ही है। इसके साथ ही इसने विश्व के महाकवियों को प्रभावित, प्रेरित और स्फूर्त किया है। मेघदूत तथा भर्तृहरि का प्रभाव अन्य भाषाओं के अनेक रचनाकारों पर परिलक्षित होता है।

सन्दर्भ

१. काव्यमाला, दशम गुच्छक (१९१५) में प्रकाशित
२. अन्य विवरण के लिये ऐतिहासिक महाकाव्य शीर्षक अध्याय भी देखें।
३. विश्वभारती पत्रिका खंड-५, सं० २००२, भाग -१, पृ० ३३८-३४३, संस्कृत वाङ्मय का बृहत् इतिहास खंड- ४ में उल्लिखित।
४. इंडियन काव्य लिट्रेचर, खंड २, पृ० २३८
५. इंडियन काव्य लिट्रेचर, खंड २, पृ० २३९
६. Contribution of Tamilnadu to Sanskrit, p. 148
७. क्षेमेंद्र द्वारा औचित्यविचारचर्चा में उद्धृत। यही पद्य जैन महाकाव्य प्रभावकचरित (२०१) में कवि श्रीपाल के नाम से उद्धृत है।
८. येन नित्यो नाम पदार्थः प्रणयकेलिष्वपि न विषह्यते। न्यायमुक्तावली, भाग १, पृ० १७९
९. सुभाषितरत्नाकर, ४७७. मम्मट द्वारा श्रुतिकटु दोष के उदाहरण में काव्यप्रकाश (७.१९७) तथा शार्ङ्गधर द्वारा शाप० (५६६) में भी उद्धृत।
१०. Introduction to Subhāṣitaratnarośa, HOS, Ed Daniel H.H. Ingalls, p. Lxxxi
११. यह पद्य सुरको० ४५४, सकमृ० (८१४), सुभाषितावलि (१४७२) तथा औचित्यविचारचर्चा में भी उद्धृत है। वल्लभदेव ने सुभाषितावलि में इसे धर्मकीर्ति के नाम से ही उद्धृत किया है, तथा रुय्यक ने संबंध में असंबंधरूप अतिशयोक्ति के उदारण में उद्धृत किया है।
१२. ध्वन्यालोकलोचन, पृ० १३३
१३. पाठांतर के साथ यह श्लोक सुभाषितरत्नाकर में अभिनंद के नाम से उद्धृत है। तातः सृष्टि....मार्गे गिरां वागुरः - पाठांतर।

१४. राजस्थान प्राच्यविद्या प्रकाशन, जोधपुर ग्रंथांक ९४

१५. उक्त संस्करण की भूमिका, पृ० २४

१६. इस शृंखला के अन्य पद्य इसप्रकार हैं –

किम्मे दुरोदरेण प्रयातु यदि गणपतिर्न तेऽभिमतः
कः प्रद्वेष्टि विनायकमहिलोकः किन्न जानासि।।
वसुरहितेन क्रीडा भवता सह कीदृशी न जिह्रेषि।
किं वसुभिर्नमतोऽमून् सुरासुरानेव पश्य पुरः।।
चन्द्रग्रहणेन विना नास्मि रमे किं प्रवर्तयस्वेवम्।
दैत्यैर्यदि रचितमिदं नन्दिन्याहूयतां राहुः।।
हा राहौ शितद्रंष्ट्रे भयकृति निकटस्थिते रतिः कस्य।
यदि नेच्छसि सन्त्यक्तः सम्प्रत्येवैष हाराहिः।।
आरोपयसि मुधा किन्नाहमभिज्ञा किल त्वदङ्कस्य।
दिव्यं वर्षसहस्रं स्तुत्वेति न युक्तमभिधातुम्।।
इत्थं पशुपतिपेशलपाशकलीलाप्रयुक्तवक्रोक्तेः।
हर्षवशतरलतारकमाननमव्याद् भवान्या वः।। ७ (सुभाषितावलिः, १२३-१२९)

१७. G.P. Quakenbos : The Sanskeit Poems of Mayur, New York, १९१७ (Columbia University Indo-Iranian Sereis). पंडित बलदेव उपाध्याय ने संदर्भ या स्रोत का उल्लेख किये बिना अपनी संस्कृत सुकवि समीक्षा में इसके आठों पद्य उद्धृत किये हैं, जो इस प्रकार हैं –

एषा का प्रस्तुताङ्गी प्रचलितनयना हंसलीला व्रजन्ती
द्वौ हस्तौ कुङ्कुमार्द्रौ कनकविरचिता ....ऊ.....
ऊं...गां...गेगता सा बहुकुसुमयुता बद्धवीणा हसन्ती
ताम्बूलं वामहस्ते मदनवशगता गुह्यशालां प्रविष्टा।।
एषा का भुक्तमुक्ता प्रचलितनयना स्वेदलग्नाङ्गवस्त्रा
प्रत्यूषे याति बाला मृग इव चकिता सर्वतः शङ्कयन्ती
केनेदं वक्त्रपद्मं स्फुदधररसं षट्पदेनेव पीतं
स्वर्गः केनाद्य भुक्तो हरनयनहतो मन्मथः कस्य तुष्टः।।२।
एषा का स्तनपीठभारकठिना मध्ये दरिद्रावती
विभ्रान्ता हरिणी विलोलनयना सन्त्रस्तयूथोद्गता।
अन्तःस्वेदगजेन्द्रगण्डगलिता संलीलया गच्छति
दृष्ट्वा रूपमिदं प्रियङ्गुगहनं वृद्धोऽपि कामायते।। ३।।
वामेनावेष्टयन्ती अविरलकुसुमं केशभारं करेण
प्रभ्रष्टं चोत्तरीयं रतिपतितगुणां मेखलां दक्षिणेन।
ताम्बूलं चोद्वहन्ती विकसितवदना मुक्तकेशाऽङ्गरागा
निष्क्रान्ता गुह्यदेशं मदनवशगता मारुतं प्रार्थयन्ती।।
एषा का नवयौवना शशिमुखी कान्ताऽपथे गच्छति
निद्राव्याकुलिता विघूर्णनयना सम्पक्वबिम्बाधरा
केशैर्व्याकुलिता नखैर्विदलिता दन्तैश्च खण्डीकृता
केनेदं रतिराक्षसेन रमिता शार्दूलविक्रीडिता।।

एषा का परिपूर्णचन्द्रवदना गौरीमृगा क्षोभिनी
लीलामत्तगजेन्द्रहंसगमना .... ए.......
निःश्वासाधरगन्धशीतलमुखी वाचा मृदूल्लासिनी
स श्लाघ्यः पुरुषः स जीवति वरो यस्य प्रिया हीदृशी।।६।।
एषा का जघनस्थलीसुललिता प्रोन्मत्तकामाधिका
भ्रूभङ्गं कुटिलं त्वनङ्गधनुषःप्रख्यं प्रभाचन्द्रवत्।।
राकाचन्द्रकपोलपङ्कजमुखी क्षामोदरी सुन्दरी
वीणादण्डमिदं विभाति ललितं वेल्लद्भुजं गच्छति।।७
एषा सा रतिहावभावविलसच्चन्द्राननं बिभ्रती
गात्रं चम्पकदामगौरसदृशं पीनस्तनालम्बिता
पद्मां सञ्चरती प्रगल्भहरिणी संलीलया स्वेच्छया
किञ्चैषा गगनाङ्गना भुवितले सम्पादिता ब्रह्मणा।।८।।

१८. सुरको० (२२.४२) में यह पद्य श्रीहर्ष के नाम से उद्धृत है।

१९. शून्यमिति-शून्यं विविक्तं वासगृहं केलिभवनं विलोक्य, शयनात्, शय्यायाः किञ्चिदुत्थाय उत्थिता भूत्वा शनैर्मन्दं निःशब्दमित्यर्थः। बाला निद्राव्याजमुपागतस्य प्रियस्य मुखं सुचिरं निर्वर्ण्य दीर्घकालं विलोक्य सम्यक् परीक्ष्य इत्यर्थः। विश्रब्धं निःशङ्कं यथा स्यात्तथा परिचुम्ब्य आस्वाद्य जातपुलकाम् उत्फुल्लरोमाञ्चाङ्कितां गण्डस्थलीं विलोक्य लज्जानम्रमुखी व्रीडावनतवदना सती हसता प्रियेण चिरं चुम्बितेति सम्बन्धः। नायिका स्वीया, नायकोऽनुकूलः, अत्र नर्मगर्भजातिरलङ्कारः। शून्यमित्यादि, अत्र विलोकनशब्दोऽन्तर्भूतणिजर्थः, तेनालोकनम्, अनयोरेककर्तृकतया पूर्वकालीनक्त्वाप्रत्ययः। इह च नायको नायिका चालम्बनविभावौ। शून्यवासगृहादिरुद्दीपनविभावः। अनुभावा बालागतविलोकनादयः नायकगता व्याजनिद्रादयश्च। निद्राया हि व्याजारब्धतया न व्यभिचारित्वम्, व्यभिचारिणश्चनायिकागताः, विलोकनेन शङ्का, उत्थानेन चपलता। उत्थानस्य शनैस्त्वेन त्रासः, चिरं निर्वर्ण्णनेन सुप्तो न वेति सन्देहप्रभवो वितर्कः, विश्रब्धमित्यनेन निद्रानिश्चयज्ञानेन हर्षः, परिचुम्बनेनौत्सुक्यम्, आलोकनेन चपलता, विश्रब्धमित्यनेन लज्जा निर्दिष्टैव। नायकगता च व्याजनिद्राश्रयेण धृतिः, चिरपरिचुम्बनेनौत्सुक्यं हर्षश्च। एभिश्च साधारण्येनाभिव्यक्तः सामाजिकरतिभावः शृङ्गाररसरूपतां भजते। (साहित्यदर्पण महेश्वरतर्कालंकार की टीका)

२०. संस्कृत सुकवि समीक्षा, पृ० ३४१ में उद्धृत

२१. काव्यालंकार सूत्रवृत्ति, हिंदी अनुसंधानपरिषद् ग्रंथमाला-१, १९५४, पृ० १५७

२२. रसनिर्वहणैकतानहृदयो यं च नात्यन्तं निर्वोढुमिच्छति। यथा— कोपात्कोमललोलबाहुलतिकापाशेन बद्ध्वा दृढं, नीत्वा वासनिकेतनं दयितया सायं सखीनां पुरः। भूयो नैवमिति स्खलत्कलगिरा संसूच्य दुश्चेष्टितं धन्यो हन्यत एव निह्नुतिपरः प्रेयान् रुदत्या हसन्।। अत्र हि रूपकमाक्षिप्तमनिर्व्यूढं च परं रसपुष्टये। निर्वोढुमिष्टमपि यं यत्नादङ्गत्वेन प्रत्यवेक्षते (ध्वन्यालोक)

२३. सङ्कीर्णो रसादिरङ्गभूतो यथा—— क्षिप्तो हस्तावलग्नः प्रसभमभिहतोऽप्याददानोंऽशुकान्तं गृह्णन् केशेष्वपास्तश्चरणनिपतितो नेक्षितः सम्भ्रमेण। आलिङ्गन्योऽवधूतस्त्रिपुरयुवतिभिः साश्रुनेत्रोत्पलाभिः कामीवार्द्रापराधः स दहतु दुरितं शाम्भवो वः शराग्निः।। इत्यत्र त्रिपुररिपुप्रभावातिशयस्य वाक्यार्थत्वे ईर्ष्याविप्रलम्भस्य श्लेषसहितस्याङ्गभाव इति, एवंविध एव रसवदाद्यलङ्कारस्य न्याय्यो विषयः। अत एव चेर्ष्याविप्रलम्भकरुणयोरङ्गत्वेन व्यवस्थानात्समावेशो न दोषः।

२४. लक्ष्ये च अलङ्काररहितमपि केवलगुणसंस्क्रियमाणशब्दार्थशरीरं काव्यं दृश्यते, यथा अमरुकस्य कवेरनिबद्धशृङ्गाररसस्यन्दी श्लोकः—-।। 'इति। न खल्वत्रार्थलङ्कारः कश्चित्परिदृश्यते। अथ माधुर्यौजोभ्यां

परिबृंहितस्य प्रसादस्य विद्यमानत्वात्काव्यरूपता। ननु चात्रापि ईर्ष्याविप्रलम्भविरहविप्रलम्भशृङ्गाराभ्यां स्वतिरोधानेनोपकृतः संभोगशृङ्गारो नायिकानिष्ठो निबद्धस्तद्योगाच्च रसवत्त्वमलं भविष्यति। तथाहि — कथमपि कृतप्रत्यापत्तौ प्रिये इत्यत्र भागे विरहविप्रलम्भपूर्वकः प्रियतमचित्तसांमुख्यात्मा संभोगशृङ्गारः सूचितः। स्खलितोत्तर इति तु सञ्जातगोत्रस्खलितत्वात्प्रेयसो नायिकाया ईर्ष्याविप्रलम्भशृङ्गारो निबद्धः। पुनश्च विरहकृशयेत्यादिभिस्त्रिभिः पादैरवहित्थेन भावेन नायिकाधारमीर्ष्याविप्रलम्भशृङ्गारं प्रच्छाद्य संभोगशृङ्गारेण चित्तोल्लाससूचितेन वाक्यार्थसमाप्तिः कृता। तथा हि—-विरहकृशेत्यादिना पादेन नायिकागतो मन्युरवच्छाद्योपदर्शितः। असहनसखीत्यादिना तु गोत्रस्खलितस्य सखीश्रोत्रप्राप्तिं विरहविप्रलम्भकारणत्वेनाशङ्क्य दृष्टिपरावृत्त्या सखीजनशून्ये गृहे परिदृष्टे यत्तन्नायकया समुल्लसितं तदुपनिबन्धात्संभोगशृङ्गारेण वाक्यार्थो निर्वाहितः। तदेवमत्र संभोगस्य विप्रलम्भबाधेन लब्धपदबन्धस्योपनिबन्धाद्रसवत्त्वमलङ्कारः। तत्कथमत्र निरलङ्कारतोक्ता। उच्यते। न खलु काव्यस्य रसानां वालङ्कार्यालङ्कारभावः, किन्तु आत्मशरीरभावः। रसा हि काव्यस्यात्मत्वेन अवस्थिताः, शब्दार्थौ च शरीररूपतया। यथा ह्यात्माधिष्ठितं शरीरं जीवतीति व्यपदिश्यते तथा रसाधिष्ठितस्य काव्यस्य जीवद्रूपतया व्यपदेशः क्रियते। तस्माद्रसानां काव्यशरीरभूत-शब्दार्थविषयतयात्मत्वेनावस्थानं, नत्वलङ्कारतया। रसाभिव्यक्तिश्च यथायोगं माधुर्यौजोभ्यां तारतम्येनावस्थिताभ्यामुपबृंहितो योऽसौ प्रसादात्मा गुणस्तेन क्रियते। अतोऽत्र विप्रलम्भशृङ्गारोपकृतस्य संभोगशृङ्गारस्य सगुणकाव्यात्मत्वेनावस्थानं, न तु काव्यं प्रति अलङ्कारतयेति युक्तमिदमुक्तं निरलङ्कारमपि काव्यं सगुणं दृश्यते इति।

२५. पद्माकर के पद्यों के उद्धरण विद्यानिवास मिश्र द्वारा संपादित अमरुशतक से दिये गये हैं।

२६. हिस्ट्री आफ क्लासिकल संस्कृत लिटरेचर, कृष्णमाचारी, पृ० १४०

२७. भर्तृहरि का वाक्यपदीय, पृ० १ पर उद्धृत। स्रोत अप्राप्त।

२८. भर्तृहरि का वाक्यपदीय, पृ० १

२९. वाक्यपदीयम्, ब्रह्मकांड, सं० उमाशंकर शर्मा ऋषि, भूमिका, पृ० ७

३०. शतकत्रयादिसुभाषितसंग्रह, १८४

३१. भर्तृहरिकृतशतकत्रादिसुभाषित संग्रह- सं० डी. डी. कोसाम्बी, १२४, १३०

३२. वही, १०३

३३. वही, १४९, १५५-५६, १७३, १५०

३४. वही, १५९, ३११

३५. वही, १६९-७२, १९२, २३५, १९९, २००

३६. काव्यमाला गुच्छक १४, १९३८, पृ० ७७-८६

३७. काव्यमाला, गुच्छक-१३,१९१६, पृ, ३३-८०

३८. हरभट्टी टीका के साथ दीनानाथ शास्त्री यक्ष के संपादन में जम्मूकश्मीरराजकीय शोधप्रकाशनविभाग से प्रकाशित लघुस्तव तथा चर्चास्तव (१९६३) की अमृतवाग्भवाचार्यकृत भूमिका, पृ० ६

३९. सं० कृष्णानंद सागर, प्रत्यभिज्ञान प्रकाशन, बिर्दोपुर, वाराणसी, १९८५

४०. स्तवचिंतामणि के मूल पाठ के साथ क्षेमराज की टीका का संपादन मर्जानोविक (Marjanovic) ने किया जो २०११ में प्रकाशित है। नारायण भट्ट के स्तोत्र का सिल्बर्न द्वारा किया गया अनुवाद १९६४ में प्रकाशित है। Utpaladeva – Philosopher of Recognition, Ed. Raffaele Torella & Bettina Baumer में डानियल कुनियो का लेख, पृ०, ४६

४१. Utpaladeva – Philosopher of Recognition, Ed. Raffaele Torella & Bettina B□umer, पृ० १५

४२. हिंदी व्याख्या व भूमिका सहित, सं विजयपाल शास्त्री, राष्ट्रिय संस्कृत संस्थान, बलाहार परिसर, २०१२, लोकसंव्यवहारप्रतिपत्तिः का प्रथम भारतीय संस्करण नीलांजना शाह के संपादन में प्रकाशित हुआ। इसके पूर्व मिखाइल हान ने इसका समीक्षित संस्करण अंग्रेजी अनुवाद सहित २००७ में जापान से प्रकाशित शोधपत्रिका South Asian Classical Studies में प्रकाशित किया।

४३. इंडियन काव्य लिट्रेचर, खंड ४, पृ० ४५७

४४. शीलाभट्टारिका द्वारा विरचित कहे गये अन्य पद्य ये हैं -

प्रिया विरहितस्यास्य हृदि चिन्ता समागता।
इति मत्वा गता निद्रा के कृतघ्नमुपासते।। शाप० ३४४७
श्वासः किं त्वरिता गता पुलकिता कस्मात् प्रसादः कृतः
स्रस्ता वेण्यपि पादयोर्निपतनान्नीवी च गत्वागमात्।
वेदार्द्रं मुखमातपेन गलितं क्षामा किमुत्युक्तिभि-
दूति म्लानसरोरुहाकृतिधरस्यौष्ठस्य किं वक्ष्यसि।। शाप० ३५०७
विरहविषमः कामो वामः करोतु तनुं तनुं
दिवसगणनादक्षश्चायं व्यपेतघृणो यमः।
त्वमपि वशगो मानव्याधेर्विचिन्तय नाथ हे
किसलयमृदुर्जीवेदेवं कथं प्रमदाजनः।। शाप. ३५७२

४५. महासुभाषितसंग्रह (२.३७३२) में भी यह पद्य संगृहीत है।

४६. इस पद्य का अनुवाद ऊपर बाण के प्रकरण में दिया गया है।

४७. वागुर के कतिपय अन्य पद्य इस प्रकार हैं –

मुग्धाताम्रैर्नवकिसलयैः संभृतोदारशोभं
प्रादुर्भूतभ्रमरसरणीयौवनोद्भेदचिह्नम्।
सीमन्तिन्यः कुसुम धनुषा बद्धसख्यस्य मासः
स्निग्धस्मेरैर्मुखमधिगुणं दृष्टिपातैः पिबन्ति।।सुरको. १७८
शुकपत्रहरितकोमलकुसुमसटानां शिरीषयष्टीनाम्।
तलमाश्रयति दिनातपभयेन परिपिण्डितं शैत्यम्।। सुरको. २१०
आढ्यान्निवापलम्भो निकेतगामी च पिच्छिलः पन्थाः।
द्वयमाकुलयति चेतः स्कन्धावारद्विजातीनाम्।। सुरको. २९२

४८. नायकस्य नयपराक्रमादिसम्पत्सुतरामुद्द्योतिता भवति। एतच्च मदीयेऽर्जुनचरितेऽर्जुनस्य पातालावतरणप्रसङ्गे वैशद्येन प्रदर्शितम्।

४९. एतच्च ग्रन्थकारेण तत्त्वालोके वितत्योक्तमिह त्वस्य न मुख्योऽवसर इति नास्माभिस्तद्दर्शितम्। (लोचन)

५०. यथा च ममैव विषमबाणलीलायाम्——— ताला जाअन्ति गुणा जाला दे सहिअएहिं घेप्पान्ति। रइकिरणानुग्गहिआइँ होन्ति कमलाइँ कमलाइं।। (तदा जायन्ते गुणा यदा ते सहृदयैर्गृह्यन्ते। रविकिरणानुगृहीतानि भवन्ति कमलानि कमलानि।। इति च्छाया।) इत्यत्र द्वितीयः कमलशब्दः। यथा वा ममैव विषमबाणलीलायामसुरपराक्रमणे कामदेवस्य—

तं ताण सिरिसहोअररअणाहरणम्मि हिअअमेक्करसम्।
बिम्बाहरे पिआणं णिवेसिअं कुसुमबाणेन।।
(तत्तेषां श्रीसहोदररत्नाहरणे हृदयमेकरसम्।
बिम्बाधरे प्रियाणां निवेशितं कुसुमबाणेन।। इति छाया)

ण अ ताण घडइ ओही ण अ ते दीसन्ति कह वि पुनरुत्ता।
जे विब्भमा पिआणं अत्था वा सुकइवाणीणम्॥
(न च तेषां घटतेऽवधिः, न च ते दृश्यन्ते कथमपि पुनरुक्ताः।
ये विभ्रमाः प्रियाणामर्था वा सुकविवाणीनाम्॥) (ध्वन्यालोक चतुर्थ उद्योत कारिका ७ की वृति)

५१. यह पद्य सुभाषितरत्नकोश में अज्ञातकर्तृकतया (१४६७), सदुक्तिकर्णामृत २२१३ में धर्मकीर्ति के नाम से उद्धृत है।

५२. वक्रोक्तिजीवित, १.९ पर वृत्ति, धारवाड, १९७७ पृ० १४

५३. कृष्णकर्णामृत, सं० सुशीलकुमार डे, नवरंग प्र० न०दि० १९९० में सातकड़ि मुखोपाध्याय की भूमिका

५४. मुर्शिदाबाद, १९१६

५५. स्वविषये यदौचित्यं तेन चेद्धृदयस्थितेन तामतिशयोक्तिं कविः करोति। यथा भट्टेन्दुराजस्य।

५६. सं० कृष्णानंद सागर, प्रत्यभिज्ञान प्रकाशन, बिर्दोपुर, वाराणसी, १९८५ में संकलित

५७. सुभाषितरत्नाकर ३१३, सूक्तिमुक्तावली ६३.१७, सदुक्तिकर्णामृत १३४९ तथा भोजकृत सरस्वतीकण्ठाभरण (३.१०) में उद्धृत

५८. शृङ्गं भृङ्गिन् विमुञ्च त्यज गजवदन त्वं च लाङ्गूलमूलं
मन्दानन्दोसि नन्दिन्नलमबल महाकाल कण्ठग्रहेण।
इत्युक्त्वा नीयमानः सुखयतु वृषभः पार्वतीपादमूले
पश्यन्नक्षैर्विलक्षं वलितगलचलत्कम्बलं त्र्यम्बकं वः॥ सुरको० १५९

५९. राधायामनुबद्धनर्मनिभृताकारं यशोदाभया-
दभ्यर्णेष्वतिनिर्जनेषु यमुनारोधोलतावेश्मसु।
मन्दाक्षश्लथवल्लवानुकरणक्रीडस्य कंसद्विषो
लब्धं यौवनमात्रया विजयते गम्भीरशोभं वपुः। (सुरको० २६७)

६०. यह भी सं० कृष्णानंद सागर, प्रत्यभिज्ञान प्रकाशन, बिर्दोपुर, वाराणसी, १९८५ में संकलित

अध्याय - ४

गद्यकाव्य तथा चंपू

संस्कृत भाषा में गद्य की एक संपन्न परम्परा वैदिक काल में आरम्भ हो गयी थी। यजुर्वेद में उस समय के गद्य का उत्कृष्ट उदाहरण मिलता है। इसके पश्चात् ब्राह्मण ग्रंथ तथा अधिकांश उपनिषद् भी गद्य में रचे गये। ईसा के पहले की शताब्दियों में गद्य का उपयोग कथाकथन और राजाज्ञाओं के प्रसारण के लिए होता रहा। कथा कहने की परम्परा में ही गद्य को अधिक से अधिक काव्यात्मक बनाकर प्रस्तुत करने का प्रयास किया जाता रहा होगा। इस प्रकार हमारे साहित्य में कथाकथन की परम्परा से ही गद्य के दो रूप विकसित हुए- एक रूप बोलचाल की भाषा के निकट था, तथा जिस प्रकार घर-घर में कहानी सुनायी जाती है, उस शैली में उसमें कथा को प्रस्तुत किया गया। दूसरे रूप में गद्य को कल्पना और काव्यात्मक अलंकरणों से मंडित कर प्रस्तुत किया गया, और इससे गद्यकाव्य की परम्परा का उदय हुआ। कुल मिलाकर इस विषयवस्तु की दृष्टि से प्राचीन काल में गद्य के निम्नलिखित रूप मिलते हैं—

(१) **वैदिक गद्य–** इसकी संरचना पर वैदिक भाषा का प्रभाव है। इस गद्य के भी दो रूप हैं- एक अनुष्ठानोपयोगी तथा याज्ञिक विधियों का प्रतिपादक तथा दूसरा चिंतन और ऊहापोह को व्यक्त करने वाला। पहले प्रकार का गद्य यजुर्वेद तथा ब्राह्मण ग्रंथों में व दूसरे प्रकार का ब्राह्मणों व उपनिषदों में मिलता है। यजुर्वेद तथा ब्राह्मण ग्रंथों का गद्य वेदमंत्रों के समान स्वरचिह्नांकित है, तथा इसका पाठ उदात्त, अनुदात्त और स्वरित आदि स्वरों का प्रयोग करके किया जाता रहा है।

(२) **शिलालेखीय गद्य-** यह राजाज्ञाओं के प्रसारण के लिए उपादेय था। प्राचीन शिलालेखों में अनेक ऐसे हैं, जो गद्य ही नहीं, काव्य तथा पद्य का भी उत्कृष्ट रूप व्यक्त करते हैं, और संस्कृत कविता के इतिहास में इनका निर्विवाद महत्त्व है। विशेष रूप में रुद्रदामन् तथा समुद्रगुप्त के शिलालेख संस्कृत गद्य की विकासयात्रा में मील के पत्थर हैं।

हरिषेण की प्रयागप्रशस्ति भी प्रौढ़, परिष्कृत और उदात्त गद्य का उत्कृष्ट उदाहरण है। समुद्रगुप्त के द्वारा बनवाये गये स्तंभ का वर्णन करते हुए हरिषेण कहते हैं—

'सर्वपृथिवीविजयजनितोदयव्याप्त-निखिलावनितलां कीर्तिमितस्त्रिदशपति-भवन-गमनावाप्तललितसुखविचरणामाचक्षण इव भुवो बाहुरयमुच्छ्रितः स्तम्भः।

यहाँ विजयस्तंभ के लिये पृथिवी के ऊपर उठे बाहु का मनोहर रूपक रचा गया है।

(३) **शास्त्रीय गद्य**-सूत्रात्मकता तथा साररूप में चिंतन को व्यक्त करने की क्षमता इस गद्य की विशेषता है। पूर्वपक्ष तथा उत्तरपक्ष को प्रस्तुत करने की विशेष शैली इसमें विकसित हुई। इसके प्राचीन रूप सूत्र ग्रंथों तथा यास्क के निरुक्त जैसे ग्रंथों में देखे जा सकते हैं। आगे चलकर कौटिल्य के अर्थशास्त्र, पतंजलि के महाभाष्य आदि में इस प्रकार के गद्य का प्रांजल और परिष्कृत स्वरूप विकसित हुआ।

(४) **वार्तालाप की शैली का संवादोपयोगी गद्य**– उपनिषदों के गद्य में भी अनेकत्र वार्तालाप या संवाद की शैली मिलती है। आचार्य अपने शिष्यों से जिस तरह बातचीत करते होंगे, उसे उपनिषदों में अनेकत्र उसी प्रकार संगृहीत किया गया है। आगे चलकर नीतिकथाओं और लोककथाओं से प्रेरित कथारूपों में इस प्रकार के गद्य का अत्यधिक प्रयोग किया गया। इसी का एक रूप पौराणिक गद्य है, जिसके प्राचीनतम उदाहण महाभारत में मिलते हैं।

(५) **काव्यात्मक गद्य**– उपर्युक्त सभी प्रकार के गद्यों का सरस व सौंदर्यमंडित रूप काव्यात्मक गद्य के रूप में सामने आया और गद्यकाव्य की विधाएँ उससे विकसित हुईं। आगे चलकर आचार्यों ने गद्यकाव्य की दो विधाओं का निरूपण किया-कथा तथा आख्यायिका।

शैली की दृष्टि से गद्य के प्रकार

आचार्यों ने काव्यात्मक गद्य की विभिन्न शैलियाँ बतायी हैं। समास का प्रयोग व पदयोजना के आधार पर गद्य के चार प्रकार हैं—(१) मुक्तक- समासरहित गद्य, (२) वृत्तगंधि-छंदोवत् लययुक्त गद्य, (३) उत्कलिकाप्राय- दीर्घसमासों से युक्त गद्यरचना, तथा (४) चूर्णक- अल्पसमासों से युक्त गद्य।

गद्यकाव्य की परम्परा

कथा गद्यकाव्य की एक विधा है। पतंजलि ने अपने महाभाष्य में वासवदत्ता, सुमनोत्तरा तथा भैमरथी- इन तीन कथाओं का उल्लेख किया है। ये तीनों कथाग्रंथ आज अप्राप्य है; और यह निर्णय नहीं किया जा सका है कि ये कथाएँ गद्य में थीं या पद्य में। भोज ने अपने शृंगारप्रकाश में वररुचि की चारुमती नामक कथा से एक पद्य उद्धृत किया है,[१] पर चारुमती के सम्बन्ध में भी यह कहना कठिन है कि वह आद्यंत पद्य में ही थी या पद्यों का प्रयोग कहीं-कहीं करके उसे गद्य में रचा गया था। वल्लभदेव की सुभाषितावली में वररुचि की चारुमती से एक पद्य उद्धृत है। अन्य अनेक कथाएँ प्राचीन काल में लिखी गयीं। भोज के समकालीन महाकवि धनपाल ने तरंगवतीकथा का उल्लेख किया है, जो संभवतः कालिदास के पहले लिखी जा चुकी थी। तरंगवती के प्रसन्न गंभीर कथाप्रवाह की प्रशंसा करते हुए धनपाल कहते हैं—

प्रसन्नगम्भीरपथा रथाङ्गमिथुनाश्रया।
पुण्या पुनाति गङ्गेव गां तरङ्गवती कथा।।

(तिलकमंजरी प्रास्तविकपद्य २३)

रामिल और सौमिल ने शूद्रककथा नाम से एक कथा लिखी थी, जिसका उल्लेख राजशेखर ने किया है। जल्हण की सूक्तिमुक्तावली में राजशेखर का यह पद्य उद्धृत है—

तौ शूद्रककथाकारौ धन्यौ रामिलसौमिलौ।
काव्यं ययोर्द्वयोरासीदर्धनारीश्वरोपमम्।।

(शूद्रककथा के प्रणेता रामिल तथा सौमिल धन्य हैं जिनके द्वारा रचा गया काव्य अर्धनारीश्वर के समान है— अर्थात् दो कवियों के द्वारा रचित होने से उसकी रचना में दो रूप एक दूसरे संपृक्त हो गये हैं।)

बाणभट्ट ने अपने पूर्व के गद्यकाव्यकारों में भट्टारहरिचंद का नाम बड़े आदर से लिया है। इस प्रकार कथा की परम्परा छठीं शताब्दी तक समृद्ध रूप में विकसित होकर आगे फलती-फूलती रही।

रोहदे और वेबर नामक पश्चिमी पण्डितों ने सुबन्धु और बाण के गद्यकाव्यों पर ग्रीक गद्यकाव्यों का प्रभाव प्रतिपादित किया है, जो किसी भी प्रकार संगत नहीं है। कथानक, रूढ़ियों और वर्णनकला में कुछ साम्य होते हुए भी ग्रीक और संस्कृत गद्य की आन्तरिक प्रकृति और परम्पराएँ बहुत भिन्न है। संस्कृत गद्यकाव्य आदर्शप्रवणता निसर्गसृष्टि के निरूपण और सौन्दर्यचित्रण की विविधता तथा समग्रता में अनन्य है, तो ग्रीक गद्य चमत्कारपूर्ण वृत्तान्तों में।

कथा तथा आख्यायिका

गद्यकाव्य के दो भेद माने गये- कथा तथा आख्यायिका। भामहकृत काव्यालंकार, अग्निपुराण, रुद्रटकृत काव्यालंकार तथा साहित्यदर्पण आदि काव्यशास्त्रीय ग्रंथों में ये भेद प्रतिपादित हैं। कथा की वस्तु काल्पनिक होती है। आख्यायिका में ऐतिहासिक वृत्तांत का निरूपण रहता है- मुख्य रूप से यही इनमें अंतर बताया गया है। आचार्य भामह ने इन दोनों का गद्यकाव्य की पृथक्-पृथक् विधाओं के रूप में प्रतिपादन किया था। दंडी ने कथा तथा आख्यायिका का लक्षण करके अंत में कहा कि वस्तुत: यह एक ही जाति या विद्या है, जिसको दो अलग-अलग नाम दे दिये गये हैं। तथापि परवर्ती आचार्यों ने कथा का उदाहरण बाणभट्ट की कादंबरी और आख्यायिका का उदाहरण उन्हीं के हर्षचरित को मानते हुए दोनों के लक्षण व परस्पर अन्तर इस प्रकार किये हैं—

(१) कथा में विषयवस्तु कविकल्पित होती है, आख्यायिका में ऐतिहासिक।

(२) कथा में आरम्भिक पद्यों में सज्जनों की प्रशंसा, दुर्जनों की निन्दा तथा कवि के वंश का वर्णन रहता है। आख्यायिका में प्राचीन कवियों की प्रशंसा तो आरम्भिक पद्यों में रहती है, पर कविवंश वर्णन गद्य में ही रहता है।

(३) कथा का सर्ग या उच्छ्वास आदि में विभाजन नहीं होता, आख्यायिका उच्छ्वास, नि:श्वास या आश्वास आदि में विभाजित रहती है।

(४) कथा में एक अवांतर प्रसंग से आरम्भ करके मुख्य कथा का उपक्रम किया जाता है। आख्यायिका में कवि अपना परिचय देकर उसके माध्यम से मुख्य कथा का आरम्भ करता है। इस प्रकार आख्यायिका का आरम्भ आत्मकथात्मक होता है, यद्यपि कवि अपने लिए इसमें अन्यपुरुष का ही प्रयोग करता है। भामह के मत से नायक स्वयं अपना चरित वर्णन करे तो भी आख्यायिका कही जाती है।

(५) आख्यायिका में वक्त्र तथा अपरवक्त्र छंदों का प्रयोग होता है, कथा में नहीं।[२]

(६) कथा संस्कृत के अतिरिक्त प्राकृत या अपभ्रंश में भी रची जा सकती है, आख्यायिका संस्कृत में ही होती है।

कथा और आख्यायिका में तत्त्वतः कोई भेद नहीं होता – इस मत के प्रतिपादन में दंडी ने कहा है—

अपादः पदसन्तानो गद्यमाख्यायिका कथा
इति तस्य प्रभेदौ द्वौ तयोराख्यायिका किल।।
नायकेनैव वाच्यान्या नायकेनेतरेण वा
स्वगुणाविष्क्रियादोषो नात्र भूतार्थशंसिनः।।
अपि त्वनियमो दृष्टस्तत्राप्यन्यैरुदीरणात्
अन्यो वक्ता स्वयं वेति कीदृग्वा भेदकारणम्।।
वक्त्रं चापरवक्त्रं च सोच्छ्वासत्वं च भेदकम्
चिह्नं आख्यायिकायाश्चेत्प्रसङ्गेन कथास्वपि।।
आर्यादिवत्प्रवेशः किं न वक्त्रापरवक्त्रयोः
भेदश्च दृष्टो लम्भादिरुच्छ्वासो वस्तु किं ततः।।
तत्कथाख्यायिकेत्युक्ता जातिः संज्ञाद्वयाङ्किता
अत्रैवान्तर्भविष्यन्ति शेषाश्चाख्यानजातयः।।

(काव्यादर्श, १. २३-२८)

(बिना पादों या पद्य के चरणों वाला पदसमूह गद्य है। आख्यायिका और कथा इसके दो भेद कहे गये हैं। इनमें आख्यायिका में नायक या अन्य कोई पात्र कथा कहता है। वह स्वयं अपनी कथा कहे या अन्य पात्र उसकी कथा को कहे इसके विषय में नियम नहीं है। अन्य वक्ता हो या पात्र अपनी कथा स्वयं कहे – यह कैसा भेद का कारण है? वक्त्र और अपरवक्त्र छंदों का प्रयोग तथा उच्छ्वासों में विभाजन – यह भी आख्यायिका के कथा से भेद का कारण बताया गया है। पर अध्यायों के नाम उच्छ्वास हों या लंभ आदि हों, उससे वस्तु में भेद कहाँ है? इसलिये कथा और आख्यायिका एक ही जाति है, नाम अलग अलग कर दिये गये हैं। आख्यान के शेष भेद इसी में अंतर्भूत हो जाते हैं।)

अग्निपुराण के अनुसार आख्यायिका में आख्यायिकाकार के द्वारा अपने वंश का गद्य में ही विस्तार से वर्णन किया जाता है। इसमें कन्याहरण, संग्राम, विप्रलम्भ या वियोग, विपत्तियाँ– इनके प्रसंग रहते हैं, तथा रीति, वृत्ति और प्रवृत्तियाँ उद्दीप्त रूप में प्रयुक्त होती हैं। आख्यायिका के अध्यायों का विभाजन उच्छ्वासों के रूप में किया जाता है, चूर्णक गद्य का प्रयोग करते हुए बीच बीच में वक्त्र तथा अपरवक्त्र छंद इसमें रखे जाते हैं। कथा को इससे भिन्न बताते हुए अग्निपुराणकार कहते हैं— कथा में कवि अपने वंश का वर्णन संक्षेप श्लोकों के द्वारा करता है, मुख्य कथा के अवतरण के लिये अन्य कथा की प्रस्तावना की जाती है। कथा में लंभक (या उच्छ्वास आदि के द्वारा परिच्छेद नहीं किया जाता। बीच में इसमें चतुष्पदी का प्रयोग रहता है।[३]

भोज ने अपने शृंगारप्रकाश में कथा व आख्यायिका के पृथक् पृथक् लक्षण किये हैं और आख्यायिका में कन्यापहार के अतिरिक्त समागम व अभ्युदय के प्रसंगों का समावेश भी अपेक्षित माना है। इसमें नायक स्वयं अपना चरित्र बताता है या उसका कोई अनुचर उसके चरित्र का निरूपण करता है। भोज ने आख्यायिका के माधविका तथा हर्षचरित ये दो उदाहरण दिये हैं। कथा के लक्षण में उन्होंने विशेष बात यह जोड़ी है कि इसका इतिवृत्त दिव्य, अदिव्य तथा दिव्यादिव्य हो सकता है। भोज ने कादंबरी और लीलावती— ये दो कथा के उदाहरण बताये हैं।[४]

आनंदवर्धन ने काव्य में विधा के अनुसार संरचना या शैली का किस प्रकार निर्वाह किया जाना चाहिये इस प्रश्न पर विचार करते हुए काव्य की अनेक विधाओं का उल्लेख किया है। इनमें आख्यायिका तथा कथा के अतिरिक्त प्राकृत भाषा में रची गई खंडकथा, सकलकथा आदि विधाओं में अलग अलग प्रकार की शैली रहती है। कथा व आख्यायिका में दीर्घसमास वाली रचना नहीं होनी चाहिये।[५] अभिनवगुप्त ने लोचन में आख्यायिका तथा कथा में भेद स्वीकार करते हुए कहा है— 'आख्यायिकोच्छ्वासादिना वक्त्रापरवक्त्रादिना च युक्ता। कथा तद्विरहिता।'

आख्यायिका और कथा दोनों ही गद्यकाव्यविधाएँ मूलत: कथा की वाचिकपरंपरा या कहानी सुनाने की परंपरा से संबद्ध हैं। आख्यायिका के अध्यायों का नाम उच्छ्वास (अन्य कथाप्रकारों में नि:श्वास) को लेकर ए०के० वार्डर आदि विद्वानों ने यह अभिमत प्रकट किया है कि जैसे लंबी कहानी सुनाते हुए आख्यायक या श्रोता बीच बीच में दीर्घ साँस या उच्छ्वास लेते है, उसी प्रकार आख्यायिका में विराम के लिये उच्छ्वास शब्द प्रयुक्त है।[६] आख्यायिका यह संज्ञा भी इसके आख्यान की प्राचीन परंपरा से संबंध की सूचक है। ए०के० वार्डर के अनुसार आख्यायिका मूलत: इतिहास से संबद्ध थी, काव्य के अंतर्गत बाद में उसका समावेश किया गया।[७] कौटिल्य ने तो अपने अर्थशास्त्र में आख्यायिका को इतिहास का ही प्रकार कहा है।[८]

सुबंधु

संस्कृत साहित्य में सुबंधु नाम से तीन रचनाकारों का उल्लेख मिलता है – (१)

अभिनवगुप्त के द्वारा नाट्यशास्त्र की अपनी टीका अभिनवभारती में उल्लिखित वासवदत्तानाट्यधारा नामक नाट्यकृति के प्रणेता सुबंधु,[१] (२) नाट्यशास्त्र के आचार्य सुबंधु, जिन्होंने भरतमुनि के नाट्यशास्त्र पर टीका या स्वतंत्र ग्रंथ की रचना की थी। इनका भी उल्लेख अभिनवगुप्त आदि आचार्यों ने किया है। (३) वासवदत्ता नामक कथा के प्रणेता गद्यकार सुबंधु।

यह संभव है कि नाट्यकार तथा नाट्याचार्य सुबंधु एक ही व्यक्ति हों, पर वासवदत्ता कथा के प्रणेता गद्यकार सुबंधु इन दोनों से निश्चित रूप से भिन्न हैं।

गद्यकार सुबंधु की एकमात्र रचना वासवदत्ता कथा प्राप्त है। अनुमान है कि सुबंधु बाण (सातवीं शताब्दी) के पहले हो चुके होंगे, क्योंकि बाण ने अपने से पूर्ववर्ती सुबंधु नामक कवि का उल्लेख करते हुए कहा है— सुबंधु की वासवदत्ता ने कवियों के दर्प को गला दिया- 'कवीनामगलद्दर्पो नूनं वासवदत्तया' (हर्षचरित १/११)।

अनेक विद्वान् बाण के द्वारा उल्लिखित वासवदत्ता कथा को प्रस्तुत सुबंधु कवि की रचना न मानकर पतंजलि द्वारा उल्लिखित वासवदत्ता कथा मानते हैं। तथापि बाण सुबंधु का ही उल्लेख कर रहे है, इसकी पुष्टि में एक अन्य प्रमाण उनके द्वारा अपनी रचना के लिए प्रयुक्त 'अतिद्वयी कथा' यह विशेषण भी माना जाता है। अतिद्वयी कथा से आशय है, पहले लिखी गयी दो कथाओं को पीछे छोड़ने वाली कथा। बाण अपने पूर्व में रची गयी जिन दो कथाओं का यहाँ संकेत दे रहे हैं, टीकाकार भानुचंद्र के अनुसार वे हैं— गुणाढ्यकृत बृहत्कथा तथा सुबंधु की वासवदत्ता। इससे स्पष्ट है कि सुबंधु बाण के पूर्व हो चुके थे।

इसके साथ ही सुबंधु के रचनाकाल के सम्बन्ध में अन्य प्रमाण उनके द्वारा श्लेष में नैयायिक उद्योतकर तथा धर्मकीर्तिकृत बौद्धसंगत्यलंकार नामक ग्रंथ का उल्लेख है- 'न्यायस्थितिमिवोद्योतकरस्वरूपाम्, बौद्धसङ्गतिमिवालङ्कारभूषिताम्।' उद्योतकर तथा धर्मकीर्ति का समय छठी शताब्दी है। सुबंधु इन दोनों के पश्चात् हुए-यह कहा जा सकता है। ७३६ ई० में विरचित प्राकृत महाकाव्य गौडवहो में सुबंधु का उल्लेख है, पर बाण का नहीं। अत: यह कहा जा सकता है कि इस महाकाव्य की रचना के समय सुबंधु प्रसिद्ध हो चुके थे, बाण को उतनी ख्याति नहीं मिल पायी थी। सुबंधु का उल्लेख करने वाले अन्य साहित्यकार कविराज (१२०० ई.) ने अपने राघवपांडवीय में और मंख (११५०ई०) ने अपने श्रीकंठचरित में सुबंधु का नाम बाण से पहले लिया है। सुबंधु ने अपनी कथा के आरम्भिक पद्यों में राजा विक्रमादित्य के निधन पर गहरा दु:ख प्रकट किया है—

सारसवत्ता विहता नवका विलसन्ति चरति नो कङ्कः।
सरसीव कीर्तिशेषं गतवति भुवि विक्रमादित्ये।। (१०)

(जिस प्रकार सरोवर सूख कर स्थल-मात्र रह जाये, तो सारसवत्ता (सारसों का होना) नहीं रह जाती, न बगुले वहाँ रहते है, न कंक पक्षी ही, उसी प्रकार विक्रमादित्य के कीर्तिशेष हो जाने पर सारसवत्ता (वह रसमयता) समाप्त हो गयी, नवक (नये कवि या राजा) विलास करने

लगे और कौन किसको नहीं खा रहा या पीडित कर रहा? अन्य अर्थ कंक विचरण नहीं कर रहा!)

इतिहास में दो राजा विक्रमादित्य के नाम से विशेष उल्लिखित होते हैं— एक प्रथम शताब्दी ई०पू० में हुए विक्रमादित्य और दूसरे गुप्त सम्राट् चंद्रगुप्त, जिन्होंने विक्रमादित्य की उपाधि धारण की। संस्कृत साहित्य की परंपरा में गुप्तसम्राट् चंद्रगुप्त का उनके नाम से ही उल्लेख किया जाता रहा है, उपाधि से नहीं। अत: संभवत: सुबंधु का संकेत प्रथम शताब्दी ई०पू० में हुए विक्रमादित्य से हो सकता है। गाहासत्तसई में भी विक्रमादित्य के नाम से इन्हीं विक्रमादित्य का उल्लेख है।

कुछ विद्वान् सुबंधु को बाण और यहाँ तक कि भवभूति से भी परवर्ती मानने के पक्ष में हैं। उनका कहना है कि सुबंधु बाण तथा भवभूति के ऋणी हैं। वासवदत्ता में इंद्रायुध नाम का उपयोग उन्होंने बाण के इंद्रायुध अश्व के वर्णन से प्रेरित होकर किया है तथा भवभूति के निम्नलिखित पद्य को अपनी वाक्यावली में रूपान्तरित किया है—

लीनेव प्रतिबिम्बितेव लिखितेवोत्कीर्णरूपेव सा
प्रत्युप्तेव च वज्रलेपघटितेवान्तर्निखातेव च।
सा नश्चेतसि कीलितेव विशिखैश्चेतोभुवः पञ्चभि-
श्चिन्तासन्ततितन्तुजालनिबिडस्यूतेव लग्ना प्रिया।।

(वह मेरे चित्त में कामदेव के पाँच बाणों के द्वारा लीन सी, प्रतिबिंबित सी, चित्रलिखित सी, उकेरी गई सी, गाड़ दी गई सी, वज्रलेप से जोड़ दी गई सी, भीतर खोद दी गई सी, कील से ठोक सी दी गई है। वह प्रिया मेरे भीतर चिंता की धारा के जाल में घनी सिल दी जा कर संसक्त है।)

इन विद्वानों का मत है कि सुबंधु ने विरहिणी नायिका के निम्नलिखित वर्णन में भवभूति की उत्प्रेक्षाओं को यथावत् प्रस्तुत कर दिया है—

हृदये विलिखितमिव, उत्कीर्णमिव, प्रत्युप्तमिव, कीलितमिव, निगलितमिव, वज्रलेपघटितमिव, अस्थिपञ्जरप्राविष्टमिव, मर्मान्तरस्थितमिव, मज्जाशबलितमिव कन्दर्पकेतुं मन्यमाना।

यह मत अप्रामाणिक है। बाण और भवभूति दोनों सुबंधु से प्रेरित और प्रभावित हो सकते हैं - यह मानना अधिक समीचीन है।

कथावस्तु

वासवदत्ता कथा का नायक राजा चिंतामणि का पुत्र कंदर्पकेतु है। नायक और नायिका प्रत्यक्ष मिलन के पूर्व एक-दूसरे को स्वप्न में देखते हैं। नायक अपने मित्र मकरंद के साथ प्रिया की खोज में निकल पड़ता है। वह विंध्याचल पर पहुँचता है और वहाँ एक वृक्ष के नीचे स्थित

रहकर ऊपर बैठे दो पक्षियों की बातचीत सुनता है। पक्षियों की बातचीत से उसे पता चलता है कि राजकुमारी वासवदत्ता की सारिका भी उसकी खोज में निकली है। इस प्रकार पक्षियों की सहायता से नायक और नायिका का मिलन होता है। पर वासवदत्ता का पिता शृंगारशेखर उसका विवाह कंदर्पदेतु के साथ न करके अन्य विद्याधर से करना चाहता है। तब दोनों प्रेमी एक जादू के घोड़े पर सवार होकर विंध्याटवी की ओर भाग निकलते हैं। पर परिस्थितिवशात् उनका फिर वियोग हो जाता है। राजकुमार कंदर्पकेतु सोया हुआ है। वासवदत्ता वन में भ्रमण करने निकल पड़ती है। किरात (एक भील जैसी जंगली जनजाति) उसे घेर लेते हैं और उसका पीछा करते हैं। पर किरातों के बीच दो दल हो जाते हैं और वे उसे पाने के लिए आपस में ही लड़ने लगते हैं। वासवदत्ता इस बीच किसी तरह उनके चंगुल से निकल भागती है। पर वह एक ऋषि के आश्रम में अनधिकृत प्रवेश कर लेने के कारण शापग्रस्त होकर पत्थर बन जाती है। कंदर्पकेतु होकर उसे खोजता फिरता है और आत्महत्या करते को तैयार हो जाता है। आकाशवाणी उसे आत्महत्या करने से रोकती है। अंत में वह भटकता हुआ उसी आश्रम में पहुँच जाता है, जहाँ वासवदत्ता पत्थर बन कर पड़ी हुई है, और उसका स्पर्श पाकर वासवदत्ता अपने वास्तविक रूप में आ जाती है।

कथानक की विशेषताएँ

वासवदत्ता लोककथा पर आधारित है। लोककथाओं की रूढ़ियों और अभिप्रायों का इसमें भरपूर प्रयोग किया गया है। ये रूढ़ियाँ हैं-(१) नायक और नायिका का प्रत्यक्ष मिलन के पहले एक-दूसरे को स्वप्न में देखना, स्वप्न में ही एक-दूसरे का नाम जान लेना, (२) नायक द्वारा पक्षियों की बातचीत सुनकर नायिका से मिलने का उपाय खोज लेना, तथा उनके मिलन में शुक और सारिका पक्षियों की सहायता। (३) कथा का एक अंश शुक के मुख से कहलाया जाना, (४) जादू के घोड़े पर सवार होकर नायक और नायिका का पलायन, (५) आकाशवाणी का आत्महत्या करने से नायक को रोकना। (६) नायिका का पत्थर बन जाना तथा नायक का स्पर्श पा कर फिर वास्तविक रूप में आना।

शैली

सुबंधु गौडी रीति के कवि है। ओजोगुण उनकी रचना में भरपूर है। लम्बे समासों की लड़ियाँ वे निरन्तर गूँथते चलते हैं। चमत्कारप्रदर्शन का आग्रह तथा प्रत्येक वाक्य में हर एक पद में श्लेष लाने के लिए आयास ने उनकी रचना की सहजता और प्रासादिकता को नष्ट कर उसे जटिल और क्लिष्ट बना दिया है। सुबंधु को अपनी श्लेषगुंफन की कुशलता पर गर्व है। वे अपने आपको 'प्रत्यक्षरश्लेषमयप्रबन्ध-विन्यासवैदग्ध्यनिधि' कहते हैं। श्लेष के साथ विरोध और परिसंख्या अलंकारों को संकर रचने में सुबंधु की पटुता प्रशंसनीय है। संभवतः बाण ने अपने गद्य में श्लेष, विरोध और परिसंख्या के निर्वाह की कला उन्हीं से अपनायी

होगी। शाब्दीक्रीडा में सुबंधु का रचनाकार अधिक रमा है, उनका भावपक्ष इस कारण से दुर्बल हो गया है। श्लेष, विरोध और परिसंख्या अलंकारों के प्रयोग में वे संस्कृत कवियों के पथप्रदर्शक कहे जा सकते हैं। उदाहरणार्थ—

'यस्य च रिपुवर्गः सदा पार्थोऽपि न महाभारतरणयोग्यः, भीष्मोऽप्यशान्तनवे हितः सानुचरोऽपि न गोत्रभूषितः' (जिस राजा चिंतामणि के शत्रु पार्थ (समर्थ, अर्जुन) होकर भी महाभारत युद्ध लड़ने में अपार्थ (जो अर्जुन नहीं है, असमर्थ) थे। भीष्म (महाभारत के पात्र, भयंकर) होते हुए भी शान्तनु (भीष्म के पिता) के शुभचिंतक न थे या अन्य अर्थ में अशांतनु अर्थात् क्रुद्ध चिंतामणि राजा के हितकारक थे। सानुचर (पहाड़ पर घूमने वाले, अनुचरों के साथ घूमने वाले) होकर भी गोत्ररहित (पर्वत से रहित, कुलनाम से रहित) थे- यह श्लेषमूलक विरोध का उदाहरण है। इसी प्रकार श्लेष पर आधारित परिसंख्या अलंकार के इस प्रकार के प्रयोग वासवदत्ता में पदे-पदे मिलते हैं—

'शृंखलाबन्धो वर्णग्रथनासु, उत्प्रेक्षाक्षेपः काव्यालङ्कारेषु, लक्षदानच्युतिः सायकानाम्, क्विपां सर्वविनाशः, कोषसङ्कोचः कमलाकरेषु न जनेषु, जातिविहीनता मालासु न कुलेषु' -इत्यादि। अर्थात् उस राजा के राज्य में शृंखलाबंध (चित्रकाव्य का एक भेद) केवल कविता में ही होता था, लोगों को शृंखला (अपराध करने पर कारागार में ले जाने के लिये जंजीरों) से नहीं बाँधा जाता था। उत्प्रेक्षा और आक्षेप काव्य के अलंकार के बीच ही होते थे, प्रजाओं में किसी की भर्त्सन या निन्दा नहीं होती थी। लक्ष्य के भेद का काम बाण ही करते थे, प्रजा में लक्षच्युति (लोगों का दान से च्युत होना) नहीं थी। क्विप् प्रत्यय का विनाश व्याकरण में ही होता था, पक्षियों का विनाश नहीं होता था। कोष का संकोच कमलों में ही होता था, प्रजा के कोष या खजाने का नहीं, जातिविहीनता (मालती के फूल का न होना) मालाओं में ही पायी जाती थी, प्रजाओं में नहीं।

अनुप्रास का चमत्कार तो लगातार सम्पूर्ण रचना में सुबंधु ने बनाये रखा है, फिर भी कथनोपकथन में प्रायः छोटे-छोटे वाक्यों व अल्पसमासमय पदावली का प्रयोग किया है। उदाहरणार्थ—

> **सुकान्ते कान्तिमति, त्वं मन्दमन्दमपनय वाष्पबिन्दून्। यूथिकालङ्कृते यूथिके, सञ्चारय नलिनीदलवृन्तेनार्द्रवातान्। एहि भगवति निद्रे अनुगृहाण माम्। धिगिन्द्रियैरपरैः, किमति लोचनमयानि न कृत्यान्यङ्गानि विधिना। भगवन् कुसुमायुध, अनुवशो भव भाववति मादृशे जने।**

सुबंधु की वर्णनकला में नवोन्मेष और मौलिकता कम, बँधी बँधाई लीक पर चमत्कारप्रदर्शन का आग्रह अधिक है। पर इसमें कोई सन्देह नहीं कि वे कल्पना और अर्थ का चमत्कार भी उसी प्रकार करने में पटु हैं जिस प्रकार भाषा और पदावली के विन्यास का चमत्कार दिखाने में। इसलिए विविध अर्थालंकारों की निराली छटाएँ और विच्छित्तियाँ उनकी रचना में उभरती हैं। मालादीपक का यह विन्यास उदाहरणीय है—

यस्य च समरभुवि भुजदण्डेन कोदण्डं, कोदण्डेन शराः, शरैररिशिरः अरिशिरसा भूमण्डलं, भूमण्डलेनानुभूतपूर्वो नायकः, नायकेन कीर्तिः, कीर्त्या च सप्त सागराः सागरैश्च कृतयुगादिराजचरितस्मरणम्, स्मरणेन स्थैर्यं, स्थैर्येण प्रतिक्षणमाश्चर्यमासादितम्।[१०]

वर्ण्य विषय के अनुसार लम्बे वाक्यों के प्रतान भी सुबंधु गूँथते हैं। स्वप्न में देखी गयी नायिका का वर्णन पूरे बीस पृष्ठों में एक वाक्य में उन्होंने किया है। इसी तरह के अन्य वर्णन उनकी रचना में हैं- विंध्याटवीवर्णन, रेवावर्णन तथा स्वप्नदृष्ट नायक का वर्णन। वर्णनों में चमत्कार-प्रर्दशन पर ही कवि का आग्रह प्रबल रूप में प्रकट हुआ है। कवि नायिका को रक्तपाद बताकर श्लेष के द्वारा उसकी तुलना व्याकरणशास्त्र से कर देता है, क्योंकि नायिका का पाद (चरण) रक्त या लाल है, तो पाणिनि की अष्टाध्यायी में एक पाद (ग्रंथ का भाग) 'तेन रक्तं रागात्' इस सूत्र से आरम्भ होता है, अतः अष्टाध्यायी भी रक्तपाद है। इसी प्रकार सुबंधु नायिका को 'छन्दोवीचिति' (छन्दःशास्त्र का एक ग्रंथ) भी बता देता हैं, क्योंकि नायिका भी 'भ्राजमानतनुमध्या' है, और 'छन्दोवीचिति' भी तनुमध्या नामक छंद से भ्राजमान या सुशोभित है। इस प्रकार नायिका उपनिषद् की भाँति ब्रह्मानंद देने वाली, द्विजकुल की मर्यादा के समान सदाचरण (अच्छे आचरण, सुंदर पाँव) से युक्त, विंध्याचल के समान सुंदर नितंबों वाली, या शतकोटि की मुष्टि की भाँति मुष्टिग्राह्यमध्या हो जाती है—

उपनिषदमिवानन्दमेकमुद्योतयन्तीम्, द्विजकुलस्थितिमिव चारुचरणां, विन्ध्यगिरिमिव सुनितम्बाम्, तारामिव गुरुकलत्रतयोपशोभिताम्, शतकोटिमुष्टिमिव मुष्टिग्राह्यमध्याम्, प्रियङ्गुश्यामासखीमिव प्रियदर्शनाम्, ब्रह्मदत्तमहिषीमिव सोमप्रभाम्, दिग्गजरेणुकामिवानुपमाम्, रेवामिव नर्मदाम्, वेलामिव तमालपत्रप्रसाधिताम्, अश्वतरकन्यामिव मदालसां वासवदत्तां ददर्श।

यहाँ ब्रह्मदत्तमहिषी सोमप्रभा तथा अश्वतरकन्या मदालसा के उल्लेख के द्वारा सुबंधु ने प्राचीन पौराणिक या ऐतिहासिक कथाओं के अपने ज्ञान का भी परिचय दिया है।

कहीं-कहीं सुबंधु प्रसंगानुसार भावभिव्यक्ति में समर्थ रसमय वचोविन्यास में भी निपुणता प्रकट करते हैं। ऐसे अवसरों पर वे प्रसादगुण से सम्पन्न छोटे-छोटे वाक्य निर्मित करने वाली सरल पदावली का रमणीय प्रयोग करते हैं। उदाहरण के लिए—

'रविविरहविधुरायाः कमलिन्या हृदयमिव द्विधा पपाट चक्रवाकमिथुनम्। आगमिष्यतो हिमकरदयितस्य पार्श्वे सञ्चरन्ती कुमुदिन्या भ्रमरमाला दूतीवालक्ष्यत।'

(रवि के विरह में विधुर कमलिनी के हृदय की भाँति चकवों की जोड़ी अलग होकर टूट गई। चंद्रोदय होते समय पार्श्व में संचरण करती भ्रमरमाला कुमुदिनी की दूती के जैसी लगती थी।)

बाण

बाण ने अपने हर्षचरित में अपनी आत्मकथा लिखते हुए अपना परिचय दिया है,

तथा अन्य स्त्रोतों से भी इनके जीवन और कृतित्व के विषय में पर्याप्त जानकारी उपलब्ध है। तदनुसार ये वत्स गोत्र के ब्राह्मण थे। इनके एक पूर्वज का नाम कुबेर था। कुबेर की विद्वत्ता का परिचय देते हुए बाण ने बताया है कि उनके यहाँ बहुसंख्य छात्र यजुर्वेद और सामवेद का पाठ सीखते थे, और पाठ करते समय उनमें से कोई अशुद्धि करता तो उनके घर में पाले हुए तोते और मैनाएँ उसे टोककर पाठ सुधरवा देते थे।

निगृह्यमाना बटवः पदे पदे यजूंषि सामानि च यस्य शङ्किताः।

बाण का जन्म प्रीतिकूट गाँव में हुआ था, जो शोण और गंगा के संगम पर बसा था। अपनी जन्मभूमि प्रीतिकूट ग्राम का वर्णन करते हुए उन्होंने इस ग्राम को ब्राह्मणाधिवास कहा है। इनके पिता का नाम चित्रभानु और माता का नाम राजदेवी था। इनकी माता की मृत्यु उस समय हो गई, जब ये शैशवावस्था में थे। पिता ने अत्यन्त स्नेह से पुत्र को पाला। बाण के उपनयन आदि संस्कार विधिविधान से हुए।[११] पर पिता भी उस समय चल बसे, जब ये चौदह वर्ष के थे। पिता की मृत्यु के पश्चात् बाण कुछ उच्छृंखल होकर देशाटन करते रहे और कई प्रकार के लोगों से इनकी मित्रता हुई। हर्षचरित में अपने मित्रों की उन्होंने जो लम्बी सूची दी है उसमें उनके पारशव[१२] भाई चंद्रषेण और मातृषेण, भाषा कवि ईशान, प्रिय मित्र रुद्र और नारायण, विद्वान् वारबाण तथा वासबाण, वेणीभारत नामक वर्णकवि (वर्णननिपुण कवि), प्राकृतकवि वायुविकार, अनंगबाण और सूचीबाण नामक दो बंदी, चक्रवाकिका नामक कात्यायनी (विधवा संन्यासिनी), और पुराणवाचक सुदृष्टि के साथ बौद्धभिक्षुणी, जांगुलिक (विषवैद्य) मयूर, पानविक्रेता चंडक, भिषक्पुत्र मंदारक, चामीकर नामक कलाद (सुनार), हीरा बेचने वाला सिंधुषेण, लेखक गोविंद, मृदंगवादक जीमूत, चित्रकार वीरवर्मा, सोमिल और ग्रहादित्य नामक गायक, कुरंगिका नामक सैरंध्री, वंशीवादक मधुकर, करलिका नामक संवाहिका, तांडविक नामक नर्तक, नर्तकी हरिणिका, द्यूतक्रीडाप्रेमी आखंडल, युवानट शिखंडक, कथावाचक जयसेन, पाताल के विवर पहचानने वाला लोहिताक्ष, रसायनज्ञ विहंगम, दर्दुरवादक दामोदर, ऐंद्रजालिक चकोराक्ष, ताम्रचूड नामक मस्करी (परिव्राजक) मिट्टी के खिलौने बनाने वाले, नर्तक, जुआरी, नर्तकी, संन्यासी, जैन साधु, कथावाचक, मंत्रसाधक आदि सभी प्रकार के लोग हैं। बाद में घर आकर बाण ने अपना अध्ययन फिर से प्रारंभ किया और कुलोचितरीति का निर्वाह करते हुए गाँव में रहने लगे। एक बार राजा हर्ष के छोटे भाई कृष्ण का पत्र उनके पास आया, जिसमें संदेश दिया गया था कि उन्हें महाराज हर्ष ने बुलाया है। बाण हिचकते हुए भी कृष्ण के अनुरोध को स्वीकार करके राजसभा में गये। राजसभा में हर्ष ने उनका अपमान किया, तो बाण ने भी तमक कर स्वाभिमान के साथ उन्हें प्रत्युत्तर दे दिया। बाद में हर्ष बाण पर प्रसन्न हुए और उन्हें यथोचित सम्मान दिया। कुछ समय के पश्चात् बाण अपने गाँव प्रीतिकूट लौट गये।

बाण के समय के सम्बन्ध में कोई विवाद नहीं है। वे राजा हर्ष (६०६-६४७ ई०) के

समकालीन थे, उनके साथ मयूर तथा भक्तामरस्तोत्र के प्रणेता दिवाकर मातंग भी हर्ष की सभा में रहे थे। इस संबंध में यह पारंपरिक श्लोक मिलता है—

अहो प्रभावो वाग्देव्या यन्मातङ्गदिवाकरः।
श्रीहर्षस्याभवत् सभ्यः समो बाणमयूरयोः।।

(वाग्देवी का कैसा प्रभाव है कि मातंग (चांडाल) कुल में जन्म लेकर भी दिवाकर कवि बाण और मयूर की भाँति राजा श्रीहर्ष का सभासद् बन गया।)

किवदंतियों में बाण का मयूर का बहनोई भी बताया गया है।[१३] बाण ने अपने गद्यकाव्यों की रचना प्रीतिकूट में रहकर की, और यहीं उनका निधन हुआ। अपनी अंतिम रचना कादंबरी वे पूरी न कर सके।

बाण के गुरु का नाम भर्वु था।[१४] भर्वु सम्भवत: अपने समय के प्रकाण्ड विद्वान थे। मौखरवंशीय क्षत्रिय उनके चरणों में सिर झुकाते थे। अन्य सामन्त भी सामने नतमस्तक हुआ करते थे।[१५] भर्वु सम्भवत: एक अच्छे कवि भी थे।[१६]

बाण के सम्बन्धियों में उनके पितृभ्राताओं का उल्लेख हर्षचरित में आया है, जिनके नाम गणपति, अधिपति, तारापति और श्यामल थे। ये चारों ही पुण्यात्मा और तृष्णाविहीन थे। बाण की एक पितृष्वसा (बूआ) मालती थीं, जो बाण पर मातृतुल्य स्नेह रखती थीं।[१७]

वेश - गोरोचना लगा कर दूर्वादल में गुथे केश, श्वेत वस्त्र, श्वेत चंदन, हाथ में अक्षमाला तथा अपराजिता के फूल, श्वेत दुकूल – यह बाण का वेश था।[१८]

कृतियाँ- बाण की निम्नलिखित रचनाएँ उपलब्ध हैं- हर्षचरित आख्यायिका तथा कादंबरी कथा- ये दोनों गद्यकाव्य; तथा चंडीशतक स्तोत्रकाव्य। इनके अतिरिक्त सुभाषित संग्रहों में इनके रचे अनेक मुक्तक उद्धृत हैं, जो बाण ने अपनी घुमक्कड़ी के दिनों में लिखे होंगे। इन मुक्तकों में ग्रामांचलों और निम्नवर्ग या मध्यवर्ग के जीवन का सरस वर्णन किया गया है। मुकुटताडितक तथा शारदचंद्रिका इन दो रूपकों का प्रणेता भी बाण को माना गया है।[१९] आनंदजीवन नामक विद्वान् ने अनुभवानंद की न्यायरत्नदीपावली पर तत्त्वविवेकटीका लिखी है, जिसमें बाणभटट्विरचित किसी वेदांतविषयक ग्रंथ का उल्लेख है, पर बाण के द्वारा वेदांत का ग्रंथ प्रणीत होना अन्य किसी प्रामाणिक स्रोत से प्रमाणित नहीं है।[२०]

हर्षचरित

हर्षचरित आख्यायिका है। इसमें आठ उच्छ्वास हैं। इसके नायक स्थाण्वीश्वर (थानेसर) के राजा हर्ष हैं। कथा का आरम्भ कवि ने प्रास्ताविक के अनंतर अपने स्वयं के वंशवर्णन तथा परिचय से किया है। प्रास्ताविक में २१ श्लोक हैं, तदनंतर गद्य में बाण का स्ववृत्त प्रारंभ होता है। प्रथम दो पद्यों में शिव का वंदना है, तृतीय में व्यास की। चतुर्थ से दशम पद्य तक बाण ने कविता,कथा तथा आख्यायिका के विषय में अपने मंतव्य को व्यक्त किया है। ग्यारहवें पद्य

में सुबंधु की वासवदत्ता, बारहवें में भट्टार हरिश्चंद्र के गद्यबंध, तेरहवें में सातवाहन को कोशकाव्य, चौदहवें में प्रवरसेन की सागरोल्लँघनशीला कीर्ति, पंद्रहवें में भास, सोलहवें में कालिदास, सत्रहवें में बृहत्कथा, अठारहवें में आढ्यराज की प्रशंसा कर के बाण विनय व्यक्त करते हुए कहते हैं—

तथापि नृपतेर्भक्त्या भीतो निर्वहणाकुलः।
करोम्याख्यायिकाम्बोधौ जिह्वाप्लवनचापलम्।
सुखप्रबोधललिता सुवर्णोज्ज्वलदीपकैः।
शब्दैराख्यायिका भाति शय्येव प्रतिपादकैः।।

(तथापि नृपति या राजा श्रीहर्ष के प्रति भक्ति के कारण, भीत और निर्वहण को लेकर आकुल मैं आख्यायिका के महासागर में जिह्वा की नौका तैराने की चंचलता कर रहा हूँ।

आसानी से प्रबोध (समझना, जागना) के कारण ललित, सुवर्ण (सुंदर वर्णो, सोना) से उज्ज्वल दीपकों (दीपक अलंकारों, दियों) से सुशोभित प्रतिपादक शब्दों के द्वारा आख्यायिका शय्या के समान अच्छी लगती है।)

लोककथाओं तथा मिथकों का भी उन्होंने अपने पूर्वजों तथा कथानायक के वंश के वर्णन में भरपूर किया है, जिससे ऐतिहासिकता के स्थान पर अलौकिक या काल्पनिक वृत्तांतों का समावेश कथा में हो गया है। हर्ष के वृत्तांत की वास्तविक कथा तीसरे उच्छ्वास से आरम्भ होती है। रानी यशोवती एक बार स्वप्न में दो राजकुमारों तथा एक कुमारी को सूर्यमंडल से निकल कर अपने उदर में प्रवेश करता देखती है। कुछ समय पश्चात् वह राज्यवर्धन, हर्षवर्धन तथा राज्यश्री- इन तीनों संतानों को जन्म देती है। राज्यश्री का विवाह मौखरी नरेश गृहवर्मा के साथ होता है। राज्यवर्धन हूणों पर विजय के लिए प्रस्थान करता है, तथा राजकुमार हर्ष भी उसके साथ जाता है। यहाँ तक का प्रसंग चौथे उच्छ्वास में निबद्ध है। हर्ष को अचानक पिता के अस्वस्थ होने का समाचार मिलता है और वह राजधानी लौटता है। पंचम उच्छ्वास में गहरे विषाद और करुणा के उद्रेक के साथ कवि ने रानी यशोवती के सती होने तथा प्रभाकरवर्धन के दुःखद निधन का वर्णन किया है। षष्ठ उच्छ्वास में राज्यवर्धन हूणों पर विजय प्राप्त करके लौटता है, और दुखी होकर राज्यभार हर्ष को सौंप देना चाहता है। इसी बीच समाचार मिलता है कि बहनोई गृहवर्मा को मालवराज ने मार डाला है। राज्यवर्धन मालवराज से जूझने के लिए चल देता है। वह मालवराज पर विजय प्राप्त कर लेता है, पर वापसी की यात्रा में गौड़ देश के राजा के द्वारा छल से मारा जाता है।

सातवें उच्छ्वास में हर्ष विजय अभियान की तैयारी करता है। आठवें उच्छ्वास में यह पता चलने पर कि बहिन राज्यश्री विंध्य के वन में सती होने की तैयारी कर रही है, वह ठीक समय पर पहुँचकर राज्यश्री को सती होने से बचा लेता है। दिवाकरमित्र के द्वारा राज्यश्री को दिये गये प्रबोधन और हर्ष की राज्यश्री को लेकर वापसी तक के प्रसंग का निरूपण इस उच्छ्वास

में किया गया। कुछ विद्वानों के मत से हर्षचरित अपने वर्तमान रूप में अपूर्ण है। अन्य विद्वानों का विचार है कि बाण को हर्ष का यहीं तक का चरित लिखना अभीष्ट था, और इसे अष्टम उच्छ्वास के साथ ही पूर्ण माना जाना चाहिये।

आख्यायिका के लक्षणों की अन्विति

हर्षचरित में आख्यायिका के लक्षणों का निर्वाह किया गया है। कथावस्तु ऐतिहासिक है, जिसे आख्यायिकाकार जो इसमें एक पात्र भी है, स्वयं कहता है। वक्त्र तथा अपरवक्त्र छंदों का प्रयोग किया गया है। बाण ने इस आख्यायिका में कुल ४८ पद्यों का प्रयोग किया है। इनमें से २१ तो ग्रंथारंभ में उपोद्घात के रूप में आये हैं। शेष २८ पद्य अलग अलग उच्छ्वासों में यथाप्रसंग समाविष्ट हैं। भामह, रुद्रट आदि का यह मंतव्य भी हर्षचरित में चरितार्थ होता है कि कवि आख्यायिका में यथावसर प्रयुक्त पद्यों के माध्यम से आने वाले प्रसंगों की सूचना देता है। इसी प्रकार उन्होंने उच्छ्वासों के प्रारंभ में आर्याओं का भी प्रयोग किया है, जो रुद्रटसम्मत है।

अग्निपुराण, भोज तथा रुद्रट के आख्यायिका लक्षणों की हर्षचरित में पूरी तरह अन्विति मिलती है। इसका कारण यह नहीं है कि बाण लक्षणैकचक्षुष्क हैं अर्थात् उन्होंने लक्षणकारों के मंतव्य सामने रखकर अपनी आख्यायिका लिखी हो ऐसी बात नहीं है। सत्य यह है कि भोज आदि ने, विशेष रूप से रुद्रट ने, अपने लक्षण ही बाण के हर्षचरित को दृष्टि में रखकर निर्मित किये हैं। आचार्यों को अपनी रचना के द्वारा लक्ष्यैकचक्षुष्क बना देना बाण की प्रतिभा व मौलिकता का प्रमाण है।

कथावस्तु की विशेषता

बाण ने हर्षचरित में राजा हर्ष का ही चरित नहीं लिखा, अपने समय के जनजीवन, समाज और संस्कृति को लोककथा, आख्यान, लोकाचार, लोकविश्वास के साथ गूँथ कर प्रस्तुत कर दिया है। वनग्रामों और बीहड़ वनों में बाण भटकते हैं, वहाँ के पूरे पर्यावरण को एक-एक ब्यौरे के साथ अंकित करते हैं, विंध्याचल के आदिवासियों का रहनसहन, उनका चावल के भूसे में आग लगाना, गायों के लिए बाड़ा बनाना, वनग्रामों में बाघ आदि हिंसक पशुओं का आतंक, गाँव के लोगों का बाघ को फँसाने के लिए जाल लगाना, वनपालों का लकड़ी काटते लोगों से कुल्हाड़ी छीन लेना आदि असंख्य दृश्यों की माला हर्षचरित में पिरोते हुए भारत के ऐतिह्य और वैविध्य को सजीव रूप में बाण ने साकार कर दिया है।

हर्षचरित में प्रबंधवक्रता तथा छिपे हुए संकेत भरपूर हैं। राज्यवर्धन संन्यास लेने की घोषणा कर देता है। उसे वल्कल वस्त्र दिये जा रहे हैं। इस समय हर्ष अपने बड़े भाई के लिये एक शब्द नहीं बोलते। बाण इस चुप्पी के द्वारा क्या बताना चाह रहे हैं?

भामह ने आख्यायिका में वक्त्र तथा अपरवक्त्र के अतिरिक्त अन्य वृत्तों के प्रयोग का भी निर्देश दिया है, जिनके माध्यम से कवि (संस्कृतनाटकों के पताकास्थानक के समान) आने वाले प्रसंगों की सूचना देता है। रुद्रट के अनुसार आख्यायिका का प्रत्येक उच्छ्वास आर्या छंद के साथ आरंभ किया जाना चाहिये, तथा इस छंद को भी अन्योक्ति के द्वारा आने वाली घटनाओं की सूचना होनी चाहिये।[२१]

वर्णनकला की दृष्टि से हर्षचरित में प्रथम उच्छ्वास में सरस्वतीवर्णन, द्वितीय में ग्रीष्म, मंदुरा (घुड़साल), दर्पशात नामक हाथी, पारियात्र नामक प्रतीहार और सम्राट् हर्ष के वर्णन; तृतीय उच्छ्वास में श्रीकंठजनपद, स्थाण्वीश्वर, पुष्यभूति और भैरवाचार्य के वर्णन; चतुर्थ में यशोमती, पुत्रजन्मोत्सव, विवाहोत्सव, वरयात्रा (बारात), नववधूमुखदर्शन तथा वासगृह में वरवधू के आगमन के वर्णन; पंचम में युद्धप्रयाण, दुःस्वप्न, शोकाकुल स्कंधावार, प्रभाकरवर्धन की रुग्णता, उनका पुत्रप्रेम, सतीवेशधारिणी यशोमती के वर्णन; षष्ठ में राजाओं के छलकपट का वर्णन तथा सप्तम में सैन्यनिरीक्षण, विंध्याटवी और आश्रम में निर्घात नामक शबर युवक, स्त्रियों के विविध वार्तालाप, दिवाकरमित्र का आश्रम आदि के वर्णन अत्यंत सरस सूक्ष्मदृष्टिसमन्वित तथा चित्रांकन की क्षमता के परिचायक हैं। करुणा की अजस्र धारा पंचम से अष्टम उच्छ्वास तक बाण ने जिस तरह अनवरत प्रवाहित की है, वह हर्षचरित को हृदयस्पर्शी बना देती है।

चरित्रचित्रण की दृष्टि से प्रभाकरवर्धन और यशोमती, स्वयं बाण, भंडि, हर्ष के भाई कृष्ण, हर्ष और राज्यश्री के चरित्रों की सूक्ष्म रेखाओं को बाण ने यहाँ उकेर दिया है। बाण का अपना स्वाभिमान भावुकता, देशाटनलालसा, वंशगौरव आदि विशेषताएँ यहाँ अच्छी तरह चित्रित हुई हैं। विरोध और असहमति का तीखा स्वर जिस तरह बाण के मुखरित किया है वह भी अपूर्व है। हर्ष से मिलने जाने के पहले अपनी उधेड़बुन का चित्रण मनोवैज्ञानिक समझ के साथ बाण ने किया है। मेखलक उनसे सत्य कहता है—

स्वेच्छोपजातविषयोऽपि न याति वक्तुं देहीति मार्गणशतैश्च ददाति दुःखम्।
मोहात् समाक्षिपति जीवनमप्यकाण्डे कष्टं मनोभव इवेश्वरदुर्विदग्धः।।

(ईश्वर (राजा) मनोभव अर्थात् कामदेव के समान दुर्विदग्ध या नासमझ होता है। उसके आगे स्पष्ट बात भी कही नहीं जाती, दे दीजिये–इस तरह की सैंकड़ों बार याचना करके भी दुःख ही उससे मिलता है। मोह के कारण अनवसर में वह जीवन का ही पटाक्षेप कर देता है।)

कादंबरी

कादंबरी कथा विधा का गद्यकाव्य है। यह बाण के द्वारा अधूरी ही छोड़ दी गयी, जिसे उनके पुत्र ने पूर्ण किया। पुत्र का नाम कहीं पुलिंदभट्ट मिलता है, तो कहीं भूषण। दो कवियों की रचना होने से यह पूर्वार्ध और उत्तरार्ध में विभक्त की गयी है। पूर्वार्ध बाण की रचना है, उत्तरार्ध उनके पुत्र की। बाण के पुत्र ने अधूरी कथा आरम्भ करते हुए यह तो लिखा है कि मेरे पिता के अकस्मात् निधन हो जाने से यह महान् कथाप्रबंध अधूरा रह गया, मैं इसको पूरा

करने का प्रयास कर रहा हूँ; पर उन्होंने स्वयं अपना नाम तक कहीं प्रकट नहीं किया। महाकवि धनपाल के अनुसार बाण के इस पुत्र का नाम पुलिंध्र है। पुलिंध्र के द्वारा बाण के काव्य की पूर्ति के प्रयास की प्रशंसा में धनपाल कहते हैं—

केवलोऽपि स्फुरन् बाणः करोति विमदान् कवीन्।
किं पुनः क्लृप्तसन्धानपुलिन्ध्रकृतसन्निधिः।।

(तिलकमंजरी, प्रास्ताविकपद्य-२६)

यहाँ बाण तथा पुलिंध्र इन दो शब्दों में श्लेष है। इस श्लेष की छटा बिखेरते हुए कवि धनपाल कहते हैं कि बाण का अर्थ तीर भी है तथा कवि बाण भी, पुलिंध्र अर्थ वह आदिवासी या शबर जो तीरंदाज होता है, तथा पुलिंध्र का अर्थ बाण के पुत्र से भी है। केवल एक बाण ही कवियों का मद उतार देता है, फिर पुलिंध्र का साहचर्य उसे मिल जाये तो कहना ही क्या?

कथा

कादंबरी की कथा में नायक चंद्रापीड तथा उसके सहायक वैशंपायन के तीन-तीन जन्मों की कहानियाँ हैं। प्रारम्भ में राजा शूद्रक का विस्तार से वर्णन है। एक बार शूद्रक की राजसभा में एक चांडाल कन्या एक बोलने वाले तोते को लेकर आती है। तोते का नाम है वैशंपायन। राजा के आग्रह पर वैशंपायन अपनी कथा सुनाता है। इस कथा के भीतर भी जाबालि ऋषि वैशंपायन के पूर्वजन्म की कथा सुनाते हैं। जाबालि के द्वारा सुनायी गयी कथा में नायक चंद्रापीड है। चंद्रापीड की कथा के साथ अविभाज्य रूप से महाश्वेता और पुंडरीक की करुण प्रणय- गाथा जुड़ी हुई है, जिसे स्वयं महाश्वेता चंद्रापीड को सुनाती है। महाश्वेता चंद्रापीड को अपनी सखी गंधर्वराजकुमारी कादंबरी से मिलवाती है। नायिका कादंबरी से उसका प्रेम होता है। इसी समय चंद्रापीड को उज्जयिनी वापस लौटना पड़ता है। इसकी तांबूलकरंकवाहिनी पत्रलेखा बाद में उज्जयिनी आकर कादंबरी का संदेश उसे देती है। यहीं पर बाण के द्वारा विरचित कादंबरी का पूर्वभाग समाप्त हो जाता है। उत्तरभाग में चंद्रापीड कादंबरी से मिलने के लिए जाता है। वह महाश्वेता से मिलता है। महाश्वेता से उसे अपने मित्र वैशंपायन की दुःखद आकस्मिक विपत्ति का पता चलता है। वैशंपायन महाश्वेता पर मुग्ध होकर उसके प्रेम में बावला हो गया था। महाश्वेता उसके प्रणय प्रस्ताव से खिन्न होकर उसे शाप दे बैठी, जिससे वह तोता बन गया। मित्र की विपत्ति सुनकर चंद्रापीड का प्राणांत हो जाता है। पर उसका शरीर मृत्यु के बाद भी विकाररहित बना रहता है। कादंबरी अपने प्रिय के निधन पर विलाप करती है। तारापीड और देवी विलासवती पुत्र की मृत्यु का समाचार पाकर अत्यन्त दुःखी होते हैं। जाबालि के द्वारा सुनायी गयी कथा यहीं समाप्त हो जाती है। इसके पश्चात् वैशंपायन नामक तोता अपनी कथा जारी रखता है। इस कथा में पुंडरीक का मित्र कपिंजल अपने मित्र को खोजता हुआ जाबालि के आश्रम में आता है। एक दिन तोता जाबालि के आश्रम से उड़ जाता

है और एक चांडाल के हाथों में पड़ जाता है। चांडाल उसे अपनी लाड़ली बेटी को दे देता है। यही चांडालकन्या उसे लेकर शूद्रक की राजसभा में आती है। इसके पश्चात् चांडालकन्या भी अपना वास्तविक परिचय देते हुए बताती है कि वह पुंडरीक की माता लक्ष्मी है, तथा पुंडरीक ही इसके पहले के जन्म का वैशंपायन तथा वर्तमान जन्म का शुक है। शूद्रक स्वयं पिछले जन्म में चंद्रापीड ही था। चंद्रापीड भी उसके पहले जन्म में चंद्रमा था, जिसे कामदाह से दग्ध पुंडरीक ने धरती पर अवतरित होने का शाप दिया था। यह सब वृत्तांत जान कर लक्ष्मी के जाने पर शूद्रक तथा वैशंपायन शुक अपना देह छोड़ देते हैं और चंद्रापीड का अविनाशी शरीर सजीव हो उठता है। आकाश से पुंडरीक भी आ उतरता है और अंत में सबका मिलन हो जाता है।

कादंबरी की यह कथा मूलत: बृहत्कथा या लोककथाओं की परम्परा से प्रेरित है। एक कथा के भीतर अन्य कथा तथा उसके भीतर तीसरी कथा- इस प्रकार की मंजूषागर्भ कथागुंफन शैली का प्रयोग बृहत्कथा तथा उसकी परम्परा में प्रचुरता से हुआ है। कादंबरीकार ने भी यह शैली अपनायी है। बोलने वाला तोता; त्रिकालदर्शी महर्षि जाबालि के द्वारा भूत, भविष्य व वर्तमान की घटनाओं का प्रत्यक्षदृष्ट के समान वर्णन; मर्त्यलोक से परे हिमालय के दिव्य वातावरण में अप्सराओं और गंधर्वों के बीच दिव्य प्रेम; शाप से जन्मांतर की प्राप्ति; अन्य जन्म में भी पूर्वजन्म का स्मरण आदि प्रसंगों में लोककथाओं के अभिप्राय गुँथे हुए है।

बाणभट्ट की कथानिरूपण की शैली में समय थम जाता है, हम अपने समय से उठकर एक अन्य दिक्काल में पहुँच जाते हैं, जहाँ समय की अपनी गति है। कादंबरी की कथादृष्टि का मार्मिक विवेचन करते हुए महाकवि रवीन्द्रनाथ ठाकुर ने इसकी तुलना एक विलम्बित में प्रस्तुत किये जाते वाद्यवृंद (कंसर्ट) से की है। कहते हैं-"वर्णन, तत्त्वों की आलोचना और अवांतर प्रसंगों से कथाप्रवाह पग-पग पर खंडित होने पर भी उससे प्रशांत भारत के धैर्य में किसी प्रकार का अंतर नहीं देखा जाता।....... कादंबरी में हम देखते हैं कि बाणभट्ट ने संस्कृत भाषा को अनुचरसहित सम्राट् की तरह आगे बढ़ाया है। कथाभाग उसके पीछे छत्र लगाये हुए दास की तरह सकुचा हुआ चल रहा है।........ संस्कृत कवियों में चित्र खींचने में बाण की बराबरी करने वाला दूसरा कवि नहीं है। सारा कादंबरी काव्य एक चित्रशाला है। साधारणत: घटना का वर्णन करके किस्से कहे जाते हैं। परन्तु बाणभट्ट ने उत्तरोत्तर चित्र सजाकर किस्सा कहा है।'[२२]

वासुदेवशरण अग्रवाल ने कादंबरी के कथाशिल्प की तुलना एक विशाल राजप्रासाद की संरचना से की है। राजप्रासाद में प्रवेश के लिये मुख्य द्वार से प्रवेश करके कई कक्ष्याएँ या ड्योढ़ियाँ लाँघनी होती हैं। इसी प्रकार कादंबरी के महाप्रासाद में हम पहले कथामुख के द्वारा प्रवेश करते हैं। इस कक्ष्या को पार करने पर दूसरी कक्ष्या आती है जिसमें शुक अपना वृत्तांत आरंभ करता है। दूसरी कक्ष्या में बाह्य आस्थानमंडप है, जिसमें जाबालि का आश्रम विध्याटवी

और पंपा सरोवर समाये हुए हैं। तीसरी कक्ष्या में हम उज्जयिनी में पहुँचते हैं। यहाँ राजप्रासाद का धवलगृह है, जहाँ राजा से अंतरंग जन भेंट करते हैं। इसके आगे हम चौथी कक्ष्या में हेमकूट पर्वत पर पहुँचते हैं। जहाँ नायिका कादंबरी है। धवलगृह के अंतरंग भाग को कैलास भी कहा जाता था। अग्रवाल के शब्दों में यहाँ पहुँचकर कादंबरी के देवलोक की अध्यात्म विभूति से हमारा साक्षात्कार होता है।

कादंबरी की कथा की विशेषता यह है कि उसमे बाण ने अपने जीवन के मार्मिक अनुभवों को कल्पना और यथार्थ के अद्भुत समन्वय के साथ गूँथ दिया है। वैशंपायन तोते का अपने पिता के स्नेह का अनुभव बड़ा कारुणिक है। उसकी असहाय निरीह दशा, जिजीविषा, उत्कट पिपासा और भटकाव में बाण ने एक बार फिर अपनी आपबीती को करुणा और विषाद की गहरी छाया में रच दिया है। बाण का व्यक्तित्व और भारतीय समाज की पहचान कादंबरी में गहरे स्तरों तक संक्रांत हुई है। एक ओर उनका आभिजात्य और महान् वंशपरम्परा है, जिसके कारण उनकी शैली में औदात्य और शास्त्रज्ञान की प्रामाणिकता संभव हुई, दूसरी ओर समाज के मध्य वर्ग और निम्न वर्ग से जुड़ने और उसके बीच रमने की तीव्र अभिलाषा ने उनकी रचना को गहन भावजगत् में प्रतिष्ठापित किया है। टाल्स्टाय जैसी कुलीनता और आर्ष दृष्टि वाले बाण यदि उन्नीसवीं शताब्दी में जन्मे होते, तो 'वार एंड पीस' जैसी महान् रचना की सृष्टि करते। पर सातवीं शताब्दी की रचना होकर भी उनकी कादंबरी मनुष्य की महागाथा को इस रूप में प्रस्तुत करती है कि वह आज के उपन्यास का भी आस्वाद देती है। बाण उपन्यासविधा के अग्रदूत कहे जा सकते हैं। मराठी में तो कंदाबरी शब्द व्यक्तिवाचक या ग्रंथविशेष की संज्ञा के स्थान पर उपन्यास के अर्थ में जातिवाचक संज्ञा के रूप में रूढ़ हो गया, जिसके पीछे कादंबरी का औपन्यासिक कलेवर ही कारण है।

बाण की गद्यशैली की विशेषताएँ

बाण की रीति पांचाली मानी गयी है, जिसमें वैदर्भी तथा गौडी दोनों रीतियों की विशेषताएँ समाहित हो जाती हैं। कहीं तो बाण कई-कई पृष्ठों में चलने वाले एक वाक्य में अगणित विशेषणों तथा दीर्घ दीर्घतर समासबंधों के द्वारा वर्ण्यविषय के एक-एक पक्ष को साकार कर देते हैं, तो कहीं भावतरंगों या विचारकणों को व्यक्त करने के लिए दो-तीन पदों वाले अत्यन्त छोटे-छोटे वाक्यों के द्वारा अर्थ को हृदय में उतारते जाते हैं। उनका गद्य उत्कलिकाप्राय के रूप में तो अद्वितीय है ही, कहीं वह चूर्णक बन जाता है तो कहीं मुक्तक। पांचाली रीति के सबसे श्रेष्ठ प्रयोक्ता के रूप में बाण को साहित्यिक परम्परा ने मान्यता दी है। कहा गया है—

शब्दार्थयोः समो गुम्फः पाञ्चाली रीतिरिष्यते।
शीलाभट्टारिकावाचि बाणस्योक्तिषु सा यदि।।

(शब्द और अर्थ दोनों का समान गुंफन पांचालीरीति है। यह रीति या तो शीला भट्टारिका की कविता में है या फिर बाणभट्ट के गद्य में।)

शब्द के द्वारा चाक्षुष बिंब रचने की बाण की क्षमता असाधारण है। हर्षचरित में ग्रीष्म का यह वर्णन उदाहरणीय है —

अथ ललाटन्तपे तपति तपने चन्दनलिखितललाटिकापुण्ड्रकैर-लचीरकचीवरसंवीतैः स्वेदोदबिन्दुमुक्ताक्षवलयवाहिभिर्दिनकराराधननियमा इवागृह्यन्त ललना ललाटेन्दुद्युतिभिः। चन्दनधूसराभिरसूर्यम्पश्याभिः कुमुदिनीभिरिव दिवसमसुप्यत सुन्दरीभिः। निद्रालसा रत्नालोकमपि नासहन्त दृशः, किमुत जरठमातपम्। अशिशिरसभेव चक्रवाकमिथुनाभिरभिनन्दिताः सरित इव तनिमानमानीयन्त शर्वर्यः। अभिनवपटुपाटलामोदसुरभिपरिमलं न केवलं जलम्, जनस्य पवनमपि पातुमभूदभिलाषो दिवसकरसन्तापात्।

(ललाट को तपाता सूरज तप रहा था। ललनाओं के ललाटचंद्र की द्युतियों ने चंदन के रचे ललाटतिलक लगा लिये, केशों को ही चीरचीवर बना दिया, पसीने की बूँदों को अक्षमाला के समान धारण करके दिनकर के आराधन का व्रत जैसे धारण करवा लिया। चंदन लगा लगा कर धूसरित हुई असूर्यम्पश्या कुमुदिनियों के समान सुंदरियाँ दिन में सोने लग गईं। नींद में अलसाईं आँखें रत्न की चमक को भी नहीं सह पाती थीं, सूर्य के जरठ आतप का तो कहना ही क्या? ग्रीष्म के कारण चंद्रमासहित रातें नदियों की तरह दुबलातीं चली गईं, तो चकवों ने उनका अभिनंदन किया। लोग दिवसकर के संताप के कारण ताजा खिले पाटलपुष्पों से सुवासित जल को ही नहीं, पवन तक को पी जाने की अभिलाषा करते थे।)

चांडालकन्या, विंध्याटवी आदि के वर्णनों में बाण का एक-एक वाक्य ही कई-कई पृष्ठों में जाकर समाप्त होता है। दूसरी ओर अनेक स्थलों पर बाण के वाक्यों का विन्यास वार्तालाप की शैली में हो जाता है। इसका सुंदर उदाहरण कादंबरी में शुकनासोपदेश में है। इसी प्रकार पुंडरीक को प्रबोध देते हुए कपिंजल के ये कथन भी उदाहरणीय हैं-

सखे पुण्डरीक, नैतदनुरूपं भवतः। क्षुद्रजनक्षुण्ण एष मार्गः। धैर्यधना हि साधवः। ....क्व ते तद् धैर्यम्। क्वासाविन्द्रियजयः। क्व तद् वशित्वं चेतसः। क्व सा प्रशान्तता। ....सर्वथा निष्फला प्रज्ञा। निर्गुणो धर्मशास्त्राभ्यासो, निरर्थकः संस्कारो, निरुपकारको गुरूपदेशविवेको, निष्प्रयोजना प्रबुद्धता ---आदि।

अलंकार

उपमा, श्लेष, रूपक, परिसंख्या तथा विरोध जैसे अलंकारों की लड़ी गूँथने में बाण की विलक्षणता अप्रतिम ही है। वर्ण्यविषय के असंख्य पक्षों को वे उपमाओं, रूपकों या उत्प्रेक्षाओं की लम्बी लड़ियाँ बना-बनाकर समेट लेते है, या परिसंख्या अथवा विरोध के द्वारा उसे नवीन विन्यास देते है।

वर्णनकला

अपने वर्णनों में बाण विराट् परिदृश्य को अंकित करते हैं। वे वर्ण्यविषय की सूक्ष्म से सूक्ष्म विशेषताओं को साकार करते हैं। संसार के विषय में उनका ज्ञान अगाध है। वनों, वनस्पतियों, नगरों, प्रासादों, वेशभूषा, अलंकार, लोकाचारों आदि के विषय में वे इतनी सूचनाओं और जानकारियों का अंबार लगा देते हैं कि उनके विश्वकोशात्मक ज्ञान पर विस्मय से स्तब्ध रह जाना पड़ता है। इसीलिए बाण के विषय में कहा गया है कि संसार की कोई वस्तु न होगी, जिसको उन्होंने अपने वर्णनों का विषय न बनाया हो-'बाणोच्छिष्टं जगत् सर्वम्'- अर्थात् बाण ने सारे संसार को उच्छिष्ट बना दिया है। वस्तुत: उनके वर्णनों में चांडालकन्या, विंध्याटवी, शबरसैन्य, जाबालितपोवन, महाश्वेता तथा कादंबरी के वर्णन विश्वसाहित्य के सर्वश्रेष्ठ वर्णनों में परिगणनीय हैं। बाण अपनी उपमाओं और उत्प्रेक्षाओं के द्वारा इतिहास, पुराण, आख्यान, तीर्थ आदि का विस्तृत फलक उपस्थित कर देते हैं। विंध्याटवी उन्हें प्रलय की वेला के समान लगती है, जिसमें महावराह धरणीमंडल को उखाड़ रहे हैं, या दशमुख की नगरी लंका जैसी है, जिसमें चपल वानरवृंद शालों (शालाओं) की तोड़-फोड़ कर रहे हैं, कहीं वह विवाह भूमि प्रतीत होती है, जिसमें हरे कुश, समिधाएँ, फूल, शमी और पलाश शोभित हो रहे हैं, कहीं वह मतवाले मृगपति के गर्जन से कंटकित (काँटों से भरी, भयभीत) रमणी लगती है। छोटी से छोटी वस्तु को बाण अनंत सौन्दर्य से मंडित कर देते हैं। राजा शूद्रक व्यायाम करता है, तो उसके वक्ष से गिरती पसीने के बूँदें टूट गयी मुक्तामाला के मोतियों-सी लगती हैं।

चांडालकन्या को उन्होंने अनुपम सौन्दर्य से मंडित करके साकार कर दिया है। उपमानों और उत्प्रेक्षाओं के द्वारा संसार के सारे सौन्दर्य से उसका कमनीय चित्र बाण खड़ा करते हैं। कुछ अंश उद्धत हैं—

> **असुगृहीतामृतापहरणकृतकपटपटुवेशविलासिनीवेशस्य श्यामतया भगवतो हरेरिवानुकुर्वतीम्, सञ्चारिणीमिवेन्द्रनीलमणिपुत्रिकाम्, आगुल्फावलम्बिना नीलकञ्चुकेनाच्छन्नशरीराम्, उपरि रक्तांशुकविरचितावगुण्ठनां नीलोत्पल-स्थलीमिव निपतितसन्ध्यातपाम् एककर्णावसक्तदन्तपत्रप्रभाधवलितक-पोलमण्डलाम् उद्यदिन्दुकिरणच्छुरितमुखीमिव विभावरीम्।**

(वह कन्या अपने साँवले रंग के कारण राक्षसों के द्वारा गृहीत अमृत का अपहरण करने के लिए माया के द्वारा मोहिनीरूप धरने वाले भगवान् विष्णु की तरह लगती थी, श्यामता के कारण वह इंद्रनील (नीलम) मणि से बनी चलती-फिरती पुतली-सी प्रतीत होती थी, घुटनों तक लटकने वाले नीले कंचुक से आच्छादित शरीर वाली वह माथे पर लाल रेशमी अंशुक (दुपट्टे) से घूँघट रचाये हुए थी, तो नीलकमल से पटी धरती की तरह लगती थी, जिस पर

साँझ के समय की धूप पड़ रही हो। एक कान में वह हाथी दाँत का बना झुमका पहने हुए थी, जिसकी कांति से उसका कपोल धवल हो गया था; जिससे वह उस रात की तरह लगती थी जिसका मुख (पहला प्रहर) उदय होते चंद्रमा की किरणों से प्रकाशित हो रहा हो।)

महाश्वेता का वर्णन तथा उसकी आपबीती बाण के साहित्य में सबसे सुन्दर, मार्मिक और सौन्दर्यमय प्रसंग है। अपने नवयौवन के अनुभव का वर्णन करती हुई महाश्वेता कहती है—

'क्रमेण च कृतं मे वपुषि वसन्त इव मधुमासेन, मधुमास इव नवपल्लवेन, नवपल्लव इव कुसुमेन, कुसुम इव मधुकरेण, मधुकर इव मदेन, नवयौवनेन पदम्।'

(धीरे-धीरे मेरे देह में नवयौवन आया जैसे वसंत में चैत का महीना आता है, चैत के महीने में नयी कोंपलें आती हैं, कोंपलों के बीच फूल आते हैं, फूलों पर भौंरे आते हैं और भौंरों में मद आता है।)

चरित्रचित्रण कला की दृष्टि से बाण की कादंबरी उनके हर्षचरित से अधिक परिपक्व रचना है। दूरदर्शी तथा नापतौल कर बोलने वाला शास्त्रज्ञ मंत्री शुकनास, अपने मित्र पर प्राण निछावर करने वाला वैशंपायन, अत्यन्त सहृदय प्रेमी चंद्रापीड जो अपने मित्र के प्राणांत को झेल नहीं पाता, करुणा की मूर्ति महाश्वेता और प्रणय के राग का साकार रूप कादंबरी, ये सभी चित्र अत्यन्त सजीव हैं।

प्रणय के चित्रण में अनुभवों के द्वारा मनोदशा का बारीक अंकन करने में बाण ने अद्भुत प्रतिभा का परिचय दिया है। युवा चंद्रापीड को पहली बार देखने पर कादंबरी की दशा का यह चित्र उदाहरणीय है—

अथ तस्याः कुसुमायुध एव स्वेदमजनयत्, सम्भ्रमोत्थानश्रमो व्यपदेशमभवत्। उरुकम्प एव गतिं रुरोध, नूपुररवाकृष्टहंसमण्डलमपयशो लेभे। निःश्वासप्रवृत्तिरेवांशुकं चलं चकार, चामरानिलो निमित्ततां ययौ। अन्तः प्रविष्टचन्द्रापीडलोभेनैव पपात हृदये हस्तः, स एव करः स्तनावरणव्याजो बभूव। इत्यादि।

(चंद्रापीड के अनुपम रूप को देखकर कादंबरी को पसीना छूट गया, इस पसीने के लिए बहाना बन गया हड़बड़ी में उठने का श्रम। पाँवों के काँपने के कारण ही गति अटक गयी, पर अपकीर्ति का ठीकरा फूटा पायलों की झंकार से आकर्षित हंस की मंडली पर। साँसें तेजी से चलने के कारण ही अंशुक गति करने लगा पर उसका निमित्त चँवर की वायु को बना दिया गया। मन में जा बसे चंद्रापीड को छूने के लिए ही वक्ष पर हाथ चला गया, पर बहाना वक्ष को ढँकने का बन गया।)

महाश्वेता और कादंबरी ने अपने प्रिय के अवसान पर विलाप हृदयद्रावक है, तो जरद्द्रविडधार्मिक का वर्णन शिष्ट हास्य की सरस पुष्टि करता है।

वातावरण तथा वर्ण्यविषय के अनुरूप बिंबों की शृखंलाएँ गूँथने में बाण का कौशल पाठक

को चकित कर देता है। नगर और राजसभा के दृश्यों का चित्रण करते समय वे विलासमय तड़क-तड़क से भरे उपमानों और अप्रस्तुतविधानों की सुदीर्घ सृष्टि करते चलते हैं, तो तपोवनों के शांत पावन परिवेश के चित्रण में अपनी लेखनी को अद्भुत गरिमा और पावनता से संपृक्त कर देते हैं। कादंबरी कथामुख में जाबालि के तपोवन में संध्या का यह वर्णन द्रष्टव्य है—

क्वापि विहृत्य दिवसावसाने लोहिततारका तपोवनधेनुरिव कपिला परिवर्तमाना सन्ध्या तपोधनैरदृश्यत। अचिरप्रोषिते सवितरि शोकविधुरा कमलमुकुल-कमण्डलुधारिणी हंसपतिदुकूलपरिधाना मृणालधवलयज्ञोपवीतिनी मधुकरमण्डलाक्षवलयमुद्वहन्ती कमलिनी दिनपतिसमागमव्रतमिवाचरत्। अपरसागराम्भसि पतिते दिवाकरे वेगोत्थितमम्भःसीकरमिव तारागणमम्बर-मधारयत्। अचिराच्च सिद्धकन्यकाविक्षिप्तसन्ध्यार्चनकुसुमशबलमिव तारकितं वियदराजत। क्षणे चोन्मुखेन मुनिजनेनोर्ध्वविप्रकीर्णैः प्रणामाञ्जलिसलिलैः क्षाल्यमान इवागलदखिलः सन्ध्यारागः।

(साँझ उतरी, तो लगा जैसे दिनभर घूम-घूम कर लाल तारों (पुतलियों) वाली तपोवन की कपिला गाय तपोवन लौट आयी है। कमलिनी परदेश चले गये अपने प्रिय सूर्य के वियोग से दुखी होकर कमल की बंद कली के कमंडलु को लिये हुए, हंसों के धुले कपड़े पहने मृणाल का सफेद यज्ञोपवीत धारे हुए भौंरो के रुद्राक्ष पहनकर मानो उससे पुनर्मिलन के लिए तप साधने लगी। सूर्य झट से पश्चिम के भाग में गिरा, तो उससे जो बूँदें ऊपर उछलीं, वे आकाश में तारे बन कर चमक पड़ीं। कुछ देर में आकाश तारों से जगमगा उठा, जैसे सिद्ध कन्याओं ने संध्या की पूजा-आरती के फूल ऊपर बिखेर दिये हों। क्षण भर में संध्या की लालिमा ऐसे धुल गयी जैसे मुनियों ने अर्घ्य दे-देकर उसके जल से उसे धो दिया है।)

बाण अपनी कल्पना और स्वप्नलोक को इतना वास्तविक बना देते हैं कि हम उनके पात्रों के साथ अपने आपको उठता-बैठता, वार्तालाप करता और रमता हुआ अनुभव करने लगते हैं। हमें लगने लगता है कि कादंबरी में वर्णित संसार यथार्थ है। यही स्थिति महाकवि बिल्हण की थी जब उन्होंने अपने ऐतिहासिक महाकाव्य 'विक्रमाङ्कदेवचरितम्' में अपने कथानायक को इतिहास के देशकाल से कादंबरी के देशकाल में पहुँचा दिया। राजा कलश की दिग्विजय के वर्णन में वे कहते हैं—'अपनी दिग्दिगंत की विजय-यात्राओं से वह राजा स्फटिक विशद अच्छोद सरोवर के किनारे पहुँचा। वहाँ पर इंद्रायुध अश्व के खुरों से उट्टंकित धरती पर घूमता रहा। मनुष्य लोक के इस चंद्र को देखकर कादंबरी के परिजनों का वाणीविलास चंद्रापीड की स्तुति में संकुचित हो चला।'

दिग्यात्रासु स्फटिकविशदच्छायमच्छोदमेत्य
भ्राम्यन्निन्द्रायुधपटुखुरोट्टङ्कितासु स्थलीषु।

कादम्बर्याः परिजनमसौ मर्त्यलोकैकचन्द्र-
श्चन्द्रापीडस्तुतिषु विदधे सङ्कुचद्वाग्विलासम्।।

(विक्रमा० १८/१३)

बाण के रसमय विश्व में वक्रोक्तियों और व्यंजनाओं की निराली छटा, दीपक, उपमा, उत्प्रेक्षा और परिसंख्या की लड़ियाँ अपार काव्यसमृद्धि की सृष्टि करते हैं।

बाण शब्द, स्पर्श, रूप, रस और गंध का बहुवर्णी बहुआयामी संसार विविध विच्छित्तियों के साथ जीता-जागता हमारे सामने उपस्थित कर देते हैं। कई प्रकार की ध्वनियाँ, कई प्रकार के वर्णों की विच्छित्तियाँ उनकी गद्यरचना सहज रूप में प्रस्तुत कर देती है। मनुष्यों की विभिन्न चेष्टाएँ, भावभंगिमाएँ और जगत् के नाना कार्यव्यापार इनमें एकसाथ सम्मिश्रित हो जाते हैं। उनके वर्णनों को पढ़ते हुए विराट् का स्पंदन हम अनुभव करते हैं। सृष्टि निरन्तर लयमय गति करती रहती है। जगत् की गतिमयता में मनुष्य की स्थिति और मनुष्य के साथ जंगम संसार का प्रत्यय बाण की रचना में निरन्तर बना हुआ है।

बाण का सौन्दर्यबोधक व्यापक और गहरा है। वर्ण्य और विषय के अनुरूप भाषा का प्रयोग बाण के सौन्दर्यबोध का ही परिचायक है। अनुप्रासों की झंकार और छटाएँ तथा नादसौंदर्य की श्रुतिमाधुरी बाणभट्ट के गद्य में सौंदर्यबोध के विस्तार देती हैं। त्वङ्गत्तुङ्गतरङ्गतरलतरतारकाम्, दापय वाजिनः पर्याणम् इति पुरःस्थितं शिरःकृपाणं विभ्राणं बभाण युवानम्, प्रेतपतिप्रयाणहताः पटव इव आरटन्तो हृदयास्फोटनाः पस्फायिरे निपततां निर्घातानां घोरा घननिर्घोषाः—जैसे वाक्य या वाक्यांश उनके गद्य में मिल जाते हैं।

बाण के सौन्दर्यबोध में रंगों की निराली छटा का संसार उकेर दिया गया है। रवीन्द्रनाथ ठाकुर ने बाण के विषय में सत्य ही कहा है कि "इस प्रकार वर्णनसौन्दर्य के विकास की क्षमता संस्कृत का दूसरा कोई कवि नहीं दिखा सका'(प्राचीन साहित्य, पृ० ६२)। उदाहरण के लिए सामान्य कवि लाल रंग को लाल रंग कहेगा। परन्तु बाणभट्ट के वर्णन में अनेक प्रकार के लाल रंग हैं। उनका कोई लाल रंग है लाख के समान, कोई लाल रंग है कबूतर के पैर के समान तो कोई लाल रंग खूनभरे सिंह के नख के समान है—

> **एकदा तु प्रभातसन्ध्यारागलोहिते गगनतले कमलिनीमधुरक्तपक्षसम्पुटे वृद्धहंस इव मन्दाकिनीपुलिनादपरजलनिधितटमवतरिते चन्द्रमसि, परिणतरङ्कुरोमपाण्डुनि व्रजति विशालतामाशाचक्रवाले गजरुधिररक्तहरिसटालोमलोहिनीभिः आतप्त-लाक्षिकतन्तुपाटलाभिरायामिनीभिरशिशिरकिरणदीधितिभिः पद्मरागशलाका-सम्मार्जनीभिरिव समुत्सार्यमाणे गगनकुट्टिमकुसुमप्रकरे तारागणे.....।**

केवल रंग ही नहीं, एक समय में घट रही तरह-तरह की ध्वनियों, नाना प्रकार के कोलाहलों का वर्णन करते हुए बाण हमें अपने शब्दों से वे सारी ध्वनियाँ और कोलाहल एक

साथ सुनवा देते हैं। इसी प्रकार वे एक समय में असंख्य लोगों के द्वारा की जा रही भाँति-भाँति की चेष्टाओं का वर्णन भी उसीं कौशल के साथ करते हैं। राजा शूद्रक की सभा के विसर्जन के समय होने वाली ध्वनियों और विभिन्न प्रकार की चेष्टाओं के चित्रण में उस समय के वातावरण का कितना सूक्ष्म और सटीक अध्ययन कवि ने किया है—

अथ चलति महीपतावन्योन्यमतिरभससञ्चलनचलिताङ्गपत्रभङ्गकर-ङकोटिपाटितानेकपटानाम्, आक्षेपदोलायमानकण्ठदाम्नाम्, आलोलमालती-कुसुमशेखरोत्पतदलिकदम्बकानाम्, अर्धावलम्बिभिः कर्णोत्पलैश्चुम्ब्य-मानगण्डस्थलानाम् गमनप्रणामलालसानाम् अहमहमिकया वक्षःस्थलप्रेङ्खो-लितहारलतानाम्, उत्तिष्ठतामासीदतिमहान् सम्भ्रमो महीपतीनाम्...।

(राजा शूद्रक जैसे ही चल पड़े, अपने-अपने आसनों से उठ खड़े हुए सामंतों में खलबली मच गयी, अत्यन्त वेग के कारण उनके हिलते हुए केयूरों पर उत्कीर्ण मछलियों की नोकें रगड़ जाने से कइयों के कपड़े फट गये। आपस की धक्कामुक्की से उनके गले के हार हिलने-डुलने लगे। उनके कंधे परस्पर टकराये और उससे उठी केसर और सुवासित चूर्ण की धूलि से समस्त दिशाएँ लाल और पीले रंग की हो गयीं। उनके माथे पर सजे चमेली के शेखरों पर मँडराते भ्रमर उड़ने लगे। उनके कानों में आधे लटके कमल डोलते हुए उनके कपोलों को चूमने लगे। चलते समय राजा को प्रणाम करने की लालसा से उनके वक्षःस्थल के हार हिलने लगे।) इसी प्रसंग में बाण भगदड़ और विभिन्न स्वरों का सूक्ष्म चित्र खींचते हैं।

बाण का सौंदर्यबोध शक्ति से समन्वित है। कादंबरी जैसा कोमल भैरवी राग रचने के साथ वे चंडीशतक का भैरव स्वर भी भर सकते हैं। उनके नायक प्रेम की मृदुलता तथा काया की कर्कशता से युक्त हैं। वे बार-बार अपने पुरुषपात्रों के व्यायाम से कसे हुए कठोर शरीर के सौंदर्य का दिग्दर्शन कराते हैं। यथा —

अनवरतव्यायामकृतकर्कशशरीरेण.......

विशालवक्षःस्थलोपलवैदिकोत्तम्भनशिलास्तभाभ्यां चारुचन्द्रस्थासक-स्थूलतरलकान्तिभ्यामूरुदण्डाभ्यामुपहसन्तमिवैरावतकरायामम्।

परिणतवयसपि व्यायामकठिनकायम् ......

व्यायामव्यायतवपुषा.....

स्थिरोरुस्तम्भौ पृथुप्रकोष्ठौ दीर्घभुजार्गलौ विकटोरःकवाटौ प्रांशुसालाभिरामौ महानगरसन्निवेशाविव सर्वलोकाश्रयक्षमौ......

विन्ध्यशिलातलविशालेन वक्षस्थलेनोद्भासमानम्

शारीरिक बलिष्ठता की अपेक्षा बाण इन्द्रियजय और तपःपूत तेजस्विता को अवश्य

उच्चतर मानते हैं। जाबालि की क्षीणकाया में पसलियाँ गिनी जा सकतीं हैं, पर वे अपनी साधना और संयम में असाधारण हैं।

अपने युग की संस्कृति तथा सामयिक परिवेश का सूक्ष्म अध्ययन बाण ने किया था। अपने युग की कोई भी वस्तु बाण का सूक्ष्म दृष्टि से छूटी नहीं थी। सन्तान के लिए कौन से व्रतनियमादि करने चाहिए, रोगी की परिचर्या कैसे हो,[२३] गर्भवती या प्रसूता के लिए क्या-क्या वस्तुएँ आवश्यक हैं – ये घरसंसार के ब्यौरे बाणभट्ट के अनंतविश्व को नये आयाम देते चलते हैं।

शुकशावक की जिजीविषा, मृत्युकामना तथा तृष्णा के चित्रण में बाण ने मानवमनोविज्ञान की थाह ली है। एक ओर तो शुकशावक चाहता है कि उसकी मृत्यु ही आ जाय। दूसरी ओर वह प्यास से व्याकुल बूँद बूँद पानी को तरसता प्राणरक्षा के लिये रेंग रेंग कर सरोवर तक पहुँचने का प्रयास भी करता है। इसी प्रकार तारापीड और विलासवती की संतानकामना का चित्रण मानवीय राग से रमणीय बन गया है। तारापीड को पुत्रप्राप्ति का समाचार सुनकर विश्वास ही नहीं होता, और वे समझते हैं कि कुलवर्धना उससे झूठ बोल रही है। युवा मन की प्रणय भावना में तो बाण की आश्चर्यजनक सूक्ष्मदृष्टि है। कादम्बरी, चंद्रापीड, महाश्वेता और पुंडरीक के चरित्रों के माध्यम से उन्होंने युवक-युवतियों के अनुराग की निश्छलता, सुकुमारता तथा जटिलता को गहराई से मूर्त कर दिया है। उनका निसर्ग का पर्यवेक्षण भी उतना ही सूक्ष्म है। जंगल के कोने कोने से वे परिचित लगते हैं, असंख्य पेड़पौधों की विशेषताएँ वे जानते हैं, ऋतुचक्र के आवर्तन-विवर्तन को पहचानते हैं। हर्षचरित में ग्रीष्म और शरद् के वर्णन कालिदास के ऋतुसंहार के वर्णनों से कहीं अधिक विशद लगते हैं।

व्यंग्य, विनोद, शिष्ट हासपरिहास, हँसी-ठठ्ठा और छेड़छाड़ की छटाएँ बाण के गद्यकाव्य में निराली ही हैं। उनके स्फुट मुक्तकों में प्याऊ पर पानी पिलाने वाली महिलाओं की पथिकों से बतकही और आँखमिचोली के जैसे रसभीने प्रसंग हैं, वैसे ही उनके गद्यकाव्यों में तारापीड का विलासपती से नर्मालाप, चंद्रापीड का कादंबरी से मजाक, कादंबरी में तोते और मैना के बीच झड़प के प्रसंग भी बड़े गुदगुदाने वाले हैं। कादंबरी में जरद्द्रविडधार्मिक का जो शब्दचित्र उन्होंने अंकित किया है, वह तो संपूर्ण संस्कृत साहित्य में अपने ढंग का अनोखा ही है।

बाण के टीकाकार

बाण के दोनों गद्यकाव्य अपनी साहित्यिक श्रेष्ठता के कारण संस्कृत साहित्य की परम्परा में समादृत हुए और उन पर अनेक टीकाकारों ने लेखनी चलायी। हर्षचरित पर कश्मीर के शंकर ने ग्यारहवीं शती में टीका लिखी। रंगनाथ की मर्मावबोधिनी टीका भी इस पर प्रकाशित है। कादम्बरी पर भानुदत्त की टीका प्रसिद्ध है।

पारम्परिक समीक्षा में बाण

बाण का काव्यशास्त्र के आचार्यों में उल्लेख करने वाले प्रथम आचार्य वामन हैं, जिन्होंने

अपने काव्यालंकाररसूत्रवृत्ति नामक ग्रंथ में बाण की कादंबरी से 'अनुकरोति भगवतो नारायणस्य'- यह उद्धरण दिया है। वामन ने उत्कलिकाप्राय गद्य के सफल प्रयोक्ता के रूप में भी बाण का स्मरण करते हुए कादंबरी से एक गद्यांश इसके उदाहरण के रूप में प्रस्तुत किया है। साहित्यशास्त्र के मर्मज्ञ आचार्य आनंदवर्धन ने बाण की दोनों गद्यकृतियों की सराहना करते हुए उनका उल्लेख किया है। धनिक ने अपने दशरूपकावलोक में योषिदलंकारो में कांति का उदाहरण बाण के महाश्वेता वर्णन को माना है तथा शापजन्य विप्रलंभ शृंगार का उदाहरण कादंबरी में वैशंपायन के वृत्तांत को बताया है। भोज ने अपने सरस्वतीकंठाभरण में अनेक स्थलों पर बाण की चर्चा की है, तथा उनके गद्य और पद्य दोनों के बंध को सराहनीय माने हुए कहा है-'यादग् गद्यविधौ बाण: पद्यबन्धेऽपि तादृश:।' उन्होंने कादम्बरी में प्रथमानुराग, प्रवास और करुणा- इन तीनों अवस्थाओं का चित्रण प्रशंसनीय माना है। रुद्रट ने अपने काव्यालंकार में कथा और आख्यायिका के लक्षण में बाण की दोनों गद्यरचनाओं को उदाहरण के रूप में उद्धृत किया है।

शब्दशक्तिमूलानुस्वानरूप विरोध के उदाहरण के लिये आनन्दवर्धन बाण को उद्धृत करते हैं। स्थाण्वीश्वर जनपद के वर्णन में बाण कहते हैं – यत्र च मातङ्गगामिन्य: शीलवत्यश्च, गौर्यो विभवरताश्च, श्यामा: पद्मरागिण्यश्च, धवलद्विजशुचिवदना मदिरामोदश्वसनाश्च प्रमदा:।' इस गद्यांश में श्लेष व विरोधालंकारों से उत्पन्न सौंदर्य की मीमांसा करते हुए आनंदवर्धन कहते हैं कि यहाँ विरोध अलंकार वाच्य है या उसकी छाया से अनुग्राहित श्लेष यह कहा नहीं जा सकता, क्योंकि विरोध को साक्षात् शब्दों में कहा नहीं गया है। विरोध को स्वशब्दवाच्यतया न कहने और फिर भी विरोध की प्रतीति कराने के कारण इस वाक्यकदंब में अनूठा सौंदर्य आ गया है। वस्तुत: आनंदवर्धन ने कालिदास और धर्मकीर्ति के पश्चात् यदि सबसे अधिक किसी कवि को सराहा है, तो बाणभट्ट को। कादबरी के दर्शन के समय चंद्रापीड की मनोदशा हो या चंद्रापीड को देखकर कादंबरी की चेष्टाओं का विशद चित्रण, बाणभट्ट की लेखनी से अहमहमिकया अंलकारों की झड़ी किस तरह लग जाती है, जो मनोभावों के साथ वातावरण को भी साकार कर देती है, इसका विवेचन करते हुए आनंदवर्धन ने बाण को अलंकारध्वनि के श्रेष्ठ कवि के रूप में स्थापित किया है। शब्दालंकार के सामान्य प्रयोग से शब्दशत्त्युत्थ ध्वनि में अलंकार की प्रतीयमानता किस तरह कविता को विशिष्ट सौंदर्य प्रदान करती है यह बताते हुए उदाहरणस्वरूप हर्षचरित के ग्रीष्मवर्णन का यह वाक्य आन्दवर्धन उद्धृत करते हैं - "अत्रान्तरे कुसुमसमययुगमुपसंहरन्नजृम्भत ग्रीष्माभिधान: फुल्लमल्लिकाधवलाट्टहासो महाकाल:।" अभिनवगुप्त ने महाकाल का आशय खोलते हुए कहा है कि दिन लंबे हो गये हैं, अत: काल भी उनके साथ अत्यंत दुरतिवाह हो गया है – या काटे नहीं कट रहा है (महांश्चासौ दिनदैर्घ्यदुरतिवाहतायोगात् काल:)

बाण के गद्य में पदप्रकाश्यता पर विचार करते हुए आनंदवर्धन बताते हैं —तस्यैव

वाक्यप्रकाशता यथा हर्षचरिते सिंहनादवाक्येषु। एतद्धि वृत्तेऽस्मिन् महाप्रलये...धरणीधरणाय त्वं शेषः।' सिंहनाद कहता है कि इतना सब सर्वनाश हो जाने पर महाप्रलय के समय धरती को धारे रहने के लिये तुम्ही शेष (शेषनाग, बचे हुए) हो। यहाँ शेष शब्द का प्रयोग पूरे प्रसंग को करुणा और उदात्त गरिमा से मंडित कर देता है। अभिनवगुप्त महाप्रलय का शब्द एक नवीन ही अर्थ निकालते हैं। तदनुसार महस्य उत्सवस्य आ समन्तात् प्रलयो यत्र —जिसमें सारा उत्सव पूरीतरह चुक गया है। धरणी का भी अन्य अर्थ राज्यधुरा है। कुंतक ने भी 'वृत्तेऽस्मिन् महाप्रलये...धरणीधरणाय त्वं शेषः' इत्यादि हर्षचरित के वाक्य में पदवक्रता के समुचित आधान के लिये बाण को प्रशंसनीय माना है। इस वाक्य को महिमभट्ट ने भी अनुमितिवाद के समर्थन के लिये उद्धृत किया है, उनके अनुसार व्यंजनावृत्ति के स्वीकार के बिना ही यहाँ शेष के साथ राजा का उपमानोपमेयसंबंध प्रकट हो जाता है। बाण का सारा काव्य पुरुषार्थोपदेशपरक है यह भी कुंतक मानते हैं।

तो बाण परिसंख्या अलंकार का प्रसिद्ध है ही, उल्लेख अलंकार के प्रयोग की भी सराहना आचार्यों ने की है। एक वस्तु का विशेष कारण से अनेक रूपों में बोध हो तो उल्लेख अलंकार होता है। कुंतक कहते हैं —

> **'यस्तपोवनमिति मुनिभिः कामायतनमिति वेश्याभिः संगीतशालेति लासकैः इत्यादि हर्षचरिते श्रीकण्ठाख्यजनपदवर्णने। अत्र ह्येक एव श्रीकण्ठाख्यो जनपदस्तत्तद्गुणयोगात्तपोवनाद्यनेकरूपतया निरूपितः।'**

अर्थात् श्रीकंठ जनपद का बाण ने अलग अलग गुणों के योग से अनेक रूपों में वर्णन किया है। मुनियों को वह तपोवन लगता है, वेश्याओं को कामायतन, तो नर्तकों को संगीतशाला।

बाण के वाङ्मय में किसप्रकार शूद्रक आदि राजाओं के वर्णन धर्मादिसाधनोपाय बन जाते हैं – यह कुंतक प्रदर्शित करते हैं। क्षेमेंद्र ने भी बाण के अनेक पद्यों को उद्धृत किया है।

भोज ने शृंगारप्रकाश के ३६ वें अध्याय में कादंबरी में पुंडरीक के द्वारा महाश्वेता को भेजे गये एकपद्यात्मक पत्र का पद्य उद्धृत किया है, तथा इसे नीलीराग का उदाहरण बताया है। नीली राग ऐसा अटूट प्रेम है, जो कभी समाप्त नहीं हो सकता। शारदातनय व नमिसाधु ने बाण की दस कामावस्थाओं में अंतिम (मरण) के मार्मिक वर्णन के लिये सराहना की है।

महिमभट्ट ने अपरवक्त्र छंद में हर्षचरित की युवा गज के विषय में अन्योक्ति को उद्धृत करते हुए इसमें अंकुश के विशेषण 'भंगुर' की आलोचना की है। यह पद्य वल्लभदेव की सुभाषितावली में भी उद्धृत है। बाण ने भैरवाचार्य के द्वारा राजा के दर्शन के वर्णन में गुरु भैरवाचार्य को सागर से उपमित किया है तथा राजा पुष्यभूति के लिये राजन् शब्द का प्रयोग किया है। महिमभट्ट ने इस प्रसंग में राजन् शब्द के प्रयोग को समीचीन माना है। तथापि महिमभट्ट यहाँ उपमा में अपूर्णता के लिये बाण की फिर आलोचना करते हैं कि क्योंकि चंद्रमावाचक किसी शब्द का प्रयोग स्वतंत्र रूप से बाण ने नहीं किया है। वास्तव में राजन् शब्द ही चंद्रमा का संकेत भी करता है, अतः महिमभट्ट की विप्रतिपत्ति अनुचित है।

कवि त्रिविक्रम बाण को गुणाढ्य के समान महनीय मानते हुए धनुष, बाण और गुण (धनुष की डोरी) के रूपक के द्वारा दोनों की समाकारिता स्थापित करते हुए कहते हैं—

शश्वद्बाणद्वितीयेन ....धनुषेव गुणाढ्येन निःशेषो रञ्जितो जनः।।

राजशेखर ने बाण की स्वच्छंद शैली को सराहते हुए कहा है—

श्रीहर्षचरितारब्धाऽद्भुता कादम्बरी कथा।
बाणस्य वारनार्येव स्वच्छन्दा भ्रमति क्षितौ।।

नवसाहसांकचरितकार पद्मगुप्त अपने महाकाव्य के नायक की प्रशंसा करते हुए भी श्लेष के माध्यम से बाण तथा मयूर की सचित्रवर्णविच्छित्ति पर अपनी प्रशंसा प्रकट कर देते हैं –

सचित्रवर्णविच्छित्तिहारिणोरवनीपतिः।
श्रीहर्ष इव सङ्घट्टं चक्रे बाणमयूरयोः।।

पद्मगुप्त ने अपने कथानायक सिंधुक की तुलना श्रीहर्ष से की है, उसने जिस तरह बाण और मयूर का का संघट्ट करा दिया, उसी तरह नायक ने बाण तथा मयूर का।

महाकवि धनपाल ने कादंबरी तथा हर्षचरित दोनों रचनाओं की समाशंसा करते हुए बाण की शैली को सुधा के सदृश तथा उनकी कीर्ति को सागर के समान अक्षय बताया है—

कादम्बरीसहोदर्या सुधया वैबुधे हृदि।
हर्षाख्यायिकया ख्यातिं बाणोऽब्धिरिव लब्धवान्।।

रुय्यक ने व्यक्तिविवेकव्याख्यान में बाण के सूक्तिनिकर की प्रशंसा में कहा है—

हेम्नो भारशतानि या मदमुचां वृन्दानि वा दन्तिनां
श्रीहर्षेण समर्पितानि कवये बाणाय कुत्राद्य तत्।
या बाणेन तु तस्य सूक्तिनिकरैरुट्टङ्किताः कीर्तय-
स्ताः कल्पप्रलयेऽपि यान्ति न मनाङ् मन्ये परिम्लानताम्।।

उदयसुंदरीकार सोड्ढल ने तो बाण की तुलना कालिदास से करते हुए कहा है कि बाण की कवित्वशक्ति के आगे अच्छे अच्छे कवि कविता रूपी अस्त्र को छोड़ देतें हैं।

बाणस्य हर्षचरिते निशितामुदीक्ष्य
शक्तिं न केऽत्र कवितास्त्रमिदं त्यजन्ति।
मान्द्यं न यस्य च कवेरिहकालिदास-
वाचां रसेन रसितस्य भवत्यधृष्यम्।। (१७)

संस्कृत साहित्य की श्रेष्ठ कवयित्री गंगादेवी ने बाण की भावपूर्ण प्रशंसा में कहा है—

वाणीपाणिपरामृष्टवीणानिक्वाणहारिणीम्।
भावयन्ति कथं वान्ये भट्टबाणस्य भारतीम्।।

चंद्रदेव नामक कवि ने बाण की रचना को श्लेष, रसाभिव्यक्ति, अलंकार, अर्थनिरूपण, कथावर्णन- सभी दृष्टियों से श्रेष्ठ बताते हुए उन्हें कविताविंध्याटवी का पंचानन (सिंह) कहा है—

श्लेषे केचन शब्दगुम्फविषये केचिद्रसे चापरेऽ-
लङ्कारे कतिचित् सदर्थविषये चान्ये कथावर्णने।
आ सर्वत्र गभीरधीरकविताविन्ध्याटवीचातुरी-
सञ्चारीकविकुम्भिकुम्भभिदुरो बाणस्तु पञ्चाननः।।

(शार्ंगधरपद्धति, १७७)

विदग्धमुखमंडनकार धर्मदास ने बाण की वाणी की तुलना मनोहारिणी तरुणी से करते हुए कहा है—

रुचिरस्वरवर्णपदा रसभाववती जगन्मनो हरति।
सा किं तरुणी? नहि नहि वाणी बाणस्य मधुरशीलस्य।।

भोज ने बाणभट्ट को गद्य के साथ पद्य के गुंफन में भी समान दक्ष बताते हुए कहा है—

यादृग् गद्यविधौ बाणः, पद्यबन्धेऽपि तादृशः।

बाण की अलंकारशास्त्र में उपजीव्यता

सबसे बड़ी बात यह है कि वाल्मीकि, व्यास, कालिदास इन तीन कवियों के बाद बाणभट्ट ही ऐसे महाकवि हैं, जिन्होंने काव्यशास्त्र के लक्षणों को प्रभावित किया, तथा लक्षणों के परिष्कार व पुनर्निधारण के लिये आचार्यों को प्रेरित किया। रुद्रट आदि आचार्यों ने कथा और आख्यायिका के लक्षण बाण की गद्यकृतियों के आधार पर परिष्कृत किये। साहित्यदर्पणकार विश्वनाथ ने तो अपने रसविवेचन में करुणविप्रलंभ नामक एक रस का प्रकार ही बाणभट्ट के महाश्वेताप्रसंग से प्रेरित होकर परिकल्पित किया। वे कहते हैं कि प्रेमी युगल में युवा या युवती दोनों में से कोई एक इस लोक से प्रयाण कर जाये, और उसके प्रति प्रेम के कारण दूसरा उसकी चिरप्रतीक्षा करता रहे, तो यहाँ करुण रस और विप्रलंभ शृंगार दोनों से भिन्न एक अलग ही रस हो जाता है, और उनके अनुसार इसका उदाहरण कादंबरी का महाश्वेतावृत्तांत है। इस तरह बाण साहित्यशास्त्र के लिये एक उपजीव्य भी हैं।

बाणभट्ट का भारतीय साहित्य पर प्रभाव

बाणभट्ट के पश्चात् संस्कृत में बहुसंख्य गद्यकाव्य रचे गये, जिनमें से कुछ का परिचय आगे दिया जा रहा है। इन गद्यकाव्यों के रचयिताओं में कदाचित् ही कोई होगा, जो बाणभट्ट के सर्वातिशायी प्रभाव से अस्पृष्ट रह गया हो। त्रिविक्रमभट्ट के नलचंपू से आरंभ होने वाली चंपूकाव्य की परंपरा के विषय में भी यही बात सत्य है। यही नहीं बाण की कादंबरी भारतीय

साहित्य में कथा या उपन्यास का ऐसा मानदंड बन गई कि उसके अनुकरण पर अनेक रचनाएँ की गईं। संस्कृत में कादंबरी पर आधारित नाटक या महाकाव्य लिखे जाते रहे। जयंतभट्ट, क्षेमेंद्र, अभिनंद जैसे श्रेष्ठ रचनाकारों ने कादंबरी को आधार बनाकर काव्य लिखे। चौदहवीं शताब्दी में नृसिंह कवि ने कादंबरीकल्याण नामक नाटक कादंबरी को आधार बना कर लिखा।

टी०एस० इलियट कहते हैं कि किसी भी समकालीन रचनाकार को हम केवल उसकी रचना के संदर्भ में ही नहीं पढ़ते हैं, हम उसे पूर्ववर्ती रचनाकारों के संदर्भ में पढ़ते हैं, हम उसके साथ पूर्ववर्ती रचनाओं का भी पुन: पाठ करते हैं। कोई नई रचना कितना पुन: पाठ पहले की रचनाओं का करने के लिये हमें उकसाती है - यह उसकी शक्ति है। किसी भी नई रचना में अनेक अंश ऐसे हो सकते हैं, जिनमें प्राचीन काव्य अपनी अपनी अमरता का प्रख्यापन करता है।

हजारीप्रसाद द्विवेदी ने बाणभट्ट की आत्मकथा नामक अपने उपन्यास में बाण की कादंबरी व हर्षचरित के विविधप्रसंगों को सर्वथा नवीन दृष्टि के आलोक में ढालकर एक मौलिक उपन्यास की सृष्टि की है। केवल बाणभट्ट की कादम्बरी और हर्षचरित ही नहीं उन्होंने चण्डीशतक और बाणभट्ट के मार्मिक सुभाषितों को भी अपनी बाणभट्ट की आत्मकथा में फिर से रचा है। बाणभट्ट के पिता और पितामह के घर के वे वर्णन जहाँ 'शुक-सारिकाएँ भी विशुद्ध मंत्रोच्चारण कर लेती थीं, और मेरे पूर्वजों के विद्यार्थी उनसे डरते रहते थे। वे पग-पग पर उनके अशुद्ध पाठो को सुधार दिया करती थीं। यज्ञ धूम से धूमायित रहने वाले घर, जहाँ सरस्वती स्वयं आकर अपने पाणिपल्लवों से बाण के पिता के होमकालीन श्रमसीकरो को पोंछ दिया करती थीं' ये उनके उपन्यास में कादंबरी से आये हैं। कादंबरी का चांडालकन्या का वर्णन 'बाणभट्ट की आत्मकथा' में छोटे राजकुल की द्वाररक्षिणी के वर्णन में मिला लिया गया है। बाण के चांडालकन्या के वर्णन की छाया लेकर द्विवेदी जी अपनी नायिका का वर्णन यों करते हैं— 'वह एक जीवित नीलमणि की सुकुमार पुत्तलिका ही जान पड़ती थी। उसका सारा शरीर आगुल्फ लंबे नील कंचुक से ढका हुआ था और मस्तक पर लाल उत्तरीय बँधा हुआ था। पर इससे उसकी शोभा में लेश मात्र भी कमी नहीं आयी थी। अधिकांशत: वह संध्या के समय की लाल सूर्यकिरणों के द्वारा आच्छादित नीलकमल की वनस्थली की भाँति अधिक रमणीय हो गयी थी।' यहाँ एक एक शब्द कादंबरी से अनुप्राणित और प्रेरित है। जरद्द्रविणधार्मिक के वर्णन की प्रतिच्छवि से द्विवेदी जी के उपन्यास में दक्षिण के पुजारी का रचना की गयी है। कादंबरी के अच्छोद सरोवर का विशद चित्र और शूलपाणिसिद्धायतन की छवि भी यहाँ किंचित् हेर फेर के साथ उपस्थित है। द्विवेदीजी इन सबको ले कर भी इन में 'अन्यथाकरण' करते हैं। भट्टिनी वीणा बजाती हैं इस प्रसंग में बाणभट्ट की महाश्वेता साकार हो उठती हैं। सुचरिता के आख्यान में फिर महाश्वेता की कथा पिरो देते हैं। बाणभट्ट की महाश्वेता के प्रति दुर्निवार आस्था हजारीप्रसाद जी के भीतर है। महाश्वेता ही भट्टिणी, सुचरिता और निउनिया के रूपांतरों में यहाँ प्रकट हुई है।

दंडी

संस्कृतगद्यकारों में दंडी का विशिष्ट स्थान है। अपने गद्यबंध की अपूर्वता के कारण उन्हें कविपरम्परा में सर्वोच्च पद पर स्थापित किया गया है। कहा भी गया है—

जाते जगति वाल्मीकौ कविरित्यभिधाऽभवत्।
कवी इति ततो व्यासे कवयस्त्वयि दण्डिनि।।

(अर्थात् संसार में वाल्मीकि के अवतरण होने पर ही कवि यह संज्ञा प्रचलन में आयी, व्यास के होने पर कवी (दो कवि) यह प्रयोग संभव हुआ तथा दंडी के होने पर कवयः (तीन या अनेक कवि) यह प्रयोग संभव हो सका।

दंडी के सम्बन्ध में कवि-परम्परा में किवदंती है कि एक बार कवियों में विवाद हुआ कि उनमें कौन श्रेष्ठ है। दंडी ने अपना निर्णायक भगवती को बनाया। भगवती के मंदिर में कवियों ने अपनी-अपनी रचना रख दी और मंदिर के कपाट बंद कर दिये गये। कुछ समय के पश्चात् मंदिर से यह स्वर गूँजा-''कविर्दण्डी कविर्दण्डी कविर्दण्डी न संशयः।'- अर्थात् कवि तो केवल दंडी हैं- इसमें संदेह नहीं।

वंश, देश तथा रचनाकाल- दंडी पल्लव राजा महेंद्रविक्रम वर्मन् के समकालीन थे, तथा पल्लव राजा नरसिंहवर्मन् (६३०-६८ई.) के आश्रय में रहे। उनके दशकुमारचरित का मंगलपद्य आठवीं शताब्दी के अमरावती में उत्कीर्ण एक पल्लव शिलालेख में उद्धृत है।[२४] कर्नाटक के ११२८ ई० में उत्कीर्ण एक शिलालेख में श्रीवर्धनदेव नामक कवि तथा जैन दार्शनिक अकलंक का उल्लेख आया है। इन दोनों का समय सातवीं शताब्दी है। इस शिलालेख में यह भी कहा गया है कि दंडी ने श्रीवर्धन देव की प्रशस्ति में यह पद्य लिखा था—

जह्नोः कन्यां जटाग्रेण बभार परमेश्वरः।
वर्धनदेव सन्धत्से जिह्वाग्रेण सरस्वतीम्।।

इस उल्लेख से भी दंडी का समय सातवीं शताब्दी के लगभग प्रमाणित होता है।[२५] काव्यादर्श में संख्यात नामक प्रहेलिका के उदाहरण में उन्होंने कांची में पल्लवों से सम्बन्ध का संकेत दिया है। अन्यत्र काव्यादर्श में राजवर्मन् नामक राजा का उल्लेख है, जिसे कांची के शासक नरहरिवर्मन् द्वितीय (६८०-७२२ ई०) से अभिन्न माना गया है, जबकि बलदेव उपाध्याय इसे नरसिंह वर्मा (६९०-७१५ई०) से अभिन्न मानते हैं।

काव्यादर्श में दंडी ने प्राचीन कवियों से पदावली लेकर उदाहरण निर्मित किये हैं।

प्रसादवत् प्रसिद्धार्थमिन्दोरिन्दीवरद्युति।
लक्ष्म लक्ष्मीं तनोतीति प्रतीतिसुभगं वचः।।

(काव्यादर्श, १.४५)

इस पद्य में 'सरसिजमनुविद्धं शैवलेनापि रम्यं, मलिनमपि हिमांशोर्लक्ष्म लक्ष्मीं तनोति – शाकुंतल में कालिदास की इस उक्ति की छाया है। इसीप्रकार—

या

चन्द्रे शरन्निशोत्तंसे कुन्दस्तवकविभ्रमे।
इन्द्रनीलनिभं लक्ष्म सन्दधात्यलिनः श्रियम्।।

(वही, १.५६)

अथवा -

अरत्नालोकसंहार्यमहार्यं सूर्यरश्मिभिः।
दृष्टिरोधकरं यूनां यौवनप्रभवं तमः।।

(वही, २.१९७)

इन पद्यों बाण की कादंबरी में शुकनासोपदेश के वाक्यों की छाया है। इससे दंडी कालिदास और बाण दोनों से परवर्ती हैं — यह प्रमाणित होता है। अपनी अवंतिसुंदरीकथा में दंडी ने बाण की कांदबरी का नामोल्लेख भी किया है।

दंडी ने अपनी अवंतिसुंदरी कथा में अपना परिचय दिया है। उसके अनुसार उनके पूर्वज कौशिक गोत्र में उत्पन्न हुए थे, तथा अचलपुर (गुजरात) उनका मूल स्थान था। वहाँ से उनका कोई पूर्वपुरुष नासिक्य देश के मूलदेव के द्वारा स्थापित अचलपुर में जा बसा। दंडी के प्रपितामह भारवि के मित्र दामोदर थे।[२६] भारवि की सहायता से उन्हें चालुक्यनरेश विष्णुवर्धन की सभा में प्रवेश मिला था। दामोदर ने राजा का साथ देने के लिये उनकी संगत में एक बार मांस भक्षण कर लिया। उसके प्रायश्चित्त के लिये वे तीर्थाटन पर निकल गये। यात्रा के प्रसंग में उनकी भेंट कांची के पल्लव राजा सिंहविष्णु से हुई। सिंहविष्णु ने दामोदर का बड़ा सम्मान किया तथा एक ग्राम उन्हें उपहार में प्रदान किया। दामोदर स्वयं सुकवि थे। उन्होंने गंधमादन नामक काव्य तथा अलंकारशास्त्र पर एक ग्रंथ लिखा था। उनके तीन पुत्र हुए – सिंहविष्णु, मनोरथ तथा अतिलोल। द्वितीय पुत्र मनोरथ के चार पुत्र हुए। उनमें से वीरदत्त का विवाह माठर गोत्र की कन्या गौरी के साथ हुआ। दंडी इन्हीं वीरदत्त तथा गौरी की संतान थे। था। दंडी का जन्म अनेक पुत्रियों के पश्चात् हुआ था। वे अपने पिता की संतानों में सबसे छोटे थे। सात वर्ष की अवस्था में उनका उपनयन हुआ तथा उन्होंने विद्यारम्भ किया। पर बाल्यकाल में ही इनके पिता की मृत्यु हो गयी, उसके साथ ही कांची पर शत्रु राजा ने आक्रमण कर दिया। अतः दंडी को वहाँ से भागना पड़ा। बाण की भाँति ही विभिन्न स्थानों पर भ्रमण करते हुए तथा अनेक गुरुकुलों में अध्ययन करते हुए कुछ वर्ष पश्चात् वे पुनः कांची लौटे। इस आधार पर दंडी का समय ७०० ई० के आसपास सिद्ध होता है।

बाण की भाँति दंडी ने भी अपनी मित्रमंडली का विवरण यहाँ दिया है। उनके मित्रों में मांधाता का पुत्र ललितालय एक स्थपति था, जो छह प्रकार के प्रासादों तथा तरह तरह के यंत्रों

का निर्माण करने में निपुण था। मांधाता के विषय में तो दंडी यह भी कहते हैं कि वे यंत्रनिर्माण में यवनों (ग्रीस देश के वैज्ञानिकों) से भी आगे थे। ललितादित्य स्थित, चल, धारा, दीप, ज्वर तथा व्यामिश्र – इन छह प्रकार के यंत्रों की रचना कर लेता था। उसने एक ऐसे यंत्र का भी निर्माण किया था, जो एक साथ कई बाण छोड़ सकता था। उसने मामल्लपुरम् के मंदिर में विष्णु की भग्न प्रतिमा का टूटा हाथ बड़ी सफाई से वैसा का वैसा ही लगा दिया था। उसने द्रमिळ भाषा (तमिल) में शूद्रककथा की रचना की थी। अपने द्वारा जीर्णोद्धार कर के नवीकृत प्रतिमा को देखने के लिये ललितादित्य ने दंडी को मामल्लपुरम् आमंत्रित किया था।

रचनाएँ

पारम्परिक मान्यता है कि दंडी की तीन रचनाएँ साहित्य-संसार में प्रसिद्ध रही हैं—

त्रयोऽग्नयस्त्रयो वेदोस्त्रयो देवास्त्रयो गुणाः।
त्रयो दण्डिप्रबन्धाश्च त्रिषु लोकेषु विश्रुताः।।

इन तीन रचनाओं में से दो रचनाएँ तो अवंतिसुंदरकथा नामक गद्यकाव्य तथा काव्यशास्त्र का सुपरिचित ग्रंथ काव्यादर्श हैं। तीसरी रचना कौन सी थी- इसके विषय में इस समय विद्वानों में अलग-अलग मत हैं। कुछ विद्वान् 'छन्दोवीचितिः' नामक छंदःशास्त्र के ग्रंथ को, कुछ काव्यादर्श में उल्लिखित कालपरिच्छेद नामक कालविषयक ग्रंथ को तो कुछ मृच्छकटिक को दंडी की रचना मानते हैं। १९२४ ई॰ में अवंतिसुंदरीकथा नाम से एक गद्यकाव्य की हस्तलिखित प्रति प्राप्त हुई। इसमें ग्रंथकार का नामोल्लेख नहीं हैं, पर अंतरंग प्रमाणों के आधार पर यह दंडी की ही रचना मानी गयी। ए०के० वार्डर के अनुसार दशकुमारचरित भ्रांति से दिया गया नाम है, वे अवंतिसुंदरीकथा को इसके साथ मिला कर एक ही प्रबंध मानते हैं। कथा के रूप में कथित दशकुमारचरित सहित अवंतिसुंदरी की वार्डर ने कादंबरी से तुलना भी की है। वस्तुतः अवंतिसुंदरीकथा में मंदाकिनी अग्निरथ तथा राजवाहन को अपने भव्यप्रासाद में लेजाकर जो आपबीती सुनाती है, उसमें कादंबरी की कथा भी समाहित कर ली गई है। साथ ही इसमें चंद्रापीड के द्वारा कादंबरी के स्वयंवर में सम्मिलित होने, कादंबरी का उसका वरण करने व प्रतिपक्षी राजाओं से युद्ध का वृत्तांत जोड़ दिया गया है, जो बाण या उनके पुत्र के द्वारा रचित की कादंबरी से भिन्न है।[२७]

दंडी की तीसरी रचना पर वार्डर का मत है कि एक द्विसंधान काव्य था, जिसमें महाभारत पर रामायण की कथा श्लिष्ट रूप में निबद्ध थी।[२८] भोज ने शृंगारप्रकाश में इस काव्य के उल्लेख के साथ दंडी की द्विसंधाननिपुणता की सराहना की है।

तेरहवीं शताब्दी में तेलगु में केतन नामक कवि ने दंडी की आख्यायिका का सार निर्मित किया। इस के आधार पर दशकुमारचरित मूल रूप में अलग अलग राजकुमारों के चरितों में विभाजित न होकर एक कथा के रूप में था।

अवंतिसुंदरीकथा

नामसंग्रहमालाकार अप्पयदीक्षित ने एक प्रयोग के उदाहरण में कहा है - 'इत्यवन्तिसुन्दरीये दण्डिप्रयोगात्।' इससे स्पष्ट है कि वे अवंतिसुंदरीकथा का प्रणेता दंडी को मानते हैं। अवंतिसुंदरीकथा में दशकुमारचरित की पूर्वपीठिका का वृत्तांत समाविष्ट है, अतः दंडी अवंतिसुंदरी के प्रणेता है, तो पूरा दशकुमारचरित उनकी रचना नहीं हो सकती। वस्तुतः दशकुमारचरित की पूर्वपीठिका अवंतिसुंदरी कथा का परवर्ती किसी कवि के द्वारा किया गया संक्षिप्त रूपांतर है।

अवंतिसुंदरीकथा में राजहंस का वृत्तांत दशकुमारचरित में दिये गये वृत्तांत का मूलरूप है। राजहंस के द्वारा मालवा के राजा मानसार को पराजित करना, मानसार की तपस्या, शिव से वरप्राप्ति, तथा उसके प्रभाव से राजहंस को हराना, राजहंस का विंध्यवन में आश्रय लेना – ये सब घटनाएँ दशकुमारचरित में अवंतिसुंदरीकथा के अनुसार वर्णित हैं।

आरंभ में उपोद्घात पद्यों में दंडी ने वाल्मीकि, व्यास आदि कवियों की स्तुति की है। वाल्मीकि के विषय में कहा है – हृद्यो रामायणं नाम यन्मुखान्मधुनिर्झरः। व्यास की प्रशस्ति में वे कहते हैं —

मर्त्ययन्त्रेषु चैतन्यं महाभारतविद्यया।
अर्पयामास यत्पूर्वं यस्तस्मै मुनये नमः।

सुबंधु को बिंदुसार के द्वारा बंदी बनाने तथा वासवदत्ता और उदयन की कथा पर उनके द्वारा विरचित नाटक का भी संकेत दंडी ने इन आरंभिक पद्यों में किया है। भास, सर्वसेन, कालिदास, नारायण, बाण, मयूर, भारवि आदि कवियों पर भी उन्होंने गहन समीक्षादृष्टि के साथ प्रशस्तियाँ निबद्ध की हैं।

कथा का प्रारंभ कांची नगरी के विशद विस्तृत वर्णन से होता है। कांची नगरी के वैशिष्ट्य का समाहार करते हुए अंत में वे कहते हैं—

> **...उन्मीयमाना सारलाघवादिवोपर्यभ्रमदमरावती। यस्यां च भौमसुधासमुचिता दिव्यसुधास्वादलालसा इव रजनीषु रजनीकरमुल्लिहन्ति लोलध्वजदुकूलजालरसनाः प्रासादपङ्क्तयः। यस्यां च मञ्जुवाचां कुञ्चितकेशपक्षच्छायातर्जितानि त्रासादिव सततमाक्रन्दन्त्युत्तंसमधुकरकुलानि। लीलाकटाक्षलङ्घितानि शोकादिवाश्यानमलिमानं दर्शयन्ति श्रवणेन्दीवराणि। स्मितचन्द्राणि विहसितानि वैलक्ष्यादिव कुण्डलितान्यावृत्तश्रवणं शेरते दन्तपत्राणि। (पृ० ६)**

(उस कांची नगरी के आगे हल्की होने के कारण ऊपर ले जाई गई अमरावती ऊपर ऊपर ही घूम रही थी। जिस नगरी में भौम (भूमिसंबंधी) सुधा (चूने) से पुतीं स्वर्ग की सुधा की

लालसा वाली प्रासादपंक्तियाँ रातों में फहराती पताकाओं के दुकूलजाल की जिह्वाओं से चंद्रमा को चाटती लगतीं। जिसमें मंजुवाणी वाली सुंदरियों के उत्तंस (कानों के कुंडल, शिरोभूषण) रूपी भौरों के समूह कुंचित केशपक्षों की कांति से डपटे गये मानों डर के मारे लगातार क्रंदन करते रहते थे। श्रवण (कान) रूपी नीलकमल लीलाकटाक्षों से लांघे गये शोक के कारण सघन मलिन दिखाई पड़ते थे। मुस्कान रूपी चंद्रमा से युक्त हँसते हुए दंतपत्र (कर्णाभूषण) लज्जा से कुंडलित होकर कानों को घेर कर सो गये से लगते थे।)

कांची नगरी के वर्णन के पश्चात् वहाँ के पल्लव शासकों का वर्णन कथाकार ने किया है, इसी क्रम में गांगेयकुलध्वज दुर्विनीत नामक राजा तथा दामोदर के भव्य व्यक्तित्व का वर्णन है। फिर दंडी बताते हैं कि इन्हीं दामोदर के सिंहविष्णु, मनोरथ और अतिलोल ये तीन पुत्र हुए। इनमें से मध्यम मनोरथ के वीरदत्त आदि नामक पुत्रों के जन्म का वर्णन है। वीरदत्त का गौरी से विवाह और दंडी नामक पुत्र के जन्म का फिर वर्णन किया गया है। ललितालय से अपनी मित्रता का प्रसंग दंडी ने रोचक रूप में निरूपित किया है, तथा ललितालय को द्रविडभाषा के ग्रंथकार के रूप में भी स्मरण किया है। मातृदत्त, रामशर्मा आदि अपने मित्रों की मंडली का विवरण वे देते हैं। सरस्वती स्वप्न में प्रकट होकर उन्हें राजवाहन और अवंति सुंदरी की कथा लिखने का आदेश देती हैं। दंडी मगध के वर्णन से कथा का आरंभ करते हैं, मगध के नागरिकों के विषय में कहते हैं -

> **यस्मिंश्च पौरा न मधुपायिनो दानरुचयश्च न कृशानुगामिनः प्रकटितभूतयश्च, न भङ्गुरभोगवृत्तयो भोगिनश्च, न बहुभाषिणो बृहत्कथाव्यसनिनश्च, न जलाशयाः सेतुबन्धलग्नाश्च, न प्रमदस्पृशः कादम्बररसवितृष्णाश्च, न सुरद्विषः काव्यदर्शनाभिरक्ताश्च, न मन्त्रदृष्टयः समन्दाक्षाश्च, विश्रुतबहुश्रुताश्च रामायणविदो रामाशुभापातानभिज्ञाश्च, दृष्टमहाभारता भीमगदाभिघात-वार्तामुग्धाश्च प्रमाणविदश्छलव्यवहारापण्डिताश्च, सर्वविरोधैकातनमधिवसन्तो निर्विरोधरमणीयमभ्यस्यमानपुण्यकर्माणः प्रतिवसन्ति।**

(वे मधुपायी (भौरे, मद्यपान करने वाले) नहीं थे, पर दानरुचि (हाथी के मदजल में रुचि रखने वाले, दान में रुचि रखने वाले) थे। वे कृशानुगामी (अग्नि में जलने वाले, दरिद्र का अनुगमन करने वाले) नहीं थे, पर प्रकटितभूति (राख को प्रकट करने वाले, वैभव को प्रकट करने वाले) थे। भंगुर भोग (साँप का फन, विषयों का उपभोग) वाले नहीं थे, पर भोगी (साँप, भोग करने वाले) थे। बहुभाषी (बहुत बोलने वाले, कई भाषाएँ जानने वाले) नहीं थे, पर बृहत्कथा (लंबी बातचीत, गुणाढ्य का ग्रंथ) के व्यसनी थे। जलाशय (सरोवर, जल में आशय रखने वाले) नहीं थे, पर सेतुबन्ध (पुल, प्रवरसेन का प्राकृत महाकाव्य) में लगे रहते थे। प्रमद (नशे, स्त्री) का स्पर्श करने वाले थे, पर कादम्बररस (मदिरा) से वितृष्ण थे, वे सुरों के द्वेषी

नहीं थे, पर काव्यदर्शन (शुक्राचार्य को देखने, काव्य या नाटक के अवलोकन) में अभिरक्त थे। मन्त्रदृष्टि वाले नहीं थे, पर समन्दाक्ष थे, विश्रुत (विगत श्रुति वाले, प्रख्यात) होते हुए भी बहुश्रुत थे, रामायणविद् थे, पर रामाओं के अशुभ आचरण से अनभिज्ञ थे। दृष्टमहाभारत (महाभारत का अध्ययन कर चुके) थे, पर भीमगदा (भीम की गदा, भयंकर गदा) के अभिघात की वार्ता से अनजान थे। प्रमाण (न्यायशास्त्र) के जानकार थे, पर छलव्यवहार (न्याय में वर्णित षोडशपदार्थों में एक कोटि छल, छलकपट) में अपण्डित थे। सर्वविरोधैकायतन (सब तरह के विरोध के एक आयतन) में रहते हुए भी निर्विरोध रूप से रमणीय पुण्य कर्मों का अभ्यास करने वाले ऐसे पुरवासी जन उस जनपद में रहते थे।

इसके आगे मगध देश के राजा राजहंस और उसके मंत्रियों तथा रानी का वर्णन है। राजहंस की रानियों के साथ जलक्रीडा का बड़ा विशद और विस्तृत वर्णन दंडी ने किया है। फिर मालवनरेश मानसार से राजहंस के विग्रह और अपशकुन के प्रसंग विस्तारित है, तदन्तर युद्ध का। मगधराज राजहंस की पराजय के पश्चात् राजमहिषी की करुणदशा का वर्णन हृदयद्रावक है।

अवंतिसुंदरीकथा अलंकृतगद्य का उत्कृष्ट उदाहरण प्रस्तुत करती है। इसमें सारे पात्र दशकुमारचरित के ही हैं। लक्ष्मीवर्णन में बाण के शुकनासोपदेश की छाया देखी जा सकती है। उदाहरणार्थ—

> **विदितमेव खलु वेदितव्यस्य यथेमाः प्रतिपदसुलभान्तराया दुर्योधनसाधनसमवायाश्च सम्पत्तयः। प्रार्थ्यमाना दुरवापा, समाराध्यमाना दुःखशीला, रक्ष्यमाणा प्रपलायिनी च लक्ष्मीः। प्रत्यक्षमेव चास्याश्चापलम्। एषा खलु देवस्य पितृपैतामहसंवर्धितापि रिपुषड्वर्गसम्बाधमुक्तचित्तेन सुचिरलालितापि प्रवीरकरदण्डमण्डलीकृतप्रचण्डचाप- चक्रटङ्कारमुखरितेषु समरेषु शरीरं जीवितमनपेक्ष्य रक्षितापि, यथेष्टलाभसंवर्धिता तुष्टद्विजवराशीर्वादनन्दितापि नित्याराधनप्रसन्नकुलदेवताधिष्ठानापि नित्योद्युक्तविद्याधरसमाजास्त्रग्राह्यमाणविनयापि चतुरुदधिवलयमध्यवर्तिसकलनरपतिकुलविरचिताञ्जलि- कमलवनविहारमानितमनोरथापि, स्वभावदोषेण दुर्मतिरपरिचिता जीवत्येव तस्मिन्नरिजीवितलोहखड्गजिह्वे महाहिभोगभीषणेसङ्ग्रामे तस्यामिन्दुकरदलितकुमुदकुड्मलोदरदलावदातायाम्। अपि चेयं पतङ्गरथमयीव भुजङ्गभोगिनी मुहूर्तमप्यविश्रम्य परिभ्रमति। उपनतापि दैवादुरसि प्रमदमूर्च्छितेव हठान्निष्पति।**

विरोध और श्लेष अलंकारों के प्रयोग का पांडित्य दंडी ने बाण की भाँति इस पूरी कथा में निरंतर प्रदर्शित किया है। पांचाली रीति में अपनी पटुता दंडी ने वर्णनों में प्रदर्शित की है। विकटाक्षर बंध व दीर्घसमासों के साथ श्लेष व परिसंख्या के प्रयोग करते हुए वे वर्ण्य का वितान रचते हैं, तो सरल वाक्यों के द्वारा भी उसकी छवि मूर्त करते हैं।

दंडी व्यास और समास दोनों प्रकार की शैलियों का प्रयोग करते हैं। जटिल गाढ़बंध वाली वाक्यावलियाँ भी वे रचते हैं और छोटे छोटे वाक्यों का रम्य विन्यास भी करते हैं। उनकी सूक्तियाँ बड़ी रंजक हैं। जैसे

प्रतिपदसुलभान्तराया दुर्योधनसाधनसमवायाश्च सम्पत्तयः।
प्रार्थ्यमानदुरवापा समाराध्यमानदुःखशीला रक्ष्यमाणप्रपलायिनी च लक्ष्मीः।।

अवंतिसुंदरीकथा संस्कृतगद्यकाव्यों की मणिमाला का अनूठा रत्न है। दुर्भाग्य से यह अपूर्ण या त्रुटित पाठ में प्राप्त है।

दशकुमारचरित

ऐसा प्रतीत होता है कि सम्पूर्ण दशकुमारचरित दंडी का लिखा हुआ नहीं है, तथा इसका बड़ा अंश किसी परवर्ती कवि की रचना है। भ्रमवश यह संपूर्ण कृति दंडी के नाम से उल्लिखित होती रही है। वर्तमान में जिस रूप में यह ग्रंथ प्राप्त है, उसमें तीन भाग हैं- पूर्वपीठिका-इसमें पाँच उच्छ्‌वास है। (२) मुख्य ग्रंथ या मध्य भाग- इसमें आठ उच्छ्‌वास हैं। (३) उत्तरपीठिका या उपसंहार। इसमें से मध्य भाग ही दंडी का रचा हुआ माना जाता है। संभवतः दंडी ने जिस रूप में दशकुमारचरित लिखा था, उसमें से आरम्भ और अंत के अंश कालकवलित हो जाने से अनेक कवियों ने इसकी लोकप्रियता देखकर इसकी पूर्ति का प्रयास किया। भट्टनारायण, विनायक, चक्रपाणि तथा गोपीनाथ- ये चार नाम इसमें परिवर्धन या पूर्ति करने वाले कवियों के प्राप्त होते हैं।

कथानक

दशकुमारचरित के नाम से स्पष्ट है कि इसमें दस राजकुमार की कथाएँ हैं। इन कथाओं की पीठिका में बताया गया है कि मगध के राजा राजहंस ने मालवनरेश मानसार से पराजित होकर अपनी रानी वसुमती के साथ विंध्य के वनों में आश्रय लिया। वहाँ वसुमती ने राजवाहन को जन्म दिया। राजवाहन के नौ मित्र थे, उनमें से सात तो राजा राजहंस के विभिन्न मंत्रियों के पुत्र थे तथा शेष दो मिथिला के राजा प्रहार वर्मा के बेटे थे। दसों कुमारों की शिक्षा-दीक्षा एक साथ हुई। फिर ये दसों युवा होने पर दिग्विजय के लिए निकल पड़े। अपने-अपने अभियान में एक-दूसरे से अलग-अलग हो गये। फिर अनेक प्रकार के अनुभव प्राप्त करते हुए तथा विविध साहसिक कार्य सम्पादित कर एक-एक करके वे राजवाहन से मिलते गये और राजवाहन के कहने पर उन्होंने आपबीती उसे सुनाई। ये आपबीतियाँ या राजकुमारों की आत्मकथाएँ ही दशकुमारचरित का मुख्य कलेवर हैं। पूर्वपीठिका के तृतीय और चतुर्थ उच्छ्‌वासों में सोमदत्त और पुष्पोद्भव का चरित है। पंचम उच्छ्‌वास में राजवाहन का मालवनरेश मानसार की पुत्री अवंतिसुंदरी से प्रणय तथा परिणय का वृत्तांत है। अवंतिसुंदरी का भाई

चंडवर्मा राजवाहन को बंदी बना लेता है और उसे चंपा नगरी पर आक्रमण में साथ ले जाता है। मध्यभाग में पहले उच्छ्वास तक राजवाहन की यह कथा चलती है। चंपाविजय का उत्सव चल रहा है। उसमें राजवाहन का मित्र अपहारवर्मा आक्रमण करके चंडवर्मा को मार डालता है, और फिर चंपा में ही बिछड़े हुए शेष मित्र एक-एक करके मिलते हैं। उत्तरपीठिका में ये सभी मिलकर राजवाहन के पिता राजहंस के पास जाते हैं। वे इन कुमारों को उनके द्वारा अपने अभियानों में जीते गये राज्यों का राजा बनाकर स्वयं वानप्रस्थ ले लेते हैं।

कथानक की विशेषताएँ

दंडी की इस रचना में लोककथाओं के अभिप्रायों का अनेकत्र रोचक रूप में प्रयोग किया गया है। उदाहरणार्थ- नायक का स्त्री के वेश में रहकर नायिका से मिलना, ब्रह्मराक्षस का प्रश्न पूछना, कापालिक के द्वारा नवयौवना कुमारी का बलि चढ़ाने के लिए अपहरण आदि। पर दंडी ने लोककथाओं को काव्यात्मकता और कल्पना के साथ रमणीय विन्यास दिया है। रोमांचक घटनाओं, रोचक प्रसंगों और साहसिक कार्यों के निरूपण के कारण दण्डी की यह रचना निरन्तर बाँधे रखती है।

अद्भुतरस की सृष्टि और कौतुक की अभिवृद्धि में दंडी अप्रतिम हैं। आकस्मिकता उनके निरूपण का विशेष गुण है। रचना का आरम्भ ही राजहंस पर सहसा आयी घनघोर विपत्ति से होता है। फिर एक-एक करके उसके सहायक बिछुड़ते जाते हैं, और उसी तरह अप्रत्याशित रूप से उसे खोये हुए कुमार मिलते भी जाते हैं। ये कुमार भी बड़े होकर अभियान पर निकलते हैं, तो बिछुड़ जाते हैं, और फिर सहसा इनकी भेंट परस्पर होती है। हम उनके कथाजगत् में रमे हुए अनेक स्थलों पर साँस बाँधे रह जाते हैं, कथा अचानक अप्रत्याशित रूप से सर्वथा भिन्न दिशा में मुड़ जाती है। आश्चर्य और भय के साथ-साथ असाधारण पराक्रम और साहस का चित्रण रोंगटे खड़े कर देने वाला है। शृंगार के साथ हास्य, उपहास या व्यंग्य का जो पुट दशकुमारचरित में मिलता है, वह अन्यत्र दुर्लभ ही है।

कथानक के भीतर दूसरा कथानक तथा अवांतर कथाओं के कहीं-कहीं समायोजन ने दशकुमारचरित की मूल कथा को और आकर्षक बना दिया है। अपहारवर्मा के वृत्तांत में गणिका काममंजरी की कथा अनिवार्य रूप से जुड़ी हुई है, पर वह स्वतंत्र कहानी का भी आनन्द देती है। इसी प्रकार मित्रगुप्त की कथा में धूमिनी, गोमिनी और निम्बवती की कहानियाँ स्वतंत्र रूप से प्रचलित लोककथाओं का आस्वाद देती हैं। दंडी ने लोककथाओं के अनमोल खजाने का बड़ा रचनात्मक उपयोग करते हुए उसे कल्पना और काव्यात्मकता से उद्दीप्त कर दिया है।

विधा

दशकुमारचरित को कथा माना जाये या आख्यायिका? इसमें कथानक पूरा कल्पित है,

जबकि आख्यायिका में कथानक ऐतिहासिक होता है। कथा को उच्छ्वासों में विभक्त नहीं किया जाता, जबकि दशकुमाचरित उच्छ्वासों में विभक्त है। कथा में कवि स्वयं प्रसंग का वर्णन करता है, नायक अपना चरित नहीं सुनाता, दशकुमारचरित में कई नायक अपना-अपना वृत्तांत सुनाते हैं। कथा में वक्त्र तथा अपरवक्त्र छंदों का प्रयोग होता है, दशकुमारचरित में कहीं-कहीं आर्या छंद प्रयुक्त है। वस्तुत: दशकुमारचरित पर कुछ लक्षण कथा के घटित होते हैं और कुछ आख्यायिका के। दंडी ने अपने काव्यादर्श में कथा और आख्यायिका को अलग अलग स्वतंत्र विधाएँ मानने का विरोध किया था, उसे उन्होंने अवंतिसुंदरीकथा या कथित दशकुमारचरित के माध्यम से सत्यापित कर दिया है

वर्णनकला

कथानक की रोचकता की दृष्टि से दशकुमारचरित अत्यन्त आकर्षक रचना है। परवर्ती महाकाव्यों, अथवा बाण या सुबंधु के गद्यकाव्यों की भाँति लम्बे-लम्बे वर्णनों से कथा की गति इसमें बाधित नहीं हुई है। तथापि निसर्ग या प्रकृति के चित्रण तथा मानवसौन्दर्य के द्वारा दंडी ने अपनी रचना की रसमयता को समृद्ध बनाया है। पूर्वपीठिका के प्रथम उच्छ्वास में रानी वसुमती का संक्षिप्त सौंदर्य वर्णन प्रभावशाली रूप में हुआ है, इसी प्रकार पाँचवें उच्छ्वास का वसंतवर्णन उल्लेखनीय है। दंडी की लेखनी यथार्थपरक वर्णनों में विशेष दक्ष है। द्वितीय उच्छ्वास में राजकुमारी का सौन्दर्यवर्णन तथा षष्ठ उच्छ्वास में गोमिनी के रूप का चित्रण भी आकर्षक है। तृतीय उच्छ्वास में सूर्योदय का वर्णन प्रकृतिसौन्दर्य की निराली छटा उकेरता है। छठे उच्छ्वास में त्रिगर्त जनपद के अकाल का वर्णन अथवा आठवें उच्छ्वास का चित्रण इसके मार्मिक उदाहरण हैं।

यथार्थ दृष्टि

दशकुमारचरित अत्यन्त निर्ममता के साथ दंडी के समय के यथार्थ का चित्रण प्रस्तुत करता है। मृच्छकटिक जैसी इनी-गिनी रचनाओं को छोड़कर साहित्य में सामाजिक यथार्थ और भौतिक संसार का इस प्रकार हूबहू चित्र उकेरने वाला अन्य कोई प्रबन्ध नहीं है। यह जुआरियों, धूर्तों, ठगों, क्रूर और दुष्ट लोगों तथा अवैध प्रेम में लिप्त प्रेमियों के दुस्साहस और प्रवंचनाओं की क्रूर कथा है, कई स्थानों पर तो करुणा और मानवीय मूल्यों के क्षरण की जैसे स्वयं प्रबन्धकार भी उपेक्षा करता रहता है। पश्चिमी विद्वानों ने दशकुमाचरित को 'धूर्तों का रोमांस 'कहा है, जो उचित ही है। रचनाकार की व्यंग्यपरक दृष्टि सर्वत्र इस ग्रंथ में प्रतिफलित है। पहली कथा अपहारवर्मा के वृत्तांत में ही अपहारवर्मा जुआरियों के बीच रहता है, चोरी करता है तथा चंपा के कंजूस श्रेष्ठियों का धन चुरा-चुरा कर उन्हें संसार की नश्वरता का पाठ सिखाता है। इसी वृत्तांत में गणिका काममंजरी की धूर्तता का प्रसंग चकित कर देने वाला है। दशकुमारचरित के नायक अपने प्रयोजन की सिद्धि के लिए छल, कपट और हत्या करने में

नहीं हिचकिचाते। प्रमति नामक कुमार तो अपनी प्रेमिका से मिलने के लिए स्त्री का वेष धारण करके रनिवास में जा घुसता है। इसी कहानी में कुक्कुटों (मुर्गों) की लड़ाई रोचक वर्णन है। गोमिनी की कथा में तो उस समय की घर-गृहस्थी का संसार ही दंडी ने छोटी-छोटी वस्तुओं का विवरण देते हुए मूर्त कर दिया है।

चरित्रचित्रण की दृष्टि से भी दशकुमारचरित अनूठी कृति है। इसके मुख्य पात्र भावनाओं में बहने वाले या पदे-पदे विलाप करने वाले धीरोदत्त नायक नहीं हैं, वे तो हर प्रकार के ऊँच-नीच काम करके प्रयोजन सिद्ध करने वाले तथा विकट बुद्धिमत्ता या चालाकी का परिचय देने वाले नवयुवक हैं। दंडी मनुष्य के मनोविज्ञान के गहरे पारखी हैं। अपने पति विदेहराज विकटवर्मा को छोड़कर उपहारवर्मा के सौन्दर्य पर मुग्ध होकर पति के साथ विश्वासघात करने वाली कल्पसुंदरी (तृतीय उच्छ्वास), दुःख में सहायता करने वाले अपने सज्जन पति को त्यागकर लूले-लँगड़े व्यक्ति से प्रणय निवेदन करने वाली धूमिनी, धूर्त नागरिक कलहकंटक के चंगुल में आकर अपना शील गँवाने वाली भोली-भाली निम्बवती- इन स्त्री-चरित्रों के प्रस्तुतीकरण में उन्होंने मनुष्य के मनोविज्ञान की बारीकियाँ और जटिलताएँ गहराई से प्रकट की हैं।

गद्यशैली

गद्य में पदलालित्य दंडी की सबसे बड़ी विशेषता मानी गयी है। दंडी कुंतक के द्वारा निरूपित सुकुमार मार्ग के सफल यात्री हैं। अनुप्रास तथा नादसौन्दर्य के निर्वाह में उन्होंने असाधारण कौशल का परिचय दिया है। सातवें उच्छ्वास में मंत्रगुप्त प्रेयसी के अनियंत्रित समागम के कारण ओठों के क्षत हो जाने से ओष्ठ्य वर्णों के प्रयोग के बिना अपना वृत्तांत सुनाता है, वहाँ से सुंदर से सुंदर निरोष्ठ्य वर्णों का विन्यास चकित कर देने वाला है। उदाहरणार्थ—

तस्या नात्यासन्ने सलिलराशिसदृशस्य कलहंसगणदलितनलिनदल-संहतिगलितकिञ्जल्कसकलशारस्य सारसश्रेणिशेखरस्य सरस्तीरकानने कृतनिकेतनः स्थितः।

दंडी की रचना चूर्णक श्रेणी के गद्य का उत्कृष्ट उदाहरण है। लयात्मकता इसका प्राण है। पदविन्यास की विलक्षणता के द्वारा दंडी वाक्यावली के आवर्त, तरंगें और वीचियाँ बनाते हुए कथाप्रवाह को मनोहारी गति से आगे बढ़ाते हैं। इसके लिए कहीं वे यमक का प्रयोग करते हैं, तो कहीं अनुप्रास के विभिन्न प्रकारों का। उदाहरणार्थ-

(१) घनदर्पकन्दर्पसौन्दर्यसोदर्यहृद्यनिरवद्यरूपो भूपो बभूव।

(२) कुमारा माराभिरामा रामाद्यपौरुषा रुषा भस्मीकृतारयो रयोपहसितसमीरणा रणाभियानेन यानेनाभ्युदयाशंसं राजानमकार्षुः; तेषु जीवत्सु न ववर्ष वर्षाणि द्वादश दशशताक्षः।

(३) निजनिलयनिलीननिःशेषजने नितान्तशीते निशीथे-इत्यादि।

संदेश

दंडी ने समाज के घिनौने पक्ष को बिना हिचक के साफ-साफ कह दिया है। धोखाधड़ी तथा कामुक प्रवृत्तियों का जैसा लेखा-जोखा उन्होंने दिया है, वह क्षेमेंद्र की रचनाओं को छोड़कर अन्यत्र कदाचित् ही मिले। पर दंडी स्वयं अनैतिकता का समर्थन करते हों, ऐसी बात नहीं है। वस्तुतः दशकुमारचरित अर्थ पुरुषार्थ का निरूपण करता है। काम और धर्म का भी प्रसंगतः उसमें निरूपण हुआ है। उसे हम पौरुष और कर्मठता की प्रेरणाप्रद कथा कह सकते हैं। दंडी का प्रतिज्ञाक्य है- अवज्ञासौदर्यं दारिद्र्यम्- दरिद्र दुत्कारा जाता है। वे मनुष्यता को अपनी दरिद्रता दूर कर भौतिक दृष्टि से सम्पन्न बनाना चाहते हैं। 'अर्थो हि नाम महात्मनामनुच्छिन्नसन्ततिर्यशःप्रवाहः; अर्थमूला हि दण्डविशिष्टकर्मारम्भाः' - आदि कथनों में जीवन में भौतिक आधार की अपेक्षा को उन्होंने रेखांकित करते हुए अपने नायकों के चरित के द्वारा उसे बहुत प्रभावशाली रूप में सत्यापित भी किया है।

सूक्तियाँ

दंडी के गद्य में सूक्तिवचन उनके चिंतन के सार को समाहित करके प्रस्तुत किये गये हैं। उदाहरणार्थ—

न धर्मस्तत्त्वदर्शिनां विषयोपभोगेनोपरुध्यत इति।

(तत्त्वदर्शियों का धर्म विषयोपभोग से बाधित नहीं होता।)

धर्मादृतेऽर्थकामयोरनुत्पत्तिरेव।

(धर्म के बिना अर्थ और काम उत्पन्न ही नहीं हो सकते।)

नान्यत्पापिष्ठतममात्मत्यागात्।

(आत्महनन से बढ़कर ओर कोई पाप नहीं है।)

श्रेयांसि च सकलान्यनलसानां हस्ते नित्यसांनिध्यानि। (अनलस या सक्रिय लोगों के हाथ में सारे कल्याण नित्य सान्निध्य करते हैं।)

जीवितं हि नाम जन्मवतां चतुःपञ्चाप्यहानि। (जन्म लेने वाले सभी का जीवन चार या पाँच दिन का ही है।)

पठन्तश्चापठद्भिरतिसन्धीयमाना बहवः। (पढ़े लिखे भी बहुतेरे अनपढ़ लोगों के द्वारा ठग लिये जाते हैं।)

पारंपरिक समीक्षा में दंडी

कप्फिणाभ्युदय महाकाव्य के रचयिता शिवस्वामी ने अपने महाकाव्य (२०.४७) में श्लेष में दंडी को भी पीछे छोड़ देने का दावा किया है। विजयनगर साम्राज्य के आश्रित डिंडिम

कवि ने अपने रामाभ्युदय महाकाव्य के प्रथम सर्ग में दंडी की अवंतिसुंदरी का सराहनापूर्वक उल्लेख किया है।

मधुराविजय महाकाव्य की प्रणेत्री गंगादेवी ने दंडी की वाणी को अमृत की संपदा, सरस्वती की विकास तथा विलासमणिदर्पण कहा है—

आचार्दण्डिनो वाचामाचान्तामृतसम्पदाम्।
विकासो वेधसः पत्न्या विलासमणिदर्पणम्।।

वेंकटाध्वरी ने अपने विश्वगुणादर्श चंपू में दंडी को श्रेष्ठ महाकवियों में परिगणित किया है।

दंडी के अनेक पद्य सुभाषित संग्रहों में उद्धृत हैं जैसे—शार्ंगधरपद्धति (२०२३), सूक्तिमुक्तावली (३५०) तथा सुभाषितावलि (१०४०)। दंडी के कुछ अन्य पद्य जो इन सुभाषितसंग्रहकारों ने उद्धृत किये हैं, वे उनकी उपलब्ध रचनाओं में नहीं मिलते, जैसे – सुभाषितरत्नाकर (४८२), सदुक्तिकर्णामृत (५८) या सूक्तिमुक्तावली (२४४)। एक काव्यशास्त्री के रूप में दंडी भारत में ही नहीं भारत के बाहर भी मान्य रहे हैं। उनके काव्यादर्श के तमिल, कन्नड व सिंहली भाषाओं में रूपांतर हुए या उसके आधार पर नये ग्रंथ रचे गये।

तिलकमंजरी

तिलकमंजरी नामक कथा के प्रणेता महाकवि धनपाल का जन्म वर्तमान मध्यप्रदेश के सांकाश्य नामक प्राचीन नगर में एक ब्राह्मण परिवार में हुआ। उनके पितामह का नाम देवर्षि तथा पिता का नाम सर्वदेव था। सर्वदेव सभी शास्त्रों के प्रकांड पंडित थे। ये सांकाश्य नगरी से आकर उज्जयिनी में बस गये। इनके धनपाल तथा शोभन ये दो पुत्र हुए। दोनों को सभी शास्त्रों में पारंगत बनाने के लिए शिक्षा दी गयी। धनपाल का धनश्री नामक विप्रकन्या से विवाह हुआ। मेरुतुंग के प्रबंधचिंतामणि में दिये गये धनपालप्रबंध में बताया गया है कि धनपाल के एक ही संतान हुई। पिता सर्वदेव ने जैन मुनि महेन्द्रसूरि के प्रभाव से अपने छोटे बेटे को जैन साधु बनने के लिए प्रेरित किया। पिता की इच्छा के अनुसार शोभन जैनधर्म में दीक्षित हो गये। धनपाल पिता तथा अपने अनुज के इस निर्णय से प्रसन्न नहीं थे, सम्भवतः इसीलिए वे उज्जयिनी छोड़कर धारा नगरी आ गये। बाद में स्वयं धनपाल भी छोटे भाई से प्रभावित हुए और जैनधर्म के प्रति आस्थाशील बने। शोभन का लिखा एक स्तुति काव्य मिलता है। शरीर-त्याग के समय इन्होंने अपने अग्रज से अपने काव्य की टीका लिखने का अनुरोध किया था, धनपाल ने अपने अनुज की अंतिम इच्छा पूरी की।

धनपाल धारा में राजा मुंज तथा भोज की छत्रछाया में रहे। इनका समय ९५२ ई॰ से १०३३ ई॰ तक माना जा सकता है। अपनी कथा तिलकमंजरी के प्रास्ताविक में धनपाल ने सूचित किया है कि महाराज मुंज ने इन्हें सरस्वती की उपाधि से अलंकृत किया था।

तज्जन्माज्जनकाङ्घ्रिपङ्कजरजःसेवाप्तविद्यालवो
विप्रः श्रीधनपाल इत्यविशदामेतामबध्नात् कथाम्।
अक्षुण्णोऽपि विविक्तसूक्तिरचने यः सर्वविद्याब्धिना
श्रीमुञ्जेन सरस्वतीति सदसि क्षोणीभृता व्याहृतः।।

रचनाएँ

धनपाल की कुल नौ रचनाओं का पता चलता है। इनमें संस्कृतनाममाला तथा पाइअलच्छीनाममाला (रचनाकाल वि०सं० १०२९) भाषाशास्त्र और व्याकरण के ग्रंथ है; ऋषभपञ्चाशिका (प्राकृत भाषा में, संस्कृत टीका सहित), श्रीवीरस्तुति तथा वीरस्तुति-ये स्तोत्र हैं। चतुर्विंशतिजिनस्तुतिटीका शोभनमुनि के स्तोत्र की टीका है। सत्यपुरीय-श्रीमहावीर उत्साह (अपभ्रंश में) तथा श्रावकविधि-ये जैनधर्म से संबद्ध ग्रंथ हैं।

तिलकमंजरीकथा धनपाल की कीर्ति का अक्षय स्तम्भ है। इसके आरम्भ में उन्होंने बताया है कि इस कथा की रचना उन्होंने राजा मुंज के भतीजे राजा भोज के विनोद के लिए की है।

कथावस्तु

तिलकमंजरी का नायक अयोध्या के चक्रवर्ती सम्राट् मेघवाहन का पुत्र हरिवाहन है और नायिका दक्षिण में वैताढ्य पर्वत पर स्थित रथनूपुरचक्रवाल नगरी के विद्याधरचक्रवर्ती चित्रसेन की पुत्री तिलकमंजरी है। सिंहलद्वीप के राजा चंद्रकेतु का पुत्र समरकेतु इस कथा में सहनायक है और कांची के राजा कुसुमशेखर की पुत्री मलयसुंदरी सहनायिका। कथा के आरम्भ में मंगल श्लोकों तथा कविप्रशस्ति पद्यों के अनन्तर राजा मेघवाहन और उनकी रानी मदिरावती का वर्णन है। फिर दोनों के निस्संतान होने के दुःख का चित्रण किया गया है। राजा मेघवाहन संतान प्राप्ति के लिए तप करने का निश्चय करते हैं। पर एक विद्याधरमुनि के उपदेश से वे राजप्रासाद में रह कर ही मुनिजनोचित आचार-विचार अंगीकार करके रहने लगते हैं। मुनि उनको अपराजिता चिंतामणि नामक विद्या का उपदेश भी देते हैं। राजकुमार हरिवाहन का जन्म होता है। कांचीनरेश के साथ युद्ध की विचित्र परिस्थितियों में राजकुमार समरकेतु महाराज मेघवाहन के सेनापति को मिलता है। हरिवाहन और समरकेतु में मित्रता हो जाती है। एक बार सरयूतीर पर मत्तकोकिल नामक उद्यान में दोनों मित्र भ्रमण कर रहे होते हैं, उस समय किसी नायिका की ओर से आर्या छंद में लिखा प्रेमपत्र इन्हें मिलता है। इसके पश्चात् समरकेतु दक्षिणापथ में अपने युद्ध के अभियान और इस क्रम में राजकुमारी मलयसुंदरी से प्रेम की कथा बताता है। उसकी कथा चल ही रही है, इसी समय एक दिव्य कन्या का चित्र राजकुमार हरिवाहन के सम्मुख लाया जाता है। चित्रकार चित्र में निर्मित राजकुमारी तिलकमंजरी की कथा सुनाता है और इसके साथ ही हरिवाहन का तिलकमंजरी के साथ प्रणय-प्रसंग आरम्भ हो जाता है। दोनों मित्र अपने साम्राज्य का निरीक्षण करने के लिए यात्रा पर निकलते हैं और कामरूप पहुँच जाते हैं। वहाँ कामदत्त हाथी को वश में करने के लिए हरिवाहन वीणा बजाता है। हाथी

वश में हो जाता है, पर वह हरिवाहन को बिठाकर अन्य लोगों के देखते-देखते और पीछा करते रहने पर भी भाग कर लुप्त हो जाता है। समरकेतु अपने मित्रों को खोजता-खोजता एक दिव्य सरोवर के तट पर पहुँचता है। अंत में विचित्र घटना प्रसंगों के बीच दोनों मित्र अपनी-अपनी प्रियाओं से मिलते हैं और दाम्पत्य सूत्र के बंधन में बँध जाते है।

कथानक की विशेषताएँ

तिलकमंजरी का कथानक मूलत: जैनागमों पर आधारित है। जैन-परम्परा के प्रभाव से उसमें आध्यात्मिक व दार्शनिक तत्त्वों का समावेश किया गया है। कथावस्तु जटिल और विचित्र रोमांचक घटनाओं, अतिप्राकृत वृत्तांतों से भरी हुई है। अनेक अवांतर कथाओं की धाराएँ इसके महाप्रवाह में सम्मिलित हो गयी हैं। कादंबरी की ही भाँति तिलकमंजरी में कहानी को विभिन्न पात्रों की आपबीती सुना कर आगे बढ़ाया गया है, तथा एक कथा के भीतर दूसरी कथा का तानाबाना भी बुना गया है। जैन-धर्म और दर्शन की पदावली इसमें अनेक स्थानों पर प्रयुक्त है। इसके साथ ही उस समय का वाणिज्य और समुद्रयात्रा, सामुद्रिक व्यापार तथा उससे जुड़े अनेक रोचक प्रसंग हैं।

स्रोत

यद्यपि धनपाल बाण की कादंबरी के अत्यधिक प्रभावित है, पर कथानक के अनेक अभिप्राय उन्होंने जैनागमों से लिये हैं। कथा में विविध स्थल भी जैनशास्त्रों में वर्णित भौगोलिक स्थलों की अनुवर्तन करते हैं।

शैली

धनपाल की रीति वैदर्भीमिश्रित पांचाली है। बाणभट्ट का सर्वातिशायी प्रभाव उनके रचनाविन्यास व गद्य पर पड़ा है। पर वे सुबंधु और बाण की भी अपेक्षा सरल शैली में लिखने के पक्षपाती हैं। प्रास्ताविक पद्य में ही उन्होंने कहा है—

अखण्डदण्डकारण्यभाजः प्रचुरवर्णकात्।
व्याघ्रादिव भयाघ्रातो गद्याद् व्यावर्तते जनः।। (१५)

(अखंड दंडकारण्य (दंडकरूपी गद्यबंध या छंद, दंडक नामक जंगल) में रहने वाले प्रचुर वर्णक (अक्षरों, रंगों) वाले व्याघ्र जैसे गद्य से लोग भय के कारण दूर छिटक जाते हैं।)

धनपाल शैली की दृष्टि से कालिदास के प्रशंसक हैं, उनके सामने वे सारे कवियों को फीका पाते हैं —

ग्लायन्ति सकलाः कालिदासेनासन्नवर्तिना।
गिरः कवीनां दीपेन मालतीकलिका इव। (२५)

अयोध्या की वेश्याओं के वर्णन में कवि कहता है—

सकृदाह्वानेन नरेन्द्राणामपि सर्वस्वमाकर्षन्तीभिः... ईषत्कटाक्षपातेनाचलानपि दारयन्तीभिः, सुरतशिल्पप्रगल्भतावष्टम्भेन रूपमपि निरुपयोगमवगच्छन्तीभिः तारुण्यमपि तृणलघु गणयन्तीभिः, विलासानपि हास्यकोटौ कलयन्तीभिः आभरणसम्भारमपि भारमवधारयन्तीभिः प्रसाधनाडम्बरमपि विडम्बनापक्षे स्थापयन्तीभिः उपचारमप्याचारबुद्ध्या प्रपञ्चयन्तीभिः ... विलासिनीभिर्वितीर्णत्रिभुवनजिगीषुकुसुमसायकसाहायका....

इसी प्रकार वसंत वर्णन में वे कहते हैं—

'एकदा च कुसुमभरनम्रनूतनाग्रस्तम्बे, स्तबकनिकुरम्बसम्बाधमाधवीवीरुधि मधुस्यन्दिसिन्दुवारे मन्दारामोदिनि मदकलितकामिनीकटाक्षच्छटाच्छोटन-कुड्मलिततिलकहरिति हरितालवर्णकुसुमाकीर्णकिङ्किरात... कलिकाञ्चित-काञ्चनारावनीरुहिनीहारधवलकङ्कोलधूलिपटल-सम्पादितदिगङ्गनांशुके...' इत्यादि।

बाणभट्ट के समान परिसंख्या अलंकार का प्रयोग धनपाल ने विशेष दक्षता के साथ किया है। परिसंख्या में श्लेष की छटाएँ गूँथते हुए वे भाषा पर असाधारण अधिकार का प्रदर्शनकरते हैं। जैसे —

यस्मिंश्च राजन्यनुवर्तितशास्त्रमार्गे प्रशासति वसुमतीं धातूनां सोपसर्गत्वम्, इक्षूणां परपीडनम्, पक्षिणां दिव्यग्रहणं, पदानां विग्रहः, तिमीनां गलग्रहः, गूढचतुर्थकानां पादाकृष्टयः, कुकविकाव्येषु यतिभ्रंशदर्शन, उदधीनामभिवृद्धिः, निधुवनक्रीडासु तर्जनताडितानि, द्विजातिक्रियाणां शाखोद्धरणं, बौद्धानुपलब्धेरसद्व्यवहारप्रवर्तकत्वम्, प्रतिपक्षक्षयोद्यतमुनिकथासु कुशास्त्रश्रवणम्, शारीणामक्षप्रसरदोषेण परस्परं बन्धवधमारणानि वैशेषिकमते द्रव्यस्य प्राधान्यं गुणानामुपसर्जनभावो बभूव।

(शास्त्रमार्ग का अनुवर्तन करने वाले उस राजा के धरती पर शासन करते समय उपसर्ग धातुओं में ही होते थे, परपीडन इक्षु (गन्ने) में ही होता था, दिव्यग्रहण पक्षियों में ही होते थे, विग्रह पदों में ही, तिमियों में गलग्रह होता था, पादाकृष्टि गूढचतुर्थ नामक काव्यप्रकार में ही होती थी, यतिभ्रंश कुकवि के काव्य में ही होता था, अभिवृद्धि सागर में ही, तर्जन और ताडन निधुवन क्रीड़ा में ही, द्विजाति या ब्राह्मणों में ही शाखा के उद्धरण होते थे, असद् व्यवहार का प्रवर्तन बौद्धों के अनुपलब्धि प्रमाण में ही होता था, प्रतिपक्ष का खंडन करने के लिये उद्यत मुनियों की बहस में ही कुशास्त्र का श्रवण होता था, द्यूत में गोटियों को फैंकते समय ही परस्पर बंध, वध और मारण होते थे, द्रव्य की प्रधानता और गुणों का उपसर्जन भाव (गौणता) वैशेषिक के मत में ही थी।)

यहां उपसर्ग, दिव्यग्रहण, विग्रह, पादाकृष्टि, यतिभ्रंश, शाखा आदि पदों में श्लेष होने से परिसंख्या अलंकार का चमत्कार द्विगुणित हो गया है।

विरोध अलंकार में भी श्लेष के प्रयोग से धनपाल इसी प्रकार चमत्कार उत्पन्न करते हैं। जैसे—

पृथुनलप्रभोऽप्यनलपृथुप्रभः, समिद्धयतिकरस्फुरितप्रतापोऽप्यकृशानुभावोपेतः, सगरान्वयप्रभवोऽप्यमृतशीतलप्रकृतिः शत्रुघ्नोऽपि विश्रुतकीर्तिः, अशेषशक्त्युपेतोऽपि सकलभूभारधारणक्षमः रक्षिताखिलक्षितितपोवनोऽपि त्रातचतुराश्रमः।

गद्य के ही समान पद्यरचना में भी धनपाल निपुण हैं। तिलकमंजरी में ५३ प्रास्ताविक श्लोकों के अतिरिक्त बीच में बीच में ४५ रमणीय पद्य उन्होंने कथा की माला में मुक्तामणियों के समान विनियोजित किये हैं। प्रोषितभर्तृका तिलकमंजरी की विरहव्यथा का चित्रण करते हुए कवि कहता है –

तन्वङ्ग्यास्त्वमिति प्रसादविशदं नासीति खेदालस-
श्चक्षुर्द्वारपथावतारिणि जने व्यापारयन्त्या मुहुः।
हर्षातिप्रभवाः प्रतिक्षणभवत्स्वेदाम्बुदाहज्वरे
वाष्पाम्भःकणिकाः पयोधरतटे पुष्यन्ति शुष्यन्ति च।।

(द्वार पर दृष्टि लगाये परिजन जैसे ही कहते हैं कि तुम आ गये, तो प्रसन्नता से विशद हो गई, और नहीं, तुम नहीं (और कोई है) ऐसा कहने पर खेद से अलसाई उसके हर्षातिरेक से उपजी अश्रुधार पसीने के दाह ज्वर वाले पयोधरतट पर उमड़ती है, और तत्काल सूख भी जाती है।)

यहाँ तरुणी तिलंकमंजरी के अश्रुजल की बौछार पयोधरतट पर जमा भी होती जाती है और तुरत सूखती भी जाती है, इसमें वक्रोक्ति का वैचित्र्य भी है व व्यंग्यार्थ की चारुता भी। 'पुष्यन्ति' इस कथन से अश्रुजल का प्राचुर्य और उससे विरहिणी की घनीभूत वेदना का बोध होता है। 'शुष्यन्ति च' – और सूख भी जाती हैं – यह कहने से उसके हृदय के संताप की व्यंजना होती है।

छंदोविधान

तिलकमंजरी में २९ शार्दूलविक्रीडित तथा छह शिखरिणियाँ है, अनुष्टुप्, अपरवक्त्र, हरिणी, प्रहर्षिणी मालिनी आदि का भी यथावसर संयोजन है।

रस

कथा के वात्याचक्र में विविध रसों की सृष्टि कवि ने की है। सम्राट् मेघवाहन वायुमार्ग से द्रुत गति से आते विद्याधर को देखते हैं, जिसके वर्णन में अद्भुत रस है।सम्राट् मेघवाहन अपना

शिर काट देते हैं – यह सारा प्रसंग करुण रस से आप्लुत है। अयोध्या के सेनाध्यक्ष वज्रायुध तथा सिंहल द्वीप के युवराज समरकेतु के निशासंग्राम में वीररस की परिपोष किया गया है।

तिलकमंजरी की उपजीव्यता

तिलकमंजरी के प्रभाव से अनेक रचनाएँ संस्कृत गद्यपरम्परा में की गयीं। इनमें पल्लीपाल धनपाल का तिलकमंजरीसार विक्रम सं. १२६१ में तथा इसी के आसपास लक्ष्मीधर का तिलकमंजरीकथासार लिखे गये। ये दोनों पद्यबद्ध रचनाएँ हैं, तथा दोनों के रचयिता गुजरात में अनहिल्लपाटण के निवासी थे। तिलकमंजरीकथोद्धार के रचयिता पद्मसागर माने गये हैं। यह ग्रंथ अप्रकाशित है, तथा इसकी रचना तेरहवीं शती के आसपास हुई। कृष्णमाचार्य (१८६९-१९२४ ई०) ने तिलकमंजरीसंग्रह नामक गद्यरचना का निर्माण किया।

धनपाल की प्रशस्तियाँ

बाणभट्ट के ही समान धनपाल को भी परवर्ती गद्यकाव्यकारों ने अपना आदर्श मान कर न केवल उनसे प्रभावग्रहण किया, उनकी प्रशस्ति में पद्य भी लिखे। इनमें से अनेक प्रशस्तियाँ प्रसिद्ध कवियों की हैं। जैसे—

वचनं धनपालस्य चन्दनं मलयस्य च।
सरसं हृदि विन्यस्य कोऽभून्नाम न निर्वृतः।

(सोमेश्वर—कीर्तिकौमुदी)

कमनीयां कथां चक्रे नाम्ना तिलकमञ्जरीम्।
भोजभूपालविज्ञप्त्या धनपालः परमार्हतः।।

(दक्षविजयगणि)

तिलकमञ्जरीमञ्जरिसञ्चरिलोलविपश्चिदलिजालः।
जैनारण्ये सालः कोऽपि रसालः पफाल धनपालः।।

(दक्षविजयगणि द्वारा उद्धृत)

चंपूकाव्य

चंपूकाव्य का स्वरूप

चंपू गद्य तथा पद्य से मिश्रित रचना है। विश्वनाथ ने साहित्यदर्पण में इसका लक्षण व उदाहरण इस प्रकार दिया है— **गद्यपद्यमयं काव्यं चम्पूरित्यभिधीयते।। ६. ३३६।।** यथा—**देशराजचरितम्।**

विश्वनाथ ने चंपूकाव्य का उदाहरण देशराजचरित दिया है, जो संप्रति अप्राप्य है।

चंपू काव्य से मिलती जुलती एक विधा विश्वनाथ ने विरुद भी बताई है। इसका उदाहरण विरुदमणिमाला दिया है. यह ग्रंथ भी अब अप्राप्य है। **गद्यपद्यमयी राजस्तुतिर्विरुदमुच्यते।** यथा—**विरुदमणिमाला।**

परम्परा में इसका यह लक्षण प्रसिद्ध है—

गद्यपद्यमयी साङ्का सोच्छ्वासा कविगुम्फिता।
उक्तिप्रत्युक्तिविष्कम्भकशून्या चम्पूरुदाहृता।।[२१]

इस पारम्परिक लक्षण के अनुसार रूपक में से उक्तिप्रत्युक्ति या संवादों की शैली को हटा दिया जाये, तो चंपू काव्य बन जाता है। अनेक अभिनेताओं के द्वारा प्रस्तुत न होकर चंपूकाव्य एक ग्रंथवाचक के द्वारा जन समाज के समक्ष पाठ करके या गाकर सुनने के लिए होता है। यद्यपि काव्य श्रव्य की विधाओं में परिगणित है, पर इसका दृश्य काव्य या नाटक से घनिष्ठ सम्बन्ध प्रतीत होता है। चंपू के लक्षणों में सांका या अंक सहित होने का उल्लेख यह इंगित करता है कि इसके उद्भव में दृश्य और श्रव्य काव्यों का संगम हुआ है। केरल में चंपू काव्यों को प्रबंध कहा जाता है। ये प्रबंध काव्य गा-गाकर पाठ कर-करके या अभिनय के साथ जनसमाज के समक्ष सुनाने के लिए रचे जाते रहे हैं। इस प्रकार चंपूकाव्य वास्तव में वैदिक काल से चली आ रही आख्यान और उपाख्यान की शैली का पुनराविष्कार है। आख्यान और उपाख्यान साहित्य का जितना सम्बन्ध श्रव्यकाव्य की विधा से है, उतना ही दृश्यकाव्य से भी।

चंपू शब्द संस्कृत में स्त्रीलिंग में है।

भोज ने श्रृंगारप्रकाश में चंपूकाव्य को परिभाषित करते हुए कहा है—

याऽऽख्यायिकेव साङ्का सोच्छ्वासा दिव्यपद्यगद्यमयी।
सा दमयन्ती-वासवदत्तादिरिहोच्यते चम्पूः।।

वैदिक काल से ही पद्य के साथ गद्य का प्रयोग किया जाता रहा है। भोज ने अपने रामायणचंपू में इसकी विशेषता को सुंदर रूप में निरूपित करते हुए कहा है-

गद्यानुबन्धरसमिश्रितपद्यसूक्तिर्हृद्या हि वाद्यकलया कलितेव गीतिः।
तस्माद् दधातु कविमार्गजुषां सुखाय चम्पूप्रबंधरचना रसना मदीया।

(गद्य को जोड़ देने से रसमयी पद्यसूक्तियाँ उसी प्रकार हृद्य बन जाती है, जैसे गीत के साथ वाद्य जुड़ने से गीत। अत: मेरी चंपूप्रबंध की रचना कविमार्ग पर चलने वालों के लिये सुख का आधान करे।)

चंपू काव्य की विशेषता यह कही जा सकती है कि इसमें गद्य और पद्य में से किसी एक की प्रधानता नहीं रहती, न यह निर्धारित होता है कि कितने अंश में कितना गद्य या पद्य प्रयुक्त होगा। रचनाकार अपनी आवश्यकता के अनुसार प्रसंग, घटना या वर्णन के अनुकूल पद्य या गद्य का प्रयोग करता है। इससे रचनाकार को दोनों विधाओं में अपना कौशल दिखाने की

स्वतंत्रता मिल जाती है, तथा रचना में द्विविध चमत्कार उत्पन्न हो जाता है। दसवीं शताब्दी से लेकर बीसवीं शताब्दी तक बड़ी संख्या में चंपूकाव्यों की रचना हुई। विदित चंपूकाव्यों की संख्या लगभग २५० है।

नलचंपू

संस्कृत का प्रथम उपलब्ध चंपूकाव्य नलचंपू है। इसके रचयिता त्रिविक्रम भट्ट हैं। इनके पितामह का नाम श्रीधर था तथा पिता शांडिल्यगोत्रीय नेमादित्य थे। नेमादित्य स्वयं शास्त्रज्ञ तथा राजसभा में सम्मानित थे। त्रिविक्रम राष्ट्रकूट राजा इंद्रराज तृतीय के आश्रय में रहे। इंद्रराज का राज्याभिषेक ९१५ ई० में हुआ था, और उसके एक शिलालेख की रचना भी स्वयं त्रिविक्रम भट्ट ने की थी। इंद्रराज ने कन्नौज के राजा महीपाल को हराया था। इस प्रकार त्रिविक्रम भट्ट सुप्रसिद्ध आचार्य तथा कवि राजशेखर के समकालीन थे। इनकी अन्य रचना मदालसाचंपू है।

नलचंपू सात उच्छ्वासों में विभक्त है। प्रत्येक उच्छ्वास के अंतिम पद्य में हरचरणसरोज शब्द का प्रयोग है। जैसे षष्ठ उच्छ्वास के अंत में कवि कहता है

अपि भवत कृतार्थाः पौरनार्यः स्थिरेण व्रजतु निषधनाथश्चक्षुषां गोचरं वः।
ध्रुवमयमवतीर्णः स्वर्गलोकादनङ्गो हरचरणसरोजद्वन्द्वलब्धप्रसादः।।

(पुरनारियो! स्थिर होकर कृतार्थ हो जाओ, निषधनाथ नल आप लोगों की आँखों से गोचर हों। निश्चय ही ये हर या शिव के चरणकमलयुगल की कृपा पा चुके स्वर्गलोक से उतरे कामदेव हैं।)

श्रीहर्ष के नैषधचरित की भाँति यह अपूर्ण मिलता है। नल देवों का संदेश लेकर दमयंती के पास पहुँचते है- यहाँ तक का कथाभाग ही उपलब्ध अंश में प्राप्त होता है। त्रिविक्रम भट्ट भाषा पर अपने असाधारण अधिकार और अभिव्यक्ति की प्रांजलता के लिए जाने जाते हैं। श्लेष के प्रयोग में इनका कौशल विलक्षण है। सभंग और अभंग दोनों प्रकार के श्लेषों का इन्होंने समान निपुणता से प्रयोग किया है, फिर भी इनकी रचना में क्लिष्टता या आयास का अनुभव नहीं होता। उदाहरण के लिए वाणी और सद्गृहिणी की तुलना दीपक अलंकार के द्वारा प्रस्तुत करते हुए त्रिविक्रम ने चंपू के आरम्भिक पद्यों में दोनों के लिए सुंदर शिलष्ट विशेषणों का यह विन्यास किया है—

प्रसन्नाः कान्तिहारिण्यो नानाश्लेषविचक्षणाः।
भवन्ति कस्यचित् पुण्यैर्मुखे वाचो गृहे स्त्रियः।। (१/४)

प्रसन्न (प्रसाद गुण से सम्पन्न, खुश रहने वाली) कान्ति (एक काव्यगुण, आभा) से मन हरने वाली, नाना प्रकार के श्लेष (श्लेष अलंकार, जमावट) में विचक्षण-ऐसी वाणी और गृहिणी किसी के पुण्य से ही मुख में और घर में रहती है।)

घण्टामाघ तथा आतपत्रभारवि की भाँति यमुना पर सुंदर कल्पना के कारण उन्हें यमुनात्रिविक्रम की पदवी से भी विभूषित किया गया।

उदयगिरिगतायां प्राक् प्रभापाण्डुताया-
मनुसरति निशीथे शृङ्गमस्ताचलस्य।
जयति किमपि तेजः साम्प्रतं व्योममध्ये
सलिलमिव विभिन्नं जाह्नवं यामुनं च।।

(उदयगिरि पर पूर्व में जो प्रभा थी, वह पांडु पड़ गई है, वह निशीथ या अर्धरात्रि में अस्ताचल के शृंग का अनुसरण कर रही है। आकाश के बीच में कोई तेज प्रकाशित हो रहा है, जिससे गंगा और यमुना का जल अलग अलग दिखता सा लगता है।)

श्लेष पर आधारित विरोधाभास के प्रयोग में त्रिविक्रमभट्ट का कौशल सराहनीय है। वाल्मीकि की प्रशस्ति में उन्होंने कहा है—

सदूषणाऽपि निर्दोषा सखराऽपि सुकोमला।
नमस्तस्मै कृता येन रम्या रामायणी कथा।। (१/११)

उन आदिकवि को नमन है जिन्होंने ऐसी रम्य रामायणी कथा का प्रणयन किया, जो सदूषण होते हुए भी दूषणरहित, सखर होते हुए भी सुकोमल है। यहाँ सदूषणा का दूषणयुक्त यह अर्थ लेने पर विरोध होता है, और दूषण नामक राक्षस जिसमें एक पात्र है- ऐसा अन्य अर्थ लेने पर विरोध का परिहार हो जाता है। इसी प्रकार सखर का कठोर अर्थ लेने से विरोध तथा खर नामक राक्षस जिसमें एक पात्र है- ऐसा अर्थ लेने पर विरोध मिट जाता है।

गोस्वामी तुलसीदास ने त्रिविक्रम भट्ट के इस पद्य की छाया लेकर लिखा है –

बंदउँ मुनि पदकंज, रामायण जेंहि निरमयऊ।
सखर सुकोमल मंजु दोसरहित दूसण सहित।।

इसी प्रकार

अप्रगल्भाः पदन्यासे जननीरागहेतवः
सन्त्येके बहुलालापाः कवयो बालका इव।। (१.६)

इस पद्य में नौसिखये कवियों को बालकों के समान बताया गया है। पदन्यास (शब्दों का विन्यास करना, पाँव रखना) में अप्रगल्भ, जननीरागहेतु (सहृदय जनों को नीरसता का अनुभव दोने वाले, जननी के राग या प्रेम के हेतु) बहुलालाप (बहुत बकबक करने वाले, बहुत लार पीने वाले) – इन तीन पदों में श्लेष है, जिससे ये कवि तथा बालक दोनों के पक्ष में अलग अलग अर्थ प्रकट करते हैं।

भवन्ति फाल्गुने मासि वृक्षशाखा विपल्लवाः।
जायन्ते न तु लोकस्य कदापि च विपल्लवाः।

(फाल्गुन के महीने में वृक्षों की शाखाएँ विपल्लव (पल्लव रहित) हो जाती हैं। पर लोक के लिये इस महीने में विपल्लव (विपत्तियों का लेश) कदापि नहीं होता।)

वर्षा ऋतु का वर्णन करते हुए त्रिविक्रम कहते हैं—

दत्तार्जुनविकासेन धार्तराष्ट्रान्निरस्यता
तेन जीमूतकालेन देवकीनन्दनायितम्।। (४.२३)

अर्जुन (अर्जुन का पेड़, पांडव अर्जुन) का विकास करके, धार्तराष्ट्रों (हंसों, धृतराष्ट्र के पुत्रों) को दूर भगाता हुआ यह वर्षाकाल देवकीनंदन कृष्ण बन गया है।

दमयंती के रूप का वर्णन त्रिविक्रम ने बहुत अभिनिवेश के साथ किया है। पथिक उसे देखकर क्या क्या कल्पनाएँ करते हैं यह निश्चयगर्भ संदेह अलंकार के प्रयोग के द्वारा वे निरूपित करते हैं—

किं लक्ष्मीः स्वयमागता मुररिपोर्देवस्य वक्षःस्थलात्
कोपात् पत्युरुतावतारमकरोत् देवी भवानी भुवि।
श्यामाम्भोजसदृक्षपक्ष्मलचलन्नेत्रामिमां पश्यतो
धातस्तात करोषि किं न वदने चक्षुःसहस्रं मम।।

(क्या मुररिपु विष्णु के वक्षःस्थल से लक्ष्मी स्वयं गई है? अथवा क्या देवी भवानी पति से रुष्ट होकर धरती पर अवतरित हो गईं हैं। नीलकमल के समान पक्ष्मल या घनी बरौनियों वाली आँखों से युक्त इस दमयंती को देखते समय हे प्रिय विधाता मेरे सहस्रों नेत्र क्यों नहीं बना देते?)

इसी प्रकार नल को नवरसावतार बताते हुए वे कहते है —

यश्च सशृङ्गारो नारीषु वीरो वैरिषु बीभत्सः परदारेषु रौद्रो द्रोहिषु, सहास्यो नर्मालापेषु, भयानकः सङ्ग्रामाङ्गणेषु, करुणः शरणागतेषु।'

श्लेष का यह बड़ा सार्थक प्रयोग है।

षष्ठ उच्छ्वास में नारायण की स्तुति में आठ पद्य अत्यंत भावपूर्ण हैं, जो नारायणाष्टक के नाम से जाने जाते हैं।

त्रिविक्रम का गद्य श्लेष और अनुप्रास की लड़ियों में गुँथी मनोहर माला की तरह प्रतीत होता है। एक उदाहरण द्रष्टव्य है—

अनेन मृदुमूर्च्छनातरङ्गतरङ्गिताक्षरेण श्रवणपथप्रथमप्रियातिथिना श्लोकत्रयेण विषविषमविषयवैरस्यव्रतव्रततिकठिनकुठारेण दारपरिग्रहपराङ्मुखोऽपि शृङ्गारशृङ्गिशृङ्गमुत्तुङ्गमारोप्यमाणस्तदैवोत्थानममन्दमन्दारमकरन्दामोदमत्त-मधुकरमधुरझङ्काररमणीयमुपसर्तुमारभत।

त्रिविक्रम भट्ट द्वारा प्रणीत सुप्रसिद्ध नौसारी शिलालेख में राष्ट्रकूट राजा इंद्रराज की

प्रशस्ति है। नलचंपू के समान ही उत्कृष्ट काव्यवैभव इसमें मिलता है। उदाहरणार्थ—

जातिविबुधबन्धुर्विन्ध्यविस्तारिवक्षः स्थलकमलविलोलत्कौस्तुभः कंसकेतुः।
मुखसरसिजरङ्गे यस्य नृत्यन्ति लक्ष्म्याः स्मरभरपरिताम्यत्तारकास्ते कटाक्षाः।।

जीवंधरचंपू

जीवंधरचंपू के प्रणेता हरिश्चन्द्र हैं। कीथ ने इन्हें धर्मशर्माभ्युदायमहाकाव्य के प्रणेता हरिश्चंद्र से अभिन्न माना है। कथानक की दृष्टि से इस चंपू के लिये हरिश्चंद्र ने वादीभसिंह सूरि के गद्यचिंतामणि अथवा क्षत्रचूड़ामणि से आधार लिया है। वस्तुतः इसकी कथा का मूल गुणभद्र के उत्तरपुराण में वर्णित जीवंधरवृत्तांत है। राजा सत्यंधर तथा विजया के पुत्र जीवंधर का वृत्तांत इसमें विस्तार से वर्णित है। जीवंधरचंपू का आकार विशाल है। इसमें ११ लंभक हैं। हरिश्चन्द्र माघ तथा वाक्पतिराज से विशेष प्रभावित हैं। जैनधर्म व दर्शन के सिद्धान्तों को कवि ने कथा के माध्यम से यहाँ बोधगम्य बनाया है। शांतरस की इस रचना में स्रग्धरा की धारा तथा शार्दूलविक्रीडित की उच्छलित गतियाँ प्रभावशाली हैं। उपजाति, आर्या, मालिनी, अनुष्टुप्, इंद्रवज्रा, वसंततिलका, मालभारिणी, शिखरिणी आदि का भी रुचिर प्रयोग कवि ने किया है।

यशस्तिलकचंपू

इस चंपू के प्रणेता सोमदेव हैं। ये राष्ट्रकूट राजा कृष्ण के सामंत चालुक्यराज अरिकेसरी तृतीय के आश्रय में रहे। यशस्तिलकचंपू की रचना ९५९ ई० में हुई। इसमें आठ आश्वासों में कवि पुष्पदंत द्वारा अपभ्रंश काव्य जसहरचरिउ तथा यशोधरपुराण में वर्णित राजा यशोधर का वृत्तांत प्रस्तुत किया गया है। इस चंपू में आठ आश्वास हैं। इनमें से प्रथम पाँच में राजा यशोधर की कथा है, अंतिम तीन आश्वासों में जैनधर्म के उपदेश हैं। ये तीन आश्वास श्रावकाध्ययन के नाम से भी जाने जाते हैं। राजा यशोधर की रानी व्यभिचारिणी है। एक दिन राजा उसे रात में अपने एक सेवक के घर जाती हुई देख लेता है। इससे उसे वैराग्य हो जाता है। मृत्यु के पश्चात् वह आठ योनियों में भ्रमण करता हुआ अंत में जैनधर्म में दीक्षा ग्रहण करता है।

सोमदेव की भाषाशैली न केवल परिष्कृत तथा प्रौढ़ है, अप्रचलित शब्दों के प्रयोग से वे इसमें अनोखा चमत्कार उत्पन्न करते हैं। धृष्णि (किरण), बल्लिका (जंजीर), सामज (हाथी), दैर्घिकेय (कमल), बलाल (वायु) जैसे शब्द सोमदेव की भाषा में आकर संस्कृत की भूली बिसरी शब्दसंपदा का संधान बन गये हैं। राजपरिगृहीतं तृणमपि काञ्चनं भवति' जैसे सूक्ति वाक्य इसे और संपन्न बनाते चलते हैं। भाषा की समृद्धि के कई स्तर यशस्तिलक में निर्मित हुए हैं। इनमें से एक प्रहेलिकाकाव्य का प्रयोग भी है। एक प्रहेलिका का उदाहरण मननीय है—

त्रिमूलकं द्विधोत्थानं पञ्चशाखा चतुष्पदम्।
योऽगं वेत्ति नवच्छायं दशभूमिं स च काव्यकृत्।।

यह पद्य काव्यरचना प्रक्रिया की सर्वांगीण व्याख्या है, जो इस प्रकार खोली जा सकती है—

त्रिमूलकम् – काव्य के तीन हेतु

द्विधोत्थान – शब्द तथा अर्थ

पञ्चशाखम् – पाँच वृत्तियाँ – प्रचुरा, प्रौढ़ा, परुषा, ललिता, भद्रा।

नवच्छायम् – नव रस।

दशभूमिम् – दस गुण।

उपसंहार

इस अध्याय में ईसा की पहली सहस्राब्दो में विरचित गद्यकाव्यों तथा चंपूकाव्यों का परिचय दिया गया है, जो संस्कृतगद्य के उत्कर्ष के परिचायक हैं। सुबंधु, बाण और दंडी इन तीन गद्यकाव्यकारों ने गद्य को उन समुन्नत शिखरों तक पहुँचाया, जो परवर्ती गद्यकारों के लिये प्रकाशस्तंभ बने रहे। इसी प्रकार चंपूकाव्य की विधा का इस सहस्राब्दी में विकास हुआ, जो अगली सहस्राब्दी के रचनाकारों के लिये प्रेरणास्रोत बनी रही। यह पूरी सहस्राब्दी गद्यकाव्य की अपूर्व समृद्धि और सातत्य की परिचायक है।

सन्दर्भ

१. किन्नरमिथुनं चारुमत्यां यथा –
कनककुण्डलमण्डितगण्डया जघनदेशनिवेशितवीणया।
अमरराजपुरे वरकन्यया तव यशो विमलं परिगीयते।। (शृप्र०भाग २, रेप्रद्वि, पृ० १२३७)

२. वक्त्र छंद में प्रत्येक चरण में अनुष्टुप् के समान आठ अक्षर होते हैं। पर प्रत्येक चार अक्षरों के पश्चात् एक यगण रहता है। अपरवक्त्र को वैतालीय छंद भी कहा जाता है। इसके पहले तथा तीसरे चरण में ग्यारह और दूसरे व चौथे चरण में बारह अक्षर होते हैं। आख्यायिकाकार स्वयं तत्तत्स्थल पर छंद का निर्देश करता चलता है (यह वैशिष्ट्य भी आख्यायिका में वाचिक परंपरा से आया होगा)। आख्यायिका में अन्य वृत्तों का प्रयोग भी होता है।

३. कर्तृवंशप्रशंसा स्याद्यत्र गद्येन विस्तरात्।
कन्याहरणसङ्ग्रामविप्रलम्भविपत्तयः।
भवन्ति यत्र दीप्ताश्च रीतिवृत्तिप्रवृत्तयः ।।१२।।
उच्छ्वासैश्च परिच्छेदो यत्र या चूर्णकोत्तरा।
वक्त्रं चापरवक्त्रं च यत्र साऽऽख्यायिका स्मृता।।१३।।
श्लोकैः स्ववंशं सङ्क्षेपात्कविर्यत्र प्रशंसति।
मुख्यार्थस्यावताराय भवेद्यत्र कथान्तरम्।।१४।।
परिच्छेदो न यत्र स्याद्भवेद्वा लम्भकैः क्वचित्।
सा कथा नाम तद्गर्भे निबध्नीयाच्चतुष्पदीम्।। अग्निपुराण।।

४. कन्यापहारसङ्‌गरसमागमाभ्युदयभूषितं यस्याम्। नायकचरितं ब्रूते नायक एवास्य वाऽनुचरः।। वक्त्रापरवक्त्रवती सोच्छ्‌वासा संस्कृतेन गद्येन। साऽऽख्यायिकेति कथिता माधविका-हर्षचरितादि।। याऽनियमितगतिभाषा दिव्यादिव्योभयेतिवृत्तवती। कादम्बरीव लीलावतीव वा सा कथा कथिता।।

५. आख्यायिकायां तु भूम्ना मध्यमसमासादीर्घसमासे एव सङ्घटने। गद्यस्य विकटबन्धाश्रयेण छायावत्त्वात् तत्र च तस्य प्रकृष्यमाणत्वात्। कथायां तु विकटबन्धप्राचुर्येऽपि गद्यस्य रसबन्धोक्तमौचित्यमनुसर्तव्यम्।

६. Lidia Sudyka, 'Ucchvasa, Sarga and Lambha:Text divisions in Sanskrit Poems' , Cracow Indological Studies, Vol.XIII

७. A.K.Warder, Indian Kavya Literature, Vol.I,p.10

८. अर्थशास्त्र, ६.५

९. विवरण के लिये इस ग्रंथ के प्रथम खंड में नाटकविषयक अध्याय द्र.

१०. मम्मट द्वारा काव्यप्रकाश में उदाहृत निम्नलिखित पद्य में ठीक यही भाव है - संग्रामाङ्गणमागतेन भवता चापे समारोपिते, देवाकर्णय येन येन सहसा यद्यत्समासादितम्। कोदण्डेन शराः शरैरिशिरस्तेनापि भूमण्डलं, तेन त्वं भवता च कीर्तिरतुला कीर्त्या च लोकत्रयम्।।
यह कहना कठिन है कि सुबंधु ने इस पद्य का भाव लिया है या इस पद्य का कवि सुबंधु से प्रभावित है।

११. हर्षचरित, पृ० ६६

१२. ब्राह्मणाद्वैश्यकन्यायां अम्बष्ठो नाम जायते।
निषादः शूद्रकन्यायां यः पारशव उच्यते।। मनुस्मृति, १०.८।।

१३. विवरण के लिये इस खंड में 'मुक्तक स्तोत्र, दूतकाव्य तथा खण्डकाव्य' शीर्षक अध्याय देखें।

१४. कादम्बरी मंगलाचरण - ४

१५. कादम्बरी मंगलाचरण - ४

१६. द्रष्टव्य, संस्कृतसुकविसमीक्षा, पृ० २७५

१७. हर्षचरित, पृ० ९१

१८. वही, पृ० ९०

१९. विवरण के लिये इस खण्ड में 'नाट्य-साहित्य' शीर्षक अध्याय देखें।

२०. गोपालनारायण बहुरा द्वारा चंडीशतक के संस्करण की भूमिका में उल्लिखित, पृ० ३

२१. रुद्रटकृत काव्यालंकार, १६.२४

२२. प्राचीन साहित्य, पृ० ६७

२३. वही, पृ० २८

२४. Contribution of Tamilnadu to Sanskrit, Institute of Asian Studies, C.S. Sundaram,, p. 2

२५. Contribution of Tamilnadu to Sanskrit, p. 147

२६. पंडित बलदेव उपाध्याय ने उन्हें भारवि का प्रपौत्र मान लिया है, जो सत्य नहीं है। संस्कृत सुकवि समीक्षा, पृ० २८५

२७. इंडियन काव्य लिट्रेचर, खंड ४, पृ०१८९

२८. इंडियन काव्य लिट्रेचर, खंड ४, पृ० १६५-६६

२९. देवज्ञ पंडित सूर्य द्वारा विरचित नृसिंहचंपू में यह लक्षण उद्धृत है।संस्कृत चंपूकाव्य – सं. कुसुम भूरिया, पुरोवाक् पृ० ७

अध्याय - ५

आख्यानसाहित्य

आख्यान का उद्भव

भारतवर्ष कथा की जन्मभूमि है। विंटरनित्स का कथन है कि संसार में अन्य किसी जाति के पास कदाचित् इतना समृद्ध कथा साहित्य नहीं है जितना भारतीयों के पास है। यही नहीं विश्व में अन्य देशों की कहानी की परम्परा भारत से ही गयी है। जिस प्रकार विश्व की सबसे प्राचीन पुस्तक ऋग्वेद की रचना ईसा से कई हजार वर्ष पूर्व हो चुकी थी, उसी प्रकार वाचिक परम्परा में अनेक लोकप्रिय आख्यानों व कथाओं का भी प्रणयन हमारी परम्परा में किया गया। अश्वमेध यज्ञ में पारिप्लव आख्यान कहे जाते थे।[१] वैदिक काल से ही सूत्रधार या सूत आख्यानों और उपाख्यानों को जन समाज के सम्मुख गा-गाकर या पाठ करके प्रस्तुत करते हुए कथा की प्राचीन धरोहर की रक्षा करते आ रहे थे। प्राचीन साहित्य में चार प्रकार की कथाएँ मिलती है— लोककथा, नीतिकथा, पशुकथा तथा मुग्धकथा। यद्यपि लोककथा में भी पशु पात्र होते हैं, पर मुख्य रूप से यह मनोरंजन के लिए कही जाती है तथा पीढ़ी दर पीढ़ी इसका प्रचलन होता है। नीतिकथा मुख्य रूप से कोई नैतिक विचार या संदेश प्रस्तुत करती है। पशुकथा को अंग्रेजी में फेबल (fable) कहा जाता है। इस में पशुओं को प्रतीकात्मक रूप में मानवचरित्र का प्रतिनिधि बनाकर प्रस्तुत किया जाता है। आचार्यों ने इसे निदर्शना कहा है।

मनुष्य ने जिस क्षण इस देश की धरती पर पहली बार पाँव रखा होगा, कदाचित् उसी समय से कहानी का भी प्रचलन हमारे यहाँ हुआ होगा। अपने आप को पुन: रचने और विस्तारित करने की कामना सृष्टि के मूल में है। यह कामना अनादि काल से मनुष्य के भीतर भी रही है। इस कामना के साथ मनुष्य में सम्प्रेषण की इच्छा सदा रहती है। यह आत्मविस्तार और आत्मसम्प्रेषण ही आख्यान की जन्मभूमि है। शैलाश्रयों में प्रागैतिहासिक चित्रों में आख्यान का एक प्रारूप मिलता है। निस्संदेह आख्यान की एक वाचिक परंपरा उपलब्ध लिखित साहित्य के कई हजार वर्ष पहले विकसित हो चुकी थी।

वेदों की कथाभूमि

ऋग्वेद विश्व-साहित्य का प्राचीनतम ग्रंथ है, जिसकी रचना ईसा से कुछ हजार वर्ष

पहले हो चुकी थी। ऋग्वेद से प्रमाणित होता है कि तत्कालीन समाज में आख्यान का प्रचलन था। इंद्र उस समय का एक महानायक था। इंद्र को लेकर ही ऋग्वैदिक समाज में अनेक मिथक या किंवदन्तियाँ गढ़ी जा चुकी थीं। कहानी इन मिथकों और कथाओं में अंतगर्भित थी। इंद्र की चरितगाथा अपने आप में एक औपन्यासिक विस्तार को समेटे हुए कहानी का ढांचा सामने रखती है। इस दृष्टि से ऋग्वेद (१/३२) का यह अंश पठनीय है:

'मैं इंद्र के पराक्रमों का वर्णन करता हूं, जिन्हें उस वज्रधारी ने सबसे पहले किया है। उसने अहि नामक असुर को मारा, जल की धारा को प्रवाहित किया और पर्वत पर नदियों के लिये रास्ता खोला। इंद्र ने उस अहि को मार गिराया, जो पर्वत पर रहता था। त्वष्टा ने इंद्र के लिए वज्र बनाया था। इंद्र ने जैसे ही नदियों का मार्ग खोला पानी रँभाती गायों की तरह नीचे बह चला। उसने अपने बल को और प्रखर करने के लिये सोमपान किया और वज्र से अहि पर प्रहार किया। इंद्र ने मायावियों की माया का विरोध किया। उसने सूर्य, उषा और आकाश को अनावृत किया। इसके पश्चात् इंद्र का कोई शत्रु न रहा। इंद्र ने वृत्र के अंगों को ऐसे काट डाला, जैसे पेड़ की डालियाँ काटी जाती हैं। वृत्र धरती पर गिर पड़ा। मद्यपान करके वृत्र वीर इंद्र से लड़ने चला था। इंद्र सोमपायी है, उसने अनेक शत्रुओं का दमन किया है। वृत्र इंद्र के प्रहारों को कैसे सह सकता था? वह बुरी तरह से हारा। पर हाथ और पाँव कट जाने पर भी उसने इंद्र से लड़ाई जारी रखी। इंद्र ने उसकी पीठ पर वज्र से प्रहार किया। पर बैल भला साँड के आगे टिक सकता है? वृत्र के टुकड़े टुकड़े हो गये। तब जल का प्रवाह लोगों की प्यास बुझाने के लिये वृत्र के ऊपर से बह उठा। वृत्र ने जल की धारा को जबरदस्ती रोक रखा था। अब वही जल उसे रौंदता हुआ बह रहा था। इंद्र ने वृत्र की शक्तिहीन माता पर भी प्रहार किया। माता ऊपर थी,वृत्र नीचे पड़ा था। वृत्र की माता ऐसे पड़ी थी, जैसे गाय अपने बछड़े के साथ पड़ी हो। वृत्र का मृत शरीर उस जल-धारा में पड़ा था, जो रुकना नहीं जानती, विश्राम नहीं करती। इसी दास के बस में होकर तो जल अभी तक रुका हुआ था। अहि उसका रक्षक था। जैसे पणि गायों को रोक लेते हैं, वैसे ही उसने जल की धाराओं को रोक रखा था। इंद्र ने वृत्र को मारकर जल का द्वार खोल दिया। जब वृत्र ने इंद्र के वज्र पर प्रहार किया, तो इंद्र घोड़े की पूँछ के समान फुर्तीला बन गया और उसके प्रहार का निवारण कर सका। जिस अवसर पर इंद्र और वृत्र का युद्ध हुआ, वृत्र के द्वारा प्रयुक्त विद्युत् और गर्जन, कोहरा और वज्र सब बेकार हुए। इंद्र को सदा के लिये विजय मिली।'

निश्चय ही इंद्र विषयक यह सूक्त भारतीय आख्यान है, जो पुराकथा के मिथकीय और प्रतीकात्मक पर्यावरण में भी जीवन के स्पंदन से युक्त है। इंद्र की चरित-गाथा में कल्पनाशीलता कथा का रहस्य और रोमांच, किस्सागोई की भंगिमा और मानवीय संबंधों की परिकल्पना मिलती है। उपज या नवाविष्कार के तत्त्व द्वारा कहानी को आकर्षक और रोमांचक भी बनाया गया है। इंद्र के विषय में ही ऋग्वेद के एक और सूक्त (४.१८) में बताया गया है कि इंद्र की

अपने पिता त्वष्टा के साथ नहीं पटती थी। पिता पुत्र को समाप्त कर देना चाहता था। इंद्र सोम को पाकर वैभवशाली होना चाहता था। उसकी माता ने उसे सोम दे दिया। माता का चुराकर दिया सोम इंद्र पी गया, तब पिता और पुत्र में झगड़ा हुआ और अंत में इंद्र ने पिता को मार ही डाला। उसने त्वष्टा को पर्वत से धकेल कर सदा के लिये मृत्यु की गोद में सुला दिया।

इस प्रकार की पुराकथाओं में आख्यान के साथ इतिहास सम्मिश्रित हुआ है। इससे ऐतिहासिक कथाओं की भी परंपरा का सूत्रपात हुआ। उदाहरणार्थ उर्वशी और पुरूरवा की प्रेमकथा उस समय का लोकप्रिय इतिहास था। ऋग्वेद में एक सूक्त में पुरूरवा और उर्वशी का संवाद निबद्ध है, पर यह संवाद जिस प्रसंग में हो रहा है, उसकी पूर्वकथा पर वहाँ प्रकाश नहीं डाला गया है। यह कथा शतपथ ब्राह्मण में बतायी गयी है। ऋग्वेद के उक्त संवादसूक्त और शतपथ ब्राह्मण में उसकी कथा – इन दोनों को मिला दिया जाये, तो वैदिक काल के एक आख्यान या कथा का समग्र स्वरूप सामने आ जाता है।

ऋग्वेद के कितवसूक्त में एक जुआरी की आपबीती है। जुआरी अपना हाल बताते हुए कहता है— 'मेरी पत्नी पहले मुझे डाँटती नहीं थी। वह मेरे ऊपर रिसाती भी नहीं थी। वह मुझ पर और मेरे मित्रों पर दयालु थी। मैंने पासों के चक्कर में अपनी उस साध्वी पत्नी को घर से निकाल बाहर किया। अब तो मेरी सास मुझसे घृणा करती है। मेरी स्त्री अब मुझ से अलग रहती है। दुखियारे का सचमुच कोई सगा नहीं होता। मेरी स्थिति बूढ़े घोड़े की तरह है, जिसे कोई घास नहीं डालता। मैं बार बार सोचता हूँ कि अब जुआ नहीं खेलूँगा और जुआरियों की संगत छोड़ दूँगा। पर जब भूरे रंग के पासे फिकने लगते हैं, तो मैं अपने आपको रोक नहीं पाता, उनकी आवाज सुनते ही चल देता हूं, जैसे कोई नायिका प्रिय से मिलने चल देती हो।'

वैदिक साहित्य की इस परंपरा में आख्यान का विकास और विस्तार होता रहा। ब्राह्मणग्रंथों में दस प्रकार के विधि का प्रतिपादन है। इस दस विधियों में आख्यान के वर्ण्य विषयों का भी समावेश हो जाता है। ये दस विधि इस प्रकार हैं – हेतु, निर्वचन,निंदा, प्रशंसा, संशय, विधि, परक्रिया, पुराकल्प, व्यवधारण कल्पना तथा उपमान। इनमें से अर्थवाद तथा पुराकल्प का संबंध इतिहास व पुराणों से तथा आख्यान साहित्य से है। इस प्रकार ब्राह्मण-ग्रंथों में यज्ञों की विधियाँ बताने के प्रसंग में अर्थवाद की दृष्टि से इतिहास, पुराण या आख्यानों की कहानियाँ प्रस्तुत की गयी हैं, जिनसे कथा कहने की प्राचीन शैली का पहली बार परिचय मिलता है। शतपथ ब्राह्मण में पुरूरवा और उर्वशी की कथा इसी प्रसंग में आई है। इसी तरह मैत्रायणी संहिता में रात्रि और पर्वतों के पंखों को लेकर दो सुंदर कहानियाँ मिलती हैं। इसमें रात्रि की सृष्टि की कथा इस प्रकार बतायी गयी है—

> यम की मृत्यु हो गयी थी। देवता प्रयास कर रहे थे कि यमी उसे भूल जाय। जब कभी यमी से पूछा जाता, वह यही बताती कि यम आज ही मरा है। देवताओं ने कहा कि इस तरह तो वह यम को कभी भी न भूल पायेगी। तो हम

लोग रात्रि की सृष्टि करें। तब देवताओं ने रात्रि बनायी। रात्रि के बाद जो दिन आया, वह अगला दिन कहलाया। और यमी यम को भूल गयी। इसलिए लोग कहा करते हैं कि रात और दिन के क्रम से मनुष्य अपना दुःख भूल जाता है।

गया चरण त्रिपाठी ने उचित ही कहा है कि पुराणों में मिलने वाले इंद्रविषयक समस्त आख्यानों के बीज ब्राह्मणग्रंथों में हैं।[२] इंद्र और वृत्रासुर के युद्ध की कथा तैत्तिरीय संहिता में बताई गई है—

विश्वरूपो वै त्वाष्ट्रपुरोहितो देवानामासीत् स्वस्रीयो असुराणाम्। तस्य त्रीणि शीर्षाणि आसन् सोमपानं सुरापानम् अन्नादनं स प्रत्यक्षं देवेभ्यो भागमवदत् परोक्षमसुरेभ्यः। ...तस्मात् इन्द्रो अबिभेत्। ईदृक् वै राष्ट्रं विप्रायवर्तयति, तस्य वज्रमादाय शीर्षाणि अच्छिनत्। यत्सोमपानमासीत् स कपिञ्जलो अभवत्, यत् सुरापानमासीत् स कलविङ्को यदन्नादनं स तित्तिरिः। (तै सं० २.५.१)

(विश्वरूप त्वष्टा का पुत्र था, जिसकी माता देवकन्या थी। विश्वरूप के तीन मस्तक थे, जिनसे वह सोमपान, सुरापान तथा अन्नभक्षण करता था। वह यज्ञ में देवों को प्रत्यक्ष भाग देता था, पर परोक्ष रूप से असुरों को भी भाग दे देता था। इंद्र ने सोचा कि इस प्रकार से तो यह मेरा राज्य ही उलट देगा। तो उसने अपने वज्र से विश्वरूप के तीनों मस्तक काट डाले, सोमपान करने वाला मस्तक कपिंजल बना, सुरापान करने वाला कलविंक तथा अन्न का भक्षण करनेवाला तित्तिर नामक पक्षी बना।)

ऐतरेय ब्राह्मण तथा शतपथ ब्राह्मण जैसे वेदग्रंथ प्राचीन आख्यानों के भंडार हैं। शतपथ ब्राह्मण में देवों और असुरों का यह आख्यान विष्णु के द्वारा तीन पदों से समस्त ब्रह्मांड के नापने की अनेक कथाओं का आधार है—

देवाश्च वा असुराश्च उभये प्राजापत्याः पस्पृधिरे। ततो देवा अनुव्यमिवासुः। अथ ह असुरा मेनिरे अस्माकमेवेदं खलु भुवनमिति। तां होचुः हन्तेमां पृथिवीं विभजामहै। तां विभज्योपजीवामेति। तामौक्ष्णयेश्चर्मभिः पश्चात् प्राञ्चो विभजमाना अभीयुः। तद्वै देवाः शुश्रुवुः – विभजन्ते ह वा इमामसुराः मेदिनीम्। प्रेत, तदेष्यामो यत्रेमे असुरा विभजन्ते। के ततः स्याम यदस्यै न भजेमहीति। ते यज्ञमेव विष्णुं पुरस्कृत्येयुः। ते तदोचुः अनु नो अस्यां पृथिव्यामाभजत। अस्त्येव नो अप्यस्यां भाग इति। ते हासुरा असूयन्त इवोचुः। यावदेवेष विष्णुरभिशेते तावद्वो दद्मः इति। वामनो ह विष्णुरास। तद्वै देवा जिहीडिरे। महद्वै नो अदुः ये नो यज्ञसम्मितमदुरिति। ते पराञ्चं विष्णुं निपाद्य छन्दोभिरभितः पर्यगृह्णन्। तं छन्दोभिरभितः परिगह्य अग्निं पुरस्तात् समाधाय तेनार्चन्तः श्राम्यन्तश्चेरुः। तेनेमां सर्वां पृथिवीं समविन्दन्त।

(देव और असुर दोनों प्रजापति की संतान थे। दोनों में लागडाट थी। देवता अलग चले गये, तो असुरों ने सोचा यह पृथिवी हमारी है। वे उसे वृषभचर्म से निर्मित प्रमाणसूत्र के द्वारा नाप नाप कर आपस में विभाजित करने लगे। देवों ने जब यह सुना तो उन्होंने सोचा कि यदि हमें भूमि न मिली, तो हम क्या करेगें। अतः उन्होंने विष्णु को आगे किया और जाकर अपना भाग माँगा। ईर्ष्यालु असुरों ने उन्हें उतना ही भाग देना स्वीकार किया जितना विष्णु लेट कर अपने शरीर से आच्छादित कर सकते थे। विष्णु बोने थे। देवों ने सोचा कि विष्णु तो साक्षात् यज्ञ हैं। और यदि विष्णु (यज्ञ) के बराबर इन्होंने भूमि दे दी, तो सब कुछ दे दिया। उन्होंने छंदों से विष्णु को घेर लिया, और अग्नि को पूर्व में स्थापित करके विष्णु स्वरूप यज्ञ की परिश्रम- पूर्वक अर्चना करनी प्रारंभ की, जिससे उन्होंने संपूर्ण पृथिवी प्राप्त कर ली।)

यह आख्यान वामनावतार व त्रिविक्रम की कथाओं का बीज भी है। यही नहीं, ब्राह्मण ग्रंथों में निरूपित अनेक आख्यान विश्व की अनेक प्राचीन संस्कृतियों में प्रचलित सृष्टि विषयक कथाओं से समानता रखते हैं। जैसे मनु और मत्स्य की कथा ग्रीक व मिश्र देशों की सृष्टि के जन्म की कहानियों से तुलनीय है। शतपथ में यह कथा इस प्रकार बताई गई है—

मनवे ह प्रातः अवनेग्यम् उदकम् आजह्रुः। ... तस्य अवनेनिजानस्य मत्स्य पाणी आपेदे। स हास्मै वाचमुवाच – बिभृहि मा पारयिष्यामि त्वा इति। कस्मान्मा पारयिष्यसि इति। ओघ इमाः सर्वाः प्रजा निर्वोढ़ा, ततस्त्वा पारयितास्मि इति। कथं ते भृतिरिति। स हो वाच– ...यावद् वै क्षुल्लका भवामः बह्वी वै नस्तावत् नाष्ट्रा भवति। उत मत्स्य एव मत्स्यं गिलति। कुम्भ्यां माग्रे बिभरासि। स यदा तामतिवर्द्धै, अथ कर्षूं खात्वा तस्यां मा बिभरासि। य यदा तामतिवर्द्धै, अथ मा समुद्रमभ्यवहरासि तर्हि वा अतिनाष्ट्री भवितास्मि।

शस्वद्ध झष आस। स हि ज्येष्ठं वर्धते। अथ इतिथीं समां ओघ आगन्ता, तन्मा नावम् प्रकल्प्य उपासासै। स ओघ उत्थिते नावम् आपद्यासै। ततस्त्वा पारयितास्मि।

तमेवं भृत्वा समुद्रमभ्यवजहार। स यतिथिं तत्समां परिदिदेश ततिथिं समां नावम् उपकल्प्य उपासाञ्चक्रे। स ओघ उत्थिते नावमापेदे। तं स मत्स्य उपन्यापुप्लुवे। तस्य श्रृङ्गे नावः पाशं प्रतिमुमोच। तेनैतमुत्तरं गिरिम् अतिदुद्राव। स होवाच – अपीपरं वे त्वा, वृक्षे नावं प्रतिबन्धीष्व। तं तु त्वा मा गिरौ सन्तमुदकमन्तश्छैत्सीत्। यावद् यावद् उदकं समवायात् तावत् तावद् अन्वपसर्पसि इति। ...ओघो ह ताः सर्वाः प्रजाः निरुवाह। अथेह मनुरेवैकः परिशिशिषे। (शतपथब्राह्मण, १.८.१.१-६)

(मनु के लिये सबेरा होने पर (सेवक) हाथपाँव धोने के लिये जल लेकर आये।... जब वे

हाथपैर धो रहे थे, तो उनके हाथ में एक मत्स्य (मछली) आ गया। उसने इनसे कहा – मुझे पाल लो, मैं तुम्हें पार लगाऊँगा। (मनु ने पूछा) – किससे मुझे पार लगाओगे? (मत्स्य ने कहा) - बाढ़ इस सारी जनता को बहा ले जायेगी, तब मैं तुम्हे पार ले जाऊँगा। (मनु ने पूछा) – तुम्हें कैसे पालना है? (मत्स्य ने कहा) — जब तक हम छोटे होते हैं, बहुत जंतु हमारा नाश करने वाले रहते हैं। बड़ी मछली छोटी मछली को निगल जाती है। मुझे घड़े में रख देना। जब मैं उस घड़े से बड़ा हो जाऊँ, तो गड्ढ़ा खोद कर मुझे उसमें डाल देना। जब मैं उससे भी बड़ा हो जाऊँ, तो मुझे समुद्र में डाल देना। तब मेरा कोई नाश नहीं कर सकेगा।

वह मत्स्य निरंतर बढ़ता गया। फिर उसने बताया कि इस तिथि को बाढ़ आयेगी, तब नाव तैयार कर के मेरे पास आना। फिर बाढ़ आयी पर मनु ने नाव तैयार की, मत्स्य तैरते हुए उसे पार ले गया। मनु ने उसके सींग में नाव की रस्सी बाँध दी। वह उससे उसे उत्तर के पर्वत की ओर ले गया। फिर उसने कहा – मैंने तुम्हें पार लगा दिया, अब नाव को पेड़ से बाँध दो। मत्स्य जैसे जैसे पानी बढ़ता, मनु को पहाड़ की ओर ले जाता। जिधर जिधर से पानी बढ़ता वह उधर से पीछे हटता जाता। बाढ़ ने सारी प्रजा को बहा दिया, केवल मनु अकेले बचे रहे।)

यही आख्यान परंपरा महाभारत में प्रतिफलित हुई और पंचतंत्र जैसी आख्यायिकाओं में संक्रांत हुई। महाभारत के गृध्रगोमायुसंवाद जैसे प्रसंगों का पंचतंत्र की कथाओं से सीधा संबंध है। एक शिशु की मृत्यु पर उसे गाड़ने के लिये उसके परिजन श्मशान में आये हुए हैं। उसी श्मशान में एक गीध और एक सियार मांस के लिये ताक लगाये हुए हैं। गीध रात में देख नहीं पाता, उसकी रुचि है कि अंधेरा होने के पहले बच्चे के शव को दफना कर उसके बंधु-बांधव चले जायें। वह उन लोगों को समझाते हुए कहता है 'भाइयों, यह संसार है, जो मर गया है वह कब वापस आया है, अँधेरा होने को है,तुम लोगों का इस श्मशान में अधिक रुकना उचित नहीं।' सियार का स्वार्थ इसमें है कि ये लोग रात होने तक बने रहें,ताकि अंधेरे में बच्चे के शव को खोदकर वह अपना काम सुविधा से कर सके। वह उन लोगों को समझाते हुए कहता है— 'अरे मूर्खो, अभी तो सूरज भी नहीं डूबा थोड़ा तो इस बच्चे के लिए स्नेह रखो? इस गीध की बातों में आकर क्यों इसे छोड़कर जा रहे हो! संध्या का समय बड़ा विघ्न वाला होता है, हो सकता है उसके टल जाने के बाद तुम्हारा बच्चा जी ही उठे।' स्पष्ट ही मुर्दे को भी लूटखसोट में न छोड़ने वाले दोमुँहे स्वभाव के लोगों के प्रतीक के रूप में यह कथा गीध और सियार को निरूपित करती है।

जटाकर सिंह नन्दी ने वरांगचरित में कथा के निम्नलिखित ७ तत्त्व बताये हैं— द्रव्य, फल, विषय, क्षेत्र, तीर्थ, काल तथा भाव।

पशु कथाओं का मूल रूप ऋग्वेद में माना जा सकता है। कतिपय सूक्तों में पशुओं को पात्र बनाकर घटना या प्रसंग का चित्रण किया गया है। दूसरी ओर आख्यान की परम्परा वैदिक काल से हमारी जातीय धरोहर रही है। ब्राह्मण तथा उपनिषद् तो ऐसी कथाओं और आख्यानों के सबसे प्राचीन तथा सबसे समृद्ध संग्रह है।

मुग्धकथा भोले भाले लोगों की कहानी है, जो अपनी सिधाई या मूर्खता के कारण जगहँसाई के पात्र बनते है। मुग्धकथा इस संज्ञा का प्रयोग कथासरित्सागर के कर्ता सोमदेव ने सबसे पहले किया है।

धार्मिक परंपराओं के आधार पर कथाओं का विभाजन

विभिन्न धार्मिक विचारों व संप्रदायों के प्रचार के लिये कथा की विधा का उपयोग किया गया। इस दृष्टि से बौद्धकथासाहित्य तथा जैन कथाएँ साहित्य का संस्कृतसाहित्य में अनन्य स्थान है। बौद्ध कथाओं में जातक कथा विश्वकथासाहित्य की धरोहर हैं। गद्य तथा कथासाहित्य के इतिहास में बौद्ध धार्मिक ग्रन्थ गण्डव्यूहसूत्रम् का विशिष्ट स्थान है। बौद्ध परम्परा में गण्डव्यूह को आगम का स्थान दिया गया है। इसमें बोधिसत्व सुधन की लम्बी कथा है। सुधन मंजुश्री से उपदेश ग्रहण करके सारे देश में भ्रमण करता है। उसकी भेंट अनेक मित्रों से होती है, जिनके द्वारा समाज के विभिन्न वर्गों का रोचक चित्रण इस कथा में किया गया है।

वस्तुतः कथासाहित्य के विकास में जातक कथाओं का बहुमूल्य योगदान है। मूल जातककथा पालि में लगभग ५५० कथाओं का संकलन है। इसका मूल रूप पद्य में रहा होगा, जिसमें कथाकथन के लिय गद्यांश जोड़ा जाता रहा।

बौद्ध परम्परा में अन्य महत्वपूर्ण कथाकृति है— विमलकीर्तिनिर्देश तथा कुमारलातकृत कल्पनामण्डितिका।

कथा की विधाएँ

भोज ने अपने शृङ्गारप्रकाश के इक्कीसवें प्रकाश में कथा की अनेक विधाओं का निरूपण अनभिनेय काव्य के अंतर्गत किया है। इनके लक्षण इस प्रकार हैं।

उपाख्यान

नलसावित्रीषोडशराजोपचारवत् प्रबन्धान्तः।
अन्यप्रबोधनार्थं यदुपाख्याति तदुपाख्यानम्।।
आख्यानकसंज्ञां तल्लभते यद्यभिनयन् पठन् गायन्।
ग्रन्थिक एकः कथयति गोविन्दवदवहिते सदसि।।

किसी प्रबंध (जैसे रामायण, महाभारत आदि) के अंतर्गत एक पात्र अन्य पात्र या पात्रों को सीख देने के लिये यदि किसी कथा को उदाहरणस्वरूप कहे, तो ऐसी कथा उपाख्यान है। नलोपाख्यान, षोडशराजोपचाराख्यान आदि इसके उदाहरण हैं।

उपाख्यान वास्तव में अत्यंत लोकप्रिय विधा रही है। रामायण व महाभारत में बीच-बीच में उपाख्यान के रूप में जोड़ी कहानियाँ बाद में घर घर में कही जाती रहीं।

आख्यान

आख्यानसंज्ञां तल्लभते यद्यभिनयन् पठन् गायन्।
ग्रन्थिक एकः कथयति गोविन्दवदवहिते सदसि।।

यही उपाख्यान आख्यान बन जाता है, यदि कोई ग्रंथिक (ग्रंथ या पुस्तक से पाठ करनेवाला) गोविंद की भाँति उसके अवहित या मन लगाकर सुनने वालों की सभा में पढ़कर सुनाये।

आख्यान की यह परंपरा नाटक व रंगमंच के विकास में महत्त्वपूर्ण सोपान बनती है, जिसकी चर्चा इस पुस्तक के प्रथम खंड में नाटकविषयक अध्याय में विस्तार से की गई है।

निदर्शन या निदर्शना

निश्चीयते तिरश्चामतिरश्चां वा यत्र चेष्टाभिः।
कार्यमकार्यं वा तन्निदर्शनं पञ्चतन्त्रादि।।
धूर्तविटकुट्टनीमतमयूरमार्जारिकादियल्लोके
कार्याकार्यनिरूपणरूपमिह निदर्शनं तदपि।

पक्षियों या पशुओं की चेष्टाओं का वर्णन करके जहाँ कार्य या अकार्य का निश्चय किया जाये, वह कथाविधा निदर्शन या निदर्शना है। जैसे – पंचतंत्र। लोक में धूर्तों, विटों, कुट्टनियों, मयूर तथा मार्जारिका (बिल्ली) आदि को उदाहरण बनाकर उनकी कथा के द्वारा कार्य-अकार्य का निश्चय किया जाये, तो यह भी निदर्शन नामक कथाप्रकार है।

भोज के इस लक्षण की तृतीय पंक्ति अस्पष्ट है। धूर्तों, विटों, कुट्टनियों, मयूरमार्जारिका आदि को उदाहरण बनाकर उनकी कथा – इस अनुवाद के स्थान पर धूर्तमत, विटमत, कुट्टनीमत तथा मयूरमार्जारिका आदि निदर्शन के उदाहरण हैं – यह अनुवाद भी किया जा सकता है। कुटट्नीमत तो प्रसिद्ध महाकाव्य है ही, जिस पर निदर्शन का लक्षण लागू भी होता है। संभव हो धूर्तमत, विटमत नाम से भी काव्य लिखे गये हों।

प्रवह्लिका

यत्र द्वयोर्विवादः प्रधानमधिकृत्य जायते सदसि।
सार्धप्राकृतरचिता प्रवह्लिका चेटकप्रभृति।।

सभा में दो लोगों के बीच में प्रधान को लेकर विवाद हो जाये तो प्राकृत में विरचित ऐसा कथाप्रकार प्रवह्लिका है। चेटक आदि इसके उदाहरण हैं।

क्षुद्रकथा

क्षुद्रकथा मन्थुल्ली येह महाराष्ट्रभाषया भवति।
गोरोचनेव कार्या सानङ्गवतीव वा कविभिः।।

क्षुद्रकथा महाराष्ट्री प्राकृत में होती है। गोरोचना तथा अनंगवती इसके उदाहरण हैं।

मंथुल्लिका

यस्यामुपहासः स्यात् पुरोहितामात्यतापसादीनाम्।
प्रारब्धानिर्वाहे सापि हि मन्थुल्लिका भवति।।

जिस कथा में प्रारंभ किये गये कार्य का निर्वाह न होने पर पुरोहित, अमात्य, तापस आदि का उपहास हो, वह मंथुल्लिका कहलाती है।

मणिकुल्या

मणिकुल्यायां जलमिव न लक्ष्यते यत्र पूर्वतो वस्तु।
पश्चात् प्रकाशते सा मणिकुल्या मत्स्यहसितादि।।

मणिकुल्या में छिपे हुए जल के स्रोत की भाँति पहले समझ में नहीं आता कि आगे क्या होने वाला है। बाद में इसका रहस्य खुलता है। मत्स्यहसित आदि इसके उदाहरण हैं।

परिकथा

पर्यायेण बहूनां यत्र प्रतियोगिनां कथाकुशलैः।
श्रूयन्ते शूद्रकवज्जिगीषुभिः परिकथा सा तु।।

किस्सा कहने में कुशल अनेक प्रतियोगी बारी-बारी से जब अपनी अपनी कहानी होड़ बद कर एक दूसरे को परास्त करने की इच्छा से कहें, तो यह परिकथा है। शूद्रककथा इसका उदाहरण है।

खण्डकथा

ग्रन्थान्तरप्रसिद्धं यस्यामितिवृत्तमुच्यते विबुधैः।
मध्यादुपान्ततो वा सा खण्डकथा यथेन्दुमती।।

अन्य ग्रंथ में प्रसिद्ध कोई वृत्तांत बीच से या अंतिमभाग से कहा जाये, तो यह खंडकथा है, जैसे इंदुमती।

उपकथा

यत्राश्रित्य कथान्तरमतिप्रसिद्धं निबध्यते कविभिः।
चरितं विचित्रमन्यत् सोपकथा चित्रलेखादि।।

किसी एक कथा को लेकर कोई अन्य कथा कविजन रच डालें, जिसमें अतिप्रसिद्ध विचित्र चरित्र हो, तो यह उपकथा कहा जाता है, जैसे चित्रलेखा।

बृहत्कथा

लम्भाङ्किताद्भुतार्था पिशाचभाषामयी महाद्भुतविषया।
नरवाहनदत्तादेश्चरितमिव बृहत्कथा भवति।।

बृहत्कथा का विभाजन लंभ या लंभकों में होता है। यह पिशाचभाषा में लिखी होती है। इसका विषय महान् और अद्भुत होता है। नरवाहरनदत्त जैसे नायकों का चरित उसमें रहता है।

अग्निपुराण में आख्यायिका, कथा, खण्डकथा, परिकथा तथा कथानिका – गद्यकाव्य के ये पाँच भेद बताये गये हैं। खंडकथा तथा परिकथा में अमात्य, सार्थवाह या ब्राह्मण नायक होता है। इनमें करुण या विप्रलंभशृंगार अंगी रस होता है। परिकथा कथा तथा आख्यायिका के मिश्रण से निर्मित होती है। जिसमें भयानक की प्रधानता के साथ करुण रस अंतर्गर्भित होता है तथा अंत में अद्भुत रस अच्छी कल्पना के साथ लाया जाये वह कथानिका होती है।[३]

आनंदवर्धन ने काव्य के मुक्तक आदि भेदों के साथ कथा की विधाओं का भी संक्षेप में संघटना की दृष्टि से विवेचन किया है। उनके अनुसार परिकथा में इतिवृत्त के निर्वाह पर कथाकार का ध्यान अधिक रहता है, शैली या संघटना की अन्विति इसमें इतनी महत्त्वपूर्ण नहीं होती। खण्डकथा तथा सकलकथा इन दोनों में कुलक (मुक्तक की विधा) का प्रयोग भी बीच बीच में प्रचुरमात्रा में होता है, और गद्य में दीर्घसमासा शैली भी रखी जाये तो विरोध नहीं होता।[४]

अभिनवगुप्त परिकथा, खंडकथा व सकलकथा में तारतम्य बताते हुए कहते हैं— **एकं धर्मादिपुरुषार्थमुद्दिश्य प्रकारवैचित्र्येणानन्तवृत्तान्तवर्णनप्रकारा परिकथा। एकदेशवर्णना खण्डकथा। समस्तफलान्तेतिवृत्तवर्णना सकलकथा। द्वयोरपि प्राकृतप्रसिद्धत्वाद् द्वन्द्वेन निर्देशः।**

(धर्म आदि एक पुरुषार्थ को लक्ष्य बनाकर प्रकार के वैचित्र्य से अनंत वृत्तांतों को खोलने वाली कथा परिकथा है। परिकथा के एक अंश का वर्णन जिसमें हो, वह खंडकथा है। समस्त वृत्तांतों व इतिवृत्तों का वर्णन करने वाली सकलकथा है। ये दोनों प्राकृत में लिखी जाती हैं, अतः मूल ध्वन्यालोकवृत्ति में इनका द्वन्द्व समास में निर्देश है।)

बृहत्कथा और उसकी परम्परा

विश्वकथा साहित्य में गुणाढ्य की बृहत्कथा एक अनुपम ग्रन्थ है। कदाचित् यही एक अकेला ग्रन्थ है, जो लुप्त होकर भी अनेक रूपान्तरों के द्वारा सारे विश्व में फैल गया। बृहत्कथा के रचयिता गुणाढ्य थे। वास्तव में बृहत्कथा संस्कृत साहित्य की परंपरा में उसी तरह एक उपजीव्य कृति है जिस तरह रामायण या महाभारत। इसके नाना प्रसंग संस्कृत के अनेक नाटकों व महाकाव्यों के आधार बने हैं। विश्व की कथापरंपरा को भी यह भारत की एक अनूठी

ही देन है। ए०के० वार्डर ने घोषित किया है कि बृहत्कथा भारत में लिखी गई सर्वश्रेष्ठ औपन्यासिक कृति है।[५]

गुणाढ्य ने पैशाची प्राकृत में इस ग्रन्थ की रचना की। संस्कृत साहित्य की सम्पूर्ण परम्परा पर रामायण और महाभारत के बाद जिस ग्रन्थ का सर्वाधिक प्रभाव पड़ा, वह बृहत्कथा ही है। इसीलिए गुणाढ्य को प्राचीन रचनाकारों ने व्यास और वाल्मीकि के समान वंदनीय माना, तो इसमें कोई आश्चर्य नहीं।

बृहत्कथा की कहानियाँ घर घर में कही जातीं थी। अभिनवगुप्त ने नाट्यशास्त्र तेईसवें अध्याय में कथिनी के लक्षण में कहा है— 'कथिनी बृहत्कथादिलम्भकथाकर्णनकुशला' अर्थात् बृहत्कथा के लंभ (अध्यायों) को कहने व सुनने में जो कुशल हो वह स्त्री कथिनी है। महाकवि धनपाल ने बृहत्कथा की सम्पूर्ण संस्कृत साहित्य में उपजीव्यता बताते हुए सत्य ही कहा है—

सत्यं बृहत्कथाम्भोधेर्बिन्दुमादाय संस्कृताः।
तेनेतरकथाः कन्थाः प्रतिभान्ति तदग्रतः।।

(तिलकमंजरी, प्रास्ताविक पद्य २१)

गुणाढ्य दक्षिण में गोदावरी के तट पर बसे प्रतिष्ठानपुर में आंध्र-राजा सातवाहन के समकालीन थे। पुराणों के अनुसार सातवाहन का समय ४९५ ई० से ४९० ई० के आसपास है, जबकि आधुनिक विद्वान् सातवाहन तथा शालिवाहन को एक मानकर गुणाढ्य का समय ७८ ई० के आसपास मानते है।

भोज ने शृंगारप्रकाश में २८वें प्रकाश के अंतर्गत दूर के भेदों के विवेचन में बृहत्कथा से मेधाविनी नामक सारिका का उदाहरण देते हुए कहा है —

शारिका मेधाविनी, बृहत्कथा में नन्दप्रबोधन में यथा—

किं क्रन्दसि निराक्रान्ता नन्दनो रात्रितस्करः।
अमृते विषमुत्पन्नं यतो राजा ततो भयम्।।

(शृंप्र० द्वि, भा० पृ० १२३७)

बृहत्कथा के रूपान्तरों में भूमिकास्वरूप बृहत्कथा के भूलोक के अवतरण की कथा पौराणिक पद्धति में बतायी गयी है। इसके अनुसार शिव पार्वती को कई दिनों तक एक ऐसी कथा सुनाते रहे, जिसे इसके पहले किसी ने नहीं सुना था। पर इस कथा को शिव का एक गण पुष्पदंत छिपकर सुनता रहा। पार्वती को पता चला, तो उन्होंने पुष्पदंत को शाप दे दिया। उसका पक्ष लेने के लिए उन्होंने दूसरे गण माल्यवान् को भी शाप दिया। उसके अनुसार दोनों मनुष्य योनि में धरती पर अवतरित हुए। पुष्पदंत ने मनुष्य योनि में पहुँचकर एक शापग्रस्त यक्ष काणभूति को बृहत्कथा सुनायी, और माल्यवान् ने भी गुणाढ्य के रूप में अवतार लिया और सातवाहन राजा की सभा में शर्वशर्मा नामक पंडित से एक शर्त हार जाने के कारण

संस्कृत भाषा में बोलना व लिखना बन्द करने का प्रण निभाते हुए काणभूति से यह कथा सुनकर पैशाची भाषा में बृहत्कथा लिखी।

ग्यारहवीं बारहवीं शताब्दी तक बड्डकहा अपने मूल पैशाची प्राकृत में उपलब्ध थी। अभिनवगुप्त ने अभिनवभारती में नाट्यशास्त्र के उन्नीसवें अध्याय की १२९वीं कारिका की व्याख्या में बड्डकहा की यह पहली गाथा उद्धृत की है—

पणमह पणयप्पकुविअगोरीचलणग्गलग्गपडिबिंबं।
दससु णहदप्पणेसुं अ एआरह णुहरं रुद्दं।।
(पनमथ पनय-पकुप्पित-गोलीचलनग्ग-पतिबिंबं
तससु नख-तप्पनेसुं एकातस तनुथलं रुद्दं (लुद्दं)।–)

संस्कृत छाया

प्रणमत प्रणयकुपितगौरीचरणाग्रलग्नप्रतिबिम्बम्।
दशसु नखदर्पणेषु एकादशं नु हरं रुद्रम्।।

(हम प्रणय में रिसाई गौरी के चरणाग्र प्रतिबिंबित दस नखों के दर्पण में एकादशरुद्र रूप हर को प्रणाम करें।)

इससे सिद्ध होता है कि अभिनवगुप्त को मूल पैशाची की बृहत्कथा उपलब्ध थी। बृहत्कथा के रूपांतरकारों में बुधस्वामी, क्षेमंद्र व सोमदेव ने भी निश्चय ही मूल बृहत्कथा के द्वारा ही अपने संस्कृत रूपांतर निर्मित किये थे।

बृहत्कथा के रूपांतर

पाँचवीं शताब्दी से बारहवीं शताब्दी ई० के बीच बड्डकहा के तीन भाषाओं में अनुवाद या रूपांतर निर्मित हुए, जो इसप्रकार हैं—

१. दुर्विनीत नामक राजा के द्वारा किया गया संस्कृत रूपांतर
२. वसुदेवहिण्डी नाम से शौरसेनी प्राकृत में रूपांतर
३. तमिलभाषा में रूपांतर – इसका नाम पेरुंगडाइ है तथा इसके प्रणेता कोंगु वेळिर हैं। यह अपूर्ण प्राप्त होता है, तथा समग्र बृहत्कथा का संभवत: आठवाँ भाग ही इसमें समाहित हो सका है।[६]
४. बुद्धस्वामीविरचित बृहत्कथाश्लोकसङ्ग्रह (संस्कृत में)
५. क्षेमेन्द्रकृत बृहत्कथामञ्जरी (संस्कृत में)
६. सोमदेवकृत कथासरित्सागर (संस्कृत में)

इनमें से दुर्विनीत के द्वारा निर्मित रूपांतर कालकवलित हो चुका है।

जगदीशचंद्र जैन की मान्यता है कि बृहत्कथा के रूपांतरों का विकास दो परंपराओं में हुआ, एक परंपरा वसुदेवहिंडी तथा बृहत्कथाश्लोकसंग्रह में पनपी तो दूसरी बृहत्कथामञ्जरी और कथासरित्सागर में।

बृहत्कथा के इन रूपान्तरों में नायक नरवाहन दत्त है। वह अपने मित्रों के साथ यात्रा करता हुआ विभिन्न सुन्दरियों का प्रीतिपात्र बनता है। इस यात्रा के क्रम में वह अनेक कथाएँ सुनता है, इन कथाओं तथा उसके प्रेमप्रसंगों से कथा आगे बढ़ती जाती है। इस प्रकार बृहत्कथा में कथाकथन की निम्निलिखित शैलियाँ अपनाई गई हैं—

(१) **शंखवलयशैली** - शंख पर बने वलय जिस प्रकार इसके वृत्त पर आगे पीछे घूमते हुए भी ऊपर की ओर बढ़ते हैं, उसी प्रकार कथा का चक्र वर्तमान से अतीत में जाता है, अतीत से फिर वर्तमान में आ कर आगे बढ़ता है। मूलबृहत्कथा की सब कथाएँ इसी शंखवलयात्मक संरचना में समाहित होती गईं होगी – ऐसी अनुमान किया जा सकता है।

(२) **मञ्जूषागर्भशैली** - एक मंजूषा या संदूक के भीतर दूसरी, दूसरी के भीतर तीसरी और तीसरी के भीतर चौथी – इस प्रकार कई मंजूषाएं क्रमशः रख दी जायें, और उन्हें एक एक करके खोला जाये, उसी प्रकार एक कथा के भीतर दूसरी, इस दूसरी के भीतर तीसरी इस तरह कहानियाँ कही जातीं हैं, तो मंजूषागर्भशैली बनती है। बृहत्कथा के दीर्घ रूपांतरों – बृहत्कथामंजरी तथा कथासरित्सागर में इस शैली का प्रयोग अधिक हुआ है।

(३) **शृंखलाशैली** - जिस तरह एक शृंखला या जंजीर में एक कड़ी से दूसरी कड़ी जोड़-जोड़ कर एक लंबी शृंखला बनाई जाती है उसी तरह एक कथा से दूसरी जुड़ कर बृहत्कथा बनती है।

(४) **मुक्ताहारशैली** - जिस तरह एक हार या माला में कई मोती पिरोये जाते हैं उसी तरह एक कथासूत्र में अनेक कथाएं गूँथकर आख्यान या बड़ी कथा रची जाती है। बुधस्वामी के बृहत्कथा श्लोक संग्रह में प्रायः इस शैली का प्रयोग है।

बृहत्कथा या उसके रूपांतरों में अनेक ऐतिहासिक व्यक्तियों का कथाओं में अवतरण होता है— जैसे पाणिनि, व्याडि, वररुचि या कात्यायन, महापद्म नंद आदि, जबकि सातवाहन जिनके समय में गुणाढ्य हुए दक्षिणापथ में राज्य करते थे। संभवतः पैशाची प्राकृत उस क्षेत्र की प्रचलित भाषा रही होगी।

बृहत्कथाश्लोकसंग्रह

१८९३ ई० में हरप्रसाद शास्त्री को बुद्धस्वामी कृत बृहत्कथाश्लोकसंग्रह का पता चला। इसके पूर्व तक यही समझा जाता रहा कि बृहत्कथापरंपरा में कश्मीर में निर्मित दो रूपान्तर ही सर्व प्राचीन तथा प्रामाणिक हैं, और वे सीधे बृहत्कथा से किये गये हैं।

बृहत्कथाश्लोकसंग्रह अपूर्ण है तथा ४५३९ श्लोकों में २८ सर्गों तक मिलता है। लाकुत का अनुमान है कि मूल बृहत्कथा में नरवाहन दत्त ने २८ पत्नियों की प्राप्ति का वृतान्त सुनाया होगा, पर बृहत्कथाश्लोकसंग्रह छठी पत्नी की प्राप्ति के वृत्तांत तक ही सीमित है।

लाकूत तथा रेनू ने बृहत्कथाश्लोकसंग्रह का फ्रेंच में अनुवाद किया, जो पेरिस से १९०८ में प्रकाशित है।

'बृहत्कथाश्लोकसंग्रह' इस नाम से ही स्पष्ट है कि यह बृहत्कथा का संक्षिप्त रूपान्तर है। बृहत्कथाश्लोकसंग्रह की खोज से बृहत्कथा की दो परम्पराएँ सामने आ गयी हैं। एक परम्परा मूल कथा को केन्द्र में रखकर चलती है, दूसरी में अवान्तर कथाओं के समायोजन पर अधिक बल है। बृहत्कथाश्लोकसंग्रह में मूलकथा सुस्पष्टतया केन्द्र में रखी गयी है। न तो बुधस्वामी ने गुणाढ्य के विषय में कोई चर्चा की है, उनके विषय में वह कथा दी है, जो कश्मीर के दोनों रूपांतरों में मिलती है। उदयनकथा तथा पंचतंत्र की कथाएँ भी इस में नहीं है। कथा के मूल स्वरूप की रक्षा करते हुए बुद्धस्वामी ने उसे रोचक व प्रवाह पूर्ण शैली में प्रस्तुत किया है।

लाकूत ने बुद्धस्वामी का समय छठी या सातवीं शताब्दी के लगभग माना है। वासुदेव शरण अग्रवाल इसे गुप्तकाल की कृति मानते हैं। आर्यशूर की जातक माला का इस पर प्रभाव है, अतः आर्यशूर के कुछ समय पश्चात् बुद्धस्वामी हुए यह मानना भी उचित है।

वसुदेवहिंडी

संघदास गणी ने प्राकृत में बृहत्कथा का यह रूपान्तर ५०० ई० के आसपास तैयार किया। इसपर बुद्धस्वामी के बृहत्कथाश्लोकसंग्रह का प्रभाव प्रतीत होता है। बृहत्कथा के मूल पात्रों के स्थान पर पात्रों के नाम भिन्न है, कथा का नायक नरवाहन दत्त नहीं, वरन् श्रीकृष्ण के पिता वसुदेव हैं। और इनके २९ विवाहों की कथा २९ लंभकों में ही इस में प्रस्तुत की गयी है।

प्रद्युम्न के प्रश्न करने पर वसुदेव अपने विवाहों की कथा सुनते हैं। कुछ विद्वानों का अनुमान है कि वसुदेवहिंडी मूल बृहत्कथा के अधिक निकट है, तथा बृहत्कथा के मूलरूप को खोजने में सहायक हो सकती है।

धर्मदास गणी ने वसुदेवहिंडी के नाम से इस ग्रन्थ की पूर्ति की, जिससे यह १०० लंभकों का हो गया। तथा इस में वसुदेव के १०० विवाहों की कथाएँ पूरी हो गयी।

बृहत्कथामंजरी

क्षेमेन्द्र की बृहत्कथामंजरी में १८ लंभक तथा ७५०० श्लोक हैं। १८ लंभकों के नाम इस प्रकार हैं— कथापीठ, कथामुख, लावाणक, नरवाहनजन्म, चतुर्दारिका, सूर्यप्रभा, मदनमंचुका, वेला, शशांकवती, विषमशीला, मदिरावती, पद्मावती, पंच, रत्नप्रभा, अलंकारवती, शक्तियशा,

महाभिषेका, तथा सुरतमंजरी। विषयानुसार इन लंभकों को गुच्छों में भी विभक्त किया गया है। अंत में उपसंहार में ४१ पद्यों में ग्रन्थ की सूची, लंभकों की सूची तथा ग्रन्थरचना के प्रयोजन का प्रतिपादन है। संक्षेप तथा सुबोध रूप प्रस्तुति इसके विशेष गुण हैं।

कहीं -कहीं कथा को इतना संक्षिप्त कर दिया गया है कि उसकी रोचकता समाप्त हो गयी है। कथानक में कलिंग की राजकुमारी मदमंचुका नरवाहन दत्त की पटरानी बनती है इसके पूर्व नरवाहन दत्त अनेक प्रतिस्पर्धियों को परास्त करता है और अनेक विवाह करता है।

बृहत्कथा की मूल पुस्तक का आद्यंत अध्ययन कर क्षेमेंद्र ने यथामति उसका रूपांतर किया। वे स्वयं बताते हैं कि पाँचवें लंभक तक तो मैंने मूल ग्रंथ की योजना यथावत् रखी है, शेष अंश में छूट ली है। कथाओं के बीच बीच में क्षेमेंद्र ने अपने समय की सामाजिक तथा राजनीतिक स्थितियों के संकेत भी दिये हैं। जैस – दसवें विषमशीललंभक में राजा विषमशील के शासन के वर्णन में म्लेच्छों के उच्छेदन की चर्चा है 'शशास वसुधां धन्वी म्लेच्छोच्छेदनदीक्षित:।' (१०.१५)। इस लंभक में राजा विषमशील का विक्रमादित्य के रूप में बार बार स्मरण किया गया है, तथा सिंहल द्वीप की यात्रा का वर्णन भी है। सोलहवें शक्तियशस् नामक लंभक में उष्ट्राख्यायिका, रासभाख्यायिका, छागाख्यायिका, रथकाराख्यायिका, मण्डूकाख्यायिका, खराख्यायिका, नापिताख्यायिका, नकुलाख्यायिका आदि अनेक आख्यायिकाएँ हैं, जिनमें लोककथाओं तथा कल्पना का वैभव देखा जा सकता है।

कथासरित्सागर

सोमदेव का कथासरित्सागर बृहत्कथा के प्राप्त रूपान्तरों में सर्वाधिक विशाल, सर्वाधिक रोचक और सर्वांग पूर्ण है। इसकी रचना कश्मीर के राजा अनंत की रानी सूर्यमती के मनोरंजन के लिए १०६३-१०८२ ई० के बीच की गयी। इसके कुछ ही वर्ष पूर्व क्षेमेन्द्र ने बृहत्कथामंजरी की रचना की थी। पर सोमदेव क्षेमेन्द्र की रचना से परिचित प्रतीत नहीं होते।

बृहत्कथामंजरी के समान कथासरित्सागर भी १८ लंभकों कों में विभाजित है— पर सोमदेव ने इन लंभकों को कुल १२४ तरंगों में बाँटा है। कुल मिलाकर २१३८८ श्लोकों में इस बृहत्काय कथासंग्रह में ७६१ श्लोक बडे छन्दों में हैं, और शेष पद्य सरस प्रसादगुणसम्पन्न अनुष्टुप् में हैं। कथा का क्रम बृहत्कथामंजरी से कुछ भिन्न है। पद्मावती और विषमशील नामक लंभकों को अन्त में रखा गया है। सोमदेव ने कथाओं के प्रस्तुतीकरण में कल्पनाशीलता का परिचय भी दिया है। उनकी कथानक की शैली अधिक आकर्षक काव्यात्मक तथा मनोहर है। ऐसा प्रतीत होता है कि कश्मीर की उस समय की राजनैतिक उत्थल-पुथल, जिसका परिचय कल्हण की राजतरंगिणी से मिलता है, सोमदेव की कथाओं में धूर्तता, प्रवंचना, मारकाट आदि के यथार्थ चित्रण में प्रतिफलित हुई है। इस में ३५० के लगभग अवान्तर कथाएँ हैं। इनमें धूर्तों और जुआरियों की भी कथायें हैं और महावीरों, महापुरुषों की कथायें हैं।

पतिव्रताओं की कथायें भी हैं और पुंश्चलियों की भी। मूर्खों की कथायें भी हैं और अत्यन्त चतुर लोगों की भी। वेतालपंचविंशति तथा पंचतंत्र के कथाचक्र भी सोमदेव की रचना में सम्मिलित कर लिए गये हैं। कथाओं की विविधता, उन में चित्रित जीवन का बृहत् फलक और समाज के विभिन्न वर्गों के प्रतिनिधित्व के कारण कथासरित्सागर भारतीय संस्कृति का विश्वकोश भी बन गया है।

यद्यपि सोमदेव का बृहत्कथा का यह रूपांतर अब तक प्राप्त सारे रूपांतरों से आकार व कथाओं की संख्या की दृष्टि से सर्वाधिक विशाल है, फिर भी सोमदेव कहते हैं कि उन्होंने तो बृहत्कथा का सारसंक्षेप भर किया है— बृहत्कथायाः सारस्य सङ्क्षेपं रचयाम्यहम्।' (कथासरित्सागर, कथापीठलंभक) उन्होंने अपनी रूपांतर की योजना पर प्रकाश डालते हुए कहा है—

यथामूलं तथैवेतन्न मनागप्यतिक्रमः।
ग्रन्थविस्तरसङ्क्षेपमात्रं भाषा न भिद्यते।।
औचित्यान्वयरक्षा च यथाशक्ति विधीयते।
कथारसविघातेन काव्यांशस्य च योजना।।
वैदग्ध्यख्यातिलोभाय मम नैवायमुपक्रमः।
किन्तु नानाकथाजालस्मृतिसौकर्यसिद्धये।।

(कथासरित्सागर)

(जैसा मूल में है, यह रूपांतर बिल्कुल वैसा ही है, इसमें रत्ती भर भी मूल का अतिक्रमण नहीं किया गया है। ग्रंथ के विस्तार को संक्षिप्त अवश्य कर दिया है, पर भाषा में अंतर नहीं है। औचित्य की रक्षा यथाशक्ति की गई है। कथा के रस का विघात न हो इस का ध्यान रखते हुए काव्यात्मकता लाई गई है। मैं अपनी विदग्धता की ख्याति के लिये यह उपक्रम नहीं कर रहा, अपितु तरह तरह के कथाजालों की स्मृति बनी रहे इस दृष्टि यह कार्य कर रहा हूँ।)

सोमदेव ने तो अपने रूपांतर में पंचतंत्र को भी सम्मिलित कर लिया है, जो मूल बृहत्कथा में नहीं था।

बुद्धस्वामी, क्षेमेन्द्र तथा सोमदेव के द्वारा निर्मित बृहत्कथा रूपान्तरणों में पर्याप्त भेद है। इसका एक कारण यह भी हो सकता है कि बृहत्कथा का गाँव-गाँव में जन समाज के बीच वाचिक रूप में प्रस्तुत किया जाता रहा होगा। और इन तीनों ने इसे सुनकर यथासंस्कार संस्कृत भाषा में निबद्ध किया।

बृहत्कथा की कथाएँ कौतुक व विस्मय के भाव जगाने वाली हैं। दंडी ने बृहत्कथा का लक्षण करते हुए कहा है कि यह अद्भुतार्था होती है।[७]

पंचतंत्र

पंचतंत्र पशु कथाओं की परम्परा का सबसे अधिक लोकप्रिय ग्रन्थ है। काव्यशास्त्र में

इसकी विधा निदर्शना बतायी है। आधुनिक आलोचक इसे नीति कथा की विधा में रखते हैं।

मैक्डॉनल ने सत्य ही कहा है कि भारतीय कथा परम्परा में पंचतंत्र सबसे महत्त्वपूर्ण कृति है। छठी शताब्दी के पूर्वार्ध में ईरान के बादशाह अनुशीरवात्र (५३१-७९ ई०) के आदेश से इसका अनुवाद पेहलवी भाषा में किया गया। ५७०ई० में सीरियाई भाषा में इसका अनुवाद हुआ। इससे सिद्ध होता है कि पाँचवीं शताब्दी तक पंचतंत्र अपने वर्तमान रूप में प्रसिद्ध हो चुका था। पंचतंत्र के सबसे प्राचीन संस्करण की पूर्ति तीसरी शताब्दी ई० पू. के लगभग हुई। हर्तेल पंचतंत्र के प्राचीनतम संस्करण का रचनाकाल दूसरी शती ई०पू. मानते हैं। विंटरनित्स ने पंचतंत्र के वर्तमान स्वरूप का निर्माण काल ३००.-४०० ई० के आसपास माना है। पर यह वे यह भी स्वीकार करते हैं कि अपने मूल रूप यह ग्रन्थ इसके पहले अस्तित्व में आ चुका था।

नाम

मैक्डॉनल का मत है कि पंचतंत्र का मूल नाम इसके मित्रभेद शीर्षक प्रथम खंड के दो पात्रों करटक और दमनक के नाम पर रहा होगा। उनके इस अनुमान का आधार पंचतंत्र के सीरियाई अनुवाद का शीर्षक है, जिसका नाम कलिलग दमलग की कथा रखा गया है। पंचतंत्र के अरबी अनुवाद का शीर्षक भी कलिलग दमनग के नाम पर है। हर्तेल इस अनुमान को निस्सार मानते हुए ग्रंथ का मूल नाम पंचतंत्र ही स्वीकार करते है। पंचतंत्र के प्राचीनतम संस्करण का नाम तंत्राख्यायिका था।

संस्करण

पंचतंत्र विभिन्न संस्करणों में देश के अलग-अलग भागों में प्रचलित रहा। इसके संस्करण भेद के पीछे इसकी लोकप्रियता भी एक प्रमुख कारण रही है। इसके निम्नलिखित मुख्य संस्करण प्राचीनकाल में थे- (१) तंत्राख्यायिका- यह भी प्राचीन तथा नवीन दो रूपों में प्रचलित रहा। पंचतंत्र के सभी संस्करणों में यह सर्वाधिक प्रामाणिक है। छठी शताब्दी में हुए पहलवी अनुवाद का आधारभूत संस्करण यही है। (२) कश्मीरी संस्करण, जिसका समावेश बाद में गुणाढ्य बृहत्कथा की परम्परा में किया गया। (३) दक्षिणी संस्करण-यह मूल पंचतंत्र के अधिक निकट है, तथा उसका संक्षिप्त रूप है। (४) नेपाली संस्करण- यह दक्षिणी संस्करण पर आधारित है।

पंचतंत्र अनेक संस्करणों या वाचनाओं में विकसित होता रहा। इस में सर्वप्रथम तंत्राख्यायिका है, जिसका रचनाकाल ३०० ई० के आसपास माना गया है। दूसरी वाचना सरल पंचतंत्र रूप में किसी जैन विद्वान् निर्मित है। इसी का प्रसार सर्वाधिक हुआ। पंचाख्यानक नाम से पंचतंत्र का एक संस्करण जैन साधु पूर्णभद्र ने ११९९ ई० में तैयार किया। पंचतंत्र की पूर्व वाचना

के अधिक परिष्कृत या अलंकृत रूप में प्रस्तुत करने के कारण इस वाचना को अलंकृत वाचना भी कहा गया है। पद्योद्धारनाम से इसी का एक संक्षिप्त संस्करण १६६० ई० में जैन साधु मेघविजय ने निर्मित किया। पंचतंत्र की एक वाचना दाक्षिणात्य संस्करण के रूप में मिलती है, जिसमें कतिपय कथाएँ तमिल स्त्रोतों से लेकर जोड़ी गयी है। इसके भी पाँच अलग-अलग संस्करण हुए है, जिन में मूल ग्रन्थ के कलेवर में वृद्धि होती गयी है। इनके अतिरिक्त नेपाली पंचतंत्र, उत्तरपश्चिमी पंचतंत्र तथा पहलवी संस्करण के रूप में पंचतंत्र मिलता है।

हर्तेल तथा एटगर्टन आदि पाश्चात्त्य विद्वानों ने पंचतंत्र की विविध वाचनाओं तथा उनके आधार पर मूल पाठ के पुनर्निर्माण को लेकर गहरा अनुसंधान किया है। गुरुप्रसादशास्त्री ने पंचतंत्र का एक संस्करण अपनी संस्कृत टीका अभिनवराजलक्ष्मी के साथ प्रकाशित किया, जिसकी भूमिका में उन्होंने कहा है कि उन्होंने लगभग ५०० स्थलों पर संशोधन कर पंचतंत्र का जीर्णोद्धार किया है और इस कार्य में हर्तेल के संस्करण से भी सहायता ली है। हर्तेल न इन विविध वाचनाओं के अंत: संबंध पर विचार करते हुए स्थापना दी कि मूल पंचतंत्र काश्मीर में २०० ई०पू० के आसपास विनिर्मित हुआ।

कर्ता

पंचतंत्र का कर्ता कौन है, यह प्रश्न भी उतना ही अनिर्णीत है जितना इसका रचनाकाल। स्वयं पंचतंत्र में जो प्रस्तावना है, उस में इस ग्रन्थ का रचनाकार विष्णुशर्मा नामक ब्राह्मण को बताया गया है, जिन्होंने दक्षिण में महिलारौप्य नगर के राजा अमरशक्ति के पुत्रों को नीति सिखाने के लिए पृथिवी पर जितने प्रकार के अर्थशास्त्र है, उन सबका सार बताने के लिए पंचतंत्र की कथाएँ राजकुमारों को सुनायीं। कुछ विद्वान् चंद्रगुप्त मौर्य के गुरु तथा मंत्री चाणक्य को इसका प्रणेता मानते हैं, क्योंकि चाणक्य का एक नाम विष्णुगुप्त था। पंचतंत्र में अर्थशास्त्र प्रणेता चाणक्य की मनु आदि के साथ प्राचीन महापुरुष के रूप में वंदना की गयी है, अत: अर्थशास्त्रकार चाणक्य पंचतंत्र के कर्ता नहीं हो सकते। इसमें कोई सन्देह नहीं कि जिस रचनाकार ने पंचतंत्र को वर्तमान स्वरूप प्रदान किया, वह एक दृष्टिसंपन्न तथा प्रतिभाशाली कवि, शास्त्रवेता और मेधावी था। अपने समय की साहित्यिक शैली और रचनात्मक प्रवृत्ति से वह सुपरिचित है। वह व्यास के समान एक मेधावी संहिताकार है।

स्त्रोत

पंचतंत्र की कथाओं के मूल स्त्रोत लोकपरम्परा तथा इतिहास -पुराणों में खोजे जा सकते हैं। द्वितीय खंड मित्रप्राप्ति की परिकल्पना तो महाभारत के उद्योगपर्व के चौंसठवें सर्ग की एक कथा पर आधारित लगती है। तृतीय खंड काकोलूकीयम् की प्रेरणा भी महाभारत का वह प्रसंग कहा जा सकता है, जिस में अश्वत्थामा एक उलूक को कौवों पर रात को आक्रमण करता देखता है। पंचतंत्र के प्रारंभ में ही मनु,बृहस्पति, शुक्र, पराशर, व्यास तथा चाणक्य की वंदना

की गई है। इससे ग्रंथकार ने यह संकेत भी दिया है कि पंचतंत्र में प्रतिपादित नीति या विविध विचार उसने इन ग्रंथकारों से ग्रहण किये हैं।

बौद्ध प्रभाव तथा बौद्ध मूल

जर्मन विद्वान् बेनफी का मत है समस्त भारतीय कथासाहित्य बौद्धपरंपरा की देन है। पंचतंत्र में बौद्ध धर्म व दर्शन की झलक मिलती है। अतः बेनफी ने निष्कर्ष दिया है कि पंचतंत्र मूलतः बौद्धसाहित्य का अंग रहा है। इस मत की समीक्षा करते हुए बलदेव उपाध्याय लिखते हैं - 'आज इस सिद्धांत की जड़ में स्वयं ही दीमक लग गया है।'[८]

विधा

ऊपर आख्यान या कथासाहित्य की विविधविधाओं पर भोज के लक्षण उद्धृत किये गये हैं। पंचतंत्र इनमें निदर्शन या निदर्शना के अंतर्गत आता है। हेमचंद्र ने भी भोज के लक्षण का अनुवर्तन करते हुए पंचतंत्र को निदर्शना का उदाहरण माना है— **तिरश्चामतिरश्चां वा चेष्टाभिर्यत्र कार्यमकार्यं वा निश्चीयते तत् पञ्चतन्त्रादिवत्, धूर्तविटकुटट्नीमतमयूरमार्जारिकादिवच्च निदर्शनम्। काव्यानु० पृ० १६९**

निदर्शना ऐसी लघु कथाओं का संग्रह है, जिस में मनुष्य जगत् के व्यवहार या सत्य के ज्ञान के लिए पशुकथाओं और पशु-प्रतीकों का प्रयोग किया जाता है। यद्यपि पंचतंत्र में अनेक कथाएँ ऐसी भी हैं जो सीधे-सीधे मानव समाज को ही प्रस्तुत करती है।

विषयवस्तु

ग्रन्थ के आरम्भ में देवस्तुति के पश्चात् मनु,वाचस्पति, शुक्र, पराशर, व्यास, चाणक्य, की वंदना की गयी है। पंचतंत्र में मित्रभेद, मित्रप्राप्ति, संधिविग्रह, लब्धप्रणाश तथा अपरीक्षितकारक - ये पाँच खण्ड हैं, जिन में क्रमशः १२,६,१६,११ तथा १४ कथाएँ हैं। मूलकथाओं को जोड़कर कुल ७५ कथाएँ पाँचों खंडों में संग्रहीत हैं। ये कथाएँ प्रत्येक खंड की मूल कथा के अन्तर्गत आती हैं। कथाओं के बीच में नीतिपरक पद्य बार-बार आते हैं। कुल ११०० पद्य पंचतंत्र में प्राप्त होते है। कथाकथन की शैली अत्यन्त आकर्षक है। एक कथा के भीतर से ही दूसरी कथा के सूत्र निकल आते है। ऊपर आख्यान की विविध शैलियों की चर्चा का गई है, इनमें से पंचतंत्र में कहीं मंजूषागर्भशैली तो कहीं मुक्ताहार शैली का प्रयोग किया गया है। प्रत्येक कथा के आरम्भ के लिए भूमिका एक पद्य के द्वारा बनायी जाती है। पंचतंत्र की कहानियों की सबसे बड़ी विशेषता पशुपात्रों के माध्यम से मानव स्वभाव व मानव जगत् का यथार्थ चित्रण है। पशुपात्रों को विभिन्न मनुष्यों के प्रतीक के रूप में इस तरह प्रस्तुत किया गया है कि कहानियों में व्यंग्य, विडम्बना और विसंगति के साथ-साथ हास्य और नीति के तत्व अंतर्गुम्फित होते चले गये है। लोकव्यवहार का ज्ञान प्रदान करने के लिए पंचतंत्रकार ने मनुष्य

जगत् से विभिन्न वर्गों के पात्रों का यथातथ्य चित्रण किया है। प्रत्येक कथा रमणीय रूप में एक जीवन संदेश लेकर आती है।

पंचतंत्र की कहानियाँ हमारे जीवन और दैनंदिन संसार के इतनी निकट है कि सारे विश्व में सदैव प्रासंगिक बनी रही है। मित्रभेद तथा काकोलूकीयम् में राजनीति के जिस प्रपंच को उघाड़ा गया है, वह आज के संसार में भी उतना यथार्थ है। सत्ता हथियाने के लिए मंत्री या अधिकारी किस प्रकार राजा को और सामान्य जनों को मूर्ख बनाते रहते है— यह इसमें बहुत रोचक ढंग से चित्रित किया गया है। पिंगलक सचिवायतसिद्धि राजा का प्रतीक है। भीरुता तथा आत्मविश्वास की कमी के कारण एक बैल संजीवक के वन में आ जाने से ही उसे अपनी सत्ता खतरे में पड़ी दिखती है, और उसके सचिव करटक और दमनक उसकी दुर्बलता का लाभ उठाकर उसे उल्टी-सीधी बातों से और भी डराते रहते है। इसी प्रकार काकोलूकीयम् नामक दूसरा खंड भी सत्ता और राजनीति के दावपेंच और स्वार्थ के संघर्ष की सच्चाई प्रस्तुत करता है। शेष तीन खण्डों - मित्रप्राप्ति, लब्धप्रणाश तथा अपरीक्षितकारक की कथाएँ अपेक्षाकृत अधिक आदर्शपरक और प्रेरणाप्रद हैं। अनेक कहानियाँ पशु तथा मनुष्य को आमने-सामने प्रस्तुत करती है, या पशु के माध्यम से मनुष्य के व्यवहार को वे अत्यन्त व्यंग्यपूर्ण रूप में और गहरी संवेदनशीलता के साथ भी प्रस्तुत करती है। अपरीक्षितकारक की छठी कथा में एक गधा ककड़ी के खेत में चोरी से चरकर पेट भर जाने पर राग अलापना चाहता है और उसका साथी सियार जब उसे रेंकने से मना करता है, तो वह सियार को स्वर, राग, तान, मूर्च्छना की बारीकियाँ समझाने लगता है और फिर अपना राग अलाप ही देता है। परिणाम यह होता है कि खेत का स्वामी वहाँ आकर उसकी जमकर पिटाई कर देता है। लब्धप्रणाश की दूसरी कथा में हम एक गधे को सियार के द्वारा फुसलाया जाता और कामशास्त्र तथा नारी के महत्व पर प्रवचन देता हुआ देखते हैं। अंततः गर्दभी के अभिसार के लालच में वह सिंह के द्वारा मारा जाता है। मगर के द्वारा अपने अंतरंग मित्र बंदर को ही अपनी स्त्री मकरी के कहने में आकर हत्या के लिए ले आने वाली कथा में बंदर का कलेजा न लाने से रूठी मकरी जब मगर पर विप्रलब्धा और खंडिता नायिकाओं की भाँति परस्त्री सम्बन्ध का आरोप लगाती हुई उस प्रकार के पद्य बोलने लगती है, तो सारी कथा बड़े रोचक अभिप्राय ग्रहण कर लेती है। अनेक कहानियाँ अत्यन्त मार्मिक रूप में मनुष्य के अदम्य साहस और आत्मविश्वास के साथ संघर्ष और जिजीविषा का प्रेरणाप्रद रूप भी सामने रखती हैं। एक अदनी -सी टिटहरी के अंडे समुद्र अहंकार में भर कर बहा देता है, यह कथा इसका उदाहरण है। एक पक्षी की कथा में ईश्वर (विष्णु) का अवतरण तथा सभी पक्षियों का एकत्र होकर गरुड़ के पास जाने की घटनाएँ आज की स्थितियों में भी उतनी ही हृदयावर्जक और प्रासंगिक हैं जितनी पहले थीं। ये लोकतंत्र की शक्ति में विश्वास जगाने वाली हैं। इसी प्रकार एक चिड़िया कठफोड़वे, मधुमक्खी और मेंढक की सहायता से एक मदांध और आततायी हाथी का किस प्रकार अंत करती है, यह कथा भी सताये हुए साधारण जनों के लिए प्रेरक है।

वास्तव में पंचतंत्र की कहानियाँ हमारी कथा की पारम्परिक समृद्ध धरोहर को प्रकट करती हैं, जो युगों से मानव समाज के लिए प्रकाश देती आयी हैं और ये ऐसी कहानियाँ हैं, जिन्हें पीढ़ी दर पीढ़ी पुरखों ने आने वाली संतानों को दुर्लभ और चिरंतन विरासत के रूप में सौंपा है। मानव स्वभाव के अंतर्विरोधों के चित्रण, कथानक की कुशल संघटना और विन्यास के कारण भी पंचतंत्र की कथाएँ विश्व साहित्य में अप्रतिम हैं। दो पात्रों की बातचीत में जिस तरह एक कथा के भीतर से दूसरी और दूसरी के भीतर तीसरी कथा खुलती जाती है, यह पद्धति भी पंचतंत्र की विशिष्ट पद्धति है। वास्तव में कहानी की संभावना और शक्ति तथा उसके माध्यम से मनुष्य की गरिमा और उदात्तता को प्रस्तुत करने की दृष्टि से पंचतंत्र की कहानियाँ आज भी उतनी ही अर्थवत्ता रखती हैं।

पंचतंत्र की विश्वयात्रा

अपनी दुर्लभ विशेषताओं के कारण पंचतंत्र वास्तव में विश्वसाहित्य की अमूल्य निधि बन गया है। छठी शताब्दी ई० में पंचतंत्र के अरब के देशों में पहुँच चुका था। नीति की शिक्षा के लिये इसकी ख्याति सुनकर सासानी के बादशाह अनुशीरवान्र ने बुजुर्गमेह्र (इन्हें बुर्जुई या बरजवै तबीब भी कहा गया है) नाम के अपने वज़ीर, जो एक चिकित्सक भी बताये गये हैं, को पंचतंत्र की प्रति प्राप्त करने के लिये भारत भेजा। पंचतंत्र की पहलवी भाषा में अनुवाद बुर्जुई ने ही किया। फारसी तथा अरबी की परंपराओं में पंचतंत्र का यह आद्य रूपांतर कलील: व दिम्न: के नाम से विख्यात है, जो पंचतंत्र के प्रथम तंत्र संधिभेद के दो पात्र (करटक तथा दमनक) के नामों का तद्भव है। फारसी में इस शीर्षक को कलीले व दिम्ने तथा उर्दू में कलीला व दिम्ना कहा जाता है। बुजुर्गमेह्र के इस रूपांतर से अरबी तथा फारसी भाषाओं में पंचतंत्र के रूपांतर तैयार किये गये। अरबी भाषा में सर्वप्राचीन रूपांतर ७५०ई० में फारसी के विद्वान् अब्धुल्लाह इब्ने मुकफ्फा का था। प्राचीन फारसी से नवीन फारसी में रूपांतर १२ वीं शताब्दी में गजनवी के शासक बहराम शाह के आश्रित मुंशी नसरुल्लाह ने किया। यह रूपांतर बहुत परिवर्धित है। बुजुर्गमेह्र के अभियान व कर्तृत्व का उल्लेख ईरान के प्राचीन महाकाव्य शाहनामा तथा अरबी भाषा में पंचतंत्र के रूपांतर कलिल व दमन की भूमिका में किया गया है।

पारसी के महान् कवि मौलाना जलालुद्दीन रूमी (१२०७-१२७२ई०) ने अपनी मसनवियों (लंबी कविताओं) में पंचतंत्र की अनेक कहानियों का विलक्षण उपयोग किया है। उन्होंने इन कहानियों के नीतिपरक व लौकिक अभिप्रायों को इनका मात्र बाहरी आवरण बताते हुए इनके भीतर के अन्त:सार का उद्घाटन करके इनके आध्यात्मिक धरातल उजागर कर दिये हैं। सिंहशशककथा, गोमायुदुन्दुभिकथा, शशकगजयूथपकथा, मत्स्यत्रयकथा आदि ऐसी ही कहानियाँ हैं।[१]

भारत में आकर शासन करने वाले तुर्क शासकों ने पंचतंत्र के अरबी या फारसी अनुवादों की परंपरा को जारी रखा। लोधी शासकों को प्राचीन काल में अरब देशों में हुए पंचतंत्र के अनुवादों या रूपांतरों की जानकारी रही होगी, तभी उनके संरक्षण में हुए इस ग्रंथ के नये

अनुवादों को कलिला व दिम्ना नाम ही दिया गया। लोदियों के पश्चात् मुगल बादशाहों में अकबर ने पंचतंत्र के पल्लवन की यह परंपरा बनाये रखी। उसके संरक्षण में पंचतंत्र के दो नये अनुवाद निर्मित हुए।

पंचतंत्र विश्वकथासाहित्य का प्रेरणास्रोत रहा है। प्राचीनकाल से आज तक इसके अनुवाद विश्व की अनेक भाषाओं में निरन्तर होते आये हैं। हर्तेल ने ५० विभिन्न भाषाओं में २०० से अधिक अनुवादों तथा रूपान्तरों की सूची प्रस्तुत की है। मामल्लपुरम् तथा कांचीपुरम् के मंदरों में सिंहों, मृगों आदि की प्रतिमाएं पंचतंत्रविषयक कथाओं के संकेत के साथ उत्कीर्ण हैं। कुंचन नांबियार (१७०५-१७७०) ने पंचतंत्र का मलयालम अनुवाद किया। अल्बिरूनी को पंचतंत्र का देशी भाषा में अनुवाद प्राप्त हुआ था। उज़्बेकिस्तान के सोगडियाना क्षेत्र में पंजीकेंट शहर में मंदिरों व प्राचीन भवनों पर निर्मित भित्तिचित्रों में कतिपय चित्र पंचतंत्र की कथाओं से संबद्ध हैं।

पचतंत्र की विश्वयात्रा को लेकर हर्तेल ने उचित ही कहा है— 'an unparalled triumphal progress from its native land over all the civilized parts of the globe'

इटली के उपन्यासकार Boccaccio ने पंचतंत्र पर आधारित अपनी अम्सदहा नामक कथाकृति १३५० ई० में लिखी। आधनिक संस्कृत साहित्य में राजेंद्र मिश्र के अभिनवपंचतंत्रम् तथा कांतारकथा, राधावल्लभ के उपाख्यानमालिका, विक्रमचरितम् तथा अभिनवशुकसारिका पर पंचतंत्र की कथाशैली व विषयवस्तु का गहरा प्रभाव है।

उपमितिभवप्रपंचकथा

उपमितिभवप्रपंचकथा के प्रणेता जैन कवि सिद्धर्षि हैं। यह एक रूपकात्मक आख्यान है। इसका रचनाकाल ९०६ई० है। पूरी कथा बहुत सरल और बोधगम्य भाषा में तथा वार्तालाप की शैली में लिखी गई है। प्राकृत की आख्यान-शैली का सिद्धर्षि पर विशेष प्रभाव है, तभी उन्होंने संस्कृत की पांडित्यपूर्ण शैली के उपहास में कहा है—

संस्कृता प्राकृता चेति भाषे प्राधान्यमर्हतः।
तत्रापि संस्कृता तावद् दुर्विदग्धहृदि स्थिता।।

उपमितिभवप्रपंचकथा में आठ प्रस्ताव (अध्याय) हैं। पुराणों की सरणि का अनुसरण करते हुए सिद्धर्षि ने इस कथा में जीव का नाना योनियों में भ्रमण, संसार चक्र में उसका संसरण तथा कर्मफल के कारण विविध कष्टों को भोगने का वर्णन किया है। रत्नत्रय (सम्यक् दर्शन, सम्यक् ज्ञान तथा सम्यक् चरित्र) से उसका उद्धार संभाव्य है।

प्रतीक नाटकों की परंपरा का भी उपोद्घात इस कथा के द्वारा कर दिया गया है। इसमें अनेक प्रतीकात्मक पात्र हैं, जिनका नाटकीय वृत्तांत सिद्धर्षि ने रोचक ढंग से प्रस्तुत किया है।

उदाहरणार्थ द्वितीय प्रस्ताव में संसार के रंगमंच पर चलने वाले नाटक का वर्णन करते हुए वे महामोह को इसका सूत्रधार, काम को विदूषक, राग और द्वेष को मृदंग और दुष्टताभिसंधि को इनके वादक के रूप में चित्रित करते हैं। तृतीय प्रस्ताव में शुभपरिणाम नामक राजा के शासन का वर्णन किया गया है। पूरी कथा अनुष्टुप् छंद में निबद्ध है।

सिद्धर्षि ने प्राकृत की चंद्रकेलिचरित नामक कथा का संस्कृत में अनुवाद भी किया था।

बौद्धकथासाहित्य

बौद्धकथासाहित्य में साहित्यिक दृष्टि से सर्वाधिक लोकप्रिय आर्यशूरकृत जातकमाला है। इसमें बोधिसत्त्व से संबद्ध ३४ प्रेरणाप्रद कथाएँ अलंकृत, ललित तथा सरस गद्य में निबद्ध हैं। प्रथमजातक व्याघ्रीजातक को छोड़कर शेष सभी कथाएँ पालि जातकों से ली गयी हैं। इसमें चौंतीस जातक कथाओं को अत्यंत सरस काव्यात्मक चंपूशैली में प्रस्तुत किया गया है। संभवत: अजंता की गुफाओं में निर्मित चित्रावली पर इस रचना का प्रभाव है। रत्नश्रीज्ञान ने दण्डी के 'कृशे कवित्वेऽपि' इत्यादि प्रतिभाविवेचन की व्याख्या में जातकमाला से दो पद्य उद्धृत किये हैं। आर्यशूर का समय ३५० ई० से ४५० ई० के लगभग माना जाता है। जातकमाला के अतिरिक्त आर्यशूर ने और कथाकृतियों की रचना की थी – सुभाषितरत्नकरण्डककथा तथा पारमितासमास। पर ये दोनों केवल तिब्बती अनुवादों में ही प्राप्त है। तिब्बती परंपरा में आर्यशूर के नाम से अन्य अनेक कृतियों का उल्लेख किया जाता रहा है, जिनमें सुपथदेशना या सुपथनिर्देशपरिकथा उल्लेखनीय है।

पारमितासमास में ३६० पद्यों में छह पारमिताओं (दान, शील, शांति, शौर्य, ध्यान तथा प्रज्ञा) का वर्णन किया गया है। इसमें छह सर्ग तथा ३६४ श्लोक हैं।

सुभाषितरत्नकरण्डककथा महापरिनिब्बानसुत्तांत पर आधृत है, इसमें १९० पद्यों तथा २७ अध्यायों में बुद्ध के वचनों का उपन्यस्त किया गया है।

जातककथाएँ विश्वकथासाहित्य को अमूल्य देन हैं। आर्यशूर तथा हरिभट्ट ने जातकमाला में अत्यंत प्रौढ़ कल्पनाप्रवण गद्य में कतिपय जातककथाओं को प्रस्तुत किया। हरिभट्ट का समय पाँचवीं शताब्दी है। उनकी कृति आर्यशूर की रचना का प्रभाव है।

जातकों और अवदानों का एक संग्रह सूत्रालंकार या कल्पनामंडितिका के नाम से खंडित रूप में प्राप्त होता है। दिव्यावदानशतक (बुद्ध के महनीय कार्यों) की कथाओं का विशाल संकलन है। आगे चलकर क्षेमेन्द्र ने इसके आधार पर अपनी बोधिसत्त्वावदानकल्पलता का प्रणयन किया।

सन्दर्भ

१. विवरण के लिये इस पुस्तक के प्रथम खंड में 'श्रव्यकाव्य (नाटक) का उद्भव तथा सैद्धांतिक पृष्ठभूमि' शीर्षक अ० द्र०।

२. वैदिक देवता उद्भव और विकास, पृ० ३६८

३. आख्यायिका कथा खण्डकथा परिकथा तथा।
कथानिकेति मन्यन्ते गद्यकाव्यं च पञ्चधा॥११॥
भवेत्खण्डकथा याऽसौ याऽसौ परिकथा तयोः।
अमात्यं सार्थकं वापि द्विजं वा नायकं विदुः।
स्यात्तयोः करुणो विद्धि विप्रलम्भश्चतुर्विधम्॥१६॥
समाप्यते तयोर्नाद्या सा कथामनुधावति।
कथाख्यायिकयोर्मिश्रभावात्परिकथा स्मृता॥१७॥
भयानकं मुखपरं गर्भे च करुणो रसः।
अद्भुतोऽन्ते सुक्लृप्तार्थो नोदात्ता सा कथानिका॥१८॥

४. परिकथा खण्डकथा- सकलकथे सर्गबन्धोऽभिनेयार्थमाख्यायिका-कथे इत्येवमादयः। तदाश्रयेणापि सङ्घटना विशेषवती भवति। परिकथायां कामचारः, तत्रेतिवृत्तमात्रोपन्यासेन नात्यन्तं रसबन्धाभिनिवेशात्। खण्डकथासकलकथयोस्तु प्राकृतप्रसिद्धयोः कुलकादिनिबन्धनभूयस्त्वाद्दीर्घसमासायामपि न विरोधः।

५. It was apperantly the first great novel produced by a kavi, and probably the greatest Indian novel' (Indian Kāvya Literature, vol. II, p. 116).

६. इंडियन काव्य लिटरेचर, खंड २, पृ० ११६

७. भूतभाषामयीं त्वाहुरद्भुतार्थां बृहत्कथाम्। - काव्यादर्श, १.३८

८. संस्कृत सुकवि समीक्षा, पृ० १५

९. विवरण के लिये प्रतिमान पत्रिका के जनवरी-जून २०१७ के अंक में पृ० २१८-२४६ पर प्रकाशित बलराम शुक्ल का लेख रूमी की कीमियागिरी – पंचतंत्र की नैतिक कहानियों का आध्यात्मिक संस्करण द्रष्टव्य।